第十二次全国环境监测学术交流会论文集

主　　编　陈　斌
副 主 编　李国刚　陈善荣　王业耀　傅德黔
执行主编　康晓风　王　光

中国环境出版社·北京

图书在版编目（CIP）数据

第十二次全国环境监测学术交流会论文集/陈斌主编．—北京：中国环境出版社，2015.7

ISBN 978-7-5111-2463-0

Ⅰ.①第… Ⅱ.①陈… Ⅲ.①环境监测—学术会议—文集 Ⅳ.①X83-53

中国版本图书馆 CIP 数据核字（2015）第 152342 号

出 版 人 王新程
责任编辑 赵惠芬
责任校对 尹 芳
封面设计 彭 杉

出版发行 中国环境出版社
（100062 北京市东城区广渠门内大街 16 号）
网 址：http：//www. cesp. com. cn
电子邮箱：bjgl@cesp. com. cn
联系电话：010-67112765（编辑管理部）
发行热线：010-67125803，010-67113405（传真）
印 刷 北京市联华印刷厂
经 销 各地新华书店
版 次 2015 年 7 月第 1 版
印 次 2015 年 7 月第 1 次印刷
开 本 880×1230 1/16
印 张 46. 25
字 数 1400 千字
定 价 180. 00 元

前　言

2013年以来，全国各级环境监测站在巩固监测转型成果的基础上，加大了监测技术创新的力度，更加注重科技成果业务化应用，提升了为环境管理服务的水平和效率。为进一步提高环境监测技术与学术水平，促进环境监测学术交流与合作，中国环境科学学会环境监测专业委员会于2015年7月在青海省西宁市召开第十二次全国环境监测学术交流会，并组织监测技术人员撰写了环境监测科技进展论文集。本次学术交流会共收到论文246篇，经过评审，筛选出130篇，参加会议交流。论文内容涉及环境监测管理、分析技术、预警与应急、综合评价、环境统计、质量管理等领域的最新科研成果。

在论文集筹划、编辑过程中，得到了中国环境监测总站领导的高度重视与大力支持，使论文征集、审阅、编辑和出版等各项工作得以顺利高效地开展，编委会谨致衷心的感谢！同时，向辛勤审阅稿件的专家和踊跃投稿的环境监测技术人员致以诚挚的敬意和感谢！本次会议得到了青海省环境监测中心站的大力协助，在此一并表示衷心的感谢。希望论文集的出版能够抛砖引玉，让环境监测同仁更加关注环境监测科研，使监测业务与监测科研紧密结合，切实推进监测技术创新，更好地为环境管理提供技术支撑。

由于时间仓促，论文数量大，汇编过程中难免会出现不妥、疏漏甚至错误之处，敬请读者批评指正。

环境监测专业委员会

二〇一五年七月

目　录

环境监测分析技术

环境监测质量管理

环境质量综合评价

预警与应急监测

环境监测调查分析

环境监测统计与核算

环境监测管理

环境监测分析技术

ICP-MS 法测定环境水样中总磷

陈 纯 汤立同 王 楠 路新燕 王媛媛 彭 华

河南省环境监测中心，郑州 450004

摘 要：研究并建立了电感耦合等离子体质谱法（ICP-MS）测试环境水样中总磷的方法，考察了该方法与传统的光度法在监测结果之间的差异性。结果表明，该方法测试环境水样中总磷的监测限可达 6×10^{-4} mg/L，加标回收率为 92%～103%。氦气碰撞模式可有效解决复杂水样消解后的基体干扰问题。

关键词：总磷；ICP-MS；环境水样

Determination of Total Phosphor in Environmental Water Samples by ICP-MS

CHEN Chun TANG Li-tong WANG Nan LU Xin-yan WANG Yuan-yuan PENG Hua

Henan Environmental monitoring center，Zhengzhou 450004

Abstract：The total Phosphor in environmental water samples was established by ICP-MS. The difference of determination of the test results was performed，and compared with the traditional method. The limit of detection of this method was 6×10^{-4} mg/L，The recovery was 92%～103%. Additionally，the matrix interference from the dispel of complex water samples was availably avoided by using the Collision mode of He.

Key words：total Phosphor；ICP-MS；environmental water

磷是生物生长的必需元素，但水体中磷含量过高，就会造成水体富营养化；为保护水质，我国将总磷列为环境监测的基本项目。目前对磷的测定主要是钼锑抗分光光度法（GB 11893—89）及离子色谱法（HJ 669—2013），上述方法存在操作繁琐，试剂不易保存，线性范围窄，分析时间长、检出限不理想等缺陷。因此使用更先进的分析仪器，探讨新的测试手段，加快分析速度，提高分析结果的准确度和精密度至关重要。电感耦合等离子体质谱技术具有线性范围宽，灵敏度高，操作简单，分析快速等特点；但由于磷的第一电离能（10.48eV）较高，属于难电离元素，因此采用 ICP-MS 测定磷时存在电离效率较低等问题[1]。目前，ICP-MS 测定总磷的报道较少[2-4]。本试验针对总磷元素进行仪器条件的优化，用 ICP-MS 技术直接测定不同水体中的总磷，并与传统的分光光度法测定的结果进行比较，从而建立一种简便、准确的测定水样中总磷的方法。

1 实验部分

1.1 仪器与试剂

7500Cx 型电感耦合等离子体质谱仪（Agilent 公司，美国），Milli-Q 超纯水系统（Millipore 公司，美国）。仪器条件见表 1。磷单元素标准溶液（国家标准物质研究中心，1 000 μg/ml）；总磷质控样（环境保护部标准样品研究所）；钪内标溶液（GB04—1750—2004，1 000 μg/ml，国家有色金属及电子材料分析测试中心）；标准工作液临用时用 2%硝酸逐级稀释；硝酸（分析纯，Fluka）。实际水样来自金水河及某企业废水。

表 1　ICP-MS 仪器操作参数

仪器参数	参数值	仪器参数	参数值
射频功率	1 450 W	辅助气流量	0.8 L/min
采样深度	1.1 mm	雾化温度	4℃
雾化器流量	0.97 L/min	测量点数/峰	3
冷却气流量	13.0 L/min	数据采集模式	跳峰
碰撞池	开启	氦气流速	4.0 ml/min

1.2　在线内标的选择

采用在线内标加入法，选择合适的内标元素^{45}Sc，质量数与 P 接近。两者质量数相似，其信号的变化也相似，两元素的干扰情况也相似，用信号比作为定量分析的依据可得到校正基体干扰的效果；本实验选择内标浓度确定为 50μg/L。

1.3　水样的前处理

1.3.1　ICP-MS 分析

空白样品、质控样编号后直接进入 ICP-MS 分析。污水样品加入硝酸使其含量约为 2%，取上清液（或过0.45μm滤膜后）上机分析。

1.3.2　钼锑抗光度法分析[5]

取样品 25.0 ml 置于凯氏烧瓶中，加数粒玻璃珠，加入 2 ml（1+1）硫酸及 2～5 ml 的硝酸。在电热板上加热至冒白烟，如液体尚未清澈透明，放冷后，加入 5ml 硝酸，再加热至冒白烟，并获得透明液体。放冷后加约 30 ml 水，加热煮沸约 5 min。放冷后，加 1 滴酚酞指示剂，滴加氢氧化钠溶液至刚呈微红色，再滴加 1 mol/L 硫酸溶液使微红刚好褪去，充分混匀，移至 50 ml 比色管中。如溶液浑浊，则用滤纸过滤，并用水洗凯氏瓶和滤纸，一并转入比色管中，稀释至标线，分别编号供分析用。

2　结果与讨论

2.1　标准工作曲线的绘制

测定采用标准曲线法，同位素选择为^{31}P。吸取 5 000 μg/ml 的标准储备液逐级稀释为 5.0、50.0、250.0、1 000、5 000 μg/L 的系列标准工作曲线溶液，用 2%的硝酸定容至刻度，摇匀。线性回归结果 $Y=198.6X+10\ 126$；相关系数 $r=0.999\ 8$。

2.2　方法的检出限

方法检出限依据《环境监测 分析方法标准制修订技术导则》（HJ 168—2010）附录 A “方法特性指标确定方法”进行；重复 7 份空白试验，计算平行测定的标准偏差（*SD*），以其 3 倍 *SD* 作为检出限。经计算，本方法的检测限为 6×10^{-4}mg/L，方法的测试下限为 2.4×10^{-3}mg/L。

2.3　方法的准确度

2.3.1　相对误差

试验选择有证标准物质作为待测样品，其中样品 1＃（GBW203416）、2＃（GBW203417）为总磷标样，样品 3＃（GBW203948）、4＃（GBW203949）为正磷酸盐标样，样品 5＃、6＃为实际水样。采用 ICP-MS 法分析其结果，与样品的参考值比较，确定相对误差（见表 2）。结果表明，ICP-MS 方法分析水中总磷的测试相对误差均在 5%以内，符合环境监测对水样中总磷监测的要求。

表 2　样品分析相对误差试验

序号	参考值*/(mg/L)	测定值/(mg/L)	RE / %	序号	参考值*/(mg/L)	测定值/(mg/L)	RE / %
1#	0.424	0.417	−1.7	4#	1.24	1.19	4.1
2#	0.210	0.212	1.0	5#	0.245	0.255	4.1
3#	0.531	0.542	2.1	6#	1.45	1.41	−3.0

* 硝酸-高氯酸消解-钼锑抗光度法结果

2.3.2　实际样品的加标回收率

选择空白样品、2#、5#、6#4 个水样，做高、低两种浓度水平的加标回收率试验，使磷元素的加标浓度分别为 50 ng/ml 和 500 ng/ml，每份加标样平行测定 6 次，取其平均值作为其回收率，见表 3。结果表明，ICP-MS 测试水空白样品、标准样品及实际水样中总磷的加标回收率为 92%～103%，相对标准偏差小于 5%，说明本法测定水样品中磷的准确度较高，稳定性好。

表 3　样品分析加标回收率表（$n=6$）

序号	初始浓度/(mg/L)	加标浓度/(ng/ml)	回收率 / %	RSD / %
空白	未检出	50	96	1.8
2#	0.210	50	92	1.9
5#	0.245	500	103	2.2
6#	1.45	500	99	2.7

2.4　方法的精密度试验

按照表 1 优化的参数，试验对 5#、6# 样品进行了方法精密度测定，每份平行测定 6 次，计算其相对标准偏差；并与传统的钼酸铵分光光度法的测定结果进行方差检验。结果见表 4。

表 4　两种分析方法测试结果表

样品	方法	第一次	第二次	第三次	第四次	第五次	第六次	$\bar{X}$	S
5#	钼锑抗法	0.247	0.251	0.259	0.261	0.244	0.242	0.251	0.007 87
	ICP-MS 法	0.250	0.262	0.251	0.254	0.255	0.258	0.255	0.004 47
6#	钼锑抗法	1.45	1.47	1.44	1.42	1.41	1.39	1.43	0.028 98
	ICP-MS 法	1.38	1.39	1.42	1.39	1.45	1.44	1.41	0.029 27

对采用两种不同消解方法得到的测试结果进行 t 检验；其中 $n=6$，$f=n_1+n_2-2=10$ 带入公式：

$$t=(\bar{X}_1-\bar{X}_2)\sqrt{n}/\sqrt{s_1^2+s_2^2}$$

计算得到 5#、6# 样品测试的 t 值分别为 1.173、−1.090；若显著性水平 a 以 0.05 计，由 t 表查得 $t_{0.05(10)}=2.228$，由表可知，$|t|<t_{0.05(10)}=2.228$；可认为本文中钼锑抗分光光度法和 ICP-MS 方法测试水中总磷的结果无显著性差异。

2.5　干扰的消除

在分析清洁水样如饮用水、质控样品中的总磷时（GB/T 5750.5—2006），可不用对样品进行前处理，直接进样；此时 ICP-MS 能够采用普通模式直接测试。而基质较复杂的污水样品，测试将可能存在明显的多原子离子的干扰问题，例如在磷的质量数 31 处容易受到 $^{15}N^{16}O$、$^{14}N^{16}O^{1}H$ 的同质异位素重叠干扰；同时，还会受到 32 质量数的主要背景峰重叠干扰，如高背景干扰的 $^{16}O_2$、^{32}S 等。在此情况下，开启碰撞池技术，通入氦气，利用 He_2 分子将能量相对较低、碰撞截面相对较大的多原子离子干扰去除掉，达到消除干扰的目的。本实验选择基体较复杂的污水样品，加硝酸酸化后进样，利用 He 碰撞模式，测试结果如表 5 所示。

表 5 复杂基体废水两种测试模式的结果表（$n=6$）

序号		测试浓度均值/（mg/L）	参考值*/（mg/L）	RSD/%	RE/%
5#	普通模式	0.276	0.245	11.4	13
	碰撞反应模式	0.255	0.245	1.8	4
6#	普通模式	1.70	1.41	8.5	21
	碰撞反应模式	1.41	1.45	2.0	−3

*硝酸-高氯酸消解-钼锑抗光度法结果

如表 5 所示，与碰撞模式的测试结果相比，普通模式的测试结果明显偏高；其相对标准偏差均超过 10%，无法满足测试要求。同时^{31}P元素的标准曲线线性较差，空白值偏高，即使本试验的样本为基质简单的水样，但多原子离子的干扰还是存在，所以采用碰撞池技术进行测定，有效地减少多原子离子对待测元素的潜在干扰[6]，结果显示线性良好，空白值较低。

2.6 方法适用范围

由于 ICP-MS 仪器进样系统的限制，本方法适合用于直接测定饮用水及其水源地水、清洁地表水及悬浮物浓度较低的废水中的总磷；对于含悬浮物较多的浑浊水样，可过 0.45μm 滤膜后，测定水样中可溶性总磷酸盐含量，也可加入硝酸-高氯酸消解后测试其总磷含量。

3 小结

综上所述，本方法用于测定环境水样中的总磷，具有灵敏度高、检出限低、精密度和回收率好的优点；在适当的条件下，可以与环境水样中的重金属及硼、溴、碘等元素同时分析[3]，节省时间，提高效率，有标准化的潜力，在环境监测领域具有较好的应用前景。

参考文献

[1] 王小如，陈登云，李冰，等. 电感耦合等离子体质谱应用实例 [M]. 北京：化学工业出版社. 2005.8.

[2] 李政军，黄金凤，刘健斌，等. 八极杆碰撞/反应池-ICP-MS 测试纯铜中的磷 [J]. 分析实验室，2007，26（1）：76-78.

[3] 贾娜，韩梅，孙威，等. 电感耦合等离子体-质谱法同时测定地下水中微量 B、P、Br 和 I [J]. 光谱实验室，2013，30（1）：49-52.

[4] 黄耀，黄郁芳，宗祥福. ICP-MS 法测定硅片表面 BPSG 中 B、P 含量 [J]. 质谱学报，2000，21（3，4）：131-132.

[5] 国家环保局《水和废水监测分析方法》编委会. 水和废水监测分析方法. 4 版增补版. 北京：中国环境出版社，2003.9.

[6] 李冰，杨红霞. 电感耦合等离子体质谱原理和应用 [M]. 北京：地质出版社，2005.9.

作者简介：陈纯（1980.10—）河南省环境监测中心从事重金属监测工作，工程师。

固体进样-冷原子吸收法直接测定土壤中总汞

路新燕　陈　纯　高　勇　王媛媛　刘　丹　王　楠
河南省环境监测中心，郑州　450004

摘　要：应用固体测汞仪，采用多标准土壤样品（$n>20$）绘制校准曲线法和单一标准土壤样品绘制校准曲线法，分别对土壤中的汞进行了测定。实验结果表明，两者的方法检出限分别为 0.30ng、1.49 ng，平行样（$n=6$）的相对标准偏差分别为 3.6%～4%，5.4%～9.0%，90 天内的重复性精密度分别为 4.1%，对国家土壤标样进行测定，结果与标准值相符。表明与单一标准土壤样品绘制校准曲线法相比，多标准土壤样品绘制标准曲线法具有更好的精密度、更低的检出限，更强的适用性，并且由于校准曲线长期稳定性，有效缩短了土壤中汞的检测周期。

关键词：汞；固体测汞仪；土壤

Determination of Mercury with Multi-point Calibration Curve in Soil by Direct Analyzer with Solid Sampling

LU Xinyan　CHEN Chun　GAO Yong　WANG Yuan-yuan　LIU Dan　WANG Nan
Henan Enviromental Monitring Center, Zhengzhou 450004

Abstract: Total mercury in the state standard soil samples were determined using Direct Analyzer with Solid Sampling by Multi-state standard soil-calibration curve and Single-state standard soil-calibration curve. The results showed that the detection limits were 0. 30ng and 1. 49 ng, the relative standard deviations of parallel samples ($n=6$) were 3. 6%～4% and 5. 4%～6. 5%, the repeatability precisions in 90 days was 4. 1%. This suggested that the method of Multi-state standard soil-calibration curve had the lower detection limit, the better replicability precision, and the better reproducibility precision.

Key words: trace mercury; direct Analyzer with Solid Sampling; soil

汞，是一种易挥发、可在生物体内积累的有毒金属，因其特殊的物理化学性质被广泛地应用于电子电器产业、矿石冶炼业和制药业等。随之而来的土壤、水、空气的汞污染问题愈演愈烈。目前测定土壤中总汞的方法主要有原子荧光法[1-3]、色谱法、冷原子吸收法[4、5]、电感耦合等离子体质谱法[6]等，其中原子荧光法是近年来应用最为广泛的分析方法。采用这些方法分析土壤中汞时，均需要对土壤样品进行消解，使用多种有毒有害试剂，操作步骤繁琐，耗时较长。固体测汞仪[7-10]多采用单标准土壤标准曲线法。即称量质量不等的同一标准土壤样品，利用样品中汞绝对含量与响应值的相关性绘制标准曲线。由于受标样的土壤类型的限制，标准曲线针对不同区域和不同浓度汞含量的土壤样品的适用性和长期稳定性均较差。

本方法将热分解技术-汞齐吸附与冷原子吸收技术相结合，实现了土壤测汞的无需消解直接进样，从而实现快速测定土壤总汞。采用的多类型土壤标准曲线法，有效克服了单标准土壤标准曲线法存在的问题，可实现不同区域性质土壤、不同浓度类型土壤的准确分析，而且实现了标准曲线的长期（至少 3 个月内）稳定有效，从而实现土壤样品的测定可不做标准曲线直接测定，在仪器稳定的情况下可 10min 内完成一个土壤样品的测定，大大节省了分析时间。

1 实验部分

1.1 主要仪器及试剂

Hydra-C 全自动固体测汞仪，美国利曼公司；Sartorius BAS124s 电子天平，精确至 0.1mg，赛多利斯科（北京）有限公司；XH-700MF 陶瓷纤维马弗炉，北京祥鹄科技发展有限公司；镍舟，使用前于马弗炉中 600℃空烧 1h，置于镍舟中的固体样品质量小于 0.5g；高纯氧气，纯度大于 99.99%；GSS 系列、GSD 系列土壤标准物质，中国地质科学研究院地球物理地球化学勘查研究院。

1.2 仪器条件

仪器自带自动进样器，可完成自动进样。仪器条件见表 1。

表 1 仪器条件

升温、积分条件			气体控制	
步骤	温度/℃	保持时间/s	项目	流量/（ml/min）
干燥	300	70	输入	7～17
热解	800	60	输出	>0.4
催化	600	60		
金汞齐	600	30		
积分时间	—	80		

2 结果与讨论

2.1 工作曲线绘制

单标准土壤标准曲线：准确称取 GSS-4 标准土壤样品 12 份于镍舟中，质量在 0.01～ 0.25g 之间均匀分布，置于样品架上，设定自动进样程序，进行直接进样测定。具体见表 2，低浓度曲线相关系数为 0.998 87，高浓度曲线相关系数为 0.999 45。

多标准土壤标准曲线：准确称取 GSS-1～GSS-5、GSS-7～GSS-10、GSS-12～GSS-14、GSS-17～GSS-28、GSD-1a～GSD-5a、GSD-7a、GSD-8a、GSD-9～GSD-12、GSD-14～GSD-23 标准土壤样品于镍舟中，共计 44 个标准土壤样品，每个标准土壤样品各称量一份，质量范围 0.10～0.20g。镍舟置于样品架上，设定自动进样程序，进行直接进样测定。低浓度曲线相关系数为 0.966 28，高浓度曲线相关系数为 0.999 28。

表 2 标准曲线

标准曲线 $Y=AX+B$	多标准土壤标准曲线		低标准土壤标准曲线	
	低浓度	高浓度	低浓度	高浓度
A	$8.391\,1\times10^{-5}$	$1.147\,7\times10^{-3}$	$9.256\,2\times10^{-5}$	$1.120\,6\times10^{-3}$
B	−0.635 5	−6.640 3	−4.496 6	−10.119
Rho	0.966 28	0.999 28	0.998 87	0.999 45

2.2 检出限

重复测定 7 个空白样品舟，计算测得值的标准偏差 S，确定方法检出限，结果见表 3。

由表 3 可知，多标准土壤样品绘制标准曲线法的检出限 0.30ng，明显低于单一标准土壤样品绘制标准曲线法的检出限 1.49ng。

表 3 方法空白及检出限

多标准土壤标准曲线			单标准土壤标准曲线		
编号		试样	编号		试样
测定值/ng	1	1.65	测定值/ng	1	1.61
	2	1.69		2	2.52
	3	1.59		3	2.36
	4	1.46		4	2.99
	5	1.51		5	2.42
	6	1.46		6	2.91
	7	1.46		7	2.87
平均值/ng		1.55	平均值/ng		2.53
标准偏差 S/ng		0.097	标准偏差 S/ng		0.476
t 值（n=7）		3.14	t 值（n=7）		3.14
检出限/ng		0.30	检出限/ng		1.49
检测下限/ng		1.22	检测下限/ng		5.97

2.3 精密度

对两个未知的土壤样品，进行 6 次平行测定，精密度测定结果见表 4。

由表 4 可知，多标准土壤样品绘制标准曲线法 6 次平行测定土壤 1 和土壤 2 的相对标准偏差 RSD 值均小于 5%，而单一标准土壤样品绘制标准曲线法的 RSD 值为 5.4%，9.0%。

表 4 精密度实验结果（n=6）

多标准土壤标准曲线			单标准土壤标准曲线		
编号	土壤 1	土壤 2	编号	土壤 1	土壤 2
1	52.2	58.4	1	44.6	54.3
2	52.5	57.4	2	41.7	63.2
3	52.7	59.7	3	48.5	48.7
4	54.5	59.1	4	42.5	52.7
5	50.8	59.0	5	45.7	53.3
6	48.4	63.6	6	44.8	57.4
平均值/（ng/g）	51.9	59.5	平均值/（ng/g）	44.6	54.9
RSD/%	4.0	3.6	RSD/%	5.4	9.0

2.4 准确性及长期稳定性

选择 5 个不同标准土壤样品，用多标准土壤标准曲线和单标准土壤标准曲线分别于标准曲线绘制的第 1 天和 81 天进行测定，测定结果如表 5 所示。

由表 5 可知，多标准土壤标准曲线法对 5 个不同标准土壤在第 1 天的测定结果均符合其相应的推荐值，而单标准土壤标准曲线测定的 5 个标准土壤只有 3 个符合其相应的推荐值。第 81 天时，多标准土壤标准曲线法分析这 5 个标准土壤，其测得值依然全部符合其相应的推荐值，而单标准土壤标准曲线法只有标准土壤 GSS28 的测定值符合其相应的推荐值。

表 5 精密度实验结果（n=6） 单位：ng/g

标准土壤	推荐值	多标准土壤标准曲线法		单标准土壤标准曲线法	
		第 1 天测定值	第 81 天测定值	第 1 天测定值	第 81 天测定值
GSS8	17±3	15	16	未检出	未检出
GSD12	56±6	54	59	37	42
GSD17	108±11	98	88	117	155
GSS28	143±13	138	147	134	137
GSS5	290±30	298	315	307	331

在90天内，利用已有标准曲线在不同时间直接对标准土壤样品GSD23（推荐值92～138 ng/g）进行测定，考察该方法的长期稳定性和准确性。

由图1可知，90天内不同时间段的15次测定的平均值为113 ng/g，相对标准偏差为4.1%，其测定值随时间的变化如图1所示。结果表明，多标准土壤标准曲线法测定土壤中的汞，不仅具有很好的准确性，也具有非常好的长期稳定性。

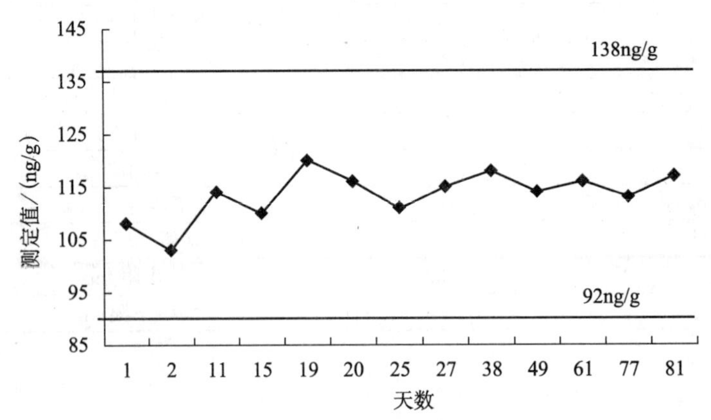

图1　多标准土壤标准曲线的长期稳定性

综合表5和图1的结果表明，多标准土壤样品绘制标准曲线法相较于单标准土壤不仅具有更好的准确性和普适性，更重要的是其长期稳定性。

3　结论

本文建立了固体进样-冷原子吸收技术-多标准土壤标准曲线法-直接测定土壤中总汞的方法，多标准土壤标准曲线法直接测定土壤中的总汞，有效避免了传统测定方法消解前处理的繁琐步骤及汞损失，消除了前处理过程中强酸、强碱等有毒试剂对分析人员的伤害和对环境的污染。此外，本方法绘制的标准曲线可在较长的时间段内使用，样品上机一般可以10min内准确快速完成汞的测定，显著提高了土壤汞样品分析的时效性。

参考文献

[1] 荆镝，廉成章. 冷原子荧光法测定地面水和土壤中的痕量总汞 [J]. 中国环境监测，1996，12 (3)：9-12.

[2] 李仲根，冯新斌，等. 王水水浴消解-冷原子荧光法测定土壤和沉积物中的总汞 [J]. 矿物岩石地球化学通报，2005，2 (24)：140-143.

[3] 陈小芒，吴福全，等. 冷原子荧光法测定土壤中总汞的研究 [J]. 环境监测管理与技术，1996，4 (2)：30-32.

[4] 陈剑侠，柯毅龙. 冷原子吸收法测定土壤中总汞的研究 [J]. 光谱实验室，1997，14 (4)：20-23.

[5] 梁延鹏，张力，等. 氢化物-冷原子吸收法测定土壤和植物的中汞 [J]. 中国测试技术，2006，32 (6)：12-15.

[6] 陈冠红，藤川阳子. 激光熔蚀-电感耦合等离子体质谱法测定底泥沉积物中的总汞 [J]. 光谱学与光谱分析，2004，24 (9)：1121-1123.

[7] 陈金凤. 固体测汞仪直接测定土壤中的汞含量 [J]. 科技信息，2013，25：117-118.

[8] 贾庆和，杨广军，等. 固体进样-直接测汞仪法测定金精矿粉中微量汞 [J]. 化学分析计量，

2012，21（4）：56-58.

[9] 谢涛，罗艳. 直接测汞仪测定土壤中的总汞 [J]. 光谱实验室，2012，29（3）：1689-1691.

[10] 王海凤，等. DMA-80 测汞仪直接测定土壤中的痕量汞 [J]. 光谱实验室，2012，29（3）：1689-16

作者简介：路新燕（1984.3—），河南省环境监测中心，主要从事重金属监测工作，工程师。

城市大气 $PM_{2.5}$ 综合源解析方法初探

杨妍妍　张大伟　李金香　王　琴　粟京平　徐文帅
北京市环境保护监测中心，北京　100048

摘　要：大气颗粒物来源解析技术是科学、有效地开展大气污染防治工作的必要手段。但单纯使用一种模型，往往不能够得到全面的解析结果。城市大气 $PM_{2.5}$ 源解析方法将向着多手段、互校验、综合源解析的方向发展。本研究提出了多种解析手段联合应用的综合源解析思路，并以 2012—2013 年度北京市大气 $PM_{2.5}$ 来源解析为案例，同时应用受体模型、源模型、源清单，对不同源解析方法联合应用的可能性及解析效果进行了探讨。

关键词：$PM_{2.5}$；源解析；综合源解析方法

Preliminary Study about Urban Ambient $PM_{2.5}$ Source Appointment Synthesized Method

YANG Yan-yan　ZHANG Da-wei　LI Xiang-qin　WANG Qin　LI Jing-ping　XU Wen-shuai
Bejing Municipal Enviromental Monitring Center，Beijing 100048

Abstract：Source appointment of atmospheric particulate matter is necessary to prevent and control atmospheric pollution. However，only using a kind of model can't get comprehensive results. It is the prospects for source appointment to be multivariate，comparable and synthetical. In this paper，an idea about synthesized method of multivariate source appointment methods was discussed，and was used in the case study of $PM_{2.5}$ source appointment in Beijing during 2012 to 2013. In the case study ，receptor model，source-oriented model，source inventory，were used for $PM_{2.5}$ source appointment，and the possibility and rationality of the synthesized method was discussed.

Key words：$PM_{2.5}$；source appointment；synthesized method

1　引言

近年来，我国频现大范围的雾霾天气，其首要污染物 $PM_{2.5}$ 成为国家及公众共同关注的热点问题；大气环境中的 $PM_{2.5}$ 具有复杂多变的化学组成和物理特征，这些理化特性与颗粒物的来源密切相关。源解析技术是对环境空气颗粒物的来源进行定性或定量研究的主要技术手段，是颗粒物污染防治的关键环节。利用源解析技术，可以建立起污染源与环境空气质量之间的关系，确定大气污染治理主要对象和优先顺序，从而提高大气污染防治工作的针对性、科学性和合理性。环保部于 2013 年 8 月发布了《大气颗粒物来源解析技术指南》(试行)，定义大气颗粒物来源解析是指“通过化学、物理学、数学等方法定性或者定量识别环境受体中大气颗粒物的来源”[1]。环保部明确要求全国各主要城市逐步开展大气 $PM_{2.5}$ 的来源解析研究。大气颗粒物的来源解析研究始于 20 世纪 70 年代，发展至今，各类模型算法都日趋成熟；近十年来，随着大气颗粒物及组分实时监测技术的发展，使得在线源解析成为可能。源解析的技术方法主要包括源清单法、源模型法和受体模型法[1-4]。源解析是一项比较复杂的系统工作，不同方法具有各自独特

基金项目：北京市科技支撑项目（Z121100000312035）。

的优势、适用性、不确定性和局限性[5]。关于不同解析方法的原理、数据条件、适用性、技术限制等，很多学者都进行过较为系统的总结和阐述[4,5-8]，本文不再赘述。

已有的大气 $PM_{2.5}$来源解析研究大多只应用单一的源解析技术手段，单一方法往往不能获取全面的大气 $PM_{2.5}$的来源解析结果，且通常有 30%甚至更高的 $PM_{2.5}$来源不能对应到现实的污染源（主要是二次来源），对环境管理支撑缺乏针对性。为获取更为全面的解析结果，本文提出多种解析手段联合应用的综合源解析方法，并以 2012—2013 年北京市大气 $PM_{2.5}$来源解析研究为案例，以期为城市大气 $PM_{2.5}$来源解析工作的开展提供新的思路和参考。

2 综合源解析方法

2.1 总体思路

总体思路为：以受体模型为基础核心，联合源模型和源清单，识别区域传输与本地排放对北京市大气 $PM_{2.5}$的贡献比例，并将二次来源的 $PM_{2.5}$映射至一次排放源，获取本地影响大气 $PM_{2.5}$主要来源类型的贡献及分担率。技术路线见图 1。

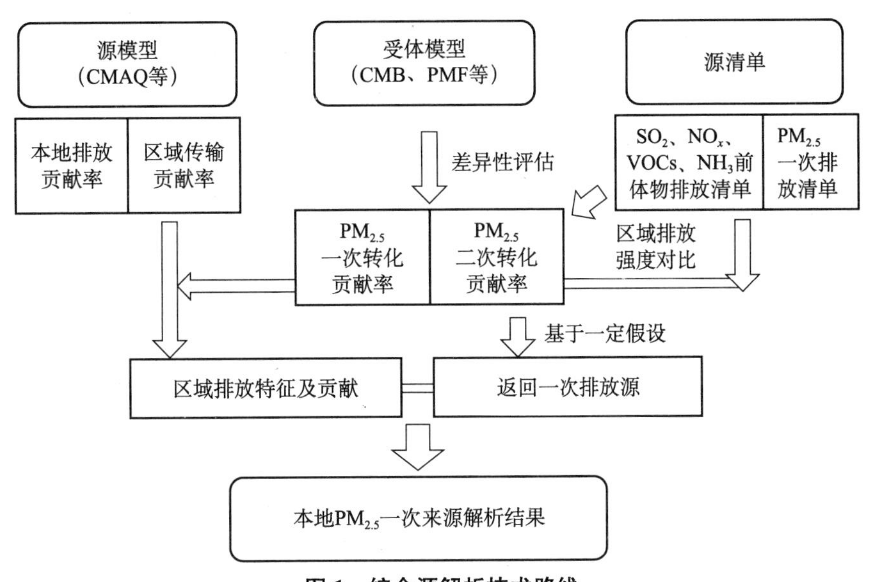

图 1 综合源解析技术路线

2.2 主要步骤方法

本研究中采用的主要步骤方法包括：

（1）应用受体模型对影响大气 $PM_{2.5}$的主要来源类型进行解析，计算主要源类的贡献率。

同时应用 CMB、PMF 两种模型方法进行 $PM_{2.5}$来源解析，互相校验、互为补充，以降低大气 $PM_{2.5}$来源解析结果的不确定度。

（2）在深入了解不同解析方法的原理、优势及适用性的基础上，对不同解析方法识别出污染源类型的具体"含义"进行判断、分析。客观对待不同解析方法获取解析结果之间的差异，深入分析产生解析结果差异的原因。

例如：PMF 解析结果中"二次源"，包含了二次硫酸盐、二次硝酸盐及二次有机物三部分的贡献；CMB 解析结果中，分别得出了"二次硫酸盐"、"二次硝酸盐"和"有机物"的贡献率，但"有机物"包含了未识别污染源直接排放的颗粒态有机物和气态有机物经大气化学反应生成的二次有机颗粒物。因此，PMF 解析结果中"二次源"不能直接对应 CMB 解析结果中"二次硫酸盐"＋"二次硝酸盐"＋"有机物"的贡献率。

（3）对不同方法得出的解析结果赋以不同的权重，通过加权平均得到一个综合的源解析结果。

对于两种方法解析出的相同或近似的污染源类型，贡献分担率相对偏差（大值相对小值）不超过30%的，认为两种方法解析结果相一致，等权赋值；对于定义不同的污染源类，要先过滤出交叉部分，再进行比较；属性差异较大的源类权重赋值主要考虑模型方法的优势和适用性，重点参考优势模型的解析结果和不确定性；对于两种解析方法互为补充的污染源类则参考其解析方法得到的源类不确定性、清单信息等进行权重赋值。也有研究学者指出，可根据解析方法结果的不确定性来确定权重[5]。

（4）使用源模型，估算区域传输贡献率，获取本地综合解析结果。

但精细定量区域传输部分中一次颗粒物和前体物转化的贡献率，以及一次颗粒物中各主要来源的贡献率，目前还是难以攻克的国际难题。

（5）利用$PM_{2.5}$前体物清单数据，将二次来源贡献解析到一次排放源，获得综合源解析结果。

在本地综合解析结果中保留了一部分二次来源，且为$PM_{2.5}$的重要来源，主要来自于前体物SO_2、NO_x、NH_3、VOC_s的二次转化。前体物排放与二次颗粒物转化并不是严格的线性关系[11]，其转化机理十分复杂。为了将二次颗粒物贡献率映射至一次排放源，我们假设不同污染源排放的SO_2、NO_x、NH_3、VOC_s活性及转化效率相同，并按照前体物排放清单线性分配到现实中的污染源，最终获得综合源解析结果。

3 案例应用

2012年8月至2013年7月，依托北京市大气地面观测网络在8个监测点获取486个大气$PM_{2.5}$有效样本，对其化学组分进行了测试分析，样品采集和测试方法详见本课题其他发表文献[9]。

3.1 受体模型解析

联合使用PMF、CMB两种受体模型进行解析，对$PM_{2.5}$的来源类型进行识别和定量。解析结果见表1。根据OC/EC比值法进行SOC含量估算[10]，得出SOC/OC相对比值在40%～60%之间（污染天气高于该比例）；结合CMB解析结果，进而估算二次有机物分担率为10%～15%[9]。经2.2中（2）、（3）步骤，得到综合受体模型解析结果，见图2（a）。

表1 受体模型解析结果

CMB解析结果[9]		PMF解析结果	
污染源类型	分担率/%	污染源类型	分担率/%
二次硫酸盐	16	二次源	42
二次硝酸盐	20	—	—
有机物	20	—	—
电厂燃煤	8.4	煤炭燃烧	19
工业/采暖燃煤	6.1	—	—
汽油车	10.7	机动车/燃油	10
柴油车	5.3	—	—
土壤尘	6	地面扬尘	19
其他	7	建筑尘	4
—	—	工业尘	6

3.2 区域传输定量

应用CMAQ进行大气数值模拟计算，得出区域传输对北京市大气$PM_{2.5}$的贡献率为28%～36%，见图2（b），平均贡献率为32%。通过对区域污染物排放负荷、区域源清单、环境浓度等数据资料进行分析研究，结合周边区域$PM_{2.5}$来源解析结果、数值模拟前体物区域传输结果以及其他最新研究成果[11-12]，经综合评估，认为区域传输对二次硫酸盐的贡献率在60%左右，燃煤电厂区域传输贡献在35%左右，其他燃煤源区域传输贡献30%左右，其他源类区域传输贡献均按25%进行估算，合计$PM_{2.5}$区域传输贡献率为32%。扣除区域传输影响后，解析结果见图2（c）。

3.3 回归一次来源

按照2013年北京市SO_2、NO_x、NH_3、VOC_S排放清单将二次颗粒物贡献率线性分配至一次排放源，解析结果见图2（d）。分类汇总为五大类，其中，机动车指交通流动源、非道路机械等燃油排放，贡献率为31.1%，；燃煤源指燃煤电厂、集中供暖、居民散烧等排放，贡献率为22.4%；工业生产指工业锅炉、石油化工、建材、溶剂生产与使用等工业生产过程，贡献率为18.1%；扬尘指交通道路扬尘、建筑尘、土壤风沙尘等，贡献率为14.3%；其他包括餐饮、汽修、建筑涂装等生活服务业以及畜禽养殖业、种植业等，贡献率为14.1%。综合解析结果见图2（e）。

3.4 与其他研究的比较

北京大气$PM_{2.5}$来源解析研究主要集中在2000年前后，具有一定的研究基础[13-16]。综合源解析方法在以下几个方面有所改进：

（1）解析方法应用更为多样、综合，不同模型解析结果互相校验，一定程度上降低了源解析结果的不确定性。

（2）增加了源解析结果的分辨率。如：CMB、PMF单一方法能识别、定量4～7类污染源的贡献率，两者联用、补充，识别定量了10类污染源贡献率；综合源解析方法则获取了20小类污染源的贡献率。

（3）解析结论进一步完整和系统。受体模型是我国细颗粒物源解析研究中最常用的手段[6]，但受体模型不能解析区域传输贡献，且解析结果中保留了相当比例的二次贡献以及未能识别的源类贡献。综合源解析方法获取了区域传输与本地排放对北京市大气$PM_{2.5}$的贡献比例，并将二次来源的$PM_{2.5}$映射至一次排放源，对$PM_{2.5}$主要来源进行了100%解析，大大提高了对环境管理的针对性。

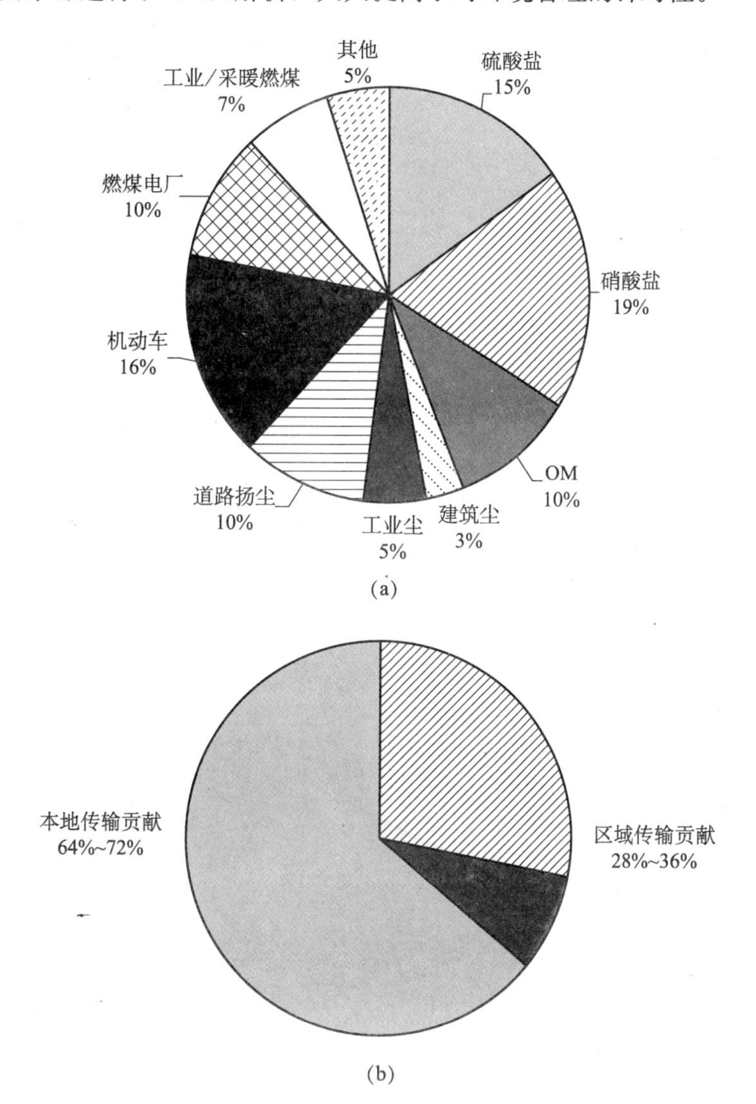

(a)

(b)

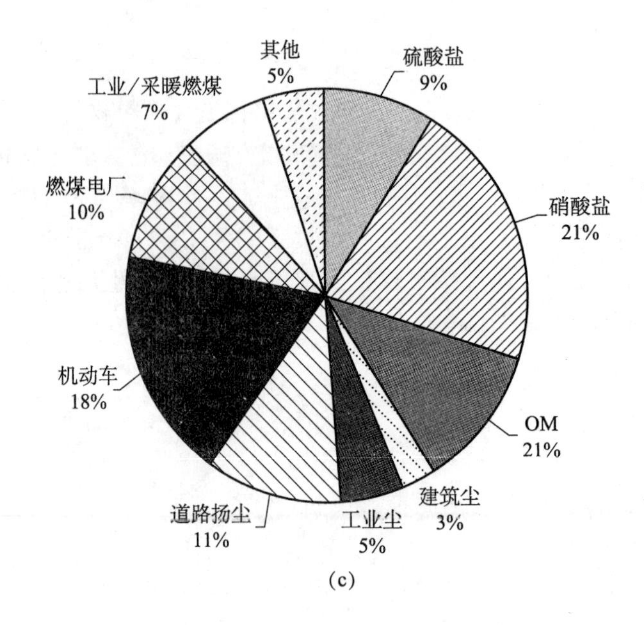

(c)

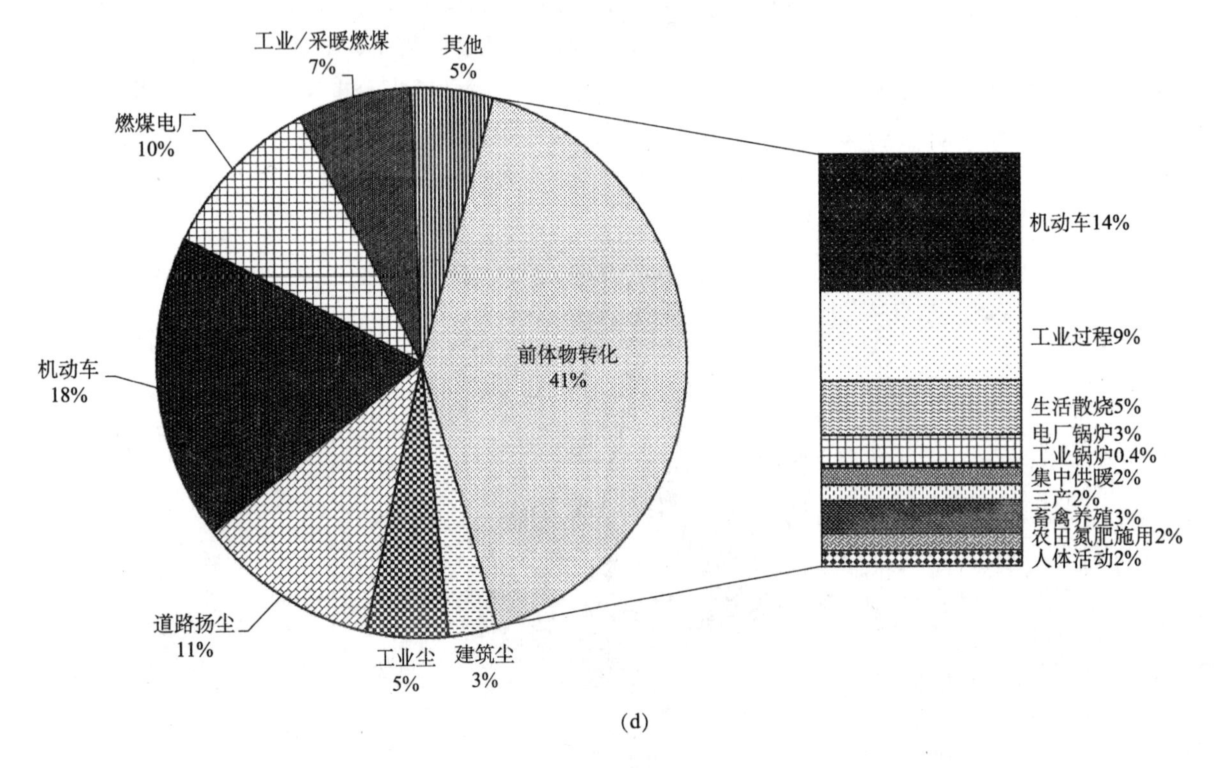

(d)

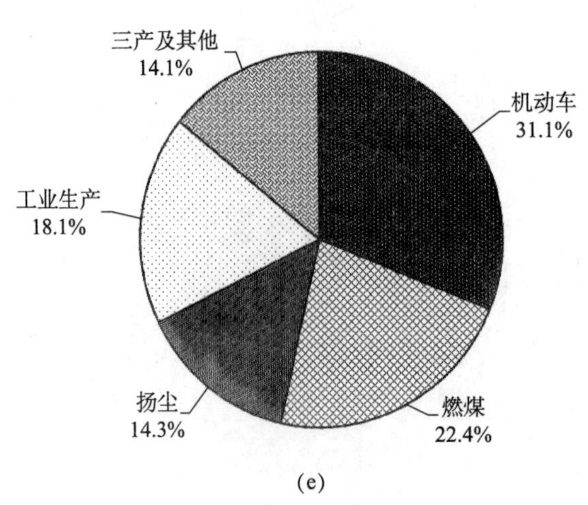

(e)

图 2　各步骤中源解析结果

4 结论与建议

（1）建立的综合源解析方法解决了单一源解析方法的部分弊端，如：清单方法未能与环境质量挂钩，受体模型不能解决区域传输及二次来源，解析结果不能对应现实中的污染源等。

（2）综合源解析方法能够发挥各种模型的优势，互相校验、互补短长，一定程度上降低源解析结果的不确定性，同时增加源解析结果的分辨率。获取的结论更为完整和系统。

（3）基于目前的技术手段，综合源解析方法还存在难以跨越的技术难点，如区域传输的精准定量、二次颗粒物与前体物转化定量等。各种技术手段、基础数据应协同发展，包括在线源解析技术、源清单技术、源成分谱等。

参考文献

[1] 大气颗粒物来源解析技术指南（试行），2013.

[2] 黄小欧．$PM_{2.5}$的研究现状及健康效应 [J]．广东化工，2012，39 (5)：292-299.

[3] 王冰，张承中．大气可吸入颗粒 $PM_{2.5}$研究进展 [J]．中国科技信息，2009，8：25-26.

[4] 朱坦，冯银厂．大气颗粒物来源解析原理、技术及应用 [M]，北京：科学出版社，2012.

[5] 张延君，郑玫，蔡靖，等．$PM_{2.5}$源解析方法的比较与评述 [J]．科学通报，2015，60 (2)：109-121.

[6] 郑玫，张延君，闫才青，等．中国 $PM_{2.5}$来源解析方法综述 [J]．北京大学学报（自然科学版），2014，50 (6)：1141-1154.

[7] 薛文博、王金南、杨金田，等．国内外空气质量模型进展研究 [J]．环境与可持续发展，2013，3：14-20.

[8] 王占山，李晓倩，王宗爽，等．空气质量模型 CMAQ 的国内外研究现状 [J]．环境科学与技术，2013，36 (6L)：389-391.

[9] 杨妍妍，李金香，梁云平，等．应用受体模型（CMB）对北京市大气 $PM_{2.5}$来源的解析研究 [J]．环境科学学报，优先发表 http：//www.cnki.net/kcms/detail/11.1843.X.20150202.1151.002.html.

[10] 周敏，陈长虹，王红丽，等．上海秋季典型大气高污染过程中有机碳和元素碳的变化特征 [J]．环境科学学报，2013，33 (1)：181-188.

[11] Shuxiao Wang，Jia Xing，Carey Jang，et. al. Impact Assessment of Ammonia Emissions on Inorganic Aerosols in East China Using Response Surface Modeling Technique [J]，Environmental Science & Technology，2011，45：9293 - 9300.

[12] Hongliang Zhang，Jingyi Li，Qi Ying，et. al. Source apportionment of $PM_{2.5}$ nitrate and sulfate in China using a source-oriented chemical transport model [J]．Atmospheric Environment，2012，62：228-242.

[13] He Kebin，Zhang Qiang，Ma Yongliang，et al. Source apportionment of $PM_{2.5}$ in Beijing [J]．Fuel Chemistry Division Preprints，2002.47 (2)：677-678.

[14] 朱先磊，张远航，曾立民，等．北京市大气细颗粒物 $PM_{2.5}$的来源研究 [J]．环境科学研究，2005，18 (5)：1-5.

[15] Mei Zheng，Salmon Lynn G.，Schauer James J. et al. Seasonal trends in $PM_{2.5}$ source contributions in Beijing，China [J]．Atmospheric Environment，2005，39：3967-3976.

[16] Song Yu，Zhang Yuanhang，Xie Shaodong，et al. Source apportionment of $PM_{2.5}$ in Beijing by positive matrix factorization [J]，Atmospheric Environment，2006，40：1526-1537.

作者简介：杨妍妍（1980.10.5—），北京市环境保护监测中心，高级工程师。

山东省大气 SO_2 环境监测指示生物的选择

田贵全　曹惠明

山东省环境监测中心站，济南　250101

摘　要：提出了环境监测指示生物的概念，划分了环境监测指示生物类型，论述了环境监测指示生物选择的原则。山东省大气环境主要污染物是 SO_2，选用树生苔藓、地衣和紫花苜蓿作为 SO_2 反应指示生物，选用垂柳和加拿大杨作为 SO_2 污染累积指示生物。

关键词：环境监测指示生物；反应指示生物；累积指示生物；山东省

Selection of Air SO_2 Environmental Monitoring Bioindicators in Shandong Province

TIAN Gui-quan　CAO Hui-ming

Shandong Provincial Environmental Monitoring Center, Jinan 250101

Abstract: The concept of environmental monitoring bioindicator was given, and types. of environmental monitoring bioindicators were classified, and the selection principles of environmental monitoring bioindicators were discussed. Sulfur dioxide is premary air pollutant in Shandong, and therefore Tree bryophyte, Lichen and Alfalfa as the SO_2 reaction bioindicators were selected, andweeping willow, Canadian poplar as the SO_2 accumulation bioindicators.

Key words: evironmental monitoring bioindicator; reaction bioindicator; accumulation bioindicator; shandong province

生物是生态系统核心。污染物通过表面附着、吸收和生物浓缩等途径进入生物体，能够引起生物组分、生物体外部结构和生物群落的变化。这种在生态系统中由污染物引起的生物响应称为污染生态效应[1]。利用生物对环境污染的反应来监测环境污染状况的过程则属于生物监测的范畴[2]。不同的生物对环境污染的反应不同，对环境的指示作用也不一样。合理选择环境监测指示生物是生物监测工作的基础。因此，开展环境监测指示生物研究对于做好生物监测工作具有重要意义。

1　环境监测指示生物的概念及其分类

环境监测指示生物是环境指示生物的一种类型[3]。关于环境指示生物的概念，目前在我国尚未见有完整系统的表述。在各种文献中常见的有“环境污染指示植物”、“指示植物”、“生物指示物”、“污染指示植物”、“抗污染植物”等概念的叙述。如张志杰认为，一个典型的指示植物是一个单一的植物种类，通过它的有无，可以显示出一种环境因素的水平，这种植物称之为指示植物。环境被污染以后，污染物对植物的毒害会反映在植物体上来。这种对环境污染敏感的植物称为“环境污染指示植物”、“监测植物”或“污染报警植物”[4]。李江平等则认为指示生物又叫做生物指示物，就是指那些在一定地区范围内，能通过其特性、数量、种类或群落等变化，指示环境或某一环境因子特征的生物[5]。郝卓莉等认为指示植物是指生态幅狭窄、对环境的正常或异常（污染）变化作出敏感反应的植物[6]。德国对于环境指示生物的概念，主要有 2 种观点：一种观点认为，环境指示生物是指在一定的可比条件下，对人类活动或环境变化的影响具有敏感反应的生物体或生物群落[7]。这种观点强调了人类活动对生物的影响，定义的范围比较狭窄。另一种观点认为，环境指示生物是具有这样一些性质的生物群体，它们的存在或容易识别的特征与一定的环境状况有着密切的联系，人们可将其作为环境指示物或定量实验来应用[8,9]。这种观点既强调了自然环境的影响，又强调了人类活动引起的环境变化的影响。

我们认为，环境指示生物是指能够以其自己的生存特点或容易识别的特征来反映其周围的环境状况及其变化，并且能够被用做环境指示物或定量实验的生物体或生物群落。根据生物与环境的关系及其在环境科学中的应用状况，环境指示生物可分为显域生物、实验生物和环境监测生物3种类型。显域生物是指以特别的生存要求来综合反映某一区域范围内光、热、水、土等生态条件的生物或生物群落。在陆地上随着气候条件的不同而形成诸如热带雨林、阔叶林、针叶林、草原、沙漠、冻原等地带性生物群落，以及特殊环境中生长的生物，如盐生植物、旱生植物与水生生物等。实验生物是指能够用来在实验室进行毒理学试验的生物，而进行这种毒理学试验的主要目的是揭示毒性化学物质对单个生物体的潜在影响与使用剂量的关系，以评价毒性化学物质的生物毒性和环境风险。环境监测生物是指能够用于定量或定性测量环境污染物质，进行环境污染状况评价的生物。

根据生物对环境污染的反应，环境监测生物可分为反应指示生物和累积指示生物2种类型。反应指示生物是敏感的环境指示生物，它以特别的危害作用如叶片坏死、生长抑制或过早的针叶脱落反应显示污染物质的影响。反应指示生物具有较小的环境容量，并以特别的反应回答污染物的影响。也就是说反应指示生物对环境污染是敏感的。如雪松、欧洲云杉、紫花苜蓿、三叶草等植物对大气SO_2污染反应比较敏感，常用作SO_2污染反应指示生物。累积指示生物是抗污染相对较强的环境指示生物，它吸收并贮存污染物，而其外部没有遭受明显的危害。也就是说累积指示生物具有较大的环境容量，并累积污染物，因此这些污染物能够用于实验分析。悬铃木、梧桐、大叶黄杨、女贞等树种对大气中的SO_2具有较强的抵抗能力，可以作为SO_2累积指示生物。

2 大气环境监测指示生物选择的原则

选择植物作为大气污染反应指示生物，应遵循以下3个主要原则：①植物叶片结构比较简单，有利于大气污染物的侵入；②对大气污染物反应症状明显；③区域分布比较广泛。

选择植物作为大气污染累积指示生物，应遵循以下4个原则：①对大气污染物具有足够的抵抗能力。植物叶片的结构不利于有害气体进入，即叶片较厚、革质，外表皮角质化或叶的表面有蜡层，叶片的气孔稀少或气腔内有腺毛等附属物以阻挡气孔口，叶背多毛的植物一般抗性都较强。②对大气污染物具有较好的累积行为。植物对大气污染物具有较好的吸收累积能力，与大气中污染物的浓度具有较大的相关性。③具有较大的生态效价。植物对大气环境污染耐受范围比较广，在环境污染比较严重的区域仍然能够顽强地生长，具有较强的生命力。④分布比较广泛。作为累积指示生物应该在区域范围内分布比较广、容易找到和辨认。

3 大气SO_2环境监测指示生物的选择结果

SO_2是山东省大气环境主要污染物。根据大气环境监测指示生物选择的原则，选用树生苔藓、地衣和紫花苜蓿作为大气SO_2反应指示生物，选用垂柳和加拿大杨作为大气SO_2累积指示生物。大气SO_2环境监测指示生物的适用范围、采样部位、监测分析方法及监测频率见表1。

选择树生苔藓作为SO_2反应指示生物，主要是基于4点原因：①苔藓植物种类多、分布广。山东已知有苔藓植物56科155属433种（包括变种和亚种），约占全国苔藓植物科47.86%，在鲁东丘陵区分布有379种，在鲁中南丘陵区分布有353种，鲁西北平原区分布有46种[11]。②苔藓植物叶片结构简单、对SO_2污染反应敏感。苔藓叶片解剖结构比较简单，植物体表面细胞无胶质层物质覆盖，植物体表面细胞和背腹面均可承受大气污染的影响，稍有污染，植物体便可表现出明显症状。③苔藓植物呈现的症状比较明显。当受到SO_2污染时，叶片会出现明显的黑斑或褐化现象，叶片下表面产生特殊银灰色光泽。当植物体内叶绿体遭受破坏时，会导致苔藓植物叶片的褐化、白化或出现严重的黄萎症状。在SO_2浓度超过

0.17ppm 的地方，苔藓则不能生长[12]。④附生苔藓比其他生活型的苔藓对 SO_2 污染反应更敏感。附生苔藓不受基质的干扰，能很迅速地将浓缩于雨水与露水中的 SO_2 借其特定的受害病症反映出来。从垫状—层状—交织状—附生苔藓，其敏感度随之递增，从土生—石生—树干附生苔藓，其敏感度逐步递增[13]。

表1　山东省大气 SO_2 环境监测指示生物一览表

<table>
<tr><th colspan="2">环境监测指示生物</th><th>适用范围</th><th>采样部位</th><th>监测方法</th><th>监测频率</th></tr>
<tr><td rowspan="3">反应指示生物</td><td>树生苔藓</td><td rowspan="3">大气 SO_2 污染</td><td rowspan="2">生物量</td><td rowspan="2">野外调查观测生物量的变化</td><td rowspan="2">1次/年</td></tr>
<tr><td>地衣</td></tr>
<tr><td>紫花苜蓿</td><td>受害叶片</td><td>野外调查观测叶片受害症状</td><td>1次/年</td></tr>
<tr><td rowspan="2">累积指示生物</td><td>垂柳</td><td rowspan="2">大气 SO_2 污染</td><td rowspan="2">成熟叶片</td><td rowspan="2">化学分析法测定叶片 SO_2 含量</td><td>1次/年</td></tr>
<tr><td>加拿大杨</td><td>1次/年</td></tr>
</table>

选择地衣作为 SO_2 反应指示生物，主要是基于3点原因：①地衣对 SO_2 污染反应敏感。地衣可以通过整个菌体吸收环境中的物质，地衣生长所需的水分和养分等全部依赖于雨水和雾，对外界环境因素反应极为敏感。当大气中 SO_2 浓度超过 0.087ppm 时，地衣会出现慢性伤害症状，当大气中 SO_2 浓度超过 0.154ppm 时，地衣会出现急性伤害症状[5]。②地衣受害症状比较明显。地衣对 SO_2 污染的受害结果主要表现为枯萎、死亡，直至种类减少。地衣具有壳状、叶状和枝状3种生活型。从壳状—叶状—枝状地衣，其敏感度逐步增加。在污染严重的区域地衣绝迹或仅见有壳状地衣，在污染相对较轻的区域见有叶状或枝状地衣生长，在未污染区域枝状、叶状和壳状地衣生长良好[14]。③地衣分布比较广。山东省有地衣68种，隶属于16科35属，分布于全省各地[15]。

选择紫花苜蓿作为 SO_2 反应指示生物，主要是基于2点原因：①紫花苜蓿系豆科苜蓿属多年生草本植物，具有根系发达、主根粗大、耐寒、抗旱、抗盐碱、再生能力强等特点，在山东省各地均有栽培。②紫花苜蓿对 SO_2 污染反应敏感。在空气中 SO_2 浓度达到 0.3ppm 时就会出现症状[4]；当大气环境中 SO_2 浓度达到 1.2ppm 时，紫花苜蓿暴露1小时后，叶片出现白色“烟斑”，并逐渐枯萎，或在叶脉之间或叶缘出现明显的坏死[5]；而人则要达到 1～5ppm 时才能闻到气味，当 SO_2 浓度达到 10～15ppm 时才咳嗽流泪[5]。

选用垂柳和加拿大杨作为大气 SO_2 污染累积指示生物，主要是基于3点原因：①垂柳和加拿大杨在山东分布比较广。二者在全省各地都有分布；②吸收 SO_2 的能力强。1g 垂柳干叶能吸收 20mg 以上的硫[4]。加拿大杨叶片中的含硫量可达 8.11mg/g[13]；③吸收累积 SO_2 的行为好。垂柳和加拿大杨叶片中 SO_2 的含量与大气中 SO_2 的浓度相关系数大，而且随着时间的延长而增强。成熟叶片含硫量大于幼叶含硫量，春季叶片含硫量低于夏季叶片含硫量[16,17]。

树生苔藓和地衣生物量的测定采用收获法，监测时间可选择在地衣和苔藓植物生长旺盛的夏季进行，监测频率1次/年。垂柳和加拿大杨采样部位为成熟叶片，采样时间可选择在夏秋季节叶片成熟期进行，监测频率1次/年。评价方法可采用生物伤害度指数和生物污染指数[3]。

4　结论

（1）环境监测生物是能够用于定性或定量测量环境污染状况的生物。环境监测生物可分为环境监测反应指示生物和环境监测累积指示生物2种类型。环境监测反应指示生物环境容量很小，对环境污染反应敏感，并以特别的反应指示环境污染状况。环境监测累积指示生物环境容量较大，能够吸收累积污染物，并能够用于实验分析。

（2）选择反应指示生物的主要原则是生物对污染物的敏感性。选择累积指示生物的主要原则是生物要具有足够的抵抗污染的能力，较好的污染物累积行为，而且分布比较广泛。

（3）山东省大气环境主要污染物是 SO_2。选用树生苔藓、地衣和紫花苜蓿作为 SO_2 反应指示生物，选用垂柳和加拿大杨作为 SO_2 污染累积指示生物。

参考文献

[1] 林育真. 生态学 [M]. 北京：科学出版社，2004：280-298.

[2] 万本太，等. 中国环境监测技术路线研究 [M]. 长沙：湖南科学技术出版社，2003：293-320.

[3] 田贵全. 环境质量评价的生物方法研究 [J]. 中国环境监测，2008，24 (2)：59-61.

[4] 张志杰. 环境污染生态学 [M]. 北京：中国环境科学出版社，1989：88-100.

[5] 李江平，李雯. 指示生物及其在环境保护中的应用 [J]. 云南环境科学，2001，20 (1)：51-54.

[6] 郝卓莉，黄晓华，张光生，等. 城市环境污染的植物监测 [J]. 城市环境与城市生态，2003，16 (3)：1-3.

[7] Klein , R. & M. Paulus. Umweltproben fuer die Schadstoffanalytik im Biomonitoring [M]. Gustav Fischer Verlag , 1995.

[8] Arndt , U. , W. Nobel & B. Schweizer. Bioindikatoren：Moelichkeiten，Grenzen und neue Erkenntnisse [M]. Stuttgart：Ulmer Verlag，1987.

[9] Schubert , R. . Bioindikation in terrestrischen Oeosystemen [M]. Jena,：Gustav Fischer Verlag，1991.

[10] 张世义，伍玉明. 水环境质量的常见指示鱼类 [J]. 生物学通报，2005，40 (4)：25-27.

[11] 赵遵田，张恩然，任强. 山东苔藓植物区系 [J]. 山东科学，2004，17 (1)：17-20.

[12] 刘家尧，孙淑斌，衣艳君. 苔藓植物对大气污染的指示监测作用 [J]. 曲阜师范大学学报，1997，23 (1)：92-95.

[13] 崔明昆. 附生苔藓植物对城市大气环境的生态监测 [J]. 云南师范大学学报，2001，21 (3)：54～57.

[14] 尤力群. 利用苔藓、地衣对大气污染进行监测 [J]. 生物学教学，1999，24 (12)：34.

[15] 赵遵田，李可峰，王宏. 山东地衣的初步研究 [J]. 山东科学，2002，15 (3)：4～8.

[16] 李珍珍. 沈阳市中环路树木含硫量及其污染状况评价 [J]. 辽宁大学学报（自然科学版），2001，28 (2)：170～173.

[17] 闫海涛. 利用植物叶片含硫量监测大气二氧化硫污染 [J]. 辽宁城乡环境科技，2005，25 (2)：19～20.

作者简介：田贵全（1962—），男，山东临沂人，硕士，研究员，主要从事生态环境监测与评价研究工作。

高效液相色谱法测定地表水中丁基黄原酸方法的探讨

张凌云

南充市环境监测中心站，南充　637000

摘　要：建立了直接进样-高效液相色谱分离-紫外吸收测定地表水中丁基黄原酸的分析方法。通过对流动相的优化，确定最佳分析条件：0.050mol/L 超纯水乙酸铵溶液（pH 约为 9.5）：乙腈=80：20 等度洗脱，Agilent ZORBAX Bonus-RP 色谱柱（150mm×4.6mm×5μm）分离，流速 1.0ml/min，进样体积 30.0μl，302nm 紫外吸收。结果显示，2～100μg/L 范围线性良好，R=0.999 6；5.0、10.0、20.0μg/L 重复测定，变异系数小于 5%，精密度良好；实际水样加标回收率为 90.5%～103%；方法检出限为 0.70μg/L，适用于水中丁基黄原酸的测定。

关键词：丁基黄原酸；地表水；直接进样；高效液相色谱

Analysis of Butylxanthic Acid in Surface Water by Ultra Performance Liquid Chromatigraphy

ZHANG Ling-yun

Nanchong Environmental Monitoring Centre，Nanchong 637000

Abstract：A analysis method has been developed for butylxanthic acid in surface water by filter-liquid chromatography-UV absorption. Through optimization of flow，the last analysis conditions were determined. Flow A（0.050mol/L CH_3COONH_4，pH in 9.5）/flow B（acetonitrile）=80：20，Agilent ZORBAX Bonus-RP（150mm×4.6mm×5μm），flow rate 1.0ml/min，sample volume 30.0μl，302 nm UV absorption. Results showed that good linearity was observed in the range 0f 2 to 100μg/L，R=0.999 6. The RSD was below 5% in three spiked levels of 5.0，10.0 and 20.0μg/L. The recoveries of surface water samples were in the range of 90.5%～103%，and the limit of detection was 0.70μg/L.

Key words：butylxanthic acid；surface water；direct inject；ultra performance liquid chromatigraphy

丁基黄原酸钾（钠）盐俗称黄药，常温下为浅黄色至黄色粉状固体，在选矿工艺中化学性质较丁基黄原酸稳定，且在水中溶解度较大的浮选剂。有毒且易燃。其在水中水解生成的丁基黄原酸，在有色金属硫化矿浮选过程中有可能随废水排入地表水，对水生生物及人类产生一定的毒害，对环境造成污染。[1,2]

丁基黄原酸作为集中式生活饮用水地表水源地特定项目，在我国《地表水环境质量标准》[3]（GB 3838—2002）和《生活饮用水卫生标准》[4]（GB 5479—2006）中标准限值为 0.005mg/L。目前测定水中丁基黄原酸主要参照国家标准方法 GB/T 5750.08—2006 中规定的铜试剂亚铜分光光度法[5]，该方法灵敏度低、重现性差，较难掌握。已见报道的其他检测方法有原子吸收分光光度法、紫外分光光度法、离子色谱法、萃取比色法、离子选择电极法、吹扫捕集气相色谱质谱法和液相色谱法。本文对样品前处理过程简便，仪器普遍，灵敏度高，抗干扰能力较强，便于操作的高效液相色谱法进行了研究，建立了样品过滤后直接进样，高效液相色谱分离，紫外吸收检测的方法，可简便、快速、准确地检测地表水中的丁基黄原酸，满足地表水水质分析要求。

1　实验部分

1.1　试剂和材料

丁基黄原酸钾（PBX）（梯希爱（上海）化成工业发展有限公司），纯度>95%。乙酸铵：优级纯。氨水：分析纯。氢氧化钠：分析纯。乙腈：HPLC 级。超纯水。水相滤膜：0.22μm。

1.2　仪器和设备

岛津高效液相色谱仪（系统控制器 SCL-10A，泵 LC-20AD，二极管阵列检测器 SPD-M20A）。

色谱柱：Agilent ZORBAX Bonus-RP（150mm×4.6mm×5μm）（美国）。InoLab 730 型 pH 计（德国 WTW 公司）Millipore 纯水处理装置。

1.3　色谱条件

流动相 A：0.050mol/L 乙酸铵溶液（用氨水调 pH 约为 9.5），现用现配；流动相 B：乙腈，A∶B=80∶20 等度洗脱，流速 1.0ml/min，进样体积 30μl，柱温 25℃，紫外检测波长 302nm。

1.4　标准溶液配制

丁基黄原酸钾贮备液（1 000mg/L）：称取 0.332 0g 丁基黄原酸钾，滴入 3 滴 400g/L NaOH 溶液，用超纯水定容至 250ml，冰箱内 4℃，可保存 1 个月。将此贮备液用超纯水逐级稀释，得到浓度为 1.0 mg/L 的标准使用液，现用现配。

1.5　水样采集与保存

丁基黄原酸在酸性条件下易分解，水样采集于 40ml 螺口瓶中，并用氢氧化钠溶液调节成 pH 值为9～10，4℃避光保存。

1.6　样品处理

将调节至碱性的样品通过 0.22μm 滤膜过滤后直接进样检测。

2　结果与讨论

2.1　丁基黄原酸在碱性介质中的稳定性试验

酸碱因素对丁基黄原酸的稳定性有较大影响。在酸性介质中丁基黄原酸易分解，不稳定。而在碱性介质中能稳定较长时间[6,7]。本文着重研究在碱性介质中稳定的情况。配制 10μg/L 的丁基黄原酸钾标准溶液，用氢氧化钠溶液标准溶液的 pH 值为 7.27、8.18、9.31、10.21、11.35，放置不同的时间段，进样测定样品中丁基黄原酸的含量，测定结果见图 1。

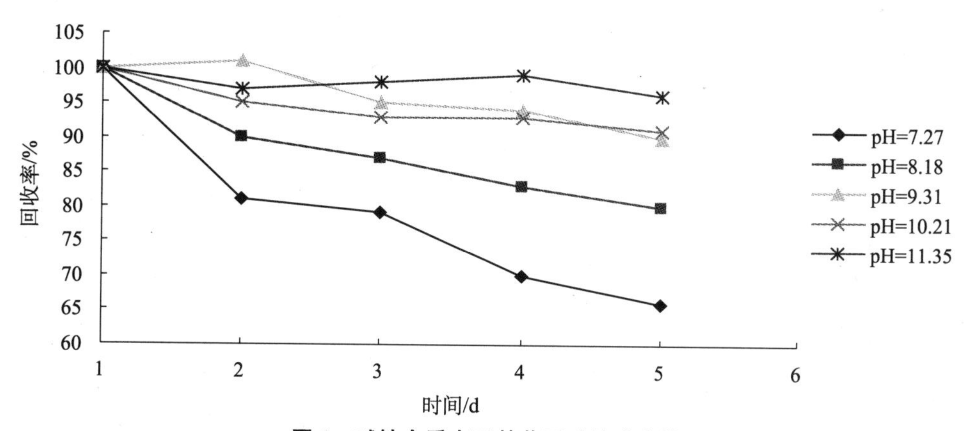

图 1　碱性介质中丁基黄原酸的稳定性

实验数据表明，当 pH 值大于 9 时，五天内丁基黄原酸含量变化在 10%以内。若 pH 值小于 8 时，两天时间含量会减少 20%左右。由此可得出，采集的水样调至成中性至弱碱性时，水样最好在

24h内分析完毕，若水样pH值调至大于9时，可保存较长时间。这也说明，当贮备液用超纯水稀释配制标准系列溶液时，最终配制的溶液呈弱碱性，溶液中的丁基黄原酸不稳定，所以要现用现配。当贮备液用pH值为9.5左右的氢氧化钠溶液稀释配制标准系列溶液时，溶液呈碱性，可稳定较长时间。

2.2 特征吸收峰选择

试验中对100μg/L的标准溶液在210～400nm范围做紫外吸收强度扫描，丁基黄原酸在302nm有特征吸收。

2.3 流动相pH的优化

流动相pH对分析物丁基黄原酸的色谱行为影响很大，是该研究的关键因素，超纯水配制的0.050mol/L乙酸铵溶液pH约为6.87，在此条件下，丁基黄原酸（100μg/L）出峰拖尾严重。实验考察了流动相A的pH（使用氨水调整）在7.48、7.82、8.00、8.58、8.89、9.21、9.51、9.92时对出峰时间和峰面积的影响如图2、图3所示。

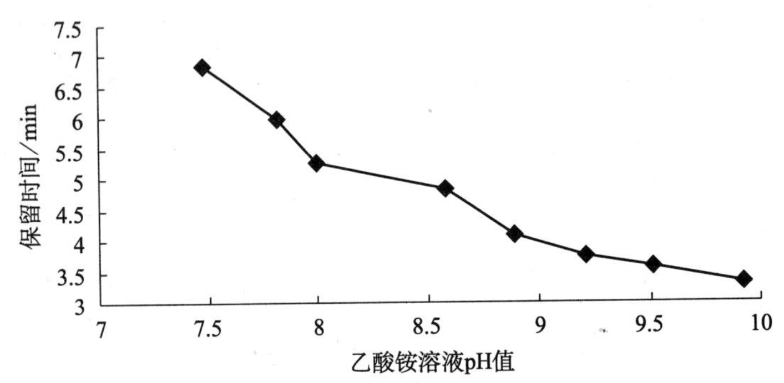

图2 乙酸铵溶液pH对出峰时间的影响

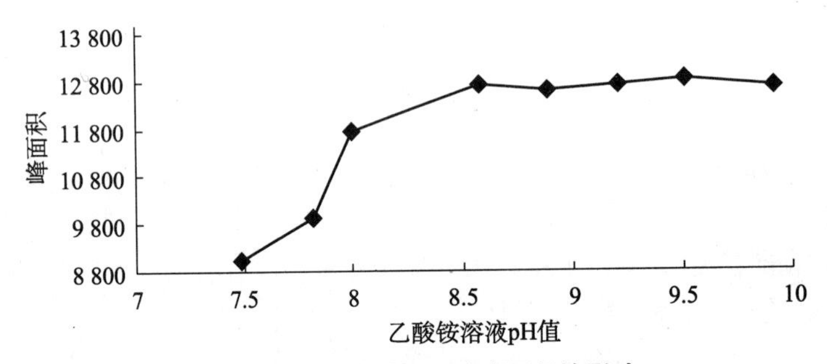

图3 乙酸铵溶液pH对峰面积的影响

实验结果表明，当pH为9～10时，拖尾现象完全消失。随着pH的提高，保留时间由6.8min减小到3.3min，出峰速度加快，能在4 min内完成1个样品检测。

当pH为8.5～10时，丁基黄原酸峰面积几乎没有变化。综合考虑乙酸铵缓冲盐的适用范围为8.2～10.2，色谱柱pH适用范围为2～11，丁基黄原酸不稳定而需快速检测等因素，优化选取pH为9.5左右。

由于氨水的缓慢挥发，流动相的pH会逐渐下降，为防止氨水快速挥发，实验室需处于较低环境温度。在20℃条件下pH值为9.5的流动相A放置5天，pH值减少0.3。

2.4 流动相中有机相比例的优化

实验在乙酸铵溶液：乙腈=80：20等度洗脱条件下，对100.0μg/L的标准溶液在302nm做紫外吸收强度扫描，考察了流动相中乙腈为90%、60%、30%、20%时对目标化合物分离的影响。分析结果（见图4）表明，乙腈为20%时基线平稳，目标化合物在3.5min出峰，与基体干扰完全分开。

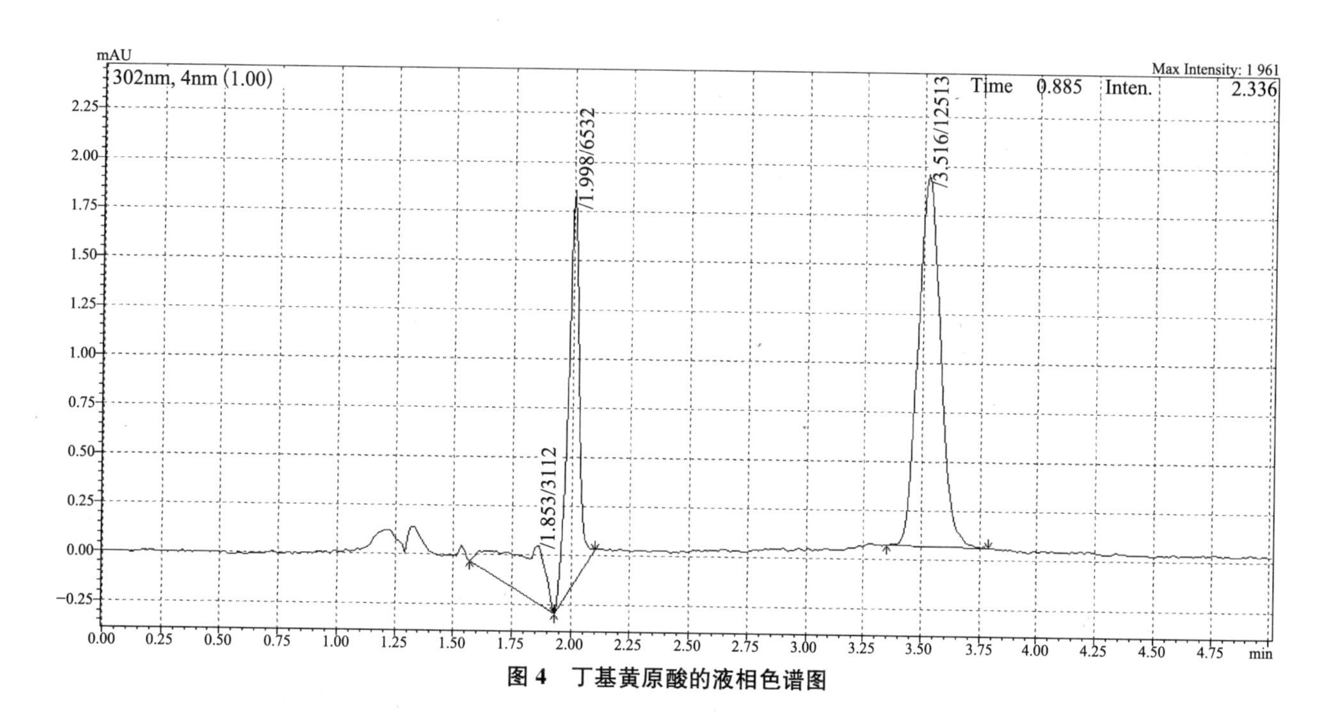

图 4 丁基黄原酸的液相色谱图

2.5 方法的线性范围，准确度、精密度和检出限

分别对浓度为 5.0、10.0、20.0μg/L 的空白加标水样做 6 次平行测定，考察方法精密度和准确度，测定结果见表 1。

表 1 方法精密度和准确度（*n*=6）

项目	添加浓度/（μg/L）		
	5.0	10.0	20.0
测定浓度/（μg/L）	5.11	9.03	18.5
	4.99	9.91	18.3
	4.98	9.63	18.7
	5.15	9.64	18.3
	4.73	9.55	18.5
	4.69	9.51	18.1
平均回收率/%	98	95	92
RSD/%	3.9	3	1.1

在优化条件下，分析质量浓度为 2.0、5.0、10.0、20.0、50.0、100.0μg/L 的标准溶液，结果显示，峰面积于相应的质量浓度线性关系良好，相关系数达到 0.999 6，方程为 $y=21\ 814x-346.63$。

按照 MDL$=S\times t_{(n-1,0.99)}$计算方法检出限。其中：$t_{(n-1,0.99)}$为置信度为 99%、自由度为 $n-1$ 时的 t 值，n 为重复分析的样品数（如果连续分析 7 个样品，$t_{(6,0.99)}=3.143$）。在空白水中添加低浓度标准，按上述方法测定，计算得到本方法检出限为 0.7μg/L。以上实验结果表明精密度、准确度和灵敏度均能满足饮用水源检测要求。

2.6 实际样品测定

应用本方法对南充市集中式饮用水源地水样进行监测，丁基黄原酸全部在检出限之下，样品加标测定回收率均为 85%左右，证明本方法满足测定要求。

3 结论

通过关键因素流动相 pH 的实验，解决了丁基黄原酸在液相分析中不稳定、易分解和出峰严重拖尾问题，通过对丁基黄原酸在碱性介质中的稳定性实验，可确定样品的保存时间。通过对流动相中乙腈比例等因素的优化，建立了样品过滤直接进样-高效液相色谱分离-紫外吸收检测的方法。该方法样品前处理简单、灵敏度较高、抗干扰强，是一种较快速、准确的适于实际水样的丁基黄原酸检测分析方法。

参考文献

[1] 师伟. 烃基黄药浮选捕收剂光化学降解性能研究 [D]. 湖北：武汉理工大学，2007：3-5.

[2] 张甫英. 浮选剂丁基黄原酸钠对草鱼早期发育阶段的毒性效应 [J]. 水生生物学报，1995，19 (2)：104-109.

[3] 地表水环境质量标准. GB 3838—2002.

[4] 生活饮用水卫生标准. GB 5749—2006.

[5] 生活饮用水卫生标准检验方法—有机物指标. GB/T 5750.08—2006.

[6] 李廷才，邹本崇. 污水中丁基黄原酸盐提取方法的探讨-pH 对测定的影响 [J]. 数理医药学杂志，2000，13 (4)：351.

[7] 陈景文，曹淑红. 滴定法测定碱金属黄原酸盐 [J]. 理化检验-化学分册 2004，40 (6)：355-357.

作者简介：张凌云 (1971—)，高级工程师，主要从事有机污染物监测。

碱熔法测定聚丙烯、聚四氟乙烯负载滤膜中无机元素

孙杰娟　冉小静　张　旭　王乐毅　王亚虹　郭芝光

西安市环境监测站，西安　710054

摘　要：利用碱熔—电感耦合等离子体发射光谱法，对聚丙烯和聚四氟乙烯两种大气颗粒物负载滤膜样品中 Al、Si、Ti 和 Fe 元素的含量进行了分析测定。实验结果表明：大气颗粒物滤膜样品用碱熔方法进行前处理后，Al、Ti 和 Fe 元素在聚丙烯和聚四氟乙烯滤膜载体中的分析结果均精密度好，准确度高；Si 元素在聚丙烯滤膜载体上分析结果较好；但聚四氟乙烯滤膜载体用碱熔方法进行前处理后导致 Si 元素含量严重偏低。

关键词：碱熔法；聚丙烯滤膜；聚四氟乙烯滤膜；无机元素

Quantification of Inorganic Elements on Polypropylene Filter and Teflon Filter by Inductively Coupled Plasma-Atomic Emission Spectrometry with Alkali Melting

SUN Jie-juan　RAN Xiao-jing　ZHANG Xu　WANG Le-yi　WANG Ya-hong　GUO Zhi-guang

Xi'an Environmental Monitoring Station，Xi'an 710054

Abstract：The paper determining the content of 4 kinds of lements such as Al、Si、Ti、Fe in aerosol samples on the polypropylene filter and teflon filter carrier by ICP-AES with Alkali Melting. The results show that after the pretreatment with alkali melting ，the determinations of elements such as Al、Ti、Fe with the high precision and accuracy on the polypropylene filter and teflon filter carriers，also，the content of Si element was in good agreement with certified value on the polypropylene filter；But，if teflon filter as carrier the content of Si element was very lower than the certified value.

Key words：alkali melting；polypropylene filter；teflon filter；inorganic elements

自 20 世纪 80 年代以来，随着我国经济的腾飞和城市化进程的不断加快，空气污染问题日益突出，随着大气颗粒物研究的深入，人们认识到大气颗粒物对人体健康的影响极大，引起了公众前所未有的关注。改善中国空气污染现状，需对高浓度大气颗粒物进行有效的控制和治理，大气颗粒物 TSP、PM_{10}和 $PM_{2.5}$中通常含有浓度差别很大的多种元素，准确快速地测定大气颗粒物中主、次、微量元素的组成含量对识别大气颗粒物 TSP、PM_{10}和 $PM_{2.5}$污染的主要来源和变化规律，分析其生成机制以及传输途径，研究大气污染对人体健康的影响具有重要意义。

大气颗粒污染物 TSP、PM_{10}和 $PM_{2.5}$通过采样器收集在滤膜上，为了准确、快速地分析大气颗粒污染物的各种组成含量，作为大气颗粒污染物载体的滤膜的种类选择就显的尤其重要。目前，我国大气颗粒污染物源解析研究中使用最多的是石英（quartz fiber）滤膜，其次是聚四氟乙烯（teflon）滤膜、聚丙烯（polypropylene，PP）滤膜和玻璃纤维（glass fiber）滤膜，石英和聚四氟乙烯滤膜的使用量约占所有滤膜类型的 2/3。石英滤膜能承受高温，适合于含碳组分的分析，但因石英滤膜含有 Si、Al 等元素且本底较聚四氟乙烯滤膜更高，所以是分析颗粒物有机成分的较好载体；而聚四氟乙烯滤膜和聚丙烯滤膜则是无机组分较好的载体[1]。大气颗粒物 TSP、PM_{10}和 $PM_{2.5}$中 Si、Al、Ca、Mg、K、Fe、Na 等元素含量较高，且是颗粒物源分析的指示性元素[2-3]。付爱瑞等[4]利用碱熔—电感耦合等离子体发射光谱法测定大

气颗粒物样品中无机元素，实现了大气颗粒物中元素 Si 的快速测定。

本文利用碱熔—电感耦合等离子体发射光谱法，对聚丙烯和聚四氟乙烯两种大气颗粒物负载滤膜样品中 Al、Si、Ti 和 Fe 四种无机元素的含量进行了分析测定，并做了初步的讨论。对于更好的选择大气颗粒物组分载体滤膜，更准确快速的分析无机组分含量提供了重要依据。对于大气颗粒物来源解析研究具有十分重要的意义。

1 实验部分

1.1 样品前处理

取部分负载大气颗粒污染物滤膜样品于镍坩埚中，放入马弗炉，从低温升至 300℃，恒温保持约 40min，进行预灰化。预灰化完成后，逐渐升高马弗炉温度至 550℃进行样品灰化，保持恒温 60min 至灰化完全（样品颜色与土壤样品相似）。取出已灰化好的样品，冷却至室温，加入几滴无水乙醇润湿样品，加入 0.1～0.2g 固体 NaOH，放入马弗炉中在 500℃下熔融 10min，取出坩埚，放置片刻，加入 5ml 热水（约 90℃），在电热板上煮沸浸提，移入预先盛有 2 ml 50％ 的 HCl 的塑料试管中，用少量 2％ HCl 多次冲洗坩埚，将溶液洗入试管中并稀释至 50ml，摇匀，待测。同时做空白实验。镍坩埚使用前应该进行钝化，钝化方法参见中国环境监测总站编《土壤元素近代分析方法》。

1.2 标准贮备液配制

各元素的标准贮备液（100mg/ml）均购买于国家有色金属及电子材料分析测试中心。

1.3 仪器、试剂和实验用水要求

IRIS IntrepidⅡXSP 型电感耦合等离子体原子发射光谱仪（ICP-AES，美国热电公司）。马弗炉（天津市继红五金机电厂）。

NaOH（优级纯）；无水乙醇（优级纯）；浓 HCl（电子级，GUKSAN PURE CHEMICALS 公司）；实验用水均为超纯水。

聚丙烯、聚四氟乙烯滤膜（WHATMAN）。

1.4 分析条件

1.4.1 仪器及工作条件

本实验使用美国 ThermoFisher IRIS Intrepid Ⅱ XSP 型电感耦合等离子体原子发射光谱仪（ICP-AES），输出功率 1 350W；辅助气流量 0.5L/min；蠕动泵速 125r/min；光室温度（90.0±0.5）F；分析最大积分时间：短波为 20 s，长波为 10s；冲洗泵速 130 rpm；分析泵速 130 rpm；雾化器气流：32.0psi；CID 温度＜－40℃。

1.4.2 氩气

纯度 99.99％以上。

1.4.3 元素分析谱线波长

根据仪器的性能，对每个元素选定 2～3 个谱线进行测定。然后，综合分析观察每条谱线强度及干扰情况，选择测定各元素的最佳分析谱线波长如表 1。

表 1 各元素的最佳分析谱线波长

元素	波长/nm
Al	396.1
Si	251.6
Ti	336.1
Fe	259.9

1.5 标准曲线的绘制

分别吸取0.20、1.00、5.00、10.00ml的标准储备液至100ml聚甲基戊烯容量瓶中，加入与待测样品溶液相同含量的NaOH和HCl，用超纯水定容。其浓度分别为0.20、1.00、5.00、10.00mg/L。使标准溶液与待测样品溶液的基体基本保持一致，主要是为了降低基体干扰。

1.6 样品的测定

待仪器稳定后，将标准曲线系列和1.1中处理好的样品、空白样品上机测定，扣除背景修正干扰。

1.7 标准物质和样品

选择与大气颗粒污染物组成近似的土壤标准物质GBW 07454进行方法试验。

实验用大气颗粒物样品及空白膜由西安市环境监测站提供。

2 结果与讨论

2.1 聚丙烯与聚四氟乙烯空白滤膜碱熔法的对比试验

称取10.00mg标准物质GBW 07454分别进行以下聚丙烯与聚四氟乙烯空白滤膜的对比试验：第一组，聚丙烯和聚四氟乙烯空白滤膜分别在预灰化、灰化完成后加入10.00mg GBW 07454并用NaOH熔融；第二组，聚丙烯和聚四氟乙烯空白滤膜与10.00mg GBW 07454一起进行预灰化、灰化过程后用NaOH熔融。表2结果表明：第一组Al、Si、Ti、Fe各元素测定结果与标准值吻合。第二组Al、Ti、Fe各元素测定结果与标准值吻合，聚丙烯空白膜试验中Si元素结果与标准值吻合，但是聚四氟乙烯空白膜试验中Si元素结果严重偏低。

聚四氟乙烯空白膜与土壤标准物质GBW 07454在高温条件下进行预灰化、灰化后用NaOH熔融使得Si元素结果严重偏低。这说明聚四氟乙烯在预灰化、灰化过程中高温裂解产生的部分副产物氟光气（COF_2）发生水解，生成HF，HF浸蚀部分二氧化硅，导致Si元素含量低于标准值。张冬娜等[5]在聚四氟乙烯/二氧化硅杂化材料的性能研究耐热性实验中也发现在445～590℃的高温实验后二氧化硅残留量小于相应的理论计算值。

负载大气颗粒污染物的滤膜样品是由大气颗粒污染物和滤膜组成的有机整体，是不可分割的，利用NaOH碱溶法测定聚四氟乙烯负载滤膜中Si元素含量这种方法是不可靠的。要用NaOH碱溶法准确快速分析大气颗粒物样品中Si元素含量，聚四氟乙烯滤膜不能做载体。

2.2 干扰消除

ICP-AES分析中的主要干扰为光谱干扰和基体效应。光谱干扰的消除，可以选择信噪比高、干扰少的谱线进行测定。基体效应是由于Na的存在导致背景增加，采用与熔融样品等量的NaOH、HCl配制标准溶液加以消除。

表2 聚丙烯与聚四氟乙烯空白滤膜的对比试验

试验序号	元素	标准物质GBW 07454				
		标准值 w_B/（μg/g）	聚丙烯膜 w_B/（μg/g）	RE/%	聚四氟乙烯膜 w_B/（μg/g）	RE/%
第一组	Al	62 257	62 313	0.08	62 446	0.30
	Si	284 342	284 225	−0.04	284 608	0.09
	Ti	3 900	3 849	−1.30	3 896	−0.10
	Fe	30 100	30 263	0.54	30 183	0.27
第二组	Al	62 257	62 348	0.14	62 411	0.24
	Si	284 342	284 157	−0.06	102 218	−64.0
	Ti	3 900	3 806	−2.41	3 874	−0.66
	Fe	30 100	30 263	0.54	30 229	0.42

2.3 方法准确度

在聚丙烯和聚四氟乙烯空白滤膜中分别加入10.00mg GBW 07454进行预灰化、灰化后用NaOH熔融，按分析方法进行10次测定，由表3可以看出，聚丙烯滤膜应用该方法有较高的准确度，除Si元素外，聚四氟乙烯滤膜其他元素均能满足方法要求。

表3 方法准确度（n=10）

元素	标准物质GBW 07454				
	标准值w_B/（μg/g）	聚丙烯膜w_B/（μg/g）	RE/%	聚四氟乙烯膜w_B/（μg/g）	RE/%
Al	62 257	62 428	0.27	62 376	0.19
Si	284 342	284 557	0.07	112 569	−60.4
Ti	3 900	3 844	−1.43	3 868	0.82
Fe	30 100	30 247	0.48	30 208	0.35

2.4 方法精密度

在聚丙烯和聚四氟乙烯各10张空白滤膜中分别加入10.00mg GBW 07454进行预灰化、灰化后用NaOH熔融并进行测定，计算各元素精密度。由表4可以看出聚丙烯滤膜各元素测定值的相对标准偏差（RSD，n=10）<5%，满足分析方法要求，聚四氟乙烯滤膜除Si元素外，其他元素均满足方法要求。

表4 方法精密度（n=10）

元素	标准物质GBW 07454				
	标准值w_B/（μg/g）	聚丙烯膜w_B/（μg/g）	RSD/%	聚四氟乙烯膜w_B/（μg/g）	RSD/%
Al	62 257	62 363	4.12	62 310	3.37
Si	284 342	284 693	3.11	108 761	21.4
Ti	3 900	3 839	2.98	3 891	1.16
Fe	30 100	30 213	2.54	30 175	2.29

3 结论

负载大气颗粒污染物的滤膜样品是由大气颗粒污染物和滤膜组成的有机整体。聚丙烯滤膜和聚四氟乙烯滤膜是进行大气颗粒污染物无机组分分析的较好载体，本文对碱熔法测定聚丙烯和聚四氟乙烯滤膜样品中的Al、Si、Ti、Fe元素的对比试验，进行了详尽的论述。如果要用NaOH碱溶法准确快速分析大气颗粒物样品中Si元素的含量则不能选择聚四氟乙烯滤膜。

参考文献

[1] 郑玫，张延君，闫才青，等. 中国$PM_{2.5}$来源解析方法综述［J］. 北京大学学报（自然科学版），2014，(6)：1141-1154.

[2] 王菊，李娜，房春生. 以长春为例研究环境空气中TSP、PM_{10}和$PM_{2.5}$的相关性［J］. 中国环境监测，2009，25（2）：19-21，56.

[3] Vallius M，Janssen N A H，Heinrich J，et al.. Sources and elemental composition of ambient $PM_{2.5}$ in three European cities［J］. Science of the Total environment，2005，337（1-3）：147-162.

[4] 付爱瑞，陈庆芝，罗治定，等. 碱熔-电感耦合等离子体发射光谱法测定大气颗粒物样品中无机元素［J］. 岩矿测试，2011，30（6）：751-755.

[5] 张冬娜，寇开昌，高攀，等. 聚四氟乙烯、二氧化硅杂化材料的性能研究 [J]. 材料科学与工艺，2012，20 (4)：55-60.

作者简介：孙杰娟（1984—），女，硕士，现在西安市环境监测站工作，助理工程师，主要从事环境监测分析工作。

苯系物和挥发性氯苯类地表水环境样品保存方法研究

谭　丽　陈　烨　吕怡兵
中国环境监测总站，北京　100012

摘　要：针对国内外监测技术规范对苯系物和挥发性氯苯类样品保存条件不一致的问题，开展不同因素对样品保存的影响研究。结果表明，调节水样 pH≤2 或加入固定剂可使目标物的损失率减少0.5%～11.5%。苯系物和挥发性氯苯类样品的最佳保存条件为：加盐酸调节水样 pH≤2，加 10%硫代硫酸钠或抗坏血酸除余氯（有余氯时）；冷藏；14d 内完成测试。在实际工作中，对未受余氯影响的集中式饮用水源地水样，特别是水库水样，若能在 2d 内完成测试，在冷藏保存的条件下，可以考虑不调节 pH，不添加固定剂。

关键词：苯系物；挥发性氯苯类；水质样品；保存条件

Study on the Conservation Conditions of BTEX and Volatile Chlorobenzenes of Water Samples

TAN Li　CHEN Ye　LV Yi-bing
China National Environmental Monitoring Centre, Beijing 100012

Abstract: This paper studies the various factors on the impact of water sample storage of BTEX and Volatile Chlorobenzenes, because the domestic and international specifications have different content about it. The results show that, it could reduce the loss rate of the target compounds of water sample about 0.5% to 11.5% by adding hydrochloric acid to adjust pH≤2 and by adding ascorbic acid or sodium thiosulfate. The best method for preserving BTEX and Volatile Chlorobenzenes samples is that, adding hydrochloric acid to adjust pH≤2, adding ascorbic acid or sodium thiosulfate in order to get rid of chlorine, refrigeration and completing the analysis in the 14 days. In usually work, the water sample could be not adjusted pH≤2 and not added ascorbic acid or sodium thiosulfate, if we can complete the analysis in the 2 days and the water samples do not contain chlorine.

Key words: BTEX; Volatile Chlorobenzenes; water samples; conservation condition

苯系物和挥发性氯苯类是两类高关注的挥发性有机物，其沸点低于 200℃，且相对分子质量为 16～250[1]。水中苯系物主要来源于石油化工、农药、有机化工、炼焦化工等行业的废水排放[2]，挥发性氯苯类主要来源于染料、制药、农药和油漆等工业废水及污染[3]。这两类化合物由于蒸气压较大，水溶性较低，因此流动性较大，很容易通过饮食、呼吸和皮肤接触等多种途径进入人体[4]，给人类健康带来巨大威胁，因此受到广泛重视。

目前国内外对于苯系物和挥发性氯苯类的分析测试方法研究已较为完善，其前处理方法主要有顶空技术[2,5,6]、吹扫-捕集技术[7,8]、液-液萃取[9]、固相萃取、固相微萃取[10-12]等；仪器分析方法主要有气

基金项目：国家高技术研究发展计划（863 计划）（2013AA06A308）。

相色谱法[13,14]和气相色谱/质谱法[15,16]。现有的分析技术已能对水环境中的苯系物和挥发性氯苯类进行准确测定，但缺少对样品保存条件及方法的深入研究。特别是目前国内外已有专门的技术规范，如《水质采样 样品的保存和管理技术规定》（HJ 493—2009）、《地表水和污水监测技术规范》（HJ/T 91—2002）、《毛细管柱-气相色谱/质谱法测定水中挥发性有机物》（EPA 524.2）和《吹扫捕集-气相色谱法测定水中挥发性有机物》（EPA 502.2）等规定了水质采样技术的标准和规范，但由于其中对样品保存规定要求不完全一致，使监测人员无所适从。该文针对国内外检测技术规范中样品保存方法不一致的问题，对该类污染物地表水环境样品的保存条件进行了深入研究。

1 实验部分

1.1 主要试剂

苯系物和挥发性氯苯类标准样品：苯、甲苯、对二甲苯、间二甲苯、邻二甲苯、乙苯、苯乙烯、异丙苯、氯苯、1,2-二氯苯和1,4-二氯苯；内标：1,2-二氯苯-d_4和氟苯；替代标：4-溴氟苯；甲醇（农残级），超纯水。

1.2 仪器设备与实验条件

仪器设备：OI 4660型吹扫捕集系统；气相色谱-质谱联用仪，Agilent 6890N/5973i。

实验条件：吹扫时间为11 min；解析温度为230℃；解析时间为1 min；烘焙温度为250℃；烘焙时间为10 min；进样口温度为230℃；分流比10∶1；升温程序为38℃保持3 min，以4℃/min升至150℃，再以25℃/min升至260℃，保持3min；色谱柱为HP-VOC专用柱，60 m×0.2 mm×1.12 μm，离子源温度为230℃；四级杆温度为150℃；扫描范围为45～300 amu。

2 结果与讨论

2.1 影响样品保存因素的选择

国内外现有的苯系物和挥发性氯苯类样品保存技术规范（规定）列于表1，影响其样品保存的主要因素有酸碱度、温度、保存时间及是否去除余氯等。从表1可以看出，不同的规范对保存温度的要求是一致的，均要求冷藏保存，因此，该研究重点考虑是否调节pH、保存时间及保存剂的添加对样品保存的影响；此外，考虑到我国地表水环境质量标准限值与我国实际地表水样中苯系物和挥发性氯苯类的浓度水平，分别以加标量2μg/L及10μg/L的样品开展保存方法研究，实验条件设置见表2。配制成的10种水样置于冰箱中4℃冷藏，分别于12h、24h、2d、4d、7d、9d、12d、14d、20d、30d后测定水样中的苯系物浓度。按质控要求，工作曲线在分析前重新分析绘制，每次分析样品时带有2个空白、2个曲线中间点、一对平行样。

表1 不同规范对水样的保存要求

技术规范	《地表水和污水监测技术规范》（HJ/T 91—2002）	《水质采样 样品的保存和管理技术规定》（HJ 493—2009）	EPA Method524.2 和 EPA Method 502.2	水和废水监测分析方法（第四版）
样品酸碱度要求	pH=2	pH≤2	pH<2	pH<2
是否去除余氯	用0.01～0.02g抗坏血酸去余氯	用0.01～0.02g抗坏血酸去余氯	加10%硫代硫酸钠去余氯	未说明
保存时间	12h	12h	14d	14d
保存温度	0～4℃	1～5℃	4℃	4℃

2.2 实验样品的制备及浓度定值的测定

根据表2的综合实验条件，该研究选取北京市某地表水样品，苯系物和氯苯类加标量分别为2μg/L、10μg/L。由于样品加标量和实际浓度之间存在一定差异，因此，本实验测定了加标后的10个水样中苯系物和氯苯类的实际浓度，测定结果见表3。

表 2 实验设计一览表

水样编号	1#	2#	3#	4#	5#	6#	7#	8#	9#	10#
加标量/(μg/L)	2	2	2	2	2	10	10	10	10	10
是否调节pH值	否	否	否	pH≤2	pH≤2	否	否	否	pH≤2	pH≤2
是否去除余氯	否	加抗坏血酸	加硫代硫酸钠	否	加抗坏血酸	否	加抗坏血酸	加硫代硫酸钠	否	加抗坏血酸

表 3 水样中苯系物和氯苯类实测浓度

单位：μg/L

水样编号	1#	2#	3#	4#	5#	6#	7#	8#	9#	10#
苯	1.86	1.85	1.86	1.91	1.92	9.87	9.87	9.86	9.91	9.90
甲苯	1.91	1.90	1.87	1.87	1.90	9.91	9.90	9.93	9.94	9.99
乙苯	1.92	1.90	1.90	1.92	1.93	9.85	9.84	9.85	9.88	9.89
(对+间)二甲苯	3.80	3.74	3.74	3.83	3.75	19.82	19.84	19.76	19.56	19.55
苯乙烯	1.83	1.85	1.85	1.91	1.90	9.86	9.85	9.81	9.91	10.02
邻二甲苯	1.86	1.82	1.82	1.87	1.82	9.83	9.82	9.84	9.92	9.91
异丙苯	1.90	1.95	1.95	1.97	1.96	9.82	9.89	9.76	9.87	9.85
氯苯	1.92	1.92	1.92	1.91	1.91	9.87	9.90	9.93	9.90	9.92
1，2-二氯苯	1.93	1.93	1.93	1.90	1.90	10.03	9.92	9.90	9.91	10.03
1，4-二氯苯	1.90	1.92	1.92	1.92	1.92	9.82	9.80	9.81	9.68	9.69

表 4 苯系物和氯苯类理化性质一览表

目标物	相对分子质量	熔点/℃	沸点/℃	饱和蒸气压（25℃）/kPa
苯	78.11	5.5	80.1	12.7
甲苯	92.14	−95	110.6	3.90
乙苯	106.16	−94.9	136.2	1.25
对二甲苯	106.17	13.2	138.5	1.16
间二甲苯	106.16	−47.9	139	1.11
苯乙烯	104.14	−31	145.2	0.80
邻二甲苯	106.16	−25.5	144.4	0.88
异丙苯	120.19	−96.04	152.39	0.66
氯苯	112.56	−45.2	132.2	1.61
1,2-二氯苯	147.00	−17.5	180.4	0.16
1,4-二氯苯	147.00	53.1℃	173.4℃	0.07

实验测定了保存时间分别为 12h、24h、2d、4d、7d、9d、12d、14d、20d 及 30d 时不同保存条件下水样中各目标物的浓度，从而研究得出 pH 条件、是否添加固定剂和保存时间对样品保存的影响。表 4 列出了 11 种目标物的熔点、沸点及饱和蒸气压等理化性质。沸点越低，相同温度下饱和蒸气压越大，表明物质越容易挥发，样品越难保存。因此，下述讨论以具有不同水平饱和蒸气压的苯、乙苯和 1,4-二氯苯为例，分别代表 11 种目标物中极易挥发、较易挥发和较难挥发的物质，分析讨论 pH 条件、是否添加固定剂和保存时间对样品中苯系物和氯苯类保存的影响。

2.3 pH 条件对样品保存的影响

图 1 列出了不同 pH 条件下样品的保存效果。

从图 1 可以看出，pH 是影响挥发性苯系物和挥发性氯苯类样品保存的一个重要因素。在保存时间相同的条件下，在样品中加入盐酸调节 pH≤2 可减少目标物的损失率为 2.5%～11.5%，目标物沸点越低，调节 pH 的样品保存效果改善越明显。如样品保存 7d，加标量为 2μg/L 的样品中，调节 pH≤2 后，低沸

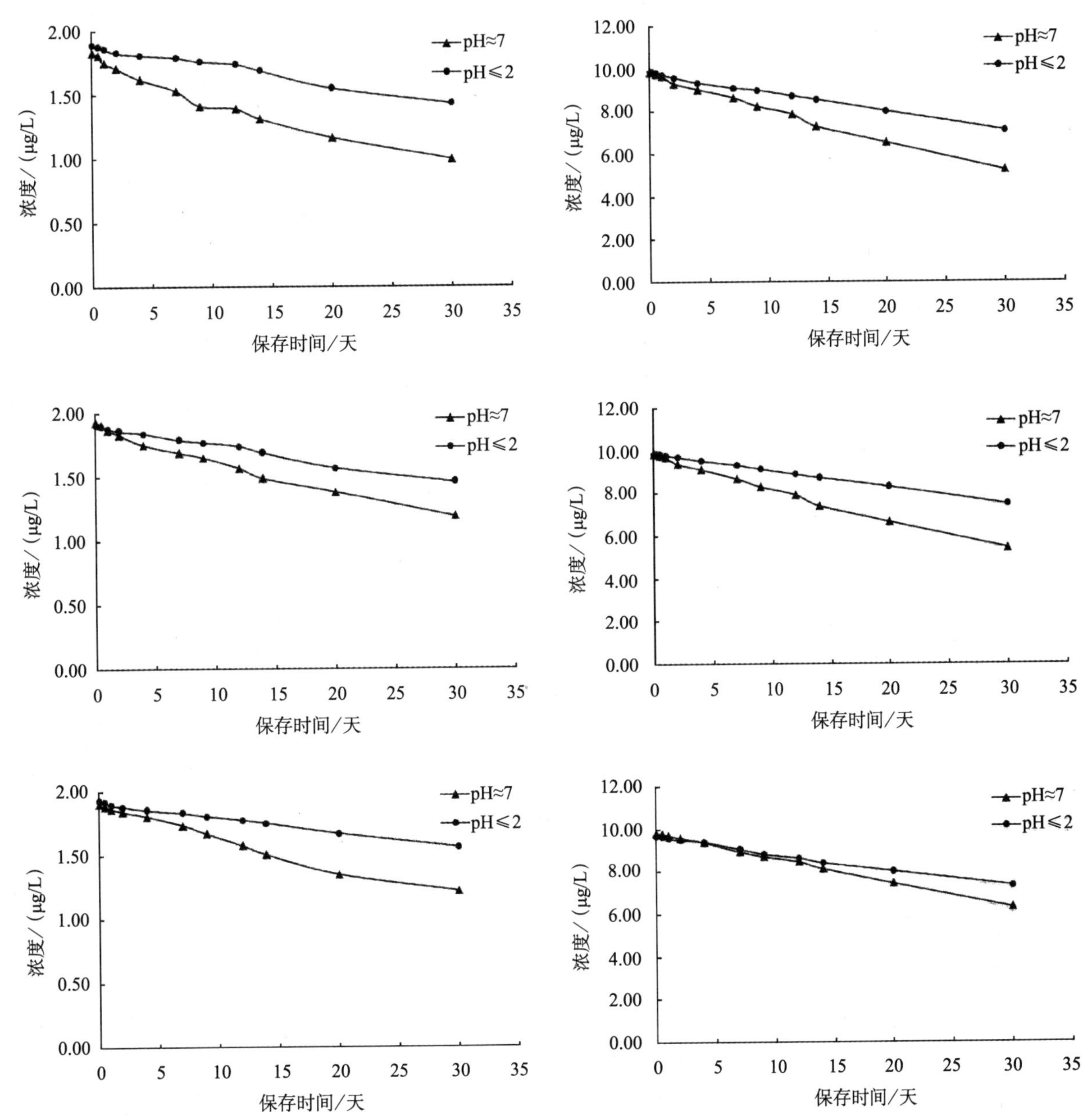

1—苯，2μg/L；2—苯，10μg/L；3—乙苯，2μg /L；4—乙苯，10μg /L；5—1,4 -二氯苯，2μg /L；6—1,4 -二氯苯，10μg /L

图 1　pH 对样品保存的影响

点的苯损失率由 19.3%减少到 7.8%，较高沸点的乙苯损失率由 12.4%减少到 6.3%，更高沸点的 1,4 -二氯苯损失率由 8.8%减少到 4.9%；加标量为 10μg/L 的样品中，调节 pH≤2 后，低沸点的苯损失率由 12.4%减少到 8.2%，较高沸点的乙苯损失率由 11.8%减少到 5.6%，更高沸点的 1,4 -二氯苯损失率由 8.8%减少到 6.3%。

如保存时间较短，pH 的影响相对较小。在 2d 内调节 pH，2 种浓度的苯、乙苯和 1,4 -二氯苯损失率分别降低 3.3%和 2.4%、2.5%和 2.8%、0.9%和 0.5%，但损失率均在 10%以内。

2.4　添加固定剂对样品保存的影响

样品采集后，立即依据《水质 游离氯和总氯的测定 *N*,*N* -二乙基- 1,4 -苯二胺分光光度法》（HJ 586—2010）测定水样中的余氯质量浓度为 0.02mg/L。固定剂的添加主要是为了去除余氯的影响，在水样中有余氯存在的条件下，一般是加入抗坏血酸或硫代硫酸钠。图 2 列出了固定剂的添加对样品保存的影响。结果表明，在水样中加入抗坏血酸或硫代硫酸钠有助于样品的保存。在 pH 和保存时间相同的条件下，抗坏血酸或硫代硫酸钠的加入可减少目标物的损失率约 0.5%～5.6%。如样品保存 7d，加标量为 2μg/L 的样品中，加入固定剂可使苯的损失率由 11.7%降至 8.5%，乙苯的损失率由 8.8%降至 6.4%，1,4-二氯苯损失率由 6.2%降至 3.3%；加标量为 10μg/L 的样品中，加入固定剂可使苯的损失率由 17.5%降至 11.9%，乙苯损失率由 15.0%降至 9.5%，1,4-二氯苯的损失率由 8.9%降至 7.7%。如图 2 所示，添加抗坏血酸和硫代硫酸钠对样品的保存效果相当。

如保存时间较短，是否添加固定剂的影响相对较小。在 2d 内调节添加两种固定剂，2 种浓度的苯、乙苯和 1,4-二氯苯损失率分别降低 4.1%和 4.1%、1.7%和 3.1%、1.0%和 0.5%，但损失率均在 10%以内。

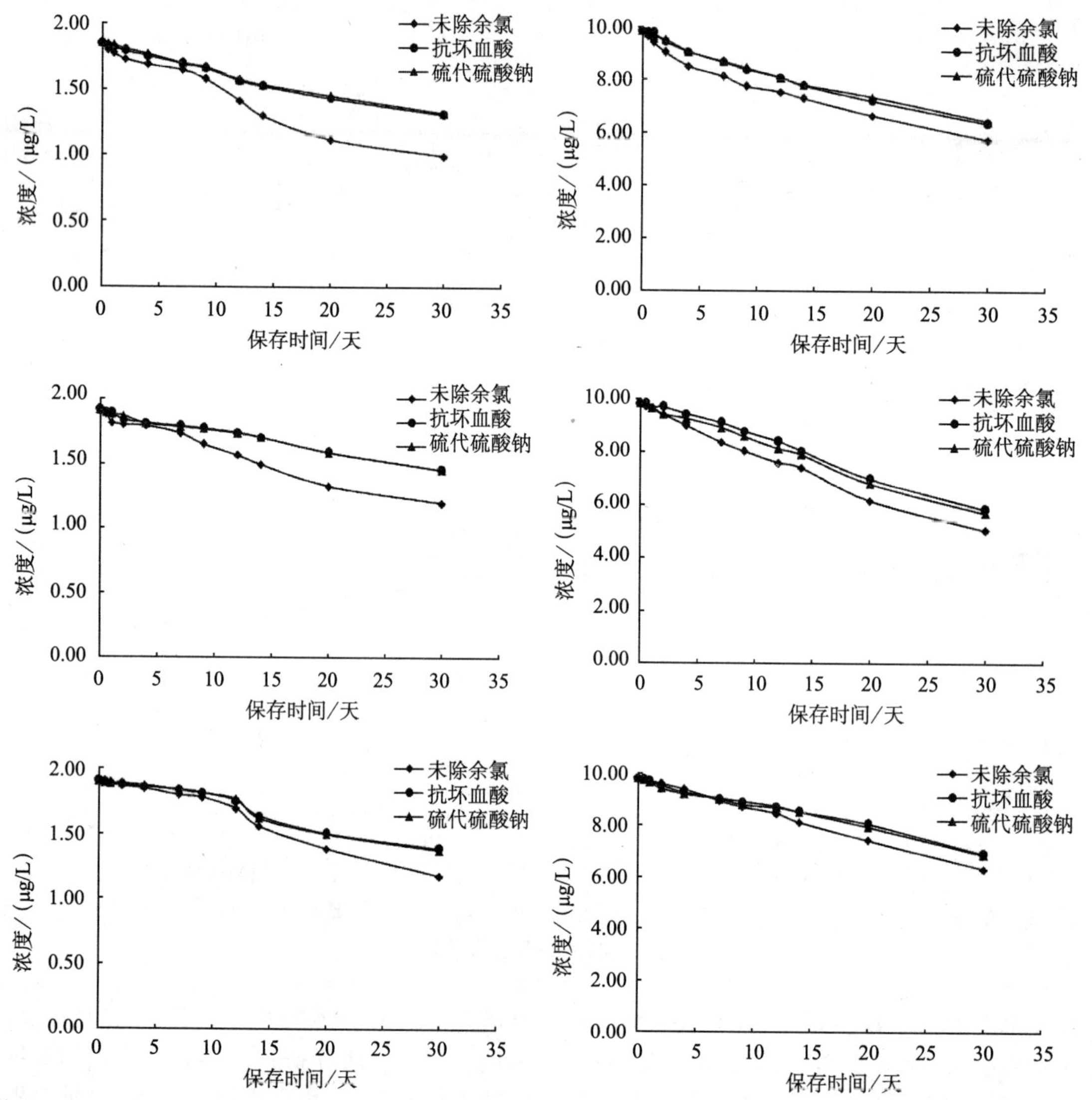

1—苯，2μg/L；2—苯，10μg/L；3—乙苯，2μg /L；4—乙苯，10μg /L；5—1，4-二氯苯，2μg /L；6—1，4-二氯苯，10μg /L

图 2　不同的余氯去除试剂对样品保存的影响

2.5　样品保存时间的影响

国内外现有的技术规范（规定）中对苯系物和挥发性氯苯类样品的保存时间有不同的要求，如《地表水和污水监测技术规范》（HJ/T 91—2002）和《水质采样 样品的保存和管理技术规定》（HJ 493—2009）规定的是 12h，《水和废水监测分析方法》(第四版)、《毛细管柱-气相色谱/质谱法测定水中挥发性有机物》(EPA 524.2) 和《吹扫捕集-气相色谱法测定水中挥发性有机物》(EPA 502.2) 规定的是 14d，使得监测人员在实际工作中难以操作。该研究表明，时间是影响苯系物和挥发性氯苯类样品保存的重要因素，样品中目标物的浓度随保存时间的增加而减少。以加标量为 2μg/L 的样品为例，在冷藏、未调节 pH、未添加固定剂的条件下，12h 苯、乙苯、1,4-二氯苯的损失率分别为 3.2%、1.0%、0.6%；2d 苯、乙苯、1,4-二氯苯的损失率分别为 7.3%、5.3%、2.6%；7d3 种目标物的损失率分别为 11.7%、8.8%、6.2%；14d 3 种目标物的损失率分别为 30.4%、21.4%、18.8%。这表明，如果是对未受余氯影响的集中式饮用水源地水样，特别是水库水样，若能在 2d 内完成测试，在冷藏保存的条件下，可以不调节 pH，不添加固定剂。

但如果样品需要远距离运输，短时间内无法完成分析测试，则需要采取更完备的样品保存措施，如冷藏、调节 pH≤2、添加固定剂，在 14d 内完成测试。该研究结果表明，在冷藏、调节 pH≤2、添加固定剂的条件下，2d 苯、乙苯、1,4-二氯苯的损失率分别为 3.2%、2.4%、2.3%；7d 3 种目标物的损失率分别为 7.7%、5.9%、4.6%；14d 3 种目标物的损失率分别为 12.6%、10.9%、8.9%。时间对样品保存的影响见表 5。

表 5　时间对样品保存的影响

目标物	加标浓度/（μg/L）	实验条件	损失率/%				
			12h	2d	7d	14d	30d
苯	2	pH≈7，未去除余氯	3.2	7.3	11.7	30.4	46.7
		pH≤2，去除余氯	0.6	3.2	7.7	12.6	26.7
	10	pH≈7，未去除余氯	2.1	8.2	17.5	26.0	41.8
		pH≤2，去除余氯	0.7	3.0	8.1	12.8	27.3
乙苯	2	pH≈7，未去除余氯	1.0	5.3	8.8	21.4	37.2
		pH≤2，去除余氯	0.4	2.4	5.9	10.9	21.1
	10	pH≈7，未去除余氯	1.4	4.5	15.0	24.8	48.7
		pH≤2，去除余氯	0.4	1.7	5.4	10.5	23.2
1,4-二氯苯	2	pH≈7，未去除余氯	0.6	2.6	6.2	18.8	38.5
		pH≤2，去除余氯	0.2	2.3	4.6	8.9	18.3
	10	pH≈7，未去除余氯	0.5	2.3	8.9	17.2	35.6
		pH≤2，去除余氯	0.2	1.8	5.7	11.8	21.2

3　结论

（1）加入盐酸并调节水样的 pH≤2 更利于苯系物和挥发性氯苯类样品的保存。调节 pH≤2 可使水样中目标物的损失率减少 2.5%～11.5%，目标物沸点越低，调节 pH 的样品保存效果改善越明显。如有余氯存在，在水样中加入抗坏血酸或硫代硫酸钠有助于样品的保存，抗坏血酸或硫代硫酸钠的加入可减少目标物的损失率约 0.5%～5.6%。

（2）保存时间是影响苯系物和挥发性氯苯类样品保存的重要因素，在 pH 和固定剂添加相同的条件下，保存时间越短，目标物的损失越少。12h 内目标物的损失率均在 5%以内；2d 内目标物的损失率在 10%以内；7d 内目标物的损失率在 20%以内；14d 内部分目标物（如苯）的损失率高达 30%左右；30d 内目标物的损失率在 40%左右。

（3）在实际工作中，如果是对未受余氯影响的集中式饮用水源地水样，特别是水库水样，若能在 2d 内完成测试，在冷藏保存的条件下，可以不调节 pH，不添加固定剂。如果样品需要远距离运输，短时间内无法完成分析测试，则需要采取更完备的样品保存措施，如冷藏，调节 pH≤2，添加固定剂，在 14d 内完成测试。

参考文献

[1] P. Kuran，L. Sojak，Environmental analysis of volatile organiccompounds in water and sediment

by gas chromatography [J]. J. Chromatogr. A，1996，733 (1-2)：119-141.

[2] 梁坚. 顶空-气相色谱法测定水中苯系物、乙腈和丙烯腈 [J]. 理化检验—化学分册，2010，46 (4)：393-395.

[3] 林华影，李一丹，张伟，等. 吹扫捕集/气相色谱-质谱联用法测定生活饮用水中氯苯类化合物 [J]. 职业与健康，2014，30 (7)：901-904.

[4] Richardson S D. Disinfection by-products and other emerging contaminants in drinking water [J]. Trends in Analytical Chemistry，2003，22 (10)：666-684.

[5] A. M. Bak ierowska，J. Trzeszczynski，Graphical method for the determination of water/gas partition coefficients of volatile organic compounds by a headspace gas chromatography technique [J]. Fluid Phase Equilibria，2003，213 (1-2)：139-146.

[6] 孙江华. 顶空气相色谱-质谱法测定地表水中氯苯类化合物 [J]. 理化检验—化学分册，2011，45 (11)：1334-1338.

[7] H. Mayer，M. Spiekermann，M. Bergmann，Determination of volatile compounds in water by Purge & Trap-Gaschromatography-Mass spectrometry [J]. J. Molecular Structure，1995，348：389-392.

[8] 李雪芳，吴文俊，刘文军. 吹扫捕集-气相色谱-质谱联用法测定水中氯苯类有机物 [J]. 化学分析计量，2010，19 (3)：22-24.

[9] S. K. Golfinopoulos，T. D. Lekkas，A. D. Nikolaou，Comparison of methods for determination of volatile organic compounds in drinking water [J]. Chemosphere，2001，45 (3)：275-284.

[10] 杨红斌. 固相微萃取-毛细管气相色谱法快速分析水中氯苯类化合物 [J]. 理化检验—化学分册，1999，35 (3)：103-105.

[11] M. N Sarrión，F. J Santos，M. T Galceran，Strategies for the analysis of chlorobenzenes in soils using solid phase microextraction coupled with gas chromatography-ion trap mass spectrometry [J]. J. Chromatogr. A，1998，819 (l-2)：197-209.

[12] J. Yang，S. -S. Tsai，Development of headspace solid-phase microextraction/attenuated total reflection infrared chemical sensing method for the determination of volatile organic compounds in aqueous solutions [J]. Anal. Chim. Acta，2001，436 (1)：31-40.

[13] 赵月朝，陈亚妍，吹脱-捕集气相色谱法测定水中挥发性有机物研究 [J]. 卫生研究，1994，23 (6)：345-352.

[14] 许瑛华，朱炳辉，杨业，等. 吹扫捕集-气相色谱法测试生活饮用水中挥发性有机物 [J]. 卫生研究，2006，35 (5)：644-646.

[15] 张岚，蒋兰，鄂学礼，等. 饮用水中痕量挥发性有机物吹扫捕集-气质联用测定法 [J]. 环境与健康杂志，2008，25 (5)，431 -432.

[16] 王凌云，汪澍. 吹扫捕集- GC/MS 联用同时测定水中 53 种挥发性有机物 [J]. 皮革科学与工程，2009，19 (2)：68-71.

作者简介：谭丽 (1983—)，女，重庆人，工程师，主要研究方向为环境化学。

二安替比林苯乙烯基甲烷分光光度法测定水中的钒

张　宇　王　琼　念娟妮　范歌梅
陕西省环境监测中心站，西安　710061

摘　要：此方法主要是在磷酸介质中，以二价锰为催化剂，二安替比林苯乙烯基甲烷与五价钒反应生成橙红色产物，在540nm处，分光光度法测定水中的钒，测定结果表明，该方法适用于清洁地表水、地下水、饮用水源地中钒的测定具有检出限低，重现性好、分析效率高、操作简便等优点。

关键词：钒；二安替比林苯乙烯基甲烷；分光光度法

The Anti Than Lin Styryl Methane Spectrophotometric Method Determination of Vanadium in the Water

ZHANG Yu　WANG Qiong　NIAN Juan-ni　FAN Ge-mei
Shanxi Province Environmental Monitoring Center，Xi'an 710061

Abstract：This method is mainly in phosphoric acid medium，bivalent manganese as catalyst，the anti than Lin styryl orange-red，reaction with pentavalent vanadium methane production at 540 nm，spectrophotometric method determination of vanadium in the water，This method suits for surface water，groundwater，and the determination of vanadium in drinking water has low detection limit，good reproducibility，analysis the advantages of high efficiency，easy operation。

Key words：vanadium；the anti than Lin styryl methane；spectrophotometric method

1　前言

钒具有生物活性，是人体所必需的微量元素之一。钒可以减少龋齿发病率，对造血过程有一定的积极作用，并减弱合成胆固醇的作用，使血管收缩，增强心室肌的收缩力，还有降低血压的作用。钒常作为合金钢的添加剂和化学工业中的催化剂使用，钢铁、石油、化工、染料、纺织等工业废水中矾含量较高，对地表水、地下水、土壤会造成污染[1]。钒是集中式生活饮用水地表水源地特定80项中必测项目，国标采用石墨炉原子吸收法[2]，钽试剂（BPHA）萃取分光光度法[3]测定地表水中的钒。石墨炉原子吸收分光光度法（GB/T 14673—1993）[4]标准适用于废水中钒的测定，检出限为：0.05mg/L，从标准适用范围来看不能用于饮用水及清洁水中钒的测定，而且检出限同样与《地表水环境质量标准（GB 3838—2002）中规定的地表水（水源水）中钒的最高容许浓度相同，不利于对水体钒是否超标做出精准判断。钽试剂（BPHA）萃取分光光度法（GB/T 15503—1995），检出限为：0.05mg/L，检出限值与《地表水环境质量标准》（GB 3838—2002）中规定的地表水（水源水）中钒的最高容许浓度相同，不利于对水体钒是否超标做出精准判断，并且该法前处理采用三氯甲烷萃取后在有机相显色，步骤繁琐且危害人体健康。二安替比林苯乙烯基甲烷分光光度法，检出限为0.008mg/L，测定下限为0.032mg/L，低于《地表水环境质量标准》（GB 3838—2002）[5]中规定的0.05mg/L，可以准确判定水质达标情况。本方法操作简便、经济环保，与钽试剂萃取光度法（GB/T 15503—1995）[6]比较，省去了有机项萃取步骤，所用试剂低毒。并且所用仪器简单便携，该方法适用于清洁地表水、地下水、饮用水源地中钒的测定，特别适用于应急监测现场分析。本方法的建立可以使硬件能力薄弱的实验室具备钒的监测能力，确保发生污染事故时可以就近选择实验室，迅速响应。

2 实验部分

2.1 方法原理

在磷酸介质中，以二价锰为催化剂，二安替比林苯乙烯基甲烷与五价钒反应生成橙红色产物，在540nm处，分光光度法测定。

2.2 仪器与试剂

仪器：722可见分光光度计（具10mm比色皿）。

试剂：高锰酸钾溶液，ρ=0.3g/L；尿素溶液，ρ=20g/L；亚硝酸钠溶液；硫酸，ρ=1.84g/ml；磷酸，ρ=1.69g/ml；硫酸锰溶液，ρ=10g/L；二安替比林苯乙烯基甲烷（DAVPM）溶液，ρ=5g/L；钒标准贮备液，ρ=1 000mg/L；钒标准使用液，ρ=1mg/L等。

2.3 样品的采集与保存

样品采集在聚乙烯瓶内，要尽快分析。如需保存，应加硝酸酸化至pH＜2，并放入冰箱（2～5℃）冷藏保存，可保存6个月。

2.4 样品的预处理

取适量样品于50ml比色管中，用水稀释至25ml刻线，加硫酸2ml，滴加高锰酸钾溶液至出现粉红色，静置1min。加入尿素溶液4ml，在不断振摇下，滴加亚硝酸钠溶液至粉红色消退，并过量3滴。

2.5 标准曲线绘制

在7个50 ml比色管中，分别加入0.00、1.00、2.00、4.00、6.00、8.00、和10.00ml钒标准使用液，其所对应的钒含量分别为0.0、1.0、2.0、4.0、6.0、8.0和10.0μg，按照试样的预处理方法处理。然后加入磷酸8.0ml，硫酸锰溶液4.0ml，再加入DAVPM溶液5.0ml，摇匀。放置30min后，在波长540nm下，用10mm比色皿，以水作参比，测量吸光度。以空白校正后的吸光度为纵坐标，以其对应的钒含量（μg）为横坐标，绘制工作曲线。

表1 工作曲线测定结果

序号	0	1	2	3	4	5	6
加入标液体积/ml	0.00	1.00	2.00	4.00	6.00	8.00	10.00
加入标液量/μg	0.0	1.0	2.0	4.0	6.0	8.0	10.0
A_{540nm}	0.090	0.135	0.188	0.291	0.390	0.479	0.575
ΔA_{540nm}	0	0.045	0.098	0.201	0.300	0.389	0.485
回归方程及相关系数	y=0.048 8x+0.000 8　r=0.999 7						

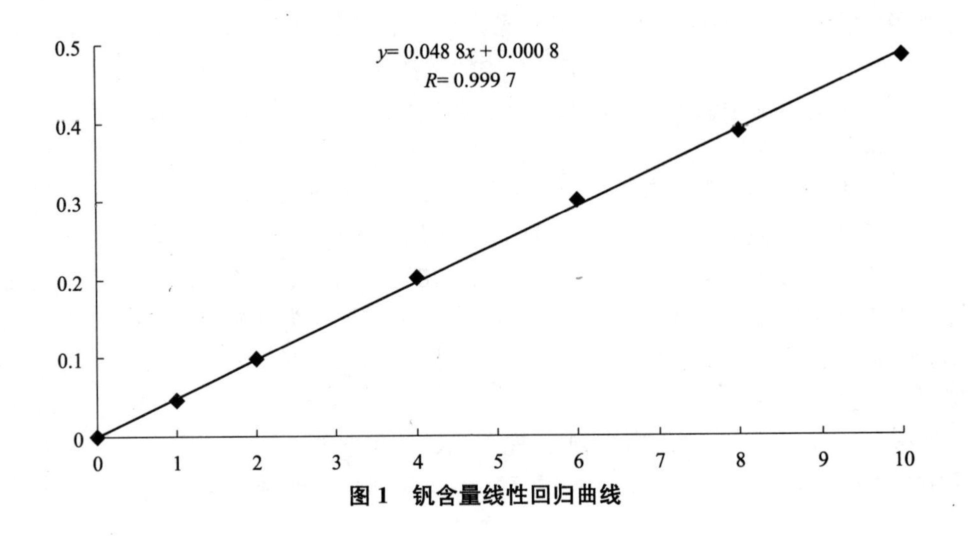

图1 钒含量线性回归曲线

2.6 样品的测定

直接取一定量样品（不超过 25 ml），按与工作曲线相同的步骤测量吸光度。

2.7 空白试验

用水代替样品，按样品测定的步骤进行前处理和测定。

2.8 结果计算

水中钒的质量浓度按下式计算：

$$\rho = (A_s - A_b - a) / (b \times V)$$

式中：ρ——样品中钒的质量浓度，mg/L；

A_s——样品的吸光度；

A_b——空白试验的吸光度；

a——校准曲线的截距；

b——校准曲线的斜率；

V——取样体积，ml。

2.9 方法检出限

根据《环境监测 分析方法标准制修订技术导则》（HJ 168—2010）中附录 A 规定，以扣除空白值后的与 0.01 吸光度相对应的浓度值为检出限。当水样体积为 25ml，使用 10mm 比色皿时，本方法的检出限为 0.008mg/L，测定下限为 0.032mg/L，测定上限为 0.400mg/L。

3 结果与讨论

3.1 精密度测定

对钒浓度为 0.300mg/L 的标准溶液分别进行 6 次测定，相对标准偏差为 1.8%。

3.2 准确度测定

对国家标准样品（国家标物中心出品，编号 203503）进行 6 次测定，测定平均结果为 0.300mg/L，所有测定结果均在该标准样的质控范围内。

表 2 准确度（标准样品）测定结果

项目	测定次数					
	1	2	3	4	5	6
测定值/（mg/L）	0.298	0.293	0.307	0.295	0.302	0.305
测定平均值/（mg/L）	0.300					
质控范围/（mg/L）	0.296±0.021					
是否合格	是					

分别对水样 1 和水样 2 进行 6 次加标回收率测定，水样 1 加标回收率在 96.0%～103.0%之间，水样 2 加标回收率在 97.0%～103.2%之间。

4 小结

二安替比林苯乙烯基甲烷分光光度法测定水中的钒灵敏度、回收率高，检出限低，精密度好，操作简单、快速，并且所用仪器简单便携，该方法适用于清洁地表水、地下水、饮用水源地中钒的测定，特别适用于应急监测现场分析。本方法的建立可以使硬件能力薄弱的实验室具备钒的监测能力，确保发生污染事故时可以就近选择实验室，迅速响应，也可以满足水中钒日常分析工作的需要。

参考文献

[1] 何清，叶凤云，焦宏，等. 北京市儿童血铅水平及相关因素的调查研究 [J]. 中华儿科杂志，1998，36 (3)：139-141.

[2] 白玲，倪永年. 偏最小二乘分光光度法同时测定痕量铁、锰、铜、锌、钴和镍 [J]. 分析试验室，2002，21 (1)：39-42.

[3] 叶巧云，蒋华红，韩德满. 新试剂 2-[2，3，5-三氮唑偶氮]-5-二甲氨基苯甲酸与钴的显色反应研究及应用 [J]. 分析试验室，2000，19 (6)：53-55.

[4] 水质钒的测定石墨炉原子吸收分光光度法. GB/T 14673—1993.

[5] 地表水环境质量标准. GB 3838—2002.

[6] 水质钒的测定钽试剂 (BPHA) 萃取分光光度法. GB/T 15503—1995.

作者简介：张宇 (1987.8—)，于 2010 年在陕西省环境监测中心站分析测试中心工作，工程师，环境监测领域。

热分解-金汞齐富集光谱法测定土壤中总汞的方法研究

朱培瑜[1]　魏竹秋[2]　娄明华

1. 无锡市环境应急与事故调查中心，无锡　214121；

2. 无锡市环境监测中心站，无锡　214121

摘　要：应用热分解-金汞齐富集光谱法对土壤中总汞的方法进行了研究。经实验得出方法检出限0.000 8μg/g，方法精密度 RSD<3%，方法准确度好，经与原子荧光法比较可知，该方法简便、快速，准确度高，适用于土壤样品中汞的检测要求。

关键词：热分解-金汞齐富集；原子吸收光谱法；土壤；汞元素分析；方法比对

Study on the Method of Gold Mercury Spectral Method for the Determination of Total Mercury in Soil by Thermal Decomposition

ZHU Pei-yu[1]　WEI Zhu-qiu[2]　LOU Ming-hua

1. Wuxi city environmental emergency and accident investigation center, Wuxi 214000;

2. Wuxi Environmental Monitoring Central Station, Wuxi 214000

Abstract: Application of thermal decomposition-Gold mercury on the method of total mercury in soil were studied by atomic absorption spectrometry. Experiment results show that the detection limit of the method was 0.000 8μg/g, the precision of RSD<3% method, accuracy of the method is better, compared with atomic fluorescence spectroscopy shows that, the method is simple, rapid, accurate, applicable to the requirements of detection of mercury in soil samples.

Key words: thermal decomposition-Gold mercury; atomic absorption spectrometry; soil; mercury element analysis; method comparison

汞是剧毒元素，它的使用与扩散污染，多次造成人类及生物的“环境病”，引起世界广泛关注。世界各国都很重视环境土壤中汞污染的监测，我国1995年颁布的国标《土壤环境质量标准》（GB 15618—1995）[1]就将总汞含量列为重点监测项目。土壤中总汞的国家标准测定方法有：冷原子吸收法——国标《土壤质量总汞的测定冷原子吸收分光光度法》（GB/T 17136—1997）[2]；原子荧光法——《土壤和沉积物汞、砷、硒、铋、锑的测定 微波消解 原子荧光法》[3]。两种方法均需要对土壤样品进行加热消解前处理，操作过程繁琐、耗时，对检测人员的操作技能、安全防护也有较高的要求。

热分解-金汞齐富集原子吸收法是参照美国 EPA 7473[4]测定土壤中汞的方法，其方法原理是将样品进行热分解使汞经金汞齐化管富集，再加热破坏汞齐并采用冷原子吸收光谱进行总汞分析。本文建立了热分解-金汞齐富集原子吸收光谱法直接测定土壤中的总汞，无需样品前处理，快速、准确且无试剂污染，使原本需要几天的分析测试缩短在一日完成。本文通过准确度、精密度、检出限和抗干扰试验，以及进行了方法比对试验证明热分解-金汞齐富集原子吸收光谱法能够满足环境土壤样品中总汞的检测要求。

1 实验部分

1.1 仪器及参数

MA-800型测汞仪（SYSTEMATIC公司）；万分之一天平（梅特勒公司）；AFS9800型原子荧光仪（北京海光仪器公司）；土壤干燥箱（普利泰克公司）；土壤研磨机（德国莱驰公司）；微波消解仪（安东帕公司）；电热板（莱伯泰科公司）。

1.2 试剂和材料

无汞超纯水>18MΩ，每次实验前必须做空白测试。

L-半胱氨酸：纯度大于98%。

浓硝酸：优级纯，不含汞。

L-半胱氨酸溶液：称取L-半胱氨酸100mg置于100ml烧杯，加入适量的水溶解，然后转移到1 000ml棕色容量瓶中，再加入2ml浓硝酸，用超纯水定容至1 000ml，溶液浓度为100μg/ml，此溶液为配制汞标准溶液的稳定剂，用来防止汞挥发和吸附在玻璃内壁。

汞标准储备溶液：100μg/ml，国家标准物质中心提供。

汞标准使用溶液：根据需要分别配制1μg/ml、100μg/L、10μg/L汞标准溶液，用100μg/ml的L-半胱氨酸溶液定容。

多元素混合标准溶液：500μg/ml，成分有：Al、Ba、Be、Ca、Cd、Co、Cr、Cu、Fe、K、Mg、Mn、Na、Ni、Pb、Sr、Ti、V、Zn；国家有色金属及电子材料分析测试中心提供。

实验器皿：所有器皿需经20%硝酸（*V*/*V*）浸泡24h，再用去离子水清洗，超纯水冲净，最后晾干备用。

工作气体：高纯氧气。

汞国家标准土壤样品，国家地质实验测试中心生产。

1.3 样品测定

1.3.1 土壤样品准备

根据《土壤环境监测技术规范》[5]（HJ/T 166—2004）的要求采集样品，样品送实验室后，需经干燥，粗粉碎，研磨，过筛（100目）和分装。

1.3.2 标准曲线配制

定量移取标准使用溶液于100ml容量瓶中，用100μg/ml的L-半胱氨酸溶液定容、混匀，最后配制标液浓度系列待上机测定。

1.3.3 实验方法

在万分之一天平上准确称量一定量土壤样品于样品舟中，将样品舟放在自动进样架上，直接上机分析，通过外标法定量分析结果。

2 结果与讨论

2.1 仪器工作条件优化

热解析装置有4个原子化区，第一原子化区用于样品的干燥，对于已经干燥处理的土壤样品，此步骤条件改变对结果不大；第二、三原子化区用于土壤样品分析，通常分成2步完成，需要分别设置热分解温度，分解时间和载气流量。经过条件优化，在以下条件下分析样品结果的响应值较高，数据较稳定，分析时间较经济。

样品干燥步骤：150℃，保持60s，流量0.4L/min；

热分解步骤1：180℃，保持120s，流量0.4L/min；

热分解步骤2：850℃，保持120s，流量0.4L/min。

2.2 标准系列的优化

测汞仪具有 2 个不同长短的吸收池，可以做 2 种不同浓度范围的标准曲线，一般而言，总汞小于 10 ng，选用低浓度标准曲线；大于 10 ng，选用高浓度标准曲线。

表 1 标准曲线系列

名称	1	2	3	4	5	6	R（斜率）	A（截距）	B
低浓度系列	0.0	0.5	1.0	2.0	5.0	10.0	1.000	0.641 23	0.006 4
	0.006 40	0.312 26	0.654 11	1.338 58	3.229 21	6.400 57			
高浓度系列	0.0	10.0	20.0	50.0	100	200	1.000	0.003 48	0.000 18
	0.000 44	0.035 65	0.071 06	0.172 86	0.345 15	0.699 55			

2.3 方法检出限及线性范围

准确称取 7 个 100mg 石英砂做空白样品于样品舟中，并依次对空白样品进行测试，计算得标准差（σ）、检出限（3σ）及定量下限（12σ），如表 2 所示。

表 2 检出限与定量下限（n=7）

序号	空白样品测定值/（μg/g）	标准差 σ/（μg/g）	检出限 3σ/（μg/g）	定量下限 12σ/（μg/g）
1	0.000 77	0.000 3	0.000 8	0.003 1
2	0.000 84			
3	0.000 77			
4	0.000 62			
5	0.000 32			
6	0.000 23			
7	0.000 77			

2.4 方法的精密度试验

准确称取 20 个 100mg 汞标准土壤样品（GSS9）于样品舟中，依次测试，由测定结果可知，相对标准偏差<3%，精密度好。质控样的测定均值在给定范围内，相对误差小于 10%，证明方法准确性好。

表 3 精密度实验（n=20）

序号	标准土壤样品（GSS9）测定值/（μg/g）	测定均值/（μg/g）	相对标准偏差/%	相对误差/%	质控样给定值/（μg/g）
1	0.029 8	0.029 7	2.6	7.2	0.032±0.003
2	0.030 6				
3	0.029 7				
4	0.029 9				
5	0.029 1				
6	0.028 8				
7	0.029 7				
8	0.029 1				
9	0.029 6				
10	0.030 5				
11	0.028 9				
12	0.029 1				
13	0.029 4				
14	0.029 4				
15	0.028 8				
16	0.029 1				
17	0.029 2				
18	0.030 9				
19	0.030 7				
20	0.031 6				

2.5 方法的准确度试验

用本方法对多种汞标准土壤样品分别进行了6次测试，结果均在给定范围内，证明方法有较好的准确性。

表4 准确性实验（n=6）

标准样品	测定均值/（μg/g）	相对误差/%	相对标准偏差/%	标准样品浓度/（μg/g）
GSS-2	0.013	13.3	6.1	0.015±0.003
GSS-3	0.059	1.7	5.0	0.060±0.004
GSS-4	0.61	3.4	1.2	0.59±0.05
GSS-5	0.31	6.9	1.5	0.29±0.03
GSS-7	0.061	0.0	4.5	0.061±0.006
GSS-8	0.014	17.6	8.5	0.017±0.003
GSS-9	0.031	3.1	2.6	0.032±0.003
GSS-11	0.059	1.7	4.3	0.060±0.009
GSS-14	0.090	1.1	3.8	0.089±0.004

2.6 干扰试验

选择高、低浓度汞标准土壤样品，在样品中加入不同体积的多元素混合标准溶液（混合标准溶液浓度500μg/ml）分别进行3次测试，多元素混合标准溶液中含有Al、Ba、Be、Ca、Cd、Co、Cr、Cu、Fe、K、Mg、Mn、Na、Ni、Pb、Sr、Ti、V、Zn 19种元素，进行共存离子干扰试验。结果表明在大量元素共存的情况下，测定结果仍在质控样品给定值范围内，说明本方法不受共存元素干扰。

表5 干扰实验（n=3）

标准土壤样品	多元素加入量/μg			标准样品浓度/（μg/g）
	0	50	100	
GSS-4	0.61	0.62	0.62	0.59±0.05
GSS-9	0.032	0.032	0.033	0.032±0.003

2.7 方法比对试验

对热分解-金汞齐富集原子吸收直接测汞法，与土壤消解前处理后再使用原子荧光法测定土壤中总汞进行了方法比对研究。

（1）原子荧光法测汞的线性良好，满足方法要求，但定量范围小于直接测汞法。

（2）原子荧光法的测定土壤中汞方法检出限为：0.002μg/g。直接测汞法的检出限优于原子荧光法。

（3）原子荧光法精密度和准确度：选取标准土壤样品（GSS4）进行6次平行测定，计算测定均值，相对标准偏差和相对误差。从实验结果看，原子荧光法的测定结果均在保证值范围内，但相对误差和相对标准偏差略高于直接测汞法。

表6 原子荧光法精密度和准确度实验（n=6）

标准样品	测定均值/（μg/g）	相对误差/%	相对标准偏差/%	质控样给定值/（μg/g）
GSS-4	0.62	4.2	2.4	0.59±0.05

（4）方法比对实验：两种方法分别对60个环境土壤样品进行了测定，结果见图1。

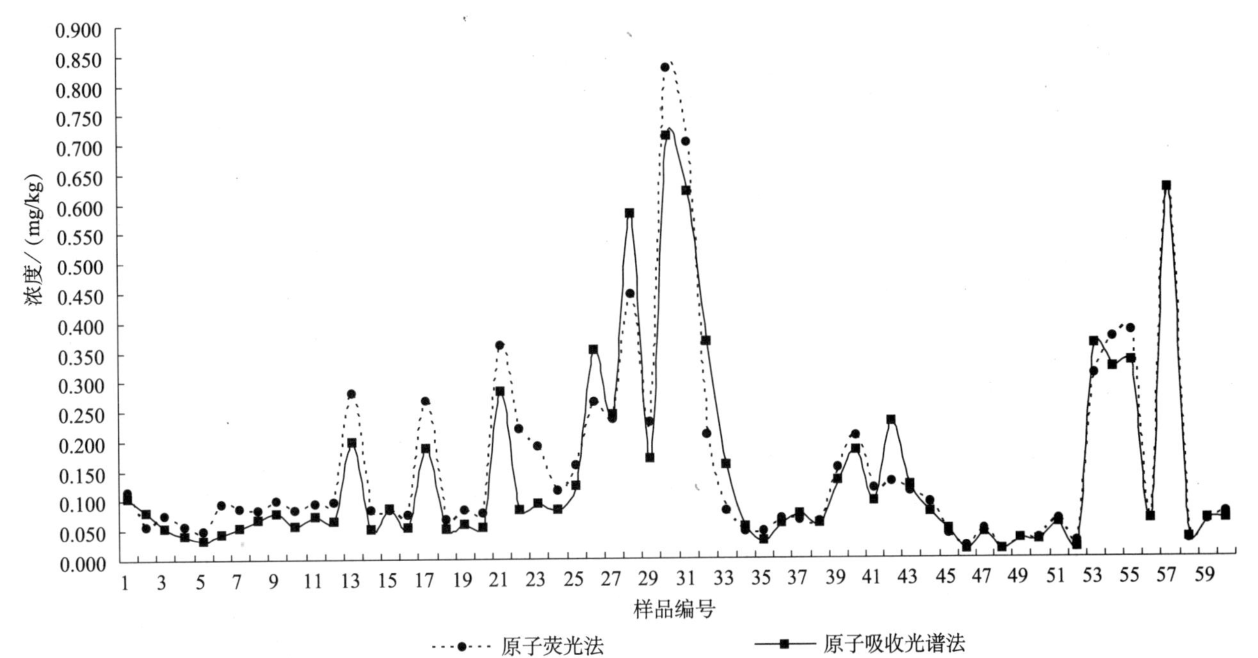

图 1　热分解-金汞齐原子吸收光谱法与原子荧光法测定汞的结果

并对两种方法的测定结果进行配对 t 检验，结果见表 7～表 9。

表 7　热分解-金汞齐原子吸收光谱法与原子荧光法配对变量统计

测定汞的比对方法	平均值	分析样本量	标准偏差	标准误差
原子荧光法	0.154 7	60	0.164 5	0.021 2
热分解-金汞齐原子吸收光谱法	0.142 6	60	0.161 3	0.020 8

表 8　热分解-金汞齐原子吸收光谱法与原子荧光法配对变量相关性统计

方法比对	分析样本量	相关性	P 值
原子荧光法与热分解-金汞齐原子吸收光谱法	60	0.952	0.000

表 9　热分解-金汞齐原子吸收光谱法与原子荧光法配对 t 检验结果

方法比对	差异性比较					t	d_f	P 值
	差值平均	标准偏差	标准误差	95%置信区间				
				下限	上限			
原子荧光法与热分解-金汞齐原子吸收光谱法	0.012 1	0.050 8	0.006 6	−0.000 98	0.025 25	1.852	59	0.069

由相关性系数 r=0.952，P=0，说明两组数据的相关性趋于一致。测定结果进行配对 t 检验，回归分析结果表明，回归系数 t 检验 t = 1.852，P = 0.069，P 值大于 0.05，即差异没有显著意义。可认为热分解-金汞齐原子吸收光谱法和原子荧光法测定土壤中的总汞没有区别，效果是相同的。

3　结论

(1) 国标法（冷原子吸收分光光度法）测定土壤中的总汞，需要对土壤样品进行加热消解前处理，前处理过程中，所用的化学试剂具有强腐蚀性、强氧化性，对操作人员安全有风险，而且大量试剂的使用对环境也造成了很大污染。

(2) 国标法操作过程繁琐、耗时，前处理一批样品需要一天时间；而热消解-金汞齐富集测汞法测定一个样品只需要几分钟。

（3）热消解-金汞齐富集测汞法无需前处理，减少了在前处理过程中汞的损失，同时还减少了试剂对环境的污染。测定结果与国标方法相比无明显差异。

（4）通过对方法的检出限、精密度、准确度、与原子荧光法的方法比对试验结果证明应用热消解-金汞齐富集测汞法测定环境土壤中的总汞，方法操作简单、灵敏度高、数据准确可靠，完全满足测定要求。

（5）热消解-金汞齐富集测汞法在发生总汞突发环境污染事故时，特别适合大批量土壤样品的快速测定，为应急环境监测决策发挥重要作用。

参考文献

[1] 土壤环境质量标准．GB 15618—1995.

[2] 土壤质量总汞的测定冷原子吸收分光光度法．GB/T 17136—1997.

[3] 土壤和沉积物 汞、砷、硒、铋、锑的测定 微波消解 原子荧光法．HJ 680—2013.

[4] 热分解齐化原子吸收光度法测定固体及液体中的汞．EPA 7473.

[5] 土壤环境监测技术规范．HJ/T 166—2004.

作者简介：朱培瑜（1978—），女，汉族，江苏无锡人，高级工程师，2001 年 8 月起在无锡市环境监测中心站从事环境监测工作。

氰化氢气体测定方法的改进研究

齐炜红　杜　雪

邯郸市环境监测中心站，邯郸　056002

摘　要：通过系列实验，利用国家标准方法 HJ/T 28—1999，对测定氰化氢气体所用试剂进行了改进，用无水乙醇代替 *N*，*N*-二甲基甲酰胺做为溶剂溶解吡唑啉酮，提高了乙酸的浓度，相应减少了缓冲溶液和显色剂在分析中的使用量。经实验验证，该方法的相对标准偏差 RSD（%）为 1.1%，加标回收率为 94%～99%，该方法适合氰化氢气体的测定。

关键词：氰化氢；测定方法；改进

Study of the Improvement of the determination method of Hydrogen cyanide

QI Wei-hong　Du Xue

Environment Monitoring Center in Handan city，Handan　056002

Abstract：throhgh a seric of experiments，based on the the national standard method HJ/T 28—1999；an improvemen of the determination method of Hydrogen cyanide had been conducted，it replace *N*，*N*-dimethylformamide with anhydrous ethanol as the solvent to dissolve 3-methyl-1-pheny-5-pyrazolone，which improved the concentration of acetic acid，and relatively reduced the usage of buffer solution and colour developing reagent in analysis . the experiment verified that the relative standard deviations deviations is 1.1%，the recoveries between 94% and 99%. this method is suitable for the determination of hydrogen cyanide.

Key words：hydrogen cyanide；determination method；improvement

氰化氢是一种无色气体，伴有轻微的苦杏仁气味，属高毒类物质，可以通过消化道、呼吸道、皮肤、黏膜吸收进入人体，血液中的细胞色素氧化酶的 Fe^{3+} 可与氰根结合，生成氰化高铁细胞色素氧化酶，丧失其携带氧的能力，使呼吸链中断，细胞窒息死亡[1]。目前，环境监测中测定氰化氢气体采用的方法主要为环保部颁布的标准方法固定污染源排气中氰化氢的测定，异烟酸-吡唑啉酮分光光度法 HJ/T 28—1999[2]，该方法操作相对繁琐，所用试剂消耗量大，使用 *N*，*N*-二甲基甲酰胺溶解吡唑啉酮对人体也有较大危害，我们针对这两点结合有关文献[3][4]对所用试剂进行了调整，通过大量实验，取得了较好的实验结果。

1　实验部分

1.1　实验原理

氰化氢（HCN）被氢氧化钠溶液吸收，在中性条件下，与氯胺 T 作用生成氯化氰，氯化氰与异烟酸反应，经水解生成戊烯二醛，再与吡唑啉酮进行缩聚反应，生成蓝色化合物，用分光光度法测定。

1.2　主要仪器和试剂

1.2.1　仪器

723 型分光光度计、10mm 比色皿，恒温水浴锅，15ml 比色管，25ml 比色管等实验室常用玻璃器皿。

1.2.2 药品及试剂

氢氧化钠，冰乙酸，氰化钾，无水磷酸二氢钾，无水磷酸氢二钠，氯胺T，异烟酸，吡唑啉酮，*N*，*N*-二甲基甲酰胺，无水乙醇，满足实验要求的实验室用水等。

氢氧化钠溶液：c=0.5 mol/L。称取2g氢氧化钠溶于适量水中，用水稀释至100ml，摇匀，贮于聚乙烯容器中。

氢氧化钠吸收液：c=0.1mol/L。称取4g氢氧化钠溶于适量水中，转移至1 000ml容量瓶中，用水稀释至标线，摇匀，贮于聚乙烯容器中。

氰化钾标准溶液：c=7.9μg（HCN）/ml（标定方法略）。

氰化钾标准使用液：c=0.79 μg（HCN）/ml，临用前吸取7.9μg/L氰化钾标准溶液10.0ml于100ml容量瓶中，用0.1mol/L氢氧化钠稀释到标线。临用现配。

异烟酸溶液：称取3.0g异烟酸，溶解于50 ml 0.5 mol/L的氢氧化钠中，用水稀释定容至200ml。

氯胺T溶液：称取0.50g氯胺T溶解于水中，稀释至50ml，贮于棕色细口瓶中，贮于冰箱。

磷酸盐缓冲溶液：pH=7.00，称取34.0无水磷酸二氢钾和35.5无水磷酸氢二钠，溶解于水，转移至1 000ml容量瓶中，用水稀释至标线，摇匀。

乙酸溶液：c=0.6%，移取3.0ml冰乙酸于500ml容量瓶中。

改进的乙酸溶液：c=1.2%，移取6.0ml于500ml容量瓶中。

吡唑啉酮溶液：称取1.25g吡唑啉酮（3-甲基-1-苯基-5-吡唑啉酮）溶解于100ml *N*,*N*-二甲基甲酰胺中。

改进的吡唑啉酮溶液：称取1.25g吡唑啉酮（3-甲基-1-苯基-5-吡唑啉酮），溶解于100ml无水乙醇中。

异烟酸溶液-吡唑啉酮溶液：临用前将异烟酸溶液和吡唑啉酮溶液按5：1体积混合。

改进的异烟酸溶液-吡唑啉酮溶液：临用前将异烟酸溶液和改进的吡唑啉酮溶液按5：1体积混合。

1.3 实验方法

1.3.1 样品的采集

有组织样品氰化氢的采集串联2只内装20ml氢氧化钠吸收液：c=0.1mol/L的125ml多空玻板吸收瓶，并将它接入采样系统中，以0.5L/min流量采样10～30min。避光密闭保存，2～5℃下不超过48h分析。

无组织样品及环境空气中氰化氢的采集，用内装5ml氢氧化钠吸收液：c=0.1mol/L多孔玻板吸收瓶，并将它接入采样系统中，以0.5L/min流量采样30～60min。避光保存，2～5℃下不超过48h分析。

1.3.2 校准曲线的绘制方法

方法一（改进法）：分别取0.00、0.20、0.50、1.00、2.00、3.00、4.00、5.00 ml氰化钾标准使用液于15ml具塞比色管中，用0.1 mol/L氢氧化钠定容至5.00 ml，氰化氢含量为0.00 μg、0.158 μg、0.395 μg、0.790 μg、1.58 μg、2.37 μg、3.16 μg、3.95 μg，向各管中加入改进的乙酸溶液2.5ml，混匀，加入磷酸盐缓冲溶液2.5ml，摇匀，加入0.20 ml氯胺T溶液，立即盖好瓶塞，轻轻摇匀，放置5min，加入改进的异烟酸溶液-吡唑啉酮溶液2.5ml，立即盖好瓶塞，摇匀，用水稀释至标线，摇匀。在25～35℃（本实验选择30℃水浴）放置40min。用10mm比色皿，以蒸馏水为参比，在638nm波长处，测量吸光度。

方法二（国标法）：分别取0.00、0.20、0.50、1.00、2.00、3.00、4.00、5.00 ml氰化钾标准使用液于25L具塞比色管中，用0.1 mol/L氢氧化钠定容至5.00 ml，氰化氢含量为0.00 μg、0.158 μg、0.395 μg、0.790 μg、1.58μg、2.37μg、3.16 μg、3.95μg，每管各加1滴0.1%酚酞指示剂，摇动下逐滴加入0.6%的乙酸溶液，至酚酞指示剂刚好褪色为止，加入磷酸盐缓冲溶液5.00 ml，摇匀，加入0.20ml氯胺T溶液，立即盖好瓶塞，轻轻摇匀，放置5min，加入异烟酸溶液-吡唑啉酮溶液5.00ml，立即盖好瓶塞，摇匀，用水稀释至标线，摇匀。在25～35℃（本实验选择30℃水浴）放置40min。用10mm比色皿，以蒸馏水为参比，在638nm波长处，测量吸光度。

1.3.3 样品的测定

有组织样品的测定（改进法），将第一只吸收瓶和第二只吸收瓶中的吸收液转移到50ml容量瓶中，用少量 c=0.1mol/L的氢氧化钠吸收液分别洗涤第一吸收瓶和第二吸收瓶，洗涤液并入50ml容量瓶中，最后用 c=0.1mol/L的氢氧化钠吸收液稀释到标线，摇匀。吸取5.00ml样品溶液于15ml具塞比色管中，按方法一（改进法）标准曲线操作步骤，测定吸光度。根据标准曲线计算氰化氢的含量。

有组织样品的测定（国标法），将第一只吸收瓶和第二只吸收瓶中的吸收液转移到50ml容量瓶中，用少量水分别洗涤第一吸收瓶和第二吸收瓶，洗涤液并入50ml容量瓶中，最后用水稀释到标线，摇匀。吸取5.00ml样品溶液于25ml具塞比色管中，按方法二（国标法）每管各加1滴0.1%酚酞指示剂，后同方法二（国标法）标准曲线操作步骤，测定吸光度。根据标准曲线计算氰化氢的含量。

无组织样品的测定及环境空气中氰化氢的测定，将采样后的样品溶液移入15ml具塞比色管中，用少量水洗涤吸收瓶（不超过2ml）按方法一（改进法）标准曲线操作步骤，测定吸光度。根据标准曲线计算氰化氢的含量。

无组织样品的测定及环境空气中氰化氢的测定，将采样后的样品溶液移入25ml具塞比色管中，用少量水洗涤吸收瓶，使总体积不超过10ml，后同方法二（国标法）标准曲线操作步骤，测定吸光度。根据标准曲线计算氰化氢的含量。

2 结果和讨论

2.1 乙酸用量的确定

通过实验，c=0.1mol/L氢氧化钠5ml，用 c=0.6%≈0.1mol/L乙酸溶液，中和0.1mol/L的NaOH，需消耗0.6%乙酸5ml左右，考虑到所选用15ml比色管，故选用 c=1.2%乙酸溶液加2.0 ml，使溶液依然保持弱碱性，防止氰化氢溢出，然后加入2.5 ml磷酸盐缓冲溶液可使溶液pH稳定在7.00左右，可保证 CN^- 在中性条件下和氯胺T反应。考虑到样品吸收液和校准曲线标准溶液均应为相同的氢氧化钠浓度，故推荐无组织样品及环境空气中氰化氢采样所用吸收液也为0.1mol/L的NaOH[4]。

2.2 校准曲线的比较

按照1.3.2，分别利用方法一（改进法）和方法二（国标法）绘制氰化氢的校准曲线，利用最小二乘法计算标准曲线的回归方程，测定数据见表1和图1、图2。

表1 氰化钾标准溶液测定结果

管号	0	1	2	3	4	5	6	7
氰化钾标准溶液/ml	0.00	0.20	0.50	1.00	2.00	3.00	4.00	5.00
氰化氢含量/μg	0.00	0.158	0.395	0.790	1.58	2.37	3.16	3.95
A_i	0.004	0.034	0.101	0.203	0.397	0.594	0.782	0.969
A_i-A_0	0.000	0.030	0.097	0.199	0.393	0.590	0.778	0.965
B_i	0.004	0.024	0.056	0.108	0.212	0.316	0.423	0.515
B_i-B_0	0.000	0.020	0.052	0.104	0.208	0.312	0.419	0.511

注：A_i为利用方法一（改进法）测定氰化氢标准溶液的吸光度，B_i为利用方法二（国标法）测定氰化氢标准溶液的吸光度。

由表1可看出，用改进的无水乙醇配置的吡唑啉酮做显色剂测得的空白值和使用国标方法吡唑啉酮溶解于 N,N-二甲基甲酰胺中测得的空白值没有差别。由图1、图2可知利用改进的方法绘制的校准曲线灵敏度更高，相关性更好。

2.3 实际样品的测定

参照1.4.3，把有组织样品定容到50 ml容量瓶中，分取3份5.00ml于25ml比色管中，按国标方法

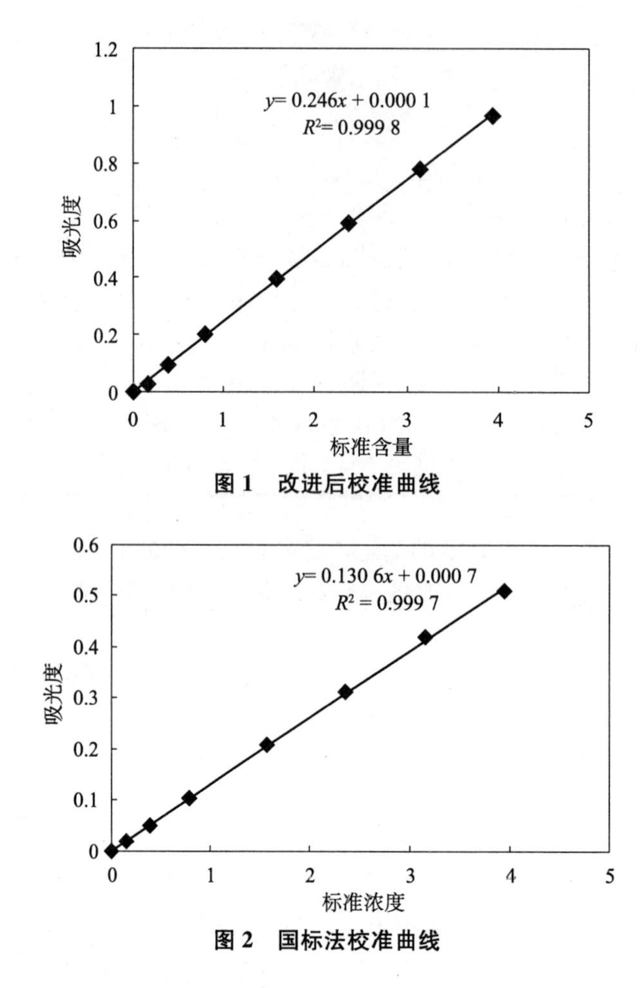

图 1　改进后校准曲线

图 2　国标法校准曲线

测定，另取 3 份 5.00ml 于 15ml 比色管中，按改进后的方法测定。并利用其校准曲线进行计算，其结果见表 2。

表 2　不同的方法测定有组织排放源中氰化氢的含量

方法	校准曲线	空白吸光度	样品浓度/（μg/5ml）	样品浓度/（μg/5ml）	样品浓度/（μg/5ml）	样品平均浓度/（μg/5ml）	标准偏差/（μg/5ml）
改进法	$y=0.2460x+0.0001$	0.004	0.195	0.191	0.191	0.192	0.002
国标法	$y=0.1306x+0.0007$	0.004	0.193	0.201	0.193	0.196	0.005

参照 1.3.3 无组织样品的测定，从采集到的 5ml 氢氧化钠吸收液 B：$c=0.1$mol/L 多孔玻板吸收瓶中吸取 2 份，每份 2.0ml，一份转移到 15ml 比色管中，用 $c=0.1$mol/L 氢氧化钠吸收液定容至 5ml，按改进后的方法测定。另一份转移到 25ml 比色管中，用蒸馏水定容至 5ml，按国标方法测定，经测定两份均为未检出。

由表 2 可知，有组织排放源两种方法的样品平均浓度测定结果的相对偏差为 1.0%，在 5%以内，经 F 检验，$F=S^2_{max}/S^2_{mix}=0.000025/0.000004=6.25<F_{0.05(3,3)}=9.28$，所以，两种方法有相同的精密度。经 t 检验，$t=0.444<t_{0.05(4)}=2.776$，所以两种方法测定结果无显著性差异。无组织样品用两种方法测定均为未检出。可见，用改进后的方法可以代替国标方法。

2.4　方法的精密度和准确度

2.4.1　方法的精密度

取 0.50ml 相当于 0.395μg 的氰化钾标准溶液，重复测定 6 次，计算可得改进方法的精密度，相对标准偏差为 1.1%，结果见表 3。

表 3

校准曲线	空白吸光度	吸光度	测得含量/μg	相对标准偏差 RSD/%
$y=0.2460x+0.0001$	0.004	0.102	0.398	1.1
		0.100	0.389	
		0.102	0.398	
		0.102	0.398	
		0.100	0.389	
		0.101	0.394	

2.4.2　加标回收实验

采用改进后的测定方法测定有组织排放源中氰化氢浓度为 0.193μg/ml，和无组织排放源中氰化氢浓度为未检出的样品进行了加标回收测定，结果见表 4。

表 4　准确度试验结果

样品本底值	加标量	测定次数	测定值（已减本底）	回收率
0.193μg/ml	0.395	6	0.372～0.393	94%～99%
未检出	0.395	6	0.374～0.393	95%～99%

3　结语

本文采用改进后的氰化物测定方法，调整了乙酸的加入量，相应地减少了磷酸盐缓冲溶液的加入量是可行的，实验也证明减少显色剂的使用量，也可达到良好的显色效果，节约了大量试剂，相应地减少了环境污染，尤其采用无水乙醇代替 N,N-二甲基甲酰胺溶解吡唑啉酮作为显色剂，极大地保护了实验人员的身体健康，在实际工作中可操作性强，更适合大批量样品的分析。

参考文献

[1] 高文丽，等. 分光光光度方法测定氰化氢方法的探讨研究 [J]. 科技资讯，2011.11.88-88.

[2] 固定污染源排气中氰化氢的测定异烟酸-吡唑啉酮分光光度法 . HJ/T 28—1999.

[3] 水质 氰化物的测定容量法和分光光度法 . HJ 484—2009.

[4] 国家环境保护总局《空气和废气监测分析方法编委会》. 空气和废气分析方法 . 4 版（增补版）. 北京：中国环境科学出版社，2003.11：164-169，463-467.

[5] 国家环境保护总局《水和废水监测分析方法编委会》. 水和废水分析方法 . 4 版（增补版）. 北京：中国环境科学出版社，2002.11：149-152.

作者简介：齐炜红（1971—），邯郸市环境监测中心站工作，高级工程师，从事环境领域重金属分析。

ICP-MS 内标元素选择的研究

赵小学[1]　赵宗生[1]　张霖琳[2]　陈纯[3]　宋娟娥[4]

1. 济源市环境监测站，济源市重金属监测与治理重点实验室，济源　459000；

2. 中国环境监测总站，北京　100012；

3. 河南省环境监测中心，郑州　450004；

4. 安捷伦科技（中国）有限公司，北京　100102

摘　要：ICP-MS 测定土壤标样中不同质量段的 Cr、Cd、Pb 元素，借以研究内标元素选择对测定值的影响。结果表明：选择内标元素首要考虑因素是样品中不含该元素而非质量数或第一电离能与待测元素接近；选择样品中含有成分作为内标元素时，其对低浓度含量的元素影响更大；单一内标元素即可校正基体效应，实现对低、中、高质量段的多元素同时测定。对地质标样和未知样品，分别推荐了内标元素和选择内标元素的方法。

关键词：ICP-MS；土壤；内标元素；铑

Study on Selection of Internal Standard Element of ICP-MS

ZHAO Xiao-xue[1]　ZHANG zong-sheng[1]　ZHANG Lin-lin[2]　CHEN Chun[3]　SONG Juan-e[4]

1. Jiyuan City Key Laboratory of Heavy-mental Monitoring and Pollution Control, Jiyuan City Environmental Monitoring Station, Jiyuan 459000;

2. China National Environmental Monitoring Centre, Beijing 100012;

3. Henan Province Environmental Monitoring Centre, Zhengzhou 450004;

4. Agilent Technologies (China) Inc., Beijing 100102

Abstract: Element Cr, Cd, Pb of different mass quality section was determined by ICP-MS, which was aimed to study the influence of internal standard element to measured values. The obtained results indicated as follows: the primary consideration of the internal standard element was element which wasn't contained in the samples, and not close to the mass quality and the first ionization energy between the internal standard element and element to be analyzed; the impact on the low concentration of elements was greater if choosing element contained in samples as the internal standard element; the matrix effect and the different mass quality elements were able to be corrected and determined separately with single internal standard element. To geological standard samples and unknown samples, the internal standard elements and the selecting its method were respectively recommended.

Key words: ICP-MS; soils; internal standard element; rhodium

内标法是用待测元素与内标元素在分析仪器上对应的信号比来补偿分析信号的波动以提高测定的精密度和准确度，正逐渐被广泛用于色谱（GC、HPLC 及 GC-MS）[1]、电感耦合等离子发射光谱（ICP-OES）[2]、X-射线荧光（XRF）[3]、激光诱导击穿光谱（LIBS）[4]、ICP-MS[5-7] 等分析技术；每类分析技术都要求内标物的性质稳定，色谱技术要求待测物中不含内标物，ICP-OES 需要内标元素与待测元素具有

基金项目：国家重大科学仪器设备开发专项（2011YQ060100），国家青年自然科学基金项目（81202174）。

相近的激发能和原子半径，XRF 和 LIBS 优先选取基体中的主量元素。

ICP-MS 具有检出限低、多元素同时测定等特点，但 ICP-MS 在实际测定含有复杂基体如地质样品、生物样品时，常受基体效应影响造成分析结果偏高或偏低[5]。针对 ICP-MS 分析复杂基体，业界公认内标元素能有效降基体低效应和仪器波动的影响，但如何选择内标元素尚有异议。部分学者认为，ICP-MS 优先选择质量数和电离能与待测元素相近[6]，《空气和废气　颗粒物中铅等金属元素的测定 电感耦合等离子体质谱法》（HJ 657—2013）认为"内标元素应根据待测元素同位素的质量大小来选择，一般选用在其质量数±50amu 范围内可用的内标元素"，但强调环境样品中可能出现 Li、Y、Bi 而受到限制使用；《水质 65 种元素的测定 电感耦合等离子体质谱法》（HJ 700—2014）中 65 种元素推荐的内标物，基本是按照质量数就近原则从"^{6}Li、^{45}Sc、^{74}Ge、^{89}Y、^{103}Rh、^{115}In、^{185}Re、^{209}Bi"中选择。部分学者认为内标元素要使用合适浓度[7]，部分学者认为质量数和电极电位对内标元素选择无关[5]。本实验以土壤中有毒有害元素 Cr、Cd、Pb 为例，探讨内标元素与待测元素之间在质量数、电离能、浓度等参数存在较大差异的情况下，试图仅用一个内标元素对复杂基体校正，同时讨论研究内标元素选择的关键因素。

1　实验部分

1.1　仪器及材料

全自动消解仪（美国 Thomas Cain 公司），ICP-MS 7700x 电感耦合等离子质谱仪（美国 Agilent Technologies 公司），万分之一分析天平（瑞士 METTLER-TOLEDO 公司）。

土壤成分分析标准物质：GBW07405（GSS-5）、GBW07406（GSS-6）、GBW07427（GSS-13），其部分成分见表 3。土壤消解试剂：HNO_3、HF、$HClO_4$、HCl，均为国产优级纯试剂。仪器分析试剂：内标溶液（Part＃5188-6525）100 mg/L，含 Ge、Rh、In、Bi 等 8 种元素，多元素混标溶液（Part＃5183-4688）：含 Cd、Cr、Pb、Zn 等 25 种元素（不含内标溶液中的 8 种元素），65% HNO_3，除硝酸来自 CNW 公司外，其他均为 Agilent Technologies 公司。

采用质量法通过逐级稀释配置溶液，元素 Cr、Cd、Pb 标准曲线溶液浓度为 0、5.00、10.0、20.0、40.0、80.0、160μg/L，内标溶液为 1 000μg/L（注：内标元素在样品溶液中的浓度为 50.0μg/L），基体为（1+19）HNO_3。

1.2　实验方法

1.2.1　待测元素和内标元素的选择

该实验之所以选择土壤中 Cr、Cd、Pb 作为待测元素的原因是，这 3 种元素分布在低、中、高 3 个质量数段，且它们是社会关心的有毒有害元素。结合待测元素分析时所选质荷比[8]、电离能，选择 Ge、In、Rh、Bi 为内标元素，同时它们也是 ICP-MS 常选的内标元素。元素的电离能及仪器分析时所选择的同位素（或质荷比）见表 1。

表 1　元素的质荷比及第一电离能

元素	Cr	Ge	Rh	Cd	In	Pb	Bi
质荷比	52	72	103	111	115	208	209
第一电离能/(kJ/mol)	652.9	762	719.7	867.8	558.3	715.6	703

1.2.2　样品的消解和测定

土壤消解采用 HNO_3-HCl-HF-$HClO_4$ 四酸体系进行全消解。称取 0.1 g（精确至 0.000 1g）土壤标准样品各 6 个，依次加入 5.0ml HNO_3、6.0ml 王水、5.5ml HF、1.8ml $HClO_4$，分别在 130℃、140℃、150℃、170℃各消解 85min、60min、50min、45min，以上溶出与初步氧化、进一步氧化、飞硅、强氧化与赶酸等消解过程，以及定容至 50.0ml 均在全自动消解仪上完成，同时做 3 个全程序空白[9]。根据进样管长度，设置 ICP-MS 进样时间、冲洗时间、稳定时间均为 45s；在氦气碰撞模式下测定，结合元素第一电离能的大小和在土壤中的含量，除元素Cd积分时间分设为2.0s外，包括内标元素在内的其他元素设为0.3s，重复测定3次取平均值，最终求三个标样各自6次测定的平均值；ICP-MS工作参数参见文献[10]。

2 结果与讨论

2.1 校准曲线

元素Cr、Cd、Pb在不同内标元素条件下的校准曲线方程的相关系数见表2。同位素^{52}Cr、^{114}Cd、^{208}Pb标准曲线的相关系数均大于0.999，呈强线性相关。选择内标元素的曲线线性，整体上要好于无内标元素的曲线，说明内标元素能有效消除或降低标准溶液中其他24种元素的干扰。结合表1和表2，以元素^{52}Cr为例，内标同位素^{72}Ge、^{103}Rh、^{115}In、^{209}Bi与其质量数之差的绝对值不断增大，但曲线相关性没有变差；内标元素Bi、Rh、In、Ge与其第一电离能之差的绝对值不断增大，曲线的相关性反而不断增大，因此初步认为电离能、质量数接近不是选择内标元素的首要因素。

表2 标准曲线方程相关系数

分析元素	^{52}Cr					^{114}Cd					^{208}Pb				
内标元素	^{72}Ge	^{103}Rh	^{115}In	^{209}Bi	无	^{72}Ge	^{103}Rh	^{115}In	^{209}Bi	无	^{72}Ge	^{103}Rh	^{115}In	^{209}Bi	无
相关系数	1.000	0.999 8	1.000	0.999 7	0.999 7	0.999 9	1.000	1.000	1.000	0.999 8	0.999 6	0.999 3	0.999 8	0.999 6	0.999 2

2.2 单一内标元素同时校正多元素的可靠性

元素Rh在地壳中含量仅为十亿分之一，是地壳中含量最小的元素之一。土壤由地壳演化而来，因此土壤中元素Rh含量也应该非常小。以^{103}Rh为内标元素分析土壤中元素Cr、Cd、Pb含量见表3，从表3可知，即使分析结果GSS-5 Cr偏低和GSS-6 Cd偏高，但所有测定值均在认定值范围之内。同位素^{52}Cr、^{114}Cd、^{208}Pb涵盖了低、中、高3个质量数段，因此单一内标元素Rh足以校正如土壤一样复杂的基体效应，实现ICP-MS对不同质量段多金属项目的同时测定。

表3 土壤标样信息和Cr、Cd、Pb测定结果 单位：mg/kg

标样	标准值						测定值											
							^{52}Cr				^{114}Cd				^{208}Pb			
	Cr	Ge	Cd	In	Pb	Bi	^{72}Ge	^{103}Rh	^{115}In	^{209}Bi	^{72}Ge	^{103}Rh	^{115}In	^{209}Bi	^{72}Ge	^{103}Rh	^{115}In	^{209}Bi
GSS-5	118±7	2.6±0.4	0.45±0.06	4.1±0.6	552±29	41±4	104	112	101	46.7	0.45	0.497	0.505	0.211	537	556	543	301
GSS-6	75±6	3.2±0.4	0.13±0.03	0.84±0.18	314±13	49±5	68.2	75.6	75.8	27.5	0.109	0.157	0.151	未检出	320	324	316	131
GSS-13	65±2	1.27±0.07	0.13±0.01	0.044±0.009	21.6±1.2	0.29±0.02	58.8	63.6	64.4	61.4	0.107	0.139	0.137	0.138	17.3	21.2	20.3	19.5

2.3 元素质量数差异对校正结果的影响

以质量数相差最小为原则选择内标元素，同位素^{52}Cr、^{114}Cd、^{208}Pb的内标分别为^{72}Ge、^{115}In、^{209}Bi；据表3可知，元素Cd的测定值全部满足标样值，元素Cr的部分测定值比标样值略低，而元素Pb的部分测定值明显比标样值偏低——GSS-5、GSS-6中元素Pb测定值不足标样值的55%。据表3可知，GSS-5、GSS-6中元素Bi含量明显要高，比GSS-13高出2个数量级，消解液中Bi离子含量高达100μg/L，导致内标元素Bi回收率远远高于正常范围（100±20）%，内标失去校正基体干扰的作用。因此，仅从质量数接近原则来选择内标元素可能会导致分析结果出现明显偏差。

2.4 元素电离能差异对校正结果的影响

以第一电离能接近原则选择内标元素，元素Cr、Cd、Pb的内标元素分别是元素Bi、Ge、Rh；其分析结果见表3，仍然只有部分测定值与标样值吻合。内标元素Bi、Rh、In、Ge与待测元素Cr第一电离能之差的绝对值依次增大，以测定值与标样值的百分数作为纵坐标绘制柱状图1。从图1可知，选择电离能最接近的元素Bi作为内标，GSS-5和GSS-6中元素Cr的测定值不足标样值的40%，与2.3中同位素

^{208}Pb选择^{209}Bi做内标结果类似，说明不适合选择样品含有的元素作为内标元素，其误差更大可能是样品中内标元素 Bi 含量一定而待测元素 Pb 的含量比元素 Cr 高造成的。对于 GSS-13，无论用哪个元素做内标，其中的 Cr 的测定值都超过标样值的 90%，并且没有随着与待测元素电离能之差越大待测元素 Cr 的回收率越差，说明选择电离能不是内标元素选择的首要条件；同时，样品中待测元素 Cr 回收率并没有随着与内标元素^{72}Ge、^{103}Rh、^{115}In、^{209}Bi质量数之差的增大而降低，进一步佐证质量数也不是内标元素选择的关键因素，这与 ICP-MS 测定血液中元素 Mg、Cu、Pb 含量时结论近似，即内标元素的选择不受被测元素质量数差异和电极电位差异的限制[5]。

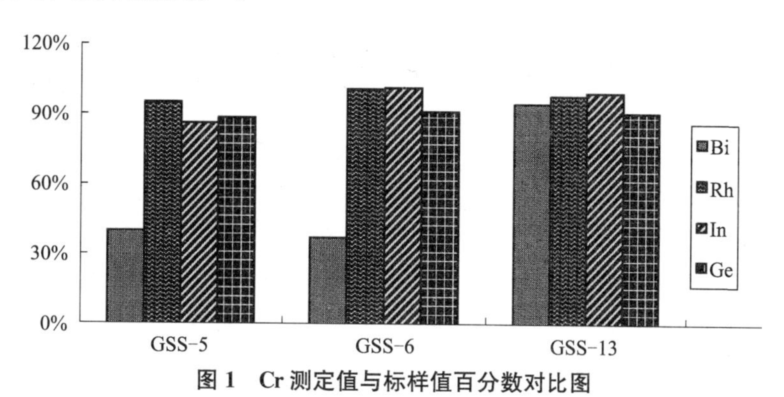

图 1　Cr 测定值与标样值百分数对比图

2.5　内标元素的选择

从表 3 可知，当样品中如 GSS-13 所含内标元素如 Ge 达到 1.27mg/kg 时，对于 Cr 浓度为 65mg/kg、Cd 为 0.13mg/kg、Pb 为 21.2mg/kg 的回收率分别为 90.5%、82.3%、81.6%。结果提示，样品中内标元素的含量对较高浓度的待测元素影响较小，因此必须尽可能选择样品中不含或含量很低的元素作为内标元素。

中国科学院地球物理地球化学勘察研究所认定了 60 个土壤及沉积物标样，该标样在代表了全国不同地球环境及不同地质背景或不同矿化区的土壤和沉积物，在土壤和沉积物的分析中具有重要作用，表 4 列出了该 60 个标样中不高于 5.0mg/kg 所有元素含量的最高值，Hg 和 Se 虽然含量较低但因分别存在强烈的记忆效应[11]和 Ar 离子干扰[8]不建议作为内标元素；结合它们的含量及存在的同位素，优先推荐^{103}Rh、^{165}Ho、^{169}Tm、^{159}Tb等作为 ICP-MS 的内标元素。对于未知样品，可以预选择多个内标元素，将分析空白标准溶液时内标元素的信号值作为基数信号值，以未知样品分析时对应内标元素的信号值与该基数信号值相除获得百分比，该百分比越接近 100%，则选择该内标元素参与校正计算；如果仪器能显示内标元素回收率曲线，亦可直接从该曲线变化来选择合适内标元素。

表 4　地质标样分析推荐的内标元素及含量最高值　　单位：mg/kg

元素	Ag	Au	Er	Eu	Ge	Hg	Ho	In	Lu	Re*	Rh	Se	Tb	Tl	Tm
含量	4.4	0.26	4.6	3.4	3.2	1.68	1.46	4.1	0.78	0.002 1	无	1.6	1.3	2.9	0.74
同位素	107	197	166	153	72	202	165	115	175	185	103	82	159	205	169

注：*为信息值。

3　结论

内标法是 ICP-MS 测定最常用的一种校正基体效应的定量方法，而内标校正的可靠性直接取决于所选择的内标元素和样品的基体情况。通过研究 ICP-MS 测量土壤中低、中、高质量段的元素 Cr、Cd、Pb 时，不同质量数和电离能的内标元素对基体效应的校正效果发现：质量数和电离能接近虽然能有效校正标准曲线但并非内标元素选择的首要考虑，内标元素应优先选择样品中不含的元素；样品中若含有内标元素，其对低浓度含量的元素影响更大。对于土壤及沉积物的地质标样，推荐 Rh、Re、Lu、Tm 等作为 ICP-MS 的内标元素；对于未知样品，将样品分析时内标元素的信号值与基数信号值之比与 100%的接近程度作为选择内标元素优先条件；对于 ICP-MS 选择某一个合适内标元素如 Rh 即可校正基体效应，从而实现多元素同时测定。

参考文献

[1] 谢月亮，凌萍，潘城，等．气相色谱-质谱法测定富马酸二甲酯时内标物的选择［J］．理化检验（化学分册），2011，47（7）：791-794.

[2] 郑建国，张展霞．ICP-AES 中内标法的应用研究 Ⅲ．用内标法校正基体干扰［J］．分析测试学报，1996，15（1）：21-24.

[3] 章炜，张玉钧，陈东，等．内标法在土壤重金属镍元素 X 荧光分析中的应用研究［J］．光谱学与光谱学分析，2012，32（4）：1123-1126.

[4] 陈添兵，黄林，姚明印，等．基于内标法分析土壤中 Pb 元素的 LIBS 试验研究［J］．应用激光，2013，33（6）：623-627.

[5] 杨乐，曾静，王小燕，等．ICP-MS 测定血中镁、铜、铅浓度时的基体效应单一内标校正方法研究［J］．光谱学与光谱学分析，2010，30（2）：518-522.

[6] 田梅，韩小元，王江，等．ICP-MS 测量环境样品中铀的非质谱干扰内标校正研究［J］．分析试验室，2012，31（8）：116-120.

[7] 曹军骥，张小曳，王丹．ICP-MS 测试中内标强度波动对元素测试值的影响［J］．西安工程学院学报，2001，23（1）：25-29.

[8] 赵小学，张霖琳，张建平，等．ICP-MS 在环境分析中的质谱干扰及其消除［J］．中国环境监测，2014，30（3）：101-106.

[9] 赵小学，赵宗生，多克辛，等．ASD-ICP-MS 联合快速测定土壤中部分金属元素［J］．城市环境与城市生态，2013，33（6）：33-35.

[10] 赵小学，赵宗生，王玲玲，等．微波 ICP-MS 联用快速测定小麦中砷、镉和铅［J］．中国测试，2014，40（6）：101-106.

[11] 赵小学，赵宗生，王玲玲．水中汞的电感耦合等离子体-质谱法测定［J］．中国测试，2013，39（6）：50-52.

作者简介：赵小学（1981—），男，河南济源市人，工程师，从事重金属分析技术研究。

恶臭在线检测技术的发展和监控系统的建立

赵金宝[1]　杨燕罡[3]　陈文亮[2,3]　徐可欣[3]
1. 中国环境监测总站，北京　100012；
2. 天津同阳科技发展有限公司，天津　300100；
3. 天津大学 精密测试技术及仪器国家重点实验室，天津　300072

摘　要： 恶臭污染现象在我国已经愈发严重，由于恶臭组成复杂，瞬发性较强，在浓度较低时便可有较强的刺激性气味，一直缺乏可靠地在线检测手段。本文提出的恶臭在线检测技术，基于复合恶臭嗅辨技术、微流控芯片技术、可调谐半导体激光吸收光谱该技术（TDLAS）等，实现了实时可靠的在线检测。取样与前处理单元可以稀释污染源区域的高浓度臭气，浓缩其他低浓度监控区域的样气进行检测。开发了一套适合恶臭自动监测预警仪器的在线检测软件，和恶臭在线监测分布式云计算平台数据库，能够实现监测区域的远程监控和数据存储，便于后续数据分析和比较。该恶臭在线检测技术填补了我国多项技术空白，为我国恶臭在线检测仪器的发展奠定了基础。

关键字： 恶臭；TDLAS 技术；嗅辨传感器阵列；云平台；稀释浓缩；在线检测

引言

随着经济持续快速发展和城市化水平的不断提高，作为世界七大环境公害之一的恶臭污染事件在社会上引起的纠纷和上访案件日益增多，在环境投诉中已经位居第二，由此造成了大量经济损失以及社会不良影响。我国《国民经济和社会发展“十二五”规划纲要》明确提出要“加强恶臭污染物治理”。恶臭污染具有多组分、低浓度、瞬时性、阵发性的特点，污染事件一旦发生，环境管理部门和监测人员赶到现场，往往不易捕捉到真实的恶臭污染样品。此外，大多数恶臭物质在非常低的浓度时即可发出很强的气味，造成恶臭污染物质的定量分析存在很大困难[1-2]。目前，恶臭的感观测试主要依赖人工嗅辨，需要人员多（至少 7 名）、耗时长，对测试环境条件要求高。恶臭气体成分分析主要使用 GC、GC/MS、HPLC、DOAS 等检测设备，但存在样品前处理复杂、检测时间长、不具备连续性等问题，在污染事故评价和环境监管中具有较大的应用局限性[3]。因此，能快速定性、定量的恶臭在线分析技术是当前恶臭检测技术发展的主要方向。

目前的恶臭在线监测系统大多在传感器阵列的基础上，配以远程信号传输系统、气象监测系统、气体采集系统，通过无线网络，启动在线监测仪，最终将分析的结果和所获取的气象参数、环境参数传至设置监控平台。德国、日本等发达国家相继开发出恶臭在线监测产品，并在污水处理厂、垃圾填埋场、畜禽养殖场等恶臭排放企业和脱臭装置评估中进行了应用[4]。然而，受传感器性能和模式识别技术等因素的影响，恶臭在线监测系统的应用仍存在局限性。另外，恶臭在线监测终端经过特定类别气味校准，适合应用于工厂厂界进行恶臭污染状况的实时监测，而在环境中感知各种类型的气味相对较难。日本的研究工作者为了解决一般传感器测定结果不能直接反映恶臭对人影响的问题，依据韦伯-费希纳公式对传感器的响应信号进行处理，测定结果可以直接读出臭气浓度值，但对于复杂的混合气体所得到的结果偏差较大[5]。而且，目前的传感器主要适用于一些还原性气体和某些有毒气体，如 H_2、H_2S、NH_3、CO 等，对于挥发性有机物一般只能测定大体类别，如芳香烃、含氧有机物等。

1 恶臭检测三大关键技术

1.1 嗅觉感应器技术

近年来，针对多种有机挥发气体的类别分析，嗅觉感应器技术即电子鼻得到较快的发展，其原理是模仿人的嗅觉器官，制成可测定不同恶臭气体的感应器。电子鼻是一种气味指纹检测仪器，起源于 20 世纪 80 年代。1994 年，Gardner 等发表关于电子鼻的综述性文章，正式提出了“电子鼻”的概念[6]。电子鼻在恶臭气味感官评价以及恶臭气味来源鉴别上均具有明显的优势，可以对不同的恶臭物质进行针对性的测定，操作简便、快速，易于携带，可进行连续测定，有的感应器的最低检出值可达 10^{-9} 水平。目前电子鼻已在食品工业、烟草行业、精细化工、医学、安全和环境监测等领域中得到了广泛的应用。但在环境监测方面，商品化电子鼻可用于恶臭测量的都为国外产品，这些产品的传感器部分多为基于几种传感器进行混合恶臭测定，存在着针对性强、测试范围窄、易受其他气体干扰等问题。

1.2 微流控分析芯片技术

微流控分析芯片（microfluidic analysis chip）技术是 20 世纪 90 年代由瑞士的 Widmer 和 Manz 提出的，它是通过微细加工技术在约为几平方厘米的芯片上构建储液池、微反应室、微管道、微检测等微功能元件构成具有微流路控制的分析系统。所以，也称为微全分析系统（micro total analysis system）；芯片上的实验室（lab-on-a-chip）等[7]。目前，我国微流控芯片的研究多停留在实验室分析，而且在一些研究中多用于液体分析，制约了微流控分析芯片在环境保护中用于气体检测，此外，微流控芯片多用于单组分的成分分析，而采用计算机多信息融合技术实现微流控芯片多通道、多组分的信息融合、神经网络分析还未见报道。

1.3 TDLAS 技术

光谱分析是痕量气体在线监测的有效手段，尤其是中红外光谱区间（3～30μm）具有非常丰富的分子吸收特性，几乎所有感兴趣的物质在这个区间都具有强的特征吸收，而空气的主要成分——氮和氧没有吸收。激光的高单色性、方向性、高强度，使其成为挥发性有机物（VOCs）监测的理想工具。可调谐激光吸收光谱（TDLAS）技术，在有限的波长区间通过调谐得到很窄的线宽，具有很高灵敏度和高分辨率，而且激光的单色性能够方便地从混合污染成分中鉴别出不同的分子，在很大程度上避免光谱干扰。通过宽谱调谐可以获得某个气体分子的多个特征吸收，同时还能得到多种气体的特征吸收[8]。德国夫朗和费研究所在该项技术方面，处于领先地位，他们通过调制技术和长光程相结合能测量痕量气体达到 ppb 量级。目前，在国内外 TDLAS 多用于对汽车摩托车尾气排放、瓦斯、甲烷等的监测，而进行痕量臭气监测的研究尚未见报道。

2 恶臭在线检测技术方案总述

恶臭在线检测技术方案如图 1 所示。研制出了超高灵敏的恶臭气体传感器，对恶臭气体的多种组分进行分子分辨的探测，解决了目前实验室分析方法（通常为 GC-MS）的时效性差、费用高等问题，实现对恶臭源的准确、客观评价。研制出针对复合恶臭的嗅辨传感器，对多组分复合恶臭的臭气强度进行监测，以解决人工嗅辨在环境监测方面的不足。

建立复合恶臭评价的客观和主观定量化模型，研制出恶臭气体的取样与前处理技术和装置。集成恶臭取样与前处理装置、臭气组分传感器、复合恶臭嗅辨传感器，结合主客观定量模型，研制出复合恶臭自动在线监测预警仪器。同时完成对恶臭气体的主观（感官测试）和客观（成分分析）综合检测，实现对重点区域及污染源的监控和排放预警。

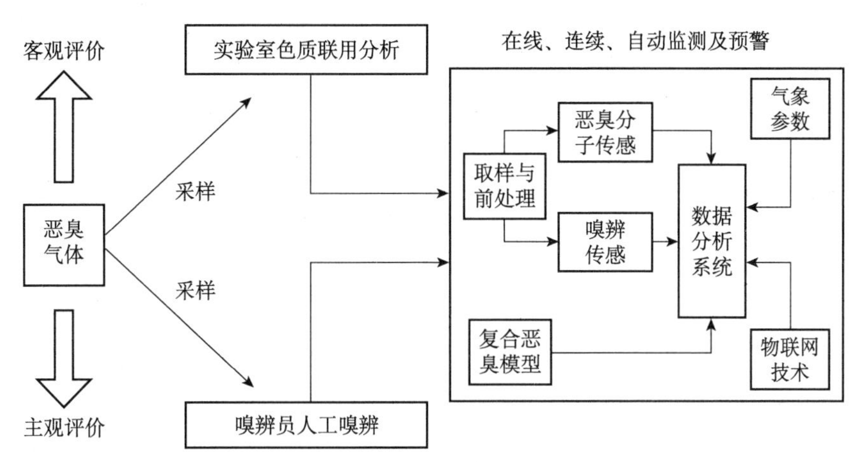

图 1　恶臭自动在线监测预警仪器开发技术方案

该技术方案能够实现对恶臭源的排放气体组分、浓度和排放通量进行监测，同时对环境敏感区的臭气浓度、臭气强度进行监测评估，并根据大气扩散模型和气象条件对可能发生的恶臭污染事件进行分析和早期预警。

3　恶臭在线检测技术具体方案

恶臭自动在线监测预警仪器的技术路线涉及取样与前处理、臭气组分传感、复合恶臭嗅辨传感、复合恶臭的主客观评价模型以及仪器集成五部分。下面结合仪器的组成原理（如图 2 所示）予以说明。

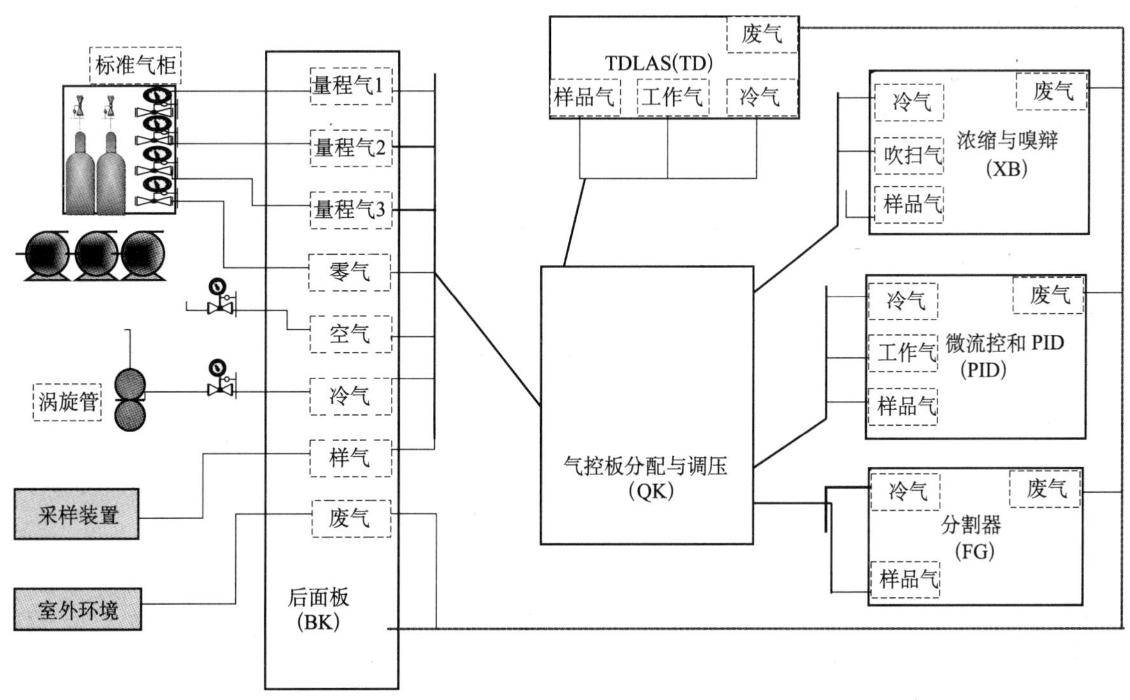

图 2　恶臭自动在线监测预警仪器的组成原理

3.1　恶臭取样与前处理

恶臭取样与前处理包括取样、除尘除湿、预浓缩（富集）、预稀释等几个环节。其中预浓缩处理单元用于环境敏感区的低浓度臭气，预稀释处理单元用于污染源排放的高浓度臭气。国内首次开发了基于双冷阱并联连续运行结构设计的在线双冷阱浓缩系统。该系统由两套可移动冷阱组成，对冷阱结构进行了优化设计，制作了标准化可移动小型半导体冷阱关键部件，体积更趋小型化，性能良好（低温可达−20℃，升温速率最高为30℃/S），构建的双冷阱预浓缩仪样机，实现了连续24h不间断采样浓缩，浓缩倍率可实现50倍。臭气的稀释是通过给取样气体中加入一定比例的洁净空气实现，通过对取样气路的流量测量、加入洁净空气的流量控制，保证样气的稀释精度。

3.2 臭气组分检测

利用气体分子在中红外波段的“指纹”吸收光谱，使用窄线宽的宽谱可调谐激光器，同时检测多种恶臭分子的多个特征吸收谱线；对激光波长做高频调制、使用锁相放大器做特征吸收谱的谐波检测，抑制系统中的各种噪声，提高测量灵敏度；采用低损耗空芯光波导（Hollow waveguide，HWG）提高测量气体的光程长，进而提高对痕量气体的测量灵敏度；通过对激光的瞬时波长和光强的监测，以及优化光学设计、微光学器件集成等技术，提高传感器的稳定性和环境适应能力。

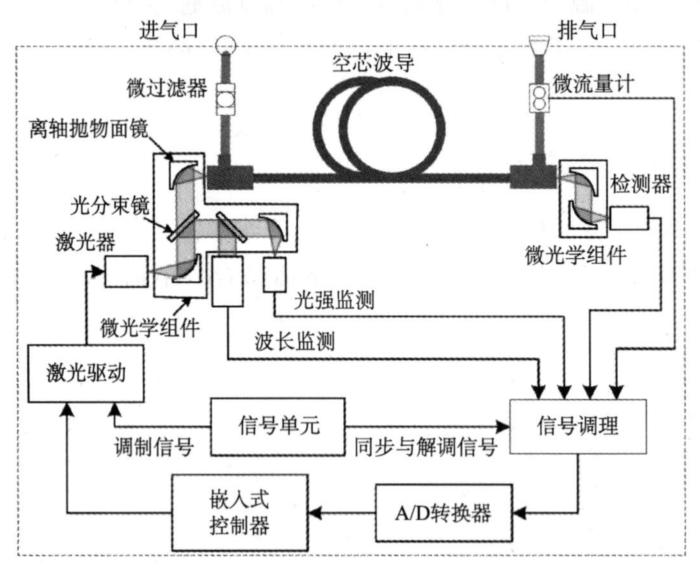

图3 恶臭激光光谱传感器的组成原理图

采用宽谱可调谐的外腔量子级联激光器（External-cavity Quantum cascade laser，EC-QCL），EC-QCL的宽谱调谐（超过1 000nm）可以覆盖多种气体成分（5种以上恶臭分子）的多个吸收谱线，EC-QCL的窄线宽（小于50MHz）可以实现“单线光谱”，具有强的抗干扰能力和高检测灵敏度。对激光波长做波长调制，从而抑制各种噪声、干扰和光源波动对测量精度的影响；通过1次谐波信号对2次谐波信号做归一化处理，实现测量结果的自动校正，保证测量值的长期稳定。

3.3 复合恶臭嗅辨测量

针对不同的恶臭监测对象进行传感器模块切换及模型转换；基于传感器阵列进行多信息融合及优化管理，面向监测对象选择最佳传感器参数组合、特征提取方案及定量模型。利用微流控芯片在气体检测上的独特优越性，研究微流控芯片用于大气恶臭气体高通量分析；采用连续可调的宽范围紫外光源作为激发光，研究光电离检测与比值荧光法用于微流控芯片诱导荧光微弱信号的检测方法，弥补红外激光光谱不能检测的气体。微流控芯片实物图如图4所示。

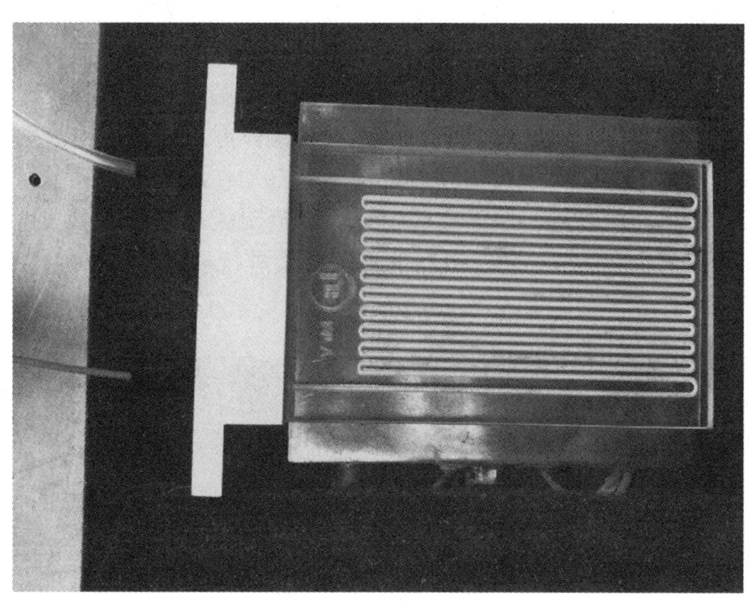

图 4　微流控芯片实物图

3.4　复合恶臭的主客观评价模型

根据仪器分析和感官分析测定恶臭重点排放行业复合臭气物质浓度和臭气浓度的结果，结合典型恶臭物质的嗅觉阈值，研究复合臭气恶臭物质间的相互影响以及对臭气浓度的影响，解析嗅阈值、物质浓度与臭气浓度的对应关系，确立各重点行业企业的基于物质浓度测定复合臭气浓度计算模型，为激光光谱传感器、高通量微流控芯片等核心部件信号的转化、输出奠定基础。

结合实验室单质实验建立了单质成分气体定量模型，并进行了实验室混合标气实验建立了混合模型，样品测量及三点比较式恶臭标定，建立了实际样品复合恶臭定量模型。复合恶臭嗅辨传感器测定模型建立过程如图 5 所示。

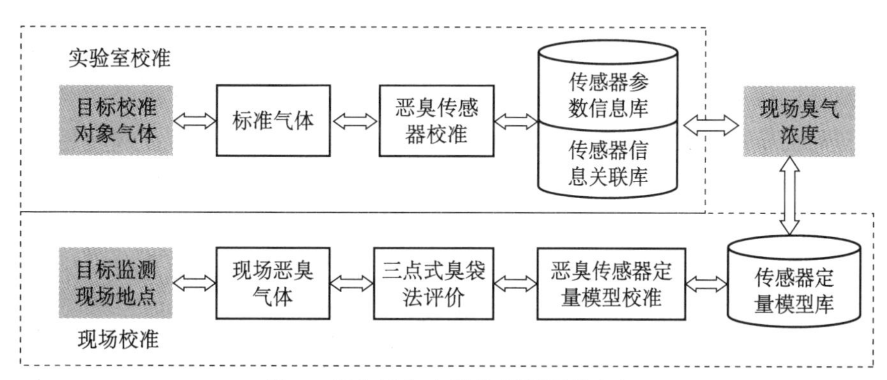

图 5　复合恶臭嗅辨传感器模型建立

研究建立我国嗅觉阈值测定的程序和方法，开展石油加工业、化学原料及化学制品制造业、食品制造业、造纸及纸制品业、医药制造业、橡胶制品业、畜牧业、市政设施管理业等恶臭污染重点行业恶臭排放特征的调查，筛选我国各行业广泛存在的主要的恶臭物质，研究测定 40 种恶臭物质的嗅觉阈值。在主要恶臭物质嗅觉阈值测定研究的基础上，本研究拟通过大量数据试验和分析，确定 20 种主要行业恶臭的物质浓度与臭气浓度、臭气强度的关系系数，建立建立恶臭物质浓度与人体嗅觉反应之间的定量关系模型。

3.5　恶臭检测云平台

研制出恶臭在线监测专用数据采集传输仪，采用 3G 通讯模块基于 ARM11 嵌入式构架自主设计硬件系统，定制专用WinCE6操作系统内核，同时支持现有20种恶臭污染源网络数据采集与分析，集成气象参数，并以自行开发嵌入式SQLite数据库对监测数据进行存储管理，为“云计算”方式进行多用户多模式并行访问提供可能；采用通过GPS定位和数字地图技术实现监测点和数据有效性识别，引入最新AES加密标准结合数字签名技术设计安全性解决方案，保证以云计算方式提供监测数据调阅服务过程中数据安全；构建了基于物联网技术的天津大港石化园区建设恶臭自动在线监控体系并示范应用，为建立和完善适应环境监管转型发展的运行机制进行探索实践，针对示范园区恶臭三维扩散模型采用数据挖掘技术评估可能的环境风险，预测其变化趋势，对于潜在的环境风险进行早期预警，提供决策支持，改善民生，促进社会和谐发展。其在线监控平台界面如图6所示。

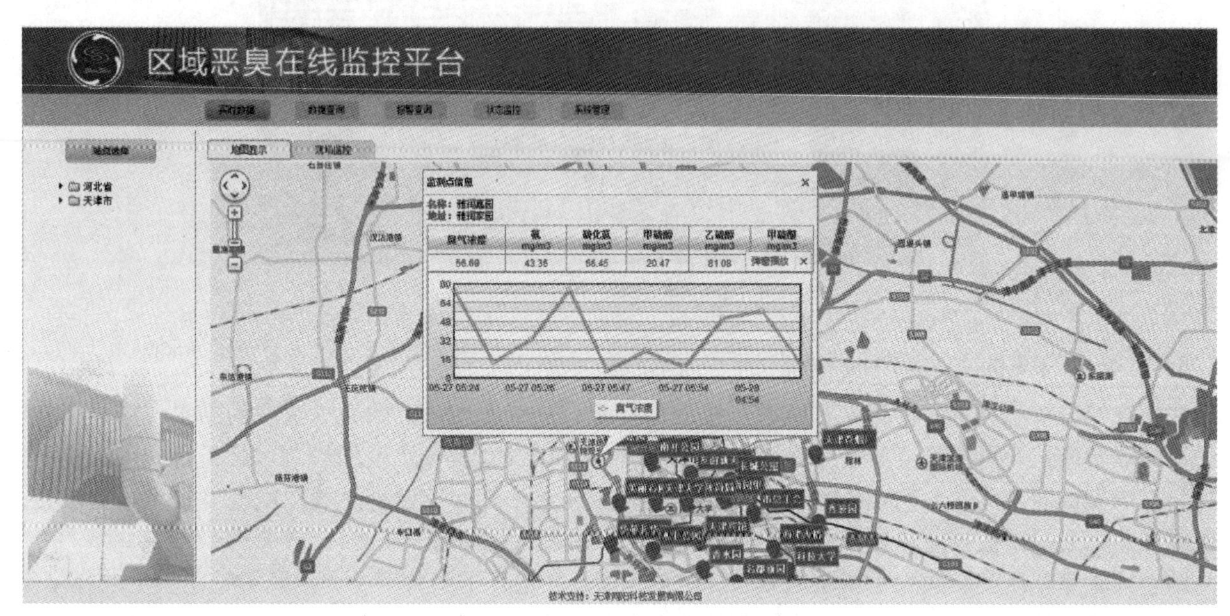

图6 恶臭云平台客户端界面

4 展望

环境污染问题反应的第一感官是嗅觉，恶臭污染问题随着我国的快速发展必然会越发突出。恶臭在线监控不仅仅可以进行污染物的提前预警，样品保存，还可以布置多个恶臭在线监控点，对污染源进行第一时刻的溯源判别。研究开发恶臭实时在线监测技术不仅是当今恶臭检测技术发展的方向，也是保证国家环境监管领域可持续发展亟须解决的问题。本文论述的恶臭在线检测技术将推进高端恶臭分析仪器的产业化和国产化，使我国恶臭检测技术与仪器研发达到国际先进水平，提升我国科学仪器产业的国际竞争力，引领我国战略性科学仪器产业高技术水平发展，为环境保护、公共安全等领域前沿科学研究提供先进的观测手段和翔实可靠的基础数据。

参考文献

[1] 包景岭，邹克华，王连生. 恶臭环境管理与污染控制 [M]. 北京：中国环境科学出版社，2009：3-4.

[2] 张欢，包景岭，王元刚. 恶臭污染评价分级方法 [J]. 城市环境与城市生态. 2011，24（3）：37-39.

[3] 于旭耀，余辉，徐可欣，等. 恶臭自动在线监控体系设计与实现 [J]. 环境与安全学报，2013，13（6）：152-157.

[4] Meng Han, Jing Geng, Gen Wang. Source apportionment of VOCs in urban Tianjin, China [J]. Advances in Environmental Technologies Ⅲ, 2014, 1326-1329.

[5] 李祚泳，彭荔红. 于韦伯-费希纳拓广定律的环境空气质量标准 [J]. 中国环境监测，2003，19 (4)：17-19.

[6] 黄小燕，赵向阳，方智勇. 电子鼻在气体检测中的应用研究 [J]. 传感器与微系统，2008，27 (6)：47-52.

[7] 从回，王惠民，王跃国. 微流控芯片技术及应用展望 [J]. 现代检验医学杂志，2005，20 (1)：88-90.

[8] Li Jin-Yi, Du Zhen-Hui, Ma Yi-Wen, Xu Ke-Xin. Dynamic thermal modeling and parameter identification for a monolithic laser diode module [J]. Chin. Phys. B, 2013, 22 (3): 034203.

工作曲线法 ICP-OES 测定土壤中铜、铅、锌、铬、镍、锰

张启辉　夏　婷

马鞍山市环境监测中心站，马鞍山　243000

摘　要：建立一种土壤中重金属 ICP-OES 测定方法，使用全自动石墨消解仪湿法消解，用工作曲线法在 ICP-OES 上测定。结果显示，土壤标样测定值均在标准值不确定度内，RSD＜3.2%。该方法可很好消除样品基体干扰，准确度和精密度满足测试要求；且自动化程度高，操作简便，提高了分析工作效率，更好满足了土壤中重金属测定的需要。

关键词：土壤；重金属；ICP-OES；工作曲线法

Simultaneous Determination of Cu、Pb、Zn、Cd、Ni and Mn in soil by ICP-OES with the Working Curve Method

ZHANG Qi-hui　XIA Ting

Maanshan Environmental Monitoring Centre，Ma'anshan 243000

Abstract：A method was developed for the simultaneous determination of heavy metals in soil by ICP-OES. Use automatic wet digestion by graphite digestion instrument and measure with the working curve method on the ICP -OES. The results showed that the value of soil standard sample measured met within the range of uncertainty，and RSD ＜ 3.2%. This method worked well to eliminate the sample matrix interference，the accuracy and precision met the testing requirements，and the degree of automation was high，easy to operate. It can improve working efficiency and be better to meet the needs of the determination of heavy metals in soil.

Key words：soil；heavy metals；ICP-OES；working curve method

前言

土壤是植物生长的基地，是人类和其他动物赖以生存的物质基础，土壤质量的优劣直接影响到人类的生产、生活和发展。但近年来工业的发展、农业和化肥的不合理施用以及污水灌溉等，致使土壤重金属污染现象越来越严重，土壤质量下降，不利于作物的生长，且重金属在植物中的大量积累会通过食物链进入人体，危及人类健康[1]。因此对土壤中重金属的检测是必不可少的。

近年来环保部每年都针对土壤进行专项调查，其所需分析的重金属元素很多适合电感耦合等离子体发射光谱法检测。其具有多元素同时测定的能力，大多数元素都有良好的检出限。本实验采用 HNO_3-HF-$HClO_4$ 全自动石墨消解仪消解土壤样品，电感耦合等离子体发射光谱仪（ICP-OES）工作曲线法同时测定土壤中铜、铅、锌、铬、镍、锰，旨在为今后更准确、快速测定土壤中重金属含量提供有效的方法。

1 实验部分

1.1 仪器与试剂

1.1.1 仪器

Optima 8000 电感耦合等离子体发射光谱仪，载气：氩气（纯度不低于 99.99%）；DEENA Ⅱ 全自动石墨消解仪；电子天平（万分之一）。

1.1.2 试剂

实验用水为超纯水；硝酸、氢氟酸、高氯酸为优级纯；土壤标准样品：国家标准物质 GSS-3、GSS-4、GSS-5、GSS-8、GSS-2、GSS-13、GSS-25，地矿部物化探所测试所。

1.2 样品前处理

全自动石墨消解仪 HNO_3-HF-$HClO_4$ 消解法：称取 0.2 g 左右烘干好的土壤样品，每个土壤质量尽量相同（±0.001 0 以内），置于 50ml 聚四氟乙烯消解管中，加少量水润湿，放入仪器样品位中。准备好消解所需要酸和水，设定好仪器消解方法。按表 1 工作程序进行消解。工作曲线的所用的标准土和样品土条件完全一样，一同消解。仪器工作结束后，消解管加盖后摇匀放置，取上清液测定。用水代替试样，采用和样品相同的步骤和试剂，制备全程序空白溶液。

表 1 石墨消解工作程序

步骤	操作	作用
1	加入 8ml 硝酸	加入 3 种酸消解土壤，中间震荡几次使消解更充分、完全
2	消解管升起 50%的高度以 50%的最大震荡速度震荡 10s	
3	在 130℃加热 60min	
4	加入 5 ml 氢氟酸	
5	在 150℃加热 60min	
6	消解管升起 50%的高度以 50%的最大震荡速度震荡 20s	
7	加入 3 ml 高氯酸	
8	消解管升起 50%的高度以 50%的最大震荡速度震荡 20s	
9	在 160℃加热 60min	
10	消解管升起 50%的高度以 50%的最大震荡速度震荡 20s	
11	在 170℃加热 60min	
12	消解管升起 50%的高度以 50%的最大震荡速度震荡 20s	
13	在 170℃加热 30min	
14	停止加热，冷却 1min	冷却定容
15	加入 8ml 水	
16	消解管升起 50%的高度以 50%的最大震荡速度震荡 60s	
17	冷却 20min	
18	用水定容到 50 ml	

1.3 仪器部分

经实验优化 Optima 8000 测定的条件参数见表 2。相对而言，轴向观测 ICP 光源的基体效应要严重些，所以选用径向观测。

表 2 Optima 8000 测定的条件参数

仪器条件	参数	元素	波长/nm
等离子体流量/（L/min）	12	锌	203.200
雾化器流量/（L/min）	0.3	铅	220.353
辅助气/（L/min）	0.6	镍	231.604

续表

仪器条件	参数	元素	波长/nm
RF功率/W	1 300	锰	257.610
观测方式	径向	铬	267.716
信号采集时间/s	1～5	铜	327.393

2 结果与讨论

2.1 石墨消解程序优化

经实验优化的石墨消解工作程序见表1。在消解过程中应振荡几次，使土壤消解完全。赶酸的时间因为环境温度的影响有所不同，可根据实际情况调整。溶液在剩1～2ml时停止加热，不能蒸干，防止生成铬酰氯[2]挥发，造成铬的损失。

2.2 工作曲线的测定

土壤样品中存在大量铁、铝等元素，这些基体物质的存在，影响分析谱线强度，浓度达到几mg/ml时，则不能对基体效应置之不顾。本实验使用土壤标准样作为工作液，使得标准曲线中基体与样品中相一致，以消除基体干扰。

取四种不同的消解好土壤标准样作为工作液，将其标准值作为标准曲线值，全程序空白作为零点。结果见表3，相关系数r均大于0.995。

2.3 准确度和精密度试验

用全自动石墨消解法分别消解土壤标准样品GSS-1、GSS-13、GSS-25各6次，结果见表4。土壤标样测定值均在标准值不确定度内，RSD<3.2%。说明该方法准确度和精密度较好，满足测试要求。

3 结论

全自动石墨消解法的多个步骤如试剂添加、加热消解、振荡、程序升降温、最终定容等复杂的操作过程由仪器完成，不但避免操作者在实验中的暴露伤害，并且节省劳动力，提高分析工作效率；仪器通过石墨体加热，样品整体受热消解，消解液体积、消解温度、时间等实验条件准确控制，受环境和分析人员水平干扰小，显著提高样品的一致性、重复性，保证测定结果更加准确可靠。尤其在样品量大的时候，更能体现出很大优势。

采用标准土消解溶液作为工作曲线，可使工作曲线和样品中的基质相一致，能够很好地消除或抑制基体效应。并用径向观测可使基体效应干扰降低到最小的程度。

实验结果表明，工作曲线法，测定土壤结果准确度和精密度高，该研究方法自动化程度高，操作简便、高效、准确、受人员和样品基体干扰少，为测定土壤中重金属提供了更有效的途径。

表3 标准曲线

土壤标准样编号			GSS-3	GSS-4	GSS-5	GSS-8
Zn	土壤标准样标准值/(mg/kg)	0	31	210	494	68
	空白强度/CPS	3 699.1				
	减空白强度/CPS		2 492.3	24 393.5	55 729.8	5 948.9
	相关系数	0.999 3				
Pb	土壤标准样标准值/(mg/ kg)	0	26	58	552	21
	空白强度/CPS	35.7				
	减空白强度/CPS		742.5	1 566.6	11 528.0	532.1
	相关系数	0.999 6				

续表

土壤标准样编号			GSS-3	GSS-4	GSS-5	GSS-8
Ni	土壤标准样标准值/(mg/kg)	0	12	64	40	31.5
	空白强度/CPS	209.9				
	减空白强度/CPS		1 944.2	10 689.6	6 307.3	4 681.8
	相关系数	0.998 0				
Mn	土壤标准样标准值/(mg/kg)	0	304	1 420	1 360	650
	空白强度/CPS	3 814.1				
	减空白强度/CPS		1 178 473.5	5 431 792.2	5 119 749.2	2 345 137.4
	相关系数	0.999 6				
Cr	土壤标准样标准值/(mg/kg)	0	32	370	118	68
	空白强度/CPS	967.7				
	减空白强度/CPS		8 967.2	147 919.5	47 023.5	21 836.6
	相关系数	0.999 2				
Cu	土壤标准样标准值/(mg/kg)	0	11.4	40	144	24.3
	空白强度/CPS	1 222.9				
	减空白强度/CPS		4 950.4	19 208.1	65 433.0	10 591.3
	相关系数	0.999 7				

表 4 准确度和精密度试验

元素	土壤标样	标准值/(mg/kg)	平均值/(mg/kg)	RSD/%	消解样品次数
Zn	GSS-2	42±3	41.3	2.6	6
	GSS-13	65±3	63.8	2.1	6
	GSS-25	66±2	66.6	1.7	6
Pb	GSS-2	20±3	19.6	2.0	6
	GSS-13	21.6±1.2	20.4	1.9	6
	GSS-25	22±1	21.1	2.0	6
Ni	GSS-2	19.4±1.3	20.1	3.2	6
	GSS-13	28.5±1.2	28.0	2.3	6
	GSS-25	30±1	29.3	1.7	6
Mn	GSS-2	510±16	501	2.3	6
	GSS-13	580±12	571	1.5	6
	GSS-25	632±21	629	1.7	6
Cr	GSS-2	47±4	45.9	2.0	6
	GSS-13	65±2	63.8	2.3	6
	GSS-25	66±4	67.1	2.1	6
Cu	GSS-2	16.3±0.9	16.1	2.4	6
	GSS-13	21.6±0.8	21.4	1.2	6
	GSS-25	23.6±1.0	24.1	0.9	6

参考文献

[1] 文生仓，王廷花，马伟. ICP法测定土壤中铜、铅、锌、镉、铬、锰、镍的不同消解方法的比较研究. 环境监测科技新进展——第十次全国环境监测学术论文集. 北京：化学工业出版社，2011：

167-169.

[2] 方艳玲，方艳敏，张波. 高氯酸在消解样品中的应用. 中国热带医学，2005，5（9）：1913-1918.

作者简介：张启辉（1975.4—），安徽马鞍山市环境监测中心站，工程师，从事环境监测实验室分析工作。

顶空/气相色谱-质谱法测定固体废物中挥发性卤代烃的研究

颜　焱　王伟华

哈尔滨市环境监测中心站，哈尔滨　150076

摘　要：建立了顶空/气相色谱-质谱法同时测定固体废物中35种挥发性卤代烃的方法，系统地研究了顶空条件对测定结果的影响，优化了色谱分离条件。结果表明，各挥发性卤代烃可以实现良好的分离；标准曲线相关系数均大于0.99，检出限为2～3 μg/kg，不同浓度的相对标准偏差分别为5.3%～19%，1.8 %～17%和4.2%～15%，样品加标回收率为70.8%～118%。该方法灵敏度高，具有良好的精密度和准确度，适用于固体废物中挥发性卤代烃的测定。

关键词：挥发性卤代烃；气相色谱-质谱法；顶空；固体废物

SDetermination of Volatile Halohydrocarbons in Solid Wastes by Headspace Gas Chromatography/ Mass Spectrometry Method

YAN Yan　WANG Wei-hua

Harbin Environmental Monitoring Center, Harbin 150076

Abstrace: The analytical method for simultaneous determination of 35 characteristic volatile halohydrocarbons (VHCs) in solid wastes by headspace gas chromatography/mass spectrometry was established. The headspace conditions were all discussed systematically, as well as the right separation conditions were determined. The result demonstrated that each volatile halohydrocarbons can actualize good separation. The correlation coefficients of the calibration curve were greater than 0.99. The detection limits were from 2μg/kg to 3μg/kg. The relative standard deviations of different concentration were 5.3%～19%, 1.8%～17% and 4.2%～15% respectively. The spiked recovery for the sample was in the range 70.8% to 118%. Altogether the method was high sensitive, good exactitude and accurate. So, it was suitable for the determination of VHCs in solid wastes.

Key words: volatile halohydrocarbons; GC/MS; headspace; solid wastes

《危险废物鉴别标准 通则》GB 5085.7—2007[1]中指出，固体废物（solid waste）是指在生产、生活和其他活动中产生的丧失原有利用价值或者虽未丧失利用价值但被抛弃或放弃的固态、半固态和置于容器中气态的物品、物质以及法律、行政法规规定纳入固体废物管理的物品物质。挥发性卤代烃（volatile halohydroearbons, VHCs）因为用途广泛，在环境中具有长效性及毒性而成为特别重要的挥发性有机污染物[2]，同时它也正广泛的威胁着人类的健康。大多数卤代烃具有三致性作用，而且难以进行微生物降解和光化学降解。VHCs的毒性与其电子亲合势有关，它们能干扰电子在生物细胞内的转移，从而损坏细胞内的新陈代谢。摄入VHCs会由于急性中毒而产生麻醉现象，慢性VHCs中毒会引起中枢神经系统损伤。其中，三卤甲烷特别伤害肝、肾和血液，它们的分子量、沸点和致癌风险都很高[3]。VHCs一般不溶或微溶于水，沸点低于200℃，且分子量在16～250℃之间。这些挥发性卤代烃主要被广泛地用做溶剂、洗涤剂、脱脂剂、发泡剂、农药、灭火剂、麻醉剂、工业制冷剂、聚合调节剂和热交换液等。本实验采用顶空/气相色谱-质谱法[4-6]测定固体废物中氯甲烷等35种挥发性卤代烃，通过对顶空条件、气相色谱分离、定性和定量分析条件的研究，确定了比较完善的固体废物中挥发性卤代烃的测定方法。

1 实验部分

1.1 仪器与试剂

气相色谱质谱联用仪：2010GC/MS。

色谱柱：DB624石英毛细管柱，长30m，内径0.25mm，膜厚1.4μm，固定相为6％腈丙苯基、94％二甲基聚硅氧烷，或使用其他等效色谱柱。

顶空自动进样器：带顶空瓶、密封垫。采样器材：铁铲和不锈钢药勺。

实验用水；甲醇：农残级；标准贮备液：ρ=2 000mg/L，溶剂为甲醇；内标包括氟苯、1-氯-2-溴丙烷和4-溴氟苯；替代物选用二氯甲烷-d_2和1，2-二氯苯-d_4，均可直接购买市售有证标准溶液；基体改性剂：将磷酸滴加到100ml实验用水中，调节溶液pH值小于2；再加入36g氯化钠混均。于4℃下保存，可保存6个月；氦气：纯度≥99.999％，经脱氧剂脱氧，分子筛脱水。

1.2 样品的采集与保存

采样前先使用便携式VOC测定仪对样品进行浓度高低的初筛。样品均应至少采集3个平行样。尽快采集样品于采样瓶中并尽量填满，密封。样品采集后置于便携冷藏箱内带回实验室，尽快分析。若不能及时分析，应将样品低于4℃下保存，保存期为14 d[7,8]。样品存放区域应无有机物干扰。

1.3 试样的制备

低含量样品恢复至室温后称取2g样品于顶空瓶中，加入10.0ml基体改性剂，一定量的替代物和内标物，立即密封。振荡10min使样品混匀，待测。现场初步筛选时测定结果大于200μg/kg时，视该样品为高含量样品。高含量样品应先用10.0ml甲醇萃取，再用微量注射器取一定量的甲醇提取液待测。

1.4 仪器分析条件

1.4.1 顶空装置参考条件

平衡时间：30min；平衡温度：60℃；进样时间：0.04min；传输线温度：100℃。

1.4.2 气相色谱仪参考条件

程序升温：在35℃下保持5min，以5℃/min速率升温至180℃，再以20℃/min速率升温至200℃，保持5 min；进样口温度：180℃；进样方式：分流进样（20：1）；载气：氦气；接口温度：230℃；柱流量：1.2ml/min。

1.4.3 质谱仪参考条件

离子化方式：EI；离子源温度：200℃；传输线温度：230℃；检测方式：Full Scan法；质量范围：35～300amu。

2 结果与讨论

2.1 顶空分析条件的选择

应用顶空法对固体废物样品进行前处理，本实验通过研究不同平衡时间、平衡温度、进样时间对目标物回收率的影响，对顶空分析条件进行优化。结果采取3次空白样品加标测定回收率的对比实验，下列实验数据表中列举的目标物依次为1-氯甲烷、2-氯乙烯、3-1，1-二氯乙烯、4-1，1-二氯乙烷、5-氯仿、6-1，2-二氯丙烷、7-溴仿、8-1，1，2，2-四氯乙烷，这些化合物的保留时间从先到后分布在色谱图各处，具有不同的相对响应因子，具有代表性。

2.1.1 平衡时间的优化

图 1 为不同平衡时间下的实验结果。实验表明，随着平衡时间的增加回收率也增加，但平衡时间过长并不会提高目标化合物的回收率，反而会导致回收率降低，并且导致分析时间过长。由图可见，平衡时间为 30min 时最佳。

2.1.2 平衡温度的优化

样品的平衡温度与蒸气压直接相关，它影响着分配系数。图 2 为不同平衡温度下的实验结果。由图可见，平衡温度对目标物的回收率影响很大，在 30～60℃ VHCs 回收率随平衡温度的增加有明显的提高，EPA 5021 中列举了 58 中挥发性有机物，确定顶空平衡温度为 85℃。在本方法中，在该温度下的目标物的回收率变动很大，这不排除水蒸气对结果的影响。根据本方法的实验结果结合实际仪器条件，综合考虑选择 60℃作为平衡时间。

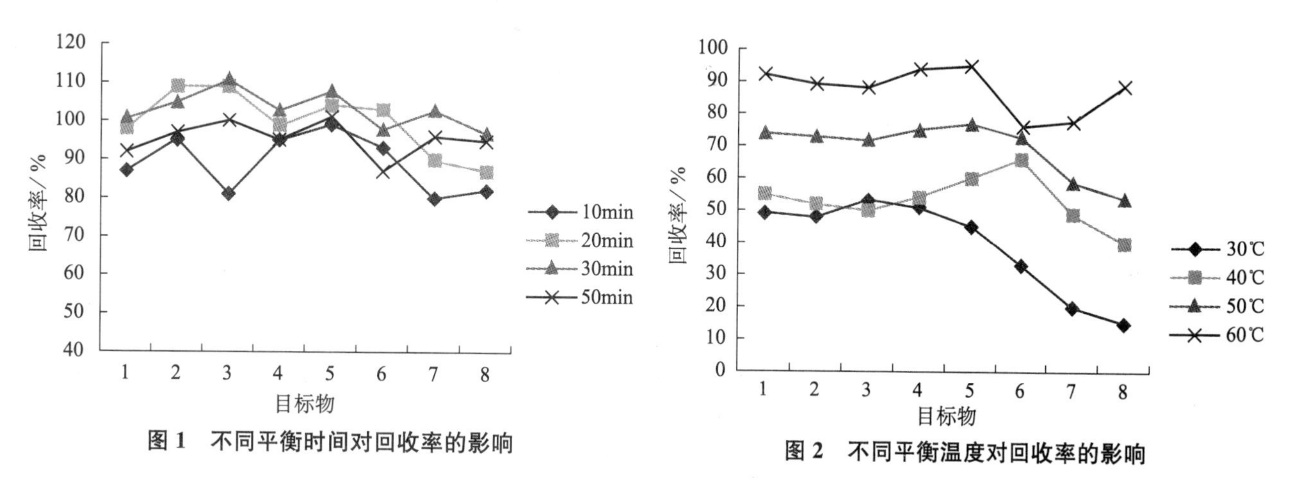

图 1 不同平衡时间对回收率的影响

图 2 不同平衡温度对回收率的影响

2.1.3 进样时间的优化

不同进样时间对测定结果的影响见图 3。从表中可看出当进样时间小于等于 0.04min 时，目标物的回收率随进样时间的延长而增大，而进样时间过长会造成组分回收率的下降。当进样时间为 0.04min 时的回收率普遍高于其他进样时间的回收率。综合考虑，选用 0.04min 作为进样时间最为合理。

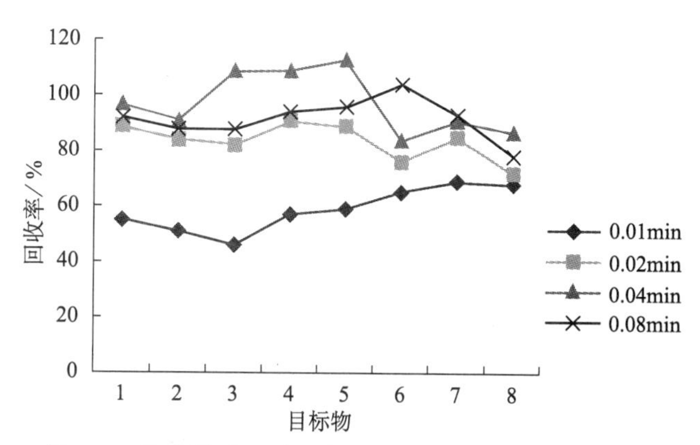

图 3 不同进样时间对回收率的影响 GC/MS 条件的选择

根据实际目标物的色谱峰分离情况对升温程序进行优化，本方法的升温程序见 1.4.2。本方法选取 35℃为初始温度。当升高初始温度时，低沸点组分的分离度降低。当初始温度为 50℃时，前 5 个低沸点组分色谱峰不能分离；当降低初始温度为 30℃时，柱子的降温时间增长，当环境温度较高时需要外力降温，增加了能源的消耗，而低沸点组分的分离度并没有明显提高。在分流模式下，分流比为 20：1～50：1 时，得到尖锐、对称的色谱峰，并有较高的响应值。当分流比为 10：1 时，色谱峰的响应值有所下降，因此本方法选择分流比为 20：1。图 4 为在此色谱条件下的目标物色谱图。图中组分分离度高，峰形对称，具有较高的响应值。其中，组分二氯甲烷-d_2和二氯甲烷、2,2-二氯丙烷和顺-1,2-二氯乙烯、四氯化碳和1,1-二氯丙烯、反-1,3-二氯丙烯和1-氯-2-溴丙烷、1,1,2,2-四氯乙烷和1,2,3-三氯丙烷的色谱峰不能完全分离，可用定量离子进行定量。

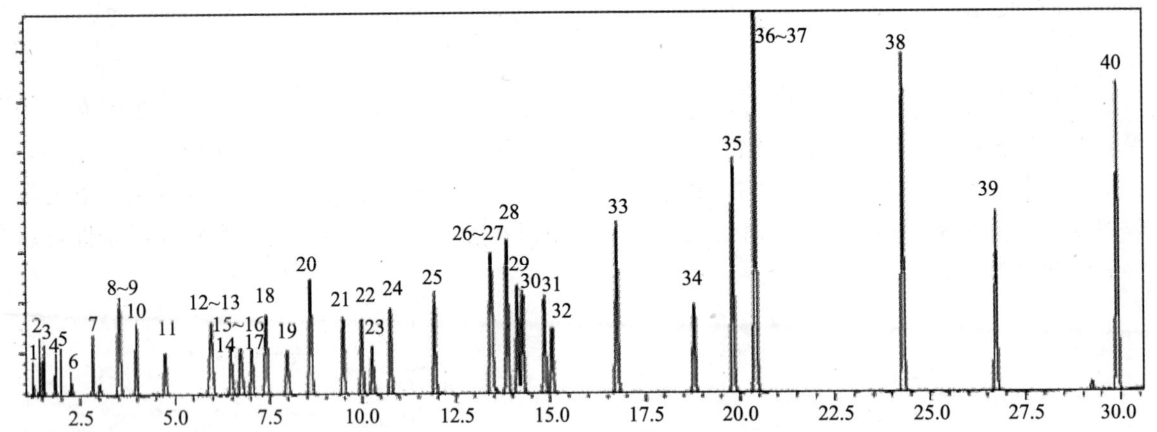

1—二氯二氟甲烷；2—氯甲烷；3—氯乙烯；4—溴甲烷；5—氯乙烷；6—三氯氟甲烷；7—1,1-二氯乙烯；8—二氯甲烷-d_2；9—二氯甲烷；10—反-1,2-二氯乙烯；11—1,1-二氯乙烷；12—2,2-二氯丙烷；13—顺-1,2-二氯乙烯；14—溴氯甲烷；15—氯仿；16—1,1,1-三氯乙烷；17—四氯化碳；18—1,1-二氯丙烯；19—1,2-二氯乙烷；20—氟苯；21—三氯乙烯；22—1,2-二氯丙烷；23—二溴甲烷；24——溴二氯甲烷；25—顺-1,3-二氯丙烯；26—反-1,3-二氯丙烯；27—1-氯-2-溴丙烷；28—1,1,2-三氯乙烷；29—四氯乙烯；30—1,3-二氯丙烷；31—二溴一氯甲烷；32—1,2-二溴乙烷；33—1,1,1,2-四氯乙烷；34—溴仿；35—4-溴氟苯；36—1,1,2,2-四氯乙烷；37—1,2,3-三氯丙烷；38—1,2-二氯苯-d_4；39—1,2-二溴-3-氯丙烷；40—六氯丁二烯。

图4 目标物的色谱图

2.2 相关系数和检出限

按照仪器参考条件（见1.4）依次进样分析，以目标物定量离子的响应值与内标物定量离子的响应值的比值为纵坐标，目标物含量与内标物含量的比值为横坐标，绘制校准曲线。结果表明，35种VOCs的相关系数均大于0.99，可以满足监测分析要求。

检出限的测定以连续分析7个接近于检出限浓度的实验室空白加标样品，计算其标准偏差$S\times t_{(n-1,0.99)}$，n为重复分析的样品数，则$t_{(6,0.99)}=3.143$，即方法检出限MDL=3.143S。固体废物样品量为2g时，35种挥发性卤代烃的方法检出限为2～3μg/kg。

2.3 精密度

以空白固体废物样品为基质，选用3种浓度：10.0 μg/kg、50.0μg/kg和200 μg/kg，连续6次分析，其相对标准偏差分别为：5.3%～19%，1.8%～17%和4.2%～15%。精密度良好。

2.4 实际样品测定

应用该方法分析某化工厂两个不同采样点的污泥样品，采集样品的同时采集全程序空白样品，同时测定，分析结果见表1。从表1可见，该化工厂污泥中包含的挥发性卤代烃是三氯乙烷和三氯乙烯，其余未检出。全程序空白样品未检出各目标化合物。该化工厂常用的有机溶剂正是三氯乙烷和三氯乙烯，与检测结果相吻合，表明方法准确可靠，满足分析要求。35种挥发性卤代烃的加标回收率范围为70.8%～118%。

表1 样品分析结果

目标物名称	加标量/(μg/kg)	样品A（n=6）			样品B（n=6）			全程序空白样品测定值/(μg/kg)
		测定值/(μg/kg)	RSD/%	加标回收率/%	测定值/(μg/kg)	RSD/%	加标回收率/%	
1，1，1-三氯乙烷	20.0	26.7	12	83.7	27.1	3.0	84.9	ND
三氯乙烯	20.0	25.5	10	77.4	31.0	7.5	106	ND
1，1，2-三氯乙烷	20.0	30.8	6.7	104	26.2	11	81.0	ND

3 结论

本文采用全自动顶空进样技术，建立了同时测定固体废物中35种挥发性卤代烃的气质联用检测方法。重点考察了方法的检出限、精密度、加标回收率等性能指标，结果均满足固体废物中挥发性卤代烃的检测分析要求。该方法已通过了环境保护部科技标准司审核并发布实施。

参考文献

[1] 危险废物鉴别标准 通则 . GB 5085. 7—2007.

[2] 危险废物鉴别标准 毒性物质含量鉴别 . GB 5085. 6—2007.

[3] 徐建国 . 某打火机厂三氯甲烷对工人健康危害调查 [J]. 中国城乡企业卫生，2001，85 (5)：19-20.

[4] EPA Method 5021：Volatile organic compounds in soils and other solid matrices using equilibrium headspace analusis [S].

[5] EPA Method 8260：Volatile organic compounds by gas chromatography-mass spectrometry (GC/MS) [S].

[6] 危险废物鉴别标准 浸出毒性鉴别 . GB 5085. 3—2007.

[7] 魏复盛 . 固体废弃物试验分析评价手册 [M]. 北京：中国环境科学出版社，1992.

[8] 谭丽，吕怡兵，滕恩江 . 挥发性卤代烃地表水环境样品保存方法研究 [J]. 中国环境监测，2013，29 (4)：79-84.

作者简介：颜焱（1982. 8—），女，籍贯江苏丹阳，哈尔滨市环境监测中心站，工程师，硕士研究生，主要研究方向为环境监测。

能量色散 X-射线荧光光谱法测定 $PM_{2.5}$ 大气颗粒物的组成

张　鹏　何延新　宋文斌　贺　亮　魏　东　苏培成
西安市环境监测站，西安　710054

摘　要：为配合源解析工作高效、准确的进行，本文选用 Teflon 膜采集滤膜样品，运用能量色散 X 射线荧光光谱（EDXRF）研究了不同季节对样品中无机组分主、次元素的定性和定量分析测定的影响。研究表明，EDXRF 在不同季节下可对元素 Si、S、Cl、K、Ca、Ti、V、Mn、Fe、Ni、Cu、Zn、Pb 作很好的定性，Al 元素则在冬季有好的定性。在不同季节的元素含量是不一样的，大小顺序为夏季＜秋季＜冬季。通过对典型性季节样品的 FP、Linear 和 ICP-AES 方法分析结果的比较，得出对于可定性的元素有比较好的一致性，Linear 方法测定值更接近于 ICP-AES 方法的值。使用聚碳酸酯膜为载体的薄膜标准样品，对 EDXRF 法测定 $PM_{2.5}$ 颗粒物主、次元素的可能性进行探讨，建立的方法可测颗粒物中元素达 40 种：Na、Mg、Al、Si、P、S、K、Ca、Ti、V、Cr、Mn、Fe、Co、Ni、Cu、Zn、Ga、As、Se、Br、Sr、Y、Zr、Nb、Mo、Sn、Ba、La、Ce、Sm、Eu、Tb、Hf、Ta、W、Ir、Au、Pb、Hg。

关键词：能量色散 X-射线荧光光谱法；$PM_{2.5}$ 大气颗粒物；空气滤膜

Determination of Composition in $PM_{2.5}$ Aerosols by Energy-Dispersive X-ray Fluorescence Spectrometry

ZHANG Peng　HE Yan-xin　SONG Wen-bin　HE Liang　WEI Dong　SU Pei-chang
Xi'an Environmental Monitoring Station, Xi'an 710054

Abstract: In tie in with source apportionment work efficiently and accurately, this paper chooses Teflon membrane filter samples collected, using energy-dispersive X-ray fluorescence spectrometry (EDXRF) of different seasons on the determination of qualitative and quantitative analysis of inorganic components of major and minor elements in the samples. Research shows that , under different seasons can be very good qualitative of elements Si, S, Cl, K, Ca, Ti, V, Mn, Fe, Ni, Cu, Zn, Pb, Al with good stability in winter. The content of elements in different seasons is not the same, the order of summer ＜autumn ＜ winter. Through the comparison of the typical seasonal samples of FP, Linear and ICP-AES analysis results, it has good consistency with the qualitative elements, the ICP-AES method is more close to the measured Linear value method. Using polycarbonate membrane as carrier film standard sample, to explore the possibility of EDXRF method for the determination of major and minor elements of $PM_{2.5}$ particles, the method to establish the measuring element particles in 40 types: Na, Mg, Al, Si, P, S, K, Ca, Ti, V, Cr, Mn, Fe, Co, Ni, Cu, Zn, Ga, As, Se, Br, Sr, Y, Zr, Nb, Mo, Sn, Ba, La, Ce, Sm, Eu, Tb, Hf, Ta, W, Ir, Au, Pb, Hg.

Key words: energy-dispersive X-ray fluorescence spectrometry (EDXRF); aerosol $PM_{2.5}$; air filter

前言

大气颗粒物（主要是 $PM_{2.5}$）污染防治工作的有效开展，为制定环境空气质量达标规划和重污染天气应急预案提供了重要依据，环保部在过去一年来指导各地开展了大气颗粒物来源解析工作。目前，$PM_{2.5}$化学组分中无机元素定量分析方法主要有两种：X射线荧光光谱（XRF）和电感耦合等离子体发射光谱(ICP-MS)[1]。由于前者很好规避了酸消解前处理的费时、工序繁杂、处理过程中样品易受污染等问题，并且，与传统方法相比，该方法具有非破坏性、分析速度快、结果准确、操作简便的优点，受到了国内外分析工作者的青睐[2]。

X-荧光光谱法应用广泛，已成为地学分析实验室常规技术手段，但在环境监测领域应用还很有限，与此相关的标准和规范相当匮乏。一是目前仅有的翔实方法是《土壤和沉积物 无机元素的测定 X射线荧光光谱法》的征求意见稿，和膜样品检测存在很大的差异；二是《空气和废气监测分析方法》虽然也指出颗粒物元素组分首选XRF分析技术，但其推荐方法并没有包括XRF方法；三是2014年《环境空气颗粒物源解析监测方法指南（试行）》（第二版）中虽然列举了X荧光方法，但其所推荐方法为波长色散型，而吉昂指出在4 kW的WDXRF光谱仪在过长的时间下，滤膜会破裂[3-4]，因此国际上颗粒物无机组分XRF分析主要采用能谱型。此外，ICP化学方法对于地壳元素Al、Si一直存在测不准的问题[5]，因此本文尝试使用无损的EDXRF方法来分析膜样品。

1 实验部分

1.1 标准样品

标准样品使用美国Micromatter公司生产的聚碳酸酯膜为载体的单元素或双元素薄膜标准样品，见表1。

表1 校准样品中分析元素及存在形式

组分	组分	组分	组分
Zn as ZnTe	As as GaAs	Mg as MgF_2	S as CuSx
Al as Al metal	Ca as CaF_2	Si as SiO	Pb as Pb metal
Cu as Cu metal	Fe as Fe metal	Mn as Mn	K or I as KI
K or Cl as KCl			

1.2 空气滤膜

选直径为47 mm的Teflon膜为样品膜，其本底低，适用于称重及无机元素分析。Teflon膜采样前后均需在超净室（恒温25±1℃，恒湿45%±5%）平衡24h再进行质量称量。

1.3 仪器测量条件

Quant-X荧光分析仪（美国热电公司）：X射线管50W铑靶（0～2 mA，4～50 kV；Si（Li）检测器（电制冷，15 mm^2，3.5 mm，<155eV）；7个滤光片；DPP数字脉冲处理器；4096道多道分析器；10位自旋样品盘；Wintrace 4.0分析软件。

表2 元素测量条件

测量条件	滤光片	气氛	电压/kV	分析元素
Low Za	None	Vacuum	4	Na and Mg
Low Zb	Graphite	Vacuum	10	Al, Si, K, and Ca
Mid Za	Pd thin	Vacuum	30	Ti, V, Cr, Mn, Fe, Ni, Cu, Zn,
Mid Zc	Pd thick	Vacuum	50	As, Hg and Pb

2 分析方法

XRF分析方法中最重要的就是选择何种基体校正方法。Quant-X型能谱仪测定颗粒物中无机元素主要有两种校正方法：①Quant-X型能谱仪自身提供的FP厚度法［Fundamental Parameters (Thin Film)］，它可在得出薄膜中元素的相对质量分数值的同时，给出薄膜的厚度，从而得到元素的绝对含量。此法属于基本参数法，对于没有标准样品的元素含量测定，该方法可以通过相近的已知含量元素作为参考元素，来做无标样分析，从而完成整个系列元素含量的计算。例如：Na、Ti、V、Cr、Hg 通过标样中提供的 Mg、Ca、Mn、Pb 等相近元素的测量结果来完成。②Linear 方法，即线性法。以实际样品 ICP 定值后作为标准的 Linear 方法，是大气颗粒物无机组分 XRF 分析的重要定量方法，能很好地消除点位效应和膜效应的影响。这种方法前提是 ICP 方法测定必须要准确。

3 结果和讨论

3.1 不同滤膜校正方法选择

使用 EDXRF 方法比较不同季节的样品，使用同一校正方法测定相同样品结果明显不同，从图 1、图 2 可以看出，在 Low Za 条件下夏冬两季的样品采集光谱存在明显的差异。图 1 中，夏季典型代表样品 Al 元素并无明显的峰，峰型较为平缓；而在图 2 中，冬季典型代表样品中则有明显尖锐的峰，并且 Mg 元素也有了较弱的峰。这也说明了滤膜上样品重量与 Al 等轻元素响应能力直接相关，而 $PM_{2.5}$ 颗粒物质量浓度季节差异很大，夏季滤膜质量约在 600～1 500 μg，冬季则约在 1 500～4 500 μg，在分析不同季节样品选用校正方法时应尤其注意。同时 EDXRF 不同的校正方法测定同一样品可获得不同的定性与定量信息，如图 3 在 Mid Za 条件下，夏季典型代表样品的谱图中 Si、S、Cl、K、Ca、Ti、V、Mn、Fe、Ni、Cu、Zn、Pb 有明显的峰。这对于判断 $PM_{2.5}$ 颗粒物中主、次元素有直接的感观。同一条件下的冬季典型样品有类似的谱图现象。

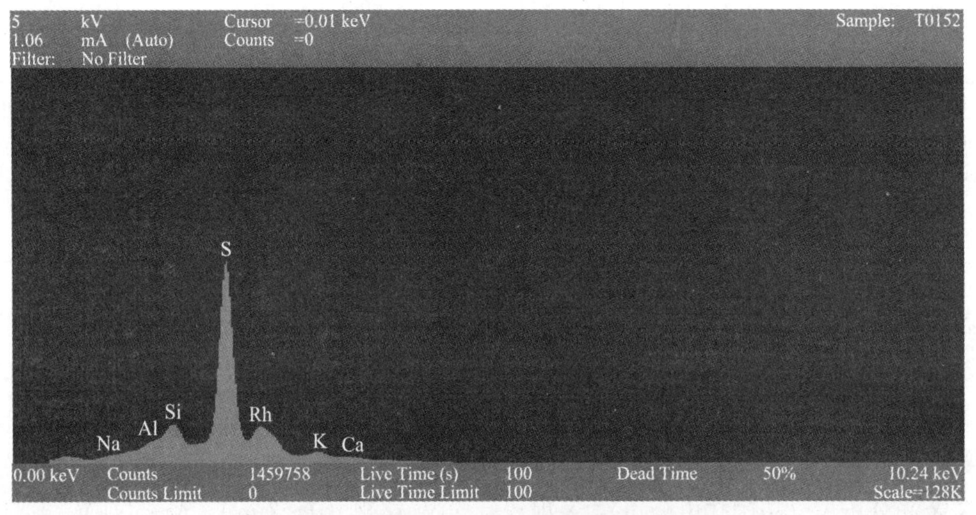

图 1 Low Za 条件下夏季典型代表样品采集光谱

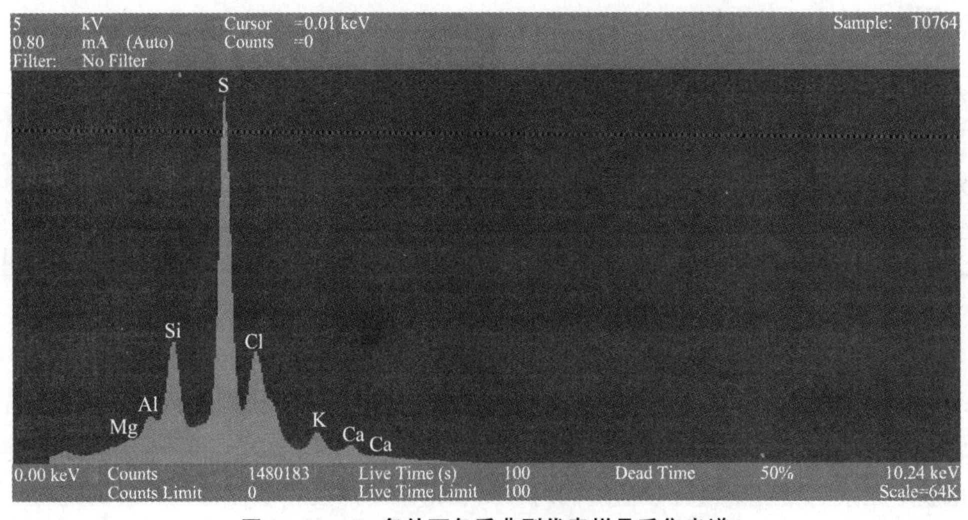

图 2 Low Za 条件下冬季典型代表样品采集光谱

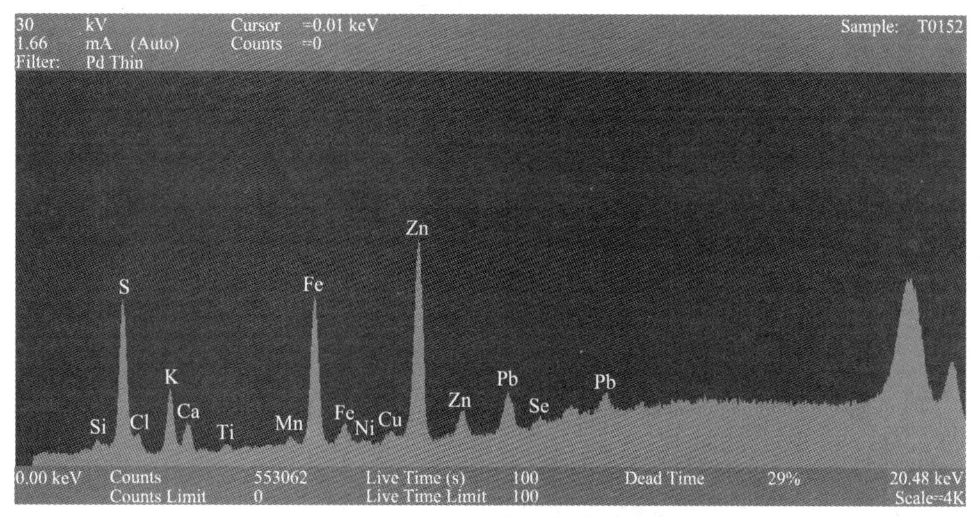

图 3 Mid Za 条件下夏季典型代表样品采集光谱

3.2 校正方法比较

本实验采用武汉天虹 TH-16A 型四通道大气颗粒物采样器，采集夏、秋、冬三季 $PM_{2.5}$ 颗粒物样品来说明不同校正方法对 $PM_{2.5}$ 颗粒物分析结果的影响。分别用 FP、LC 法两种校正方法来分析并和 ICP-AES 方法结果来比较。由表 3 比较看出，FP、LC 法和 ICP 化学法在不考虑三者结果不确定度的前提下，3 种方法主要元素测定结果有很好的符合性，EDXRF 法测定主要元素结果可为颗粒物源解析所用。不同季节元素的含量变化规律基本一致，主要元素符合夏季＜秋季＜冬季的规律。Linear 方法测定值与同一点位和同一批次膜的 ICP-AES 法测定值相比 FP 法更接近，而 Al 元素测定值也反应出了 FP 法对于轻元素响应不好。

表 3 EDXRF 中 FP、Linear 方法和 ICP-AES 方法分析结果的比较

元素	夏季样品			秋季样品			冬季样品		
	FP	Linear	ICP	FP	Linear	ICP	FP	Linear	ICP
Na	8.08	2.78	5.46	5.37	1.89	6.38	5.67	0.06	19.09
Mg	1.30	0.48	2.63	2.33	10.77	7.87	1.59	0.00	8.95
Al	1.22	5.68	9.77	9.81	26.59	18.85	11.83	16.04	23.84
Si	31.73	38.12	39.87	82.48	102.49	107.37	95.09	97.87	111.28
K	10.36	7.57	5.67	25.49	22.59	21.55	55.16	42.09	48.79
Ca	13.28	12.78	10.24	18.81	18.63	16.90	65.04	53.19	57.02
Ti	0.51	0.40	0.65	1.44	0.80	1.27	2.31	1.46	1.73
V	0.00	0.00	0.03	0.00	0.00	0.00	0.05	0.00	0.10
Cr	0.08	0.55	0.37	0.24	0.00	0.00	0.34	0.00	0.00
Mn	0.68	0.40	0.25	0.91	0.77	0.77	2.79	2.44	1.97
Fe	10.40	7.56	7.21	21.17	16.45	19.66	35.65	26.01	29.29
Ni	0.00	0.04	0.00	0.00	0.01	0.18	0.08	0.05	0.13
Cu	0.11	0.02	0.00	0.37	0.08	0.05	0.43	0.09	0.79
Zn	11.74	8.71	8.31	9.26	7.11	6.84	22.14	19.26	18.17
As	0.25	0.01	0.13	0.80	0.00	1.21	0.61	0.00	0.19
Pb	0.65	0.58	0.67	0.91	1.09	1.20	3.26	2.50	2.84

3.3 实际样品 XRF（FP）方法和 ICP 法的相关性

虽然 Linear 方法同 ICP-AES 法测定值一致性更好，但由于 Linear 使用颗粒物样品做标准滤膜在实际操作中存在膜样品损失的问题，在实际的测定中主要还是使用 FP 法。下面分别用 ICP-AES 和 EDXRF

FP方法分析3个季节的实际样品，用每一对的测定结果，做一次线性回归曲线，并计算皮尔逊系数。结果显示K、Ca、Ti、Mn、Zn、Fe、Pb等XRF响应较好的元素与ICP-AES方法比较线性较好。Si由于ICP前期测定存在测不准的问题，未进行比较，而低含量或是低于检出限的元素，由于样本量太少不予讨论。

表4　两种方法之间线性回归曲线的比较

XRF VS ICP	R^2	斜率	截距	范围
K	0.958 0	1.012 0	2.335 0	4.11～29.51
Ca	0.953 0	0.953 0	0.969 0	0.94～32.49
Ti	0.901 0	0.652 0	0.140 0	0.08～2.86
Mn	0.917 0	0.915 0	0.073 0	0.03～1.22
Zn	0.981 0	1.066 0	0.862 0	0.68～23.00
Fe	0.958 0	1.065 0	1.023 0	1.39～33.28
Pb	0.928 0	0.922 0	0.008 0	0.67～2.81

3.4　元素可扩展性

由于FP法半定量的优势，依托现有的美国Micromatter公司生产的聚碳酸酯单元素或双元素薄膜标准样品，除了表2中所提及元素外，还可以测定$PM_{2.5}$颗粒物中的多种无机元素，达到40种：Na、Mg、Al、Si、P、S、K、Ca、Ti、V、Cr、Mn、Fe、Co、Ni、Cu、Zn、Ga、As、Se、Br、Sr、Y、Zr、Nb、Mo、Sn、Ba、La、Ce、Sm、Eu、Tb、Hf、Ta、W、Ir、Au、Pb、Hg。

4　检出限、精密度和准确度

4.1　检出限

关于仪器分析中方法检出限的计算方法，并没有强制性的统一规定，《水和废水监测分析方法》（第四版）就涉及多种方法[6]。对于X射线荧光光谱法，检出限和样品的基体有关，不同的样品因其组分和含量的差异，以及测量时间、元素的分析谱线强度和软件类别不同都会发生变化，因而检出限也尽不同。目前主要有以下几种方法：①X射线的理念检出限计算公式：$L_D=\frac{3}{s}\sqrt{\frac{I_b}{T}}$（其中，$s$为方法的灵敏度，$I_b$和$T$分别为背景的强度和测量时间）[7]；②校准曲线法[8]；③选出几个含量接近于检出限的同类标样，计算出标样中含量最低的元素所对应的标准偏差将其乘以3，即为本方法的检出限[9]；④通过由不确定度来确定[10]。由于制作$PM_{2.5}$滤膜标准品的重复性差，实际工作中比较常用的是第一和第三种方法。下面我们以whatman空白滤膜按照1、3两种方法来计算检出限。可以看出方法1计算的检出限值较大，更符合实际情况。

表5　按1、3方法计算的两种EDXRF的检出限　　单位：μg

元素	1	3	元素	1	3	元素	1	3
Na	4.47	0.62	K	1.73	0.32	Fe	0.76	0.24
Mg	0.16	0.38	Ca	3.14	0.35	Ni	0.39	0.04
Al	3.31	2.65	Ti	1.60	0.13	Cu	0.56	0.06
Si	0.06	0.04	V	1.41	0.11	Zn	1.30	0.35
S	1.98	0.13	Cr	1.11	0.10	As	0.64	0.08
Cl	1.71	0.12	Mn	0.95	0.14	Pb	2.92	0.18

4.2　精密度和准确度

本方法选取标准样品Pb 12386，Mn 14033，Fe 13033，Ca 14034，Al 14033，Si 14034，连续测定10次，所得结统计果见表6。

表6 方法的准确度和精密度

元 素	测定值/($\mu g/cm^2$)	发现平均值/($\mu g/cm^2$)	RSD/%
Pb 12386	15.6	15.22	0.70
Mn 140334	26.0	26.06	0.35
Fe 130331	20.2	19.77	0.11
Ca 140340	17.6	17.14	0.65
Al 140333	19.4	18.89	0.19
Si 140341	28.6	27.98	0.46

4.3 质控措施

样品分析前，将随仪器提供的Cu校准盘放在样品盘的最后一位做能量校正，减小仪器漂移及保证仪器的最佳分析性能。由于$PM_{2.5}$不是一种单一的成分，不同大气颗粒物实际样品的化学组分基体存在或多或少的差异性，因此，传统的质控措施如加标回收率等方法并不能很好地满足此类分析。我站以NIST的薄膜标准SRM 2783作为质控样，对方法做质量保证和质量控制。除了轻元素Al、Si分析结果差外（在20%）外，其他元素分析结果均达到<±20%的要求。

表7 两种校正方法的NIST结果（以RSD计）

元素	Al/%	Si/%	K/%	Ca/%	Mn/%	Fe/%	Ni/%	Pb/%
FP	51.38	23.22	5.23	7.22	2.99	3.15	28.82	6.88
L	24.02	79.45	1.78	4.87	19.69	4.73	4.41	11.99

5. 结语

综上所述，本文以Teflon膜采集的$PM_{2.5}$颗粒物样品为对象，研究了不同季节使用EDXRF法测定样品中无机组分主、次元素的定性和定量分析。研究表明，不同季节下可对元素Si、S、Cl、K、Ca、Ti、V、Mn、Fe、Ni、Cu、Zn、Pb作很好的定性，Al元素则在冬季有好的定性。在不同季节元素的含量是不一样的，大小顺序为夏季<秋季<冬季。通过对典型性样品的FP、Linear和ICP-AES方法分析结果的比较，得出对于定性元素有比较好的一致性，Linear方法测定值更接近于ICP-AES方法的值。

参考文献

[1] 郑玫，张延君，闫才青，等. 中国$PM_{2.5}$来源解析方法综述 [J]. 北京大学学报（自然科学版），2014，50（6）：1141-1154.

[2] Oztürk，F.，Zararsiz，A.，Kirmaz，R.，Tuncel，G.，et al. An approach to measure trace elements in particles collected on fiber filters using EDXRF. Talanta，2011，83（3）：823-831.

[3] 编委会. 空气和废气监测分析方法. 4版 [M]. 北京：中国环境科学出版社，2002.

[4] 吉昂，郑南，王河锦，等. 高能偏振能量色散-X射线光谱法测定PM10来大气颗粒物的组成 [J]. 岩矿测试，2011，30（5）：528-535.

[5] Niu，J.，Rasmussen，P. E.，Wheeler，A.，et al. Evaluation of airborne particulate matter and metals data in personal，indoor and outdoor environments using ED-XRF and ICP-MS and co-located duplicate samples. Atmospheric Environment，2010，44（2）：235-245.

[6] 编委会. 水和废水监测分析方法（第四版）[M]，北京：中国环境科学出版社，2002.

[7] 李玉璞，于庆凯. X射线荧光光谱法测定土壤样品中多元素分析中的应用 [J]. 环境科学与管理岩矿测试，2010，35（3）：99-102.

[8] 徐海，刘琦，王龙山. X射线荧光光谱法测定土壤样品中碳氮硫氯等31种组分 [J]. 岩矿测试，

2014，26（6）：490-492.

［9］张勤，樊守忠，潘宴山，等. X射线荧光光谱法测定化探样品中主、次和痕量组分［J］. 理化检验一化学分册，2005，41（8）：547-552.

［10］Compendium Method IO-3. 3，（1999）. " Determination of metals in ambient particulate matter x-ray fluorescence（XRF）spectroscopy，" in Compendium of Methods for the Determination of Inorganic Compounds in Ambient Air，EPA/65/R-960/010a，Center for environmental Research Information，Cincinnati，OH.

作者简介：张鹏（1985—），陕西榆林人，工程师，西安市环境监测站，研究生，从事环境监测工作。

不同酸消解体系 ICP-OES 法测定固体废物中多种重金属

任　兰　陆喜红　杨丽莉
南京市环境监测中心站，南京　210013

摘　要：采用 8 种不同的酸消解体系对某固体废物进行消解，通过 ICP-0ES 方法测定铜、镍、镉、铬等金属元素。结果表明，硝酸-盐酸-氢氟酸-高氯酸体系方法检出限为 0.2～1.5mg/kg，相对偏差分别为 1.3%～4.2%，加标回收率为 81.4%～102%，其检出限、精密度与加标回收率均满足要求，能最大限度地溶出固废中金属元素。

关键词：固体废物；酸消解体系；ICP-0ES；重金属

Determination of Metals in Solid Waste by ICP-OES with Various Acid Digestion Systems

REN Lan　LU Xi-hong　YANG Li-li
Nanjing Environmental Monitoring Center，Nanjing 210013

Abstract：Metals such as Cu，Ni，Cd，Cr in one solid waste were determined by ICP-OES，with eight kinds of acid digestion systems. The results indicated that the detection limits of nitric acid-hydrochloric acid-hydrofluoric acid and perchloric acid were 0.2～1.5mg/kg，the relative standard deviations were from 1.3% to 4.2%，and the recovery ranges were between 81.4% and 102%. The detection limit，precision and recovery range could satisfy the requirements，and metal elements dissolved from the solid waste in the largest degree.

Key words：solid wastes；acid digestion systems；ICP-OES；metals

固体废物（以下简称固废）中金属元素的监测是固废管理的重要内容之一，我国出台的固废金属元素的国标分析方法测定介质是固废浸出液，而固废全量的标准分析方法正在制定中。

对于固废金属全量的测定，样品的消解尤为重要，是众多仪器分析方法的关键。EPA 方法中关于固体样品消解方法有 3050B[1]、3051A[2]、3052[3]，分别用硝酸-过氧化氢、硝酸-盐酸、硝酸-氢氟酸-过氧化氢体系进行消解，适用于沉积物、污泥、土壤、生物样品等。国内文献对固废全量消解方式有电热板酸消解法[4]、高压釜密闭酸消解[4]及微波酸消解法[5][6][7]，消解体系是由硝酸、盐酸、过氧化氢、氢氟酸、高氯酸中几种酸组合而成，目标元素的测定方法较多应用原子吸收法（AAS）、电感耦合等离子体发射光谱法（ICP-OES）、电感耦合等离子体质谱（ICP-MS）等仪器分析。

本文采用 ICP-OES 法测定固体废物中铜、镍、镉、铬等金属元素含量，通过对实际固废样品的消解、测定，重点关注不同的酸消解体系对样品测定产生的影响。

1　实验部分

1.1　主要仪器与试剂

电感耦合等离子发射光谱仪（ICP-OES）：Optima 8300 型，美国 PE 公司；

混合标准溶液（含铜等28种元素）：100±0.284mg/L（介质5% HNO_3），美国科学研究院（NSI）；
电热板：EG20B型，美国LabTech公司；
氩气，含量≥99.99%；
盐酸、硝酸、氢氟酸、高氯酸：均为优级纯；过氧化氢：分析纯；
实验用水为二次去离子水。

1.2 样品制备

样品来源是南京环境监测中心站的固废应急样，疑是工业固废，样品呈黄白色，块状。将固废样品经自然风干、碾磨后，过150μm（100目）筛，制得粉末试样。

1.3 样品前处理

选择硝酸、盐酸、过氧化氢、氢氟、高氯酸组合成8种不同的酸消解体系（见表1），采用电热板对固体废物进行消解。

以酸体系8#（硝酸-盐酸-高氯酸-氢氟酸）为例，消解过程：称取约0.5 g（精确至0.1mg）固废样品，置于50 ml聚四氟乙烯坩埚中，用水润湿后加入10 ml盐酸，于通风橱内的电热板上低温加热，使样品初步分解，待蒸发至约剩3 ml时，加入10 ml硝酸，7ml氢氟酸，加盖后于电热板上120～130℃加热4h，开盖加入2ml高氯酸，再加盖150～160℃加热2h左右，开盖，驱赶白烟并蒸至内容物呈不流动状态，取下坩埚稍冷，加入1ml（1+1）硝酸溶液，温热溶解可溶性残渣，转移至50 ml容量瓶中，冷却后用水定容至标线，摇匀。

表1　酸消解体系一览表

单位：ml

消解体系	硝酸	盐酸	过氧化氢	高氯酸	氢氟酸
1#	10	10	—	—	—
2#	10	—	5	—	—
3#	10	10	5	—	—
4#	10	10	—	2	—
5#	10	10	—	—	7
6#	10	—	5	—	7
7#	10	10	5	—	7
8#	10	10	—	2	7

注：用5#、6#、7#消解体系消解样品时，样品收干过程加入0.5ml高氯酸以驱赶氢氟酸。

1.4 仪器测定条件

入射功率：1 300 W；等离子体气流量（Ar）：15 L/min；辅助气流量（Ar）：0.3 L/min；载气流量（Ar）：0.55 L/min；样品流量：1.5 ml/min；进样时间：20 s。

1.5 质量控制与保证

每种酸消解体系做2个实验室空白，各元素校准曲线相关系数均大于0.999 0。

2 结果与讨论

2.1 方法检出限

全谱直读光谱仪具有较好的波长稳定性，根据样品溶液中各元素的含量水平，选择灵敏度适宜，背景低，无其他元素明显干扰的谱线作为分析线。通过观察各元素的谱线峰形和相互间的干扰情况，对标准溶液和样品溶液进行多次扫描，确定各元素的分析线。根据环境监测分析方法标准制修订技术导则（HJ 168—2010）[8]的规定，采用低浓度加标方式计算方法检出限。分别取7份低浓度混合标准溶液，按样品分析全过程消解、测定，以MDL=$t_{(n-1,0.99)}s$（s为测定结果的标准偏差）。硝酸-盐酸-高氯酸-氢氟酸消解体系（8#）的方法检出限见表2。（以称样量0.5g、定容体积50ml计）

表 2　固废方法检出限

单位：mg/kg

元素	Be	Cd	Co	Cr	Cu	Fe	Mn
波长/nm	313.107	228.802	228.616	267.716	327.393	239.562	257.61
检出限/（mg/kg）	0.5	0.1	0.2	1.0	0.2	1.5	0.5
元素	Mo	Ni	Pb	Ti	V	Zn	
波长/nm	202.031	231.604	220.353	334.94	290.88	206.20	
检出限/（mg/kg）	0.8	0.2	2.0	0.5	0.2	1.2	

2.2　精密度

按照表 1 中的酸消解体系分别对固废样品进行消解、测定，结果见表 3。不同消解体系中固废样品各元素测定结果的相对标准偏差（RSD）为 0.3%～18.2%，表明各消解方法、测定的精密度较好。

表 3　精密度试验结果（$n=3$）

消解体系	元素	Be	Cd	Co	Cr	Cu	Fe	Mn
1#	测定均值/（mg/kg）	未检出	未检出	37.2	37.6	51.4	2 771	262
	RSD/%	—	—	11.5	11.8	2.3	4.9	6.3
2#	测定均值/（mg/kg）	未检出	未检出	36.0	36.0	47.9	2 585	244
	RSD/%	—	—	6.4	4.3	0.3	5.0	3.3
3#	测定均值/（mg/kg）	未检出	未检出	35.5	35.2	46.5	2 671	239
	RSD/%	—	—	3.7	3.6	2.2	2.0	1.5
4#	测定均值/（mg/kg）	未检出	未检出	38.7	38.2	44.0	2 744	236
	RSD/%	—	—	2.4	3.3	2.8	1.7	5.1
5#	测定均值/（mg/kg）	未检出	未检出	65.4	61.3	51.1	3 512	239
	RSD/%	—	—	2.4	2.9	1.6	2.2	8.7
6#	测定均值/（mg/kg）	未检出	未检出	65.3	62.5	51.6	2 924	258.7
	RSD/%	—	—	2.4	4.2	2.9	1.5	1.7
7#	测定均值/（mg/kg）	未检出	未检出	62.5	61.8	51.9	3 663	260
	RSD/%	—	—	2.0	2.4	2.3	3.0	2.5
8#	测定均值/（mg/kg）	未检出	未检出	65.3	64.2	51.1	3 465	249
	RSD/%	—	—	1.9	2.2	4.2	3.2	3.2
消解体系	元素	Mo	Ni	Pb	Ti	V	Zn	
1#	测定均值/（mg/kg）	6.5	779	36.9	32.6	3 019	190	
	RSD/%	3.2	7.0	4.9	7.4	2.6	11.9	
2#	测定均值/（mg/kg）	6.4	860	33.2	28.5	2 834	179	
	RSD/%	18.2	7.2	3.3	3.7	2.6	7.8	
3#	测定均值/（mg/kg）	6.2	888	33.6	34.7	2821	198	
	RSD/%	8.3	1.1	1.0	6.4	0.72	5.0	
4#	测定均值/（mg/kg）	5.5	996	42.9	32.5	2 553	212	
	RSD/%	9.4	3.2	3.0	5.0	3.4	2.3	
5#	测定均值/（mg/kg）	22.1	2 084	44.0	994	4 798	315	
	RSD/%	3.3	2.3	4.1	7.3	1.5	3.9	
6#	测定均值/（mg/kg）	22.0	2 119	48.2	958	4 794	312	
	RSD/%	3.0	4.8	2.4	1.6	0.24	4.8	
7#	测定均值/（mg/kg）	22.8	2 055	47.8	974	4 883	307	
	RSD/%	4.0	2.1	2.2	1.8	1.7	3.4	
8#	测定均值/（mg/kg）	21.9	2 191	46.5	927	4 724	323	
	RSD/%	2.5	3.6	1.3	2.9	1.2	2.0	

2.3 加标回收

试验以酸体系 6# (硝酸-盐酸-过氧化氢-氢氟酸) 和酸体系 8# (硝酸-盐酸-高氯酸-氢氟酸) 进行加标回收试验，结果见表 4。由表 4 可见，固废样品各元素的加标回收率范围分别为 80.2%～110% 和 81.4%～102%，这两种消解体系均可满足日常分析的质量控制要求。

表 4 加标回收试验结果

消解体系	元素	Be	Cd	Co	Cr	Cu	Fe	Mn
6#	本底值 (mg/L)	0.000	0.000	0.625	0.618	0.519	36.6	2.60
	测得值/ (mg/L)	0.818	0.833	1.45	1.45	1.49	—	3.70
	加标量/ (mg/L)	1.00	1.00	1.00	1.00	1.00	—	1.00
	回收率/%	81.8	83.3	82.5	83.2	97.1	—	110
消解体系	元素	Mo	Ni	Pb	Ti	V	Zn	
6#	本底值/ (mg/L)	0.228	20.6	0.478	9.74	48.8	3.07	
	测得值/ (mg/L)	1.03	—	1.29	—	—	4.15	
	加标量/ (mg/L)	1.00	—	1.00	—	—	1.00	
	回收率/%	80.2	—	81.2	—	—	108	
消解体系	元素	Be	Cd	Co	Cr	Cu	Fe	Mn
8#	本底值/ (mg/L)	0.000	0.000	0.653	0.642	0.511	34.7	2.49
	测得值/ (mg/L)	1.67	1.65	2.28	2.29	2.32	—	4.53
	加标量/ (mg/L)	2.00	2.00	2.00	2.00	2.00	2.00	2.00
	回收率/%	83.5	82.5	81.4	82.4	90.4	—	102
消解体系	元素	Mo	Ni	Pb	Ti	V	Zn	
8#	本底值/ (mg/L)	0.219	21.9	0.465	9.27	47.2	3.23	
	测得值/ (mg/L)	1.85	—	2.13	—	—	5.17	
	加标量/ (mg/L)	2.00	—	2.00	—	—	2.00	
	回收率/%	81.6	—	83.3	—	—	97.0	

注：样品中 Fe、Ni、Ti、V 含量较高，未做加标回收试验。

2.4 消解效果分析

本实验采用了硝酸、盐酸、过氧化氢、氢氟酸、高氯酸组合成两酸 (1#、2#)、三酸 (3#、4#、5#、6#)、四酸 (7#、8#) 酸消解体系对实际固废样品消解、测定，对于未使用氢氟酸的消解体系 (1#～4#)，各元素含量比较一致，相对标准偏差 3.1%～12.2%；对于使用氢氟酸的消解体系 (5#～8#)，各元素含量也比较一致，相对标准偏差 0.8%～9.5% (见表 5)，从表 5 中数据可以看出，部分元素 5#～8# 体系的测定值 (*B*) 明显高于 1#～4# 体系的测定值 (*A*)，最显著的是 Ti (B/A 为 30)、其次是 Mo、Ni、Co、V、Cr、Zn、Pb、Fe，各体系对被测固废的 Cu、Mn 测定影响不大。

固体废物种类繁多，基体复杂性，全量消解必须使用氢氟酸，过氧化氢对于含有机质或者合成有机废物的消解能力有限，高氯酸的使用可最大限度地破坏不同固体废物中的有机成分，对于实际固废样品，尤其是未知来源的固废，电热板全量消解样品应首选硝酸-盐酸-高氯酸-氢氟酸消解体系。

表 5 不同酸消解体系测定结果比较

消解体系	元素	Be	Cd	Co	Cr	Cu	Fe	Mn
1#～4# (无 HF)	测定均值 *A*/ (mg/kg)	未检出	未检出	36.9	36.8	47.5	2 693	245
	RSD/%	—	—	3.9	3.8	6.5	3.1	4.7
5#～8# (加 HF)	测定均值 *B*/ (mg/kg)	未检出	未检出	64.6	62.5	51.4	3 391	252
	RSD/%	—	—	2.2	2.0	0.8	9.5	3.9
	B/*A* (倍)	—	—	1.75	1.70	1.08	1.26	1.03

续表

消解体系	元素	Mo	Ni	Pb	Ti	V	Zn	
1#～4#（无 HF）	测定均值 A/（mg/kg）	6.2	881	36.7	32.1	2 807	195	
	RSD/%	7.3	10.2	12.2	8.1	6.8	7.1	
5#～8#（加 HF）	测定均值 B/（mg/kg）	22.2	2112	46.6	963	4 800	314	
	RSD/%	1.8	2.8	4.1	2.9	1.4	2.1	
	B/A（倍）	3.61	2.40	1.27	30.0	1.71	1.61	

3 结论

我国的危废鉴别标准（GB 5085.6—2007）[9]以固废中可能含有的有毒有害物质的最大风险控制原则进行评价，对于固废中元素全量的测定，消解体系、消解方法的选择尤为重要。本试验通过不同酸体系组合对固体废物进行全量消解，用ICP-OES进行铜、镍、镉、铬等元素的测定，结果显示含氢氟酸的酸体系消解更完全，对于复杂基体的固废样品，采用硝酸-盐酸-氢氟酸－高氯酸混酸体系，能最大限度地溶出金属元素，符合物质含量最大化测定评估的原则。硝酸-盐酸-氢氟酸－高氯酸混酸体系消解固废，结合ICP-OES法测定，可为完善固体废物中重金属监测体系提供技术支持。

参考文献

[1] EPA METHOD 3050B ACID DIGESTION OF SEDIMENTS, SLUDGES, AND SOILS, U. S. EPA, December 1996.

[2] EPA METHOD 3051A MICROWAVE ASSISTED ACID DIGESTION OF SEDIMENTS, SLUDGES, SOILS, AND OILS, U. S. EPA, January 1998.

[3] EPA METHOD 3052 MICROWAVE ASSISTED ACID DIGESTION OF SILICEOUS AND ORGANICALLY BASED MATRICES.

[4] 李国刚，刘京，齐文启．固体废物样品全消解方法的比较研究［J］．环境科学研究，第8卷第6期1995年11月：17-17.

[5] 李国刚，齐文启，刘新宇．微波消解ICP-AES法测定固废物中的多种元素［J］．上海环境科学，第14卷第3期1995年3月：18-18.

[6] 时玉珍．同一固废全消解液中Cu、Pb、Zn、Cd、Mn的原子吸收光谱测定方法研究［J］．水泥技术，2011（1）：102-102.

[7] 陈波，陈素兰．微波消解/ICP-AES法分析冶炼厂固废中重金属［J］．环境保护科学，第39卷第4期2013年8月：121-121.

[8] 环境监测　分析方法标准制修订技术导则．HJ 168—2010.

[9] 危险废物鉴别标准 毒性物质含量鉴别．GB 5085.6—2007.

作者简介：任兰（1968—），女，高级工程师，从事环境样品中金属元素分析工作。

顶空-气相色谱/质谱法测定地表水和废水中55种挥发性有机物*

胡恩宇　杨丽莉　王美飞　刘　晶　吴丽娟
南京市环境监测中心站，南京　210013

摘　要：建立了顶空前处理，气相色谱-质谱法测定水中55种挥发性有机物的方法。考察了平衡温度、平衡时间、盐析效应、溶剂体积对分析结果的影响。当水样取样体积10ml，以DB-624（60m×0.25mm×1.4μm）毛细管色谱柱分离，全扫描采集模式下，方法在10～400μg/L浓度范围内线性良好，目标化合物检出限在0.8～6.8μg/L之间；采用选择离子采集模式，进一步提高了方法的灵敏度，目标化合物检出限在0.2～1.1μg/L之间。地表水基体加标20μg/L，废水基体加标50μg/L和200μg/L，回收率分别在86.8%～112%，相对标准偏差在0.5%～13.8%。顶空前处理时无需直接接触水样，样品对仪器污染少、方法灵敏度高，可应用于不同类型的水质中挥发性有机物的测定。

关键词：顶空；气相色谱/质谱；水；挥发性有机物

Determination of 55 Kinds of Volatile Organic Compounds in Surface Water and Waster Water Using Headspace Sampling Method Coupled with Gas Chromatography-Mass Spectrometry

HU Enyu YANG Li-li　WANG Mei-fei　LIU Jing　WU Li-juan
(Nanjng Environment Monitoring Center, Nanjing 210013)

Abstract: A headspace gas chromatograpy-mass spectrometric method was developed for the determination of 55 kinds of volatile organic compounds (VOCs) in surface water and waste water. Influencing factors such as equilibrium temperature, equilibrium times , salt out effection and solvent volume were discussed. VOCs in 10ml sample was enriched by headspace sampling method and separated with capillary column DB-624 (60m×0.25mm×1.4μm) and detected by GC/MS with scan mode and SIM mode respectively. In scan mode, good linearity was obtained in the range from 10 ug/L to 400ug/L and the detection limits were 0.8～6.8μg/L. Method sensitivity was imoroved using SIM mode which detection limits were 0.2～1.1μg/L. The average recoveries ranged from 86.8%～112% at spiked levels of 20μg/L in surface water, 50μg/Land 200μg/L in waste water with relative deviations (RSD, $n=6$) 0.5%～13.8%. Using headspace samling method, the instrument does not contact with aqueous sample, therefore, the contaminations from sample to instrument was avoided. The method was sensitive and was suitable for the determination of VOCs in different kinds of water.

Key words: volatile organic compounds; headspce gas chromatography-mass Spectrometr; water

挥发性有机化合物广泛存在，大多数挥发性有机物都是对人体有毒有害的物质。美国、欧盟等经济发达国家和地区对饮用水中各类挥发性有机污染物都制定了严格的控制标准。我国的环境优先控制污染物名单中包括了20种挥发性有机污染物，《地表水环境质量标准》(GB 3838—2002)和《污水综合排放标准》(GB 8978—1996)也分别制定了挥发性有机污染物相关控制标准。水中挥发性有机物常见的前处理方法有顶空法[1-4]、吹扫捕集法[5,6]和固相微萃取法[7]等，分析方法有气相色谱法[1,2]和气相色谱质谱法[5,6]等。在相同取样体积情况下，吹扫捕集法和固相微萃取法的富集效率优于顶空法，但是针对工业废水，由于其中所含挥发性有机物浓度较高或基体复杂，可能会导致吹扫捕集吸附管/固相微萃取头吸附过饱和和系统的污染，如果连续分析样品可能会产生交叉污染，吸附管/萃取头老化所需时间较长，方法的抗干扰能力受到影响；顶空前处理方法由于不需要直接接触样品，降低了样品对系统的污染程度且操作简单。本文建立了顶空-气相色谱/质谱法测定55种挥发性有机物的方法，对于工业废水样品采用质谱全扫描模式测定即可掌握样品的污染程度，对于地表水和饮用水样品采用质谱选择离子模式测定，降低了方法的检出限，对了解地表水中挥发性有机物浓度水平有较好的实际应用价值。

1 试验部分

1.1 仪器与试剂

7890A—7975C 气相色谱质谱联用仪（美国安捷伦公司）；TurboMatrix 40 顶空自动进样器（美国 PE 公司）；Milli-Q Academic 纯水机（美国 Millipore 公司）。

54 种挥发性有机物混合标准溶液、氟苯（内标 1）、1,2 -二氯苯-d_4（内标 2）：浓度均为 2 000mg/L，甲醇介质，美国 Accustandard 公司）；氯乙烯：2 000mg/L，甲醇介质，美国 O2Si 公司；甲醇：农残级，德国 Merck 公司；氯化钠：分析纯，使用前于 500℃烘烤 6h；实验室用水由纯水系统新鲜制备，过 0.22μm 有机专用过滤膜。

1.2 分析条件

1.2.1 顶空进样条件

加热平衡温度：65℃；加热平衡时间：50 min；取样针温度：80℃；传输线温度：105℃；进样体积：1.0 ml。

1.2.2 气相色谱条件

色谱柱：DB-624（60m×0.25mm×1.4μm）；进样口温度：250℃；进样模式：分流进样，分流比 5∶1；柱流量（恒流模式）：1.0 ml/min；柱温：40℃保持 2min，以 5℃/min 的速率升至 120℃，保持 3min，再以 10℃/min 的速率升至 230 ℃保持 5 min。

1.2.3 质谱分析条件

离子源：电子轰击（EI）源。离子源温度：230℃。离子化能量：70 eV。接口温度：280℃。四极杆温度：150℃。扫描模式：全扫描（Scan）和选择离子扫描（SIM），其中全扫描模式下扫描范围：35～300 amu，选择离子扫描（SIM）各化合物的特征离子见表 1。

1.3 实验步骤

取 10.0ml 水样于 22ml 顶空瓶中，顶空瓶中事先加入 4g 氯化钠，在每个顶空瓶中加入一定体积的氟苯和 1,2 -二氯苯-$d4$ 内标使用液，全扫描模式时，水中内标浓度为 200μg/L，选择离子扫描模式时，水中内标浓度为 20μg/L，立即密闭顶空瓶，轻振摇匀，按照 1.2 分析条件上样分析。

2 结果与讨论

2.1 平衡温度

在同一浓度下，对平衡温度 45℃、50℃、55℃、60℃、65℃、70℃、75℃、80℃、85℃、90℃进行了试验，考察不同平衡温度对响应值的影响。结果表明，温度升高，对于沸点相对较高的组分，响应值随温度升高增加的程度高于沸点较低的组分，方法测试的 55 种化合物，在 65℃以后，响应值大多达到最高或接近最大值，个别组分，主要是低沸点组分如氯乙烯、2,2 -二氯丙烷、随着温度的继续升高，响应值呈下降趋势，因此确定平衡温度为 65℃。

2.2 平衡时间

在同一浓度下，设置平衡温度为65℃，对平衡时间5、10、15、20、25、30、35、40、45、50、55、60min进行了试验，考察平衡时间对响应值的影响。结果表明，增加平衡时间，有利于响应值的增加。对于沸点较低、保留时间短的化合物，平衡15min后，基本都已经达到动态平衡，增加平衡时间对响应值影响不大，个别组分如氯乙烯、2,2-二氯丙烷随着时间增加，响应值略有降低。方法测试的55种化合物在50min能够达到动态平衡，因此确定平衡时间为50min。

2.3 盐析效应

水相中加入一定的盐，改变了溶液中的离子强度，有利于挥发性有机物挥发至气相，同一浓度下，在水中分别加入0、0.5、1、2、3和4g氯化钠，按照相同的条件测定，考察氯化钠加入量对响应值的影响。结果表明，55种挥发性有机物中，有些组分响应值无显著变化，如2,2-二氯丙烷、溴氯甲烷等，有些组分响应值则随着氯化钠的加入量变大而增加明显，如氯乙烯、二氯甲烷、溴苯、1,4-二氯苯、六氯丁二烯、萘、1,2,3-三氯苯等，当氯化钠加入量为4g接近氯化钠饱和溶液时，响应值趋于最大值，再增加氯化钠，响应值无明显增加。由于氯化钠加入过多，不易完全溶解，不利于实际操作，因此确定氯化钠的加入量为4g。

2.4 甲醇加入体积对响应值的影响

绘制校准曲线时，标准溶液和内标均为甲醇介质，因此水相中有一定的甲醇存在，加热后，甲醇挥发会产生一定的蒸汽压，如果加入体积过大，其产生的蒸汽压会影响待测目标组分进入气相，进而影响方法灵敏度。在同一挥发性有机物浓度水平下，添加不同体积的甲醇，使得水中甲醇的最终加入体积分别为10、20、50、100、200和500μl，按照相同的条件测定，考察不同甲醇加入体积对响应值的影响。结果表明，甲醇加入体积小于200μl时，其加入体积对响应值无显著影响，此后随着甲醇体积增加，大多数化合物的响应值呈下降趋势，因此，分析时甲醇的加入体积不能超过200μl。

2.5 标准曲线

在实验室纯水中添加标准溶液，全扫描扫描模式下，配制目标化合物分别为10.0、20.0、100、200和400μg/L的校准系列溶液，每个校准系列溶液中的内标添加浓度为200μg/L；选择离子扫描模式下，配制目标化合物分别为2.0、4.0、10.0、20.0、40.0μg/L的校准系列溶液，每个校准系列溶液中的内标添加浓度为20.0μg/L，在选定的色谱和质谱条件，从低浓度到高浓度依次进样分析，记录标准系列目标物和相对应内标的保留时间、定量离子的响应值，内标法绘制校准曲线，线性相关系数均在0.995以上。

2.6 全扫描模式和选择离子扫描模式检出限的比较

按照《环境监测分析方法标准制修订技术导则》（HJ 168—2010）的规定，连续分析7个接近于检出限浓度的实验室空白加标样品，计算其标准偏差S。用公式：$MDL=S\times t_{(n-1,0.99)}$（连续分析7个样品，在99%的置信区间，$t_{(6,0.99)}=3.14$进行计算，测定下限为4倍检出限。SIM模式下空白添加浓度为2μg/L，Scan模式下，由于化合物种类多，响应差别较大，仅添加1个浓度水平测定的检出限无法满足HJ 168《环境监测 分析方法标准制修订技术导则》中检出限的要求，因此Scan模式下添加浓度添加浓度为10μg/L和20μg/L，根据实测数据选择满足HJ 168判断原则的检出限，Scan模式下检出限为0.8～6.8μg/L，定量下限为3.2～27.2μg/L，SIM模式下检出限为0.2～1.1μg/L，定量下限为0.8～4.4μg/L，与Scan模式相比，SIM模式的检出限更低，有更高的灵敏度，测定结果见表1。

2.7 精密度和准确度

Scan模式下，在地表水中添加20μg/L，工业废水中添加50μg/L和200μg/L标准溶液；SIM模式下，在地表水中添加2.0μg/L，分别测定6次，加标水平的平均回收率在86.8%～112%，相对标准偏差在3.9%～7.6%，结果见表1。

3 结论

建立了顶空-气相色谱/质谱法测定地表水和废水中55种挥发性有机物的方法，高浓度样品可用全扫描模式测定，选择离子扫描模式可以降低方法的检出限，有利于了解清洁样品的浓度，前处理方法简便，污染少，适用于地表水和废水中挥发性有机物的测定。

表1 全扫描和选择离子扫描方式下定性定量离子、检出限、定量下限和加标回收率

序号	元素	Type	定量 IS	定量离子 (m/z)	定性离子 (m/z)	Scan模式				SIM模式			
						LOD ρ/(μg/L)	LOQ ρ/(μg/L)	Spiked ρ/(μg/L)	Recovery R/%	LOD ρ/(μg/L)	LOQ ρ/(μg/L)	Spiked ρ/(μg/L)	Recovery R/%
1	氯乙烯	Target	1	62	64	4.8	19.2	20，50，200	99.3，86.6，97.4	0.6	2.4	2.0	88.5
2	1,1-二氯乙烯	Target	1	96	61，63	5.1	20.3	20，50，200	96.4，97.2，95.9	0.4	1.6	2.0	92.5
3	二氯甲烷	Target	1	84	86，49	4.0	16.2	20，50，200	99.3，92.3，122	0.4	1.6	2.0	107
4	反式-1,2-二氯乙烯	Target	1	96	61，98	3.5	14.1	20，50，200	97.0，111，102	0.5	2.0	2.0	105
5	1,1-二氯乙烷	Target	1	63	65，83	1.4	5.5	20，50，200	98.7，90.8，99.4	0.5	2.0	2.0	102
6	顺式-1,2-二氯乙烯	Target	1	96	61，98	2.1	8.6	20，50，200	118，94.8，88.6	0.3	1.2	2.0	117
7	2,2-二氯丙烷	Target	1	77	41，97	1.5	6.1	20，50，200	96.1，94.3，88.6	0.5	2.0	2.0	101
8	溴氯甲烷	Target	1	128	49，130	5.2	20.7	20，50，200	103，98.5，98.8	0.4	1.6	2.0	107
9	氯仿	Target	1	83	85，47	1.4	5.5	20，50，200	99.5，87.3，101	1.1	4.4	2.0	94.5
10	1,1,1-三氯乙烷	Target	1	97	99，61	1.1	4.4	20，50，200	97.5，81.5，100	0.5	2.0	2.0	104
11	1,1-二氯丙烯	Target	1	75	110，77	1.5	6.2	20，50，200	97.0，96.8，101	0.5	2.0	2.0	87.5
12	四氯化碳	Target	1	117	119，121	0.8	3.3	20，50，200	95.2，93.3，90.6	0.5	2.0	2.0	97.0
13	1,2-二氯乙烷	Target	1	62	64，98	3.4	13.5	20，50，200	103，83.4，100	0.5	2.0	2.0	95.0
14	苯	Target	1	78	77，51	1.0	4.1	20，50，200	98.2，81.3，95.4	0.6	2.4	2.0	87.0
15	氟苯	IS1	—	96	77	—	—	20，50，200	—	—	—	—	—

续表

序号	元素	Type	定量 IS	定量离子 (m/z)	定性离子 (m/z)	Scan 模式				SIM 模式			
						LOD ρ/（μg/L）	LOQ ρ/（μg/L）	Spiked ρ/（μg/L）	Recovery R /%	LOD ρ/（μg/L）	LOQ ρ/（μg/L）	Spiked ρ/（μg/L）	Recovery R /%
16	三氯乙烯	Target	1	95	130，132	4.4	17.7	20，50，200	99.7，115，109	0.6	2.4	2.0	101
17	1,2-二氯丙烷	Target	1	63	41，112	4.2	16.9	20，50，200	97.2，99.2，94.8	0.5	2.0	2.0	102
18	二溴甲烷	Target	1	93	95，174	3.1	12.4	20，50，200	99.7，96.8，97.7	0.5	2.0	2.0	102
19	一溴二氯甲烷	Target	1	83	85，127	2.4	9.8	20，50，200	98.0，85.6，97.2	0.5	2.0	2.0	95.0
20	顺-1,3-二氯丙烯	Target	1	75	39，77	3.4	13.7	20，50，200	106，86.3，81.6	0.4	1.6	2.0	106
21	甲苯	Target	1	91	92	1.4	5.6	20，50，200	99.9，95.2，79.8	0.6	2.4	2.0	97.5
22	反-1,3-二氯丙烯	Target	1	75	39，77	5.4	21.6	20，50，200	110，98.1，84.7	0.4	1.6	2.0	116
23	1,1,2-三氯乙烷	Target	1	83	97，85	3.7	14.9	20，50，200	103，85.8，100	0.4	1.6	2.0	87.5
24	四氯乙烯	Target	1	166	168，129	1.3	5.2	20，50，200	98.9，86.2，95.7	0.6	2.4	2.0	97.0
25	1,3-二氯丙烷	Target	1	76	41，78	4.1	16.3	20，50，200	98.0，87.1，90.1	0.5	2.0	2.0	114
26	二溴一氯甲烷	Target	1	129	127，131	3.1	12.4	20，50，200	100，93.7，96.6	0.4	1.6	2.0	81.0
27	1,2-二溴乙烷	Target	1	107	109，188	1.8	7.1	20，50，200	101，90.1，93.0	0.5	2.0	2.0	101
28	氯苯	Target	2	112	77，114	1.5	6.0	20，50，200	99.9，97.1，100	0.4	1.6	2.0	102
29	1,1,1,2-四氯乙烷	Target	2	131	133，119	2.5	10.0	20，50，200	98.4，109，112	0.5	2.0	2.0	100
30	乙苯	Target	2	91	106	1.0	4.1	20，50，200	98.5，84.3，87.2	0.7	2.8	2.0	108
31/32	间/对-二甲苯	Target	2	106	91	2.0	7.9	20，50，200	98.4，84.8，98.5	0.6	2.4	4.0	115
33	邻-二甲苯	Target	2	106	91	1.3	5.1	20，50，200	98.2，97.3，85.7	0.5	2.0	2.0	106

续表

序号	元素	Type	定量 IS	定量离子 (m/z)	定性离子 (m/z)	Scan 模式 LOD ρ/ (μg/L)	Scan 模式 LOQ ρ/ (μg/L)	Scan 模式 Spiked ρ/ (μg/L)	Scan 模式 Recovery R /%	SIM 模式 LOD ρ/ (μg/L)	SIM 模式 LOQ ρ/ (μg/L)	SIM 模式 Spiked ρ/ (μg/L)	SIM 模式 Recovery R /%
34	苯乙烯	Target	2	104	78，103	2.0	8.1	20，50，200	102，103，85.6	0.6	2.4	2.0	104
35	三溴甲烷	Target	2	173	175，254	2.2	9.0	20，50，200	100，103，113	0.5	2.0	2.0	112
36	异丙苯	Target	2	105	120	1.3	5.2	20，50，200	98.8，94.0，88.2	0.4	1.6	2.0	102
37	1,1,2,2-四氯乙烷	Target	2	83	131，85	2.5	10.0	20，50，200	103，91.0，92.8	0.5	2.0	2.0	102
38	溴苯	Target	2	156	77，158	2.1	8.5	20，50，200	100，110，102	0.6	2.4	2.0	107
39	1,2,3-三氯丙烷	Target	2	75	110，77	5.6	22.3	20，50，200	98.7，95.7，103	0.4	1.6	2.0	112
40	正丙苯	Target	2	91	120	0.9	3.5	20，50，200	100，110，89.7	0.4	1.6	2.0	95.5
41	2-氯甲苯	Target	2	91	126	1.1	4.5	20，50，200	98.2，116，97.3	0.5	2.0	2.0	96.0
42	1,3,5-三甲基苯	Target	2	105	120	0.9	3.7	20，50，200	100，89.1，95.1	0.4	1.6	2.0	102
43	4-氯甲苯	Target	2	91	126	2.3	9.3	20，50，200	100，111，104	0.4	1.6	2.0	98.5
44	叔丁基苯	Target	2	119	91，134	0.9	3.8	20，50，200	100，82.7，93.5	0.4	1.6	2.0	97.0
45	1,2,4-三甲基苯	Target	2	105	120	1.3	5.3	20，50，200	101，90.3，95.8	0.5	2.0	2.0	96.0
46	仲丁基苯	Target	2	105	134	1.0	3.9	20，50，200	99.8，108.3，99.7	0.5	2.0	2.0	99.5
47	1,3-二氯苯	Target	2	146	111，148	1.1	4.2	20，50，200	99.4，86.4，106	0.4	1.6	2.0	107
48	4-异丙基甲苯	Target	2	119	134，91	2.3	9.3	20，50，200	98.7，93.2，106	0.4	1.6	2.0	101
49	1,4-二氯苯	Target	2	146	111，148	1.1	4.3	20，50，200	101，98.2，96.8	0.4	1.6	2.0	100
50	正丁基苯	Target	2	91	92，134	1.2	4.7	20，50，200	106，101，95.9	0.5	2.0	2.0	102

续表

序号	元素	Type	定量 IS	定量离子 (m/z)	定性离子 (m/z)	Scan 模式				SIM 模式			
						LOD ρ/ (μg/L)	LOQ ρ/ (μg/L)	Spiked ρ/ (μg/L)	Recovery R /%	LOD ρ/ (μg/L)	LOQ ρ/ (μg/L)	Spiked ρ/ (μg/L)	Recovery R /%
51	1,2-二氯苯-D4	IS2	—	150	115，152	—	—	20，50，200	—	—	—	—	—
52	1,2-二氯苯	Target	2	146	111，148	1.2	4.6	20，50，200	99.5，94.8，112	0.5	2.0	2.0	103
53	1,2-二溴-3-氯丙烷	Target	2	157	75，155	5.6	22.5	20，50，200	99.6，93.0，98.4	0.5	2.0	2.0	81.0
54	1,2,4-三氯苯	Target	2	180	182，145	1.4	5.6	20，50，200	110，92.6，113	0.4	1.6	2.0	99.5
55	六氯丁二烯	Target	2	225	223，227	2.3	9.1	20，50，200	107，99.6，118	0.4	1.6	2.0	102
56	萘	Target	2	128	—	6.8	27.2	20，50，200	112，89.9，104	0.2	0.8	2.0	99.5
57	1,2,3-三氯苯	Target	2	180	182，145	1.5	6.0	20，50，200	107，93.0，113	0.4	1.6	2.0	103

参考文献

[1] 盘杨桂，韦英亮. 顶空毛细管柱气质联用法测定饮用水中15种挥发性有机物 [J]. 化学分析计量，2014，05：60-63.

[2] 喻泽林，白祖海，文刚. 顶空色谱法分析水中多种挥发性有机物 [J]. 中国卫生检验杂志，2009，10：2264-2266.

[3] 赖永忠，季彦鋆. 气相动态顶空进样-气相色谱-质谱法同时分析饮用水源水中57种挥发性有机物 [J]. 岩矿测试，2012，05：877-883.

[4] 郭艳. 饮用水中挥发性有机物的顶空制备方法研究 [J]. 安徽农业科学，2014，28：9667-9669.

[5] 傅晓春. 吹扫-捕集/气相色谱法测定水中挥发性有机物 [J]. 干旱环境监测，2009，04：209-213.

[6] 张雪梅. 吹扫捕集气相色谱-质谱联用测定水中挥发性有机物 [J]. 中国卫生检验杂志，2010，09：2167-2168.

[7] 赖永忠. 固相微萃取法同时分析源水中54种挥发性有机物 [J]. 中国给水排水，，2012，08：94-98，102.

作者简介：胡恩宇（1977—），女，汉族，江苏沭阳人，本科，高级工程师，从事环境有机监测工作。

复杂水体五日生化需氧量的测定技术

吴丽娟　胡晓乐　陆喜红
南京市环境监测中心站，南京　210013

摘　要：五日生化需氧量主要测定的是有机污染物生物氧化过程中大部分碳化阶段的耗氧量，未知水样中的复杂基体会对其测定造成一定的影响，甚至出现生化需氧量大于化学需氧量的不符理论现象。由于生化需氧量测定耗时长，难复测的特点，本文通过加入抑制剂的方法，有效的排除了干扰，操作简便，降低了生化需氧量测定过程中稀释倍数选择不合适的风险，减小了工作量，同时对空白、带标及无干扰水样不产生显著影响。

关键词：五日生化需氧量；抑制剂

Determination technique of Biochemical Oxygen Demand After Five Days in Complex Water

WU Li-juan　HU Xiao-le　LU Xi-hong
Nanjing Environmental Monitoring Centre, Nanjing 210013

Abstract: The establishment of a method for the determination of biochemical oxygen demand after five days through adding inhibitor, The method is effectively eliminating interference, simple operation, and reducing the risk of the test. It had no significant effects on water without interference. and also can simplify the determining procedure of large batches of compositional complicated water samples.

Key words: biochemical oxygen demand after five days; inhibitor

生化需氧量是一个生物耗氧的过程，它是表示水中有机物等需氧污染物质含量的一个综合指标，其值越高，说明水中有机污染物质越多，污染也就越严重，因此被广泛应用于衡量废水的污染强度和废水处理构筑物的负荷与效率。

水中的生物氧化过程一般分为两个阶段[1-2]：一个是碳氢元素氧化生成二氧化碳和水的碳化阶段，完成这一阶段 20℃的条件下需要 20 天；第二阶段为含氮物质及部分氨氧化为亚硝酸盐及硝酸盐的硝化阶段，完成这一阶段 20℃的条件下需要 100 天。五日生化需氧量的测定中规定水样在（20±1)℃的暗处培养 5 天，每升样品消耗的溶解氧量以 BOD_5 的形式表示。因此，在测定 BOD_5 时，硝化作用是基本不对结果产生影响的。

但是，在实际样品测定中，对于一些未知水样及生化处理池的样品，可能含有大量的硝化细菌，使得硝化作用也同时发生，因此 BOD_5 的测定值就会偏高[3]。一些文献[1]给出加入硝化抑制剂的方法来抑制硝化作用，前提是已知样品含有硝化细菌。但是单从样品的性状很难判断是否含有硝化细菌干扰测定，而生化需氧量样品保存时间短，分析周期长，复做的可能性也比较小。如果测定时同时考虑硝化细菌存在与否，样品分析的工作量太大，而且对于稀释倍数的确定难度也较大。所以，为了更准确地测定生化需氧量，我们考虑在未知的水样中均加入硝化抑制剂，考察其对于硝化细菌的抑制作用是否具有专属选择性。经实验证明，硝化抑制剂丙烯基硫脲对于空白、带标及无硝化细菌干扰的水样没有显著影响，同时能有效地抑制硝化作用，提高了工作效率和分析的准确性。

1 实验部分

1.1 主要仪器及试剂

生化恒温培养箱（20±1)℃。

溶解氧测定仪（YSI 5000）：美国 YSI 公司。

盐溶液：

磷酸盐缓冲溶液：8.5g 磷酸二氢钾（KH_2PO_4）、21.8g 磷酸氢二钾（K_2HPO_4）、33.4g 七水合磷酸氢二钠（$Na_2HPO_4 \cdot 7H_2O$）和 1.7 g 氯化铵（NH_4Cl）溶于 1 000ml 水中，在 0～4℃可稳定保存 6 个月，pH 值为 7.2。

硫酸镁溶液，ρ（$MgSO_4$）= 11.0 g/L：22.5g 七水合硫酸镁（$MgSO_4 \cdot 7H_2O$）溶于 1 000ml 水中，在 0～4℃可稳定保存 6 个月，若发现任何沉淀或微生物生长应弃去。

氯化钙溶液，ρ（$CaCl_2$）= 27.6 g/L：27.6 g 无水氯化钙（$CaCl_2$）溶于 1 000ml 水中，在 0～4℃可稳定保存 6 个月，若发现任何沉淀或微生物生长应弃去。

氯化铁溶液，ρ（$FeCl_3$）= 0.15 g/L：0.25 g 六水合氯化铁（$FeCl_3 \cdot 6H_2O$）溶于 1 000ml 水中，在 0～4℃可稳定保存 6 个月，若发现任何沉淀或微生物生长应弃去。

丙烯基硫脲溶液：ρ（$C_4H_8N_2S$）=1.0 g/L：溶解 0.20 g 丙烯基硫脲（$C_4H_8N_2S$）于 200 ml 水中混合，现用现配。

葡萄糖-谷氨酸标准溶液：将葡萄糖（$C_6H_{12}O_6$，优级纯）和谷氨酸（$HOOC-CH_2-CH_2-CHNH_2-COOH$，优级纯）在 130℃干燥 1 h，各称取 150 mg 溶于 1 000ml 水中，此溶液的 BOD_5 为 210±20mg/L，现用现配。

2 结果与讨论

2.1 生化需氧量空白值的控制

在生化需氧量的测定中，稀释水的质量控制是测定成败的关键。首先，HJ 505—2009 标准方法中[4]规定稀释法空白样的测定结果不能超过 0.5 mg/L，20℃时稀释水的初始溶解氧要达到 8 mg/L 以上。因此，盛装稀释水的瓶子要保持洁净，加入的无机盐溶液要澄清，以防微生物大量繁殖。第二，稀释水要保证有一定的微生物存在，太过于洁净的水菌种不足，会导致测定值偏低，甚至出现空白倒置的情况。标准方法中规定实验用水为符合 GB/T 6682[5] 所规定的 3 级蒸馏水，即电阻率为 0.2mΩ · cm 的水。第三，稀释水在配制过程中应尽可能少的引入气泡，最好是采用虹吸的方式，配制完成后应在环境温度 20℃的条件下平衡一段时间再使用。

2.2 加入抑制剂对空白及带标测定的影响

取 10L 稀释水，其中 5L 加入 4 种盐溶液各 5.0ml，混合均匀后为稀释水 1；剩下 5L 加入 4 种盐溶液各 5.0ml 及丙烯基硫脲溶液 10.0ml，混合均匀后为稀释水 2。盐溶液和硝化抑制剂的用量均按照国标方法要求。

取 5.0 ml 葡萄糖-谷氨酸标准溶液于量筒中，用稀释水 1 与稀释水 2 分别稀释至 300 ml，虹吸至溶氧瓶中，测定 BOD_5，每种稀释水平行 4 份。同时，每种稀释水取空白平行 3 份进行测定，结果见表 1。

表 1 硝化抑制剂对空白及带标的影响

样品		五日前溶氧/(mg/L)	五日后溶氧/(mg/L)	空白值/(mg/L)	BOD_5/(mg/L)
不加抑制剂	空白 1	8.93	8.76	0.17	
	空白 2	8.95	8.77	0.18	
	空白 3	8.94	8.75	0.19	

续表

样品		五日前溶氧/(mg/L)	五日后溶氧/(mg/L)	空白值/(mg/L)	BOD_5/(mg/L)
不加抑制剂	带标1	8.97	5.31	0.18	209
	带标2	8.98	5.10		222
	带标3	9.01	5.57		196
	带标4	9.00	5.18		219
加抑制剂	空白1	9.10	8.94	0.16	
	空白2	9.12	8.97	0.15	
	空白3	9.10	8.93	0.17	
	带标1	9.13	5.54	0.16	206
	带标2	9.11	5.73		193
	带标3	9.11	5.42		212
	带标4	9.11	5.32		218

由表1可见，空白稀释水中加与不加抑制剂，对于空白值及带标值没有影响，都是满足质量控制要求的。

2.3 实际水样中测定生化需氧量加入抑制剂的影响

选取不同种类的实际水样做对比试验，其中有生活污水、工业废水、污水处理厂污水及地表水。全部平行双份，一份不加抑制剂，一份加入抑制剂，结果如表2。

表2 实际水样抑制剂加与不加对比试验（空白均小于0.5mg/L）

点位名称	BOD_5 不加抑制剂/(mg/L)	BOD_5 加抑制剂/(mg/L)	COD/(mg/L)	相对偏差
某污水处理厂一污水	40.8	39.8	91	1.24
工业废水	126	115	581	4.56
某污水处理厂二污水	28.3	21.7	55	13.2
黑臭地表水1	22.9	22.5	/	0.88
黑臭地表水2	73.0	59.6	/	10.1
某污水处理厂三污水	148	46.3	96	52.3
某污水处理厂入口1	247	93.0	147	45.1
某污水处理厂初沉池出水1	105	43.4	84	42.1
某污水处理厂入口2	154	45.1	84	54.7
某处理厂初沉池出水2	92.9	66.4	95	40.0

从随机选用的几种实际水样来看，不含硝化细菌的水样加与不加抑制剂没有太大的差别，相对偏差也在平行样的质控范围之内，和化学需氧量的比值关系也是合理的；但是其中有五种水样未加抑制剂的BOD_5测定值异常高，甚至高过化学需氧量的值，这表明水样中存在硝化作用的干扰，加入抑制剂后BOD_5的值显著降低，大大地提高了准确性。

3 结论

从几种样品的值能看出，在不存在硝化细菌的样品中，抑制剂基本不会造成BOD_5测定的干扰。结合前面空白和带标试验，在遇到不确定是否存在硝化细菌的未知样品时，选择加入抑制剂测定BOD_5，在确定稀释倍数时能大大地提高准确性，减少工作量，同时能够有效地抑制可能的硝化作用带来的干扰，客观准确的反映水体的污染情况。

参考文献

[1] 张广萍，邓英春. 硝化微生物对五日生化需氧量测定的影响研究 [J]. 水文，2000，20 (2)：36-38.

[2] 杨艳，郝燕，刘晓梅. 生化需氧量 BOD_5 测定影响因素 [J]. 环境研究与监测，2011，24 (2)：67-68.

[3] 皮运正，叶裕才，云桂春. 硝化过程 BOD_5 的测定研究 [J]. 中国环境监测，2000，16 (2)：41-43.

[4] 水质 五日生化需氧量 (BOD_5) 的测定 稀释与接种法. HJ 505—2009.

[5] 分析实验室用水规格和试验方法. GB/T 6682.

作者简介：吴丽娟 (1985.1—)，女，汉族，硕士研究生，分析化学专业，就职于南京市环境监测中心站，工程师。

区带流动分析技术在水中挥发酚监测中的应用

闻　欣　张迪生　柏　松　董艳平　孙　娟

南京市环境监测中心站，南京　210013

摘　要：本文介绍了对水中挥发酚进行快速检测的新技术。采用区带流动分析技术，通过使用 MobiChem 便携式化学分析仪，对水质中的挥发酚进行在线蒸馏预处理，快速检测，短时间内得出测试结果。检测结果表明，采用区带流动分析技术对水质挥发酚进行检测，具有良好的准确性和重复性，适用于现场应急的快速监测。

关键词：区带流动分析技术；挥发酚；便携式；测试

The Zone Fluidic Analysis Technology Used in Monitoring Volatile Phenol in Water

WEN Xin　ZHANG Di-sheng　BAI Song　DONG Yan-ping　SUN Juan

Nanjing Environmental Monitoring Center, Nanjing　210013

Abstract: This article introduced a new technology, for rapid determination of volatile phenol in water. Useing the Zone Fluidic analysis technology, by MobiChem portable analyzer, get the analysis results in a short time, after online distillation and rapid determination. The results show that the Zone Fluidic analysis technology for volatile phenol in water were detected with good accuracy and repeatability. It is suitable for rapid determination in emergency monitoring.

Key words: zone fluidic analysis technology; phenol; portable; detection

酚类属高毒物质，主要来源于工业污水。长期饮用被酚污染的水，可引起头痛、出疹、瘙痒、贫血及各种神经系统症状[1-2]。

对于水质中挥发酚的检测，常规的实验室手工分析方法，需要将现场采集水样送到实验室进行分析。实验室对水样进行手工蒸馏预处理，收集馏出液进行化学反应，生成显色物质，然后再采用分光光度计进行比色检测，得出水样中挥发酚的检测结果[3]。由于水样中挥发酚物质不稳定，样品采集后，保存时间不能超过 24 小时，在实验室需要尽快进行分析。对于实验室人员、设备有较高的要求，如果遇到水样数量较多，可能会出现样品不能被及时分析的状况，而且实验分析过程中使用三氯甲烷萃取，三氯甲烷具有麻醉作用和刺激性，吸入蒸汽有害，对分析人员的身体健康有较大影响。

针对传统手工分析测试方法的不足，本文通过利用 MobiChem 便携式化学分析仪，进行现场检测，研究区带流动分析技术（Zone Fluidic，ZF）快速测定水质中挥发酚的方法适用性。通过现场采集水样进入仪器，在线进行样品预处理，可在 20min 内分析得出水质中挥发酚的检测结果。与实验室手工分析方法相比，该技术方法由于无需采样回实验室，大大缩短了样品的分析时间，提高了工作效率；最大限度避免了运输过程对样品产生的影响；减少了对健康的危害。

1　区带流动分析技术介绍

区带流动分析技术是在隔断流动分析技术、流动注射分析技术、顺序注射分析技术的基础上，综合各种技术的优点提出的新型流动分析技术，解决了以往流动分析技术不能完全反应和气泡干扰的难题。

区带流动分析技术原理：是将采样管、试剂管、双向泵、流通池等整合在多通道选择阀周围，在双向泵的作用下，抽取样品和试剂到储存管进行混合显色，再将反应后生成的显色物质输送到流通池和检测器进行检测，见图1。抽取和输送过程中，采用双气泡将样品、试剂的混合液与载液隔断，形成独立的、隔断的区带混合液，以便进行完全的显色反应，防止向载液扩散。

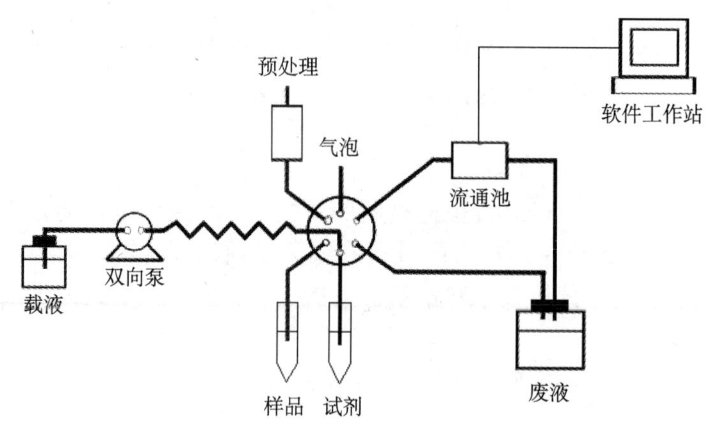

图1 区带流动技术原理图

区带流动分析技术的特点是采用双向稳流泵和多通道选择阀，可实现连续和滞流监测；双气泡隔断，可实现完全反应，同时排除气泡干扰；完全软件控制，检测过程中无需手工操作，可无人值守监测。

2 实验部分

2.1 实验方法

为评价该监测分析方法的适用性，实验分为两部分。实验1：使用MobiChem便携式化学分析仪对40μg/L和5μg/L挥发酚标准品进行标样测定。实验2：分别采集秦淮河石头城、草场门桥断面水样，使用MobiChem便携式化学分析仪在现场进行测试，平行水样30min内送实验室，采用手工分析方法进行比对测试[4-6]。根据实验结果对区带流动分析技术准确性和重现性进行评价。

实验室手工分析采用的检测方法是4-氨基安替比林分光光度法，用蒸馏法使挥发性酚类化合物蒸馏出，与干扰物质和固定剂分离，被蒸馏出来的酚类化合物，在铁氰化钾存在下，与4-氨基安替比林试剂反应生成橙红色的安替比林染料，用三氯甲烷萃取后，测定吸光度[7]。

2.2 实验设备与试剂

2.2.1 仪器设备

本实验需要的主要仪器设备包括：MobiChem便携式化学分析仪1台，XS205型万分之一电子天平1台，TU-1900型分光光度计1台，pH计，10ml移液枪，1ml移液枪，全玻璃蒸馏器，加热炉等实验室其他常用设备。

2.2.2 试剂

本实验所用的试剂均为分析纯试剂，所用水为新制备的去离子水。主要试剂如下：

（1）无酚水。

（2）4-氨基安替比林溶液：德国Merck试剂，称取4-氨基安替比林试剂2g，溶于100ml水。

（3）铁氰化钾溶液：德国Merck试剂，称取铁氰化钾试剂8g，溶于100ml水。

（4）磷酸溶液：1+9。

（5）氢氧化钠溶液：称取氢氧化钠试剂10g，溶于100ml水。

（6）苯酚标准溶液：环境保护部标准样品研究所的苯酚溶液，批号102308，标准值500mg/L，相对不确定度2%，用纯水稀释苯酚溶液，配置500μg/L的苯酚标准溶液。

试剂是在实验室称量配置，依照 HJ 503—2009[7]相关要求进行。

2.3 仪器条件

（1）双向稳流泵，流速可调范围 1μl/min～1ml/min。

（2）双气泡隔断技术，排除气泡对流动分析检测的影响。

（3）完全化学反应，避免显色区带向载液扩散的影响。

3 结果与讨论

3.1 驱动系统优化

区带流动分析技术采用双向泵作为驱动设备，双向泵能够推动载液向前流动，清洗整个管路系统；也能抽取试剂向后流动，进入储存管。与隔断流动分析技术和流动注射分析技术采用的蠕动泵相比，双向泵不需要挤压泵管，避免了由于泵管变型造成的进样不准确的问题。双向泵可以向前或向后两个方向输送载液及试剂，打破了流动分析技术中用蠕动泵向单一方向输送载液的传统，同时实现了载流的随时流动或停滞。

3.2 样品的预处理优化

样品的预处理方式是在线预处理，采用内置温控组件的加热方式对样品进行在线蒸馏，蒸馏温度设置为 130℃，保持恒温蒸馏，馏出液存储在收集瓶内。经过优化处理，样品的蒸馏时间缩短，从采集样品，在线预处理，显色反应，到比色检测得出分析结果，整个样品测试过程的总时间小于 20min，适用于现场监测，特别适合在突发事故的应急监测中，快速提供测试结果。

3.3 检测器优化

区带流动分析技术采用微型光谱仪检测，可以改变传统的滤光片单波长检测方式，检测时进行 400～760nm 波长的连续光谱扫描，计算时吸光度选用特定的 510nm 波长的吸光度，排除邻近波长的干扰，从而保证得出的检测结果更为准确。

3.4 制作校准曲线

在 MobiChem 便携式化学分析仪试剂盒中填装试剂和标准品后，运行校准曲线程序，制作挥发酚的校准曲线。制作量程范围为 0～500μg/L 的挥发酚校准曲线，设置浓度梯度为 0μg/L、5μg/L、50μg/L、100μg/L、200μg/L、300μg/L、400μg/L、500μg/L 共 8 个测试点。在软件内设置的浓度梯度值，仪器自动稀释标准样品，测试吸光度，测试数据见表 1。

表 1 校准曲线测试数据

序号	样品浓度 /（μg/L）	吸光度
1	0	0.003 9
2	5	0.004 8
3	50	0.011 2
4	100	0.020 2
5	200	0.038 8
6	300	0.055 1
7	400	0.074 1
8	500	0.092 2

根据标准样品浓度和测试的吸光度，操作软件自动绘制校准曲线，校准曲线如图 2 所示。

校准曲线为 $y = 0.000\ 177x + 0.003\ 1$，线性 $R^2=0.999\ 5$。

制作校准曲线过程中，无酚水的制备对零点的吸光度影响较大，零点的吸光度直接影响整条曲线的本底值。除了无酚水，4-氨基安替比林试剂的纯度也对零点的吸光度有较大影响。配制试剂时需要注意查看 4-氨基安替比林试剂颜色，一般情况下颜色为淡淡的浅黄色，如果发现颜色较深，则零点的吸光度

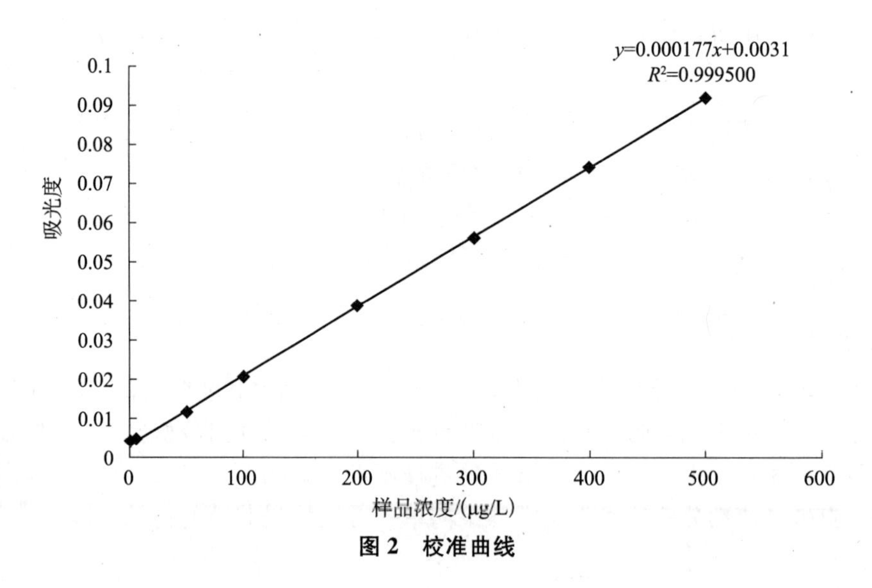

图 2　校准曲线

偏大，对校准曲线的斜率和线性有较大影响，需要及时更换 4-氨基安替比林试剂。本实验在测试过程中采用的水为超纯水，4-氨基安替比林试剂为进口的 GR 优级纯试剂，测得零点的吸光度在 0.003 左右，对整条曲线的影响很小。

3.5　样品检测

3.5.1　标准样品检测

在实验室运用区带流动分析技术，采用 MobiChem 便携式化学分析仪，对浓度为 40μg/L 和 5μg/L 的挥发酚标准品进行检测，每个样品重复检测 7 次，检测结果见表 2。

表 2　标准样品检测结果

序号	标准物质浓度/（μg/L）	MobiChem 检测数据/（μg/L）	MobiChem 检测平均值/（μg/L）	相对标准偏差（RSD）/%
1	40	39.5	40.3	1.4
2	40	40.3		
3	40	40.2		
4	40	40.6		
5	40	40.4		
6	40	39.8		
7	40	41.3		
1	5	5.4	5.2	4.6
2	5	4.8		
3	5	5.1		
4	5	5.2		
5	5	5.4		
6	5	4.9		
7	5	5.3		

根据标准样品检测实验数据统计表明，采用区带流动分析技术对水质挥发酚进行检测，具有良好的准确性和重复性。浓度为 40μg/L 的样品，7 次测试的平均值为 40.3μg/L，相对标准偏差为 1.4%；浓度为 5μg/L 样品，7 次测试的平均值为 5.2μg/L，相对标准偏差为 4.6%，均小于 5%。

3.5.2　实际水样检测

采用区带流动分析技术现场检测水样中的挥发酚时，使用 MobiChem 便携式化学分析仪在采样现场进行样品检测，同时按照水质采样、样品保存及分析方法规范标准的要求[4-7]，将平行样送至实验室进行分析，测试结果见表 3。

表 3　实际水样检测结果

序号	实际水样编号	实验室手工检测结果/（μg/L）	MobiChem 现场检测结果/（μg/L）
1	1 号样品（石头城）	5.2	5.9
2	2 号样品（草场门桥）	6.5	6.6

1 号样品现场与实验室检测结果相差 0.7μg/L，偏差 11.8%；2 号样品相差仅为 0.1μg/L，偏差 1.5%。两个实际水样的现场与实验室比对测试结果的偏差均小于 15%。

4　结语

通过对区带流动分析技术与实验室常规手工分析方法测试挥发酚进行比较研究，结果表明区带流动分析技术现场监测水中挥发酚时，测试数据具有良好的准确性和重复性。基于该方法研制的便携式分析仪，由于实现了现场测定，样品的监测时长大大缩短，减轻了分析人员的劳动强度，提高了工作效率，适用于现场应急中的快速监测。

参考文献

[1] 丁宇，周睿，劳宝法．流动注射分光光度法测定饮用水中挥发酚的方法研究 [J]. 上海预防医学杂志，2010，第 22 卷（7）：349-351.

[2] 王箴．化学辞典 [M]. 北京：化学工业出版社，1985.610.

[3] 奚旦立，孙裕生，刘秀英．环境监测．3 版．北京：高等教育出版社，2004.572-575.

[4] 水质采样 样品的保存和管理技术规定．HJ 493—2009.

[5] 水质 采样技术指导．HJ 494—2009.

[6] 水质 采样方案设计技术规定．HJ 495—2009.

[7] 水质 挥发酚的测定 4-氨基安替比林分光光度法．HJ 503—2009.

作者简介：闻欣（1979—），男，汉族，北京人，工程师，从事环境监测与研究工作。

石墨炉原子吸收分光光度法测定水中痕量钛

杜 青 任 兰

南京市环境监测中心站，南京 210013

摘 要：研究了石墨炉原子吸收分光光度法测定水中痕量钛。通过实验确定了最佳测量条件、总量消解方法和共存离子干扰等问题。方法检出限为 7μg/L，能满足水环境质量监测的要求。经地表水、地下水和废水样品 6 次测量，最大相对标准偏差 10.7%，加标回收率 92.5%～106%。

关键词：水质；痕量钛；石墨炉原子吸收分光光度法

Determination of Trace Titanium in Water by Graphite Furnace Atomic Absorption Spectrophotometry

DU Qing REN Lan

Nanjing Environmental Monitoring Centre，Nanjing 210013

Abstraction：This method is applied for determination of trace titanium in water by GFAAS. Issues like the optimal analytical conditions，sample digestion and co-existant elements interference were ascertained through different experiments. The MDL（7μg/L）is low enough for trace titanium analysis in environmental water samples. The maximum RSD is 12.1% and the recovery is through 92.5% to 106% by water and wastes measurements.

Key words：water quanlity；trace titanium；GFAAS

钛应用于航空、航海、食品加工设备、机械制造和医疗器材等。据毒理学资料，钛及其化合物属低毒类[1]。美国癌症学会呈报道广泛用于化妆品的二氧化钛可诱发癌症。医学调查发现四氯化钛及其水解产物对眼睛和上呼吸道黏膜有刺激作用，长期接触可导致疾病发生。《地表水环境质量标准》（GB 3838—2002）将钛列入集中式生活饮用水地表水源地特定项目，标准限值为 0.1mg/L。美国报道地下水中钛<0.1mg/L。南京地区天然水体中钛为 0.05～2μg/L。我国现行的分析方法是催化示波极谱法、水杨基荧光酮分光光度法和等离子体质谱法[2]。由于示波极谱仪和等离子体质谱仪普及率较低，分光光度法检出限高等原因，方法应用不广泛。本文研究了石墨炉原子吸收法测定水中痕量钛，方法操作简便，稳定可靠。经七家实验室检测，方法检出限、精密度和准确度满足水环境监测工作的要求，并且仪器普及率高，分析成本相对廉价，适宜推广应用。

1 实验部分

1.1 主要仪器与试剂

VarianAA240Z 型石墨炉原子吸收分光光度计、钛空心阴极灯、热解涂层石墨管；高纯氩气；LabTechEG20B 型电热板；1 000mg/L 钛标准储备液；硝酸、硫酸，优级纯；其他试剂分析纯；实验用水为新制备的去离子水。

1.2 仪器工作条件

波长 365.4nm；狭缝 0.2 nm；灯电流 20 mA；氩气流量 0.3L/min；进样量 20μl；峰高测量模式；干燥温度 85～125℃，时间 55s；灰化温度 1 500℃，时间 20s；原子化温度 2 800℃，升温时间 1.5s；赛曼背景校正。

1.3 样品处理

地表水测量可溶性钛。水样送实验室后直接上机测量。地下水和污水测量总钛。

总钛的消解方法：取100ml水样，加5ml硝酸，于电热板上95±5℃蒸发至约10ml，冷却。再加3ml硝酸和5ml硫酸，继续加热至不再产生棕色烟雾，升温至200±5℃，待出现SO_3白烟且溶液颜色清亮或外观不再发生变化时，冷却。加0.5ml硝酸溶解残渣。试样全部移入100ml容量瓶，用水定容。

1.4 校准曲线

用0.5%硝酸溶液将钛标准储备液逐级稀释，配成浓度为0、25、50、100、150、200、250μg/L标准溶液系列，按仪器工作条件1.2测定。绘制吸光度y—钛质量浓度x的校准曲线。线性回归方程为$y=0.001\,15\,x+0.010\,7$，相关系数为0.999 7。

2 结果与讨论

2.1 石墨管的选择

实验比较了普通石墨管和热解涂层石墨管，结果发现普通石墨管耐高温性能差，寿命短，灵敏度低，吸收峰型拖尾。热解涂层石墨管耐高温，灵敏度高。

2.2 石墨炉升温程序优化

通过条件实验绘制灰化曲线和原子化曲线（见图1～图4）。如图所示，灰化温度1 500℃，灰化时间20s，原子化温度2 900℃，升温时间1.5s获得信号最强。钛是高温元素，原子化温度高，信号强。但温度太高影响石墨管寿命，故选择原子化温度2 800℃。

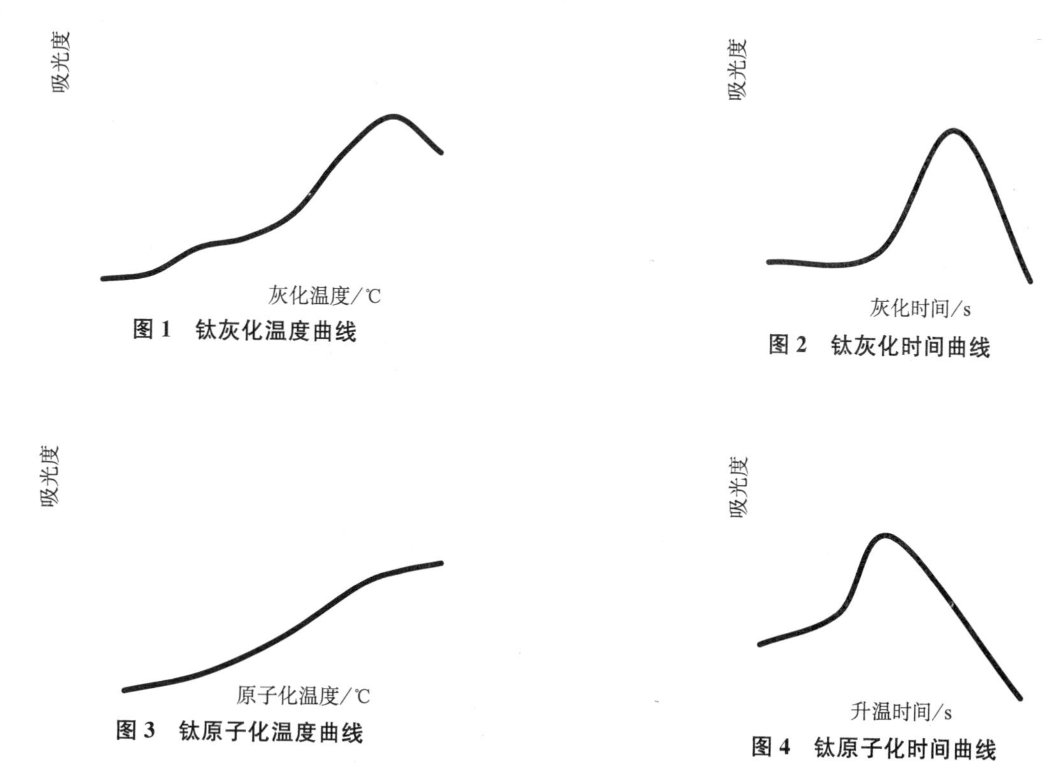

图1 钛灰化温度曲线

图2 钛灰化时间曲线

图3 钛原子化温度曲线

图4 钛原子化时间曲线

2.3 样品处理方法

现行国标方法只适用于饮用水源测定，不适合总量测定。本文采用硝酸[3]、硝酸-过氧化氢[4]、硝酸-盐酸[5]、硝酸-高氯酸[6]、硝酸-硫酸[7]5种消解体系做比对实验，结果见表1。由此可见，某些样品采用硝酸-硫酸消解更加完全和稳定。EPA Mehtod 3015A提出采用硝酸或硝酸-盐酸处理的试样会出现二氧化钛难溶物，而二氧化钛可溶于热浓硫酸，故本文采用硝酸-硫酸消解水样。

表 1　不同消解溶剂比对结果

单位：μg/L

消解溶剂	HNO_3	HNO_3-H_2O_2	HNO_3-HCl	HNO_3-$HClO_4$	HNO_3-H_2SO_4
固废浸出液	152	128	148	135	165
化工废水	27	27	28	27	29.2

2.4　干扰与消除

在含 100μg/L 钛的水样中分别加入 10mg/L 的 Al、B、Ba、Cd、Co、Cr、Cu、Fe、Hg、Mn、Ni、Pb、Sb、Se、Sn、Zn 100mg/L 的 Ca、K、Mg、Na、Cl^-，测量钛的实测值，考察共存离子的干扰，结果见表 2。上述浓度共存离子不干扰的测定。

表 2　共存离子干扰试验测试结果

干扰元素	干扰元素浓度 ρ/（mg/L）	钛实测值 ρ/（μg/L）	干扰元素	干扰元素浓度 ρ/（mg/L）	钛实测值 ρ/（μg/L）	干扰元素	干扰元素浓度 ρ/（mg/L）	钛实测值 ρ/（μg/L）
Al	10	92	Cu	10	96	Ni	10	90
B	10	92	Fe	10	95	Pb	10	91
Ba	10	89	Cl	100	91	Sb	10	94
Ca	10	93	K	100	114	Se	10	88
Cd	10	96	Mg	100	111	Sn	10	90
Co	10	92	Mn	100	92	Hg	10	89
Cr	10	90	Na	100	94	Zn	10	93

2.5　方法检出限

7 家实验室分别对 7 份浓度为 20μg/L 的钛标准溶液进行总量测定，按 $MDL=t_{(n-1,0.99)}\times S$[8] 计算，最终确定方法检出限为 7μg/L。

2.6　方法精密度和准确度

由于环境水样中钛大部分未检出，故采用基体加标样模拟实际样品进行精密度测量。7 家实验室分别对江水、井水、生活污水和化工废水 4 类样品平行测定 6 次，实验室内相对标准偏差最大为 10.7%、实验室间相对标准偏差最大为 4.7%；加标量 20μg/L、30μg/L 时，回收率在 92.5%～108%之间。测试结果见表 3。

表 3　方法精密度、准确度测试结果

试样	测量值 ρ/（μg/L）	RSD/%	加标量 ρ/（μg/L）	回收率/%
模拟地表水	10	10.7	30	97.5～103
模拟地下水	10	9.6	30	95.5～104
模拟污水	32	6.6	30	102～108
废水	29	8.4	20	92.8～106

3　结论

本文研究建立的石墨炉原子吸收分光光度法测定水中痕量钛，方法检出限 7μg/L，灵敏度高、准确可靠。经长江水、井水、生活污水和化工废水实际样品测试，相对标准偏差最大值为 10.7%，加标回收率在 92.5%～108%之间，能够满足我国环境水质和污染源监督监测的要求。并且易于推广应用。

参考文献

[1] 工业毒理学编写组. 工业毒理学. 上海：上海人民出版社，1977.

[2] 生活饮用水标准检验方法 金属指标. GB/T 5750.6—2006.

[3] EPA /600/4-79/020 Mehtods for Chemical Analysis of Water and Wastes，200 Metals [s].

[4] 水质 金属总量的消解方法 硝酸消解法. HJ 677—2013.

[5] NOISH manual of analytical methods (NMAM)，fourth edition：Elements by ICP (Aqua Regia Ashing) Method：7301，issue 1，date 15 March 2003 [s].

[6] Standard Methods for the Ezamination of Water and Wastewater，3030H Nitric Acid-Perchloric Acid Digestion，APHA [s].

[7] Standard Methods for the Ezamination of Water and Wastewater3030G Nitric Acid-Sulfuric Acid Digestion，APHA [s].

[8] 环境监测 分析方法标准制修订技术导则. HJ 168—2010.

作者简介：杜青（1966.3—），南京市环境监测中心站，高级工程师，环境监测专业。

影响气相色谱法测定邻苯二甲酸酯结果的因素探讨

王美飞　胡恩宇　杨丽莉　刘　晶　尹丹莉　李　阳
南京市环境监测中心站，南京　210013

摘　要： 以邻苯二甲酸二丁酯和邻苯二甲酸二（2－乙基己基）酯为例，考察了进样体积、分流比及溶剂极性效应等因素对气相色谱法测定结果的影响。结果表明溶剂效应对测定结果影响最为显著。当用甲醇作溶剂时，目标化合物的响应值偏小，峰形不对称，且进样重复性差，对定量结果影响较大。在气相色谱测定中宜选用极性比1甲醇弱的其它溶剂作为样品溶液介质或标准溶液稀释溶剂，如乙酸乙酯、丙酮、二氯甲烷等，以提高样品测定的精密度和准确度。

关键词： 甲醇；溶剂效应；气相色谱法

Discussions on the Effect Factors on Determination of Phthalate Esters by Gas Chromatography

Wang Mei-fei　Hu En-yu　Yang Li-li　Liu Jing Yin　Dan-li　Li Yang
Nanjing Environmental Monitoring Centre, Nanjing 210093

Abstract: Dibutyl phthalate (DBP) and bis (2-ethylhexyl) phthalate (DEHP) were taken as examples to discuss the effect factors on the determination results by gas chromatography. The test results showed that the most influential effect to the detection was the solvent effect. When methanol was used as solvent, small responses of target compounds, unsymmetry peak and bad repeatability appeared, so the effect on quantitation was significant. It was suggested that such solvent as methylene chloride, acetone, ethyl acetate and so on, whose polarity was smaller than methanol, should be selected as the medium or the dilution solvent of standard solution and sample solution, so that the stability and accuracy of quantitation could be assured.

Key words: methanol; solvent effect; gas chromatography

甲醇是有机分析中的常用溶剂，许多环境标准溶液或者标准样品的制备都以甲醇作为介质。在环境标准样品协作定值过程中，发放到各个实验室的有机样品部分是保存在甲醇中的，各实验室在测定时往往不会考虑更换溶剂体系。但在实际操作中，却存在着溶剂效应[1-4]，测定结果的精密度和准确度均受其影响。关于溶剂效应对气相色谱测定的影响的报道很少，范苓[5]等研究了间二氯苯在甲醇和异辛烷中的色谱行为，指出间二氯苯的色谱峰高在上述两种溶剂中有差异。张晓然[6]研究了典型标准物质的溶剂效应，指出溶剂的极性越强，溶于其中的溶质在气相色谱中的响应越弱。于交远[7]等研究了溶剂效应对有机氯农药测定时的影响。杨玉芳[8]等以乙醇为溶剂，用气相色谱法测定邻苯二甲酸酯，虽然分离效果较好，但峰形不对称。本文以甲醇中邻苯二甲酸二丁酯（DBP）和甲醇中邻苯二甲酸二（2-乙基己基）酯（DEHP）的测定为例，探讨了溶剂效应对气相色谱法测定结果的精密度和准确度的影响。

1　实验部分

1.1　主要仪器与试剂

气相色谱仪：Agilent 7890A 型，配备 FID 检测器和 7693 自动进样器，安捷伦科技（中国）有限公司；

甲醇中邻苯二甲酸二丁酯、甲醇中邻苯二甲酸二（2-乙基已基）酯标准溶液：质量浓度均为1 000 mg/L，环境保护部标准样品研究所；

甲醇中邻苯二甲酸二丁酯标准样品：标准值为（340±21）mg/L，环境保护部标准样品研究所；

甲醇、丙酮：色谱纯，德国默克集团（Merck KGaA）；

乙酸乙酯：色谱纯，美国杰帝贝柯公司（J . T. Baker）；

二氯甲烷：色谱纯，德国CNW科技公司。

1.2 气相色谱条件

色谱柱：HP-5毛细管柱（30 m×0.25 mm i. d. ，0.25 μm）；柱温：260℃，保持10 min；进样口温度：260℃；检测器温度：270℃；柱流量：1.0 ml/min；分流比：50∶1；进样体积：1.0 μl。

标准色谱图如图1所示。

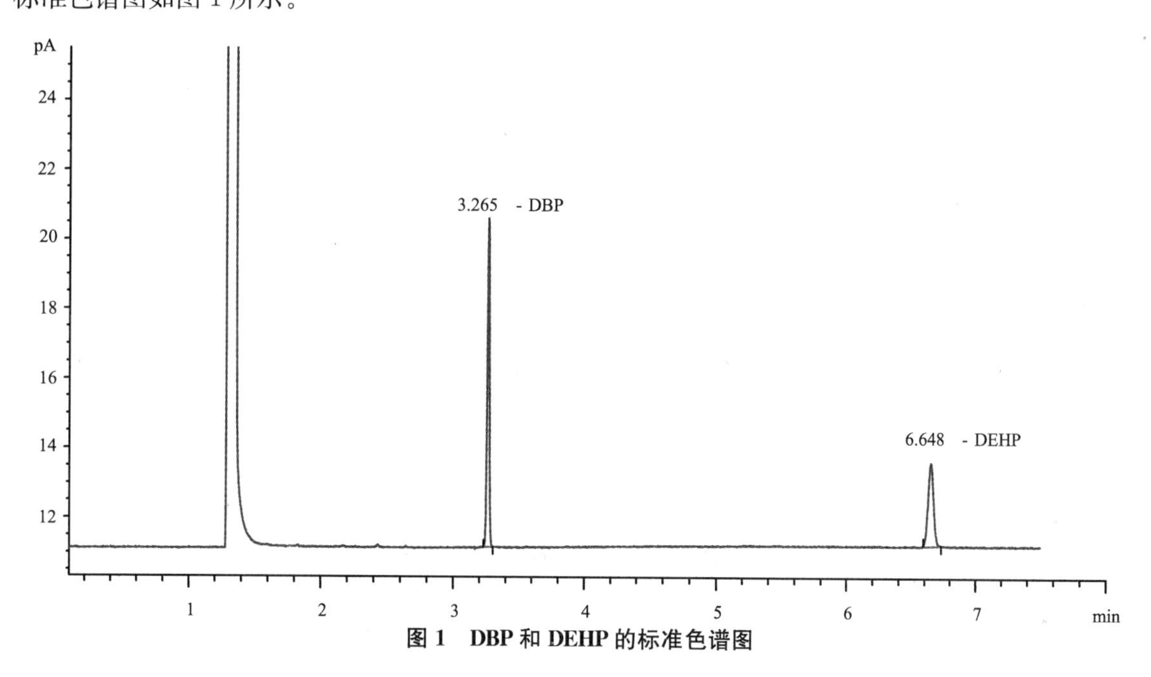

图1 DBP和DEHP的标准色谱图

2 结果与讨论

从进样体积、分流比、溶剂效应等方面考察这些因素对进样重复性及测定准确性的影响。

2.1 进样体积的影响

溶剂在进样口的衬管中气化膨胀，如果进样体积过大，溶剂会膨胀体积过大，会导致衬管过载，从而使样品从隔垫吹扫出口流出而造成样品损失，进而表现为重复性差。

溶剂膨胀体积可按式（1）计算：

$$溶剂膨胀体积=22\,400\times A\times B\times C\times I \tag{1}$$

式中：A——溶剂密度/溶剂相对分子质量；

B——15/（15+色谱柱头压），psi；

C——（进样口温度+273）/273，℃；

I——液体进样体积；μl。

在1.2色谱条件下，柱头压为2.64 kPa，当进样体积为1.0 μl时，甲醇的膨胀体积为477 μl，衬管容积为870 μl，因此，当进样0.5 μl时，膨胀体积远远小于衬管容积，不会导致甲醇气化时在衬管中溢出。

将分流比设为50∶1，以甲醇作溶剂，当进样体积为0.5 μl时，对DBP进行3次平行测定，记录色谱峰面积，计算3次平行测定的RSD，结果显示DBP标准样品的测定结果为308 mg/L，超出了可接受范围。说明进样重复性差并非衬管过载所致。

2.2 分流比的影响

以甲醇作溶剂，当进样体积为1.0 μl时，分别在分流比为20∶1、50∶1和100∶1条件下对DBP进行3次平行测定，记录峰面积，计算3次平行测定的相对标准偏差，结果见表1。从表1可知，在3种分流比条件下，测定结果的相对标准偏差均有大于3%的情况出现，且DBP标准样品测定值与标准值相差较大。即使在同一分流比条件下，标准样品的测定结果也会有较大波动，如分流比为50∶1时，在不连续的5天中，每天对DBP进行3次平行测定，计算3次平行测定的平均值和相对标准偏差，其中有3天的测定结果超出了可接受范围。由此可知，分流比并不是影响测定结果准确度的因素。

表1 不同分流比条件下测量重复性及标准样品测定的准确性

分流比	RSD/%	测定值/(mg/L)	标准值/(mg/L)
20∶1	6.3	353	340±21
50∶1	6.0，0.8，1.6，12.7，5.8	288，345，308，337，362	
100∶1	6.7	330	

2.3 溶剂效应

2.3.1 溶剂种类的影响

将分流比设为50∶1，分别以甲醇、乙酸乙酯、丙酮、二氯甲烷作溶剂，将DBP和DEHP标准溶液稀释成质量浓度为20.0 mg/L的混合标准溶液，当进样体积为1.0 μl时，分别对上述各标准溶液进行3次平行测定，记录峰面积，计算3次平行测定结果的相对标准偏差，结果见表2。表2结果显示，当溶剂为乙酸乙酯、丙酮或二氯甲烷时，平行测定结果的相对标准偏差均小于2%。当溶剂为甲醇时，平行测定结果的相对标准偏差波动较大，如2.2中所述。以DBP为例，使用乙酸乙酯作为稀释溶剂，对相同浓度的标准溶液在不连续的7天内，每天进行3次平行测定，结果显示每天测定结果的相对标准偏差均小于1%，且DBP标准样品测定值与标准值很接近，表明进样重复性好，且响应稳定。

表2 不同溶剂对进样重复性的影响

溶剂	平均峰面积（$n=3$）		RSD/%		DBP标准样品测定值/(mg/L)
	DBP	DEHP	DBP	DEHP	
甲醇	5.7	6.5	1.75	2.66	—
乙酸乙酯	6.1	7.0	0.94	0.83	344
丙酮	6.1	6.9	0.94	1.45	—
二氯甲烷	6.4	7.2	0.90	0.80	—

2.3.2 溶剂极性的影响

将分流比设为50∶1，以乙酸乙酯与甲醇的不同比例混合溶液作为稀释溶剂，将DBP和DEHP标准溶液稀释成浓度为20.0 mg/L的混合标准溶液，当进样体积为1.0 μl时，分别对上述各标准溶液进行3次平行测定，记录色谱峰面积，计算3次平行测定的相对标准偏差，结果见表3。从表3可以看出，当V乙酸乙酯∶V甲醇≥1时，DBP与DEHP测定值的相对标准偏差均小于2%，并且甲醇比例越低，目标化合物的响应越大。说明目标化合物的响应随着溶剂极性的减弱而增大，与文献[6]所述结果一致。

表3 V乙酸乙酯∶V甲醇对进样重复性的影响

$V_{乙酸乙酯}$∶$V_{甲醇}$	平均峰面积（$n=3$）		RSD/%	
	DBP	DEHP	DBP	DEHP
1∶1 000	4.7	4.1	6.10	3.76
10∶1 000	5.6	4.5	3.09	4.59
100∶900	5.6	4.6	3.09	4.49
200∶800	6.1	5.3	2.84	5.80

续表

$V_{乙酸乙酯}$: $V_{甲醇}$	平均峰面积（n=3）		RSD/%	
	DBP	DEHP	DBP	DEHP
300 : 700	6.1	5.1	0.95	1.96
400 : 600	6.2	5.3	0.00	2.19
500 : 500	6.2	5.3	0.00	1.08
600 : 400	6.3	5.7	0.00	1.75
700 : 300	6.4	5.8	0.90	0.99
800 : 200	6.6	6.3	0.87	1.59

3 结语

通过对进样体积、分流比及溶剂效应对气相色谱法测定邻苯二甲酸酯的精密度和准确度的考察，发现影响测定精密度和准确度的主要因素是溶剂效应，溶剂的极性越大，目标化合物的响应越小，且重复进样的精密度差，直接影响定量结果的准确度。因此，在气相色谱法测定中，应以极性较甲醇弱的其他有机溶剂如乙酸乙酯、丙酮、二氯甲烷等作为介质或稀释溶剂配置标准溶液和样品溶液，以提高样品测定的精密度和准确度。

参考文献

[1] 张楠楠．浅析溶剂化效应在有机反应中的作用 [J]．商，2014 (5)：285.

[2] 李帅鹏，林晓珑，张凤琴，等．二硫化碳在四氢呋喃中的费米共振特性研究 [J]．光谱学与光谱研究，2014，34 (4)：894-897.

[3] 陈鹏，葛凤燕，蔡再生．卤素取代与溶剂效应对荧光素荧光光谱的影响 [J]．化学通报，2014，77 (3)：243-249.

[4] 王丽，申兰慧，陈国清．浅谈样品溶剂对高效液相色谱行为的影响 [J]．中国药事，2013，27 (2)：163-166.

[5] 范苓，朱仁康，王逸虹，等．溶剂对间二氯苯的气相色谱行为的影响 [J]．苏州职业大学学报，1992 (2)：64-66.

[6] 张晓然．PAHs 标准物质的时效性及典型有机标准物质的溶剂效应研究 [D]．北京：中国地质大学，2008.

[7] 于交远，张雪丹，刘立刚．等．溶剂效应对有机氯农药的影响研究 [J]．黑龙江科技信息，2004 (11)：76.

[8] 杨玉芳，穆强，鄢德利．气相色谱法测定邻苯二甲酸酯 [J]．化学研究，2010，21 (5)：48-50.

作者简介：王美飞（1980—），女，汉族，浙江台州人，硕士，工程师，从事环境有机监测工作。

正己烷萃取-连续流动分光光度法测定含油废水中的氰化物

孙 娟 张 燕 胡恩宇 严 瑾
南京市环境监测中心站，南京 210013

摘 要：采用正己烷萃取含油废水，祛除油类干扰物，选择在线蒸馏-连续流动分光光度法测定无机水相中的氰化物。试验表明：方法在0.005～0.500mg/L范围内，线性良好；方法检出限为0.000 9mg/L；对实际水样进行4个质量浓度水平的加标回收试验，回收率在85.0%～110%之间，6次测定的相对标准偏差为2.3%～5.6%，满足含油废水中氰化物的测试要求。

关键词：正己烷；含油废水；连续流动光度法；氰化物

Determination of Cyanide in Oily Wastewater by Hexane Extraction and Continuous Flow Spectrophotometry

SUN Jun ZHANG Yan Hu En-yu YAN Jin
Nanjing Environmental Monitoring Center Station，Nanjing 210013

Abstract: The cyanide in inorganic aqueous phase could be accurately determined by online distillationcontinuous flow spectrophotometry after removing oil disruptors hexane extracted. The experimental results showed that the method had good linear in the range of 0.005～0.500mg/L. The method limit of detection was 0.0009mg/L. The recoveries of the target compounds ranged from 85.0% to 110% and the relative standard deviations were between 2.3%～ 5.6%. The method could meet the requirements for determination of cyanide in oily wastewater.

Key words: hexane; oily wastewater; continuous flow spectrophotometry; cyanide

水中氰化物的主要来源是一些金属采矿过程的排放、有机化学工业、钢铁工厂以及公用废水处理厂。常见氰化物包括氰化氢、氰化钠、氰化钾等无机化合物，均易溶于水。氰化物的毒性主要由其在体内释放的游离氰根而引起，氰根离子易与生物体细胞色素氧化酶中的三价铁离子结合，抑制多种生物酶活性，使细胞组织缺氧和供血障碍，短期内致死率极高。因此，国家环保部已将氰化物列入水中68种重点控制的污染物黑名单，《地表水环境质量标准》（GB 3838—2002）Ⅱ类规定其限值为0.05mg/L[1]，《农田灌溉水质标准》（GB 5084—2005）规定其限值为0.5mg/L[2]；《炼焦化学工业污染物排放标准》（GB 16171—2012）规定其限值为0.20mg/L[3]。鉴于氰化物对人们生活及健康的危害，对其准确检测具有重要的实际意义。

目前，水质氰化物的分析方法有容量法和分光光度法，其中在线蒸馏-连续流动异烟酸-巴比妥酸分光光度法的灵敏度高、线性范围宽、试剂用量少、操作便捷、重现性好，具有较好的发展前景和推广意义。环境监测分析过程中发现炼油、炼焦、化工、食品生产企业排放口的废水常含油脂类的有机物，水样蒸馏预处理时容易将低沸点的有机物带入氢氧化钠吸收液中，形成大量泡沫，阻碍氰化物的吸附平衡同时导致吸收液浑浊，影响后续的比色分析[4]。本文以正己烷、乙酸乙酯、二氯甲烷三种萃取溶剂的筛选，水样pH条件的控制，溶剂用量的选择3个方面为研究重点，通过实际水样试验确定废水样品氰化物测定中油类干扰物的萃取祛除条件。通过不同质量浓度水平的实际样品平行多次测试与加标回收试验，证实正己烷萃取法祛除油类干扰物，在线蒸馏-连续流动分光光度法测定含油废水中氰化物的分析方法具有良好的适用性。

1 实验部分

1.1 实验原理

水样经正己烷萃取祛除油类干扰物后混入柠檬酸溶液，调节为弱酸性，恒温125℃在线蒸馏后，释放出氢氰酸，通过与氯胺-T反应转化为氯化氰，能与异烟酸、1,3-二甲基巴比妥酸反应生成蓝紫色化合物，在600nm处有最大吸收，50mm光程比色皿捕获响应，响应信号值与水样氰化物浓度呈正比例关系，实现准确定量。

1.2 主要仪器与试剂

连续流动分析仪：SAN^{++}型，荷兰SKALAR公司；

自动进样系统：SA1074型自动取样器，荷兰SKALAR公司；

化学反应单元：SA5000型，荷兰SKALAR公司；

智能加热单元：SA5521型，荷兰SKALAR公司；

检测单元：28505902双光道数字式分光光度计，荷兰SKALAR公司；

数据处理系统：28505900数据处理系统，荷兰SKALAR公司；

氰化物标准物质：GBW（E）14109，ρ_{CN^-}=50.0mg/L，中国计量科学研究院；

实验用水为超纯水（电阻率为18.2 MΩ·cm，25℃）；

柠檬酸溶液：称取50.0g一水合柠檬酸溶解于700ml纯水中，加入120ml浓度为100g/L的氢氧化钠溶液，纯水稀释至1L，调节pH=3.8；

邻苯二甲酸氢钾溶液：称取20.5g邻苯二甲酸氢钾、2.3g氢氧化钠，纯水溶解后定容于1L，调节pH=5.2，加入管道润滑剂Brij35约1.0ml；

氯胺-T溶液：准确称取2.0g氯胺-T加入800ml纯水，完全溶解后纯水稀释至1L；

异烟酸-巴比妥酸溶液：称取13.6g异烟酸、16.8g 1,3-二甲基巴比妥酸和7.0g氢氧化钠纯水溶解稀释至1L；

氢氧化钠溶液：称取4g氢氧化钠纯水溶解稀释至1L；

氰化物标准使用液：准确移取5.00ml浓度为50.0mg/L的氰化物标准溶液，用4g/L的氢氧化钠溶液定容于250ml的容量瓶中，混匀后贮于聚乙烯试剂瓶中，ρ_{CN^-}=1.00mg/L，密封溶液于2～5℃条件下冷藏；

萃取试剂：正己烷，乙酸乙酯，二氯甲烷，色谱纯有机试剂。

1.3 水样预处理

水样萃取条件的确定是解决含油废水氰化物测定的关键。萃取条件包括萃取溶剂的选择、溶剂用量、pH条件的控制。根据实验室现有的常用有机溶剂，初步选择沸点低、毒性小、易与水样分离的正己烷、乙酸乙酯和二氯甲烷作为萃取溶剂，选取4种代表性水样为研究对象，分别采用3种溶剂进行水样萃取前后加标回收试验。量取100ml水样分别调节水样在pH=10和pH>12两种条件下按照有机溶剂加入量20ml单次萃取、30ml（20ml+10ml）分两次萃取的溶剂用量方案分别试验，振荡200次，静置20min待溶液完成分层，弃去有机相，采用在线蒸馏—连续流动分光光度法测定无机水相中的氰化物，根据水样氰化物质量浓度水平依次加入标准量为0.040mg/L、0.100mg/L、0.200mg/L和0.020mg/L，统计测试结果（平行三次测定均值），比较4种水样萃取前后、不同萃取条件试验中氰化物加标回收率的变化，确定最佳萃取条件。试验结果见表1。

表 1　不同萃取条件下的氰化物加标回收试验结果

废水样品类别	pH条件	未经萃取		正己烷				乙酸乙酯				二氯甲烷				加标量 ρ/(mg/L)
		本底ρ/(mg/L)	回收率/%	本底 ρ/(mg/L)		回收率/%		本底 ρ/(mg/L)		回收率/%		本底 ρ/(mg/L)		回收率/%		
				20ml	30ml	20ml	30ml	20ml	30ml	20ml	30ml	20ml	30ml	20ml	30ml	
炼油排口	pH=10	0.016	12.5%	0.035	0.044	30.0%	37.5%	0.023	0.031	15.0%	20.0%	0.033	0.041	25.0%	32.5%	0.040
	pH>12	0.024	20.0%	0.049	0.063	40.0%	85.0%	0.035	0.045	25.0%	37.5%	0.051	0.055	35.0%	77.5%	
钢铁炼焦排口	pH=10	0.033	12.0%	0.057	0.081	32.0%	70.0%	0.049	0.057	45.0%	55.0%	0.052	0.061	24.0%	61.0%	0.100
	pH>12	0.053	19.0%	0.094	0.108	71.0%	92.0%	0.064	0.082	57.0%	61.0%	0.066	0.092	51.0%	69.0%	
化工生产排口	pH=10	0.074	3.5%	0.138	0.195	81.5%	71.0%	0.112	0.145	24.5%	65.5%	0.132	0.167	57.0%	60.0%	0.200
	pH>12	0.117	6.0%	0.185	0.261	74.5%	88.5%	0.162	0.202	58.5%	79.5%	0.184	0.236	64.0%	86.5%	
食品厂排口	pH=10	0.004	5.0%	0.013	0.017	50.0%	75.0%	0.007	0.011	30.0%	40.0%	0.011	0.015	45.0%	40.0%	0.020
	pH>12	0.009	20.0%	0.020	0.026	80.0%	110%	0.013	0.016	35.0%	45.0%	0.016	0.019	50.0%	65.0%	

试验结果表明，正己烷、乙酸乙酯和二氯甲烷 3 种有机溶剂在 pH=10、pH>12 条件下，选择 20ml 溶剂单次萃取和 30ml 溶剂两次萃取对 4 种代表性水样氰化物测定的油类干扰物均具有祛除作用，但是乙酸乙酯和二氯甲烷微溶于水，萃取分离不彻底，测试结果均偏低；相比之下，控制水样 pH>12，选择正己烷萃取溶剂 30ml 两次萃取处理的油干扰祛除效果最好，4 种不同质量浓度水平水样经萃取后的氰化物测定结果增加 1.0～1.9 倍，不同加标量的水样氰化物回收率为 85.0%～110%，满足水质氰化物测定准确度的质量控制要求。

1.4　仪器分析条件

进样模块：进样时间 90s，清洗时间 100s，空气间隔时间为 1s，进样流量为 1.0ml/min。

蒸馏模块：蒸馏试剂流量为 0.42ml/min，加热温度为 125℃，冷却温度为 15℃，吸收液为 0.1mol/L 的氢氧化钠溶液[5]。

反应模块：二次进样流量为 0.42ml/min，缓冲溶液、氯胺-T 溶液和显色剂混入流量均为 0.42ml/min，显色温度为 37℃。

比色模块：比色光程池为 50mm，比色波长为 600nm。

数据处理：捕获电信号进行峰高响应，校准曲线一次回归方程进行计算，显示单位为 mg/L。

废液收集：进样、蒸馏、比色定量后废液均排入加了氢氧化钠溶液的废液槽。

2　结果与讨论

2.1　校准曲线与方法检出限

分别移取 ρ_{CN^-} =1.00mg/L 的氰化物标准使用液 0.00ml、0.25ml、0.50ml、1.00ml、2.00ml、5.00ml、10.0ml 和 25ml 于 50.00ml 容量瓶中，用 4g/L 的氢氧化钠溶液定容至标线，混匀，按照样品浓度由低到高顺序依次测试，统计结果见表 2。

表 2　校准曲线绘制结果

项目	标准系列							
体积 V/ml	0.00	0.25	0.50	1.00	2.00	4.00	10.00	25.00
浓度 ρ/(mg/L)	0.000	0.005	0.010	0.020	0.040	0.080	0.200	0.500
峰高 Δh/DU	0	15 999	33 131	67 403	135 947	273 023	684 265	1 714 985
校准曲线	$Y=3.431\times10^{6}-1\ 136$							
相关性	$r=0.999\ 9$							

结果显示，氰化物质量浓度在 0.005～0.500mg/L 范围内测试线性良好，相关性达到 0.999 0 以上，斜率与截距满足分析要求。

准确移取 ρ_{CN^-} =1.00mg/L 的氰化物标准溶液 0.50ml 于 100ml 容量瓶中，用 4g/L 的氢氧化钠溶液定容至标线，混匀后得到 ρ_{CN^-} =0.005mg/L 的氰化物低浓度空白加标样品，统计平行 10 次测定结果的标准偏差 S 为 0.000 316mg/L，按照 $MDL=t_{(0.99,n-1)}\times S$ 计算方法检出限[6]，查表得 $n=10$ 时，$t_{(0.99,n-1)}=2.821$，因此，方法检出限测试结果为 0.000 9mg/L，满足国标方法检出限 0.001mg/L[7]的要求。

2.2 准确度与精密度

以 4 种含氰化物不同质量浓度水平的废水作为研究对象，按照 1.3、1.4 中方法条件进行试验，统计结果见表 3。

表 3 废水样品的精密度与准确度试验结果

水样类别		水样平行 6 次测定结果 ρ/（mg/L）						平均值/（mg/L）	RSD/%	回收率范围
食品厂排口	本底	0.025	0.027	0.024	0.028	0.026	0.027	0.026	5.6%	85.0%～110%
	加标 0.020mg/L	0.046	0.048	0.046	0.045	0.044	0.045	0.046	3.0%	
钢铁炼油排口	本底	0.059	0.065	0.063	0.062	0.063	0.068	0.063	4.8%	87.5%～108%
	加标 0.040mg/L	0.101	0.103	0.102	0.097	0.106	0.109	0.103	4.0%	
钢铁炼焦排口	本底	0.106	0.110	0.102	0.111	0.105	0.116	0.108	4.6%	90.0%～107%
	加标 0.100mg/L	0.201	0.217	0.194	0.201	0.197	0.210	0.203	4.2%	
化工生产排口	本底	0.257	0.265	0.259	0.271	0.254	0.262	0.261	2.3%	88.5%～95.5%
	加标 0.200mg/L	0.434	0.451	0.438	0.462	0.435	0.446	0.443	2.5%	

结果显示，废水样品平行 6 次测定结果 RSD%为 2.3%～5.6%，0.020～0.200mg/L 之间浓度水平的氰化物加标回收结果在 85.0%～110%范围内，说明方法的重现性和准确度均能满足含油废水中氰化物的测试要求。

分别配制 0.010mg/L、0.050mg/L、0.100mg/L 和 0.300mg/L 的氰化物标准样品进行同步带标分析，测试结果分别为 0.010mg/L、0.053mg/L、0.104mg/L 和 0.289mg/L，相对误差为－3.7%～6.0%。证实方法满足水质氰化物标准样品分析测试的准确度质量控制要求。

3 结语

调节水样 pH>12，30ml 正己烷溶剂分两次萃取含油废水，振荡 200 次，静置 20min 后待有机相与无机相完全分离，祛除水样氰化物测定中的油类干扰物；萃取后水样通过在线蒸馏-连续流动分析仪的取样、蒸馏、化学反应、比色、信号传输的自动化整合模块连续分析方法具有很好的适用性。该方法在氰化物含量为 0.005～0.500mg/L 范围内线性良好，方法检出限达到 0.000 9mg/L；含氰化物质量浓度在 0.026～0.261mg/L 之间的废水平行 6 次测定结果的 RSD%=2.3%～5.6%，加标量在 0.020～0.200mg/L 之间的回收率范围为 85.0%～110%。因此，正己烷萃取-在线蒸馏连续流动分光光度法测定含油废水中氰化物的分析方法线性范围宽、灵敏度高、准确度和重现性良好；具备试剂用量少、环境危害小、操作便捷等自动化运作优势，适用于多种含油废水中氰化物的批量测试需求。

参考文献

[1] 地表水环境质量标准. GB 3838—2002.
[2] 农田灌溉水质标准. GB 5084—2005.
[3] 炼焦化学工业污染物排放标准. GB 16171—2012.

[4] 李广志．氯仿萃取法消除氰化物测定中的油干扰．工业水处理，2001，21 (1)：37-41.

[5] 林休休，蔡晔，李月娥．连续流动分析法测定土壤和底泥中总氰化物的方法研究 [J]．环境科技，2014，27 (3)：58-61.

[6] 环境监测 分析方法标准制修订技术导则．HJ 168—2010.

[7] 水质 氰化物的测定 容量法和分光光度法．HJ 484—2009.

作者简介：孙娟 (1983.2—)，南京市环境监测中心站，工程师，从事环境监测理化分析工作。

单位波长吸光度改变量-分光光度法的建立及其在环境样品中铬（Ⅵ）的检测应用

赖永忠　郭　岩　肖亮洪

汕头市环境保护监测站，汕头　515041

摘　要：在吸收峰范围内，单位波长吸光度的变化幅度与被测物浓度存在一定关系，建立了基于此关系的单位波长吸光度改变量-分光光度法（ACW-S法），并探讨了其在减小样品浊度对检测结果影响方面的作用。以环境水体中六价铬的检测为例，验证了ACW-S法的可行性。以方法检出限、准确度和精密度为考量因素，对拟合波长范围进行了筛选，共筛选出包括570～590 nm波段在内的共13个波段，在这13个波段中，铬（Ⅵ）校准曲线的线性范围介于5.0～300 μg/L之间，方法检出限在0.7～1.0 μg/L范围，直接测定实际样品所得加标回收率为80.0%～116%（加标浓度为10.0 μg/L和20.0 μg/L）。ACW-S法只能减小样品浊度带来的正干扰，对于显色后在750 nm处的吸光度小于0.300的样品均适用，并能显著降低样品浊度对检测结果的影响，配合过滤法或浊度补偿法，可进一步提高检测效果。

关键词：分光光度法；浊度；单位波长吸光度改变量；过滤；浊度补偿；多波长；铬（Ⅵ）

Spectrophotometric Method Based on Absorbance Change by Wavelength and Its Application in Determination of Chromium (Ⅵ) in Environmental Water

LAI Yong-zhong　GUO Yan　XIAO Liang-hong

Shantou Environmental Monitoring Station, Shantou 515041

Abstract: In the rise or fall band of analyte or its reaction products absorption peaks, the relationship between analyte concentration and absorbance variation per wavelength was established to determine analyte. The new method was named as absorbance-change-by-wavelength spectrophotometric method (ACW-S), which could be used to eliminate turbidity effect on results of spectrophotometric method. However, this method could not be used to eliminate the effect of other factors on analyte or its reaction products except for turbidity. The determination of Cr (Ⅵ) in environmental water with diphenylvarbazide spectrophotometric method, as an example, was used to verify the feasibility of new method. Experiments were conducted on the selection of the wavelength ranges, and the considerations were detection limits, accuracy and precision of new method. Results show that various ranges of wavelengths, such as 570～590 nm, 575～595 nm, 585～615 nm, 570～610 nm, 575～615 nm, 580～620 nm, 560～610 nm, 565～615 nm, 570～620 nm, 550～610 nm, 555～615 nm and 560～620 nm, were feasible with linear range 5.0～300 μg/L, detect limits 0.7～1.0 μg/L, recoveries 80.0%～116% in environmental water samples spiked with 10.0 and 20.0 μg/L Cr (Ⅵ). This method is suitable for the determination of Cr (Ⅵ) in low turbidity water sample when the absorbency is lower than 0.300 at 750 nm, combination with turbidity compensation method or filtering pretreatment could have better result.

Key words: spectrophotometry; turbidity; absorbance change by wavelength; filtering; turbidity compensation; multi-wavelength; Cr (Ⅵ)

基金项目：广东省科技厅资助项目（2013B020700007）；汕头市科技计划资助项目（汕市财教［2013］90号）。

分光光度法是一种相对简单、易普及的分析方法，已用于环境水体中多种污染物如甲醛[1]、六价铬(Cr（VI))[2]、氨氮[3]和总磷[4]等的检测。然而，分光光度法用于实际样品检测时，检测结果往往受到样品浊度的正干扰，将导致检测结果偏高，甚至出现定性失误。因此建立用于减小甚至消除样品浊度对检测结果干扰的方法非常重要。可用于减小浊度影响的方法有样品基体净化方法（如萃取[5-6]、离子交换[7-8]、浮选[9]、沉淀分离[2-3]、过滤[10]、蒸馏[1,3]等)、浊度补偿法[10-11]、双波长法[12-14]、三波长法[15-16]或其他多波长法[17-23]等。样品基体净化方法往往涉及 pH 值调节、过滤、蒸馏、萃取或过柱等相对繁琐的步骤，不利于较多样品的快速检测及降低分析成本；双波长法、部分三波长法均可显著降低样品浊度对检测结果的影响，同时具有相对简单的优点[13-16]。20 世纪 80—90 年代，涌现了不少建立多波长法的文献[17-20]，在近期进一步得到应用[21-23]，但研究对象为 2 种或多种目标物的同时检测，目的为尽量减小相互间的定量影响，数据处理、计算过程复杂，不利于方法的普及使用。

分光光度法用于被测物的分析，主要基于被测物在一定波长范围内，其浓度与对应的吸光度存在一定定量关系，如常用的线性关系，常见紫外/可见分光光度法主要选择在最大吸收波长处的吸光度，其他波长处的吸光度与被测物浓度间也存在类似的关系，把吸收峰左侧或右侧小范围内波长与被测物浓度间的关系进行合并，即为小范围波长范围内，吸光度的整体变化趋势与被测物的浓度有关，而这种整体变化趋势的大小可用该范围内波长与对应吸光度的线性拟合曲线斜率绝对值的大小进行衡量，基于此线性拟合曲线斜率与被测物浓度间定量关系的方法，称之为“单位波长吸光度改变量-分光光度法（ACW-S法)”，属于多波长-分光光度法的范畴，但 ACW-S 法定量原理有别于其他多波法[17-23]。

本研究中，以环境样品中重金属 Cr（VI）的检测为例，探讨了 ACW-S 法的可行性及其在减小水样浊度对检测结果影响中的效果。Cr（VI）主要用于不锈钢及非铁合金产品的金属电镀、染料着色、皮革加工、木材防腐和防火材料生产等行业[24]，同时添加到冷却循环水中，可起到防锈作用[25]。含 Cr（VI）化合物会导致 DNA 损伤、基因突变、姐妹染色体交换、染色体畸变，动物活体细胞和在体外培养的人体细胞均受到其损伤作用，从而对动物有致畸作用[25]，对生态系统的损害作用具有不可逆性[26]。因此日常检测中，提高环境样品中重金属 Cr（VI）的检测准确度非常重要。然而，日常检测任务繁重，过于复杂的样品前处理方法、检测方法不利于提高工作效率。本研究建立了 ACW-S 法，并将其用于含一定浊度实际水样的直接检测分析，结果表明可显著减小样品浊度对检测结果的正干扰，联合浊度补偿法和过滤法，可进一步提高减小浊度干扰的效果。

1　实验部分

1.1　主要仪器和试剂

UV-2450 型紫外/可见分光光度计（日本 Shimadzu 公司），具有光谱扫描功能；KL-UP-11-20 分析型超纯水机（成都唐氏康宁科技发展有限公司)。

Cr（Ⅵ）标准标准工作液：1.00 mg/L，逐级稀释 100 mg/L Cr（Ⅵ）标准储备溶液而得。显色液：称取 0.200 g 分析纯二苯碳酰二肼，加入预先盛有 50 ml 丙酮（分析纯）的 250 ml 棕色玻璃试剂瓶中，充分摇匀使二苯碳酰二肼溶解，再加入 50 ml 水，混匀后存放于荫凉处。浊度补偿液：取 50 ml 丙酮于 250 ml 棕色玻璃试剂瓶中，加入 50 ml 纯水，混匀后存放于荫凉处（显色液重新配制时，浊度补偿液需同时重配)。混合酸：将体积分数 50％的 H_2SO_4 和体积分数 50％ H_3PO_4 等体积混合成含体积分数 25％ H_2SO_4 和体积分数 25％ H_3PO_4 的混合酸。

所用试剂 H_2SO_4、H_3PO_4、HCl 和 NaOH 等均为国产分析纯试剂，实验用水为超纯水机制备的超纯水。

1.2 实验方法

校准准曲线溶液测定：取适量 Cr（Ⅵ）标准工作溶液分别置于 8 个 25 ml 比色管中，每支比色管内加入 1.0 ml 的显色液，混匀后加入 0.50 ml H_2SO_4 和 H_3PO_4 的混合酸，用水定容，得 Cr（Ⅵ）的质量浓度分别为 0.0、5.0、10.0、20.0、50.0、100、200 和 300 μg/L 的校准曲线系列溶液。混匀，显色 5 min 后，将显色液放在 30 mm 比色皿中，以超纯水为参比溶液，在 400～750 nm 波长范围内测定吸光度。光谱数据另存为文本文档，再导入 Excel 软件中，得到与波长数据相对应的一系列吸光度数据。

水样测定：水样测定采用单波长-分光光度法（SW-S，国家标准[2]中采用的方法）和 ACW-S 法，将每个样品的 pH 值调节至中性，充分混匀后取 25 ml 于 25 ml 比色管中，其余操作与校准曲线系列溶液的测定步骤相同。同时采用浊度补偿法（TC 法）对样品浊度进行校正，即另取一份 25 ml 样品于 25 ml 比色管中，加入 1.0 ml 的浊度补偿液，其余操作与标准曲线系列检测步骤相同。实际样品显色后在 540 nm 处吸光度扣除 TC 法在 540 nm 处测得吸光度后，再经 SW-S 法进行定量分析的方法为浊度补偿-单波长-分光光度法（TC-SW-S），经浊度补偿法校正后的 ACW-S 法为浊度补偿—单位波长吸光度改变量-分光光度法（TC-ACW-S）。

1.3 抗浊度能力测试

为了探讨 Cr（Ⅵ）测定方法在不同浊度水样中的抗浊度能力，取天然浑浊样品，经适量超纯水稀释后得到含不同浊度梯度水平的水样，浊度的大小以 TC 法测定样品在 750 nm 处吸光度 A_{750} 的大小进行衡量。不同浊度水样，按水样测定步骤进行检测，同时进行加标回收试验，Cr（Ⅵ）加标浓度分别为 10.0 和 20.0 μg/L。检测方法为 SW-S 法、TC-SW-S 法、ACW-S 法和 TC-ACW-S 法。

1.4 差异显著性分析

通过 Orgin 7.5 的 One-way ANOVA 功能进行统计分析不同处理结果间是否存在显著性差异，显著性水平为 0.05。

2 结果与讨论

2.1 原理探讨

ACW-S 法示意图见图 1。在图 1 中，随着 Cr（Ⅵ）浓度的递增，吸收峰特定波段的线性拟合曲线斜率（即为单位波长的吸光度改变量）绝对值呈递增趋势。此法用于环境水体中 Cr（Ⅵ）检测时，因吸收峰左侧受样品浊度影响较严重，因此只在吸收峰右侧的波段范围内进行筛选拟合波段范围，以探讨 ACW-S 法的可行性及其消除样品浊度对 Cr（Ⅵ）检测结果影响的效果。

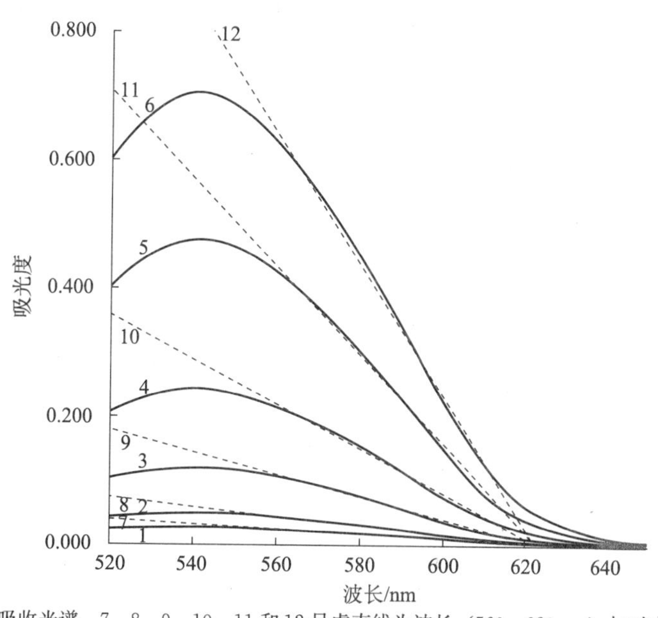

1、2、3、4、5 和 6 号实曲线为吸收光谱，7、8、9、10、11 和 12 号虚直线为波长（560～620 nm）与对应吸光度线性拟合曲线，对应 Cr（Ⅵ）浓度分别为 10.0、20.0、50.0、100、200 和 300μg/L

图 1 二苯碳酰二肼分光光度法检测不同浓度 Cr（Ⅵ）的吸收光谱

2.2 拟合波段的筛选

在分光光度法中，吸收峰的波长范围往往较宽，对波长逐段进行细致分析的工作量将非常庞大，本文只对吸光度随波长降低而递增的波段，即在540～620 nm范围内进行分析，以5的整数倍波长作为起始波长和结束波长，波长跨度主要为6、11、16、21、26、31、36和41等个波长。

考察因素主要为方法检出限，判断依据为《HJ 168—2010 环境监测：分析方法标准制修订技术导则》。对7个空白加标样品进行平行测定，Cr（Ⅵ）加标浓度为3.0 μg/L。按照HJ 168—2010，方法检出限应为3.143*s*（*s*为标准偏差）；但纯水空白的检测结果均不为0，有些结果大于方法检出限，因此当纯水空白的检测结果大于0时，以纯水空白检测结果均值（*n*=3）与3.143*s*的和作为最终的方法检出限。根据HJ 168—2010要求，测定结果均值与方法检出限的比值应介于3～5，符合规定的拟合波长范围有570～590 nm、575～595 nm、595～615 nm、585～615 nm、570～610 nm、575～615 nm、580～620 nm、560～610 nm、565～615 nm、570～620 nm、550～610 nm、555～615 nm和560～620 nm共13个波段，详见表1。

表1 Cr（Ⅵ）标准曲线、标准点、标准样品分析结果*

方法	波长范围/nm	线性拟合曲线参数			空白（*n*=3）	3.0 μg/L标准点（*n*=7）			方法检出限（3.143×*s*+c_0）/（μg/L）	5.0 μg/L标准点（*n*=7）		标样（203342）（*n*=6）	
		a	*b*	*r*	测定值 c_0/（μg/L）	测定值/（μg/L）	RSD/%	3.143×*s*/（μg/L）		测定值/（μg/L）	RSD/%	测定值/（μg/L）	RSD/%
ACWS法	570～590	−2.17E−05	−3.47E−05	−0.999 9	0.5	3.0	5.6	0.5	1.0	4.5	4.8	69.3	0.40
ACWS法	575～595	−2.30E−05	−3.67E−05	−0.999 9	0.0	3.3	8.1	0.8	0.8	4.5	4.3	69.0	0.44
ACWS法	595～615	−3.20E−06	−3.27E−05	−0.999 9	−0.3	3.4	10	1.1	1.1	4.6	4.1	67.1	0.94
ACWS法	585～615	−1.29E−05	−3.57E−05	−0.999 9	0.4	3.0	4.1	0.4	0.8	4.7	3.0	67.9	0.44
ACWS法	570～610	−1.72E−05	−3.69E−05	−0.999 9	0.5	2.9	3.8	0.4	0.9	4.6	1.5	68.7	0.28
ACWS法	575～615	−1.54E−05	−3.63E−05	−0.999 9	0.3	3.0	4.8	0.5	0.8	4.6	2.4	68.3	0.40
ACWS法	580～620	−9.71E−06	−3.43E−05	−0.999 9	0.4	3.0	5.2	0.5	0.9	4.6	1.3	68.0	0.38
ACWS法	560～610	−1.74E−05	−3.54E−05	−0.999 9	0.5	2.9	4.1	0.4	0.9	4.6	2.3	69.2	0.31
ACWS法	565～615	−1.54E−05	−3.56E−05	−0.999 9	0.4	3.0	4.8	0.4	0.8	4.6	1.9	68.7	0.31
ACWS法	570～620	−1.38E−05	−3.48E−05	−0.999 9	0.4	3.0	3.0	0.3	0.7	4.6	0.97	68.4	0.31
ACWS法	550～610	−1.82E−05	−3.34E−05	−0.999 9	0.5	2.9	4.6	0.4	0.9	4.7	3.1	69.4	0.32
ACWS法	555～615	−1.74E−05	−3.44E−05	−0.999 9	0.5	3.0	4.4	0.4	0.9	4.7	2.5	69.1	0.30
ACWS法	560～620	−1.50E−05	−3.43E−05	−0.999 9	0.4	3.0	2.8	0.3	0.7	4.6	1.5	68.8	0.38
SWS法	540	0.003	0.00238	0.999 9	—	2.8	14	1.4	—	5.5	8.1	70.4	2.1

* ACW-S法表示单位波长吸光度改变量-分光光度法，SW-S法表示单波长-分光光度法，以下同。

2.3 校准曲线、方法检出限和标准样品检测

校准曲线中Cr（Ⅵ）的质量浓度配制范围为0～300 μg/L，拟合波长范围为570～590 nm等的

13 个波段，对应 ACW-S 法所得拟合曲线均有非常好的线性关系（r 均为 0.999 9），方法检出限介于 0.7～1.1 μg/L 之间，3.0 μg/L 和 5.0 μg/L 标准点水样检测结果的 RSD 分别介于 2.8%～10% 和 0.97%～4.8%（表 1）；而 SW-S 法的方法检出限为 1.4 μg/L（3.143 s，s 为 7 个 5.0 μg/L 标准点水样检测结果的标准差），3.0 μg/L 和 5.0 μg/L 标准点水样检测结果的 RSD 分别为 14% 和 8.1%（表 1）。

对水质 Cr（Ⅵ）标准样品（批号：203342；Cr（Ⅵ）认定值为 71.5±4.3 μg/ L）中 Cr（Ⅵ）进行检测，测定结果介于 67.1～69.4 μg/L，除 595～615 nm 拟合波长范围结果（67.1 μg/L）外，其余结果均在允许偏差范围内，RSD 介于 0.28%～0.94%（表 1），在后续试验中，当拟合波长范围为 595～615 nm 时，对 ACW-S 法将不作进一步讨论。在 SW-S 法中，该标准样品 Cr（Ⅵ）的检测结果及其 RSD 分别为 70.4 μg/L 和 2.1%（表 1），而小于 69.0 μg/L 的 ACW-S 法结果与 SW-S 法结果间均存在显著性差异。可见，对于基体较简单的样品，ACW-S 法的精密度比 SW-S 法更好。

2.4 不同浊度地表水样品检测

由上节内容可知，ACW-S 法具有较好的精密度，而对不同浊度的样品，其检测结果的准确度则由不同浊度的地表水（或稀释后）样品检测结果进行评价。不少研究[10-11]采用 TC 法减小浊度对结果的影响，因此本研究中，各种未经浊度补偿的方法，它们减小浊度影响的效果与 TC 法进行了比较。由表 2 和表 3 可知，当地表水样品在最高浊度水平时，ACW-S 法检测 Cr（Ⅵ）结果为 25.3～31.1 μg/L，RSD 为 3.4%～5.1%（表 2），而 TC-SW-S 法的检测 Cr（Ⅵ）结果为 31.6 μg/L，RSD 为 4.1%（表 3），两种方法的检测结果相接近，但这些结果均显著低于未经浊度补偿的 SW-S 法（结果为 221μg/L，RSD 为 0.58%，表 2）。采用 TC-ACW-S 法时，Cr（Ⅵ）检测结果介于 4.9～8.0 μg/L，RSD 介于 14%～25%，均显著低于所有 SW-S 法和未经浊度补偿的 ACW-S 法所得结果。

在经适当稀释的地表水样品中，检测结果与最高浊度地表水样品的检测结果类似，不同的是当浊度最高时，ACW-S 法测得 10.0 μg/L 和 20.0 μg/L Cr（Ⅵ）加标样品的回收率分别介于 80.0%～89.2% 和 89.4%～92.6%（表 2）；而在其他浊度样品中，ACW-S 法所得回收率则分别为 87.9%～104% 和 93.1%～101%（表 2）。当这些样品采用 SW-S 法进行检测时，回收率介于 23.1%～89.1%，TC-SW-S 法为 65.9%～115%，TC-ACW-S 法为 87.1%～107%（表 3）；在最高浊度样品中，加标浓度为 10.0 μg/L 的 SW-S 法和 TC-SW-S 法所得回收率出现负值现象。可见 ACW-S 法用于此高浊度样品分析时，过高浊度对方法准确度的负面影响不大，经得起浊度的考验，但为了保证分析结果具有更高的准确度，建议样品经适当稀释或联合其他有利于减小浊度影响的方法进行分析。

表 2 不同浊度地表水样品单位波长吸光度改变量-分光光度法（ACW-S 法）检测结果*（n=3）

方法	波长范围/ nm	A_{750}：0.311～0.336				A_{750}：0.082～0.095			
		测定值/(μg/L)	RSD/%	回收率/%		测定值/(μg/L)	RSD/%	回收率/%	
				加 10 μg/L Cr（Ⅵ）	加 20 μg/L Cr（Ⅵ）			加 10 μg/L Cr（Ⅵ）	加 20 μg/L Cr（Ⅵ）
ACW-S 法	570～590	30.9	4.8	80.0	89.4	18.5	2.4	102	98.7
	575～595	28.2	4.6	83.3	91.7	17.2	7.5	95.9	95.9
	585～615	25.3	4.7	89.2	91.4	14.2	6.4	92.1	94.1
	570～610	27.0	3.4	85.5	91.2	16.1	4.3	94.2	95.4
	575～615	26.1	4.1	87.7	91.7	15.1	5.5	93.9	95.1
	580～620	26.3	5.1	88.5	92.6	14.7	5.9	92.6	94.4
	560～610	29.0	3.8	85.4	91.0	17.2	3.4	93.9	95.9
	565～615	27.8	3.8	86.0	91.0	16.3	4.1	94.0	95.4
	570～620	27.1	4.4	86.6	91.9	15.6	4.8	93.9	95.1
	550～610	31.1	3.6	85.3	90.5	18.1	2.7	94.2	96.3
	555～－615	29.5	3.8	85.9	90.9	17.2	3.4	93.9	95.8
	560～620	28.6	4.3	86.2	91.5	16.6	3.9	93.7	95.6
SW-S 法	540	221	0.58	－80.0	23.1	79.8	5.0	63.1	66.6

续表

方法	波长范围/ nm	A_{750}：0.311～0.336 测定值/（μg/L）	RSD/%	回收率/% 加 10 μg/L Cr（Ⅵ）	加 20 μg/L Cr（Ⅵ）	A_{750}：0.082～0.095 测定值/（μg/L）	RSD/%	回收率/% 加 10 μg/L Cr（Ⅵ）	加 20 μg/L Cr（Ⅵ）
ACW-S 法	570～590	8.8	0.88	90.6	94.9	3.3	23	103	97.6
	575～595	8.4	5.3	87.9	93.1	2.9	13	102	101
	585～615	7.0	8.4	92.4	93.1	2.5	20	104	98.7
	570～610	7.8	3.8	91.7	93.6	2.9	13	103	98.7
	575～615	7.5	6.5	90.6	93.3	2.7	16	104	99.3
	580～620	7.3	8.3	90.7	93.6	2.7	15	104	98.3
	560～610	8.3	1.2	92.2	94.0	3.3	9.8	102	98.5
	565～615	8.0	3.5	91.7	93.7	3.1	13	102	98.5
	570～620	7.7	6.1	91.0	93.6	2.8	15	103	98.3
	550～610	8.8	0.68	92.3	94.0	3.6	9.2	102	98.8
	555～615	8.4	1.3	92.1	93.9	3.3	11	103	98.7
	560～620	8.1	3.4	91.6	93.9	3.1	12	103	98.2
SW-S 法	540	46.4	2.6	61.7	59.6	22.9	1.1	88.4	89.1

* 不同浊度梯度样品（A_{750}：0.311～0.336、A_{750}：0.082～0.095、A_{750}：0.056～0.061、A_{750}：0.031～0.041）由同一地表水样品经纯水逐步稀释而成，浊度梯度水平由浊度补偿法检测样品在 750 nm 处的吸光度大小进行衡量，以下同。

表 3　不同浊度地表水样品采用浊度补偿-单位波长吸光度改变量-分光光度法（TC-ACW-S 法）检测的结果*（n=3）

方法	波长范围/ nm	A_{750}：0.311～0.336 测定值/（μg/L）	RSD/%	回收率/% 加 10 μg/L Cr（Ⅵ）	加 20 μg/L Cr（Ⅵ）	A_{750}：0.082～0.095 测定值/（μg/L）	RSD/%	回收率/% 加 10 μg/L Cr（Ⅵ）	加 20 μg/L Cr（Ⅵ）
TC-ACW-S 法	570～590	8.0	18	87.9	97.7	10.4	4.3	107	98.3
	575～595	7.2	18	90.2	103	10.4	12	103	93.9
	585～615	4.9	24	103	101	8.2	11	96.5	92.4
	570～610	6.4	14	96.4	101	9.5	7.3	99.2	94.2
	575～615	5.7	19	99.2	102	8.9	9.3	99.1	93.4
	580～620	5.3	25	102	103	8.6	10	97.1	92.1
	560～610	7.1	15	95.6	101	9.9	5.8	99.2	95.2
	565～615	6.5	16	96.9	101	9.5	7.0	99.4	94.4
	570～620	5.9	20	98.4	102	9.0	8.4	98.7	93.4
	550～610	7.4	15	93.6	99.9	10.1	4.9	99.2	95.4
	555～615	7.0	16	95.2	100	9.8	6.0	99.0	94.8
	560～620	6.6	19	97.3	101	9.5	6.8	98.8	94.4
TC-SW-S 法	540	31.6	4.1	−5.61	104	25.1	16	115	72.9

方法	波长范围/ nm	A_{750}：0.056～0.061 测定值/（μg/L）	RSD/%	回收率/% 加 10 μg/L Cr（Ⅵ）	加 20 μg/L Cr（Ⅵ）	A_{750}：0.031～0.041 测定值/（μg/L）	RSD/%	回收率/% 加 10 μg/L Cr（Ⅵ）	加 20 μg/L Cr（Ⅵ）
TC-ACW-S 法	570～590	3.8	2.0	91.3	95.7	0.2	3.9E+02	98.7	97.1
	575～595	4.1	11	87.1	94.0	0.5	78	96.1	101
	585～615	3.2	18	89.4	94.3	0.4	1.1E+02	99.7	98.8
	570～610	3.5	8.4	92.5	95.1	0.5	78	99.2	99.0
	575～615	3.5	14	89.4	94.5	0.5	88	98.6	99.5
	580～620	3.3	18	88.8	94.9	0.4	94	100	98.9
	560～610	3.6	2.9	94.0	96.3	0.7	49	97.6	99.1
	565～615	3.6	7.6	91.6	95.2	0.6	64	97.2	98.8
	570～620	3.5	14	90.1	95.0	0.4	1.1E+02	99.6	98.7
	550～610	3.6	1.7	95.2	96.4	0.7	44	97.6	99.7
	555～615	3.5	3.0	93.8	96.1	0.7	55	97.2	99.3
	560～620	3.5	7.8	91.9	95.9	0.6	67	98.2	98.9
TC-SW-S 法	540	10.2	12	74.4	74.4	2.0	12	65.9	78.6

* TC-SW-S 法表示浊度补偿-单波长-分光光度法，以下同。

2.5 其他环境水样检测结果

分别选择某印刷废水和电镀废水进行分析。某印刷废水含有少量白色未知物，显色后出现大量悬浮的白色沉淀，并未出现肉眼可辨认的紫红色反应产物，吸收光谱中并无特征的吸收峰。白色悬浮沉淀严重影响 SW-S 法的检测结果，Cr（Ⅵ）的检测结果为 64.0 μg/L，显著高于 TC-SW-S 法结果（4.0 μg/L）；而用 ACW-S 法进行定量分析时，Cr（Ⅵ）的检测结果为 10.1～12.2 μg/L，约是 TC-SW-S 法结果（4.0 μg/L）的 2.5～3 倍，也显著高于 TC-ACW-S 法定量结果（0.4～1.6 μg/L，这些结果接近于对应的方法检出限）。在加标样品中（加标浓度分别为 10.0 μg/L 和 20.0 μg/L），所有方法测得回收率介于 93.7%～121%之间。

由于电镀废水带有较明显的乳白色成分，显色后在 750 nm 处的吸光度高达 0.141～0.148，即使采用中性中速定量滤纸过滤后，滤液仍有残留，测得吸光度为 0.066～0.073；显色后样品并无紫红色产物产生，吸收光谱无特征的吸收峰。显色后样品直接采用 SW-S 法检测时，Cr（Ⅵ）检测结果为 105 μg/L；显色后样品经滤纸过滤后，SW-S 法测得滤液含 55.8 μg/L Cr（Ⅵ），显著高于 ACW-S 法测得值（17.3～20.5 μg/L，显色后样品未经滤纸过滤处理），可见此废水中所含乳白色杂质并不能用过滤的方法简单除去。用 ACW-S 法直接检测此废水时，Cr（Ⅵ）检测结果约是 TC-ACW-S 法（2.7～2.9 μg/L）和 TC-SW-S 法所得结果（2.4 μg/L）的 7.2～8.5 倍，显著高于后两种方法的结果；显色后样品经滤纸过滤处理后，滤液采用 ACW-S 法分析时，Cr（Ⅵ）的检测结果（10.7～13.0 μg/L）显著低于 ACW-S 法直接测定结果，但显著高于 TC-ACW-S 法和 TC-SW-S 法所得结果。在加标样品中（加标浓度分别为 10.0 μg/L 和 20.0 μg/L），所有方法测得回收率介于 77.5%～128%之间。

可见，ACW-S 法直接用于分析实际水样时，可显著降低样品浊度对检测结果的干扰，但未能完全避免干扰。对于一些基体较复杂的样品，单独用过滤法消除浊度影响，效果并不理想，当过滤法和 ACW-S 法同时使用时，效果更佳。

3 方法应用前景探讨

在理论上，ACW-S 法适用于所有紫外/可见分光光度法分析，能显著降低样品浊度对检测结果的影响，与 SW-S 法相比具有更好的准确度和精密度，因此可以替代 SW-S 法。同时，在仪器软件中设置拟合波段范围，软件内嵌入波长与吸光度线性拟合功能，可直接得出样品吸收光谱在某波段波长与吸光度线性拟合曲线斜率，将大大节约人力，减少人为参与，可进一步扩大方法的普及范围。

4 结语

在水体中 Cr（Ⅵ）监测中，通过对吸收峰所在波长范围内的小范围波段进行筛选，确定了较合适的拟合波长范围。在这些波长范围内，用单位波长吸光度改变量-分光光度法（ACW-S 法）对经适当稀释获得的不同浊度样品和其他环境水样进行检测，检测结果与单波长法（SW-S 法）、所有经浊度补偿方法（TC 法）和过滤法的定量结果进行了比对分析。结果表明，ACW-S 法可显著减小样品浊度对 Cr（Ⅵ）检测结果的正干扰，同时一般浊度的样品无需其他样品前处理方法进行预处理，也无需进行浊度补偿，因而节省了人力物力。ACW-S 法是否适合其他采用分光光度法检测的化合物，还需进一步研究。

参考文献

[1] 水质 甲醛的测定——乙酰丙酮分光光度法 . HJ 601—2011.
[2] 水质 六价铬的测定——二苯碳酰二肼分光光度法 . GB 7467—87.
[3] 水质 氨氮的测定——纳氏试剂分光光度法 . HJ 535—2009.
[4] 水质 总磷的测定——钼酸铵分光光度法 . GB 11893—89.

[5] Kalidhasan S, Rajesh N. Simple and selective extraction process for chromium (Ⅵ) in industrial wastewater [J]. Journal of Hazardous Materials, 2009, 170 (2-3): 1079-1085.

[6] Gardner M, Comber S. Determination of trace concentrations of hexavalent chromium [J]. The Analyst, 2002, 127 (1): 153-156.

[7] 张慧君，胡美珍. 饮用水中六价铬的富集与测定 [J]. 环境保护，1986，14 (5): 18-20.

[8] Xing L, Beauchemin D. Chromium speciation at trace level in potable water using hyphenated ion exchange chromatography and inductively coupled plasma mass spectrometry with collision/reaction interface [J]. Journal of Analytical Atomic Spectrometry, 2010, 25 (7): 1046-1055.

[9] 闫永胜，李春香，刘燕，等. 苯溶剂浮选分光光度法测定工业废水中 Cr (Ⅵ) 的研究 [J]. 冶金分析，2004，24 (5): 23-25.

[10] 尚玲伟，沙玉欣，徐凤琴. 测定水中六价铬时消除浊度和色度干扰的方法探讨 [J]. 北方环境，1996，22 (2): 17-18，27.

[11] 李小如，王学俭. 测定地表水中总磷时去除浊度干扰的方法比较 [J]. 环境监测管理与技术，2006，18 (6): 50.

[12] 黄泽南，江南梅，于林亚，等. 双波长补偿光度法的研究及对微量铁的测定 [J]. 分析测试学报，2008，27 (1): 49-52，56.

[13] 李维. 用双波长法消除浊度对六价铬测定的影响 [J]. 中国卫生检验杂志，2004，14 (3): 381-382.

[14] 赖永忠，王亮根. 两种双波长法用于减小浊度对废水中六价铬测定结果的影响 [J]. 化学工程师，2012，26 (10): 27-30，35.

[15] 何锡文，史慧明，牛家淑，等. 三波长分光光度法的改进及某些应用 [J]. 分析试验室，1987，6 (11): 1-4.

[16] 赖永忠. 减小水样浊度对废水中六价铬测定结果影响的方法探讨 [J]. 岩矿测试，2012，31 (1): 172-177.

[17] 王保宁，李占双. 分光光度法同时测定两个干扰组分的研究 I. 多波长数据线性回归法及其应用于同时测定微量锰和锌的探讨 [J]. 化学学报，1983，41 (8): 709-714.

[18] 倪永年，黄国平，袁安政. 多波长 K 系数法测定混合干扰组分 [J]. 分析化学，1989，17 (4): 368-371.

[19] 李梦龙，石乐明，刘曙琼，等. 多波长数据线性组合分光光度法及其应用 [J]. 高等学校化学学报，1990，11 (7): 693-697.

[20] 赵杉林，李萍，张丽晶，等. 多波长线性回归-导数分光光度法同时测定镍、铜、钒三组分混合物 [J]. 分析化学，1993，21 (3): 336-338.

[21] 司文会，訾言勤. 多波长负吸收褪色光度法测定微量亚硝酸根及其反应机理 [J]. 光谱学与光谱分析，2005，25 (10): 1671-1673.

[22] 夏立娅，吴广臣，王庭新. 多波长 K 系数 5-Br-PADAP 分光光度法同时测定工业废水中铜(Ⅱ)、铁 (Ⅲ) 和铁 (Ⅱ) 的研究 [J]. 冶金分析，2008，28 (2): 10-14.

[23] 马剑，张敏，袁东星，等. 反相流动注射-长光程多波长分光光度法测定饮用水中超痕量亚硝酸盐 [J]. 分析化学，2009，37 (2): 313-313.

[24] Fan Y, Ovesen J L, Puga A. Long-term exposure to hexavalent chromium inhibits expression of tumor suppressor genes in cultured cells and in mice [J]. Journal of Trace Elements in Medicine and Biology, 2012, 26 (2-3): 188-191.

[25] Mukherjee K, Saha R, Ghosh A, et al. Chromium removal technologies [J]. *Research on Chemical Intermediates*, 2013, 39 (6): 2267-2286.

[26] Saha B, Orvig C. Biosorbents for hexavalent chromium elimination from industrial and municipal effluents [J]. Coordination Chemistry Reviews, 2010, 254 (23-24): 2959-2972.

作者简介：赖永忠（1982.2—），男，汕头市环境保护监测站，主要从事环境监测工作，副主任，高级工程师。

连续流动分析法测定水中阴离子表面活性剂的方法研究

蔡　晔　廖　蕾

苏州市环境监测中心，苏州　215004

摘　要：本研究建立采用连续流动分析法测定水中阴离子表面活性剂的分析方法。方法的检出限为0.007mg/L，测定范围为0.03～0.50 mg/L。实验表明本方法测得的数据与采用国家标准方法测得的数据有较好的一致性，并且已应用于实际样品测定，结果令人满意。本方法具有操作简单、灵敏度高、分析速度快、稳定性高且易于实现自动化分析。

关键词：连续流动分析法；阴离子表面活性剂；水质

Determination of Anionic Surfactants in Water by Continuous Flow-Analysis

CAI Ye　LIAO Lei

Suzhou Environmental Monitor Centre, Suzhou 215004

Abstract: This study established the analytical method for determination of anionic surfactants in water by continuous flow analysis. A detection limit of 0.007 mg/L anionic surfactants with a determination range of 0.03～0.05mg/L for its theoretical anionic surfactants was obtained under the experimental conditions. The data obtained by the present method were fairly in good agreement with those obtained by the national standard method. It has been applied to determine real samples with satisfactory results. This method for determine anionic surfactants was simple, rapid, stable and suitable for automatic analysis.

Key words: continuous flow analysis method; anionic surfactants; water

引言

阴离子表面活性剂是合成洗涤剂的主要活性成分，表面活性剂的大量使用导致了水质严重污染，除了会产生不易消失的泡沫，还消耗水中的溶解氧，导致水质恶化，影响水生生物生长，同时对人体健康也有很大危害，所以阴离子表面活性剂成为当前水和废水监测的重要指标之一[1]。目前阴离子表面活性剂测定的主要方法为国家标准分析方法（亚甲蓝分光光度法），但是，按照国家标准方法[2]，需要用三氯甲烷萃取3次，操作繁琐，易造成样品的损失，不适合大批量样品测定；且三氯甲烷极易挥发且毒性大。为此，人们从不同方面对阴离子表面活性剂的测定方法进行改进。

本文通过试验研究，建立了使用Seal-AA1连续流动分析仪测定水中阴离子表面活性剂的分析方案，具有灵敏度高、检出限低、精密度和准确度较好、分析速度快、操作简单、与现行国家标准方法有较好的一致性。能广泛应用于对地表水、地下水及废水的测定，有很好的应用推广价值。

1　实验部分

1.1　主要仪器设备和试剂材料

1.1.1　仪器设备

AA1连续流动分析仪（德国Seal公司），天平（分析级，可以准确称量的质量是0.000 1g），250ml

分液漏斗，量筒，A 级容量瓶和移液管等。

1.1.2 主要试剂及配制方法

除非另有说明，分析时均使用符合国家标准的分析纯试剂和去离子水或同等纯度的水。

（1）储备缓冲液：溶解 10 g 四硼酸钠在约 900 ml 去离子水中，加入 2 g 氢氧化钠，用去离子水稀释至 1 000ml。

（2）亚甲基蓝溶液（0.025%）：称取 0.05g 三水合亚甲基蓝溶于 200ml 蒸馏水中。

（3）亚甲基蓝储备缓冲液：量取 20 ml 0.025% 亚甲基蓝溶液，用储备缓冲液稀释到 100ml。转移到分液漏斗中并用 20 ml 氯仿进行洗涤，弃去用过的氯仿并用新的氯仿重复洗涤，直到氯仿层中没有红色为止（通常需要 3 次）。然后过滤。

（4）碱性亚甲基蓝：量取过滤后的亚甲蓝储备缓冲液 60ml，用储备缓冲液稀释至 200 ml，加入 20 ml 乙醇，混合均匀并脱气（超声 5min）。

（5）酸性亚甲基蓝：量取 2 ml 0.025%亚甲基蓝溶液到约 150ml 纯水中，加入 1.0ml 1% H_2SO_4，然后加纯水至 200ml。再加入 80ml 乙醇，混合均匀并脱气（超声 5min）。

（6）阴离子表面活性剂标准：GBW（E）081639（中国计量科学研究院），浓度标准值：1 000mg/L，相对扩展不确定度为 3%（$k=2$）。

1.2 实验方法与原理

1.2.1 连续流动分析仪工作原理

试样与试剂在蠕动泵的推动下连续进入分析模块，试样和试剂在密闭的管路中按特定的顺序和比例混合，萃取完全后通过重力分离有机相进入流动检测池进行光度检测，以测定试样中被测物质含量。

1.2.2 方法原理

阴离子表面活性剂和碱性亚甲基蓝反应形成化合物。该化合物被氯仿萃取并由相分离器分离。之后氯仿相被酸性亚甲基蓝洗涤以除去干扰物质并在第二个相分离器中被再次分离。氯仿中的蓝色化合物由比色法在 660 nm 下被测定。

1.2.3 分析步骤

连续流动分析法测定阴离子表面活性剂的原理及流程如下图 1 所示，样品由 1.49ml/min 管路进样 80s，碱性亚甲蓝试剂（0.50ml/min）和氯仿（2.06 ml/min）分别经蠕动泵进入管路，由空气间隔（1s），在混合圈内进行混合，然后进入相分离器，水相以废液形式排出，氯仿相进一步和酸性亚甲蓝试剂（0.37ml/min）进行二次萃取，然后进入相分离器，氯仿相进入比色池比色，比色池长度为 15mm，比色波长为 660nm。比色后废液经废液管排出。

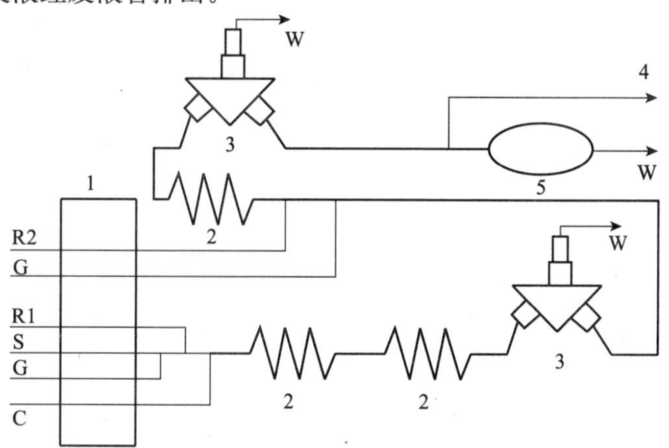

1—蠕动泵； 2—混合反应圈； 3—相分离器； 4—除气泡；
5—流动检测池：15mm，660nm；S 试样，1.49 ml/min；
R1—碱性亚甲蓝，0.50 ml/min； R2—酸性亚甲蓝，0.37 ml/min；
C—三氯甲烷， 2.06 ml/min； G—空气； W—废液

图 1 流动分析法测定阴离子表面活性剂示意图

2 结果与讨论

2.1 初始校准曲线的绘制

将标准物质用去离子水稀释成浓度为0.00 mg/L、0.10 mg/L、0.20 mg/L、0.30 mg/L、0.40 mg/L、0.50 mg/L系列标准溶液。测得标准曲线，如图2。回归方程为S 98 265x+3 460，$\bar{x}$ 0.999 8。结果表明：高锰酸盐指数的标准曲线相关系数达到0.999 8，线性相关性较好，且标准曲线的峰高特异性较强。

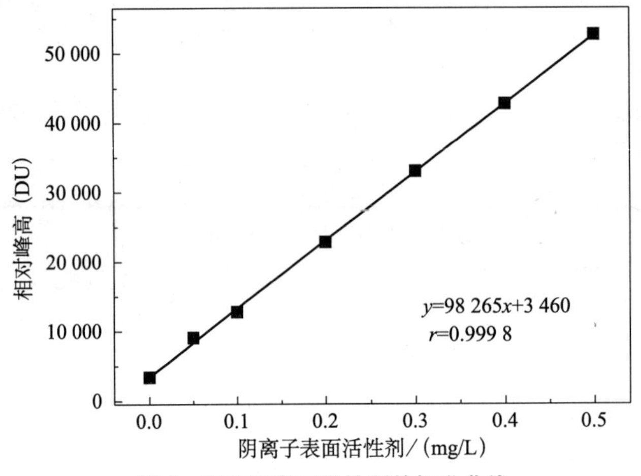

图2 阴离子表面活性剂的标准曲线

2.2 方法检出限的测定

按照样品分析的全部步骤，对浓度值为估计方法检出限2～5倍[3]的标准样品进行7次平行测定，本实验选取的浓度为0.05mg/L。计算7次平行测定的标准偏差，按公式A.1[3]计算方法检出限，式中MDL表示方法检出限；n表示样品的平行测定次数；t表示自由度为$n-1$，置信度为99%时t分布，本实验中连续分析7个样品，置信度为99%时的t值为3.143；S表示7次平行测定的标准偏差。得到结果见表1，方法的检出限为0.007 mg/L，以4倍的检出限作为测定下限[3]得到本方法的测定下限为0.03mg/L

$$MDL = t_{(n-1,0.99)} \times S \tag{1}$$

表1 方法检出限、测定下限测试数据

编号	1	2	3	4	5	6	7
测定结果/（mg/L）	0.048	0.051	0.049	0.054	0.054	0.053	0.051
平均值/（mg/L）	0.051						
标准偏差/（mg/L）	0.002						
检出限/（mg/L）	0.007						
测定下限/（mg/L）	0.03						

2.3 方法准确度的测定

通过测定国家有证标准物质来测定方法的准确度[4]，选取当年所能购买到的国家环境保护部标准样品研究所生产的三个不同浓度的高锰酸盐指数有证标准物质分三组进行测定，每组实验平行测定6次，计算平均值和绝对误差，结果见表2。三组测试结果的绝对误差均在标准物质的不确定范围内，由此可见该方法有较好的准确度。

表2 国家有证标样测定结果

标准物质编号	测得值/（mg/L）		均值/（mg/L）	标样值/（mg/L）	相对误差/%
200420	1.30	1.31	1.31	1.35±0.11	3.1
	1.32	1.30			
	1.31	1.32			

2.4 方法精密度的测定

为检验本方法的精密度，分别配制 0.20m/L、0.40mg/L 两种浓度的 LAS 标准溶液进行实验，每组实验平行测定 6 次，计算其相对标准偏差，结果见表 3。三组实验的相对标准偏差均小于 4.2%（GB 7494—87 中的方法相对标准偏差），表明该方法有较好的精密度，能够达到国家标准的要求。

表 3　精密度测定（光度法）

平行号		试样	
		0.200mg/L	0.400mg/L
测定结果/（mg/L）	1	0.211	0.382
	2	0.205	0.383
	3	0.209	0.375
	4	0.202	0.397
	5	0.204	0.388
	6	0.197	0.380
平均值/（mg/L）		0.205	0.384
标准偏差/（mg/L）		0.005	0.008
相对标准偏差/%		2.4	2.0

2.5 与国家标准方法（GB 7494—87）的比较

为验证本方法与国家标准方法（GB 7494—87）水质阴离子表面活性剂的测定是否有显著性差异，配制一个浓度为 0.35 mg/L 的标准溶液，分两组分别采用国家标准方法[2]（GB 7494—87）和连续流动分析法进行方法比对测试，每组实验进行 6 次平行测定，结果见表 4。分别用 F 检验和 t 检验对两种方法监测结果的精密度和准确度进行检验。按公式（2）计算，F 值为 2.00，小于临界值 5.05，说明这两组实验具有相同的精密度；按公式（3）计算，t 值为 1.141，小于临界值 2.228，说明这两组实验的准确度无显著性差异。综上所述，连续流动分析法与国家标准方法（GB 7494—87）对阴离子表面活性剂标准物质的测定结果无明显差异。

$$F\text{检验：}F = S_{\max}^2 / S_{\min}^2 \tag{2}$$

$$t\text{检验：}t = \frac{\bar{x}_1 - \bar{x}_2}{\sqrt{(n_1-1)S_1^2 + (n_2-1)S_2^2}}\sqrt{\frac{n_1 n_2 (n_1+n_2-2)}{n_1+n_2}} \tag{3}$$

表 4　连续流动分析法与国标方法（GB 7494—87）测定标准溶液的比对

	GB 7494—87（亚甲蓝分光光度法）			连续流动分析法		
测定值/（mg/L）	0.33	0.32	0.34	0.35	0.35	0.35
	0.33	0.34	0.32	0.32	0.33	0.34
平均值/（mg/L）	0.33			0.34		
标准偏差/（mg/L）	0.009			0.013		

2.6 实际样品的测定

为确定本方法对测定实际水样的可行性和准确性，本文选择了较有代表性的 4 个样品：样品 1 为太湖水源地的饮用水；样品 2 为城区河道的某水样；样品 3 为某工业废水；样品 4 为某污水处理厂出水。分别对其进行测定 6 次平行测定，并对其进行加标，样品 1、2 的加标量是 0.10 mg/L，样品 3、4 的加标量是 0.30 mg/L，加标样品同样进行 6 次平行测定，结果如图 3 所示。由图可知，本方法对不同种类水样的加标回收率在 96.3%～106.6%。

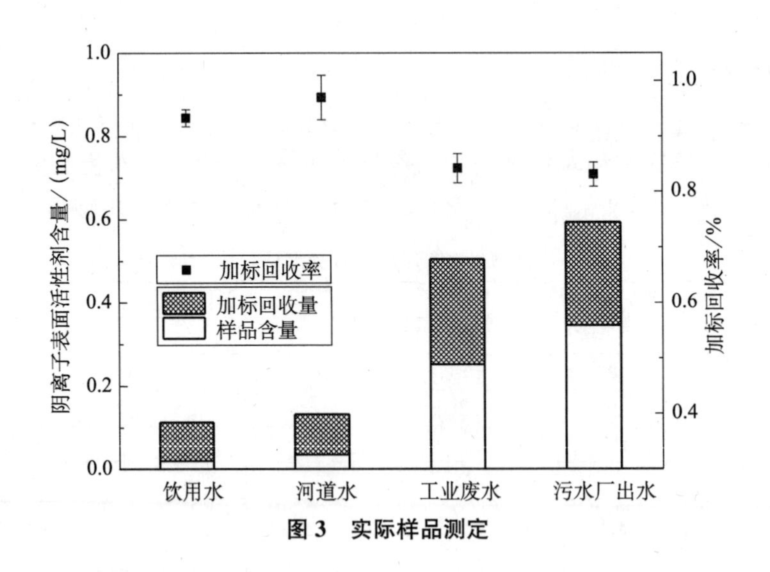

图3　实际样品测定

3　操作过程中应注意的问题

(1) 注意两个相分离器中氯仿相和水相的分离效果是否好。如果不好要更换泵管重试。

(2) 酸、碱性亚甲蓝在使用前需要脱气；另外为防止气泡进入反应管路，避免在实验途中添加试剂和清洗水，实验之前需做好充分准备。

(3) 如果基线一直处于缓慢下降，且没有趋于稳定的趋势，是因为比色池中有部分水没有清洗掉，需要重新断开进样管、试剂管，走乙醇重新清洗干净再进行试验。

(4) 第一个相分离器出来的废液管不是由泵抽出的，所以不能将该废液管插入液面之下，也不能放置过高，否则会引起系统压力不稳定。

4　结论

本文提出了一种行之有效的测定阴离子表面活性剂的分析方法，并且成功地应用于实际样品的测定。本方法操作过程简单快速，免除繁琐的手工萃取，节约试剂，减少三氯甲烷对实验人员的伤害；其次本方法的灵敏度高，稳定性好；另外本方法检出限低，为0.007 mg/L；测定范围宽，为0.03～0.50 mg/L，能够满足一般的水和废水中阴离子洗涤剂的测定。

参考文献

[1] 丛培凯，冷家蜂，叶新强．合成洗涤剂对生态环境的污染与防治对策［J］．山东环境，2003(1)：45-46.

[2] 水质 阴离子表面活性剂的测定 亚甲蓝分光光度法．GB 7494—87.

[3] EPA SW-846. Test Methods for Evaluating Solid Waste，Physical/Chemical Methods.，Quality Assurance Management Staff，ORD，U. S. EPA，Washington，DC，20460.

[4] 国家环境保护总局水和废水监测分析方法编委会．水和废水监测分析方法．4版．北京：中国环境科学出版社，2002.

作者简介：蔡晔（1982—），女，江苏苏州人，硕士研究生，工程师，主要从事环境监测及相关研究。

标准气体-冷原子吸收分光光度法测定环境空气中汞

孙　骏　肖国起
宁波市环境监测中心，宁波　315012

摘　要：建立了使用汞的标准气体-冷原子吸收分光光度法对环境空气中汞进行测定的新方法，实验结果表明此分析方法操作简便，选择性好，灵敏度高，测试结果令人满意，适宜在环境空气监测中推广应用。

关键词：标准气体；冷原子吸收分光光度法；环境空气；汞

Determination of Mercury Content in Ambient Air by Standard Gas-cold Atomic Absorption Spectrophotometry

SUN Jun　XIAO Guo-qi
Ningbo Environmental Monitoring Centre，Ningbo 315012

Abstract：A new method for the determination of mercury content in ambient air by standard gas-cold atomic absorption spectrophotometry was developed. This method was simple，sensitive and had good selectivity，satisfactory results were obtained. Suitable for popularization and application in the environmental air monitoring.

Key words：standard gas；cold atomic absorption spectrophotometry；ambient air；Mercury

目前，我国是世界上最大的生产国和消费国，汞的总消费量大概在 1 000t 左右，约占世界总消费量的 50%。汞及其衍生物有机汞，因具有持久性、易迁移性、高度的生物富集性和高生物毒性等特性，作为一种重要的有毒环境污染物，可在大气中持久存在，并可远距离迁移。以 2007 年数据对排放到大气中的汞进行定量估算，表明年度汞在大气中的排放量约为 643t。其中，燃煤锅炉和燃煤电厂是最大的大气汞排放源，总计超过 50%。

汞的暴露途径之一是环境介质暴露，环境空气中汞可通过呼吸等暴露途径对周边群众的健康产生危害。

1　方法

1.1　方法原理

利用金汞齐微粒富集管在常温下可富集环境空气中的微量汞，生成金汞齐。采样后加热至 500℃以上，将金汞齐中的汞定量地释放出来，被载气带入测汞仪内，利用汞蒸气对波长 253.7nm 紫外光的吸收作用，用冷原子吸收分光光度法测定环境空气中汞[1]。

当富集管加热至 300℃通气时，即可排除苯、丙酮等有机蒸气的干扰。

其中，绘制标准曲线用的标准气体，是使用注射器从汞标准气体供应盒里采取气体样品产生。输入汞标准气体盒上面温度计的读数和抽取标准气体的体积，仪器即自动计算出汞标准气体的量并输入记录。

1.2　方法摘要

汞收集管加热炉作为测汞仪的一个装置，其使用 160L 汞收集管采集环境空气中的汞，然后将其加热解析出来，最后经由测汞仪测量。

汞收集管加热炉完全受主机测汞仪（直接热分解汞分析仪）控制，并经由位于测汞仪后方的蠕动泵将载气引入检测器。

此仪器使用RH1加热器将汞收集管加热，以此将汞收集管所采集的气体释放，之后经由洗气瓶除去酸性气体，然后经过除湿瓶除去水汽，然后汞蒸气再次被二级汞收集管吸附。在收集汞之后，仪器加热RH2加热器以此释放汞气体，最后将汞蒸气导入检测器并在此测量其吸光度，如图1所示。

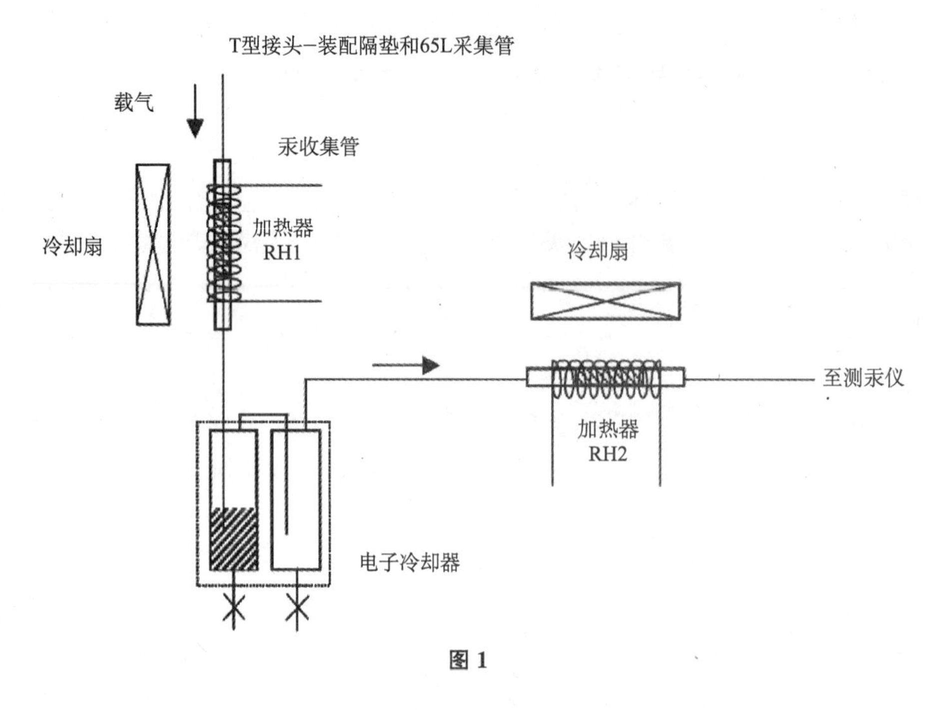

图1

测量所需的另一重要设备是汞标准气体供应盒和气密注射器，如图2所示。

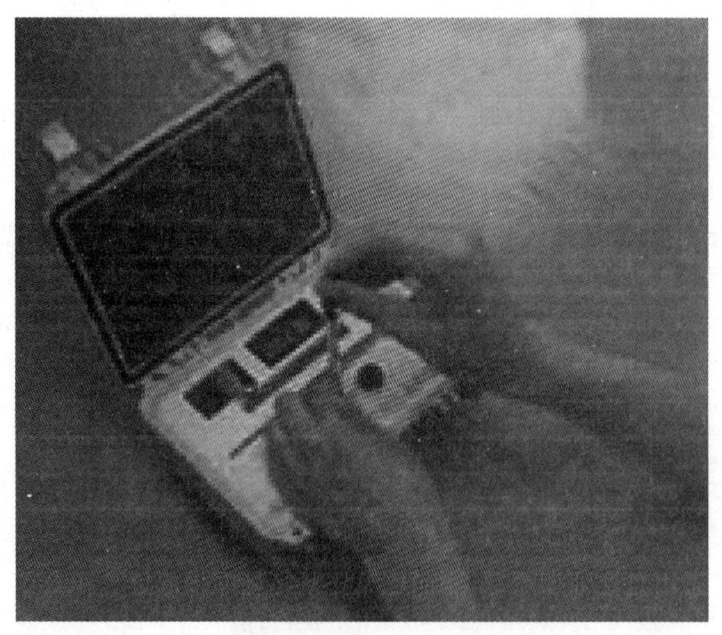

图2

1.3 实验步骤

1.3.1 实验准备

（1）确认汞收集管加热炉的洗气瓶内没有任何溶液。因为当有缓冲溶液存在时，测汞仪主机的电源可能会造成缓冲溶液的回流，以致无法使用汞收集管；

（2）启动测汞仪的控制软件；

（3）打开测汞仪和汞收集管加热炉的电源；

（4）填充缓冲溶液（pH = 6.86 标准缓冲溶液）。

①打开洗气瓶和除湿瓶的塑料夹子，用 pH = 6.86 缓冲溶液和蒸馏水混合物（1：1 体积）填充洗气瓶；

②确保洗气瓶内缓冲溶液的高度比气体出口底部高约 20mm，如图 3 所示；

③关闭洗气瓶和除湿瓶的塑料夹子。

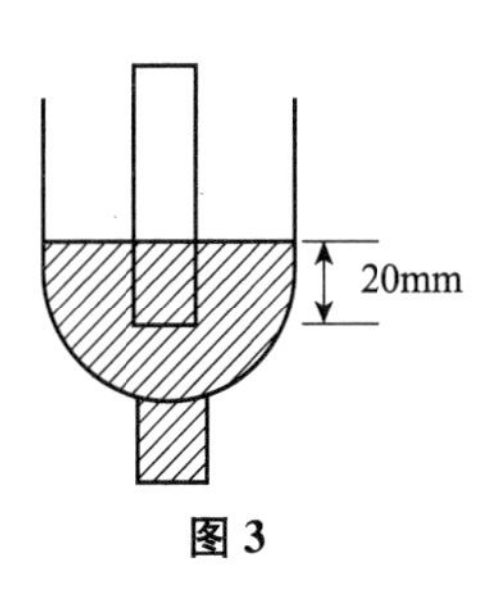

图 3

1.3.2 测定

（1）测定操作流程图见图 4。

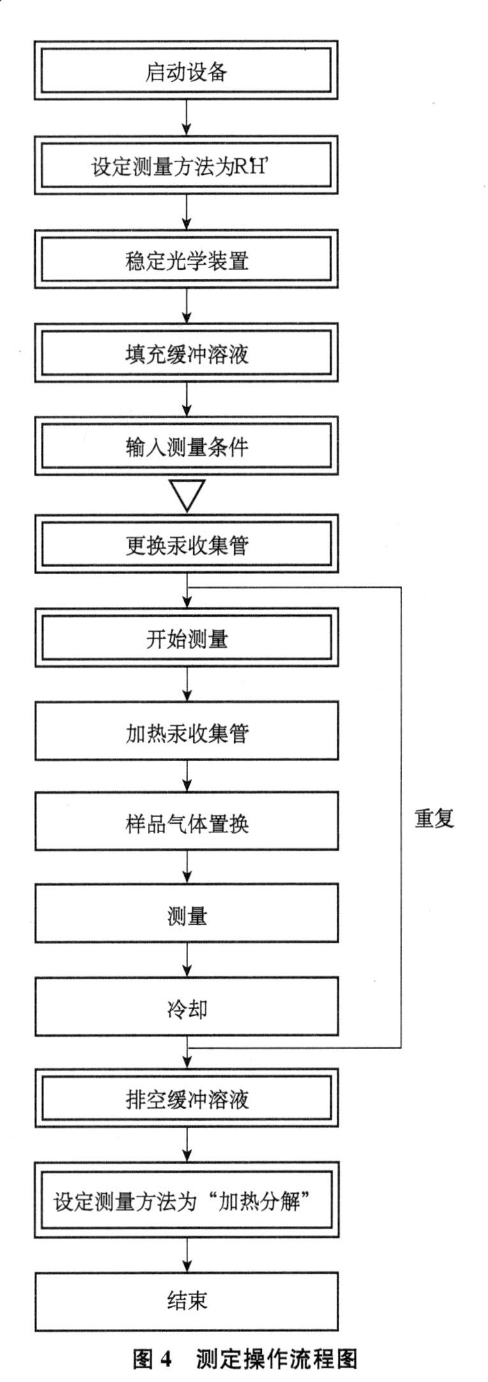

图 4 测定操作流程图

（2）测定条件设置：

从菜单中选择“运行”—“测量条件”，设定测量条件。同时可以设定汞收集管加热器（RH1）的加热时间，通常默认值为180s。

设定阈值（ABS）。在测量一个未知样品时，如果检测到ABS高于设定值，系统将会自动再次执行测量程序以减少系统空白值。

（3）校正曲线的建立：

①点击“STD”标签，在表格上设定标准样品。

②输入标准值。

点击“STD”单元格以开启“STD INPUT”窗口。输入汞标准气体盒上面温度计的读数和抽取标准气体的体积。仪器系统即可自动计算出汞的量并作记录。此单位可在“ml”与“μl”之间切换，点击“体积”（Volume）右侧的“μl”即可。

使用注射器从标准气体盒里采取气体样品，如图2所示。当采样时，确保移动推杆上下2次或3次以保证在抽取所需样品量前注射器处于良好的状况。

③从菜单中选择“运行”—“开始测量”以开始测量。

④一次性将抽取的汞蒸气通过隔垫注入汞收集管内，如图5所示。

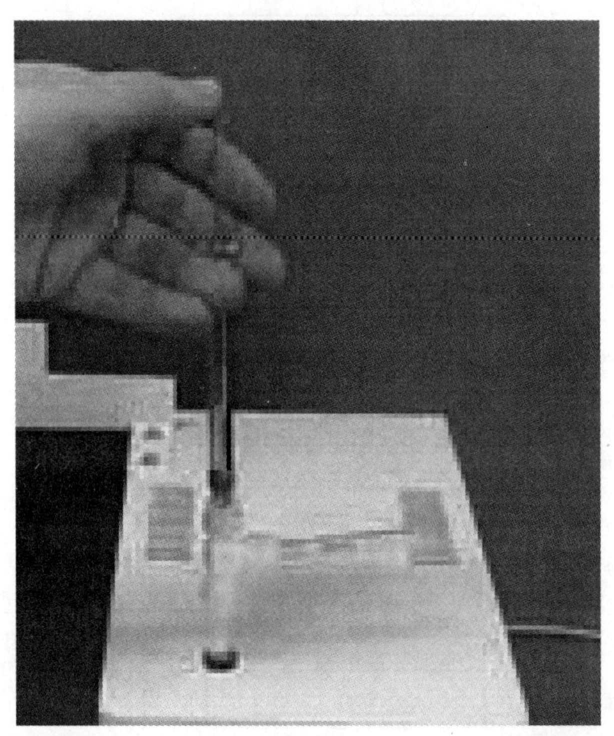

图5

⑤设定校正曲线。设置接受或拒绝校准曲线的标准，从生成的校正曲线中计算出1ng或100ng所对应的吸光度（ABS），依设定值的偏差限制来决定接受或拒绝该校正曲线。

⑥校正测试值的ABS。

输入每个测试方法峰高（PEAK）和面积（AREA）的参考值，采用1ng作为低范围的中间值和100ng作为高范围的中间值。

值（%）之间的偏差限制。如代入校正曲线方程计算后的值和设定值之间的偏差落在此范围外，校正曲线的算术表达将转变为红色，并显示警告。

（4）未知样品的测定（汞收集管）：

①将经过加热除汞处理的富集管连接在空气采样器上，使富集管处于垂直为止，进气口朝下，以便

携式空气采样器 0.3 或 0.5L/min 的流量，采样 20min。采样时间视汞浓度而定，采样 6L 体积或以上即可。

②点击“SMP”标签，将“表格（Table)”切换到“SMP”。

③在“NAME”字段输入样品名称，或选择“运输空白”或“操作空白”。

运输空白：使用状况为，当以处理样品相同方式处理汞收集管，但不采集样品，然后测定该汞收集管的汞含量，测量值作为修正值。

操作空白：使用状况为，当一个汞收集管与采样用汞收集管具有相同的 washing lot，按与样品相同的方式进行分析和测定，测定值作为修正值。

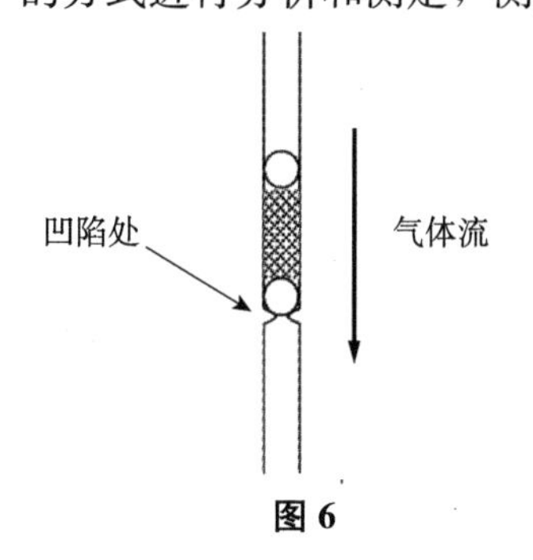

图 6

④输入样品量。

⑤取下汞收集管。

⑥从汞收集管加热炉的顶部将汞采集管插入到 RH1 加热器里，在连接接头前，确保汞收集管的凹陷处于下游的位置，如图 6 所示。

⑦连接装有隔垫的 T 型接头至汞收集管的最顶端。

⑧从菜单中选择“运行”—“开始”来进行测定。

⑨在测定后输入采集样品量至字段“SVOL [L]”，随后将自动计算出浓度。计算公式为：

$$汞(Hg, mg/m^3) = \frac{W}{V_n}$$

式中：W——富集管中测得的汞含量，μg；

V_n——标准状态下的采样体积，L。

（5）关闭仪器

①打开洗气瓶和除湿瓶的塑料夹子，将缓冲溶液和冷凝水排干。

②倒入一次至两次的蒸馏水到洗气瓶内以冲洗洗气瓶。

③保存测定数据。

④从菜单中选择“系统”—“设定”，将测汞仪主机的测定方法改成“加热分解”，随后重新启动软件。若仪器保持静置过久而没有将设定改成“加热分解”，会导致进样口黏住，进而导致自动进样器错误。

⑤关闭汞收集管加热炉的电源。

⑥关闭测汞仪主机的电源。

2 结果

2.1 方法线性

以汞标准气体供应盒配制的标准气体系列进行分析，对各点测定含量进行线性回归取得标准曲线及其相关系数，结果如表 1 所示。

表 1 标准曲线

序号	1	2	3	4	5
加入汞标准气体量/ng	0.000	0.587	1.184	1.808	3.040
仪器的信号值（峰面积）	0.003 8	0.541 8	1.132 8	1.729 1	2.882 3

实验结果说明，气体样品中汞与仪器的数字信号值在 0～3.0ng 范围内呈良好线性关系（相关系数r=1.000 0），所得曲线拟合得低含量的标准曲线方程为$Y=bX+a$，其中，a=9.502 4E−01，b=3.594 9E−05，相关系数 r=1.000 0。

2.2 检出限

按照气体样品分析的全部步骤，重复 8 次空白试验，将各测定结果换算为样品中汞的含量，计算 8 次平行测定的标准偏差，按公式 MDL= $t_{(n-1, 0..99)} \times S$ 计算方法检出限。

式中：MDL——方法检出限；n——样品的平行测定次数；t——自由度为$n-1$，置信度为99%时的t分布；S——n次平行测定的标准偏差。

其中，当自由度为8，置信度为99%时的t值取2.998。

利用测汞仪以标准气体-冷原子吸收分光光度法测定环境空气中汞的方法检出限为0.01ng。

2.3 精密度

对某一水平含量的实际样品在实验室内进行n次平行测定，其相对标准偏差

按如下公式进行计算：

$$\bar{x}=\frac{\sum_{k=1}^{n}x_k}{n} \qquad S=\sqrt{\frac{\sum_{k=1}^{n}(x_k-\bar{x})^2}{n-1}} \qquad RSD=\frac{S}{\bar{x}}\times100\%$$

式中：x_k——进行的第k次测试结果；$\bar{x}$——样品测试的平均值；S——样品测试的标准偏差；RSD——样品测试的相对标准偏差。

2014年12月16日的实际的环境空气样品测试情况为：对本单位B209实验室的室内空气进行实际试验测定，结果见表2。

表2 测定实验室室内空气试验结果

序号	采样量（标准状态）/L	测定值/ng	样品浓度/（μg/ m³）	平均值/（μg/ m³）	相对标准偏差/%
1	5.00	0.205	0.041	0.041	0
2	5.00	0.205	0.041		

由表2可知重复性情况：相对标准偏差小于5%，样品平行性好。可见，以测汞仪使用标准气体-冷原子吸收分光光度法测定环境空气样品中的汞，具有较高的重现性和稳定性。

2.4 准确度

对某一水平含量的实际样品在实验室内进行加标回收试验，加标回收率可按如下公式进行计算：

$$P=(y-x)\div\mu\times100\%$$

式中：x——实验室对某一水平含量的实际样品测试值；

y——实验室对加标样品测试值；

μ——加标量；

P——实验室的加标回收率。

对于2014年12月16日的实际的环境空气中汞样品，测定值0.205ng，加标量0.5ng，加标样品测定值0.698ng，以采样体积5L（标准状态）计，样品浓度为0.041μg/m³，加标样品浓度为0.140μg/m³，实验室的加标回收率99.01%。

3 讨论

目前，我国环境监测工作中测定环境空气中汞的常用方法有：HJ 542—2009《环境空气 汞的测定 巯基棉富集-冷原子荧光分光光度法（暂行）》、国家环境保护总局编著的《空气和废气监测分析方法（第四版）》（中国环境科学出版社，2003年）第三篇“空气质量监测”中巯基棉富集-冷原子荧光分光光度法和金膜富集-冷原子吸收分光光度法3种。

《环境空气 汞的测定 巯基棉富集-冷原子荧光分光光度法（暂行）》HJ 542—2009的方法原理是[2]：在微酸性介质中，用巯基棉富集环境空气中的汞及其化合物。元素汞通过巯基棉采样管时，主要为物理吸附及单分子层的化学吸附。采样后，需用4.0 mol/L盐酸-氯化钠饱和溶液解吸总汞，经氯化亚锡还原为金属汞，用冷原子荧光测汞仪测定总汞含量。该方法检出限为0.1 ng/10 ml试样溶液。

巯基棉富集-冷原子荧光分光光度法采用了硫酸、盐酸、硝酸等强酸，需配制10多种试剂、溶液，且

对试剂中汞的空白值要求较高；试剂盐酸羟胺常含有汞，必须提纯；试样制备和试料制备的过程均较复杂；每批巯基棉制备后需先进行汞的回收试验，测定巯基棉吸附效率；另外，还需采用萃取法对巯基棉纤维管除汞。总之，HJ 542—2009《环境空气 汞的测定 巯基棉富集-冷原子荧光分光光度法（暂行）》存在操作过程繁杂、实验费时较长等诸多不足之处。

金膜富集-冷原子吸收分光光度法，国家环境保护总局编著的《空气和废气监测分析方法（第四版）》（中国环境科学出版社，2003 年）第三篇“空气质量监测”，方法检出限为 0.6 ng，相对于标准气体-冷原子吸收分光光度法较高。该方法操作较复杂，且绘制标准曲线需配制氯化汞标准溶液。

4 结论

标准气体-冷原子吸收分光光度法测定空气中汞，具有操作简便、选择性好、灵敏度高、较高的重现性和稳定性等优势，标准曲线线性良好、准确度与精密度高，符合相关规定的要求，完全能满足日常环境监测工作的需要。

参考文献

[1] 国家环境保护总局《空气和废气监测分析方法》编写组．空气和废气监测分析方法．4 版．北京：中国环境科学出版社，2003：206-209.

[2] 环境空气 汞的测定 巯基棉富集-冷原子荧光分光光度法（暂行）．HJ 542—2009.

作者简介：孙骏（1966.11—），男，宁波市环境监测中心，高级工程师，从事环境监测工作。

大气颗粒物中金属元素前处理方法研究

何延新　孙杰娟　宋文斌　冉小静
西安市环境监测站，西安　710054

摘　要：使用聚四氟乙烯滤膜采集颗粒物后，分别使用电热板加热消解、微波消解、电热板密闭消解、烘箱密闭消解和碱熔5种方法，对各处理方法的结果进行比较，并对实验中存在的问题进行研究，找出适合开展颗粒物分析工作的实用方法。

关键词：颗粒物；消解；金属元素

The Study of Pretreatment Method of Metals in Atmospheric Particulates

HE Yan-xin　SUN Jie-juan　SONG Wen-bin　RAN Xiao-jing
Xi'an Environmental Monitoring Station，Xi'an 710054

Abstract：After gathering the particulates with PTFE filter membrane，we compared every treatment results respectively by five methods，such as electric heating plate digestion，microwave digestion，electric sealed plate digestion，oven digestion，and alkali fusion method. Through the study of the existing problems in the experiment，we found the practical analysis method that were suitable to carry out the work of particulates.

Key words：particulates；digestion；metals

近年来我国各地持续性的雾霾天气严重影响了人们的工作和生活，"减霾"已经成为我国目前大气污染防治工作中的重点和难点任务。引起雾霾天气的元凶就是大气中的细颗粒物（$PM_{2.5}$），为此环境保护部2014年在全国开展了第一阶段大气颗粒物来源解析研究工作，而颗粒物中的各污染物成分分析是此项解析工作的基础。对颗粒物中污染物成分测定准确度是解析结果准确与否的关键。

目前，通常用于采集大气中颗粒物时常采用有机滤膜、如TEFLON、聚丙烯、乙酸纤维脂等。对大气颗粒物重金属元素的前处理分析方法基本分为酸溶和碱熔法[1]，酸溶使用盐酸、硝酸、氢氟酸、高氯酸等溶剂，在电热板、微波消解仪、石墨消解仪等加热消解；碱熔是指对待测物加入氢氧化钠，放置在马弗炉高温消解。此次实验膜样品前处理消解方法采用电热板消解、微波消解、电热板密闭消解、烘箱密闭消解和碱熔法，使用美国Thermo IRIS Intrepid Ⅱ XSP型电感耦合等离子体原子发射光谱仪（ICP-AES）分析膜样品中的17中元素。

1　试剂和仪器

1.1　试剂

酸消解体系：硝酸-盐酸混合溶液：500ml试剂水中加入55.5ml硝酸及167.5ml盐酸，再用试剂水稀释至1L；均为优级纯。

碱消解体系：无水乙醇、氢氧化钠为优级纯，HCl为电子级。

1.2　前处理仪器

可控温电热板：北京科伟ML-2.4-4；微波消解仪：Anton Paar Multiwave 3000 solv型；鼓风干燥箱：天津泰斯特101-1A型；马弗炉：天津继伟D64型。

1.3 样品膜

whatmanØ47mm 带环聚四氟乙烯膜，孔径 2.0μm；whatman Ø47mm 聚丙烯膜，孔径 0.2μm。

2 样品的前处理方法

2.1 电热板消解

用塑胶镊子将小张聚四氟乙烯[2]（PTFE）滤膜（尺寸约为 47mm）取整张。用陶瓷剪刀剪成小块置于 PTFE 烧杯中，加入 10ml 硝酸-盐酸混合溶液，使滤膜浸没其中，盖上表面皿，在 100±5℃加热回流 2h，待自然冷却后将样品消解液全部转移入 50ml 比色管中，用超纯水淋洗 PTFE 烧杯内壁并定容至刻度，经离心分离后取上清液测定。

2.2 微波消解

方法同电热板聚四氟乙烯加热消解方法，不同的是将剪成小块的膜样品置于微波消解仪 PTFE 内罐中，加入 10ml 硝酸-盐酸混合溶液，使滤膜浸没其中，将 PTFE 内罐置于外罐中拧紧，放入微波消解仪中，0.3Mpa（红外传感器温度 140℃）消解 20min。

2.3 电热板密闭消解

方法同聚四氟乙烯加热消解方法，不同的是将剪成小块的膜样品置于密闭消解罐（内罐：聚四氟乙烯材质；外罐：不锈钢材质）的 PTFE 内罐中，加入 10ml 硝酸-盐酸混合溶液，使滤膜浸没其中，将 PTFE 内罐置于不锈钢外罐中，拧紧。置于 160±5℃的电热板上恒温消解 3.0h，待自然冷却后开盖。

2.4 烘箱密闭消解

同电热板密闭消解方法。不同的是将密闭消解罐置于 140±5℃的烘箱内恒温消解 4.0h，待自然冷却后开盖。

2.5 碱熔

取部分负载大气颗粒污染物滤膜样品（滤膜材质应为有机材质，但不能使用聚四氟乙烯、石英或玻璃纤维滤膜）于镍坩埚（镍坩埚使用前应该进行钝化）中，放入马弗炉，从低温升至 300℃，恒温保持约 40min，再逐渐升温至 550℃进行样品灰化，保持恒温 60min 至灰化完全（样品颜色与土壤样品相似）。取出已灰化好的样品，冷却至室温，加入几滴无水乙醇润湿样品，加入 0.1～0.2g 固体 NaOH（或加入 30%NaOH 溶液 10ml），放入马弗炉中在 500℃下熔融 10min，取出坩埚，放置片刻，加入 5ml 热水（约 90℃），在电热板上煮沸浸提，移入预先盛有 2 ml 50% HCl 的塑料试管中，用少量 2% HCl 多次冲洗坩埚，将溶液洗入试管中并稀释至 50ml，摇匀。

3 分析仪器工作条件

本实验使用美国 Thermo IRIS Intrepid Ⅱ XSP 型电感耦合等离子体原子发射光谱仪，输出功率 1 350W；辅助气流量 0.5L/min；蠕动泵速 125r/min；光室温度 90.0±0.5F；分析最大积分时间短波为 20 s，长波为 10s；冲洗泵速 130 rpm；分析泵速 130 rpm；雾化器气流：32.0psi；CID 温度＜－40℃。

气源：氩气，纯度 99.99%以上。

分析谱线选择：根据仪器的性能，对每个元素选定 2～3 个谱线进行测定。然后，综合分析观察每条谱线强度及干扰情况，选择测定各元素的最佳分析谱线如表 1。

表 1 各元素的最佳分析谱线

元素	Al	As	Ca	Cd	Cr	Cu	Fe	K	Mg
波长/nm	396.1	189.0	317.9	228.8	284.3	324.7	259.9	766.4	285.4
元素	Mn	Na	Ni	Pb	Si	Ti	V	Zn	
波长/nm	257.6	589.5	221.6	220.3	251.6	336.1	292.4	213.8	

4 比对结果

本次消解用于测定 Al、As、Ca、Cd、Cr、Cu、Fe、K、Mg、Mn、Na、Ni、Pb、Si、Ti、V、Zn 颗粒物中的 17 种金属元素，使用聚四氟乙烯滤膜。另外 Si、Al、Ti 等 7 种元素亦用聚丙烯滤膜测定。膜样品获得方式为 GBW 07454（GSS-25）标准土样经再悬浮后采集，以 10mg GSS-25 标准土壤样品作质控样。

经 10 次实验后的样品结果与真实值的比值见统计表 2，Cd 由于标准土样实际的含量极低和仪器检出限的问题，未取得满意的测试结果，其他元素均取得了比较好的结果。

表 2 颗粒物滤膜样品消解体系方法比对结果

消解类型	Si	Al	Ti	Fe	Mn	Ca	Mg	K	Na
电热板（PTFE）	约 10%	约 40%	25%	95%～100%	95%～100%	95%～100%	95%～100%	50%	—
微波消解	30%～35%	80%～85%	50%～60%	95%～100%	95%～100%	95%～100%	95%～100%	—	—
电热板密闭消解	30%	60%～70%	25%	95%～100%	95%～100%	95%～100%	95%～100%	80%	—
烘箱消解	30%	50%	50%	95%～100%	95%～100%	95%～100%	95%～100%	100%	90%～95%
消解类型	Ni	Pb	Cd	As	Cr	Cu	V	Zn	
电热板（PTFE）	90%～95%	90%～95%	<1%	90%～95%	90%～95%	90%～95%	90%～95%	90%～95%	
微波消解	90%～95%	90%～95%	<1%	<1%	90%～95%	<1%	90%～95%	90%～95%	
电热板密闭消解	90%～95%	90%～95%	<1%	90%～95%	90%～95%	90%～95%	90%～95%	90%～95%	
烘箱消解	90%～95%	90%～95%	1%～30%	90%～95%	90%～95%	90%～95%	90%～95%	90%～95%	
消解类型	Si	Al	Ti	Fe	Mn	Ca	Mg	K	Na
30%NaOH 溶液	约 70%	60%～70%	<1%	<1%	<1%	—	—	—	—
0.15g NaOH	95%～100%	95%～100%	95%～100%	95%～100%	95%～100%	95%～100%	95%～100%	80%	—

备注：表中数值为消解后样品实测值与标准土样真实值的比值百分率，“—”表示未进行测试。

在酸性消解体系中，使用聚四氟乙烯滤膜用烘箱进行密闭消解取得了满意的结果，除 Si、Al、Ti 外其他 13 种重金属的测定值与真实值比值在 90%～100%之间；除 Si、Ti、Al、K、As、Cu 外，其他 3 种方法 10 种元素均取得了不错的准确度，准确度在 90%～100%之间，其中电热板密闭消解和电热板聚四氟乙烯烧杯消解 Si、Al、Ti、K 结果满意度较差；微波消解 Si、Ti、Al、K、As、Cu 满意度较差，在微波消解中，质控样品中的 As 和 Cu 几乎未消解，样品的准确度值均<1%。

碱性消解体系中，用聚丙烯滤膜直接加入 0.15g NaOH 进行消解获得满意的结果，尤其是 Si、Al、Ti 3 种元素，直接加 NaOH 取得了满意的准确度，样品测定值与真实值比值为 95%～100%。

对大气颗粒物样品，使用烘箱密闭消解、碱熔的前处理方式获得较好的实验结果。

5 精密度和检出限

5.1 准确度和精密性

在 12 张空白滤膜中分别加入 10.00mg GBW 07454 标准样品，Fe 等 13 种元素采用聚四氟乙烯膜烘箱密闭消解，Si 、Al、Ti 3 种元素采取聚丙烯膜碱熔前处理测定计算各元素精密度。由表 3 可知，各元素测定值的相对误差（RE）<5%，各元素测定值的相对标准偏差（RSD，$n=12$）<5%，满足分析方法要求。

Cd 标准土样含量太低（标准值 0.175 μg/g）未获得满意测定结果，不列入计算表中。

表 3　方法准确度和精密度

元素	平均值/(μg/g)	标准值/(μg/g)	RE/%	RSD/%	元素	平均值/(μg/g)	标准值/(μg/g)	RE/%	RSD/%
Al	62 348	62 257	0.14	4.25	Mn	637	632	0.79	4.26
As	12.7	12.9	−1.55	4.77	Na	12 895	12 909	−0.10	4.83
Ca	50 964	51 286	−0.62	3.91	Ni	29.8	30	−0.66	4.64
Cr	67.7	66	2.57	3.42	Pb	22.5	22	2.27	3.78
Cu	23.8	23.1	3.03	4.53	Si	284 157	284 342	−0.06	3.11
Fe	30 263	30 100	0.54	2.76	Ti	3 806	3 900	−2.41	3.43
K	18 990	18 919	0.37	2.91	V	75.5	77	−1.94	2.67
Mg	11 970	11 940	0.25	2.48	Zn	67.5	66	2.27	2.30

5.2　检出限

通过对 12 份空白溶液进行连续测定，按 3 倍标准偏差（3S），计算出本方法检出限见表 4。

表 4　方法检出限

元素	Al	As	Ca	Cd	Cr	Cu	Fe	K	Mg
L_D/（μg/L）	2.0	1.0	1.0	2.0	2.0	1.0	1.0	1.0	0.2
元素	Mn	Na	Ni	Pb	Si	Ti	V	Zn	
L_D/（μg/L）	2.0	1.0	1.0	2.0	2.0	0.2	1.0	1.0	

注：L_D代表检出限。

6　实验中存在问题

（1）在使用电热板消解过程中，若使用带盖聚四氟乙烯烧杯消解，在实验过程中形成大量的酸雾，对环境影响很大。使用消解罐能缓解这一现象，但会出现多个消解罐温度不一致的情况，即靠近消解单元中心位置的温度要高于最外侧的消解温度，各消解模块受热不均匀，消解温度不一致，使得实验数据产生较大的误差。

（2）电热板加热聚四氟乙烯烧杯消解 2h 后，应确保将溶液蒸至近干，溶液残留较多或蒸干都会使结果偏低，但实际操作中将溶液蒸至近干不好掌握，在分析过程中应特别注意。

（3）采用带环聚四氟乙烯膜作为样品膜在消解过程中存在硬质环高温变形，形成硬质外壳包裹实际膜样品的情况，干扰颗粒物消解而导致测定结果偏低，此问题在微波消解上最为明显。原因可能为微波消解加热是在消解罐内进行，罐内温度升高过快导致硬质环产生形变。在实验中，消解前应剪掉外环，由于滤膜外环很难剪到满意的程度，很容易造成膜样品的损失，若条件许可，可选择带温度梯度控制的设备进行消解而不必剪掉外环。

（4）碱熔法使用聚四氟乙烯滤膜测定 Si 元素准确度低。原因是在灰化阶段聚四氟乙烯滤膜使 Si 发生了损失，因此，用化学法测定 Si 元素，应改用聚丙烯或其他有机膜进行测定。

（5）Al、Ti 用烘箱密闭消解 140℃不能完全消解，在 180℃可达到满意的准确度，但此条件下聚四氟乙烯滤膜外环会产生焦化，影响测定。可选用聚丙烯膜，但市售质量较好的聚丙烯膜由于孔隙小（0.2μm）而使采样困难，在实际操作中应结合实际情况选用膜种类和方法。

（6）试验中由于 GBW 07454 土样中 Cd 含量较低，加入绝对量少而未获得满意结果，在加大样品量的情况下重新实验，采用烘箱密闭消解获得满意的准确度。

（7）微波消解[3]方法 200℃温度值设定在使用聚四氟乙烯膜时不能作为统一的标准去施行。本次实验使用的仪器在 140℃消解时滤膜已有焦化现象，影响到了实验测定，实际工作中应以各自仪器设备情况为准。

7　结论

在颗粒物金属样品分析前处理实验中，使用烘箱加热密闭消解的做法，较好地解决了电热板加热易造成环境污染、密闭消解加热不均匀、微波消解罐内升温过快的问题，结合碱融方法，在颗粒物分析工作中获得了满意的实验结果。

参考文献

[1] 刘凤枝，等. 土壤和固体废弃物监测分析技术[M]. 北京：化学工业出版社，2007：215.
[2] 环境空气颗粒物来源解析方法指南（试行）（第二版）.
[3] 空气和废气 铅等金属元素的测定 电感耦合等离子体质谱法. HJ 657—2013.

作者简介：何延新（1980—），男，陕西宝鸡人，硕士，西安市环境监测站，工程师，主要从事环境监测分析工作。

头孢类抗生素残留检测方法及环境风险评估

王伟华　张万峰

哈尔滨市环境监测中心站，哈尔滨　150070

摘　要：基于固相萃取-超高效液相色谱/电喷雾离子源/三重四级杆串联质谱技术，建立了水中头孢唑林和头孢呋辛的测试方法。目标物的检出限分别为5ng/L和2ng/L。在0.5～50μg/L范围内线性良好（r>0.990）。利用该技术，检测一污水处理厂的入口水、出口水和入河口的目标物残留，入口水的平均浓度分别为：34.3μg/L和27.7μg/L，出口水的平均浓度分别为1.19μg/L和1.27μg/L，入河口的平均浓度分别为0.11μg/L和0.05μg/L。风险商值法评估入河口中残留的头孢呋辛为高风险等级。

关键词：头孢类抗生素；SPE-UPLC/MS/MS；环境风险评价

Residuess Analysis Method and Environmental Risk Assessment of Cephalosporin Antibiotics

WANG Wei-hua　　ZHANG Wan-feng

Harbin environmental monitoring center station，Harbin 150076

Abstract: Based on solid extraction-ultra performance liquid chromatography-electrospray ionization-tandem mass spectrometyr（SPE-UPLC-ESI/MS/MS），A testing method for cefazolin and cefuroxime in water was established. The limits of different analytes were 5ng/L and 2ng/L respectively. The correlation coefficient of the calibration curve was better（r>0.990）. With this method，the different analytes in the influent、effluent of a wastewater treatment plant and the estuary，were tested. Their average concentractions in influent were 34.3μg/L and 27.7μg/L，in the effluent were 1.19μg/L and 1.27μg/L，and in the estuary were 0.11μg/L and 0.05μg/L，respectively. Risk quotient method was utilized to evaluate the environmental risk of these two antibiotics in the estuary，and cefuroxime was high risk level.

Key words：cephalosporin antibiotics；SPE-UPLC-ESI/MS/MS；environmental risk assessment

抗生素是世界上用量最大、使用最广泛的药物之一。全球抗生素年均使用总量约为10万t～20万t[1]。我国是抗生素使用大国，也是抗生素生产大国：人均年消费量138g左右（美国仅13g）[2]。抗生素大量、频繁地使用以及污水处理技术的不完善导致未被完全吸收利用或降解的抗生素成分通过各种环境进入水环境中[3]，直接或间接地对环境造成危害[4,5]，而头孢类抗生素抗菌谱广、杀菌能力强，是国内外临床应用最多的一类抗感染药物[6]，由于β内酰胺环不稳定，国内外学者对头孢菌素这一类抗生素研究的并不多，但是一些文献报道表明，头孢类抗生素的降解产物其毒性更大[7]，因此建立头孢抗生素的分析方法，为了解我国头孢抗生素水污染状况提供重要技术支撑具有重要意义。

1 实验部分

1.1　仪器与试剂

TQD超高液相色谱三重四级杆质谱联用仪（美国Waters公司）；scientific固相萃取装置（美国J2）；Oasis HLB固相萃取柱6ml/500mg（Waters公司）；

头孢唑啉、头孢呋辛购于美国SIGMA公司；甲酸（美国Fisher公司）；甲醇和乙腈（色谱纯，购自

CNW Technologies GmbH)；乙二胺四乙酸二钠盐（Na_2EDTA，分析纯，国药集团化学试剂有限公司）。

标准储备液和标准工作液配制：分别称取 25.0mg 标准品，用乙腈溶解并定容于 50ml 棕色容量瓶中，配制成 500mg/L 标准溶液，于- 20℃下保存。取各标准溶液适量，用5%乙腈配制成所需浓度的混合标准工作液，密封，临用前配制。

1.2 仪器条件

1.2.1 色谱条件

色谱柱：BEH C_{18} 1.7μm（2.1×50mm Column）

流动相 A：乙腈；流动相 B：0.1%甲酸水溶液；流速：0.3ml/min；梯度洗脱条件：0～0.5min，5% B；0.5～2.5min，5% B～60% B；2.5～3min，60% B～95% B；3.0～3.5min，95% B～5% B；进样量：10μl。

1.2.2 质谱条件

采用正离子电喷雾离子源（ESI^+），源温度和脱溶剂气温度分别为 150℃和 500℃。检测方式为 MRM；相关质谱条件见表 1。

表 1　目标化合物的质谱条件

目标物	母离子（*m/z*）	锥孔电压/V	子离子（*m/z*）	碰撞能量/eV	驻留时间/min
头孢唑啉	455.2	30	323.0[a]	10	0.02
			155.9[b]	28	0.02
头孢呋辛	447.34	38	386.1[a]	15	0.02
			342.0[b]	12	0.02

注：a 为定量离子，b 为定性离子

1.3 样品制备

取水样 1L，经 0.45μm 滤膜减压过滤。加入 0.2g Na_2EDTA，加入盐酸调节水样 pH 为 5.0。采用 HLB 固相萃取柱进行萃取。HLB 固相萃取柱预先用 6ml 甲醇和 10ml 超纯水（pH=5.0）洗涤小柱，水样过柱后，先用 5ml pH=5.0 超纯水洗涤小柱，再将小柱于氮气保护下干燥 30min。然后用 10ml 甲醇分 3 次洗脱，洗脱液直接进行减压浓缩近干，用 5%乙腈水溶液定容为 1.0ml，待测。

2 结果与讨论

2.1 色谱条件优化

有机相比较了甲醇和乙腈，水相比较了超纯水、0.05%甲酸水、0.1%甲酸水和 0.2%甲酸水，结果表明选择乙腈和 0.1%甲酸水溶液作为流动相时，其基线稳定，峰形尖锐，峰对称性好，且质谱响应最高。

2.2 固相萃取条件优化

2.2.1 萃取柱对固相萃取效果的影响

本实验对比研究了 C_{18}萃取柱与 HLB 萃取柱对这两种目标物的富集效果，结果表明亲水亲脂双相平衡的 HLB 反向吸附小柱对极性较大的头孢抗生素萃取效果最佳（见图 1）。

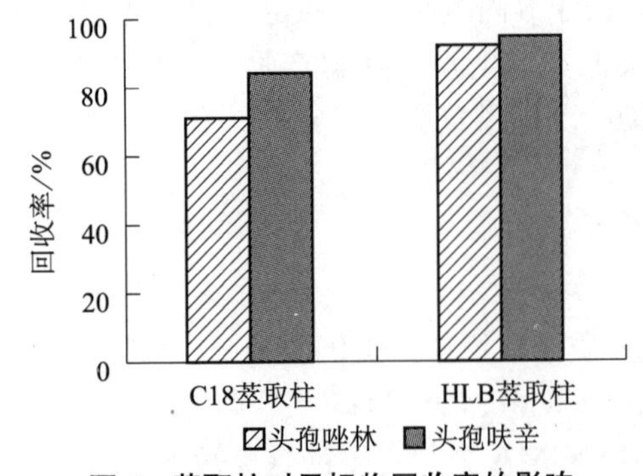

图 1　萃取柱对目标物回收率的影响

2.2.2 pH 值对固相萃取效果的影响

头孢类抗生素在不同 pH 值水中的离解度不同，影响萃取柱吸附材料之间的吸附解析过程，影响萃取效率。本实验用 0.1mol/L 盐酸调节超纯水的 pH 值分别为 1、3、5、6、7、8、9，配制浓度为 1mg/L 的头孢唑啉和头孢呋辛进行萃取实验，见图 2。实验结果表明当 pH=5.0 时，目标物的回收率最佳。

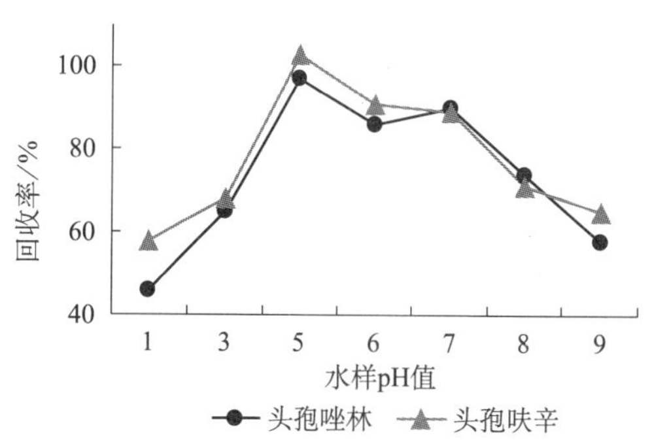

图 2 不同溶液 pH 值对萃取效率的影响

2.3 线性范围和检出限

在选定的色谱和质谱条件下，两种头孢类抗生素在 0.5～50μg/L 范围内具有良好的线性，相关系数均大于 0.990。检出限为 3 倍的信噪比，头孢唑啉和头孢呋辛的检出限分别为 5ng/L 和 2ng/L。

2.4 方法的精密度与准确度

分别在实验用水和污水处理厂出口水中进行加标回收率实验，加标水平为 5ng/L 和 500ng/L，平行测定 3 次，实验用水的加标回收率为 78.4%～105.6%，相对标准偏差（RSD）为 3.6%～8.4%；出口水的加标回收率为 69.2%～118.7%，RSD 为 8.9%～16.6%。

2.5 样品测定

采用本方法对哈尔滨市一污水处理厂的入口水、出口水、入河点的头孢唑啉和头孢呋辛进行检测，结果见图 3。由图可以看出污水处理厂的处理效率比较高，均大于 90%，但是在出口水中抗生素有检出，说明处理过程中头孢类抗生素未被完全除去，从而进入水环境中。它们的迁移转化和生态效应值得进一步研究。

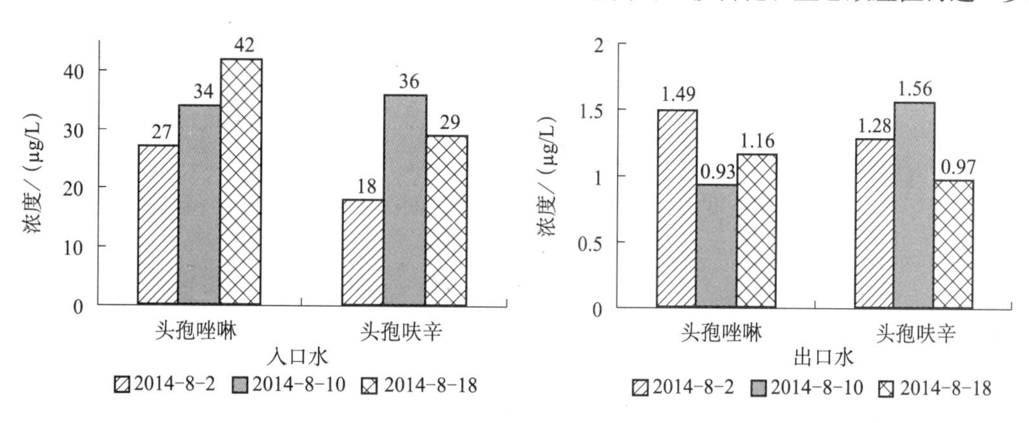

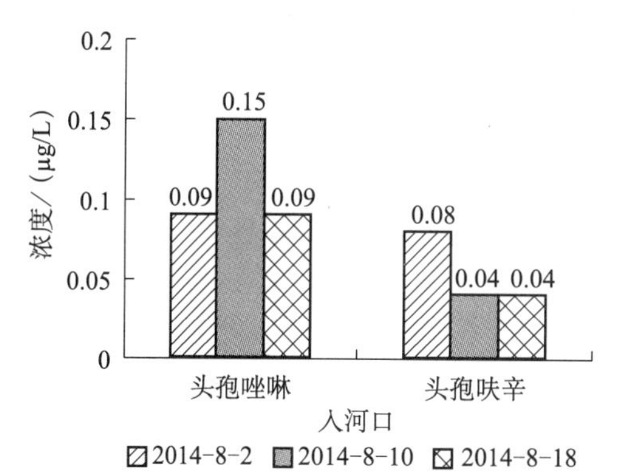

图 3 不同点位头孢抗生素检测浓度

2.6 风险评价

采用“最大值”原则来评价实测入河口中头孢类抗生素的环境风险，根据商值法计算经过污水处理厂入河口中残留抗生素的RQ值，结果如表2所示，头孢呋辛RQ值大于1，属于高风险。

表2 入河口中残留头孢类抗生素环境风险评价

药物名称	PNEC[8]/（μg/L）	MAX MEC/（μg/L）	RQ	风险等级
头孢唑林	1.25	0.15	<1	低
头孢呋辛	0.04	0.08	>1	高

3 结论

本文建立了SPE-UPLC-ESI/MS/MS测定水中的两种头孢类抗生素，该方法快速、灵敏，可广泛适用水体中其他头孢类抗生素的残留检测。利用本文建立的方法在入河口均检测到了目标物，且头孢呋辛的环境风险等级为高。

参考文献

[1] Kümmerer K. Significance of antibiotics in the environment [J]. J. Antimicrobial Chemot herapy，2003，52：527-531.

[2] Liu. F，YingG. G，YangJ. F，et al. Dissipation of sulfamethoxazole，trimethoprim and tylosin in a soil under aerobic and anoxic conditions [J]. Environ. Chem. 2010，7（4），370-376.

[3] Kim S，Cho J，Kim IS. Occurrence and removal of pharmaceuticals and endocrine disruptors in south korean surface drinking and wastewaters [J]. Wat Res，2007，41：1013-1021.

[4] Kümmerer K. Antibiotics in the aquatic environment a review Part Ⅰ [J]. Chemosphere，2009，75：417-434.

[5] Fent K，Escher C，Caminada D. Estrogenic activity of pharmaceuticals and pharmaceutical mixtures in a yeast reporter gene system [J]. Reproductive Toxicology，2006，22：175-185.

[6] 薛雨，陈宇瑛. 头孢菌素类抗生素的最新研究进展 [J]. 中国抗生素杂志，2011，36（2）：86-92.

[7] Xiao-Huan Wang，Angela Yu-Chen Lin. Phototransformation of Cephalosporin Antibiotics in an Aqueous Environment Results in Higher Toxicity. Environment Science&Technology [J]. 2012，46：12417-12426.

[8] Kummerer K，Henninger A. Promoting resistance by the emission of antibiotics from hospitals and households into effluent [J]. Clinical Microbiology and Infection，2003，9（12）：1203-1214.

作者简介：王伟华（1977—），女，汉族，黑龙江省绥滨县人，硕士，哈尔滨市环境监测中心站、工程师。

微波消解预处理测定土壤中 7 种重金属元素最佳条件的选择

杨　玖　廖德兵

攀枝花市环境监测站，攀枝花　617000

摘　要：采用微波消解-ICP-AES 测定方法，考察了微波消解混酸配比、消解时间和赶酸功率对土壤标准样品消解结果测定的影响。在混酸 HNO_3-HF-H_2O_2 体系中，混酸配比为 5∶1∶3，消解功率 1 400 W，消解时间 25 min，赶酸功率 800W 的条件下，测定各元素结果均在推荐值范围内，相对偏差在 5%以内，锰、铬和钛的检出限均低于 0.005 mg/kg，其他各元素的检出限均在 0.01～0.10 mg/kg。最佳微波消解条件下，进行实际样品加标回收试验，回收率均在 90.0 % ～ 110.0 %。该方法不仅可以同时消解和测定 7 种金属元素，且适用于大量土壤样品的测定，具有简单、准确、快速等优点，大大提高了工作效率。

关键词：微波消解；土壤；重金属；ICP-AES

Option of Best Conditions of Microwave Digestion for the Determination of Seven Main Elements in Soil

YANG Jiu　LIAO De-bing

Panzhihua Municipal Environmental Monitoring Station，Panzhihua 61700

Abstract: The effects of several factors on the determination of heavy metal in National soil standard samples including the ratio of mixing acid, digestion time, power in microwave digestion system were investigated by ICP-AES (inductively coupled plasma-atomic emission spectrometry). Preparation for the unification of digestion fluid ideal soil sample digestion condition was HNO_3 (5) -HF (1) -H_2O_2 (3), the digestion time was 25 min, the digestion power was 1 400W and the best time for acid power was 800W, a better result of digestion was obtained. On the optimized conditions, they were high precision within the standard range, the results obtained that the RSD is less than 5%, the detection limits were below 0.005 mg/kg for Mn、Ti and Cr, with the range of 0.01 ～ 0.10 mg/kg for Zn、Cu、Ni and V., and the recovery is 90.0 %～110.0 for each element. it was applicable to the determine a large number of soil samples with a simple, rapid, accurate, less interference, etc., greatly enhance the work efficiency.

Key words: microwave digestion; soil; heavy metals; ICP-AES

土壤是矿产资源开发中直接的污染物收纳体。重金属在土壤中长期积累，并通过食物链直接或者间接地进入人体，进而影响人体健康。因此检测矿产资源周边土壤中重金属含量显得尤为重要，特别是如何快捷、准确测定土壤中多种重金属元素的含量，对矿产作业过程中重金属迁移、转化、积累及分布的研究具有重要的意义。样品前处理是土壤重金属元素的测定的关键影响元素之一，主要有酸碱熔法和分解法。碱熔法中试剂使用量较大，容易出现空白值较高的现象，因此酸分解法成为土壤重金属测定中常用的消解方法[1]。在多种前处理方法中，国家标准多采用混合酸完全消解的方法[2]，但目前国家标准检测方法只给出了单独测定重金属的方法[3-5]，这不仅使得检测工作繁琐，时效性差，工作效率低，而且污染环境影响操作人员身体健康。

近年来，微波消解技术得到广泛应用。密闭微波消解系统具有消解速度快、无挥发损失、不易受到环境的污染等优点。微波加热分解时，首先要选择试样的用量、使用酸的种类及用量、分解时间、微波加热功率等条件，如果条件选择不合适，可能会损坏微波消解仪[1]。许多学者研究了微波消解条件对土壤金属元素测定的影响[6-8]。微波消解方法利用时应考虑的因素很多，归纳如下：①土壤样品类型质地等（主要是成分不同）；②样品称取量[6,9]；③每次溶解的样品数量，这与微波消解仪设置有关（消解数量罐）；④消解罐所需的消解体积（消解管能承受的最大酸体积）。电感耦合等离子体发射光谱法（ICP-AES）是分析土壤中金属元素最快捷、有效的方法之一。为此，本文利用密闭微波消解技术，对样品前处理及消解条件的选择及优化进行了研究，以期探索出快速、高效同时测定土壤样品中的多种重金属元素的测定方法。

1 材料与方法

1.1 仪器与试剂

Anton-paar Multiwave PRO 密闭微波消解仪（美国 PerkinElmer 公司）、OPTIMA8000 系列电感耦合等离子体发射光谱仪（美国 PerkinElmer 公司）；Milli-Q 超纯水系统。

硝酸、氢氟酸、双氧水均为优级纯，实验室用水均为超纯水。

国家标准物质 Cu、Zn、Ni、Cr、V、Ti 和 Mn 储备液：1.00mg/ml；国家标准物质土壤标准参考样 GBW07456（GSS27）和 GBW07455（GSS26）。

1.2 样品的制备

将采集的土壤样品自然风干后，除去土壤中的动植物残体等，土壤过 2 mm 的尼龙筛后，按 4 分法缩分至 100 g，用压碎机粉碎，过 0.15 mm 筛，混匀备用。

1.3 试验方法

1.3.1 土壤微波消解法

准确称取 0.200 0 g 干燥的土壤标准参考样于消解管中，分别加入 5 ml HNO_3、1 ml HF 和 3 ml H_2O_2，轻轻摇匀，使其与土壤充分接触后，放于陶瓷消解罐中，拧紧罐盖，将消解罐放入微波消解仪中进行消解。微波消解仪消解系统的最佳条件见表 1。消解冷却（55℃）后，放气，取出消解管，将消解管放入自动赶酸装置中，赶酸程序为 800 W，至消解液 1 ml 左右。冷却后，将罐盖及管内的液体转移到容量瓶中，用超纯水定容至 50 ml（备用）。

表 1 微波消解工作条件

消解步骤	功率	爬升时间/min	保持时间/min	消解最高温度/℃
1	700W	10	5	—
2	1 400W	10	25	210
3	—	—	—	55

1.3.2 微波消解酸体系不同比例的选择研究

在微波消解土壤样品时，使用的酸体系有许多的选择，使用较多的酸体系有 HNO_3-HF-H_2O_2[10-12]。因此本试验采用 HNO_3-HF-H_2O_2体系[13]，设置 3 因素 3 水平。通过正交实验（见表 2），优化微波消解酸体系的用量。根据正交实验分别对国家标准样品 GSS26 和 GSS27 进行微波消解，探究不同酸的用量对土壤中重金属测定的影响。

1.3.3 微波消解时间对土壤金属元素测定影响的研究

本实验设置 3 个处理，微波消解功率为 1 400 W，消解时间分别设置为：①20 min；②25 min；③30 min。称取 0.200 0 g（精确到 0.000 1）国家土壤标准样品 GSS27，依次分别加入 5 ml HNO_3、1 ml HF 和 3 ml H_2O_2，放入消解罐后，根据处理，设定微波消解程序，消解后，进行自动赶酸。赶酸程序为 800

W，至消解液为 1 ml 左右。

1.3.4 微波自动赶酸功率对测定结果的影响研究

根据仪器条件，设置赶酸功率分别为：700W，750W，800W。称取 0.200 0g 国家土壤标准样品 GSS27，加 5 ml HNO_3、1 ml HF 和 3 ml H_2O_2混合酸进行微波消解，消解条件为见表 1。之后分别根据设置的赶酸功率，进行赶酸，至消解液 1 ml 左右，测定不同赶酸功率下消解液中 7 种重金属元素的含量。

1.3.5 测定方法

本文采用 ICP-AES 测定土壤重金属元素。仪器工作条件为：入射功率 1 300W，等离子体气流量（Ar）15 L /min，辅助气流量（Ar）0.2 L /min，雾化器流量（Ar）0.8 L /min，泵速 1.5 ml /min，进样时间 40 s。各元素测定波长（nm）：Cu 327.393；Zn 213.857；Ni 231.604；V 310.23；Ti 336.121；Mn 257.61；Cr 267.716。

2 结果与分析

2.1 消解液酸体系用量的选择

消解液用量的选择对测定土壤中重金属的准确性、重复性的影响较大，因此采用不同用量的酸体系对国家土壤标准样品 GSS26 和 GSS27 进行微波消解，7 种重金属元素含量的测定结果见表 2。

由表 2 可以看出，方法 2-HNO_3（5）HF（1）H_2O_2（3）不仅耗酸量较少，氢氟酸用量低且消解效果较好，所检测的金属元素均在推荐值范围以内，因此该酸体系用量是处理土壤样品的最为理想的消解方法。

2.2 微波加热消解时间的控制

微波加热时间对土壤中重金属元素的测定有一定的影响。对土壤中不同含量的元素的测定时，可适当调整消解时间。从表 3 可以看出，在 HNO_3（5）HF（1）H_2O_2（3）混合酸体系下，消解时间从 20～30 min，土样消解中 Cr、Ti、V、Mn 4 种重金属元素的测定值均在推荐值范围内，当消解时间为 25 min 时，7 种重金属元素测定值均在推荐值范围内。因此，25 min 为最佳消解时间。

表 2 不同消解方法对 GSS26 和 GSS27 标准样品的测定结果 单位：mg/kg

编号	消解方法	标准样品	Cu	Ni	Zn	Cr	Ti	V	Mn
1	HNO_3（5） HF（2）H_2O_2（2）	GSS-26	19.6±0.1	26±1	63±1	63±3	0.41±0.01	72±7	515±22
		GSS-27	56±1	42±2	132±3	90±4	0.65±0.02	127±8	954±37
2	HNO_3（5） HF（1）H_2O_2（3）	GSS-26	19.0±0.5	27±1	61±1	63±2	0.49±0.08	72±2	551±13
		GSS-27	54±2	43±1	126±2	90±1	0.61±0.05	117±5	931±21
3	HNO_3（5）HF（3）H_2O_2（1）	GSS-26	18.9±1.6	27±1	60±1	64±3	0.43±0.01	69±3	470±13
		GSS-27	51±1	44±2	130±5	83±4	0.68±0.03	114±9	877±35
4	HNO_3（6） HF（3）H_2O_2（1）	GSS-26	19.9±0.6	24±1	60±5	56±5	0.38±0.01	59±4	449±24
		GSS-27	52±3	37±2	114±5	71±6	0.56±0.03	85±6	765±33
5	HNO_3（6）HF（2）H_2O_2（2）	GSS-26	26.9±2.2	26±1	58±2	60±5	0.40±0.02	30±9	518±23
		GSS-27	70±2	46±1	142±1	95±1	0.72±0.07	105±8	996±15
6	HNO_3（6）HF（1）H_2O_2（3）	GSS-26	18.1±0.9	24±1	58±2	57±1	0.36±0.02	57±5	516±11
		GSS-27	54±2	41±1	126±3	86±2	0.58±0.01	121±9	910±24
7	HNO_3（7）HF（1）H_2O_2（3）	GSS-26	28.1±0.5	25±1	59±2	61±2	0.38±0.01	31±1	513±17
		GSS-27	63±1	43±1	130±3	95±2	0.63±0.01	104±7	948±33
8	HNO_3（7）HF（3）H_2O_2（1）	GSS-26	21.0±1.0	21±2	60±2	46±3	0.36±0.03	38±20	397±30
		GSS-27	60±5	35±2	106±9	71±4	0.54±0.04	87±8	737±70
9	HNO_3（7）HF（2）H_2O_2（2）	GSS-26	22.1±0.5	23±1	59±3	59±2	0.38±0.02	82±3	495±23
		GSS-27	70±1	41±1	129±4	86±3	0.64±0.02	124±2	905±36
推荐值		GSS-26	19.1±0.6	26±1	62±2	61±3	0.57±0.03	72±4	561±23
		GSS-27	54±2	43±2	127±4	92±4	0.67±0.07	120±6	956±37

表 3　不同消解时间对 GSS27 标准样品测定结果的影响

处理	元素						
	Cu	Zn	Ni	Cr	Mn	Ti	V
20 min	61±1	133±3	44±1	92±2	930±28	0.62±0.01	115±11
25 min	54±2	126±2	43±1	90±1	931±21	0.61±0.05	117±5
30 min	57±3	139±3	53± 1	99±3	979±23	0.65±0.01	109±7

2.3　赶酸功率的筛选

功率可间接影响重金属元素的测定。从表 4 中可以看出：重金属元素测定的结果随着功率的增大而增大；赶酸功率在 750～800W，土样消解中 Cu、Ni、Cr、Ti 和 V 等元素均在推荐值范围内，当赶酸功率升到 800W 时，7 种重金属元素测定的值均在推荐值范围内，因此最佳赶酸功率为 800W。

表 4　不同赶酸功率对 GSS27 标准样品测定结果的影响

处理	元素						
	Cu	Ni	Zn	Cr	Ti	V	Mn
800 W	54±2	43±1	126±2	90±1	0.61±0.05	117±5	931±21
750 W	53±2	38±1	125±3	88±2	0.61±0.01	111±8	881±29
700 W	49±3	38±1	116±5	78±7	0.55±0.05	102±7	793±51

2.4　精密度和准确度试验

为更进一步验证方法的可靠性，本文进行了精密度和准确度及样品加标回收率试验。分别准确称取 0.200 0g GSS27 国家标准土壤物质 6 份，分别加入 5 ml HNO_3，1 ml HF，3 ml H_2O_2，在相同仪器条件下进行前处理和测定。结果表明（表 5），测定值均在推荐值范围内，且批间相对标准偏差均小于 5%。该方法对以下几个元素的测定值取得了较好的结果，准确性和精密性较好。

表 5　标准物质测定结果

元素	测定值	平均值	RSD/%	推荐值
Cu	52～56	53.9	3.45	54±2
Zn	124～128	126	1.66	127±4
Ni	42～44	43	2.07	43±2
Ti	0.56～0.66	0.6	2.00	0.67±0.07
V	112～123	117	4.56	120±6
Mn	910～952	931	2.22	956±37
Cr	89～91	90	1.45	92±4

2.5　实际土壤样品的测定及加标回收率

采用本文试验结果消解方法对钒钛产业地区周边土壤进行消解分析。6 次重复，测定结果见表 6。由表 6 可知，各元素回收率均在 90%～110%之间，表明该消解方法可靠。

表 6　实际土壤样品加标回收试验

元素	加标前测定值/μg	加标量/μg	加标后测定值/μg	回收率/%
Cu	21.9	30.0	51.2	97.7
Zn	82.7	60.0	145.3	104.5
Ni	34.5	25.0	58.8	97.3
Ti	0.19	0.30	0.51	106.7
V	58.0	60.0	123.9	109.8
Mn	437.0	500.0	894.4	91.5
Cr	39.2	45.0	83.0	97.3

2.6 检出限的测定

方法检出限通过对样品空白进行 7 次测定，以 3 倍空白的标准偏差所对应的浓度值表示。Mn、Cr 和 Ti 的检出限均低于 0.005 mg/kg；Zn、Cu 和 Ni 的检出限均低于 0.03 mg/kg；V 的检出限为 0.10 mg/kg。

3 结论

通过对消解酸体系用量和消解时间的筛选、优化，最终得出了测定 7 种金属元素较为理想的土样消解条件；HNO_3（5）HF（1）H_2O_2（3），消解时间为 25min，赶酸功率 800W。通过测定精密度和准确度，进一步验证了此方法的可靠性。本方法完成了同时消解 7 种重金属元素，测定值均在推荐值范围内，且相对标准偏差均小于 5%。综上所述，该方法可同时测定土壤中 7 种重金属是可行的。

参考文献

[1] 中国环境监测总站. 土壤元素的近代分析方法 [M]. 北京：中国环境科学出版社，1992.

[2] 土壤环境质量标准. GB 15618—1995.

[3] 土壤质量总铬的测定. GB/T 17137—1997.

[4] 土壤质量铜、锌的测定. GB/T 17138—1997.

[5] 土壤质量镍的测定. GB/T 17139—1997.

[6] 吴蝶，黄莺. 微波消解测定土壤金属预处理的优化 [J]. 西南师范大学学报（自然科学版），2013，38（11）：132-135.

[7] 李剑，孙友宝，马晓玲，等. 微波消解 ICP-AES 法测定土壤中的多种金属元素 [J]. 环境化学，2013，32（6）：1113-1114.

[8] 苏淑坛，李天宝，易碧华，等. 微波消解-ICP-AES 法测定土壤中铅、砷、铬、镉和汞 [J]. 福建分析测试，2013，22（5）：45-48.

[9] 古小治，章钢娅，戴荣玲，等. 密闭消解 ICP—AES 测定土壤及沉积物中主量和微量元素 [J]. 分析试验室，2008，27（8）：17-20.

[10] 高利娟，孙钦平，许俊香，等. 探索制备土壤重金属统一测试液的最佳消解条件 [J]. 中国农学通报，2012，28（27）：104-108.

[11] 龙加洪，谭菊，吴银菊，等. 土壤重金属含量测定不同消解方法比较研究 [J]. 中国环境监测，2013，29（1）：123-156.

[12] 魏向利，雷用东，马小宁，等. 微波消解－AAS 法测定土壤中铅铬镉元素的研究 [J]. 安徽农业科学，2014，42（11）：3243-3244，3247.

[13] Sandroni V，Smith C M M，Donovan A. Microwave digestion of sediment，soil and urban particulate matter for trace metal analysis [J]. Talanta，2003（60）：715-723.

作者简介：杨玖（1989—），女，汉族，四川广元人，硕士研究生，攀枝花市环境监测站，助理工程师，主要从事环境监测与分析工作。

化工园区地下水中22种常见挥发性有机物的分析研究

张存良　李红莉　曹方方　张凤菊　颜　涛　金玲仁
山东省环境监测中心站，济南　250101

摘　要：为扎实做好化工园区地下水污染状况调查，实验建立了吹扫捕集与气相色谱-质谱联用测定水中22种常见挥发性有机物的分析方法。该方法的加标回收率为98.3%～110.1%，相对标准偏差为1.4%～6.1%，检出限为0.08～0.50μg /L，该方法具有准确、灵敏、受其他有机物干扰少的优点。由于这22种VOCs的特征离子较为普遍，且受化工园区企业污染的地下水样品组成复杂，在样品分析时应特别注意数据的假阳性问题。

关键词：吹扫捕集；气相色谱-质谱；挥发性有机物；水环境；假阳性

Determination of 22 Kinds of Common Volatile Organic Compounds in Ground Water of Chemical Industry Park

ZHANG Cun-liang　LI Hong-li　CAO Fang-fang　ZHANG Feng-ju　YAN tao　JIN Ling-ren
Environmental monitoring center of shandong province, Jinan 250101

Abstract: In order to investigate groundwater pollution of chemical industrial park, this study established a method to determine 22 kinds of common volatile organic compounds in water by purge and trap in combination with gas chromatography and mass spectrometry (GC/MS) . The recovery ratios of the method were 98.3%～110.1%. RF RSD were 1.4%～6.1%. Using this method, the range of the lowest detection limits for 22 kinds of VOCs was 0.08～0.50μg/L. The method is sensitive and accurate, bringing no contamination. Because the characteristic ions of 22 kings of VOCs are common, and the component of ground water samples polluted by chemical industrial enterprise are complex, we should pay special attention to the false positive problem in the research process.

Key words: purge and trap; gas chromatography and mass spectrometry; volatile organic compounds; environmental water; false positive

近年来，随着经济社会的快速发展和人民群众生活水平的日益提高，地下水污染问题逐渐成为社会公众和媒体关心关注的焦点。中国许多城市的地下水都检测到了VOCs的存在[1]，这些挥发性有机物通过长期的渗漏侵入地下，极易造成地下水污染，潜在的环境风险十分突出。

目前我国对水中挥发性有机污染物的分析方法有GC-ECD、GC-FID、GC-MS。地下水中挥发性有机污染物浓度比较低，很难用仪器直接测定。因此，一些富集方法如液液萃取法[2]、静态顶空法[3]、吹扫捕集法等[4-8]等样品前处理方法被用于这类污染物的分析中。与液液萃取、顶空相比，吹扫捕集技术具有无溶剂污染、可测定范围宽、浓缩倍数高、检出限低、快速准确等特点。由于GC/MS能够对多组分样品准确进行定性定量分析，与吹扫捕集技术联用测定水样中挥发性有机物相当有效。虽然吹扫捕集技术也常用作GC-ECD、GC-FID的前处理手段，但对水中几十种挥发性有机物进行同时分析则较复杂。顶空技术相比对于吹扫捕集技术而言，其方法灵敏度较低、精密度较差，不利于较多组分的同时监测[9]。然而，化工园区由于企业产品类型不一，所需的原辅材料种类较多，很多历史较长的化工园区在不同程度上存在跑冒滴漏现象，由此造成地下水的污染组成也更为复杂，污染物的浓度跨度也较大。因此，采用吹扫捕集-GC/MS联用技术，分析化工园区地下水中多种挥发性有机物十分必要。

本次实验分析的22种目标化合物，基本上均为化工行业常用的溶剂及重要的有机合成原料，具有低沸点、易挥发，且大多数与水混溶的特点。我国的标准监测方法中，只有HJ 639—2012采用了吹扫捕集/GC-MS法分析水中57种VOCs。但针对本文研究的22种挥发性有机物，目前尚无相关标准分析方法。而且美国EPA采用的是GC/FID方法分析其中的部分物质，也非GC/MS法[10]。为了扎实做好化工园区地下水污染状况调查，本文实验建立22种极性较强、沸点低、水溶性较好的挥发性有机污染物吹扫捕集/GC-MS法。

1 实验方法

1.1 仪器及条件

1.1.1 仪器

Agilent7890A-5975C色质联用仪，色谱柱为HP-VOC熔融石英毛细管柱（30m×0.2mm×1.12μm）；TEKMAR Atomx吹扫捕集：能容纳25ml水样；25ml气密性注射器、微量进样针、进样小瓶、移液管若干。

1.1.2 色谱条件

进样口：温度220℃，分流比为20∶1，总流量24ml/min；隔垫吹扫流量3ml/min。

载气：氦气（纯度：99.999%），恒定流量模式，柱流速为1.0ml/min。

柱温35℃，保持4.0min，然后以16℃/min升温至85℃，保持0min，再以30℃/min升至210℃。

色谱质谱传输线温度：250℃。

1.1.3 质谱条件

EI离子源，离子源温度230℃；四极杆温度150℃；EM电压：调谐后电压。溶剂延迟时间为0.5min；扫描范围：m/z 35～300amu，发射电子能70eV。采集模式选择总离子流图模式。每种化合物的定量离子与辅助定性离子见表1。

表1 化合物的定量离子与辅助定性离子

化合物名称	定量离子	辅助定性离子
丙酮	43	58、42、39
乙醚	59	45、74、43
碘甲烷	142	127、141、139
丙烯腈	53	52、51、50
3-氯丙烯	41	39、76、38
二硫化碳	76	44、78、38
甲基叔丁基醚	73	57、41、43
丙腈	54	55、52、51
2-丁酮	43	72、57、42
甲基丙烯腈	41	67、39、52
丙烯酸甲酯	55	85、42、58
四氢呋喃	42	41、72、71
1-氯丁烷	56	41、43、39
氯乙腈	75	48、40、77
2-硝基丙烷	43	41、39、42
甲基丙烯酸甲酯	41	69、39、100

续表

化合物名称	定量离子	辅助定性离子
甲基丙烯酸乙酯	69	41、39、86
2-己酮	43	58、57、41
反式-1,4-二氯-2-丁烯	75	53、89、77
五氯乙烷	167	117、119、165
六氯乙烷	117	119、201、166
硝基苯	77	123、51、50

1.1.4 吹扫捕集条件

以高纯氦气（99.999%）为吹扫气，吹扫时间：11min；吹扫流速：40ml/min，解析温度：250℃；解析时间：2.0min，烘烤温度：280℃，烘烤时间：2min。

1.2 主要试剂

含22种挥发性有机物混合标准溶液（AccuStandard公司M-524R-B），组分为丙酮、乙醚、碘甲烷、丙烯腈、3-氯丙烯、二硫化碳、甲基叔丁基醚、丙腈、2-丁酮、甲基丙烯腈、丙烯酸甲酯、四氢呋喃、1-氯丁烷、氯乙腈、2-硝基丙烷、甲基丙烯酸甲酯、甲基丙烯酸乙酯、2-己酮、反式-1,4-二氯-2-丁烯、五氯乙烷、六氯乙烷、硝基苯，每种化合物浓度均为2 000μg/ml。

甲醇：农残级（百灵威）；盐酸（1∶1）：优级纯。

实验用水：将Millipore纯水机制的超纯水加热煮沸15min，然后用高纯氮气吹扫15min制作无VOCs超纯水。

22种挥发性有机物混合储备液：取0.50ml含22种挥发性有机物混合标准溶液于100ml容量瓶中，用甲醇定容（10.0μg/ml），现用现配。

1.3 校准曲线

用微量注射器分别取22种挥发性有机物混合储备液0.0μl、2μl、8μl、16μl、40μl、80μl、160μl于40ml无VOCs超纯水注满的棕色采样瓶中，并用具有聚四氟乙烯表面硅胶衬垫的螺旋盖旋紧。配制成标准系列浓度分别为0.0μg/L、0.5μg/L、2.0μg/L、4.0μg/L、10.0μg/L、20.0μg/L、40.0μg/L。仪器运行后吹扫捕集仪器分别吸取25ml上述溶液，注入吹扫管中，与样品在相同条件下分析测定。

1.4 样品测定

测定时用吹扫捕集自动进样器吸取25ml水样，注入吹扫管，用氦气吹脱11min，热解吸2min，GC/MS程序升温后进行数据处理。

1.5 样品采集与保存

使用标准40ml棕色VOC专用采样瓶采样，瓶盖具有聚四氟乙烯表面硅胶衬垫。采样时，缓慢倒入水样，使水样在瓶中自然溢出，瓶内不要有气泡，每40ml水样中加4滴1：1的盐酸作为固定剂。每批样品要带一个全程空白，采用与水样采集相同的装置及试剂，其他步骤同水样采集和保存方法。

样品采集后，应及时测定。如果样品不能马上分析测定，采样后应将样品置于冰箱中，4℃左右冷藏保存，样品存放区域必须无有机物干扰，并且在7天内必须分析完毕。

2 实验结果

2.1 22种VOCs标准混合样品定性分析

22种VOCs混合标准样品通过全扫描（SCAN）进行定性分析，由GC/MS谱库检索确定每种有机物对应的保留时间。由图1可见，22种VOCs混合标准样品总离子流图（TIC）如图1所示。

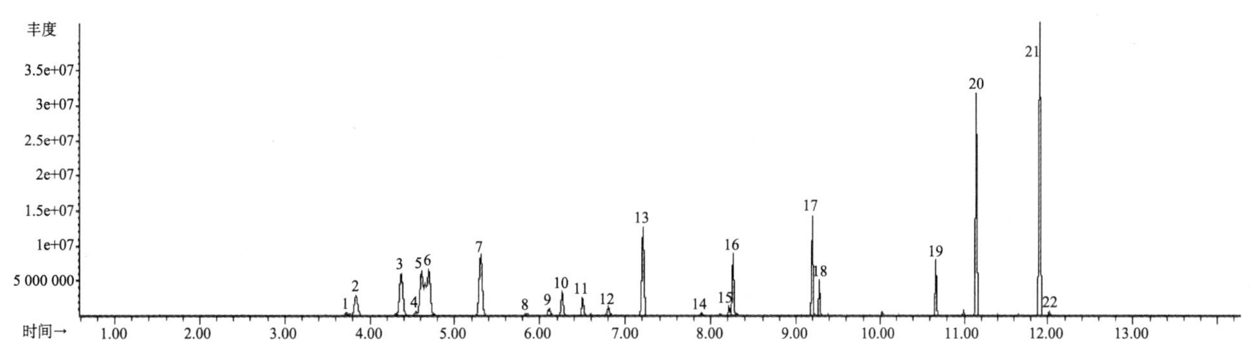

1—丙酮；2—乙醚；3—碘甲烷；4—丙烯腈；5—3-氯丙烯；6—二硫化碳；7—甲基叔丁基醚；8—丙腈；9—2-丁酮；10—甲基丙烯腈；11—丙烯酸甲酯；12—四氢呋喃；13—1-氯丁烷；14—氯乙腈；15—2-硝基丙烷；16—甲基丙烯酸甲酯；17—甲基丙烯酸乙酯；18—2-己酮；19—反式-1,4-二氯-2-丁烯；20—五氯乙烷；21—六氯乙烷；22—硝基苯

图1　22种VOCs混合标准样品总离子流图

2.2　标准曲线

本方法采用外标法定量，用峰面积与浓度作工作曲线。22种VOCs的工作曲线线性范围均为0.0～40.0μg/L，在此线性范围内22种VOCs的相关系数为0.994 0～0.999 5。

2.3　方法检出限

检出限计算公式为：$MDL=S\times t_{(n-1,0.99)}$（如果连续分析7个样品，在99%的置信区间，此时$t_{6,0.99}=3.143$）；其中：$S$为连续分析7个接近于检出限浓度的实验室空白加标样品计算得到的标准偏差；$t_{(n-1,0.99)}$为置信度为99%、自由度为$n-1$时的t值；n为重复分析的样品数。同时要求加标样品测定平均值与MDL比值在3～5之间，不在此范围的则改变空白加标浓度，重新测定。

配制0.5μg/L混合标准溶液，平行测定7次，计算各组分浓度，按下式计算各组分方法检出限（MDL）：$MDL=S\times 3.143$。实验结果发现22种化合物的检出限在0.08～0.50μg /L之间，结果见表2。

2.4　精密度和准确度实验

按实验方法，对所用的纯水和甲醇进行了空白试验，结果表明两者中均不存在VOC。用超纯水进行了3个浓度级别的加标回收和精密度实验，每种浓度各重复测定6次，实验结果见表2。由表2可见，22种VOC测定的相对标准偏差范围在1.4%～6.1%之间，方法的加标回收率在98.3%～110.1%之间。表明本方法准确可靠，能满足测定22种VOCs的监测分析要求。

表2　精密度和加标回收率表

化合物	空白值/(μg/L)	加标量/(μg/L)	加标后测得值/(μg/L)	测定均值/(μg/L)	回收率/%	RSD/%	检出限/(μg /L)
丙酮	0.00	2.0	1.98、1.96、1.86、1.92、2.05、2.17	1.99	99.6	5.3	0.30
	0.00	10.0	10.65、10.62、10.10、10.48、10.80、11.12	10.63	106.3	3.2	
	0.00	20.0	21.00、20.72、20.30、20.62、21.22、21.68	20.92	104.6	2.3	
乙醚	0.00	2.0	2.01、1.95、1.85、1.92、2.03、2.12	1.98	99.0	4.7	0.10
	0.00	10.0	10.08、10.02、9.84、9.95、10.16、10.21	10.04	100.4	1.4	
	0.00	20.0	20.07、19.79、19.39、19.70、20.88、21.40	20.20	101.0	3.8	

续表

化合物	空白值/(μg/L)	加标量/(μg/L)	加标后测得值/(μg/L)	测定均值/(μg/L)	回收率/%	RSD/%	检出限/(μg /L)
碘甲烷	0.00	2.0	2.08、2.03、1.97、2.00、2.10、2.14	2.05	102.7	3.2	0.10
	0.00	10.0	10.37、10.06、9.80、10.00、10.41、10.54	10.20	102.0	2.8	
	0.00	20.0	19.83、19.69、19.21、19.33、19.93、20.38	19.73	98.6	2.2	
丙烯腈	0.00	2.0	2.07、2.03、1.95、1.99、2.14、2.21	2.06	103.2	4.6	0.30
	0.00	10.0	10.54、10.15、9.80、9.96、10.55、10.70	10.28	102.8	3.5	
	0.00	20.0	20.05、19.89、19.01、19.52、20.34、20.43	19.87	99.4	2.7	
3-氯丙烯	0.00	2.0	2.19、2.14、2.03、2.07、2.21、2.27	2.15	107.7	4.2	0.10
	0.00	10.0	10.23、9.91、9.78、9.85、10.43、10.52	10.12	101.2	3.1	
	0.00	20.0	20.60、20.08、19.21、19.31、20.96、21.15	20.22	101.1	4.1	
二硫化碳	0.00	2.0	2.22、2.19、2.15、2.17、2.23、2.25	2.20	110.1	1.8	0.10
	0.00	10.0	10.08、9.93、9.66、9.71、10.15、10.22	9.96	99.6	2.3	
	0.00	20.0	19.77、19.55、19.09、19.43、20.07、20.37	19.71	98.6	2.3	
甲基叔丁基醚	0.00	2.0	2.12、2.10、2.01、2.04、2.16、2.20	2.11	105.4	3.3	0.08
	0.00	10.0	10.10、9.72、9.48、9.44、10.35、10.38	9.91	99.1	4.3	
	0.00	20.0	20.17、19.59、19.20、19.42、20.44、20.99	19.97	99.8	3.4	
丙腈	0.00	2.0	2.19、2.17、2.05、2.12、2.20、2.24	2.16	108.2	3.1	0.30
	0.00	10.0	10.04、9.57、9.38、9.46、10.46、10.51	9.90	99.0	5.1	
	0.00	20.0	20.58、20.80、20.09、20.02、20.80、21.32	20.60	103.0	2.4	
2-丁酮	0.00	2.0	2.17、2.09、1.94、2.04、2.19、2.22	2.11	105.5	5.1	0.30
	0.00	10.0	10.52、10.37、9.75、9.94、10.61、10.89	10.35	103.5	4.1	
	0.00	20.0	20.23、19.88、19.45、19.70、20.48、21.11	20.14	100.7	3.0	

续表

化合物	空白值/(μg/L)	加标量/(μg/L)	加标后测得值/(μg/L)	测定均值/(μg/L)	回收率/%	RSD/%	检出限/(μg /L)
甲基丙烯腈	0.00	2.0	2.21、2.10、2.07、2.09、2.28、2.33	2.18	109.1	4.9	0.10
	0.00	10.0	10.47、10.29、10.01、10.25、10.51、10.55	10.35	103.5	2.0	
	0.00	20.0	20.18、19.95、19.54、19.86、20.38、20.49	20.07	100.3	1.8	
丙烯酸甲酯	0.00	2.0	2.16、2.08、2.02、1.90、2.17、2.26	2.10	104.8	6.1	0.15
	0.00	10.0	10.50、10.13、10.04、9.85、10.61、10.71	10.31	103.1	3.3	
	0.00	20.0	20.31、20.13、19.66、19.43、20.44、20.61	20.10	100.5	2.3	
四氢呋喃	0.00	2.0	2.12、2.04、1.97、1.92、2.16、2.21	2.07	103.5	5.4	0.30
	0.00	10.0	9.89、9.74、9.44、9.32、10.15、10.43	9.83	98.3	4.2	
	0.00	20.0	19.83、19.50、19.42、19.23、20.29、21.26	19.92	99.6	3.8	
1-氯丁烷	0.00	2.0	2.03、1.96、1.96、1.94、2.06、2.12	2.01	100.6	3.5	0.08
	0.00	10.0	10.30、10.07、9.87、9.65、10.46、10.58	10.16	101.6	3.5	
	0.00	20.0	20.30、19.90、19.80、19.13、20.56、20.83	20.08	100.4	3.0	
氯乙腈	0.00	2.0	2.04、1.98、1.91、1.90、2.13、2.17	2.02	101.0	5.6	0.50
	0.00	10.0	10.34、10.21、9.98、9.84、10.56、10.85	10.30	103.0	3.6	
	0.00	20.0	20.38、19.81、19.29、19.18、20.82、21.03	20.08	100.4	3.9	
2-硝基丙烷	0.00	2.0	2.06、2.01、1.93、1.87、2.07、2.13	2.01	100.6	4.8	0.30
	0.00	10.0	10.58、10.51、10.09、9.58、10.88、10.90	10.42	104.2	4.9	
	0.00	20.0	20.38、19.81、19.29、19.18、20.82、21.03	20.08	100.4	3.9	
甲基丙烯酸甲酯	0.00	2.0	2.04、1.98、1.93、1.99、2.20、2.22	2.06	103.0	5.8	0.10
	0.00	10.0	10.35、10.12、10.00、9.93、10.67、10.85	10.32	103.2	3.6	
	0.00	20.0	20.29、19.95、19.72、19.59、20.51、20.79	20.14	100.7	2.3	

续表

化合物	空白值/(μg/L)	加标量/(μg/L)	加标后测得值/(μg/L)	测定均值/(μg/L)	回收率/%	RSD/%	检出限/(μg /L)
甲基丙烯酸乙酯	0.00	2.0	2.16、2.15、2.03、1.99、2.24、2.30	2.15	107.3	5.5	0.08
	0.00	10.0	10.36、10.04、9.82、9.41、10.37、10.56	10.09	100.9	4.2	
	0.00	20.0	19.93、19.62、19.40、19.01、20.07、20.49	19.75	98.8	2.6	
2-己酮	0.00	2.0	2.14、2.12、2.04、2.02、2.14、2.35	2.14	106.8	5.5	0.12
	0.00	10.0	10.35、10.07、9.95、9.81、10.56、10.88	10.27	102.7	3.9	
	0.00	20.0	20.26、19.56、19.42、19.12、20.46、20.78	19.94	99.7	3.3	
反-1,4-二氯-2-丁烯	0.00	2.0	2.02、2.00、1.97、1.96、2.05、2.08	2.01	100.7	2.3	0.10
	0.00	10.0	10.07、9.75、9.48、9.33、10.34、10.48	9.91	99.1	4.7	
	0.00	20.0	20.25、19.86、19.46、19.25、20.50、20.76	20.01	100.1	3.0	
五氯乙烷	0.00	2.0	2.07、2.02、1.95、1.90、2.12、2.18	2.04	102.0	5.1	0.08
	0.00	10.0	10.17、10.08、9.98、9.85、10.43、10.48	10.16	101.6	2.4	
	0.00	20.0	19.78、19.66、19.25、18.94、20.30、20.54	19.74	98.7	3.1	
六氯乙烷	0.00	2.0	2.06、1.99、1.93、1.95、2.07、2.19	2.03	101.6	4.8	0.08
	0.00	10.0	10.12、9.85、9.51、9.66、10.44、10.52	10.02	100.2	4.1	
	0.00	20.0	20.60、20.00、19.25、19.63、20.70、21.32	20.25	101.3	3.8	
硝基苯	0.00	2.0	2.10、2.06、1.88、1.99、2.15、2.22	2.07	103.3	5.8	0.30
	0.00	10.0	9.94、9.82、9.51、9.64、10.41、10.83	10.02	100.2	5.0	
	0.00	20.0	20.71、20.59、18.67、20.29、21.19、21.82	20.54	102.7	5.2	

3 样品分析

在某化工园区采集3个点位的地下水，按照地下水流向，将采样井分别编号为A、B、C；其中，井A位于该化工园区，井B和井C分别位于井A下游1km和3km处。该化工园涉及造纸印刷、精细化工、橡胶轮胎、汽车配件等行业，生产涉及的原辅材料种类较多。用建立方法进行分析，得到的定量结果列于表3。

表 3 地下水样品分析结果 单位：μg /L

序号	化合物	采样井编号		
		A	B	C
1	丙酮	4.95	0.26	0.53
2	乙醚	3.08	ND	ND
3	碘甲烷	ND	ND	ND
4	丙烯腈	ND	ND	ND
5	3-氯丙烯	1.47	ND	ND
6	二硫化碳	0.16	ND	ND
7	甲基叔丁基醚	0.42	ND	ND
8	丙腈	ND	ND	ND
9	2-丁酮	1.07	ND	ND
10	甲基丙烯腈	ND	ND	ND
11	丙烯酸甲酯	0.69	ND	ND
12	四氢呋喃	ND	ND	ND
13	1-氯丁烷	1.51	ND	ND
14	氯乙腈	ND	ND	ND
15	2-硝基丙烷	ND	ND	ND
16	甲基丙烯酸甲酯	0.46	ND	ND
17	甲基丙烯酸乙酯	0.22	ND	ND
18	2-己酮	ND	ND	ND
19	反-1,4-二氯-2-丁烯	ND	ND	ND
20	五氯乙烷	0.92	ND	ND
21	六氯乙烷	0.13	ND	ND
22	硝基苯	11.84	ND	ND

注：ND 为未检出。

由表 3 可知，井 A 检出挥发性有机物较多，主要检出了硝基苯、丙酮、乙醚、3-氯丙烯等有机物，井 B 和井 C 都只检出了丙酮。表明该化工园区的地下存在受当地化工企业污染的现象，建议下一步对该化工园生产企业进行全面调查，对遏制企业的污染地下水问题。

在样品分析过程中，还发现由于化工园区企业种类较多，受污染地下水样品的污染物组成复杂，而且许多挥发性有机物的特征离子都相同，例如，在井 A 的样品分析过程中，2-硝基丙烷和 3,3-二甲基-2-丁酮均有 43、41 的特征离子，反-1,4-二氯-2-丁烯和 1,2,3-三氯丙烷均有 75、77 的特征离子，而且出峰时间相同。因此，在得到定量结果后，应根据质谱图进一步核实数据，判断是否为目标物，以避免出现假阳性问题。

4 结论与建议

（1）实验结果看出，利用 HP-VOC 柱在上述条件下，对 22 种挥发性有机物混合标准样品分析，各种物质都能得到较好的分离，其方法的检出限在 0.08～0.50μg/L 之间，方法的加标回收率 98.3%～110.1%之间，相对标准偏差在 1.4%～6.1%之间。因此，所建方法能够满足同时分析地下水中多种挥发性有机污染物的要求。

（2）由于这 22 种 VOCs 的特征离子较为普遍，且受化工园区企业污染的地下水样品组成复杂，在样品测试时应根据化合物的质谱图与标准谱图进一步核实，特别注意数据的假阳性问题。

（3）由于化工园区地下水污染的范围尚不清楚，也缺乏针对性的防范措施。因此，扎实做好地下水污染状况调查，摸清地下水污染现状，有针对性地推进地下水污染防治工作，是确保环境安全、服务科学发展的重要举措，所建方法将为我国化工园区地下水中挥发性有机污染物的监测分析提供了参考。

参考文献

[1] 许瑛华，朱炳辉，杨业，等. 吹扫捕集-气相色谱法测定生活饮用水中挥发性有机物 [J]. 卫生研究，2006，35 (5)：644-646.

[2] M. F. Mehran，J. Chromatrgr [M]. 1984.

[3] 国家环保总局《水和废水监测分析方法》编写组. 水和废水监测分析方法. 4 版（增补版）. 北京：中国环境科学出版社，2006.

[4] T. A. Bellar. J. J. Lichtenberg. J. Am. Water Work Assoc [M]. 1974.

[5] 陈云霞，游静，梁冰，等. 吹扫/捕集-热脱附气相色谱法研究吸附剂富集水中痕量挥发性有机物的效果 [J]. 分析化学，1999，10：1186.

[6] J. W. Eichellberger，W. Buddel，U. S. EPA Method 524. 2，Revision 3. 0 [M]，1989.

[7] M. R. Lee，J. S. Lee，W. S. Hsiang. C. M. Chen，J. Chromatrgr [M]. 1997.

[8] 张道宁，周志平，汤友志，等. 固相微萃取与色谱联用方法分析水中 12 种有机氯化合物 [J]. 分析化学，1999，27 (7)：768-772.

[9] 刘劲松，傅军，金旭忠. 吹扫捕集与气相色谱质谱联用测定饮用水和地表水中挥发性有机污染物 [J]. 中国环境监测，2000，16 (4)：18-22.

作者简介：张存良（1985. 2—），山东省环境监测中心站，工程师，主要从事环境监测工作。

化工“异味”中有机恶臭污染物监测分析方法研究

金玲仁　张存良　张凤菊　曹方方　颜涛　李红莉
山东省环境监测中心站，济南　250101

摘　要：对化工“异味”的投诉案件中经常发生的有机恶臭物质的种类及其主要化合物进行了梳理，并对各类恶臭物质的性质进行了研究。在整理相关资料及实验研究的基础之上，给出了每类物质的最优监测方法及其相应的方法检出限。与此同时，指出了目前一些较为常用的监测技术的不足之处。

关键词：化工“异味”；有机恶臭污染物；分析方法；方法检出限；嗅阈值

Research on the Monitoring Methods for the Odor Organic Pollutants Occurred on the Chemical Odor Contamination

JIN Ling-ren　ZHANG Cun-liang　ZHANG Feng-ju　CAO Fang-fang　YAN Tao　LI Hong-li
Shandong Environmental Monitoring Center, Jinan 250101

Abstract: Each kind of odor organic pollutants and its compounds has been sorted out, which were highly occurred on the chemical odor contamination events. The properties of each of odor organic pollutants have been researched. Based on the references and experiment results, the best monitoring methods of each kind of pollutants have been provided, followed by the MDLs of each method. Meanwhile, the disadvantages of some common monitoring technical have also been pointed out.

Key words: chemical odor; odor organic pollutants; analytical methods; methods determination limits; odor threshold

近年来，伴随着我国工业的快速发展、城市化进程的加快，恶臭污染已成为一个严重的环境问题而凸显，有关化工“异味”的投诉呈逐年剧增的趋势，恶臭污染事故也时有发生。由于恶臭污染受环境、气象和个体条件的影响较大，极易形成区域性、集中性、影响大的群体信访事件，严重影响人民生活和城市形象，对恶臭污染的控制已经迫在眉睫[1]。

目前，世界上存在着200多万种化合物的1/5具有气味，其中约1万种为重要的恶臭物质，而通过人的嗅觉即可感觉到恶臭物质有4 000多种[2]。主要恶臭物质包括含硫化合物、含氮化合物、烃类、卤素及卤代化合物、含氧有机物等。这些恶臭物质中，除了硫化氢、氨、氯等属于无机物以外，大部分物质属于有机污染物。对于恶臭的监测，感官分析和仪器分析几乎是同时发展的两个分支。通过感官分析，对恶臭的特征即恶臭的浓度、强度、持久性、不愉快度和气味品质进行了描述。但若要进一步评估恶臭对人类、对环境、对生态存在或潜在的危害以及对相关污染企业进行监管监控时，就必须解决恶臭的成分分析问题，这就需要借助于仪器分析手段。因此，仪器分析在恶臭的研究、控制和治理中一直担当着举足轻重的作用。由于恶臭成分的复杂性和多样性，恶臭在空间、时间、量级上的宽广分布，及其影响因素众多等多方面的原因，恶臭的成分分析不可避免地成为一个非常复杂的问题。而这其中，关于有机恶臭污染物质的分析，由于其种类多、毒性大、活性强、嗅阈值低，又成为恶臭污染物分析的难点与重点。

本文旨在对化工“异味”中常见的有机恶臭物质的种类及其相关的主要化合物梳理，并分类研究各类污染物的性质。同时，在相关文献资料和实验数据的基础之上，推荐出较优的监测技术与方法，旨在为建立我国有机恶臭物质环境监测的方法体系中抛砖引玉。

1 环境空气中主要有机恶臭物质的种类

有机恶臭物质中，除了有机物必有的碳（C），及绝大多数有的氢（H）以外，硫（S）、氮（N）、氧（O）和氯（Cl）是恶臭物质中常见的组成元素。有机恶臭物质常含有羟基、羰基、羧基、氨基、巯基等官能团，组成酚、醇、醛、酮、羧酸、胺、硫醇、硫醚等化合物。表1列出环境空气中主要有机恶臭物质的种类及其主要化合物，这些物质也是目前经常发生化工“异味”的投诉事件急需重点关注的恶臭污染物[1,3]。主要包括：有机硫、有机胺、有机氯、芳香烃、羰基类、酯类以及挥发性脂肪酸7类污染物。从表1可以看出，大多数恶臭物质的嗅阈值极低。由于恶臭物质的浓度一旦超过嗅阈值，大都会使人觉察并感到不快。因此，恶臭污染事故中，恶臭物质的浓度往往很低，给分析测试带来一定的难度。

表1 化工“异味”中常见恶臭物质的性质及其监测方法　　单位：mg/m³

恶臭物质		OTV	TLV-TWA	评价标准	推荐监测方法	方法检出限
有机硫化合物	二硫化碳	6.5×10^{-1}	3.11	2～10	苏玛罐-GC/MS	4.0×10^{-6}
	甲硫醇	1.3×10^{-4}	0.98	0.004～0.035		2.1×10^{-5}
	乙硫醇	2.2×10^{-5}	1.27			3.6×10^{-5}
	二甲基硫醚	6.4×10^{-3}	25.4			
	二甲基二硫醚	6.2×10^{-4}		0.03～0.71		1.5×10^{-5}
	四氢噻吩	2.2×10^{-3}				2.0×10^{-3}
有机胺类化合物	甲胺	4.4×10^{-2}	6.4		离子色谱法	
	二甲胺	6.1×10^{-2}	9.2			1.7×10^{-2}
	三甲胺	1.4×10^{-4}	1.2×10^{1}	0.05～0.80	苏玛罐-GC/MS	1.6×10^{-2}
	三乙胺	2.2×10^{-2}	4.1			
有机氯化合物	二氯甲烷	5.6×10^{2}	1.7×10^{2}		苏玛罐-GC/MS	1.3×10^{-4}
	三氯甲烷	1.9×10^{1}	4.9×10^{1}			2.0×10^{-4}
	四氯化碳	2.9×10^{1}	3.2×10^{1}			9.1×10^{-4}
	四氯乙烯	5.2	1.7×10^{2}			3.8×10^{-4}
芳香烃类	苯	8.6	1.61		苏玛罐-GC/MS	5.9×10^{-4}
	甲苯	1.2	1.9×10^{2}			4.0×10^{-5}
	乙苯	0.74	4.3×10^{2}			5.0×10^{-6}
	邻二甲苯	1.6	4.3×10^{2}			2.5×10^{-6}
	间二甲苯	1.8×10^{-1}	4.3×10^{2}			1.8×10^{-5}
	对二甲苯	2.5×10^{-1}	4.3×10^{2}			
	苯乙烯	1.5×10^{-1}	8.5×10^{1}	3～19		2.5×10^{-5}
羰基化合物	甲醛	6.1×10^{-1}			DNPH涂渍硅胶采样＋高效液相色谱	2.8×10^{-1}
	乙醛	2.7×10^{-2}				4.3×10^{-1}
	丙烯醛	8.0×10^{-3}				4.7×10^{-1}
	丙酮	1.0×10^{2}	1.2×10^{3}			4.7×10^{-1}
	丁酮	1.3	5.9×10^{2}			6.7×10^{-1}
	2-己酮	9.8×10^{-2}	2.0×10^{1}			
酯类	甲酸甲酯	3.2×10^{-2}	2.4×10^{2}		活性炭吸附＋二硫化碳解析＋GC－FID检测	9.3×10^{-1}
	乙酸甲酯	8.2	7.2×10^{2}			2.7×10^{-1}
	异丁烯酸甲酯	3.0×10^{-3}	2.0×10^{2}			
	乙酸乙酯	3.1	1.4×10^{3}			2.7×10^{-1}
	丙烯酸乙酯	1.4×10^{-2}	2.0×10^{1}			7.0×10^{-2}
	异丁酸乙酯	1.0×10^{-4}				

续表

恶臭物质		OTV	TLV-TWA	评价标准	推荐监测方法	方法检出限
挥发性脂肪酸	乙酸	1.5×10^{-2}	2.5×10^{1}		$Na_2CO_3/NaHCO_3$缓冲溶液吸收+离子色谱	3.0×10^{-2}
	丙酸	1.7×10^{-2}	3.0×10^{1}			
	丁酸	6.0×10^{-3}				
	异丁酸	7.0×10^{-4}				
	异戊酸	2.0×10^{-4}				

注：OTV值为嗅阈值；TLV为毒性阈值，TLV-TWA为美国工业卫生协会的8 h加权平均值，即人员8 h暴露在低于该浓度的环境中不会引起不可逆的伤害。

2 有机恶臭污染物仪器分析

仪器分析法就是利用物理化学技术对恶臭样品中的各种恶臭物质进行定性及定量分析结果。恶臭物质的种类及浓度水平在一定程度上可以反映其对人类感官嗅觉的影响程度，并可进一步对其毒性程度进行量化。采样仪器分析测试恶臭物质，包括样品采集、富集与解析，以及上机测试几个方面。以下根据各类有机恶臭污染物的性质，就其样品采集、富集，以及分析等方面分别展开讨论。

2.1 有机硫恶臭污染物分析方法

有机硫化物属于常见恶臭污染物，城市污水处理厂、石化企业污水处理厂的环境空气中均能检出。这些物质嗅觉阈值极低、毒性强，而且该类物质活性也较强，一直是有机恶臭污染物分析的重点与难点。国标方法GB/T 14678—93采用气相色谱火焰光度检测方法监测硫化氢和3种有机硫。方法用真空采气瓶采集无组织排放恶臭气体或环境空气样品，以聚酯塑料袋采集排气筒内恶臭气体样品。浓缩1L样品时，对硫化氢、甲硫醇、甲硫醚、二甲二硫醚4种组分的检出限范围为0.2～1.0 μg/m³。但该方法采用液氧制冷、吸附管需自行填装，这些造成了方法可行性和重现性较差。台湾环境监测部门采用Tenax-TA吸附管吸附或Tedlar采样袋采样，气相色谱火焰光度检测空气中硫化氢、甲硫醇、二硫化碳、甲硫醚及二甲基硫醚，方法只给出仪器检测限范围为13.0～44.2 ng，未能提供方法检出限[4]。

笔者采用经硅烷化处理的SUMMA罐采集空气样品，在预浓缩系统中经3级冷阱捕集后，用气相色谱-质谱联用技术建立了环境空气中甲硫醇、乙硫醇、甲硫醚、二硫化碳、噻吩、乙硫醚和二甲二硫醚的测定方法，方法检出限范围为0.004～0.036 μg/m³。7种有机硫化物的分离情况见图1。该方法已很好地运用于城市污水处理厂及化工企业污水处理站环境空气的监测。值得一提的是，在进行方法研究的过程中，笔者将在同一监测点位采用以上方法得到的数据与傅立叶变换红外光谱方法的测试数据进行了比较。傅立叶变换红外光谱仪在污染物浓度较高且污染源因子单一突发性环境污染事故的应急监测中得到了很好的运用，因而目前在我国环境监测部分被广泛使用。环境空气中有机硫化物浓度低，反应活性较高，而傅立叶变换红外光谱技术难以消除空气中水、二氧化碳及其他组分对有机硫化物分析的干扰，也不能将各个组分有效分离，用便携式傅立叶变换红外光谱法测定环境中气态污染物，因而经常会报出“假阳性”的数据[5]。

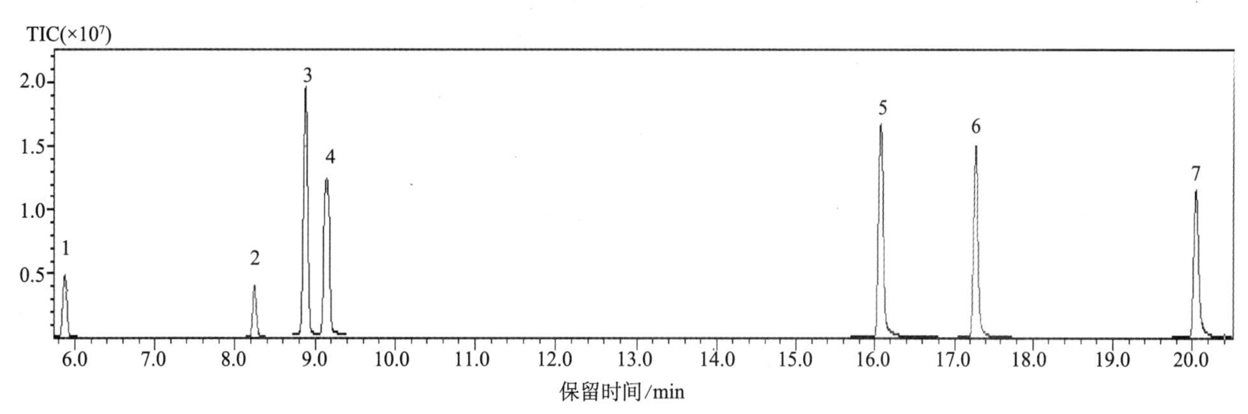

1—甲硫醇；2—乙硫醇；3—甲硫醚；4—二硫化碳；5—噻吩；6—乙硫醚；7—二甲二硫醚

图1 7种有机硫化物混合标准气体的总离子流图

HAPSITE便携式GC/MS是目前常用于化工异味的环境监测仪器[6]。一般使用该仪器时采用Tri-bed浓缩管富集样品。Tri-bed浓缩管填充了活性炭、Tenax、硅胶3种填料，吸附效果较单独填充Tenax的吸附管吸附效率高。实验发现，该吸附管对硫醚类物质吸附效果较好，但对硫醇类物质基本无响应。图2是1.0×10^{-7}浓度下7种有机硫物质在便携式GC/MS仪器上的分离效果。因此，在采用此类仪器进行现场监测时，应充分了解仪器的性能及其适用性。若采用吸附—热脱附技术测试有机硫及其他恶臭物质时，首先应进行方法研究，确保吸附剂的适用性。因为只有能够被填料吸附的物质，才可能经热脱附进而被仪器检测。另外，由于该仪器使用的处理软件在数据处理时只使用一个特征离子进行定量计算、无辅助定性离子，十分容易产生“假阳性”的结果。因此，在使用该仪器给出分析结果时，应对仪器给出的每一个定量结果进行逐一审核，确保数据的准确无误。

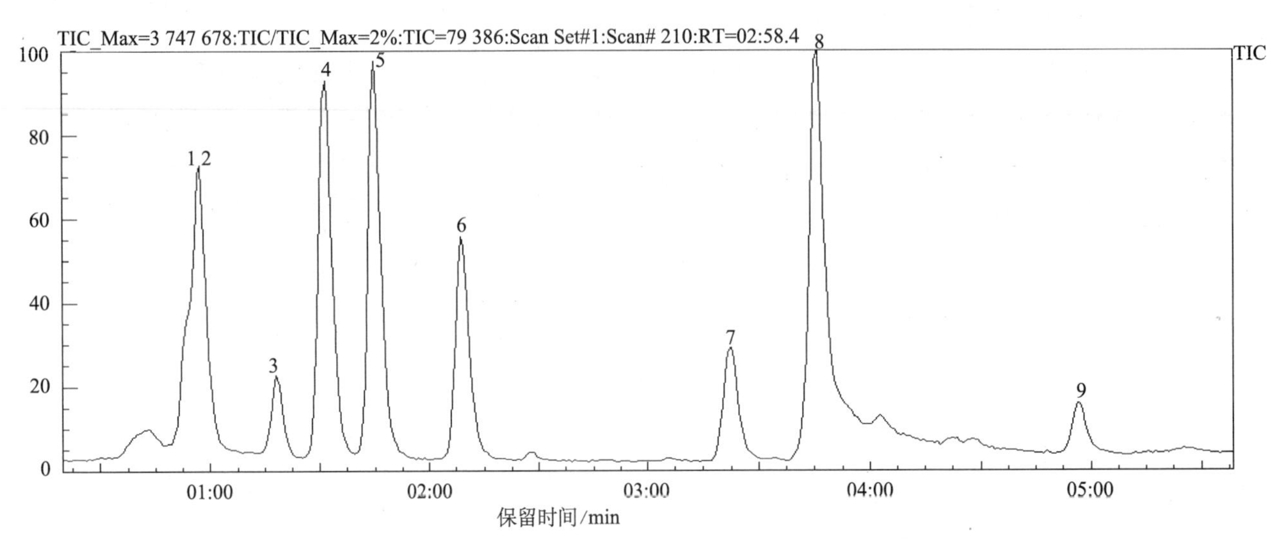

1—甲硫醚；2—二硫化碳；3—溴五氟苯(内标1)；4—噻吩；5—乙硫醚；6—二甲二硫醚；7—甲基乙基二硫醚；8—1,3,5-三(三氟甲基)苯(内标2)；9—乙硫醚

图2 7种有机硫化物在便携GC/MS上的总离子流图

四氢噻吩（简称THT）是噻吩经催化氢化后得到一种含硫饱和杂环化合物，噻吩被还原为四氢噻吩后，不再具有共轭体系和芳香性，因此四氢噻吩显示出一般硫醚的性质，易于氧化为亚砜和砜（环丁砜）。四氢噻吩是世界上公认为最好的燃气气味添加剂，俗称“加臭剂”。已在我国广泛用于液化气和天然气产品中，也是目前城市区域多次环境恶臭事件举报的“元凶”[1]。由于四氢噻吩的嗅阈值极低，只有0.002 2 mg/m³，因此对于环境空气样品中四氢噻吩的监测分析难度非常大，必须经过富集、浓缩同时采用高灵敏度的检测器分析才能得到较低的方法检出限。分析环境空气中的四氢噻吩，采用在常温下用抽成真空的苏玛罐或Tedlar袋进行采样，在400ml进样量下，采用GS-GASPRO毛细管色谱柱和PFPD检测器方法检出限为2.0 μg/m³，可基本达到嗅阈值[7]。

2.2 有机胺类恶臭污染物分析

有机胺类污染物属于另一大类恶臭污染物。主要化合物甲胺、二甲胺、三甲胺均为无色有氢味的气体，它们是生产染料、药物、农药、炸药、表面活性剂及硫化促进剂的主要原料。这类物质毒性大、反应活性高、嗅阈值低，在生产上述产品的化工企业的排放废气及废水中常可检出。甲胺类物质可用比色法、离子色谱法，以及气相色谱法等测定。其中，比色法是采用脂肪胺被碳酸氢钠溶液吸收，同次氯酸钠作用生成胺的氯代衍生物，加入亚硝酸钠分解过量的次氯酸钠。氯代衍生物氧化碘化钾而析出碘，在淀粉存在下，生成蓝色化合物，根据颜色深浅，比色定量。脂肪胺浓度均以三甲胺计算。若采样体积为20L时，最低检出浓度为0.012 mg/m³[8]。离子色谱法相比于其他方法更为简单、易操作。用0.01mol/L的硫酸为吸收液，应用CS_{12}分析柱，采样60L时用离子色谱仪测定空气中的二甲胺和三甲胺最低检出浓度分别为0.017 mg/m³和0.133 mg/m³[9]。气相色谱法是目前应用最广的方法，具有分离效率高、选择性高、灵敏度高、分析速度快等特点。国标法是采用玻璃微珠进行三甲胺的吸附与解析采样色谱分析法，采样 60L 时，最低检出浓度为 0.05 mg/m³。但该方法采样方式较为繁琐，重现性较差[10]。采用内壁硅烷化处理的 SUMMA 罐采样预浓缩 GC-MS 联用，在进样 400 ml 的情况下，其检出限可达到 0.016 mg /m³。而且实验发现，三甲胺类物质在硅烷化的采样罐中能较稳定，8 天内的降解率在 10%以内，且由于使用质谱，可以通过选取恰当的质谱离子峰的方式来消除其他挥发性有机物的干扰[11]。

2.3 有机氯和芳香烃类恶臭污染物分析方法

有机氯和芳香烃类恶臭污染物相比于其他类的恶臭污染物而言，虽然嗅阈值较高，但这些物质毒性较大，且在城市环境空气中普遍存在，对人类健康危害较大，因而受关注度最高。这两类物质具有极性小、沸点低的特点，其分析测试技术相对较为成熟。常用的气体样品中 VOCs 的前处理方法有固相吸附/溶剂解吸、热脱附、罐采样-预冷冻浓缩等均能用于此类物质的样品采集。分析方法一般可采用气相色谱仪（GC）与气相色谱-质谱仪（GC-MS）。气相色谱配备 ECD 检测器可用于有机氯类物质的分析，其方法灵敏度明显低于气相色谱-质谱方法。但质谱相当于一种非选择的检测器，因此，对于多类物质的同时检测选择气相色谱-质谱方法更为适用。表 3 中给出的即为罐采样-预冷冻浓缩结合气相色谱-质谱方法测定有机氯和芳香烃类污染物的方法检出限。图 3 是 1.0×10^{-9}浓度下 39 种有机氯和芳香烃类标准气体的 TIC 图。对于浓度较高的有机氯和芳香烃类样品的分析，可采用采气袋或注射器采样。Tedlar 袋是目前较为常用的采样袋。但对于材质不好的 Tedlar 袋，会释放一些干扰物质，最为常见的是 *N*,*N*-二甲基乙酰胺和苯酚。因此，采样袋在使用之前应进行检测，确保无干扰物质或其浓度低于方法检出限的一半。另外，便携式 GC/MS 对于有机氯和芳香烃类恶臭污染物也有很好的响应，但在使用过程中同样需要避免“假阳性”的数据产生。

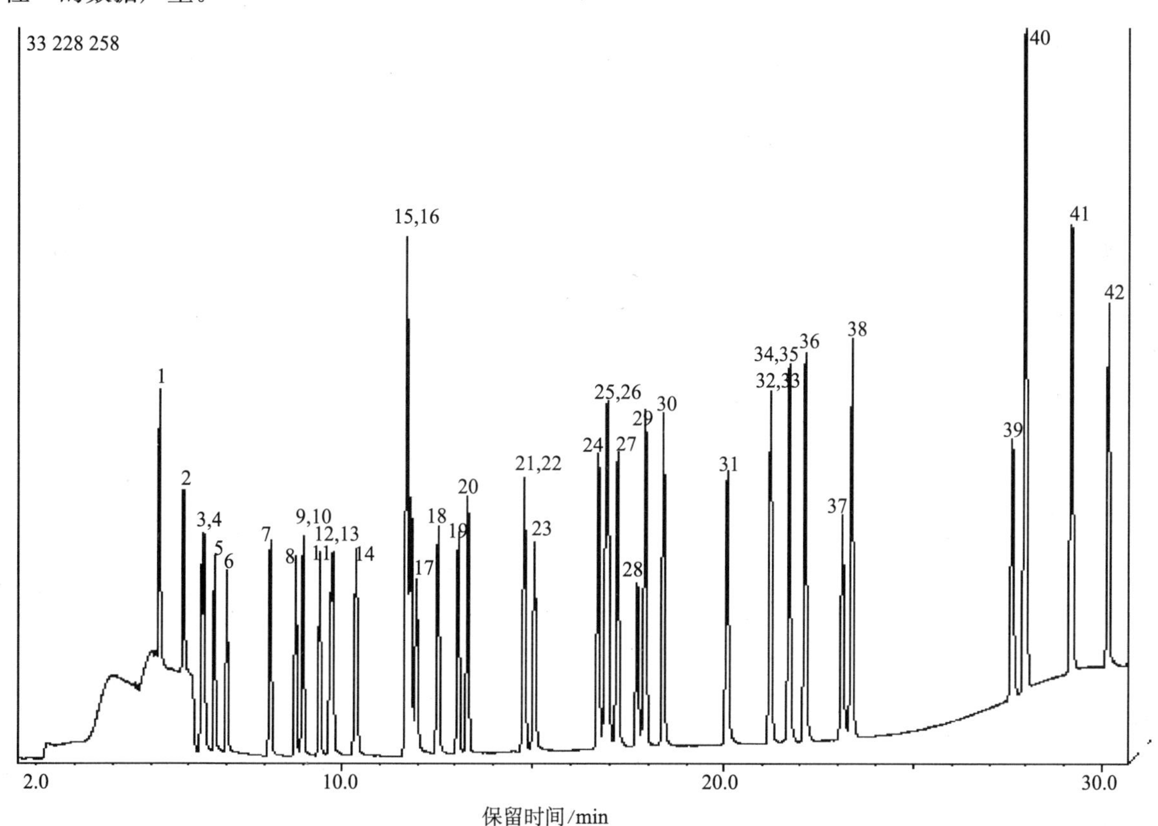

1—氯二氟甲烷；2—氯四氟乙烷；3—甲烷；4—乙烯；5—甲烷；6—乙烷；7—氯-氟甲烷；8—1-二氯乙烯；9—氯三氟乙烷；10—二氯甲烷；11—1,1-二氯乙烷；12—顺-1,2-二氯乙稀；13—溴氯甲烷（内标1）；14—氯仿；15—三氯乙烷；16—四氯化碳；17—苯；18—1,2-二氯乙烷；19—1,4-二氟苯（内标2）；20—三氯乙烯；21—1,2 -二氯丙烷；22—顺-1,3-二氯丙稀；23—甲苯；24—反-1,3-二氯丙稀；25—1,1,2-三氯乙烷；26—四氯乙烯；27—1,2-二溴乙烷；28—氯苯-d_5（内标3）；29—氯苯；30—乙苯；31—对+间二甲苯；32—邻二甲苯；33—苯乙烯；34—1-溴-4-氟苯（内标4）；35—1,1,2,2-四氯乙烷；36—1,3,5-三甲苯；37—1,2,4-三甲苯；38—二氯苯；39—1,4-二氯苯；40—1,2-二氯苯；41—1,2,4-三氯苯；42—六氯-1,3-丁二烯

图 3　39 种 VOCs 和 4 种内标物质的总离子流图

2.4 含羰基恶臭污染物分析方法

含羰基恶臭污染物主要指低分子量醛酮类物质。这类物质也是一类典型的恶臭有毒物质，除因燃料的不完全燃烧而产生之外，食品、化学、石油化工等加工过程也排放这类物质，其中具有刺激性气味的乙醛被指定为典型恶臭物质。乙醛排入水体后，使水的感官性状恶化，发出强烈的臭味。丙烯醛也是环境优先监测的污染物之一。这些醛酮类物质可用比色法测定，例如，丙酮可以采用糠醛比色法或盐酸羟胺比色法，但测定亦被空气中存在的其他有机污染物干扰且方法不够灵敏。色谱法具有灵敏、快速，不易受其他有机共存物干扰的特点。采用 Tenax-GC 管吸附热脱附气相色谱法测定，当富集样品体积为 100 ml 时，乙醛、丙醛、丙烯醛的检出限分别为 0.009 mg /m^3、0.01 mg /m^{3}及 0.01 mg /m^3；丙酮可采用活性炭吸附二硫化碳解析气相色谱法测定，当采样体积为 100 L 时，其检出限可达到 0.01 mg /m^3。但气相色谱法对于分子量较大的醛类物质检出限较高。新近颁布的环境空气中醛酮类化合物测定的国标方法采用涂渍 DNPH 硅胶的填充柱采样、高效液相色谱仪的紫外或二极管阵列检测器分析。该方法较为灵敏，当采样体积为 50L，13 种醛酮类化合物的检出限范围为 0.28 ～1.69μg/m^3[12]。

2.5 酯类恶臭污染物分析方法

一般常见的酯类恶臭物质包括甲酸酯类和乙酸酯类。大部分酯类物质嗅阈值不高，只有丙烯酸乙酯、异丁烯酸甲酯等恶臭污染物的嗅阈值较低，但相比于其他恶臭污染物而言，这些物质毒性阈值较高，对人体危害较小。因此，目前酯类作为替代甲苯等高毒性物质的有机溶剂被广泛使用。关于这类物质监测分析，一般采用活性炭吸附采样，二硫化碳解析 GC-FID 检测，当采样体积为 1.5L，方法检出限范围为 0.27～0.93 mg/m^3[13,14]。

2.6 挥发性脂肪酸分析方法

挥发性脂肪酸是指 C_1～C_6的有机脂肪酸，包括乙酸、丙酸、丁酸、异丁酸、戊酸、异戊酸、正丁酸等。它们广泛地存在于自然界中，具有较强挥发性的共同特点，故称挥发性脂肪酸。由于挥发性脂肪酸极性大、挥发性强、无紫外吸收和荧光基团，故多采用 GC 法分析，但 GC 法测挥发性脂肪酸的方法检出限较高。如采用硅胶管采样、丙酮解吸、GC/FID 检测，30 L 采样体积下乙酸和丙酸的检出限分别为 1.0 mg/m^{3}和 0.5 mg/m^3[15]。离子色谱法亦可用于空气中挥发性脂肪酸的测定，且方法检出限较 GC 方法低。采用硅胶管采样、$Na_2CO_3/NaHCO_3$缓冲溶液解析、用电导检测器检测，采样 4.5 L 时，乙酸的检出限为 0.3 mg/m^3[16]。若采用 $Na_2CO_3/NaHCO_3$缓冲溶液做吸收液，当采样体积为 60L 时，乙酸的检出限则可低至 0.03 mg/m^3[17]。除乙酸、丙酸外，其他种类的挥发性脂肪酸的检测方法研究的较少，有待于建立关于环境空气中挥发性脂肪酸的系统分析方法。

3 小结

有机恶臭污染物具有嗅阈值低、毒性大，而且各类物质的性质差别较大。从以上所述的研究结果来看，各类有机恶臭污染物的检测方法均已有所涉及，目前在环境监测中主要采用各种色谱技术进行分析。表 1 中推荐了用于监测环境空气中各类有机恶臭污染物相对较为灵敏的分析方法及其检出限。从表中所列的方法而言，罐采样-气相色谱/质谱法是进行恶臭成分分析必不可少的手段，尤其针对不明污染物的监测。结合高效液相色谱法和离子色谱法针对含羰基以及挥发性脂肪酸等极性较强的恶臭物质的分析，色谱技术已基本能够囊括各类有机恶臭物质的分析。虽然从检出限而言，许多方法检出限依然远高于污染物的嗅阈值，但表中所列方法基本能够满足毒性阈值的检测要求。但同时也应看到，很多有机恶臭物质尚未建立监测方法，因此，建立有机恶臭物质监测的方法体系依然是任重而道远。

与此同时，在进行恶臭污染监测的过程中，还应注意恶臭污染往往不是单一组分，而是多种成分组成的复合臭。这种复合臭味并不是单个物质气味的简单叠加，而是各种气味相抵、相加、促进等多重作用结果的反应。对一种或几种污染组分进行恶臭评价，往往无法体现恶臭污染的真实程度。因此，对于恶臭的评价需要采用物质分析与感官嗅别相结合的方法，前者有助于恶臭的溯源，后者可真实地评判其影响程度。因此，在发展仪器分析的过程中，感官分析技术也需进一步提高。

参考文献

[1] 突发性环境污染事故应急监测案例 [M]. 第十一次全国环境监测学术交流会，济南，2013.

[2] 包景岭，邹克华，王连生. 恶臭环境管理与恶臭控制. 1 版. 北京：中国环境科学出版社，2009.

[3] 李伟芳. 国内恶臭污染物优先控制的筛选研究 [J]. 上海环境科学，2012，31 (1)：1～4.

[4] NIEA A701. 11C. 空气中硫化氢、甲硫醇、二硫化碳、硫化甲基及二硫化甲基检验方法-气相层析/火焰光度侦测法.

[5] 张凤菊，金玲仁，李红莉，张文华，朱晨. 气质联用法测定环境空气中有机硫化物 [J]. 环境监测管理与技术，2014，26 (3)：44～47.

[6] 肖洋，王新娟. 淄博化工园区大气有机应急监测与管理对策 [J]. 环境监测管理与技术，2014，26 (5)：46～49.

[7] 朱丽波，俞杰，徐能斌，应红梅. 预浓缩系统与 PFPD 检测器联用测定环境空气中四氢噻吩 [J]. 中国环境监测，2006，22 (3)：32～35.

[8] 沈培明，陈正夫，张东平. 恶臭的评价与分析 [M]. 化学工业出版社，2005，258-261.

[9] 邓迈华. 离子色谱法同时测定空气中的氨、二甲胺、三甲胺 [J]. 福建分析测试，2009，18 (2)：77-78.

[10] GB/T 14676-1993 空气质量 三甲胺的测定 气相色谱法.

[11] 何锡辉，张渝，程小艳，王睿. 预浓缩系统与 GC-MS 联用法分析环境空气中的三甲胺 [J]. 化学研究与应用，2007，20 (8)：1078-1083.

[12] 环境空气 醛、酮类化合物的测定 高效液相色谱法. HJ 683—2014.

[13] 工作场所空气有毒物质测定 饱和脂肪族酯类化合物. GBZT 160. 63—2007.

[14] 李小娟，马永建，吉文亮，吴健，周长美，朱宝立. 工作场所空气中 36 种挥发性有机化合物同时测定的气相色谱/质谱法 [J]. 中华劳动卫生职业病杂志，2013，13 (6)：463-466.

[15] 陆梅，邓爱萍. 硅胶管吸附气相色谱法测定气体中的乙酸、丙酸 [J]. 环境监控与预警，2012，4 (6)：32-34.

[16] 郭启芬，靳俊梅. 工作场所空气中乙酸测定的离子色谱法 [J]. 中华劳动卫生职业病杂志，2012，30 (9)：700-701.

[17] 何宝庆，李宇琼. 离子色谱法测定空气中乙酸和溴化氢 [J]. 环境管理与技术，2006，18 (3)：28-29.

作者简介：金铃仁（1966—），男，山东烟台人，高级工程师，主要研究方向为环境监测与分析。

某啤酒废水的三维荧光特征

程澄[1]　吴　静[1]　王士峰[1,2]　赵宇菲[1]　汤久凯[1]　吕　清[3]

1. 清华大学环境学院环境模拟与污染控制国家重点联合实验室，北京　100084；

2. 西南科技大学环境与资源学院，绵阳　621010；

3. 苏州环境监测中心站，苏州　215000

摘　要：三维荧光光谱与水样一一对应，由此可用来鉴别污水种类，指示污染来源。本文研究了某啤酒废水的三维荧光特征。该废水的三维荧光光谱有 2 个荧光峰，源于啤酒废水中的蛋白质组分，分别在激发波长/发射波长为 275/305nm 和 225/330nm 附近，两峰强度之比为 1.20～1.58。pH 对该啤酒废水荧光峰的位置基本没有影响，但会改变强度。原始水样的荧光强度最大，但随着酸性或碱性的增强荧光强度减弱。

关键词：三维荧光光谱；啤酒废水；pH；蛋白质

Three-dimensional Fluorescence Properties of Brewery Wastewater

CHENG Cheng[1]　WU Jing[1]　WANG Shi-feng[1,2]　ZHAO Yu-fei[1]　TANG Jiu-kai[1]　LV Qing[3]

1. Environmental Simulation and Pollution Control State Key Joint Laboratory,

School of Environment, Tsinghua University, Beijing 100084;

2. School of Environment & Resources, Southwest University of Science & Technology, Mianyang 621010;

3. Suzhou Environmental Monitor Center, Suzhou 215000

Abstract: Excitation-emission matrix is unique for each water sample, which can be used for identification of pollution source. In this study, the fluorescence properties of brewery wastewater were investigated. There existed two peaks in the EEM locating at excitation wavelength/emission wavelength of around 275/305nm and 225/330nm, respectively. The peaks were mainly ascribed to the proteins in the brewery wastewater. The fluorescence intensity ratio of the two peaks ranged from 1.20 to 1.58. pH affected intensity rather than peak location. The origin sample was of the highest intensity. The intensity decreased as the water sample became acidic or alkaline.

Key words: excitation-emission matrix; brewery wastewater; pH; proteins

1　引言

中国是啤酒生产的大国。据国家统计局的统计结果表明，2014 年我国啤酒行业累计产量 4 921.85 万 m^3，排放废水超过 2.5 亿 t，占工业废水总量的 1.1%。由于啤酒废水含有较高浓度的蛋白质、脂肪、碳水化合物等有机物，直接进入水体后，将消耗水中溶解氧，导致鱼虾死亡等严重后果[1]。

三维荧光光谱（excitation-emission matrix，EEM）是有机污染检测的灵敏方法[2]，以等高线图的形式描述荧光强度随激发波长和发射波长变化的关系。由于水样的 EEM 与水样一一对应，故不同行业废水的 EEM 差异明显，可以用来鉴别污水的种类，进而识别排放源[3-5]。故本文选取某啤酒废水为对象，对其三维荧光光谱特征进行了研究。

2 方法

2.1 试剂与仪器

试剂：盐酸和氢氧化钠（分析纯，国药集团化学试剂有限公司）。

仪器：pH 计（PHS-3C，杭州科晓化工仪器设备有限公司）、电子天平（FA2004，上海上天精密仪器有限公司）、荧光分光光度计（F-7000，日立，日本）。

2.2 采样与测量

采样及预处理：使用不锈钢采样器连续采集南方某啤酒厂废水处理站进口的啤酒废水，采样的时间间隔为 4 小时，共采到样品 6 个。采到的样品装入清洁的聚四氟乙烯瓶内，再放入便携式冷藏采样箱内带回实验室。将水样用定性滤纸过滤，滤液保存在 4℃冰箱中待分析。水样在采集后 1 d 内完成测量，测量前稀释 8 倍。

测量：三维荧光光谱使用荧光分光光度计测量，激发波长（λ_{ex}）220～600nm，发射波长（λ_{em}）230～650 nm，狭缝宽度 5 nm，PMT 电压 700 V，扫描速度 12 000 nm/min。

3 结果

3.1 啤酒废水的荧光特征

该啤酒废水的典型 EEM 如图 1 所示，其荧光区域集中在 $\lambda_{ex}/\lambda_{em}$=220～325 /275～425nm，有 2 个荧光峰，分别记作 a 峰和 b 峰。a 峰在 $\lambda_{ex}/\lambda_{em}$=275/305nm 附近，b 峰在 $\lambda_{ex}/\lambda_{em}$=225/330nm 附近。啤酒废水的各个峰强度列于表 1。从该表可以看出，该啤酒废水的峰 a 和峰 b 荧光强度波动不大，峰 a 与峰 b 的强度之比为 1.20～1.58。由此表明该啤酒废水成分稳定，有机物成分基本相同。

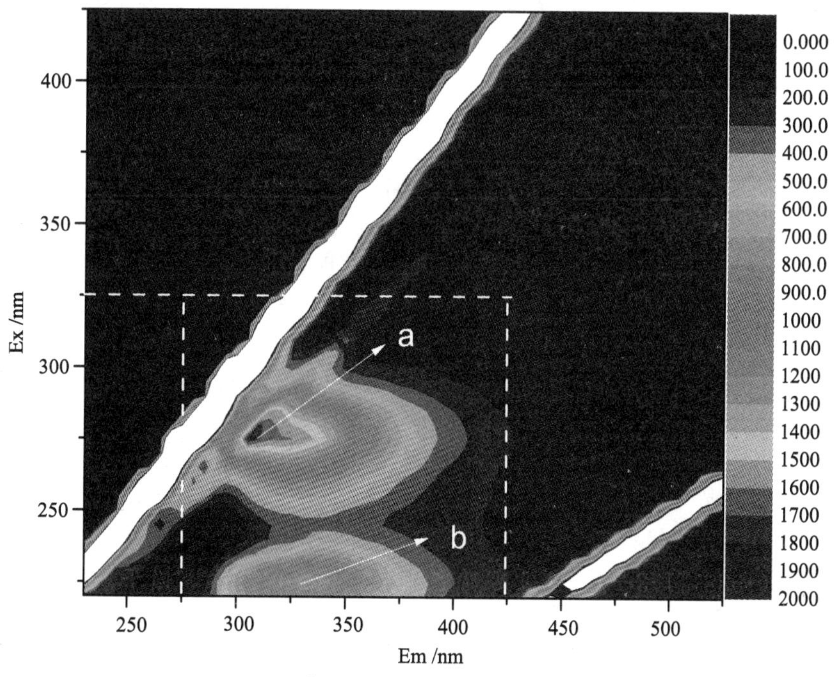

图 1 啤酒废水的典型三维荧光光谱

表 1 某啤酒废水的峰强度

峰编号	$\lambda_{ex}/\lambda_{em}$/nm	峰值范围	平均值
a	275/305	1 805±141	1 860
b	225/330	1 306±77	1 303

3.2 pH 对啤酒废水荧光特征的影响

pH 是重要的水质参数之一，也是荧光特征的重要影响因素之一。H^+ 浓度的变化会改变分子的电子云形态，导致其 EEM 的变化。不同 pH 条件下啤酒废水的 EEM 如图 2 所示。该图表明，随着 pH 的变化，啤酒废水的荧光峰数量没有变化，两个峰 a 和 b 仍然分别位于 $\lambda_{ex}/\lambda_{em}=275/305$nm 附近和 $\lambda_{ex}/\lambda_{em}=225/330$nm 附近，荧光峰的位置也没有变化。

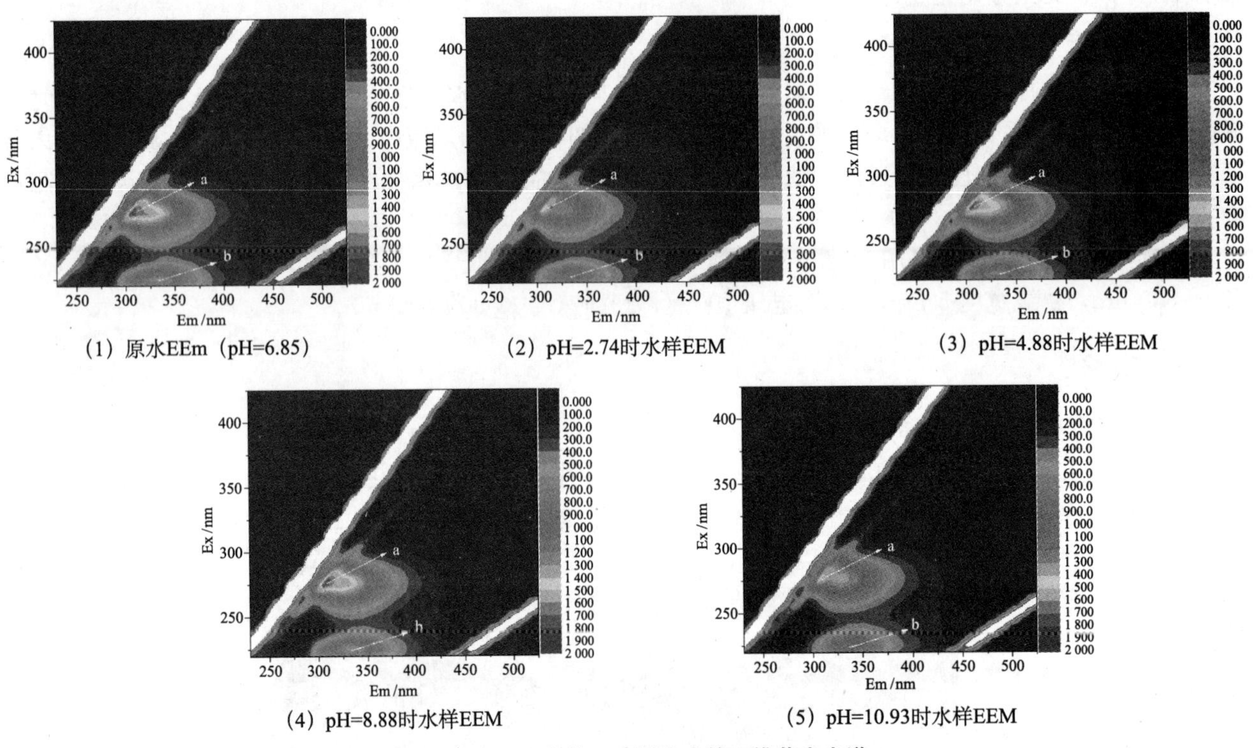

图 2 不同 pH 条件下啤酒废水的三维荧光光谱

另一方面，荧光强度随 pH 有所变化。如图 3 所示，在 pH＝5～9 范围内，荧光峰 a 的强度波动不大，当 pH＞10 或者 pH＜4 时，荧光峰 a 的强度有较为显著的降低，比原水样的荧光强度低 25％左右。整体上原水样峰 a 的荧光强度最高，随着 pH 向酸性或者碱性变化，荧光强度随之降低。荧光峰 b 也有相同的趋势，但是荧光强度波动的幅度更小，pH＝2.74 时的荧光强度比原水样低 16％左右。

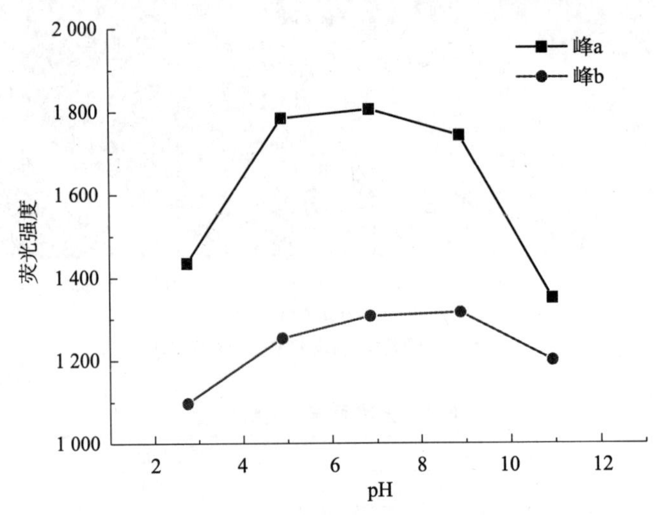

图 3 不同 pH 下啤酒废水荧光峰 a 和 b 的强度

4 讨论

荧光光谱特征与分子结构关系密切。有文献报道[6,7]，蛋白质荧光通常位于$\lambda_{ex}/\lambda_{em}$=225～237/300～350nm和270～280/309～350nm附近。本研究中，啤酒废水的EEM中峰a位于$\lambda_{ex}/\lambda_{em}$=275/305nm附近，峰b位于$\lambda_{ex}/\lambda_{em}$=225/330nm附近，另一方面啤酒废水中一般含有淀粉、蛋白质、酵母菌残体等成分[8,9]。故由此推测峰a和峰b是该啤酒废水中的蛋白质成分所产生的荧光峰。

蛋白质属于两性物质，同时具有羧基（—COOH）和氨基（—NH_2）基团。随着溶液中pH的变化，羧基和氨基会发生质子解离和质子化作用。羧基的质子化作用会导致发射光谱向长波方向移动，而氨基的质子化作用则相反；另一方面羧基的质子解离作用会使得发光光谱向短波方向移动，而氨基质子解离作用正好相反[10]。所以羧基和胺基对于发射光谱的移动相互抵消，导致在不同pH下啤酒废水EEM中峰a和峰b位置基本不变。

蛋白质中发光的氨基酸主要为色氨酸、酪氨酸和苯丙氨酸，均属于芳香族化合物，其酸性基团的解离或碱性基团的质子化可能会改变与发光过程相竞争的非辐射跃迁过程的性质和速率，从而导致化合物的荧光光谱和强度的变化[10]。胺基—NH_2在酸性介质中会质子化为—NH_3^+，羧基—COOH在碱性介质中转化为—COO^-，这都会导致荧光强度的降低。故本研究中的啤酒废水在酸性和碱性环境下荧光强度均出现了降低。

5 结论

本文研究了啤酒废水的三维荧光光谱，主要结论如下：

（1）该啤酒废水的三维荧光光谱具有两个明显的荧光峰，分别位于$\lambda_{ex}/\lambda_{em}$=275/305nm附近和$\lambda_{ex}/\lambda_{em}$=225/330nm附近，荧光强度波动较小，由废水中蛋白质成分产生。

（2）啤酒废水原水样荧光强度最高，随着pH向酸性或者碱性方向变化，荧光强度均出现了降低，主要归因于蛋白质胺基的质子化作用和羧基的解离作用导致的分子形态的变化。

参考文献

[1] 张森林，黄明. 酸化-序列活性污泥法处理TMP生产废水［J］. 给水排水，1995，21（8）：20-21.

[2] 傅平青，刘丛强，吴丰昌. 溶解有机质的三维荧光光谱特征研究［J］. 光谱学与光谱分析，2006，25（12）：2024-2028.

[3] 吴静，谢超波，曹知平，等. 炼油废水的荧光指纹特征［J］. 光谱学与光谱分析，2012，32（2）：415-419.

[4] 吴静，曹知平，谢超波，等. 石化废水的三维荧光光谱特征［J］. 光谱学与光谱分析，2011，31（9）：2437-2441.

[5] 陈茂福，吴静，律严励，等. 城市污水的三维荧光指纹特征［J］. 光学学报，2008，28（3）：578-582.

[6] Baker A. Fluorescence excitation-emission matrix characterization of some sewage-impacted rivers［J］. Environmental Science & Technology，2001，35（5）：948-953.

[7] Hudson N，Baker A，Reynolds D. Fluorescence analysis of dissolved organic matter in natural，waste and polluted waters—a review［J］. River Research and Applications，2007，23（6）：631-649.

[8] 匡武，殷福才，孙世群，等. UASB工艺在啤酒废水处理中的应用［J］. 中国给水排水，2006，22（16）：62-66.

[9] 王连军，蔡敏敏，荆晶，等. 无机膜-生物反应器处理啤酒废水及其膜清洗的试验研究 [J]. 工业水处理，2000，20 (2)：32-34.

[10] Yoshida T，Moriyama Y，Nakamura K，et al. 6-Methoxy-2-methylsulfonylquinoline-4-carbonyl chloride as a fluorescence derivatization reagent for amines in liquid chromatography [J]. Analyst，1993，118 (1)：29-33.

作者简介：程澄（1988.11.2—），江苏无锡人，清华大学环境学院博士研究生，专业方向为水污染预警溯源原理与技术。

地表水中水合肼的样品保存研究

南淑清[1]　黄　飞[2]
1. 河南省环境监测中心，郑州　450000；
2. 河南广电计量检测有限公司，郑州　450000

摘　要：通过对不同基质地表水样中水合肼在 pH、温度、光照、时间等条件下进行保存研究，确定对其保存效果的影响为：pH>水合肼浓度>时间>温度>光照。建议地表水样品使用棕色玻璃瓶采集，调节 pH 至 2.00 后，于 4 ℃下避光保存；洁净的地表水样保存时间不超过 2 周，黄河等含泥沙较多地水合肼样品应立即分析，否则保存时间尽量不超过 2d。

关键词：地表水；水合肼；保存条件

Study on Preservation Sondition of Diamidhydrate in Water Samples

NAN Shu-qing[1]　HUANG Fei[2]
1. Henan Environmental Monitoring Center, Zhengzhou 450004;
2. Henan Grg Metrology & Test Co. LTD, Zhengzhou 450000

Abstract: According to study on preservation condition (pH, temperature, light, matrix, time, et al) of Diamidhydrate in water samples, it is proved that sample pH, sample concentration, preservation time, temperature and light intensity influence preservation effect. The sample containers should be of glass, and have glass-caps or screw - caps with PTFE-lined septa. The samples should be added hydrochloric acid to pH at 2.00 and stored refrigerated at ≤4 ℃ in dark. When the sample is clear, it should be not stored longer than 2 weeks. The sample containing much silt should be not stored longer than 2 days, and it's better to be analyzed immediately.

Key words: surface water; diamidhydrate; preservation condition

肼是一种强氧化剂，水合肼是肼的一水化合物，是精细化工产品的重要原料和中间体。自 20 世纪 40 年代水合肼生产实现工业化以来，水合肼被广泛用于农药、发泡剂、医药中间体、感光化学品、水处理、防腐、纺织染料、飞机和火箭染料。目前，其用途仍在拓展中[1-3]。

水合肼属于神经毒素，过量吸入会引起呕吐，严重刺激呼吸道、影响中枢神经，产生诱变效应甚至致癌；此外，在人体内可与过氧化氢酶反应生成活性中间体，产生对 DNA 损害等不良副作用[4]。含水合肼的废液（常含较高浓度氨氮）排入地表水后，可能造成鱼类等水生动物中毒死亡，引起蓝藻暴发等[5]。

由于水合肼应用广泛，其被列入《地表水环境质量标准》（GB 3838—2002）的检测项目。《地表水环境质量标准》（GB 3838—2002）中规定其标准分析方法为对二甲氨基苯甲醛直接分光光度法。此外，为满足水样浊度高和存在阴、阳离子干扰等各种情况下的分析要求，紫外分光光度法、荧光分析法、流动注射化学发光法、高效液相色谱法、气相色谱法等水合肼的新分析方法不断问世。而样品保存方面，仅《生活饮用水标准检验方法有机物指标》GB/T 5750.8—2006 中规定“1L 水中加入 91ml 盐酸，于冰箱中保存 10d”。样品保存对样品分析准确度影响极大，但该方法对其规定较粗略，本文对不同基质水合肼水样的 pH、温度、光照、保存时间等条件进行保存研究，确定了对其影响最大的条件因素，并针对水样的不同基质，给出了保存条件和时间。

1　实验部分

1.1　仪器与试剂

Vis-723G 分光光度计（北京瑞利分析仪器公司）。

盐酸（HCl，$\rho_{20℃}$=1.19g/ml）；

盐酸溶液（1+11）；

乙醇（95%）；

对二甲氨基苯甲醛溶液：称取 4.0g 对二甲氨基苯甲醛溶于 200ml 乙醇（1+9）中，加盐酸（4.1）20ml，储于棕色瓶中，常温可保存 1 个月；

肼标准溶液 [ρ（N_2H_4）=100μg/ml]：准确称取 0.328 0g 盐酸肼（又名盐酸联胺，$N_2H_4 \cdot 2HCl$），用少量纯水溶解后，加 83ml 盐酸转入 1 000ml 容量瓶中用纯水定容，临用前，用盐酸溶液稀释为 ρ（N_2H_4）= 1.00μg/ml。

1.2　样品采集及处理

采集 2 种水样，郑州市备用水源地——尖岗水库水（清洁，悬浮物较少）和花园口段黄河水（泥沙等悬浮物较多），进行样品保存条件试验。分析方法依据《生活饮用水标准检验方法有机物指标（水合肼）》（GB/T 5750.8—2006）进行。

1.3　保存试验条件选择

采集黄河水和水库水水样，测定其中水合肼的浓度，均未检出水合肼。向水样中加标配制成 2 种浓度的水样，模拟实际水样，进行保存实验。12 d 内，约每 2 天测定 1 次样品中水合肼浓度。水库水摇匀后测定样品浓度；黄河水测定前摇匀，静置 30 min 后取上层水测定样品浓度。根据水合肼碱性有机物的性质，保存实验条件设计情况见表 1。其中，黄河水仅选择调节 pH、冷藏和避光条件下高、低浓度水样进行保存实验，与相同保存条件下的水库水保存效果比较，研究不同基质对水合肼保存效果的影响。保存效果为第 *n* 天水样中水合肼浓度占第 0 天水合肼浓度的百分率。

表 1　保存试验条件设计

保存条件	pH		温度/℃		浓度/（mg/L）		可见光	
	原水（7.82）	酸化（2.00）	冷藏（4）	室温（20）	低浓度（≈0.10）	高浓度（≈0.40）	避光	不避光

2　结果与讨论

2.1　pH 的影响

对水库水进行 pII 对保存效果的影响试验。测定采集水库水的 pH 和水合肼浓度，pH=7.82，水合肼浓度未检出；分别加标至浓度约 0.10 mg/L（低浓度水样）和 0.40 mg/L（高浓度水样）。一份作为保存试验的原水样品；另外一份按照 GB/T 5750.8—2006 规定，加盐酸调节至 pH=2.00，作为酸化样品进行保存条件试验。测定 2 种样品保存前的浓度，作为样品初始浓度。在不避光、常温保存情况下，不同 pH 对水库水样的保存效果见图 1。

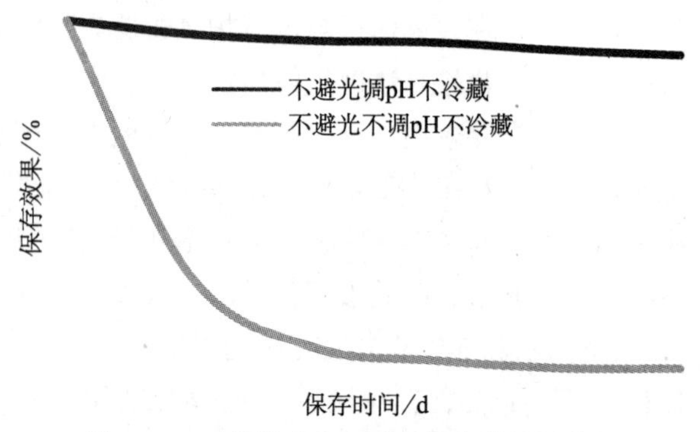

图 1　pH 对低浓度水库水的保存效果影响

由图 1、图 2 可见，pH 对保存效果影响较大。浓

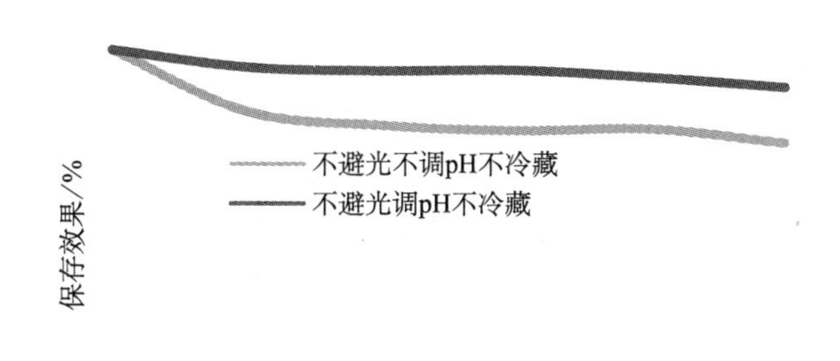

保存时间/d

图 2　pH 对高浓度水库水的保存效果影响

度为 0.10mg/L 的样品，酸性条件下，保存至第 2 天时，保存效果达到 94.0%，保存至第 12 天时，保存效果达到 90.6%；中性条件下，保存至第 2 天时，保存效果为 28.2%，保存至第 12 天时，保存效果仅为 1.6%。浓度为 0.40mg/L 的样品，酸性条件下，保存至第 2 天，保存效果为 99.5%，保存至第 12 天时，保存效果仍达到 90.7%；中性条件下，保存至第 2 天时，保存效果为 84.2%，保存至第 12 天时，保存效果为 76.2%。

2.2　保存温度的影响

可见光保存条件下，不同保存温度对中性酸碱度的高、低水库水样保存效果见图 3、图 4。

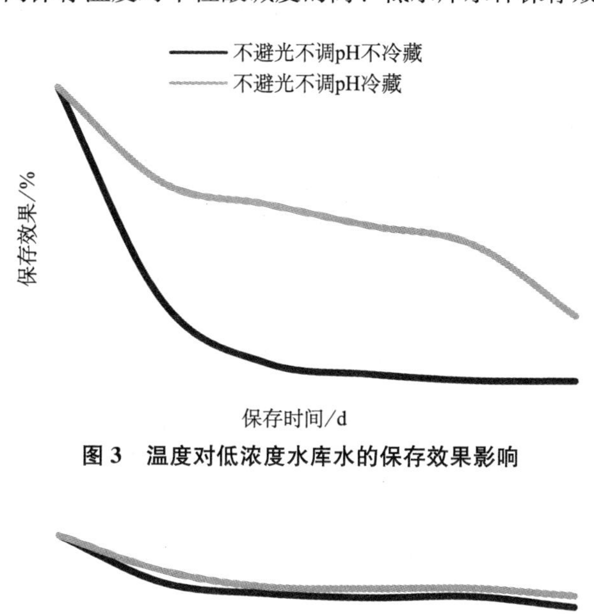

图 3　温度对低浓度水库水的保存效果影响

不避光不调pH不冷藏

不避光不调pH冷藏

保存效果/%

保存时间/d

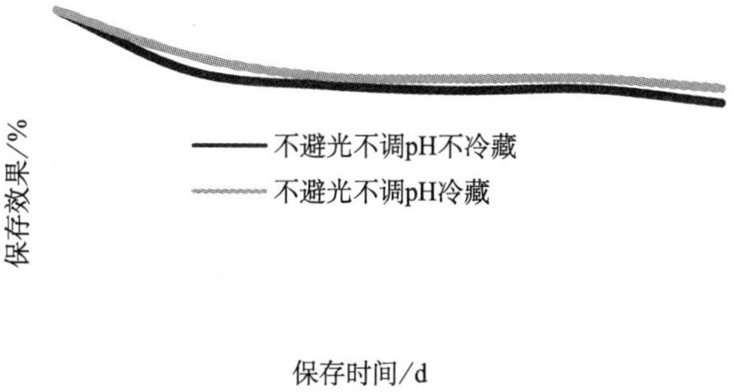

图 4　温度对高浓度水库水的保存效果影响

由图 3、图 4 可知，在可见光、中性酸碱度情况下，冷藏保存效果略优于常温保存。对于低浓度水库水样，冷藏保存效果明显优于常温保存，冷藏条件下，第 2 天保存效果为 68.1%，第 12 天保存效果为 23.5%；常温下，第 2 天保存效果为 28.2%，第 12 天保存效果为 1.6%。对于高浓度水库水样，保存温度对保存效果影响极小，冷藏条件下，第 2 天保存效果为 88.2%，第 12 天保存效果为 80.2%；常温下，第 2 天保存效果为 84.2%，第 12 天保存效果为 76.4%。

2.3 光照强度的影响

中性酸碱度、常温保存条件下，光照强度对高、低浓度水库水样的保存影响见图 5、图 6。

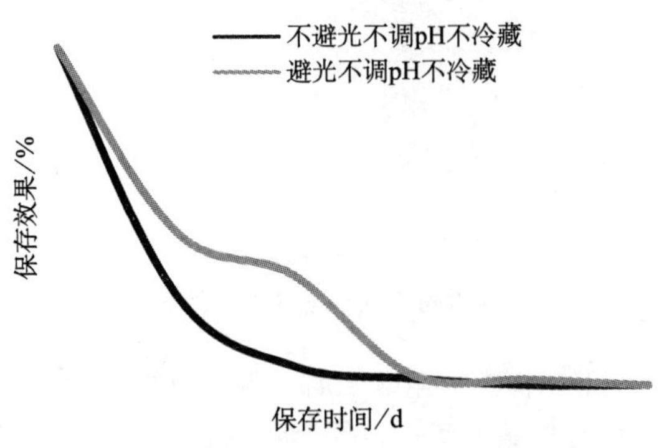

图 5 光照强度对低浓度水库水保存效果

图 6 光照强度对高浓度水库水保存效果

由图 5、图 6 可见，中性酸碱度、常温保存条件下，是否避光对高、低浓度水库水样保存效果影响较小。对于低浓度水库水样，避光与见光保存条件下，第 2 天保存效果分别为 46.6%和 28.2%，第 12 天的保存效果均为 1.6%。对于高浓度水样，避光与见光保存条件下，第 2 天的保存效果分别为 81.2%和 84.2%，第 12 天的保存效果分别为 73.0%和 76.4%。

2.4 浓度、pH、温度和光照强度对水合肼样品保存时间的综合影响

以水库水为基质，将浓度、保存时间、pH、温度和光照为固定因子，保存效果为因变量，进行正交试验，考察各种保存条件对保存效果的综合影响。经过 spss 运行，生成正交试验表，见表 2。在置信区间为 95%时，spss 单变量一般模型主效应分析后，方差分析结果见表 3，单因素统计量表见表 4，配对比较表见表 5。

表 2 正交试验表

浓度/（mg/L）	时间/d	pH	温度/℃	光照	空列	Status	Card
低浓度	5	酸化	常温	避光	1	94.5	1
低浓度	9	原水	冷藏	可见光	1	47.5	2
高浓度	12	原水	冷藏	避光	1	81.6	3
低浓度	7	酸化	冷藏	可见光	1	95.6	4
高浓度	7	原水	常温	可见光	1	79.4	5
高浓度	7	原水	常温	避光	2	78.6	6
高浓度	2	酸化	冷藏	可见光	2	99.5	7
低浓度	2	原水	常温	避光	1	46.6	8
低浓度	2	原水	常温	可见光	2	28.2	9
低浓度	2	原水	冷藏	避光	2	67.8	10
高浓度	9	酸化	常温	避光	2	96	11
低浓度	7	酸化	冷藏	避光	2	98.2	12

续表

浓度/（mg/L）	时间/d	pH	温度/℃	光照	空列	Status	Card
高浓度	2	酸化	冷藏	避光	1	99.5	13
高浓度	5	原水	冷藏	可见光	2	82.9	14
低浓度	12	酸化	常温	可见光	2	90.6	15
高浓度	5	酸化	常温	可见光	1	94.7	16

表 3　方差分析表

方差来源	离均差平方和	自由度	均方差	*F*	*P*
浓度	1 281.640	1	1 281.640	30.498	0.001
时间	1 095.878	4	273.969	6.519	0.016
pH	4 096.000	1	4 096.000	97.470	0.000
温度	256.000	1	256.000	6.092	0.043
光照	123.210	1	123.210	2.932	0.131
误差	294.163	7	42.023	—	—

由 F 值的大小判断因素对保存效果的影响程度，P 值是否小于 0.05 判断影响是否具有显著性差异。由表 3 可看出：5 个因素对保存效果的影响大小为：酸碱度>浓度>时间>温度>光照，其中酸碱度、浓度、时间和温度对保存效果的影响程度均具有显著性差异。

表 4　单因素统计量表

因素	水平	均数	标准误差
浓度	0.40 mg/L	88.795	2.360
	0.10 mg/L	70.895	2.360
时间	2 d	68.450	3.241
	5 d	84.975	3.241
	7 d	87.950	3.241
	9d	71.750	4.584
	12d	86.100	4.584
pH	2.00	95.845	2.360
	7.82	63.845	2.360
温度	4℃	83.845	2.360
	20℃	75.845	2.360
光照	避光	82.620	2.360
	可见光	77.070	2.360

表 5　配对比较表

因素	*I*	*J*	差异均值（*I-J*）	标准误差	*P*
浓度/（mg/L）	0.40	0.10	17.900	3.241	0.001
	0.10	0.40	−17.900	3.241	0.001
时间/d	2	5	−16.525	4.584	0.009
		7	−19.500	4.584	0.004
		9	−3.300	5.614	0.575
		12	−17.650	5.614	0.016
	5	2	16.525	4.584	0.009
		7	−2.975	4.584	0.537
		9	13.225	5.614	0.051
		12	−1.125	5.614	0.847

续表

因素	I	J	差异均值（I-J）	标准误差	P
时间/d	7	2	19.500	4.584	0.004
		5	2.975	4.584	0.537
		9	16.200	5.614	0.023
		12	1.850	5.614	0.751
	9	2	3.300	5.614	0.575
		5	−13.225	5.614	0.051
		7	−16.200	5.614	0.023
		12	−14.350	6.483	0.062
	12	2	17.650	5.614	0.016
		5	1.125	5.614	0.847
		7	−1.850	5.614	0.751
		9	14.350	6.483	0.062
pH	2.00	7.82	32.000	3.241	0.000
	7.82	2.00	32.000	3.241	0.000
温度/℃	4	20	7.625	3.334	0.062
	20	4	−7.625	3.334	0.062
光照	避光	不避光	5.550	3.241	0.131
	不避光	避光	−5.550	3.241	0.131

以均数大小判断因素对保存效果的影响大小，由 P 值是否小于 0.05 判断是否存在显著性差异。由表 4、表 5 可见：高浓度水样的保存效果优于低浓度水样，且该因素 2 个水平间存在显著性差异；保存时间对保存效果的影响为 2 d>5 d>7 d>9 d>12 d，第 2 d 和第 5d 间存在显著性差异，第 5 d 和第 7 d 间不存在显著性差异；酸碱度对保存效果的影响存在显著性差异，且酸性条件下保存效果明显优于中性条件的保存效果；4 ℃的保存效果优于 20 ℃，但两者间不存在显著性差异；避光保存的保存效果与可见光保存效果相近且略优于可见光保存效果，但两者间不存在显著性差异。综上所述，保存条件应选用：调节 pH 至 2.00 后，避光、冷藏保存水合肼地表水样。

2.5 样品保存的有效时间

调节水样的 pH 值至 2.00 后，避光、冷藏条件下，水库水和黄河水在第 2～12 d 的保存效率见表 6。

表 6 水库水和黄河水的保存效果

序号	水样类型	保存效果/%				
		第 2 d	第 5 d	第 7 d	第 9 d	第 12 d
1	高浓度水库水	99.5	99.0	96.2	96.3	95.2
3	低浓度水库水	98.3	98.2	98.2	94.1	93.2
5	高浓度黄河水	93.2	84.7	77.5	77.1	64.2
6	低浓度黄河水	82.4	64.7	58.8	58.8	41.2

由表 6 可见，调节水样的 pH 值至 2.00 后，避光、冷藏条件下，对于较洁净的水库水样，在 0.10mg/L 和 0.40 mg/L 浓度水平上，12 天时，保存效果分别为 93.2%和 95.2%；对于悬浮物质较高的黄河水样，在 0.10mg/L 和 0.40 mg/L 浓度水平上，12 天时，保存效果分别为 41.2%和 64.2%。可见基质对水样中水合肼的影响非常大。以低浓度水库水和黄河水为例作比较：保存时间为第 2 天时，水库水和黄河水的保存效果分别为 98.3%和 82.4%；保存时间为第 7 天时，保存效率分别为 98.2%和 58.8%；保存时间为第 12 天时，保存效率分别为 93.2%和 41.2%。黄河水中水合肼的保存效果相对水库水中水合肼保存效果差，可能是悬浮沙粒对水合肼存在较大吸附性，也可能是悬浮沙粒对水合肼的降解或转化存在催化作用，其确切情况有待后期研究工作解答。

3 结论

本文通过对高、低浓度水库水及黄河水在 pH、温度、光照等条件下的保存效果进行研究，得到了各条件因素对保存效果的影响为：酸碱度＞浓度＞时间＞温度＞光照，其中酸碱度、浓度、时间和温度对保存效果的影响程度均具有显著性差异。建议地表水水合肼样品使用棕色玻璃瓶采集后，立即用盐酸调节至 pH=2.00，于 4 ℃下冷藏避光保存；洁净的地表水样保存时间不超过 2 周，黄河等含泥沙较多地水合肼样品应立即分析，否则保存时间尽量不超过 2d。

参考文献

[1] 张杰，李丹. 水合肼的生产技术及其应用进展 [J]. 化工中间体，2006，(3)：8-12.

[2] 葛青，赵敏，郭飞，牛德良，吴范宏. 水合肼下游农药研究综述 [J]. 农药，2009，(3)：157-162.

[3] 郑淑君. 水合肼的发展、现状、展望 [J]. 化学推进剂与高分子材料，2005，3 (1)：17-21.

[4] 孙洁. 水合肼在离子液体中的电化学行为及其气体传感器研究 [D]. 上海：上海师范大学，2010：54.

[5] 揭嘉，谭勇，周大军. 二氧化氯泡沫分离法处理水合肼类废液 [J]. 环境工程学报，2008，2 (5)：664-668.

作者简介：南淑清（1975.8—），河南省环境监测中心，高工，环境监测。

济宁城区地表水中β-内酰胺类及磺胺类抗生素污染特征

朱　晨　张存良　颜　涛　郭文建　李红莉　李恒庆

山东省环境监测中心站，济南　250013

摘　要：采用固相萃取-液相色谱串联质谱法分析了济宁市城区主要地表水体中β-内酰胺类及磺胺类共10种抗生素的含量特征。结果表明：在济宁市污水处理厂进、出水及主要地表水系中共检出2种β-内酰胺类及3种磺胺类抗生素，最大检出浓度均位于济宁市污水处理厂进水口；阿莫西林（13.0～28.8ng/L)、氨苄青霉素（13.8～23.4ng/L)、磺胺甲噁唑（11.8～324ng/L）检出率100%；经A+A²/O处理工艺处理后废水中β-内酰胺类抗生素无明显降解，磺胺类抗生素去除率达53.4%；最终汇入南四湖的地表水中阿莫西林、氨苄青霉素、磺胺甲噁唑、磺胺二甲氧嘧啶、磺胺间甲氧嘧啶质量浓度分别为20.0ng/L、23.4 ng/L、43.2 ng/L、11.5 ng/L、8.3 ng/L，含量低于黄浦江、珠江广州河段等地表水体中相应抗生素最高残留量，属于较低浓度水平。

关键词：液相色谱串联质谱法；抗生素；地表水；济宁；

Characteristics of β-lactams and Sulfonamides in Urban Aquatic Environment of Jining City

ZHU Chen　ZHANG Cun-liang　YAN Tao　GUO Wen-jian　LI Hong-li　LI Heng-qing

Shandong Province Environmental Monitoring Centre，Jinan 250013

Abstract：Ten widely used antibiotics including seven sulfonamides and two β-lactam antibiotics were detected using UPLC-MS-MS method. There are five antibiotics detected in water samples which collected from Jining city，and amoxicillin (13.0～28.8 ng/L)，ampicillin (13.8～23.4 ng/L)，sulfamethoxazole (11.8～324ng/L) were found in every sampling location. The maximum concentration of five compounds all found in influent of Jining sewage treatment plant；Treated by the process of A+A²/O，β-lactam antibiotics had no obvious degradation，and the removal rate of sulfonamide antibiotics was 53.4%；The concentrations of amoxicillin，ampicillin，sulfamethoxazole，sulfadimethoxine and sulfamonomethoxine in surface water flowing into Nansi Lake were 20.0ng/L、23.4 ng/L、43.2ng/L、11.5 ng/L、8.3 ng/L respectively. Compared with those in the Pearl River and the Huangpu River，the level of antibiotics contamination of Jining city is lower.

Key words：UPLC-MS-MS；antibiotics；surface water；Jining

抗生素作为药品及个人护理用品（PPCPs）的重要组成类别，广泛用于人类及牲畜的细菌性疾病防治。而我国抗生素的滥用现象较为普遍，有研究表明[1]，我国使用量前15位的药品中有10种为抗生素；不同种类的抗生素服用后的代谢程度不同，其中约10%～90%以原药的形式随排泄物最终进入环境。尽管抗生素并不像持久性有机污染物（POPs）那样难降解，但它们通过不同方式源源不断地进入到环境中，造成其假持久性存在。抗生素的持续存在会诱导抗性微生物和抗性基因产生，对人类健康和生态环境构成威胁[2]。尽管我国尚未颁布抗生素的相关环境质量标准，但及时了解环境水体中抗生素污染状况，为环境管理决策提供技术支持一直是环境监测部门的重要课题。

近年来，国内外学者针对地表水、地下水、城市污水处理厂中抗生素分布状态的研究多有报道。目前对于抗生素含量测定的方法多采用高效液相色谱-紫外/荧光检测法[3-5]、液相色谱-串联质谱法[6,7]。2007 年，美国 EPA 颁布了用液相色谱-串联质谱法测定环境样品中 75 种 PPCPs（含 40 余种抗生素）的 Method 1694 标准方法，截至目前我国尚无相关检测标准。

本文参照 EPA Method 1694，采用液相色谱-串联质谱技术对汇入南四湖的济宁市城区部分地表水体中抗生素的含量特征进行了调查。EPA Method 1694 依据化合物结构、极性等将所列 PPCPs 污染物分为 4 组，本文选取第 1 组中在我国广泛应用于医疗、畜牧和水产养殖业领域的 3 种 β-内酰胺类、7 种磺胺类抗生素进行测定。

1 实验部分

1.1 样品采集

济宁市区位于南四湖北部，老运河横贯济宁城区，为城区主要纳污河，济宁市污水处理厂位于城区南郊、老运河下游。目前大部分城区工业、生活污水经济宁市污水处理厂收集处理后，沿老运河进入北湖湿地深度处理，再经老运河西石佛断面汇入流经济宁市区西郊的梁济运河，最终汇入南四湖。老运河的水质状况基本可以反映济宁城区汇入南四湖的水质状况。

本次调查共采集济宁市污水处理厂进口（1#）、出口（2#）、北湖湿地出口（3#）、西石佛断面（4#）、梁济运河老运河入口上游（5#）、梁济运河入南四湖河口（6#）共 6 个点位的污水或地表水样品，具体点位见图 1。点位布设与样品采集均依照《地表水和污水监测技术规范》（HJ/T 91—2002）进行。样品以棕色玻璃瓶 4 ℃避光保存，且在 48 h 内富集处理。

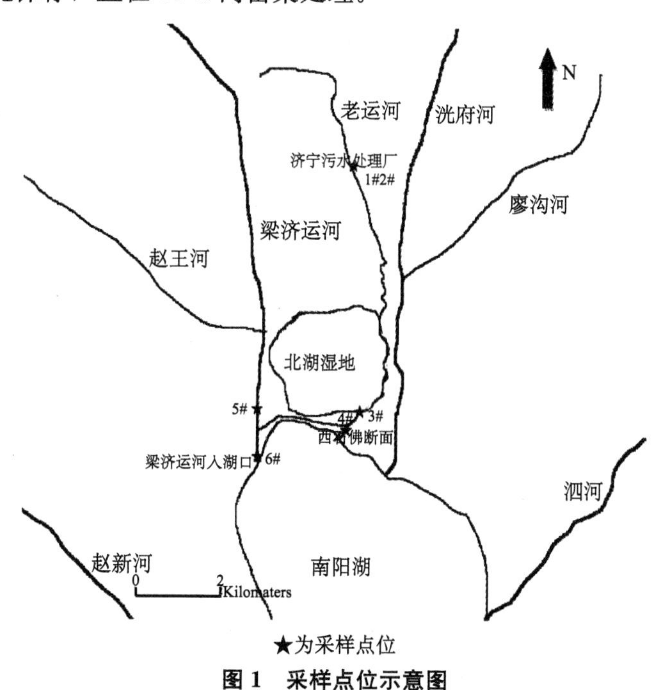

图 1 采样点位示意图

1.2 仪器与试剂

超高效液相色谱-三重四级杆质谱联用仪（Waters Acquity UPLC/Quattro Premier XE™型）；ACQUITY UPLC BEH C18 色谱柱（50 mm×21 mm，1.7μm）；Oasis HLB 固相萃取小柱（500 mg/6 ml，美国 Waters 公司）；滤膜：0.45 μm 纤维滤膜。

磺胺嘧啶（SDZ）、磺胺甲嘧啶（SMR）、磺胺二甲氧嘧啶（SDM）、磺胺间甲氧嘧啶（SMM）、磺胺对甲氧嘧啶（SMD）、磺胺氯达嗪（SCP）、磺胺甲噁唑（SMZ）、阿莫西林（AMX）、氨苄青霉素（AMP）、青霉素 G（PG）均购自德国 Dr. Ehrenstorfer 公司，纯度均>98.0%；甲醇为色谱纯；其余试剂均为分析纯，实验用水为高纯水。

1.3 样品预处理

水样经 0.45μm 滤膜过滤后，取 500 ml 用 HCl 调节 pH 值至 2.0±0.5，加入 $Na_4EDTA \cdot 2H_2O$ 0.5g，样品混匀静置平衡 1h。

HLB 固相萃取柱依次用 20ml 甲醇、6 ml 试剂水、6 ml 试剂水（pH 2.0）活化；水样以<5 ml/min 的速度匀速通过活化后的萃取柱；样品富集完成后，用 10ml 试剂水冲洗萃取柱以去除 EDTA，真空干燥 5min；用 10ml 甲醇洗脱，收集洗脱液；40 ℃水浴氮吹浓缩至近干，用 10%甲醇溶液定容至 1.0 ml，密封避光−20 ℃储存，40 天内分析。

1.4 仪器条件

色谱条件：ACQUITY UPLC BEH C18 色谱柱（50 mm×2.1 mm，1.7μm）；柱温 40℃；流动相：A 为 0.1%（V/V）的甲酸水溶液，B 为甲醇梯度洗脱，梯度淋洗条件：0～7min，15%～ 28%；7～12min，28%～50% B；12～13min，15% B，保持 1 min；流速为 0.3 ml/min。

质谱条件：采用电喷雾离子源，正离子模式（ESI+）；源温度和脱溶剂气温度分别为 110℃和 350℃；脱溶剂流速和锥孔气流速分别为 500 L/h 和 50 L/h ；毛细管电压为 3.5 kV ；MRM 模式检测。抗生素质谱分析参数及方法检出限详见表 1。

表 1　抗生素的质谱分析参数及方法检出限

编号	名称	定量* /定性离子对（m/z）	锥孔电压/V	碰撞能量/eV	检出限/（ng/L）
1	磺胺嘧啶（SDZ）	251～156*	30	17	5.0
		215～91	30	19	
2	磺胺甲嘧啶（SMR）	265～156*	27	17	5.0
		265～172	27	16	
3	磺胺二甲氧嘧啶（SDM）	311～156*	25	20	5.0
		311～92	25	33	
4	磺胺间甲氧嘧啶（SMM）	281～156*	28	17	5.0
		281～215	28	17	
5	磺胺对甲氧嘧啶（SMD）	281～156*	25	18	5.0
		281～215	25	18	
6	磺胺氯达嗪（SCP）	285～156*	25	15	10.0
		285～108	25	24	
7	磺胺甲噁唑（SMZ）	254～156*	25	17	10.0
		254～108	25	23	
8	氨苄青霉素（AMP）	350～160*	20	17	10.0
		350～192	20	23	
9	阿莫西林（AMX）	366～208*	20	18	10.0
		366～114	20	30	
10	青霉素 G（PG）	335～160*	21	20	10.0
		335～176	21	20	

1.5 质量保证及质量控制

在待测样品中随机抽取 10%的样品进行了平行样品的测定，结果令人满意；每组样品都同时测定方法空白、加标空白、及基质加标，以控制整个分析流程的回收率。7 种磺胺类抗生素和 3 种 β-内酰胺类抗生素的平均回收率分别为 74.9%～113.4%和 78.6%～85.4%。

2 结果与讨论

2.1 济宁市污水处理厂及城区地表水中抗生素含量特征

10 种抗生素在济宁市污水处理厂进、出水及城区地表水各采样点位中的含量详见表 2。

表2 济宁市城市污水及地表水β-内酰胺、磺胺类抗生素含量

单位：ng/L

点位	抗生素含量									
	AMX	AMP	PG	SDZ	SMR	SDM	SMM	SMD	SCP	SMZ
1#	28.8	16.8	N.D.	N.D.	N.D.	34.9	7.8	N.D.	N.D.	324
2#	27.1	15.4	N.D.	N.D.	N.D.	17.2	7.3	N.D.	N.D.	151
3#	24.5	15.1	N.D.	N.D.	N.D.	N.D.	6.8	N.D.	N.D.	27.1
4#	13.0	13.8	N.D.	N.D.	N.D.	N.D.	N.D.	N.D.	N.D.	81.9
5#	19.1	16.9	N.D.	N.D.	N.D.	N.D.	N.D.	N.D.	N.D.	11.8
6#	20.0	23.4	N.D.	N.D.	N.D.	11.5	8.3	N.D.	N.D.	43.2

所调查的6个点位共检出2种β-内酰胺类及3种磺胺类抗生素，最大检出浓度均位于济宁市污水处理厂进水口。6个点位阿莫西林（13.0～28.8 ng/L）、氨苄青霉素（13.8～23.4 ng/L）、磺胺甲噁唑（11.8～324ng/L）检出率均为100%；磺胺二甲氧嘧啶（11.5～34.9 ng/L）检出率为42.8%；磺胺间甲氧嘧啶（6.8～8.3 ng/L）检出率为57.1%。

梁济运河入南四湖河口（6#）阿莫西林、氨苄青霉素、磺胺甲噁唑、磺胺二甲氧嘧啶、磺胺间甲氧嘧啶质量浓度分别为20.0ng/L、23.4 ng/L、43.2 ng/L、11.5 ng/L、8.3 ng/L。

磺胺甲噁唑一直是国内、外相关研究报告中检出率较高的一种磺胺类抗生素，也是本次调查济宁城区地表水中磺胺类抗生素检出浓度最高的一种抗生素，可能与其在水产养殖业使用量较大，且磺胺类抗生素亲水性强，容易通过排泄、雨水冲刷等方式进入水环境有关。磺胺甲噁唑检出浓度在西石佛断面（4#）的反弹也提示湖区集中水产养殖用药输入的可能。

2.2 济宁市城区污水抗生素去除效果

目前济宁市污水处理厂采用A+A^2/O处理工艺；北湖湿地采用复合潜流湿地、水平潜流、表面流、稳定塘处理方式。调查显示污水处理厂及北湖湿地对β-内酰胺类抗生素无明显去除效果，这可能与β-内酰胺类抗生素较易被化学水解或者被在细菌中广泛存在的β-内酰胺酶破坏[8]，导致污水处理厂进水已处于低浓度水平有关。

由于污水处理厂进水中磺胺间甲氧嘧啶浓度偏低，无明显去除效果；磺胺甲噁唑、磺胺二甲氧嘧啶去除率分别为53.4%、67.0%，经北湖湿地进一步处理后，去除率达71.4%～82.1%，这与Li-Jun Zhou[9]研究结果一致，证明A+A^2/O处理工艺可有效去除磺胺类抗生素。

2.3 不同水体中抗生素残留现状比较

与国内、外相关研究报告比较发现：济宁城区入南四湖地表水中阿莫西林、氨苄青霉素质量浓度分别为20.0ng/L、23.4 ng/L，低于澳大利亚昆士兰州地表水中阿莫西林（200 ng/L）最高残留质量浓度；磺胺甲噁唑质量浓度43.2ng /L，低于珠江三角洲（776 ng /L）[10]、珠江广州河段（193 ng/L）[11]、崇明岛[5]（241.5 ng/L）以及澳大利亚昆士兰州[12]（2 000 ng/L）地表水中最高残留质量浓度；磺胺二甲氧嘧啶质量浓度11.5 ng/L，与美国爱荷华州[13]流经城市的地表水中（10.0ng/L）最高残留质量浓度相当；磺胺间二甲氧嘧啶质量浓度8.3 ng/L，低于崇明岛（23.8 ng/L）及黄浦江（17.3 ng/L）水中最高残留质量浓度。

3 结论

济宁城区最终汇入南四湖地表水中检出阿莫西林、氨苄青霉素、磺胺甲噁唑、磺胺二甲氧嘧啶、磺胺间甲氧嘧啶5种抗生素，质量浓度在8.3～43.2 ng/L之间，与国、内外相关研究报道同类抗生素残留浓度相比属较低浓度水平。

磺胺甲噁唑在各监测点位检出浓度均最高，为济宁城区地表水体中磺胺类抗生素主要污染物，应关注湖区集中水产养殖的抗生素输入，加强湖区水产养殖管理。

参考文献

[1] 杨志寅. 138：13 中国人吃抗生素是美国人的 10 倍 [N]. 健康报，2011-01-03 (8)

[2] 吴楠，乔敏. 土壤环境中四环素类抗生素残留及抗性基因污染的研究进展 [J]. 生态毒理学报，2010 (5)：618-627.

[3] 刘虹，张国平，刘丛强，李玲，项萌. 贵阳城市污水及南明河中氯霉素和四环素类抗生素的特征 [J]. 环境科学，2009，33 (3)：687-692.

[4] 陈涛，李彦文，莫测辉，高鹏，吴小莲，屈相龙. 广州污水厂磺胺和喹诺酮抗生素污染特征研究 [J]. 环境科学与技术，2010，33 (6)：144-147.

[5] 洪蕾洁，石璐，张亚雷，周雪飞，朱洪光，林双双. 固相萃取-高效液相色谱法同时测定水体中的 10 种磺胺类抗生素 [J]. 环境科学，2012，33 (2)：652-657.

[6] 尹燕敏，沈颖青，顾海东，秦宏兵. 固相萃取-液质联用法同时测定水中的喹诺酮类和磺胺类抗生素 [J]. 化学分析计量，2013，22 (3)：29-32.

[7] Cha J M，Yang S，Carlson K H. Trace determination of β-lactam antibiotics in surface water and urban wastewater using liquid chromatography combined with electrospray tandem mass spectrometry [J]. Journal of Chromatography A，2006，1115 (1-2)：46-57.

[8] Lin A Y C，Yu T H，Lin C F. Pharmaceutical contamination in residential，industrial，and agricultural waste streams：risk to aqueous environments in Taiwan [J]. Chemosphere，2008，74 (1)：131-141.

[9] L.-J. Zhou et al. Occurrence and fate of eleven classes of antibiotics in two typical wastewater treatment plants in South China [J]. Sci. Total Environ，2013：365 - 376.

[10] YE Jipeng，ZOU Shichun，ZHANG Gan et al. Characteristics of selected antibiotics in the aquatic environment of the Pearl River Delta，south China [J]. Ecology and Environment，2007，16 (2)：384-388.

[11] XU Weihai，ZHANG Gan，ZOU Shichun et al. Occurrence and seasonal changes of antibiotics in the Victoria harbour and the Pearl River，south China [J]. Environmental Science，2006，27 (12)：2458-2462.

[12] Watkinson AJ，Murby EJ，Kolpin DW，Costanzo SD. The occurrence of antibiotics in an urban watershed：From wastewater to drinking water [J]. Sci. Total Environ，2009，407 (8)：2711-2723.

[13] Kolpin DW，Skopec M，Meyer MT，Furlong ET，Zaugg SD. Urban contribution of pharmaceuticals and other organic wastewater contaminants to streams during differing flow conditions [J]. Sci Total Environ，2004；328：119-130.

作者简介：朱晨（1970.7—），硕士，山东省环境监测中心站，工程技术应用研究员，从事环境监测工作。

超高效液相色谱-串联质谱同时测定水中3种致癌芳香胺

夏　勇　王海燕　廖德兵　王小将

攀枝花市环境监测站，攀枝花　617000

摘　要：建立超高效液相色谱-串联质谱（UPLC-MS/MS）同时测定水中苯胺、联苯胺和3,3′-二氯联苯胺的方法。水样经0.22μm聚四氟乙烯滤膜过滤，超高效液相色谱分离，三重四极杆串联质谱检测苯胺、联苯胺和3,3′-二氯联苯胺，同时考察了仪器条件对目标物测定的影响。最佳条件下，苯胺、联苯胺和3,3′-二氯联苯胺的检出限分别为0.160μg/L、10.2ng/L和0.158μg/L。用建立的方法测定了水源地水样中的苯胺、联苯胺和3,3′-二氯联苯胺，结果均未检出，实际水样加标回收率在89.7%～102%之间。

关键词：水分析；苯胺；联苯胺；3,3′-二氯联苯胺；超高效液相色谱-串联质谱

Simultaneous Determination of Three Kinds of Carcinogenic Aromatic Amines in Water by Ultra Performance Liquid Chromatography Coupled with Tandem Mass Spectrometry

XIA Yong　WANG Hai-yan　LIAO De-bing　WANG Xiao-jiang

Panzhihua Environmental Monitoring Station, Panzhihua 617000

Abstract: To develop an analytical method based on UPLC-MS/MS for simultaneous determination of aniline, benzidine and 3,3′-dichlorobenzidine in water. The water sample collected was filtrated though 0.22μm PTFE filters prior to analysis. After that, aniline, benzidine and 3,3′-dichlorobenzidine in water were separated and detected simultaneously by ultra-performance liquid chromatography coupled with tandem mass spectrometry. Effects of instrument conditions on the determination of target compounds were also investigated. Under the optimized conditions, the detection limits for aniline, benzidine and 3,3′-dichlorobenzidine was 0.160μg/L, 10.2ng/L and 0.158μg/L, respectively. The established method was applied to detect aniline, benzidine and 3,3′-dichlorobenzidine in source water samples. Both of the target compounds were not detected. The average recoveries of actual sample spiked with aniline, benzidine and 3,3′-dichlorobenzidine were between 89.7% and 102%.

Key words: water analysis; aniline; benzidine; 3,3′-dichlorobenzidine; UPLC-MS/MS

芳香胺化合物是颜料、制药、塑料、杀虫剂、橡胶、黏合剂等工业生产中的重要原料，地表水中的芳香胺主要来源于上述工业生产过程中的废水排放。研究表明某些芳香胺具有致癌或潜在致癌作用[1]。美国EPA将联苯胺和3,3′-二氯联苯胺列为水环境129种优先污染物名单。我国《地表水环境质量标准》（GB 3838—2002）将苯胺和联苯胺列为集中式生活饮用水地表水源地特定项目，规定苯胺和联苯胺的标准限值分别为0.1mg/L和0.2μg/L。我国现有法规没有明确规定3,3′-二氯联苯胺在水环境中的限量，但其被国际癌症研究机构（IARC）列为2B类物质，且脱氯后会生成毒性更强的联苯胺[2]，潜在的致癌风险不容忽视。在一些国家的河水及湖水中3,3′-二氯联苯胺均有不同程度的检出[3,4]。因此，建立同时分析水中3,3′-二氯联苯胺、苯胺和联苯胺的监测方法对加强饮用水源保护具有重要意义。

芳香胺的分析方法主要有气相色谱法[5]、气相色谱质谱法[6]、液相色谱法[7]和液相色谱质谱法[8]。这些方法通常需要繁琐、费时、费力的液液萃取或者固相萃取将水中的芳香胺萃取并浓缩至有机相中进行

测定。超高效液相色谱[9-11]是近年来新发展的色谱技术，它使用小粒径材料（通常是1.7μm）作为色谱柱填料，大幅度提高了色谱柱柱效，极大地减少了溶剂用量，提高了样品分析速度。此外，结合选择性好、灵敏度高的三重四极杆串联质谱还可以对某些特定污染物实现直接进样测定[12,13]。该文采用超高效液相色谱-三重四极杆串联质谱建立了3,3′-二氯联苯胺、苯胺和联苯胺3种致癌芳香胺的直接进样分析方法，并用于实际水样分析，结果令人满意。

1 实验部分

1.1 仪器与试剂

Waters超高效液相色谱-三重四极杆串联质谱仪（ACQUITY™UPLC-TQD），配备二元溶剂管理器、柱温箱、自动进样器以及Masslynx V4.1工作站；Waters超高效液相色谱柱（ACQUITY UPLC HSS T3，2.1mm × 50 mm，1.8 μm）。质量浓度为100mg/L的苯胺和联苯胺标准液（溶剂分别为甲醇和乙腈，AccuStandard公司），质量浓度为100mg/L的3,3′-二氯联苯胺标准液（溶剂为甲醇，o2si公司），色谱纯甲醇（Fisher公司）。超纯水由Millipore纯水系统（美国Millipore公司）制备。聚四氟乙烯针式过滤器（孔径0.22 μm，内径13 mm）购自上海安谱公司。

1.2 样品采集与前处理

用500ml棕色具塞磨口玻璃瓶采集水样。采样前，将瓶子用铬酸洗液浸泡过夜后，再用自来水和蒸馏水洗净，并于300℃下烘4 h，用铝箔和棉线扎紧瓶塞密封。取样时应使水样沿瓶壁缓慢注满采样瓶，加盖并用铝箔和棉线扎紧瓶塞。样品采集后应置于冷藏箱运输，在4℃下避光保存，最长保存时间为24 h，应尽快分析。水样运回实验室后用聚四氟乙烯针式过滤器过滤，滤液置于2ml棕色色谱进样瓶中待测。

1.3 仪器条件

色谱：ACQUITY UPLC HSS T3色谱柱（2.1 mm × 50 mm，1.8 μm）；流动相A为水，流动相B为甲醇，流速为0.3 ml/min，梯度洗脱程序：B由初始的5%在2 min内线性升至95%，保持0.5min，然后在0.5 min内线性降至5%并保持1 min，总运行时间4 min；柱温40 ℃；进样体积20 μl。

质谱：采用三重四极杆串联质谱仪测定苯胺、联苯胺和3,3′-二氯联苯胺；离子化方式ESI^+；毛细管电压3.5 kV；离子源温度120 ℃，脱溶剂温度400 ℃；脱溶剂气、锥孔反吹气均为氮气，流量分别为700 L/h和30 L/h，碰撞气为氩气，流量为0.17 ml/min。定性定量采用多级反应监测（MRM）模式，分析参数见表1。

表1 MRM分析参数

目标物	母离子（子离子）(*m/z*)	锥孔电压/V	碰撞能量/eV
苯胺	93.96（50.97，76.97①）	36	22，16②
联苯胺	185.02（139.17，167.95①）	38	48，18②
3,3′-二氯联苯胺	253.69（181.53，153.92①）	54	32，44②

注：①为定量离子；②为定量离子的碰撞能量。

2 结果与讨论

2.1 质谱条件优化

三个目标物属于弱碱性物质，选择ESI正离子扫描方式。分别将苯胺、联苯胺和3,3′-二氯联苯胺标准溶液用甲醇稀释成质量浓度为500 μg/L的标准溶液，通过Infusion方式将目标化合物直接引入三重四极杆串联质谱仪，进行质谱参数优化。用Masslynx软件的Intellistart功能，自动选择子离子、优化锥孔电压、碰撞能量等参数。最终选择的母离子、特征子离子、锥孔电压和碰撞能量详见表1。在电喷雾离子化模式中，毛细管电压的大小直接决定了待测物的电离程度，进而影响信号响应。为此，配制质量浓度为1.00μg/L的混标溶液，经色谱分离，在1.0～4.0kV范围内考察质谱毛细管电压对目标物总离子流色谱图（TIC）信号响应的影响，平行测定 3 次。如图 1 所示，苯胺和联苯胺信号响应随着毛细管电压的增大呈现出先增后降的趋势。增大毛细管电压有利于目标物离子化，但过高的毛细管电压会引起目标物离子源内过早碎裂，导致信号降低。3,3′-二氯联苯胺属于非极性化合物，ESI 模式下信号响应弱[14]。从试验结果可以看出提高毛细管电压有利于 3,3′-二氯联苯胺离子化。三个目标物中 3,3′-二氯联苯胺信号响应最弱，综合考虑三个目标物信号响应和质谱仪自身硬件条件，选择 3.5kV 作为三个目标物分析的毛细管电压。

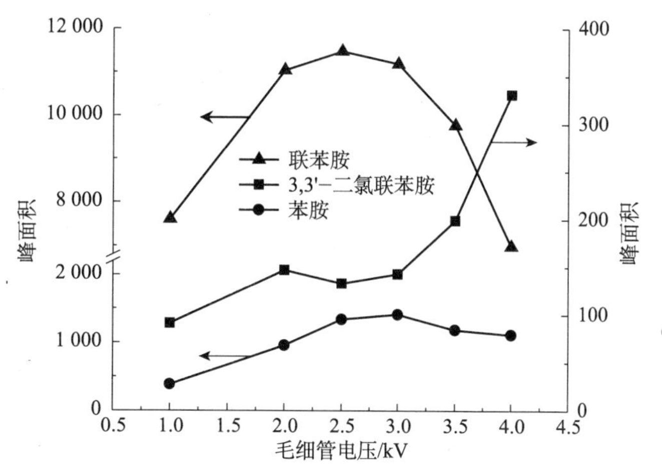

图 1　毛细管电压对目标物信号响应的影响

2.2　色谱条件选择

液相色谱分离采用超高效液相色谱柱。比较了苯胺，联苯胺和 3,3′-二氯联苯胺三个目标物在 Acquity UPLC BEH C18（填料粒径为 1.7μm）和 Acquity UPLC HSS T3（填料粒径为 1.8μm）2 种超高效色谱柱上的分离效果。试验表明，苯胺在 2 种柱子上均能获得满意的信号响应和色谱峰形。而联苯胺和 3,3′-二氯联苯胺在 HSS T3 柱子上能获得更佳的信号响应和色谱峰形。因此，选择 HSS T3 柱作为三个目标物的分离柱。

对比了甲醇-水和乙腈-水两组流动相体系对目标物的分离效果。试验表明，采用甲醇-水作为流动相时三个目标物信号响应和峰形更佳。在分析碱性化合物时，流动相中加入甲酸有利于化合物形成 $[M+H]^+$ 离子。在试验中我们也尝试流动相中添加甲酸来提高灵敏度。然而，甲酸的加入对三个目标物的信号响应有一定的抑制效应。此外，甲酸的加入还会减弱苯胺和联苯胺在色谱柱上的保留，使两者的保留时间变短，同时造成联苯胺峰形严重拖尾。为此，直接选择甲醇-水作为流动相。由于流动相流速直接影响样品在质谱 ESI 探头的雾化程度和效率，从而影响检测灵敏度。因此，在 0.1 ～ 0.4ml/min 流速范围考察流动相流速对三个目标物（质量浓度均为 10.0μg/L）信号响应的影响，平行测定 3 次，结果见图 2。从图 2 可知，随着流速的增大，目标物的信号逐渐降低。流速过大，不利于样品雾化，导致信号下降。然而，流速越小，保留时间越长，色谱峰形宽化拖尾也越严重。当流速 ≥ 0.3ml/min 时，目标物峰形好，保留时间适中，灵敏度也能满足测定需要，故本试验选择 0.3ml/min 流速。在 1.3 条件下，3 个目标物混合标准液（质量浓度均为 5.00μg/L）的 TIC 谱图及保留时间（RT）见图 3。

2.3　标准曲线、检出限及精密度

用超纯水将苯胺、联苯胺和 3,3′-二氯联苯胺标准溶液稀释配制成 0.050 0、0.100、0.500、1.00、2.00、5.00、10.0、20.0μg/L 质量浓度点的混合标准系列，在 1.3 条件下测定，以质量浓度为横坐标，对应的峰面积为纵坐标，分别绘制苯胺、联苯胺和 3,3′-二氯联苯胺的标准曲线。用未检出目标物的空白水样平行配制混合标准加标样品 7 份，加标样品中联苯胺质量浓度为 0.050 0μg/L，苯胺和 3,3′-二氯联苯胺质量浓度均为 0.500μg/L，并根据《HJ 168—2010 环境监测分析方法标准制修订技术导则》中方法检出限 $MDL = S \times t_{(n-1,0.99)}$ 计算 3 个目标物的检出限，其中：$t_{(n-1,0.99)}$ 是置信度为 99%、自由度为 n

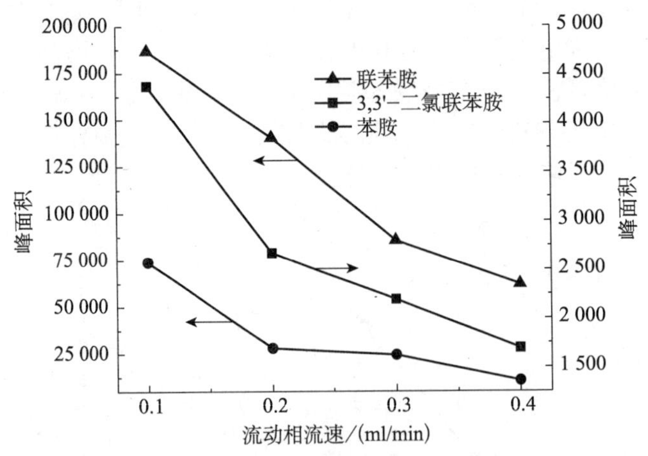

图 2　流动相流速对目标物信号响应的影响

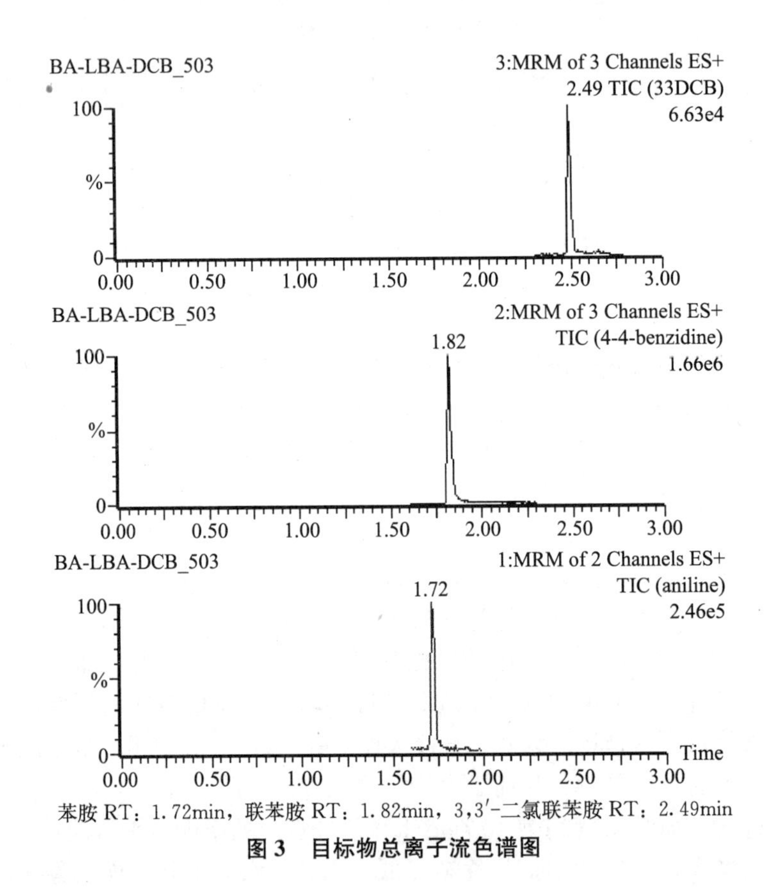

苯胺 RT：1.72min，联苯胺 RT：1.82min，3,3′-二氯联苯胺 RT：2.49min

图 3　目标物总离子流色谱图

−1 时的 t 值，n 为重复分析的样品数（如果连续分析 7 个样品，在 99%的置信区间，$t_{(6,0.99)}=3.143$）。目标物的标准曲线和检出限见表 2。苯胺、联苯胺和 3,3′-二氯联苯胺的检出限分别为：0.160μg/L、10.2ng/L 和 0.158μg/L。《地表水环境质量标准》（GB 3838—2002）对苯胺和联苯胺的限值分别为 0.1mg/L 和 0.2μg/L，由此可见所建方法能满足《地表水环境质量标准》（GB 3838—2002）对苯胺和联苯胺的监测要求。

按照低、中、高质量浓度平行配制混合标准溶液各 6 份，计算 6 次测定结果的相对标准偏差（*RSD*），质量浓度设置和测定结果的相对标准偏差见表 3。苯胺的相对标准偏差为 1.9%～4%、联苯胺的相对标准偏差为 1.6%～5.1%、3,3′-二氯联苯胺的相对标准偏差为 2.9%～9.5%，表明 3 个目标物低、中、高浓度的测定值有较好的精密度。

表 2　标准曲线与方法检出限

目标物	线性范围/（μg/L）	线性回归方程	相关系数	检出限/（μg/L）
苯胺	0.500～20.0	$y=1\ 044.78x+53.32$	0.999 2	0.160
联苯胺	0.0500～10.0	$y=6\ 835.69x-138.06$	0.999 2	0.010 2
3，3′-二氯联苯胺	0.500～10.0	$y=158.61x-2.87$	0.998 6	0.158

2.4　实际样品分析及准确度评价

用建立的方法测定了三处集中式生活饮用水地表水源地水样中 3 种致癌芳香胺的含量，并用实际水样加标进行方法准确度评价，联苯胺加标质量浓度为 0.100 μg/L，苯胺和 3,3′-二氯联苯胺加标质量浓度均为 1.00μg/L，平行测定 3 次。结果表明，三处水源地水样均未检出目标物，加标样品苯胺的平均回收率为 90.3%～99.7%，联苯胺的平均回收率为 95%～102%，3，3′-二氯联苯胺的平均回收率为 89.7%～102%。

表 3　精密度分析（$n=6$）

质量浓度/（μg/L）	相对标准偏差 RSD/%		
	苯胺	联苯胺	3,3′-二氯联苯胺
0.100	—	3.4	—
1.00	3.9	5.1	9.5
5.00	4.0	1.6	2.9
9.00	2.2	2.0	5.7
18.0	1.9	—	—

注：“—”表示无数据。

3　结论

建立了超高效液相色谱-三重四极杆串联质谱仪同时测定水中苯胺、联苯胺和 3,3′-二氯联苯胺的方法。该法采用水样过滤后直接进样分析的方式进行检测，避免了繁琐的萃取和浓缩过程，分析速度快、试剂用量少、回收率好；苯胺、联苯胺和 3,3′-二氯联苯胺的检出限低分别为 0.160μg/L、10.2ng/L 和 0.158μg/L，满足我国《地表水环境质量标准》（GB 3838—2002）对相关项目的监测要求。

参考文献

[1] Skipper P L，Kim M Y，Sun H P，et al. Monocyclic aromatic amines as potential human carcinogens：old is new again [J]. Carcinogenesis. 2010，31（1）：50-58.

[2] Nyman M C，Haber K S，Kenttämaa H I，et al. Photodechlorination of 3，3′-dichlorobenzidine in water [J]. Environmental toxicology and chemistry. 2002，21（3）：500-506.

[3] Harden J，Donaldson F P，Nyman M C. Concentrations and distribution of 3，3′-dichlorobenzidine and its congeners in environmental samples fromLake Macatawa [J]. Chemosphere. 2005，58（6）：767-777.

[4] Watanabe T，Hasei T，Ohe T，et al. Detection of 3,3′-Dichlorobenzidine in Water from the Waka River in Wakayama，Japan [J]. Genes and Environment. 2006，28（4）：173-180.

[5] 刘鹏，徐烨，郭静．分散液相微萃取-气相色谱法测定水样中六种芳香胺 [J]．分析科学学报.2011，27（4）：451-454.

[6] Shin H，Ahn H. Analysis of Benzidine and Dichlorobenzidine at Trace Levels in Water by Silylation and Gas Chromatography-Mass Spectrometry [J]. Chromatographia. 2006，63（1-2）：77-84.

[7] 何立志，贺丰炎，黄警萱，等．饮用水源中痕量联苯胺的检测方法 [J]．中国环境监测.2012，28（4）：98-100.

[8] Aznar M, Canellas E, Nerín C. Quantitative determination of 22 primary aromatic amines by cation-exchange solid-phase extraction and liquid chromatography-mass spectrometry [J]. Journal of Chromatography A. 2009, 1216 (27): 5176-5181.

[9] 王超，吕怡兵，滕恩江，等. 超高压液相色谱荧光检测法快速测定水中痕量苯胺与联苯胺 [J]. 分析测试学报. 2013, 32 (1): 32-37.

[10] 周岩，赵永刚，张蓓蓓，等. 超高效液相色谱-三重四极杆/复合线性离子阱质谱测定水样中三苯甲烷类及代谢物 [J]. 分析化学. 2014, 42 (3): 367-374.

[11] 秦宏兵，顾海东. 超高效液相色谱-串联质谱法测定饮用水源水中磺胺类抗生素 [J]. 中国环境监测. 2013, 29 (1): 98-102.

[12] 刘景泰，李振国. 超高效液相色谱-质谱法测定地表水中丁基黄原酸 [J]. 中国环境监测. 2012, 28 (5): 76-78.

[13] 王海燕，夏勇. 超高效液相色谱-串联质谱同时测定水中的敌百虫和敌敌畏 [J]. 中国环境监测. 2014, 30 (6): 153-158.

[14] Bacaloni A, Cavaliere C, Faberi A, et al. Evaluation of the atmospheric pressure photoionization source for the determination of benzidines and chloroanilines in water and industrial effluents by high performance liquid chromatography-tandem mass spectrometry [J]. Talanta. 2007, 72 (2): 419-426.

作者简介：夏勇（1982.2—），就职于攀枝花市环境监测站，理学硕士，工程师，主要从事有机污染物色谱质谱分析工作。

热脱附-气相色谱/质谱法测定环境空气中苯酚、萘、苊和芴

李　亮　郝　峰　石艳菊

内蒙古自治区环境监测中心站，呼和浩特　010011

摘　要：利用热脱附-气相色谱/质谱联用对环境空气中苯酚、萘、苊和芴进行了检测分析。该方法线性关系良好，相关系数为0.999 1～0.999 5，检出限为0.02～0.06μg/m^3，平均加标回收率为96.6%～104%，相对标准偏差为0.59%～1.81%。该方法具有操作简单、分析快速、准确度高、灵敏高的特点。结果表明，方法用于环境空气中苯酚、萘、苊和芴的测定，结果令人满意。

关键词：苯酚；萘；苊；芴；热脱附；气相色谱-质谱

Determination of Phenol, Naphthalene, Acenaphthene, Fluorene in Environmental Air by Gas Chromatography/Mass Spectrometry Coupled with Automated Thermal Desorption

LI Liang　HAO Feng　SHI Yan-ju

Inner Mongolia Environmental Monitoring Center Station, Hohhot 010011

Abstract: A automated thermal desorption in combination with gas chromatography and mass spectrometry (GC/MS) method was used to analyze phenol, naphthalene, acenaphthene and fluorene in environmental air. The method had good linear and the correlation coefficients of the compounds were 0.999 1～0.999 5, the range of the lowest detection limits were 0.02～0.06μg/m^3. The average recovery ratios of the method were 96.6%～104%. The RSD was 0.59%～1.81%. The method has the characteristics of simple operation, rapid analysis, higher accuracy and higher sensitivity. The results showed that the method could be used to determination phenol, naphthalene, acenaphthene and fluorene in environmental air. Satisfactory results were obtained.

Key words: phenol; naphthalene; acenaphthene; fluorene; automated thermal desorption; gas chromatography and mass spectrometry

苯酚，又名石炭酸、羟基苯，是德国化学家龙格（Runge F）于1834年在煤焦油中发现的，是最简单的酚类有机物，一种弱酸。常温下为一种无色晶体，有毒。苯酚是一种常见的化学品，是生产某些树脂、杀菌剂、防腐剂以及药物（如阿司匹林）的重要原料。苯酚对皮肤、黏膜有强烈的腐蚀作用，可抑制中枢神经或损害肝、肾功能。吸入可致头痛、头晕、乏力、咳嗽、食欲减退、恶心、呕吐，视物模糊、肺水肿等，严重者引起蛋白尿。

多环芳烃（PAHs）是半挥发性有毒有害有机物，最早发现在高沸点的煤焦油中，主要是由有机物裂解和不完全燃烧引起。大气中多环芳烃主要来源于燃煤、垃圾焚烧、焦化厂以及汽车等机动车辆所排放的废气。多环芳烃最突出的特性是具有强致癌性、致畸性及致突变性，其生成、迁移、转化和降解过程中，可直接通过呼吸道、皮肤、消化道进入人体和动物体，由于其亲脂性及难降解性，易在生物体内蓄积，对人体及动物健康产生危害。

目前对环境空气中的挥发性有机物及多环芳烃的研究受到人们的广泛关注。环境空气中苯酚和多环芳烃的测定基本上是采样筒和滤膜（筒）/ 溶剂解析[1-5]，测定方法有气相色谱法、高效液相色谱法和气相色谱-质谱法，但是固体吸附—热脱附解析[6-7]的方法主要测定环境空气中挥发性有机物，测定苯酚[8]和多环芳烃[9]的报道比较少。

固体吸附/热脱附具有无溶剂污染、操作简单、分析快速，用 GC-MS 分析灵敏度高、准确度高的优点，本论文提出建立用混合型填料吸附管吸附/热脱附解析-GC-MS 法测定环境空气中苯酚和多环芳烃中萘、苊和芴的方法，并对城市及周边煤化工工业园区和氯碱化工园区进行采样和分析研究。

1 方法原理

本方法选用填充 Tenax TA/ Carbograph 1 TD/Carboxen 1000 的三种填料通用型采样管采集一定体积的环境空气样品，将样品中的苯酚、萘、苊和芴捕集在采样管中，用热脱附仪给吸附管加热，热脱附出的苯酚、萘、苊和芴随载气进入冷阱被捕集，然后快速加热冷阱，进入气相色谱-质谱仪进行定性、定量分析。

2 实验部分

2.1 样品采集及保存

打开采样管两端的密封帽后，应马上采样，采样管无凹槽的一端连接在恒流气体采样器上，采样流量 200 ml/min（偏差≤10%），采样时间 60 min。样品采集完立即用密封帽密封采样管。

样品采集后，准确记录采样体积、温度、气压，低温（不高于 4℃）保存与运输，保存时间不超过 30 天，采用多层吸附剂进行采样后，除非事先知道储存不会引起样品明显的损失，否则应尽快进行分析[4]。

2.2 仪器及条件

Agilent 气相色谱-质谱仪（5975C-7890A），色谱柱为 HP-VOC 毛细管柱，30m×200μm ×1.12μm，均为美国 Agilent 公司；全自动热脱附仪（MKI-UNITY2），恒流气体采样器，Tenax TA/ Carbograph 1 TD/Carboxen 1 000 吸附剂的采样管；BTH-10 型样品管老化仪。色谱条件设置为柱温起始温度 40℃，保持 2min，以 10℃/min 升至 80℃，20℃/min 升到 140℃，保持 2min，20℃/min 升到 240℃，保持 4min；载气：高纯氦气（99.999%），柱流速为 1.0 ml/min；载气节省关闭；吹扫时间：999.99；不分流。质谱条件设置为 EI（离子源）温度：250℃；四极杆温度：150℃；发射电子能：70eV；色谱质谱传输线温度：260℃；质谱扫描范围 35～350 amu。

2.3 主要试剂

甲醇中苯酚标准溶液（地质科学院物化研究所，GBW（E）081105），浓度 490μg/ml；甲醇中萘标准溶液（supelco，48641），浓度 200μg/ml；甲醇中芴标准溶液（supelco，48644），浓度 200μg/ml；甲醇中苊标准溶液（supelco，48643），浓度 200μg/ml。

标准储备液：将上述标准溶液分别准确移取 1.0ml 于 10.0ml 容量瓶中，用甲醇定容。甲醇，农残级。

3 热脱附分析条件优化

3.1 吸附管解析温度

取 0.6μl 的标准储备液分别在 210℃、230℃、250℃、280℃、300℃下解析 5min，实验表明，随着温度升高，峰面积增大，当超过 250℃变化趋于平缓，表明解析基本完全。该实验选取 250℃为吸附管解析温度。

3.2 吸附管解析时间

取 0.6μl 的标准储备液在 250℃的解析温度下分别解析 3min、4min、5min、7min，实验结果表明，随着解析时间增加，峰面积也增大，当解析时间超过 5min 时，变化趋于平缓。选取 5min 为吸附管解析时间。

3.3 冷阱脱附温度和脱附时间

冷阱脱附温度与吸附管解析温度变化规律一致，选取 250℃为冷阱脱附温度。由于冷阱 0.5min 之内能迅速加热到最高温度，实验结果表明，3min 解析完全。选取 3min 为冷阱脱附时间。

3.4 冷阱聚焦温度

根据上述最佳解析时间和温度，选取冷阱聚焦温度分别为−20℃、−10℃、0℃、10℃进行实验，实验结果表明，随着温度升高，峰面积有所降低，当大于−10℃时变化明显，因此选取−10℃为冷阱聚焦温度。

4 实验结果

4.1 标准样品定性分析

标准样品通过全扫描（SCAN）进行定性分析，由 GC/MS 谱库检索确定 4 种化合物对应的保留时间。总离子流图（TIC）如图 1 所示。

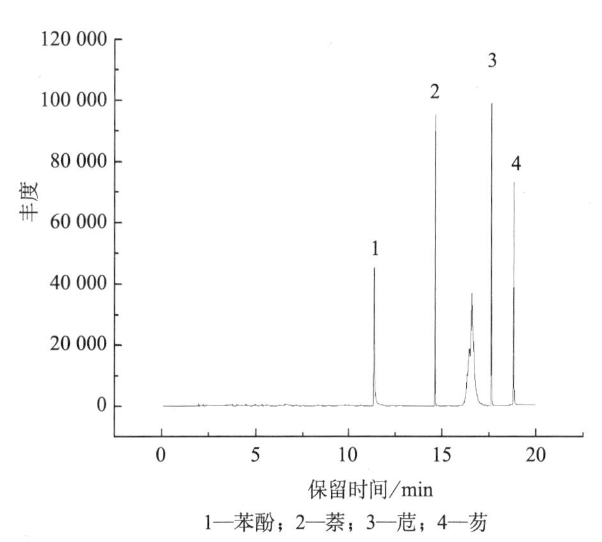

图 1 4 种化合物混合标准样品总离子流图（TIC）

4.2 方法线性范围、标准曲线的相关系数

校准曲线采用外标法定量，对液体标准，直接用微量注射器分别吸取 0.0μl、0.2μl、0.3μl、0.4μl 和 0.6μl 标准储备液到吸附剂的顶端，然后用氦气以 100ml/min 的流速吹扫吸附管 5min，最后按样品的分析顺序进行分析测定。利用峰面积进行定量，得校准曲线，见表 1。由分析结果可知，在给定的工作曲线浓度范围内，线性较好，相关系数为 0.999 1～0.999 5。

表 1 4 种化合物的标准工作曲线及相关系数

序号	化合物名称	标准工作曲线	相关系数
1	苯酚	$y=-484.9+1\ 764.2x$	0.999 5
2	萘	$y=1\ 034.7+5\ 785.8x$	0.999 4
3	苊	$y=63.6+3\ 876.4x$	0.999 3
4	芴	$y=360.1+3\ 924.5x$	0.999 1

4.3 方法的精密度、检出限和加标回收率

分别取 7 个已老化的吸附管，加入 0.2μl 标准混合溶液，过程与标准曲线处理方法相同。根据各目标化合物的响应值和采样体积为 12L 计算浓度，然后计算各目标化合物的加标回收率和相对标准偏差。以 3.143 倍相对标准偏差为方法最低检出限。结果表明 4 种化合物的平均回收率为 96.5%～104%，精密度为 0.59%～1.81%，方法检出限为 0.02～0.06μg/m³。

表 2 4 种化合物的保留时间、定量离子、回收率、精密度及方法检出限

化合物名称	t_R/min	定量离子（m/z）	加标浓度/（μg/m³）	7 次测定浓度/（μg/m³）							平均回收率/%	RSD/%	方法检出限/（μg/m³）
苯酚	11.368	94	0.817	0.875	0.818	0.838	0.838	0.851	0.858	0.840	103	1.81	0.06
萘	14.626	128	0.333	0.345	0.321	0.309	0.330	0.309	0.314	0.324	96.6	1.29	0.04
苊	17.635	153	0.333	0.354	0.343	0.338	0.349	0.338	0.342	0.341	103	0.59	0.02
芴	18.794	166	0.333	0.379	0.348	0.349	0.320	0.353	0.344	0.335	104	1.80	0.06

注：方法检出限是采样体积为 12L 的测定值。

5 样品测定结果与讨论

3 月连续 9 天在某市 1 个城区和周边 2 个煤化工工业园区和 1 个氯碱化工工业园区各选取 1 个研究点位，每个点位每天同一时间采集 1 个样品，用 200ml/min 流量采集 60min。监测结果见表 3。

由表 3 可以看出：在 4 个点位苯酚的范围为 0.400～17.8μg/m³，萘为 0.346～115μg/m³，苊为 0～2.30μg/m³，芴为 0.390～2.04μg/m³；工业园区的 4 种化合物的浓度均比城区的高，苯酚、萘、苊和芴 4 种化合物煤化工园区 1 的最大值分别是城区的 44.5 倍、332 倍、115 倍和 5.23 倍；除城区中苊的检出率为 0，其余检出率均超过 50%。

由图 2、图 3 可以看出：4 个点位的四种污染物日均值的变化趋势一致，煤化工园区 1>煤化工园区 2>氯碱园区>城区。煤化工企业排放的此类有机物污染物比氯碱企业排放的高，工业园区污染城区。

《大气污染物综合排放标准》(GB 16297—1996) 中表 2 酚类的无组织排放监控浓度限值为 0.080mg/m³，《煤焦化学工业污染物排放标准》(GB 16171—2012) 中表 7 和北京市地方标准《大气污染物综合排放标准》(DB 11/501—2007) 中表 1 酚类厂界浓度限值均为 0.02 mg/m³，监测结果中苯酚的最大值为 17.8μg/m³，连续 9 天的监测结果均不超标。多环芳烃中只有苯并 [a] 芘在《大气污染物综合排放标准》(GB 16297—1996) 中有无组织排放监控浓度限值，因此不对萘、苊和芴进行评价。

表 3　连续 9 天 4 个点位监测结果

化合物	点位/（μg/m³）	第 1 天	第 2 天	第 3 天	第 4 天	第 5 天	第 6 天	第 7 天	第 8 天	第 9 天	日均值	最大值	检出率/%
苯酚	氯碱园区	0.676	0.900	1.03	0.646	0.812	2.07	0.716	1.08	3.69	1.29	3.69	100
	煤化工园区 1	0.848	2.03	1.15	10.2	7.68	1.02	1.57	0.850	17.8	4.80	17.8	100
	煤化工园区 2	1.03	1.08	0.172	0.954	3.52	1.99	1.27	0.763	1.88	1.41	3.52	100
	城区	0.400	0.319	0.317	0.367	0.311	0.173	0.302	0.350	0.305	0.316	0.400	100
萘	氯碱园区	0.990	4.82	5.90	0.354	5.40	6.76	0.371	0.731	19.5	4.98	19.5	100
	煤化工园区 1	0.926	10.1	2.52	115	78.5	4.73	16.3	0.980	66.8	32.9	115	100
	煤化工园区 2	1.05	2.46	ND	4.44	37.3	1.54	24.0	0.583	8.91	8.92	37.3	88.9
	城区	0.218	ND	ND	0.289	0.346	ND	ND	0.097	0.297	0.139	0.346	55.6
苊	氯碱园区	ND	0.082	0.091	ND	0.067	0.166	ND	ND	0.430	0.093	0.430	55.6
	煤化工园区 1	ND	0.133	0.037	2.30	2.18	0.159	0.161	ND	0.905	0.653	2.30	77.8
	煤化工园区 2	ND	0.064	ND	0.096	0.559	0.053	1.48	0.087	0.269	0.290	1.48	77.8
	城区	ND	ND	ND	ND	ND	ND	ND	ND	ND	ND	ND	0
芴	氯碱园区	0.385	0.433	0.407	0.375	0.481	0.416	0.361	0.380	0.777	0.446	0.777	100
	煤化工园区 1	0.410	0.560	0.446	1.90	2.04	0.528	0.510	0.402	1.67	0.940	2.04	100
	煤化工园区 2	0.390	0.474	0.360	0.467	0.958	0.405	1.24	0.413	0.626	0.593	1.24	100
	城区	0.390	0.371	0.365	0.380	0.387	0.363	0.360	0.369	0.376	0.374	0.390	100

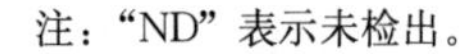
注：“ND”表示未检出。

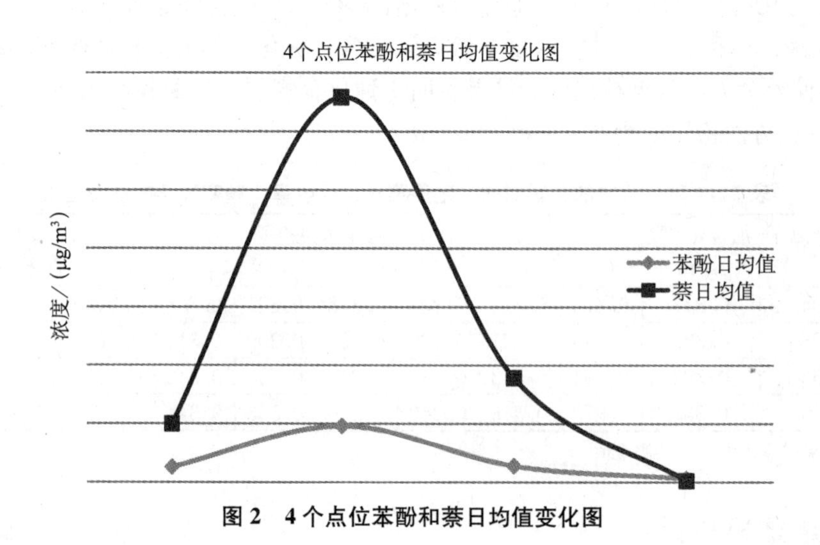

图 2　4 个点位苯酚和萘日均值变化图

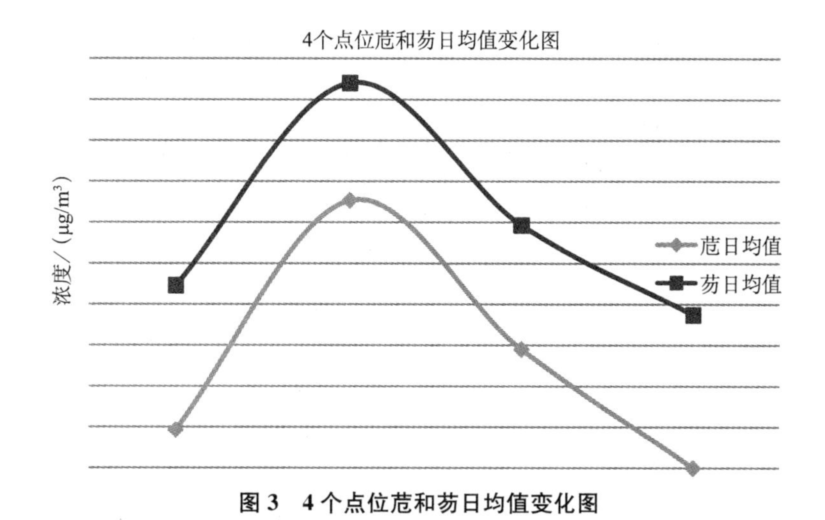

图3　4个点位苊和芴日均值变化图

6　结论

实验结果表明，采用热脱附-气相色谱/质谱法测定苯酚、萘、苊和芴，平均加标回收率在96.6%～104%之间，相对标准偏差在0.59%～1.81%之间，方法检出限在0.02～0.06μg/m³，因此本方法具有较高的灵敏度、分析精密度和准确度，无须样品前处理，具有操作简单、廉价、方便快捷，且无其他有机物的污染等优点，均满足环境空气中苯酚、萘、苊和芴的分析要求。

该方法为环境空气中多环芳烃的检测提供了很好的依据。

参考文献

[1] 环境空气 酚类化合物的测定 高效液相色谱法．HJ 638—2012．

[2] 工作场所空气有毒物质测定 酚类化合物．GBZ/T 160.51—2007．

[3] 环境空气和废气 气相和颗粒物中多环芳烃的测定 气相色谱-质谱法．HJ 646—2013．

[4] 环境空气和废气 气相和颗粒物中多环芳烃的测定 高效液相色谱法．HJ 647—2013．

[5] 张德云，孙成均，王涛．高效液相色谱法测定室内空气中13种多环芳烃．华西医大学报，2002，33（1）：140-143．

[6] 挥发性有机物 固体吸附 热脱附气相色谱-质谱法（C）．《空气和废气监测分析方法》（第四版）增补版．北京：中国环境科学出版社，2007：570-576．

[7] 环境空气 挥发性有机物的测定 吸附管采样—热脱附/气相色谱-质谱法．HJ 644—2013．

[8] 李凌波，王波，林大泉．热脱附—填充柱气相色谱法测定空气中的苯酚和甲酚．上海环境科学，1996，11（15）：31-32，45．

[9] 李晓敏，张庆华，王璞，李英明，江桂斌．搅拌子固相吸附-热脱附-气相色谱/质谱/质谱法快速测定空气中多环芳烃．分析化学，2011，11（39）：1641-1646．

作者简介：李亮（1982.3—），男，汉族，内蒙古赤峰市人，硕士，内蒙古自治区环境监测中心站，工程师。

气相色谱/三重四级质谱法测定十氯酮问题初探

陈　烨[1]　谭　丽[1]　许秀艳[1]　郑晓燕[1]　吕怡兵[1]　沈秀娥[2]

1. 中国环境监测总站，北京 100012；

2. 北京市环境保护监测中心，北京 100048

摘　要：优化了气相色谱及质谱条件，建立了气相色谱/三重四级质谱仪测定十氯酮的多反应监测方法。研究中发现，气相系统分析十氯酮的色谱行为不够稳定，会出现严重拖尾和响应降低的情况。如需大量测定十氯酮，建议采用液相色谱系统分析较为稳妥。

关键词：气相色谱；三重四级质谱联用；十氯酮；问题探讨

Discussions about Problems in Determination of Chlordecone by Gas Chromatography -Triple Quadrupole Mass Spectrometry

CHEN Ye[1]　TAN Li[1]　XU Xiu-Yan[1]　ZHENG Xiao-Yan[1]　LV Yi-Bing[1]　SHEN Xiu-E[2]

1. China National Environmental Monitoring Centre, Beijing 100012;

2. Beijing Municipal Environmental Monitoring Center, Beijing 100048

Abstract: A gas chromatography – triple quadrupole mass spectrometry method was developed for determination of chlordecone by optimizing parameters of gas chromatography and mass spectrometry. The study found that the chromatographic behavior of chlordecone wasn't stable enough. Severe tailing and response reduction were all irreversible. So liquid chromatography system was recommended to large quantities of chlordecone analysis.

Key words: gas chromatography; triple quadrupole mass spectrometry; chlordecone; problem discussions

十氯酮（Chlordecone）又名开蓬（Kepone），是一种人工合成的有机氯农药，主要用作农业杀虫剂、杀螨剂和杀真菌剂。十氯酮疏水性强、难以降解，因而具有生物蓄积性、环境持久性以及远距离跨界迁移的可能性。作为新型持久性有机污染物之一，十氯酮已正式列入《关于持久性有机污染物的斯德哥尔摩公约》新增受控物质名单[1]。

目前全球范围内基本已不再生产或使用十氯酮，因此国内外关于环境介质中十氯酮测定的研究报道很少，也尚无标准分析方法。为数不多的文献报道中，十氯酮测定的仪器主要采用气相色谱或气相色谱质谱联用技术[2-6]。

气相色谱测定一般采用电子捕获检测器，而该检测器属于通用性检测器，特异性及抗干扰能力差；气相色谱—质谱联用仪较气相色谱仪的抗干扰能力有所提高，但是面对环境介质中含量极低的十氯酮，其测定灵敏度有待提高。

气相色谱/三重四级质谱仪的多反应监测模式，可以有效减少甚至消除仪器检测中的背景干扰，从而降低检出限、提高灵敏度，尤其适合复杂基质环境样品的超痕量分析。本研究采用气相色谱/三重四级质谱仪作为十氯酮的分析仪器，建立了包括十氯酮及进样内标在内的气相色谱/三重四级质谱法的仪器测定方法，同时也对气相系统分析十氯酮存在的问题进行了初步探讨，为摸清我国环境中十氯酮的污染水平，更好地履行国际公约，做了先期的技术铺垫工作。

1　实验部分

1.1　仪器与试剂

7890A GC—7000B MSD气相色谱-三重四级杆串联质谱联用仪（美国Aglient公司），配电子轰击（EI）离子源；DB-5MS UI色谱柱（30 m×0.25 mm×0.25 μm，美国Aglient公司）。

十氯酮（98.8 μg/ml，壬烷，环保部标样所），十氯酮（1 000 μg/ml，环已酮，美国Accustandard公司），十氯酮（10 μg/ml，异辛烷，德国Dr. E. 公司）。

$^{13}C_{12}$- PCB 70（50 μg/ml，加拿大Wellington实验室）。

壬烷（99%，英国Alfa Aesar公司）。

1.2　色谱质谱条件

进样口温度300 ℃，脉冲不分流进样，进样量1μl；恒流模式，柱流量1.0 ml /min。程序升温方式为100 ℃保持1 min，以15 ℃/min速率升温到280 ℃并保持2 min。DB-5MS UI色谱柱（30 m×0.25 mm×0.25 μm）。

EI源；电离能量：70eV；多重反应监测模式（MRM）；离子源温度230 ℃；传输线280℃。其他质谱参数见表1。

2　结果与讨论

2.1　仪器分析方法

2.1.1　色谱条件优化

分别考察了气相色谱进样口温度、进样量和进样方式对目标物响应的影响，（表1）。进样口温度升高，目标物响应增加；进样量为2μl时，易造成色谱峰分叉；脉冲不分流进样时目标物响应高于不分流进样时的响应。因此，最终选择进样口温度300℃，进样量1μl，脉冲不分流进样方式。

表1　气相色谱条件对目标物响应的影响

进样口温度/℃	进样量/μl	进样方式	kepone峰面积
250	1	不分流	94 398
280	1	不分流	84 405
300	1	不分流	112 770
250	2	不分流	251 324（峰分叉）
280	2	不分流	16 820
300	2	不分流	321 556（峰分叉）
300	1	不分流	96 288
300	1	脉冲不分流	147 967

2.1.2　质谱条件优化

为使目标物的响应最大化，对主要质谱参数进行了优化。具体步骤如下：首先，运行单级质谱，对目标物进行全扫描，列出响应最高和次高的离子作为备选母离子。然后，对母离子进行子离子扫描，得到不同碰撞电压下的子离子扫描图。每个母离子选取两个响应较高的子离子，响应值大的子离子作为定量离子，其他离子作为定性离子，并记录此时的碰撞电压。最后，将优化后的全部离子对编辑成多反应监测（MRM）方法。

一般来说，每个目标物对应有两对离子对，一对定性，一对定量即可。本研究优化后的方法，十氯酮对应有四对离子对，$^{13}C_{12}$- PCB 70对应有三对离子对。每个组分有一对定量离子对，其余为定性离子对，可以充分保证定性定量的准确性。具体的质谱参数见表2。

表 2 优化后的三重四级质谱法测定十氯酮的主要 MRM 参数

化合物名称	母离子（m/z）	子离子（m/z）	碰撞电压/eV	备注
Kepone	272	237	10	定量
	272	235	10	定性
	274	237	10	定性
	270	235	15	定性
13C12-PCB 70	304	232	30	定量
	304	234	30	定性
	302	232	30	定性

2.2 校正曲线和检出限

十氯酮校准曲线的浓度梯度按照表 3 配制，所用稀释溶液为壬烷。每个浓度水平重复测定 3 次，得到的十氯酮的校准曲线线性关系良好（图 1）。按照 3 倍信噪比计算仪器检出限，十氯酮的仪器检出限为 0.5 μg/L。

表 3 十氯酮校准溶液质量浓度梯度 单位：μg/L

	CS1	CS2	CS3	CS4	CS5	CS6	CS7
目标物 Kepone	2	5	10	20	50	100	200
进样内标 13C12-PCB 70	200	200	200	200	200	200	200

CS：Calibration Solution，校准溶液质量浓度。

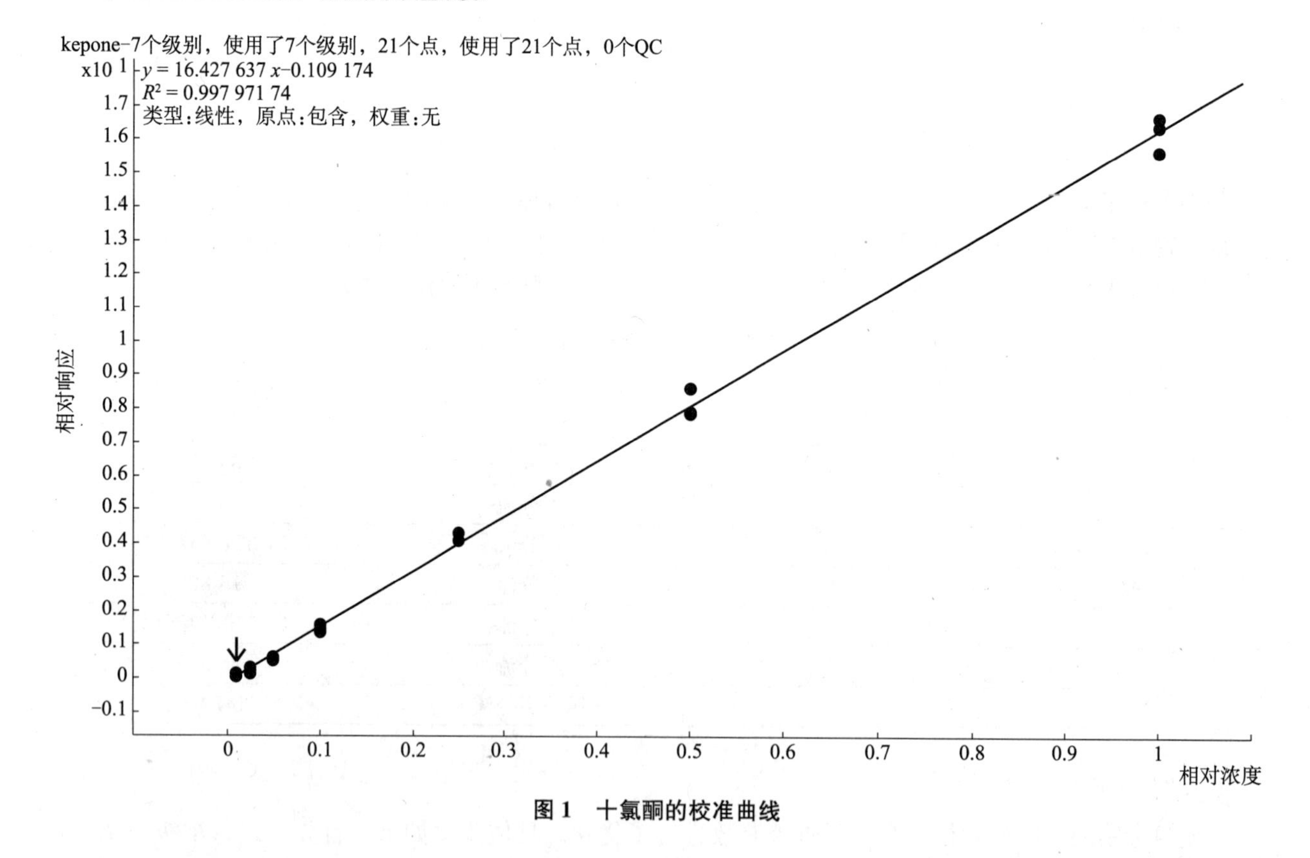

图 1 十氯酮的校准曲线

2.3 十氯酮的色谱行为变化

研究中发现，十氯酮在气相系统中的色谱行为不够稳定。MRM 条件下，刚开始测定的一段时间内，十氯酮的色谱峰峰形正常。随后的测试中发现，十氯酮出现拖尾和响应降低的现象（图 2）。对仪器进行了维护进样口、更换色谱柱、清洗离子源等操作，十氯酮色谱峰拖尾和响应降低的情况均未得以改善。这将对目标物的定量产生严重不利影响。

为考察实验室仪器间的差异，使用其他实验室相同型号的气相色谱—三重四级质谱仪重复了十氯酮的测定（图 3），出现了和本实验室相同的情况。

此外，最新的文献研究[7]发现使用气相色谱—质谱系统分析十氯酮也存在同样的问题，后改用液相色谱—串联质谱仪较好地解决了该问题。这说明，气相色谱系统分析十氯酮出现的色谱行为不稳定的情况不是偶然现象。对于未测试过十氯酮的气相色谱系统，刚开始测定时不会出现峰形拖尾和响应降低的情况，但随测试的进行异常情况将逐渐显现。如果需要长期大量测定十氯酮，建议还是采用液相色谱系统分析较为稳妥。

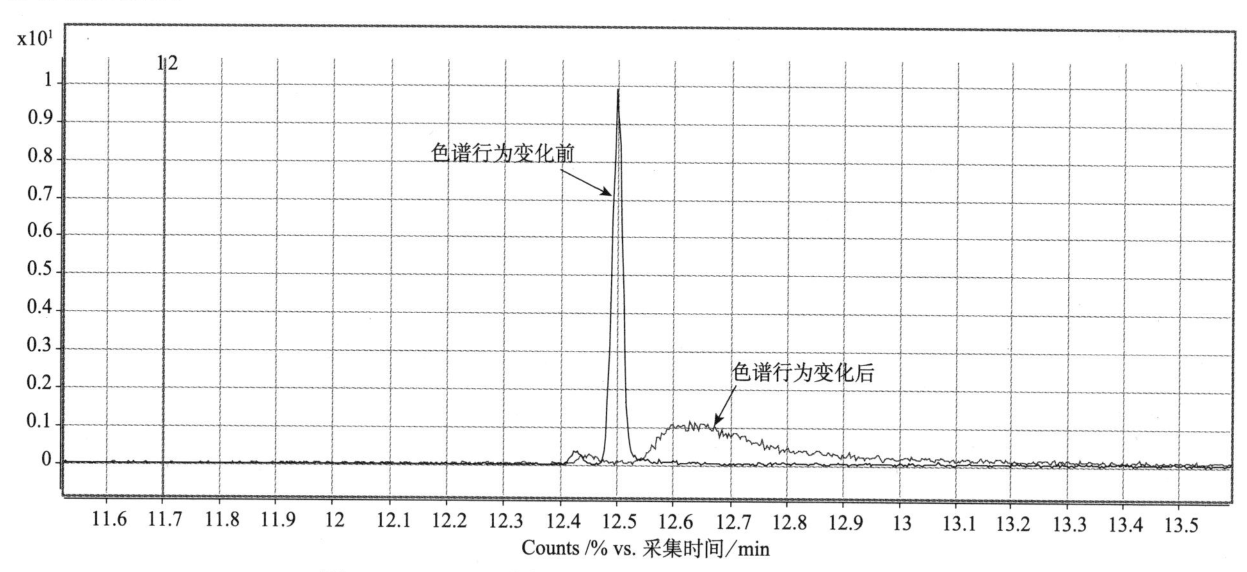

图 2　GC-MS-MS 分析十氯酮的总离子流图（本实验室仪器）

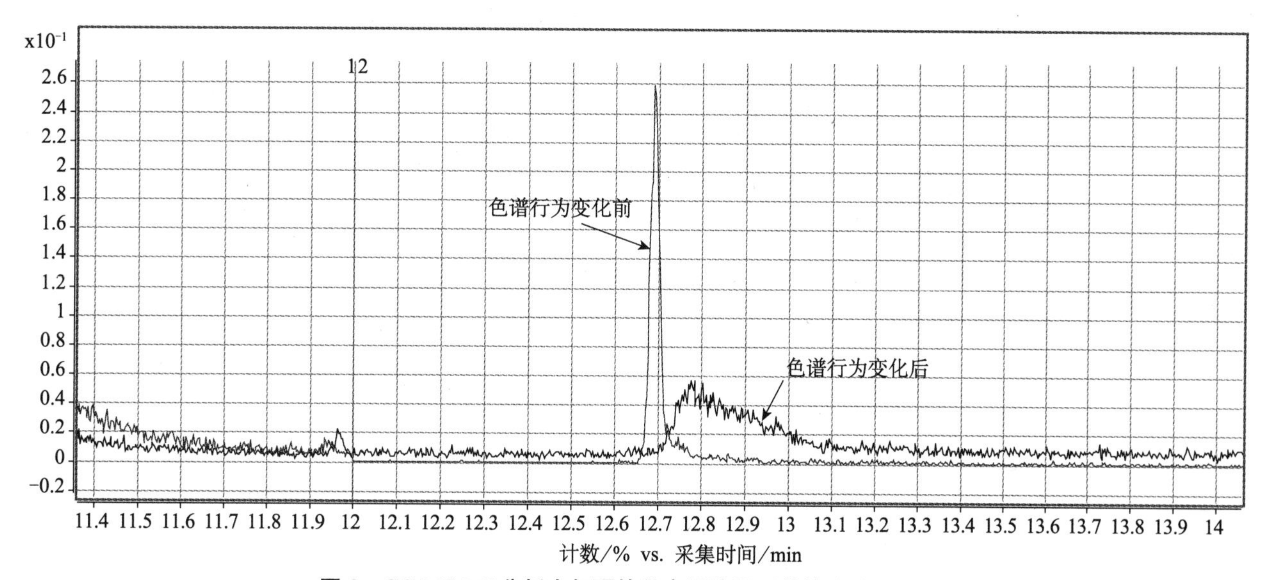

图 3　GC-MS-MS 分析十氯酮的总离子流图（其他实验室仪器）

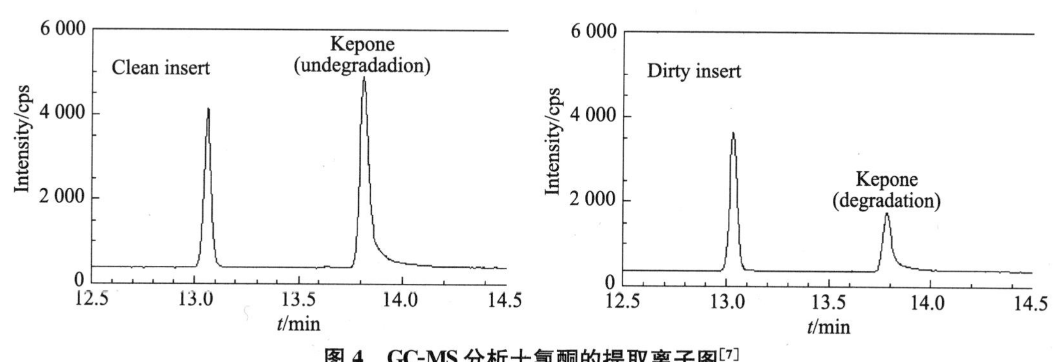

图 4　GC-MS 分析十氯酮的提取离子图[7]

3 结论

优化了气相色谱及质谱条件，建立了包括十氯酮及进样内标在内的气相色谱/三重四级质谱仪的测定方法。研究中发现，气相色谱系统分析十氯酮的色谱行为不够稳定，会出现拖尾和响应降低的情况。如果需要长期大量测定十氯酮，建议采用液相色谱系统分析较为稳妥。

参考文献

[1] 环境保护部，等. 关于《关于持久性有机污染物的斯德哥尔摩公约》新增列九种持久性有机污染物的《关于附件 A、附件 B 和附件 C 修正案》和新增列硫丹的《关于附件 A 修正案》生效的公告 [EB]. http：//www. zhb. gov. cn/gkml/hbb/bgg/201404/t20140401 _ 270007. htm，2014 年 3 月 .

[2] David W. Hodgson，Edward J. Kantor，J. Bruce Mann. Analytical methodology for the determination of kepone residues in fish，shellfish，and Hi-vol air filters [J]. Arch. Environm. Contam. Toxicol.，1978，7：99-112.

[3] LAURENCE AMALRIC，BENOIT HENRY，ANNE BERREHOUC. Determination of chlordeceone in soil by GC/MS [J]. Inern. J. Environ. Anal. Chem.，2006，86：15-24.

[4] 王艳洁，那广水，王震，姚子伟. 气相色谱—电子捕获检测法测定海水中十氯酮残留 [J]. 色谱，2012，30 (8)：847-850.

[5] 王艳洁，那广水，王震，姚子伟. 气相色谱法测定海洋沉积物中十氯酮残留 [J]. 分析化学，2013，41 (3)：412-416.

[6] 孙翠香，高原雪，刘婷琳，黄德银，毕鸿亮. 土壤中十氯酮方法研究 [J]. 生态环境学报，2011，20 (4)：727 - 729.

[7] 周丽，董亮，史双昕，张利飞，张秀蓝，杨文龙，李玲玲，黄业茹. 液相色谱—串联质谱法测定水环境中的十氯酮 [J]. 色谱，2014，32 (2)：211-215.

作者简介：陈烨，中国环境监测总站，工程师，专业领域为环境监测分析技术及方法。

氨基磺酸修饰电极测定水样中的铅离子

孙章华[1]　陈美凤[2]　尹纪永[2]　马心英[2]

1. 菏泽市环保监测中心站，菏泽　274000；

2. 菏泽学院化学化工系，菏泽　274015

摘　要：用循环伏安法制备了氨基磺酸修饰电极，研究了铅离子在氨基磺酸修饰电极上的电化学行为，建立了测定铅离子的新方法。实验结果表明：在 pH＝5.0 的醋酸盐缓冲溶液中，铅离子在氨基磺酸修饰电极上产生灵敏的氧化峰。氧化峰电流与铅离子的浓度在 $6.40\times10^{-7}\sim1.2\times10^{-4}$ mol/L 范围内成良好的线性关系；检出限为 9.60×10^{-8} mol/L。该修饰电极具有良好的灵敏度、选择性和稳定性，方法非常简单，可用于水中铅离子的检测。

关键词：铅离子；水样；修饰电极；循环伏安法

Sulfamic Acid Modified Electrode for the Determination of Trace Lead Ion in Water Samples

SUN Zhang-hua [1]　CHEN Mei-feng [2]　YIN Ji-yong [2]　MAXinying [2]

1. Environmental monitoring Center Station of Heze，Heze 274015；

2. Department of Chemistry and Chemical Engineering，Heze University，Heze 274015

Abstract：The poly（sulfamic acid）modified electrodes were prepared by cyclic voltammetry. The electrochemical behavior of lead ion on the poly（sulfamic acid）modified electrode was studied. A new method to determine lead ion was established. The study results showed that lead ion had good oxidation peak in acetate buffer solution（pH＝5.0）. When lead ion was determined by differential pulse voltammetry，the oxidation peak current was well proportional to the concentration of lead ion in the rang of 1.20×10^{-6} and 9.25×10^{-4} mol/L，with the limit of detection was 6.40×10^{-7} mol/L. The modified electrode was demonstrated excellent sensitivity，selectivity，and stability. The method was simple and it was applied to the determination of lead ion in water samples.

Key words：Lead ion；water samples；modified electrode；cyclic voltammetry

伴随着我国经济社会不断发展，工业化进程加快，重金属造成的污染越来越严重。这些主要来源于采矿排放物和废气的排放以及电池、塑料和染料的丢弃等[1]。这些金属的非生物降解性使其可在作物或植物内的积累，最终可能会进入食物链从而损伤动物或人体的生理功能[2]。铅是陆地和水生生态系统中发现的主要的重金属污染物之一[3]。人体内即使摄入量很少也可损害健康，引起铅中毒，尤其是对儿童的损害更严重[4]。它所造成的污染在世界各地已成为一个普遍关注的问题，所以对其测定是非常必要的。

目前，铅的检测方法普遍使用的有离子选择性电极法[5]、原子荧光光谱法[6]和分光光度法[7-9]。离子选择性电极法虽然简单、快速、便宜，但是不够精确；原子荧光光谱法操作虽然简便、干扰小、灵敏度高、检出限低，但是仪器昂贵；分光光度法虽然分析速度快、成本低廉、操作简单，但是分析不够精确。修饰电极测定电化学活性物质能有效地克服一些干扰离子，有较好的选择性和检测性[10-13]。本实验研究了氨基磺酸修饰电极的制备及铅离子在聚合修饰电极上的电化学行为，建立了伏安法测定铅离子的新方法。可用于污水中铅离子的测定，结果令人满意。本修饰电极制备简单，选择性好，响应快，稳定性好，较高的灵敏度和较宽的线性范围，有较好的应用前景。

1 实验部分

1.1 仪器与试剂

CHI660C 型电化学分析系统（上海辰华公司）；KQ-100 型超声波清洗器（昆山市超声仪器有限公司）；电化学实验用三电极系统，玻碳电极为工作电极，Ag/AgCl 电极为参比电极，铂丝电极为对电极。

硝酸铅（天津市光复精细化工研究所）；配成 4.00×10^{-4} mol/L 的铅离子标准溶液避光保存；氨基磺酸（天津市光复精细化工研究所）；配成 1.00×10^{-3} mol/L 溶液避光保存，醋酸盐缓冲溶液（ABS，pH 2.6～5.8）。试液均为分析纯或优级纯，实验用水均为二次石英亚沸蒸馏水。

1.2 氨基磺酸修饰电极的制备

将玻碳电极（ϕ=3.8 mm）在湿润的金相砂纸（粒度为 2 000）上磨光，然后用中性氧化铝（0.05 μm）悬乳液抛光成镜面，依次用硝酸（1∶1，V/V）、无水乙醇、亚沸蒸馏水超声清洗（1 min/次），再用蒸馏水洗涤之后，在 50 ml 烧杯中放入 10 ml ABS（pH=3.8）溶液，4 ml 氨基磺酸（1.00×10^{-3} mol/L）溶液和 6 ml H_2O 配成的溶液中（开始聚合前要摇匀），以玻碳电极为工作电极，氯化银电极为参比电极，铂丝电极为对电极，在－0.8～1.4V 电位范围内，以 160 mV/s 扫描速率循环扫描段数为 14，取出用二次水淋洗电极表面，晾干，即制得氨基磺酸修饰电极。

1.3 实验方法

向 50 ml 烧杯中，依次加入 pH=5.0 的醋酸盐缓冲溶液 10 ml、一定量的硝酸铅溶液和二次蒸馏水。以氨基磺酸修饰电极为工作电极，Ag/AgCl 电极为参比电极，铂丝电极为对电极，搅拌 100 s，在一定的电位范围内，以 100 mV/s 扫描速率进行扫描，记录峰电位和峰电流。每次扫描结束后，用二次蒸馏水冲洗，滤纸吸干后，即可进行下一次测定。

2 结果与分析

2.1 最佳电化学聚合条件

实验对氨基磺酸修饰电极的制备条件进行了优化，分别试验了制备的最佳 pH，氨基磺酸溶液的浓度、扫描段数、聚合电位以及扫描速率。结果表明聚合底液 pH 为 3.8 时，铅离子在修饰电极上的响应电流最大，氨基磺酸（1.00×10^{-3} mol/L）溶液的加入量为 4 ml 的情况下，铅离子在修饰电极上的响应电流最大。当测得扫描段数为 14 时，铅离子在修饰电极上的响应电流最大，因此本实验的最佳扫描段数为 14。当高电位为 1.4 V 时，铅离子在修饰电极上的响应电流最大，故本实验选择高电位为 1.4 V。固定高电位 1.4 V 不变，对 1.00×10^{-5} mol/L 铅离子溶液进行测试，最佳的低电位为－0.8 V，因此本实验的最佳聚合电位范围为－0.8～1.4 V。扫描速率为 160 mV/s 时，所制备的修饰电极对铅离子的响应电流最大。

2.2 氨基磺酸修饰电极的聚合循环伏安曲线

图 1 为氨基磺酸修饰电极在最佳聚合条件下的循环伏安图，结果显示：氨基磺酸在电极上发生了氧化还原聚合反应。随扫描段数的增加，峰电位不变，峰电流增加，但增加幅度减小。最后，氧化峰和还原峰的值都达到了稳定。

2.3 铅离子在氨基磺酸修饰电极上的电化学特性

图 2 是铅离子在空白电极（1）、氨基磺酸修饰电极（2）上的循环伏安曲线。铅离子在空白电极上的氧化还原峰电流分别为：$i_{pa}=-83.66$ μA，$i_{pc}=20.38$ μA 。而在氨基磺酸修饰电极上的电流值分别为 $i_{pa}=-93.17$ μA，$i_{pc}=23.14$ μA。说明了氨基磺酸修饰膜对铅电化学氧化还原具有良好的催化作用。又因为 $i_{pa}/i_{pc}>1$，所以铅离子在氨基磺酸修饰电极上的反应为不可逆反应。

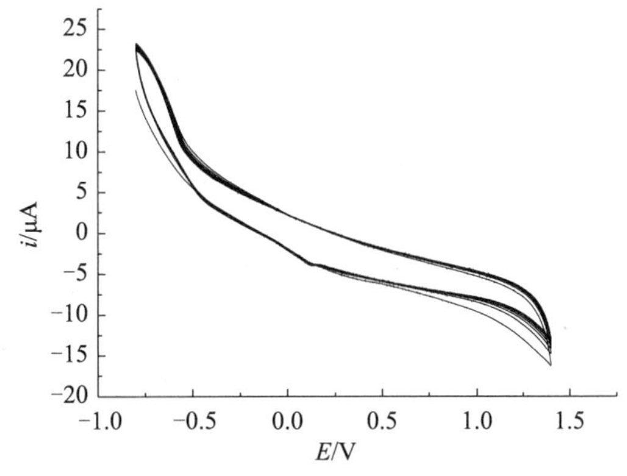

图 1　氨基磺酸在 pH 为 3.8 的缓冲溶液中聚合循环伏安曲线

（扫描速率为 160 mV/s）

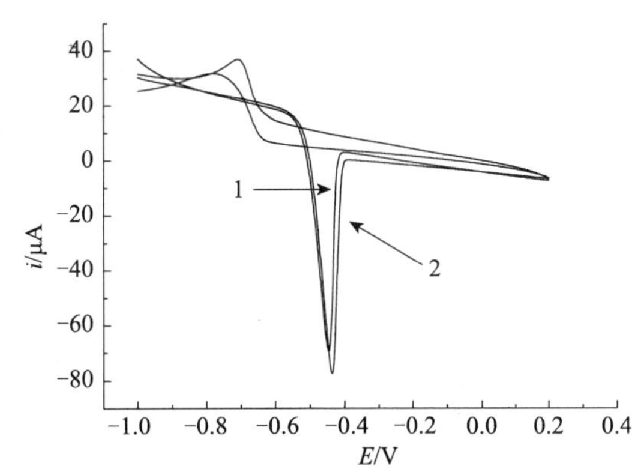

图 2　1.00×10^{-5} mol/L Pb^{2+} 在 pH 5.0 的缓冲溶液中分别在空白电极（1）和修饰电极（2）上的循环伏安曲线图

2.4　测定铅离子的最佳条件

2.4.1　测定底液 pH 的选择

改变测定底液的 pH 进行实验，以 ABS 为缓冲溶液，实验发现 pH 在 2.6～5.0 的范围内，把底液 pH 的升高，1.00×10^{-5}mol/L 铅离子溶液在修饰电极上氧化峰电流升高，而当 pH 大于 5.0 时，随底液 pH 的升高铅离子在修饰电极上的电流降低，所以本实验选 pH 为 5.0 的醋酸盐缓冲溶液为底液。除此之外，实验还表明随着 pH 值的升高，氧化峰与还原峰的电位负移，说明铅离子的氧化还原过程中有质子参与。在 pH 2.6～5.6 之间，E_{pa}与 pH 呈线性关系，回归方程为：E_{pa}＝−0.19−0.047 pH，相关系数 r=0.990 1。

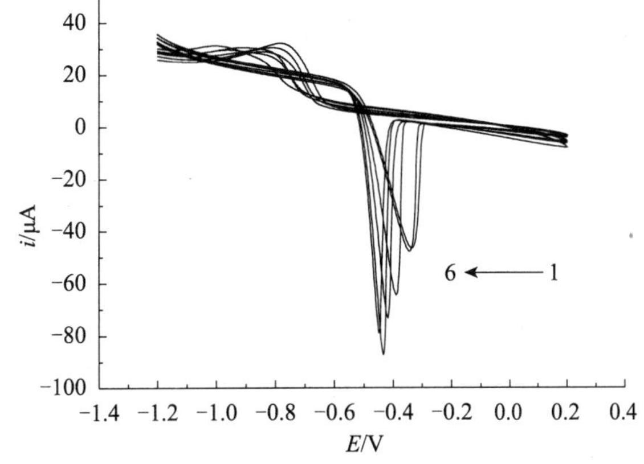

1～6 分别指的 pH 值为：2.6，3.8，4.2，4.6，5.0，5.6

图 3　1.00×10^{-5} mol/L Pb^{2+} 在氨基磺酸修饰电极上随 pH 变化的 CV 曲线图

2.4.2 扫描速率的选择

改变扫描速率进行实验，随扫描速率的增加，氧化峰电流增加，结果如图4所示，在扫描速率为100 mV/s时，峰型最好，故本实验选择的扫描速率为100 mV/s。实验结果表明：氧化峰值的大小与扫描速率的大小呈线性关系，其线性回归方程为 $i_{pa}=4.90\times10^{-5}+3.73\times10^{-4}V$，$r=0.9907$，说明铅离子在修饰电极上的电极过程为吸附过程。

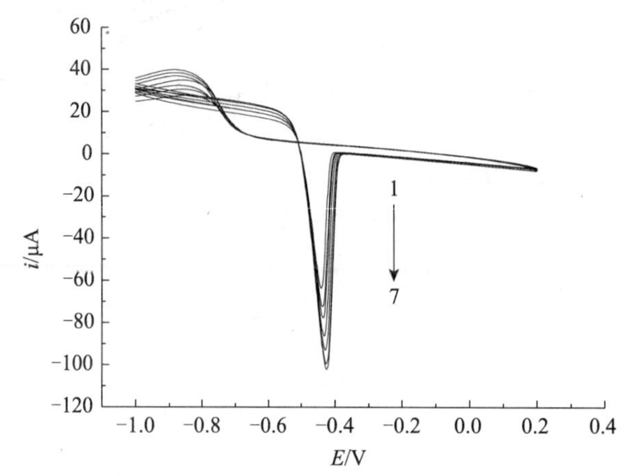

1～7 对应的扫描速率（mV/s）分别为：80；100；120；140；160；180；200

图4 1.00×10⁻⁵mol/L Pb^{2+}（ABS：pH为5.0）在氨基磺酸修饰电极上随扫描速率变化的CV曲线图

2.4.3 搅拌时间的选择

搅拌时间对峰电流有较大的影响，改变搅拌时间，对 1.00×10^{-4} mol/L 铅离子的溶液进行测定。实验结果表明：在搅拌时间为100 s时的峰电流最大，因此确定选择100 s进行实验。

2.5 工作曲线、检出限

用脉冲伏安法测定更加的灵敏，根据循环伏安法的测定的最佳条件，制定了脉冲伏安法的最佳条件，用脉冲伏安法对铅离子进行测定，脉冲伏安曲线，结果如图5所示，铅离子在浓度范围 6.40×10^{-7}～1.20×10^{-4} mol/L 内与氧化峰电流有良好的线性关系，结果如图5所示，其线性方程为：$i_{pa}=-5.13\times10^{-6}+0.32c$（mol/L），相关系数分别为 $r=0.9970$，检出限：9.60×10^{-8} mol/L。

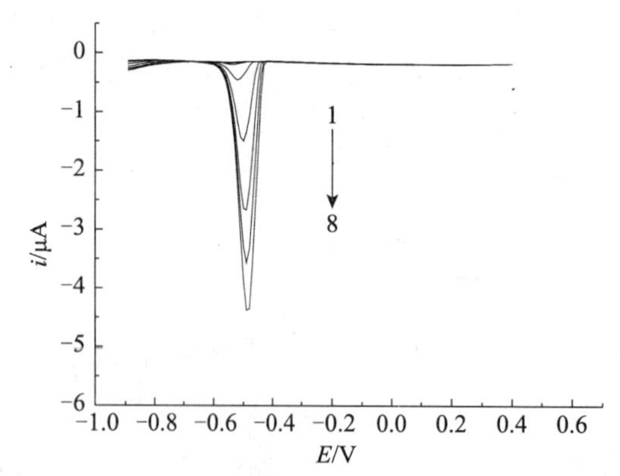

1～8 对应的铅离子溶液的浓度（μmol/L）分别为：0.64，0.86，1.2，6.5，12.0，24.0，58.0，120

图5 在缓冲溶液ABS：pH为5.0、扫描速率100 mV/s、搅拌时间100 s的条件下氨基磺酸修饰电极在不同浓度的铅离子溶液中的脉冲伏安曲线

2.6 重现性、稳定性

在允许的相对标准偏差±5%范围内，对 5.00×10^{-5} mol/L 铅离子溶液的进行平行测定5次，相对标准偏差为4.77%，说明氨基磺酸修饰电极测定的铅离子的重现性较好。在最佳聚合条件下修饰完电极后，电极放置 3 天后，对同样的测试液（铅离子的浓度为 3.00×10^{-5}mol/L）进行实验，氧化峰电流值是第一次测定值的 99.22%，可以看出氨基磺酸修饰电极具有很好的稳定性。

2.7 干扰实验

在上述实验条件下，允许相对误差在±5%范围内，对于 4.00×10^{-5}mol/L 的硝酸铅溶液，100 倍的 Ca^{2+}，Mg^{2+}，Zn^{2+}，Fe^{2+}，Fe^{3+}溶液进行实验，实验表明不产生干扰。

2.8 回收率的测定

从菏泽赵王河中取一定的水样，取 50 ml 的烧杯 3 个，分别加入 10 ml 的缓冲溶液和 10 ml 的赵王河中的水样，进行回收率的测定，没有检测到铅离子。依次经过加入微量的标准铅离子溶液进行测量，平行测量 3 次（结果见表 1）。

表 1 样品中铅离子的测定结果（$n=5$）

样品编号	样品测定值/（mol/L）	加入的标准量/（mol/L）	测定值/（mol/L）	回收率/%
1	未检出	2.00×10^{-6}	2.05×10^{-9}	102.5
2	未检出	6.00×10^{-6}	5.98×10^{-6}	99.67
3	未检出	3.00×10^{-5}	2.92×10^{-5}	97.33

3 结论

在这项研究中，使用电化学聚合使氨基磺酸聚合到了玻碳电极的表面，制备了氨基磺酸修饰电极。该修饰电极对 Pb^{2+}具有良好的电催化活性。在 pH 的 5.0 的乙酸盐缓冲中，用示差脉冲伏安法得到铅的氧化峰电流与浓度在线性关系在 $6.40\times10^{-7}\sim1.20\times10^{-4}$mol/L 内与氧化峰电流有良好的线性关系，检出限：9.60×10^{-8}mol/L。该方法具有良好的灵敏度，重现性和选择性，已成功用于水样中铅离子的测定。

参考文献

[1] Rodríguez Martín JA, Arias ML, Grau Corbí J M. Heavy metals contents in agricultural topsoils in the Ebro basin (Spain). Application of the multivariate geoestatistical methods to study spatial variations [J]. Environmental Pollution, 2006, 144 (3): 1001-1012.

[2] Siddiqui S. Lead induced genotoxicity in Vigna mungo var. HD-94 [J]. J Saudi Soc Agric Sci, 2012, 11 (2): 107-112.

[3] Vázquez-Sauceda Mde L, Pérez-Castañeda R, Sánchez-Martínez JG, et al. Cadmium and lead levels along the estuarine ecosystem of Tigre River-San Andres Lagoon, Tamaulipas, Mexico [J]. Bull Environ Contam Toxicol, 2012, 89 (4): 782-785.

[4] Hartwig A Role of DNA repair inhibition in lead-and cadmium-induced genotoxicity: a review [J]. Environ Health Perspect, 1994, 102 (3): 45-50.

[5] 张伟. 离子选择性电极法测定水中的铅 [J]. 南阳师范学院学报, 2005, 4 (9): 40-41.

[6] 杨敬金, 张加玲. 浊点萃取—氢化物发生—原子荧光光谱法测定水样中的痕量铅 [J]. 公共卫生学院卫生检验教研室, 2007, 47 (3): 275-277.

[7] 何家洪, 徐强, 宋仲容. 分光光度法测定铅的研究进展 [J]. 冶金分析, 2010, 30 (3): 34-44.

[8] Cui Y, Cui F, Wang L, et al. Determination of lead in Yellow River using ammonium molybdate as a molecular probe by resonance light scattering technique [J]. Journal of Luminescence, 2008, 128 (10): 1719-1724.

［9］Yantasee W，Timchalk C，Fryxell G E，et al. Automated portable analyzer for lead（Ⅱ）based on sequential flow injection and nanostructured electrochemical sensors［J］. Talanta，2005，68（2）：256-261.

［10］Li H，Li J，Yang Z，et al. Simultaneous determination of ultratrace lead and cadmium by square wave stripping voltammetry with in situ depositing bismuth at nafion-medical stone doped disposable electrode［J］. J Hazard Mater.，2011，191（1-3）：26-31.

［11］Fischer E，van den Berg CMG. Anodic stripping voltammetry of lead and cadmium using a mercury film electrode and thiocyanate［J］. Anal Chim Acta. 1999，385：273-280.

［12］张玉忠，杨周生. 聚氨基磺酸修饰玻碳电极在抗坏血酸共存时测定肾上腺素［J］. 化学研究简报，2005，33（1）：83-86.

［13］姚淑艳，王宗花，张菲菲，等. 聚对氨基苯磺酸修饰电极对桑枝中桑色素的灵敏测定［J］. 分析测试学报，2012，31（1）：100-103.

作者简介：孙章华（1977.4—），男，汉族，山东鄄城人，硕士研究生，现工作于菏泽市环保监测中心站，中级职称，主要从事环境污染物的检测方法的研究。

微波消解-平台石墨炉原子吸收法测定土壤中铊

张　艳[1,2]　毕军平[1,2]　罗岳平[1,2]　于　磊[1,2]　周耀明[1,2]
1. 湖南省环境监测中心站，长沙　410000；
2. 国家环境保护重金属污染监测重点实验室，长沙　410019

摘　要：通过研究土壤消解体系、混合基体改进剂的使用、石墨管类型的选择和标准加入定量过程对测定结果的影响，建立了适用于土壤中重金属铊的微波消解—平台石墨炉原子吸收方法。研究结果表明，使用 HNO_3-HF-H_2O_2 消解体系对土壤进行微波消解，石墨炉原子吸收测定过程采用 Pd（NO_3）$_2$/Mg（NO_3）$_2$ 混合基体改进剂和平台石墨管，土壤中铊的检出限可达到 0.05mg/kg，线性相关系数为 0.996，加标回收率在 95.0 %～105.0% 之间。使用该方法测得的结果与 ICP-MS 法比较，无统计学差异。改进后的方法具有简单快捷、灵敏度高、重现性好、线性范围广、结果准确等优势，易于推广使用。

关键词：微波消解；平台石墨管；石墨炉原子吸收；土壤；铊

Determination of Thallium in Soil by Mixing Matrix Modifier-Platform Graphite Furnace Method with Microwave Digestion

ZHANG Yan[1,2]　BI Jun-ping[1,2]　LUO Yue-ping[1,2]　YU Lei[1,2]　ZHOU Yao-ming[1,2]
1. Hunan Environmental Monitoring Center, Changsha 410000;
2. State Environmental Protection Key Laboratory of Monitoring for Heavy Meatal Pollutants, Changsha 410000

Abstract: a novel method for the determination of thallium in soil was developed by means of microwave digestion and platform graphite furnace atomic absorption spectrometry. The use of matrix modifiers and the graphite tube types to the improvement of thallium determination were explored. The results showed that more sensitive determination results were obtained by using HNO_3-HF-H_2O_2 digestion system and adding mixed matrix modifiers Pd (NO_3)$_2$/Mg (NO_3)$_2$ with platform graphite tube. The linear range was from 0 to 25.0 μg/L with 0.996 of the linear correlation coefficient of the standard curve and the limit of detection was 0.05 mg/kg. The recovery of the spiked soil samples were from 95.0% to 105.0 %. The determination results are no significant difference compared with that obtained from expensive ICP-MS method. The developed method is simple, fast, sensitive, accurate, and suitable for the determination of thallium in soil.

Key words: microwave digestion; platform graphite tube; graphite furnace atomic absorption spectrometry; soil; thallium

铊是一种典型的分散元素，被广泛应用于国防、航天、电子、通讯、卫生等重金属领域，作为高新技术支撑材料的必需组成部分，铊的市场需求量与日俱增。同时，铊作为一种高毒性的重金属元素，被 WHO 列为重点限制清单中的危险废物之一，具有极强的蓄积性，其毒性远超过 Cd、Cu、Pb 等。铊在土壤中的分布具有不均一性，而我国土壤中铊的分布范围为 0.29～1.17mg/kg[1-3]。我国土壤中铊的分布随纬度变化和土壤性质的不同而变化，从燥红壤—红壤随着从南到北的纬度变化基本呈现逐步降低的趋势，

基金项目：环境保护公益性项目（201309050）；国家环境保护标准修订项目（2015-13）。

而同一种土壤依经度变化呈现出东大西小的规律。其中，铊在土壤中的含量异常偏高的主要原因是由于人类活动（诸如矿业开采、金属冶炼、耕作或工业生产等）而逐步富集起来的[4-6]。目前，铊已被我国列入优先控制的污染物名单，是土壤、水质、固废、生物等监测的非常规指标。

铊的分析方法主要有分光光度法、电化学分析法、电感耦合等离子体质谱法（ICP-MS）、质子诱导X射线发射、原子吸收光谱法、原子发射光谱法及中子活化分析等。考虑到石墨炉原子吸收分光光度计法具有取样量少、操作简便、灵敏度高及普及率高等优点，但存在基体干扰严重等问题[7-10]。为提高原子吸收法测定土壤中铊的灵敏度和精密度，特别是防止基体干扰，本文对混合基体改进剂的使用、石墨管类型的选择、微波消解程技术、标准加入定量过程等关键技术进行研究，从而改善土壤中痕量铊的测定效果。

1　试验部分

1.1　仪器与试剂

（1）石墨炉原子吸收分光光度计（瓦里安 AA240Z）；

（2）铊空心阴极灯（瓦里安）；

（3）a-平台石墨管（瓦里安）；

（4）电感耦合等离子质谱仪（赛默飞世尔 X-2）；

（5）微波消解仪（CEM-MARSX）；

（6）可调电热板（ML-1.5-A）；

（7）土壤研磨机与分筛器（XDB050304）；

（8）硝酸：ρ（HNO_3）=1.42 g/ml，优级纯；

（9）盐酸：ρ（HCl）=1.19 g/ml，优级纯；

（10）高氯酸：ρ（$HClO_4$）=1.68 g/ml，优级纯；

（11）氢氟酸：ρ（HF）=1.49 g/ml，优级纯；

（12）双氧水：V（H_2O_2）=30%，优级纯；

（13）铊标准物质：1 000 μg/L（国家标准物质研究中心）；

（14）土壤标准物质：GSS-4、GSS-5（国家标准物质研究中心）；

（15）基体改进剂 Pd（NO_3）$_2$（0.3 %）/Mg（NO_3）$_2$（0.2 %）混合溶液：称取 0.3 g Pd（NO_3）$_2$（GR），加 1 ml 浓硝酸（GR）溶解；称取 0.2 g Mg（NO_3）$_2$（GR），用去离子水溶解。将两种溶液混合，用去离子水定容至 100 ml。

（16）氩气（纯度不低于 99.99 %）；

（17）实验用水为去离子水。

1.2　试验方法

按照《土壤环境监测技术规范》（HJ/T 166—2004）规定对土壤进行采集、保存、风干、粗磨、细磨至过孔径 0.15 mm（100 目）筛。称取 100 目土壤样品干重约 0.500 00g，置于微波消解罐内，选择合适消解体系进行消解，消解完后冷却至室温，将消解液转移至 50 ml 聚四氟乙烯烧杯中电热板加热赶酸，温度控制在 180℃，蒸至溶液呈黏稠状（注意防止烧干）。取下烧杯稍冷，加入 0.5 ml 浓硝酸，温热溶解可溶性残渣，转移至 50.0 ml 比色管中，冷却至室温后用超纯水定容至标线，摇匀。静置过夜，取上清液稀释适当倍数再上石墨炉原子吸收仪测试，在选择的最佳测定条件下，通过测量吸光度来测定样品中铊元素的浓度。用试剂水代替土壤试样做空白试验，采用与试样相同的制备和测定方法，在测定试样消解液的同时进行空白实验[11-12]。

1.3　仪器条件

本研究使用的是 CEM-MARSX 微波消解仪，消解程序见表 1。

表 1　微波升温程序

程序	温度/℃	升温时间/min	保持时间/min
1	室温～150	7	3
2	150～210	5	20

石墨炉原子吸收测试使用瓦里安 AA240Z 分析仪，其工作条件为：测定波长 276.8 nm，狭缝 0.5 nm，灯电流 10.0 mA，进样体积 10 μl，基体改进剂 5 μl，其原子化程序详见表 2。

表 2　石墨炉原子化程序

升温程序	温度/℃	时间/s	流量/（L/min）
1	85	5.0	0.3
2	95	40.0	0.3
3	120	10.0	0.3
4	250	5.0	0.3
5	250	1.0	0.3
6	250	2.0	0.0
7	2 200	1.0	0.0
8	2 200	2.0	0.0
9	2 200	2.0	0.3

注：1～3 步为干燥阶段；4～6 步为灰化阶段；7～8 步为原子化阶段；9 步为除残阶段。

2　试验结果与分析

2.1　基体改进剂的使用

铊的化合物的熔、沸点较低，使用石墨炉原子吸收法进行测定时，在干燥、灰化等前处理阶段容易以分子（TlCl、TlF 等）的形式挥发逸失，导致测定结果偏低，且严重干扰基体。本研究选用 $Pd(NO_3)_2/Mg(NO_3)_2$混合基体改进剂，可以大大提高铊的灰化温度和原子化温度，使基体先蒸发，随后才是待测元素蒸发，相当于起了“分馏”的作用。同时，该混合基体改进剂对吸收信号有很好的延时作用，这就在原子化器中产生了一个近于等温的环境，有助于保持管内温度平衡[18]，提高灵敏度[13-14]。

本研究选择 $Pd(NO_3)_2$（0.3%）/$Mg(NO_3)_2$（0.2%）混合溶液作为基体改进剂，在使用普通热解涂层石墨管的条件下考察铊标液中加入基体改进剂前后测定铊的改善效果，结果详见表 3。

表 3　加入基体改进剂前后铊的测定结果比较

铊标液浓度/（μg/L）	吸光度（A）	
	未加基体改进剂	加入基体改进剂
5.0	0.009 9	0.014 8
10.0	0.022 1	0.028 1
20.0	0.040 6	0.050 7
50.0	0.072 8	0.133 7

从表 3 可以看出，在各浓度梯度的铊标液中加入 $Pd(NO_3)_2/Mg(NO_3)_2$混合基体改进剂后，检测器对铊的响应信号明显增强，背景及噪声干扰减少，吸光度值提高了 1.2～1.8 倍，分析方法的灵敏度明显提高。

2.2　石墨管类型的选择

使用石墨炉原子吸收法测定铊时，石墨管类型对铊的原子化效果有显著影响。本研究在使用 $Pd(NO_3)_2/Mg(NO_3)_2$混合基体改进剂的情况下，分别试验了普通热解涂层石墨管和平台石墨管对铊的测定效果，结果详见表 4。

表 4　普通热解涂层石墨管和平台石墨管对铊的测定效果

铊标液浓度/（μg/L）	吸光度（A）	
	普通热解涂层石墨管	平台石墨管
5.0	0.014 8	0.020 6
10.0	0.028 1	0.042 3
20.0	0.050 7	0.076 0
50.0	0.133 7	0.186 8

从表 4 可以看出，对各浓度梯度的铊溶液，平台石墨管对铊的吸光度几乎是普通热解涂层石墨管的 1.5 倍，即选择平台石墨管作原子化器，铊的测定效果明显优于普通热解涂层石墨管，提高了铊测定的灵敏度和稳定性。平台石墨管适用于中、低温（≤2 400 ℃）原子化元素，其优点是精度好，消除干扰能力强。根据设计，平台石墨管主要是靠石墨管中的热辐射加热，而不是靠传导，因而温度较普通热解涂层石墨管均匀；此外，平台石墨管中间有一个凹陷，用于存放样品，可以避免进样低黏度样品时出现的流散现象，共存物质的干扰和背景吸收的影响也相应较小[15-16]。因此，选用平台石墨管来提高测定铊的灵敏度是可行的。

2.3　消解体系的选择

目前国内外报道的土壤中总铊的消解加热方法主要包括电热板消解、微波消解、高压密闭消解等，涉及的消解体系也很多[17-18]。本研究采用微波消解方式，重点考察了 7 种常见消解体系对测定 GSS-4 和 GSS-5 土壤标准样品中铊的影响，消解体系分别为：HNO_3、HNO_3-HF、HNO_3-HF-H_2O_2、HNO_3-HF-HCl、HNO_3-HF-$HClO_4$、HNO_3-HCl-$HClO_4$和 HNO_3-HF-HCl-$HClO_4$。

通过实验研究，采用不同的消解体系测定结果存在一定差异性，HNO_3-HF 消解体系、HNO_3-HF-H_2O_2消解体系和 HNO_3-HF-HCl 消解体系对测定土壤中铊都表现出较好的精密度和准确度。其中采用 HNO_3-HF 消解体系的相对误差范围为 13.5%～13.6%，相对标准偏差范围为 8.2%～11.2%；采用 HNO_3-HF-H_2O_2消解体系的相对误差范围为－6.4%～5.5%，相对标准偏差范围为 4.5%～10.0%；采用 HNO_3-HF-HCl 消解体系的相对误差范围为－10.9%～10.1%，相对标准偏差范围为 5.5%～16.6%。考虑到消解体系中若氯离子含量过高，可能会加重后续的上机分析的基体干扰，影响基体改进剂的工作效果；并结合上述多种酸消解体系的检测结果，本研究采用 HNO_3-HF-H_2O_2消解体系为最优化的消解体系，于微波消解罐内加 5.0 ml HNO_3、2.0 ml HF 和 2.0 ml H_2O 进行消解。

2.4　标准曲线及检出限

在上述最优条件下，在待测样品中加入一定量的铊标准使用液，使其加标系列浓度为：0.0、5.0、10.0、20.0、25.0 μg/L。该标准加入曲线可以由仪器自动配置。加入标准的最小浓度应约为待测样品浓度的一半，以峰高定量。试验结果表明，标准加入曲线具有良好的线性关系，相关系数可达 0.996 以上，线性回归方程为 $A=0.001\,9c+0.023\,5$。

按照样品分析的步骤，重复 7 次空白试验，计算 7 次测定结果的标准偏差，参照美国环保署（EPA）标准计算其标准偏差（δ），以标准偏差（δ）的 3 倍所对应的待测元素浓度表示检出限，结果详见表 5。当样品称样量 0.500 0g，定容体积 50.0ml 时，结果为 0.05 mg/kg。

表 5　石墨炉原子吸收分光光度法测定铊的检出限

项目	测定结果						
7 次测定结果/（μg/L）	0.4	0.6	0.3	0.2	0.4	0.6	0.7
平均值/（μg/L）	0.46						
标准偏差 S/（μg/L）	0.18						
消解液检出限/（μg/L）	0.57						
土壤检出限/（mg/kg）	0.05						

2.5 准确度和精密度

在最优分析条件下对 GSS-4 和 GSS-5 土壤标准样品平行测定 7 次，测试方法的准确度及精密度。结果表明，测定结果均在标准溶液的浓度范围内，相对标准偏差为 4.5 %～10.4%，详见表 6。

表 6 方法的准确度和精密度

土壤/（mg/kg）	GSS-4	GSS-5
测定结果	0.89，0.87，0.76，0.79，0.99，0.88，0.97	1.58，1.74，1.75，1.69，1.60，1.61，1.75
平均值	0.88	1.69
标准值范围	0.94±0.25	1.6±0.3
相对误差/%	−6.4	5.5
相对标准偏差/%	10.4	4.5

2.6 回收率试验

对土壤实际样品称取约 0.500 0g，定容至 50 ml，按 1 倍左右加标量添加对应的水标样进行加标回收测定，结果见表 7。HNO_3-HF-H_2O_2微波消解-平台石墨管原子吸收法用于实际土壤中铊的测定加标回收率平均在 95%～105%之间，表现出较高的准确度。

表 7 实际土壤加标回收率测定数据

土壤/（mg/kg）	土壤 1#	土壤 2#	土壤 3#
加标前	1.36	1.31	0.78
加标后	2.31	2.35	1.83
加标量/μg	0.5	0.5	0.5
加标回收率/%	95	104	105

2.7 与 ICP-MS 法比较

使用本方法和 ICP-MS 法同时测定 6 个实际土壤样中铊的含量，相对偏差均小于 6.3%，经 t 检验法检验（置信度为 95%），无统计学差异，结果详见表 8。

表 8 GFAAS 法与 ICP-MS 法的对比

土壤/（mg/kg）	GFAAS	ICP-MS	方法间的相对标准偏差/%
1#	0.24	0.25	6.3
2#	0.51	0.52	1.1
3#	0.78	0.80	3.0
4#	1.31	1.34	3.6
5#	1.36	1.39	1.0
6#	4.18	4.27	1.4

3 结论

本文在使用 HNO_3-HF-H_2O_2消解体系的基础上，使用 Pd（NO_3）$_2$/Mg（NO_3）$_2$混合基体改进剂和平台石墨管石墨炉原子吸收法测定了土壤中的铊。结果表明，土壤中铊的检出限可低至 0.05 mg/kg，线性相关系数为 0.996，加标回收率为 95.0 %～ 105.0%。使用该方法测得的结果与 ICP-MS 法比较，无统计学差异。由于该方法具有检出限较低、分析速度快、结果准确、干扰少等优点，易于推广使用。

参考文献

[1] 刘敬勇，常向阳，涂湘林. 重金属铊污染及防治对策研究进展 [J]. 土壤，2007，39（4）：528-535.

[2] 齐剑英，李祥平，刘娟，等. 环境水体中铊的测定方法研究进展 [J]. 矿物岩石地球化学通报，2008，27 (1)：81-88.

[3] 刘莺，陈先毅，谢灵，等. 石墨炉原子吸收法测定饮用水中铊的探讨 [J]. 环境科学与管理，2011，36 (8)：133-136.

[4] 邓红梅，陈永亨，刘涛，等. 铊在土壤—植物系统中的迁移积累 [J]. 环境化学，2013，32 (9)：1749-1757.

[5] 贾彦龙，肖唐付，周广柱，等. 水体、土壤和沉积物中铊的化学形态研究进展 [J]. 环境化学，2013，32 (6)：917-925.

[6] Zhang Lei，Huang Ting，Guo Xing-jia，et al. Separation and Determination of Trace Amounts of Thallium by Nano-TiO_2 combined with Microwave Irradiation [J]. Chinese Universities，2010，26 (6)：1020-1024.

[7] Volker Kahlenberg ，Lukas Perfler，jurgen Konzett，et al. Structural，Spectroscopic，and Computational Studies on Tl4Si5O12：A Microporous Thallium Silicate [J]. Inorganic Chemistry，2013，52 (15)：8941-8949.

[8] 陈永亨，张平，吴颖娟，等. 广东北江铊污染的产生原因与污染控制对策 [J]. 广州大学学报，2013，12 (4)：26-31.

[9] 罗莹华，梁凯，龙来寿. 重金属铊在环境介质中的分布及其迁移行为 [J]. 广东微量元素科学，2013，20 (1)：55-61.

[10] Hongguo Zhang，Dayu Chen，Senlin Cai，et al. Research on Treating Thallium by Enhanced Coagulation Oxidation Process [J]. Agricultural Science & Technology，2013，14 (9)：1322-1324.

[11] 孟亚军，张克荣，郑波. 快速石墨炉原子吸收光谱法测定尿铊 [J]. 理化检验—化学分册，2007，43 (5)：364-366.

[12] 吴惠明，李锦文，陈永亨，等. 桑色素荧光光度法测定铊 [J]. 理化检验—化学分册，2007，43 (8)：653-654.

[13] 刘娟，王津，陈永亨，等. 铊电化学分析技术的研究进展 [J]. 安徽农学通报，2013，19 (11)：120-122.

[14] 刘杨，吉钟山，朱醇，等. 电感耦合等离子体质谱法测定铊中毒事件中铊含量 [J]. 中国卫生检验杂志，2008，18 (1)：49-50.

[15] 曹蕾，徐霞君. ICP-MS法测定生活饮用水和地表水中的铊元素 [J]. 福建分析测试，2012，21 (3)：27-29.

[16] 周桂友，侯艳芳，董新吉. 石墨炉原子吸收光谱法测定羊剪绒制品中铅、铬、钴 [J]. 理化检验—化学分册，2013，49 (3)：277-280.

[17] 生活饮用水标准检验方法金属指标. GB/T 5750.6—2006.

[18] 蒙若兰，胡德斌. 石墨炉台技术测定痕量铅—硝酸钯—硝酸镁混合基体改进剂 [J]. 重庆建筑大学学报，1999，21 (3)：86-90.

[19] 孙翔. 混合基体改进剂在石墨炉原子吸收测定血铅中的应用 [J]. 职业与健康，2010，26 (17)：1952-1953.

[20] 方亚敏，茅建人，朱圆圆. 石墨炉原子吸收法测定生物样品中的铊 [J]. 广东微量元素科学，2011，18 (4)：50-54.

作者简介：张艳 (1983.9—)，女，湖南省环境监测中心站，工程师，主要从事环境监测重金属监测分析。

藻密度自动检测仪的检测条件优化及应用研究

张　迪[1]　刘建民[2]　吴黎明[2]　宫正宇[1]　孙宗光[1]　金小伟[1]　嵇晓燕[1]　李文攀[1]

1. 中国环境监测总站，北京　100012；

2. 深圳市绿野江河科技有限公司，深圳　518000

摘　要：对具有识别和计数功能的藻密度自动检测仪进行了检测条件优化并在滇池开展了比对研究。研究标明，超声时间为 40 min、自动进样、计数池深度为 180 μm、视野数为 196 个时检测结果准确性及检测效率最优，检测下限为 10^7 个/L；自动检测仪与人工计数的数据变化趋势基本相同，且计数结果在同一数量级；针对同样视野计数一致率为 68.88 %，计数合计误差为 1.5 %。藻密度自动检测仪在保证数据可靠性的前提下提高了检测效率，可以用以替代人工计数方法。

关键词：藻密度；自动计数；条件优化；比对

Detection Conditions Optimization and Application Research of the Algal Density Automatic Detector in Dianchi Lake

ZHANG Di[1]　LIU Jian-min[2]　WU Li-ming[2]　GONG Zheng-yu[1]　JIN Xiao-wei[1]

SUN Zong-guang[2]　JI Xiao-yan[2]　LI Wen-pan[2]

1. China National Environmental Monitoring Centre, Beijing 100012;

2. Shenzhen Green River Technology Co. Ltd., Shenzhen 518000

Abstract: An automatic detector for identification and counting planktonic algae was developed. A research on detection conditions optimization and application in Dianchi was carried out in this paper. The results indicated that the optimal conditions were as follows: the ultrasonic treatment time was 40 min, the number of visual field was 196, the depth of counting chamber was 180 μm and the sampling method was autoinjection. Detection limit is 10^7 cell /L. The trend analysis of automatic detector and manual counting are similar, and the counting results of two methods are in the same order of magnitude. The rate of same count results was 68.88% for the same visual fields, and the error is 1.5%. The manual counting method can be replaced by the automatic detector under these conditions.

Key words: algal density; automatic counting; conditions optimization, intercomparison

目前，水体富营养化已成为一个全球性问题，它造成淡水和近岸海域中大量浮游藻类的繁殖[1]，导致有害藻华/赤潮（harmful algal blooms，HABs）现象频发[2]，对人体健康、旅游业、渔业、生态系统产生诸多不利影响[3]。藻类监测对有害藻华/赤潮的评价、预测、控制和管理有着至关重要的意义，其主要应用于淡水、海洋监测以及饮用水的卫生与安全领域，如我国环境监测工作要点中的“三湖一库”藻类预警监测[4]和应急监测，《赤潮监测技术规程》（HY/T 069—2005）中对海洋赤潮常规、应急和跟踪监测的内容如浮游生物种类和数量进行了说明，世界卫生组织出版的水体中有毒蓝藻与人体健康的技术导则中提出的识别与定量检测水中蓝藻[5]，我国《化学品 藻类生长抑制试验》（GB/T 21805—2008）中使用电子颗粒计数仪、显微镜等进行藻类生物量的测定等。

基金项目：国家水体污染控制与治理科技重大专项（2010ZX07102-006）。

典型的藻类监测方法主要分为以遥感监测为代表的视觉评价和样品分析两类[6]，而样品分析中通常的监测指标主要有微囊藻毒素-LR、藻密度及叶绿素a。微囊藻毒素-LR作为与人体健康密切相关的指标通常出现在饮用水水质相关标准中[7-9]。藻密度（单位体积内藻细胞的数量）是最能直接说明水体中藻类数量和水华暴发强度的指标，而叶绿素a作为表征和估算藻密度的重要指标，可间接反映藻密度[10]。

藻密度定量测定的方法较多，间接方法可通过荧光法、液相色谱法或分光光度法[11]等测定叶绿素a的含量计算藻密度。但叶绿素a与藻密度的相关性在优势藻种发生更替时变化较大[12]，且其容易受其他色素（如大型水生植物）或色素衍生物的干扰[10]，在测定过程中又易受到样品保存、检测条件的影响[13]，从而制约评价结果的可靠性；直接方法是对藻类进行直接计数。传统方法为显微镜人工计数法，如我国环境监测领域《水和废水监测分析方法（第四版）》[14]中浮游生物的测定。这种方法对于样品中藻种的鉴别和数量的计算最为精确，但存在着耗时、依靠经验、技术过程单调乏味等缺点[15]。近几年来，基于流式细胞分析技术[16-17]和显微成像技术的流式细胞摄像系统（Flow Cytometer And Microscope，FlowCAM）被广泛应用于藻类监测领域，可以进行藻类自动计数及自动分类，实现对藻类多参数的定性和定量分析[18]，该仪器对藻类计数的原理是基于流式细胞技术的间接计数方法，价格高昂、操作复杂，不易于环境监测系统的普及及业务化使用。

本研究研发的藻密度自动检测仪将完整模拟人工的镜检技术、重点藻类自动识别技术和计算机自动控制技术相结合，对藻类进行分类识别和直接计数，旨在填补藻密度自动检测仪在我国的空白，并最终替代显微镜人工计数方法。本研究在滇池开展了应用研究，滇池湖体蓝藻门及蓝藻门的微囊藻属为绝对优势类群，外海微囊藻属藻类的比例年平均可达80％～90％[19-20]，因此本研究针对微囊藻进行了仪器检测条件优化试验，并与基于传统人工识别技术的手工监测数据进行了比对。

1 基本原理

1.1 检测原理

藻密度自动检测仪主要由自动进样系统、自动清洗系统、显微镜、CCD（Charge Coupled Device，电荷耦合器件）成像系统以及计算机系统组成。显微镜对焦、视野选择和载物台升降均以软件控制，并留有相关软件接口。显微镜目镜直接连接到CCD成像系统，形成的图像传输至计算机上，配套在计算机上的控制软件具有控制进样、对焦、视野自动选择与存储等功能。

本研究的核心是研发了对藻类进行识别的图像分析软件，目前针对我国常见的10余种藻类，特别是对球形藻的识别和计数准确性较高，如微囊藻、小环藻、隐藻、鼓藻及裸甲藻。

藻类识别与计数的过程为：自动进样—显微镜自动对焦—自动随机选择视野拍照—自动识别藻类—分类计数—计算藻密度—自动清洗。

1.2 性能指标

藻密度自动检测仪针对每个样品的检测视野数不少于100幅，计数时间小于20 min；R^2>0.6（同一个样本稀释5、15、50、150倍时）；可识别10余种藻类并且具有一定的学习能力，可根据水体藻类实际情况增加3～5种藻类；检测范围为10^7～10^9个/L。

2 实验部分

2.1 样品的采集

样品取自滇池全湖10个常规水质监测点位，采样及保存方法参见《水和废水监测分析方法（第四版）》。

2.2 样品前处理

样品藻密度低于10^7个/L时需进行沉淀浓缩。如果样品中有成团的藻类，则需要用超声波打散。单个样品量需大于 400 ml。

先用酒精、清水依次对载玻片进行清洗，然后抽水（抽水 2 次以上）进样或滴注进样到载玻片后，静止 5 min 并盖上盖玻片，要求计数池内没有气泡且样品不出计数池。

显微镜物镜选用 PLAN 20/0.40 160/0.17。同一标本的两片计数结果与其均数之差如不大于其均数的正负 15 %，则这两个相近的值的均数即可视为计数结果。计算公式：

$$1\text{L 水中的浮游植物的数量}=P_u/F_s\times F_u\times D$$

式中：D——计数池深度，mm；

F_s——每个视野的面积，mm^2；

F_u——计数过的视野数；

P_u——通过计数实际数出的浮游植物的个数。

2.3 实验方法

2.3.1 样品超声时间优化

计数 100 个视野，计数池深度 180 μm，样品超声时间分别为 30、40、50 min 测定藻密度。每组进行 6 次平行测定并取算数平均值。超声波处理机规格为：40 KHZ/70 W/2 L。

2.3.2 进样方式选择

超声频率为 40 kHz，时间为 40 min，视野数为 196 个，计数池深度 180 μm 的条件下，同一样品分别采用滴注和自动进样方式测定藻密度，每种方式做 13 次平行测定并取算数平均值。

2.3.3 计数池深度优化

超声频率为 40 kHz，时间为 40 min，视野数为 196 个的条件下，计数池的深度分别为 50、100、150、200、250 μm 测定藻密度，每组做 6 次平行测定并取算数平均值。

2.3.4 视野数优化

超声频率为 40 kHz，时间为 40 min，计数池深度 180 μm，进行视野数的优化实验。本仪器视野的选取采取随机视野法[21]，视野数在 100～500 个之间时比较适宜。设定视野数分别为 100、144、196、324、400、529 个测定藻密度，每组做 6 次平行测定并取算数平均值。

2.3.5 检测下限的确定

将水样进行浓缩后，逐级稀释 1、10、100、1 000、10 000 倍测定藻密度，每组做 6 次平行测定并取算数平均值，分析其准确度及标准偏差，确定藻类自动检测藻密度检测下限。

2.3.6 显微镜人工计数

显微镜人工计数方法参见《水和废水监测分析方法（第四版）》。

3 结果与讨论

3.1 检测条件优化研究

3.1.1 超声时间对藻密度自动检测仪测定结果的影响

由图 1 可知，超声时间为 30 min 时，标准偏差为 1.86×10^7个/ L，相对标准偏差 18.25 %；超声时间达到 50 min 时，标准偏差 1.23×10^7个/ L，相对标准偏差 15.17 %。超声时间过短，藻团不易被打散，过长又易造成藻细胞的破坏，造成精密度下降明显，测定数据可信度降低。超声时间为 40 min 时，标准偏差 7.67×10^6个/ L，相对标准偏差 9.4 %，在可接受范围内，因此确定 40 min 为实验最优超声时间。

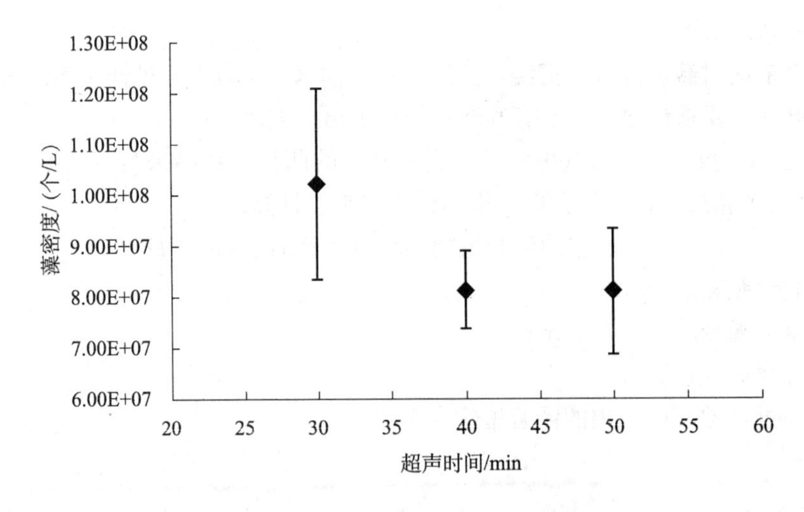

图 1　超声时间不同对藻密度测定的影响

3.1.2　进样方式对藻密度自动检测仪测定结果的影响

滴注进样的标准偏差为 1.37×10^7 个/ L，相对标准偏差 11.85 %；自动进样的标准偏差 3.88×10^6 个/ L，相对标准偏差 4.51 %，自动进样准确性高于滴注进样，作为生物监测两种进样方式均可接受。

3.1.3　计数池深度对藻密度自动检测仪测定结果的影响

计数池深度分别为 50、100、150、200、250 μm 时对藻密度测定的影响如图 2 所示。标准偏差分别为 2.92×10^8、1.5×10^8、1.06×10^8、6.55×10^7、6.2×10^7 个/ L，相对标准偏差分别为 31.57 %、18.95 %、16.98 %、11.14 %以及 12.06 %。随着计数池深度的增大，水体内扫描到的目标藻类个数越多，数据稳定性越高，计框深度达到 200 μm 之后藻密度测量值趋于稳定，标准偏差变小，但检测时间变长，因此根据仪器材料实际情况及检测效率要求，计数池深度选用 180 μm。

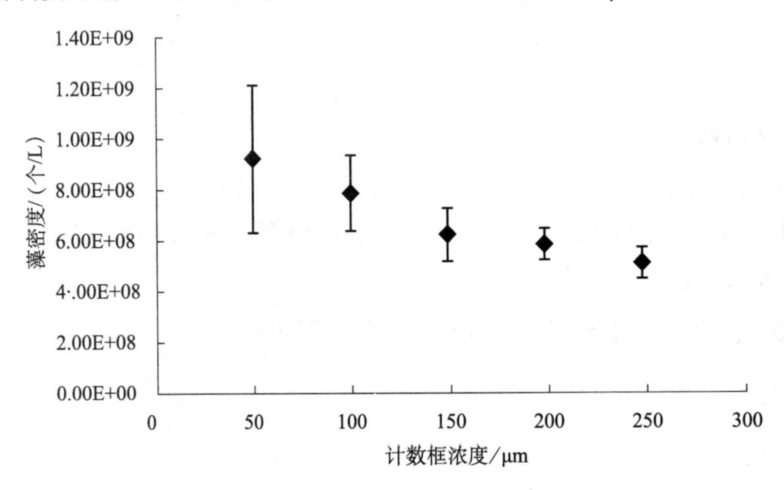

图 2　计数池深度不同对藻类度测定的影响

3.1.4　视野数对藻密度自动检测仪测定结果的影响

视野数分别为 100、144、196、324、400、529 个时对测定藻密度的影响如图 3 所示。视野数为 100 个时测定时间只需 10 min，但标准偏差较大（2.52×10^7 个/ L)；视野数为 196 时，标准偏差为 1.27×10^7 个/ L，相对标准偏差为 22.28 %，可接受；随着视野数的进一步增大，检测时间不断变长，测定效率变低且偏差逐步增大，因此综合考虑检测效率及数据可靠性，最优视野数选择 196 个。

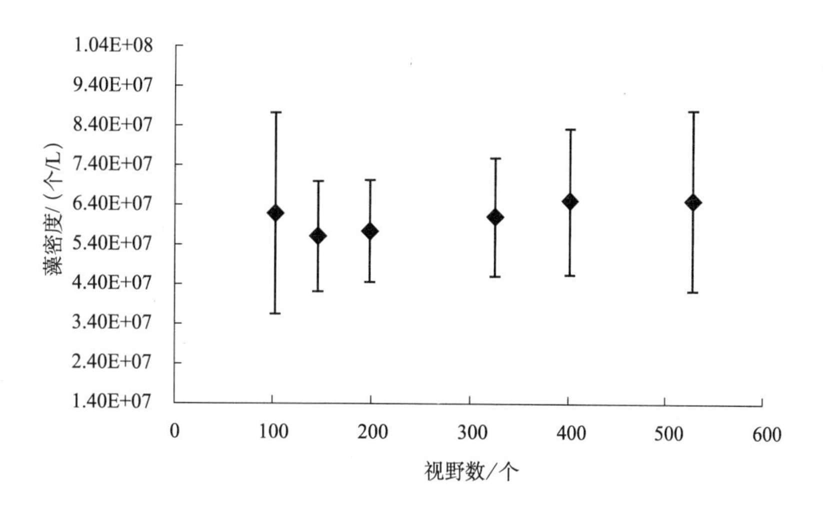

图 3　视野数不同对藻密度测定的影响

3.2　检测下限的确定

将藻密度及稀释倍数分别取对数并作图。由图 4 可知，随着稀释倍数的增加及藻密度不断降低，相对标准偏差逐步增大，分别为 8.38 %、12.55 %、16.39 %、62.92 %、77.35 %，当稀释倍数为 1 000 倍，藻密度≤10^7个/ L 时，样品可检出但相对标准偏差达到 62.92 %，数据准确性降低。因此确定仪器的检出限为 10^6个/ L，检测下限为 10^7个/ L。

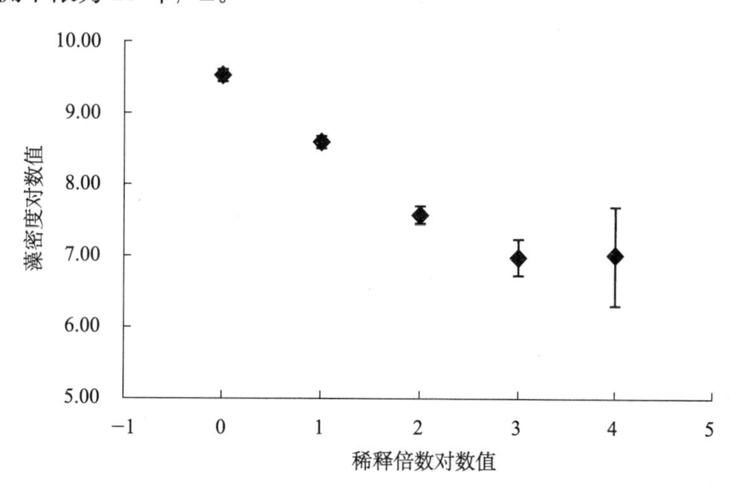

图 4　稀释倍数不同藻密度测定的影响

3.3　藻类自动检测定仪在滇池的应用

3.3.1　藻密度自动检测仪与显微镜人工计数法比对分析

藻密度自动检测仪与显微镜人工计数针对 25 个样品计数结果如图 5 所示。自动计数与人工计数的数据变化趋势基本相同，且同一样品计数在同一数量级，在藻类计数中可以接受，因此可以用藻密度自动检测仪来代替人工计数方法，在保证数据可靠性的前提下大大提高了检测效率。

3.3.2　相同视野藻密度自动检测仪与人工计数比对分析

首先利用藻密度自动检测仪对一个样品随机选取 196 个视野，然后分别用藻密度自动检测仪和人工计数两种方法对这 196 个视野的进行计数，计数结果见表 1～表 2：

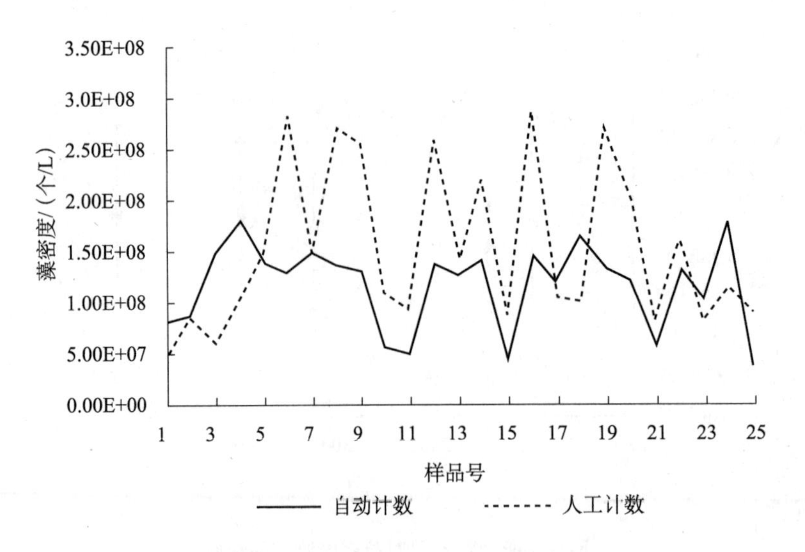

图5　藻密度自动检测仪与人工计数测定结果比较

表1　自动计数与人工计数个数比对分析

统计量	自动计数/个	人工计数/个	合计误差/个	自动计数漏记数量/个	自动计数多计数量（杂质）/个	绝对误差/个
个数	589	598	9	−48	39	87

表2　自动计数与人工计数视野数比对分析

比对项目	视野数/个	百分比/%
自动计数＝人工计数	135	68.88
自动计数＜人工计数	29	14.80
自动计数＞人工计数	32	16.33
合计	196	100

表1中，藻密度自动计数仪与人工计数合计误差仅为9个（人工计数的1.5 %），绝对误差为87个（人工计数的14.5 %），其中包括仪器漏记48个和误将杂质计入39个；表2中，196个视野中藻密度自动计数仪和人工计数有135个视野的测定结果一致，一致率为68.88 %。这表明虽然仪器计数存在漏计藻类和误将杂质计成藻类的现象，但失误率（人工计数的14.5 %）在生物监测领域可接受，该藻密度自动检测仪测定结果可靠，可代替人工计数方法。

4　结论

藻密度自动检测仪超声时间为40 min、自动进样、计数池深度为180 μm、视野数为196个时检测结果准确性及检测效率最优，藻密度检测下限为10^7个/ L；藻密度自动检测仪与人工计数的数据变化趋势基本相同，且同一样品计数在同一数量级，针对同样视野，计数一致率为68.88 %，计数合计误差为1.5%，在生物监测的藻类计数中可以接受。因此藻密度自动检测仪在保证数据可靠性的前提下大大提高了检测效率，可以用以替代人工计数方法。

藻密度自动检测仪的图像识别软件对藻类识别准确度较高的藻种大多数是规则的球形藻，对于丝状、叶状等不规则形状藻类的特征提取及图像识别还有待进一步研究。目前本仪器在滇池开展了应用研究，还需进一步在我国其他流域如太湖、巢湖等进行应用性研究并针对不同地区特点进行仪器性能改进。

参考文献

［1］Smith，VH. Eutrophication of freshwater and coastal marine ecosystems-A global problem［J］. Environmental Science and Pollution Research，2003，10（2）：126-139.

［2］Heisler，J，Glibert，P M，Burkholder，J M，et al. Eutrophication and harmful algal blooms：A scientific consensus［J］. Harmful algal blooms，2008，8（1）：3-13.

［3］Anderson，D M，Cembella，A D，Hallegraeff，G M，et al. Progress in understanding harmful algal blooms：Paradigm shifts and New Technologies for Research，Monitoring，and Management. Annual Review Of Marine Science［J］. 2012，4：143-176.

［4］黄君，张虎军，江岚，等. 太湖蓝藻水华预警监测综合系统的构建［J］. 中国环境测，2015，31（1）：139-145.

［5］World Health Organization. Toxic cyanobacteria in water：A guide to their public health consequences，monitoring and management［M］. UK：E&FN Spon，1999.

［6］Lunetta，R S，Schaeffer，B A，Stumpf，R P，et al. Evaluation of cyanobacteria cell count detection derived from MERIS imagery across the eastern USA. Remote Sensing of Environment［J］. 2015，(157)：24-34.

［7］GB 5749—2006. 生活饮用水卫生标准［S］.

［8］GB 3838—2002. 地表水环境质量标准［S］.

［9］World Health Organization. Guidelines for drinking-water quality，fourth edition［M］. Switzerland：World Health Organization. 2011.

［10］李春华，叶春，张咏，等. 太湖湖滨带藻密度与水质、风作用的分布特征及相关关系［J］. 环境科学研究，2013，26（12）：1290-1300.

［11］于海燕，周斌 胡尊英，等. 生物监测中叶绿素 a 浓度与藻类密度的关联性研究［J］. 中国环境监测，2009，25（6），40-42.

［12］杜胜蓝，黄岁樑，臧常娟，等. 浮游植物现存量表征指标间相关性研究：叶绿素 a 与藻密度［J］. 水资源与水工程学报，2011，22（2），44-49.

［13］赵玉华，刘畅，薛飞，等. 影响分光光度法检测藻类叶绿素 a 的因素［J］. 沈阳建筑大学学报（自然科学版），2007，23（3）：482-484.

［14］国家环保总局《水和废水监测分析方法（第四版）》编委会. 水和废水监测分析方法 . 4 版. 北京：中国环境出版社，2002.

［15］Kevin G S，Gregory J D，Gary J K. Harmful algal blooms：causes，impacts and detection［J］. J Ind Microbiol Biotechnol，2003，30：383-406.

［16］Kamila C，David R J，van der Meer J R. Use of flow cytometric methods for single-cell analysis in environmental microbiology［J］. CURRENT OPINION IN MICROBIOLOGY，2008，11（3）：205-212.

［17］徐兆安，高怡，吴东浩，等. 应用流式细胞仪监测太湖藻类初探［J］. 中国环境监测，2012，28（4）：69-73.

［18］余肖翰，曾松福，曹宇峰，等. 基于流式细胞摄像技术（FlowCAM）的赤潮藻类识别分析初探［J］. 海洋科学进展，2013，31（4）：515-526.

［19］周春丽. 滇池浮游生物周年演替及其重污染湖湾生态修复前后浮游生物的变动规律［D］. 武汉：中国科学院水生生物研究所，2009.

[20] 施择，李爱军，张榆霞，等．滇池浮游藻类群落构成调查 [J]．中国环境监测，2014，30 (5)：121-124.

[21] 黄祥飞，陈伟明，蔡启铭．湖泊生态调查观测与分析 [M]．北京：中国标准出版社．2000.

作者简介：张迪 (1986—)，女，北京人，硕士，工程师。

环境监测质量管理

关于开展环境质量监测核查的思考与实践

廖岳华　樊　娟　邹　辉　潘海婷

湖南省环境监测中心站，长沙　410014

摘　要：当前环境质量监测数据的重要作用日益凸显。然而，目前环境质量数据失真现象时有发生。为研判环境质量监测数据是否真实、客观，本文结合实际案例，从技术角度阐述了环境质量监测核查的内涵和开展环境质量监测核查的工作内容和效果。

关键词：监测数据；环境质量监测；核查

Thinking and Practice of Verification for Environmental Quality Monitoring

LIAO Yue-hua　FAN Juan　ZOU Hui　PAN Hai-ting

Hunan provincialEnvironmental monitoring center，Changsha 410004

《环境保护法》规定，地方各级人民政府应当对本行政区域的环境质量负责，并公开环境监测信息。然而，当前地方各级政府发布的环境质量监测结果与社会公众的实际感受相距甚远。造成这一现象的原因很多，但与目前我国环境质量监测工作尚缺乏监督机制，社会长期诟病的“数据造假”问题时有发生有密切关联。为切实掌握下一级监测部门工作情况，并获得第一手的环境质量监测信息，开展环境质量监测核查工作很有必要。本文从技术角度出发，阐述了环境质量监测核查的内涵，并结合案例深入探讨了如何开展环境质量监测核查。

1　环境质量监测核查的重要性和必要性

曾经被调侃为“面条法”的《环境保护法》，经修订后已于2015年1月1日起正式施行，如今有了新的称呼：“长着牙齿”的法律。其中的第六条规定，地方各级人民政府应当对本行政区域的环境质量负责。当前，社会各方面对遏制环境污染、改善环境质量的呼声越来越高，对环境权益的诉求越来越强烈。在党的十八大把生态文明建设纳入中国特色社会主义事业五位一体总体布局，明确提出大力推进生态文明建设，努力建设美丽中国的大背景下，地方各级政府面临的环境保护考核压力也将越来越大。

然而，环境质量恶化是发展方式粗放、环保意识差、执法监管不力的后遗症，并不是一朝一夕形成的。有人不禁会问：为什么在很长一段时间内，政府有关方面并未告知公众污染加剧、环境恶化的信息？不可否认，这里涉及长期为人们所诟病的“数据造假”问题。长期以来，我国环境质量监测采用的是县（区）、市（州）环境监测站完成具体监测工作，省级监测站和国家环境监测总站分别根据各市、省监测站上报的监测数据进行区域环境质量综合评价后向上级环保行政主管部门提交报告的工作模式。目前，上一级监测站对下一级监测站上报的环境质量监测数据多是一种被动的接收，基本“照单全收”。由于缺乏监督核查机制，上报监测数据失真的现象在所难免。在2015年4月召开的全国环境监测现场会上，环境保护部副部长吴晓青指出，有些地方政府为了减轻考核压力、环境质量达标等目的，行政管理部门指使编造、篡改监测数据的情况时有发生。中央纪委驻环保部纪检组组长周英在本次会议上强调，虚假的监测数据将直接误导环境管理决策，还导致监测技术人员质量意识和理想信念丧失，影响工作热情和积极性，危害巨大。中央领导同志高度重视监测数据真实性问题，要求监测数据必须准确真实准确，严厉打击环保数据造假行为，对虚假数字要严厉问责。

研判环境质量监测数据是否真实、客观，在我国当前形势下，既是一个政治问题，又是一个技术问题。一方面，要靠环保行政主管部门加强对各级政府环保履责的监督检查，改变政府崇拜GDP的思想，正视对辖区环境质量负责的法律责任。另一方面，要依靠上级环境监测部门开展环境质量监测核查，掌握下一级监测部门工作情况，获得第一手的环境质量数据，形成迫使省、市、县三级分别说清辖区内环境质量真实状况的压力和氛围。本文从技术角度具体谈谈如何开展环境质量监测核查。

2　环境质量核查监测的内涵

环境质量核查监测是指为了加强对环境质量监测工作的监督管理，提高环境质量监测数据的真实性、代表性、准确性，以便及时了解和掌握区域环境质量状况，更好地为环境管理决策提供科学依据，环保行政管理部门和/或技术管理部门对辖区环境质量监测工作的各要素和环节进行的监督检查以及旨在发现潜在环境问题，预警环境风险而开展的区域环境质量调查监测。

开展环境质量监测核查的基本程序主要根据相关法律规定及其管理职能确定。以省域环境质量监测核查为例，省环保厅对全省环境质量监测核查具有领导职责，负责组织全省环境质量监测核查，制订工作计划，通报核查结果，向同级政府汇报相关结果，省环境监测中心站对相关工作进行技术支持。市级环保行政主管部门组织领导辖区内环境质量监测核查工作，同时接受省级环保行政主管部门的监督，并向同级政府汇报相关结果。省环保厅可以授权省环境监测中心站具体实施全省环境质量监测核查，市县级环保局也可授权同级监测站具体实施辖区内环境质量监测核查工作，同时直接接受上级监督。

3　环境质量监测核查的工作内容

环境质量监测核查以环境质量及其监测工作为对象，既具有对环境质量监测的监督管理、监测数据核查功能，同时具有调查区域环境问题、预警环境风险的作用。其工作内容包括以下几个方面：

（1）调查核实环境质量监测点位（断面）布设的代表性、科学性。一方面，通过对历史监测数据的综合分析和实地踏勘，论证布设的监测点位（断面）是否具有代表性，是否能反映功能区水体或大气环境质量特征或污染水平，点位的数量和分布是否完全满足国家有关技术规范要求；另一方面，核实具体采样点位置与上报信息是否相符，并对其周边环境状况进行详细调查。

（2）监督检查地表水、环境空气质量自动监测站的运行与管理情况。检查自动站管理的规章制度是否完善，是否有关于点位建设、调整/变更的完整资料、文件，是否有完整的维修、校验、维护、巡检记录。

（3）全面审核环境质量监测数据。一方面，根据区域环境质量多年来的整体情况或变化趋势，对上报的监测数据进行审核，核实异常或可疑数据的真实性和准确性；另一方面，实地查看监测站是否保存了一年以上的环境质量监测历史数据，调阅环境质量监测原始记录，查看是否存在违反规定的人为修正数据现象；对自动监测系统，要查看采样仪器数据、中控机数据与上报数据是否一致。

（4）开展环境质量现场抽测或调查性监测，及时发现潜在的环境问题。针对环境空气，可利用空气质量流动监测车或采用手工监测方式，对全部或部分监测点位开展现场比对监测；对于重要或敏感的水质断面，可采取上级监测站与下一级监测站共同采样，分样分析，分别报出监测结果的方式开展核查，并分析数据的可比性，确定误差来源及解决办法。对环境质量监测数据审核过程中发现的异常或可疑数据，迅速组织相关人员到现场进行监测采样，然后根据样品分析结果核实异常或可疑的上报数据。对其他潜在区域性环境问题或环境质量监测工作中存在的问题，组织有关人员开展带有研究性质的调查性监测。

4　核查案例

4.1　案例1

沿Z江流域上游至下游的S市、L市和Y市锑矿储量丰富，有着我国乃至世界上最大的锑产品生产基地。监测数据表明，下游Y市位于Z江上的饮用水水源地监测断面中的锑长期超标。Y市有关部门一直认为上游的锑矿采选冶炼是导致Y市饮用水水源地锑超标的主要原因。我们在收集整理Z江流域历史监测数据、涉锑企业以及水系分布等相关信息后，于2013年8月对Z江流域S市、L市和Y市段的地表水、底泥和地下水以及涉锑企业排放的废水开展了详细调查监测，探讨了Y市饮用水水源地锑污染的来源及其贡献率。通过综合分析，我们认为Z江流域上游S市和L市的锑矿采选冶炼对Z江下游河段锑超标有一定贡献，但是Y市辖区内涉锑企业排放的废水锑超标严重，是下游饮用水水源地断面锑超标的重要原因。这一结论为省环保厅开展Z江流域特别是Y市涉锑行业环境综合整治决策提供了可靠技术支持。

4.2 案例2

LY河是X江一级支流，也是CS市的内河。监测表明，LY河CS市城区段各断面营养盐指标超标严重，水质长期为Ⅴ类甚至劣Ⅴ类。为查明污染原因，我们于2013年7月对LY河CS市城区段的各大小支流、沿河废水排入口及沿岸主要排污单位进行了详细的调查监测。我们的调查监测报告指出，该河段水体污染主要是由于区域内生活污水直接排入和污水处理厂尾水排入导致清污比例失调引起的，城市生活污染是LY河CS市城区段水质下降的最大贡献者。此外，X江CS综合枢纽工程库区回水顶托作用对LY河CS市城区段水质下降也有一定影响。要改善LY河CS市城区段水质，需要加大上游下泄清水量，更主要的是截污，正常运行污水处理厂。该报告经上级部门转达后，2014年5月，CS市委市政府主要领导率CS市环保局、住建局、水利局、城管局等职能部门实地调研，并作出了对沿LY河污水处理厂全面提标，全力开展LY河水污染综合治理的决策部署。

5 结语

湖南省环境监测中心站自2009年以来，开展了以监测点位（断面）重新确认、监测数据审核、地表水和环境空气比对监测以及区域环境问题调查性监测为主要内容的环境质量监测核查工作，适时发现了目前全省环境质量监测工作中存在的问题以及重要环境问题，编制了20多个专项报告，同时向环保行政主管部门提出较好的对策建议，得到了上级部门的高度认可。环境质量监测核查工作为进一步提高全省环境质量监测数据的真实性、准确性增加了一道保障，为实现我国环境管理从以环境污染控制为目标导向，向以环境质量改善为目标导向的历史转型上迈出了坚实的步伐。

作者简介：廖岳华（1970—），男，汉族，湖南省衡山县人，博士，教授级高工，现为湖南省环境监测中心站副总工程师，主要从事环境质量监测与综合评价技术工作。

浅谈环境监测实验室仪器校准证书的确认

解　军　魏子勇　王述伟
山东省环境监测中心站，济南　250101

摘　要：本文简要阐述了检定与校准的概念及差别、校准证书确认的必要性、确认的内容及常见问题。

关键词：校准；确认；量值溯源

Discussion on Validation of Calibration Certificates in Environmental Monitoring Laboratories

XIE Jun　WEI Zi-yong　WANG Shu-wei
Shandong Environmental Monitoring Central Station，Jinan 250101

Abstract：This paper briefly discusses the concepts of verification and calibration and their differences，as well as the necessity，process and routine issues of validation of calibration certificates.

Key words：calibration；validation；measurement traceability

1　引言

《实验室资质认定评审准则》"5.5 量值溯源"规定：实验室应确保其相关检测和/或校准结果能够溯源至国家基标准；实验室应制订和实施仪器设备的校准和/或检定（验证）、确认的总体要求；实验室应制订设备检定/校准的计划。在使用对检测、校准的准确性产生影响的测量、检测设备之前，应按照国家相关技术规范或者标准进行检定/校准，以保证结果的准确性。

检定和校准是实验室实现量值溯源的两种方式，我国计量法规定的凡是列入强检目录中的应该做检定。国家强制检定的范围包括：计量标准器具、用于贸易结算、安全防护、医疗卫生、环境监测、行政监测、司法鉴定等方面列入强制检定目录的工作计量器具。根据 JJF 1001—2011《通用计量术语及定义》，检定是查明和确认计量器具是否符合法定要求的程序，包括检查、加标记和（或）出具检定证书。检定过程是把计量器具（未知的）和一个与其相当或比其更好的标准器按法定的规程进行比较并作出合格与否的判断。我国的量值传递主要是通过计量检定来实现的，一般按自上而下定期定点就地就近的原则进行[1]。

不在强制检定范围内的可以采用校准来溯源。某些非常规测量仪器计量特性的检定往往没有现成的国家计量检定规程作为依据，而且测量设备的更新速度也日趋加快，检定规范的更新赶不上设备的更新，计量检定机构采用校准的方法对其计量量值进行溯源，对其进行检查出具校准证书[2]。根据 JJF 1001—2011《通用计量术语及定义》，校准是指在规定条件下，为确定测量仪器或测量系统所指示的量值，或实物量具及参考物质所代表的量值，与对应的由标准所复现的量值之间关系的一组操作。校准是自下而上的自愿溯源活动，它一般只给出校准数据和测量不确定度，是否满足要求由使用者自己去确认。

检定和校准的主要区别[1]见表 1。

表1 检定和校准的主要区别

区别	检定	校准
法制性	具有法制性，属计量管理范畴的执法行为	不具有法制性，是企业自愿溯源行为
内容	对测量器具的计量特性及技术要求的全面评定	主要确定测量器具的示值误差
依据	检定规程	校准规范、校准方法，可做统一规定也可自行制定
结论	要对所检的测量器具做出合格与否的结论	不判断测量器具合格与否，但当需要时，可确定测量器具的某一性能是否符合预期的要求
出具证书	检定结果合格的发检定证书，不合格的发不合格通知书	通常是发校准证书或校准报告

因此，在实际工作中，环境监测实验室强检和送检的仪器设备，会得到质监部门检定机构出具的两种证书：检定证书和校准证书。证书与检定证书最大的区别是：检定证书给出计量器具是否“合格”的结论，而校准证书给出的只是完整的校准数据和测量结果的不确定度。至于被校准仪器是否能用，则需实验室使用人员根据这些数据进行确认[3]。

2 校准确认的必要性

校准证书只给出技术参数的数据，不给出合格与否的结论，因此，校准的结果是否满足相应标准或规范以及实验室的使用要求，仪器是否合格能用、降级使用或不能使用，需要实验室对校准证书进行确认。所谓确认就是指实验室会使用校准的数据，由技术人员对照检测方法标准，认真核对证书中技术参数是否满足标准要求，给出是否满足检测方法的确认的意见，不满足的则不得用于检测[4]。

3 校准证书确认的人员、内容及应注意的问题

3.1 校准证书确认的人员

校准证书由谁负责确认呢？设备管理员虽然负责仪器设备的管理，但是，对于仪器设备的具体用途，及使用那些功能去检测什么参数并不一定非常清晰。还是仪器的使用人员更清楚所使用仪器设备的用途，尤其是具体到某个参数的测定。所以，校准证书的确认应由仪器使用技术人员进行确认。而设备管理员则应在仪器送检之前，及时与使用人员沟通了解，明确需要校准的具体要求，有的放矢又节省费用。

3.2 校准点、校准的内容是否包括了检测所使用的全部范围

比如电热鼓风干燥箱，一般用于重量法的烘干恒重，比如悬浮物、溶解性总固体、土壤水分的测定等。但是对于不同的参数，使用的标准方法不同，烘干恒重的条件及温度的要求也不同。比如《水质悬浮物的测定重量法》（GB/T 11901—1989）要求将截留在0.45μm滤膜上的固体物质于103～105℃烘干至恒重；《水质全盐量的测定重量法》（HJ/T 51—1999）则要求滤液于105℃±3℃烘干至恒重；溶解性总固体《生活饮用水标准检验方法 感官性状和物理指标 8.1 称量法》（GB/T5750.4—2006）烘干温度一般采用105℃±3℃。但105℃的烘干温度不能彻底除去高矿化水样中的盐类所含结晶水。采用180℃±3℃的烘干温度，可得到较为准确的结果。因此，如果使用一台电热鼓风干燥箱测定这三个参数，实验室应向校准单位提前提出需要校准的校准点（标称温度）：104℃、105℃、180℃。同样，在收到校准结果后，对照不同方法的要求，核对校准证书提供的温度偏差是否符合方法的要求，及是否分别在±1℃、±3℃、±3℃范围内。

对于用于微生物指标检测的生化培养箱，《水质粪大肠菌群的测定多管发酵法和滤膜法（试行）》（HJ/T 347—2007）测定粪大肠菌群，初发酵试验和复发酵试验的培养温度分别为37℃±0.5℃、44.5℃±0.5℃，而《生活饮用水标准检验方法 微生物指标 2.1 多管发酵法》（GB/T5750.4—2006）测定总大肠菌群的培养温度是36℃±1℃。同样，需要按照实际工作需要提出校准点，并核对校准证书提供的温度偏差是否符合方法的要求。

对于前文提到没有现成的国家计量检定规程的某些非常规测量仪器，环境监测实验室常用的GC-MS、

TOC等大型仪器，比如某气相色谱/三重四级杆串联质谱联用仪的校准证书，给出了以下指标的校准结果：程序升温重复性、分辨力、测量范围、信噪比、质量准确度、测量重复性等，一般标准方法没有对这些指标的具体要求，因此其校准证书的确认，主要是对照仪器说明书的技术性能指标，查看是否满足说明书的要求。

3.3 修正因子的使用

（1）对单一量程或仅使用单一量程的计量器具（如单标线吸管、容量瓶、电热恒温培养箱等），可根据检定/校准证书中检定/校准点示值与对应的标准量值，计算出该计量器具的修正值。

（2）对使用多个量程的计量器具（如分度吸管、滴定管、粉尘采样器、风速仪等），若检定/校准证书中各检定/校准点的结果具有良好的线性关系，可以各检定/校准点的标准值为纵坐标、对应的仪器示值为横坐标，通过线性回归的方法计算出该计量器具的修正因子；若检定/校准证书中各检定/校准点的结果线性关系不佳，可先计算各校准点的修正值，然后以各检定/校准点的示值为横坐标、对应的修正值为纵坐标绘制修正值曲线，使用时可根据测量结果在该曲线上查得对应的修正值[1]。

比如，前文提到的生化培养箱，其校准证书提供的温度偏差数据是－0.8℃，仪器使用人员应该将其用于实际工作中，保证实验条件温度的准确，及检测数据的准确性。

4 结论

综上所述，为实现监测过程中的量值溯源，在监测仪器设备的管理中，设备管理员与实验室仪器设备使用技术人员密切配合，有的放矢地做好校准前的准备，及校准后的确认，保证校准结果真正为我所需，为我所用，从而保证监测数据的准确可靠。

参考文献

[1] 国家认证认可监督管理委员会. 实验室资质认定工作指南 [M]. 北京：中国计量出版社，2007，32-34.

[2] 郝曼. 浅谈现代实验室管理中设备计量校准报告的符合性确认 [J]. 现代测量与实验室管理，2013，3：55-56.

[3] 顾业青. 检测实验室对检测设备检定/校准证书确认的必要性分析 [J]. 现代测量与实验室管理，2013，4：63-64.

[4] 徐居明，郭海霞，吴丽. 检测实验室检测设备校准结果确认的方法研究 [J]. 现代测量与实验室管理，2012，6：42-43.

作者简介：解军（1967.10—），山东省环境监测中心站，研究员，专业领域为环境监测及质量管理。

含泥沙的地表水总氮测定准确度的提高方法

纪　昳　严　瑾　孙　娟　邱展辰
南京市环境监测中心站，南京　210013

摘　要：碱性过硫酸钾消解紫外分光光度法测定含泥沙的地表水中总氮时，数据准确度常受到絮凝沉淀的干扰。本文采用一次性 0.45μm 水相针式滤器过滤消解后水样，快速有效地去除了絮凝沉淀的干扰，达到了提高含泥沙的地表水总氮测定准确度的目的。实验表明该方法相对标准偏差<2.0%，加标回收率为 92.0%～96.5%，符合实验室质控要求。

关键词：总氮；泥沙；干扰；过滤

The Method of Improving the Accuracy of Determination of Total Nitrogen in Surface Water Containing Sediments

JI Yi　YAN Jin　SUN Juan　QIU Zhan-chen
Nanjing Environmental Monitoring Center Station，Nanjing 210013

Abstract：In detection of total nitrogen by using the potassium persulfate UV spectrophotometry，the accuracy of determination data is often interfered with the insoluble floc. This article filtered digested sample by the 0.45μm filtration，which quickly and efficiently removed the insoluble floc and improved the accuracy of total nitrogen determination. Experimental results showed that in this method，the RSD was below 2.0% and the recovery was over the range of 92.0 %～96.5 %，which meeted the laboratory quality control requirements.

Key words：total Nitrogen；sediments；interfering；filtering

总氮是指水中所有含氮化合物，即氨氮、亚硝酸盐氮、硝酸盐氮等无机盐氮及大部分有机含氮化合物中的氮的总和。地表水中总氮含量是衡量水质的重要指标之一，常被用来表示水体受营养物质污染的程度。准确测定水体的总氮含量，对控制水体富营养化、改善水质具有十分重要的意义。目前较为常用的总氮的测定方法为碱性过硫酸钾消解紫外分光光度法（HJ 636—2012）。其方法原理是在 120～124℃下，碱性过硫酸钾溶液使样品中含氮化合物的氮转化为硝酸盐，采用紫外分光光度法于波长 220nm 和 275nm 处，分别测定吸光度 A_{220} 和 A_{275}，按公式 $A=A_{220}-2A_{275}$ 计算校正吸光度 A，从而计算总氮含量[1]。其中硝酸根离子在 220nm 波长处有吸收，而溶解的有机物在此波长处也有吸收，干扰测定。根据实践，引入一个经验校正值。该校正值是在 275nm 处测得吸光度的 2 倍（$2A_{275}$）。在 220nm 处的吸光值减去经验校正值即为硝酸盐离子的净吸光值（$A=A_{220}-2A_{275}$）。

对于含泥沙量较大的地表水，在总氮的实际测定过程中，发现水样在强碱性条件下消解后易产生絮凝沉淀，会使总氮结果小于氨氮、亚硝酸盐氮、硝酸盐氮（以下简称“三氮”）之和，且重现性、准确度差，加标回收率低。本文针对以上问题，提出了改进方案。采用一次性 0.45μm 水相针式滤器过滤消解后水样，达到了快速有效地提高含泥沙的地表水总氮测定准确度的目的。

1 实验部分

1.1 仪器和试剂

实验仪器主要有：Hirayama HVE-50系列高压灭菌器、普析通用TU 1900型紫外可见分光光度计、TPEM017水相针式滤器（PP，25mm×0.45μm）。

实验试剂主要有：超纯水（18.2mΩ，25℃）、碱性过硫酸钾（纯度≥99.0%）、盐酸（优级纯）。

1.2 实验方法

（1）水样预处理地表水采集后，自然沉降30min[2]，取上清液10.00ml于25ml比色管中（水样中含氮量超过7mg/L时，可减少取样量并加超纯水稀释至10.00ml）。加入5.00mL碱性过硫酸钾溶液，塞紧管塞，并用纱布和橡皮筋扎紧。将比色管置于高压灭菌器中，于120～124℃下消解30min后，取出比色管并冷却至室温。

（2）向各管中加入（1+9）盐酸溶液1ml，用超纯水定容至标线。采用一次性0.45μm水相针式滤器对定容后的水样进行过滤，弃去初滤液5ml，取续滤液于10mm石英比色皿，采用紫外分光光度法于波长220nm和275nm处，分别测定吸光度，并对照标准曲线计算出总氮含量。

2 实验结果与讨论

2.1 含泥沙水样总氮与“三氮”浓度对比

本文所采集的地表水样主要为长江南京段。长江南京段上起江宁区和尚港、下至栖霞区大道河口，全长98km，两岸工厂林立，支流众多，水运繁忙，在为南京市提供生活和供用水的同时，也接纳着来自全市的工业废水和城市生活污水。长江南京段水体混浊，含泥沙量较大。按照地表水环境质量标准（GB 3838—2002）中的要求，水样采集后先自然沉降30min，取上清液用碱性过硫酸钾消解紫外分光光度法测定总氮及“三氮”浓度，结果如表1所示。

表1 总氮与“三氮”的浓度对比

点位名称	氨氮浓度/（mg/L）	硝酸盐氮浓度/（mg/L）	亚硝酸盐氮浓度/（mg/L）	“三氮”浓度/（mg/L）	总氮浓度/（mg/L）
城北水厂	0.058	2.04	未检出	2.10	1.82
远古水厂	0.063	2.16	未检出	2.22	2.02
九乡河口	0.042	1.94	未检出	1.98	1.94
江宁河口	0.089	2.62	未检出	2.71	2.21
孔田东南	0.133	4.45	未检出	4.58	4.46
节制闸	0.081	2.62	未检出	2.70	2.42

由表1中的实验数据可以看出，对于含泥沙量较大的地表水，总氮的测定结果往往低于“三氮”甚至硝酸盐氮的测定结果，数据缺乏合理性。推测原因可能是由于在水样的消解过程中产生了絮凝沉淀，导致275 nm波长处吸光值异常偏高，对总氮的测定结果造成很大负干扰，从而使总氮结果偏低。

2.2 自然沉降时间对总氮测定结果的影响

将所采集的含泥沙地表水静置，使水样自然沉降，分时段采集上层清液进行分析，实验结果如图1所示。实验结果表明，经过5h自然沉降后，水样在220nm与275nm处的吸光度值均有一定程度的下降，总氮的测定浓度得到了提升，但絮凝沉淀在275nm产生的干扰仍然存在。可见自然沉降只对较大颗粒的沉淀有效，对于含细小泥沙颗粒的水样，无法通过自然沉降的方法完全消除干扰。此外，利用长时间的自然沉降在实际分析中也不具备可行性。

2.3 过滤去除消解后水样的絮凝干扰

针对含泥沙的地表水消解后易产生絮凝沉淀，干扰总氮测定的问题，考虑采用一次性0.45μm水相针

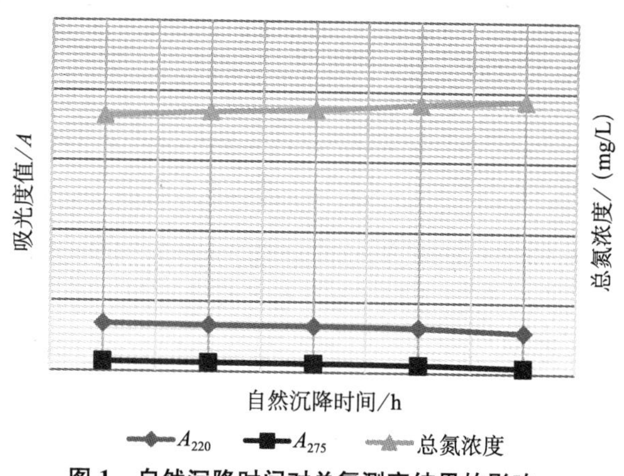

图 1　自然沉降时间对总氮测定结果的影响

式滤器过滤消解后水样。实验数据如表 2 所示：

表 2　消解后水样过滤前后对比实验结果

点位名称	未过滤直接比色			0.45μm 滤器过滤后			"三氮"浓度/（mg/L）
	A_{220}	A_{275}	总氮浓度/（mg/L）	A_{220}	A_{275}	总氮浓度/（mg/L）	
城北水厂	0.339	0.069	1.82	0.241	0.004	2.14	2.10
远古水厂	0.341	0.060	2.02	0.255	0.002	2.31	2.22
九乡河口	0.329	0.058	1.94	0.234	0.004	2.07	1.98
江宁河口	0.388	0.074	2.21	0.306	0.005	2.75	2.71
孔田东南	0.596	0.063	4.46	0.497	0.003	4.67	4.58
节制闸	0.366	0.052	2.42	0.296	0.001	2.74	2.70

由表 2 实验数据可知，经过一次性 0.45μm 水相针式滤器过滤，消解后水样在 220nm 和 275nm 处的吸光度值均明显下降，而 A_{275} 的影响因子更大，故总氮浓度明显上升，且略高于"三氮"浓度，数据具有合理性。由此可以说明，造成含泥沙的地表水总氮结果测定偏低的主要原因是：消解后产生的絮凝沉淀导致紫外光区 220nm 和 275nm 处吸光度值偏高，$A=A_{220}-A_{275}$ 结果偏低，对总氮的测定造成负干扰，从而使测定结果偏低。

2.4　精密度和准确度的测定

为了验证实验方法的精密度，对两份不同的含泥沙地表水样，分别进行 6 次平行测定实验，并采用上述方法去除絮凝沉淀，实验结果见表 3。

表 3　精密度实验

点位名称	测定结果/（mg/L）	平均值/（mg/L）	相对标准偏差/%
远古水厂	2.31，2.35，2.28，2.32，2.34，2.28	2.31	1.4
孔田东南	4.64，4.72，4.68，4.65，4.59，4.72	4.67	1.1

HJ 636—2012 中对平行样品的质控要求为：当样品总氮含量≤1.00mg/L 时，测定结果相对偏差应≤10%；当样品总氮含量>1.00mg/L 时，测定结果相对偏差应≤5%[1]。由表 3 可知，测定结果相对标准偏差<2.0%，可以达到对精密度的质控要求。

为了验证实验方法的准确度，对两份不同的含泥沙地表水样，分别进行高、低两种浓度的加标回收实验，并采用上述方法去除絮凝沉淀，实验结果如表 4 所示。

表4　准确度实验

点位名称	本底值/（mg/L）	加标量/（mg/L）	实测值/（mg/L）	回收量/（mg/L）	回收率/%
城北水厂	2.14	0.50	2.61	0.47	94.0
		4.00	5.96	3.82	95.5
节制闸	2.74	1.00	3.66	0.92	92.0
		4.00	6.60	3.86	96.5

HJ 636—2012中对加标样品的质控要求为：加标回收率应在90%～110%之间[1]。由表4可知，测定结果加标回收率为92.0%～96.5%，可以达到对准确度的质控要求。

2.5　含泥沙地表水的特殊类型

实验中也发现有一部分含泥沙的地表水，其消解后水样经一次性0.45μm水相针式滤器过滤后，在275nm处的吸光度值虽有下降，但数值仍然比较高。具体数据见表5。

表5　含泥沙地表水的特殊类型

点位名称	未过滤直接比色			0.45μm滤器过滤后		
	A_{220}	A_{275}	总氮浓度/（mg/L）	A_{220}	A_{275}	总氮浓度/（mg/L）
塔山水库第一点	0.194	0.047	0.83	0.188	0.033	1.05
塔山水库第二点	0.189	0.047	0.78	0.176	0.031	0.97

分析认为，在泥沙所引起的絮凝干扰已基本消除的前提下，造成过滤后A_{275}仍然偏高的原因主要为地表水中含有少量溶解性有机物，有机物在275nm处有吸收，所以此部分吸光度值应该在$A=A_{220}-2A_{275}$中予以校正扣除。上述情况主要会出现在少部分受到有机污染的地表水或者废水中，而在一般的江河、湖泊等地表水的测定中极少会遇到。

3　结论

在碱性过硫酸钾消解紫外分光光度法测定地表水中总氮的过程中，时常会遇到絮凝沉淀干扰测定的问题，采用一次性0.45μm水相针式滤器过滤消解后的水样，可有效去除絮凝沉淀对220nm和275nm处吸光度值的干扰，提高总氮浓度的准确度。该方法操作简便，耗时短，提高了总氮与“三氮”之间数据的可比性，能够更好地保证总氮数据的准确可信，帮助环境监测人员了掌握解水体的营养水平与污染程度。

参考文献

[1] 水质总氮的测定碱性过硫酸钾消解紫外分光光度法 [S]. HJ 636—2012.
[2] 地表水环境质量标准．GB 3838—2002.

作者简介：纪昳（1988.9—），女，江苏南京人，本科，南京市环境监测中心站，助理工程师，从事环境监测工作。

环境监测理化分析设备的期间核查

陆喜红　杨正标

南京市环境监测中心站，南京　210013

摘　要：根据环境监测站理化分析实验室的特点，重点探讨了核查设备的选择原则及常见的核查方法这两个方面。并以电子天平及发射光谱仪这两类设备为典型实例，详细介绍了核查依据、步骤及判据，为期间核查的具体操作提供了实际案例。

关键词：环境监测；期间核查；电子天平；发射光谱仪

Intermediate Check of Equipments for Physical and Chemical Analysis in Environmental Monitoring Center

LU Xi-hong　YANG Zheng-biao

Nanjing Environmental Monitoring Center，Nanjing 210013

Abstract：According to the characteristics of the physical and chemical analysis laboratory in environmental monitoring center，the selection principle of equipments to be intermediate checked and several check meth²ods were given. The checks for electronic balance and emission spectrometer were taken as examples，and the check basis，procedure and criteria were presented in detail.

Key words：environmental monitoring；intermediate check；electronic balance；emission spectrometer

1　引言

仪器设备的期间核查是实验室认可和计量认证要求的质量管理的一种方式。是指使用简单实用的方法，对测量设备的某些可能存在不稳定因素的参数，在二次相邻的定期检定/校准之间的时间间隔内进行核查，以判定设备是否保持其检定/校准时应当具有的准确度，确保检测和校准结果的质量[1]。通过实施仪器设备的期间核查，可以及时判断仪器设备的运行状态和异常，起到防患于未然，减少损失的作用，是实验室采取预防措施，提高检测工作可靠性的重要手段之一[2]。

环境监测站是从事环境监测的法定机构，为社会出具公正的数据，而其理化分析实验室集中了大量先进的设备，且属不同的类别，但目前如何开展期间核查尚无统一、细化、规范的操作准则，导致其管理水平存在较大差异。本文结合环境监测站理化分析实验室的特点，重点探讨了核查设备的选择原则及常见的核查方法这两方面，并以电子天平及发射光谱仪这两类设备为典型，详细介绍了核查依据、步骤及判据，为期间核查的具体操作提供了实际案例。

2　仪器设备期间核查的对象

并非所有的设备都需要进行期间核查，应根据设备的稳定性、使用频率、使用环境等情况判断核查是否需要进行。选择期间核查的设备主要有以下几条原则[3]：

（1）主要或重要的监测设备；不够稳定、易漂移、易老化、使用频繁、检定或校准周期较长的监测设备。一般不涉及计量的采样、制样、抽样设备，玻璃温度计等性能稳定的设备，计算机等辅助性设备无需实行期间核查；只需进行首次检定的，如玻璃量具一般也不需要进行期间核查。

(2) 仪器设备易发生故障时期或排除故障后，不需进行检定/校准时，可考虑安排期间核查。

(3) 因仪器设备的操作人员熟练程度不高，或使用环境较为恶劣，导致设备性能可能发生改变、故障概率增大，应考虑安排期间核查或缩小期间核查的间隔。

(4) 监测方法规定的要求或仪器本身的要求。有些方法规定了一些必需的期间核查的要求，有些方法中的规定则是推荐性的。

(5) 成本和风险的均衡。期间核查可以提高监测质量，降低出错的风险，但并不能完全排除风险。期间核查的实施及其频次应结合环境监测机构自身的特点，寻求成本和风险的平衡点。

综上所述，环境监测站理化分析实验室一般应包括：①各类电化学仪器，如溶解氧测定仪、pH 计、离子计、电导率仪等；②分析天平；③各类光谱仪器：紫外可见分光光度计、原子吸收分光光度计、原子荧光分光光度计、等离子子发射光谱仪等；④各类色谱类仪器：气相色谱、液相色谱、离子色谱等；⑤恒温设备：生化培训箱等。

3 实验室几类设备的核查方式

期间核查应在仪器设备的两次校准之间进行，主要内容是检查仪器运行的稳定性、准确性和再现性。实验室应根据仪器设备的特点，从经济性、实用性、可靠性和可行性等多方面综合考虑来选择期间核查的方法。一般情况下有以下几种[4]：

(1) 使用标准物质。标准物质是环境监测实验室常用的核查标准，如 pH 计、电导率仪、离子计等可使用定值标准溶液进行核查。

(2) 方法比对。如溶解氧测定仪可使用碘量法进行比对。

(3) 使用仪器附带设备核查。有些仪器自带校准设备，有的还带有自动校准系统，，如电子天平往往自带一个标准工作砝码，可以用于核查。

(4) 仪器比对。有多台相同或类似的仪器，可以在相同仪器间或与更高精度的仪器比对，也可以与外部实验室进行相同或相类似仪器的比对。

(5) 对保留样品量值重新测量。只要保留的样品性能（测试的量值）稳定，不要求有保证的参考值，也可以用作期间核查的标准。

(6) 检定与校准。虽然仪器的期间核查并不等于检定周期内的再次检定/校准，也不是缩短检定/校准周期，但可通过送检或送校的方法进行仪器的期间核查。实验室一般是在前五种方法难以实施，而资金又相对充足时，可选择检定与校准方法进行期间核查。

4 典型案例分析

期间核查的方法来源一般有：监测标准或技术规定中的有关要求和方法、仪器设备检定规程或使用说明书及实验室自行制订的作业指导书。这里以理化实验室中两台典型的设备（电子天平和电感耦合等离子体发射光谱仪）为例，提供两种可参考的期间核查方法。

4.1 电子天平

电子天平是分析实验室中必不可少的一类设备，可根据 JJG 1036—2008《电子天平》[5]的规定，用一组标准砝码对其进行期间核查。核查用的标准砝码组必须通过国家法定计量部门计量检定合格并且在有效期内（满足 JJG 99—2006《砝码》[6]的要求）。

电子天平期间核查的具体内容和步骤如下：

(1) 环境核查。电子天平应在稳定的环境温度和湿度下进行核查，不受震动、气流、磁场的影响，并保持清洁。

(2) 示值误差。将天平调零，并根据其量程范围，采用标准砝码组从零载荷开始往上加载，每次加载待稳定后读出示值，并记录在案；然后卸下载荷，每次卸载后也要等到稳定后方可读数，也记录在案，直到零载荷为止。测量点数不少于 5 点，并覆盖全量程。

（3）示值重复性。将天平调零，记录空载示值；根据量程范围，至少选中一个测量点作为试验载荷，进行称量，待稳定后记录下第一次示值；取下砝码，待天平稳定后再次称量，记录下天平第二次称量的示值，共重复称量6次。测定结果中的最大值与最小值之差即为示值重复性。

（4）结果判定。根据JJG 1036—2008《电子天平》的规定（表1），按照天平的准确度等级及检定分度值e等基本信息，判定各载荷点加载和卸载时的示值误差，以及示值重复性是否满足规程要求。

表1 不同准确度等级电子天平示值最大允许误差和示值重复性的要求

最大允许误差（以检定分度值 e 表示）	载荷/g			
	Ⅰ特种准确度级	Ⅱ高准确度级	Ⅲ中准确度级	Ⅳ普通准确度级
±0.5e	$0\leqslant m\leqslant 5\times10^4$	$0\leqslant m\leqslant 5\times10^3$	$0\leqslant m\leqslant 5\times10^2$	$0\leqslant m\leqslant 50$
±1.0e	$5\times10^4<m\leqslant 2\times10^5$	$5\times10^3<m\leqslant 2\times10^4$	$5\times10^2<m\leqslant 2\times10^3$	$50<m\leqslant 2\times10^2$
±1.5e	$m>2\times10^5$	$2\times10^4<m\leqslant 1\times10^5$	$2\times10^3<m\leqslant 1\times10^4$	$2\times10^2<m\leqslant 1\times10^3$
示值重复性	同一载荷多次称量的最大值与最小值之间的差值，不得超过相应载荷最大允许误差的绝对值			

本实验室核查实例1：AEL-200型Ⅰ特种准确度等级电子天平（e=1 mg），完成自校后，采用计量检定合格的0.001～500g砝码组对该电子天平进行期间核查，得到的数据和结论如表2所示。

表2 某电子天平期间核查记录表

设备名称	电子天平		仪器型号	AEL-200	仪器编号	J065
环境条件	温度20.5℃，湿度50%		上次计量日期	2014.9.3	核查日期	2015.3.15
核查依据	JJG 1036—2008《电子天平》					
示值误差	载荷/g	显示值/g		示值误差/g		最大允许误差	结果判定
		加载	卸载	加载	卸载		
	0.005	0.005 2	0.004 9	+0.000 2	−0.000 1	$0\leqslant m\leqslant 5\times10^4$g时为±0.5e，即±0.000 5g	合格
	2	2.000 1	2.000 1	+0.000 1	+0.000 1		合格
	20	20.000 0	19.999 9	0	−0.000 1		合格
	100	100.000 2	100.000 1	+0.000 2	+0.000 1		合格
	200	200.000 3	200.000 4	+0.000 3	+0.000 4		合格
示值重复性	序号	空载示数/g	载荷，g	载荷实测值/g	示值重复性/g	示值重复性要求/g	结果判定
	1	0.000 0	50.0	50.000 0	0.000 2	$0\leqslant m\leqslant 5\times10^4$g时为±0.5e，即±0.000 5g	合格
	2	0.000 0		50.000 1			
	3	0.000 0		50.000 2			
	4	0.000 0		50.000 2			
	5	0.000 0		50.000 2			
	6	0.000 0		50.000 0			
核查结论	电子天平最大允许误差和示值重复性均满足GJ J 1036—2008中Ⅰ特种准确度等级要求，核查合格，可正常使用						
核查人				审查人			

4.2 电感耦合等离子体发射光谱仪

环境监测理化分析实验室拥有大量的光谱及色谱设备，这两类设备都采用相对测量，主要核查检出限、重复性等参数。下面以电感耦合等离子体发射光谱仪为例，介绍这类设备的核查方法。依据JJG 768—2005《发射光谱仪》[7]国家计量检定规程制定作业指导书，对其进行期间核查，核查内容及步骤如下：

（1）检出限。在仪器处于正常工作状态下，吸喷系列标准溶液（表3），制作工作曲线，连续10次测量空白溶液，以10次空白强度测定值标准偏差（S）的3倍所对应的浓度作为检出限（DL）。即：

$$DL=3S/b$$

式中：DL——元素检出限，mg/L；

S——10次空白强度测定值的标准偏差；

b——曲线斜率。

表 3　标准工作曲线的标准溶液　　单位：mg/L

溶液编号	Zn	Ni	Mn	Cr	Cu	Ba
1	0	0	0	0	0	0
2	1.00	1.00	0.50	1.00	0.50	0.50
3	2.00	2.00	1.00	2.00	1.00	1.00
4	5.00	5.00	2.50	5.00	2.50	2.50

（2）重复性。在仪器处于正常工作状态下，吸喷标准溶液（表 3），制作工作曲线，连续 10 次测定表 3 中 2 或 3 号标准溶液，计算 10 次测定值的相对标准偏差 RSD 作为重复性。

（3）结果判定。核查所得的检出限及重复性指标如满足表 4 的要求，则核查合格，否则不合格。

表 4　光谱仪的误差限

光谱仪	级别	检出限/（mg/ L）	重复性/ %
ICP-AES 光谱仪	A	Zn 213.856 nm：≤0.003，Ni 231.604 nm：≤0.01，Mn 257.610 nm：≤0.002，Cr 267.716 nm：≤0.007，Cu 324.754 nm：≤0.007，Ba 455.403 nm：≤ 0.001	Zn，Ni，Cr，Mn，Cu，Ba（质量浓度为 0.50～2.00 mg/ L）：≤1.5
	B	Zn 213.856 nm：≤0.01，Ni 231.604 nm：≤0.03，Mn 257.610 nm：≤0.005，Cr 267.716 nm：≤0.02，Cu 324.754 nm：≤0.02，Ba 455.403 nm：≤0.005	Zn，Ni，Cr，Mn，Cu，Ba（质量浓度为 0.50～2.00 mg/ L）：≤3.0

本实验室核查实例 2：对型号为 OPTIMA 8300 的电感耦合等离子体发射光谱仪进行期间核查，按表 3 配制 Zn、Ni、Mn、Cr、Cu、Ba 多元素混合系列标准溶液，依次进行曲线、检出限及 3 号浓度点的重复性实验，结果如表 5 所示。

表 5　某 ICP-AES 期间核查记录表

设备名称	电感耦合等离子体发射光谱仪	仪器型号	OPTIMA8300DV	仪器编号	J1313
环境条件	温度 17.8℃，湿度 42%	上次计量日期	2014.9.3	核查日期	2015.3.22
核查依据	JJG 768—2005《发射光谱仪》				
检出限	元素	工作曲线及相关系数 r	空白强度值标准偏差	检出限	核查结论
	Zn 213.856 nm	$Y=89\ 740x+232$，$r=0.999\ 7$	8.87	0.000 4≤0.003	合格
	Ni 231.604 nm	$Y=46\ 660x-425$，$r=0.999\ 9$	10.1	0.000 6≤0.002	合格
	Mn 257.610 nm	$Y=1\ 040\ 000x-7106$，$r=0.999\ 9$	43.5	0.000 1≤0.007	合格
	Cr 267.716 nm	$Y=159\ 000x-3\ 068$，$r=0.999\ 8$	14.7	0.000 3≤0.001	合格
	Cu 324.754 nm	$Y=297\ 500x+6\ 269$，$r=0.999\ 8$	42.4	0.000 4≤0.007	合格
	Ba 455.403 nm	$Y=11\ 240\ 000x+1\ 063$，$r=0.999\ 9$	624	0.000 1≤0.001	合格
重复性	元素	测定浓度/（mg/L）	实测值/（mg/L）	RSD/%	核查结论
	Zn 213.856 nm	2.00	1.958，1.956，1.955，1.958，1.936，1.942	0.48≤1.5	合格
	Ni 231.604 nm	2.00	1.990，1.988，1.990，1.992，1.977，1.973	0.40≤1.5	合格
	Mn 257.610 nm	1.00	1.002，1.005，1.000，0.998，0.995，0.993	0.45≤1.5	合格
	Cr 267.716 nm	2.00	2.063，2.058，2.061，2.063，2.051，2.046	0.34≤1.5	合格
	Cu 324.754nm	1.00	1.033，1.036，1.038，1.038，1.039，1.032	0.28≤1.5	合格
	Ba 455.403 nm	1.00	0.995，0.995，0.995，0.995，0.989，0.987	0.37≤1.5	合格
核查结论	ICP-AES 检出限及重复性均达到 JJG 768—2005《发射光谱仪》中 A 级指标要求，核查合格，可正常使用				
核查人			审查人		

5 结语

环境监测站理化分析实验室的设备期间核查，是一项重要的质量管理工作。在实际工作中，应明确核查范围，并选择合适的方法对仪器设备进行期间核查，以确保结果准确可靠性。

参考文献

[1] 任一力. 环境监测仪器设备的期间核查 [J]. 环境监测管理与技术，2005 (10)，17：3-4.

[2] 施敏敏. 环境监测站如何切实开展仪器设备的期间核查 [J]. 干旱环境监测，2013 (12)，4：184-187.

[3] 王承忠 . 理化检验设备和标准物质期间核查的方法和实例 [J]. 理化检验物理分册，2010，9：579-585.

[4] 陈晓波，接梅梅 . 环境监测实验室的期间核查问题探讨 [J]. 科技与企业，2012 (2)：212.

[5] 电子天平 . JJG 1036—2008.

[6] 砝码 . JJG 99—2006.

[7] 发射光谱仪检定规程 . JJG 768—2005.

作者简介：陆喜红 (1982—)，女，汉，江苏无锡人，硕士，工程师，从事环境监测实验室分析及质量管理工作。

纳氏试剂比色法测定氨氮的市售试剂检查方法探讨

窦艳艳　何青青　徐　荣　王保勤

南京市环境监测中心站，南京　210013

摘　要：纳氏试剂比色法是测定水中氨氮的常用方法，分析所用的市售试剂纳氏试剂和酒石酸钾钠品种较多，选择特定厂家以上两种批次试剂进行了筛选实验。通过校准曲线、检出限、加标回收率、外观、试剂杂质含量等多方面考察了试剂适用性，初步确定了适合水样氨氮监测的试剂，并为市售试剂的可靠性提供了可行的检验方法。

关键词：试剂筛选；纳氏试剂；酒石酸钾钠；氨氮

Screening Saled Reagent for Ammonia Determinationby Nessler's Reagent Spectrophotometry

DOU Yan-yan　HE Qing-qing　XU Rong　Wang Bao-qing

Environmental Monitoring Center，Nanjing 210013

Abstract：Nessler's Reagent Spectrophotometry is a common method for measuring ammonia in water samples. Screening tests were performed in this study to evaluate the Nessler's reagent and seignette salt from different company. By evaluating the performance of the calibration curve，detection limit，recovery，appearance and impurities of chemicals，suitable reagents were ascertained for determining ammonia in water and evaluating the reliability of the commercial reagents，which will ensure the validity of monitoring data of ammonia in water samples.

Key words：reagentselection；nessler's reagent；ammonia；seignette salt

引言

氨氮是水体污染的重要指标，且是我国主要水污染物排放控制指标，其对水生态环境的危害巨大，有效控制氨氮排放总量，能较大程度地改善水质氨氮超标现象，并减轻湖库氨氮和总氮的负荷，因此氨氮的准确监测尤显重要。氨氮的常用测定方法有纳氏试剂比色法、水杨酸法、流动分析法和离子色谱法，纳氏试剂比色法作为经典方法具有操作简便、快速的特点，是目前环境监测中最常用的方法[1,2]。但由于纳氏试剂配制所用的试剂碘化汞和氯化汞为剧毒药品，购买和配制都需要审批，且试剂配制繁琐不稳定，因此目前很多监测机构直接购买市售的纳氏试剂。但试剂质量是否能用于氨氮测定尚无权威的检验方法。同样用于掩蔽金属离子的酒石酸钾钠也存在相同情况，市售试剂杂质各不相同，不合格的酒石酸钾钠易引起水样浑浊，影响比色[3]。因此对试剂的适用性进行筛查很有必要。

本文针对这两种主要试剂选择特定厂家批次试剂进行了筛选实验。

1　实验部分

1.1　主要仪器与试剂

电感耦合等离子光谱仪（Thermo ICP iCAP7400）、TU1900 紫外分光光度计。

酒石酸钾钠：国产厂家 1 分析纯（AR 批次：20140425）、国产厂家 2 分析纯（AR 批次：D1403066）、国产厂家 2 优级纯（GR 批次：H1415067）。

纳氏试剂：进口试剂 1（批次：HC41797728，以下简称进口）、国产试剂 2（批次：20140725，以下简称国产）。

1.2 实验步骤

对市售纳氏试剂进行曲线分析、检出限测定以及实样加标回收率实验。

配制不同厂家 500g/L 酒石酸钾钠试剂，电感耦合等离子光谱法测定 Ca^{2+} 、Mg^{2+} 浓度，水杨酸分光光度法测定氨氮含量。

2 结果与讨论

2.1 纳氏试剂筛选

2.1.1 两种纳氏试剂标准曲线

分别配制 0.000、0.100、0.200、0.300、0.500、1.00、2.00mg/L 氨氮标准溶液，50ml 标准溶液中分别加入 1.5ml 市售的进口、国产两种纳氏试剂进行曲线分析。国产纳氏试剂显色溶液在 15min 和 45min 分别比色，进口纳氏试剂显色溶液在 15、30、60 和 80min 分别比色，结果见图 1。

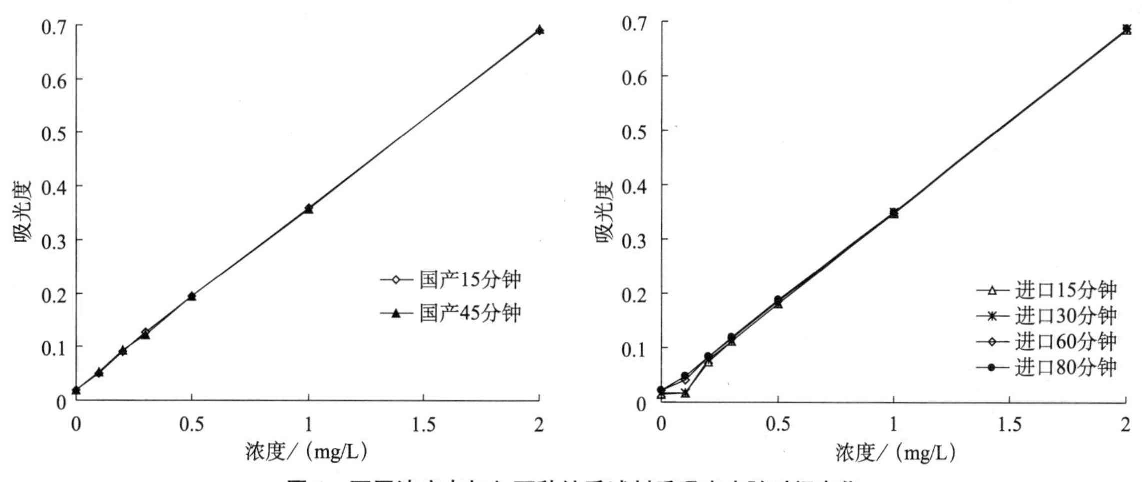

图 1 不同浓度点加入两种纳氏试剂后吸光度随时间变化

国产纳氏试剂 15min 和 45min 吸光度基本稳定，而进口纳氏试剂高浓度点随时间变化不明显，低浓度点则存在明显的时间差异，尤其是 0.100mg/L 和 0.200mg/L 氨氮浓度点。进口纳氏试剂在分析曲线时 60min 与 80min 比色线性良好，而低于 60min 比色的结果显示 0.100 点吸光度偏低导致曲线不合格。国产纳氏试剂则不存在这种现象，0.100mg/L 点在 15min 达到最高浓度并稳定，曲线线性良好，且随时间变化不明显（图 1）。

对进口纳氏试剂存在的低浓度点反应时间长的问题，针对低浓度点进行了时间扫描实验，每 30s 测定一次样品吸光度（图 2）。结果显示 0.600mg/L 点吸光度 10 分钟即达到最大值，0.200mg/L 点 20min 基本达到最高且稳定，而 0.100mg/L 点吸光度约 60min 才达到最高并基本稳定。可见浓度越高，显色反应越短，低浓度点反应时间较长。这与文献中氨氮曲线测定时不同浓度点达到最大显色所需时间基本相同的结论不一致[4]，与 HJ 535—2009《水质氨氮的测定纳氏试剂分光光度法》标准中的 10min 以后比色也不相符，说明实验批次进口纳氏试剂与 HJ 535—2009 标准中的自配与文献中纳氏试剂有一定差别。

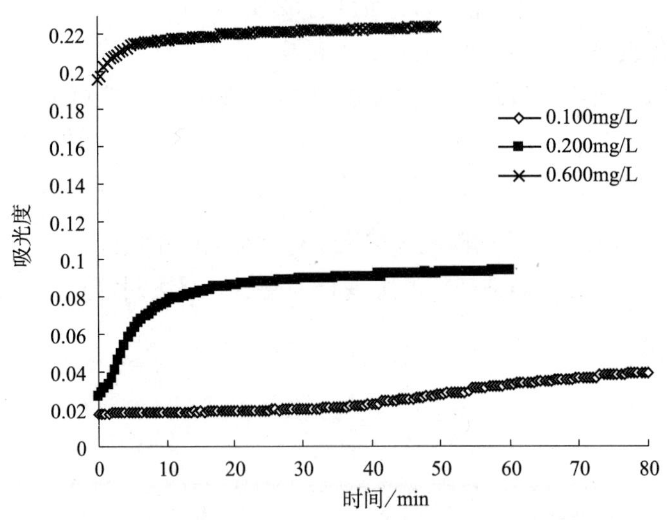

图 2　不同浓度点加入进口纳氏试剂后吸光度随时间变化

2.1.2　两种纳氏试剂检出限测定

在纯水中分别加标 0.150 mg/L 和 0.100 mg/L 氨氮标准溶液，用进口和国产纳氏试剂重复测定 7 次，计算测定值的标准偏差 s。由单侧 t 分布表查得当置信水平为 99%时 $t=3.143$。根据公式 $MDL=S\times t_{(n-1,0.01)}$，检测结果见表 1。

表 1　两种纳氏试剂测定氨氮检出限　　单位：kg/L

纳氏试剂	加标浓度	1#	2#	3#	4#	5#	6#	7#	s	检出限
进口	0.150	0.130	0.121	0.136	0.106	0.127	0.109	0.124	0.010 9	0.034
国产	0.100	0.114	0.111	0.116	0.102	0.110	0.119	0.118	0.005 8	0.018

实验批次进口纳氏试剂检出限测定结果超出了 HJ 535—2009《水质氨氮的测定纳氏试剂分光光度法》的方法检出限 0.025mg/L，即其最低测定浓度为 0.034×4=0.136 mg/L。

2.1.3　低浓度样品加标测定结果比较

选取低浓度水样分别使用两种纳氏试剂进行加标实验，加标结果见表 2。实验批次进口纳氏试剂测定低浓度样品（1#、2#）时加标回收偏高，尤其是低浓度加标（加标 0.200mg/L），回收率超过 120%，原因是低浓度样品本底测定值偏低。而国产纳氏试剂低浓度样品加标结果≤110%，符合质控要求。高浓度样品（3#、4#）两种纳氏试剂加标回收率在 90%～110%之间。可见进口纳氏试剂适用于分析较高浓度水样，而国产纳氏试剂测定样品浓度范围更广，低浓度样品测定准确度符合要求。

表 2　两种纳氏试剂测定水样加标结果

纳氏试剂	进口		国产	
样品编号	浓度/（mg/L）	加标回收率/%	浓度/（mg/L）	加标回收率/%
1#	0.018		0.132	
1#加标 0.200mg/L	0.341	162	0.352	110
1#加标 0.500mg/L	0.662	129	0.658	105
2#	0.028		0.076	
2#加标 0.200mg/L	0.282	127	0.278	101
2#加标 0.500mg/L	0.573	109	0.562	97.2
3#	0.351		0.340	
3#加标 0.200mg/L	0.542	95.5	0.527	93.5
3#加标 0.500mg/L	0.873	104	0.836	99.2
4#	0.266		0.273	
4#加标 0.200mg/L	0.484	109	0.481	104
4#加标 0.500mg/L	0.810	109	0.768	99.0

2.1.4 外观鉴别

市售纳氏试剂从表观看不同厂家存在差异，包括颜色、沉淀等都有所不同。国产纳氏试剂颜色较进口颜色深，瓶底有少量沉淀，开封使用后，随着使用时间增加，瓶底褐色沉淀会增多，使用时应取上清液，避免接触到沉淀，如新购的国产试剂沉淀过多，上层液出现浑浊，则该试剂不应该用于样品测试。进口纳氏试剂溶液清澈无沉淀，开封使用后在有效期内不会生成沉淀。

2.2 酒石酸钾钠筛选

分别配制国产厂家1分析纯、国产厂家2分析纯、国产厂家2优级纯500g/L酒石酸钾钠试剂，配制时煮沸处理以去除氨，冷却后分别测定Ca^{2+}、Mg^{2+}和NH_3-N含量，结果见表3。

表3 3种500g/L酒石酸钾钠溶液中干扰物质含量 单位：mg/L

干扰物质	国产厂家1 AR	国产厂家2 AR	国产厂家2 GR
Ca^{2+}	2.36	—	0.41
Mg^{2+}	0.44	—	0.04
NH_3-N	ND	3.48	ND

按照纳氏试剂法样品测定时50ml样品加入1ml酒石酸钾钠计算：国产厂家1AR酒石酸钾钠引入0.047mg/L Ca^{2+}，0.008 8 mg/L Mg^{2+}，絮凝前处理后样品比色前浑浊现象较多，分析样品空白与曲线正常，预蒸馏样品也没有干扰现象，这与酒石酸钾钠试剂不合格有关。当酒石酸钾钠试剂中含有较多Ca^{2+}、Mg^{2+}杂质时，与实际水样中絮凝处理未完全共沉淀的Ca^{2+}、Mg^{2+}共同反应生成较多的酒石酸钙或酒石酸镁析出，剩余的Ca^{2+}、Mg^{2+}在加入纳氏试剂后又与纳氏试剂中OH^-或I^-反应生成沉淀，使水样变浑浊。由于蒸馏水中几乎没有Ca^{2+}、Mg^{2+}，因此曲线未出现浑浊现象[3]。而蒸馏法预处理后样品中的金属离子干扰基本去除，也不会出现浑浊现象。

国产厂家2GR酒石酸钾钠测定氨氮时引入0.008 2mg/L Ca^{2+}，0.000 8 mg/L Mg^{2+}，分析样品空白与曲线正常，絮凝和蒸馏前处理样品无浑浊现象。

国产厂家2AR酒石酸钾钠溶液中氨氮含量高达3.48mg/L，50ml样品加入1ml酒石酸钾钠计算，引入氨氮0.068mg/L。校准曲线绘制时出现低浓度点吸光度偏高，截距偏大现象。HJ 535—2009以及文献中都提到市售酒石酸钾钠氨氮含量高的解决办法，向酒石酸钾钠溶液中加入纳氏试剂，沉淀后取上层清液使用或者向酒石酸钾钠溶液中加少量碱，煮沸蒸发部分水后，冷却定容[1]。但实验发现高氨氮的试剂经处理后氨氮不能完全去除，依然要对氨氮去除效率进行检验，以防对样品产生正干扰，造成校准曲线低浓度点偏高，样品测定结果偏高，尤其对低浓度样品测定结果影响较大。

3 结论

(1) 实验批次国产纳氏试剂测定曲线15～45min内吸光度基本稳定，进口纳氏试剂不同浓度点吸光度稳定时间不同，低浓度点稳定时间较长；国产纳氏试剂检出限0.018 mg/L，进口纳氏试剂检出限0.034 mg/L，最低测定浓度0.136 mg/L。

(2) 实验批次国产厂家1AR酒石酸钾钠Ca^{2+}、Mg^{2+}含量高，不适用于絮凝前处理样品分析，可以用于蒸馏预处理水样；国产厂家2GR酒石酸钾钠可以用于两种预处理样品氨氮测定。国产厂家2AR酒石酸钾钠氨氮含量高，用于氨氮分析需要除杂并检验。

本文对市售纳氏试剂和酒石酸钾钠进行了实验，通过曲线绘制、检出限测定、加标回收实验、外观、试剂杂质含量等多方面考察了试剂适用性，初步确定了适合实验室氨氮分析的试剂，对试剂的使用检查有一定借鉴意义。

参考文献

[1] 王文雷. 纳氏试剂比色法测定水体中氨氮影响因素的探讨 [J]. 中国环境监测，2009 (25)，29-32.

[2] 尚玲伟，张剑平，张红丽，等. 离子色谱法和纳氏试剂光度法测定地表水中氨氮的比较试验 [J]. 环境科学与管理，2009 (34)，143-147.

[3] 余明星，郑红艳，汪光. 纳氏试剂比色法测定水体中氨氮常见问题与解决办法 [J]. 干旱环境监测，2005，19，2.121-126.

[4] 周赞民. 纳氏试剂光度法测定氨氮时对显色影响的探讨 [J]. 仪器仪表与分析监测，2001 (3)，37-39.

作者简介：窦艳艳 (1983.9—)，南京市环境监测中心站，工程师，从事环境监测工作。

南京市降尘监测中质量控制的探讨

陈新星　孙思思

南京市环境监测中心站，南京　210013

摘　要：降尘监测是评价大气中可自然沉降颗粒物对环境影响的重要手段。南京市的降尘监测已经纳入加强控制城市大气污染的管理机制中，并对各区（园区）政府实行降尘考核。降尘监测采样设备简单、操作简便易行、成本相对较低，但是周期长、环节多等因素都会影响降尘监测数据的准确性。所以质量控制是保证降尘数据准确可靠的核心工作。本文介绍了南京市降尘监测质量控制的现状，并对质量控制中存在的问题提出了解决办法和建议。

关键词：降尘监测；现状；准确性；质量控制

Discussion on Quality Control of Nanjing Dust Monitoring

Chen Xin-xing　Sun Si-si

Nanjing Environmental Monitoring Central Station, Nanjing 210013

Abstract: Dust monitoring is an important tool in the evaluation of the natural settling atmospheric particles's impact on the environment. Nanjing dust monitoring has been used to strengthen the management of urban air pollution control mechanisms, and implement District (Industrial Park (Government due to the amount of dust. Dust monitoring and sampling equipment is simple, the operation is easy, relatively low cost, but long cycle, too many links and other factors will affect the accuracy of monitoring data. So the quality control is the core work to ensure that the data is accurate. This paper describes the status quo of Nanjing dust monitoring quality control, and propose some solutions and recommendations to solve the problems about quality control.

Key words: dust monitoring; status quo; accuracy; quality control

引言

大气降尘是指在空气环境条件下，依靠重力自然沉降在集尘缸中的颗粒物。这些颗粒物源于多种途径，并且具有形态学、化学、物理学和热力学等多方面的特性[1]。它作为污染物附着的载体，反映了颗粒物的自然沉降量，用每月沉降于单位面积上颗粒物的重量表示。

降尘监测具有采样设备简单、操作简便易行、成本相对较低等特点，因而在很长一段时间内被广泛运用[2]。但是监测周期长、环节多等因素都会影响降尘监测的准确性，若因质量控制措施不到位或操作不当就会导致较高的数据缺失率。质量控制是保证降尘数据准确可靠的核心工作。本文介绍了南京市降尘监测质量控制的概况，并对质量控制中存在的问题提出了解决办法和建议。

1　南京市降尘监测的概况

南京市现共有固定降尘监测点 77 个，其中国控点 9 个、背景点 1 个、市控点 67 个。秦淮区设 9 个降尘监测点位，鼓楼区设 7 个降尘监测点位，其余 9 个区各设 5 个降尘监测点位，四个园区各设 4 个降尘监测点位。降尘点位布局合理，功能完善，保证了各区（园区）降尘量计算所需数据的有效性和完整性。

其中国控点和背景点由市监测站负责采样分析，各区（园区）的其他点位统一分包给第三方实验室采样分析。

南京市降尘监测采用的是湿法收集，使用内径 15cm，高 30cm 的塑料桶作为收集降尘的容器，简称降尘桶。在桶内加入一定量的蒸馏水，使进入降尘桶的尘颗粒溶入液体中或沉积在容器底部。夏季应加入 0.05mol/L 的硫酸铜溶液 5ml，以抑制微生物和藻类生长；冬季应视冰冻情况加入适量的乙二醇防冻。

南京市开展的降尘监测均严格按照《环境空气降尘的测定》规定的技术要求采样及分析，采样缸放置高度距地面 5-15m，离基础面 1.5m，按月定期换集尘缸 1 次，时间间隔为 30±2 天。采样结束后将降尘样品统一送入实验室分析降尘量。

在计算区（园区）降尘量时，使用各区（园区）范围内降尘点位的有效数据的平均值作为区、园区降尘量。全市降尘量则根据各区、园区降尘量的平均获得。

2 降尘监测质量控制的重要意义

环境监测是环境保护的技术支撑，保证环境监测的质量就是保证环境保护工作的质量，做好环境监测的质量控制，确保环境监测的科学性，可以说是环境监测工作的核心。降尘监测是评价大气环境质量的重要方面，降尘监测也已纳入到南京市加强控制城市大气污染的管理机制中，定期对区（园区）政府实行降尘考核，并列入区长环保目标责任制，推进了大气污染防治工作，为创建生态城市、改善环境空气质量，为强化城市工地扬尘环境管理提供了依据[3]。

3 降尘监测质量控制中存在的问题

3.1 降尘采样中的问题

3.1.1 季节气候变化或其他环境因素

降尘桶放置在室外区域，且监测周期较长，易受到天气和季节变化影响。在气温较高、蒸发量较大的季节，降尘桶内有可能水分蒸发过多而造成干涸，导致降尘无法被水体捕捉，在风的作用下会再次扬起，产生“二次起尘”，从而影响降尘量[4]；在降雨频繁、雨量充沛的季节，降尘桶内的水很有可能会溢出，溢出的水体带走了部分降尘，也会影响降尘量[5]。

另外，在实际降尘监测中发现，降尘桶中经常会出现鸟类、昆虫和树叶等物质，尤其是鸟类及其排泄物对降尘监测的影响很大。根据往年统计发现，最多的一个月全市在 3 个降尘桶内发现死鸟，造成降尘数据的严重损失。

3.1.2 人为因素

由于降尘监测点位位置多在 8～12m 的高度范围内，基本都有楼梯或者电梯可以到达，降尘桶的丢失现象非常严重，据统计，每季都会丢失 1～2 只降尘桶。固定降尘桶的支架也会被人盗取，造成降尘桶丢失。另外降尘桶被人为污染的情况也非常普遍（如降尘桶内发现烟头、垃圾等异物）。这些现象都会造成降尘数据的缺失。

3.1.3 巡检中未能发现和排除问题

由于环境影响和降尘桶丢失及污损情况的存在，为确保降尘监测的完整性和准确性，需要专业人员定期巡检。一般要求除收放样外每周巡检一次。如果巡检工作没有到位，发生以下情况时将对降尘监测造成影响：当降尘桶内水位低于 2cm 时未能及时添加蒸馏水，造成降尘桶水量过少甚至无水，最终导致降尘量偏低；当降尘桶内水量接近溢出时，没有及时更换降尘桶，也会成降尘量偏低；当降尘桶内有鸟类排泄物、树叶或昆虫等杂物时，未能及时捞出，造成鸟粪或昆虫腐烂发酵，影响降尘监测的准确性，或者在捞出时没有用蒸馏水冲洗而直接丢弃，造成降尘量偏低；在降尘桶被盗情况发生后，未能及时放置新桶，从而导致样品因采样天数不足而缺失。

3.2 降尘实验室分析中的问题

3.2.1 防腐防冻剂添加

根据规定，在气温较高的半年（4 月至 10 月）需要添加 5ml（0.05mol/L）硫酸铜溶液以防止降尘桶内微生物滋生，在气温较低的半年（11 月至次年 3 月）则需要添加 50～80ml 乙二醇溶液防止降尘桶内的蒸馏水由于低温结冰。添加剂的错误添加在实际工作中时有发生，从而导致降尘数据的偏差。

3.2.2 样品转移

降尘样品的分析过程中存在的最大问题是转移的问题，由于降尘尘颗粒会黏附于降尘桶或烧杯内壁，需要用蒸馏水反复冲刷，如果转移不干净，会直接造成降尘量偏低。

3.2.3 瓷坩埚蒸发控制

当溶液和尘粒转移到瓷坩埚中后，放在搪瓷盘里，在电热板上小心蒸发，直到瓷坩埚底部有少许油状物质，然后应将瓷坩埚拿出电热板，利用余热将油状物质蒸干。此时如果继续放在电热板上蒸发，瓷坩埚中会出现一些灰白的物质，这是由降尘中一些可燃物的燃烧而生成的，这样会导致降尘值的偏低。

3.2.4 称重

瓷坩埚称重之前，须在烘箱中烘干，然后放入干燥器中冷却 50min 左右至室温，切不可不经冷却或者冷却的时间过短，否则称重时瓷坩埚容易吸湿，导致样品难以恒重。

3.3 第三方实验室分包和质量控制的问题

由于降尘数据纳入到各区（园区）区长环保目标责任制考核，降尘数据的科学可靠变得尤为重要，所以全市降尘监测工作由市环境监测站统一安排采样分析。为保障降尘数据实时有效，把部分点位降尘分包给第三方实验室是切实可行的。但是如何监督和考核第三方实验室降尘采样分析，确保降尘数据的准确可靠，成为当务之急。

3.4 数据有效性审核

降尘监测的周期较长，对于单个监测点来说，一个月只能获得一个数据，全年只有 12 个数据。而且由于环境和人为因素影响的存在，会给降尘数据造成不小的损失。对于数据有效性要进行审核，在遇到以下情况的时候，该监测点当月的数据缺失或无效：

（1）如果该监测点连续监测的时间少于 20 天，则当月数据无效。

（2）如果该监测点的降尘桶丢失或被盗，则当月数据缺失。

（3）如果该监测点降尘桶内有明显的无法去除的异物（如鸟类），则当月数据缺失。

（4）如果该监测点降尘量月均值明显低于评价标准或异常高于历年同比数据，则当月数据无效。

4 问题的解决办法与相关措施

4.1 完善责任制度

（1）制定降尘采样巡检制度，根据气候环境变化情况，对巡检周期、巡检内容、巡检人员及时间安排作出具体规定采样监测技术规范，制定降尘点位日常巡检计划和质控巡检技术要求，确保采样正常。加强监测人员责任心，减少环境和人为影响。每月按规定巡检 4 次（包括收放样），每次认真填写巡检记录，详细记录巡检时间、降尘桶内大概水量、降尘样品的颜色、周边有无污染源等信息，并拍摄当时降尘桶和周边的照片，及时添加蒸馏水、更换降尘桶，保证降尘监测数据的准确性。都能很大程度避免环境造成的影响和人为造成的破坏。

（2）在实验室分析时，必须严格按照相应的标准、规范，和相关工作的操作规程，将包含所有降尘颗粒的溶液耐心地从一个容器转移到另一个容器中，仔细的控制电热板和烘箱的温度，认真地称量样品的前后重量，以保证降尘数据的准确性。

4.2 加强对第三方实验室的监督和质控措施

南京第三方实验室主要负责国控点和背景点以外其他降尘点的监测工作，为了确保降尘数据的准确可靠，市环境监测站（简称市站）做了如下措施：

（1）安排第三方实验室主要负责人定期来市站进行业务学习，督促其严格遵循市站的采样巡检与实验室分析的规章制度，并认真按照国家相关的规范要求进行降尘的采样分析工作。

（2）每月第三方巡检过程中，市站安排专门人员，不事先通知，突击抽查一至两个片区，查看第三方人员是否按照采样巡检的规范进行监测活动，记录不合格项，并拍摄相关照片，回去后形成文字性报告，纳入第三方的每月质控考核中。

（3）每月市站安排专门人员，不事先通知，检查第三方的实验室，查看其分析人员是否按照降尘分析的规范进行作业，检查相关的仪器的状况和记录是否符合规范要求。

（4）每月在各区（园区）的降尘点位中抽取一个降尘点，另外放置一降尘桶作为平行样，送往市站进行分析，月末和第三方的数据进行对比质控，以验证第三方数据的准确性，对比结果也纳入对第三方的质控考核中，并对部分点位的降尘结果进行合理修正。

4.3 建立健全的数据审核制度

在审核降尘量数据时，一般将低于规定限值，或高于历史最高值，或在本区域内与其他点位相差过大的单个测点降尘量数据作为异常数据。在发现降尘数据异常情况时，会同相关人员商讨，根据市站数据管理制度和市站或第三方提供的巡检记录和相关照片，确定点位周边的环境和施工情况，然后进行判别。如果无法确定的话，则会同区（园区）降尘管理人员到现场调查，找出原因后，写成书面报告，给站领导批示后决定是否判定为无效数据，并建立相关的记录文档：

（1）建立剔除异常值的原因记录。

（2）建立修改数据的原因记录表，应在表中详细记录何种原因导致的数据异常，并且应先将情况报告站领导批示，并在上报数据时备注说明。

（3）建立样品数据缺失时间和原因记录表。

（4）建立数据出现异常情况时的记录表，如出现沙尘天气数值异常偏高等情况时，应在上报时说明情况。

5 结论

南京市降尘监测通过完善责任制度、加强对第三方实验室的监督和质控、建立健全的数据审核制度，并运用合理安排巡检频次、对降尘样品持续追踪拍照等手段在质量控制上取得很好的效果，提高了降尘数据质量和科学性。

降尘监测是评价大气环境质量的重要方面，目前很多城市已经将降尘监测纳入到加强控制城市大气污染的管理机制中，定期对区（园区）政府实行降尘考核。只有做好降尘监测的质量控制，保证降尘数据的科学可靠，才能依此切实控制扬尘降尘污染，加大力度推进大气污染防治工作，为创建生态城市、改善环境空气质量做出贡献。

参考文献

[1] Wilson W E, Chow J C, Claiborn C, etal. Monitoring of particulate matter outdoors [J]. Chemosphere, 2002, 49: 1009-1043.

[2] 黄嫣畹，居力，魏海萍，高松. 上海市降尘监测中存在的问题 [J]. 中国环境监测，2009，25 (2)：97-100.

[3] 张群，傅寅，张予燕，闻欣．浅析南京市大气降尘规律 [J]. 环境科学与管理，2009，34 (4)：68-71.

[4] 王赞红. 大气降尘监测研究 [J]. 干旱区资源与环境，2003，17 (1)：54-59.
[5] 钱广强，董治宝. 大气降尘收集方法及相关问题研究 [J]. 中国沙漠，2004，24 (6)：779-782.

作者简介：陈新星（1987—），男，汉，江苏盐城人，本科，助理工程师。从事环境空气监测和南京市降尘监测管理工作。

浅述臭氧量值传递的原理与实际应用

张 伟 芮冬梅
南京市环境监测中心站，南京 210013

摘 要：臭氧的量值传递是臭氧质控工作的基础，文章介绍了臭氧量值传递的原理及流程，并结合实际工作，通过实例介绍了臭氧的二级传递，并提出了建议。

关键词：臭氧；量值传递；建议

Discussion on The Ozone Quantity Transfor Principle and Practical Application

ZHANG Wei RUI Dong-mei
Nanjing Environmental Monitoring Center Station，Nanjing 210013

Abstract：Ozone quantity transfor is the basis of quality control work，this paper introduces the principle and process of quantity transfor of ozone，and combined with practical work，through examples of ozone introduced secondary transfer，and puts forward some Suggestions.

Key word：ozone；quantity transfor；suggestion

臭氧监测是环境空气监测的重要组成，臭氧监测的质量保证与控制确保了监测数据的准确可靠，质量保证又分为量值传递和质量审核，其中量值传递是为整个监测网络监测建立统一的具有溯源性和可比性的标准，本文就臭氧量值传递的原理、过程及实际应用进行讨论。

1 臭氧量值传递的原理

量值传递是环境空气自动监测质量保证和控制的手段，臭氧的量值传递与其他气态污染物（如二氧化硫、氮氧化物）不同，其他气态污染物通过标准物质（主要是标准气体）作为量值传递的载体，由于臭氧气体的活性大，稳定性差，臭氧标准物质难以保存，因此臭氧没有标准物质，而是通过光度计作为载体进行量值传递。

美国是最早建立臭氧量值传递标准体系的国家，近年来，我国各级环境监测站都在建立臭氧量值传递的体系，通过采用可以溯源到 NIST（美国国家标准与技术研究所）的标准光度计逐级向下传递臭氧标准。图 1 是臭氧量值传递的流程。标准源头是位于美国国家标准与技术研究所的零级标准光度计，是整个传递体系的最上层和基准。一级标准通常设在国家或省一级的监测中心（如中国计量院、江苏省环境监测中心），江苏省环境监测中心的标准光度计编号是 52，一级标准每两年和 NIST 的标准进行比对。市一级的设备（传递标准）定期送到省中心与一级标准进行量值传递，经过传递后的传递标准通常固定放在市站质控室，各空气自动监测子站的校准设备（工作标准）再和传递标准进行量值传递，工作标准经传递合格后就可以放在子站对臭氧分析仪进行再次传递。

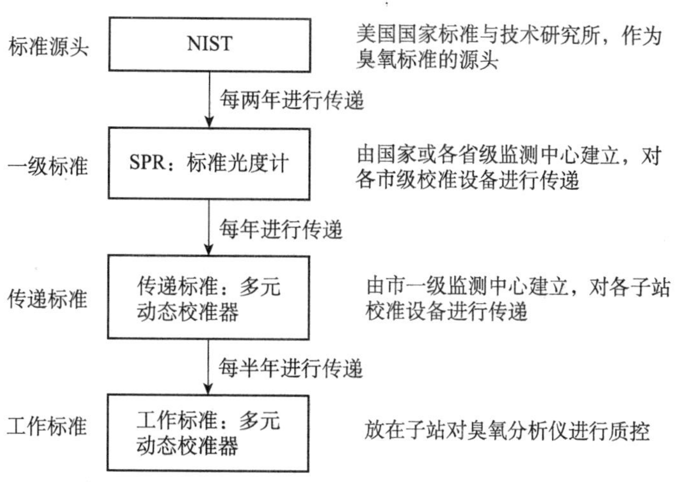

图 1　臭氧量值传递的标准流程

2　臭氧光度计的基本组成与原理

臭氧量值传递是基于臭氧光度计的量值传递，通常臭氧光度计内置在多元动态校准仪中。一个标准的臭氧光度计装置由零气源、臭氧发生器、光度计等部件组成。零气源提供了不含臭氧、氮氧化物、碳氢化合物及能使光度计产生紫外吸收的其他物质的气体。臭氧发生器通过特定波长（185nm）的紫外线照射氧分子，使氧分子分解从而提供臭氧气体。光度计中的高压汞灯产生紫外光，其中的 254nm 紫外光在吸收管中被样品气体吸收，出射光被吸收管末端的光度计所检测，样品气与参比气（除去臭氧）的光强之比符合比耳一朗伯定律，从而得出臭氧浓度。

臭氧光度计的工作原理是先由臭氧发生器产生高浓度的臭氧气体，通过零空气稀释后，一路被光度计监测，一路输出给臭氧分析仪分析。由于臭氧发生器产生的臭氧受产生灯电压衰减和波动的影响，气体浓度是不准确的，因此需要光度计进行实时监测，控制单元按照监测的情况对臭氧发生器进行反馈控制，从而产生较为准确的臭氧气体。

3　臭氧量值传递实例

市级监测站在臭氧量值传递中要做的工作是将传递标准送往上一级部门与一级标准进行传递（一级传递），经传递合格后的传递标准再向工作标准进行传递（二级传递）。以下结合工作实际，列举一个传递标准和工作标准之间的二级传递。图 2 是传递系统的连接图。

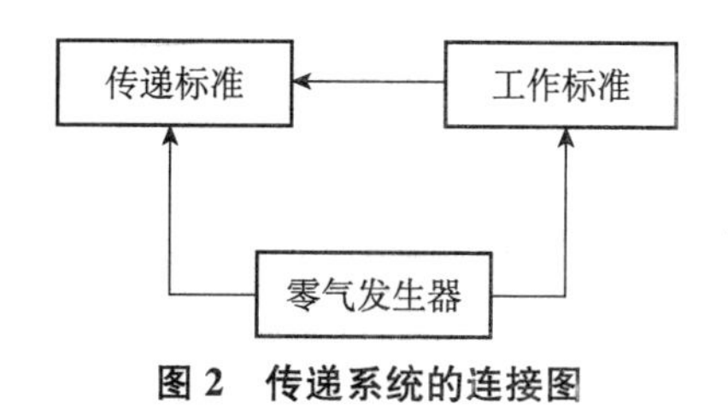

图 2　传递系统的连接图

作为传递标准和工作标准的设备都是多元动态校准仪 SABIO 1040，传递工作分为以下几个步骤：准备阶段、校准阶段、验证阶段、编写报告。

3.1　准备阶段

3.1.1　材料准备

准备好新的清洁的特氟龙管子、接头、堵头。

3.1.2　更换药剂

为确保零气产生高纯度的气体，需要更换零气发生器的药剂，如活性炭、博氟氧化剂（Purafil)。

3.1.3　仪器预热和预处理

仪器要事先预热1h，在管路连接好后，产生1 000ppb浓度的臭氧对管路进行预处理。

3.2　校准阶段

SABIO 1040的校准分为臭氧发生器的校准和光度计的校准。仪器在相应的菜单中记录了校准数据表，在新的一次校准前要将原有校准数据记录下来。

3.2.1　用传递标准的光度计对工作标准的臭氧发生器进行校准

表1是发生器的校准表，通过手工输入臭氧发生器的灯电压，产生不同浓度（至少需要包含零点在内的6个点）的臭氧气体，将传递标准的读数输入到数据表中，最后一个浓度点校准后，仪器自动计算出校准曲线的斜率、截距，臭氧发生器即被校准。

表1　臭氧发生器的校准表

臭氧发生器电压/V	传递标准光度计浓度/ppb
0	0.4
0.2	35.3
0.42	115.6
0.62	196.7
0.82	277.8
1.02	358.1
1.22	438.3

3.2.2　用传递标准的光度计对工作标准的光度计进行校准

臭氧发生器校准好后，选择光度计校准菜单，通过输入灯电压，使臭氧发生器产生臭氧，臭氧气体同时被工作标准和传递标准的光度计监测，表2是光度计校准表，表中工作标准光度计的浓度是自动生成的，此时需要输入传递标准光度计的浓度值，最后一个浓度点校准后，仪器自动计算出校准曲线的斜率、截距，光度计即被校准。

表2　光度计的校准表

工作标准光度计浓度/ppb	传递标准光度计浓度/ppb
0.6	0.3
76.3	79.6
150.7	153.5
227.0	228.9
298.5	305.2
373.8	379.1
448.6	453.3

3.3　验证阶段

在臭氧发生器和光度计校准好后，需要用传递标准对工作标准进行验证。验证由工作标准实际产生一定浓度的臭氧气体，通入传递标准的光度计中进行监测，如果两者的相对偏差在3%的范围内，验证即为合格，否则需重新进行校准。

3.4　编写报告

仪器校准和验证完成后，需要编写量值传递报告，按照表2的数据进行数理统计，计算相关系数、斜率、截距，并且绘制校准曲线，按照《环境空气 臭氧的测定 紫外光度法》（HJ 590—2010）的要求校准曲线的斜率应在 0.95～1.05. 截距小于满量程的 1%，相关系数大于 0.999。

以表二为例，线性公式为 $y=0.9891x-0.9911$，相关系数 $R^2=0.9999$，因此此次量值传递结果合格。校准曲线见图 3。

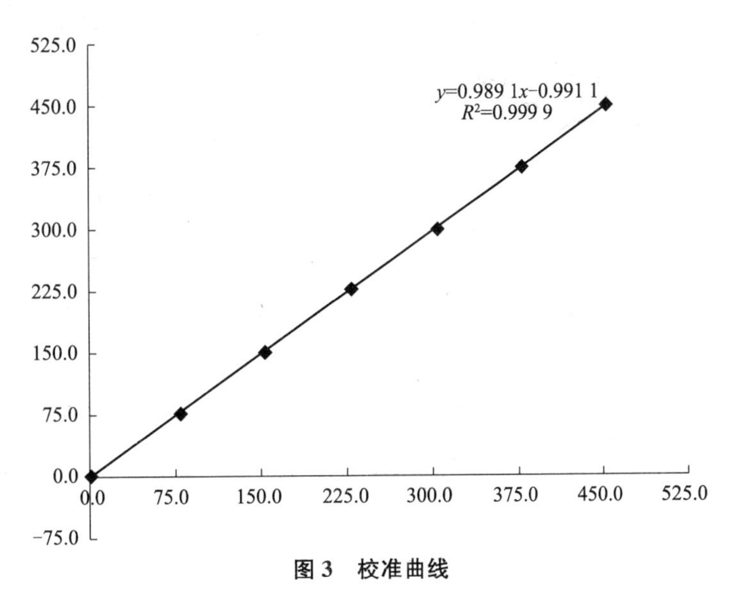

图 3　校准曲线

4　臭氧传递工作的几点注意事项和建议

（1）传递标准和工作标准要使用同一个零气源，同时要确保零气发生器提供足够的零气压力，减少由于零气压力的波动导致的数据不稳定。

（2）在校准时要将仪器上不用的接口用堵头堵住，防止仪器进入干扰气体。

（3）将多余的臭氧气体排空，但不能排在室内，排空管路不宜过长，通常不超过 3m。

（4）臭氧发生器和光度计的校准读数需要在仪器读数稳定后记录多个数据，如果标准偏差超过满量程的 1%，则这组数据不可用，需要重新校准。

（5）由于仪器的老化，传递标准的溯源每年至少 1 次，工作标准的溯源每年至少 2 次。

（6）臭氧质控实验室中需要配置两台经过一级标准传递过的校准器，一台作为传递标准，一台作为控制标准，作为传递标准的设备在质控室对工作标准进行标准传递，作为控制标准的设备作为备用，当怀疑传递标准有故障时，可用作逆检查或后备传递标准。

（7）臭氧量值传递是整个臭氧质量保证和控制工作的基础，由国家、省、市三级环境监测部门构建的臭氧量值传递和标准溯源的体系对于臭氧监测工作十分必要。

参考文献

[1] 袁鸾，刘俊，师建中．臭氧基准实验室的设计与配置 [J]. 环境科学与管理，2012，37（8）：116-119.

[2] 吴凯华，张相山，王国龙，吴晓雪．浅谈量值传递和量值溯源的实施 [J]. 计量与测试技术，2013，40（1）：53-54.

[3] 环境空气　臭氧的测定 紫外光度法．HJ 590—2010.

作者简介：张伟（1976.7—），南京市环境监测中心站，工程师，长期从事环境空气质量的自动监测工作。

环境空气颗粒物自动监测手工比对的质量控制浅谈

王 鹏

内蒙古自治区环境监测中心站，呼和浩特 010011

摘 要：本文以国家技术规范为指导，从实际工作出发，阐述了如何将各类质控手段应用到环境空气颗粒物手工采样工作中，从而获得真实可靠的数据，以达到纠正环境空气颗粒物自动监测数据偏差的目的。

关键词：环境空气；质量控制；手工监测；比对

The Quality Control of the Air Particulate Automatic Monitoring and Manual Monitoring

WANG Peng

Inner Mongolia Environmental Monitor Center Station，Hohhot 010011

Abstract：In order to obtain the real and reliable Monitoring data，thereby achieving the purpose which to correct the data deviation of Automatic monitoring of air particulate. This article start from the perspective of practical work，expound the way to applying the different Quality Control into the air particulate manual monitoring which direct byThe State Technical Specifications.

Key words：airparticulate；quality control；manual monitoring；contrast

随着国家各级环境空气自动监测网络建设的日趋完善，环境空气中颗粒物（PM_{10}、$PM_{2.5}$）的自动监测数据越来越重要地成为区域环境空气质量预报、空气中颗粒物来源解析等工作的基础数据。因此，进一步提高颗粒物自动监测数据的准确性和有效性则成为一项新的要求。

基于重量法的手工监测方法是国内外监测环境空气中 PM_{10} 和 $PM_{2.5}$ 的标准方法，将其应用到与自动监测手工比工作对中将大幅度提高自动监测数据的准确性和有效性。但是作为手工监测方法依然存在着系统误差和随机误差，如何避免随机误差并降低系统误差是手工比对工作亟待解决的问题。将质量控制手段贯穿于整个手工比对监测过程是提高手工监测数据准确性从而规范自动监测数据的重要途径。

1 手工比对方法

1.1 方法原理

依据《环境空气颗粒物（$PM_{2.5}$）手工监测方法（重量法）技术规范》（HJ 656—2013）中内容[3]：通过具有一定切割特性的采样器，以恒定流量抽取环境中空气样本，使环境空气中的颗粒物（PM_{10} 或 $PM_{2.5}$）被截留在已知质量的滤膜上，根据采样前后滤膜质量变化和累积采样体积，计算出颗粒物的浓度。

1.2 手工采样器

选择经国内计量认证部门强制检定的具有 PM_{10} 和 $PM_{2.5}$ 切割器小流量采样器（含气象条件监测装置），采样器工作点流量为 16.67L/min，要求流量误差≤2%。同时根据《环境空气颗粒物（PM_{10} 和 $PM_{2.5}$）采样器技术要求及检测方法》（HJ 93—2013）的要求[5]，采样器还应当具备以下条件：

（1）工作环境温度为－30～50℃；大气压为 80～160kPa。对于北方冬季高寒地区应配置可以满足低温、低压等特殊环境条件下的采样器。

(2) 采样器应使用耐腐材料制造，含尘气流通道表面应无静电吸附作用，采样器抽气泵应使用无碳刷抽气泵。

(3) 采样器采样过程中，采样膜所处的温度与环境温度的偏差应控制在±5℃内。

(4) 具有断电后自动保存记录功能，重新供电后能继续采样，并累计采样时间和采样体积。

(5) 具备环境参数（温度、气压、湿度）的实时测量功能，并需国家计量认证部门强制检定。

1.3 滤膜及换膜工具

颗粒物质量浓度采样时建议采用具有稳定性高、疏水性强且边缘不易破损的聚四氟乙烯材质滤膜（Teflon 滤膜），在做颗粒物有机成分分析时推荐使用石英滤膜。根据文献，两种滤膜的特点及前处理技术要求详见表 1[1]。同时要求滤膜孔径≤2μm，对 0.3μm 标准粒子截留效率不低于 99.7%。

表 1 两种滤膜的特点及前处理技术要求

滤膜种类	Teflon 滤膜	石英滤膜
特点	稳定、含碳量高	膜较脆弱
成分分析对象	水溶性离子、元素	EC/OC、有机组分
前处理要求	不处理或 60℃加热烘焙 2h	450～500℃加热烘焙 2h

换膜工具包括平头无锯齿镊子、不与滤膜上颗粒物接触的滤膜盒、用于清洗镊子等工具的无水乙醇和无尘滤纸等。

1.4 滤膜称量系统

滤膜衡重和称量过程应选择在恒温恒湿间（箱）中进行，以分度值不超过 0.1mg 的电子天平进行称重，天平精度越高，监测结果越精确，建议有条件的实验室选择感量为 0.001mg 的电子天平。

1.5 点位的布设

环境空气自动监测手工比对须将手工采样点位设置在自动监测现场。采样口距地面高度不低于 1.5m，同时避开污染源及障碍物，手工采样切割头与自动监测仪器切割头尽可能处于同一水平面，垂直距离不超过 1m，且各切割头之间保持 1.5～3m 的水平间距。

2 手工采样过程中的质量控制

手工采样人员须经环保部上岗证考核后持证上岗，并熟知采样流程，树立高度的责任感，降低人为造成的误差。手工比对监测过程中最容易造成误差的过程是采样过程和滤膜称重过程，因此保证数据有效性应着重将质控手段应用到上述两个过程中，同时在采样准备过程和数据分析过程中也同样应当采取相应的质量控制手段。

2.1 采样准备阶段的质量控制

采样前准备包括空白滤膜的平衡和称重、采样仪器的调试、清洗和校准等工作。其中滤膜的平衡和称重是准备环节的重点，其质控手段包括：

(1) 核对滤膜规格。主要关注滤膜的尺寸、孔径及负载率等。选择适宜的滤膜有助于保护采样设备并保证样品的采集率和代表性。

(2) 检查滤膜外观。保证滤膜边缘平整、厚薄均匀、无毛刺、无污染，不得有针孔和破损。凡出现上述情况的滤膜应将其剔除，不得使用。

(3) 滤膜衡重过程的质控。重点在于设定滤膜的衡重条件，滤膜的平衡与称量应在同一间恒温恒湿间内进行。依据《环境空气颗粒物（$PM_{2.5}$）手工监测方法（重量法）技术规范》（HJ 656—2013）要求[3]，滤膜应在恒温恒湿间（箱）内进行温度、湿度的平衡，保证温度控制在 15～30℃的任意一点，控温精度±1℃，湿度控制在 45～55%RH 之间。在规定的温、湿度条件下将滤膜平衡 24h，并保证滤膜采样前后平衡、称量环境条件一致。对于不具备恒温恒湿条件的普通实验室，需将滤膜放置于干燥器内平衡24h，且实验室环境条件不发生剧烈的变化。

（4）滤膜称重过程的质量控制。①天平室应设置在地基较为稳定的地下或半地下室，同时安装减震平台，避免周围环境振动引起的称量误差；②天平室应尽量保持洁净，有条件的应安装空气净化装置，避免环境中颗粒对测定结果造成干扰；③应控制天平室内气流变化，避免对称重结果的影响。要求天平室设置缓冲间，封闭门窗，称量人员佩戴口罩进行称量；④天平称量台应安装防静电装置，避免称重过程中滤膜带电，对称重结果产生正负干扰；⑤天平应定期以标准砝码进行校准，用于校准的砝码需经计量认证部门出具强制检定证书，做到量值可追溯；⑥滤膜首次称量后，应在相同的条件下平衡1h后再次进行称量，若同一滤膜两次称量质量之差小于0.04mg，则以两次称量结果的平均值作为该膜的称重值，若两次称量之差超出范围则该膜作废[3]；⑦对于称重人员要求身着洁净的防静电服并佩戴白手套，使用绝缘镊子缓慢地夹取和放置滤膜，每次称量前保证天平经过长时间预热，以达到稳定状态；⑧称量后的滤膜应编号并记录初始重量，并单独放置于滤膜盒内备用；⑨滤膜在称重时，天平读书会受滤膜静电、环境振动或天平自身原因等出现不断小幅波动的情况，造成无法读取准确数值，此时在排除静电干扰、振动影响的前提下，应采取固定时间读书法，从滤膜放置在天平上起，读取一定时间后（一般取15s）的瞬时数值作为该膜的重量即可。

（5）实验室空白滤膜的质控作用。为了保证天平室（恒温恒湿间）的环境条件一致，需要准备若干张实验室空白滤膜。空白滤膜不用做采样，只需放置在天平室内，每称一批滤膜前先称量一张或几张空白滤膜，保证空白滤膜前后重量变化在±0.5mg之间，说明天平室环境条件未发生明显变化，可以进行称重。

除滤膜的平衡和称重外，对手工采样仪器的调试和校准也是十分重要的质控方法。首先，应保证采样器切割头的清洁，重新在切割器内涂抹硅油或凡士林，避免仪器本身对滤膜的污染或切割效果不好而对监测结果造成影响，根据HJ 656—2013要求[3]，累计采样168h后应对切割器进行清洗，如遇扬沙、沙尘暴等恶劣天气，应及时清洗。其次，仪器还应当按照不同种类仪器说明书要求进行气密性检查，防止在采样过程中出现漏气而造成监测结果失真。最后，对采样器流量泵的校准也是不可或缺的，采样人员应选用国家计量认证部门强制检定的流量校准器进行校准，流量误差控制在±2%内。采样仪器的气密性检查和流量校准应在仪器现场架设好之后及开始采样前进行。

2.2 采样过程中的质量控制

采样过程中误差的产生具有很大的偶然性，如果控制好采样环节，尤其是对采样人员的工作方法采取有效的质量控制，将很大程度上避免或减小误差的产生。

（1）滤膜的更换。采样人员应在室内进行更换滤膜，采样前后滤膜夹取时应谨慎操作，避免滤膜跌落或破损。采样前应注意将滤膜正确放置：石英滤膜毛面向上、Teflon滤膜将有编码的一面向上，放置好后应压紧滤膜夹以防漏气。采样结束收取滤膜时应准备专用手提箱，将滤膜连同滤膜夹一桶放置在手提箱内，同时避免大幅度震荡箱体造成颗粒物样品损失。需要登高作业的点位应多人配合完成滤膜的收取。采样后的滤膜颗粒物采集部分边缘清晰可见，若边缘模糊则是滤膜夹未夹紧漏气所致，认定其作废。采样后的滤膜应将有颗粒物样品的一面向上放置在滤膜盒内并放入密封盒中，并根据不用的分析项目将样品放置在常温或低温环境中保存。

（2）采样过程中对样品编号的记录应当准确无误，建议将多台采样器按照不同的样品种类进行标识，同时采样前将滤膜提前做好类别标识，在更换滤膜时放入相应采样器中，避免出现滤膜混装。同时应做好采样期间气象条件、周围环境状况的记录，尤其是发生恶劣天气或异常情况（如停电、周边发生污染事故等）时，监测人员均应当做好详细记录，方便异常数据产生原因的查找。

（3）采样人员应树立高度责任心，认真把握每个环节的采样工作，避免操作失误，同时做好采样器的防护工作，对电源采取密闭措施，防止进水和进尘造成断电、漏电现象。

2.3 样品运输和测定的质量控制

样品采集完毕后应当按要求在低温或常温条件下保存，在运输的过程中要将样品正面向上放置并做好防振措施，避免样品在运输过程中的损耗。

样品在完好采集的前提下，需要再次进行称重，称重环境需要与采样前的实验室环境保持一致，其质控过程与样品准备过程中的质量控制手段相同。

2.4 测定结果

在计算监测结果时，要充分考虑到气象参数对结果的影响，若采样器不具有自动记录监测结果的功能时，采样人员要利用温度计、压力计和湿度计对气象条件进行手工记录，同时须按照气象参数测量设备上所标明的修正值进行修正[2]。同时应尽可能增加气象参数的记录频次，以获得更为准确的数据。

经过全过程质控的手工监测数据可与同时段的自动监测小时均值的平均值进行相对误差检验。以下数据来源内蒙古自治区环境监测中心站采样人员在2015年1月30日—2月5日同自动站进行的$PM_{2.5}$手工比对监测结果，详见表2。

表2 同时段手工监测数据与自动监测数据比对分析

手工采样开始时间				采样时长/h	手工采样$PM_{2.5}$质量浓度/（μg/m³）	同时段自动监测$PM_{2.5}$质量浓度/（μg/m³）	相对误差（RE）/%
年	月	日	时				
2015	1	30	10	23	46	30	−34.8
2015	1	31	10	23	47	44	−6.4
2015	2	1	10	23	115	90	−21.7
2015	2	2	10	23	106	84	−20.8
2015	2	4	12	23	19	19	0.0
2015	2	5	12	23	74	53	−28.4

由上表数据可以看出，手工监测与自动站数据$PM_{2.5}$浓度相对误差在−34.8%～0.0%之间，且当环境空气中$PM_{2.5}$浓度较低时，相对误差会比较大。因此，在测量时间段内，若空气质量相对较好，应当适当延长采样频次，以增加数据的精确度。最后，依据中国环境监测总站给出的年度质量目标判断自动监测结果与手工采样结果的误差是否达到质量目标，若由于仪器误差造成数据不合格，则应当调节仪器参数纠正仪器误差。

3 结语

环境空气自动站手工比对工作是一项复杂的工作，数据的准确性受技术方法、外界环境、采样仪器和采样人员等因素的影响，其核心内容是质量控制，采样人员应严格按照技术规范的要求进行，同时应当增强责任心，才能获得真是可靠的数据。

参考文献

[1] 王晓彦，杜丽，李建军，等. $PM_{2.5}$手工监测技术要点探讨. 中国环境监测，2014，4：146-150.
[2] 高文先. 空气质量监测数据分析与质量保证的研究. 能源与节能 [J]. 2011，7：43-45.
[3] 环境空气颗粒物（$PM_{2.5}$）手工监测方法（重量法）技术规范. HJ 656—2013.
[4] 环境空气质量手工监测技术规范. HJ/T 194—2005.
[5] 环境空气颗粒物（PM_{10}和$PM_{2.5}$）采样器技术要求及检测方法. HJ 93—2013.

作者简介：王鹏（1985.12—），内蒙古自治区环境监测中心站，助理工程师，主要从事大气环境及污染源监测工作。

增强的环境实验室信息管理系统设计与建设实践

孙开争　刘　健　闫学军　谢建辉　赵娇娇
济南市环境监测中心站，济南　250014

摘　要：实验室信息管理系统在我国环境监测领域中的应用仍处在初级阶段，在分析应用现状的基础上，研究并设计一种增强的环境实验室信息管理系统分层体系结构，明确各层构成，根据软件质量指标将系统分成基本型、加强型、高级型三个级别，详述各层功能性指标分级，列举系统建设与运营经验，为新建或改造类似信息系统提供借鉴。

关键词：环境监测；实验室信息管理系统；系统分级；建设实践

Enhanced Environment Laboratory Information Management Systems Design and Development Experience

SUN Kai-zheng　LIU Jian　YAN Xue-jun　XIE Jian-hui　ZHAO Jiao-jiao
Jinan Environmental Monitoring Centre，Jinan 250014

Abstract：The application of Laboratory Information Management Systems indomestic environmental monitoring field is still in primary stage，depending on the application status analysis，ahierarchical architecture of Enhanced Environment Laboratory Information Management Systems（E^2 LIMS（and its composition will be studied and designed. Based on the softwarequality，E^2 LIMS can be classified into three types：BASIC，INTENSIVE，ADVANCED，and we will specify functional criterion of the three types and enumerates some development practice about system construction and operation which can be referenced by other similar information system.

Key words：environmental monitoring；LIMS；system grade；development practice

1　现状分析

LIMS在我国环境监测领域的应用尚处在初级阶段，一些先进的监测站进行了一些尝试[1-6]，但认识模糊、建设盲从现象时有发生，其原因在于：一是环境监测业务软件实现困难。环境监测业务涉及的环境要素全、项目与分析方法多、工作节点与表单多、使用部门与用户多。二是对“拿来主义”行不通。与国外实验室专注样品分析不同，国内监测站业务涵盖面广且本地化特征明显，LIMS不能拿来即用。三是环境监测业务标准化规范化尚待加强。相对于管理清晰、程序固化的成熟国外实验室，国内的环境监测站尚处在高速发展阶段，业务庞杂管理多变。四是系统建设管理不够规范，对实施困难估计不足。

本文研究并设计出一种增强的环境实验室信息管理系统（Enhanced Environment Laboratory Information Management Systems，E^2 LIMS)，给出体系结构和质量分级，列举出建设与实施的方法，可用于指导环境监测部门类似信息系统的建设。

2　E^2 LIMS设计

E^2 LIMS从逻辑上分为基础设施层、数据层、流程与服务管控层、业务逻辑层和人机交互或UI层，如图1。

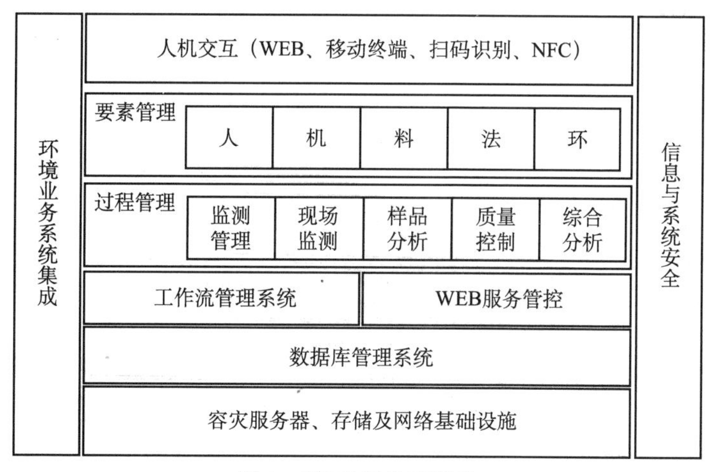

图 1　E^2LIMS 体系结构

基础设施层是整个系统的硬件支撑，包括容灾的服务器集群、数据存储与备份设备、可靠的网络与网络安全设备等。

数据层是系统的数据中心，数据从来源上可以分为两类，一类是系统内数据，包括各业务子系统的原始数据、中间数据、历史数据；另一类是系统外数据，包括地图数据、空间信息数据、各种基础信息库、知识库、案例库等。

流程与服务管控层，包括柔性工作流管理系统和 WEB 服务管控系统。工作流管理系统是定义、创建、执行工作流的系统，柔性化是指通过各种策略增强系统的适应能力，包括流程定义的柔性化和流程运行的柔性化。WEB 服务管控系统是 WEB 服务提供者和服务请求者的媒介，为环境业务系统集成提供技术支撑。

业务逻辑层，包括监测全过程管理和监测要素管理。监测全过程管理涵盖所有环境监测业务类型和全部工作节点，是工作流设计的依据。监测要素即实验室管理五要素，包括人员（人）、计量仪器（机）、样品试剂（料）、监测方法及规范（法）、实验室环境（环）等。

人机交互层，指人与软硬件系统间信息双向交互，包括人人交互、人机交互、机机交互。

3　系统分级

3.1　分级类型

根据功能性、非功能性等软件质量指标[7]不同，E^2LIMS 可划分为基本型、加强型、高级型。

表 1　3 种类型 E^2LIMS 质量指标

指标	基本型	加强型	高级型
功能性	简化的五要素及全过程管理、一般数据查询、仅 WEB 交互、安全保密性弱、封闭运行	较全面的五要素及全过程管理、多种统计分析、多种交互方式、安全保密性较强、与实验室内相关软件集成	全面的五要素及全过程管理、数据挖掘与知识发现、丰富的人机交互、安全保密性强、能与环保其他应用柔性集成
可靠性	成熟性容错性易恢复性弱、存在单点故障	具有一定成熟性容错性易恢复性，存在单点故障	较强的成熟性容错性易恢复性，不存在单点故障
易用性	较易理解、较易学易用、较易操作、不具有吸引性	较易理解、较易学易用、较易操作、具有一定吸引性	容易理解、易学易用、容易操作、吸引性强
效率	可容忍的响应时间与处理时间、吞吐能力弱、硬件与人力资源利用率一般	可接受的响应时间与处理时间、吞吐能力较强、硬件与人力资源利用率较高	极好的响应时间与处理时间、吞吐能力强、硬件与人力资源利用率高
维护性	易分析性、易改变性、稳定性、易测试性弱	具有一定的易分析性、易改变性、稳定性、易测试性	具有很强的易分析性、易改变性、稳定性、易测试性
可移植性	适应性、易安装性、共存性弱，很难从一个环境（组织、硬件或软件）迁移另一环境	具有一定的适应性、易安装性、共存性，可以从一个环境迁移到另一环境	具有较强的适应性、易安装性、共存性，容易从一个环境迁移到另一环境

3.2 功能性分级

3.2.1 监测全过程管理分级

监测管理，基本型功能包括：监测计划及合同管理，任务制定与下达，任务状态追踪；加强型还包括：任务短信提醒与督办，样品台账，标签自动打印与识别，报告管理，文件管控，分包管理；高级型还包括：采购管理，计划执行情况考核，客户关系管理，量值溯源管理等。

现场监测，基本型功能包括：采样任务分配，现场监测结果录入，采样状态追踪；加强型还包括：采样路线分组，现场信息自动录入，样品扫码交接；高级型还包括：采样路线优化与导航，采样轨迹动态显示，现场图片与视频采集。

样品分析，基本型功能包括：分析任务分配，分析测试结果录入，分析结果查询；加强型还包括：项目分析人及采用仪器自动关联，标准曲线管理；高级型还包括：仪器数据自动采集，分析状态自动采集与展示。

质量控制，基本型功能包括：实验室自控平行样、标准样、加标回收及空白样测定，质控部门密码平行样、密码标准样、密码加标、留样加测等及相关性统计，质控数据查询；加强型还包括：采样平行样、空白样，采样及分析方差分析，精密度、准确度（回收率）等质控图绘制；高级型还包括：布点优化与评价、协作实验管理与质控评价。

综合分析，基本型功能包括：定制式数据查询，数据导出，简单统计；加强型还包括：自组合数据查询，数据转换，基本统计分析，趋势对比，丰富的图表展示，GIS表征；高级型还包括：成因分析、环境质量与达标评价，污染分布热力图、时序动态图、三维GIS等高级数据可视化，（可选的）数据挖掘与知识发现。

3.2.2 实验室要素管理分级

“人”，基本型功能包括：人员基本信息，履历，技术能力（资质），培训记录，操作权限等；加强型还包括：上岗证管理，考勤管理；高级型还包括：工作内容与人员资质自动匹配，工作量核算。

“机”，基本型功能包括：仪器基本信息，使用与维修管理；加强型还包括：计量鉴定管理，校准记录；高级型还包括使用效率分析等。

“料”，基本型功能包括：样品入库、领取等台账管理，留样管理，试剂及标样使用记录；加强型还包括：样品到达与到期短信提醒；高级型还包括样品全程实时追踪，试剂及标样库存管理。

“法”，基本型功能包括：方法属性、适用范围、作业指导，能力认可项目信息，项目与方法对应，检出限与结果精度设置，分析人员、仪器、校准曲线等自动关联；加强型还包括：计算公式可视化编辑，自定义修约，方法版本管理；高级型还包括：使用物资消耗（按方法、项目）与成本核算，原始记录表单自编辑。

“环”，基本型功能包括：温湿度、压力等检测和贮存环境信息录入；高级型还包括：实验室环境在线监控，数据自动读取。

3.2.3 人机交互层功能性分级

人机交互层，基本型功能包括：客户端或WEB界面，标签制作与扫码识别；加强型还包括：射频识别，仪器控制与数据采集；高级型还包括：移动 E^2LIMS，近场通讯（NFC）应用。NFC技术可用来实现签到与门禁、采样与分析任务领用、简单数据交换等，配合移动 E^2LIMS丰富无线实验室功能。

3.2.4 系统集成功能性分级

移动集成方面，基本型功能包括：独立的封闭运行系统；加强型还包括：与已有的环境自动监控等系统集成；高级型还包括：灵活的基于Web Service的接口自定义与发布。

3.2.5 信息安全功能性分级

信息安全方面，基本型功能包括：简单的用户名＋口令认证，菜单级别的操作权限控制；加强型的还包括：字段级的权限控制，CA 认证；高级型的还包括：动态口令，全面符合 FDA 21 CFR Part 11 的安全性要求的电子记录和电子签名。

4 建设实践

理性的系统选型。三种类型的 E^2LIMS 在实施复杂度、建设周期、研发成本等方面存在很大不同。理性的建设应是从简单易上手的基本型开始，随着内生需求的增长，按需进行系统升级，逐步过渡到高一级的 E^2LIMS。人与系统的磨合是一个长期的过程，一般来讲经过两个版本的升级，系统应用才会趋于成熟。

科学的项目管理。E^2LIMS 的研发是一个 IT 项目，项目是临时性的、有清晰的目标、逐渐细化的，充分利用九大项目管理知识领域及相关管理工具、技术，把控范围、时间、成本是项目成功的关键[8]。强调“一把手”工程[5]的同时，也要重视用户参与、明确的目标、优秀的项目经理的作用。

迭代式系统开发。有时，因为用户需求的改变以及确定隐含要求的困难，在需求分析阶段由最终用户确定的软件属性，当产品投入使用时不再满足用户的需求，造成项目时间与成本不断增加。因此，用户尽早介入，采取需求、设计、实现（系统原型）再到新需求的迭代开发是必选之路。另外，注重软件的用户体验和吸引性也是提高用户参与度的重要方法。

全面的人员培训。E^2LIMS 最终用户 IT 水平参差不齐，各自关注点不同，详尽而全面的操作培训不仅能使他们更快的理解与使用系统，也能使他们理解自己在全局中的位置，减少一些片面不合理需求。

良好的运行维护。软件产品在生命周期内是一个多版本增量完善的过程，在版本更迭间的运行维护也至关重要，系统管理员的重要作用[4-5]、一定的维护费用[5]也是业界共识。系统管理员是乙方项目经理在运行维护期的延续，应做好人员培训、解决运行故障、总结运行中的问题、谋划新版本升级等工作。

参考文献

[1] 白云，文德振，刘平波，等. 环境监测业务管理系统的设计与开发 [J]. 中国环境监测，2005，21 (5)：3-6.

[2] 尚凡一，王兆文 . 实验室信息管理系统（LIMS）的设计及实现 [J]. 中国环境监测，2000，16 (4)：1-3.

[3] 邓爱萍 . 环境监测 LIMS 系统建设中的问题剖析 [J]. 环境科学与管理，2010，35 (3)：103-105.

[4] 沈亦钦，马微，陈倩，等. LIMS 系统在环境监测中的建设和应用——以上海市环境监测中心为例 [J]. 环境监测管理与技术，2009，21 (2)：12-13.

[5] 王向明，伏晴艳，刘红，等. 环境监测实验室信息管理系统建设——以上海市环境监测中心为例 [J]. 环境监测管理与技术，2007，19 (4)：4-8.

[6] 赫元萍，合生，喻义勇 . 环境监测业务管理系统建设实践 [J]. 环境监控与预警，2010，2 (5)：31-33，43.

[7] 软件工程 产品质量 第 1 部分：质量模型 . GB/T 16260. 1—2006.

[8] Kathy Schwalbe，著 . 杨坤，译 . IT 项目管理 [M]. 5 版 . 北京：机械工业出版社，2008：4-10.

作者简介：孙开争（1983—），男，山东聊城人，硕士，工程师，从事环境监测及信息化工作。

臭氧自动监测质量控制与质量保证探讨

何 亮
宁夏固原市环境监测站，固原 756000

摘 要：以地市级环境监测网臭氧自动监测工作的技术特点来分析质量控制与质量保证的难点，提出从建设、运行、管理等方面建立质量控制和质量保证的措施，保证臭氧自动监测数据的准确性。

关键词：环境空气；自动监测；质量控制；质量保证

Discuss of Quality Control and Quality Assurance on Ozone Automatic Monitoring

HE Liang
Guyuan City Environmental Monitoring Station，Guyuan 756000

Abstract：With the technical characteristics of the city environmental monitoring ozone automatic monitoring to analyze the quality control and quality assurance of the difficulties，proposed the establishment of quality control and quality assurance from the construction，operation，management，measures to ensure the accuracy of the automatic ozone monitoring data.

Key words：environmental air；automatic monitoring；quality control；quality assurance

引言

臭氧作为城市环境空气最为重要的二次污染物之一，已有 338 个地级以上城市，1436 个监测点位在国家环境监测网公开发布实时监测数据和质量指数信息[1]。如何做好地市级臭氧自动监测的质量控制和质量保证工作是决定臭氧监测数据“五性”的关键和基本保证。

1 臭氧自动监测质量控制与质量保证难点

臭氧自动监测设备主要由臭氧监测分析仪，零气发生器、动态校准仪和标准臭氧发生器组成。由于臭氧的强氧化性，现有技术条件尚不能制备与二氧化硫等气体标样相似的臭氧气体标样[2]，加之目前我国臭氧标准实验室数量极少，地市级监测站质量保证实验室和系统支持实验室配置不完善。宁夏环境监测中心站《关于 2014 年全区环境空气质量自动监测系统运维检查与抽测考核结果的通报》中，对四个地级市十二个子站的臭氧分析仪进行浓度多点校准（利用臭氧校准仪校准）抽测，其结果（斜率、截距和相关系数）均不符合《环境空气质量自动监测技术规范》（HJ/T 193—2005）中相关要求。原因一方面是质量控制与质量保证技术缺乏，另一方面也是地市级自动监测管理较为薄弱。

2 臭氧自动监测建设的质量控制与质量保证

2.1 站点选择

站点选择直接关系到监测的空气样品在时间和空间上是否具有代表性，是否真实反映监测区域的臭氧质量状况。臭氧监测点位除按规范要求选址外，注意不要把点选在植被茂密处，在确定点位时要对点位做手工监测分析比对，当两者数值存在较大差异时应考虑变更点位。

2.2 仪器选型

为保证监测仪器量值溯源与手工监测结果的可比性，臭氧分析仪选择要满足我国规定的自动监测仪器设备主要技术指标及参数。地市级站尽可能选择和省站相同的仪器型号，便于培训学习、质量传递和质量考核。

2.3 数据采集和输出

按时升级数据采集和传输系统，及时更新网络化质控软件，定期比对检查数据采集系统下载的数据和现场显示屏实时数据是否一致，有差别或下载不到数据时，要立即解决。

3 臭氧分析仪运行的质量控制和质量保证

3.1 臭氧分析仪运行质量控制

臭氧监测的质量控制是指“为达到质量要求所采取的作业技术和活动”[3]；目的在于监视和控制这一工作的全过程，排除质量环节中所有导致不合格和不满意的原因，识别不合格、不满意的结果；反映监测数据的精密性和完整性。其内容主要有三部分：点位环境巡检、仪器性能检查及校准和仪器检修。

3.1.1 点位环境巡检

巡检工作是臭氧监测日常工作的重要组成部分，包括检查站房主体，避雷、消防、通讯、给排水设施、供电、室内外环境、站房周边局地污染源的变化；是否有建筑施工工地，是否有新增污染源，是否发现影响臭氧代表性和监测正常运行的环境变化；同时记录好“巡检表”，及时存档，以备问题的归纳整理。除此之外，还应对中心计算机室、质量保证实验室和系统支持实验室环境巡检。

3.1.2 仪器性能检查及校准

主要以零跨检查（校准）、精密度检查、多点校准及流量检查为内容，此项工作要注意工作频率，做到“日查看、周校准、月核查”，其中流量检查至少每季度检查一次，省监测中心站每年至少抽测校准一次。

3.1.3 仪器检修

分预防性检修和针对性检修（故障性检修）。预防性检修要根据仪器的特点、结构、对运行环境的要求以及操作人员的工作经验来确定，要纳入空气自动站质量控制计划中，列出预防性维护清单，如定期对臭氧分析仪气路部分的清洗，对电路部分的元件的校准和测试等；针对性检修是对仪器设备出现故障的原因和现象进行检修和维护。要注意对仪器内部各组件的除尘，更换样气过滤器的滤膜、分子筛等耗材，清洗空调和仪器风扇过滤网。

检修时应先通过仪器的操作顺序检查仪器的反应，然后推断和初步确定仪器产生故障的可能部位，加以解决，如遇无法自行处理的故障须联系仪器厂家维修工程师尽快进行维修。臭氧仪器检修要注意查找所有与样气相连气路是否安全，判定是否存在泄漏。

3.2 臭氧分析仪运行质量保证

质量保证指为了提供足够的信任表明系统能够满足质量要求，而在系统中实施的全部有计划和有系统的活动[4]；目的在于提供可满足监测目的的且合乎质量要求的数据，将由于仪器故障和各种干扰影响导致数据的损失降至最低点和确保提供的监测数据有效、准确、可靠、可比且具有代表性。主要工作是标准传递与溯源和准确度审核。

3.2.1 标准传递与溯源

臭氧标准溯源为整个网络的臭氧标准，由于目前国内臭氧标准溯源条件有限，可用省站采购的臭氧校准仪（如TE49iPS）对地市级子站定期校准；《国家环境空气质量监测城市自动监测站运行管理暂行规定》：地市级监测站按相关制度与技术规范，定期向省级标准进行臭氧的量值溯源，在辖区开展臭氧的量值传递工作，对辖区内所有的空气站点每半年应至少开展一次臭氧的量值传递；臭氧传递标准每两年至少进行一次量值溯源与传递[5]；用于现场的臭氧工作标准每年用传递标准进行至少一次的传递。

3.2.2　准确度审核

审核臭氧分析仪的准确性，是对臭氧自动监测的考核，是质量保证工作的重要组成部分。通常是以分析仪测定值与传递标准设定值的相对误差评价臭氧分析仪的准确度，至少每年一次。省站可邀请有标准实验室的专家对地市级站进行准确度审核，若审核结果达不到预期目标，则必须采取跟进措施补救。

4　臭氧监测管理的质量控制与质量保证

4.1　人员管理

臭氧监测的工作人员要有责任心和专业知识，熟悉自动监测系统各单元构成、原理、气路、电路、操作规程、维护、简单故障排除等知识；具大气化学、气象、计算机（软件）和环境科学等方面的相对稳定的专业人员；加强业务培训和业务学习，积极参加国家总站、省站组织的空气质量监测系统各类技术培训和技术交流；其中质量保证工作人员不参与日常的自动监测工作和维护。

4.2　制度管理

建立自动监测人员持证上岗制度、岗位责任制度、点位环境管理巡检制度、站房管理巡检制度（内、外）、系统运行维护巡检制度、质量控制和质量保证制度、运转情况及事故报告制度、数据报出三级审核制度、监测仪器操作规程、值班制度等规章制度，建立健全地市级质量监督机制，使臭氧监测系统的运行管理走向规范化和制度化。

4.3　记录管理

记录规范，信息完整。清洗采样管、更换滤膜、备件更换、耗材、值班情况等必须有记录；对仪器的定期校准、有效性检查和数据审核等工作有详细的运维记录；原始数据有电子版和纸质双重备份。

4.4　备品备件管理

臭氧分析仪的备品备件需要定期更换使用，在室内条件下储存一周至数周，在使用期间，如果受室内环境状况关系，如避光、高温等不利条件的影响，则备品备件有可能失效。

4.5　数据审核管理

臭氧分析仪数据的分析、处理、互校、审核工作是整个质量保证体系中最有效的手段。掌握对数据有效性判断、带标识数据的处理、监测结果小时值负值及零的处理技术，如臭氧浓度$\leqslant -10\mu g/m^3$，则审核为无效，臭氧浓度区间在$-10\sim 0\mu g/m^3$，审核结果为$2\mu g/m^3$。

4.6　档案管理

建立严格的质控和质保管理档案，把各项质控和质保措施实施情况以及仪器从招投标、开箱验货、安装、调试、试运行、验收、校准、核查、评估等报告、仪器日常数据检查、巡检、更换零件、仪器说明书、使用手册、按程序启动的仪器纠偏等资料及时整理归档，备份臭氧监测的原始数据和原始记录对应的仪器运行时间记录，保证原始数据的完整性和不可更改性，年数据要刻录光盘存档。确保工作痕迹能为臭氧监测数据的准确性和质量的完整性提供科学依据。

4.7　安全管理

对运行过程中的人员、站房、仪器设备、车辆等提供安全保障和防护措施，建立一套安全运行的管理制度和应急预案。

4.8　纳入质量体系管理

制定环境空气臭氧自动监测质量管理手册，与质量体系文件相互融合起来，形成一套内外兼备的质量控制体系，并纳入到地市级监测站的质量体系中，满足实验室认可准则及计量认定[6]。

5 结语

臭氧自动监测质量控制与质量保证工作正在不断完善，地市级环境监测站需要在建设、运行、管理实践中不断摸索质量控制和质量保证的模式和措施，才能进一步规范臭氧自动监测的运行管理，促进臭氧分析质量管理体系的建设，运行与持续改进，保障臭氧监测数据和信息的准确可靠。

参考文献

［1］中国环境监测总站. 环境空气质量监测技术. 1 版. 北京：中国环境出版社，2013.

［2］Wu H W Y，Chan Y. Surface ozone trends in Hong Kong in 1985—1995［J］. Environment International，2001，26（4）：213-222.

［3］张春艳. 实验室检测结果质量的控制方法［J］. 中国质量技术监督，2009，7：58.

［4］李昌平. 环境空气自动监测的质量保证问题探讨［J］. 干旱环境监测，2004，29（4）：236.

［5］环境空气质量自动监测技术规范 . HJ/T 193—2005.

［6］韩英. 环境监测站实验室认可的实践与思考［J］. 环境监测管理与技术，2012，14（6）：5.

作者简介：何亮（1975.2—），宁夏固原市环境监测站工作，副站长，高级工程师，主要从事质量管理与自动监测工作。

质量控制图的电脑制作与图形分析

张海军　余世东　胡艳丽　谢怡卿　蔡　静
南充市环境监测中心站，南充　637000

摘　要：质量控制图是用于分析和判断工序是否处于控制状态。而质控图的传统制作计算繁琐、容易出错，运用 excel 表格制作质控图简便、准确。本文主要介绍质量控制图的电脑制作与图形分析。

关键词：质量控制图；电脑制作；excel；图形分析

Computer Drawing and Graphical Analysis of Quality Control Chart

Zhang Hai-jun　Yu Shi-dong　Hu Yan-li　Xie Yi-qing　Cai Jing
Nanchong environmental monitoring center，Nanchong 637000

Abstract：Quality control chart is one of the important tools of quality management，it is used to analyze and judge whether the process is in control. The traditional drawing of control diagram is complicated and fallible，use of excel spreadsheet to draw quality control chart is simple and accurate. Computer drawing and graphical analysis of quality control chart is introduced in this paper.

Key words：quality control chart；computer drawing；excel；graphical analysis

质量控制图是质量管理重要工具之一，是对待测样品加以测定、记录从而进行控制管理的一种科学方法设计的图[1-2]。图上有中心线、警告线、控制线及辅助线，并有按时间顺序抽取样本统计量数值的描点序列。控制图是美国贝尔电话研究所的休哈特（W. A. Shewhart）于 20 世纪 20 年代创立的[3]。问世数十年来，其在医学、环境监测、现代化工厂等多种领域得到了广泛的应用。

目前，质量控制图的绘制通常采用的方法是人工绘制和计算机软件绘制。人工绘制质控图既需大量的数据统计、繁琐的数学计算，耗费大量的人力和时间，又容易出现计算错误和绘制不准确的情况，从而误导管理者做出错误的决策。随着计算机的普及，运用各种版本的 excel 软件绘制质量控制图，简便了操作程序，使计算结果更加准确。本文以环境监测领域的土壤中铅含量为例，介绍利用 excel 电子表格绘制质控图的新方法，并根据其各点的分布规律、曲线的漂移及趋势性变化，介绍了如何判断工作的受控状态、工作质量，以及异常数据的处理。

1　数据的搜集及计算方法

1.1　数据的搜集

通常我们做的质控图是单值质控图，即均值—标准偏差（$x-s$）质控图。搜集至少 20 个监测同一成分的数据，这些数据必须用同一方法在一定时间内重复测定[1,4]（不可将 20 个重复实验同时进行，或一天分析二次或二次以上，一般可以每天测定一次）。本文搜集的数据为某农田土壤铅元素含量，土壤的按照文献[5]进行前处理，样品的测定采用为电感耦合等离子发射光谱法。该 20 个数据如表 1 所示。

表 1　连续 20 天所测得农田土壤中铅含量

测定次数	1	2	3	4	5	6	7	8	9	10
测定值/（mg/kg）	16.8	14.2	15.3	16.0	13.0	15.7	15.2	16.0	15.1	15.7
测定次数	11	12	13	14	15	16	17	18	19	20
测定值/（mg/kg）	15.1	15.9	15.5	15.5	15.1	15.7	15.6	15.6	15.0	15.9

1.2 质控图的手工制作方法

质控图是目前国内外广泛采用的一种常规实验室质量控制方法，有较成熟的理论和实际经验，具体绘制方法[2]为：

先在方格坐标纸的纵轴上按算出的统计量值（包括均值、标准偏差、极差等）的范围标好整分度，再将各统计量值（包括 $\bar{x}$、$\bar{x}\pm s$、$\bar{x}\pm 2s$、$\bar{x}\pm 3s$）准确地标准在相应的位置。按此位置会出与横轴平行的中心线，上、下控制线，上、下控制线，上、下辅助线。在横坐标上绘一条基线，按均匀地等分度标出测定顺序。这条基线与下控制线之间应留有一定的空间。最后，按顺序画出每个检测值对应的点，并用直线将各点按顺序连接，即成所需质量控制图的原始图。

2 质控图的电脑制作

虽然质控图的手工制作方法比较成熟，然而质量控制图的人工绘制既要花费大量的人力和时间，又容易出现计算错误和绘制不准确的情况，从而误导管理者做出错误的决策。随着计算机的广泛应用，质控图的电脑制作越来越受欢迎。经反复摸索，运用 excel 软件可绘制出较准确、直观的质量控制图，本文介绍了其具体步骤。

2.1 构建 excel 表格框架

把搜集的 20 个数据依次输入到 excel 表格中，运用 excel 软件提供的函数计算出其平均值（$\bar{x}$)、标准偏差（s)，然后计算出 $\bar{x}\pm s$、$\bar{x}\pm 2s$、$\bar{x}\pm 3s$，并按表 2 的顺序输入到 excel 表格中。

表 2 相关数据的 excel 表格

测定天数	测定值/(mg/kg)	$\bar{x}$	$\bar{x}+s$	$\bar{x}-s$	$\bar{x}+2s$	$\bar{x}-2s$	$\bar{x}+3s$	$\bar{x}-3s$
1	16.8	15.4	16.2	14.6	16.9	13.8	17.7	13.1
2	14.2	15.4	16.2	14.6	16.9	13.8	17.7	13.1
3	15.3	15.4	16.2	14.6	16.9	13.8	17.7	13.1
4	16.0	15.4	16.2	14.6	16.9	13.8	17.7	13.1
5	13.0	15.4	16.2	14.6	16.9	13.8	17.7	13.1
6	15.7	15.4	16.2	14.6	16.9	13.8	17.7	13.1
7	15.2	15.4	16.2	14.6	16.9	13.8	17.7	13.1
8	16.0	15.4	16.2	14.6	16.9	13.8	17.7	13.1
9	15.1	15.4	16.2	14.6	16.9	13.8	17.7	13.1
10	15.7	15.4	16.2	14.6	16.9	13.8	17.7	13.1
11	15.1	15.4	16.2	14.6	16.9	13.8	17.7	13.1
12	15.9	15.4	16.2	14.6	16.9	13.8	17.7	13.1
13	15.5	15.4	16.2	14.6	16.9	13.8	17.7	13.1
14	15.5	15.4	16.2	14.6	16.9	13.8	17.7	13.1
15	15.1	15.4	16.2	14.6	16.9	13.8	17.7	13.1
16	15.7	15.4	16.2	14.6	16.9	13.8	17.7	13.1
17	15.6	15.4	16.2	14.6	16.9	13.8	17.7	13.1
18	15.6	15.4	16.2	14.6	16.9	13.8	17.7	13.1
19	15.0	15.4	16.2	14.6	16.9	13.8	17.7	13.1
20	15.9	15.4	16.2	14.6	16.9	13.8	17.7	13.1

2.2 质控图的初步形成

第一步，在 excel 表格中，长按鼠标左键，选中如表 2 所示 20 行、9 列的所有数据。

第二步，单击 excel 表格上方的图表向导，出现一个图表向导对话框，然后在该对话框的左侧选择图表类型为“折线图”，单击“下一步”按钮，此时会出现一个 9 个系列的折线图，单击对话框上方的“系列”按钮，选中“系列 1”，将其删除。

第三步，单击“下一步”按钮，在图表标题处输入“质控图”，在分类（X）轴处输入“测定次数”，在分类（X）轴处输入“土壤中铅含量（mg/kg）”。然后单击对话框上方之“网格线”按钮，把数值Y轴的“主要网格线”前的勾去掉。然后单击对话框上方之“图例”按钮，把“显示图例”前的勾勾去掉。最后依次单击“下一步”、“完成”按钮。然后在excel已出现的图形中，左键双击绘图区灰色部分，出现“绘图区格式”对话框，在“颜色”选项中选择“无色”，单击“确定”按钮。此时，就形成了如图1所示的质控图雏形。

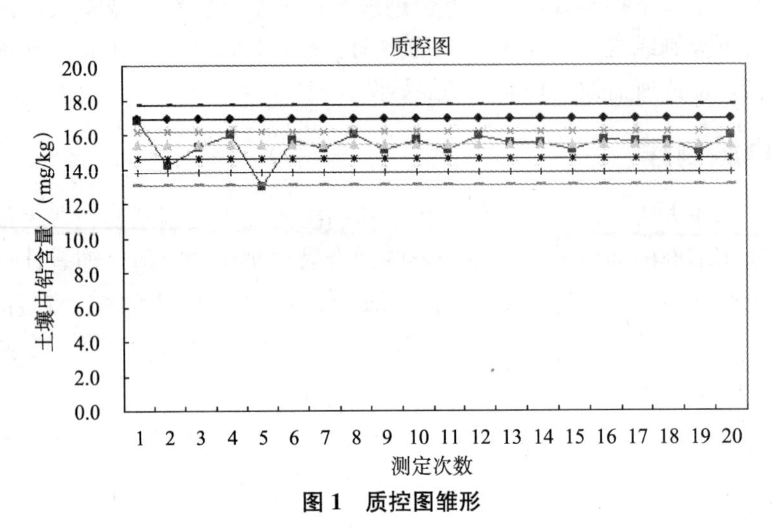

图1　质控图雏形

2.3　质控图的编辑和完善

2.3.1　坐标轴的编辑

在excel表格中，把鼠标箭头指向如图2所示的Y坐标轴上，左键双击Y数值轴，会出现一个“坐标轴格式”的对话框。单击该对话框上方的“刻度”按钮，在“最小值”处输入“12.32”，该数值为所提供的20个数据的$\bar{x}-4s$计算所得；在“最大值”处输入“18.47”，该数值为所提供的20个数据的$\bar{x}+4s$计算所得；在“主要刻度单位”处输入“0.7688”，该数值为所提供的20个数据的标准偏差s；其他选项不用改动。单击“确定”按钮，就会出现的进一步优化的质控图。

2.3.2　中心线、辅助线、警告线、控制线的编辑

在图形中七条水平直线右侧插入文本框，从上而下依次输入“上控制线（$\bar{x}+3s$）”、“上警告线（$\bar{x}+2s$）”、上辅助线（$\bar{x}+s$）、“中心线（$\bar{x}$）”、下辅助线（$\bar{x}+s$）、“下警告线（$\bar{x}-2s$）”、“下控制线（$\bar{x}-3s$）”，为保证文字在图形之内，在excel已出现的图形中，单击绘图区空白区域，会出现一个图形框，把鼠标箭头指向其右下角，长按鼠标左键向左上拉，使绘图区图形变小，以便所插入的文本框能美观地插入水平线的右侧。

2.3.3　质控图的优化

首先，使鼠标箭头停留在“上控制线”上，双击鼠标左键，出现“数据系列格式”对话框，在“样式”选项中选择第一种实线，在“颜色”选项中选择“黑色”，在“数据标记”选项中选择“无”，单击“确定”按钮，依此方法优化“下控制线”和中心线。

其次，使鼠标箭头停留在“上警告线”上，双击鼠标左键，出现“数据系列格式”对话框，在“样式”选项中选择第二种虚线，“颜色”选项中选择“黑色”，在“数据标记”选项中选择“无”，单击“确定”按钮，依此方法优化“下警告线”及“上、下辅助线”，其中上、下辅助线虚线类型的选择要不同于警告线。

最后，使鼠标箭头停留在20个数据的折线图上，双击鼠标左键，出现“数据系列格式”对话框，首先在对话框左侧“线形”区域，“样式”选项中选择第一种实线，“颜色”选项中选择“黑色”；其次在对

话框右侧“数据标记”区域，“前景色”、“背景色”选项均选择黑色，最后单击“确定”按钮。此时就会出现如图 2 所示的最终的质量控制图。

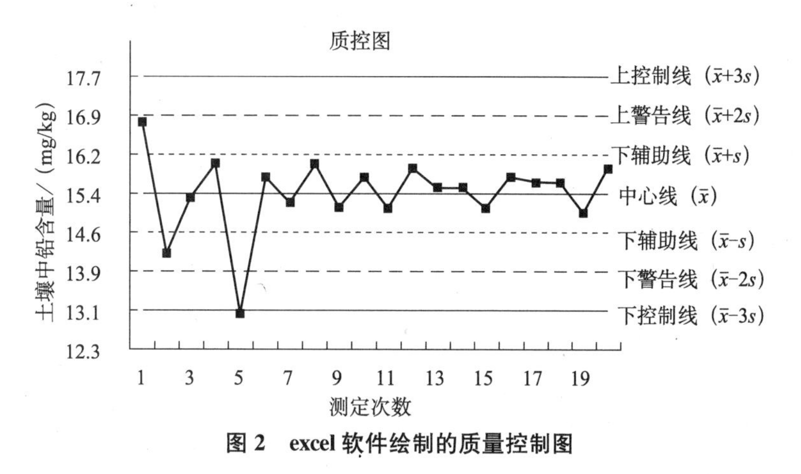

图 2 excel 软件绘制的质量控制图

3 质控图的图形分析

对已绘制好的质量控制图，可按照各测试点在图中的分布状况，直观反映其工作的受控状态和工作质量。质控图可按下列要求[2]判断测定结果是否有异常。

（1）图中各点分布应控制在中心线两侧随机排列。落在上、下辅助线范围内的点数不少于 50%。

（2）落在上、下控制线上或线外的点，表示为失控数据，如图 3 所示的第 5 个数据，即为失控数据。失控数据应予剔除，剔除后补充新的数据，重新计算并绘图。

（3）连续 7 个或 7 个以上的点落在中心线一侧，表示出现了系统误差，准确度发生了一次性向上或向下的改变，往往由于突然出现的新情况引起，如更换标准品生产厂家或批号、重新配制试剂、操作人员的更换等。此时应剔除这 7 个点后，急需补充至少 7 个点，重新计算绘图。

（4）二是相邻 3 个点中两个点频频接近控制线，表示工作状态异常，此时应中止实验，查找原因，并补充不少于 5 个的数据，再重新计算绘图。

（5）连续 7 点递升或递降呈明显倾向时，表示检测的准确度发生了渐渐的变化，往往由一个逐渐改变的因素造成，如试剂的挥发、蒸发、吸水、沉淀析出等。此时剔除这 7 个点后，急需补充至少 7 个点，重新计算绘图。

4 结论

质量控制图的建立需要积累一定量的数据，根据这些数据进行各种统计量的计算，然后方能绘制成图。其计算程序繁琐、复杂，耗费时间，致使其应用受到一定的限制。本文根据休哈特质控图绘制原理，利用计算机常用软件 excel 电子表格，以非常简单的方法，高效、可靠的完成准确、直观的质量控制图。同时，本文介绍了如何利用质控图判断实验室工作的受控状态和分析质量，及异常数据的判断与处理。分析人员可以借助日益普及的计算机软件，将注意力集中于分析实验、积累数据上，而不是解决繁琐、困难的数学计算问题，从而提高了研究人员的工作效率。

参考文献

［1］周弛，刘波，任越，等．浅谈美国环境监测质量保证与质量控制［J］．中国环境监测，2010，26（3）：45-50.

［2］中国环境监测总站．环境水质监测质量保证手册．2 版．北京：化学工业出版社，2010：329-338.

[3] 常规质控图 . GB/T 4091—2001.
[4] 任乃林，李红. 质量控制图及其在分析化学实验中的应用 [J]. 现代农业科技，2009，(21)：312-314.
[5] 胡艳丽，夏杰，张自全，等. 电热板消解 ICP-AES 测定农田土壤中的重金属 [J]. 四川环境，2014，3 (4)：1-4.

作者简介：张海军 (1981—)，男，河南周口人，2010 年毕业于浙江大学土壤学专业，农学硕士，工程师，主要从事环境监测与评价和环境生态保护研究。

地表水水质自动监测站仪器验收比对中的问题研究

贺　亮　何延新　袁挺侠
西安市环境监测站，西安　710054

摘　要：对新建的4个地表水水质自动站仪器进行验收比对监测，结果表明：4个水站在性能测试和质控考核全部合格，但是实际水样比对合格率较低，不能满足《国家水质自动监测站系统验收考核办法》的要求，就验收比对监测中遇到的实际问题，并分别从实验方法，合格率和比对误差三个方面对存在问题进行分析和探讨，并针对存在问题提出建议。

关键词：地表水水站；仪器；验收比对

Research on the Problems of the Acceptance and Contrast to the Surface Water Automatic Monitoring Station Instrument

HE Liang　HE Yan-xin　YUAN Ting-xia
Xi'an Environmental Monitoring Station，Xi'an 710054

Abstract：Theacceptance and contrast tothe newly four surface water automatic monitoring station instrument，The results show that the four water stations on the assessment of performance testing and quality control all qualified，But the qualified rate of the contrast to actual water samples was low，which can't meet the requirement of the "national water quality automatic monitoring station system performance test method"，to The practical problems ofacceptance and contrast to the instrument，Respectively from the experiment method，the percent of pass and alignment error in three aspects of the problems were analyzed and discussed，And Suggestions are put forward according to the existing problems.

Key words：surface waterautomatic monitoring station；instrument；acceptance and contrast

"十二五"期间，陕西省高度重视环境自动监控系统建设工作，建立起"覆盖全市、功能完备、技术先进"的环境自动监控系统。实施地表水水质的自动监测，在政府环保责任目标考核、流域生态补偿、总量减排等环境管理工作中发挥着重要的作用。目前，西安市辖区内共有省级地表水站5个，市级地表水站6个，基本实现了对西安市环境污染较重河流的动态监管，形成了功能较为完备的环境质量自动监测网络。

水站现场验收比对监测是判定水站仪器合格和数据有效性的重要手段[1]，2010年5月国家颁布了《国家水质自动监测站系统验收考核办法》（以下简称《办法》），该《办法》就水站仪器现场验收比对监测提出了相关要求，形成了地表水站一套系统且规范的验收标准。但在水站验收比对监测实际操作中仍存在验收周期长，验收合格率低等问题，本文就西安市自建的4个水质自动站仪器验收比对过程中遇到的问题进行分析和探讨，并提出了一些建议。

1　西安市地表水站验收比对监测的情况

1.1　西安市地表水水质自动站仪器性能测试情况

从表1、表2可以看出，对各水站化学需氧量（COD_{Cr}），氨氮（NH_3-N），总磷（TP），溶解氧（DO），pH的仪器进行性能测试，4个水站的各项仪器的性能测试结果全部满足《国家水质自动监测站系统验收考核办法》对仪器性能的相关要求。浊度，电导率，温度不参加性能测试考核[2]。

表1　水质自动站性能测试结果

类别	COD/%			NH_3-N/%			TP/%			DO/（mg/L）			pH	
	重现性	零点漂移	量程漂移	重现性	零点漂移	量程漂移	重现性	零点漂移	量程漂移	重现性	零点漂移	量程漂移	重现性	零点漂移
A河	1.0	3.5	−3.95	0.5	0	0.012	1	3.7	5.2	0.24	−0.1	−0.28	0.01	0.02
B河	0.8	3.2	−2.11	1.0	0	0.042	1	3.6	5.6	0.21	−0.1	−0.23	0.01	−0.03
C渠	1.0	3.8	−2.94	0.5	0	0.02	1	3.8	5.8	0.26	−0.2	−0.29	0.04	−0.03
D湖	0.8	3.6	−2.41	1.0	0	0.056	—	—	—	0.12	−0.2	−0.27	0.03	−0.02
结果	合格	合格	合格	合格	合格	合格	合格	合格	合格	合格	合格	合格	合格	合格

注："—"表示无该项目。

表2　水质自动站准确度和精密度测试结果

	COD/%		NH_3-N/%		TP/%		pH/%		DO/%	
	准确度	精密度	准确度	精密度	准确度	精密度	准确度	精密度	准确度	精密度
A河	1.08	2.13	2.5	2.42	0.18	2.46	1.42	1.00	2.7	2.5
B河	1.23	2.43	2.3	3.32	0.59	2.27	1.23	0.99	1.95	2.3
C渠	1.32	2.46	3.3	2.15	0.19	2.47	1.25	1.00	1.75	3.5
D湖	1.05	2.58	2.7	3.24	—	—	1.11	1.00	1.95	5.0
结果	合格	合格	合格	合格	合格	合格	合格	合格	合格	合格

注："—"表示无该项目。

1.2　西安市地表水站验收合格率情况

按照《办法》的质控考核和比对监测要求，对西安市新建的A、B、C、D 4个水站仪器进行验收比对监测。结果表明，4个水站的所有仪器的质控项目考核全部合格。但《办法》未明确指出实验比对合格率限值，若按100%合格率的标准执行的情况下，仪器实际水样比对监测结果均未达到要求。五参数（pH，温度，电导率，溶解氧，浊度）仪器项目比对试验结果合格率较高，均值在90%；化学需氧量、氨氮和总磷合格率普遍偏低，其中D湖的水质情况较好，污染物浓度较低，其仪器的比对实验合格率最低，分别为60%和50%。C渠水质情况较差，污染物浓度较高，其化学需氧量、氨氮仪器的比对实验合格率较高，均为80%。

2　水站验收比对监测中合格率低问题及原因分析

在实际验收比对监测过程中，发现各仪器的质控样考核合格率较高，但在实际水样比对分析中，化学需氧量，氨氮和总磷的合格率普遍较低，分析原因主要有两个方面，一是仪器方法和实验室方法不同，二是《国家水质自动监测站系统验收考核办法》（2010年5月）比对监测合格标准和和合格率的标准不完善。

2.1　国标方法与仪器方方法不同产生的影响

以化学需氧量仪器方法和国标方法对比为例，在化学需氧量测定方法中，A河和C渠水站和实验室用国标法重铬酸钾消解氧化还原滴定法比较相近，但是在试剂种类、浓度、加热温度，反应时间和数值读出方式上仍有区别，在实际实验比对中会产生偏差；B河和D湖水站用的是紫外可见光分光光度法，这种方法根据水样中特定的溶解态有机物对特定波长（254nm）的紫外线有较强的吸收，在测量吸光度后再通过相关性可转换成COD值，该法较适用于无悬浮颗粒、成分稳定、无色透明的水样。故在做质控比对时由于质控样品成分稳定，无色透明干扰较少，所以质控合格率普遍很高。而在实际水样比对过程中由于实际水样浊度、悬浮物及其他因素的干扰较大，故易产生误差[3]。在各站的氨氮和总磷实际水样比对中也出现同样的问题，尤其是氨氮的离子选择电极法的与国标法的纳氏试剂分光光度法，在实际水样比对中易产生误差，合格率较低（详见表3）。

表 3　地表水质自动站部分项目测定方法与国标方法比较

	COD 测定方法	NH_3-N 测定测定方法	TP 测定方法
A 河	重铬酸钾法分光光度法	氨气逐出比色法	钼酸铵光电比色法
B 河	紫外可见光分光光度法	离子选择电极法	钼酸铵光电比色法
C 渠	重铬酸钾法分光光度法	氨气逐出比色法	钼酸铵光电比色法
D 湖	紫外可见光分光光度法	离子选择电极法	—
国标法	重铬酸盐法	纳氏试剂分光光度法	钼酸铵分光光度法

2.2　《办法》在验收比对监测中存在的问题

西安市新建的 4 个地表水站水源既有自然生态补给水，也有各类污染企业及污水处理厂外排水，水源的复杂和不稳定性给实际验收比对工作带来许多困难，2010 年出台的《办法》虽然给出一套系统的验收规范和标准，但在合格率和比对误差上仍存在问题，再加上仪器自身误差和方法误差，一定程度上影响地表水站的验收比对工作可操作性。地表水站的验收比对工作应借鉴污染源等其他类型的在线设备验收比对的方法，使大部分地表水站仪器正常运行时能够满足要求，使其具有更广泛的实际意义和可操作性。

2.2.1　比对合格率问题

《办法》要求地表水站验收比对监测要提供 10 组数据，每天一组数据共做 10 天，但未明确指出合格率限值，若按 100%的合格率的话，在实际验收比对中很难实现。这个合格率的要求比《水污染源在线监测系统运行与考核技术规范》（HJ/T 355—2007）80%合格率的要求还要严格[4]。见表 4。

2.2.2　实际水样比对误差问题

《办法》要求地表水站所有项目的实际水样对比相对误差应≤15%，这个比对误差标准用于 pH、温度、电导率等常规项目过于宽松，以 pH 比对监测为例，若一般地表水 pH 为 7，那么比对误差为±1.05pH。这比《水污染源在线监测系统运行与考核技术规范》（HJ/T 355—2007）±0.5pH 的比对误差还要宽松。见表 4。

这个标准用于化学需氧量、氨氮和总磷的误差要求又过于单一和严苛。以化学需氧量比对为例，新建 4 个水站所在地表水的化学需氧量浓度最低浓度为 15mg/L，最高的 70mg/L，若统一按 15%误差标去考核验收，那么比对误差分别为±2.25mg/L，±10.5mg/L。形成了低污染河流地表水站验收比对误差严格，实际验收中难以符合规范要求。而高污染物浓度地表水水站由于误差范围大相对容易通过比对验收。《水污染源在线监测系统运行与考核技术规范》（HJ/T 355—2007）按照不同化学需氧量浓度范围划定不同误差率的方法，在实际比对中是合理可行的。见表 4。

表 4　地表水与水污染源自动监测设备比对误差标准比较

	水污染源在线设备实际水样比对误差	地表水设备实际水样比对误差
pH	±0.5pH	
温度	0.5℃	
COD	±10%（COD＜30mg/L，以接近于实际水样的低浓度质控样替代实际水样进行试验）	
	±30%（30m g/L ≤COD＜60mg/L）	
	±20%（60mg/L≤ COD＜100mg/L）	
	±15%（COD≥100mg/L）	
NH_3-N	±15%　电极法	
	±15%　光度法	
	±15%	
TP	15%	
合格率	80%	100%

3　建议

（1）明确验收比对合格率。建议地表水站验收比对合格应参照《水污染源在线监测系统运行与考核技术规范》（HJ/T 355—2007）执行 80%标准。

（2）细化放宽验收比对误差。鉴于地表水站仪器方法与实验室方法的不同造成的误差，pH，水温、电导率，溶解氧，浊度，应参照相应的自动分析仪验收标准制定比对误差标准，化学需氧量，氨氮和总磷水样比对误差应按浓度范围具体划分比对误差率。

（3）提高监测水平。加强验收比对工作中的规范性操作，比对监测人员要熟悉和了解仪器采样规律、进水系统构造等，同时保障比对实验的样品采集合理性和一致性。做好样品采集，运输和实验室质控措施等。

参考文献

［1］李艳红. 废水 COD 在线监测系统现场比对试验及管理的几点建议［J］. 中国环境监测，2005，21（4）：33-35.

［2］中国环境监测总站. 国家水质自动监测站系统验收考核办法［S］. 2010，4-5.

［3］梁高亮，陈灿云，霍妙霞．DL2001 COD 水质在线监测仪现场验收的若干问题［J］. 环境监测管理与技术，2006，18（3）：47-48.

［4］水污染源在线监测系统验收技术规范．HJ/T 354—2007.

作者简介：贺亮（1981—），男，汉族，硕士，工程师，主要从事生态环境保护方面研究。

建设项目竣工环境保护验收监测全程质量控制的探讨

车　轩　宋　薇　李歆琰　赵　峥
河北省环境监测中心站，石家庄　050037

摘　要：建设项目竣工环境保护验收是各级环境监测站的一项重要工作，质量控制是贯穿验收监测全过程的核心，加强全程质量控制才能确保建设项目竣工环境保护验收的监测质量可靠，数据有效，才能全面推进建设项目竣工环境保护验收监测事业科学发展。

关键词：建设项目竣工；验收监测；质量控制

Discussion in the Whole-Course Quality Control of Environmental Protection for Check and Acceptance Monitoring of Completed Construction Project

CHE Xuan　SONG Wei　LI Xin-yan　ZHAO Zheng
Hebei Environment Monitoring Center，Shijiazhuang 050037

Abstract：Environmental protection for check and acceptance of completed construction projectis an important work of all levels of environmental monitoring station，quality assurance is the core throughout the whole process of acceptance monitoring，strengthening whole-course quality assurance that can guarantee the reliability of quality、the effectiveness of data and which can completely promoting the scientific development of environmental protection for check and acceptance monitoring of completed construction project.

Key words：completed construction project；check and acceptance monitoring；quality control

建设项目竣工环境保护验收监测，是我国各级环境监测部门的一项重要工作，是建设项目竣工环境保护验收的主要技术依据，“三同时”制度在控制新污染源产生和生态的破坏及改善环境质量等方面发挥着重要作用，建设项目竣工环境保护验收是环保设施与主体工程同时投产并有效运行的最后一道由环境保护行政主管部门把关的关口，是控制污染和生态破坏的根本保证。因此做好建设项目竣工环境保护验收监测的质量控制具有重要意义。

建设项目竣工环境保护验收监测的质量控制的主要包括以下几个环节：现场勘察和监测方案编制；监测期间运行工况的调查；现场采样布点、监测的质量保证；实验室内的质量控制；数据处理；监测报告的编制的质量保证。

1　现场勘察和监测方案编制的质量控制

环境监测部门在接到建设项目竣工环境保护验收申请后，首先请建设单位提供与建设项目环境保护验收有关的资料，并对这些资料进行仔细的调研，为下一步现场勘查做好准备，如发现未经环境保护行政主管部门许可擅自变更建设项目《环境影响评价报告书》及其批复中的生产工艺、污染治理等内容时请建设单位将建设项目的变更情况报告提交给环境保护行政主管部门，经环境保护行政主管部门报批后依据批文进行监测验收。在对建设项目环境保护验收有关的资料充分调研的基础上，进行建设项目现场勘察，是检查建设项目能否开展验收监测、确定验收监测范围和制定验收监测方案的一个关键步骤，也是验收监测环境保护管理检查的组成部分。

现场勘察质量控制内容包括：对照生产工艺对按要求应配套的废水、废气、噪声、固废处理设施建设和运行情况进行检查，包括监测孔、采样点、排污口流量计和在线监测设备的设置等。对废水、废气监测点位进行确认，检查排污口是否规范，是否具备监测条件，初步确定采样位置，对建设单位提出测试和安全保障条件如：按要求开凿测试孔、搭建测试平台等。对噪声、无组织排放等要严格按相应技术规范要求布设点位。察看建设项目周边外环境情况，有无环保敏感点，了解项目建设及运行期间有否扰民现象或污染纠纷等情况。最后针对踏勘中发现的建设项目中的不足，提请建设单位及时整改和完善。

现场勘查后编制验收监测方案，监测方案应包括以下内容：项目概况、工程概况、验收监测的依据、验收监测评价标准、测试方法标准和监测内容、环境管理检查内容，并在监测方案中制定出相应的质量控制方案包括现场采样和监测的方法、质控措施及实验室内分析方法、质控措施，特别需要注意的是所采用的监测方法一定严格按验收项目执行的排放标准中指定的分析方法。

2 现场监测期间的工况质量控制

工业生产型建设项目，验收监测应在工况稳定、生产达到设计生产能力的负荷达 75%以上（国家、地方排放标准对生产负荷另有规定的按标准规定执行）的情况下进行。对无法短期调整工况达到设计生产能力的75%以上负荷的建设项目中，可以调整工况达到设计生产能力的75%以上负荷的部分，验收监测应在满足75%或75%以上负荷或国家及地方标准中所要求的生产负荷的条件下进行。对无法短期调整工况达到设计生产能力的75%或75%以上负荷的建设项目中，投入运行后确实无法短期调整工况满足设计生产能力的75%或75%以上的部分，验收监测应在主体工程运行稳定、应运行的环境保护设施运行正常的条件下进行，对运行的环境保护设施和尚无污染负荷部分的环保设施，验收监测采取注明实际监测工况与检查相结合的方法进行[1]。

工况检查的质量控制：现场监测期间的工况保证对监测结果有很大影响，是监测验收的一个质控重点，有的企业为了能使验收监测结果达标采用降低负荷的办法，有的甚至让一些工段停产，让环保设施空转，为了防止这种情况的发生要在监测期间有专人负责检查工况，工况检查是对验收工程各个工段的工况检查，在项目竣工环保验收监测中，要了解该企业的生产周期，重点核查各工段主要原材料的消耗量、产品产量等，并按设计要求核算生产负荷，也可以到中控室检查监控设备和仪表显示，检查企业生产日报表等方法，另外监测时如果条件允许，尽量同时对环保设施进出口监测，可以防止企业环保设施空转的情况发生。

3 现场监测的质量控制

现场监测的质量控制包括：水质、废气、噪声、固体废物的现场采样、监测的质量控制。对水质现场采样、监测要在采样前了解主要的污染因子和治理措施，按技术规范要求采样，并加入固定剂和抗干扰剂，按质控要求采集平行样、密码样、空白样。废气现场采样和监测要了解主要的废气污染因子的治理措施，按质控要求确定采样断面、点位，采集平行样、密码样、空白样。噪声现场监测要按质控要求布设监测点位，采样周期与频次，监测背景噪声，噪声仪按质控要求检定和校准。固体废物的现场采样要具有代表性，并按要求保存和运输。固体废物的分类、储存、处置也是检查的重点。

现场监测期间注意问题：现场监测、采样人员必须通过上岗培训，取得上岗证，切实掌握采样和监测技术，监测科室项目负责人应充分了解监测方案，包括出发前定员、联系车辆、安排仪器与实验室准备，所有现场采样和监测的仪器设备要进行检查和校准，保证监测仪器的准确可靠，把握现场监测情况及人员安排等。现场做好采样记录和现场监测原始记录，送回实验室分析的样品要做好样品交接记录。现场监测发现的可疑数据及时向项目负责人反映，并和企业相关负责人联系及时找到原因，能在现场解决的问题就地解决，尽量避免重复监测。有关敏感点监测时除了严格按技术规范外还要讲策略，不要因为测试引起新的纠纷，造成不必要的麻烦。

4 实验室内的质量控制

验收监测现场采集的水样、气样、固体样品需要送回实验室分析的，要严格按照监测方案中的监测分析方法和质控措施，包括平行样品、质控样、加标回收样品等，实验室要通过国家计量认证，具备相应的监测资质，分析人员必须通过考核，持证上岗，没有上岗证的分析人员不得单独报出监测数据，分析人员要充分了解污水特征，以消除干扰物的影响，并熟练掌握监测方法。实验室的各种计量仪器要按有关要求定期检定，所有样品要在保存期内尽快完成监测，认真填写原始记录，及时上报监测结果。实验室质控负责人要做好实验室分析的质控检查工作。

5 数据处理的质量控制

实验室数据处理是保证监测数据准确性和可比性的最后一个重要环节，采取有效的数据处理质量控制措施，可以大大提高数据的质量，使环境监测建立在可靠的基础上，需要注意以下几个方面：样品测定需要进行校准曲线的测定和绘制时，样品的分析结果必须在校准曲线的线性范围内，如果超出，需稀释后重新测定，不得任意外延校准曲线。认真做好原始分析记录，进行正确的数据处理和有效校核，对于未检出样品必须给出本实验室的检出限。认真核实和填写监测结果，所有实验室分析的原始记录均按技术规范要求填写，并注意数据的单位和有效数字位数。如果发现异常数据或超标数据及时和现场采样负责人联系，分清是采样或分析的原因还是企业自身的原因，避免出现不合理的监测数据。要对监测数据实行严格的三级审核制度，经过校对、校核，最后由技术负责人审定后报出。

6 监测报告的编制

验收监测报告根据验收监测结果和环保验收工作的需要进行编制。监测报告包括前言、总论、建设项目基本概况、环保设施竣工验收监测与评价、结论和建议等几个部分。其中必须要有监测分析质量控制和质量保证的内容专章，主要介绍监测分析质量控制和质量保证执行情况和结果，对于监测数据中的超标数据，要在监测报告中进行分析和说明，必要时给出整改建议。报告完成后实行严格的三级审核制度，经过校对、校核，最后由技术负责人审定后报出。打印后和原始记录应及时建档，然后移交科室档案管理员。

总之，要做好建设项目竣工环境保护验收监测工作要有服务意识、市场意识、质量意识、责任意识，其中质量意识就是要做好质量控制工作，只有这样才能有利于客观公正的反映企业环境污染状况，有利于“三同时”制度执行，有利于控制污染，有利于加强建设项目的环境保护，确保建设项目不对环境造成新的污染。

参考文献

[1] 国家环境保护总局. 建设项目环境保护设施竣工验收监测技术要求（试行）. 环发〔2000〕38号.

作者简介：车轩（1971.9—）男，汉族，籍贯山西省，河北省环境监测中心站，实验分析中心副主任，高级工程师，长期从事环境监测工作。

土壤中多环芳烃测定的质量控制指标研究

彭　华　申进朝　王　琪　吴立业
河南省环境监测中心，郑州　450004

摘　要： 本文在全国多个实验室大量监测数据的基础上，对土壤中15种多环芳烃测定的精密度控制指标进行了研究。结果表明，实验室内相对标准偏差控制限值为12.4%～28.0%，实验室内相对偏差控制限值为17.1%～40.3%。

关键词： 土壤；多环芳烃；精密度；控制指标

Precision Control Index Determination of Polycyclic Aromatic Hydrocarbons in Soil

PENG Hua　SHEN Jin-chao　WANG Qi　WU Li-ye
Henan Environment Monitoring Center，Zhengzhou 450004

Abstract： On the basis of a large number of monitoring data from laboratories nationwidely，the precision control index for the determination of 15 polycyclic aromatic hydrocarbon in Soil was studied. The results indicate that the within-laboratory relative standard deviation control limits of standard samples were 12.4%～28.0%，the relative deviation were 17.1%～40.3 %.

Key words： soil；polycyclic aromatic hydrocarbons；precision；control index

多环芳烃是煤、石油、木材、烟草、有机高分子化合物等有机物不完全燃烧时产生的半挥发性碳氢化合物，是重要的环境和食品污染物，具有致癌、致畸和致突变的特殊性质，也是我国优先控制的环境污染物之一。在我国的环境监测标准方法体系中，土壤中多环芳烃的测定仍是空白，相关的精密度控制指标尚未建立。国际上，仅EPA8270D[1]提供了以自动索氏提取法提取土壤中多环芳烃的精密度控制指标。本文通过对精密度控制措施和大量监测结果的系统性研究，提出了土壤中多环芳烃测定的精密度控制指标，旨在为环境监测人员提供工作参考数据，为开展质量控制工作提供评价依据和技术支持。

1　实验部分

1.1　监测方法和监测内容

在全国范围内选取能够开展土壤中多环芳烃测定的实验室，分别根据自身仪器装备条件对土壤标准样品进行测定。前处理方法及仪器分析方法统计结果见表1。

表1　前处理及仪器分析方法统计结果

方法		采用实验室数量/个	采用率/%
提取方法	加速溶剂萃取	29	60
	索氏提取	12	24
	超声波提取	4	8
	微波提取	2	4
	其他	2	4

续表

方法		采用实验室数量/个	采用率/%
净化方法	凝胶渗透色谱净化	13	27
	固相萃取净化	10	20
	佛罗里硅土净化	5	10
	硅胶净化	1	2
	其他（不同填充剂的层析方法）	20	41
仪器分析方法	高效液相色谱	24	49
	气相色谱—质谱	11	22
	其他（不同检测器的气相色谱）	14	29

1.2 监测数据分析

在本文研究中，为了保证研究结果在全国的普适性，暂不考虑监测方法之间的差异，即从整体上忽略提取方法、净化方法和分析测试方法的差异，以单一实验室为统计单元，采取如下两个步骤对数据进行处理：①人工筛查：对明显不符合相关技术规定或明显离群的监测数据给予人工剔除。②采用检出水平值1%，即99%置信度，以 Grubbs 检验对多家实验室的测定结果进行检验。

本文讨论的质控指标为精密度，包括室内相对标准偏差（Within-laboratory relative standard deviation，RSD）、室内平行样相对偏差（Within-laboratory relative deviation，RD）、室间相对标准偏差（Interlaboratory relative standard deviation，RSD'）。各实验室内以标准样品 6 次平行测定的结果计算 RSD、以 6 次平行测定结果的最大值和最小值作为平行双样计算 RD、实验室间以各实验室 6 次平行测定的平均值计算 RSD'。

2 结果与讨论

来自全国 22 个省的 49 个实验室（22 家省级环境监测站、17 个市级环境监测站、10 家科研院所/商业实验室）分别对含 15 种多环芳烃的土壤标准样品进行 6 次平行测定，人工筛查后数据采用量见表 2。

表 2 人工筛查后测定数据采用量

序号	化合物	参加测定实验室个数	符合人工筛查要求实验室个数	剔除实验室个数	数据量
1	萘	49	39	10	234
2	苊	49	30	19	180
3	苊烯	49	12	37	72
4	芴	49	38	11	228
5	菲	49	38	11	228
6	蒽	49	28	21	168
7	荧蒽	49	37	12	222
8	芘	49	38	11	228
9	苯并［*a*］蒽	49	38	11	228
10	苯并［*b*］荧蒽	49	37	12	222
11	苯并［*a*］芘	49	29	20	174
12	苯并［*a*，*h*］蒽	49	37	12	222
13	苯并［*g*，*h*，*i*］苝	49	38	11	228
14	苯并［*k*］荧蒽	49	38	11	228
15	䓛	49	35	14	210

2.1 室内相对标准偏差

数据分析表明，现有研究数据尚不能判定测定精密度与实验室级别之间的必然联系。15 种多环芳烃的室内相对标准偏差统计结果见表 3。由表 3 可以看出，15 种多环芳烃测定结果的室内相对标准偏差平均值分别从 6.57%～12.8%不等。其中，蒽最大，为 12.8%，荧蒽最小，为 6.57%。若控制比例选择 90%，即统计结果可代表 90%的实验室的测试水平，可以发现，15 种多环芳烃的测定的室内相对标准偏差控制限值分别为12.4%～28.0%不等。其中，萘最小，为12.4%，蒽最大，为28.0%。

表3　室内相对标准偏差统计结果

序号	化合物	RSD最大值/%	RSD最小值/%	RSD平均值/%	控制比例/%	RSD控制限值/%
1	萘	20.8	0.31	7.12	90	12.4
2	苊	28.5	1.10	7.97	90	16.9
3	苊烯	19.9	2.70	9.92	90	16.2
4	芴	32.9	0.94	9.26	90	20.3
5	菲	20.8	0.23	6.85	90	13.1
6	蒽	33.5	0.89	12.8	90	28.0
7	荧蒽	19.1	0.05	6.57	90	13.8
8	芘	31.0	0.08	8.30	90	16.1
9	苯并[*a*]蒽	25.2	0.17	7.80	90	15.4
10	苯并[*b*]荧蒽	24.4	0.10	7.62	90	17.7
11	苯并[*a*]芘	40.4	1.64	12.0	90	27.9
12	苯并[*a*,*h*]蒽	23.8	0.54	9.49	90	19.2
13	苯并[*g*,*h*,*i*]苝	37.8	1.14	10.9	90	19.8
14	苯并[*k*]荧蒽	27.3	0.14	7.77	90	18.3
15	䓛	18.0	0.08	7.35	90	15.3

2.2　室内相对偏差

15种多环芳烃的室内相对偏差统计结果见表4。由表4可以看出，15种多环芳烃测定结果的室内相对偏差平均值分别从8.66%～18.5%不等。其中，蒽最大，为18.5%，荧蒽最小，为8.66%。若控制比例选择90%，即统计结果可代表90%的实验室的测试水平，可以发现，15种多环芳烃测定的室内相对偏差控制限值分别为17.1%～40.3%不等。其中，萘最小，为17.1%，蒽最大，为40.3%。

表4　室内相对偏差统计结果

序号	化合物	RD最大值/%	RD最小值/%	RD平均值/%	控制比例/%	RD控制限值/%
1	萘	26.0	0.36	9.04	90	17.1
2	苊	25.3	1.53	9.24	90	20.2
3	苊烯	24.6	3.66	12.8	90	22.0
4	芴	36.2	1.36	11.9	90	26.8
5	菲	25.8	0.32	8.83	90	18.6
6	蒽	53.9	1.29	18.5	90	40.3
7	荧蒽	23.4	0.07	8.66	90	18.6
8	芘	34.4	0.10	10.4	90	20.5
9	苯并[*a*]蒽	30.3	0.22	10.0	90	19.5
10	苯并[*b*]荧蒽	32.7	0.12	10.0	90	21.5
11	苯并[*a*]芘	55.3	1.75	16.0	90	33.4
12	苯并[*a*,*h*]蒽	30.1	0.76	12.4	90	25.5
13	苯并[*g*,*h*,*i*]苝	45.0	1.41	13.7	90	25.6
14	苯并[*k*]荧蒽	38.5	0.20	11.0	90	27.7
15	䓛	26.1	0.10	9.80	90	21.0

2.3　室间相对标准偏差

15种多环芳烃的室内相对偏差统计结果见表5。由表5可以看出，15种多环芳烃测定结果的室间相对偏差分别从11.7%～56.6%不等。其中，苊烯最大，为56.6%，苯并[*b*]荧蒽最小，为11.7%。通过实验室间比对，可以发现，各实验室间的测定结果差异较为显著，这与监测方法不统一有关，各实验室的技术水平也存在一定差异。因此，在当前的监测技术水平基础上，如果监测方法不统一，土壤中多环芳烃的测定不具备开展实验室间比对的条件，也不便将室间相对标准偏差作为质控指标。

表 5 室间相对标准偏差统计结果

序号	化合物	RSD'/%	序号	化合物	RSD'/%
1	萘	24.3	9	苯并［a］蒽	29.0
2	苊	37.3	10	苯并［b］荧蒽	11.7
3	苊烯	56.6	11	苯并［a］芘	32.6
4	芴	27.1	12	苯并［a,h］蒽	18.6
5	菲	19.3	13	苯并［g,h,i］苝	23.6
6	蒽	38.1	14	苯并［k］荧蒽	11.8
7	荧蒽	14.2	15	䓛	13.2
8	芘	14.4			

2.4 与 EPA 质控指标的比较

目前，国内外尚无关于土壤中 16 种多环芳烃测定的 RD 和 RSD' 控制指标，仅 EPA8270D 提供了以自动索氏提取法提取土壤中 15 种多环芳烃的 RSD 控制指标。将本文研究的标准样品 RSD 结果与 EPA8270D 中数据进行比较，见表 6。

表 6 土壤中 15 种多环芳烃测试的室内相对标准偏差建议限值与 EPA8270D 指标对比

序号	化合物	RSD/%	EPA8270D 指标/%	序号	化合物	RSD/%	EPA8270D 指标/%
1	萘	12.4	15	9	苯并［a］蒽	15.4	3.8
2	苊	16.9	4	10	苯并［b］荧蒽	17.7	5.0
3	苊烯	16.2	5.7	11	苯并［a］芘	27.9	4.1
4	芴	20.3	3.4	12	苯并［a，h］蒽	19.2	6.3
5	菲	13.1	5.4	13	苯并［g，h，i］苝	19.8	8.0
6	蒽	28.0	3.9	14	苯并［k］荧蒽	18.3	4.1
7	荧蒽	13.8	6.9	15	䓛	15.3	4.4
8	芘	16.1	0.8				

由表 6 可以看出，与 EPA 质控指标比较，当前国内土壤中 15 种多环芳烃标准样品测定的 RSD 建议控制限值远高于 EPA 控制指标（萘除外）。这与目前我国土壤中多环芳烃的测定水平和方法尚未标准化有关，也与本研究中没有单独分析萃取、净化和分析测试方法的差异有关。

3 结论

参与研究的全国 22 个省的 49 个实验室，尚有十余个实验室不能报出有效数据，说明当前国内实验室间监测能力差异显著。15 种多环芳烃测定结果的统计结果表明，测定结果的室内相对标准偏差控制限值分别为 12.4%～28.0%不等，室内相对偏差控制限值分别为 17.1%～40.3%不等。

本研究得出的结论将为下一步工作的开展奠定一定的基础。随着我国土壤环境监测相关国家、行业标准的逐步完善和中国环境监测整体技术水平的提高，土壤中多环芳烃的监测技术将逐步规范、统一，在条件允许的情况下，可逐步严格标准样品测定精密度质控指标，以使土壤环境监测更加科学，促进我国土壤环境监测技术的现代化发展。

参考文献

［1］EPA Method 8270D，Semivolatile organic compounds by gas chromatography/mass spectrometry (GC/MS)［S］，2007.

作者简介：彭华（1967—），女，汉，籍贯河南省信阳市，高级工程师，主要从事环境监测工作。

欧盟和美国环保署认证的 $PM_{2.5}$ 手工采样器比对研究

杨 婧 楚宝临 滕 曼 姚雅伟 付 强

国家环境保护环境监测质量控制重点实验室，中国环境监测总站，北京 100012

摘 要：为保障我国 $PM_{2.5}$ 监测数据的准确性和可靠性，通过开展美国环保署（US EPA）和欧盟（EU）认证的不同采样流量手工采样器的比对监测工作，验证了其监测结果的等效性，为我国 $PM_{2.5}$ 现场比对监测提供依据，并提出：①当 $PM_{2.5}$ 浓度低于 35 μg/m³ 时，2 种流量手工采样器监测结果相对偏差绝对值｜RD%｜显著增加，建议实际比对工作选择 $PM_{2.5}$ 浓度高于 35μg/m³ 时进行；②当 $PM_{2.5}$ 浓度达到重度污染（>150 μg/m³）时，采样器易因滤膜负载过大而停泵，导致平行采样器比对时段不一致，增加无效数据量，建议在满足滤膜负载要求的前提下，通过适当缩短比对时间来减少此类情况的发生。

关键词：大气细颗粒物；手工采样器；颗粒物手工比对；监测方法等效性

The Parallel M easurements of Manual Samplers of $PM_{2.5}$ Authenticated by EU and US EPA

YANG Jing CHU Bao-Lin TENG Man YAO Ya-Wei FU Qiang

China NationalEnvironmental Monitoring Centre State Environmental Protection Key Laboratory of Quality Control in Environmental Monitoring, China National Environmental Monitoring Center, Beijing 100012

Abstract: In this paper, the parallel measurements of manual samplers with different flowrate (1m³/h and 2. 3m³/h) were carried out for one year period in order to investigate their comparability. The results showed: ① good relative correlation was found for daily concentrations of $PM_{2.5}$ measured with those two samplers by regression models; ②to allow a better comparability of data, it was recommended to conduct in situ intercomparison when daily concentrations of $PM_{2.5}$ was higher than 35μg/m³; ③ when daily concentrations of $PM_{2.5}$ was higher than 150μg/m³, all samplers are unable to measuring 23 h $PM_{2.5}$ mass concentration because of the filter mass loading beyond which the sampler can no longer maintain the operating flow rate within specified limits due to increased pressure drop across the loaded filter. Therefore, shorter sampling time are suggested to avoid such situation.

Key words: The fine PM aerodynamic diameter of particle ≤ 2. 5 μm ($PM_{2.5}$); manual samplers; parallel measurements by manual way; comparability of routine measurements

近几年，我国大气细颗粒物（$PM_{2.5}$）引起的大气环境污染问题日益严重并受到广泛关注。2012 年，环境保护部发布新《环境空气质量标准》（GB 3095—2012），首次将 $PM_{2.5}$ 纳入了空气质量控制目标[1]。同年 4 月，环保部调整了国家环境空气质量监测网组成名单，调整后的监测网络由 338 个地级以上城市的 1 436 个监测点位组成，覆盖到了我国全部地级以上城市[2]。按照空气质量新标准的要求，至 2016 年国家环境空气监测网内的所有监测点位将按照新标准开展监测。

目前，我国采用自动监测方法进行 $PM_{2.5}$ 的例行监测，并向公众发布监测结果。由于 $PM_{2.5}$ 来源与组成复杂，同时自动监测设备原理各不相同，准确监测难度相对较大。美国、欧盟等发达国家均采用手工监测方法作为参比方法[3,4,5]，提出自动监测结果须与手工方法进行比对；并发布了手工监测标准方法，规定了手工采样器原理、各项性能指标，并给出了通过认证的采样器厂家和型号。目前我国 $PM_{2.5}$ 的手工监测工作依据《环境空气颗粒物（$PM_{2.5}$）手工监测方法（重量法）技术规范》（HJ 656—2013)》开展。该标准规定，$PM_{2.5}$ 手工采样器的性能和技术指标均应符合《环境空气颗粒物（PM_{10} 和 $PM_{2.5}$）采样器技术要求及检测方法（HJ 93—2013)》中要求，但并未指定采样设备的原理、型号。此外，我国也初步开展了京津冀、珠三角等典型地区的现场比对研究。本研究旨在通过考察美国环保署（US EPA）和欧盟认证的 2 种手工采样器的等效性，为我国 $PM_{2.5}$ 现场比对监测工作提供依据。

1 实验方法

1.1 实验仪器

US EPA 认证的手工采样器 3 台，编号 1＃、2＃、3＃[3]。该型号手工采样器切割原理为旋风式，采样流量为 16.67 L/min，即 $1m^3/h$。当实际工作点流量与规定工作点流量偏差超过±10%且持续时间超过 60s 时，即停止抽气。本研究中，利用 3 台采样器同时采集平行样。该采样器能够根据设定的采样时间自动更换采样滤膜，但体积较大，不便于携带至比对工作现场。

欧盟认证的采样器 2 台，编号 4＃、5＃[6]。该手工采样器切割原理为撞击式，采样流量为 $2.3m^3/h$；且当实际工作点流量与规定工作点流量瞬时偏差超过±5%，或持续偏差达到 2%，即停止抽气。本研究中，利用 2 台采样器同时采集平行样。该采样器体积较小，便于携带至采样现场，但不具备自动换膜功能，需要根据设定的采样时间进行手工换膜。2 种采样器性能指标比较如表 1 所示。

表 1 US EPA 和欧盟认证的 2 种流量采样器关键性能比较

采样器编号	1＃、2＃、3＃	4＃、5＃
工作流量	$1m^3/h$	$2.3m^3/h$
采样流量偏差	测定流量与规定工作点流量偏差超过±10%且持续时间超过 60s 时，停止抽气	工作点瞬时流量与设定流量偏差大于 5% 时，或工作点平均流量与设定流量偏差大于 2%时，停止抽气
切割原理	旋风式	撞击式
采样器尺寸	40.2cm (*D*) × 64.0cm (*W*) × 89.5cm (*H*)	25 cm (*D*) × 31 cm (*W*) × 48 cm (*H*)
自动换膜功能	具备	不具备
采样器重量	46 kg	23kg

根据 2 种流量采样器的特点，在 $PM_{2.5}$ 现场比对工作中定义 1＃、2＃、3＃为参比采样器，4＃、5＃为待测采样器。其中参比采样器放置于中国环境监测总站三楼平台，持续运行用于检验待测仪器的准确性；待测采样器用于现场比对，每次外出比对，须与参比采样器比对检验合格后，携带至现场与自动仪器进行比对。

2.2 监测方法

于 2012 年 9 月—2013 年 8 月，每日采用 5 台手工采样器采集大气颗粒物中 $PM_{2.5}$ 样品。采样时间为每日 10：00—次日 09：00，共计 23h。采样地点位于北京市居民区一幢三层楼顶（N40°02′50.54″，E116°25′33.43″，海拔 50m）。将全年分为秋季（9—11 月）、冬季（12 年 12 月—13 年 2 月），春季（3—5 月）、夏季（6—8 月）共 4 个季节，以反映测试设备在不同环境条件下的性能表现。采样滤膜采用美国 Whatman 公司的聚四氟乙烯（PTFE）滤膜。每天的采样滤膜同时进行称量、平衡，具体实验操作严格按照《环境空气 PM_{10} 和 $PM_{2.5}$ 的测定重量法》（HJ 618—2011）相关要求，获得 $PM_{2.5}$ 的日均浓度值。

2.3 数据处理

3 台参比采样器监测结果有效性采用标准偏差（SD）和相对标准偏差（RSD%）进行评价。即，分别计算每组监测结果的 SD 和 RSD%，当 SD $\leqslant 5\ \mu g/m^3$ 且 RSD $\leqslant$ 7%时，该组监测数据有效[7]。

2 台待测采样器监测结果有效性采用样品间不确定度（Between-sampler/instrument uncertainty，

U_{bs}）进行评价[8]。首先计算每组监测结果的SD，采用Grubb’s检验对离群值进行剔除（$P=0.99$），剔除数据对应少于总数据量的2.5%。其中临界值表参考GB/T 4883—2008[9]。随后，按式（1）计算剔除离群数据后监测结果的U_{bs}。此外，由于采样地区为北温带季风气候，四季分明且气候特征变化显著。故将全年分为4个季节，分别计算不同季节监测结果的样品间不确定度$U_{bs}{}^{i}$，当U_{bs}和全部$U_{bs}{}^{i}$均小于或等于2.5μg/m³时，认为本次监测结果有效。

$$U_{bs}^{2}=\frac{\sum_{i=1}^{n}(y_{i,1}-y_{i,2})^{2}}{2n} \tag{1}$$

式中：$y_{i,1}$、$y_{i,2}$——单台手工采样器监测结果，μg/m³；

n——采样时段个数，个。

对参比采样器和待测采样器同时段监测结果进行线性回归分析，得到回归方程的斜率（K）、截距（a）和相关系数（r），其中K代表采用不同流量进行采样的系统误差情况，控制范围为1±0.1；a说明初始误差情况，包括设备初始精密度偏差、手工监测误差、随机误差等，控制范围为0±5μg/m³；r说明待测采样器与参比采样器监测结果变化趋势的一致性情况，要求$r\geqslant0.95$。本研究中，采样时段（含起始及终止时间）相差1h以上认定为采样时段不一致，在数据统计时予以剔除[7,10]。

3 实验结果及讨论

3.1 总体结果

采样期间，采样滤膜上颗粒物负载在105～10 480μg，由于本研究采用百万分之一天平称量采样滤膜，因此全部样品均满足滤膜上颗粒物负载量不少于称量天平检定分度值的100倍的要求[11]。该点位$PM_{2.5}$日均值浓度范围为1.0～646.9 μg/m³，年均值为101.9 μg/m³。根据2012年发布的《环境空气质量标准》（GB 3095—2012）要求，居住区、商业交通居民混合区、文化区、工业区和农村地区大气$PM_{2.5}$年均值的浓度限值为35 μg/m³（二级），日均值的浓度限值为75 μg/m³（二级）[1]。该点位大气$PM_{2.5}$年均值超过标准年均浓度限值的2倍。此外，半数以上的日均值超过标准日均浓度限值75 μg/m³；并且日均最大值超过标准日均限值浓度的近10倍。与以往北京城市地区大气$PM_{2.5}$浓度相比，该点位浓度超过2005—2007年临近点位浓度水平近一倍[12]。与国内外其他大型城市居民区大气$PM_{2.5}$浓度水平相比，该居民区点位与天津、杭州城市大气$PM_{2.5}$浓度水平相当，略低于济南城市区和南京城市区点位，远高于福州和孟买等城市（表2）。

表2 采样期间居民区点位$PM_{2.5}$水平与国内外大型城市大气$PM_{2.5}$浓度水平比较 单位：μg/m³

地区	采样时间	$PM_{2.5}$浓度水平
本研究	2012.9～2013.8	101.9
北京[12]	2005	65.6
	2006	63.3
	2007	64.2
济南[13]	2006.2—2007.2	139.3
上海[14]	2008.09—2009.08	33.7
南京[15]	2002.12—2003.10	139.5
杭州[16]	2004.4—2005.3	108.2
福州[17]	2007.4—2008.1	44.3
胡志明市，越南[18]	2001（PM_2）	32
印度尼西亚[19]	2002	9.4
图卢兹，法国[20]	2004.3—2005.2	11.0
扎不热，波兰[21]	2007	22.0
孟买，印度[22]	2005	42.28
瓜达拉哈拉，墨西哥[23]	2007	44.1

3.2 监测结果有效性分析

3 台参比采样器采样时间共计 312 天，其中 52 天由于仪器设备损坏、故障和人为操作（如：采样滤膜人为破损、仪器流量校准等）导致比对数据不足 3 台。因此实际获得 3 台参比采样器监测比对数据 260 组，$PM_{2.5}$浓度在 2.0 ～ 646.9 μg/m³之间。其中有效数据 156 组，$PM_{2.5}$浓度在 10.5～304.9μg/m³之间；无效数据 104 组。无效数据中，由于采样时段不一致造成的无效数据共计 42 组，占总比对数据的 16.2%，$PM_{2.5}$浓度范围为 85.0 ～ 646.9 μg/m³。经对 3 台参比采样器监测结果有效性进行统计分析，SD 超过 5μg/m³的无效数据 35 组，SD 小于 5μg/m³但 RSD%大于 7%的无效数据 27 组，SD 和 RSD%结果不合格造成的无效数据占总比对数据的 23.8%。

2 台待测采样器采样时间共计 185 天，其中 37 天由于人为操作（如：采样滤膜人为破损、仪器流量校准、外出比对等）导致比对数据不足 2 台。因此实际获得比对数据 148 组，$PM_{2.5}$浓度在 1.0 ～ 544.8 μg/m³之间。其中有效数据 118 组，$PM_{2.5}$浓度范围 1.0～313.0 μg/m³；无效数据 30 组，占总比对数据的 14.7%，无效原因为采样时段不一致或采样时间未达到 23h，无效数据浓度范围为 74.4 ～544.8 μg/m³。未出现因仪器设备故障造成的无效数据。根据欧盟标准要求，对监测结果有效性进行统计分析，结果如表 3 所示。采用 Grubb' s 检验法剔除秋季和冬季离群数据各 1 对（P=0.99），剔除离群数据占总有效数据的 1.7%，满足标准中小于 2.5%的要求。按照式（1）计算全部有效数据的 U_{bs}和各季节的 $U_{bs}{}^{i}$（表 3），均小于标准要求的 2.5μg/m³，满足待测方法的等效性评估要求，故待测采样器监测结果有效。

表 3 待测采样器比对有效数据对统计结果

季节	有效数据对数/对	剔除数据对数/对	$U_{bs}/U_{bs}{}^{i}$值/（μg/m³）
秋季	22	1	1.5
冬季	41	1	2.4
春季	39	0	2.4
夏季	15	0	2.4
全年	118	2	2.3

此外，分析 4＃、5＃的无效监测结果发现，采样时段不足/不一致的监测数据发现，当 $PM_{2.5}$浓度达到重度污染（>150 μg/m³）时，此类故障明显增多（表 4）。因此可以推断，除仪器设备故障原因外，因 $PM_{2.5}$浓度较高，采样滤膜负载增大，导致的采样设备提前停泵也是导致采样时段不一致的主要原因。因此外出比对遭遇污染较严重的天气时，可以考虑通过适当缩短比对时间来减少此类情况的发生。

表 4 不同 $PM_{2.5}$浓度下，由于采样滤膜负载增大的无效数据分布情况

空气质量分指数	对应 $PM_{2.5}$浓度水平/（μg/m³）	采样时间未达到 23 h 数据（组）及占总比对数据的百分比			
		参比采样器		待测采样器	
0～150	0～115	3	1.2%	3	2.0%
151～200	116～150	7	2.7%	5	4.2%
201～300	151～250	21	8.1%	12	6.5%
300 以上	251 以上	11	4.2%	10	5.9%
总计	—	42	16.2%	30	20.3%

3.3 等效性分析

研究期间，参比手工采样器和待测手工采样器同时段监测数据 114 对，分别进行数据有效性检验，剔除无效监测结果后，共获得有效比对数据 76 对，其线性回归分析结果见图 1。将分析结果与标准[7,10]要求范围比较发现，各项指标均达标（表 5），表明 2 种手工采样器总体线性相关性良好，能够满足 $PM_{2.5}$现场比对监测需求。

表 5　待测采样器与参比采样器监测数据相关性分析结果与 EPA 规范比较

测试指标	有效测试天数	K	a	r
EPA 要求	≥23 天	1±0.1	0±5μg/m³	≥0.95
本研究	76 天	0.985 3	4.027 8	0.992 2

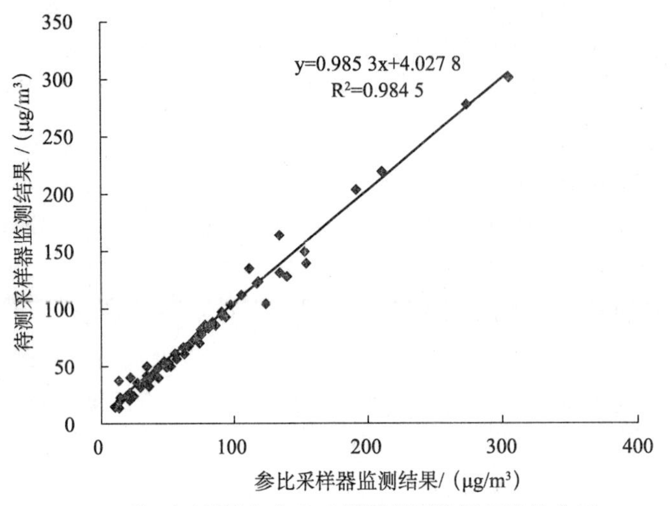

图 1　待测采样器与参比采样器监测数据相关性分析

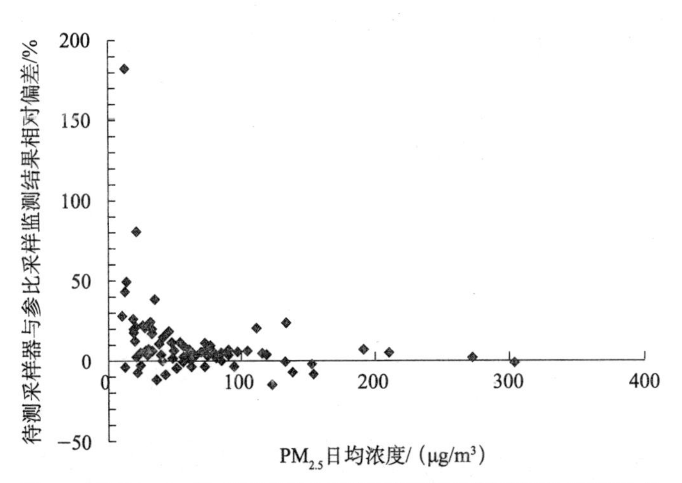

图 2　不同 $PM_{2.5}$ 浓度下参比和待测采样器监测结果的相对偏差

采样期间，有效比对数据 $PM_{2.5}$ 浓度范围为 10.5～304.9μg/m³，涵盖了优、良、轻度污染、中度污染、重度污染和严重污染 6 种空气质量级别。因此，本研究采用待测采样器监测结果对参比采样器监测结果的相对偏差（RD%），对 $PM_{2.5}$ 浓度作图（图 2），考察 $PM_{2.5}$ 污染水平对 2 种采样器监测结果的影响[24]。由图 2 可见，随着 $PM_{2.5}$ 浓度的升高，｜RD%｜逐渐减小。当 $PM_{2.5}$ 浓度低于 35μg/m³ 时，RD% 超过±25%的数据对 6 对，占总比对数据对 20%；当 $PM_{2.5}$ 浓度高于 35 μg/m³ 时，RD%均在±25%以内。此外，在低浓度时，待测采样器相对于参比采样器监测结果的正偏差较明显。SPSS 统计结果显示，2 种型号手工采样器监测结果的｜RD%｜与 $PM_{2.5}$ 水平呈现显著负相关（$P<0.001$）。因此，建议外出比对时选择 $PM_{2.5}$ 浓度高于 35μg/m³ 时进行。

4　结论

本研究于 2012 年 9 月—2013 年 8 月开展了 US EPA 和欧盟认证的 2 种不同流量手工采样器的比对监测工作，以考察 2 种采样器的等效性，结果表明：

(1) 线性回归分析结果表明，2 种流量手工采样器监测结果总体线性相关性良好，K、a 和 r 均满足相关标准要求，能够满足 $PM_{2.5}$现场比对监测工作需求。

（2）2 种流量的手工采样器监测结果的｜RD%｜与 $PM_{2.5}$水平呈现显著的负相关（$P<0.001$），且当 $PM_{2.5}$浓度低于 35 μg/m³时，出现｜RD%｜大于 25%的情况，因此，建议外出比对时选择 $PM_{2.5}$浓度高于 35μg/m³的情况。

（3）当 $PM_{2.5}$浓度达到重度污染（>150 μg/m³）时，采样时间不足 23h 的情况明显增多。可以推断为 $PM_{2.5}$浓度较高，采样滤膜负载增大所致。因此，建议通过适当缩短比对时间来减少此类情况的发生，同时有效提高比对工作效率。

参考文献

[1] 环境保护部．环境空气质量标准（GB 3095-2012），2012.

[2] 环境保护部．关于印发国家地表水、环境空气监测网（地级以上城市）设置方案的通知（环发[2012] 42 号），2012.

[3] US EPA List Of Designated Reference And Equivalent Methods [R]．North Carolina：US EPA，2012，48-49.

[4] UK Environment Agency M8 Monitoring Ambient Air Version 2 [R]．London：UK Environment Agency，2011，31-32

[5] EN 14907：2005：Ambient air quality-Standard gravimetric measurement method for the determination of the PM2.5 mass fraction of suspended particulate matter，European Standard，CEN，Brussels

[6] Flemish Environment Agency. Comparative PM_{10} and $PM_{2.5}$ measurements in Flanders，2006-2007.

[7] 环境保护部．环境空气颗粒物（PM_{10}和 $PM_{2.5}$）采样器技术要求及检测方法（HJ 93—2013）[S]，2013.

[8] Pascual Perez Ballesta，Antonio Febo，Rosalia Fernandez，et al. Guide to the demonstration of equivalence of ambient air monitoring methods，2010.

[9] 中国国家标准化管理委员会．数据的统计处理和解释正态样本离群值的判断和处理（GB/T 4883-2008）[S]，2008.

[10] US EPA. Appendix L to Part 50-Reference Method for the Determination of Fine Particulate Matter as PM2.5 in the Atmosphere，2015.

[11] 环境保护部．环境空气颗粒物（PM2.5）手工监测方法（重量法）技术规范（HJ 656-2013）[S]，2013.

[12] Yu，Y.，Schleicher，N.，Norra，S.，et al. Dynamics and origin of PM2.5 during a three-year sampling period in Beijing，China [J]．Journal of environmental monitoring，2011，13（2）：334-46.

[13] 杨凌霄，王文兴，张庆竹．济南市大气 $PM_{2.5}$污染特征、来源解析及其对能见度的影响 [D]．济南：山东大学博士学位论文，2008.

[14] 严向宏．上海宝山区细颗粒气溶胶 $PM_{2.5}$特征 [J]．2011，39（3）：130-132.

[15] 樊曙先，樊建凌，郑有飞，等．南京市区与郊区大气 $PM_{2.5}$中元素含量的对比分析 [J]．中国环境科学，2005，25（2）：146-150.

[16] Liu G，Li J，Wu D，Xu H. Chemical composition and source apportionment of the ambient $PM_{2.5}$ in Hangzhou [J]．China Particuology，2015，18：135-143.

[17] Xu L，Chen X，Chen J，Zhang F，He C，Zhao J，Yin L () Seasonal variations and chemical compositions of $PM_{2.5}$ aerosol in the urban area of Fuzhou，China [J]．Atmospheric Research，2012，

104-105：264-272.

［18］ Hien P D，Binh N T，Truong Y，et al. Comparrtive receptor modelling study of TSP，PM2 and PM2-10 in Ho Chi Minh City ［J］. Atmospheric Environment，2001，35：2669-2678.

［19］ Maenhaut W，De Ridder D J A，Fernandez-Jimenez M T，et al. Long-term observations of regional aerosol composition at two sites in Indonesia ［J］. Nuclear Instruments and Methods in Physics Research B，2002，189：259-265.

［20］ Calvo AI，Pont V，Liousse C et al. Chemical composition of urban aerosols in Toulouse，France during CAPITOUL experiment ［J］. Meteorol Atmos Phys，2008，102：307-323.

［21］ Rogula-Kozlowska W et al. $PM_{2.5}$ in the central part of Upper Silesia，Poland：concentrations，elemental composition，and mobility of components ［J］. Environ Monit Assess，2013，185：581-601.

［22］ Kothai P，Saradhi IV，Prathibha P，et al. Concentration levels and temporal variations of heavy elements in the urban particulate matter of Navi Mumbai，India ［J］. J Radioanal Nucl Chem，2012，294：453-459.

［23］ Hernández-Mena L，Murillo-Tovar M，Ramírez-Muñíz M，et al. Enrichment Factor and Profiles of Elemental Composition of $PM_{2.5}$ in the City of Guadalajara，Mexico ［J］. Bull Environ Contam Toxicol，2011，87：545-549.

［24］ 滕曼，姚雅伟，付强. 京津冀地区环境空气 $PM_{2.5}$自动监测现场比对研究 ［J］. 环境工程学报，2015 (1)：331-334.

作者简介：杨婧（1984—），女，汉族，籍贯北京市，硕士学历，工程师，专业为环境监测质量管理。

环境质量综合评价

运用遥感手段对内蒙古乌拉盖地区近15年生态保护与建设效应评估与分析

Buren-tuya　Gao-xuelei　Jiang-huimin　Dule
内蒙古自治区环境监测中心站，呼和浩特　010011

摘　要：本文利用3S手段和遥感反演技术，收集乌拉盖研究区相关数据，结合外业调查，从植被覆盖度、土地利用变化、生态效应入手，对乌拉盖地区2000—2014年近15年不同时段的生态状况进行了分析评估，同时从不同角度阐述了其驱动因素，为实现可持续发展提供了科学依据。

关键词：乌拉盖；生态状况；驱动因素

Ecological Status Evaluation and Driving Factors Analysis of WuLagai Over the Past 15 Years

Buren-tuya　GAO Xue-lei　JIANG Hui-min　DU le
Inner Mongolia Environmental Monitoring Central Station，Hohhot 010011

Abstract：This article based on 3S，collectedrelevant data in the area of WuLagai，combining with field investigation，ecological status were analyzed in different times From the vegetation coverage，land use change and ecological effect of the area 2000—2014 over the past 15 years，and expounds its driving factors from different angles，in order to realize the sustainable development provides a scientific basis.

Key words：WuLagai；ecological conditions；driving factor

乌拉盖是1993年锡林郭勒盟行政公署建立的第一个享有旗县行政管理权的新兴开发区，现已改名为管委会。位于锡林郭勒盟东北部，是草甸草原向典型草原过渡区。目前全国最完整的原生状草甸草原仅存于该地区，具有很高的保护价值。同时，全区第一大内流河乌拉盖河及其流域湿地成为一道壮美景色。在生物多样性保护和湿地保护方面占有重要地位。肥沃的黑钙土环境，为大面积发展农业具备了天然条件。乌拉盖河流为建立乌拉盖水库奠定了主要条件。据资2000—2002年相关研究资料显示，该区域的耕地表现出过渡垦殖的现象，占据了大量的优质草场，对区域生态环境造成破坏[1]。在主要的居民点和城镇附近的草场，由于长期集中过度放牧，出现了草场退化、荒漠化和盐碱化现象[2]。

我区自2000年开始，大范围实施了涉及农林牧水各个行业的生态保护与建设项目，乌拉盖开发区是以畜牧业为主要生产方式的地区，放牧压力与草场载畜量间的矛盾为主要矛盾。相应国家政策调整，自2007年开始实施了一系列恢复草场、保护生态的工程措施。同时又加强了经济建设力度，引进了矿产资源开发项目、公路修建、城镇扩建以及水库扩大建设等。时隔十余年，保护效应如何，持续加大的经济建设又带来了什么样的效应，是开展本次调查研究的主要目的。本文通过用3S手段获得并分析数据，并收集相关资料，从各方面综合评估乌拉盖地区2000—2014年的生态变化状况，并分析了其驱动因素。

基金项目：内蒙古自治区环境保护厅专项研究课题“基于生态系统与植被型的内蒙古生态环境质量评价体系的研究（2013—2014）”。

1 研究区概况

1.1 自然条件

乌拉盖开发区属于乌拉盖流域的中游地区，位于锡林郭勒盟东乌珠穆沁旗东北部，原生草原植被丰富。区内地势开阔，波状起伏，北部为巴隆马格龙隆起带的中低山、低山丘陵；南部为乌拉盖沉降带的东沉隆区—乌拉盖盆地东部边缘；东面靠近大兴安岭西麓，具有山地地貌特征；西部属高平原区，总的地势由东北向西南倾斜，地面起伏不平，但坡度较小[3]。

开发区属半湿润，半干旱大陆性气候，光热条件能满足一年一熟作物的要求，年平均气温－0.9℃，年平均降水量342.3mm，降水主要集中在6—9月，占全年降水量的90%[4]。

1.2 生态恢复措施状况

乌拉盖管委会2004年开始实施春季休牧，局部地区禁牧制度。分区域采取不同保护措施，暗沙带采取围栏封育措施，乌拉盖河流域和水库周围实施小流域治理项目，采取人工河自然恢复措施。对不适宜耕作的二三类耕地坚决退耕，实施人工造林和退耕还林项目，6年累计退耕20万亩，对巴彦胡硕镇周边严重退化的草场和湿地以及省道及通村公路两侧250m范围内的12.7万亩草场进行全面围封。各类农牧业建设项目，都以“草畜平衡”作为前提条件，2009—2010年，累计对116户超载户取消了项目补贴。通过限量养殖，有效控制和压减了牲畜头数，2010年管理区日历年度牲畜头数为29.6万头只，较2006年减少24万头只。2011年，选择人口密度大、草畜矛盾突出、草原退化严重、涵养水源和水土保持等草原生态功能突出的五个嘎查村（如图1所示）实施了全年禁牧，零放牧。实行禁牧的牧户可就地生活，但不得养畜，实现草场上的零放牧。草场可以打草利用，也可以从事旅游、旅游产品加工销售等非牧业产业，草场质量较好、退化程度低的区域实行草畜平衡措施。

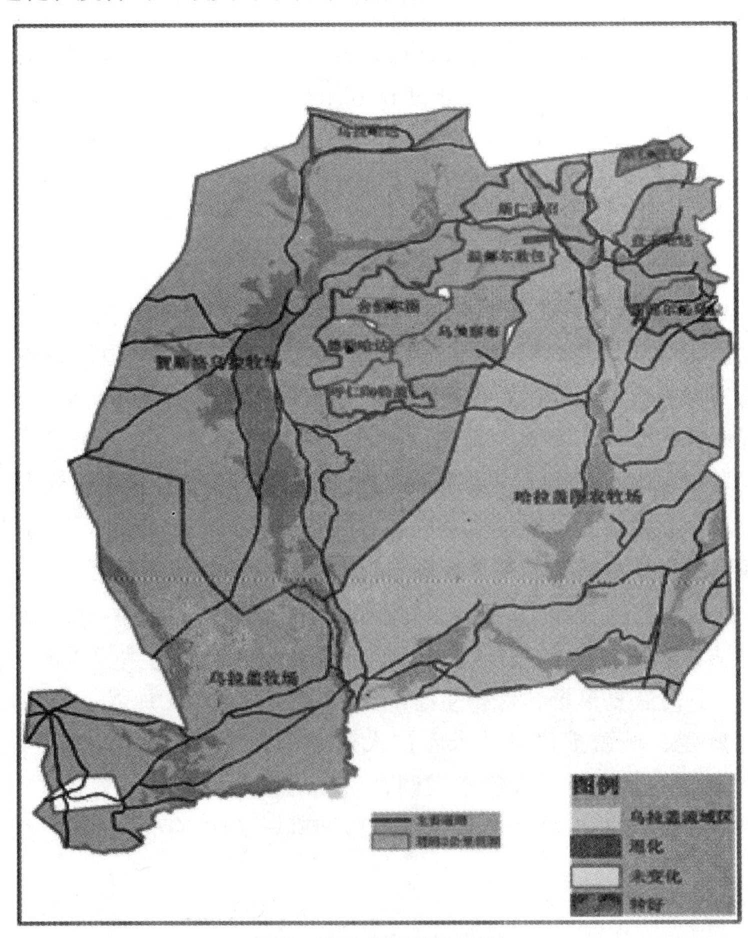

图1 乌拉盖行政边界图

2 数据来源及研究方法

采用2000—2014年近15年的不同类型遥感数据，如modis、landsat5、landsat8不同分辨率数据，通过空间分析、遥感反演、目视解译、地面核实等不同方法和流程得出研究区近十五年植被覆盖度、土地利用等指标，同时收集乌拉盖站点近十五年气象资料及政策文件作为分析生态状况及变化的辅助依据。所有数据处理利用arcgis10.1、MRT等完成。

2.1 植被覆盖度指标

植被指数是一种无量纲的辐射测度，用来反映绿色植被的相对丰度及其活力，其中以归一化值植被指数（Normalized Difference Vegetation Index，NDVI）应用最为广泛，而且经过验证，植被指数与植被覆盖度有交互的相关性，用它来计算植被覆盖度是合适的。文中的NDVI数据从下载的modis13q1（16天陆地产品）数据里得来，根据像元二分模型理论，可以认为一个像元的NDVI值是由绿色植被部分贡献的信息与无植被覆盖部分贡献的信息组合而成，因而由下面的植被覆盖度计算模型可得：

$$F=\frac{NDVI_{veg}-NDVI_{soil}}{NDVI-NDVI_{soil}}$$

其中NDVIveg是纯植被像元的NDVI值，NDVIsoil是完全无植被覆盖像元NDVI值。

本文选取了2000年、2002年、2004年、2006年、2008年、2010年、2012年和2014年的数据，根据地区特点，又选取生长季节6—9月数据并取均值，最后重分类得到不同时段的空间植被覆盖度数据。

2.2 土地利用指标

通过收集下载2000—2014年陆地卫星数据并依靠目视解译的手段完成2014年土地利用类型的现状，再利用回溯的方法完成2010年、2008年、2006年、2000年的动态数据，形成2000—2014年时间序列的土地利用类型数据。

2.3 生态质量效应指标

基于土地利用类型转换时空特征分析，通过赋予各土地利用类型对应的相对生态服务价值可建立与之关联的区域生态质量效应指数。用以定量表示某一区域内生态环境质量效应，表达式如下：

$$ESV=\sum_{i=0}^{n} A\times VC$$

ESV：生态环境质量效应；A：第i种土地利用类型占有的比例；VC：生态价值参数以constanza等[5]1997年测定的全球生态系统服务价值及谢高地等[6]量算的中国陆地生态系统当量因子表为基础，确定研究区各土地利用类型对应的相对生态价值（VC）（见表1）。其中高、中、低盖度草地是利用土地覆被类型中的草地图层，再按掩膜提取对应年度的NDVI反演的植被覆盖度数据得到。

表1 不同土地利用类型对应的生态价值赋值（VC值）

一级类型	二级类型	指数	一级类型	二级类型	指数	一级类型	二级类型	指数
林地	有林地	0.95	湿地	河流	0.55	耕地 未利用地	旱地	0.25
	疏林地	0.45		湖泊	0.75		沙地	0.01
	灌木林地	0.65		水库	0.55		盐碱地	0.05
草地	高覆盖草地	0.75	建设用地	滩地	0.25		沼泽地	0.65
	中覆盖草地	0.45		城镇	0.2			
	低覆盖 草地	0.2		居民点	0.2			
				交通工矿用地	0.15			

3 结果分析

3.1 植被覆盖度

6—9月平均植被覆盖度数据，经过分类后形成5个等级，即把覆盖度按20%为单位分级，（如图2时间序列数据），从高到低分别以深绿、草绿、黄色、橙和红表示。覆盖度的布局分布较明显，为了更加的定量表示，根据地区特点又对数据进行重分类，即相对的高、中、低三个覆盖度等级，见图2。

（1）总体上植被覆盖度较高的区域集中到乌拉盖开发区北部丘陵地带，盖度以60%～80%居多，多集中于贺斯格乌拉牧场的乌兰哈达、呼吉日图音阿玛等嘎查；研究资料显示，北部区域的植被多为未开发利用[7]。中等覆盖度集中到南部平原地带的水库管理站和巴彦呼硕镇周边。尤其在2014年中覆盖度的面积较大；低盖度零星少量分布，主要以水面、城镇及严重退化草地和裸地组成。研究区内全境耕地、水体、建设用地6—9月植被盖度低，乌拉盖流域的沼泽型草甸植被盖度高，图上以绿色和深绿表示。

（2）2000—2004年植被覆盖度变化较平稳，总体植被覆盖度较高，且低覆盖度总面积有所减少。

（3）2006年植被覆盖度总体较低，高覆盖度比例有所下降，转化为中、低盖度。至2008年，植被情况明显好转，由图3可知，2008年高覆盖度比例近15年中达到最大。

（4）2010—2014年植被覆盖度较2008明显下降，且总体覆盖度值劣于2000—2004年度段，高盖度比例下降，至2014年高盖度转化为中盖度的面积很多。

总之，乌拉盖植被覆盖度2008年创最高，而近两年明显下降。高覆盖植被基本没有，中覆盖度植被面积明显上升。高覆盖转中覆盖是主要退化变现形式。

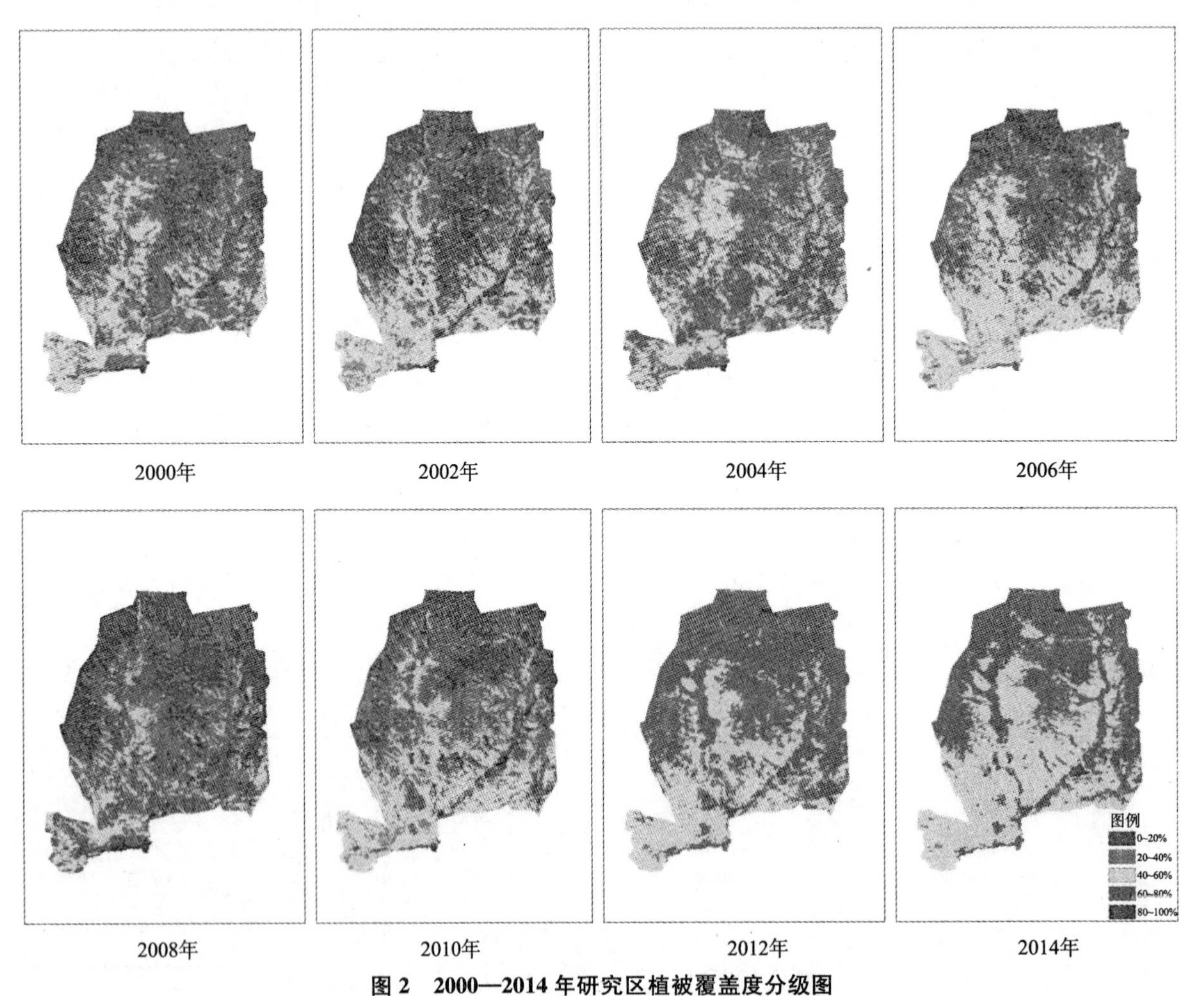

图2　2000—2014年研究区植被覆盖度分级图

结合生态建设与恢复措施粉刺，可见南部平原地区，巴彦胡硕镇周边草场严重退化区域，到了2012年和2014年基本上升到中覆盖草地，可见围封禁牧效应明显。两条流域湿地植被覆盖度恢复效果较突出。2007年开始实施的围封禁牧和流域湿地治理工程具有显著的恢复效果，而2011年开始实施全年禁牧的五个嘎查村的植被恢复却不够明显，反而近两年仍有退化趋势。可见采取恢复措施5年以上的，且地势低洼区域的植被恢复效果明显，而近期开始不足5年时间区域没有显著的效应。可见草原围封禁牧恢复植被，短短的几年内见不到成效的。

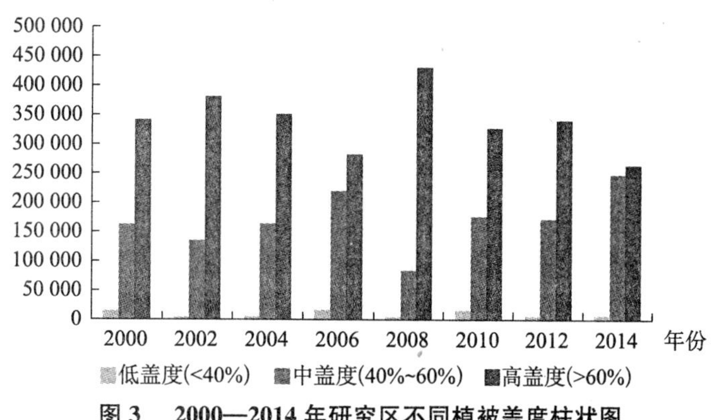

图 3　2000—2014 年研究区不同植被盖度柱状图

3.2　土地利用类型的转变

(1) 把乌拉盖开发区土地利用类型分为林地、草原、湿地等六大类生态类型，见表 2。2014 年，草原和湿地面积最大，分别占开发区总面积的 77%和 10%以上，其次为耕地，占 7.5 %；建设用地占 2.3%。林地和未利用地面积最小，都不到 1%。

(2) 2000—2014 年区域内草原面积减少 78.1km²，主要转化为建设用地；相应的建设用地增加明显，15 年增长率达 182.4%；湿地中的天然湖泊面积减少，水库面积增加，总体湿地面积变化不大；耕地有少量增长的趋势；未利用地里的盐碱地和裸地有小幅增加。林地面积少且较稳定。图 4 是 2000—2014 年研究区域局部地区遥感变化图。图 5 人类活动的变化图体现了耕地、水库以及其他建设用地随着时间推移面积呈增长趋势，其中建设用地、水库增长明显，说明人类活动的频繁，对土地利用的变化起了主要作用。

表 2　2000—2014 年研究区一级土地利用类型表　　单位：km²

土地利用类型	2000 年	2006 年	2008 年	2010 年	2014 年
林地	46.33	46.33	46.33	46.33	46.33
草原	4 114.97	4 075.05	4 070.93	4 055.22	4 036.86
湿地	549.88	549.48	548.65	548.18	548.72
耕地	388.18	389.69	390.18	390.21	390.24
建设用地	41.43	78.93	83.57	98.75	117.00
未利用地	47.86	49.15	48.99	49.95	49.49

3.3　生态质量效应综合分析

通过综合土地利用、植被覆盖，提出生态质量指数指标，结果表明，2000—2014 年，乌拉盖开发区生态质量指数在 0.564 4～0.653 6 之间，2000—2008 年，生态质量指数先降低再提高，2008 年最高，2008—2014 年，生态质量指数降低。如图 6 所示。

根据研究区内的土地利用类型解译数据可知，草原为最大的类型，其次为湿地，以乌拉盖河流域湿地为主。草原和湿地占了总研究区域面积的近 90%。便于分析，图中把流域湿地单独标出。综合土地利用和植被覆盖度年度间的变化情况，植被覆盖度降低（红色）代表了退化，反之（绿色）代表转好，黄色为没有变化，见图 7。由于多方因素影响，2000—2008 年段，生态环境转好的部分多于退化部分，转好地区主要在南部平原地区，如巴彦呼硕镇周边和哈拉盖图农场，说明局部区域围封禁牧和耕地退耕还草效果较明显。北部丘陵地变化不大，变差的局部地区在贺斯格乌拉牧场中部额默勒嘎查周边人为活动较集中的区域，植被退化较明显，2008—2014 年段，生态环境开始明显变差，贺斯格乌拉牧场南部尤其明显，大型露天矿分布在该范围，露天矿的开采对草原植被质量带来了一定负面影响；但乌拉盖流域的湿地有所好转、巴彦呼硕镇东边的都兰牧场、水库以东军马场地区局部好转；与这些区域内的禁牧和其他生态建设项目实施多年有关。2000—2014 年段，总体上，生态环境退化的地区面积明显多于转好的地区，且大多集中到人口密集，一直被转租给农牧场的草场，由于过度放牧导致的严重退化草场。生态状况局部好转的如巴彦呼硕镇周边、军马场以及乌拉盖流域湿地等实施生态恢复措施已近 10 年的区域。

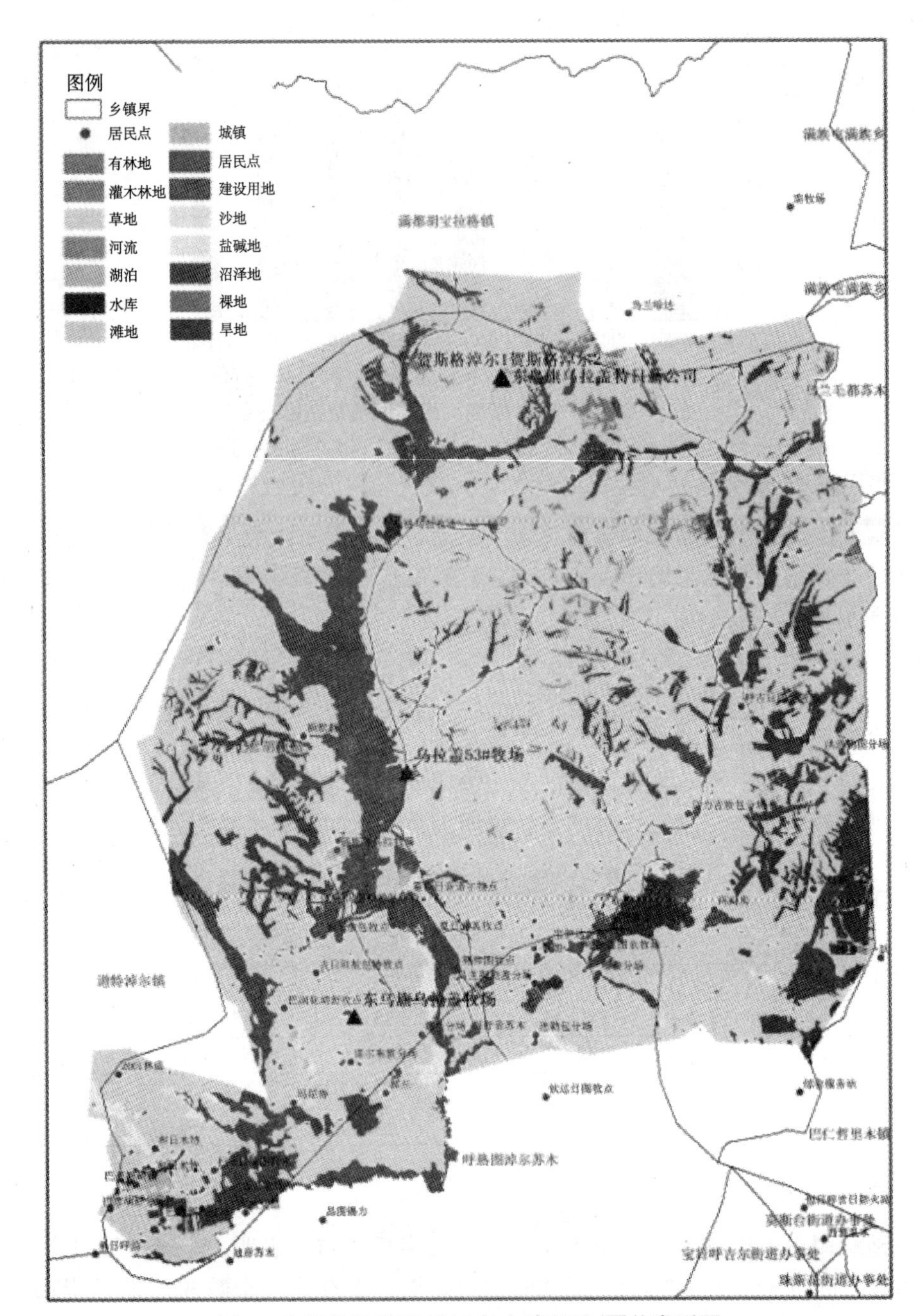

图 4　乌拉盖开发区 2014 年土地利用/覆盖类型图

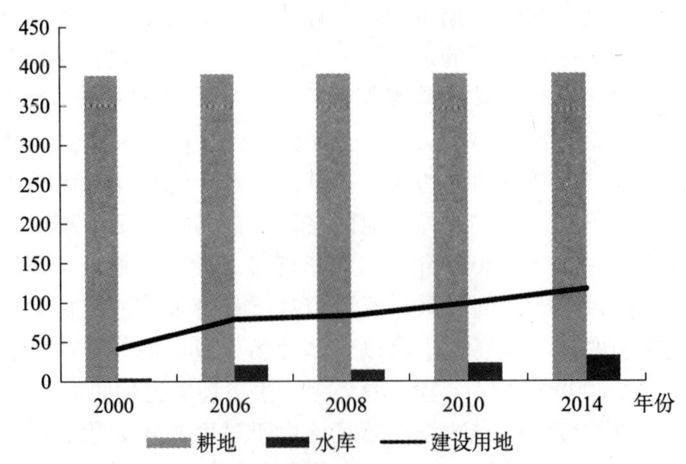

图 5　2000—2014 年人类活动柱状（曲线）变化

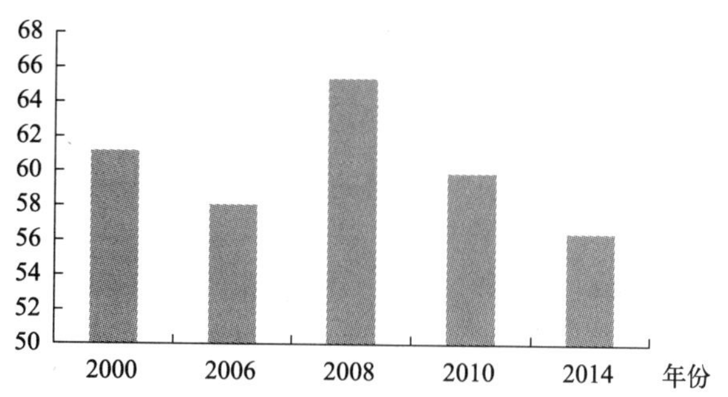

图 6　2000—2014 年研究区生态质量效应综合柱状图

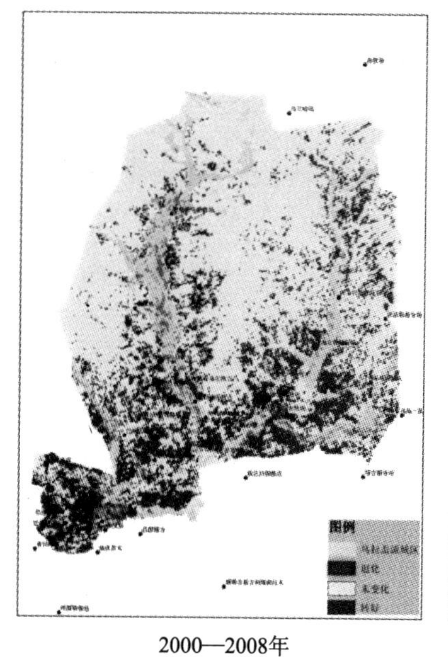

2000—2008年

2008—2014年

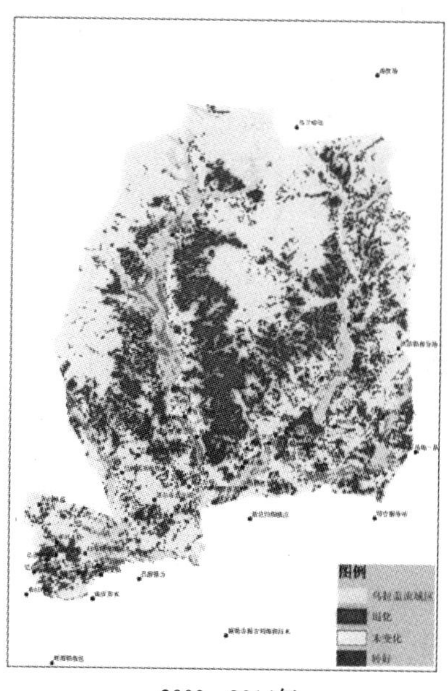

2000—2014年

图 7　生态环境年度变化图

4　驱动因素分析

干旱、半干旱地区草原退化是我国重要的生态问题，其通常是人为与自然因素影响的结果[8]。本次研究基于遥感和实地调查以及通过收集历年相关资料，从主要的影响因子入手，分析乌拉盖开发区近十五年生态状况的驱动因素。

4.1　人类活动影因子

4.1.1　人工开垦

2000—2014 年，研究区内耕地共增加了 $2km^2$，见表 2，增加比例 0.5%，如图 5 柱状图显示，增加不明显，增长幅度小于水库和建设用地，且零星分布在北部丘陵地带，因此人工开垦对此区域的影响不大。

4.1.2　水库建设

根据土地覆盖数据和图 5，水库面积在 2000 年最少，2004 年增加，至 2008 年面积又有所减少，2008—2014 年又呈现逐步增加的趋势，15 年水库总体增加了 $11.8km^2$，而天然湖泊和沼泽有所减少，说明湿地原有的生态功能逐渐减退。根据资料，乌拉盖水库兴建于 1977 年，1980 年建成运行，当时乌拉盖水库截断乌拉盖河上游，主要用于管理区发展农业和渔业，1998 年毁于水灾，2002 年重建，2004 年水库大坝重新恢复和新建，水库开始蓄水。水库向附近各工厂企业供水，乌拉盖水系宝贵的水资源被用来发展高耗水的洗矿业、化工厂以及供应新兴城建用水[9]。随着河水截流，生态用水量大量减少，很大程度地影响了乌拉盖生态质量状况。

4.1.3 其他建设用地开发

公路、采矿、城镇化建设在逐年进行，其中产生的工业三废、生活垃圾、过量用水等一系列问题会给当地生态带来严重问题，如表2和图4所示，除了在2006—2008年建设速度相对平缓外，其他年度都的建设速度都很快，建设用地的增加破坏了原有景观，对生态的负面影响很大。

4.2 自然因素

结合自然因素中的主要因子：降雨量和气温曲线分析自然气候因素对乌拉盖研究区的生态影响。2000—2005年，降雨量总体增加，气温总体下降，可以说此时间段气候对草原生态是有利的，参照图2植被覆盖情况，此阶段生态质量较高且稳定；2006年，降雨量是15年中的低谷，不可避免地影响了当年的生态，因此生态质量较差；2007—2009年，降雨量又有小攀升，同时2008年气温值很低，因此当年生态质量很高2008—2014年降水总体上上升趋势，气温较稳定，而植被覆盖指数和生态质量却出现了下滑现象，可见气候因素并非主导因素。

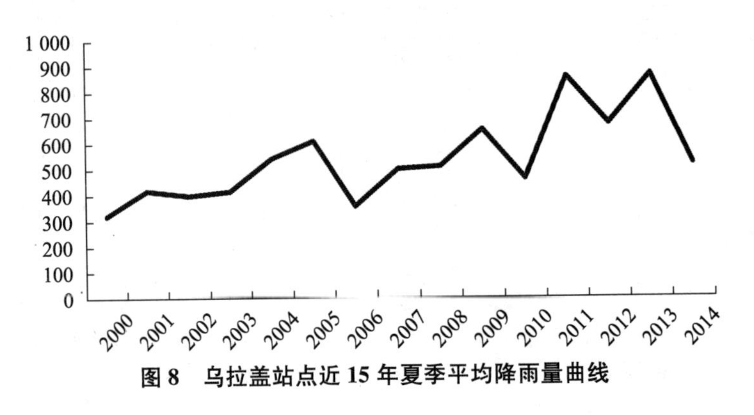

图8 乌拉盖站点近15年夏季平均降雨量曲线

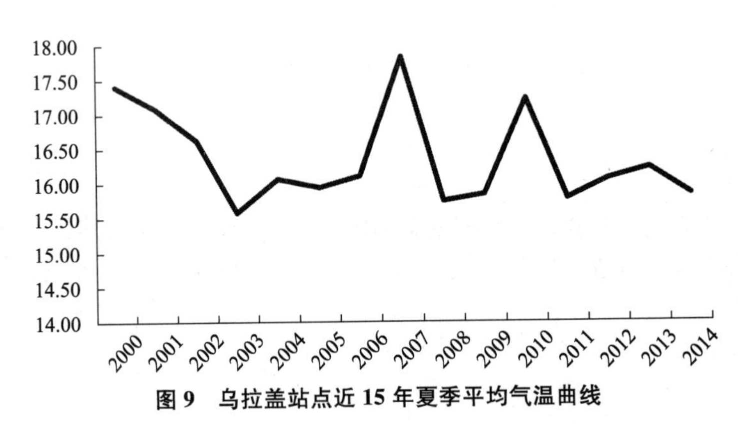

图9 乌拉盖站点近15年夏季平均气温曲线

5 结论

（1）采用遥感影像反演技术，运用5—9月的植被覆盖度平均值和生态质量效应指标为评价指标，对乌拉盖近15年的生态环境变化状况进行了评估。结果显示，自2000年来，植被覆盖度和生态质量效应指数整体上都在降低，尤其是2008—2014年间较明显。但局部地区植被覆盖度上升，生态恢复效果明显，但分布较零散破碎。整体上大致为流域湿地、南部平原草场和东部农场恢复较明显。

（2）实施恢复措施五年以上的区域恢复效果明显，而不足5年的，甚至刚有两三年的，严重退化草原禁牧效应不够明显，甚至生态质量仍趋于下滑。

（3）对于严重退化草地和湿草甸的恢复建设效应监测，平均植被覆盖指数的反演方法可取，但至少需要 5 年以上的恢复建设期。不适于短时间恢复建设效应监测。

（4）天然湿地在减少，湿地生态功能自然会减退。湿地边干，说明地下水位的下降，间接会影响周边草原植被的退化和旱化。

（5）导致乌拉盖目前生态质量下降的主导因素为人为因素。

6 讨论与建议

草原地区一般情况下从 7 月底 8 月初便开始打草。文章采用的影像数据不可避免地会受到打草干扰。打草后植被覆盖度和生物量均会大量减少。建议，该方法适用于小区域内生态质量调查与评估。

参考文献

[1] 王淑芳. 内蒙古乌拉盖河流域近 20 年植被覆盖变化研究 [R]. 呼和浩特：内蒙古师范大学，2013. 3-4.

[2] 王炜，李建强，张韬，安慧君，等. 乌拉盖开发区土地资源利用现状、模式与评价 [J] 内蒙古农业大学学报，2003. 6（2）：47-52.

[3] 锡盟乌拉盖地区农牧业资源调查报告第一—二集 . 1985.

[4] 锡林郭勒盟乌拉盖综合开发总体规划 . 1993.

[5] COSTANZA R. ARGE R. GROOT R. etal. The Value of the World of Ecosystem Services and Natural Capital [J]. Nature，1997，386：253-260.

[6] 谢高地，鲁春霞，冷允法. 青藏高原生态资产的价值评估 [J]. 自然资源学报，2003，18（2）：189-196.

[7] 曹鑫，辜智慧，陈晋，等. 基于遥感的草原退化人为因素影响趋势分析 [J]. 植物生态学报，2006，30（2）：276-277.

[8] 安慧君，王炜，张韬，等. 乌拉盖开发区景观格局现状研究 [J]. 内蒙古农业大学学报，2003，3（1）：29-33.

[9] 乌拉盖管理区 2011 年草原生态保护补助奖励机制实施方案 .

作者简介：BuRen-tuya（1974—），女，蒙古族，内蒙古锡林浩特盟人，硕士，高级工程师，第五届中国青年工作者协会委员，主要从事生态监测与评价的研究。

“十一五”全国优秀五年环境质量报告书分析

李名升

中国环境监测总站，北京　100012

摘　要：环境质量报告书是监测成果的主要表达方式，环境质量报告书的编制水平的直接影响环境决策的科学性。为加强综合分析能力，提高报告书编写技术水平，通过对“十一五”优秀报告书进行分析，总结了优秀报告书的特点和亮点，提出了存在的问题和不足，并就“十二五”报告书写作提出了创新点和关注点。

关键词：环境质量报告书；“十一五”；综合分析

Analysis on the Excellent Eleventh Five-Year Environmental Quality Reports

LI Ming-sheng

China National Environmental Monitoring Center，Beijing 100012

Abstract：Environmental quality report is the main expression of environmental monitoring work. The levels of report writing can influence the scientific degree of environmental decision-making directly. In order to strengthen the comprehensive analysis capabilities and improve the technical level of report writing, we analyzed the excellent eleventh five-year environmental quality reports，which were evaluated by the State Ministry of Environmental Protection. The characteristics，highlights，problems and shortcomings of these reports were summarized. The focus on innovation and attention on the writing of “twelve five-year” environmental quality report were proposed.

Key words：environmental quality report；eleventh five-year；comprehensive analysis

环境质量报告书是环境监测成果的主要表达方式，是整个监测工作的最终产品，为环境管理和决策提供重要依据[1]。我国在1980s初期建立环境质量报告书制度，1991年原国家环保局总颁布《环境质量报告书编写技术规定》(暂行)[2]，并组织了第一次环境质量报告书评比[3]。之后，环保总局（部）每隔5年均对各地5年环境质量报告书进行评比。

2015年是“十二五”收官之年，也是编写五年环境质量报告书的年份。当前我国环境监测正处于历史性转型的关键时刻[4,5]，“十二五”期间我国环境监测经历了地表水监测点位调整、空气质量监测项目扩展和评价依据改变等过程，“十二五”报告书的分量更重，难度更大。为此，本文对“十一五”期间全国优秀环境质量报告书写作进行总结，以期为“十二五”五年报告书的写作提供借鉴。

1　“十一五”报告书特点

1.1　表征多样，印刷精美

各地报告书在封面设计、色彩搭配、图表制作、框架设计、内容编排等方面可谓各显神通、匠心独具，通过照片、表格、柱状图、折线图、饼状图、GIS图等各种表征方式表现环境管理与环境质量状况，做到图表结合，图文并茂。

在印刷上，所有报告书均彩色印刷，部分采用铜版纸；在图表制作上，各地普遍采用GIS技术，所制作的图非常美观、简洁大方；在内容编排上，很多地区使用专栏将精悍、短小但重要的内容串联起来。

但是，印刷精美不等于铺张浪费，环境保护机构更要低碳环保。广东省、常州市等报告书采用再生纸印刷，值得提倡。而对于采用外包装盒、单面印刷等现象不应提倡。

1.2 要素全面，内容丰富

从环境要素来看，各地报告书基本能够涵盖地表水、地下水、大气、酸雨、生态、噪声、海洋、辐射等；从内容来看，包括区域概况、污染排放、环境质量、原因分析、预测预警、对策建议、特色工作等。

需要注意的是：①部分地区缺少酸雨内容。即使本地区降雨 pH 均值大于 5.6（即未发生酸雨），也要对监测结果、降水离子组成、降水酸度变化等情况进行阐述。②生态环境质量部分尚需完善。生态环境状况指数（EI）是生态环境质量评价必不可少的内容。但部分城市在生态环境质量一节中仅介绍辖区内自然保护区、土地利用等内容，缺少对 EI 指数的评价。反之，若仅进行 EI 指数评价，缺少自然保护区、土地利用状况、生物多样性等状况的描述，生态环境质量一节也是不完善的。③部分地区污染排放部分仅包括工业污染排放。随着城市化规模的不断扩大和工业污染控制力度的加大，生活污染在污染物排放总量中所占比重不断加大，生活污染内容缺失将是一个遗憾。

1.3 多方联动，吸收借鉴

随着环境管理对环境监测要求的提高和环境质量综合分析水平的提高，仅靠环境监测部门的力量不可能形成高质量的环境质量报告书。因此，各地在报告书编写的过程中充分利用相关部门的力量，与国土、农业、气象、水利、卫生等部门合作，同时吸收、借鉴高校与科研院所的研究成果，提高报告书编写水平。

1.4 研究监测，报告增色

各地对“十一五”期间开展的研究性监测的内容是环境质量报告书中的亮点。总体来看，研究性监测主要有：灰霾、臭氧、温室气体、重金属、挥发性有机物、典型区域调查性监测、重大历史事件专项监测、典型污染物分析等。

研究性监测不同于常规例行监测，很多读者对监测内容并不熟悉。因此，在编写研究性监测内容时要首先交代监测概况。另外，研究性监测要体现研究深度，不能停留在分析监测数据本身。

1.5 评价方法，尚难创新

目前，各地报告书中采用的评价方法主要为单因子评价法，部分地区在评价空气、地表水时同时采用综合污染指数法。这两种经典方法在建立环境报告书制度之初就被采用，沿用至今已 30 余年。各地可在结合本地环境污染特点的基础上创新性地建立适合本地的评价方法。如上海市曾发布《上海市内陆河流及水系水质常规评价技术规范（试行）》，提出的综合水质标识指数法就是对评价方法的一种有益探索。

2 “十一五”报告书存在问题

2.1 目录索引效果较好，提纲效果欠缺

报告书的目录有两个功能：一是起到索引作用，指引读者在哪一页搜索哪些方面的内容；二是起到提纲作用，反映写作路线和主要内容。

索引功能容易实现，将标题逐个列于目录中即可。但应注意：①目录不宜过长。目录过长索引功能将大打折扣，一般以 3～5 页即可；②目录要有层次。不同级别的标题要用不同的格式、不同缩进距离等方式分级表示，方便读者阅读。

提纲功能是在实现目录索引功能基础上的更高层次功能，其不仅要求标题反映评价要素、评价方法、评价单元等，还要反映主要观点、重要亮点、突出问题等。

2.2 时间维分析较好，空间维分析欠缺

五年报告书是对 5 年来时间尺度上变化规律的分析。但如果仅分析时间上的变化规律而忽视空间上的规律就难以全面反映地区环境质量的变化。

空间分析可从3个方面进行：空间分异分析、空间变化分析、空间关联分析。

空间分异分析是按照一定的原则将大区域分成若干次级区域，在分析次级区域环境质量变化特点的基础上，总结、归纳不同区域环境质量变化特点，分析不同区域不同变化特点的原因，从而有针对性地提出对策建议。空间变化分析则是对环境质量在空间格局上的变化进行规律性总结，体现空间分异规律在时间上的变化。空间关联分析则将空气质量空间分异格局、空间变化特征等与相关因素的空间分布进行关联分析，从而得出空间分布规律。

2.3 宏观分析较好，微观分析欠缺

大部分报告书在宏观上的分析非常到位，也能够得出区域整体变化规律，但往往忽略了构成宏观事物的微观事物分析。微观分析可以从高值点位（区域）、排污大户对减排的贡献、重污染天分析、污染严重区域分析、有代表性点位（断面）等角度切入。

重庆市在分析 SO_2 污染空间分布规律时考虑火力发电厂对空间规律的影响。将 SO_2 监测数值进行空间插值后，把主城区火力发电厂在图中标出，可以很明显地看出，火力发电厂周边是 SO_2 污染的相对高值区。在这个分析中，SO_2 污染的空间格局是宏观事物，火力发电厂是微观事物。通过两者的关联，由微观事物来解释宏观现象，分析角度独特，分析结果又合理。

2.4 大尺度分析较好，典型区分析欠缺

区域越小，分析越有针对性，也相对容易寻找其他方面的数据支持。“解剖麻雀”式的典型区分析很有说服力。

郑州市在五年报告书中选取米河镇作为典型案例，分析污染减排与环境质量的变化关系。米河镇有两大支柱产业——水泥产业和电解铝产业，这两大高污染、高能耗的支柱产业使得米河镇成为典型的高污染区域。

2.5 内源分析较好，外源分析欠缺

有研究表明，相邻区域尤其是相邻城市间污染传输影响极为突出。在北京，不同季节外来源对地面 SO_2 影响的贡献率在19%～46%[6]，珠江三角洲地区各城市 SO_2 排放对区域外部的影响在19.5%～61.2%[7]。但现有的报告书大多从区域/城市内部分析污染特征，忽视了污染物的跨界转移和传输。

2.6 理论分析较好，数据支撑欠缺

很多报告书在分析问题时，对于一些常识性的问题往往只说理论，缺乏数据支撑，这样就显得无力。比如，在机动车对环境质量的影响时，若只分析机动车保有量，不分析机动车类型变化，排放量变化，数据支撑力度就不够。在分析减排成效时，只说减了多少效果就不强，分析工程减排、结构减排、管理减排分别减了多少，关停了多少落后产能，就有说服力。

众所周知，降水能清除空气中的降尘。但如果在分析问题时仅从原理上说明这一点说服力就不强。辽宁省在“十一五”报告书中分析这一问题时就利用每月降水量数据与每月的降尘量进行对比，通过作图直观展现降水对降尘的清除作用（图1）。

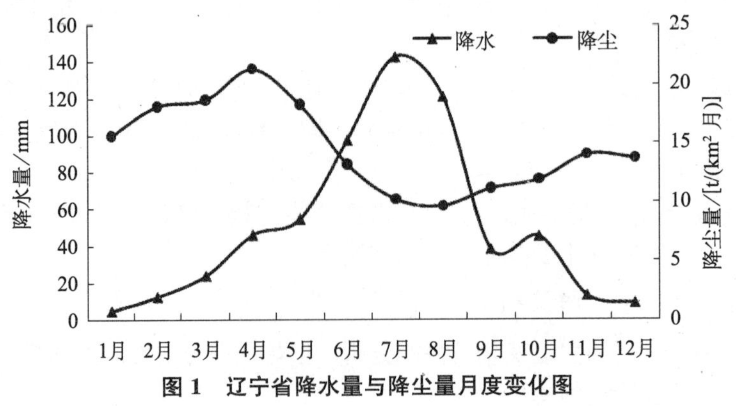

图1　辽宁省降水量与降尘量月度变化图

2.7 环境质量分析较好，污染排放分析欠缺

毫无疑问，环境质量分析是环境质量报告书的重点，但污染排放也是环境质量报告书的重要组成部分，且与环境质量密切相关。目前报告书中对污染排放大多只从区域、行业角度分析排放量大小，污染排放的深入分析相对欠缺。可以从以下方面展开：产业结构、经济增长、技术进步对排放影响，区域间物质流动隐含的污染物转移，减排成效及特点，生活源分析，城市化对生活源影响等。

3 “十二五”报告书编写关注点

3.1 关注评价对象的调整与变化

（1）评价要素。扩展监测领域是环境质量报告书寻找亮点的突破口之一。“十一五”期间各地开展的$PM_{2.5}$监测为环境质量报告增加了新的内容。“十二五”报告书扩展的监测项目可在空气中重金属监测、挥发性有机物监测、水生生物监测等方面选择。

（2）评价地域。目前，大多数省份环境空气监测的覆盖范围为地级及以上城市，部分地区扩展至重要县级市，更少数地区监测范围覆盖省内所有县（市）。监测地域的扩展不仅能够更好的说清环境质量，也为分析环境质量提供了更多的素材。

（3）评价时段。五年报告书注重年均值的分析，发现的是年际变化规律，还要进行细化：①分析日均值：现有的日均值分析实际是优良天数的判断。每天的气温、降水等气象条件是容易查到的，对于重污染天数，结合气温、降水等进行长时间序列的分析，容易得出规律。②分析小时值：日均值是小时值的平均，无论是API还是AQI，都是根据日均值计算污染程度。均值就要削峰平谷，但环境质量评价往往采用单因子评价。那么，平均与评价一定程度上是矛盾的。

3.2 关注热点

（1）重金属污染。重金属污染已经成为社会关注的焦点和热点问题。尤其是重金属污染防治规划中的地区，“十二五”报告书必须有重金属污染状况、防治措施、监测情况、污染评价等重金属污染相关内容。

（2）机动车污染。2009年，全国机动车排放物污染物5 143×10^4 t，机动车污染已经成为城市污染的重要来源。城市污染源排放结构的变化理应体现在报告书中。

（3）农村环境。对“以奖促治”村庄从污染源分布、面源污染等方面对农村环境与城市环境进行对比分析。另外，农村饮用水安全堪忧，饮用水监测也可成为待扩展的监测领域。

3.3 关注污染物的跨界转移与源解析

分析污染物的跨界转移有助于说清区域污染的外源影响，也有助于解释污染减排与环境质量改善之间的不协同、不匹配现象。但囿于技术等原因，污染物跨界转移在报告书中往往被忽视。

污染物的源解析技术已较为成熟，从20世纪90年代起即已被应用，对厘清污染物来源、有针对性地控制污染具有重要意义。但报告书中进行源解析的并不多。

3.4 关注预测预警

“十一五”报告书中相当一部分省、市对环境质量进行了预测，“十二五”报告书预测部分将相当普遍。

预测应定性与定量相结合。测算既要有结果，同时也是进行预测的过程。因此，仅从规划中列出规划目标而没有具体预测过程的预测是不科学的。一个完整的预测应包含以下几部分：使用方法和模型的介绍、模型适用性分析、使用基础数据来源、模型验证、预测结果、预警分析、可达性分析。

3.5 关注关联分析

环境质量与影响因素间的关系是复杂的，多角度分析两者之间的关系符合事物之间的基本规律。但现有的环境质量与影响因素关系分析多为定性分析，定量分析多限于相关分析。应借鉴计量经济学、统计学等相关学科研究方法，利用格兰杰因果关系检验、回归分析等方法，分析经济发展、产业结构、空

间布局、人口等尤其是污染排放等方面对环境质量的影响。

参考文献

［1］张宁红．提高中长期环境质量报告书编制水平的几点思考［J］．中国环境监测，2008，24（2）：14-16.

［2］丁卫东．提高年度环境质量报告书编制水平的思考［J］．中国环境监测，2004，20（3）：1-4.

［3］胡文翔．刍议《环境质量报告书编写大纲》的修订［J］．环境保护，2009，420（5）：48-50.

［4］陈斌，赵岑．环境监测转型发展现状分析［J］．中国环境监测，2013，29（6）：1-4.

［5］吴晓青．努力探索中国特色环保新道路，全面推进环境监测的历史性转型［J］．中国环境监测，2009，25（3）：1 4.

［6］颜鹏，黄健，Roland Draxle．周边地区对北京地面 SO_2 影响的初步研究［J］．应用气象学报，2002，13（S1）：144-152.

［7］王淑兰，张远航，钟流举，等．珠江三角洲城市间空气污染的相互影响［J］．中国环境科学，2005，25（2）：133-137.

作者简介：李名升（1981—），男，山东安丘人，博士，高级工程师，主要从事环境质量综合评价工作。

大数据时代环境质量综合评价技术的发展趋势

解　辉　孙国鼐

天津市环境监测中心，天津　300191

摘　要：我国的环境质量综合评价技术经过近40年的发展，大体经历了环境质量评价与污染动态分析报告的初级阶段、以单要素为主的环境质量综合分析与表征技术相结合的发展阶段、基于多环境要素环境质量综合评价的探索阶段。当前的环境质量综合评价工作亟须突破一元应对模式，整合社会各方资源、依托现代信息技术支撑、实现对环境问题高效治理的多元协同模式。借助“大数据”技术，当前环境质量综合评价技术有三方面的发展潜力：第一是提升环境状况综合预警能力，第二是提高人体健康风险评价能力，第三是提升公众服务能力。配合大数据的应用，要做好两方面的基础工作：第一是根据大数据的多源、异构、超大规模、实时处理、保证数据质量等业务需求，建立高效稳定的环境数据中心；第二是合理制定环保大数据人才培养目标，通过与高校联合等方式培养既懂得相关技术，又谙熟环保知识的复合型人才。

关键词：大数据；环境质量；综合评价技术；综合预警；健康风险评价；公众服务

The Development Trend of Environmental Quality Comprehensive Evaluation Technology Facing the Era of Big Data

XIE Hui　SUN Guo-nai

Tianjin Environmental Monitoring Centre, Tianjin　300191

Abstract: Environmental quality comprehensive evaluation technology in China after nearly 40 years of development, generally experienced the environmental quality assessment and pollution and dynamic analysis of the primary stage, be given priority to with single factor of environmental quality comprehensive analysis and characterization technology of combining the development stage, based on environmental elements environmental quality comprehensive evaluation of exploration stage. The current environmental quality comprehensive evaluation work needs to break through one yuan to mode, integrate social resource, based on modern information technology support, to achieve efficient management of multiple cooperative mode for environmental problems. With the aid of “big data” technology, the current environmental quality comprehensive evaluation technology has the development potential of three aspects: The first is to improve environmental conditions comprehensive early warning ability; The second is to improve the ability of human health risk assessment; The third is to improve the public service ability. With the application of the big data technology, basic work should do well in two ways: The first is based on large data of multi-source and heterogeneous, vlsi, real-time processing, ensure the quality of data, such as business needs, establish a highly efficient and stable environment data center; The second is establishing reasonable environmental protection the talents training goal of big data, with the joint methods such as training for related technologies as interdisciplinary talents and familiar with the environmental protection knowledge.

Key words: big data; environmental quality; comprehensive evaluation of technology; comprehensive early warning; health risk assessment; public service

1 我国环境质量综合评价技术面临的问题与机遇

1.1 我国环境质量综合评价技术发展历程

环境质量综合评价技术伴随着中国环境监测事业的发展走过了近40年历程，这期间从环境监测者到环境管理者、环境决策者，对环境质量综合评价工作的认识也经历了螺旋式循环提高的过程，在环境监测工作以及信息技术的每一次跨越发展中，环境质量综合评价工作也同样经历了重大突破与挑战，大体归纳为3个阶段：

第一阶段，20世纪70年代中后期至90年代中期。环境监测工作经历了20世纪70年代的起步阶段、80年代的调整巩固阶段和90年代初期的充实提高深化阶段，这期间对监测数据综合分析的需求逐步加大，建立了一些小规模信息处理系统，工具化统计软件得到应用，分析报告水平逐步提高，建立和完善了环境质量报告制度，环境质量报告书、季报、月报、专题报告、快报以及污染动态报告已形成制度，为环境管理提供了比较及时、准确的服务，对提高民众环境意识、为各级政府下决心加大投入进行污染综合防治起了很大的推动作用[1]。

第二阶段，“九五”至“十五”期间。巩固和完善了国家环境监测网，环境监测能力迅速提高，物质基础不断加强，“十五”期间环保投入达7 000亿元，环境监测数据及信息的收集、处理、传输已实现计算机化，并应用多媒体技术编制环境监测报告，初步建立了全国、省、流域环境监测地理信息基础数据库和数字地图，环境分析报告的编制水平和及时性得到极大提高，但环境管理现代化对环境质量综合评价工作提出了更高要求，不仅要说清楚环境质量及变化趋势、污染源变化动态，而且还要在发现环境问题、认识环境问题方面发挥先导作用，这期间现代信息技术得到普遍应用，在运用先进、简明、实用的综合评价方法和表征技术说清楚环境质量现状及其变化规律方面，取得了重大突破。

第三阶段，“十一五”至“十二五”期间。环境污染呈现更加复杂态势，环境保护的一项核心任务就是探索一条代价小、效益好、排放低、可持续的中国特色环境保护新道路。国家适时提出了构建先进环境监测预警体系的大思路，环境质量综合评价工作不仅要立足于环境质量发展现状和趋势的评价，而且要综合考虑社会经济发展和环境管理对环境质量的影响。围绕创新思维、跳出已定的思维框架和思维定势、服务宏观经济发展及重大环境决策的新目标[2]，这一时期环境质量综合评价技术常用的方法主要有综合指数法、模糊综合评判法、灰色聚类法、人工神经网络法、投影寻踪模型法、基于层次分析法的区域环境质量综合评价体系等，多方尝试突破按空气、地表水、噪声、海洋等单一环境要素评价模式，全面展开了向基于多环境要素的综合评价技术的探索。

1.2 当前环境质量综合评价面临的问题与机遇

当前环境质量综合评价技术虽然呈现出百花齐放、众家齐说的“繁荣”状况，但仍然面临着突出问题。微观层面上，这些技术方法均存在一定缺陷，如：指数评价法难以反映环境质量的综合状况；模糊综合评判法对每个参评指标的权重值需要人为给定，且参评指标数量较多时，往往低估了主要指标的贡献[3]；大多限于生态环境质量评价，并未真正体现环境和社会系统的关联和可持续发展思想。宏观层面上，目前环境质量综合评价工作并没有真正走出“自说自话”的尴尬局面，虽然有一些技术方法尝试将社会、人口、经济等指标纳入环境质量综合评价体系，但总体仍是头疼医头、脚疼医脚式的一元应对模式，专业的数据不是让人一头雾水，就是引发公众质疑，远没有整合社会各方资源、依托现代信息技术支撑、建立起环境问题高效治理的多元协同模式。

需求和信息技术始终是推动环境质量综合评价的两个原动力。近年来，伴随着物联网、云计算、移动互联网等新技术的迅猛发展，引发了数据规模的爆炸式增长和数据模式的高度复杂化，于是“大数据”涌现了。大数据是继云计算之后IT产业又一次颠覆性的技术革命，大数据对人的生活、工作和思维势必带来一场大变革，而大数据时代的环境保护工作也已经进入大变革时代，国家“十三五”环保规划将“…注重深化生态文明领域和关键环节改革；牢牢把握人民群众是否满意、生态环境是否健康和安全的出发点、着力点，以环境质量改善为核心，适应社会新期待，国家、区域、城市、乡村相结合，建立环境质量改善和污染排放总量双重体系……”，从思维方式上更关注人、环境社会相关关系；从工作模式上更基于量化、创新、挖掘的视角来回应环保新挑战；从管理上，要整合社会各方面资源对环境问题进行多元协同治理。由此看出，无论从信息技术发展还是环保工作自身需求的角度，环境质量综合评价技术已经迎来了又一轮机遇与挑战，“大数据”助推环境质量综合评价技术转型的时代已经到来。

2 大数据时代的环境质量综合评价工作发展趋势

2.1 大数据技术及其特征

大数据（Big Data）是指那些超过传统数据库系统处理能力的数据，数据量通常在 10TB（1TB＝1 024GB）以上，又称巨量资料。大数据具有 4 个基本特征：一是数据类别多。大数据一般包括以事务为代表的结构化数据、以网页为代表的半结构化数据和以视频和语音信息为代表的非结构多类数据，并且它们的处理和分析方式区别很大。二是数据体量巨大。百度资料表明，其新首页导航每天提供的数据超过 1.5PB（1PB＝1 024TB），这些数据如果打印出来将超过 5 千亿张 A4 纸。三是处理速度快。数据流往往为高速实时数据流，而且往往需要快速、持续的实时处理，从各种类型的数据中快速获得高价值的信息。四是价值密度低。以视频为例，在 1h 不间断的监控过程中，可能有用的数据仅仅只有一两秒[4]。

“大数据”的核心是高效处理分析海量数据并从中获取高价值信息以提高决策和行动效率，特别是对数据的分类，根据用途需求的不同，筛选出对于某一个领域某一个用途有意义、有价值的一系列数据，抛弃相对而言无用的数据。包括：海量数据分析技术、大数据处理技术、分布式计算技术和数据可视化技术以及所提供的决策支持服务等，具体分为：数据采集、数据存取、基础架构、数据处理、统计分析、数据挖掘、模型预测、结果呈现等技术。

2.2 大数据时代的环境质量综合评价技术发展趋势

环境质量综合评价工作是从一大堆的数据当中筛选出有价值的数据，然后进行对比、分析、处理等，这与大数据处理是一致的。目前我国城市大气、地表水质量和污染物排放均已实现自动监测，区域、流域联合监测及实施“天地一体化”监测技术路线，使得每年环境监测部门都在产生海量数据，亟须在数据的深入挖掘分析与结果展示方面有所突破，而这正是大数据发挥作用的空间。因此，大数据技术应用于环境保护已具备先决条件，基于“大数据”的环境质量综合评价技术具有以下 3 个方面发展潜力：

第一，提升环境状况综合预警能力。

预测性分析是大数据技术最重要的应用领域。从大量复杂的数据中挖掘出独有特点，建立起科学的事件模型，将新的数据带入模型，就可以预测事件的未来走向。预测性分析可以应用在空气质量预测、水环境质量预测等方面，通过建立评估和预测预报模型，预测未来发展趋势；环境污染事故的大数据可用于构建预测模型。此外，大数据的虚拟化特征，还可以大大降低环境管理风险，能够在管理调整尚未展开之前就给出相关答案，让管理措施做到有的放矢。

第二，提高人体健康风险评价能力。

环境保护的核心已经逐步转移到保护民生健康方面，有毒有害有机物污染、痕量超痕量重金属污染物以及环境中病原体等的监测与评价必将逐步列为重点监测内容，这不仅需要先进而适用的仪器设备和技术方法，更需要科学的健康风险评价技术。大数据下的人体健康风险评价，就是通过有害因子对人体不良影响发生概率的估算，评价暴露于该有害因子的个体健康受到影响的风险。其主要特征是以风险度为评价指标，将环境状态变量的大数据与出行、疾病预测、城市资源配置联系起来，将环境污染程度与人体健康联系起来，定量描述污染对人体产生健康危害的风险。

第三，提升公众服务能力。

社会各界在环境保护上有共同的价值关注点，环境保护的对象、利益相关人、措施等之间关系复杂，可挖掘大量有价值的关联。对于环境大数据采集工作，可以借鉴“数据众包”思路，譬如对于污染源企业的部分监管工作，环保管理部门通过平台自助式地把各类数据采集类型任务发布给公众人群，公众利用手机参与应用，就可直接完成各类数据采集任务。也可以利用互联网进行全网监测，依据采集的内容，环境管理者可以更好地了解社会热点事件、政策实施效果监测等。通过大数据整理计算采集来的社交信息数据、公众互动数据等，可以进行公众服务的水平化设计和碎片化扩散。还可以借助社交媒体中公开的海量数据，通过大数据信息交叉验证技术、分析数据内容之间的关联度等，进而面向社会化用户开展精细化服务，为公众提供更多便利，产生更大价值。

3 对策建议

3.1 环境数据中心建设

大数据时代实质是“三分技术，七分数据”，数据中心建设更显得尤为重要，这其中有两项关键工作：

第一，建立 NoSQL 数据库。传统的环境数据库一般采用的是关系型数据库来进行存储管理，但是关系型数据库有很大的局限性：难以满足对海量数据高效率存储和访问的需求，难以满足对数据库高可扩展性和高可用性的需求。因此需要研究、选择合适环境大数据管理的数据模型，建立 NoSQL（Not only SQL）数据库，实现在云计算环境下对环境数据的分布式高效处理、存储。

第二，数据质量管理。数据质量管理是大数据应用的前提。为保证大数据分析结果的准确性，需要将大数据中不真实的数据剔除掉，保留最准确的数据。这就需要建立有效的数据质量管理系统，分析收集到的大量复杂数据，挑选出真实有效的数据。

3.2 人才培养

要成功地驾驭大数据，就需要拥有相应技能的人才。大数据迫切需要的是既懂得相关技术，又谙熟环保知识的复合型人才。具体来说，大数据人才首先应具备获取大数据的能力，例如能根据环境业务的具体要求，综合利用各种计算机手段和知识，收集整理海量数据并加以存储，为支撑相关的决策和行为做好数据准备。其次，应具备分析大数据的能力，对于经过预处理的各类数据，能够根据具体的需求，进行选择、转换、加载，采用有效方法和模型对数据进行分析，并形成分析报告，为实际问题提供决策依据。最后，应具备良好的团队合作精神，大数据时代下的数据分析任务通常无法依赖个人能力来完成，需要在团队制度的约束下，与他人一同携手、互相鼓励、分工合作来实现既定目标，因此具备较强的责任心与团队合作精神也是大数据人员必备的基本条件。

具体培养途径可以与学校联合培养环保需要的大数据人才，这种方式有两方面的优势：一是大数据技能训练的对象，即大量的数据，只有环保部门才具备；二是在环保部门的支持下，学校也能通过针对性的实践训练来培养学生的大数据处理技能。合作的形式多种多样，可通过联合办学、联合制定人才培养方案、合作开发课程和教学内容、设置实训项目等形式展开。

参考文献

[1] 魏复盛．我国环境监测的回顾与展望［J］．环境监测管理与技术，1999，11（1）：2.

[2] 张宁红．环境质量综合分析与创新思维［J］．环境监测管理与技术，2005，17（4）：1.

[3] 商博，于光金，王桂勋，等．基于 PCA 的区域环境质量综合评价及应用实例研究［J］．中国环境监测，2013，29（5）：12.

[4] 黄晋．关于大数据人才培养的思考与探索［J］．教育教学论坛，2014，45：201-202.

作者简介：解辉（1967—），天津市环境监测中心，正科，高工，专业领域为环境质量综合评价及环境监测信息化建设与应用。

天津近岸海域夏秋季浮游动物群落结构特征

武　丹　韩　龙　梅鹏蔚　张　震

天津市环境监测中心，天津　300191

摘　要：于2013年8月（夏季）、11月（秋季）分别对天津近岸海域14个点位的浮游动物进行了监测调查，并应用Shonnon-Weaver多样性指数对天津近岸海域进行了生境质量评价。结果表明，调查期间浮游动物共计6门37种（属），优势种为强壮箭虫（*Sagitta crassa*）、中华哲水蚤（*Calanus sinicus*）、双毛纺锤水蚤（*Acartia bifilosa*）和太平洋纺锤水蚤（*Acartia pacifica*）。浮游动物丰度范围在23.21～30 941.18 ind/m³之间，生物量范围为1.88～2 501.65 mg/m³，夏季浮游动物丰度、生物量值均显著高于秋季。根据Shonnon-Weaver多样性指数评价，天津近岸海域生境质量等级为一般～差。

关键词：天津近岸海域；浮游动物；群落结构；多样性指数

Zooplankton Community Structure of Tianjin Sea Area in Summer and Autumn

WU Dan　Han Long　MEI Peng-wei　ZHANG Zhen

Tianjin Environmental Monitoring Center，Tianjin 300191

Abstract: In August and November 2013, the zooplankton community structure was investigated in 14 sites of Tianjin sea area, and habitat quality assessment was performed based on Shonnon-Weaver diversity index. Total of 37 zooplankton species were indentified, *Sagitta crassa*, *Calanus sinicus*, *Acartia bifilosa* and *Acartia pacifica* were dominated species. The zooplankton abundance ranged from 23.21 ind/m³ to 30 941.18 ind/m³, and biomass varied from 1.88 mg/m³ to 2 501.65 mg/m³. The abundance and biomass of zooplankton were significantly higher in Summer than in Autumn. According to the diversity index, the habitat quality of Tianjin sea area is in the middle of normal and bad level.

Key words: Tianjin sea area; zooplankton; community structure; diversity index

渤海是一个半封闭的内海，仅以渤海海峡与黄海相通，主要由辽东湾、渤海湾、莱州湾及中央海区组成，面积为7.7万km²，平均水深18m。天津近岸海域位于渤海湾西部，水体交换能力较差，水体营养盐含量较高。近年来随着天津市及环渤海地区的迅速发展，天津近岸海域环境质量日益恶化，富营养化和赤潮频发[1]，其造成的直接经济损失日益严重，已经成为严重的生态问题。浮游动物是海洋生态系统食物链中一个重要环节，其生长繁殖受水温、盐度、营养盐、浮游植物等环境影响。同时它通过摄食控制浮游植物的数量，来调节水体生态平衡，在海洋生态系统的结构和功能中起着重要的调控作用。根据浮游动物种类组成及丰度的季节变化可反映出其生存水体的环境状况。本研究对天津近岸海域浮游动物种类组成及分布进行了调查研究，并应用Shonnon-Weaver多样性指数进行了评价，以期获得天津近岸海域生境质量情况，为防控该海域水体富营养化提供科学依据。

1　材料与方法

1.1　采样点设置

依据地理形态及近岸海域功能区划，在天津近岸海域共设置14个监测点位（见图1），采样时间为2013年8月（夏季）、11月（秋季）。

基金项目：环保公益性行业科研专项（201309008-04）。

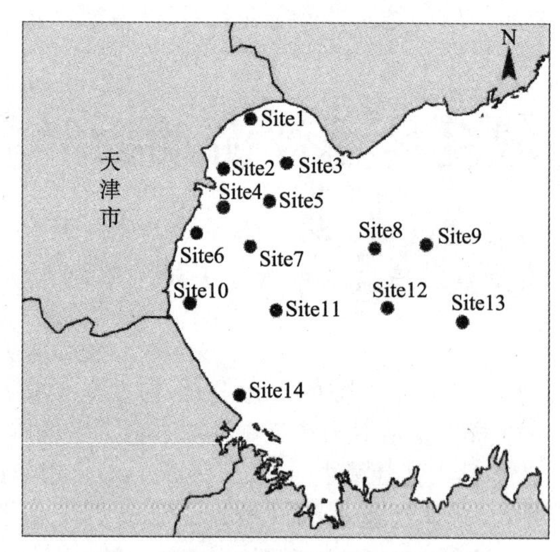

图 1　天津近岸海域采样点位示意图

1.2　样品的采集与处理

根据海洋调查规范（GB 12763.6—2007）[2]，以浅水Ⅰ型浮游生物网自水底至表层垂直拖网，样品用5%福尔马林溶液固定保存，采样结束后在实验室内进行镜检分析。采用个体显微鉴定计数法，确定各监测点位浮游动物种类组成和丰度。

1.3　数据处理

$$Y=\frac{n_i}{N}f_i \tag{1}$$

$$H'=-\sum_{i=1}^{S}\left(\frac{n_i}{N}\right)\mathrm{Log}_2\left(\frac{n_i}{N}\right) \tag{2}$$

式中：Y——Mcnaughton 优势度指数，$Y>0.02$ 的种类定为优势种[3]；

H'——Shonnon-Weaver 多样性指数；

n_i——样品中第 i 种的个体数；

N——样品中的个体总数；

f_i——第 i 种在各采样点出现的频率；

S——样品中的种类总数。

根据近岸海域环境监测技术规范（HJ 442—2008）[4]提供的生物多样性指数进行生境质量等级评价：$H'\geqslant 3.0$，优良；$2.0\leqslant H'<3.0$，一般；$1.0\leqslant H'<2.0$，差；$H'<1.0$，极差。

浮游动物丰度、生物量季节分布显著性差异分析在 SPSS 15.0 平台上进行。

2　结果与分析

2.1　浮游动物群落结构

调查期间共鉴定浮游动物 6 门 37 种（属），其中节肢动物最多，为 14 种，占总数的 37.8%；其次为幼体类 10 种，占 27.0%；腔肠动物 9 种，占 24.3%，毛颚动物和多毛类各 1 种（属），均占 2.7%，其他类 2 种，占 5.4%。其中，8 月浮游动物种类较多，为 25 种，11 月较少，为 18 种。8 月种类以节肢动物和幼体类为主，分别占 40.0% 和 32.0%；11 月种类以节肢动物、腔肠动物为主，分别占 44.4% 和 27.8%（图 1、图 2）。

以优势度指数 $Y>0.02$ 确定优势种，结果见表 1。其中，强壮箭虫（*Sagitta crassa*）、中华哲水蚤（*Calanus sinicus*）、双毛纺锤水蚤（*Acartia bifilosa*）、太平洋纺锤水蚤（*Acartia pacifica*）在 8 月、11

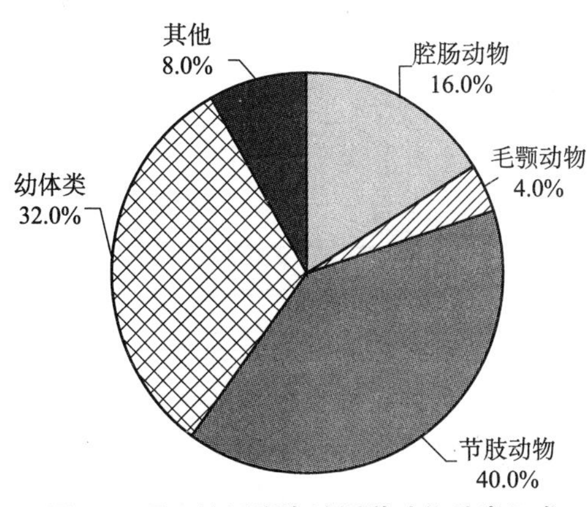

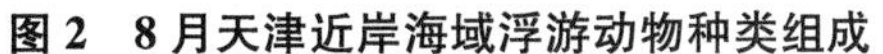
图 2　8 月天津近岸海域浮游动物种类组成

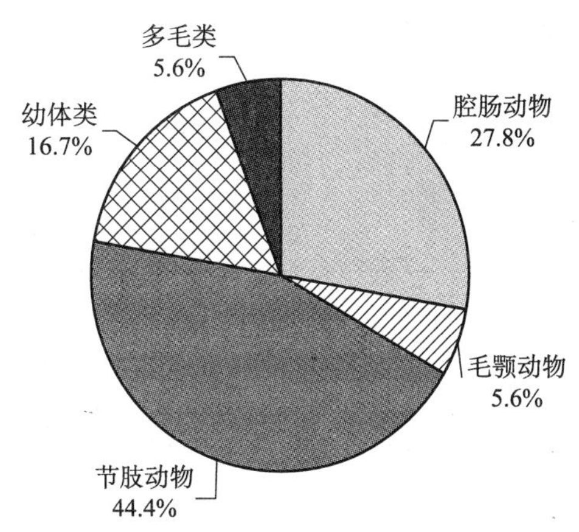

图 3　11 月天津近岸海域浮游动物种类组成

月均为优势种，与 2004—2009 年渤海湾优势种相近[5]，为富营养化海域中常见浮游动物种类[6]，可见天津近岸海域富营养化状况严峻。

表 1　天津近岸海域浮游动物优势种

月份	优势种	Y
8 月	毛颚动物（*Chaetognatha*）	
	强壮箭虫（*Sagitta crassa*）	0.05
	节肢动物（*Arthropoda*）	
	中华哲水蚤（*Calanus sinicus*）	0.05
	双毛纺锤水蚤（*Acartia bifilosa*）	0.26
	太平洋纺锤水蚤（*Acartia pacifica*）	0.08
	小拟哲水蚤（*Paracalanidae parvus*）	0.44
	强额拟哲水蚤（*Paracalanus crassirostris*）	0.02
	拟长腹剑水蚤（*Oithona similis*）	0.04
11 月	毛颚动物（*Chaetognatha*）	
	强壮箭虫（*Sagitta crassa*）	0.52
	节肢动物（*Arthropoda*）	
	双毛纺锤水蚤（*Acartia bifilosa*）	0.04
	太平洋纺锤水蚤（*Acartia pacifica*）	0.04
	中华哲水蚤（*Calanus sinicus*）	0.07
	幼体类（*Larva*）	
	桡足幼体（*Copepodid larva*）	0.28

2.2　丰度与生物量

各采样点浮游动物丰度范围在 23.21～30 941.18 ind/m^3 之间，在 11 月的 Site9 点位丰度最低，在 8 月的 Site6 点位丰度值最高。8 月、11 月各采样点浮游动物丰度均值分别为 4 071.34 ind/m^{3}和 211.47 ind/m^3，SPSS 统计分析得出 8 月和 11 月丰度有极显著季节差异（$P<0.01$），夏季>秋季。不同季节浮游动物丰度的主要组成优势种不同。其中 8 月节肢动物丰度占绝对优势，所占比例高达 91.3%，主要由小拟哲水蚤（*Paracalanidae parvus*）和双毛纺锤水蚤（*Acartia bifilosa*）组成，分别占总丰度的 44.0%和 27.7%；而 11 月丰度以毛颚动物的强壮箭虫（*Sagitta crassa*）为主，其丰度比例为 51.7%。

各采样点浮游动物生物量范围在 1.88～2 501.65 mg/m^{3}之间，最小值在 11 月的 Site9 点位，最大值在 8 月的 Site6 点位，与丰度一致。8 月、11 月各采样点生物量均值分别为 426.0 mg/m^3、13.7 mg/m^3，SPSS 统计分析得出 8 月和 11 月生物量有极显著季节差异（$P<0.01$），夏季>秋季，与丰度结果一致。表明夏季天津近岸海域浮游动物生产力高于秋季。

2.3 生境质量

生物多样性指数参考指标进行生境质量等级评价，结果见表2。调查期间多样性指数H'范围在0.64～2.95之间，H'点位年均值评价生境质量等级为一般～差。其中8月天津近岸海域生境质量等级整体为一般～差，11月生境质量等级整体为差～极差，比较而言，8月生境质量优于11月。

表2 天津近岸海域多样性指数与生境质量

项目	8月	11月	年均值
H'范围	1.22～2.95	0.64～1.98	1.19～2.32
“优良”比例/%	0	0	0
“一般”比例/%	71.4	0.0	35.7
“差”比例/%	28.6	64.3	64.3
“极差”比例/%	0.0	35.7	0.0

3 结论

（1）调查期间共鉴定浮游动物6门37种（属），以节肢动物、幼体类和腔肠动物为主，调查期间主要优势种为强壮箭虫（*Sagitta crassa*）、中华哲水蚤（*Calanus sinicus*）、双毛纺锤水蚤（*Acartia bifilosa*）和太平洋纺锤水蚤（*Acartia pacifica*），天津近岸海域富营养化状况严峻。

（2）天津近岸海域浮游动物分布具有较为明显的季节差异，浮游动物丰度范围在23.21～30 941.18 ind/m^3之间，生物量范围为1.88～2 501.65 mg/m^3，夏季浮游动物丰度、生物量值均显著高于秋季。

（3）根据多样性指数H'评价，天津近岸海域生境质量等级为一般～差。

参考文献

[1] 张波，唐启升．渤、黄、东海高营养层次重要生物资源种类的营养级研究［J］．海洋科学进展，2004，22（4）：393-404.

[2] 海洋调查规范第6部分：海水生物调查．GB/T 12763.6—2007.

[3] 黄祥飞．湖泊生态调查观测与分析［M］．北京：中国标准出版社，2000：72-79.

[4] 近岸海域环境监测技术规范．HJ 442—2008.

[5] 高文胜，刘宪斌，张秋丰，等．渤海湾近岸海域浮游动物多样性［J］．海洋科学，2014，38（4）：55-60.

[6] 徐兆礼，洪波，朱明远，等．东海赤潮高发区春季浮游动物生态特征的研究［J］．应用生态学报，2003，14（7）：1081-1085.

作者简介：武丹（1984—），女，河北保定市人，工程师，硕士，从事环境监测评价与环境保护工作。

天津市光污染现状调查及监测技术方法探讨

郝　影　孙宏波　许　杨　张　磊

天津市环境监测中心，天津　300191

摘　要：本文针对天津市光污染的现状进行了问卷调查，并通过实地考察，了解天津市光污染状况；针对主要的扰民问题提出相应的防治措施，并给出采用平面拍摄法的光污染监测技术草案。

关键词：光污染；平面拍摄法；监测；问卷调查；光扰民

A Study of Monitoring Technology and Investigate of Light Pollution Status in Tianjin

HAO Ying　SUN Hong-bo　XV Yang　ZHANG Lei

Tianjin environmental monitoring center，office of physical research，Tianjin　300191

Abstract：in this paper，it is investigated that the light pollution status in Tianjin through a questionnaire survey and field work. it is proposed that the prevention and treatment measures for the major light nuisance problems. then it is given that the draft ofmonitoring technology for light pollution，which uses the plane shoot methods.

Key words：light pollution；plane shoot method；monitoring；questionnaire survey；light nuisance

光污染属物理性污染，光照停止后，污染立刻消失，但它对人群的侵扰程度却很强烈，具有短时不可忍受、感受直接、可对人体生理和心理同时造成影响等特点。与噪声、振动和电磁辐射等其他物理性污染相比较，产生光污染的光源离人可位于数百米，甚至上千米以外的距离。同时它的影响范围较为集中，尤其是光入侵、泛光照明这种侵害形式。

本文针对天津市光污染的现状进行了问卷调查，并通过实地考察，了解天津市光污染状况；针对主要扰民问题，提出相应的防治措施；根据国外光污染相关标准和国际重要组织提出的光污染防治指南，结合国外现有光污染相关标准和技术指南，研究、制定适合我国的光污染监测技术规范及环境监测标准。

1　天津市光污染现状

天津市位于美丽的渤海湾，是中国四大直辖市之一，近年来天津市经济发展飞速，城市建设日新月异，为了满足人们休闲、购物、娱乐、居住的需要，大型商业体如雨后春笋，遍布天津市每个城区，从环内一个中心区，逐步发展成为围绕中心区分散的几个副中心商业区，到现在的几个中心区连接形成商业中心带，实现 15min 文化圈。经济的繁荣，使得原本繁华的城市中心锦上添花，城市夜景，灯光照明工程达到了极致地发挥，人民生活财产安全，道路出行安全，路灯越来越密，灯光越来越多，激烈的商业竞争，让商家为了吸引眼球绞尽脑汁，大型屏幕的研制，让电子广告不断刷屏，成了固定地点的特定风景，人们对明亮的需求越强烈，照明事业就得到更大的发展，但是带来的负面效应也就越强。

由此可见，光污染已经成为越来越广泛的社会现象，为了更准确了解天津市光污染情况，本文针对光污染作了问卷调查，根据调查结果，分析天津市光污染的主要来源，受污染重点区域以及公众对光污染的态度，受访群众大多数为天津常住人口，从事不同行业。

2 问卷调查及结论

本次问卷调查共发放调查表[1]100 份，收回 100 份，调查人员均为生活、居住在天津市的人口，大多数为常住人口，收回调查均为有效调查。根据问卷调查我们发现，光污染已经成为天津市的主要环境污染，详见图 1。

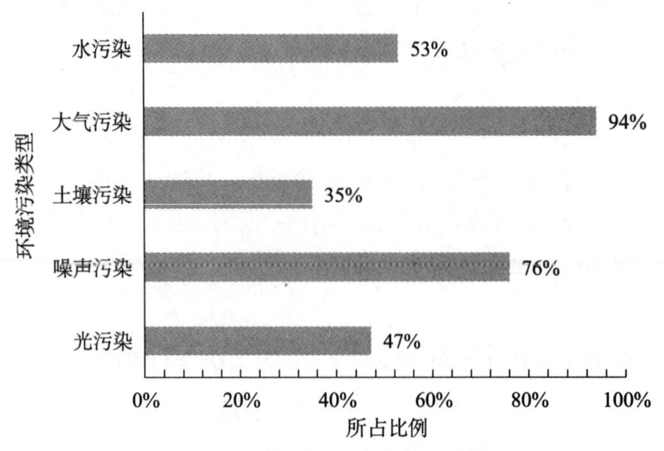

图 1 天津市环境污染类型调查结果

我们还得到了以下结论：

(1) 天津市光污染最严重类型的为人工白昼，以下依次为玻璃幕墙反射光，彩光污染和白亮污染；

(2) 天津市主要的光污染包括霓虹灯的光照、广告牌、led 大屏幕、玻璃幕墙建筑反光、汽车远光灯和住宅不合理照明等；

(3) 70%以上的调查对象反应光污染对工作和生活的影响包括视物不清、无法睡觉、注意力不集中和产生眩晕感；

(4) 88%的调查对象表示光污染的治理应该立法，12%表示无所谓；

(6) 52%的调查对象表示政府对光污染的治理没有什么具体行动，35%表示一般，12%表示不清楚；

(7) 65%的调查对象表示解决光污染的途径是投诉，23%表示买厚窗帘遮挡，6%表示换房，6%表示不知道。

由此可见，天津市光污染情况已经收到民众的普遍关注，政府及相关部门在加强照明管理的同时，还要及时采取立法手段，尽快出台光污染防治条例，同时政府应该在光污染治理过程中发挥主导作用。

3 玻璃幕墙光污染监测技术方法

玻璃幕墙产生的光污染按污染强度分类：包括失能眩光或不舒适眩光，它会影响车辆和行人的正常通行，会引起司机视觉累积损害或干扰，有的甚至会在瞬间干扰司机的视线，引发交通事故；大面积的采用玻璃幕墙造成过多的阳光直接照射到室内，使得室内人员有更多的机会看到明亮的天空，当天空亮度很高或太阳可直接映射到室内时，有可能造成室内昼光眩光，给室内人员的正常工作和生活带来不利影响。

3.1 玻璃幕墙光污染现有标准

目前，暂未查到国外关于玻璃幕墙光污染的标准。我国国家标准《玻璃幕墙光学性能》（GB/T 18091—2000）[2]规定了玻璃幕墙的有害光反射及相关光学性能指标、技术要求、试验方法和检验规则。该标准是从玻璃幕墙的设计角度对玻璃幕墙材料和安装方位进行限制，从而降低幕墙产生眩光的可能性。而对于环境污染监测方面，国家尚未出台任何监测标准。

3.2 玻璃幕墙光污染监测方法选择

光污染的测量和评价离不开定量的分析和说明，光污染监测的被测物理量包括常见的光度量和室外眩光评价参数，主要有描述光源和光环境的光通量、光强、亮度、照度和眩光值、阈值增量等。光污染测量常用的仪器有亮度计和照度计。

根据 GBT 5700—2008《照明测量方法》[3]和 GB15240—1994《室外照明测量方法》[4]的要求，无论亮度计还是照度计测量过程中，采点繁琐，若要完整采集环境亮度，需要采集大量数据，因此应用亮度计或照度计测量光污染时耗时费力，且受颜色影响过大，造成误差，无法满足测量需求。为此天津大学的李岷舣[5]等选取彩色 CCD 作为亮度采集器，阎冰[6]等采用平面拍摄法测量玻璃幕墙眩光污染，解决了亮度计、照度计采点复杂，难操作等困难。

3.3 眩光评价指标

常用的眩光评价方法中，光污染指数系统（英国照明规范中的 GI、国际照明委员会的 CGI）、视觉不舒适概率（北美照明工程协会提出的 VCP）和统一眩光评价系统（国家标准 GB 50034—2004《建筑照明设计标准》采用 UGR）一般用来评价不舒适眩光，失能眩光评价方法中《限制干扰光指南 GNO1—2005》的照明技术参数有明确要求：0.05 cd/m^2<平均亮度<5 cd/m^2 并且 1.5°<θ<60°，由于玻璃幕墙反射太阳光而造成的眩光只在晴朗的白昼出现，所以视场范围的平均亮度远远超过了 5 cd/m^2；同时观察者的观察方向是经常变化的，并不一定像驾驶员那样有规律，并且眩光源的位置也不像道路照明装置那样规律，这都使得玻璃幕墙的眩光评价超出了该技术参数的适用范围。

为此我们采用眩光值 GR 系统（它是度量室外体育场和其他室外场地照明装置对人眼引起不舒适感主观反应的心理参量）来评价玻璃幕墙产生的光污染，由于玻璃幕墙产生的眩光主要是由于幕墙反射太阳光而引起的，并且太阳光在玻璃幕墙上发生的反射主要是镜面反射，因此，在评价玻璃幕墙眩光时可以把幕墙上亮度最高的区域看作光源，即等效为单个眩光源。根据国际照明委员会 CIE112[7]，得到玻璃幕墙眩光值 GR 的计算公式为：

$$GR=27+24\lg\frac{L_{vl}}{L_{ve}^{0.9}}$$

式中：L_{vl}——由玻璃幕墙等效眩光源发出的光直接射向眼睛所产生的光幕亮度，cd/m^2；$L_{ve}^{0.9}$——由环境引起直接入射到眼睛的光所产生的光幕亮度，cd/m^2。

4 玻璃幕墙光污染监测技术草案

根据平面拍摄法的监测仪器和测量技术手段，本文拟定了光污染监测技术草案，具体内容如下：

（1）适用范围：玻璃幕墙光污染眩光限值及测量方法；适用于玻璃幕墙光污染的评价与管理。

（2）测量目的：以保障车辆、行人的安全行驶和人们正常的工作生活，限制玻璃幕墙反射光产生的眩光污染，检验玻璃幕墙反射光是否满足玻璃幕墙反射眩光限制标准值。

（3）气象条件：应在 CIE 标准晴天空，清澄大气和测量地面清洁、干燥的条件下进行测量，不宜在有云、大气浑浊进行。

（4）测点选择：

①测点能反应玻璃幕墙产生光污染的主要特征（包括污染面积，影响时间等）。

②测点地面应保持清洁、干燥，测量场地及周围不应有积水或积雪。不存在临时镜面反射及临时漫散射光射入接收器，即排除临时杂散光射入接收器，防止各类人员和物体对光接收器造成的遮挡。

③测点应尽量位于能观察产生光污染的整体建筑的位置，如因外界环境限制，不能观察整体建筑的，应选择光污染严重的区域进行监测。

④接收器位置：距离地面高度在 1.2～1.5m 之间，接收器距离任意反射面大于 1m。

⑤其他条件：应在白天进行监测，监测者与玻璃幕墙的距离应保证对玻璃幕墙产生的光污染能感受到；监测仪器接收器与水平面垂直，并直面玻璃幕墙方向；测量环境温度：−5℃～20℃。

（5）眩光拟定标准值：暂时采用 CIE112 标准的九点眩光评价表（详见表 1）和玻璃幕墙反射眩光 GR 限制值表（表 2）为标准值。

表 1 GR 眩光值

人的感受	眩光值 GR
不可忍受	90
	80
烦恼	70
	60
刚可接受	50
	40
可察觉	30
	20
不可察觉	10

表 2 玻璃幕墙反射眩光拟定标准值

区域类型	眩光值 GR 最大值
机动车道路	45
其他道路	50
其他区域	55

5 提出的监测标准值和监测方法中可能存在的问题

(1) 本文提出的测量方法中将玻璃幕墙反射光等效为单个眩光源发射光线，而在实际中，太阳光经玻璃幕墙反射后可能会有多个像，即有多个眩光源，所以这一假设有时可能不成立。

(2) 测量方法中假设玻璃幕墙反射光是平行光，这也可能与实际情况有较大偏差。

(3) 背景光不能完全剔除，剔除的程度不同，所得到的结果也不同。

(4) 玻璃幕墙光污染测量最终要实现自动化连续监测，如何能使仪器更轻便，使用更便捷是我们下一步要解决的问题。

(5) 本报告采用眩光值作为评价玻璃幕墙光污染的指标，根据 CIE 112 技术报告给出玻璃幕墙反射眩光拟定标准值，该技术报告给出的区域照明极限主要针对照明设施的最大眩光值。但是本报告主要研究玻璃幕墙产生眩光（即自然光产生眩光），无论背景光还是光源都和 CIE112 有区别，实际测量值必然偏高，因此玻璃幕墙反射眩光拟定标准值的确定是否合理还有待商榷。

参考文献

[1] http://www.sojump.com/jq/4427147.aspx.

[2] 玻璃幕墙光学性能 . GB/T 18091—2000.

[3] 照明测量方法 . GB/T 5700—2008.

[4] 室外照明测量方法 . GB15240—1994.

[5] 李岷舣，贾果欣，曲兴华. 彩色 CCD 成像法测量光污染 [J]. 城市环境与城市生态，2012，25 (1)：42-46.

[6] 阎冰，曲兴华，张福民. 玻璃幕墙眩光污染模拟分析 [J]. 城市环境与城市生态，2014，27 (1) .

[7] Glare Evaluation System fo Use within Outdoor Sports and Area Lighting. CIE 112—1994.

作者简介：郝影（1984.1—），从事物理性污染监测，工程师，天津市环境监测中心物理室。

南京市空气微生物含量及评价

梅卓华　孙洁梅　陈　明　方　东

南京市环境监测中心站，南京　210013

摘　要：2012—2014 年，对南京市 15 个监测点的空气微生物含量进行监测，结果表明：南京市空气微生物年均含量在 449～593 cfu/m³之间，处于清洁水平。各功能区空气微生物含量大小排序为：交通区＞居民区＞办公区＞文教区＞风景区。

关键词：南京市；空气微生物；空气污染；评价

The Concentration and Evaluation of Air Microorganism in Nanjing City

MEI Zhuo-hua　SUN Jie-mei　CHEN Min　FANG Dong

Nanjing Environmental Monitoring Central Station，Nanjing 210013

Abstract：The Concentration of air microorganisms were monitored during From 2012 to 2014 at 15 sampling sites in Nanjing city，the results showed that the year1y average air microorganisms content was between 449～593 cfu/m³，in a clean level. Order for each functional area air microbial content：traffic area＞Residential areas＞Office area fengjin＞cultural and educational areas＞scenic spot.

Key words：Nanjing city；air microorganism；air pollution；evaluation

南京市位于长江中下游中部地区，市区三面环山一面临江，呈西北开口的簸箕状，这种特殊的地貌形式，不利于热空气和空气污染物的扩散。随着人类社会与经济活动的发展，空气环境中微生物污染程度日益加重，空气微生物对健康的危害已经引起人们一定的关注。

已知的存在于空气环境中的细菌、放线菌有 1 200 种，霉菌有 4 万种[1]，它们不仅具有极其重要的生态系统功能，还与城市空气污染、城市环境质量和人体健康密切相关，空气中微生物浓度过高会导致各种疾病的发生[2-3]。空气微生物含量多少可以反映所在区域的空气质量，是空气环境污染的一个重要指标[4-8]。本文通过南京市 2012—2014 年空气微生物监测结果，分析南京市空气微生物含量，为评价和改善南京市空气质量提供科学依据。

1　材料与方法

1.1　采样点和时间

根据南京市地理条件、生态环境和功能特点，共布设 15 个监测点位（表 1）。

每年春季（4 月）和夏季（8 月）各监测一次。

表 1　监测点分布情况

功能区分类	监测点及编号	地理位置及周边环境
风景区	中山植物园 1＃	玄武区，园区植被多，有一定车流、人流
	玄武湖公园 2＃	玄武区，湖边，树木校多
	百家湖 3＃	江宁区，有绿化带
居民区	瑞金新村 4＃	秦淮区，老式居民区内，人口密度大，有少量绿化
	场门口 2 号 5＃	鼓楼区，老式居民区内，人口密度中等，无绿化

续表

功能区分类	监测点及编号	地理位置及周边环境
文教区	南京师范大学仙林校区 6#	栖霞区，校区内，少量树木
	南京工业大学浦口校区 7#	浦口区，校区内，绿化较好
	中国药科大学（丁家桥校区）8#	鼓楼区，校区内，少量树木
	南京高等职业技术学校 9#	建邺区，校区内，少量绿化
办公区	南京第一医院南区 10#	秦淮区，少量树木，人流较多
	高淳区环保局 11#	高淳区，市郊，环保大院内，少量绿化
	六合区环保局 12#	六合区，市郊，环保大院内，环境一般
交通区	中山路与珍珠路路口 13#	溧水区，市郊，车流量较大
	麒麟广场 14#	化工园，市郊，有绿化带，车流量较大
	晓庄广场 15#	栖霞区，有绿化带，车流量较大

1.2 采样和培养方法

采用撞击式 FKC-1 浮游空气尘菌采样器采集 100L 空气，采样高度为 1.0m，每个监测点均同时采集两组数据，并同步监测温度和大气压。采集空气中的细菌用营养琼脂培养基，于 37±1℃培养 48h；霉菌用虎红琼脂培养基，于 28±1℃培养 72h。

1.3 数据统计与评价方法

分别统计培养皿上的菌落数，以 1m³ 空气中所含菌落数表示空气中微生物数量，公式：

$$n=(m\times 1\ 000)/V$$

式中：n——为空气中微生物数量，cfu/m³；

m——为培养皿菌落数，个；

V——为标准状态下的采样体积。

评价标准采用中科院生态研究中心发布的大气微生物评价分级标准，见表 2。

表 2 大气微生物评价分级标准 单位：cfu/m³

级别	细菌总数	霉菌总数	微生物总数
清洁	<1 000	<500	<3 000
较清洁	1 000～2 500	500～750	3 000～5 000
轻微污染	2 500～5 000	750～1 000	5 000～10 000
污染	5 000～10 000	1 000～2 500	10 000～15 000
中污染	10 000～20 000	2 500～6 000	15 000～30 000
严重污染	20 000～45 000	6 000～20 000	30 000～60 000
极严重污染	>45 000	>20 000	>60 000

2 结果与评价

2.1 空气细菌浓度评价

由图 1 可见，2012—2014 年，2013 年空气细菌含量（年均值）最高，2014 年最低。仅 2013 年南京第一医院南区（10#）和麒麟广场（14#）两个测点空气细菌含量超过 1 000 cfu/m³，分别为 1 309 cfu/m³和 1 051 cfu/m³，处于较清洁水平，其余各监测点空气细菌含量均低于 1 000 cfu/m³，处于清洁水平。南京第一医院南区（10#）的人流量大，麒麟广场（14#）处于化工园区且车流量较大可能是其空气细菌含量较高的原因。

各功能区空气细菌含量多少排序：交通区>居民区>办公区>文教区>风景区（图 2）。交通区和居民区的车流量和人流量较大，是造成空气细菌污染的主要原因[5,9-10]。

2.2 空气霉菌浓度评价

20112—2014 年，南京空气霉菌含量（年均值）排序为 2012 年>2014 年>2013 年。其中 2012 年中

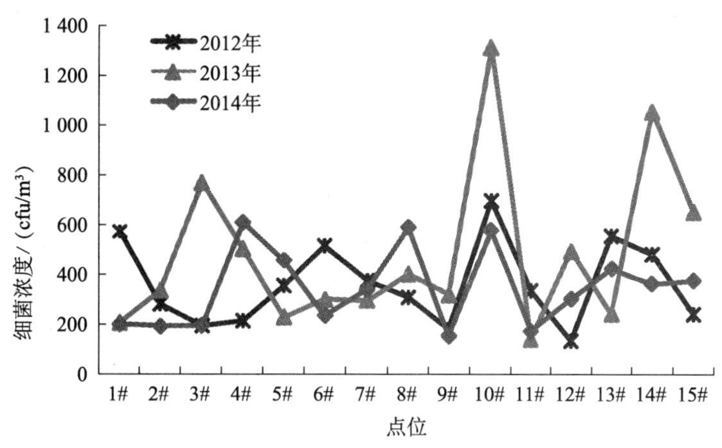

图 1　各监测点空气细菌浓度（均值）

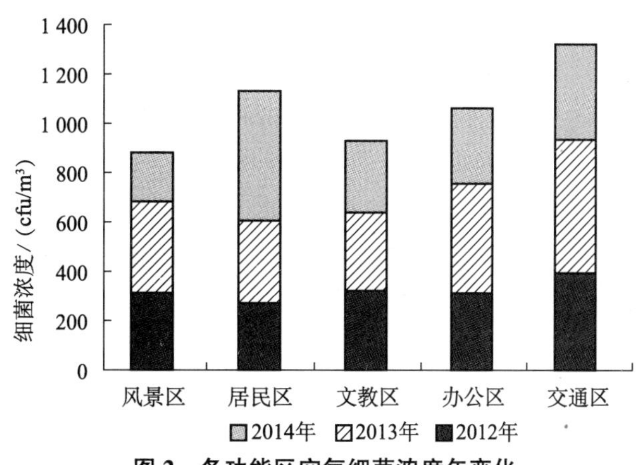

图 2　各功能区空气细菌浓度年变化

山陵（1＃）测点空气霉菌含量为 770 点 cfu/m^3，处于轻微污染水平，南京第一医院南区（10＃）测点空气霉菌含量为 504cfu/m^3，处于较清洁水平，其两测点空气霉菌含量均小于 500 cfu/m^3，处于清洁水平（图 3）。中山陵（1＃）测点空气霉菌含量较高可能与树林茂密有关。

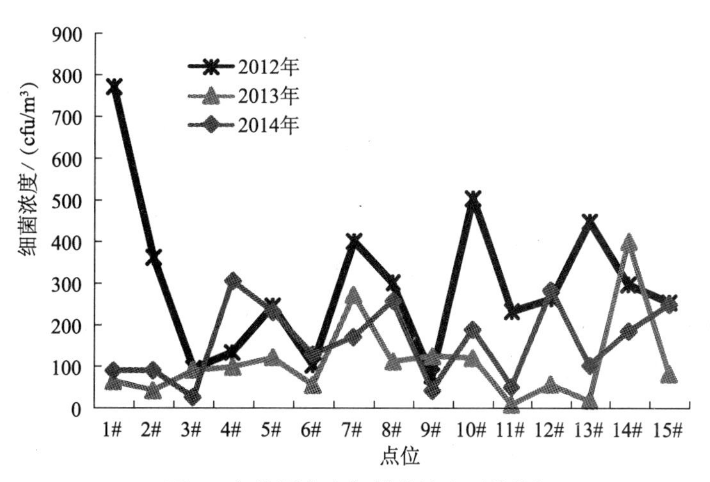

图 3　各监测点空气霉菌浓度（均值）

各功能区空气霉菌含量多少排序：居民区＞交通区＞文教区＞办公区＞风景区（图 4）。车流量和人流量也是造成空气霉菌污染的主要原因。

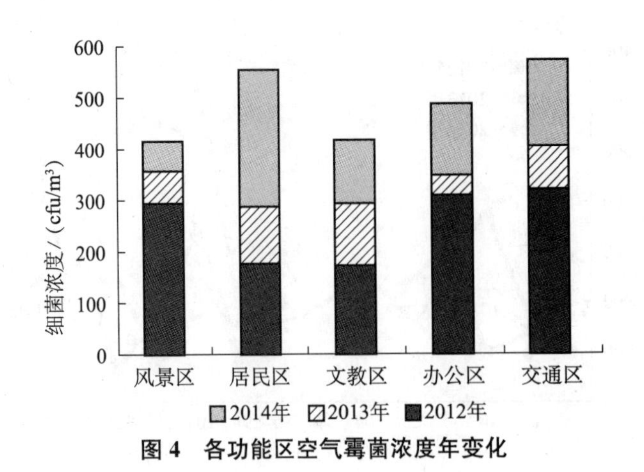

图4　各功能区空气霉菌浓度年变化

2.3　空气微生物总数评价

2012—2014年，南京空气微生物总数含量（年均值）逐年降低。所有监测点的空气微生物都为清洁级（表3）。按各功能区排序：交通区＞居民区＞办公区＞文教区＞风景区。

表3　2012—2014年南京市空气微生物污染评价　　单位：cfu/m³

测点编号	2012年	2013年	2014年	均值	等级
1#	1 342	267	288	469	清洁
2#	639	375	280	406	清洁
3#	289	858	220	379	清洁
4#	343	600	915	573	清洁
5#	600	349	688	524	清洁
6#	617	352	362	429	清洁
7#	773	568	508	607	清洁
8#	609	511	848	641	清洁
9#	260	440	193	281	清洁
10#	1 201	1 429	768	1 096	清洁
11#	565	146	221	263	清洁
12#	396	548	583	502	清洁
13#	1 000	258	526	514	清洁
14#	778	1 454	548	852	清洁
15#	490	731	624	607	清洁
年均值	593	494	449	—	—
等级	清洁	清洁	清洁	—	—

3　结果与讨论

根据空气微生物总数评价，南京市空气微生物年均含量在449～593 cfu/m³之间，处于清洁水平。15个监测点都处于清洁水平，南京第一医院南区（10#）和麒麟广场（14#）两个测点相对较差。各功能区空气微生物含量大小排序为：交通区＞居民区＞办公区＞文教区＞风景区。结果与用空气中细菌数量评价一致，因为各测点细菌数量约占微生物总数的43%～93%。交通区、居民区和办公区的空气微生物数量高可能与人流量大，居住密度高，车辆较多有关，而风景区和文教区空气微生物数量较低得益于植被覆盖率较高，环境良好。

本次评价结果是基于三年春、夏两季的监测结果而得，细菌、霉菌季节变化并不一致，这与城市建设、结构调整、气象条件以及空气微生物的时空变化特征和组成都密切相关，因此，开展空气微生物定点监测对于掌握本地区环境空气质量和空气污染状况有着积极的意义。近年来，随着民众对雾霾、扬尘等污染天气问题的日益关注，开展雾霾、扬尘天空气微生物的监测，建立空气微生物污染与人体健康的评价关系是急待研究的问题。

参考文献

[1] 宋凌浩，宋伟民，施玮，等. 上海市大气微生物污染对儿童呼吸系统健康影响的研究 . 环境与健康杂志，2000，17 (3)：135-138.

[2] Lacey J and Dutkiewicz J. Bioaerosols and occupational lung disease [J]. Journal of Aerosol Science，1994，25 (8)：1371-1404.

[3] Yousheng Ouyang，Xiaobao Xie. Determination of airbornemicrobial cancentration around key rtaffic route in guangzhouurbandistricts [J]. Chinese Journal of health laboratorytechnology，2003，13 (6)：692-693.

[4] 韩佳，王中卫. 空气微生物作为大气污染常规分析指标的必要性 [J]. 环境科学与管理，2012，37 (8)：129-131.

[5] 欧阳友生，谢小保，陈仪本，等. 广州市空气微生物含量及其变化规律研究 [J]. 微生物学通报，2006，33 (3)：47 -51.

[6] 冯友仁，周德明. 长沙市不同功能区空气微生物污染与评价 [J]. 城市环境与城市生态，2008，21 (6)：12-14.

[7] 张晟，郑坚，付永川，等. 重庆市城区空气微生物污染及评价 [J]. 环境与健康杂志，2002，19 (3)：231-233.

[8] 傅本重，赵洪波，永保聪，等. 昆明市不同功能区夏季空气微生物污染监测 [J]. 中国环境监测，2012，28 (3)：104-106.

[9] 周晏敏，韩梅，陈震宇. 齐齐哈尔市不同功能区大气微生物研究 [J]. 中国环境监测，1994，10 (1)：49-51.

[10] 冯友仁，周德明. 长沙市不同功能区空气微生物污染与评价 [J]. 城市环境与城市生态，2008，21 (6)：12-14.

[11] 冯友仁，周德明. 长沙市不同功能区空气微生物污染与评价 [J]. 城市环境与城市生态，2008，21 (6)：12-14.

作者简介：梅卓华（1970—），女，江苏人，研究员级高级工程师，主要从事生态环境监测与研究。

南京市酸雨污染历史变化趋势

金　鑫　闻　欣　谢　馨　郁　晶　陆芝伟

南京市环境监测中心站，南京　210013

摘　要：本文汇总整理了1991—2013年南京市降水监测结果，阐述了降水pH、酸雨频率及离子浓度变化情况，对酸雨污染趋势进行了分析，并在此基础上对空气污染状况历史变化进行了研究。最终得出自1991年以来，南京市降水pH值呈显著下降趋势，硫氧化物仍是南京市降水酸化的主要因素，但致酸作用逐年减弱，南京大气环境污染类型已从煤烟型污染为主，逐步向工业废气、机动车排气和城市扬尘的复合型污染转化。

关键词：降水；离子浓度；变化趋势

Analysis of Historical Change of Acid Rain Pollutiontrend of Nanjing City

JIN Xin　WEN Xin　XIE Xin　YU Jing　LU Zhi-wei

Nanjing environment monitoring center，Nanjing 210013

Abstract：In this paper，a summary of the precipitation monitoring results in Nanjing city from 1991 to2013，describes the precipitation，acid rain frequency pH and ion concentrations of the acid rain pollution situation，trend analysis，and on this basis，has conducted the research to the air pollution status of historical change. Since the final from the 1991 Nanjing City，precipitation pHvalue decreased significantly，the main factors of acid precipitation of sulfur oxides is still in Nanjing City，but the role of acid was decreasing year by year，Nanjing atmospheric environment pollution type has been mainly from coal-burning pollution，gradually transformed to the compound pollution of industrial waste gas，motor vehicle exhaust and dust of the city.

Key words：precipitation；ion concentration；change trend

1　前言

南京地处中纬度大陆东岸，属北亚热带季风气候区，具有季风明显、降水丰沛、春温夏热秋暖冬寒四季分明的气候特征。每年6月中旬至7月中旬，太平洋暖湿气团与北方冷锋云系交会形成梅雨季节，降水量特别丰富。1991年以来南京市平均年降水1 091mm，降水量最大值出现在1991年，达1 859mm，当年夏天长江流域洪水大暴发，年际降水量见图1。

图1　1991—2013年南京市年平均降水量变化

本文通过数据分析了历年来南京市降水监测结果，阐述了降水 pH、酸雨频率及离子浓度变化情况，结合环境空气中主要污染物浓度变化，对酸雨污染状况演变和酸雨主要来源变化趋势进行了分析。

2 酸雨趋势变化

2.1 数据来源

酸雨为环境监测例行监测，本文整理汇总了 1991 年以来南京市历年酸雨监测数据，监测点位为全市 15 个点，监测指标 12 个。逢雨必测降雨量、降水 pH、电导率、SO_4^{2-} 和 NO_3^-，每月第一场雨加测 Cl^-、F^-、Ca^{2+}、NH_4^+、Na^+、Mg^{2+} 和 K^+，全部采用国家标准方法分析。以降水 pH<5.6 作为评价酸雨的标准，年度数据统计按照降雨量加权平均计算。文中环境空气中二氧化硫、氮氧化物、颗粒物浓度来源于南京全市国控点自动监测数据，工业二氧化硫排放数据来源于环境统计年鉴，机动车保有量来源于南京统计年鉴。

2.2 秩相关系数

采用 Spearman 秩相关系数 rs 分析酸雨频率和降水 pH 均值趋势，

计算公式：
$$r_S = 1 - \left[6\sum_{i=1}^{N} d_i^2\right]/\left[N^3 - N\right]$$

式中：X_i——为周期 I 到周期 N 按浓度值从小到大排列的序号；

Y_i——为按时间排列的序号；

d_i——为变量 X_i 和变量 Y_i 的差值，$d_i = X_i - Y_i$；

N——分析周期。

将计算得出的 r_s 的绝对值同查询秩相关系数检验临界值表对应的临界值（W_p）比较。如果 $|r_s| > W_p$ 则表明变化趋势有显著意义，如果 r_s 为负，则表明为下降趋势。

2.3 变化分析

计算得酸雨频率和降水 pH 均值的秩相关系数 r_s 分别为 0.185、−0.495（W_p=0.351），检验结果表明，1991 年以来，南京市酸雨频率有所上升，但趋势不明显，降水 pH 均值呈显著下降趋势，酸性显著增强，表明南京市降水酸雨问题仍比较严重，且污染程度有加重趋势。酸雨频率和降水 pH 均值变化见图 3、图 4，降水因子趋势检验见表 2。

表 2 南京市降水因子趋势检验

指标	阶段	r_s	趋势	显著性
酸雨频率	1991—2013 年	0.185	上升	不显著
降水 pH 均值	1991—2013 年	−0.495	下降	显著

注：显著性水平（单侧检验）t=0.05 条件下：W_p=0.351。

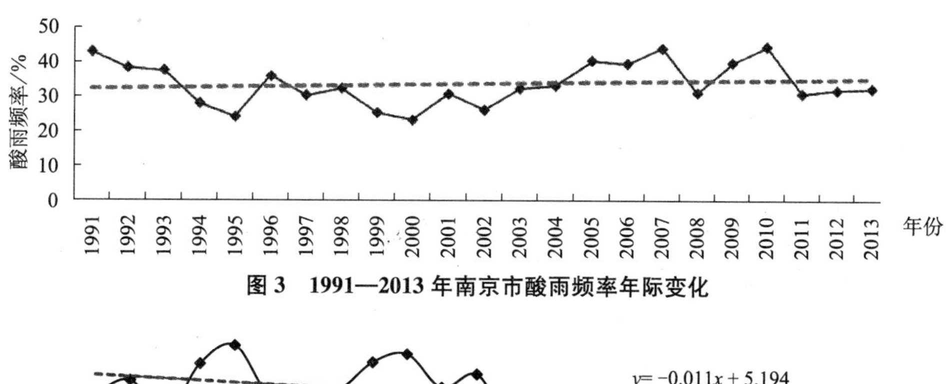

图 3 1991—2013 年南京市酸雨频率年际变化

图 4 1991—2013 年南京市降水 pH 均值年际变化

3 离子组分分析

3.1 离子组分特征

3.1.1 阴离子组分特征

降水化学成分反映出降水污染的特征。降水离子监测结果统计表明：降水中起致酸作用的阴离子含量SO_4^{2-}>Cl^->NO_3^->F^-，其中SO_4^{2-}、Cl^-和NO_3^-分别占阴离子总量的56.4%、26.8%和12.4%，由此可见硫氧化物仍然是我市降水酸化的主要因素[1]，为硫酸型酸雨，但氯化物、氮氧化物的致酸作用不容忽视[2]。1991—2013年南京市降水离子监测结果统计见表3。

3.1.2 阳离子组分特征

降水中起酸性中和作用的阳离子含量Ca^{2+}>NH_4^+>Na^+>Mg^{2+}> K^+，Ca^{2+}和NH_4^+分别占阳离子总量51.0%和33.2%，表明来源于碱性颗粒物中钙对酸雨中和作用最大。

表3 1991—2013年南京市降水离子统计表

项目	阴离子					阳离子						
	SO_4^{2-}	Cl^-	NO_3^-	F^-	合计	Ca^{2+}	NH_4^+	Mg^{2+}	Na^+	K^+	H^+	合计
平均浓度/(μeq/L)	199	95	44	15	354	249	163	28	28	13	9	489
比例/%	56.4	26.8	12.4	4.4	100	51.0	33.2	5.6	5.8	2.6	1.9	100

3.2 离子组分变化趋势

1991—2013年降水离子浓度变化趋势检验见表4。

表4 1991—2013年南京市降水因子趋势检验

指标	阶段	r_s	趋势	显著性
SO_4^{2-}	1991—2013年	−0.756	下降	显著
Cl^-	1991—2013年	−0.734	下降	显著
NO_3^-	1991—2013年	0.634	上升	显著
F^-	1991—2013年	−0.665	下降	显著
Ca^{2+}	1991—2013年	−0.538	下降	显著
NH_4^+	1991—2013年	−0.702	下降	显著
Mg^{2+}	1991—2013年	−0.208	下降	不显著
Na^+	1991—2013年	−0.014	下降	不显著
K^+	1991—2013年	−0.029	下降	不显著
H^+	1991—2013年	0.516	上升	显著
SO_4^{2-}/NO_3^-	1991—2013年	−0.944	下降	显著
Ca^{2+}/NH_4^+	1991—2013年	0.113	上升	不显著
Cl^-/Na^+	1991—2013年	−0.724	下降	显著

注：显著性水平（单侧检验）t=0.05条件下：W_p=0.351。

3.2.1 阴离子变化趋势

由表4和图5可见，1991年以来，南京市降水阴离子中SO_4^{2-}、Cl^-和F^-浓度总体趋势显著下降，NO_3^-浓度总体趋势上升显著。阴离子浓度变化见图5。

由表5可见，1991年以来，南京市氮氧化物浓度由0.054mg/m³上升至0.071mg/m³，经趋势检验，r_s=0.727，显著上升，同期全市机动车保有量由11.1万辆上升至2013年的180.7万辆，机动车保有量与氮氧化物浓度相关系数为0.713，相关性较高，见图6。

总体上经趋势检验，1991年以来，南京市氮氧化物浓度呈下降趋势，但不显著。由图7可见，南京市工业废气二氧化硫年排放量1991—1997年，以年均4.6%速率显著增加，至1997年达到最高排放量18.5万t/a。1998年1月12日，国家批准在全国范围内建立酸雨控制区和二氧化硫控制区。由于加大二

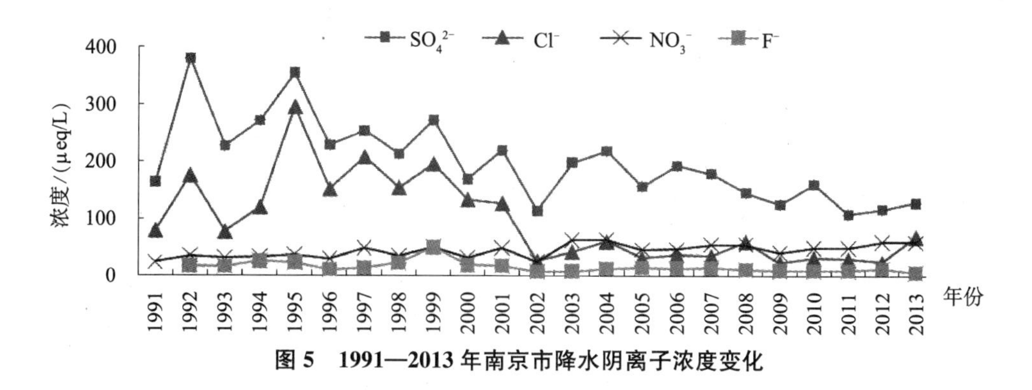

图 5　1991—2013 年南京市降水阴离子浓度变化

氧化硫排放的控制力度，2000 年以后，南京市二氧化硫排放量逐年递减，2013 年二氧化硫排放量较 1997 年降低 39.2%。市区环境空气中二氧化硫年均浓度随之大幅降低，2013 年较 1997 年下降 30.2%，随之带来降水中 SO_4^{2-} 浓度总体下降[3]。

表 5　1991—2013 年南京市环境空气二氧化硫、氮氧化物变化趋势检验

指标	阶段	r_s	趋势	显著性
二氧化硫	1991—2013	−0.343	下降	不显著
氮氧化物	1991—2013	0.727	上升	显著

注：显著性水平（单侧检验）$t=0.05$ 条件下：$W_p=0.351$。

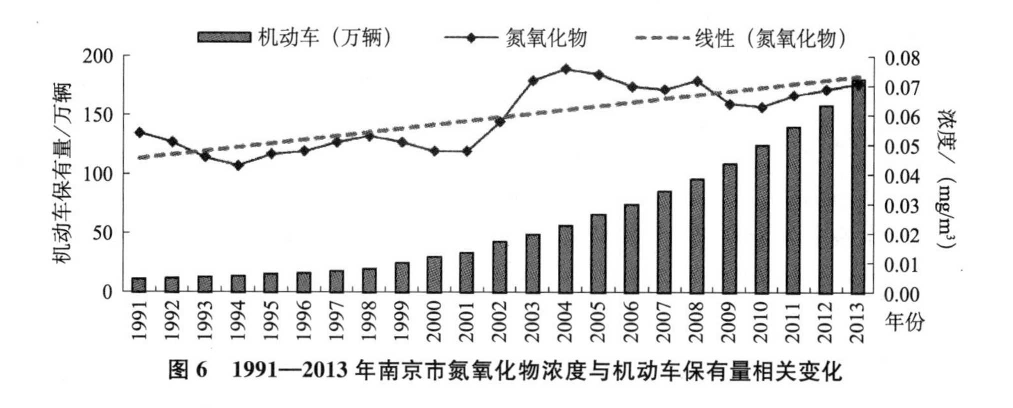

图 6　1991—2013 年南京市氮氧化物浓度与机动车保有量相关变化

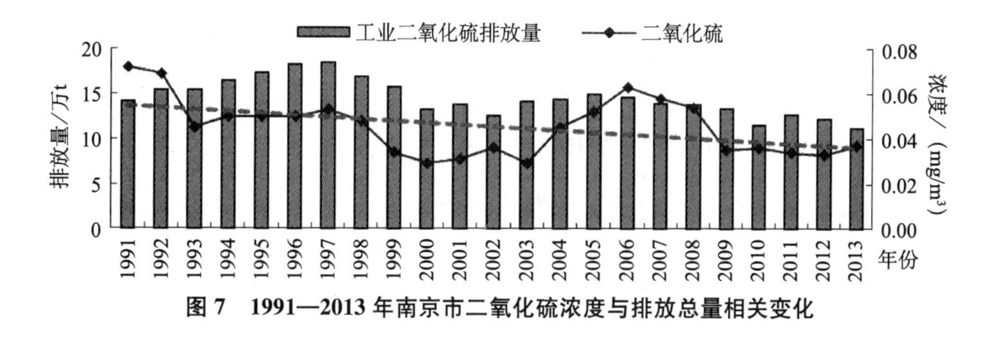

图 7　1991—2013 年南京市二氧化硫浓度与排放总量相关变化

3.2.2　阳离子变化趋势

由表 4 和图 8 可见，1991 年以来 Ca^{2+}、NH^{4+} 浓度总体显著下降，H^+ 浓度显著上升，Mg^{2+}、Na^+、K^+ 浓度总体稳定，变化不大。

降水中 Ca^{2+} 浓度下降主要是因为随着环境保护工作的不断深入，城市中主要颗粒物浓度得到控制。趋势检验表明，总悬浮颗粒物 $r_s=-0.697$（$W_p=0.564$），可吸入颗粒物 $r_s=-0.543$（$W_p=0.456$），浓度均呈现显著下降趋势。2011—2013 年，随着亚青会、青奥会场馆大规模开工建设，颗粒物浓度呈上升趋势。

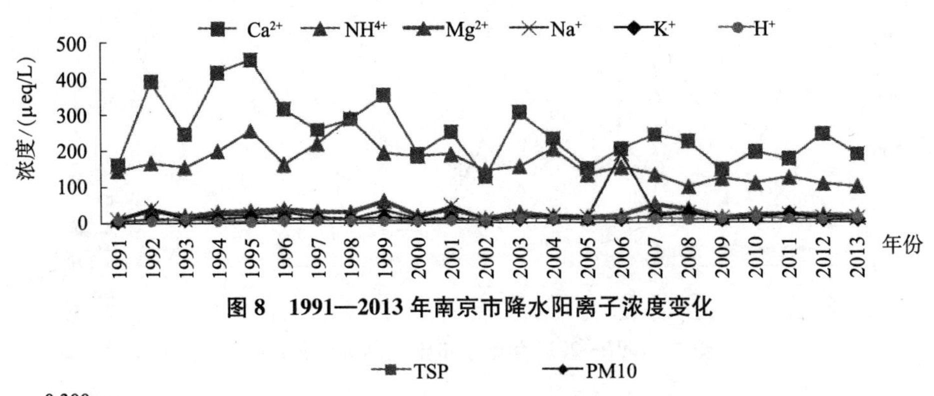

图 8　1991—2013 年南京市降水阳离子浓度变化

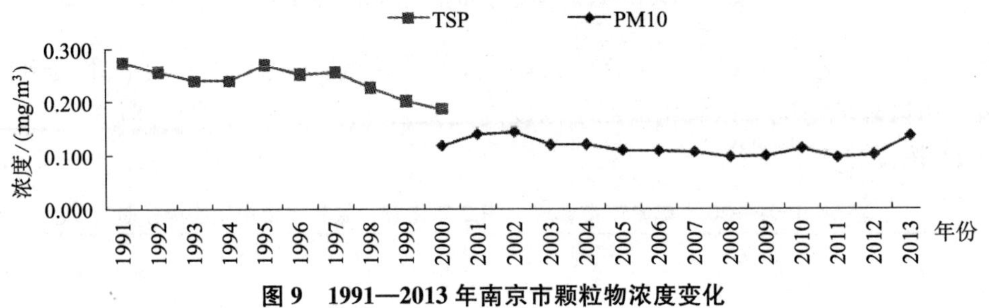

图 9　1991—2013 年南京市颗粒物浓度变化

表 6　1991—2013 年南京市市区环境空气颗粒物变化趋势检验

指标	阶段	r_s	趋势	显著性
总悬浮颗粒物	1991—2000 年	−0.697	下降	显著
可吸入颗粒物	2000—2013 年	−0.543	下降	显著

3.2.3　特征组分变化趋势

1991 年以来南京市降水中 SO_4^{2-}/NO_3^- 的比值变化见图 10，经趋势检验，$r_s=-0.944$，SO_4^{2-}/NO_3^- 显著下降。南京市降水酸根离子中，硫酸根和硝酸根的比值由 1991 年的 7.12 降低至 2013 年的 2.19，但比值仍大于 1，说明 SO_4^{2-} 的致酸作用仍占主导，但呈逐年弱化趋势，NO_3^- 的致酸作用逐年上升[4]。这主要是由于工业二氧化硫排放得到控制，而大量增加的机动车带来的氮氧化物排放增加所致。

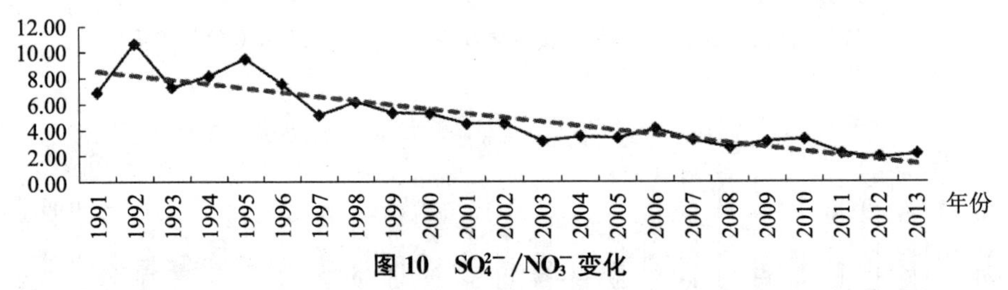

图 10　SO_4^{2-}/NO_3^- 变化

Cl^-/Na^+ 的比值变化见图 11。Cl^- 和 Na^+ 一般认为是海洋性来源，其当量浓度比值应为 1，但化工、有色金属冶金等工业生产废气中常含有 Cl_2、HCl 等污染物，从而会对陆地降水中 Cl^- 产生影响，南京作为全国重要的化工基地，陆地空气污染对降水 Cl^- 的影响难以避免，而 Na＋没有陆地源的污染，因而 Cl^-/Na^+ 比值各年均大于 1。经趋势检验，Cl^-/Na^+ 显著下降，表明降水受氯化物污染得到控制。

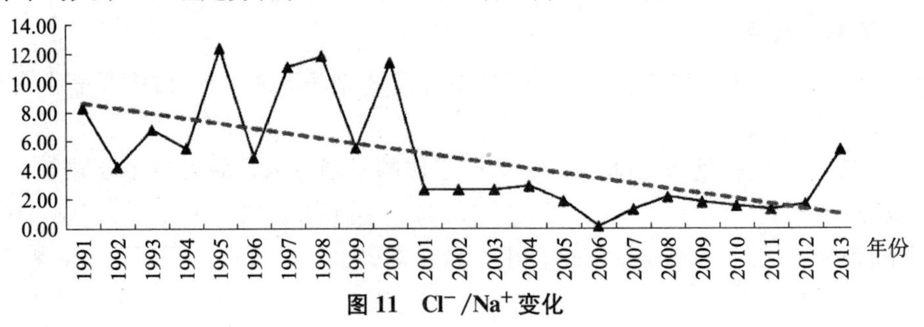

图 11　Cl^-/Na^+ 变化

4 结论

自1991年以来，南京市以来酸雨频率上升趋势，但不显著，降水pH值年际变化呈显著下降趋势，降水中H^+浓度呈显著上升趋势，降水酸性变强，酸雨污染状况有加重趋势。

硫氧化物仍是南京市降水酸化的主要因素，但随着本地区二氧化硫排放量大幅下降，降水离子中的SO_4^{2-}浓度降低，致酸作用逐年减弱，来源于化工行业的氯化物对降水污染状况得到改善，同时，全市机动车保有量的快速增加，NO_3^-浓度逐年显著上升，致酸作用逐年加强。另一方面，来源于碱性颗粒物中钙对酸雨中和作用最大，但随着城市中主要颗粒物浓度得到控制，对降水中起酸性中和作用的Ca^{2+}作用逐年下降[5]。

综上分析，南京城区大气环境污染类型已从煤烟型污染为主，向工业废气、机动车排气和城市扬尘的复合型污染转化。

参考文献

[1] 许新辉，郜洪文. 中国南方酸雨的分布特征及其成因分析[J]. 四川环境，2011，8：135-139.

[2] 邓伟，刘荣花，熊杰伟，陈海波，田宏伟，杜子璇. 当前国内酸雨研究进展[J]. 气象与环境科学. 2010，2：82-86.

[3] 谭晓钧. 深圳市酸雨变化规律及成因[J]. 环境监测管理与技术，2011，23（6）：45-47.

[4] 吴福全. 酸雨的测定及其质量控制[J]. 环境监测管理与技术，2002，14（3）：45-46.

[5] 黄小蕾，李军. 云港市酸雨污染特征分析及控制[J]. 环境监测管理与技术，2003，15（4）：22-25.

作者简介：金鑫（1974—），男，江苏南京人，南京市环境监测中心站，高级工程师，学士，从事环境监测工作。

玄武湖大型底栖动物群落结构及评价方法比较

陈 明 方 东 梅卓华 孙洁梅 李 敏
南京市环境监测中心站，南京 210013

摘 要：调查了2010—2014年玄武湖的大型底栖动物，选取HBI指数、Goodnight修订指数（G）、Shannon-Wienner多样性指数（H'）和摇蚊分类单元数4种生物指数对水质进行评价，并探讨生物指数评价与水质理化指标的相关性。Spearman相关性分析表明：Goodnight修订指数（G）和Shannon-Wienner多样性指数（H'）与水质理化指标无显著相关性；摇蚊分类单元数与总氮显著相关；HBI指数与高锰酸盐指数和总磷浓度相关，与综合营养状态指数（TLI）相关性最好。当以大型底栖动物为指标评价城市营养化湖泊水质时，选用HBI指数作为评价方法，能客观的反应水体营养状况随时间的变化规律。

关键词：生物指数；大型底栖动物；相关性；玄武湖

Community Structure and Evaluation Methods Comparison of Macrobenthos in Xuanwu Lake

CHEN Ming FANG Dong MEI Zhuo-hua SUN Jie-mei LI Min
Nanjing Environmental Monitoring Center，Nanjing 210013

Abstract：The macrobenthos assemblages were sampled from 2010 to 2014 in Xuanwu Lake. Four kinds of bioassessment which were Hilsenhoff Biotic Index（HBI），Goodnight index，Shannon-Wienner diversity index and Chironomidae were used to assessed the water quality. Spearman correlation analysis showed that：the Goodnight index and Shannon-Wienner diversity index had no significant correlation with physicochemical indexes；Chironomidae were significantly related to TN；HBI was significantly correlated with I_{Mn} and TP，And HBI had the best correlation with synthetical nutrition level index（TLI）. When choose macrobenthos as the index to evaluate the water quality of urban eutrophic lakes，HBI can objective reflect the variation of eutrophic lakes with the time change.

Key words：bioassessment；macrobenthos；correlation；Xuanwu Lake

玄武湖流域汇水面积27.5km²，湖面面积3.7km²，10m水位时平均水深为1.14m，常年水位9.8～10.2m，是典型的城市营养化湖泊。其于1998年实施生态补水，随着生态补水的持续运行，玄武湖水质得以显著改善，水质类别由生态补水前的劣Ⅴ类水体转为Ⅴ类水体，富营养化程度由重度富营养化水平转为轻度富营养化水平[1]。

大型底栖动物是湖泊生态系统的重要类群，研究表明底栖动物对控制上层水体中浮游植物生物量[2]，维持水生生态系统的稳定，具有十分重要的意义。下文选取HBI指数、Goodnight修订指数（G）、Shannon-Wienner多样性指数（H'）和摇蚊分类单元数[3]，对2010—2014年玄武湖大型底栖动物的变化进行分析，并结合水体综合营养化状态指数和相关水质理化指标，探讨其相关性，已期找到适合评价城市营养化水体的底栖动物评价指数。

1 材料与方法

1.1 样品采集和处理

在玄武湖4个湖区：东南湖、西北湖、东北湖和西南湖湖心各设1个采样点，共计4个采样点，于

2010—2014年春夏两季各采样一次，分别为每年的4月和8月。样品定量采集用1/16m²改良彼得逊采泥器，每个点视情况采集1～2次。样品经40目筛筛洗后，所获寡毛类动物用4%甲醛溶液固定，甲壳动物、软体动物、水生昆虫及其他生物用75%酒精溶液固定，于实验室进行鉴定和计数。其中寡毛类和软体动物鉴定至种，水生昆虫及其他鉴定至科、属。

1.2 水质指标测定

pH、溶解氧（DO）用便携式仪器现场测定，透明度（OD）用透明度盘测定，总磷（TP）、总氮（TN）、氨氮（NH_3-N）、高锰酸盐指数（I_{Mn}）、叶绿素 a（Chla）等指标，在实验室采用标准分析方法测定[4]。

1.3 生物学评价及数据处理

HBI指数计算方法见文献[5]、Goodnight修订指数法（G）和Shannon-Wienner多样性指数（H'）计算参考刘兴国等[6]方法、摇蚊分类单元数参考王备新等[4]方法。以上述4种方法对玄武湖水质进行评价。生物指数与理化指标间变化规律的Spearman相关分析在SPSS19.0中完成。

2 结果与分析

2.1 大型底栖动物种类组成

监测共采集大型底栖动物3门4纲32种，其中环节动物9种，节肢动物17种，软体动物6种。按全湖均值统计2010—2014年玄武湖大型底栖动物种类和数量，见表1。

表1 2010—2014年玄武湖大型底栖动物种类和数量

种类	Species	2010年		2011年		2012年		2013年		2014年	
		4月	8月	4月	8月	4月	8月	4月	8月	4月	8月
春蜓科	*Gomphidae*sp.								8		
蠓科	*Ceratopogonidae*sp.				4						
裸须摇蚊属	*Propsilocerus* sp.	2 188						8		24	
红裸须摇蚊	*Propsilocerus akamusi*					1 016				80	
羽摇蚊	*Chironomus plumosus*									16	8
小摇蚊属	*Microchironomus*sp.	16	8	8	8		16		16		
小突摇蚊属	*Micropsectra*sp.	8	8	8							
摇蚊属	*Chironomus*sp.	4						24			
弯铗摇蚊属	*Crytptendipes*sp.										8
雕翅摇蚊属	*Glyptotendipes*sp.		8	8	24	72			8		
长跗摇蚊属	*Tanytarsus*sp.	8		8	8				16		
隐摇蚊属	*Cryptochivonomus*sp.	4					8		8		
多足摇蚊属	*Polypedilum*sp.		20								
粗腹摇蚊属	*Macropdopia*sp.				4						
长足摇蚊属	*Pelopia*sp.	116									
菱跗摇蚊属	*Clinotanypus*sp.		20	12	4			8			16
前突摇蚊属	*Procladius*sp.	44	76	28	40		40				96
中华圆田螺	*Cipangopaludina cahayensis*	24	60	16	48	16	32		40	32	16
方格短沟蜷	*Semisulcospira cancellata*	28	20	16	12	16		8			
纹沼螺	*Parafossarulus striatulus*			4	12						
方形环棱螺	*Bellamya quadrata*				76	160	56	120	16		16
梨形环棱螺	*Bellamya purificata*		32	24	56				8	88	32
铜锈环棱螺	*Bellamya aeruginosa*	8	8	4		48	32	144	80	16	
苏氏尾鳃蚓	*Branchiura sowerbyi*	52	188	88	72	120	56	24	32	32	
中华颤蚓	*Tubifex sinicus*	20	160								
中华河蚓	*Rhyacodrilus sinicus*			52	108	120			16		

续表

种类	Species	2010 年		2011 年		2012 年		2013 年		2014 年	
		4 月	8 月	4 月	8 月	4 月	8 月	4 月	8 月	4 月	8 月
皮氏管水蚓	*Aulodrilus pigueti*	68	68		20						
多毛管水蚓	*Aulodrilus pluriseta*						88				64
克拉泊水丝蚓	*Limnodrilus claparedianus*	148	128	48	40	64	16	128	32	16	64
巨毛水丝蚓	*Limnodrilus grandisetosus*	20	16	4		88	32	48	16	32	8
霍蒲水丝蚓	*Limnodrilus hoffmeristeri*	300	476	120	228	80	368	56	136	264	280
宽体金线蛭	*Whitmania pigra*		8	20							

2.2 水质情况

2010—2014 年春夏两季玄武湖全湖水质有明显区别，春季湖体各营养盐浓度相对较低，透明度较好；夏季湖体 pH 和叶绿素 a 浓度升高，五年全湖整体水质除总氮外均达到（GB 3838—2002）Ⅴ类标准（总氮浓度受生态补水影响）。计算水体综合营养状态指数，全湖指数介于 46.02～62.62 之间，基本处于轻度富营养水平。具体数据见表 2。

表 2　2010—2014 年玄武湖水质情况　　单位：mg/L，pH 无量纲

监测项目	2010		2011		2012		2013		2014	
	4 月	8 月	4 月	8 月	4 月	8 月	4 月	8 月	4 月	8 月
DO	9.82	10.28	10.87	3.71	10.39	6.72	10.63	5.14	8.79	6.66
pH	8.11	8.65	8.24	7.40	8.67	8.03	8.87	8.25	8.34	7.82
OD	100	48	88	54	85	48	106	39	53	36
I_{Mn}	2.98	4.38	2.25	3.30	2.00	3.75	2.25	4.00	2.65	4.30
NH_3-N	0.070	0.189	0.220	0.482	0.260	0.409	0.080	0.305	0.068	0.357
TP	0.053	0.108	0.058	0.120	0.075	0.130	0.060	0.065	0.060	0.180
TN	2.74	1.52	2.01	2.46	1.62	1.27	1.17	1.70	1.85	1.81
Chla	0.027	0.050	0.030	0.023	0.006	0.048	0.028	0.064	0.027	0.057
TLI	52.55	59.13	51.41	56.79	46.02	58.04	48.95	58.91	53.45	62.62

2.3 评价方法与水质指标分析

通过 4 种大型底栖动物评价方法与水质指标的 Spearman 相关分析，表明 HBI 指数与高锰酸盐指数、总磷和综合营养状态指数，摇蚊分类单元数与总氮在置信度为 0.05 时，相关性均是显著的（见表 3）。而其他 2 种方法与水质理化指标无明显相关性。对 HBI 指数和高锰酸盐指数、总磷和综合营养状态指数分别作散点图（图 1-3）。结果表明：HBI 指数与高锰酸盐指数和总磷线性相关，但是当水体中总磷浓度较低时（<0.08mg/L），HBI 指数与总磷间无显著相关性；HBI 指数与综合营养状态指数线性相关性最好。

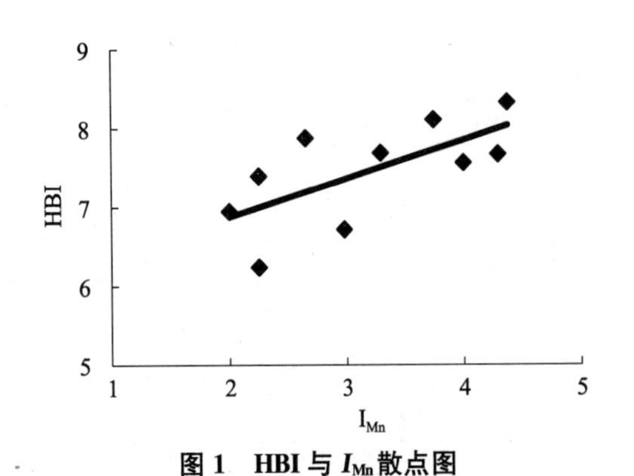

图 1　HBI 与 I_{Mn} 散点图

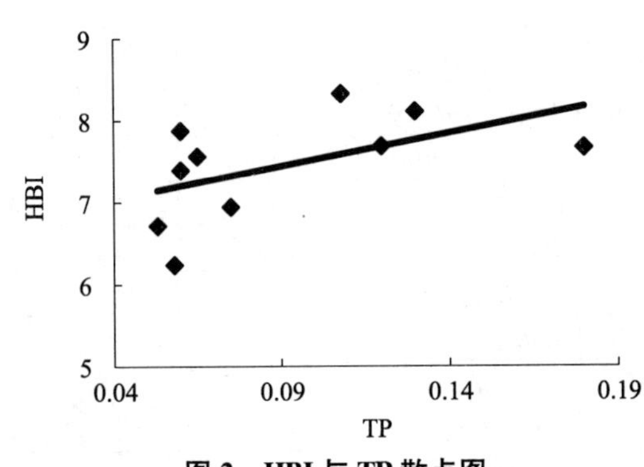

图 2　HBI 与 TP 散点图

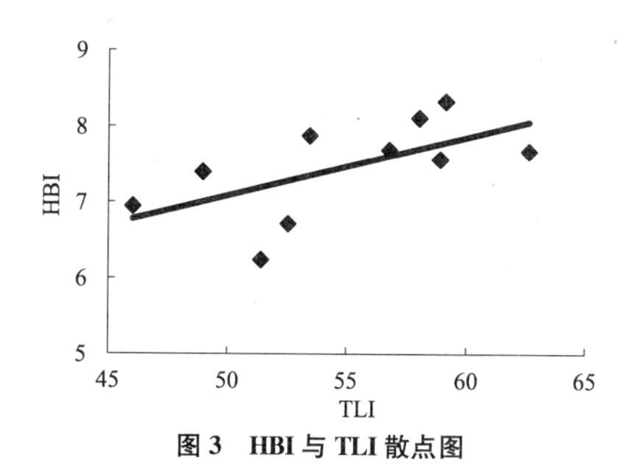

图 3　HBI 与 TLI 散点图

表 3　生物指数与水质指标 Spearman 相关性

项目	I_{Mn}	NH_3-N	TP	TN	Chla	OD	TLI
HBI	0.657*	0.224	0.650*	−0.370	0.274	−0.620	0.661*
G	−0.559	−0.370	−0.529	0.224	−0.505	0.523	−0.600
H'	0.091	0.224	−0.049	0.055	0.237	−0.036	0.115
摇蚊分类单元数	0.375	0.031	−0.204	0.685*	0.093	0.084	0.290

* $P=0.05$

3　小结与讨论

玄武湖是一个典型的城市景观水体，水质主要受补水及周边生活源影响，处于轻度富营养状态。2010—2014 年所采集的大型底栖动物主要由水生昆虫、软体动物和环节动物组成，种类占比分别为 53.1%、18.8%和 28.1%，数量占比分别为 40.5%、13.8%和 45.7%。其中水生昆虫主要以摇蚊为主，软体动物主要为螺类，环节动物主要以水丝蚓为主，均具有较强的污染耐受性，这与水体处于富营养状态相符。

选取的 4 种大型底栖动物评价方法中，Shannon-Wienner 多样性指数（H'）与水质理化指标无显著相关性，主要是由于多样性指数在计算过程中忽略了群落中敏感和耐污物种组成对评价结果准确性的贡献[7]，而玄武湖其底泥中污染耐受性强的底栖动物种类较多，造成多样性指数与理化指标间无相关性。摇蚊分类单元数与总氮显著相关性，这可能与摇蚊主要以有机碎屑为食有关[4]。HBI 指数与高锰酸盐指数和总磷浓度的变化相关，而高锰酸盐指数和总磷是水体中重要的营养盐，说明 HBI 指数能准确的反应湖泊水体中相关营养盐浓度的变化，但是当水体中总磷浓度不高时（<0.08mg/L），HBI 指数受其他因素干扰相对较大；综合营养状态指数是反应水体营养化水平状态的重要指数，而 HBI 指数与其有良好的线性相关，说明当以大型底栖动物为指标评价城市营养化湖泊水质变化时，选用 HBI 指数作为评价方法，能客观的反应水体营养状况随时间的变化规律。

参考文献

[1] 张哲海，徐瑶. 生态补水对玄武湖水质的影响 [J]. 环境监测管理与技术，2012，24 (5)：40-43.

[2] 杜飞燕. 大亚湾大型底栖动物种类组成及物种多样性 [J]. 中国水产科学，2008，15 (2)：92-96.

[3] 王备新，陆爽，杨莲芳. 水质生物评价指数筛选——以南京紫金山地区小水体为例 [J]. 南京农业大学学报，2003，26 (4)：46-50.

[4] 国家环境保护总局. 水和废水分析方法 [M]. 4 版. 北京：中国环境科学出版社，2002.

[5] Hilsenhoff W L. Using a biotic index to evaluate water quality in streams [C] // Hilsenhoff W L, Hine R L. Technical Bulleting No. 132, Madison, Wisconsin: Department of Natural Resources, 1982.

[6] 刘兴国，徐皓，朱浩，等. 大莲湖水源地浮游动物和底栖动物的污染生物学特征与污染分析[J]，水产学报，2013，37 (4)：556-564.

[7] Hering D，Moog O，Sandin L，et al. Overview and application of the AQEM assessment system [J]. Hydrobiologia，2004，516：1-20.

作者简介：陈明（1982—），男，汉族，江苏省南京市，硕士，工程师，主要从事水环境和水生生物监测与评价。

山东省森林生态系统服务功能价值评估

张华玲[1]　王兆军[1]　田贵全[2]　姜腾龙[1]

1. 济南市环境监测中心站，济南　250014；

2. 山东省环境监测中心站，济南　250014

摘　要：本文采用水量平衡法、治理成本法、市场价值法、影子工程法等方法对山东省森林生态系统服务功能价值进行评估。估算结果表明，研究区域森林生态系统服务功能总价值为875.34亿元，其中：固碳释氧、涵养水源、净化空气、水土保持服务、生物多样性保持服务价值分别占总价值的3.1%、46.1%、4.4%、14.0%、32.4%。

关键词：山东省；森林生态系统；服务功能；价值评估

The Evaluation on the Values of Forest Ecosystem Service Function of Shandong Province

ZHANG Hua-ling[1]　WANG Zhao-jun[1]　TIAN gui-quan[2]　JIANG Teng-long[1]

1. Jinan Environmental Monitoring Center Station，Jinan　250014；

2. Shandong Environmental Monitoring Center Station，Jinan　250014

Abstract：The evaluation on the values of forest ecosystem service function of shandong area are preliminary evaluated by the methods of waterbudgetmethod，government cost law，market value method，shadow project law. As a result，the general forest ecosystem service value in this area is 87.534 billion Yuan. The carbon fixation and oxygen release value、water storage value、air purification value、soil conservation value、biodiversity care value respectively accounted for 3.1%，46.1%，4.4%，14.0%，4.4% of total value。

Key words：Shandong province；forest ecosystem；service function；value evaluation

生态系统服务是指自然生态系统及其物种所提供的能够满足和维持人类生活需要的条件和过程。欧阳志云、王如松等学者对生态系统服务功能的概念作了如下的概括：生态系统服务功能是指生态系统与生态过程所形成及所维持的人类赖以生存的自然环境条件与效用[1]。

森林生态系统是保持陆地生物多样性的重要栖地，是生物地球化学系统的核心部分之一，并且是为人类福祉提供生态系统服务的重要来源。森林生态系统提供的服务在不同时空尺度表现的多种多样，主要包括生产、调节、文化和支持等功能。但是在过去的3个世纪中，全球的森林面积已经减少了1/2，有25个国家的森林实际上已经消失，另有29个国家丧失了90%的森林覆被[2]。因此，为了提高人类保护森林的意识，森林生态系统服务的评估研究十分重要。

1　研究区域概况

山东省位于中国东部沿海东北段，介于东经114° 47′ 30″～122° 42′ 18″、北纬34° 22′ 54″～38°27′ 00″之间。陆地总面积15.71万km^2，约占全国总面积的1.6%，居全国第19位。地貌分为平原与山地丘陵。山地约占总面积的15.5%，丘陵、平原、洼地、湖沼平原面积分别占13.2%、55%、4.1%、4.4%。

山东省属暖温带季风气候，四季分明，降水集中。年平均气温11.2～14.4℃，极端最低气温－14.2～

－26.8℃，极端最高气温34.0～43.0℃。全年无霜期173～250d，多年平均降水量为679.5mm。主要有潮土、棕壤、褐土、砂姜黑土、水稻土、粗骨土6个土类的15个亚类。

山东省地处暖温带落叶阔叶林带。现生植物有3 100多种。山地丘陵区落叶阔叶林大多以麻栎、栓皮栎及槲等耐旱性栎类为主，以及落叶阔叶杂木林和人工栽植的刺槐林。山地次生植被中，尚有以赤松、黑松、油松、侧柏等温性针叶树种构成的针叶林。鲁东以赤松、黑松为主，鲁中南以油松及侧柏为主。平原区常见树种为杨、柳、泡桐、臭椿和楸等。

截至2010年，山东省森林面积为1 812 367hm^2，占土地总面积的11.58%；灌丛、草地、湿地、农田面积分别占0.24%、4.02%、6.15%、61.23%。森林中，落叶阔叶林面积为1 479 103hm^2，占森林总面积的81.61%；常绿针叶林219 963hm^2，占12.14%；落叶针叶林49 806hm^2，占2.75%；针阔混交林47 216hm^2，占2.61%；稀疏林16 280hm^2，占0.90%。

2 区域森林生态系统服务功能价值估算方法

采用水量平衡法、替代工程法、碳税法、治理成本法、市场价值法、影子工程法等方法对山东省森林生态系统服务功能价值进行评估[3]。

2.1 固碳释氧价值

森林通过光合作用，吸收CO_2，释放O_2，通过这一过程，森林能有效控制大气中CO_2的浓度，减轻温室效应，增加森林的生物生长量。根据植物年净生长量，可算出每年所固定的CO_2量、释放O_2量。CO_2固定量和纯碳量的计量：森林平均每立方米生长量可固定CO_2 850kg，同时向大气释放O_2 618.2kg[4]。按照山东省活立木蓄积年均生长率15.28%估算，研究区域森林蓄积年均总增长量为311.99万m^3[5]。根据CO_2分子式和原子量，得出碳在CO_2中所占比例，从而折合纯碳量＝CO_2固定量×0.272 9。采用碳税法对固碳价值进行核算，即按照国际上通用的瑞典碳税率＄150美元/ t（C）[4]（汇率按2010年实际，约为1∶7）计算固碳价值；采用市场价格法来估算释氧功能价值（1 000元/t）[6]。

2.2 涵养水源价值

森林涵养水源功能表现在调节水量和净化水质两个方面。

2.2.1 调节水量

以区域水量平衡法来计算森林涵养水源调节水量的总量，再根据替代工程法计算出经济价值：

$$V_a=10\times(R-E-C)\times A\times P \tag{1}$$

式中：V_a——森林年调节水量的经济价值，元/a；

W——涵养水源量，m^3/a；

P——单位库容造价（6.110 7元/m^3）[6]；

R——各气候带平均降水量，mm/a；

E——各气候带森林平均蒸散量，mm/a；

C——地表径流量，mm/a；

A——各气候带森林面积，hm^2。

山东省年均降水量为679.5mm，林区蒸散量约占年降水量的60%，林区地表径流量可忽略不计[5]。

2.2.2 净化水质

$$V_b=10\times(R-E-C)\times A\times M \tag{2}$$

式中：V_b——森林年净化水质的经济价值，元/a；

M——水的净化费用，2.09元/m^3[6]。

2.3 净化空气价值

依据原国家环保总局南京环境科学研究所《中国生物多样性国情研究报告》[7]，采用平均治理费用法评价森林净化空气的价值。

2.3.1 吸收 SO_2 价值

森林对 SO_2 的吸收能力：阔叶林 q_1=88.65 kg/（hm^2·a）；针叶林 q_2=215.6 kg/（hm^2·a）。

则森林年吸收 SO_2 的总量：

$$Q=Q_1+Q_2=q_1S_1+q_2S_2 \tag{3}$$

式中：Q——森林年吸收 SO_2 的总量；

Q_1、Q_2——阔叶林、针叶林年吸收 SO_2 的总量；

S_1、S_2——阔叶林、针叶林的面积。

S_1、S_2 采用山东省生态十年遥感调查与评估数据，分别为 1 479 103hm^2、269 769 hm^2。

按照 SO_2 治理费用 1.2 元/kg[6]计算经济价值。

2.3.2 滞尘价值

森林滞尘能力阔叶林 q_1=10.11t/（hm^2·a），针叶林 q_2=33.2 t/（hm^2·a）。

则滞尘总量：

$$K=K_1+K_2=q_1S_1+q_2S_2 \tag{4}$$

按照降尘清理费用 0.15 元/kg[6]计算经济价值。

2.3.3 吸收氟化物价值

森林吸收氟化物的能力阔叶林 q_1=4.65kg/（hm^2·a），针叶林 q_2=0.5 kg/（hm^2·a）

则森林年吸收氟化物的总量：

$$U=U_1+U_2=q_1S_1+q_2S_2 \tag{5}$$

按照氟化物治理费用 0.69 元/kg[6]计算经济价值。

2.4 水土保持价值

森林生态系统具有涵养水源、固土保肥、减少泥沙淤积等水土保持作用，采用市场价值法、影子工程法对其价值进行评价。

2.4.1 减少土壤侵蚀

森林减少土壤侵蚀价值：

$$V_1=Q\times R/(h\times k) \tag{6}$$

式中：R——单位森林面积林业产值；

Q——森林相对荒地减少的土壤侵蚀量，用侵蚀模数乘以森林面积可得减少的土壤侵蚀量；

h——平均土壤侵蚀深度；

k——山东省土壤平均容重 1.46 t/m^3。

依据山东省生态 10 年遥感调查与评估结果，2010 年山东省平均侵蚀模数为 1 915 t/km^2·a，年均侵蚀深度取全国侵蚀水平[8]中值 25mm。2010 年山东省林业产值为 1 820 亿元，R 为 1 004.21 万元/ km^2。

2.4.2 减少泥沙淤积

森林减少泥沙淤积价值：

$$V_2=(Q\times 24\%/k)\times P \tag{7}$$

式中：Q 与 k 意义同上；按照我国主要流域的泥沙运动规律，全国一般土壤侵蚀的流沙有 24%淤积于水库、江河、湖泊，这部分泥沙直接造成了水库、江河、湖泊蓄水量的下降；P 为水库单位库容的工程费用，取 6.110 7 元/m^3。

2.4.3 减少土壤养分流失

森林保持土壤肥力价值可用下式[9]计算：

$$V_3=S\times d\times\sum_{i=1}^{3}P_{1i}P_{2i}P_{3i} \tag{8}$$

式中：S——森林面积；

d——单位面积有林地比无林地多流失的泥沙量，取 59.95t/hm²[9]；

P_{1i}——森林土壤中 N、P、K 的含量，山东省土壤氮、磷、钾平均含量分别为 0.075%、0.06%、2.1%[2]；

P_{2i}——常用化肥（氮肥为尿素、磷肥为过磷酸钙、钾肥为氯化钾）纯 N、P、K 折算肥料的比例（分别为 28/60、62/406、39/74.5)。

P_{3i}——N、P、K 类化肥销售价格（分别为 740yuan/t、2 400yuan/t、2 200yuan/t)[6]。

2.5 生物多样性保育价值

森林是世界上动植物的栖息地，是保育生物多样性的基本场所。森林对生物多样性的保育表现在生态系统多样性、物种多样性及遗传多样性等多个生物多样性的层次上。森林生态系统的破坏必然导致物种和基因处于濒危状态或灭绝，其损失难以估量。目前，生物多样性价值核算有了一些探索性方法，如物种保护基准法、支付意愿调查法、收益资本化法、费用效益分析法、市场价值法、机会成本法等[5]。本文参照张颖运用机会法对华北地区森林生物多样性价值的评价结果（15 653.37 元/ hm²)[10]计算生物多样性保育价值。

3 结果与讨论

山东省森林生态系统服务功能总价值为 875.34 亿元，占 2010 年全省国内生产总值的 2.2%。其中固碳释氧、涵养水源、净化空气、水土保持、维持生物多样性服务价值分别为 268 602.99 万元、4 039 675.90 万元、381 848.97 万元、1 226 342.31 万元、2 836 964.74 万元，分别占总价值的 3.1%、46.1%、4.4%、14.0%、32.4%。涵养水源、维持生物多样性、水土保持三项功能合计占总价值的 92.5%。固碳释氧服务功能中，释放氧气价值占 71.7%；涵养水源功能中，调节水量价值占 74.5%；净化空气功能中，滞尘价值占 93.9%；水土保持功能中，减少土壤侵蚀价值占 77.9%。不同生态服务类型中，涵养水源价值所占比例最高，达 46.1%，这与目前关于我国北方已有的大部分研究结果一致[4,11,12,13]，而南方的研究成果中，森林固碳释氧的功能价值则占据了较大比例，这主要与气候、植被类型有关，南方热带、亚热带植被雨水充足，植物具有较高的净生产力，因而其固碳量相对较高[4]。

表 1 山东省森林生态系统服务价值评估结果 单位：万元

生态服务类型	生态服务效益	生态服务价值量
固碳释氧	固定二氧化碳	75 916.23
	释放氧气	192 686.76
涵养水源	调节水量	3 010 139.07
	净化水质	1 029 536.82
净化空气	吸收二氧化硫	22 714.16
	滞尘	358 650.93
	吸收氟化物	483.88
水土保持	减少土壤侵蚀	954 876.71
	减少泥沙淤积	3 486.30
	减少土壤养分流失	267 979.30
维持生物多样性	生物多样性保育	2 836 964.74
总计	—	8 753 434.90

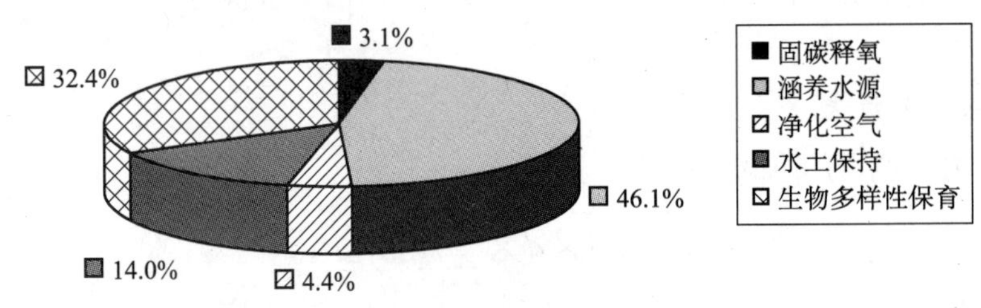

图 1 山东省森林生态系统服务价值评估结果

以上价值估算可能还存在一些误差，有些测算指标利用了同类地区已有研究成果，但未进行实际验证；有些是因为价值估算观点的差异造成的，这将在今后的工作中加以改进。

参考文献

[1] 欧阳志云，等. 生态系统服务功能、生态价值与可持续发展 [J]. 世界科技研究与发展，2000，22 (5)：45-50.

[2] 段晓峰，许学工. 区域森林生态系统服务功能评价——以山东省为例 [J]. 北京大学学报（自然科学版）网络版，2006：751-756.

[3] 刘玉龙，等. 生态系统服务功能价值评估方法综述 [J]. 中国人口. 资源与环境，2005，(01)：88-92.

[4] 王玉涛，等. 昆嵛山自然保护区生态系统服务功能价值评估. 生态学报，2009，29 (1)：523-531.

[5] 陈景和，王宏年. 山东森林资源. 济南：山东大学出版社，2011：159-165.

[6] 森林生态服务功能评估规范. LY/T 1721—2008.

[7] 中国生物多样性国情研究报告编写组. 中国生物多样性国情研究报告. 北京：中国环境科学出版社，1998.

[8] 欧阳志云，王效科，苗鸿. 中国陆地生态系统服务功能及其生态经济价值的初步研究. 生态学报，1999，19 (5)：607-613.

[9] 周国逸，闫俊华，等. 生态公益林补偿理论与实践. 北京：气象出版社，2000：107-109.

[10] 张颖. 中国森林生物多样性价值核算研究. 林业经济，2001，03：37-42.

[11] 吴钢，等. 长白山森林生态系统服务功能. 中国科学，2001，31 (5)：471-480.

[12] 余新晓，等. 北京山地森林生态系统服务功能及其价值初步研究. 生态学报，2002，22 (5)：783-786.

[13] 李海涛，等. 天山北坡中段自然生态系统服务功能价值研究. 生态学杂志，2005，24 (5)：488-492.

作者简介：张华玲（1968.10—），女，济南市环境监测中心站，副科长，高级工程师，环境综合分析。

宁夏石嘴山市星海湖人工湿地水质变化趋势研究

马春梅　田林锋　马建军　陈月霞　王　芳　马映雪
石嘴山市环境监测站，石嘴山　753000

摘　要：为了研究西部干旱地区人工湖泊湿地水质变化趋势及水质特点，选取宁夏石嘴山市星海湖人工湿地为研究对象，通过定点、定时采样和水质分析等方法，对城市湖泊湿地水质的季节性变化、水质影响因素及富营养化评价等进行了研究。结果表明：2005—2010 年 6 年期间星海湖水质类别主要为Ⅳ类，占统计总数的 50%，Ⅲ类水质占 17%，劣Ⅴ类水质占 33%。主要超标项目为高锰酸盐指数、石油类、氟化物等。2005—2006 年由于星海湖处于整治初期，水质不稳定，出现超标项目较多，超标率分别为 14.3%和 11.1%，水质类别为劣Ⅴ类。2005 年星海湖水体营养状态为重度富营养，2007 年营养状态为中度富营养；2008—2010 年星海湖水体水质明显好转，营养状态为轻度富营养。

关键词：石嘴山；星海湖；人工湿地；变化趋势

Shizuishan Xinghai LakersWorkers Wetlands Water Quality Trend

MA Chun-mei　TIAN Lin-feng　MA Jian-jun　CHEN Yue-xia　WANG Fang　MA Ying-xue
Shizuishan Environmental Monitoring Station，Shizuishan 753000

Abstract：In order to study the arid regions of West artificial lakes and wetlands water quality trends & Water Features，select Shizuishan Xinghai Lakers workers wetland research object，fixed，regular sampling and water quality analysis and other methods of urban lakes and wetlands water quality seasonal changes，factors affecting water quality and eutrophication were studied. The results show：2005—2010 six-year period Xinghai Lake water main class Ⅳ category，accounting for the total number of 50%，Ⅲ Grade 17%，33% worse than Grade Ⅴ. Major projects exceeding permanganate index，petroleum，fluorides. Xinghai Lake in 2005—2006 due early remediation，water quality is unstable，more items appear excessive，exceeding rates were 14.3% and 11.1%，water quality category is inferior class Ⅴ. 2005 Xinghai severe eutrophic lake trophic status，nutritional status in 2007 as moderate eutrophication；2008—2010 Xinghai lake water quality has markedly improved nutritional status of mild eutrophication.

Key words：Shizuishan；Xinghai Lake；wetlands；trends

湿地与海洋、森林一样，是地球上三大重要生态系统之一，被誉为“地球之肾”和“天然物种库”、“水禽乐园”、“生命摇篮”和“文明发源地”，是保障国家、全球生态安全和经济社会可持续发展的重要战略资源，是功能独特而不可替代的自然综合体[1-9]。《湿地公约》将湿地定义为：天然或人工，长久或暂时之沼泽、泥炭或水域地带，静止或流动、咸水或淡水、成水或半成水水体，包括低潮水深不超过 6m 的水域、邻近河湖沿岸、沿海区域以及湿地范围的岛屿。所有季节性或常年积水地段，包括沼泽、泥炭地、湿草甸、湖泊、河流、泛洪平原、河口三角洲、滩涂、珊瑚礁、红树林、水库、池塘、水稻田等均属湿地范畴[1]。

位于西部干旱地区的宁夏回族自治区石嘴山市大武口区境内的星海湖，地处沙湖北面，又称北沙湖。距北武当生态旅游区 5km，总面积 40km^2。本研究以西部干旱地区典型城市湖泊湿地星海湖为研究对象，通过2005—2010年6年期间星海湖水质的监测，进而明确了星海湖水质污染状况及变化趋势，为后期星海湖管理和旅游开发提供可靠依据。

1 研究区域概况及研究方法

1.1 研究区概况

星海湖湖水面积20多km^2，属浅水型人工湖泊，平均水深约2m，常年水位以下蓄水2 300万m^3，水资源属黄河水系。水深较浅湖底光照条件充足；由于缺少补给水源，水力学冲刷系数$^{\rho}$为1.56，水体基本处于静止状态。近几年，通过疏浚航道、清理湖面、退田还湖等恢复治理措施，星海湖流域生态环境得到极大的改善，形成了集奇山、秀水、滩涂、鸟岛等景观于一体的湿地生态景区，已逐步建设成为集栏洪、蓄水、调节气候、生态园林景观和水产养殖为一体的城市标志性工程。

1.2 实验研究方法

1.2.1 水样采集及预处理

每月月初对星海湖水质进行采样，共设置3个采样点，分别为岸边、湖心、码头。对每一个采样点，均使用水质采样器采集水样。对于不同监测项目，使用专用采样瓶。考虑到每次取样数量较大，需要分析的指标多，很难在极短时间内完成，为真实客观的反应湖水水质，特别注意水样的保持和预处理，按照《水和废水监测监测分析方法（第四版增补版）》对水样采取预处理。

1.2.2 水样测定

水温：SG2型便携式pH计；pH值：SG2型便携式pH计；溶解氧：便携式溶解氧分析仪于现场测定；高锰酸盐指数COD_{Mn}：酸性法；总氮：碱性过硫酸钾消解紫外分光光度法；总磷：钼酸铵分光度法；氨氮：纳氏试剂分光光度法；化学需氧量COD_{Cr}：重铬酸钾法；五日生化需氧量BOD_5：微生物传感器快速测定法；石油类：红外分光光度法；挥发酚：4-氨基安替比林分光光度法；氟化物：离子色谱法；六价铬：二苯碳酰二肼分光光度法；氰化物：流动注射法；硫化物：流动注射法；阴离子表面活性剂：亚甲蓝分光光度法；粪大肠菌群：滤膜法；汞、砷、硒：原子荧光法；重金属：ZEEnit-700原子吸收仪测定。

1.2.3 质量控制与质量保证

为保证监测数据准确、可靠，在水样的采集、保存、实验室分析和数据处理的全过程中均按照《环境水质监测质量保证手册（第二版）》的要求进行。监测分析方法采用国家有关部门颁布的标准分析方法，监测人员均持有上岗合格证，所有监测仪器均经过相关部门检定。现场采集平行样密码样品，实验室分析中采取自控平行双样措施。自控平行双样测定率为20%，加标回收测定率为10%；他控平行密码样测定率为10%。监测分析结果的精密度和准确度均应达到质量控制的要求。样品交接程序清楚，监测记录及上报结果执行三级审核制度。

2 结果与分析

2.1 不同年份星海湖水质状况

评价标准为《地表水环境质量标准》（GB 3838—2002）中Ⅲ类标准。监测结果表明2005—2010年6年期间，星海湖水体中主要超标项目是高锰酸盐指数、石油类、总磷、总氮和氟化物，年超标率呈逐年下降趋势。2005—2010年6年期间星海湖水质类别主要为Ⅳ类，占统计总数的50%，Ⅲ类水质占17%，劣Ⅴ类水质占33%。主要超标项目为高锰酸盐指数、石油类、氟化物等。2005—2006年由于星海湖处于整治初期，水质不稳定，出现超标项目较多，超标率分别为14.3%和11.1%，水质类别为劣Ⅴ类。2006—2009年，星海湖水体中主要超标项目是高锰酸盐指数和石油类，超标率范围为7.1%～7.7%，水质类别为Ⅳ类。2010年星海湖水质明显改善，水质类别为Ⅲ类，9项评价指标均符合《地表水环境质量标准》(GB 3838—2002) 中Ⅲ类标准。采用水质综合评分法 (WPI值) 对星海湖水质进行评价，参与水质评价的指标为9项：pH、溶解氧、高锰酸盐指数、五日生化需氧量、氨氮、铅、汞、挥发酚和石油类。

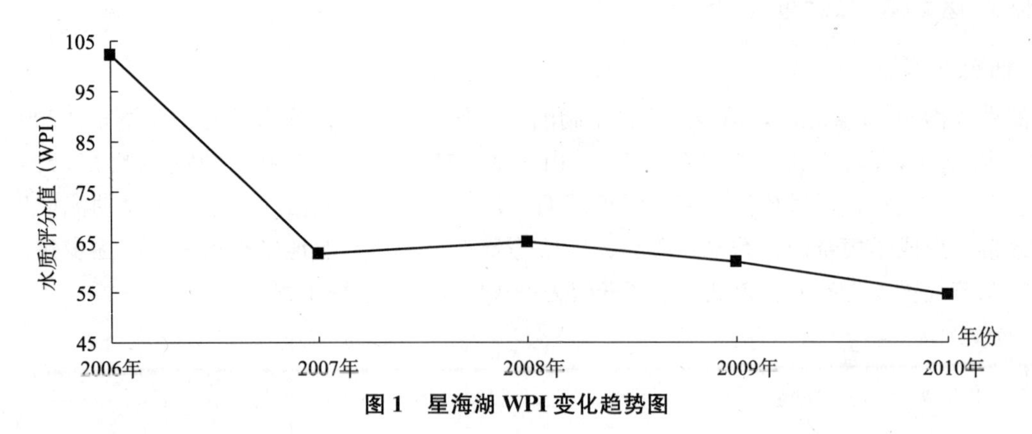

图1 星海湖WPI变化趋势图

由2001—2010年星海湖水质评价结果可知，2006—2010年星海湖水体WPI值总体呈下降趋势。WPI值最大出现在2006年，为102.3，最小出现在2010年，为54.6。2006年星海湖水体水质属重度污染，水质类别为劣Ⅴ类；2007—2009年星海湖水体水质属中度污染，水质类别为Ⅳ类；2010年星海湖水质良好，水质类别为Ⅲ类。

2.2 星海湖水质富营养化状态

2005—2010年星海湖水体富营养化程度逐年减轻。2005年星海湖水体营养状态为重度富营养；2007年星海湖水体富营养化指数 (TLI值) 为62.66，营养状态为中度富营养；2008—2010年星海湖水体水质明显好转，营养状态为轻度富营养。

表1 星海湖富营养化指数计算结果一览表

监测时间	叶绿素 (chl-a)		总磷 (TP)		总氮 (TN)		高锰酸盐指数 (COD_{Mn})		透明度 (SD)		∑TLI	富营养化程度
	年均值	TLI	年均值	TLI	年均值	TLI	年均值	TLI	年均值	TLI		
2005年	84.0	73.12	0.102	57.21	3.19	74.16	40.39	99.47	0.27	76.82	75.74	重度
2006年	28.9	61.51	0.111	58.70	1.04	55.22	6.41	50.51	0.32	73.59	59.99	轻度
2007年	94.7	74.42	0.109	58.37	2.36	69.11	4.23	39.44	0.44	67.22	62.66	中度
2008年	30.1	61.96	0.103	57.48	1.35	59.57	4.33	40.06	0.29	75.19	59.04	轻度
2009年	7.5	46.88	0.112	58.81	1.15	56.90	3.75	36.25	0.53	63.68	52.00	轻度
2010年	12.2	52.13	0.122	60.14	1.05	55.31	5.46	46.24	0.45	66.50	55.71	轻度

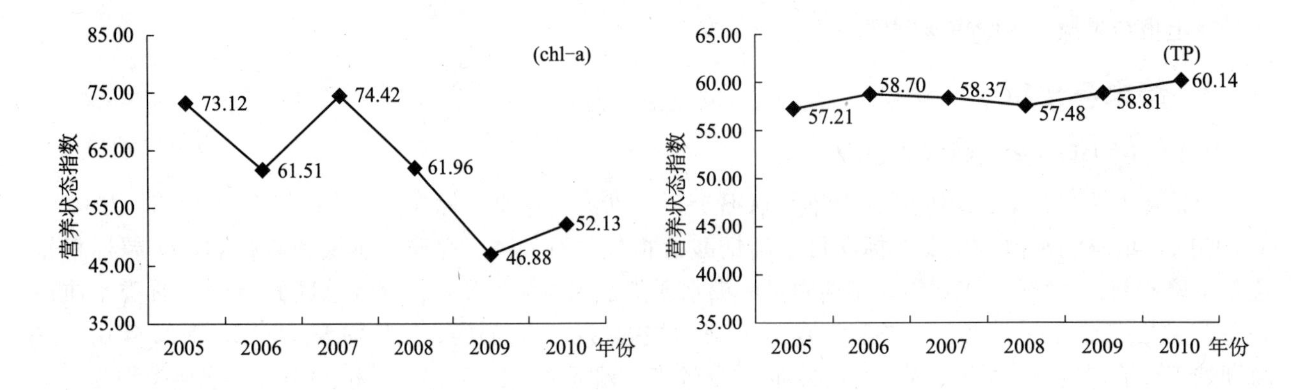

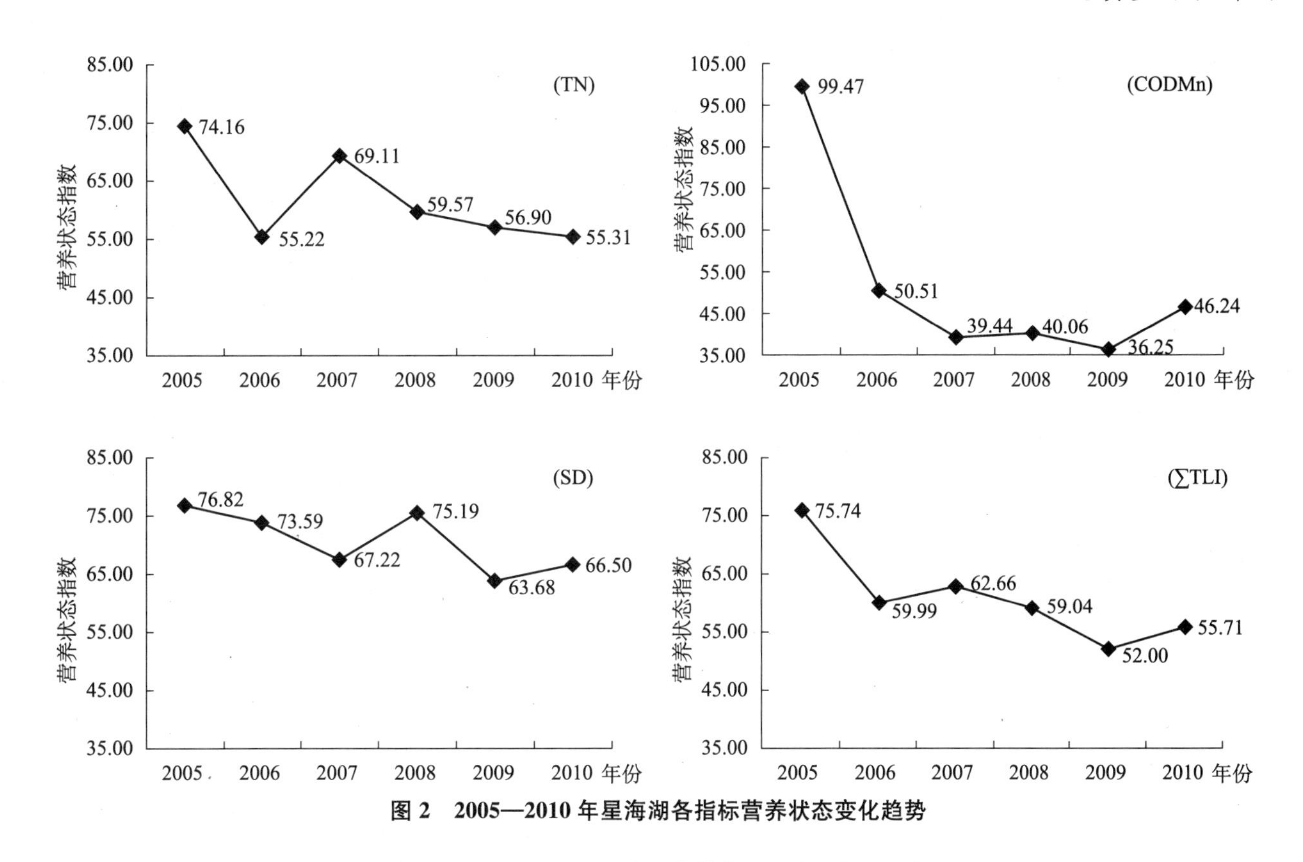

图 2　2005—2010 年星海湖各指标营养状态变化趋势

表 2　2005—2010 年星海湖富营养化影响因素识别表

年份	建设工程		洪水灾害	中水补给	黄河补水/（万 m³）	蒸发作用	旅游开发	湖水排泄
	湖底扰动	湖面扩容						
2005	●●●	●●●	●	√	300	√	√	√
2006	●●	●●	●●●	√	200	√	√	
2007	●	●	●	√	320	√	√	
2008	●		●		400	√	√	
2009			●		350	√	√	
2010			●		400	√	√	
备注：●的数量表示影响程度，√存在该种影响因素								

由星海湖富营养化指数计算（表 1）、2005—2010 年星海湖营养状态变化趋势图（图 2）和星海湖富营养化影响因素识别表（表 2）可以看出：①2005—2010 年期间，叶绿素-*a* 与总氮的变化趋势大体一致，说明星海湖水体内藻类的生长繁殖受总氮影响较为明显，总磷存在一定程度的富集现象，因此说明在星海湖水体内，供藻类生长繁殖的磷源较充足，总氮为藻类生长繁殖的限制因子。②星海湖 2005 年富营养化程度较高，属重度富营养化，水体污染严重。这主要由于星海湖湿地恢复整治工程自 2003 年 1 月拉开序幕，至 2005 年初具规模，建设过程中对星海湖湖泊底质的清淤扰动引起污染物的释放，以及湖面扩容、蓄水过程中，淹没土地上的残存的有机物，会逐渐分解而丰富星海湖水质营养，有利于浮游生物的生长繁殖，进而造成星海湖水质富营养化，水质污染程度加重。③2006 年富营养化程度明显降低，属轻度富营养化。这主要由于该年度星海湖建设工程基本完工，对湖泊底质的扰动相对减少，湖水中污染物种类及数量变化趋势趋于稳定。同时在该年度发生了“7·14”“7·15”特大洪水灾害，星海湖蓄水量由洪水入库前的 1 970 万 m³上升到了 3 120 万 m³，洪水的汇入在一定程度上稀释了污染物的浓度，造成了本年度湖水富营养化程度的大幅降低。④不考虑在 2006 年的洪水稀释的因素，星海湖在 2005—2007 年之间还接纳石嘴山市第一中水厂的中水作为水源补给，这也是造成星海湖水质富营养化的主要原因。⑤自 2008 年起，中水厂的中水全部作为石嘴山市绿化用水，不再流入星海湖；湖面规模基本稳定，湖底工程全面完工，星海湖人工湿地生态系统构建成功，具有初步的自净能力，可削减少部分营养物质，湖水营养状

态趋于轻度富营养化。⑥2005—2010年之间，持续影响星海湖水质营养状态的因素还有黄河水补给，蒸发浓缩作用，旅游资源的开发以及星海湖水体无排泄途径等。

表3　星海湖不同季节富营养化状态结果表

日期	单因子营养状态指数 TLI（j）					综合营养状态指数	营养状态分级
	Chla	TP	TN	SD	COD_{Mn}		
2005年7月	—	—	75.59	76.46	115.30	—	—
2005年10月	73.12	57.21	71.04	76.82	55.35	66.36	中度富营养
2005年	73.12	57.21	74.16	76.82	99.47	75.74	重度富营养
2006年7月	60.07	59.38	54.96	77.07	49.35	60.11	中度富营养
2006年10月	63.38	59.24	55.60	71.34	52.20	60.55	中度富营养
2006年	61.51	58.70	55.22	73.59	50.51	59.99	轻度富营养
2007年7月	55.66	28.19	59.49	68.96	24.39	47.84	中营养
2007年10月	80.93	44.70	53.84	74.54	42.83	61.05	中度富营养
2007年	74.42	58.37	69.11	67.22	39.44	62.66	中度富营养
2008年4月	63.89	59.35	58.47	65.62	37.64	57.51	轻度富营养
2008年7月	56.21	54.80	60.80	82.89	32.70	57.29	轻度富营养
2008年10月	64.13	57.96	59.36	79.69	47.64	61.88	中度富营养
2008年	61.96	57.48	59.57	75.19	40.06	59.04	轻度富营养
2009年7月	44.46	69.17	60.82	60.45	35.90	53.35	轻度富营养
2009年10月	48.86	22.53	51.80	67.55	36.61	45.57	中营养
2009年	46.88	58.81	56.90	63.68	36.25	52.00	轻度富营养
2010年4月	41.24	47.26	49.81	57.82	35.18	45.79	中营养
2010年7月	56.83	68.22	58.31	78.87	52.10	62.35	中度富营养
2010年10月	49.36	52.62	54.36	68.01	44.18	53.28	轻度富营养
2010年	52.13	60.14	55.31	66.50	46.24	55.71	轻度富营养

从星海湖不同季节富营养化状态结果表（表3）和星海湖营养化指标TLI季节性变化趋势图（图3）可知：①春季：星海湖水体春季监测数据欠缺，只有2008年和2010年的监测数据，TP、TN、高锰酸盐指数、SD、Chl-a的TLI和TLI($\sum$)均呈下降趋势，富营养化程度减轻。②夏季：TP和高锰酸盐指数变化幅度较大，TN和Chl-a随年度变化幅度较小，主要为轻度富营养化状态；SD的营养状态指数最大，营养状态主要为重度富营养化。③秋季：TP和Chl-a变化幅度较大，TN、SD和高锰酸盐指数随年度变化幅度较小，高锰酸盐指数的营养状态主要为中营养；TN的营养状态主要为轻度富营养化；SD的营养状态指数最大，营养状态主要为重度富营养化。

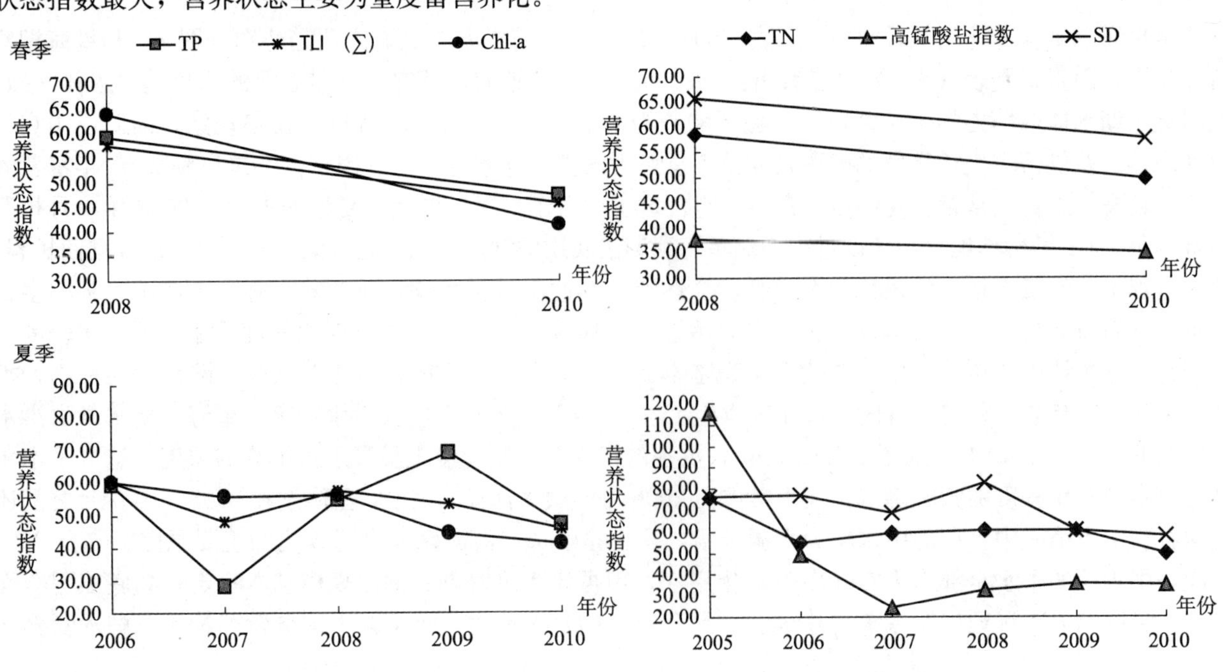

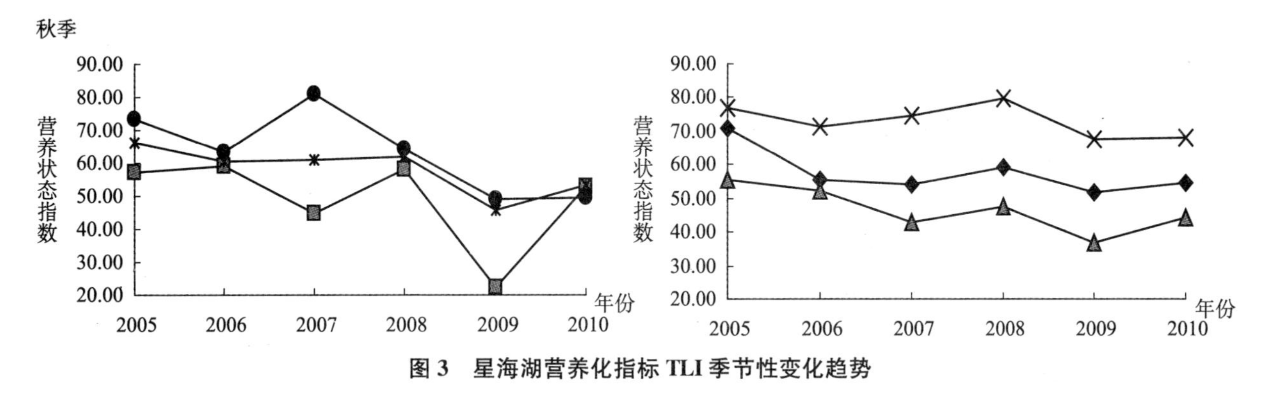

图 3 星海湖营养化指标 TLI 季节性变化趋势

2.3 星海湖水环境质量综合评价

由 2005—2010 年星海湖水质综合评价表可知：2005—2010 年星海湖水环境质量逐年好转，从 2005 年的综合污染程度为中度污染过渡至 2010 年的轻度污染。2005 年星海湖营养状态评分为 75.74，水环境质量综合评价结论为重度污染；2006 年水质类别为劣Ⅴ类，水环境质量为中度污染；2007—2009 年，水质定性评价均为中度污染，2010 年水质良好，水环境质量综合评价结论为轻度污染。

2005 年星海湖水体营养状态为重度富营养，2008—2009 年水质污染程度为中度污染，营养状态为轻度富营养。2010 年星海湖水体水质明显好转，水质类别为Ⅲ类，营养状态为轻度富营养。

星海湖 2005 年富营养化程度较高，属重度富营养化，水体污染严重。这主要由于星海湖湿地恢复整治工程自 2003 年 1 月拉开序幕，2005 年处于仍然处于治理期，水质尚未改善。

2006 年富营养化程度明显降低，属轻度富营养化。这主要由于该年度星海湖建设工程基本完工，对湖泊底质的扰动相对减少，湖水中污染物种类及数量变化趋势趋于稳定。

表 4 2005—2010 年星海湖水质综合评价表

年份	综合评分值（WPI 值）	水质类别	定性评价	综合营养状态指数［TLI（$\sum$）］	营养状态分级	水环境质量定性评价
2005	—	—	—	75.74	重度	重度污染
2006	102.3	劣Ⅴ类	重度污染	59.99	轻度	重度污染
2007	62.68	Ⅳ类	中度污染	62.66	中度	中度污染
2008	64.89	Ⅳ类	中度污染	59.04	轻度	中度污染
2009	61.07	Ⅳ类	中度污染	52.00	轻度	中度污染
2010	54.60	Ⅲ类	良好	55.71	轻度	轻度污染

注：2001 年，2002 年汞缺测，2005 年铅缺测。因此这 3 年不进行综合评分计算。

2.4 星海湖富营养化成因分析

通过实际调查，明确星海湖水体富营养化的主要原因为：①黄河水补给：星海湖常年水位以下蓄水 2 300 万 m^3，每年由第二农场渠补给部分水源。第二农场渠是引黄河水为贺兰山山前洪积倾斜平原上农田灌溉的支干渠，在唐徕渠的满达桥上建闸引水，补给的黄河水水质为 III 类，总磷、总氮等污染物随黄河水的补给进入星海湖。②蒸发作用：星海湖所在区域属中温带干旱气候区，常年蒸发量远远大于降水量，区域内多年月平均降水（蒸发）量见图 4、图 6，星海湖湖水蒸发损失较为严重，进而引起水体中污染物的浓缩，最终导致水体富营养化的发生。③旅游开发：近年来对星海湖的改造与建设，逐渐形成了由百鸟鸣、金西域、南沙海、鹤翔谷、新月海、白鹭洲六个各具特色的景点组成的旅游景区，观光旅游的游客逐年增多，在湖中开发的划船、游艇等娱乐项目也是导致水体富营养化的重要原因之一。④排泄途径：近年来，星海湖湖水仅在 2005 年 6 月，由于大武口区发生严重干旱，城区树叶萎蔫、草坪枯黄，农村农作物缺水告急时，在星海湖架起了抽水泵，挖开引水渠，为大武口的城市绿化和森林公园为中心的贺兰山东麓生态项目区以及二农场渠下游农田补充了水源。其他年份由于降水量小、蒸发量大等因素的影响，星海湖的水形成只进不出的局面，湖内污染物的浓缩，氮、磷等营养物质含量逐年增多，藻类大量繁殖，引起水体富营养化。

综上所述，引起水体富营养化程度恶化的因素有星海湖底质的扰动、土壤中有机物的分解释放、黄河水补给引入污染物、蒸发浓缩作用以及星海湖水体无排泄途径等因素，造成水体内氮、磷等营养物质的富集，藻类的大量繁殖，导致水体富营养化。

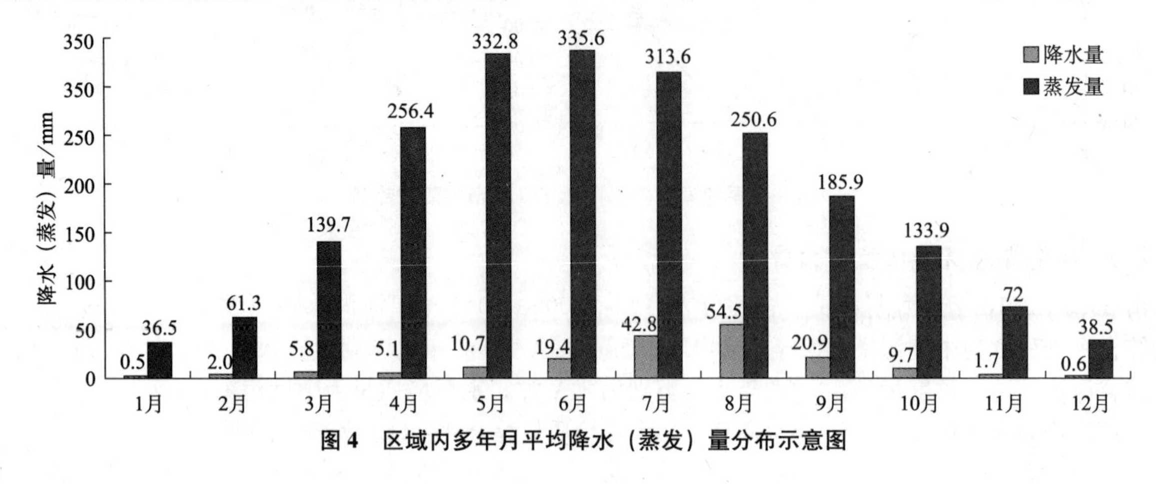

图4 区域内多年月平均降水（蒸发）量分布示意图

2.5 富营养化趋势预测分析

根据星海湖的实际情况，采用改进后的灰色GM（1，1）模型进行预测，该模型对可能影响预测精度的异常数据进行判别、剔除，然后采用GM（1，1）模型对时序数据进行拟合，找出其变化趋势。根据上述预测模型，按照目前的发展趋势，计算得出2011—2012年间，星海湖水体富营养化指数（TLI）为57.305±1.6（55.705～58.905），将由轻度富营养化向中度富营养化转化，水质趋于恶化，如不及时采取防治措施将有进一步恶化的可能。

3 结论

（1）依据水环境质量评价的综合污染指数法，参考星海湖水质的多年监测结果，结合星海湖水质的主要用途（主要用于养殖业和发展旅游业），选取7项指标对历年来星海湖水质的综合污染指数进行趋势分析，结果显示在7种监测物中各指标的污染程度呈上升趋势。

（2）自2002年星海湖旅游区建成以来，就以其特有的自然风光吸引了众多游客，成为人们休闲、度假、纳凉的好去处。据不完全统计2002—2010年旅游人数增加了近4倍。将旅游人数历年的变化与星海湖历年来水质综合污染指数的变化进行对比分析，发现2007年的综合污染指数最高，这反映出旅游活动的开展对水环境造成的影响，其主要为氨氮污染严重，星海湖水质综合污染指数的变化，是随着旅游人数的增多而水质污染指数上升。旅游业的发展对自然环境具有一定的改变作用，在进一步加大旅游业发展的同时，要注意环境的保护。

（3）从整体情况来看，湖区水质表现出草型浅水湖泊的水质特征，湖水清澈见底，TP和叶绿素含量仍处于中营养水平，但TN和COD含量已接近富营养水平，东、西域水体无机盐含量较高受底质影响明显，在一定程度上影响了南部水体的水质；湖区西、中域水质较好。影响的主要原因一是：水资源贫乏，水资源供需平衡脆弱。受补水量的限制，补给的水量仅能够维持水体的蒸发与渗漏，水体自净能力明显减弱，水质下降将是无法避免的。二是水体水面蒸发量较大，水体水质蒸发浓缩，已出现部分指标年度波动大；同时湖区出现部分轻度沼泽化湖区，星海湖是新开发的人工湿地，生态系统还未恢复平衡，处于“受损水域”状态，自净能力较弱，上述问题将加重局部湖区的水质污染，造成水质变化。

参考文献

[1] 国家林业局《湿地公约》履约办公室．湿地公约履约指南．北京：中国林业出版社，2001，7：126-133.

[2] 王宪力，李秀珍．湿地的国内外研究进展 [J]．生态学杂志．1997，16 (1)：58-62.

[3] 殷康前，倪晋仁．湿地研究综述 [J]．生态学报，1998，18 (5)：539-547.

[4] 倪晋仁，殷康前，赵智杰．湿地综合分类研究 [J]．自然资源学报，1998，13 (3)：214-221.

[5] 吕宪国，黄锡畴．我国湿地研究进展 [J]．地理科学，1998，18 (4)：293-300.

[6] 金相灿，刘树坤，章宗涉．中国湖泊环境 [M]．北京：海洋出版社，1998：72-107.

[7] 国家林业局．中国湿地保护行动计划 [M]．北京：中国林业出版社，2000 (9).

[8] 中国湿地植被编辑委员会．中国湿地植被 [M]．北京：科学出版社，1999 (8) 第一版：358-478.

[9] 国家林业局．湿地管理与研究方法 [M]．北京：中国林业出版社，2001 (7)：166-259.

作者简介：马春梅 (1970—)，女，回族，宁夏石嘴山人，高级工程师，主要从事环境分析。

地表水氨氮污染特征及原因分析

林兰钰

中国环境监测总站，北京　100012

摘　要： 利用2011—2014年全国地表水347个可比国控断面监测数据，从时间变化特征、空间分布特征、污染原因分析等方面对近年来我国地表水氨氮污染的时空变化规律进行了研究。结果表明：①从年际变化看，全国地表水氨氮污染总体呈减轻趋势，平均浓度下降29.3%。②从流域分布看，辽河、黄河、淮河和长江流域氨氮污染程度明显减轻，其他流域变化不大；海河流域氨氮污染一直较重，松花江和黄河流域次之，其他流域污染较轻。③氨氮排放量的减少一定程度上促进了地表水氨氮污染的减轻，但个别流域水资源严重短缺、纳污量仍较高、人口基数大、农业化肥施用量大是流域污染较重的重要原因。

关键词： 地表水；氨氮；特征

Analysis on the Pollution Characteristics and Reason of Ammonia Nitrogen of Surface Water

LIN Lan-yu

China National Environment Monitoring Center, Beijing 100012

Abstract: The monitoring values of NH_3-N from 347 sites all over China were used to analyze the spatio-temporalchange regulation of surface water from 2011 to 2014. The temporal change, spatial change, and the may reason for pollution were analyzed. ①The pollution of NH_3-N became alleviate year by year, the average fall 29.3%. ②The pollution of Liaohe River, Yellow River, Huaihe River and Yangze River alleviated clearly and other rivers keep steadily. Haihe River was heavy polluted and Yellow River, Songhua River were also polluted, while the others were much better. ③The pollution of NH_3-N alleviated with the NH_3-N discharge decreased, but the rivers were still heavy-polluted for the lack of water resource, large NH_3-N discharge, large population base, and agricultural fertilizer used heavily.

Key words: surface water; NH_3-N; features

引言

水体中的氨氮是指以游离氨（NH_3）或铵离子（NH_4^+）形式存在的氮。氨氮是各类型氮中危害影响最大的一种形态，可以在一定条件下转化成亚硝酸盐，亚硝酸盐与蛋白质结合生成亚硝胺，具有致癌和致畸作用，对人体健康极为不利。与COD一样，氨氮也是水体中的主要耗氧污染物，氨氮氧化分解消耗水中的溶解氧，使水体发黑发臭。同时氨氮是水体中的营养素，可为藻类生长提供营养源，增加水体富营养化发生的几率。氨氮中的游离氨是引起水生生物毒害的主要因子，对水生生物有较大的毒害[1-3]。

30多年的快速经济增长和逐年递增的人口不可避免地带来了一些环境问题，在20世纪末21世纪初我国地表水氨氮污染日益凸显[4]，与高锰酸盐指数一样列为我国地表水中的主要污染指标，一度成为全国地表水或一些流域的首要污染物[5-6]。

为从源头上解决地表水氨氮污染问题，“十二五”我国将氨氮列为主要污染物总量减排约束性指标之一。进行氨氮的时空变化规律分析，有助于判断总量减排对地表水环境质量的影响。目前国内外鲜有对氨氮进行长时间序列大范围尺度的研究，更多的则是关注某个小流域或河段的污染状况研究[7-25]。

本文从时间尺度上分析了2011—2014年全国地表水347个可比国控断面氨氮浓度和污染水平的变化趋势，从空间尺度上分析了全国地表水氨氮流域分布特征和空间分异规律。在归纳总结时空变化特征的基础上，结合氨氮主要来源对污染变化原因和空间格局成因进行了分析，以期为地表水氨氮污染的进一步改善提供可借鉴的依据。

1 数据来源

研究选取2011—2014年全国地表水十大流域347个可比国控断面氨氮的监测数据[26]。347个可比国控断面包括长江流域73个断面，黄河流域34个断面，珠江流域20个断面，松花江流域36个断面，淮河流域45个断面，海河流域47个断面，辽河流域31个断面，浙闽片河流25个断面，西北诸河21个断面，西南诸河15个断面。选取的断面覆盖全国十大流域，兼具评价时间段的数据可比性，分析结果能够代表全国地表水的总体特征。全国及各流域水资源数据来源于水利部水资源公报[27]，流域人口和氨氮纳污量数据来源于中国环境统计年报[28]，化肥施用量数据来源于国家统计局官网[29]。

2 污染特征分析

2.1 时间变化特征

2011—2014年可比国控断面氨氮指标统计见表1。

表1 2011—2014年可比国控断面氨氮指标统计

指标	2011年	2012年	2013年	2014年
平均值/(mg/L)	1.50	1.16	1.12	1.06
最大值/(mg/L)	35.83	21.06	21.01	20.87
最小值/(mg/L)	0.013	0.013	0.005	0.007
变异系数/%	2.36	2.23	2.07	2.11

由表1可见，2011—2014年，全国地表水347个可比国控断面氨氮均为Ⅳ类水质，平均浓度呈逐年下降趋势。2014年与2011年相比，氨氮平均浓度下降了0.44 mg/L，降幅为29.3%。

2011—2014年，氨氮年均浓度最小值稳定在0.005～0.013 mg/L之间，最大值由35.83 mg/L降至20.87 mg/L，极差逐年减小。可见，氨氮污染严重断面的污染程度明显减轻。

2011—2014年，氨氮年均浓度变异系数为2.07%～2.36%，表明各断面氨氮年均浓度分布变化不大，比较稳定。

2011—2014年可比国控断面氨氮年均浓度分布见图1。

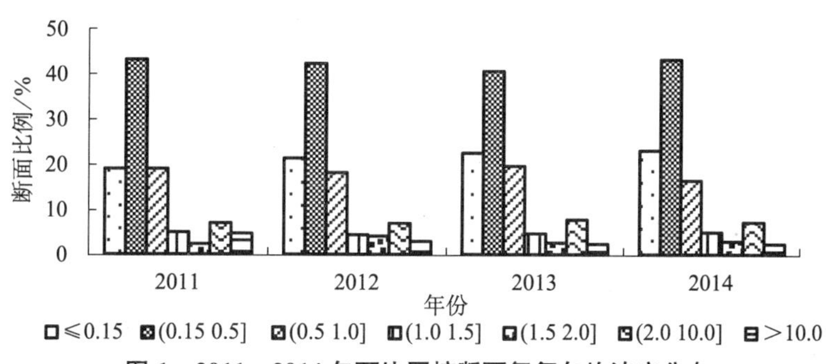

图1 2011—2014年可比国控断面氨氮年均浓度分布

由图1可见，历年氨氮浓度主要集中在0～1.0 mg/L，分别占断面总数的81.3%～82.7%；其中，介于0.15～0.5 mg/L的断面数量最多，分别占40.6%～43.2%。

2014年与2011年相比可比国控断面氨氮年均浓度变化情况见图2。

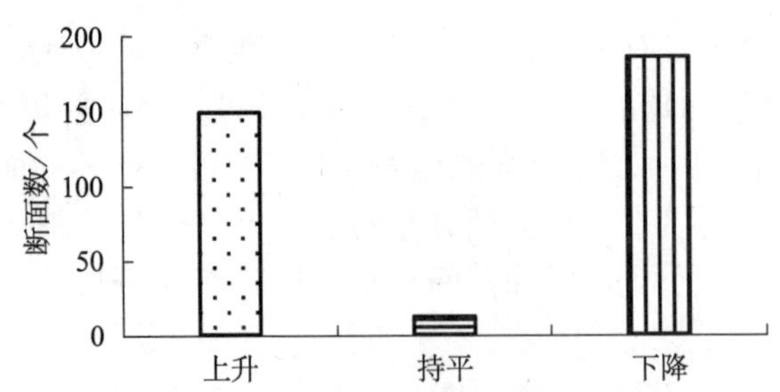

图 2　2014 年与 2011 年相比可比国控断面氨氮年均浓度变化情况

由图 2 可见，2014 年与 2011 年相比，有 149 个断面氨氮年均浓度上升，上升幅度为 0.01～9.97 mg/L，平均上升 0.34 mg/L；12 个断面氨氮浓度持平；186 个断面氨氮年均浓度下降，下降幅度为 0.01～23.46 mg/L，平均下降 1.05 mg/L。

2.2　空间分布特征

2011—2014 年可比国控断面各流域氨氮平均浓度年际变化见图 3。

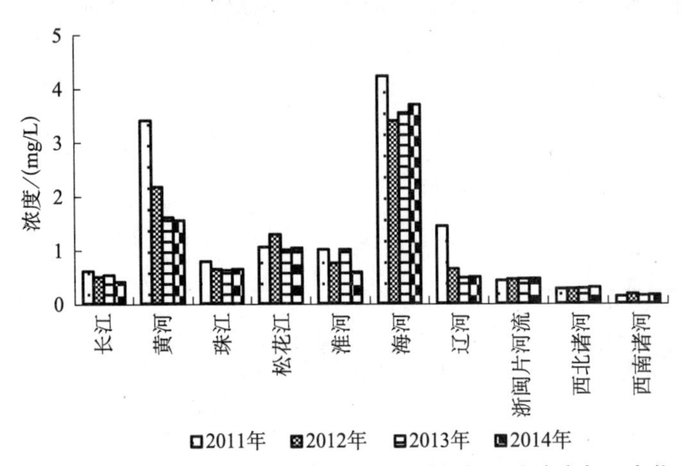

图 3　2011—2014 年可比国控断面各流域氨氮平均浓度年际变化

由图 3 可见，从污染分布来看，2011—2014 年期间西南诸河污染最轻，氨氮平均浓度为 0.149 mg/L；其次为西北诸河和浙闽片河流，氨氮平均浓度分别为 0.28 mg/L 和 0.44 mg/L；再次为长江、珠江、辽河和淮河流域，氨氮平均浓度介于 0.51～0.84 mg/L；松花江和黄河流域污染较重，氨氮平均浓度分别为 1.09 mg/L 和 2.18 mg/L；海河流域污染最重，氨氮平均浓度为 3.71 mg/L。2011—2014 年，浙闽片河流和西南诸河氨氮均无劣Ⅴ类水质断面；辽河流域 2013 年无劣Ⅴ类水质断面；其他各年各流域均有劣Ⅴ类水质断面。

从各流域污染程度变化来看，2011—2014 年，松花江、浙闽片河流、西北诸河、海河、珠江和西南诸河污染程度变化不大；辽河、黄河、淮河和长江流域污染程度明显减轻，氨氮浓度分别下降 66.2%、54.6%、42.3%和 33.7%。

2.3　承载力分析

水环境承载力评价采用环境超载率模型，通过计算环境超载率来评价环境承载力的大小，本文中的超载率指氨氮年均浓度超过Ⅲ类水质标准限值的百分比。超载率值越小，表明环境承载能力越强，环境质量越好。0 为超载率临界值，本文中界定水环境承载力阈值为：当超载率大于 0 时，水环境处于超载状态；当超载率介于－20%～0 之间，水环境处于临界超载状态；当超载率小于－20%时，水环境不超载。

$$R_{jk}=S/C_{jk}-1$$

式中：C_{jk}——第 j 个流域第 k 个断面的氨氮年均浓度；

J——流域；

K——断面；

S——氨氮Ⅲ类水质标准限值；

R_{jk}——第 j 个流域第 k 个断面的水环境超载率。

$$R_j = \sum_{k=1}^{Nj} Rjk/Nj$$

式中：R_j——第 j 个流域的水环境超载率；

N_j——第 j 个流域内断面数。

从流域氨氮总体超载情况看，十大流域中氨氮超载率由高到低的分别为海河、黄河和松花江，海河流域氨氮超载率高达 2.7；其他流域氨氮总体均不超载。从各流域断面超载情况看，海河、黄河、辽河、淮河和松花江氨氮超载断面比例较高，分别为 51.1%、32.4%、19.4%、15.6%和 11.1%。

3 污染原因分析

3.1 水资源状况对水质的影响

2011—2013 年十大流域平均水资源量和氨氮纳污情况见表 2。

表 2 2011—2013 年十大流域平均水资源量和氨氮纳污情况

序号	流域	平均水资源量/亿 m³	平均氨氮纳污量/万 t	平均单位水资源量氨氮纳污量/（t/亿 m³）
1	海河	363.6	23.2	638.3
2	淮河	770.0	36.4	472.3
3	黄河	731.4	18.5	252.9
4	辽河	586.5	13.4	228.8
5	长江	9 147.2	82.4	90.1
6	浙闽片河流	2 028.1	17.4	85.9
7	松花江	1 813.3	14.4	79.3
8	珠江	4 690.9	36.3	77.3
9	西北诸河	1 423.5	6.7	47.1
10	西南诸河	5 359.9	2.7	5.0

由表 2 可见，2011—2013 年期间，各流域平均单位水资源量氨氮纳污量排在前四位的依次为海河、淮河、黄河和辽河，海河平均单位水资源氨氮纳污量高达 638.3 t/亿 m³。海河、淮河、黄河和辽河的平均水资源量分别为 363.6 亿、770.0 亿、731.4 亿和 586.5 亿 m³，占十大流域总量的比例分别为 1.4%、2.9%、2.7%和 2.2%，分别位列十大流域水资源量的第七～第十位；平均氨氮纳污量分别为 23.2 万、36.4 万、18.5 万和 13.4 万 t，占十大流域氨氮纳污总量的比例分别为 9.2%、14.5%、7.4%和 5.3%，分别位列十大流域氨氮纳污量的第四、第二、第五和第八位。综上，海河、淮河、黄河和辽河流域仅占全国 9.2%的水资源量接纳了全国 36.4%的氨氮排放量，其纳污量较高、水资源严重短缺造成了水体自净能力减弱，是流域污染较重的重要原因。

3.2 排放分析

2011—2013 年全国可比国控断面氨氮浓度与排放量变化见图 4。

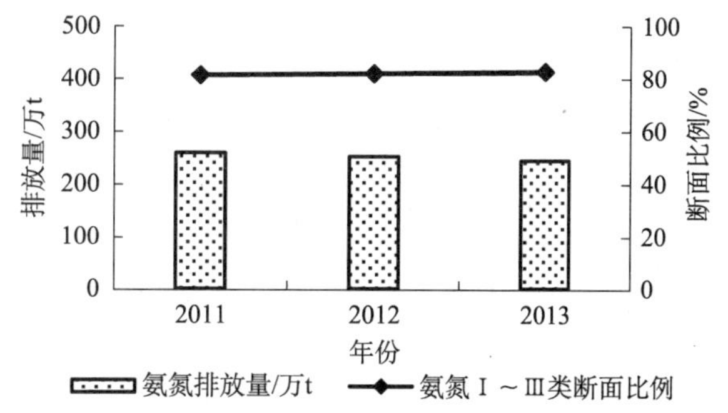

图 4 2011—2013 年全国可比国控断面氨氮浓度与排放量变化

由图 4 可见，与 2011 年相比，2013 年全国氨氮排放量下降 5.7%，全国可比国控断面氨氮平均浓度下降 25.3%，氨氮Ⅰ～Ⅲ类断面比例上升 1.4 个百分点，劣Ⅴ类断面比例下降 1.4 个百分点。随着氨氮排放量的减少，地表水氨氮污染减轻，两者表现出同步变化趋势。

2011—2013 年全国废水中氨氮排放组成见表 3。

表 3　2011—2013 年全国废水中氨氮排放组成

年份	氨氮/万 t		
	工业源	生活源	农业源
2011	28.1	147.7	82.7
2012	26.4	144.6	80.6
2013	24.6	141.4	77.9

由表 3 可见，2011—2013 年，全国废水中氨氮主要来源于生活源，占全国废水中氨氮排放总量的 57%～58%；其次为农业源，约占 32%；工业源最少，占 10%～11%。

2013 年全国十大流域城镇人口和生活源氨氮排放情况见图 5。

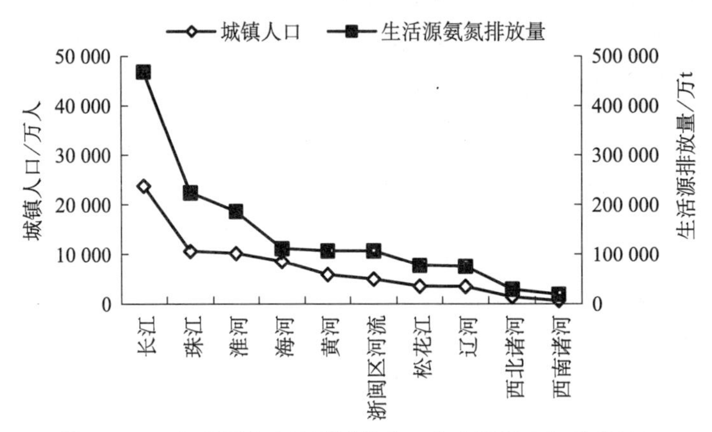

图 5　2013 年全国十大流域城镇人口和生活源氨氮排放情况

从各流域氨氮排放的结构看，各流域氨氮排放均以生活源为主，2013 年除西北诸河生活源排放比例为 45.2%外，其他流域均超过 50%。由图 5 可见，生活源氨氮排放与城镇人口密切相关，长江、珠江、淮河、海河和黄河等流域流经人口大省，人口众多，其生活源氨氮排放量均居全国前列。而我国城镇人口又呈逐年上升的趋势，生活源排放将给氨氮污染治理带来巨大压力。

2013 年部分主要产粮省农业化肥施用情况见图 6。氨氮的第二大排放源是农业源，各流域农业源排放比例为 18.8%～39.4%，其中淮河、海河、松花江、辽河和长江流域农业源排放比例均超过 32%，其流经的省份历来为我国的农业大省。由图 6 可见，以河南、山东、河北、江苏、安徽和黑龙江为例，2013 年以上六省农业化肥施用量巨大，分别为 696.4 万 t、472.7 万 t、338.4 万 t、331.0 万 t、326.8 万 t 和 245.0 万 t，其中河南的农业化肥施用量占全国农业化肥施用总量的近 1/8，山东农业化肥施用量也占到近 1/12。农业化肥大量流失和残存在土壤中，通过地表径流、壤中流和地下渗漏等途径进入水体，进而

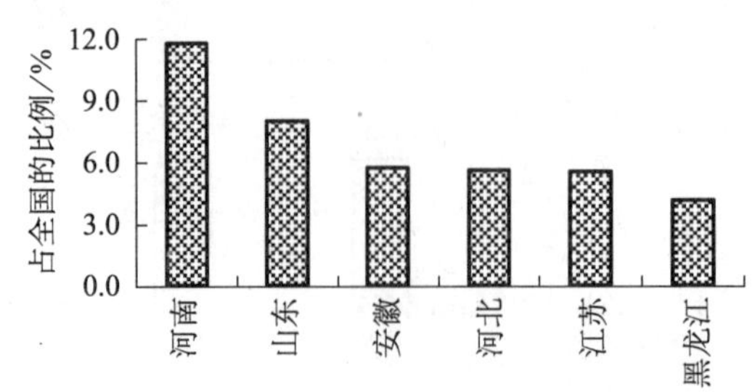

图 6　2013 年部分主要产粮省农业化肥施用情况

造成了流域较为严重的面源污染。2013年，淮河、海河、松花江和辽河流域接纳农业源氨氮之和为31.5万t，占十大流域接纳总量的40.4%，而四个流域水资源量总和所占比重仅15.7%，势必对流域水环境质量造成严重影响。

4 结论

(1) 2011—2014年，全国地表水可比国控断面氨氮平均浓度均为Ⅳ类水质，浓度呈逐年下降趋势，浓度极差逐年减小。说明随着减排措施的推进，氨氮总体污染程度有所减轻，且污染严重断面的污染程度明显减轻。

(2) 2011—2014年，可比国控断面氨氮年均浓度介于0.15～0.5 mg/L的断面数量均为历年最多，比例范围介于40.6%～43.2%。说明断面主体氨氮污染程度较轻。

(3) 2014年与2011年相比，约1/2强的可比国控断面氨氮年均浓度下降，污染减轻；但尚有约1/2的断面氨氮年均浓度上升，污染加重，应充分引起重视。

(4) 2011—2014年，海河、黄河和松花江流域氨氮污染相对较重，这与流域氨氮接纳量较高、水资源总量较少、人口基数大、农业化肥使用量大等有直接关系。

参考文献

[1] 丛明，赵建民，吴惠丰. 氨氮污染对菲律宾蛤仔的毒理效应初步研究［C］. 全球变化下的海洋与湖沼生态安全学术交流会. 南京，2014.

[2] 刘炎，姜东升，李雅洁，等. 不同温度和pH下氨氮对河蚬和霍甫水丝蚓的急性毒性［J］. 环境科学研究，2014，27 (9)：1067-1073.

[3] 高亚峰，孙洪杰. 氨氮对鱼类的危害［J］. 河北渔业，2014，8：62-63，67.

[4] 国家环保总局. 1995—2005年全国环境质量报告书［R］.

[5] 国家环保总局. 2000—2006年全国环境质量报告书［R］.

[6] 环境保护部. 2007—2013中国环境质量报告［M］. 北京：中国环境科学出版社，2014.

[7] 吴雅丽，许海，杨桂军，等. 太湖水体氮素污染状况研究进展［J］. 湖泊科学，2014，26 (1)：19-28.

[8] 徐志璐. 辽河流域水污染状况及对策研究［D］. 长春：吉林大学，2014：1-51.

[9] 李晓春. 大凌河（锦州段）水质氨氮污染状况分析［J］. 科技和产业，2012，12 (6)：81-83 +108.

[10] 韩凌. 近年来大辽河（营口段）辽河公园断面氨氮污染状况及原因分析［J］. 科技与企业，2012，23：165.

[11] 高飞. 渭河流域（陕西段）化学需氧量与氨氮污染变化分析与控制对策研究［D］. 西安：西北大学，2012：1-63.

[12] 陈金花，王方园，丁林贤，等. 金华江小流域氨氮污染状况分析及控制对策探讨［J］. 四川有色金属，2011，3：65-69.

[13] 王哲，戴宝成. 黄河内蒙古包头段水体氨氮污染状况分析［J］. 安徽农业科学，2011，39 (13)：8044-8045.

[14] 万淑然. 唐山市市区段地表水中氨氮污染状况浅析［J］. 科技创新导报，2011，5：124.

[15] 邢妍. 清河水系氨氮污染负荷与水质响应关系模拟研究［D］. 沈阳：沈阳理工大学，2011：1-89.

[16] 郝晓露，李宇飞. 渭河流域氨氮污染的排放动态变化［J］. 资源节约与环保，2014，8：

118-119.

[17] 于畅，孙雨芹. 南京市马汊河氨氮污染分析及治理方案探讨 [J]. 环境保护与循环经济，2014，6：26-29.

[18] 李军会. 长河干流水质污染变化趋势研究 [J]. 资源节约与环保，2014，11：170.

[19] 陈丽娜，凌虹，吴俊锋，等. 武宜运河小流域平原河网地区氮磷污染来源解析 [J]. 环境科技，2014，27（6）：63-66.

[20] 王军霞，罗彬，陈敏敏，等. 城市面源污染特征及排放负荷研究——以内江市为例 [J]. 生态环境学报，2014，23（1）：151-156.

[21] 董雯，张振文，孙长顺，等. 1996—2009 年渭河干流氮素污染特征 [J]. 水土保持通报，2014，34（5）：114-117.

[22] 李远，常学礼，孙朋，等. 降水波动背景下嫩江干流氨氮污染变化趋势分析 [J]. 环境污染与防治，2013，35（5）：1-5+12.

[23] 张铃松，王业耀，孟凡生，等. 松花江流域氨氮污染特征研究 [J]. 环境科学与技术，2013，36（10）：43-48，77.

[24] 王辉，栾维新，康敏捷，等. 辽河流域社会经济活动的环境污染压力研究——以氮污染为研究对象 [J]. 生态经济，2012，8：152-157.

[25] 王夏晖，陆军，张庆忠，等. 基于流域尺度的农业非点源污染物空间排放特征与总量控制研究 [J]. 环境科学，2011，32（9）：2554-2561.

[26] 环境保护部. 2011—2013 年中国环境质量报告 [M]. 北京：中国环境科学出版社，2012-2014.

[27] 水利部. 2011—2013 年中国水资源公报 [R].

[28] 环境保护部. 2011—2013 年中国环境统计年报 [M]. 北京：中国环境科学出版社，2014.

[29] 国家统计局. 2013 年农业分省年度数据 [EB/OL]. 北京：国家统计局，2015 [2015-3-10]. http://data.stats.gov.cn/workspace/index;jsessionid=F2DB671DA7FD486858F3C1B692A8949B?m=fsnd.

作者简介：林兰钰（1974.6—），女，汉，吉林省吉林市人，硕士研究生，中国环境监测总站高级工程师，主要从事环境质量综合评价工作。

另谈城市扬尘对灰霾的贡献

彭庆庆[1,2,3]　张　琴[1,2]　罗岳平[1,2]　胡华勇[1,2]

1. 湖南省环境监测中心站，长沙　410019；

2. 国家环境保护重金属污染监测重点实验室，长沙　410019；

3. 湖南大学环境科学与工程学院，长沙　410012

摘　要：扬尘一直被社会各界认为是灰霾发生的重要贡献者，从各地发布的源解析成果来看，扬尘对灰霾的贡献率不容小觑。本文从发生时间、产生方式、风力粉碎作用、化学特性和贡献率5个方面进行反推，阐述了扬尘对灰霾的影响。结论认为，扬尘对$PM_{2.5}$质量浓度爆发式增高的贡献有限，不宜过高估计扬尘对灰霾的主导作用。

关键词：扬尘；$PM_{2.5}$；贡献率；高估；主导作用

Discussion on the Dust's Contributions to $PM_{2.5}$

PENG Qing-qing[1,2,3]　ZHANG Qin[1,2]　LUO Yue-ping[1,2]　HU Hua-yong[1,2]

1. Hunan Province Environmental Monitoring Center, Changsha 410019;

2. State Environmental Protection Key Laboratory of Monitoring for Heavy Metal Pollutants, Changsha 410019;

3. colleage of　Environmental　Science and Technology of Hunan University, Changsha 410128

Abstract: Dust is widely regarded by the public as a primary contributor to $PM_{2.5}$. From the source apportionment results published by various regions, it suggests that the dust's contribution to $PM_{2.5}$ should not be underestimated. This paper leverages the regression method to analyze the influence of dust on the $PM_{2.5}$ from the aspects of happening time, generrating method, smashing effects of wind, chemical properties and contribution ratio. The conclusions indicate that dust has limited contributions to the explosive growth of $PM_{2.5}$ mass concentration. The dominant role of dust on $PM_{2.5}$ should not be overestimated.

Key words: dust; $PM_{2.5}$; contribution ratio; overestimation; dominant role

城市扬尘污染主要来源于不利气候条件导致的自然尘，粗放施工造成的建筑尘，随风飞扬的堆放物尘，对行人影响较大的道路尘以及裸露地面尘等[1]。每年秋冬季节不约而至的灰霾污染，已成为大、小城市挥之不去的梦魇。分析灰霾来源，找准防治着力点，是一项紧迫而又充满技术挑战的重点工作。

迎战灰霾，社会各界的直觉首先是控制扬尘。只要有重大活动，第一要务就是关停建筑施工等[2][3]。参考今年陆续发布的城市灰霾源解析成果，扬尘也被认为是重要贡献者。其中，天津市的源解析认为扬尘是最主要的灰霾来源，排放分担率高达30%；石家庄市的这个数值是22.5%；根据北京市发布的源解析数据，扬尘的分担率在本地污染贡献的第4位，占14.3%。由此可见，扬尘之于灰霾，其贡献是毋庸置疑的，但笔者认为，不宜过高估计扬尘对灰霾的主导贡献作用。

1　扬尘对灰霾的贡献作用分析

1.1　时间上，扬尘排放与灰霾发生明显错峰出现

从全国来看，城市大拆大建的高峰期已过，如果说扬尘是$PM_{2.5}$的主要来源，那么严重的灰霾污染应

该在更早的时间就已经爆发。

一年之内，无论大江南北，5～10月无疑是建筑施工的高峰期，而且天气相对干燥，扬尘产生量肯定是最大的。但这一时段往往是黄金呼吸期，环境空气实际监测结果并不支撑$PM_{2.5}$主要来自扬尘这个结论。尤其是在东北等地的城市，进入冬季后，建筑业一般由于冰冻而停工，扬尘来源剧减，但此时却是一年中灰霾污染最重的。由此可见，扬尘对$PM_{2.5}$的贡献并没有预想中的那么大。一天内，早8点至晚6点，是建筑施工最繁忙的时段，但相应的$PM_{2.5}$质量浓度却低于其他时段，特别是每天下午的3—4点，$PM_{2.5}$质量浓度全天最低。显而易见，扬尘排放对$PM_{2.5}$质量浓度不起最主导作用。

1.2 建筑工艺很难直接产生$PM_{2.5}$

建筑施工过程中，机械搅拌等工艺不可能将水泥砂浆等颗粒物直接粉碎到$PM_{2.5}$及以下的粒径，挖掘等其他辅助施工也不会直接产生$PM_{2.5}$。因此，临时关停建筑施工不会在短期内使$PM_{2.5}$质量浓度发生实质性的下降。建筑施工扬尘来源较为复杂，研究表明，建筑施工扬尘以施工现场内各类施工车辆造成的道路扬尘为主[4][5]. 但随着建筑技术进步，大型施工现场基本实现了围挡作业。相比历史，建筑工地数量增加了很多，但推行围挡作业后，单个建筑工地排放的颗粒物大幅度下降。从总量角度分析，建筑业排放颗粒物跨年度的变化不会很大，甚至在做减法。尤其是在发生灰霾的3～5天内，建筑扬尘等不可能有太大波动而导致$PM_{2.5}$发酵似的倍增[6]。

1.3 风力对扬尘的粉碎作用有限

扬尘以各种形式排放到环境中后，一般堆积或沉降在地表。一旦来风，细小颗粒物就会再次扬起，形成漫天灰沙的局面，且风速对扬尘排放浓度和排放强度均有显著的影响[7]，风力在搬运扬尘的过程中，颗粒间互相摩擦，对粒径有缩小作用[8]。但风力搬运、混合等过程对颗粒物的破坏强度不足以使扬尘直接细碎到$PM_{2.5}$及以下粒径。不同风力能扬起的灰尘的粒径不一样，大风才能带来沙尘暴天气。沙尘暴与灰霾的根本差别在于沙尘暴具有自澄清作用，而灰霾在相对固定的空间里浓度越积越高，污染不断加重。

1.4 扬尘相对化学特性稳定，对灰霾的催化恶化作用不强

来自土壤、水泥等扬尘的颗粒物的化学反应活性较差，彼此之间独立轨迹运动，不会发生反应而使灰霾污染恶化。相反，扬尘类细颗粒物对SO_2、NO_x等气态污染物有一定的吸附作用，可在一定程度上缓解灰霾危害。时间足够长，扬尘类细颗粒物还可能发生碰撞，形成较大的颗粒物后发生沉降。因此，在每个城市上空，扬尘类$PM_{2.5}$污染一般呈逐渐下降趋势[9][10]。

2 扬尘对$PM_{2.5}$的贡献率估算

在澳大利亚、日本等发达国家，最清洁城市的$PM_{2.5}$一般在10 $\mu g/m^3$以下。因此，$PM_{2.5}$是客观存在，且有一定的背景值。以长沙市为例，7月的$PM_{2.5}$质量浓度最低，在48 $\mu g/m^3$左右，而1月的$PM_{2.5}$质量浓度较高，约160 $\mu g/m^3$。在夏季的7月，由于气温高，光照强，可以认为，具有化学活性的$PM_{2.5}$都消失了，只剩下惰性的扬尘类$PM_{2.5}$，以城市$PM_{2.5}$背景值20 $\mu g/m^3$计，则扬尘类$PM_{2.5}$为28 $\mu g/m^3$。进入冬季的1月，假设城市背景$PM_{2.5}$质量浓度不变，扬尘类$PM_{2.5}$的质量浓度也不变（实际上，到了冬季，因为施工减少，扬尘产生量相应要下降较多），则扬尘类$PM_{2.5}$占总$PM_{2.5}$的比例为17.5%，这与湖南省长株潭三市源解析计算获得扬尘类15.9%的贡献率基本吻合。

很多城市公布了扬尘对$PM_{2.5}$的贡献率，部分结果如下：上海13.4%、贵阳15%、济南21.95%、杭州25.5%、南昌27.3%、宁波28%、乌鲁木齐30%、太原32%、天津34%、安阳37%、无锡50.5%、银川59%。如果按30%的贡献率反推，冬季$PM_{2.5}$质量浓度保守估算为150 $\mu g/m^3$，则扬尘类$PM_{2.5}$的绝对值为45 $\mu g/m^3$，再加上城市背景值，有些城市即使在夏季$PM_{2.5}$也不能达标，显然与实际情况有出入[11][12]。

3 结束语

虽然扬尘本身的理化性质比较稳定，即使是在静稳的天气条件下也很难转化成二次前驱物，对$PM_{2.5}$

质量浓度爆发式增高的贡献有限，但扬尘对 PM_{10} 等的影响不容忽视，是需要严加管控的。然而，就 $PM_{2.5}$ 污染防治而言，一定要准确分析主要矛盾，根据城市自身的特点和优势，划定城市中的扬尘控制区制定出扬尘控制区的综合防治规划，避免方向性错误。

参考文献

[1] 郝瑞彬，刘飞，等. 我国城市扬尘污染现状及控制对策. 环境保护科学 [J]，2003，2 (120)：1-3.

[2] 程浩. 城市建筑扬尘与雾霾产生的关系及应对措施. 建筑安全 [J] 2014，29 (4)：50-52.

[3] 张智慧，吴凡. 建筑施工扬尘污染健康损害的评价. 清华大学学报（自然科学版）[J]，2008，48 (6)：922-925.

[4] 田刚，李钢，闷宝林，等. 施工扬尘空间扩散规律研究. 环境科学 [J]，2008，29 (1)：259-262.

[5] 黄玉虎，田刚，秦建平，等. 不同施工阶段扬尘污染特征研究. 环境科学 [J]. 2007，28 (12)：2885-2888.

[6] 赵勇，于莉，张春会，等. 市政工程施工地周边颗粒污染物扩散特征. 生态环境学报 [J]，2010，(11)：2625-2628.

[7] 田刚，樊守彬，黄玉虎，等. 风速对人为扬尘源 PM_{10} 排放浓度和强度的影响. 环境科学 [J]，2008，29 (10)：2983-2986.

[8] 曾庆存，胡非，程雪玲，等. 气候与环境研究大气边界层阵风扬尘机理 [J]. 2007，12 (3)：251-255.

[9] 方小珍，孙列，毕晓辉，等. 宁波城市扬尘化学组成特征及其来源解析. 环境污染与防治 [J]，2014，36 (1)：55-59.

[10] 余勇. 扬尘的污染特性及防治措施的研究. 江苏环境科技 [J]，2008，21 (z1)：129-132.

[11] 许艳玲，程水源，陈东升，等. 北京市交通扬尘对大气环境质量的影响. 安全与环境学报 [J]. 2007，7 (1)：53-56.

[12] 叶文波. 宁波市大气可吸入颗粒物 PM_{10} 和 $PM_{2.5}$ 的源解析研究. 环境污染与防治 [J]. 2011，(9)：66-69.

作者简介：彭庆庆（1986.10—），女，湖南省环境监测中心站大气环境监测。

西巢湖流域水环境中 PBDEs 的污染特征及生态风险评价

张付海[1,2]　陆光华　田丙正[1]　张　敏[1]

1. 安徽省环境监测中心站，合肥　230071；

2. 河海大学环境学院，南京　210098

摘　要：对西巢湖及其主要入湖河流水和表层沉积物中的 PBDEs 进行了定性及定量分析。结果显示 BDE-47 检出率最高，其次是 BDE-99 和 BDE-153。高溴代的 BDE-209 在水体中未检出，但在沉积物中检出率较高，且检出浓度最大。西巢湖流域水体中 $\sum$ PBDEs 范围为 0.27～1.56 ng/L，沉积物中 $\sum$ PBDEs 范围为 0.075～5.41 ng/g dw，且河口区 PBDEs 浓度在这两种环境介质中都较高。生态风险评价结果表明，西巢湖水中 PBDEs 污染处于低风险，沉积物中 PBDEs 的污染水平未构成生态风险。

关键词：多溴联苯醚；巢湖；污染特征；生态风险

Pollution Characteristics and Ecological Risk Assessment of Polybrominated Diphenyl Ethers (PBDEs) in Water Environment in Western Chaohu Lake Basin

ZHANG Fu-hai [1,2]　LU Guang-hua　TIAN Bing-zheng[1]　ZHANG Min[1]

1. Anhui Environmental Monitoring Center, Hefei 230071;

2. College of Environment, Hohai University, Nanjing 210098

Abstract: The qualitative and quantitative analysis of PBDEs in western Chaohu Lake basin was carried out in different environmental media from the lake body and the main influent rivers. In the water and sediments in Chaohu Lake basin, the most frequently detected congener was BDE-47, followed by BDE-99 and BDE-153. Despite absence in water, the concentration of frequently detected BDE-209 in sediments was higher than the other congeners. The total concentrations of PBDEs ranged 0.27～1.56 ng/L and 0.075～5.41 ng/g dw in water and sediments, respectively. Moreover, higher concentrations of PBDEs in water and sediments were observed in the estuary. The results of the ecological risk assessment indicated that the PBDEs in the water had low ecological risk, while the PBDEs in the sediments have not yet posed ecological risk in western Chaohu Lake basin.

Key words: polybmminated diphenyl ethers; Chaohu Lake; pollution characteristic; ecological risk

多溴联苯醚（PBDEs）是一种最常见的溴代阻燃剂之一，在环境中难以降解，并具有疏水性和生物富集性，属于持久性有机污染物（POPs）[1]。PBDEs 具有类似于多氯联苯的毒性，对实验动物具有肝肾毒性、生殖毒性、胚胎毒性、神经毒性和致癌性等。PBDEs 能被生物体代谢，可以转化为毒性更大的低溴代联苯醚、羟基多溴联苯醚（OH-PBDEs）和甲氧基多溴联苯醚（MeO-PBDEs）等代谢物，PBDEs、代谢产物和其他有毒物质在环境中共同存在使生态系统和人体健康风险增加[2-4]。研究显示 PBDEs 已经成为一类全球性的环境污染物，但我国作为 PBDEs 生产和使用大国，PBDEs 污染的基本数据缺乏。巢湖是我国五大淡水湖之一，担负着本地区生产、生活供水和生态维护的重任，近些年日益受到各类污染物的影响，特别是西巢湖，然而，对 PBDEs 的污染水平和污染特征研究却鲜有报道，PBDEs 污染对巢湖生态系统的影响也有待明确。本文主要研究西巢湖及其主要入湖河流水和表层沉积物中 PBDEs 残留水平与组成特征，并探讨其可能来源与生态风险，为巢湖的水环境保护提供技术支撑和科学依据。

1 实验部分

1.1 样品采集与预处理

对西巢湖及主要入湖河流水和沉积物共设 11 个采样点位见表 1 和图 3。

水样采用不锈钢采水器，乘船取自距表层 0.5 m 处，采样时间分别为 2012 年 6 月（夏季，丰水期）和 2012 年 10 月（秋季，平水期）。

表层沉积物样品用不锈钢抓斗采集，取表层 0～5 cm 沉积物装于棕色玻璃瓶中，首先进行冷冻干燥，然后在干净的研钵内研磨，过 100 目筛后贮存在棕色磨口瓶中并于－40℃冷冻保存至分析，采样时间分别为 2012 年 6—7 月和 2012 年 9—10 月。

表 1 西巢湖流域样品的采样点位

流域	采样点	编号	经、纬度
巢湖湖区	南淝河入湖区	H1	E117°24′40″；N31°42′15″
	十五里河入湖区	H2	E117°9′50″；N31°9′50″
	派河入湖区	H3	E117°18′15″；N31°41′30″
	西巢湖湖心	H4	E117°21′17″；N31°40′10″
	忠庙	H5	E117°28′42″；N31°33′48″
	兆河入湖区	H6	E117°32′45″；N31°27′0″
巢湖主要出入湖河流	南淝河施口	P1	E117°24′10″；N31°43′25″
	十五里河希望桥	P2	E117°21′37″；N31°43′30″
	派河肥西大桥	P3	E117°10′40″；N31°41′25″
	杭埠河北闸渡口	P4	E117°21′0″；N31°32′29″
	白石天河石堆渡口	P5	E117°23′39″；N31°31′37″

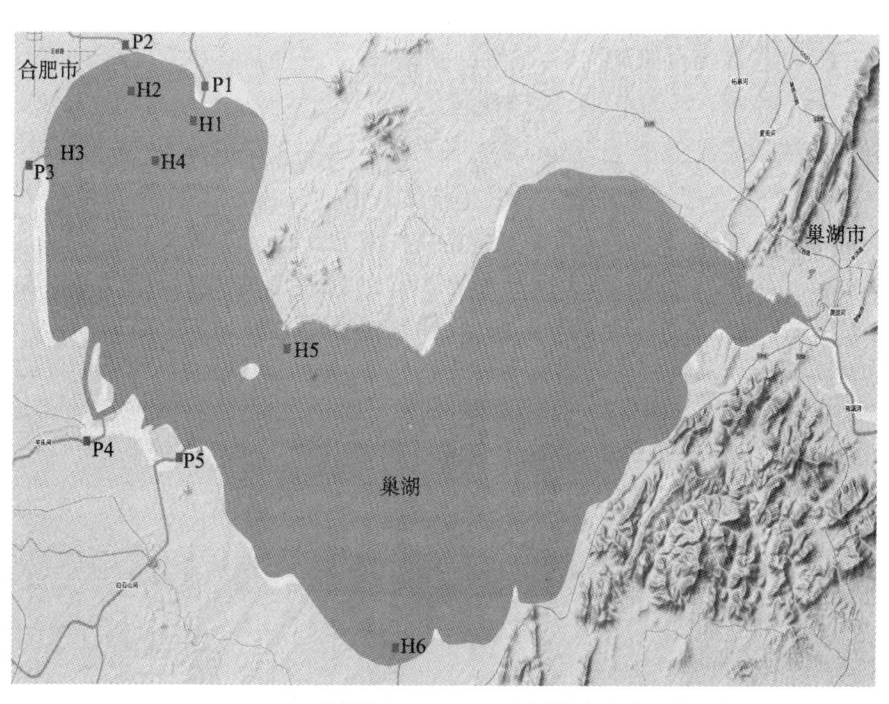

比例尺：1:300 000 ■ 水样和沉积物采样点位

图 1 西巢湖流域现场采样点的分布图

1.2 主要仪器与试剂

分析仪器为 Bruker450 气相色谱仪，配有 320 三级四极杆串联质谱，DB－5HT（15m×250μm×0.1μm）毛细管柱，岛津技迩（上海）商贸有限公司 AQUA Trace ASPE799 全自动固相萃取仪，美国戴安公司 ASE-300 型快速溶剂萃取仪，美国 Caliper 公司 TurboVap Ⅱ浓缩仪。

8 种多溴联苯醚（PBDEs）标准溶液和 $^{13}C_{12}$-BDE153 标准溶液（美国 Accustandard 公司），8 种多溴联苯醚组分为 BDE-28、BDE-47、BDE-99、BDE-100、BDE-153、BDE-154、BDE-183 和 BDE-209。二氯甲烷、甲醇、乙酸乙酯、正己烷等为色谱纯，无水硫酸钠、弗罗里圭土为分析纯，浓硫酸为优级纯。活性弗罗里圭土制备：在马弗炉 600℃烘 6h 冷却后使用。

1.3 样品预处理

1 L 水样过 0.45 μm 玻璃纤维滤膜（GF/F）（Whatman，Clifton，NJ，USA）去除颗粒物，与甲醇混合到 10%（体积比）超声萃取 5 min，依次取 5 ml 二氯甲烷、5 ml 乙酸乙酯清洗 SPE 小柱，再依次用 5 ml 甲醇、5 ml 超纯水进行平衡活化，水样通过小柱的流速为 15 ml/min，用 3 ml 乙酸乙酯和 3 ml 二氯甲烷洗脱。收集洗脱液浓缩近干，加 1 mg/L $^{13}C_{12}$-BDE-153 内标物 20 μl，用正己烷定容至 2 ml 待净化。将 2 ml 待净化提取液转移至具塞离心管中加入正己烷提取液体积的二分之一的浓硫酸，振荡 1 min，于 3 000r/min 离心 10 min，取上清液进行仪器分析。

准确称取 5 g 沉积物和 5 g 无水硫酸钠混匀转移至 33 ml 萃取池，在萃取池底部加 10 g 活性弗罗里圭土，萃取溶剂为正己烷/二氯甲烷混合溶液（V/V，4：1），萃取条件：温度 100℃，压力 1 500psi，5 min 静态提取时间，淋洗体积为萃取池溶剂体积的 60%，氮气吹扫 90 s，静态提取 2 次，收集萃取液在自动浓缩仪进行浓缩，加 1 mg/L $^{13}C_{12}$-BDE-153 内标物 10 μl，用正己烷定容至 1 ml。

1.4 仪器分析条件

（1）气相色谱仪条件：进样体积 1.0 μl，进样口温度 340℃，不分流进样，载气流速氦气 1.3 ml/min，柱温箱从 40℃开始，以 20℃/min 升至 230℃，6℃/min 升至 285℃，25℃/min 升至 340℃，340℃保持 7 min。

（2）质谱仪条件：离子源温度 300℃，传输线温度 300℃，歧管温度 40℃，离子源 EI 为 70 eV，碰撞气氩气 1.8 mTorr，离子监测方式为多反应监测模式（MRM）。

1.5 质量保证和质量控制

水样连续注射 6 针 1.0 μg/L（BDE-209 为 10 μg/L）的 PBDEs，RSD 为 1.4%～6.0%。进行 5.0 ng/L、20 ng/L、50 ng/L（BDE-209 的浓度是其他物质的 10 倍）3 个浓度水平的 PBDEs 加标实验，加标回收率为 50%～110%，其中除 BDE-209 外，其他的 PBDEs 化合物回收率都在 75%以上。

对加标浓度为 5.0 ng/g（BDE-209 为 50 ng/g）的 6 个沉积物进行精密度实验，RSD 为 3.4%～12.8%，可以满足对痕量有机物的分析。进行 1.0ng/g、5.0ng/g、20 ng/g（BDE-209 的浓度是其他物质的 10 倍）3 个浓度水平的 PBDEs 加标实验，PBDEs 加标回收率为 65%～110%。

样品检测的同时完成方法空白测定，方法空白除沉积物中 BDE-209 大约 0.05 ng/g 和 BDE-99 大约 0.007 ng/g 浓度的检出外，其他无检出，沉积物中 PBDEs 最后浓度是高于空白值 2 倍经空白扣除的结果。

2 结果与讨论

2.1 水中 PBDEs 的污染特征

由见表 2 可以看出在调查的巢湖及主要入湖河流水样中，检出频率最高的是 BDE-47 和 BDE-99，所有监测点全部检出；其次是 BDE-28、BDE-100 和 BDE-153，高溴代的 BDE-209 未检出。BDE-47 的检出浓度为 0.10～0.45 ng/L，南淝河 P1 点的浓度最高，西巢湖湖心 H4 点的浓度最低。BDE-99 的检出浓度在 0.05～0.48 ng/L 之间，南淝河入湖区 H1 点的浓度最高，杭埠河 P4 点的浓度最低。西巢湖流域水中

$\sum$ PBDEs 范围为 0.27～1.56 ng/L，南淝河入湖区 H1 点的浓度最高，浓度为 1.23 ng/L，西巢湖湖心 H4 点的浓度最低。水质较差的南淝河 P1 点水体中检出 $\sum$ PBDEs 最高，在 5 条入湖河流中属于受 PBDEs 污染较严重，同为水质较差的十五里河 P2 点检出的 $\sum$ PBDEs 浓度却较低，与水质较好河流的 P4 和 P5 并无明显差异。除 P2 和 P4 点外，$\sum$ PBDEs 浓度在 10 月大于 6 月，这可能与 6 月是合肥降水多有关。十五里河（P2）是由于在 8 月进行河道整治，所以 10 月 P2 点的浓度明显小于 6 月。

BDE-47 和 BDE-99 在巢湖及主要入湖河流水体中丰度最高的，在 10 月十五里河（P2）中 BDE-47 和 BDE-99 之和占 100%，这可能与 PBDEs 在水中的溶解度一般随溴原子的增加而减小的理化性质有关，也有研究认为，农业面源污染可能是水体中低溴代 PBDEs 最主要的贡献者[3,6]。Ikonomou 研究了加拿大 Fraser 河中 PBDEs 同系物组成，结果表明 BDE-47 检出浓度最高，其丰度在 50%以上，BDE-99 次之，其丰度约为 25%，高溴的 BDE-209 未检出，很多研究显示，BDE-47、BDE-99 通常是水相中 PBDEs 最主要组成[7-9]。本研究区域内低溴代的 PBDEs 分布模式与五溴联苯醚（Penta-BDEs）产品组成相似，表明这些化合物可能主要来自 Penta-BDEs 阻燃剂，但我国市场上 BFRs 主要以十溴联苯醚（Deca-BDEs）产品为主，也有研究认为低溴代 PBDEs 也可能来源于八溴联苯醚（Octa-BDEs）、Deca-BDEs 或高溴代 PBDEs 的脱溴[6]。

表 2　西巢湖流域水中 PBDEs 的浓度　　单位：ng/L

化合物	时间	P1	P2	P3	P4	P5	H1	H2	H3	H4	H5	H6
BDE-28	6 月	0.16	0.23	ND	ND	ND	0.10	ND	ND	ND	ND	ND
	10 月	0.20	ND	0.24	ND	0.23	0.16	ND	ND	ND	ND	ND
BDE-47	6 月	0.38	0.13	0.16	0.25	0.19	0.35	0.30	0.12	0.10	0.19	0.24
	10 月	0.45	0.21	0.25	0.17	0.27	0.54	0.36	0.20	0.28	0.46	0.44
BDE-99	6 月	0.15	0.24	0.16	0.20	0.15	0.43	0.24	0.21	0.17	0.40	0.23
	10 月	0.30	0.14	0.13	0.06	0.15	0.48	0.32	0.43	0.36	0.45	0.39
BDE-100	6 月	ND	0.17	0.06	ND	ND	ND	ND	ND	ND	ND	ND
	10 月	0.12	ND	0.12	0.09	0.17	0.15	ND	ND	ND	ND	ND
BDE-153	6 月	0.06	0.21	0.05	ND	ND	0.14	0.10	0.12	ND	ND	0.11
	10 月	0.16	0.07	ND	0.08	0.10	0.23	ND	0.31	ND	ND	0.26
BDE-154	6 月	ND	ND	ND	ND	ND	ND	ND	ND	ND	ND	ND
	10 月	ND	ND	ND	ND	0.10	ND	ND	ND	ND	ND	ND
BDE-183	6 月	ND	ND	ND	ND	ND	ND	ND	ND	ND	ND	ND
	10 月	ND	ND	ND	ND	0.10	ND	ND	ND	ND	ND	ND
BDE-209	6 月	ND	ND	ND	ND	ND	ND	ND	ND	ND	ND	ND
	10 月	ND	ND	ND	ND	ND	ND	ND	ND	ND	ND	ND
$\sum$ PBDEs	6 月	0.75	0.98	0.43	0.45	0.65	1.02	0.64	0.45	0.27	0.59	0.58
	10 月	1.23	0.42	0.74	0.40	1.12	1.56	0.68	0.94	0.64	0.91	1.09

注：当检出浓度低于方法检出限时，用“ND”表示。

2.2　沉积物中 PBDEs 的污染特征

由见表 3 可以看出 BDE-47 和 BDE-209 在沉积物中均检出率最高，其次是 BDE-153 和 BDE-183。BDE-47 检出浓度范围为 0.017～0.043 ng/g，BDE-209 检出浓度范围为 0.20～4.95 ng/g。南淝河入湖区的 H1 点表层沉积物中 8 种 PBDEs 都有检出，其中 BDE-209 最高浓度达 4.95 ng/g。忠庙 H5 点表层沉积物中检出的 PBDEs 单体最少，仅有 3 种。沉积物中 BDE-209 是最主要的单体，其丰度在检出单体中占 78%～98%。11 个监测点表层沉积物中 $\sum$ PBDEs 范围为 0.075～5.41 ng/g，检出浓度最低的监测点是 H5，其浓度为 0.075 ng/g，其次是 P4、P2 和 H6，浓度分别为 0.256 ng/g、0.312 ng/g 和 0.616 ng/g，其他 7 个点的 $\sum$ PBDEs 浓度都在 1 ng/g 以上，其中 H1 点最高，浓度达 5.41 ng/g。

5条入湖河流表层沉积物中 $\sum$ PBDEs范围为0.256～1.53 ng/g，派河的P3点中浓度最高，其次是白石天河（P5）和南淝河（P1），十五里河（P2）和杭埠河（P4）较低。派河主要接纳合肥60%的工业废水；白石天河主要接纳庐江县和上游几个乡镇工业和生活废水，并有大面积农田，近几年伴随上游几个乡镇经济快速发展和人口大量聚集，生活污水直排入是其较高的原因之一；南淝河接纳合肥市近50%生活废水和30%工业废水是水质较差的原因。

湖区河口表层沉积物中PBDEs明显高于湖中心，PBDEs在河口沉积物中有较高浓度的聚集的主要原因是水力条件影响，城市和工业废水排入合流后通过狭窄的河道时都具有较大流速，水体中吸附有PBDEs的细颗粒物和有机质不易在河流中沉积下了，当进入湖口后，水流会急剧减小进行扩散，水中的细颗粒物和有机质在河口大量沉积[10]。

表3　西巢湖流域表层沉积物中PBDEs的浓度　　单位：ng/g

化合物	P1	P2	P3	P4	P5	H1	H2	H3	H4	H5	H6
BDE-28	ND	ND	ND	ND	ND	0.032	ND	ND	ND	ND	ND
BDE-47	0.017	0.022	0.023	0.023	0.022	0.043	0.032	0.021	ND	0.027	0.025
BDE-99	0.023	ND	ND	ND	ND	0.036	ND	0.026	0.01	0.035	ND
BDE-100	ND	ND	ND	ND	ND	0.16	ND	ND	0.06	ND	ND
BDE-153	0.012	ND	0.014	0.013	0.014	0.033	0.023	0.014	ND	0.013	0.013
BDE-154	ND	ND	0.021	ND	0.021	0.071	0.039	ND	ND	ND	0.019
BDE-183	0.056	0.020	0.024	0.020	0.021	0.086	ND	ND	0.04	ND	0.019
BDE-209	1.27	0.27	1.45	0.20	1.34	4.95	2.48	1.21	1.80	ND	0.54
$\sum$ PBDEs	1.38	0.312	1.53	0.256	1.42	5.41	2.57	1.27	1.91	0.075	0.616

备注：当检出浓度低于方法检出限时，用"ND"表示。

研究区域沉积物中检出的PBDEs都是以BDE-209为主，比其他PBDEs单体含量高1～2个数量级，这可能与我国使用的溴代阻燃剂主要是Deca-BDEs有关。高溴代BDEs在沉积物的含量较高，可能因为高溴代的BDE-209通过吸附在水体悬浮物中，伴随着水力作用，在环境中迁移，在水体沉积物中得到进一步富集。此外，不同质地的沉积物，其成分可能不同，可能影响其富集能力，从而影响PBDEs的分布[11]。

2.3　生态风险评价

生态风险评价主要是对水生环境中一种或多种因素导致可能发生或正在发生的不利影响的评估。如果只是简单分析特定污染物在水体环境中的浓度，而没有将其通过风险评价的方法和潜在的生物效应相连接起来，那么整个分析过程就无助于了解和预测污染物污染水平和生态风险之间的关系，也不利于制定相关环境标准和决策。当前，已有多种环境风险评估方法用于实际水环境中有机污染物的生态风险评估。其中，风险熵法（RQ）应用较为广泛，基于实验室毒理数据从化学响应角度对污染物的生态毒性及风险水平进行评估。HQ主要用来评价环境中已知的污染物对生物体的影响，其计算过程为：基本公式为：

$$\mathrm{RQ}_{ij}=\frac{MEC_{ij}}{PNEC_i} \tag{1}$$

其中，RQ_{ij} 为第 i 物质在 j 采样点的风险熵，MEC_{ij} 和 $PNEC_i$ 分别指 i 物质在 j 采样点的测量浓度和 i 物质的预测无影响浓度。依据欧洲化学品管理局的评估规定，PNEC主要是基于急慢性毒理实验 EC_{50} 或 LC_{50} 数据，而欧洲药品管理局更偏向于用慢性毒理实验数据[12-13]。当所选数据是短期或 EC_{50} 或 LC_{50} 时，PNEC用评估因子（AF）1 000计算得到；当为长期或慢性NOEC时，PNEC根据模式生物的营养级水平采用AF为100、50或者10获得。本研究根据所选慢性毒理数据，采用AF为100进行计算PNEC。同一种污染物在不同的毒理参数评估下数据并不唯一，为防止低估现有生态风险，通常选用最低的PNEC作为评估值。

熵值法计算的生态风险通常都是比较保守的，它仅仅是对风险的一个初步估计，且计算严重依赖于所监测到的污染物种类及其危害临界值。但是，日常的污染物监测只能确定少数污染物的种类、数量及分布，并没有考虑污染物之间对生物体的相互作用、富集水平和生物放大效应等，因此并不能表征污染物的对生物的复合影响。

为了明确物质的风险水平，通常将污染物的 RQ 值分为 4 个级别：RQ＜0.01 为无明显风险；0.01～0.1 之间为低风险；0.1～1 之间为中等风险；＞1 为高风险，数值越大，风险水平越高[14]。

表 4　PBDEs 对最敏感水生生物的毒性数据

化合物	水生生物	浓度水平	毒性终点	AF	PNEC	文献
Penta-BDEs	*Daphnia magna*	NOEC =5.3（μg/L）	Chronic	100	0.053μg/L	[15]
Octa-BDEs	*Daphnia magna*	NOEC =1.7（μg/L）	Chronic	100	0.017μg/L	[16]
Penta-BDEs	*Lumbriculus variegatus*	NOEC =3.1（mg/kg dw）	Chronic	100	0.031（mg/kg dw）	[17]
Octa-BDEs	*Lumbriculus variegatus*	NOEC =910（mg/kg dw）	Chronic	100	9.1（mg/kg dw）	[18]
Deca-BDEs	*Lumbriculus variegatus*	NOEC =7 600（mg/kg dw）	Chronic	100	76（mg/kg dw）	[19]

表 5　巢湖流域水环境中 PBDEs 的生态风险熵

采样地点	水		沉积物		
	Penta-BDEs	Octa-BDEs	Penta-BDEs	Octa-BDEs	Deca-BDEs
P1	2.02×10^{-2}	9.4×10^{-3}	1.29×10^{-3}	7.47×10^{-6}	1.67×10^{-5}
P2	6.6×10^{-3}	4.12×10^{-3}	7.1×10^{-4}	2.19×10^{-6}	3.55×10^{-6}
P3	1.4×10^{-2}	0	8.06×10^{-4}	6.59×10^{-6}	5.21×10^{-5}
P4	6.0×10^{-3}	4.71×10^{-3}	7.42×10^{-4}	3.62×10^{-6}	2.63×10^{-6}
P5	1.55×10^{-2}	1.77×10^{-2}	7.1×10^{-4}	6.15×10^{-6}	1.76×10^{-5}
H1	2.51×10^{-2}	1.35×10^{-2}	8.74×10^{-3}	2.08×10^{-5}	6.51×10^{-5}
H2	1.28×10^{-2}	0	1.03×10^{-3}	6.81×10^{-6}	3.26×10^{-5}
H3	1.19×10^{-2}	1.82×10^{-2}	1.52×10^{-3}	1.53×10^{-6}	1.59×10^{-5}
H4	1.21×10^{-2}	0	2.26×10^{-3}	4.39×10^{-6}	2.36×10^{-5}
H5	1.72×10^{-2}	0	2.0×10^{-3}	1.42×10^{-6}	0
H6	1.57×10^{-2}	1.53×10^{-2}	8.06×10^{-4}	5.60×10^{-6}	7.10×10^{-6}

注：因缺少水相中 Deca-BDEs 的相关毒理学数据，本文未对水相中 Deca-BDEs 进行评价。

为了评估各种 PBDEs 单体对鱼类的危害程度，以 HQ 法为基础展开其生态风险评估，结合文献获得的实验室慢性毒理数据，计算出 PBDEs 的 PNEC 值见表 4。

根据 USEPA 关于 PBDEs 的分类标准[20]：BDE-28～BDE-100、BDE-153～BDE-183 和 BDE-209 分别来自 Penta-BDEs、Octa-BDEs 和 Deca-BDEs。在巢湖流域水环境中 PBDEs 污染调查的基础上，根据公式 1-1 计算的生态风险熵见表 5。

Penta-BDEs 在调查的 11 个水样监测点中南淝河入湖区的 H1 对浮游动物的风险熵最高，杭埠河的 P4 最低，是对应沉积物中生态风险熵值的近 10 倍。水中除 P2、P4 点外，其他观测点中 Penta-BDEs 的 RQ 值都在 0.01～0.1 之间，属低风险，而沉积物中 PBDEs 对底栖动物的 RQ 值都小于 0.01 表明无明显风险。不论在水体或沉积物中，PBDEs 的生态风险压力的主要来源均为 Penta-BDEs。Penta-BDEs 生态风险较高可能与 Penta-BDEs、Octa-BDEs 和 Deca-BDEs 商品中均含有 Penta-BDEs 及高溴代 PBDEs 的脱溴转化有关。在以前的研究中也发现 Penta-BDEs 的水体生态风险高于其他 PBDEs[21-22]，太湖北部沉积物中 PBDEs 生态风险结果显示 Penta-BDEs 的 RQ 值在 0.012～0.054 之间，而 Octa-BDEs 和 Deca-BDEsPB-DEs 的 RQ 值在 2.5×10^{-6}～2.5×10^{-3}之间，远小于 Penta-BDEs，1999 年颁布的加拿大环境保护法案也认为水环境中 PBDEs 的生态风险主要来自于 Penta-BDEs[23]。本文及以上其他研究成果都表明，PBDEs 可能对水生环境构成威胁，应该加强其管理及改进污水处理工艺。

参考文献

[1] 金军，安秀吉. 多溴代二苯醚化合物的研究进展［J］. 上海环境化学，2003，22：855-859.

[2] 魏爱雪，王学彤，徐晓白. 环境中多溴联苯醚类（PBDEs）化合物污染研究 [J]. 化学进展，2006，18：1227-1233.

[3] 陈长二. 大连松针、儿童血液和黄河三角洲土壤中多溴联苯醚污染特征研究（硕士学位论文）. 大连理工大学，2009.

[4] Palm A，Cousinsb I T，Mackay D. Assessing the environmental fate of chemicals of emerging concern：a case study of the polybrominated diphenyl ethers [J]. Environmental Pollution，2002，117：195 - 213.

[5] 张娴，高亚杰，颜昌宙. 多溴联苯醚在环境中迁移转化的研究进展 [J]. 生态环境学报. 2009，18 (2)：76-770.

[6] 管玉峰，涂秀云，吴宏海. 珠江入海口水体中多溴联苯醚及其来源分析 [J]. 生态环境学报，2011，20 (3)：474-479.

[7] Watanabe L，Sakai S. Environmental release and behavior of brominated flame retardants [J]. Environment International，2003，29：665-682.

[8] Wurl O，Lam P K S，Obbard J P. Occurrence and distribution of polybrominated diphenyl ethers (PBDEs) in the dissolved and suspended phases of the sea surface microlayer and seawater in Hong Kong，China [J]. Chemosphere，2006，65 (9)：1660-1666.

[9] Ikonomou M G，Rayne S，Fischer M. Occurrence and congener profiles of polybrominated diphenyl ethers (PBDEs) in environmental samples from coastal British Columbia，Canada [J]. Chemosphere，2002，46：649-663.

[10] Chen S J，Gao X J，Mai B X. Polybrominated diphenyl ethers in surface sediments of the Yangtze river Delta：Levels distribution and Potential hydrodynamic influence [J]. Environmental Pollution，2006，144 (3)：951-957.

[11] 陈社军，麦碧娴，曾永平，罗孝俊，余梅，盛国英，傅家谟. 珠江三角洲及南海北部海域表层沉积物中多溴联本醚的分布特征 [J]. 环境科学学报，2005，25 (9)：1265-1271.

[12] (European Medicines Agency) EMA. Guideline on the Environmental Risk Assessment of Medicinal Products for Human Use Doc. Ref. EMEA/CHMP/SWP/4447/00. 2006.

[13] (European Chemicals Agency) ECHA. Guidance on Information Requirements and Chemical Safety Assessment Chapter R. 10：Characterisation of Dose [Concentration] -Response for Environment，2008.

[14] Hernando M D，Mezcua M，Fernández-Alba A R. Environmental risk assessment of pharmaceutical residues in wastewater effluents，surface waters and sediments [J]. Talanta，2006，69 (2)：334-342.

[15] CMABFRIP (Chemical Manufacturers Association Brominated Flame Retardant Industry Panel). Pentabromodiphenyl oxide (PeBDPO)：A flow-through life cycle toxicity test with the cladoceran (*Daphnia magna*) . Wildlife International，Ltd.，Project No. 439A-109，1998.

[16] CMABFRIP (Chemical Manufacturers Association Brominated Flame Retardant Industry Panel). Octabromodiphenyl oxide (OBDPO)：A flow-through life-cycle toxicity test with the cladoceran (*Daphnia magna*) . Wildlife International，Ltd.，Final report. Project No. 439A-104，1997.

[17] Great Lakes Chemical Corporation. a. Pentabromodiphenyl oxide (PeBDPO)：A prolonged sediment toxicity test with *Lumbriculus variegatus* using spiked sediment. Wildlife International，Ltd.，Project No. 298A-109，2000.

[18] Great Lakes Chemical Corporation. Octabromodiphenyl ether：A prolonged sediment toxicity test with *Lumbriculus variegatus* using spiked sediment with 2% total organic carbon. Wildlife Interna-

tional, Ltd., Project No. 298A-112, 2001.

[19] ACCBFRIP (American Chemistry Council Brominated Flame Retardant Industry Panel). Decabromodiphenyl ether: A prolonged sediment toxicity test with *Lumbriculus variegatus* using spiked sediment with 2% total organic carbon. Wildlife International, Ltd., Project No. 439A-113, 2001.

[20] U. S. EPA. Method1614A. Brominated diphenyl ethers in water, soil, sediment, and tissue by HRGC/HRMS. 2010.

[21] 赵恒，孟祥周，向楠，李宇霖，温智皓，陈玲. 上海市受纳污水河流中多溴联苯醚的生态风险评价 [J]. 环境化学，2012，31 (5)：573-578.

[22] 何隽杰，陆光华，丁剑楠，谢正鑫. 太湖北部表层沉积物中多环芳烃和多溴联苯醚及多氯联苯的分布和来源及生态风险评价 [J]. 环境与健康杂志，2013，30 (8)：699-702.

[23] Environment Canada. Canadian environmental protection act, 1999 ecological screening assessment report on polybrominated diphenyl ethers (PBDEs) [R]. Environment Canada, Ottawa, Canada, 2006.

作者简介：张付海（1978—），高级工程师，河海大学环境学院在职博士研究生，现任安徽省环境监测中心站监测分析室主任，主要从事有机物污染物的监测工作。

河南省生态文明评价指标体系研究

申　剑　史淑娟
河南省环境监测中心，郑州　450004

摘　要：生态文明评价指标体系的构建能有效地促进社会经济的生态化发展，实现人类—社会经济—生态环境的和谐统一。本文从自然环境和社会环境两方面阐述了河南省生态文明现状。以此为基础，研究指标体系的构建思路及指标的选取，包括生态物质文明、生态环境文明以及生态精神文明三大方面，构建了较为完善的河南省生态文明评价指标体系，为下一步生态文明的量化及有关实证研究提供重要的参考依据。

关键词：生态文明；指标体系；生态环境文明

A Research on Henan Province's Ecological Civilization

SHEN Jian　SHI Shu-juan
Henan Province Environmental Monitoring Center，Zhengzhou 450004

Abstract：With the further advancement of industrialization，there has been an increasingly intense contradiction between natural resources and economic development and the pressure on ecological environment has also been growing，which urgently demands the accelerating construction of ecological civilization. The establishment of ecological civilization evaluation index system is able to effectively promote the ecological development of social economy，thus realizing the harmonious unification of humans，social economy and ecological environment. Focusing on the perspective of natural environment and social environment，this paper demonstrates the current situation of Henan Province's ecological civilization. Furthermore，on this basis，this paper carries out a research on the index system's construction ideas and the selection of indexes including ecological material civilization，ecological environmental civilization and ecological spiritual civilization and builds up a relatively perfect evaluation index system for Henan Province's ecological civilization which provides a significant reference for some related empirical studies.

Key words：ecological civilization；index system；ecological environmental civilization

1　引言

工业革命以来，人类进入了工业文明时代[1,2]。随着社会生产率的不断提升，经济、政治、文化以及社会结构都发生了巨大变革，导致人类与生态环境的矛盾越发激烈，各种生态危机现象越来越频繁，促使人类开始对工业文明发展模式进行反思，继而提出了生态文明。生态文明是继工业文明之后的又一重要文明阶段，生态文明是重视经济社会与环境的可持续发展、重视经济增长和社会进步的协同发展的文明[3-5]。我党在十八大指出要把建设生态文明摆在更突出的位置，融入经济建设、政治建设、文化建设、社会建设各个方面。

尽管生态文明建设在全国已经广泛推进，但如何衡量和评估生态文明程度仍然无明确规定，缺乏一套科学合理的指标体系，科学的指标体系是衡量区域生态文明水平的重要依据[6-8]。本文在充分借鉴国内政府以及学者对于生态文明评价指标体系构建的实践经验基础上，结合河南省面临的具体环境问题，从生态政治文明、生态物质文明及生态环境文明三方面，构建出一套系统、科学、客观的生态文明评价指标体系，为河南省乃至我国生态文明建设的顺利推进提供理论和现实的支持。

2 河南省生态文明现状

2.1 自然环境现状

河南省在工业化和城镇化进程中，采用了低效率的粗放型经营方式，引发了污染物排放量大、资源总量消耗大，造成了生态环境不同程度的破坏。虽然经过多年努力，河南省的环境问题得到了一定程度的控制，但是污染负荷持续增加，环境形势依然严峻，呈现出结构性、复合性、多元性的特点。

2.1.1 水环境状况

河南省横跨淮河、海河、黄河及长江四大流域，人均水资源量只为全国平均水平的1/5，水资源较为短缺且强采超采现象严重。近年来伴随工业发展，大量的工业污水排放导致这四大流域都受到了不同程度的污染，有的甚至已经严重污染，详见图1。其中淮河流域2003—2013年Ⅰ～Ⅲ类水所占比例变化幅度较小，基本保持在49%左右；劣Ⅴ类水呈现向Ⅳ～Ⅴ类水改善的趋势。海河流域2003—2012年严重污染，水质较差，劣Ⅴ类水所占比例较大，基本为64%左右，但2013年水质得到了明显改善。黄河流域和长江流域水质良好。

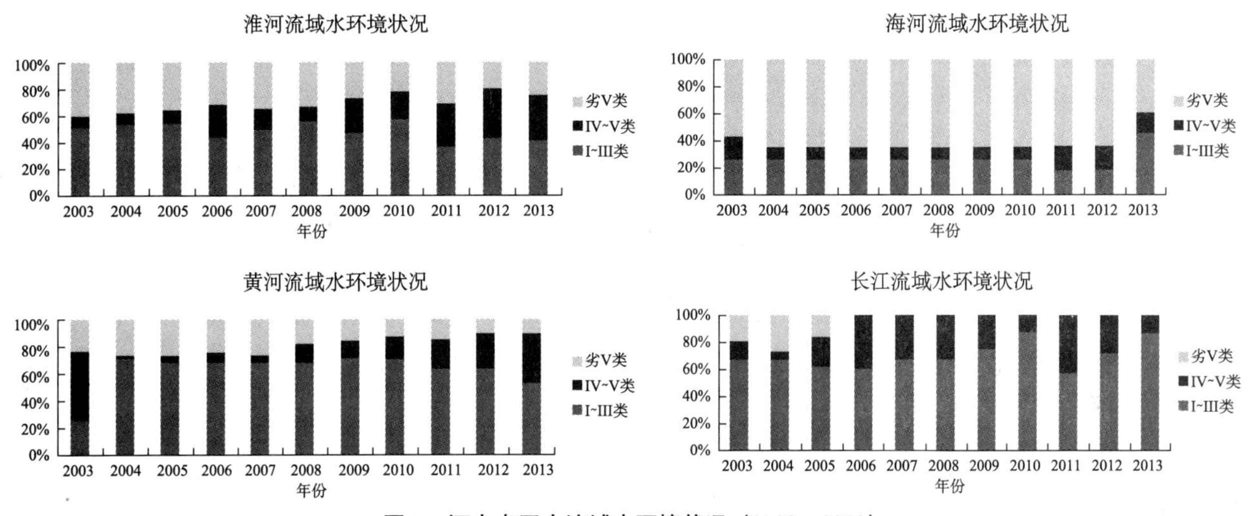

图1 河南省四大流域水环境状况（2003—2013）

河南省废水排放随着工业的高度发展，呈现出逐年递增的趋势，如图2所示。工业排放、农业非点源污染严重以及过多的人为开发利用不仅对江、河、湖泊造成了严重影响，也影响了大型水库的水质。水库最突出的污染表现形式就是富营养化，主要污染因子有COD、氨氮、总磷和高锰酸钾指数。河南省水库水质整体较好，但从2011年以来，Ⅴ类及劣Ⅴ类水质的水库呈现轻微的上升趋势。

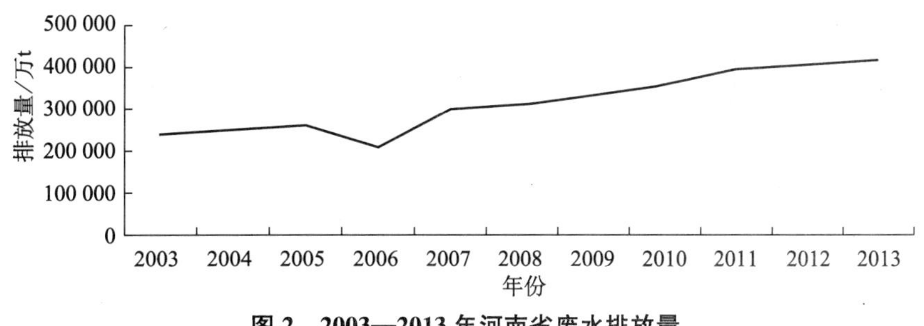

图2 2003—2013年河南省废水排放量

工业污水、生活污水以及农田非点源污染不仅造成的地表水恶化，而且致使地下水也受到了较大的影响。海河流域的地下水资源，浅水层和深水层都遭受到了不同程度的污染。其中在城市周围以及污水河两侧的和部分城市的地下水污染比较严重，污染呈上升趋势。

2.1.2 大气环境污染状况

河南省是我国重要的能源原材料工业基地，煤炭、电力、有色冶金等资源型工业比重较大，这些污染型工业的发展造成了河南省大气环境的污染。当前河南省大气环境问题主要为空气质量问题，主要污染物为 $PM_{2.5}$、PM_{10}、二氧化硫及二氧化氮。这是由于城市机动车数量的迅速增加，汽车排放出的废气中大量的挥发性有机物含量大大增加。

河南省主要城市空气质量等级均处于轻污染等级，2013 年、2014 年质量等级为轻污染的城市有上升的趋势。

2.1.3 生态环境及其他污染状况

随着人们对生活质量要求的不断提升，生态环境质量也成为更多人的关注重点。河南省 2003—2013 年的森林覆盖率、自然保护区比例以及湿地比例基本保持在 22%、4.3%、6.6%，变化幅度较小，较难与日益增长的生活质量要求相匹配，见图 3。同时，河南还存在着其他污染，例如噪声环境问题、辐射污染及土壤污染等。

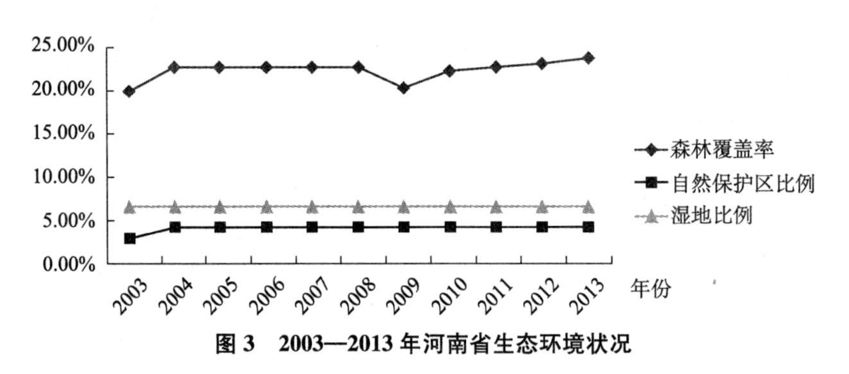

图 3 2003—2013 年河南省生态环境状况

2.2 社会环境现状

由于河南省人口众多，且为全国主要的农业大省，经济发展相对比较滞后，因此公众更关心与自身密切相关的衣食住行问题，生态意识不强；在经济结构上多偏重资源消耗性的产业，生态绿色产业发展较为薄弱。

国内许多城市，如北京[9]、上海[10]、成都[11]、天津[12]、哈尔滨、秦皇岛[等，提出了建设生态城市的目标。河南省在 2013 年编制《河南生态省建设规划纲要》，提出了建设“美丽河南”的目标，但河南省生态文明建设仍然面临着突出的问题和挑战，例如产业结构不合理，经济发展方式粗放；环境压力大，自然资源对经济发展约束加剧等。

3 河南省生态文明评价指标体系

根据河南省环境问题现状，从生态环境文明、生态物质文明及生态精神文明三方面，采用多层次的思路构建评价指标体系。其中生态环境文明是生态文明的自然基础；生态物质文明是生态文明的物质基础，生态文明要求的是具有生态友好的高水平的物质文明；生态精神文明是生态文明的认识基础，它通过引导政府、企业和公众行为，达到社会与人、社会与自然和谐相处的目标。

3.1 指标选取原则

指标的选取应遵循以下原则：第一，共性与特异性相结合原则。在借鉴国内政府与学者制定的具有普遍性意义指标的同时，结合河南省环境的突出问题，构建一套具有区域特点的评价体系。第二，代表性与可量化性相结合原则。生态文明涵盖的范围广，为了避免指标体系的过度庞杂，因此在选取指标过程中应选择具有典型性、代表性的指标。同时，为了能采取数学等方法客观评价生态文明度，在选取指标时应尽量选取可量化的指标。第三，科学性与可操作相结合原则。选取的指标应考虑资料或数据收集的难易程度，尽可能选取易获得资料的指标，避免指标的简单罗列和过度堆砌。

3.2 生态环境文明部分具体指标

生态环境文明部分指标的选取，从对现有生态环境状况的评价指标和生态环境建设方面的指标两方面选取，包括水功能区水质达标率、森林覆盖率、生态用地比例、城市环境空气质量等级、环境保护投资占 GDP 比例、生活和工业污水达标排放率。

生态系统中所有物质循环都是在水循环的推动作用下完成的，且河南省辖四大流域均存在着不同程度的污染，因此从水环境的角度出发，选取水功能区水质达标率作为水环境质量状况方面的评价指标。

针对当前河南省森林覆盖率、自然保护区比例以及湿地比例较低的状况，选取森林覆盖率、生态用地比例两个指标表征河南省生态系统状况。森林对涵养水源、净化空气发挥着至关重要的作用，是陆地生态系统的核心组成部分；自然保护区有保留自然环境天然底本、保护物种的重要功能，湿地具有调节气候、保护生物多样性的不可替代的重要作用，湿地与自然保护区有一定的重叠部分，因此选取生态用地比例来表征。

对于大气质量，由于目前主要是对城市地区的监测，缺乏对农村地区的监测统计且农村地区污染源少、空气质量一般优于城区，因此选取城市环境空气质量等级这个指标。

河南省目前仍处于工业化时期，经济发展需要支持生态环境建设，才能实现经济—生态的可持续发展。环境污染治理投资所占 GDP 的比例越高，说明经济对生态的投入越大，协调性就越好，因此选用环境保护投资占 GDP 比例来表征经济对生态环境建设的投入。

生态环境建设的另一重要方面就是对污染的治理情况，主要从生活以及工业两方面来衡量污水防治状况。生活污水达标排放率和工业污水达标排放率反映了污水转化为可再次利用的生态要素之间的关系，比例越高，污水防治状况越好，故选择生活和工业污水达标排放率。

3.3 生态物质文明部分具体指标

生态物质文明即社会发展状况，生态文明以生态改善为目标，兼顾经济社会发展，实现两者的双赢。生态文明的评价要考虑经济发展对其文明度的影响，但要反对唯 GDP 论的倾向，要从多角度进行衡量。选取的指标有人均 GDP、第三产业增加值占 GDP 的比例、人均寿命、城镇化率及单位 GDP 碳排放强度。

人均 GDP 和第三产业增加值占 GDP 的比例为经济类指标，反映地区的经济发展水平和经济结构，且有统计局的权威发布作为数据支撑，是衡量一省经济状况的理想指标。人均寿命可以综合反映一个地区的经济、文化、医疗卫生等方面的水平，是社会发展状况在个人层面的具体体现。城镇化率是衡量社会发展的重要指标，作为人口大省，河南农村人口占绝大多数，城乡差距突出，选取城镇化率能够体现社会发展和生态良好的平衡性。单位 GDP 碳排放强度能够反映绿色产业的发展程度，有利于河南省生态经济的发展。

3.4 生态精神文明部分具体指标

生态精神文明包括生态文化方面和生态制度方面，具体包括生态政绩比例、生态文明知识普及率、公众对城市环境满意率、生态创建的全民参与度。

生态文明的快速建设离不开政府的主导和公众的支持参与。生态政绩比例和生态环境议案提案建议纳入相关政策比例能够反映政府公共服务效率以及对生态文明的主导程度；普及对生态文明的宣传教育，提高公众对生态文明的认知度，充分调动民间参与生态文明建设，有利于由政府主导型向政府指导民间参与型的转变。

综上所述，河南省生态文明评价指标体系如表 1 所示。

表 1　河南省生态文明评价指标体系

目标层	准则层	序号	指标层	单位
河南省生态文明度	生态环境文明	1	水功能区水质达标率	%
		2	森林覆盖率	%
		3	生态用地比例	%
		4	城市环境空气质量等级	/
		5	环境保护投资占 GDP 比例	%
		6	生活和工业污水达标排放率	%
	生态物质文明	7	人均 GDP	万元/人
		8	第三产业增加值占 GDP 的比例	%
		9	人均寿命	岁
		10	城镇化率	%
		11	单位 GDP 碳排放强度	t/万元
	生态精神文明	12	生态政绩比例	%
		13	生态环境议案、提案、建议纳入相关政策比例	%
		14	生态文明知识普及率	%
		15	公众对城市环境满意率	%
		16	生态创建的全民参与度	%

4　结语

生态文明指标体系的构建是生态文明建设过程中至关重要的环节，也是目前学者们的研究热点。本文通过阐述总结河南省生态文明现状，并以此为出发点，从生态环境文明、生态物质文明以及生态精神文明三方面组成准则层，每个方面进一步的细化，层层递进，覆盖面宽，较好的反映出了系统的多样性和复杂性；指标设计充分考虑了人的因素，发挥了公众在生态文明建设中的重要性，强调了公众的主体作用，突出了指标体系的实践性。本文未进行案例应用研究，可在数据的支持下，运用层次分析法、熵值法等方法确定各个指标权重，进而进行生态文明度的量化。

生态文明的发展同农业文明、工业文明相似，是一个不断完善的动态发展过程。随着人类对自然资源和社会经济发展两者之间关系的认识水平不断提高，生态文明的理论研究、指标体系的科学性和实用性也将大大增强。因此该指标体系应随着社会经济发展和自然—社会—人和谐程度进行调整，以更好的评价生态文明程度并指导生态文明建设。

参考文献

[1] 黄寰. 区际生态补偿论 [M]. 北京：中国人民大学出版社，2012：1-3.

[2] 李祖扬，等. 从原始文明到生态文明——关于人与自然关系的回顾与反思 [J]. 南开学报，1994，(3)：57-64.

[3] 关琰珠，郑建华，庄世坚. 生态文明指标体系研究 [J]. 2007，7 (2)：21-27.

[4] 王会，王奇，詹贤达. 基于文明生态化的生态文明评价指标体系研究 [J]. 中国地质大学学报(社会科学版)，2012，12 (3)：27-31.

[5] 徐春. 对生态文明概念的理论阐释 [J]. 北京大学学报（哲学社会科学版），2010，(1)：35-41.

[6] OECD，2001. OECD Environmental Indicators：Towards Sustainable Development [R]. Organisation for Economic Cooperation and Development，Paris：155.

[7] 叶文虎，仝川. 联合国可持续发展指标体系评述 [J]. 中国人口・资源与环境，1997，7 (3)：83-87.

[8] 王文清. 生态文明建设评价指标体系 [J]. 江汉大学学报（人文科学版），2011（5）：17-19.
[9] 金吾伦，李敬德，颜振军. 北京如何率先成为创新型城市 [J]. 前线，2006，（2）：145-152.
[10] 龚骊. 上海市生态文明建设成效与问题简析 [J]. 统计科学与实践，2014，1：29-38.
[11] 严耕，等. 2009年各省生态文明建设评价快报 [J]. 北京林业大学学报（社会科学版），2010，（1）：77-91.

作者简介：申剑（1975.5—），男，河南省环境监测中心，硕士，高级工程师，中心副主任。

对地表水水质评价结果的影响因素浅析

余　恒　王晓波　李　纳
四川省环境监测总站，成都　610091

摘　要：以 2011 年四川省地表水环境质量例行监测数据为基础，按照《地表水环境质量评价办法（试行）》评价，阐述不同评价指标对地表水水质评价结果的影响。同时针对环保、疾控、水利等不同职能部门管理要点不同，分析执行不同标准时对地表水水质评价结果的影响。

关键词：评价指标；地表水；评价结果；职能部门

The Influence Factors of the Evaluation Results on Surface Water Quality Analyses

YU Heng　WANG Xiao-bo　LI Na
Sichuan Environmental Monitoring Center，Chengdu　610041

Abstract：Routine monitoring data of surface water environment quality of sichuan province in 2011 as the foundation，according to the surface water environmental quality assessment method (trial) evaluation，different evaluation index on the influence of surface water quality evaluation results. At the same time，according to different functions of the different management guidelines and different standards，its influence on surface water quality evaluation results.

Key words：evaluation index；surface water；assessment results；department

我国水环境质量的监测与评价工作始于 20 世纪 70 年代，经过 40 多年的发展，逐渐形成一套地表水环境质量评价的标准体系，包括《地表水环境质量标准》（GB 3838—2002）、《生活饮用水卫生标准》（GB 5749—2006）、《农田灌溉水质标准》（GB 5084—92）、《渔业水质标准》（GB 1607—89）、《景观娱乐用水水质标准》（GB 2941—91）等。2011 年 3 月，环境保护部以环办［2011］22 号文出台了《地表水环境质量评价办法》（试行）（以下简称《办法》）[1]，这是我国长期以来形成的第一个正式的综合类评价办法。《办法》的出台意味着在水质现状不改变的情况下，评价结论将有所改变。另外，由于不同职能部门如环保、疾控、水利的管理要点不同，各自领域在评价相关地表水水质的标准不同，导致地表水水质评价结论不同，容易引起异议。

1　评价指标数量对地表水水质评价结果的影响

“十二五”之前，我国地表水水质评价原 9 项指标仅包含了高锰酸盐指数、氨氮等 7 项化学指标和汞、铅 2 项毒理学指标。2011 年 3 月出台的《办法》，对地表水水质评价方法与评价结果表征进行相应调整、规定，除了主要污染指标的确定较《办法》前变化外，最大的变化是评价指标在原来的 9 项基础上增加了总磷、化学需氧量、阴离子表面活性、氟化物、硫化物 5 项化学指标和镉、铬（六价）、氰化物、砷、铜、锌、硒 7 项毒理学指标，即 9 项变为 21 项。

根据 2011 年四川省河流例行监测数据[2]，分别按 9 项和 21 项指标对全省河流进行总体水质评价。评价指标的增加对水质较好的水系评价结果影响不大，但对水质较差的水系评价结果就有较大的影响。总体来说，全省河流水质类别比例发生明显变化，按 21 项指标评价水质类别高的比例下降，水质类别低的比例增加。详见图 1、图 2。

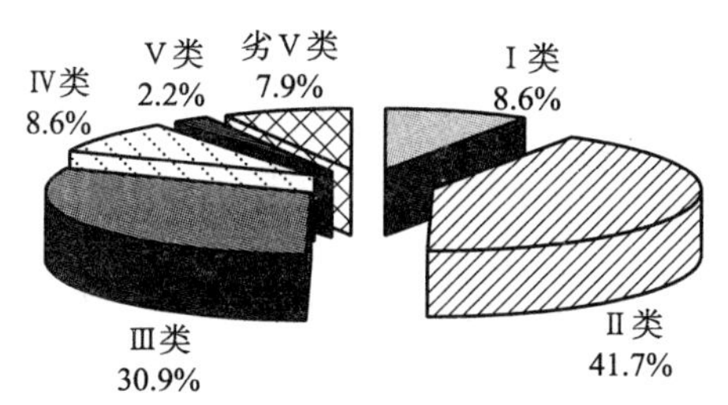

图1 2011年9项评价水质类别比列

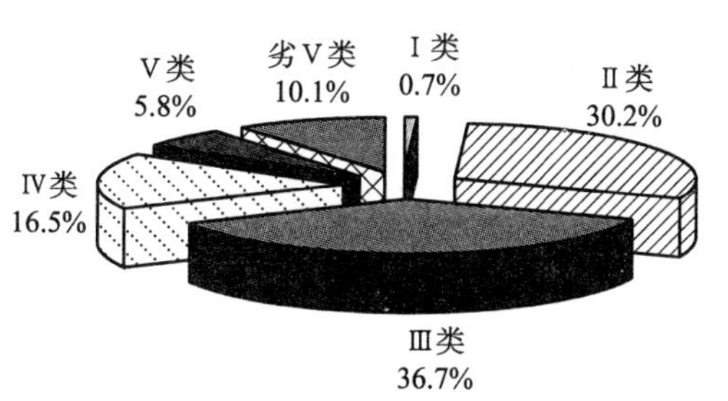

图2 2011年21项评价水质类别比列

在同样水质条件下，部分9项评价结果为达标的断面21项评价结果为超标，超标断面数增多的同时，主要污染物也发生了改变。2011年四川省河流采用9项指标评价的主要污染指标为氨氮、高锰酸盐指数、生化需氧量；26个超标断面中，氨氮所占比例为80.8%，高锰酸盐指数所占比例为50%，生化需氧量所占比例为38.5%。采用21项指标评价的主要污染指标则为总磷、氨氮、化学需氧量；45个超标断面中，总磷所占比例为84.44%，氨氮所占比例为46.67%，化学需氧量所占比例为46.67%。

2 评价标准对地表集中式生活饮用水水质的影响

涉及地表集中式生活饮用水方面评价标准有两个标准，源地水质执行《地表水环境质量标准》（GB 3838—2002），由环保部门负责监测，生活饮用水水质执行《生活饮用水卫生标准》（GB 5749—2006），由疾控部门负责监测。

《地表水环境质量标准》（GB 3838—2002）评价指标共计109项，《生活饮用水卫生标准》（GB 5749—2006）共计106项（不考虑农村小型集中式供水和分散式供水部分水质指标），除微生物指标（细菌学指标）、基本感官性状、使用消毒剂指标和放射性指标外，两个标准共有64项相互没有；共同指标又有12项标准限值不一样，其中8项生活饮用水指标标准值较源地水质标准严格，4项较源地水质标准松。见表1。

表1 部分评价指标执行标准对照表

单位：mg/L

指标	《生活饮用水卫生标准》（GB 5749—2006）	《地表水环境质量标准》（GB 3838—2002）Ⅲ类水域	备注
砷	0.01	0.05	《生活饮用水卫生标准》中标准值相较严格
铅	0.01	0.05	
氰化物	0.05	0.2	
挥发酚类	0.002	0.005	
六氯苯	0.001	0.05	
敌敌畏	0.001	0.05	
氨氮	0.5	1.0	
硫化物	0.02	0.2	
汞	0.001	0.0001	《地表水环境质量标准》中标准值相较严格
马拉硫磷	0.25	0.05	
甲基对硫磷	0.02	0.002	
苯并［a］芘	0.000 01	0.000 002 8	

3 水资源管理制度对地表水水质评价结果的影响

针对水资源的作用，水利部门和环保部门分别颁布相应的功能区划。水功能区划[3]是水利部颁布的，是从利用的角度来划分，如“工业用水区”是指该区域的水可以被工业企业所利用；水环境功能区划是环境保护部颁布的，是从排放的角度来划分，而“工业用水区”是指可以排污。两者划分范围和执行标准均有所不同，见表2。

表 2　水功能区划和水环境功能区划对照表

区划	划分范围		执行标准
水功能区划	保护区（一级功能区）		执行 GB 3838—2002[注] 中Ⅰ或Ⅱ类标准均可
	保留区（一级功能区）		执行 GB 3838—2002 中Ⅲ类标准
	开发利用区（一级功能区）	饮用水源区（二级功能区）	执行 GB 3838—2002 中Ⅱ或Ⅲ类标准
		工业用水区（二级功能区）	执行 GB 3838—2002 中Ⅳ类标准
		农业用水区（二级功能区）	执行 GB 5084—92[注] 或 GB 3838—2002 中Ⅴ类标准
		渔业用水区（二级功能区）	执行 GB 1607—89[注] 或 GB 3838—2002 中Ⅱ或Ⅲ类标准
		景观娱乐用水区（二级功能区）	执行 GB 3838—2002 中Ⅲ或Ⅳ类标准
		过渡区（二级功能区）	按出流断面水质达到相邻功能区的水质标准
		排污控制区（二级功能区）	按出流断面水质达到相邻功能区的水质标准
	缓冲区（一级功能区）		执行相关水质标准
水环境功能区划	自然保护区		执行 GB 3838—2002 中Ⅰ类标准
	饮用水水源保护区		执行 GB 3838—2002 中Ⅱ或Ⅲ类标准
	工业用水区		执行 GB 3838—2002 中Ⅳ类标准
	农业用水区		执行 GB 3838—2002 中Ⅴ类标准
	渔业用水区		执行 GB 3838—2002 中Ⅱ或Ⅲ类标准
	景观娱乐用水区		执行 GB 3838—2002 中Ⅴ类标准

注：GB 3838—2002 为《地表水环境质量标准》；GB 5084—92 为《农田灌溉水质标准》；GB 1607—89 为《渔业水质标准》。

4　结论及建议

4.1　适当增加评价指标

由于评价指标数量从 9 项到 21 项的变化，在水质现状不改变的情况下，导致四川省河流评价结果发生了如下变化：①水质较差的水系水质评价结果有所下降；②主要污染指标发生变化，总磷、化学需氧量等污染指标显得突出。

由于评价指标数量的改变，在某种程度上掩盖了水环境质量被某些指标污染的事实，随着指标的增多可更全面、更真实地反映了河流水质状况。因此适当增加评价指标有助于我们更了解水体情况，但是盲目多加指标，无法突出主要指标的作用，同时增加了评价工作量[4]，可以通过地表水主成分分析[5]确定优先污染物指标。

4.2　完善我国饮用水源地水环境质量标准

从源地水可以经过给水厂净化处理后应该满足饮用水卫生标准的要求。因此，在确定饮用水源水质指标的标准值时，在考虑人体健康的基础上还需将水厂的净化工艺考虑在内[6]。如 12 项共同指标中 8 项生活饮用水指标标准值较源地水质标准严格，最大的相差 10 倍，目前我国水厂仅采取曝气、絮凝等常规处理工艺，这类简单处理方式未必能够满足饮用要求。

因此建议在考虑我国水厂处理工艺和处理水平情况下，统一《地表水环境质量标准》和《生活饮用水卫生标准》化学指标、毒理学指标和有机类指标，并且统一标准限值；另一方面通过改善水质处理措施，以满足水厂出水的饮用要求。

4.3　统一水资源用途和评价标准

由于水功能区划和水环境功能区划分分类方法、划分范围、定义和执行标准均不同，因此对于同功能区水质评价结果就不一样[7,8]。例如保护区的评价，按水功能区划要求达到Ⅱ类标准可以，但就不满足水环境功能区Ⅰ类评价标准；再如农业用水区水质可执行《农田灌溉水质标准》（GB 5084—92）或《地表水环境质量标准》（GB 3838—2002）Ⅴ类标准，由于这两个标准中有个别相同指标的标准限值不一致就导致评价结果不一致。

因此，统一水资源用途实现水域的分类管理，促进经济社会发展与水资源承载能力相适应[9]。对我们保护饮水安全、食品安全、经济安全、生态安全是极其有利的，而且有必要。评价标准对于同类型的水域应该统一标准限值，否则不同行业管理部门得到的结论不一致，不能相互弥补各自领域的欠缺，造成各自为政的局面。

参考文献

[1] 地表水环境质量评价办法（试行）[S]. 环办 [2011] 22 号.

[2] 四川省环境保护厅. 四川省环境质量报告书 2011 年度 [R].

[3] 水功能区划分标准 [S]. GB/T 50594—2010.

[4] 冯利华. 环境质量的主成分分析 [J]. 数学的实践与认识. 2003，33 (8)：32-35.

[5] 邹海明，蒋良富，李粉茹. 基于主成分分析的水质评价方法 [J]. 数学的实践与认识，2008，38 (8)：85-90.

[6] 郑丙辉，刘琰. 饮用水源地水环境质量标准问题与建议 [J]. 环境保护，2007，1B：26-29

[7] 乔倩倩，许鑫，骆素娜. 水功能区水质达标评价方法分析 [J]. 东北水利水电，2013.8，5-7

[8] 任静，李新. 水环境管理中现有水功能区划的研究进展 [J]. 环境科技，2012.25 (1)，75-78.

[9]《全国重要江河湖泊水功能区划》专题. 落实最严格水资源管理制度的重要举措——水利部副部长胡四一解读《全国重要江河湖泊水功能区划》[J]. 中国水利，2012，7：31-33.

作者简介：余恒（1970.9—），四川省环境监测总站，高级工程师。

嘉陵江浮游藻类群落结构及水质评价

杨　敏　翟崇治

重庆市环境监测中心，重庆　401147

摘　要： 为了解草街水库蓄水后嘉陵江的水环境变化情况，对嘉陵江浮游藻类群落结构及水质状况进行了研究。研究期间共检出浮游藻类 145 种，隶属 8 门 74 属，其中硅藻门种类数最多，23 属 57 种，其次为绿藻门，28 属 53 种。浮游藻类平均细胞密度 1.84×10^{5} cell/L，细胞密度居于前 3 位的分别为硅藻门、甲藻门、隐藻门，所占总密度比例分别为 39.2%、29.9%、24.5%，春季细胞密度显著高于其他季节（$P<0.05$）。优势度分析显示，优势种主要为颗粒沟链藻（*Aulacoseria granulata*）、变异直链藻（*Melosira varians*）、倪氏拟多甲藻（*Peridiniopsis niei*）、具尾逗隐藻（*Komma caudate*）、啮蚀隐藻（*Cryptomonas erosa*）等。草街水库大坝上、下游间浮游藻类和水体特征也产生了差异。根据浮游藻类群落结构评价显示，研究期间的嘉陵江水体营养水平为中营养类型。嘉陵江浮游藻类的生物多样性指数表明目前嘉陵江水体处于轻—中度污染状态。

关键词： 嘉陵江；草街水库；浮游藻类；群落结构；水质

Phytoplankton Community Structure and Water Quality Assessment in Jialing River

YANG Min　ZHAI Chong-zhi

Chongqing Environmental Monitoring Center，Chongqing 401147

Abstract：The variation of phytoplankton community and the water quality in Jialing River after the impoundment of Caojie Reservoir was studied in this paper. There were 145 species of phytoplankton under the membership of 8 divisions and 74 genera. Bacillariophyta was the first dominant division，with a total of 57 species of 23 genera，accounted for 39.3% of total phytoplankton species，followed by Chlorophyta，with 53 species of 28 genera and accounting for 36.6%. Only 35 species of 23 genera belonged to Euglenphyta，Cryptophyta，Pyrrophyta，Chrysophyta，and Cyanophyta. The average phytoplankton abundance was 1.82×10^{5} cell/L，and the top three taxon of most abundant were Bacillariophyta，Cryptophyta and Pyrrophyta，accounting for 39.2%，29.9%，and 24.5% of total abundance，respectively. The cell abundance in spring was significantly higher than other seasons. The dominant species included *Melosira varians*，*Aulacoseria granulata*，*Cyclotella* sp.，*Cryptomonas erosa*，*Komma caudata*，*Cryptomonas marssonii*，*Peridiniopsis niei* etc. The phytoplankton and flow velocity between the upstrem and downstream of the dam significantly varied. The evaluation results of phytoplankton community structure showed that the eutrophic state was at medium eutrophication level，while diversity analysis results indicated light to moderate pollution.

Key words：Jialing River；Caojie Reservoir；phytoplankton；community structure；water quality

嘉陵江是长江流域中流域面积最大的支流，也是三峡库区最大的支流之一，研究嘉陵江水环境对保障三峡库区及其上游的生态环境安全具有重要意义。嘉陵江流域水库广布，其中草街水库坝址距嘉陵江河口约 68km，为目前嘉陵江干流自上而下的最后一级水利枢纽。河流筑坝改变了天然河流的水动力和水文条件，影响水团的对流、扩散、弥散、混合和下沉等一系列运动，使水体中的碳、氮、磷、硅等元素地化循环发生改变，影响水生生物的组成、数量以及分布[1]。浮游藻类作为水生生态系统中的初级生产者，在水体的物质循环和能量流动中发挥着重要作用[2,3]，且对栖息环境变化敏感。草街水库蓄水后，还未见有关嘉陵江水环境的研究报道[4-9]，本研究对草街水库蓄水后嘉陵江的浮游藻类的种类、数量以及群落结构等特征进行分析，以期丰富河道型水库系统中浮游藻类的研究，同时为保障三峡库区及其上游的水生态安全提供资料参考。

1 材料与方法

1.1 采样点设置

共设置6个采样断面：草街水库大坝上游设置三江和坝上2个断面，草街水库大坝下游设坝下、置梁沱和大溪沟3个断面，详见图1。

1.2 水样采集与分析

1.2.1 水样采集

自2011年8月至2012年7月，每月采样一次。浮游藻类定性样品用25号浮游生物网在水面下作"∞"捞取，过滤收集，4%甲醛固定。浮游藻类定量样品用采水器采集表层（水下0.5m）水样2.5L，加入鲁哥氏液（Lugol's solution）固定，带回实验室浓缩处理．同时采集一份表层水样，用作水化学分析。

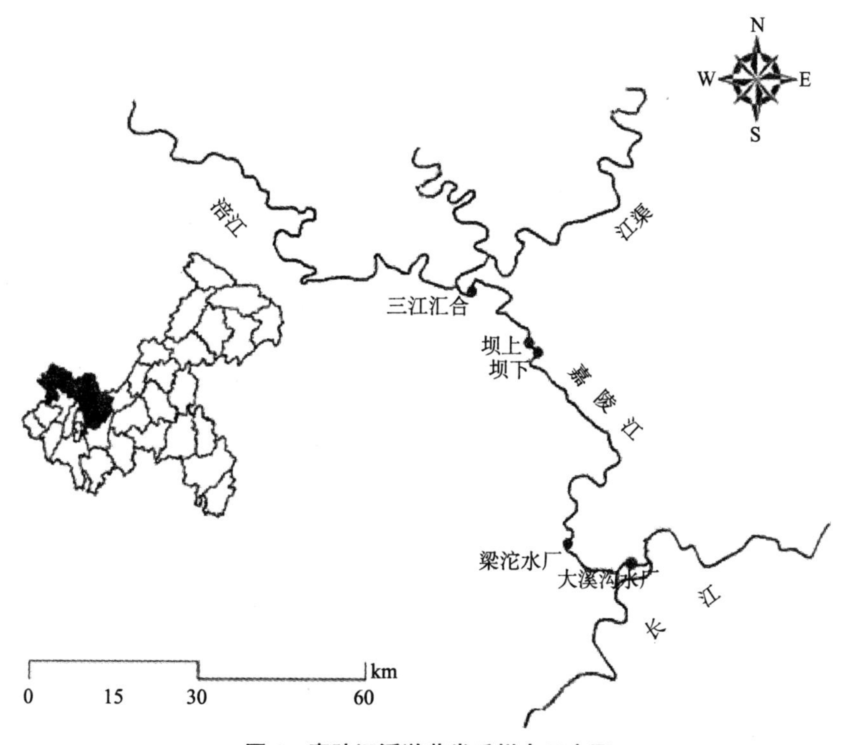

图1 嘉陵江浮游藻类采样点示意图

1.2.2 浮游藻类分析

将Lugol's液固定的水样室内静置沉降24h，用虹吸法去除上清液，经沉淀浓缩，定容至30ml，加数滴甲醛保存。计数前将样品充分摇匀，吸取0.1ml至计数框．浮游藻类种类鉴定参照胡鸿钧等的方法[10]，计数参照章家涉等的方法[11]。

1.2.3 理化指标测定

水温、溶解氧、电导率在采样现场用哈希MINISONDEX5X多参数水质测定仪测定，透明度采用Secchi盘法直接测定。依据国家环境保护总结《水和废水分析方法》[12]，实验室内对总氮、硝酸盐、氨氮、总磷、磷酸盐、高锰酸盐指数进行分析测定。

1.3 数据处理

1.3.1 优势度分析

浮游藻类的优势种根据各个种的优势度（Y）值[13]来确定：

$$Y = f_i \cdot P_i$$

式中，Y 为优势度，f_i为第 i 种浮游藻类在采样点中出现的频率；P_i为第 i 种浮游藻类个体数在总数量中的比例。当 $y > 0.02$ 的种类定为优势种。

1.3.2 生物多样性分析

采用的生物多样性指数包括 Shannon-Wiener 指数（H'）、Pielous 均匀度指数（J）以及 Margalef 丰富度指数（D），相应计算公式[14]为：

$$H' = -\sum_{i=1}^{S} P_i \log_2 P_i (P_i = N_i/N)$$

$$J = H'/\log_2 S$$

$$D = (S-1)/\ln N$$

式中，S 为样品中浮游藻类总种类数，N 表示同一样品中浮游藻类总个体数，N_i为第 i 种浮游藻类个体数。

根据评价标准，$0 < H' < 1$ 时水体重污染，$1 < H' < 3$ 时为中污染，$H' > 3$ 时为轻污染；$0 < J < 0.3$ 为重污染，$0.3 < J < 0.5$ 为中污染，$J > 0.5$ 为轻污染或无污染；$0 < D < 1$ 为污染水质，$1 < D < 3$ 为中度污染水质，$D > 3$ 为清洁无污染水质[15]。

2 结果与讨论

2.1 浮游藻类种类和密度

经鉴定与分析，共检测到硅藻门、绿藻门、蓝藻门、甲藻门、隐藻门、裸藻门、金藻门 7 个门类，共计 74 属 145 种（变种）。其中硅藻门种类数最多，23 属 57 种，占总种类数的 39.3%；其次为绿藻门，28 属 53 种，占总种类数的 36.6%；再次是裸藻门，5 属 12 种，占总种类数的 8.3%；蓝藻门 9 属 11 种，占总种类数的 7.6%；甲藻门 4 属 6 种，占总种类数的 4.1%；金藻门，3 属 3 种，占总种类数的 2.1%；隐藻门 2 属 3 种，占总种类数的 2.1%。浮游藻类种类数在时间和空间分布上差异均不大，总种类数的变化多由于硅藻门和绿藻门的变化引起，其他门类种类变化不大。

研究期间浮游藻类细胞密度变化范围为 $0.62 \times 10^4 \sim 1.53 \times 10^6$ cell/L，平均为 1.85×10^5 cell/L。细胞密度居于前三位的分别为硅藻门、甲藻门、隐藻门，所占总密度比例分别为 39.2%、29.9%、24.5%。参照重庆地区季节划分[16]，春季时的细胞密度显著高于其他季节（$P < 0.05$），而夏、秋、冬季的细胞密度间均无显著性差异（$P > 0.05$）。季节演替上，10 月—次年 1 月，隐藻为第一优势，硅藻次之；2—4 月甲藻密度迅速增加成为第一优势；5—7 月，硅藻为第一优势，绿藻所占比例逐渐增大；7—9 月汛期时，硅藻占据绝对优势（图 2）。在空间上，三江—坝上断面达到最高，经坝下至大溪沟又逐渐降低（图 3）。

与前人研究结果比较，草街水库蓄水后浮游藻类群落构成发生了较大改变。前期研究表明，2009 年时总藻种类数 168 种，硅、绿、蓝藻种数百分比分别为 54.2%、28.0%、8.3%[7]，与之比较，当前总藻种类数略有下降，硅藻百分比下降 14.9%，绿藻百分比上升 8.6%，蓝藻下降 0.7%。2007 年嘉陵江主城段硅藻占绝对优势，其次为绿藻和蓝藻[4,7]，研究期间为硅藻—隐藻—甲藻格局，且硅藻的优势度大大下降，甚至在春季时退居为第二优势。草街水库蓄水前浮游藻类细胞密度为 $10^3 \sim 10^4$ cell/L[7,17]，研究期间除梁沱和大溪沟断面偶尔在 8 月为 10^3 cell/L，其余均为 $10^4 \sim 10^5$ cell/L，浮游藻类密度上升了一个数量级。

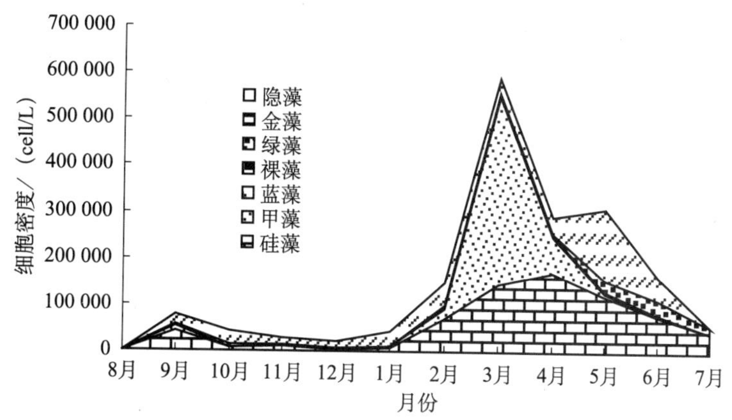

图 2　不同采样时间浮游藻类细胞密度

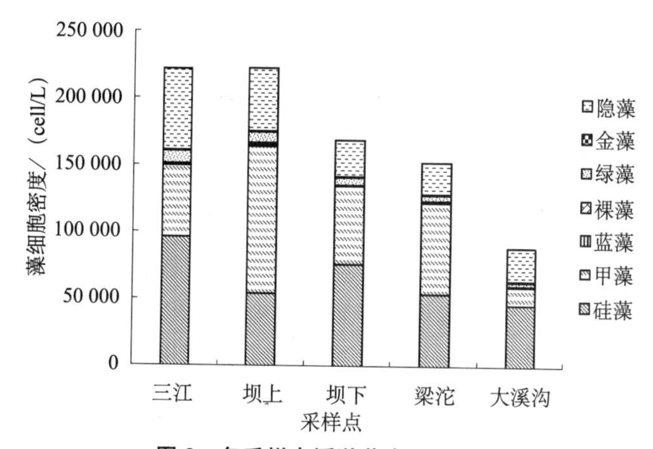

图 3　各采样点浮游藻类细胞密度

2.2　浮游藻类优势种

嘉陵江中下游浮游藻类优势种较多且优势度不高（表 1），表明群落结构比较复杂，处于较完整状态。优势种存在明显的季节变化，硅藻和隐藻存在秋、冬、春季的优势，硅藻优势种为变异直链藻（*Melosira varians*）、颗粒沟链藻（*Aulacoseria granulata*）、小环藻（*Cyclotella* sp.），颗粒沟链藻存在秋、冬（9 月—次年 1 月）优势，变异直链藻存在春、夏优势（2—8 月）。隐藻优势种为啮蚀隐藻（*Cryptomonas erosa*）、具尾逗隐藻（*Komma caudata*）、马索隐藻（*Cryptomonas marssonii*）. 甲藻存在春、秋（2—4 月和 9 月）高峰，优势种倪氏拟多甲藻（*Peridiniopsis niei*）在春季占据绝对优势，优势度值高达 0.67；凯氏拟多甲藻（*Peridiniopsis kevei*）和佩氏拟多甲藻（*Peridiniopsis piei*）主要存在秋季优势，但优势度不高。绿藻存在夏季（6—7 月）高峰，其优势种主要为栅藻（*Scenedesmus* spp.）等，但优势度值较低。

表 1　嘉陵江浮游藻类优势种及优势度

优势种	优势度											
	8 月	9 月	10 月	11 月	12 月	1 月	2 月	3 月	4 月	5 月	6 月	7 月
脆杆藻（*Fragilaria* sp.）									0.04			0.06
等片藻（*Diatoma* sp.）								0.04	0.11			
汉斯冠盘藻（*Stephanodiscus hantzschii*）										0.05	0.04	
茧形藻（*Amphiporoa* sp）				0.03								
小环藻（*Cyclotella* sp）					0.02	0.04	0.02		0.09	0.07	0.18	0.08
美丽星杆藻（*Asterionella formosa*）							0.10					
变异直链藻（*Melosira varians*）	0.18	0.44	0.09	0.26	0.04	0.03	0.08	0.09	0.19	0.05	0.12	0.31

续表

优势种	优势度											
	8月	9月	10月	11月	12月	1月	2月	3月	4月	5月	6月	7月
颗粒沟链藻（*Aulacoseria granulata*）		0.04			0.02					0.11	0.04	0.08
舟形藻（*Navicula* sp.）									0.02			0.04
倪氏拟多甲藻（*Peridiniopsis niei*）							0.11	0.67	0.25			
凯氏拟多甲藻（*Peridiniopsis kevei*）		0.05										
佩氏拟多甲藻（*Peridiniopsis piei*）		0.05							0.02			
单角盘星藻具孔变种（*Pediastrum simplex* var. *duodenarium*）												0.02
塔胞藻（*Pyraminonas* sp）			0.07		0.02							
二形栅藻（*Scenedesmus dimorphus*）											0.02	
四尾栅藻（*Scenedesmus quadricauda*）											0.05	0.02
具尾逗隐藻（*Komma caudata*）			0.08		0.06	0.33	0.07			0.30	0.18	
马索隐藻（*Cryptomonas marssonii*）		0.05	0.06	0.09	0.12	0.09			0.05	0.12	0.07	
啮蚀隐藻（*Cryptomonas erosa*）		0.17	0.53	0.38	0.54	0.33	0.22	0.03	0.05	0.07	0.07	

2.3 大坝上下游水环境差异

T检验分析（表2）表明，大坝上游断面的浮游藻类密度显著高于大坝下游（$P<0.05$），大坝上游断面的流速显著低于大坝下游（$P<0.05$），透明度则大坝上游断面显著高于下游断面（$P<0.05$），而电导率、溶解氧、水温和高锰酸盐指数、氮、磷等营养盐在大坝上游和下游断面间差异不显著性（$P>0.05$）。这一结果从一定程度上表明草街水库蓄水后目前对水体营养盐浓度的影响相对较小，但对嘉陵江水文和浮游藻类的影响作用已初步显现。草街水库建坝蓄水后嘉陵江的水文条件已发生明显改变，甲藻等喜静水藻类在流速较缓的三江等断面的生境更适宜生长，而硅藻等喜流水藻类更适宜于大坝下游的生境，这可能也是导致浮游藻类在嘉陵江断面间分布差异的主要原因之一[18]。

表2 草街水库大坝上、下游断面间水体理化特征比较

项目	草街水库大坝上游断面			草街水库大坝下游断面			P
	最小值	最大值	平均值	最小值	最大值	平均值	
浮游藻类密度/（cell/L）	1.21×10^2	3.10×10^6	2.21×10^5	1.25×10^2	7.88×10^5	1.31×10^5	0.010
流速/（m/s）	0.06	3.25	0.46	0.09	2.85	0.83	0.030
水温/℃	9.20	29.73	19.40	9.33	29.67	19.20	0.865
溶解氧/（mg/L）	5.93	12.73	8.52	5.25	12.60	8.32	0.477
电导率/（μs/cm）	198.73	469.17	353.21	200.57	484.33	353.62	0.972
透明度/m	0.03	2.55	1.22	0.05	2.50	1.06	0.035
高锰酸盐指数/（mg/L）	1.73	6.47	2.88	1.70	6.60	2.91	0.865
总氮/（mg/L）	1.46	2.86	2.07	1.66	2.96	2.20	0.501
硝酸盐/（mg/L）	0.90	2.68	1.60	0.98	2.65	1.72	0.580
氨氮/（mg/L）	0.04	0.29	0.13	0.04	0.21	0.13	0.899
总磷/（mg/L）	0.025	0.185	0.070	0.020	0.157	0.070	0.928
磷酸盐/（mg/L）	0.012	0.089	0.037	0.010	0.086	0.037	0.983

2.4 浮游藻类多样性分析及水质评价

研究期间浮游藻类多样性指数结果见图4。各月份Shannon-Wiener多样性指数H'值变化范围为2.06～3.55，其中6月最高，3月最低，与浮游藻类种类数变化趋势一致。各月份Pielous均匀性指数变化范围为0.58～0.78，其中3月最低，可能是由于此时倪氏拟多甲藻数量急剧增加而成为绝对优势所致，表明此时段具有较高的水华暴发风险。各月份Margalef丰富度指数D值变化范围为0.86～1.90，与Shannon-Wiener多样性指数的变化趋势基本一致。物种多样性指数常作为判断水体营养状况的检测指标。依据判定标准，Shannon-Wiener 多样性指数表征嘉陵江中下游为轻—中度污染状态，Pielous 均匀性指数表征呈轻污染状态，Margalef 丰富度指数表征为中污染状态。综合以上评价嘉陵江中下游水体水质为轻—中度污染状态。

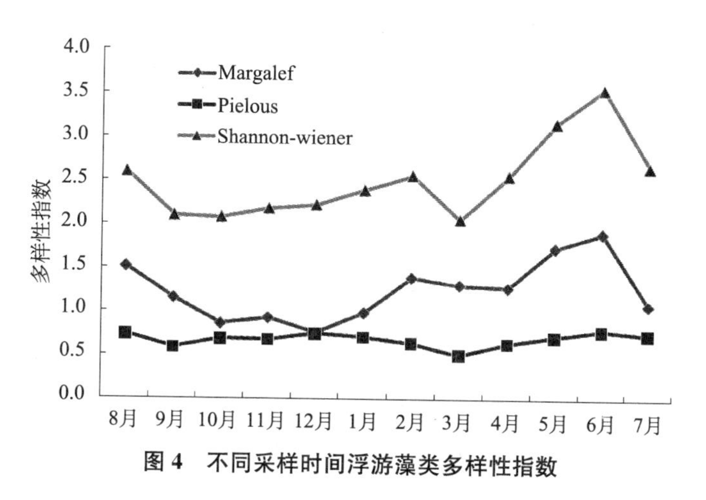

图 4　不同采样时间浮游藻类多样性指数

浮游藻类群落结构是评价水体富营养化的重要参数。根据国内外有关资料，一般说来，贫营养型湖泊中浮游藻类以金藻、黄藻为主，中营养型湖泊以甲藻、隐藻、硅藻占优势，富营养型湖泊中常以绿藻、蓝藻占优势[19]。依据目前嘉陵江硅藻—隐藻—甲藻的浮游藻类种群结构，推断嘉陵江目前应处于中营养状态。

3　结论

研究期间嘉陵江共检出浮游藻类 145 种，隶属 7 门 74 属，以硅藻门和绿藻门种类数最多。浮游藻类细胞密度居于前 3 位的分别是硅藻、甲藻、隐藻，春季密度最高。优势种主要有变异直链藻、颗粒沟链藻、倪氏拟多甲藻、具尾逗隐藻、啮蚀隐藻等。与蓄水前研究资料相比，浮游藻类总密度上升了一个数量级，甲藻门和隐藻门种类跃升为优势种。嘉陵江浮游藻类密度组成由之前的硅—绿藻—蓝格局变为目前的硅藻—隐藻—甲藻格局。草街水库蓄水后对嘉陵江水文和浮游藻类的影响作用已初步显现。据研究期间浮游藻类群落结构推断嘉陵江水体为中营养，多样性分析结果表明嘉陵江水体为轻—中度污染状态。

参考文献

[1] Leitão M，Morata S，Rodriguez S，et al. The effect of perturbations on phytoplankton assemblages in a deep reservoir (Vouglans，France) [J]. Hydrobiologia，2003，502：123-132.

[2] 王爱爱，冯佳，谢树莲. 汾河中下游浮游藻类群落特征及水质分析 [J]. 环境科学，2014，35 (3)：915-923.

[3] 孟睿，何连生，过龙根，等. 长江中下游草型湖泊浮游藻类群落及其与环境因子的关系 [J]. 环境科学，2013，34 (7)：2588-2596.

[4] 刘信安，张密芳. 重庆主城区三峡水域优势藻类的演替及其增殖行为研究 [J]. 环境科学，2008，29 (7)：1838-1843.

[5] 陈锋，邓洪平，王明书，等. 嘉陵江小三峡硅藻群落结构及水环境 [J]. 生态学杂志，2009，28 (4)：648-652.

[6] 邓洪平，陈锋，王明书，等. 嘉陵江下游硅藻群落结构及物种多样性研究 [J]. 水生生物学报，2010，34 (2)：330-335.

[7] 郭蔚华，王柱，贺栋才，等. 三峡 175 米蓄水期间春季嘉陵江出口段藻类变化 [J]. 中国环境监

测，2011，27（3）：69-73.

[8] 龙天渝，刘腊美，郭蔚华，等．流量对三峡库区嘉陵江重庆主城段藻类生长的影响［J］．环境科学研究，2008，21（4）：104-108.

[9] 王敏，张智，郭蔚华，等．嘉陵江出口段硅藻水华发生规律［J］．环境科学研究，2011，24（2）：191-198.

[10] 胡鸿钧，魏印心．中国淡水藻类——系统、分类及生态［M］．北京：科学出版社，2006.

[11] 章宗涉，黄祥飞．淡水浮游生物研究方法［M］．北京：科学出版社，1991.

[12] 国家环境保护总局《水和废水监测分析方法》编委会．水和废水分析方法．4 版．北京：中国环境科学出版社，2002.

[13] Spatharis S，Roellke D L，Dimitrakopoulos P G. Analyzing the (mis) behavior of Shannon index in eutrophication studies using field and simulated phytoplankton assemblages［J］. Ecological Indicators，2011，11：697-703.

[14] 沈韫芬，章宗涉，龚循矩，等．微型生物监测新技术［M］．北京：中国建筑工业出版社，1990.

[15] 郭春燕，冯佳，谢树莲．山西晋阳湖浮游藻类分布的时空格局及水质分析［J］．湖泊科学，2010，22（2）：251-255.

[16] 郭劲松，盛金萍，李哲，等．三峡水库运行初期小江回水区藻类群落季节变化特点［J］．环境科学，2010，31（7）：1492-1497.

[17] 张智，宋丽娟，郭蔚华，等．重庆长江嘉陵江交汇段浮游藻类组成及变化［J］．中国环境科学，2005，25（6）：695-699.

[18] Hui Zeng，Lirong Song，Zhigang Yu and Hongtao Chen. Post-Impoundment Biomass and Composition of Phytoplankton in the Yangtze River. International Review of Hydrobiology，2007，92（3）：267-280.

[19] 金相灿，屠清英．湖泊富营养化调查规范［M］．北京：中国环境科学出版社，1990.

作者简介：杨敏（1980—），高级工程师，工作于重庆市环境监测中心，主要从事生态监测与科研工作。

黔江区土壤重金属空间分布及潜在风险评价

张永江[1]　邓　茂[1]　邵　曾[2]　王祥炳[1]　姚　靖[1]

1. 重庆市黔江区环境监测中心站，重庆　409000；

2. 重庆旅游职业学院，重庆　409000

摘　要：以黔江区城市郊区和生态旅游区域作为研究对象，分析了土壤中 8 种（As、Cd、Cr、Cu、Pb、Ni、Zn、Hg）重金属含量，采用单因子污染指数法、内梅罗综合污染指数法、潜在生态危害指数法对土壤中重金属进行了空间分布及潜在风险评价。结果表明：黔江区土壤中 8 种重金属平均值含量均低于《土壤环境质量标准》（GB 15618—1995）二级标准，除 Cd、Cr 和 Ni 低于重庆市土壤背景值外，其余 5 种重金属都高于其背景值。单因子污染指数法和内梅罗综合污染指数法评价表明，黔江区土壤中 8 种重金属元素的污染程度大小为 Cu ＞Hg＞ Pb＞ Zn ＞As＞ Ni ＞ Cr ＞ Cd，不同采样点位呈现轻度、中度和重度污染。重金属元素的相关性分析表明，8 种重金属之间相关性较强，Cr、Hg 与 As 的来源可能相同，主要受到人类活动的影响。潜在的生态风险指数评估表明，8 种重金属平均单项生态风险因子由强到弱的顺序为 Hg＞Cd＞As＞Cu＞Pb＞Ni＞Cr＞Zn，除 Hg 处于中等水平生态风险外，其余 7 中重金属的潜在生态危害程度都较低。与城郊区域土壤生态风险相比较，生态旅游区域土壤指数相对较高。研究区土壤平均潜在生态风险均值为 107.6，处于轻微生态危害等级。

关键词：黔江区；生态旅游；土壤重金属；空间分布；风险评价

Spatial Distribution and Risk Assessment of Heavy Metal from Soil in Qianjiang District

ZHANG Yong-jiang[1]　DENG Mao[1]　SHAO Zeng[2]　WANG Xiang-bing[1]　YAO Jing[1]

1. Environmental Monitoring Center Station of Qianjiang District in Chongqing，Chongqing 409000；

2. Chongqing Vocational Institute of Tourism，Chongqing 409000

Abstract：In this work，contents of heavy metals such as As，Cd，Cr，Cu，Pb，Ni，Zn and Hg of suburban district and ecotourism area in Qianjiang district were investigated to evaluate environment ecological risk of heavy metals using the method of single factor pollution index，Nemerow multi -factor index，potential ecological risk index. The results show that the contents of 8 heavy metals are all up to the secondary standard of the Environmental Quality Standards for Soils of China (GB 15618—1995) . In comparison with the background values，the enrichments of Cu，Hg，Pb，Zn，As in the soils of Chongqing City were obvious. Single factor pollution index and Nemerow multi -factor index were then used to assess the heavy metals ecological risk，which lead us to conclude that the potential risk order of elements were Hg＞Cd＞As＞Cu＞Pb＞Ni＞Cr＞Zn. The correlation analysis indicated that Cr，Hg and As have certain homology，showing anthropogenic contamination of these metals. The average potential ecological risk was 107.6，which indicated slightly ecological hazard；the risk was in order of Hg＞Cd＞As＞Cu＞Pb＞Ni＞Cr＞Zn.

Key words：Qianjiang district；ecotourism area soil；heavy metal；spatial distribution；risk assessment

---

基金项目：黔江区科委项目（黔科计 2014023）。

1 引言

土壤作为环境中不可或缺的重要组成部分，是人类赖以生产、生活和生存的物质基础。资源开发和工业生产把大量有毒有害的重金属释放到土壤中，使得土壤质量变差和农作物减产。近年来，重金属污染成为人们极为关注的环境问题。由于重金属具有不易降解和半衰期长等特性，极易在食物链中富集，对人类健康构成巨大威胁。研究表明，重金属主要来源于机动车辆、焚化炉、工业废弃物和大气粉尘沉积物等[1-2]。当人暴露于高浓度的重金属中，重金属能够在脂肪组织中积累，从而影响中枢神经系统和破坏身体内部器官的正常功能[3]。此外研究发现小孩暴露受污染的土壤、灰尘和空气微粒中，可以通过手口途径摄取重金属[4]。同时，重金属被农作物吸收富集后通过食物链传递给人或动物，严重影响人和动物的健康，甚至是整个生态系统[5]。

因此，开展土壤中重金属染污特征成为土壤环境质量研究的重要课题，尤其是土壤中重金属的生态风险成为研究热点[6]。黔江区是全国低碳国土实验区，也是绿色中国·杰出绿色生态城市。近年来，以生态强区的战略大力加强生态经济建设，在生态旅游和农业等方面得到了快速发展，人类活动日益频繁，黔江区生态环境质量也随之发生变化。基于此，本研究以黔江区城市郊区和生态旅游区域作为研究对象，研究不同土壤类别中重金属元素含量、分布特征，运用单因子污染指数法、内梅罗综合污染指数法、潜在生态危害指数法，结合土壤环境质量二级标准和重庆市土壤背景值对土壤环境质量进行系统性评价，为黔江区生态环境保护和生态经济建设提供科学决策参考。

2 试验方法

2.1 土壤样本采集

样品采集时间在2014年7月，采集区域为黔江区3个乡镇，样品采集范围包括基本农田、饮用水源地保护区域、居民生活区域、菜园地区域和其他区域。根据具体情况每个采集点用GPS定位布点，采集深度为0～40cm剖面层，共采集样品15个（其中1～10号为生态旅游区域土壤样品，11～15号为城市郊区土壤样品），为避免采样过程中重金属元素的污染，使用硬质塑料铲垂直挖取40cm×40cm土壤剖面，采用对角线法进行多点取样混合一个代表杨的方法，每个混合样品为1kg左右。土壤样品带回实验室后，样品避光自然风干后并剔除植物残体和石块，对每一份样品采用四分法取样进行磨碎处理，过100（0.149mm）土壤筛，保存于塑料瓶中备用。

2.2 样品消解和测试

土壤样品的猜想采样王水—高氯酸开放式消煮法，称取1g左右试样于Anton PVC消解罐中，加入5ml HCl和HNO_3，120℃消解24h，直至消解液为1 ml左右时，冷却至室温后加入高氯酸3ml，140℃继续消解72h，消解液为透明澄清未止，消解结束冷却至室温永超纯水定容至50ml，过滤到经酸浸泡过的干净PE塑料瓶中。空白和标准样品（GBW08303，国家标准物质研究中心）同时消解，以确保消解及分析测定的准确度和用于回收率的计算。消解液中采用原子荧光分光光度计（AFS-930，北京海光分析仪器公司）进行测定As和Hg含量，采用电感耦合等离子体发射光谱仪ICP-OES（Inductively Coupled Plasma Optical Emission Spectrometer，Optima 2000 DV，PerkinElmer，USA）进行测定Cd、Cr、Cu、Pb、Ni、Zn等重金属元素含量。所有土壤样品测试后再抽取总样品数的30%进行重金属含量的重复性检验，检验结果表明本次测试合格率为100%。

3 评价方法

3.1 重金属单因子污染指数法

采用单因子污染指数法对重金属污染进行评价是国内外普遍选用方法之一，是对土壤中的某一污染物的污染程度进行评价，评估公式如下[7]：

$$P_i = \frac{C_i}{S_i}$$

式中：P_i是土壤污染物i的环境质量指数，C_i是土壤污染物 i 的实测值（mg/kg）；S_i是土壤污染物i的评价标准（mg/kg），选用重庆市土壤中重金属元素的平均背景值[8]。$P_i \leqslant 1$，未污染；$1 < P_i \leqslant 2$，轻微污染；$2 < P_i \leqslant 3$，中度污染；$P_i \geqslant 3$，重度污染，当P_i值越大则表示污染越严重。

3.2 内梅罗综合污染指数法

内梅罗（Nemerow）综合污染指数法可全面反映土壤中各污染物的平均污染水平，也突出了污染最严重的污染物给环境造成的危害。其计算公式为[9]：

$$P_N = \left[\frac{(c_i/S_i)^2_{\max} + (c_i/S_i)^2_{ave}}{2}\right]^{1/2}$$

式中，P_N为综合污染指数；$(c_i/S_i)_{\max}$为各污染物中污染指数最大值；$(c_i/S_i)_{ave}$为各污染物中污染指数的算数平均值。

依据重金属单因子污染指数法和内梅罗综合污染指数法可将土壤重金属污染划分为 5 个等级。如表 1 所示。

表 1　土壤重金属污染分级标准

等级划分	单项污染指数	综合污染指数	污染等级	污染水平
1	$P_i \leqslant 0.7$	$P_N \leqslant 0.7$	安全	清洁
2	$0.7 < P_i \leqslant 1.0$	$0.7 < P_N \leqslant 1.0$	警戒线	尚清洁
3	$1.0 < P_i \leqslant 2.0$	$1.0 < P_N \leqslant 2.0$	轻污染	污染开始受到污染
4	$2.0 < P_i \leqslant 3.0$	$2.0 < P_N \leqslant 3.0$	中污染	土壤受中度污染
5	$P_i > 3.0$	$P_N > 3.0$	重污染	土壤受污染已相当严重

3.3 潜在生态危害指数法

依据瑞典科学家 Hakanson 提出潜在生态危害指数法对土壤中重金属原始进行评价，可以反映出单个和各个污染物综合效应及污染水平，定量评估潜在的生态风险和危害程度，该方法只需要土壤中重金属总量分析数据，极大提高了方法的实用性。评估公式如下：

$$RI = \sum_{I}^{M} E_r^i = \sum_{I}^{M} T_r^i \times C_r^i = \sum_{I}^{M} T_r^i \times \frac{c_i}{c_n^i}$$

式中：RI 土壤环境中重金属的潜在生态风险指数；E_r^i是潜在的生态风险；T_r^i是单一污染物的毒性系数，可以综合反映重金属的毒性、污染水平和污染的敏感程度；C_i是土壤中重金属的测试浓度；C_r^i是某一重金属的污染参数；为反映特定区域的分异性，C_n^i选用重庆市土壤中重金属元素的平均背景值作为比较基准[8]。在本研究中 8 种重金属 As、Cd、Cr、Cu、Pb、Ni、Zn、Hg 的毒性系数分别为 10、30、2、5、5、5、1、40 [10]。

3.4 数据处理与统计分析

表 2　重金属潜在生态危害系数与污染程度的关系

潜在生态风险系数（E_r^i）	潜在生态风险指数（RI）	污染程度
$E_r^i < 40$	RI<150	轻微生态危害
$40 \leqslant E_r^i < 80$	150≤RI<300	中等生态危害
$80 \leqslant E_r^i < 160$	300≤RI<600	强生态危害
$160 \leqslant E_r^i < 320$	RI>600	很强生态危害
$E_r^i \geqslant 320$	RI>600	极强生态危害

运用单因子污染指数法、内梅罗污染指数法和汉克森潜在生态风险指数法评价武陵山区黔江区土壤中的重金属污染状况特征和来源，采用 Excel2003、SPSS19.0 统计软件对数据进行统计分析和相关分析。依据单一重金属的潜在生态危害系数 E_r^i可将土壤中重金属污染状况划分为 5 个等级；多个重金属的潜在

生态危害系数 RI 可将土壤中重金属污染状况划分为 5 个等级；其污染程度的具体关系见表 2[11]。

4 结果与讨论

4.1 黔江区土壤重金属含量统计结果特征

黔江区土壤重金属含量统计结果特征如表 3 所示，从中可看出，研究中 8 种重金属 As、Cd、Cr、Cu、Pb、Ni、Zn、Hg 平均值含量分别为 6.9、0.07、43.3、34.1、25.4、35.3、82.7、0.057mg/kg，8 种重金属的平均含量均低于《土壤环境质量标准》(GB 15618—1995) 二级标准限制要求，除 Cd、Cr 和 Ni 低于重庆市土壤背景值外，其余 5 种重金属都高于其背景值。与重庆市土壤背景值想比较，测试点位样品的单个重金属超标率除 As、Cd、Cr 外，其余 5 种重金属的超标率均大于 53.3%，其中 Cu 超标率达到 100.0%，重金属 Cu 和 Hg 与背景值的比值远超过其他 6 种重金属，分别为背景值的 1.55 倍和 1.54 倍。从土壤中 8 种重金属的变异系数来看，As、Cd、Cr、Hg 和 Cu 的变异系数较大，反映出这 5 种重金属元素的离散程度较高，表明在不同点位的 5 种重金属含量差异较大，As、Cd 和 Hg 变异系数相差较小，由此表明 As、Cd 和 Hg 受外界影响状况基本一致，说明这几种重金属受外界干扰影响较大，可能有相似的来源和污染途径；Pb 和 Zn 变异系数较小，可能受自然因素的影响较大[12]。研究区域土壤中 Cr 的含量最大值为 178.0mg/kg，最小值为 28.3mg/kg，变异系数为 86.4%，平均值为 178.0mg/kg，说明这几种金属受人为因素影响较明显[13]。

表 3 研究区土壤重金属含量特征描述

重金属	最大值/(mg/kg)	最小值/(mg/kg)	平均值/(mg/kg)	标准偏差	变异系数/%	超标率/%	重庆市背景值/(mg/kg)	国家二级标准/(mg/kg)
As	22.2	3.2	6.9	4.86	70.4	20.0	6.76	25
Cd	0.17	0.026	0.07	0.04	57.1	13.3	0.14	0.6
Cr	178.0	28.3	43.3	37.4	86.4	13.3	48.6	250
Cu	66.7	23.2	34.1	10.2	29.9	100.0	22.0	100
Pb	33.6	18.8	25.4	4.2	16.5	73.3	22.2	350
Ni	47.2	23.8	35.3	7.1	20.1	53.3	35.6	60
Zn	101.0	63.3	82.7	13.0	15.7	60.0	79.5	500
Hg	0.164	0.014	0.057	0.042	73.7	53.3	0.037	1.0

4.2 重金属元素的相关性分析

表 4 黔江区土壤重金属元素相关关系矩阵

重金属	As	Cd	Cr	Cu	Pb	Ni	Zn
As	1.000						
Cd	0.087	1.000					
Cr	0.891**	−0.243	1.000				
Cu	−0.205	−0.167	−0.107	1.000			
Pb	0.185	0.147	0.234	0.543*	1.000		
Ni	−0.481	−0.117	−0.399	0.281	0.129	1.000	
Zn	−0.333	0.039	−0.334	0.635*	0.459	0.794**	1.000
Hg	0.590*	−0.318	0.712**	0.364	0.405	−0.318	0.027

注：** 表示在 0.01 的水平上显著；* 表示在 0.05 的水平上显著。

黔江区土壤中 8 种重金属相关分析结果见表 4，从表中可以看出，黔江区土壤中重金属之间的相关关系比较复杂，As、Cd、Cr、Cu、Pb、Ni、Zn、Hg 之间相关性较强。Cr 和 As、Zn 和 Ni、Hg 和 Cr 在 $P<0.01$ 水平上相关系数分别为 0.891、0.794、0.712。Hg 和 As、Pb，Zn 和 Cu 在 $P<0.05$ 平上相关系数分别为 0.590、0.543、0.635，是正相关。Cr、Hg 与 As 的来源可能相同，从采样点来看，表明土壤中这些金属含量受人类生产和生活活动范围影响，在菜地出现浓度值较高，其来源相同导致其相关关系。从总体情况来看，相关重金属含量较高的采样点网大多数位于基本农田、菜园地和居民生活区等人

类活动较为频繁区域，其来源受人类活动的影响较自然环境影响大，这与焉耆盆地中位于县城居民点附近以及农土壤重金属之间相关性一致[14]。相关分析结果表明，黔江区土壤环境种重金属含量主要受到人类活动的影响。

4.3 黔江土壤重金属染污评价

黔江区土壤中8中重金属污染评价结果见图1，单因子污染指数法分析评价结果表明，黔江区土壤中8种重金属元素的污染程度大小为Cu>Hg>Pb>Zn>As>Ni>Cr>Cd。不同采样点位土壤重金属的污染程度表现为Cu呈轻度、重度和重度污染，其中2号采样点As、Cr和Hg，15号采样点Cu和Hg呈重度污染，12号采样点Hg呈中度污染。与城郊区域土壤相比较，典型生态旅游地土壤中As、Cr、Cu和Hg的污染指数相对较高，这可能与生态旅游区域发展生态农业，大量施用农药和化肥有关；城郊区域土壤11～15号采样点中Cu和Hg呈现不同程度的污染，与城郊结合区域人类活动频繁，受人类活动影响较大有关。

内梅罗综合污染指数法评价结果表明，黔江区土壤平均指数为1.57，为轻污染水平，2号采样点呈重度污染，15号采样点呈中度污染，其余点位除10号和14号采样点指数分别为0.96和0.92，处于警戒线范围外，其他采样点位指数为1.15～1.62范围内，呈现轻度污染。从各个污染物的分担率结果表明，Hg和Cr是黔江区土壤重金属风险指数的主要贡献因子，污染分担率分别为21.7%和17.4%，其他6种重金属分担率均小于16.0%。与潜在生态等闲评价相比较，内梅罗污染指数评价时高估了高浓度污染物的影响作用，因此Hg作为黔江区土壤重金属风险指数的主要贡献因子，与部分点位超标有关。

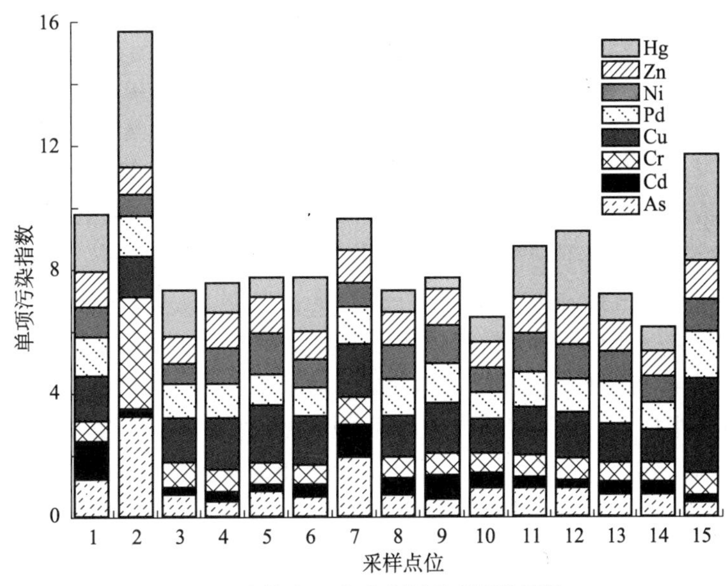

图1　土壤中8种重金属单项污染指数

4.4 黔江区土壤重金属潜在的生态风险指数评估

黔江区土壤中8种重金属的潜在生态风险因子（E_r^i）和风险指数（RI）分析结果表5，从中可以看出，8种重金属平均单项生态风险因子由强到弱的顺序为Hg>Cd>As>Cu>Pb>Ni>Cr>Zn，除Hg处于中等水平生态风险外，其余7中重金属的潜在生态危害程度都较低。从采样点位来看，黔江区土壤中8种重金属的综合潜在生态风险指数（RI）值在62.96～240.41范围内，其中有13.3%的采样点处于中等生态风险水平，86.7%的采样点处于轻微生态风险水平。黔江区土壤中8种重金属生态风险指数评价结果与内梅罗污染评价结果一致，整个研究区土壤平均潜在生态风险均值为107.6，处于轻微生态危害等级，从整体上看黔江区研究区域内土壤中重金属环境质量较好。与城郊区域土壤生态风险相比较，1～10号生态旅游区域土壤指数相对较高，2号点位已达到中等生态危害水平，因此，必须同时加强对城郊区域和生态旅游区域土壤污染防治，确保土壤环境质量安全。

表5 土壤重金属潜在生态风险指数

采样点位	生态风险因子（E_r^i）								生态风险指数（RI）	风险等级
	As	Cd	Cr	Cu	Pb	Ni	Zn	Hg		
1	12.3	36.30	1.32	7.25	6.30	4.85	1.14	75.6	145.06	轻微生态危害
2	32.8	5.57	7.33	6.57	6.44	3.57	0.83	177.3	240.41	中等生态危害
3	7.40	7.29	1.60	7.14	5.5	3.34	0.85	59.24	92.36	轻微生态危害
4	5.30	8.79	1.47	8.41	5.38	5.73	1.17	37.08	73.33	轻微生态危害
5	8.60	6.21	1.40	9.18	5.00	6.63	1.18	24.76	62.96	轻微生态危害
6	6.70	12.43	1.26	7.86	4.50	4.58	0.92	69.41	107.66	轻微生态危害
7	19.4	32.14	1.75	8.48	6.15	3.85	1.02	42.38	115.17	轻微生态危害
8	7.20	16.93	1.33	6.64	5.81	5.48	1.06	28.97	73.42	轻微生态危害
9	5.90	23.57	1.37	7.84	6.64	6.15	1.16	15.35	67.98	轻微生态危害
10	9.30	14.57	1.28	5.43	4.23	4.10	0.83	31.68	71.42	轻微生态危害
11	9.60	9.64	1.43	7.59	5.97	6.12	1.17	66.16	107.68	轻微生态危害
12	9.50	7.71	1.37	7.36	5.34	5.60	1.24	97.51	135.63	轻微生态危害
13	7.40	12.21	1.24	6.16	6.76	5.01	0.97	33.84	73.59	轻微生态危害
14	7.00	14.79	1.16	5.27	4.37	4.24	0.80	31.24	68.87	轻微生态危害
15	4.70	6.86	1.44	15.16	7.57	5.18	1.27	136.22	178.4	中等生态危害
平均值	10.21	14.33	1.78	7.76	5.73	4.96	1.04	61.78	107.60	轻微生态危害

5 结论

（1）黔江区土壤中8种重金属As、Cd、Cr、Cu、Pb、Ni、Zn、Hg平均值含量分别为6.9、0.07、43.3、34.1、25.4、35.3、82.7、0.057mg/kg，平均含量均低于《土壤环境质量标准》（GB 15618—1995）二级标准限制要求，除Cd、Cr和Ni低于重庆市土壤背景值外，其余5种重金属都高于其背景值。

（2）单因子污染指数法分析评价结果表明，黔江区土壤中8种重金属元素的污染程度大小为Cu>Hg>Pb>Zn>As>Ni>Cr>Cd，不同采样点位呈现轻度、中度和重度污染。内梅罗综合污染指数法评价结果表明，黔江区土壤平均指数为1.57，为轻污染水平。

（3）重金属元素的相关性分析表明，黔江区土壤中重金属之间的相关关系比较复杂，8种重金属之间相关性较强，Cr、Hg与As的来源可能相同，黔江区土壤环境种重金属含量主要受到人类活动的影响。

（4）潜在的生态风险指数评估结果表明，黔江区土壤中8种重金属平均单项生态风险因子由强到弱的顺序为Hg>Cd>As>Cu>Pb>Ni>Cr>Zn，除Hg处于中等水平生态风险外，其余7中重金属的潜在生态危害程度都较低。与城郊区域土壤生态风险相比较，生态旅游区域土壤指数相对较高。生态风险指数评价结果与内梅罗污染评价结果一致，整个研究区土壤平均潜在生态风险均值为107.6，处于轻微生态危害等级。

参考文献

[1] Harrison, R., Laxen, D., & Wilson, S. (1981). Chemical associations of lead, cadmium, copper, and zinc in street dusts and roadside soils. Environmental Science & Technology, 15, 1378-1383.

[2] Hashisho, Z., & Fadel, M. (2004). Impacts of traffic-induced lead emissions on air, soil and blood lead levels in Beirut. Environmental Monitoring and Assessment, 93, 185-202.

[3] Waisberg, M., Joseph, P., Hale, B., & Beyersmann, D. (2003). Molecular and cellular mechanisms of cadmium carcinogenesis. Toxicology, 192, 95-117.

[4] Raghunath, R., Tripathi, R., Kumar, A., Sathe, A., Khandekar, R., &Nambi, K.

(1999) . Assessment of Pb，Cd and Zn exposures of 6～10-year-old children in Mumbai. Environment Research，80，215-221.

[5] Bai J.，& Liu X. (2014) Heavy metal pollution in surface soils of Pearl River Delta，China. Environ Monit Assess，186，8051-8061

[6] 姚娜，彭昆国，刘足根，等. 石家庄北郊土壤重金属分布特征及风险评价 [J]. 农业环境科学学报，2014，33 (2)：313-321.

[7] Gallardo K，Job C，Groot S P，et al. Proteomic analysis of Arabidopsis seed germination and priming [J]. Plant Physiology，2001，126 (2)，835-848.

[8] 李真熠，赵超凡，杨志敏，等. 重庆市土壤重金属污染的功能分异评价 [J]. 农业环境与发展，2013，30 (4)：35-40.

[9] 郭伟，孙文惠，赵仁鑫，等. 呼和浩特市不同功能区土壤重金属污染特征及评价 [J]. 环境科学，2013，33 (4)：1561-1564.

[10] 徐争启，倪师军，庹先国，等. 潜在生态危害指数法评价中重金属毒性系数计算 [J]. 环境科学与技术，2008，31 (2)：112-115.

[11] 王瑞霖，程先，孙然好. 海河流域中南部河流沉积物的重金属生态风险评价 [J]. 环境科学，2014，35 (10)：3740-3746.

[12] Li F Y，Fan Z P，Xiao P F，et al. Contamination chemical speciation and vertical distribution of heavy metals in soils of an old and large industrial zone in Northeast China [J]. Environmental Geology，2009，54：1815-1823.

[13] 王济，张浩，曾希柏，等. 贵阳市城区路侧土壤重金属分布特征及污染评价 [J]. 环境科学研究，2009，22 (8)：950-955.

[14] 海米提·依米提，祖皮艳木·买买提，李建涛，等. 焉耆盆地土壤重金属的污染及潜在生态风险评价 [J]. 中国环境科学，2014，34 (6)：1523-1530.

作者简介：张永江 (1983—)，男，重庆彭水人，硕士，副高级工程师，主要从事环境管理和监测研究。

湖北省菜地土壤有机氯农药残留、来源及风险评价

刘　彬[1]　李爱民[1]　贺小敏[1,2]
1. 湖北省环境监测中心站，武汉　430072；
2. 华中农业大学食品科技学院，武汉　430070

摘　要：本研究采集了湖北省三个城市的菜地土壤样品，测定了11种有机氯农药的残留量，并对其残留特征、污染来源和生态风险进行了研究。结果表明，所有土壤样品中均有有机氯农药检出，其中滴滴涕残留水平较高，与早期和近期工业滴滴涕的输入有关，对该地区生物造成不利影响的可能性较大。

关键词：有机氯农药；土壤；残留；来源；风险评价

Residues, Possible Sources and Risk Assessment of OCPs in Vegetable Soils from Hubei Praince

LIU Bin[1]　LI Ai-min[1]　HE Xiao-min[1,2]
1. Hubei Environmental Monitoring Central Station, Wuhan 430072;
2. College of Food Science and Technology, Huazhong Agricultural University, Wuhan 430070

Abstract: Samples of vegetable soils were collected from three cities of Hubei. The residues of 11 OCPs in soils were analyzed for assessing their concentrations, sources and ecological risk. Results showed that OCPs were detectable in all soil samples, and the residues of DDTs were at high level, which may be related to using of industrial DDTs. Meanwhile, according to the environmental risk assessment, DDTs may still have potential ecological impact on the study area.

Key words: OCPs; soil; residues; sources; risk assessment

有机氯农药（Organ Chlorine Pesticides，OCPs）曾作为一种高效杀虫剂，于20世纪60到80年代在我国广泛生产和使用。后经研究发现，有机氯农药具有致癌性、致畸性和诱变性，容易导致生物体内分泌及发育紊乱、生殖及免疫系统功能失调等严重疾病。因此，它作为重要的持久性有机污染物（Persistent Organic Pollutants，POPs），被列入《关于持久性有机污染物的斯德哥尔摩公约》中首批受控需要采取全球性行动的污染物名单[1]。虽然我国已于1986年在农业上全面禁止使用有机氯农药，但由于这类农药化学性质稳定、脂溶性高、难以降解且易在自然环境中迁移和富集[2]，它们至今仍可在各种环境和生物介质中检出，残留问题刻不容缓，而农用土壤的污染状况及污染程度会直接影响农产品安全及人体健康。湖北省位于我国中部，是农业大省之一，目前对其辖区内农用土壤中有机氯农药残留、分布、来源及潜在风险的研究还相对缺乏。武汉、宜昌和襄阳是湖北省经济发展的重要城市，被湖北省政府选为"一主两副"发展方式的着力点，其人口和农产品消费量均居全省前列。本研究以这3个城市的市郊典型菜地土壤为代表，考察了湖北地区农用土壤中有机氯农药的残留状况，探索其可能来源，并对土壤环境的安全水平及可能存在的生态风险进行评价，旨在为该地区污染土壤的环境管理和生态修复等工作提供参考和依据。

1　材料与方法

1.1　样品采集

2013年6月前往湖北省的武汉市、宜昌市和襄阳市。根据当地实际情况，每市选取3个蔬菜种植基

地（在行政区域、蔬菜品种或土壤类型上存在差异），共采集土壤样品45个。采样时按网格布点，网格尺度按100m×100m设定，从中随机抽取5块作为监测地块，在每个监测地块的中心部位布设采样点，采集0～20cm表层土壤，每份样品采样量为2kg。具体采样点位使用GPS定位。

1.2 分析方法和质量保证

本研究采用ASE提取-Florisil柱净化-GC/ECD法对土壤中有机氯农药进行测定，相关方法参数已在前期论文中详述[3]。每10个样品做一组质控样品（包括1个空白样品、1对平行样品和1个加标样品）。空白样品均未检出相关目标化合物，平行样相对平均偏差在0.4%～17.6%之间，加标回收率在61.3%～123.0%之间。

2 结果与讨论

2.1 有机氯农药残留状况

本研究采集了湖北省三个重要城市市郊的9个蔬菜种植基地共45个采样点的土壤样品，其中11种有机氯农药的残留状况如表1所示。所有土壤样品中均有有机氯农药检出，其中γ-六六六、七氯和p,p'-DDT的检出率均达到100%，δ-六六六和p,p'-DDE的检出率也在90%以上，说明在湖北地区农用土壤中有机氯农药残留较为普遍。其中氯丹和滴滴涕的变异系数均超过100%，表明这两种有机氯农药的局部富集程度高，含量起伏变化较大[4]。11种有机氯农药的残留总量介于2.1×10^{-2}～5.9×10^{-1}mg/kg之间，平均值为8.8×10^{-2} mg/kg。

由45个采样点土壤中有机氯农药组成情况（图1）可以看出：滴滴涕所占的比例最高，其次是六六六、七氯和氯丹。六六六的最大检出含量为2.7×10^{-2} mg/kg（表1），低于《土壤环境质量标准》（GB 15618—1995）中规定的I类土壤自然背景值5.0×10^{-2}mg/kg和《加拿大土壤环境质量标准》规定的农用地标准值1.0×10^{-1}mg/kg；七氯、氯丹的最大检出含量分别为1.4×10^{-2}mg/kg和8.8×10^{-2} mg/kg（表1），均低于《美国土壤筛选导则》规定的筛选值（氯丹5.0×10^{-1}mg/kg，七氯1.0×10^{-1}mg/kg），说明湖北省三个重要城市市郊菜地土壤中的六六六、七氯和氯丹污染程度较低。

相比于六六六、七氯和氯丹，武汉、宜昌和襄阳地区菜地土壤中的滴滴涕残留量较高（表1）。以《加拿大土壤环境质量标准》规定的农用地标准值1.0×10^{-1}mg/kg进行评价，45个采样点土壤中滴滴涕的超标率为22.2%；以《土壤环境质量标准》（GB 15618—1995）中规定的I类土壤自然背景值5.0×10^{-2}mg/kg进行评价，超标率达42.2%。在测定的4种滴滴涕异构体或降解产物中，p,p'-DDT和p,p'-DDE所占的比例最高，是主要污染物（图2）。

表1　有机氯农药残留状况（n=45）　　单位：mg/kg

化合物	最大值	最小值	平均值	SD	变异系数/%	检出率/%
α-六六六	2.1×10^{-3}	ND	6.2×10^{-4}	7.9×10^{-4}	126.5	40.0
β-六六六	9.3×10^{-3}	1.7×10^{-3}	3.8×10^{-3}	1.9×10^{-3}	133.7	40.0
γ-六六六	5.0×10^{-3}	ND	1.0×10^{-3}	1.4×10^{-3}	50.9	100.0
δ-六六六	2.0×10^{-2}	ND	5.6×10^{-3}	4.0×10^{-3}	72.9	97.8
总六六六	2.7×10^{-2}	4.9×10^{-3}	1.1×10^{-2}	4.7×10^{-3}	42.7	—
七氯	1.4×10^{-2}	3.3×10^{-3}	5.8×10^{-3}	1.8×10^{-3}	30.3	100.0
α-氯丹	8.8×10^{-2}	ND	3.3×10^{-3}	1.3×10^{-2}	187.9	24.4
γ-氯丹	1.6×10^{-3}	ND	2.3×10^{-4}	4.3×10^{-4}	390.9	51.1
总氯丹	8.8×10^{-2}	ND	3.6×10^{-3}	1.3×10^{-2}	368.5	—
p,p'-DDE	2.8×10^{-1}	ND	3.4×10^{-2}	5.8×10^{-2}	169.3	93.3
o,p'-DDT	1.2×10^{-2}	ND	2.9×10^{-3}	3.5×10^{-3}	119.6	46.7
p,p'-DDD	3.0×10^{-2}	ND	3.1×10^{-3}	4.9×10^{-3}	157.2	60.0
p,p'-DDT	2.5×10^{-1}	5.7×10^{-3}	2.8×10^{-2}	4.0×10^{-2}	146.4	100.0
总滴滴涕	5.7×10^{-1}	8.0×10^{-3}	6.8×10^{-2}	9.6×10^{-2}	141.1	—
总有机氯	5.9×10^{-1}	2.1×10^{-2}	8.8×10^{-2}	9.7×10^{-2}	110.0	—

注：ND表示测定结果低于方法检出限。

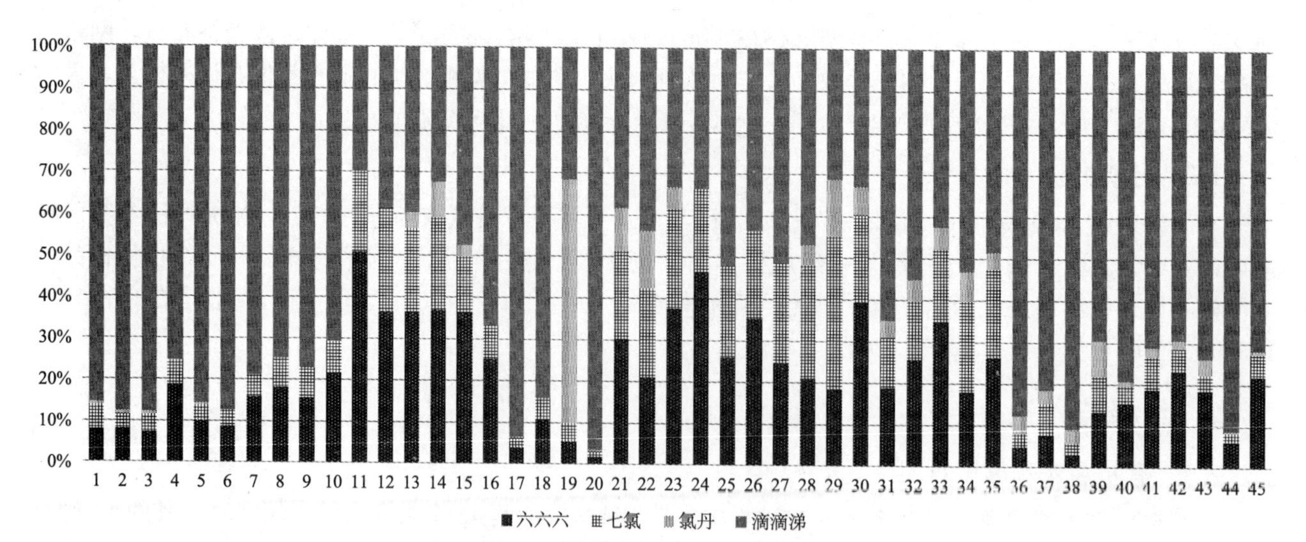

图 1　土壤中有机氯农药组成情况

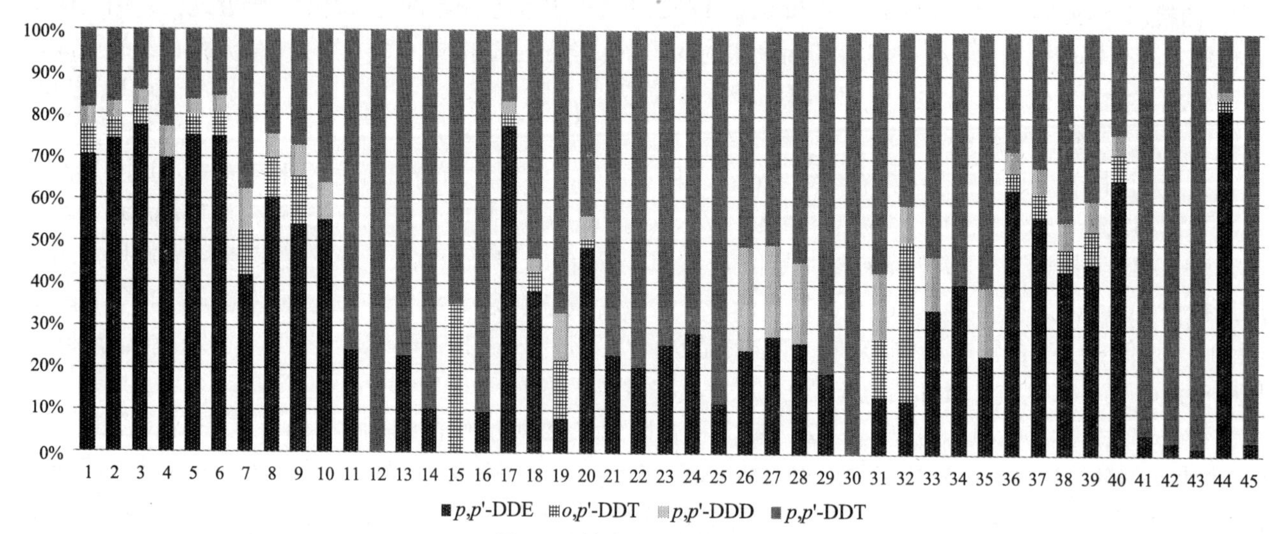

图 2　土壤中滴滴涕组成情况

2.2　有机氯农药来源分析

六六六、氯丹和滴滴涕均由不同的异构体或代谢产物组成，可以通过这些异构体或代谢产物含量的比例关系来进行相关有机氯农药的来源分析。

六六六由四种异构体 α-六六六、β-六六六、γ-六六六和 δ-六六六组成，它们相互之间存在物理化学性质上的差异，在一定条件下可相互转化[5]。我国已经停止使用的工业六六六中 α-六六六/γ-六六六的比值在 4～7 之间，而仍在使用的林丹中 α-六六六/γ-六六六的比值在 0.1 以下[4]，可以通过 α-六六六/γ-六六六的比值判断六六六的来源。本研究的 45 个菜地采样点土壤中 α-六六六/γ-六六六的比值在 0～0.8 之间，说明武汉、宜昌和襄阳地区菜地土壤中的六六六污染主要来自林丹的使用。

氯丹由两种异构体 α-氯丹和 γ-氯丹组成。工业氯丹中 α-氯丹/γ-氯丹比例为 0.77，γ-氯丹的降解速度快于 α-氯丹[6]，所以当 α-氯丹/γ-氯丹比值大于 1.0 时，可以认为土壤中氯丹残留来源于早期的污染[4]。本研究的 45 个菜地采样点土壤中 α-氯丹/γ-氯丹的比值在 0～105.8 之间，说明武汉、宜昌和襄阳地区菜地土壤中的氯丹残留既有早期污染，也有新输入的污染。

滴滴涕是 DDT、DDE 和 DDD 三类物质的总和，其中 DDE 和 DDD 分别是 DDT 在好氧和厌氧条件下的降解产物（p,p'-DDT 降解为 p,p'-DDE 和 p,p'-DDD，o,p'-DDT 降解为 o,p'-DDE 和 o,p'-DDD）。本研究的菜地土壤样品中，有 95.6%的 p,p'-DDE/p,p'-DDD 大于 1，表明武汉、宜昌和襄阳地区菜地土壤中DDT主要以好氧方式进行降解，这也可能与采集的土壤样品为表层土有关。土壤中的滴滴涕残留可能来源于传统工业滴滴涕或滴滴涕替代品三氯杀螨醇，其中工业滴滴涕中o,p'-DDT/p,p'-DDT的比值在0.2～0.3之间，三氯杀螨醇在1.3～9.3之间或更高[7]。本研究的所有采样点土壤中o,p'-DDT/p,p'-DDT均在0～0.9之间，说明该地区的滴滴涕污染可能主要源于传统工业滴滴涕。环境土壤中（p,p'-DDE+p,p'-DDD）/p,p'-DDT的比值通常被用来揭示传统工业滴滴涕的降解情况[4-7]，本研究中有44%的采样点土壤中（p,p'-DDE+p,p'-DDD）/p,p'-DDT比值大于1，说明有部分采样点土壤中传统工业滴滴涕的施用时间较久，p,p'-DDT已大量转化为p,p'-DDE和p,p'-DDD，还有56%的采样点土壤中仍有新污染物的输入。

2.3 生态风险评价

目前对于土壤环境生态风险评价尚未建立统一的标准，本研究借用其他学者的科研成果[8-9]对武汉、宜昌和襄阳地区菜地土壤中的六六六和滴滴涕进行生态风险评价。

Urzelai[8]通过毒性实验，发现α-六六六、β-六六六和γ-六六六对土壤中50%无脊椎生物造成风险的残留含量分别为1.0×10^{-1}mg/kg、4.0×10^{-2}mg/kg和10mg/kg。由表1可知，45个采样点土壤中的六六六异构体含量均远低于其造成风险的含量，说明武汉、宜昌和襄阳地区菜地土壤中的六六六处于较低的生态风险水平。

Long[9]通过研究给出了土壤中部分滴滴涕类污染物的评价标准，包括风险评估低值ERL（effects range-low，即对10%以下的生物造成风险）和风险评估中值ERM（effects range-median，即对50%以上的生物造成风险）。表2列出了45个菜地土壤样品中p,p'-DDE、p,p'-DDD和p,p'-DDT的生态风险评价结果：p,p'-DDE和p,p'-DDD低于ERL的比例仅为24%和40%；p,p'-DDT的残留水平则全部高于ERL，有89%的土壤残留量甚至高于ERM。可见武汉、宜昌和襄阳地区菜地土壤中滴滴涕类污染物对该地区生物造成不利影响的可能性较大，存在一定的生态风险。

表2　土壤中部分滴滴涕农药的生态风险评价

农药	ERL/(mg/kg)	ERM/(mg/kg)	本研究/(mg/kg)	<ERL比例/%	ERL～ERM比例/%	>ERM比例/%
p,p'-DDE	2.2×10^{-3}	2.7×10^{-2}	ND～2.8×10^{-1}	24	40	36
p,p'-DDD	2.0×10^{-3}	2.0×10^{-2}	ND～3.0×10^{-2}	40	58	2
p,p'-DDT	1.0×10^{-3}	7.0×10^{-3}	5.7×10^{-3}～2.5×10^{-1}	0	11	89

3 结论

湖北省三个重要城市的菜地土壤中均有有机氯农药检出：其中六六六、七氯和氯丹污染程度较低；以《加拿大土壤环境质量标准》和《土壤环境质量标准》I类背景值进行评价，滴滴涕的超标率分别为22.2%和42.2%，p,p'-DDT和p,p'-DDE比例较高。

土壤中的六六六污染主要来自林丹的使用；氯丹残留既有早期污染，也有新输入的污染；滴滴涕残留主要源于传统工业滴滴涕，既有早期污染也有新污染的输入，以好氧方式降解。

六六六处于较低的生态风险水平；滴滴涕对该地区生物造成不利影响的可能性较大。

参考文献

[1] Chung S W C，Chen B L S. Determination of organochlorine pesticide residues in fatty foods：A critical review on the analytical methods and their testing capabilities [J]. Journal of Chromatography A，2011，1218 (33)：5555-5567.

[2] 陈卫明，邓天龙，张勤，等. 土壤中有机氯农药残留的分析技术研究进展 [J]. 岩矿测试，

2009，28（2）：151-156.

[3] 刘彬，张强，贺小敏，等. ASE提取Florisil柱净化GC-ECD法测定土壤中有机氯 [J]. 环境科学与技术，2014，37（11）：132-136.

[4] 崔健，王晓光，都基众，等. 沈阳郊区表层土壤有机氯农药残留特征及风险评价 [J]. 中国地质，2014，41（5）：1705-1715.

[5] 杨国义，万开，张天彬，等. 广东省典型区域农业土壤中六六六（HCHs）和滴滴涕（DDTs）的残留及其分布特征 [J]. 环境科学研究，2008，21（1）：113-117.

[6] Eitzer B D，Mattina M I，Iannucci B W. Compositional and chiral profiles of weathered chlordane residues in soil [J]. Environmental Toxicology and Chemistry，2001，20（10）：2198-2204.

[7] 毛潇萱，丁中原，马子龙，等. 兰州周边地区土壤典型有机氯农药残留及生态风险 [J]. 环境化学，2013，32（3）：466-474.

[8] Urzelai A，Vega M，Angulo E. Deriving ecological risk-based soil quality values in the Basque Country [J]. The Science of Total Environment，2000，247：279-284.

[9] Long E R，Macdonald D D，Smith S L，et al. Incidence of adverse biological effects within ranges of chemical concentrations in marine estuarine sediment [J]. Environ. Manag.，1995，19（1）：81-97.

作者简介：刘彬（1987.1—），湖北省环境监测中心站，助理工程师，主要从事环境分析化学研究。

济南市城市绿地土壤重金属污染及潜在生态风险评价

赵　超[1]　田贵全[1]　姜腾龙[2]

1. 山东省环境监测中心站，济南　250101；

2. 济南市环境监测中心站，济南　250014

摘　要：以济南市 3 种类型城市绿地土壤作为研究对象，分析了土壤中重金属 Cd、Pb、Cr、Cu、Zn 和 Ni 的含量，并采用潜在生态风险指数法对土壤重金属的污染程度进行了评价。结果表明，各项重金属平均含量均低于《土壤环境质量标准》(GB 15618—1995) 二级标准，但高于山东省土壤背景值。各点位土壤重金属潜在生态风险指数 (*RI*) 29.37～167.48，均处于轻微生态风险水平，但土壤 Cd 存在较大的潜在生态风险。公园绿地、居民小区绿地和道路绿化带的土壤重金属污染属于轻微生态危害，潜在生态危害程度依次是道路绿化带＞居民小区绿地＞公园绿地。

关键词：城市绿地；重金属；潜在生态危害；污染评价

Assessment of the Heavy Metal Pollution and the Potential Ecological Risk in Urban Greenland Soil of Jinan City

ZHAO Chao[1]　TIAN Gui-quan[1]　JIANG Teng-long[2]

1. Shandong Provincial Environmental Monitoring Center, Jinan　250101;

2. Jinan Environmental Monitoring Center Station, Jinan 250014

Abstract: The contents of soil heavy metals, such as Cd, Pb, Cr, Cu, Zn and Ni, from three types of urban greenland in jinan, were investingated. and use the potential ecological risk index method to evaluate the degree of soil heavy metal pollution. The results showed that the mean contents of all metals are lower than their environmental quality secondary atandard values for soil (GB15618—1995), whereas exceeded that of Shandong background values soil. The potential ecological risks index (*RI*) ranged from 29.37 to 167.48, indicating a low ecological risk level, but the soil Cd greater potential ecological risks. The park greenland, the residential greenland and the road green belt of soil heavy metals are slightly ecological risk, the potential ecological risk of heavy metals in different urban greenland was the road green belt ＞the residential greenland＞the park greenland .

Key words: urban greenland; heavy metal; potential ecological risk; contamination assessment

城市绿地作为城市景观和城市生态系统的重要组成部分，不仅为人们提供了休闲游玩的场所，而且有助于改善城市生态环境质量、美化城市环境[1]。随着城市化和工业化进程的不断加快，工业、交通、生活等产生的大量污染物进入城市绿地，使得城市绿地土壤的各种性质发生变化[2]。重金属是城市绿地土壤中重要的污染物，不仅影响绿地植物的生长，而且可以通过扬尘或直接接触等途径进入人体，危害人体健康[2]。因此，研究城市绿地土壤重金属污染状况，评价其潜在危害，是城市生态环境保护的重要内容。近年来，国内学者已经研究了一些城市的绿地土壤重金属污染状况[3-8]，但对于济南市城市绿地土壤重金属污染状况及潜在生态危害评价尚未见报道。本研究对济南市公园绿地、居民小区绿地和道路绿化带等 3 种类型绿地土壤重金属污染状况进行了研究，并进行潜在生态风险评价，以期为济南市城市绿地土壤重金属污染控治和修复提供参考依据。

1 材料与方法

1.1 研究区概况

济南市位于山东省中部，地理位置为北纬36° 01′至37° 32′，东经116° 11′至117° 44′，是著名的“泉城”和国家历史文化名城，环渤海地区南翼和黄河中下游地区的中心城市，山东省政治、经济、文化、科技、教育、区域性金融中心，常住人口695.0万人。地处中纬度地带，属于暖温带半湿润季风型气候，四季分明，春季干旱少雨，夏季温热多雨，秋季凉爽干燥，冬季寒冷少雪，年平均气温13.8℃，年均降水量685mm。

1.2 样品布点与采集

本研究于2014年6月选择济南市城区公园绿地（百花公园、英雄山风景区、济南森林公园、济南、动物园、大明湖公园）、居民小区绿地（甸柳庄、山东省委宿舍、7422部队宿舍、工人新村、明湖居民小区）和道路绿化带（工业南路、英雄山路、大纬二路、济泺路、历山路）3种类型15个城市绿地，每个绿地布设3个采样点，共计45个采样点。采集0～20cm表层土壤，混匀后用四分法取1kg左右，土壤样品在室内自然风干，去除杂物后分别过2mm和0.15mm尼龙筛，装瓶备用。

1.3 分析方法

土壤样品前处理用HCL-HNO_3-HF-$HCLO_4$消解，Cd用石墨炉原子吸收分光光度法测定，Pb、Cr、Cu、Zn、Ni用电感耦合等离子体发射光谱法测定，具体操作按照《土壤环境监测技术规范》（HJ/T 166—2004）[9]有关技术规定的要求。

2 评价方法及标准

2.1 单项污染指数法和综合污染指数法

2.1.1 单项污染指数法

采用单项污染指数法土壤重金属污染状况进行评价。计算公式如下：

$$P_i = C_i / S_i$$

式中：P_i为单项污染指数；C_i为土壤污染物实测浓度；S_i为污染物的评价标准值或参考值。$P_i \leqslant 1$，表示无污染；$1 < P_i \leqslant 2$，表示轻微污染；$2 < P_i \leqslant 3$，表示轻度污染；$3 < P_i \leqslant 5$，表示重度污染；$P_i > 5$，表示重度污染。

2.1.2 综合污染指数法

综合污染指数计算公式如下：

$$P_{综} = [(P_{imax}^2 + P_{iave}^2) /2]^{1/2}$$

式中：$P_{综}$为综合污染指数；P_{imax}为最大单项污染指数；P_{iave}为平均单项污染指数。

根据综合污染指数大小，将土壤质量划分为五个等级，土壤综合污染指数分级标准见表1。

表1 土壤综合污染指数分级标准

等级	综合污染指数（$P_{综}$）	污染等级
Ⅰ	$P_{综} \leqslant 0.7$	清洁（安全）
Ⅱ	$0.7 < P_{综} \leqslant 1.0$	尚清洁（警戒限）
Ⅲ	$1 < P_{综} \leqslant 2.0$	轻度污染
Ⅳ	$2 < P_{综} \leqslant 3.0$	中度污染
Ⅴ	$P_{综} > 3.0$	重污染

2.2 潜在生态风险评价方法

重金属是具有潜在危害的重要污染物，与其他污染物的不同之处在于它们对环境危害的持久性、生物地球化学的可循环性及潜在危害性[10]。瑞典科学家 Hakanson 于 1980 年提出的重金属污染及生态危害的方法，即潜在生态风险指数法[11]。该方法不仅考虑土壤重金属含量，而且将土壤重金属的生态效应、环境效应与毒理学联系在一起，采用具有可比的、等价属性指数分级法进行评价。计算公式如下：

$$RI = \sum E_r^i$$

$$E_r^i = T_r^i \times C_f^i$$

$$C_f^i = C_{表层}^i / C_n^i$$

式中：RI 为潜在生态风险指数；E_r^i 为潜在生态危害单项系数，T_r^i 为某一重金属的毒性相应系数，Cd、Pb、Cu、Ni、Cr、Zn 的毒性相应系数分别为 30、5、5、5、2 和 1；C_f^i 为单项污染系数；$C_{表层}^i$ 为表层土壤重金属含量实测值；C_n^i 为土壤背景参考值[12]。重金属污染潜在生态危害系数和潜在生态危害指数分级标准见表 2。

表 2 潜在生态风险系数和潜在生态风险指数分级标准

潜在生态风险系数（E_r^i）	潜在生态风险指数（RI）	污染程度
$E_r^i<40$	$RI<150$	轻微生态风险
$40\leq E_r^i<80$	$150\leq RI<300$	中等生态风险
$80\leq E_r^i<160$	$300\leq RI<600$	强生态风险
$160\leq E_r^i<320$	$RI>600$	很强生态风险
$E_r^i>320$		极强生态风险

2.3 评价标准

为更准确反映济南市城市绿地土壤重金属实际污染程度，本次研究采用选用国家《土壤环境质量标准》(GB 15616—1995)[12]和山东省土壤背景值[13]中的重金属含量作为评价标准（见表 3）。

表 3 土壤重金属含量评价标准 单位：mg/kg

项目	Cd	Pb	Cr	Cu	Zn	Ni
土壤一级标准	0.20	35	90	35	100	40
土壤二级标准	0.60	350	250	100	300	60
山东省土壤背景值	0.084	25.8	66.0	24.0	63.5	25.8

3 监测与评价结果

3.1 济南市城市绿地土壤重金属监测结果

济南市城市绿地土壤重金属监测结果见表 4。与山东省土壤背景值比较，济南市城市绿地土壤中 Cd、Pb、Cr、Cu、Zn 和 Ni 的平均含量均高于背景值，其中 Cd 的平均含量约为背景值的 2 倍，Cd、Pb、Cr、Cu、Zn 和 Ni 评价含量高于山东省土壤背景值的点位数占点位总数的比例分别为 93.3%、64.4%、48.9%、88.9%、93.3%和 93.3%。6 种重金属的平均含量均低于我国《土壤环境质量标准》（GB 15618—1995）二级标准，但个别点位 Zn 的最大含量高于国家二级标准。Cd、Cr 和 Ni 的平均含量低于国家一级标准，而 Pb、Cu 和 Zn 的平均含量高于国家一级标准。

表 4 济南市城市绿地土壤重金属监测结果 单位：mg/kg

项 目	Cd	Pb	Cr	Cu	Zn	Ni
最小值	0.05	11.8	23.6	9.9	44.5	4.8
最大值	0.404	123	183	60.4	332	45.3
平均值	0.162	37.0	72.7	33.5	117.3	30.0
标准差	0.08	24.77	23.60	9.92	69.46	4.86

对不同类型城市绿地土壤 Cd、Pb、Cr、Cu、Zn 和 Ni 的含量进行了统计（表 5），以探讨济南市城市

绿地土壤重金属的可能来源。济南市城市绿地土壤中6种重金属平均含量均未超过国家二级标准，但6种重金属平均含量均超过山东省土壤背景值，说明人为的干扰活动导致城市绿地的土壤重金属含量的升高。由表4可见不同类型绿地土壤中重金属含量差异较大。居民小区绿地土壤中Pb、Cu、Zn和Ni的平均含量最高，Pb、Zn和Ni的含量分别是山东省土壤背景值1.79倍、2.22倍和1.26倍；而道路绿化带土壤中Cd和Cr的平均含量最高，Cd和Cr的含量分别是山东省土壤背景值2.36倍和1.13倍；公园绿地土壤与居民小区绿地和道路绿化带土壤比较，相对较好，但6种重金属平均含量均超过山东省土壤背景值。这说明工业、交通和生活污染已导致济南市城市绿地土壤重金属含量的升高。

表5　济南市不同城市绿地土壤重金属监测结果　　单位：mg/kg

重金属	公园绿地		居民小区绿地		道路绿化带	
	范围	均值	范围	均值	范围	均值
Cd	0.05～0.271	0.134	0.068～0.315	0.153	0.062～0.404	0.198
Pb	11.8～57.0	30.9	20.3～123	46.2	19.7～92.0	34.1
Cr	51.9～183	70.2	56.0～111	73.3	55.7～112	74.5
Cu	16.4～47.1	30.2	23.4～60.4	36.8	21.4～44.1	33.5
Zn	44.5～242	92.2	63.3～332	141	55.9～271	119
Ni	18.8～42.1	28.5	26.1～45.3	32.5	26.6～34	29.1

3.2　济南市城市绿地土壤重金属污染现状评价

采用单项污染指数法和综合污染指数法对济南市城市绿地土壤重金属污染状况进行评价，分析结果见表6。

从表6中可以看出，济南市3种类型城市绿地土壤中Cd、Pb、Cr、Cu和Ni5种重金属的单项污染指数（P_i）均小于1，处在无污染状态。有1个点位Zn的点位单项污染指数大于1，处于轻微污染水平，位于居民小区绿地。土壤综合污染指数（$P_{综}$）在0.35～0.88之间，有41个点位处于清洁水平，占点位总数的91.1%；4个点位处于尚清洁水平，占点位总数的8.9%。公园绿地土壤各点位均处于清洁水平，居民小区绿地土壤有3个点位处于尚清洁水平，道路绿化带土壤有1个点位处于尚清洁水平。

不同重金属污染程度在不同绿地中的差异与人类活动的随意性有关。居民小区绿地土壤污染可能与居民生活垃圾的堆放有关；道路绿化带中土壤污染可能与汽油和轮胎添加剂中重金属元素的使用有关。此外，工业生产排放的大量粉尘和废气，通过降水或干沉降等方式进入土壤，也是造成城市绿地土壤重金属含量高的原因之一。

表6　济南市城市绿地土壤重金属单项污染指数和综合污染指数

绿地类型	单项污染指数（P_i）						综合污染指数（$P_{综}$）
	Cd	Pb	Cr	Cu	Zn	Ni	
公园绿地	0.08～0.45	0.03～0.16	0.21～0.73	0.16～0.47	0.15～0.81	0.31～0.70	0.25～0.63
居民小区绿地	0.11～0.53	0.06～0.35	0.22～0.44	0.23～0.60	0.21～1.11	0.44～0.76	0.35～0.88
道路绿化带	0.10～0.67	0.05～0.26	0.22～0.45	0.21～0.44	0.19～0.90	0.44～0.57	0.35～0.71

3.3　济南市城市绿地土壤重金属潜在生态风险评价

济南市城市绿地土壤单个重金属潜在生态风险系数和多种重金属的潜在生态风险指数见表7。由表7可见，6种重金属的潜在生态危害系数E_r^i范围分别为：E_r^i（Cd）17.75～144.28、E_r^i（Pb）2.28～23.84、E_r^i（Cr）0.71～5.54、E_r^i（Cu）2.06～12.58、E_r^i（Zn）0.70～5.23、E_r^i（Ni）0.94～8.78。由6种重金属的潜在生态危害系数的均值来看，其潜在生态危害趋势依次为：E_r^i（Cd）＞E_r^i（Pb）＞E_r^i（Cu）＞E_r^i（Ni）＞E_r^i（Cr）＞E_r^i（Zn）。

表 7 济南市城市绿地土壤潜在生态风险系数和潜在生态风险指数

项目	潜在生态风险系数（E_r^i）						综合生态风险指数（RI）
	Cd	Pb	Cr	Cu	Zn	Ni	
最小值	17.75	2.28	0.71	2.06	0.70	0.94	29.37
最大值	144.28	23.84	5.54	12.58	5.23	8.78	167.48
平均值	57.75	7.18	2.20	6.98	1.84	5.82	81.78
标准差	27.84	4.80	0.71	2.07	1.09	0.94	32.35

根据土壤重金属潜在风险系数所对应的潜在危害程度的频数的统计（表 8），Pb、Cr、Cu、Zn 和 Ni 处于轻微生态风险，而土壤 Cd 有 24 个点位为中等生态风险水平，占点位总数的 53.3%；7 个点位达到强生态风险水平，占点位总数的 15.6%。

土壤重金属综合潜在生态风险指数（RI）的范围为 29.37～167.48，均处于轻微生态风险水平。从其频数分布可以看出，97.8%的土壤点位处于轻微生态风险程度，但有 1 个点位处于中等潜在生态风险水平，这主要与 Cd 的潜在生态风险系数较大有关。

表 8 济南市城市绿地土壤重金属潜在生态风险系数和潜在生态风险指数频数分布

单项生态风险程度	潜在生态风险系数（E_r^i）频数分布/%						综合生态风险指数（RI）频数分布/%
	Cd	Pb	Cr	Cu	Zn	Ni	
轻微	31.1	100	100	100	100	100	97.8
中等	53.3	0	0	0	0	0	2.2
强	15.6	0	0	0	0	0	0
很强	0	0	0	0	0	0	0
极强	0	0	0	0	0	0	0

对不同类型城市绿地土壤重金属进行潜在生态风险评价（表 9）。结果表明，济南市城市绿地土壤中，Cd 的潜在风险最大，3 种类型城市绿地土壤 Cd 的潜在风险系数均大于 40 小于 80，属于中等生态危害，对土壤生态环境的危害较强；Pb、Cr、Cu、Zn 和 Ni 的潜在风险系数均小于 40，属于轻微生态风险，潜在生态风险较小。

综合考虑多种重金属的潜在生态危害性，3 种类型城市绿地土壤重金属潜在生态风险指数均小于 150，属于轻微生态危害，潜在生态风险较小。不同类型绿地受重金属生态危害程度依次是：道路绿化带>居民小区绿地>公园绿地。以上分析表明，济南市城市绿地土壤重金属污染存在轻微生态危害，有必要对济南市城市绿地土壤重金属污染进行综合治理，尤其应该加强对土壤 Cd 的治理。

表 9 济南市不同城市绿地土壤重金属潜在生态风险系数和潜在生态风险指数

绿地类型	潜在生态风险系数（E_r^i）						综合生态风险指数（RI）
	Cd	Pb	Cr	Cu	Zn	Ni	
公园绿地	47.98	5.98	2.13	14.63	1.45	5.52	77.69
居民小区绿地	54.70	8.96	2.22	15.28	2.22	6.29	89.67
道路绿化带	70.58	6.60	2.26	15.51	1.87	5.65	102.48

4 结果与讨论

（1）济南市城市绿地土壤中 Cd、Pb、Cr、Cu、Zn 和 Ni 的平均含量均低于《土壤环境质量标准》（GB 15618—1995）二级标准，但高于山东省土壤背景值，个别点位 Zn 的含量超过国家二级标准。

（2）公园绿地、居民小区绿地和道路绿化带土壤中 6 种重金属平均含量均高于山东省土壤背景值。居民小区绿地土壤中 Pb、Cu、Zn 和 Ni 的含量最高，道路绿化带土壤中 Cd 和 Cr 含量最高。

（3）Cd、Pb、Cr、Cu 和 Ni 5 种重金属处在无污染状态，有 1 个点位为 Zn 轻微污染，多数点位土壤综合污染指数处于清洁水平。

（4）各点位土壤重金属潜在生态风险指数（*RI*）在 29.37～167.48 之间，均处于轻微生态风险水平。土壤 Cd 存在较大的潜在生态风险，达到中等生态危害水平，其余重金属均为轻微生态危害水平。公园绿地、居民小区绿地和道路绿化带的土壤重金属污染属于轻微生态危害，潜在生态危害程度依次是道路绿化带＞居民小区绿地＞公园绿地。

参考文献

［1］贾丽敏，陈秀玲，吕敏．漳州市不同绿地功能区土壤重金属污染特征及评价［J］．城市环境与城市生态，2013，26（3）：7-15.

［2］李敏，林玉锁．城市环境 Pb 污染及其对人体健康的影响［J］．环境监测管理与技术，2006，18（5）：6-10.

［3］史贵涛，陈振楼，许世远，等．上海市区公园土壤重金属含量及其污染评价［J］．土壤通报，2006，37（3）：490-494.

［4］卢瑛，甘海华，张波，等．深圳市城市绿地土壤中重金属的含量及化学形态分布［J］．环境科学，2009，28（2）：284-288.

［5］于法展，齐芳燕，李保杰，等．徐州市城区公园绿地土壤重金属污染及其评价［J］．城市环境与城市生态，2009，22（3）：20-23.

［6］赵卓亚，王志刚，毕拥国，等．保定市城市绿地土壤重金属分布及其风险评价［J］．河北农业大学学报，2009，32（2）：16-20.

［7］卓文珊，唐建锋，管东生．城市绿地土壤特性及人类活动的影响［J］．中山大学学报，2007，46（2）：32-35.

［8］崔邢涛，栾文楼，郭海全，等．石家庄城市土壤重金属污染及潜在生态危害评价［J］．现代地质，2011，25（1）：169-175.

［9］土壤环境监测技术规范［S］．HJ/T 166—2004.

［10］蒋增杰，方建光，张继红，等．桑沟湾沉积物重金属含量分布及潜在生态危害评价［J］．农业环境科学学报，2008，27（1）：301-305.

［11］Hakanson L. An Ecological risk index for aquatic pollution control-A sedimentological apporch［J］．Water Research. 1980. 14：975-1000.

［12］土壤环境质量标准［S］．GB 15618—1995.

［13］中国环境监测总站．中国土壤元素背景值［M］．北京：中国科学出版社，1990.

作者简介：赵超（1985.4—），男，山东省环境监测中心站，助理工程师，主要从事土壤、农村环境监测与评价研究工作。

西安城区大气 CO_2 浓度的变化特征及趋势研究

王　帆　王　照　李文韬　刘焕武
西安市环境监测站，西安　710002

摘　要：为了解西安市大气中 CO_2 的特征，于东仪路烈士陵园对 CO_2 进行了 2011—2013 年的连续观测。结果表明，西安大气中 CO_2 浓度的日变化大致呈现双峰趋势；同时，CO_2 浓度随季节变化明显，12 月最高，6—8 月最低；2011—2013 年间，CO_2 浓度和每年增幅均呈上升趋势。研究表明，西安大气中 CO_2 主要来源于化石燃料燃烧等人为源，采暖季浓度明显高于非采暖季且日变化规律存在差异，机动车尾气的排放对 CO_2 浓度每日的第二个峰值形成有重要影响。并采用 SPSS 软件对西安市 2020 年的 CO_2 浓度做预测分析，其中私家车保有量和绿化面积对 CO_2 浓度有直接影响。

关键词：西安；CO_2；日变化；季节变化；预测

Characteristics Change and Trend of Atmospheric CO_2 Concentration in Xi'an City

WANG Fan　WANG Zhao　LI Wen-tao　LIU Huan-wu
Xi'an Environmental Monitoring Station，Xi'an 710002

Abstract：The atmospheric CO_2 was monitored at martyr's park of Xi'an during 2011 and 2013 to study the characteristics. The results showed that，the daily variation of the CO_2 concentration possessed a double-peak pattern. And the atmospheric CO_2 concentration had obvious seasonal variation，its highest value appeared in December and lowest in June to August；Form 2011 to 2013，the overall CO_2 concentration and annual increases was on a rise. Studies indicated that，the atmospheric CO_2 of Xi'an mainly from anthropogenic source such as fossil fuel combustion：the concentration in heating season obviously higher than in non-heating season，and their change law were different. Vehicle exhaust emissions had a significant impact on the formation of the second peak of the diurnal changes. The SPSS software was used to predictive analysis the concentration of CO_2 in 2020，wherein the ownership of private car and the green area had a direct impact on the CO_2 concentration.

Key words：Xi'an；CO_2；seasonal variation；daily variation；forecast

1　引言

全球气候变暖已成为人类在本世纪面临的最复杂的挑战之一。CO_2 及其他温室气体浓度增加引起全球性的气候变化，特别是温室效应引起广泛关注。其中 CO_2 对温室效应的贡献率达 63%[1]。

目前，国际国内都已有对 CO_2 本底浓度的连续监测和研究[4-7]。但城市相关研究较少，近年国内如北京等对城市的 CO_2 已开展[8-11]，而西北内陆研究尚少。城市中温室气体的源和汇以及排放规律区别于其他地方，是各种人为排放源强度最大的典型，并通过大气的扩散、传输等，对更大的区域产生影响。所以在城市地区对温室气体开展连续性的监测，其数据对于掌握城市温室气体变化规律，源、汇以及对城市污染模式、气体排放模式的建立和应用都意义匪浅[12,13]。

西安是我国中西部地区人口最多、城市规模最大的城市，属于我国的发展中城市，即发展中国家的发展中城市。研究这类城市大气 CO_2 浓度的分布变化规律可为建设低碳城市奠定理论基础，对节能减排有

参考价值。[本文中涉及浓度单位均为×10^{-6}（体积百分比），也做 ppm]

2 点位选取与实验方法和仪器

2.1 点位选取

采样地点位于西安市东仪路烈士陵园（经纬度108°55′43″E，34°12′35.2″N，海拔高度422m，采样高度为5.0m），距离城中心约五公里。按功能区划分为Ⅱ类区，属于暖温带半湿润的季风气候区。本点位选址符合国家要求，监测值能够代表所在地区的整体的CO_2空气质量水平和变化规律趋势。温室气体性质稳定，每城市一点位足以反映其变化趋势及浓度水平。

2.2 实验方法和仪器

本文中样气采集为ENCON生产的自动监测采样系统，采用的监测仪器为美国API生产的M 360E型分析仪，原理是非分散红外吸收法。

仪器校准主要包括校零和校标。校零时所用零气（干燥的除去HC的气体）由M701零气发生器提供或者用氮气；校标时采用国家标物中心满度气体为1 000×10^{-6}（体积百分比）的CO_2标准气体，校准量程为满度气体的80%［设置为400×10^{-6}（体积百分比)]。仪器校准的周期为零跨检查每周一次，并根据需要进行校准，其中零点漂移需满足±0.25×10^{-6}/24 h，跨度漂移需满足读数的±0.5%/24 h。

本研究中，参照环境空气自动监测技术规范（HJ/T 193—2005），在仪器断电、校准、仪器故障及仪器预热期间的数据均为无效数据，不参加统计。

3 结果与分析

本文对西安城区大气中CO_2进行了全年365天连续不间断监测，2011—2013年共监测有效小时均值数据24 925个，有效捕获数据率达94.9%。本文在以上数据的基础上来分析其含量特征、浓度随季节变化及日变化。

3.1 CO_2浓度的日变化

2011—2013年，CO_2浓度的日变化大致呈现双峰趋势，峰值出现在每日8时左右和22—23时，后者高于前者。0时从高的浓度水平呈缓慢的下降趋势，4—5时后略有回升，8时后又呈下降趋势，16—17时降至全日最低，之后逐步升高，22—23时达到日最高浓度。3年中CO_2浓度的日变化幅度平均约为27×10^{-6}。CO_2浓度的日变化趋势见由图1。

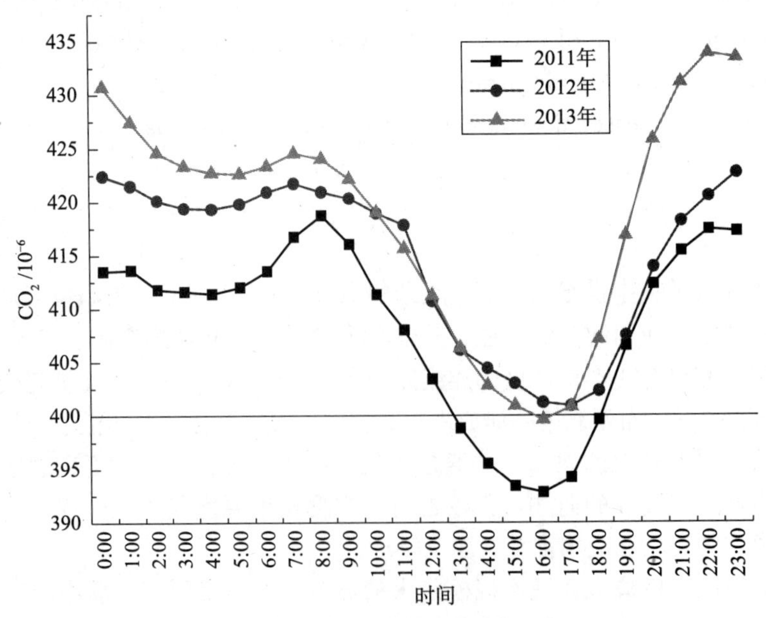

图1 CO_2浓度日变化特征

可能的原因是，20时至次日5时植物光合作用弱，而土壤和生物呼吸以及工业生产等的排放在空气中累积，导致CO_2浓度逐渐升高。随着日出，光合作用逐渐增强，CO_2浓度有所下降，但8时为早高峰，机动车尾气和餐饮行业等的化石燃料燃烧排放骤增，导致CO_2浓度升高，因此在8时左右出现第一个峰值。8时以后，随着日照增强、光合作用逐渐加强和对流传输等，CO_2浓度逐渐降低，16—17时降至全日最低。而伴随晚高峰的到来，CO_2浓度又呈上升趋势，同时日落后光合作用减弱，土壤和生物呼吸以及工业生产等的排放在空气中累积，导致CO_2浓度逐渐升高，在22—23时出现第二个峰值，且高于8时左右。可能原因是，日落以后至0时，城市中人类活动未明显减少，机动车尾气排放和餐饮行业等的化石燃料燃烧应该是导致CO_2浓度升高的主要原因；而在早高峰之前（1—6时），城市中人类活动少于日落以后至0时。由此可见，机动车尾气等的排放是引起西安市CO_2浓度升高的主要原因，人类活动对CO_2浓度变化影响显著。

3.2 采暖季与非采暖季的变化

2011—2013年，采暖季与非采暖季的CO_2浓度均呈现双峰趋势，采暖季的峰值分别出现在9时和23时，后者大于前者；非采暖季的峰值分别出现在7时和23时，前者略大于后者。采暖季和非采暖季每日的最低值均出现在16时。可见图2。

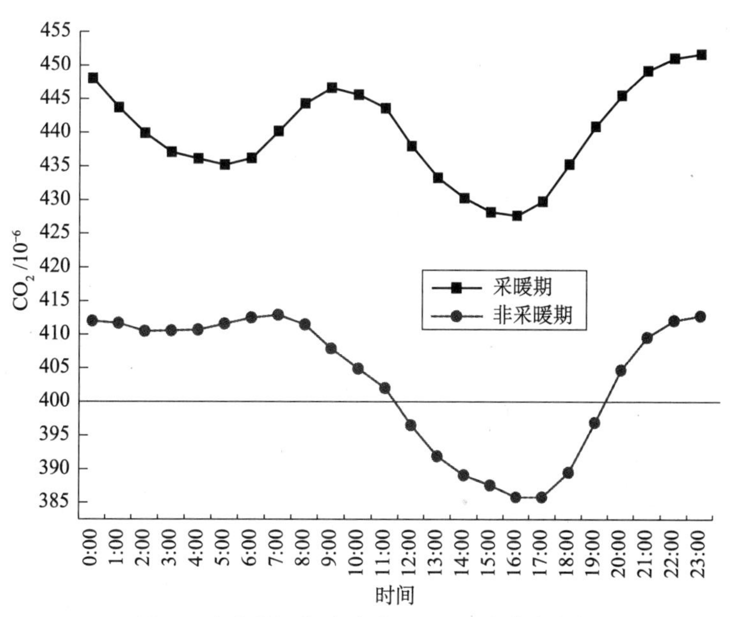

图2 采暖季与非采暖季CO_2日平均浓度变化

采暖季和非采暖季西安大气中的CO_2浓度均已超过了大气本底值，说明西安城区的CO_2浓度主要受人为因素的影响。采暖季的CO_2浓度明显高于非采暖季，是由于采暖季期间化石燃料燃烧的大幅增加，加之冬季光合作用降至全年最弱，同时，西安冬季寒冷少雨雪，常出现逆温天气，气象条件不利于CO_2的扩散。这说明了化石燃料的燃烧是西安城区大气中CO_2的主要来源。同时，采暖季与非采暖季的日变化对比也说明了采暖季中化石燃料的燃烧对CO_2的变化规律有重要影响。非采暖季期间，0时至7时呈现先降后升的趋势，总的变化幅度不大，7时以后随着光照和光合作用的增强，CO_2的浓度逐渐降低，16时后呈上升趋势，其中18—20时增幅最大（7.4×10^{-6}，7.7×10^{-6}），与每日晚高峰时段重合；由于非采暖季期间化石燃料燃烧大大减少，说明每日的第二个峰值主要是受汽车尾气排放的影响。

3.3 CO_2浓度的年变化

2011—2013年，西安城区大气中CO_2平均浓度约为$414\pm29\times10^{-6}$。从全年的日均浓度来看，西安城区大气中的CO_2浓度大致呈先降后升趋势。浓度最低值均出现在每年的6月末到7月，最高值均出现在12月下旬到1月初，即春、夏季低，秋、冬季高。三年间，西安大气中CO_2浓度水平总体呈逐年上升趋势，且变化幅度也略有增大（2011 年：409±22×10^{-6}，2012 年：415±28×10^{-6}，2013 年：419±34×10^{-6}），年增长率为 0.8 %。2011—2013 年，日均值浓度超过 400×10^{-6}的天数依次为：210 天、237 天、242 天，分别占到当年的 58%、65%、66%，均呈现逐年上升的趋势。由图 3 可见。

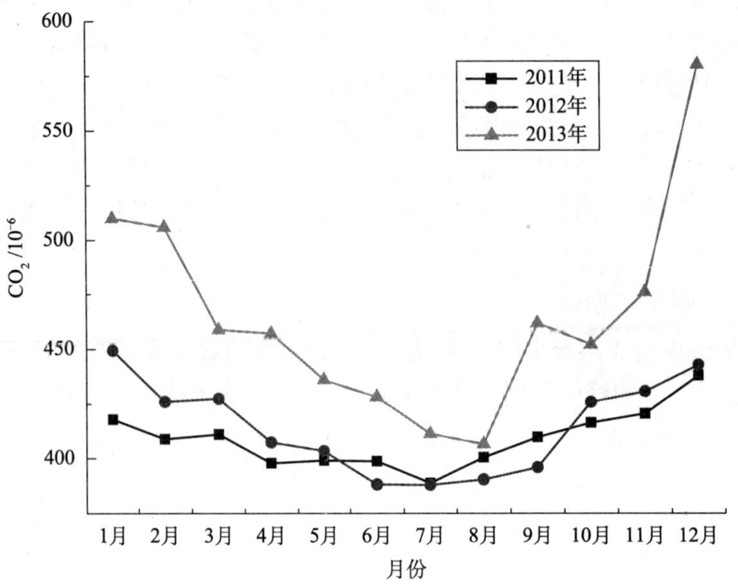

图 3　不同年份 CO_2 月平均浓度的变化特征

4　CO_2 趋势预测

从 2013 年初起，全球多个监测点位的日均值已超限值（400×10^{-6}），并以每年 3×10^{-6}速度递增。西安城区大气中的 CO_2 浓度将以每年约 3.13×10^{-6}的速度增长，若保持目前的年增长趋势（0.8 %），已高于全球增长速度（3×10^{-6}）。在国家相关标准中，虽未将大气中的 CO_2 列入污染物，但其对全球气候的危害性有目共睹。

2011—2013 年西安市常住人口数量、全年生产总值（GDP）、全市机动车保有量（包括私人轿车保有量），城市绿化面积见表 1。以上因素是西安市年国民经济和社会发展的重要指标，为探究其与城区大气中 CO_2 浓度的相关性，采用数据分析软件 SPSS 对以上指标项目与城区大气中 CO_2 浓度进行了皮尔逊（Pearson）相关性分析，见表 2。

表 1　2011—2013 年城市发展状况

项目	城市常住人口/万人	GDP/亿元	机动车数量/万辆	私人汽车保有量/万辆	绿化面积/万 m^2
2011 年	851.34	3 864.21	117.49	97.67	11 290
2012 年	855.29	4 369.37	160.82	139.96	12 488
2013 年	858.81	4 884.13	186.21	141.24	14 332
年平均增长率%	1.03	12.23	16.53	20.03	12.69

由表 2 可知，CO_2 浓度与西安市常住人口数量、GDP、全市机动车保有量、城市绿化面积均有极强的相关性，以上因素对 CO_2 浓度的相关性排序为：全市机动车保有量>西安市常住人口数量>GDP>城市绿化面积。根据显著性（双侧）检验，全市机动车保有量与西安城区大气中的 CO_2 浓度为显著相关。即在 2011—2013 年间，相比于其他因素，全市机动车保有量对城区大气中的 CO_2 浓度影响最大。这说明近几年全市机动车保有量的迅速增长（其中私人汽车保有量增长迅速），给西安城区的空气造成很大的压力，同时也说明如城市绿化面积虽也呈增加趋势，但对西安城区大气中 CO_2 的汇，仍未起到预期的效果。

表 2　2011—2013 年城市发展状况与城区大气中 CO_2 的相关性分析

项目		CO_2年浓度	西安市常住人口数量/万人	GDP/亿元	全市机动车保有量/万辆	私家车保有量/万辆	城市绿化面积/万 m^2
CO_2年浓度	Pearson 相关性	1	0.992	0.987	1.000**	0.942	0.962
	显著性（双侧）		0.078	0.103	0.004	0.217	0.177

注：** 在 0.01 水平（双侧）上显著相关。

通过 SPSS 软件的回归分析功能进行计算，综合考虑上述因素，得到了线性回归方程，由于共线性诊断的原因，回归方程中移除了城市常住人口、GDP、机动车数量等变量，即认为城区大气中 CO_2 浓度与私家车保有量和绿化面积有直接关系，经过 SPASS 软件分析完成后，即得到以下线性回归方程：

$$CO_2\text{浓度}=373.97\times10^{-6}+0.106\times\text{私家车保有量}+0.002\times\text{绿化面积}$$

此回归模型可用于城区大气中 CO_2 浓度的预测，即若私家车保有量和绿化面积不受其他因素影响，仍以目前的增长速率发展，到 2020 年，西安城区大气中 CO_2 浓度应为：

$$CO_2\text{浓度}=373.97\times10^{-6}+0.106\times141.24\times(1+20.03\%)\hat{}7+0.002\times14\,332\times(1+12.69\%)\hat{}7$$
$$=493.86\times10^{-6}$$

预测数值与 2013 年（$419\pm34\times10^{-6}$）相比，增长了 17.77%，这一数值不仅直指大气污染的严重程度，更会令人类生存受到威胁，随着城市化进程的加快，西安城区大气中的 CO_2 浓度将会继续升高，且增长速度会继续加快。若要将西安城区中的 CO_2 浓度维持在 2013 年的水平上，相关部门应调整产业结构和能源结构，大力发展公共交通，同时采用或开发新的技术来减少燃烧、交通和建筑过程中 CO_2 的排放，对已经排出的 CO_2 利用自然环境吸收，必要时采取经济手段来促进节能减排措施的全面实施。

希望本文的研究能为政府部门在城市规划中规范 CO_2 的排放提供一定的依据，引起相关部门的重视，加大对私家车保有量增长速度和城区绿化面积的控制，将西安打造成一个低碳、绿色的国际化大都市。

5　结论

通过对以上分析结果的讨论可以得出以下结论：

（1）西安城区大气中 CO_2 浓度的日变化呈现双峰趋势，峰值分别出现在每日 8 时左右以及 22—23 时，其中后者高于前者。日落以后至 0 时，城市中人类活动未明显减少，机动车尾气排放和餐饮行业等的化石燃料燃烧应该是导致 CO_2 浓度升高的主要原因。

（2）采暖季和非采暖季西安大气中的 CO_2 浓度均已超过了大气本底值 400×10^{-6}，说明西安城区的 CO_2 浓度受人为影响严重。采暖季的 CO_2 浓度明显高于非采暖季且日变化规律存在差异，说明采暖季期间化石燃料的燃烧对 CO_2 的变化规律有重要影响，也说明每日的第二个峰值的形成主要是受汽车尾气排放影响。

（3）2011—2013 年间，西安大气中 CO_2 平均浓度约为 $414\pm29\times10^{-6}$，这 3 年间，西安大气中 CO_2 浓度水平总体呈上升趋势，且变化幅度也略有增大，年增长率为 0.8 %。

（4）为探究国民经济发展的相关指标项目与西安市城区大气中 CO_2 浓度的相关性，利用 SPSS 软件进行了皮尔逊（Pearson）相关分析，其中全市机动车保有量与 CO_2 浓度为显著相关。采用 SPSS 软件预测分析 2020 年西安市大气中 CO_2 的浓度为 493.86×10^{-6}，其中私家车保有量和绿化面积对 CO_2 浓度有直接影响。

参考文献

［1］白冰，李小春，刘延锋，等．中国 CO_2 集中排放源调查及其分布特征［J］．岩石力学与工程学报，2006，25（1）：2918-2922.

［2］王明星，张仁键，郑循华，等．温室气体的源与汇［J］．气候与环境研究，2000，5（1）：75-79.

[3] 张芳. 大气 CO_2、CH_4 和 CO 浓度资料再分析及其源汇研究 [D]. 北京：中国气象科学研究院，2011.

[4] 刘立新，周凌晞，张晓春，等. 我国 4 个国家级本底站大气 CO_2 浓度变化特征 [J]. 中国科学，2009，39 (2)：222-228.

[5] Levin I，Graui R，Trivettban. long term observations of atmospheric CO_2 and carbon isotopes at continental sites in Germany [J]. Tellus，1995，47B：23-34.

[6] 嵇晓燕，杨龙元，王跃思，等. 太湖流域近地表主要温室气体本底浓度特征 [J]. 环境监测管理与技术，2006，18 (3)：11-15.

[7] 赵玉成，温玉璞，德力格尔，等. 青海瓦里关大气 CO_2 本底浓度的变化特征 [J]. 中国环境科学，2006，26 (1)：1-5.

[8] 李晶，王跃思，刘强，等. 北京市两种主要温室气体浓度的日变化 [J]. 气候与环境研究，2006，11 (1)：50-56.

[9] 郭毅. 西安市大气 CO_2 时空分布研究 [D]. 西安：陕西师范大学，2011.

[10] 王长科，王跃思，刘广仁. 北京城市大气 CO_2 浓度变化特征及影响因素 [J]. 环境科学，2003，24 (4)：13-17.

[11] 刘强，王跃思，王明星，等. 北京大气中主要温室气体近 10 年变化趋势 [J]. 大气科学，2005，29 (2)：267-271.

[12] 韩斌，孔少飞，白志鹏，等. 天津近海大气 CH_4、N_2O 和 CO_2 季节变化与来源 [J]. 中国科学，2010，(5)：666-676.

[13] 蔡博峰. 中国城市温室气体排放清单研究 [J]. 中国人口·资源与环境，2012，22 (1)：21-27.

作者简介：王帆 (1986.5—)，西安市环境监测站，助理工程师，从事环境空气质量监测工作。

近岸海域环境质量监测点位调整工作要点的探讨

李　曌[1]　刘　方[1]　陈　平[1]　李俊龙[1]　丁　页[1]　张铃松[2]　刘喜惠[1]

1. 中国环境监测总站，北京　100012；

2. 中国环境科学研究院，北京　10012

摘　要：根据《近岸海域环境监测点位布设技术规范》的要求，结合实际工作中可能出现的问题，探讨了近岸海域环境质量监测点位调整工作程序及要点，提出了按照方案制定、现场调研、点位调整必要性分析、试监测、调整技术报告和资料汇总的工作程序开展工作，并提出了每项程序中的工作要点。

关键词：近岸海域；点位调整；工作要点

Discussion on Key Points of Coastal Position Adjustment of Monitoring the Marine Environment Quality

LI Zhao[1]　LIU Fang[1]　CHEN Ping[1]　LI Jun-long[1]　DING Ye[1]　ZHANG Ling-song[2]　LIU Xi-hui[1]

1. China National Environmental Monitoring Centre, Beijing 100012;

2. Chinese Research Academy of Environmental Sciences, Beijing 100012

Abstract: According to the requirement of *Specifications on spot location of monitoring sites related to coastal area environment*, and consideration of potential issues in practical work, position adjustment procedure and key points of coastal area environment quality monitoring is discussed hereinafter. The work should be conducted according to the following procedure: planning, field research, necessity analysis on position adjustment, test monitoring, adjusting technical report and data summary. Key points for every procedure is also introduced in this article.

Key words: coastal area; position adjustment; key points

近岸海域是海洋环境中受人类活动影响最为直接的区域，研究显示，近年来我国近岸海域环境质量总体有所好转但局部污染问题依然严峻[1]。同时，沿海开发、围海造地、近海自然湿地面积减少也给近岸海域生态环境保护带来压力，据统计，2003—2013 年间沿海湿地面积减少 14.58 万 hm^2[2,3]。为了加强对沿岸污染的监督管理，环境保护部 2014 年发布了《近岸海域环境监测点位布设技术规范》（HJ 730—2014），该规范要求对临岸区域进行了加密布设[4]，明确了点位调整的基本条件和点位调整的技术要求。在实际点位调整工作中，按照规范要求调整布设监测点位，还需要进一步探讨近岸海域环境质量监测点位调整工作程序以及要点。

1　调整工作方案的制订

1.1　资料调研

为了开展点位调整工作，在调整前应收集调整区域社会及经济发展等规划、调整区域能获得的最新卫星图片、测绘部门发布的最新电子地图等基础资料。利用资料分析区域地理、岸线及海域利用等情况。

1.2　制订预调整方案

根据资料调研结果，对照《技术规范》相关要求，初步分析现有点位是否满足规范要求，不符合要求的，按照《技术规范》增设监测点位，符合要求的，保留原点位格局。《国家近岸海域环境质量监测点位管理办法》规定了3种可以调整的情况，即“沿岸属性发生变化”、“所在海域属性发生变化”和“填海导致周边环境发生重大变化”，因此，点位调整工作的重点应该是以上所列举三种情况的区域，按照《技术规范》要求，调整方式分别为自然岸线改变为滨海城镇、人口密集区、重要港口、工业园区，按照《技术规范》5.1.2.1规定，增加设置监测点位；原监测点位所在海域有改变为养殖区或建设了海上工程，按《技术规范》5.1.2.1规定，增设监测点位；填海导致周边环境发生重大变化，监测点位被填或已不能代表所在海域的环境质量时，撤销原监测点位，按《技术规范》5.1.2规定另行设置监测点位。

按照《环境质量监测点位管理办法》要求，环境质量监测点位共分为国家、省、市、县四级，还包括近岸海域功能区管理需要而设置的功能区监测点位，为了提高监测效率，避免监测资源不必要的浪费，保持监测结果的连续性，增设的国控点位可将原有监测点位升级为国控监测点位，可以有效减少工作量。

2 现场调研

现场调研分陆地和海上两部分，陆地现场调研重点考察岸线的利用情况，结合资料调研确定的岸线利用情况有针对性地选择调研地点，结合定位设备以照片形式反映；海上调研重点考察海域使用情况以及开展监测的可实施性，同样以照片形式反映。调研以反映岸线及应用情况为目的，岸线利用情况调查时，卫星图片分析中确定调查重点，如工业区、养殖区、规划开发的海岸线等设置调查点位；海域调查时针对养殖区和海洋工程，调查的同时确认监测采样的可实施性。

使用定位设备时，因定位设备本身产生的误差，可在定位前选择多个定位设备定位，取合理定位的结果。

3 点位调整必要性分析

根据现场调研情况，对照《技术规范》相关要求，论证预调整方案是否满足规范要求，分3种情况论证，对不需要调整即满足要求的，提出不需要调整的结论；对需要调整即满足要求的，提出需要调整或增设点位的结论；对预调整方案不能实现规范要求的，提出预调整方案的修改意见并提出需要调整或增设点位的结论。

4 试监测

制定试监测方案一般包括监测项目、相关方法和质控措施等。监测项目可以按照国家监测方案规定每期必测项目和在该区域监测中超过一类标准[5]的项目确定；监测方法和质控措施按照《近岸海域环境监测规范》相关要求执行[6]。

在区域原有监测点位增设的国控监测点位，为减少工作量，可以利用日常监测中均获得有监测结果作为试监测结果使用。

5 调整技术报告

按照《技术规范》要求，监测点位调整技术报告相关内容应包括：①背景和依据：一般包括国家和地方组织点位调整通知、《管理办法》和《技术规范》等；②现有监测点位情况介绍：位置、临近沿岸利用变化或现状（附照片）、海域环境变化或现状（附照片）；③点位调整需求分析结果：对照《技术规范》论述现有点位设置是否满足设置的技术要求，已满足《技术规范》要求的，提出不调整或增设的结论，根据情况提出建议，不能满足要求的，提出需要调整或增设点位的结论；④新增和调整的依据：分析因环境变化对应《技术规范》的具体条款，提出新增和调整初步方案，包括增加点位区域和数量，初步选定的位置的基本信息；⑤工作方案和试监测内容：根据新增和调整初步方案确定调整的工作方案，包括现场调查、试监测内容、工作计划及实施情况；⑥监测结果与分析：根据试监测结果，结合原有点位监测结果，进行点位调整前后反映水质变化情况分析，对超标定类污染因子进行项目分析，结合实际情况，分析可能造成变化的原因等；⑦结论与建议：根据上述结果或结论，汇总调整后监测点位信息。对发现的问题提出建议，如对与辖区边界点位设置和存在的问题、工作中存在的不合理现象和改进措施等。

根据资料完善点位信息，一般包括经纬度信息、行政区划信息（省、试、区县）、地理区域信息（海区、海域等）、生态环境资料（生态系统类型、底质类型、物理化学水文特征等）、水质管理信息（管理类别及目标类别等）等信息，位于河口的监测点位记录受影响的河流、断面及所属流域，与功能区监测点位重合的完善功能区相关信息（包括功能区代码、功能区名称、功能区管理类别、功能区目标类别、功能区使用功能、功能区面积、功能区点位代表面积等）。

6 资料汇总

在完成报告编制工作后，整理汇总资料信息，包括前期资料、预调整方案、现场调研资料、点位调整必要性分析、试监测方案、监测结果、调整技术报告等，按照工作要求提供论证资料。论证工作完成后及时归档为以后的点位调整工作留作基础资料。

参考文献

[1] 刘方．近岸海域环境监测现状及对策．环境保护．2013，41（1）：23-25.

[2] 中国统计年鉴．北京：国家统计局，2004. http：//www. stats. gov. cn/tjs.

[3] 中国统计年鉴．北京：国家统计局，2014. http：//www. stats. gov. cn/tjsj/ndsj/.

[4] HJ 730—2014. 近岸海域环境监测点位布设技术规范．

[5] GB 3097—1997. 海水水质标准．

[6] HJ 442—2008. 近岸海域环境监测规范．

作者简介：李曌（1984. 9—），中国环境监测总站工程师，海洋环境监测。

重庆地区 2013—2014 年酸雨污染状况

张灿[1,2]　张关丽[1]　孟小星[1]　张卫东[2,3]　翟崇治[1]　周志恩[3]

1. 重庆市环境监测中心，重庆　401147；

2. 城市大气环境综合观测与污染防控重庆市重点实验室，重庆　401147；

3. 重庆市环境科学研究院，重庆　401147

摘　要： 为研究重庆市酸雨污染现状，2013—2014 年在城区点海扶、近郊北碚点和远郊四面山点进行了降水样品采集和分析。研究发现，海扶、北碚和四面山酸雨频率分别为 62.3%、92.6%和 84.2%。重庆地区春、冬两季更容易形成酸雨；近郊酸雨污染最重，城区最轻。降雨量越大，pH 越高，酸雨频率越低。降水中的主要离子为 SO_4^{2-}、NO_3^-、Ca^{2+} 和 NH_4^+，城区降水中离子浓度大于近郊和远郊，一、四季度离子浓度较高。[SO_4^{2-}] / [NO_3^-] 为 2.16～2.55，反映了重庆地区酸雨为已经从 20 世纪八九十年代的硫酸型转变为硫酸和硝酸混合型。NO_3^- 对降水的影响逐年明显。

关键词： 重庆；酸雨；pH；离子

Acid Rain Pollution in Chongqing Area from 2013 to 2014

ZHANG Can[1,2]　ZHANG Guan-li[1]　MENG Xiao-xing[1]　ZHANG Wei-dong[2,3]

PEI Chong-zhi[1]　ZHOU Zhi-en[3]

1. Chongqing Environmental Monitoring Centre, Chongqing 401147;

2. Chongqing Key Laboratory for Urban Atmospheric Environment of Integrated Observation and Pollution Prevention and Control, Chongqing 401147;

3. Chongqing Academy of Environmental Science, Chongqing 401147

Abstract: To study the present situation of acid rain pollution in Chongqing area, precipitation in urban area Haifu, suburbs area Beibei and suburban area Simian Mountain were sampled and analyzed in the year of 2013 and 2014. The results show that, HIFU, and surrounded by mountains acid rain frequencies were 62.3%, 92.6% and 84.2% in Haifu, Beibei and Simian Mountain respectively. Acid rain was more likely to occur in spring and winter, the pollution was more severe in suburbs area and more light in urban area. pH was higher and acid rain frequency was lower with greater rainfall. The major ions in precipitation were SO_4^{2-}、NO_3^-、Ca^{2+} and NH_4^+ with higher concentrations in the first and the fourth quarter, and ion concentrations in precipitation of urban area were greater than that in urban and suburban areas. [SO_4^{2-}] / [NO_3^-] were 2.16～2.55 which reflected that acid rain in Chongqing was already transformed from sulfuric acid in 1980s and 1990s to sulfuric and nitric mixed acid. The impact of NO_3^- on precipitation was yearly significantly.

Key words: Chongqing; acid rain; pH; ion

酸雨是目前主要的大气环境问题之一。酸雨给生态环境、经济社会发展和公众健康带来极大的影响[1]。我国的酸雨主要在位于长江以南，以西南、华南地区较为突出，20 世纪 90 年代开始进一步向长江以北蔓延，重庆是我国西南地区的酸雨中心地带，全市 40 个区、县属于国家酸雨控制区的区、县达到 22 个[2]。重庆市从 1979 年就开始了酸雨监测工作，随着产业结构的调整和污染治理，与上世纪相比，酸雨污染程度已经有较大减缓，但经济的持续高速发展导致能源需求量逐年增大，燃煤和汽车尾气污染物排放的硫氧化物和氮氧化物逐年大幅增加，酸雨仍是重庆地区主要的大气环境问题之一。但近年缺乏对重庆酸雨的报道，研究重庆酸雨对于研究对近年来西南地区酸雨成因、最新发展态势有重要意义。本文对重庆城区、近郊和远郊近两年的降水监测数据进行时空分布和组分特征分析，研究结果将为重庆市酸雨控制和治理提供一定的科学依据。

1 材料与方法

1.1 样品采集和处理

本次研究的三个监测点分别位于重庆市区照母山脚下海扶医院楼上（29.625 0N，106.509 4E，以下简称海扶）、重庆北碚区缙云山电力宾馆楼上（29.835 5N，106.374 6E，以下简称北碚）以及位于重庆市区西南部的江津区四面山思齐园宾馆楼上（28.650 6N，106.408 9E，以下简称四面山），分别代表城区点、近郊点和远郊点（HJ/T 165—2004），如图 1 所示。布点采样依据《酸沉降监测技术规范》。

2013 年 1 月—2014 年 12 月采用浙江恒达仪器仪表有限公司 ZJC-V 系列智能酸沉降采样器进行样品采集，降雨（雪）24h 采样一次，若一天中有几次降雨（雪）过程，合并为一个样品测定；若连续降雨（雪），则以每天的上午 9：00 到次日 9：00 的降雨（雪）为一次雨样。采用无色聚乙烯塑料瓶保存降水样品，取下的样品首先称重，然后取一部分测定 pH（酸碱度），其余的采用美国 PALL 0.45μm 的有机微孔滤膜过滤后，在冰箱 5℃保存以备测定离子组分。

图 1 酸雨监测点位分布图

1.2 样品分析和数据处理

测定项目包括降雨（雪）量、pH 以及 SO_4^{2-}、NO_3^-、F^-、Cl^- 4 种阴离子和 NH_4^+、Ca^{2+}、Mg^{2+}、Na^+、K^+ 5 种阳离子。pH 采用电极法，仪器采用 DDS-11A 型电导率仪和梅特勒 320pH 计。离子组分采

用戴安 A-1100 离子色谱仪测定。pH 和离子组分计算月、季和年平均时，均按照《空气与废气监测方法》第四版中降水监测的数据处理方法，采用与雨量的加权平均计算。

2 结果与讨论

2.1 酸雨频率

2013 年酸雨频率为 80.8%，其中酸雨雨量占总雨量的 70.6%。2014 年酸雨频率为 77.1%，酸雨量占总雨量的 69.5%，酸雨频率与酸雨雨量均较 2013 年下降。由此看出，重庆全年降雨的大部分是酸雨，2014 年由于降雨次数多、雨量大，酸雨污染较 2013 年稍有减缓。

从点位来看，两年总降雨量四面山＞海扶＞北碚，而酸雨雨量则是四面山＞北碚＞海扶，酸雨频率则是北碚＞四面山＞海扶，分别为 92.6%、84.6%、62.3%，见图 2。2014 年各点的降雨量均大于 2013 年，和 2014 年南方雨水较多的天气形势有关。但酸雨频率除了北碚高于 2013 年外，其他两点都比 2013 年低，说明与 2013 年相比，城区点和远郊点 2014 年酸雨有所减缓，而近郊点有所加重。

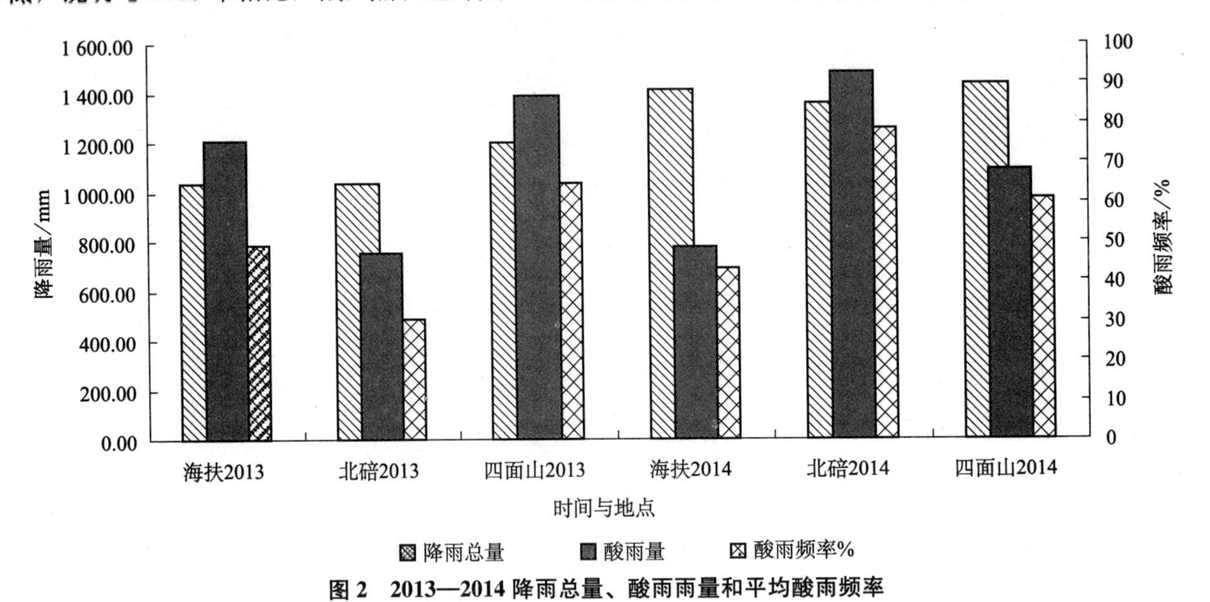

图 2 2013—2014 降雨总量、酸雨雨量和平均酸雨频率

从图 3 可以看出 5—6 月、8—9 月降雨量较高，1—2 月、12 月较低；而酸雨频率则相反，降雨量越大，酸雨频率越低。可以看出，冬季酸雨频率高，说明冬季酸雨污染较严重。

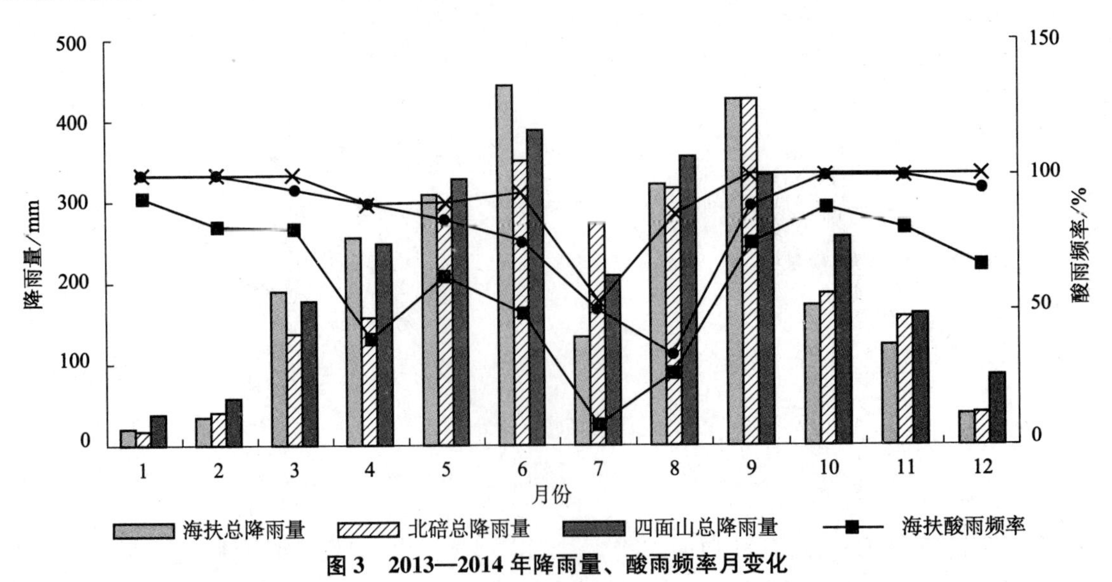

图 3 2013—2014 年降雨量、酸雨频率月变化

2.2 酸雨 pH

当降水 pH 值小于 5.6 时称为酸雨，小于 4.5 时称为强酸雨，介于 4.5 和 5.6 之间称为弱酸雨，大于等于 5.6 时称为非酸雨[3]。如表 1 所示，重庆地区强酸雨频率较高，尤其在近郊北碚，90%以上的酸雨为强酸雨，远郊四面山强酸雨频率最低，但也在 50%以上。远郊 2014 年强酸雨频率比 2013 年增加，但其余两个点有所减小。20 世纪八九十年代，而主城区“十雨九酸”，酸雨 pH 值平均在 4 左右[4-5]。从 2013—2014 年酸雨 pH 来看，平均值 3.31～4.19，与上世纪相比，没有明显改善。2014 年降水 pH 值相对 2013 年升高，说明 2014 年酸雨污染程度有所减缓，这说明重庆市环保部门采取大力措施控制燃煤、电厂脱硫脱硝以及淘汰落后产能有所成效。

表 1　三个测点 2013—2014 年降水中 pH

监测点	年份	降水 pH 范围	降水 pH 平均值	酸雨 pH 范围	酸雨 pH 平均值	酸雨次数	强酸雨次数	强酸雨频率
四面山	2013	3.27～7.18	3.83	3.27～5.56	3.75	115	65	56.5%
四面山	2014	3.49～6.71	4.1	3.49～5.59	4.04	146	106	72.6%
北碚	2013	3.17～6.22	3.46	3.17～5.46	3.31	96	93	96.9%
北碚	2014	3.11～6.1	3.73	3.11～5.46	3.58	136	126	92.6%
海扶	2013	3.49～7.04	4.49	3.49～5.47	3.85	115	102	88.7%
海扶	2014	3.36～6.88	4.67	3.36～5.59	4.19	156	126	80.8%

注：强酸雨频率为强酸雨次数与酸雨次数的比值。

与全国其他城市酸雨情况的比较见表 2，重庆城区酸雨污染状况与广安、贵州浙江相似，比福州、厦门等沿海城市稍微严重，比济南、石家庄等北方城市严重。

表 2　重庆酸雨与其他城市的比较

城市	降水 pH	酸雨频率	监测年份
重庆（城区）	4.49～4.67	62.3%	2013—2014 年
广安[6]	4.7		2010 年上半年
贵州都匀[7]	4.49～6.81		2013 年 3 月—2014 年 2 月
南宁[1]	3.59～7.21	31.5%	2013 年
福州[3]	5	60%	2012 年
厦门[3]	5.3	52%	2012 年
广州[8]	4.65		2012 年
浙江省[9]	4.5	67.4%	2012 年
浙江省[9]	4.3	64.4%	2013 年
临安（大气本底站）[10]	3.73～4.88		1985—2009 年
济南[11]	5.74	30.2%	2012 年
石家庄[12]	5.88	4.35%	2012 年

从表 3 月份分布看，海扶 1—12 月降水均为酸雨，其中 1 月、3 月、9 月、10 月 pH 小于 4.5，为强酸雨；北碚 1—12 月降水均为酸雨，其中每月均为强酸雨；四面山 1—12 月降水均为酸雨，除 7 月外，其余月份均为强酸雨；pH 平均值城区（海扶）＞远郊（四面山）＞近郊（北碚）；酸雨频率则相反，近郊（北碚）＞远郊（四面山）＞城区（海扶），见图 3。近郊点降水 pH 低、酸雨频率高，是酸雨比较严重的地区，这主要和它上风向和周围的环境有关，如上风向合川电厂、水泥厂燃煤的影响等，周边城市的污染输送导致其酸雨较严重，反映了酸雨的区域性污染特征。另外，这还与各监测点代表的区域有关，如海扶点，位于城区，公路扬尘、施工工地等排放的碱性颗粒物，都有可能导致 pH 升高。

表 3　3 个监测点位 pH 月变化

测点	海扶	北碚	四面山
1	4.37	3.32	3.52
2	4.68	3.37	3.79

续表

测点	海扶	北碚	四面山
3	4.19	3.42	3.64
4	5.05	3.47	4.08
5	4.67	3.38	4.12
6	4.63	3.53	4.13
7	5.49	4.46	4.83
8	5.01	3.84	4.6
9	4.14	3.39	4.12
10	3.92	3.29	3.5
11	4.52	3.55	4.29
12	4.66	3.68	3.61
两年平均	4.61	3.56	4.02

整体看，pH 值在 1—3 月、10—12 月较低，4—9 月间较高，呈由低到高再到低趋势；这说明春冬季节降雨酸度和频率均要高于夏秋季节，春冬季节酸雨污染较严重。这一规律与福州、厦门市[3]、南宁[1]、浙江省[9]的研究结果一致。而北方的三门峡市[13]和太原市[14]研究发现，夏季和秋季为酸雨较严重，春季冬季较轻。济南市也发现，秋季降水酸度最强、酸雨频率最大[11]。广州春季酸雨污染严重，夏、秋季次之，而冬季酸雨污染相对较轻[8]。大气本底站临安降水 pH 各月均值均小于 4.5，与夏季降水 pH 相比，秋冬季节的酸雨污染状况比较严重[10]。

以上结果说明，酸雨污染存在地域性特征，南北方有一定差异，北方土壤的碱性物质含量高，大气颗粒物中的碱性物质浓度也高于酸性物质，在降雨中这些大气颗粒物对酸性降水具有较大的中和缓冲能力，冬、春季沙尘天气较多，因此酸雨频率并不高，酸度也不强。相反，南方大气颗粒物中碱性物质浓度低，其缓冲能力低于北方，这也导致了中国酸雨主要发生在碱性物质含量低，土壤 pH 值较低的南方地区。

另外，pH 变化也和降雨量的变化趋势有一定关系，雨量越大，洗脱的颗粒物速度越快，酸性颗粒物被洗脱后 pH 明显上升，酸雨频率越小，见图 4；雨量越小，酸雨频率越大，酸雨污染越严重，也反映了春冬季节相比夏秋季更容易出现酸雨。

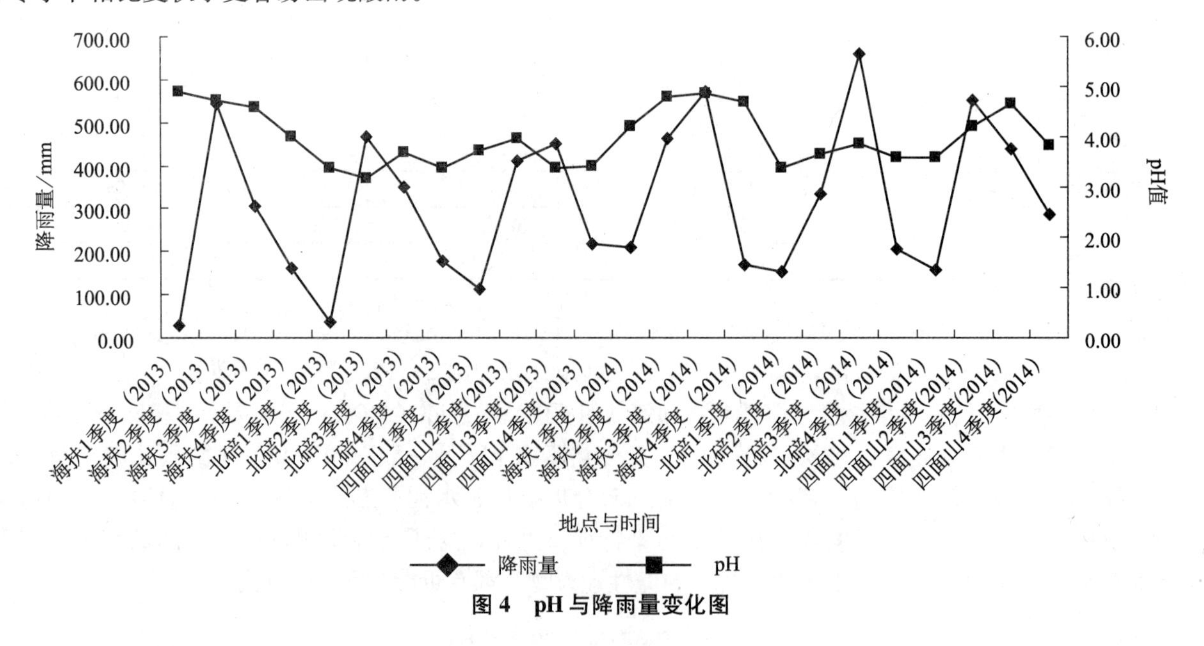

图 4　pH 与降雨量变化图

2.3　离子组分

离子组分浓度见表 4，SO_4^{2-} 浓度最大，离子浓度依次为 SO_4^{2-} >NO_3^- > NH_4^+（Ca^{2+}）> Cl^- > K^+ > Mg^{2+}（Na^+）> F^-；从地区来看，主要污染离子浓度城区（海扶）>近郊（北碚）>远郊（四面山）。

城区的 SO_4^{2-}、NO_3^-、Ca^{2+} 和 NH_4^+ 总是大于近郊和远郊，主要是城区周围的环境结构相对复杂，机动车、工业企业、施工工地等相对多，因此污染物排放量也较高；离城区越远，污染源越少，相对的污染物就越少，离子浓度也相对较小。

表 4　降水的主要各离子组分浓度

浓度/(mg/L)	年份	SO_4^{2-}	NO_3^-	F^-	Cl^-	NH_4^+	Ca^{2+}	Mg^{2+}	Na^+	K^+
海扶	2013	10.24	4.61	0.12	0.47	2.54	2.80	0.20	0.17	0.46
海扶	2014	8.06	3.96	0.11	0.39	2.09	2.17	0.17	0.15	0.36
北碚	2013	8.20	3.40	0.09	0.27	1.70	1.32	0.11	0.11	0.22
北碚	2014	5.86	2.86	0.08	0.20	1.25	1.02	0.10	0.11	0.18
四面山	2013	7.14	3.14	0.10	0.51	1.83	1.27	0.12	0.23	0.33
四面山	2014	6.40	3.05	0.09	0.49	1.80	1.14	0.12	0.19	0.29

重庆地区降水中 SO_4^{2-} 占阴离子浓度的平均比例为 63%左右，NO_3^- 占 30%左右，阳离子中，Ca^{2+} 和 NH_4^+ 占总的阳离子浓度的 80%～90%。因此，阳离子中 Ca^{2+} 和 NH_4^+ 占主要比例，它们在降水中主要起到中和酸性离子的作用。故 SO_4^{2-}、NO_3^-、Ca^{2+} 和 NH_4^+ 这 4 种离子为影响酸雨程度的主要因素。

SO_4^{2-}、NO_3^- 浓度相对 20 世纪 80 年代重庆降水中的 SO_4^{2-} 的比例为 70%～90%，NO_3^- 不超过 10%[15] 有了较大变化，降水中 SO_4^{2-} 比重降低，NO_3^- 升高，这和城市发展相关很大，20 世纪末重庆主要是以燃煤为主的工业化建设，造成以硫酸性为主的酸雨；直辖以后，轻工业的发展，汽车行业和汽车数量大增及石油用量增大，汽车尾气的大量排放等原因造成 NO_3^- 呈上升趋势。

由图 5 可知，每个监测点在 4 个季度中，各主要离子的变化都会从高到低再升高的“凹”型趋势。尤其是 SO_4^{2-}，其变化趋势特别明显，一、四季度浓度均要高于其他两季度，特别是一季度。也就是说，一、四季度污染重于二、三季度，这和降雨量有明显关系；二、三季度降雨量较大，其主要离子组分偏低，降雨量较小，其主要离子组分相对较高，这是由于较大的降雨量对大气中的污染物有一定的洗脱作用，降雨时空气质量较好，污染物浓度小，而且较大的降雨量对污染物浓度有稀释作用[16]。

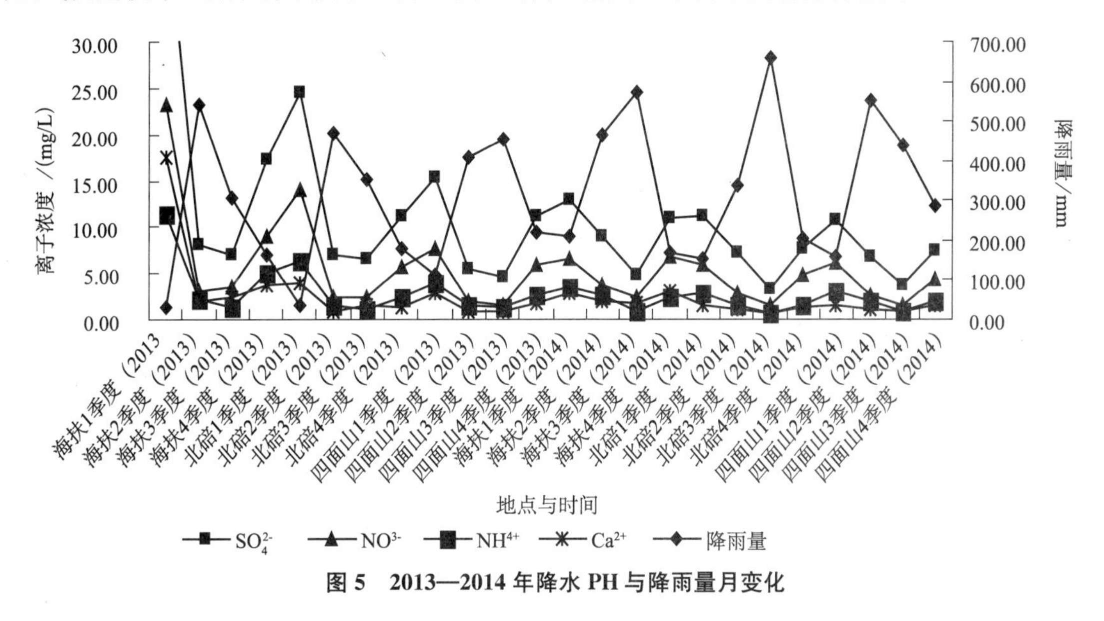

图 5　2013—2014 年降水 PH 与降雨量月变化

[SO_4^{2-}]/[NO_3^-] 表征酸雨类型是硫酸型、硝酸型还是硫酸和硝酸混合型[17-18]，当 0.5<[SO_4^{2-}]/[NO_3^-]<3 时，认为是硫酸和硝酸混合型。2013 年，海扶、北碚、四面山 [SO_4^{2-}]/[NO_3^-] 分别为 2.33、2.52、2.55；2014 年，海扶、北碚、四面山 [SO_4^{2-}]/[NO_3^-] 分别为 2.16、2.22、2.26。说明重庆地区酸雨为已经从 20 世纪八九十年代的硫酸型转变为硫酸和硝酸混合型。与 2001—2007 年重庆降水 [SO_4^{2-}]/[NO_3^-] 为 2.75～3.29[19] 相比，比值减小，且 2014 年 [SO_4^{2-}]/[NO_3^-] 比 2013 年降低，说

明 NO_3^- 对降水的影响逐年明显。该值低于贵州[7]研究值 5.02，高于临安本地站[10] 1.69，与石家庄[12]研究值 2.65 较为接近。

3 结论

(1) 2013—2014 年，重庆城区海扶、近郊北碚和远郊四面山的酸雨频率分别为 62.3%、92.6%和 84.2%；强酸雨频率较高；春冬季节酸雨污染严重。

(2) pH 值城区（海扶）>远郊（四面山）>近郊（北碚）；酸雨频率近郊>远郊>城区，近郊酸雨污染最重，而城区酸雨污染最轻。

(3) 降雨量越大，pH 越高，酸雨频率越低。

(4) 降水中离子浓度依次为 SO_4^{2-} > NO_3^- > NH_4^+（Ca^{2+}）> Cl^- > K^+ > Mg^{2+}（Na^+）> F^-；主要污染离子浓度城区>近郊>远郊。一、四季度降水中离子浓度较高。

(5) 重庆地区降水中 SO_4^{2-} 占阴离子浓度的 63%左右，NO_3 占 30%左右；Ca^{2+} 和 NH_4^+ 占总的阳离子浓度的 80%～90%。2013—2014 年，[SO_4^{2-}] / [NO_3^-] 为 2.16～2.55，重庆地区酸雨为已经从 20 世纪八九十年代的硫酸型转变为硫酸和硝酸混合型。NO_3^- 对降水的影响逐年明显。

参考文献

[1] 黄磊，王庆国. 广西南宁市酸雨特征及影响因素分析 [J]. 贵州气象. 2014，6 (38)：52-54.

[2] 张勇. 重庆市“十五期间”酸雨污染特征及成因分析 [J]. 西南大学学报（自然科学版），2007，29 (4)：164-168.

[3] 郑秋萍，王宏，陈彬彬，等. 1992—2012 年福州市和厦门市酸雨变化特征及影响因素 [J]. 环境科学. 2014，35 (10)：3644-3650.

[4] 陈桂元. 重庆地区污染源及其对酸雨的影响 [J]. 重庆环境科学，1991，13 (5)：2-5.

[5] 孟小星，姜文华，张卫东. 重庆酸雨地区森林生态系统土壤、植被与地表水现状分析 [J]. 重庆环境科学. 2003，25 (12)：71-73.

[6] 余恒，史箴，全利，等. 广安市城区 2010 年上半年酸雨频率较高的成因分析 [J]. 中国环境监测. 2014，30 (6)：72-76.

[7] 程佳惠，李金娟，孙广权，等. 典型酸雨城市降水、降尘中阴阳离子分布特征及其相关性 [J]. 环境科学学报. 2014，DOI：10.13671/j. hjkxxb. 2014. 1023.

[8] 王志春. 广州地区酸雨长期变化趋势分析 [J]. 气象科技，2014，42 (5)：922-927.

[9] 陈小素，金建卓，杨万裕. 近 6 年浙江省酸雨时空分布特征分析 [C]. 2014，第 31 届中国气象学会年会 S6 大气成分与天气 \ 气候变化.

[10] 赵伟，康丽莉，林惠娟，等. 临安大气本底站酸雨污染变化特征与影响因素分析 [J]. 中国环境监测，2012，28 (4)：9-13.

[11] 杨何. 济南市近年酸雨特征及其影响因素 [C]. 2014，第 31 届中国气象学会年会 S6 大气成分与天气、气候变化.

[12] 洪纲，周静博，兰雅莉，等. 石家庄市酸雨污染特征及其成因分析 [J]. 河北工业科技，2014，31 (6)：547-551.

[13] 方红娟，效文娟，孙俊艳，等. 2007—2013 年三门峡市酸雨变化特征分析 [C]. 2014，第 31 届中国气象学会年会 S6 大气成分与天气、气候化.

[14] 李莹，王雁，闫世明，等. 太原市酸雨变化特征及影响因素分析 [J]. 中国农学通报，2014，30 (23)：230-236.

[15] 赵殿五. 西南地区酸雨的形成、影响和对策. 北京. 酸雨的形成与影响 [C]. 1987，1：2-24.

[16] 刘筱琳，李杰，熊万明，等. 南岸区酸雨污染现状及成因分析 [J]. 2012，27 (7)：135-141.

[17] Huang K，Zhang G S，Xu C，et al. The chemistry of the severe acidic precipitation in shanghai，china [J]. Atmospheric Research. 2008，89 (1-2)：149-160.

[18] 黄嫣旻. 上海市“十一五”期间酸雨状况与成因分析 [J]. 环境监控与预警，2013，5 (4)：32-39.

[19] 孟小星，陈军，张丹. 重庆市 3 种不同类型监测点降水成分比较及趋势分析 [J]. 安徽农业科学，2009，37 (32)：16135-16138.

作者简介：张灿 (1982.7—)，女，副高级工程师，重庆市环境监测中心，主要从事颗粒物来源解析、空气质量预报等大气环境领域相关工作。

日本农田土壤环境质量监测概述

陈　平
中国环境监测总站，北京　100012

摘　要：1970年日本颁布《农用地土壤污染防治法》，指定镉（后增加铜和砷）为特定有害物质，制定环境质量标准，开展农田土壤环境质量监测，开始了农田土壤污染的防治工作。20世纪日本的农田土壤监测和污染防治以防治重金属污染为主并取得显著成效。2011年日本311大地震引发福岛核电站放射性物质泄漏从而造成日本大面积土壤被放射性物质污染，为此2011年8月，颁布《防治因2011年3月11日东北地方太平洋地震引发核电站泄漏事故排放的放射性污染物质对环境造成污染的特别措施法》（以下简称《放射性物质污染对策特别措施法》），正式开展了土壤中放射性污染物质的防治工作。本文根据日本环境白书、发布的监测数据和土壤环境监测质量报告、日本土壤环境质量标准等文件并在查询大量相关资料的基础上，概述了日本农田土壤环境质量监测概况。

关键词：日本；农田；土壤污染；环境监测

Overview on Environmental Quality Monitoring of Farmland Soil in Japan

CHEN　Ping
China National Environmental Monitoring Centre，Beijing 100012

Abstract：Based on the Agricultural land soil pollution prevention Law issued by Japan in 1970，it was pointed that cadmium（Cd）[copper（Cu）and arsenic（As）wereadded later] was a specific harmful substance，so the environmental quality standards were formulated，theenvironmental quality monitoring of the farmland soil wasdeveloped，and the prevention of farmland soil pollution was started. The farmland soilmonitoring and pollution prevention in the last century in Japan focused on the prevention of heavy metal pollution and gotremarkable effect. In 2011，due to 311 earthquake of Japan，the radioactive materials in the Fukushima Nuclear Power Station were leaked，as a result，a large-area soil in Japan was polluted by the radioactive materials，therefore，Act on special measures concerning the pollution to the environment by the radioactive pollutants discharged by the leakage accident of nuclear power station due to Pacific earthquake in Tohoku of Japan on March 11，2011（hereinafter referred to as Act on Special Measures concerning the Handling of Pollution by Radioactive Materials）was issued in August 2011，and the prevention of the radioactive pollutant in soil was formally developed. Based on the white written report on environment in Japan，published monitoring data and soil environmental monitoring quality report，soil environmental quality standards in Japan and otherdocuments and on the basis of inquiring a lot of relevant data，this paper summarized the overview on environmentalquality monitoring of the farmland soil in Japan.

Key words：Japan；agricultural land；soil Contamination；environmental monitoring

前　言

日本在明治维新后开始近代工业发展，“二战”后更是进入经济高速发展阶段，伴随着工业化和城市化进程的不断深入和扩大，从而引发的环境问题也十分突出，世界八大公害之一的“痛痛病”就是由于重金属镉污染土壤造成，土壤污染防治是日本政府在20世纪及本世纪的重要工作之一。不同历史阶段产生和发现的土壤污染问题不同，防治的对策和重点也有所不同，日本土壤污染防治针对于不同地域不同污染物质开展防治工作。20世纪日本农田土壤污染防治主要是针对于重金属污染，而在2011年日本311大地震后，农田土壤放射性物质污染的防治工作成为重中之重。

污染防治必须首先制定环境质量标准、开展环境质量监测以了解污染状况和分析污染来源才能确定污染区域，开展防治工作。日本土壤环境质量标准参见参考文献，本文不再赘述；本文就日本农田土壤环境质量监测的开展情况做一概述。

1 农田土壤重金属污染监测

1.1 农田土壤重金属污染监测的背景和依据

日本环境白书和农田土壤环境监测报告显示，日本农田土壤污染监测开始于1970年，至今为止一直持续进行农田土壤环境质量监测，以了解土壤污染状况及治理成效。

矿山众多，工厂与农用地相邻较近的日本，在全国各地都发生过因从金属矿山排出的镉、铜以及砷等有害物质的累计而导致的农用地土壤污染事例。污染的农用地全部为水田。其理由在于，供给水田用水的河流上游有金属矿山、废渣堆积场以及其废址所在地，其灌溉用水受到污染流入水田造成污染[3]。

日本对农业用地的土壤环境监测工作以及法律法规的制定起因于富山县发现的公害病—重金属镉污染所致的痛痛病的出现。1968年日本官方首次承认痛痛病源于金属镉污染，1970年为解决因金属镉污染土壤，造成国民受害的问题，修订1967年颁布的《公害对策基本法》，将土壤污染纳入典型公害范围，为防治农田土壤污染，保护人类健康，制定《农用地土壤污染防治法》，将镉（大米中的镉含量）、铜(1972)、砷（1975）3个项目指定为特定有害物[1,3,5]。法律规定地方政府在被污染区域确定之后，划定“农用地土壤污染对策地域”，制定“农用地土壤污染对策规划”，根据治理规划进行污染治理工作，在完成污染治理并得到确认后，解除划定的污染对策地域。法律第11条第2款规定：地方政府必须对农田特定有害物进行常规监测并将监测结果上报环境大臣。法律第12条规定：地方政府必须实施对所辖区域的农田土壤特定有害物质污染状况的常规监测并公布监测结果。

1.2 开展农田土壤重金属污染监测的概况

20世纪70年代初，随着日本各地金属镉污染土壤的形势日趋严重，日本为掌握土壤污染状况，开展了全国普查工作，包括以下调查：①各地开展的农田土壤污染普查和详查（细密调查）；②重金属类污染土壤状况全国概况调查；③废弃矿山周边地域环境调查（土壤、农作物），调查情况见表1。

1979—1998年，为了解农田土壤概况，农林水产省组织各地开展“土壤环境基础调查”，调查选取2万个具有代表性的采样点，对各地土壤的为例化学特性，及土壤管理状况等进行了调查监测工作。调查项目中土壤污染监测项目有：Cd、Cu、As、Zn、Pb、Hg、Ni、Cr。此项调查虽然是为了解土壤状况而进行，但也为了解土壤重金属污染状况提供了基础资料[15]。

表1 日本20世纪70年代土壤污染监测与调查概况表[5-14]

调查名称	实施年	调查范围（行政区域数目）都道府县简称为县	调查面积/hm^2	点位数	监测项目	数据来源：环境白书
①土壤污染防治对策细密调查	1971	35个都道府县117个地域	11 700	4 600	镉	1972年
	1972	27县76地域	9 600		镉	1974年
		7县8地域	1 100		铜	
	1973	31县108地域	10 700		镉	1975年
		18县22地域	3 200		铜	
	1974	30县87地域	13 600		镉	1976年
		16县30地域	2 400		铜	
	1975	34县138地域	10 900		镉	1977年
		9县15地域	1 400		铜	
		8县10地域	560		砷	

续表

调查名称	实施年	调查范围（行政区域数目）都道府县简称为县	调查面积/hm²	点位数	监测项目	数据来源：环境白书
	1978	17 县 36 地域	3,810		镉	1980 年
		8 县 13 地域	630		铜	
		8 县 9 地域	660		砷	
②重金属类污染土壤状况全国概况调查	1971	污染源附近、灌溉系统等与土壤相关的周边地带，采样点设置原则：水田为 1 000 公顷选取采样点 1 个，旱田为 2 000 公顷选取 1 个采样点位，对农作物和土壤进行监测。每年在相同地点开展连续监测。		4 106	镉、铜、锌	1973 年
	1972			4 100	镉、铜、锌	
				3 905	铅	
				4 100	砷	
	1973			约 4 090	镉、铜、锌、铅、砷	1975 年
③废弃矿山周边地域环境调查	1972	83 个废弃矿区		1 028	镉、铜、砷、锌	1974 年

随着“农用地土壤污染对策地域”的划定及相应污染治理工作的开展，“对策地域”的土壤污染监测也相继开展，以了解治理成效；随着污染治理工作的完成，“解除地域”的监测工作也相继进行。为规范农田土壤污染监测工作的开展，2000 年环境省发布告示《农用地土壤污染防治法规定的法定受托事物处理基准》，制定了开展农田土壤监测的基本内容和方法，此处理基准实际上即为我们所说的技术规范，以下简称为“农用地土壤处理基准”。“农用地土壤处理基准”是日本环境省为开展土壤污染状况监测而制定的统一技术方法，基准规定地方政府必须根据《农用地土壤污染防治法》第 11 条第 2 款，对农田土壤进行常规监测，开展常规监测的方法根据调查的种类而制定。常规监测种类包括细密调查（普查和详查）、对策地域调查、解除地域调查和 cross check 调查（调查精度质控检查）。地方政府必须根据调查结果掌握土壤状况并上报调查结果和予以信息公开。

由于农田土壤重金属污染治理成效显著，至 21 世纪，农田土壤污染监测范围大幅缩小，超标地域也大幅下降。根据 2013 年度《农田土壤污染防治法施行状况》（农田土壤污染监测报告）数据，2013 年“细密调查”范围为 2 县 7 地域，1 617.09hm²，铜和砷没有需要调查的地域。“对策地域”调查范围为 5 县 6 地域，未发现超标地域。解除地域调查范围是 2 县 2 地域，未发现超标地域[16]。

2　日本农田土壤放射性污染物质监测

2.1　农田土壤放射性污染物质监测的背景和依据

2011 年 3 月 11 日东日本发生日本有观测记录以来规模最大的地震，地震引起的海啸、火灾以及由于大地震造成福岛核电站的核泄漏事故使得放射性物质污染对日本的国土环境和国民健康造成极大威胁，为此 2011 年 8 月，颁布《防治因 2011 年 3 月 11 日东北地方太平洋地震引发核电站泄漏事故排放的放射性污染物质对环境造成污染的特别措施法》（以下简称《放射性物质污染对策特别措施法》），正式开展了放射性污染物质的防治工作。法律规定了“去除污染特别地域”和“污染情况重点调查区域”的划定原则，规定在重灾区实施污染去除工作，包括开展监测、处理危险废弃物、去除污染作业等重点工作

311 大地震引发的福岛核电站的核泄漏对以福岛县为中心的广大地区农田造成日本有史以来最为严重的农田高浓度核污染。由于^{137}Cs（铯-137）的半衰期长达 30.1 年，其进入土壤后对农作物、环境及人类健康造成不利影响，为此 2011 年 8 月农林水产省发布土壤中放射性物质暂定容许值（土壤污染物质暂定标准），超过暂定容许值的土壤要进行污染去除处理，处理过的农田土壤经过跟踪监测确认达标后方可使用[1]。

2.2　农田土壤放射性污染物质监测概况

在 311 大地震之后，日本政府制定监测规划，对震后引发的核电站事故造成的核污染实施监测。根据不同监测对象，确定负责实施监测的部门。农地土壤的放射性物质监测由农林水产省负责，农林水产省从确保食品安全性的角度出发，对农田土壤、林地和牧草等实施监测。从 2011 年开始对福岛县及周边地

域实施监测，并根据监测数据制作“农田土壤放射性物质浓度分布图”，其浓度值为^{137}Cs和^{134}Cs的浓度值之和，至2013年8月已经实施监测并更新分布图3次。具体情况见表2[16]。

表2 日本农田土壤放射性物质（^{137}Cs和^{134}Cs）监测概况表

数据发布时间	对象地域	调查点位数/个	
2011年8月	福岛县、宫城县、枥木县、群马县、茨城县、千叶县	580	福岛县（360，62%）；其余5县（220）
2012年3月	福岛县及周边6地域（同2011年），增加9个县，共计15个县	3 400	福岛县（2 200，64%）；其余14个县（1 200）
2013年8月	福岛县及周边，共6个县	446	福岛县（360，81%）；其余5县（86）

3 日本农田土壤环境质量监测的特点

日本的农田土壤监测，具有依法监测，开展监测针对性强的特点。具体分述如下：

3.1 依法开展监测

日本的环境监测工作流程为：①发生污染事故或发现环境风险较大的污染物质。②立法，制定法律、法令、施行令、环境质量标准、技术规范等法规。③依法开展监测。④公布监测数据、治理措施和结果[17]。日本农田土壤环境质量监测也遵循此流程，从立法到信息公开都是依法认真执行。

3.2 开展农田土壤污染监测的针对性很强

日本农田土壤环境质量监测针对性强，具体体现在监测项目选取和监测实施地域范围两个方面。

3.2.1 日本农田土壤重金属污染监测项目选取和监测实施的地域范围特点

第一，在监测项目的选取方面，日本土壤污染起因于重金属污染对人类健康和生活环境的威胁，开展监测也是以重金属为主，在调查分析基础上，依据法律上制定特定有害物质（镉、铜、砷）开展监测。

第二，日本在开展农田土壤污染监测时，监测点位的布置具有很强的针对性，主要重污染区域或有可能产生污染的地域监测点位密度大，见表3；同时进行普查时，开展调查监测范围遍及日本国土，而在治理成效显著，污染面积缩小时，开展重点区域监测（见表1），比如“对策地域”，“ 解除对策地域”的监测，同时重视质量控制工作（cross check 调查）。

表3 日本农田土壤对策地域数据表（依据：细密调查数据，示例）

<table>
<tr><th>年度</th><th>地名
（都道府县）</th><th>地域</th><th>调查对象
面积/ hm²</th><th>调查点
位数/个</th><th>超标点
位/个</th><th>污染
因子</th><th>数据来源</th></tr>
<tr><td rowspan="5">1971</td><td rowspan="2">群马县</td><td>渡良濑川流域</td><td>1 300</td><td>267</td><td>11</td><td rowspan="9">镉</td><td rowspan="5">1973年版环境白书
表4-5-3</td></tr>
<tr><td>碓氷川流域</td><td>700</td><td>210</td><td>23</td></tr>
<tr><td rowspan="2">富山县</td><td>黑部</td><td>295</td><td>201</td><td>5</td></tr>
<tr><td>妇中</td><td>731</td><td>292</td><td>46</td></tr>
<tr><td>长崎县</td><td>对马</td><td>8.32</td><td>94</td><td>31</td></tr>
<tr><td rowspan="4">1974</td><td>群马县</td><td>碓氷川流域</td><td>751</td><td>172</td><td>27</td><td rowspan="4">1974年版环境白书
表4-6-2</td></tr>
<tr><td>富山县</td><td>神通川流域</td><td>550</td><td>220</td><td>17</td></tr>
<tr><td>群马县</td><td>渡良濑川流域</td><td>250</td><td>100</td><td>94</td></tr>
<tr><td>静冈县</td><td>青野川流域（南伊豆）</td><td>195</td><td>78</td><td>18</td></tr>
<tr><td rowspan="2">1976</td><td>秋田县</td><td>平鹿</td><td>1 317</td><td>1 045</td><td>53</td><td rowspan="2">镉</td><td rowspan="2">1978年版环境白书
表5-4-2</td></tr>
<tr><td>兵库县</td><td>东芝电子太子分工厂周边地域</td><td>15</td><td>6</td><td>2</td></tr>
</table>

3.2.2 日本农田土壤放射性污染物质监测项目选取和监测实施的地域范围特点

表2表明，日本农田土壤放射性污染物质监测的项目选取和实施地点均具有很强的针对性，根据日本环境省等部门全方位，多角度的连续监测，经过对各种核素监测结果的分析，确定了铯是对环境造成放射性污染的主要污染物质，因此把铯作为监测项目并设置暂定容许值（ 土壤污染物质暂定标准）。而监测

点位的布设，则以重灾区福岛县及周边地域为主，福岛县的监测点位是密度最大的地区，占60%以上。

4 结语

环境监测是对环境质量状况进行监视性测定的活动，作为监视和跟踪环境质量的有效技术手段，可以为了解环境质量状况，评价环境质量好坏，为行政管理部门制定环境保护和治理决策提供必要的基础数据，为污染治理的相关研究提供基础数据和依据。日本的农田土壤环境监测，起源于农田重金属污染而引发的威胁人类健康的“痛痛病”的出现，针对于农田的重金属污染形势，农田土壤监测的重点在于重金属监测，在农田土壤重金属污染得到有效控制后，农田土壤污染的监测作为一种常规监测手段，仍然在相关区域开展监测并形成监测报告，在每年公布的环境白书中有所体现。而在2011年日本311大地震后，农田土壤放射性物质污染的防治工作成为重中之重。日本政府在大地震和核泄漏事故之后迅速开展监测，根据监测数据，制定相关治理法律法规，制定相应污染物标准，对污染区域进行例行和监督性监测，为有效治理污染提供了重要的基础数据。

无论是20世纪的“痛痛病”的出现，还是本世纪311大地震引发的核泄漏造成的核污染事故，日本政府面临的农田污染形势都是十分严峻的。面对严峻的污染形势，日本开展的农田环境质量监测是在依法监测、规范监测的条件下进行，同时开展监测的针对性也非常强，使得监测工作的进度和质量能够得到保证，这些措施和工作方式以及所取得的成效，可以为我国农田土壤环境质量监测工作提供有效参考和借鉴。

参考文献

[1] 陈平. 日本土壤环境质量标准体系现状及启示 [J]. 环境与可持续发展，2014，39 (6)：154-159.

[2] 陈平. 日本土壤环境质量标准体系形成历程及特点 [J]. 环境与可持续发展，2015，40 (2)：105-111.

[3] 陈平，等. 日本土壤环境标准与污染现状 [J]. 中国环境监测，2004，20 (3)：63-66.

[4] 陆泗进，等. 中国土壤环境调查评价与监测 [J]. 中国环境监测，2014，30 (6)：19-26.

[5] 環境庁. 昭和46年版公害白書 [EB/OL]. 昭和46年5月 [2015-04-27]. http：//www.env.go.jp/policy/hakusyo/hakusyo.php3? kid=146.

[6] 環境庁. 昭和47年版公害白書 [EB/OL]. 昭和47年5月 [2015-04-27]. http：//www.env.go.jp/policy/hakusyo/hakusyo.php3? kid=147.

[7] 環境庁. 昭和48年版公害白書 [EB/OL]. 昭和48年5月 [2015-04-27]. http：//www.env.go.jp/policy/hakusyo/hakusyo.php3? kid=148.

[8] 環境庁. 昭和49年版公害白書 [EB/OL]. 昭和49年5月 [2015-04-27]. http：//www.env.go.jp/policy/hakusyo/hakusyo.php3? kid=149.

[9] 環境庁. 昭和50年版公害白書 [EB/OL]. 昭和50年6月 [2015-04-27]. http：//www.env.go.jp/policy/hakusyo/hakusyo.php3? kid=150.

[10] 環境庁. 昭和51年版公害白書 [EB/OL]. 昭和51年6月 [2015-04-27]. http：//www.env.go.jp/policy/hakusyo/hakusyo.php3? kid=151.

[11] 環境庁. 昭和52年版公害白書 [EB/OL]. 昭和52年6月 [2015-04-27]. http：//www.env.go.jp/policy/hakusyo/hakusyo.php3? kid=152.

[12] 環境庁. 昭和53年版公害白書 [EB/OL]. 昭和53年6月 [2015-04-27]. http：//www.env.go.jp/policy/hakusyo/hakusyo.php3? kid=153.

[13] 環境庁. 昭和 54 年版公害白書 [EB/OL]. 昭和 54 年 6 月 [2015-04-27]. http://www.env.go.jp/policy/hakusyo/hakusyo.php3?kid=154.

[14] 環境庁. 昭和 55 年版公害白書 [EB/OL]. 昭和 55 年 6 月 [2015-04-27]. http://www.env.go.jp/policy/hakusyo/hakusyo.php3?kid=155.

[15] 農業環境技術研究所. 土壌情報の出典，土壌環境基礎調査 [EB/OL]. 2015 年 5 月 [2015-05-01]. http://agrimesh.dc.affrc.go.jp/soil_db/source.phtml. 土壌環境基礎調査（定点調査）解析結果概要 [EB/OL]. [2015-04-29]. http://soilgc.job.affrc.go.jp/TEITENsokuho/teitenga.PDF.

[16] 農林水産省. 農地土壌の放射性物質濃度分布図等のデータについて. [EB/OL]. [2015-05-03]. http://www.s.affrc.go.jp/docs/map/h25/250809.htm；農地土壌の放射性濃度分布図の作成について. 平成 25 年 8 月 9 日 . http://www.s.affrc.go.jp/docs/press/130809.htm；農地土壌の放射性物質濃度分布図の作成について. 平成 24 年 3 月 23 日 http://www.s.affrc.go.jp/docs/press/120323.htm；農地土壌の放射性物質濃度分布図の作成について. 平成 23 年 8 月 30 日 http://www.s.affrc.go.jp/docs/press/110830.htm.

[17] 陈平，等. 日本海洋环境质量标准体系现状及启示 [J]. 环境与可持续发展，2012，37 (6)，69-76.

[18] 環境省. 汚染状況重点調査地域における除染の進捗状況. 平成 26 年版環境・循環型社会・生物多様性白書 p69. 平成 26 年 6 月 6 日 . [EB/OL]. [2015-05-04]. https://www.env.go.jp/policy/hakusyo/h26/pdf/full.pdf.

[19] 環境省水・大気環境局. 平成 25 年度農用地土壌汚染防止法の施行状況 [EB/OL]. 平成 26 年 12 月 [2015-04-27]. http://www.env.go.jp/press/files/jp/26606.pdf.

[20] 環境省. 環境省水・大気環境局長. 環水大土発第 100726001 号.「農用地の土壌の汚染防止等に関する法律における法定受託事務の処理基準について」の全部改正について [EB/OL]. 平成 22 年 7 月 26 日 [2014-09-07]. http://www.env.go.jp/water/dojo/nouyo/law/no100726001.pdf. a) 細密調査実施細則，http://www.env.go.jp/water/dojo/nouyo/law/no100726001-a.pdf；b) 対策地域調査実施細則 http://www.env.go.jp/water/dojo/nouyo/law/no100726001-b.pdf；c) 解除地域調査実施細則 http://www.env.go.jp/water/dojo/nouyo/law/no100726001-c.pdf；d) クロスチェック調査実施細則 http://www.env.go.jp/water/dojo/nouyo/law/no100726001-d.pdf.

[21] 王业耀，等. 我国土壤环境质量监测技术路线研究 [J]. 中国环境监测，2012，28 (3)：116-120.

[22] 刘廷良，等. 土壤环境监测现存问题与展望 [J]. 中国环境监测，1997，13 (1)：46-51.

作者简介：陈平（1964—），女，回族，吉林长春人，理学・文学硕士，高级工程师，专业领域：环境监测与评价，日本环境监测技术发展历程及技术体系研究。

开封市大气雾霾防治研究

王广华　虎　华　王晓东　李　琳

开封市环境监测站，开封　475000

摘　要：本文从雾霾的危害，开封市雾霾污染现状，开封市雾霾产生的主要原因，开封市雾霾防治过程中存在的主要问题等几方面进行分析研究，提出合理规划城市布局，严格环保把关，调整城市能源结构，整治燃煤锅炉，开展餐饮业油烟和露天烧烤治理，加强农村雾霾防治，加强机动车污染防治，加强建筑施工管理，加强城市绿化和全民参与防治雾霾等雾霾防治措施和建议。

关键词：大气雾霾；防治；研究

Control of Atmospheric Haze Kaifeng City

WANG Guang-hua　HU Hua　WANG Xiao-dong　LI Lin

Kaifeng Environment Monitoring Station，Kaifeng 475000

Abstract：Through the analysing from the haze of harm，the status quo haze pollution in Kaifeng City，the main reason that haze generated in Kaifeng，the main problems existing in the process of haze prevention aspects etc.，make rational planning of urban layout，strict environmental control，urban energy structure adjustment，regulation of coal-fired boilers，carry smoke from restaurants and open-air barbecue renovation，strengthening rural haze prevention，strengthening motor vehicle pollution control，strengthening construction management，strengtheing urban green haze prevention measures and all the people involved in combating haze，etc. recommendations.

Key words：atmospheric haze；prevention；research

1　概述

当前，我国大气污染形势严峻，以细颗粒物 PM_{10}、$PM_{2.5}$ 为特征污染物的区域性大气环境问题日益突出，主要表现为各地雾霾出现频率和持续天数增加，损害人民群众身体健康，影响社会和谐稳定。2013年，“雾霾”成为我国年度关键词。这一年的元月 4 次雾霾过程笼罩 30 个省（区、市），在北京，仅有 5 天不是雾霾天。有报告显示，中国最大的 500 个城市中，只有不到 1%的城市达到世界卫生组织推荐的空气质量标准，与此同时，世界上污染最严重的 10 个城市有 7 个在中国。2014 年 1 月 4 日，国家减灾办、民政部首次将危害健康的雾霾天气纳入 2013 年自然灾情进行通报。

随着我国工业化、城镇化的深入推进，能源资源消耗持续增加，大气雾霾污染会继续加重，因而国家相继出台了大气污染防治行动计划以及大气污染防治行动计划考核实施细则，结合开封大气污染情况，本文通过对开封大气雾霾的危害，产生原因，防治过程中存在问题及雾霾防治办法及治理措施进行研究探讨，提出防止雾霾的措施建议。

2　雾霾的危害

雾霾是悬浮在大气中的大量微小尘粒，大部分雾霾颗粒直径在 0～10μm 之间，雾霾成分非常复杂，包括数百种大气颗粒物。其中对人类健康危害较大的主要是直径小于 10μm 的气溶胶粒子，如矿物颗粒物、硫酸盐、硝酸盐、有机气溶胶粒子等。2011—2012 年，河南大学与开封市环境监测站经实验得出在不同高度漂浮的颗粒物中含有多种有害物质金属离子。

雾霾使空气变得混浊造成的视程障碍，视野模糊并导致能见度恶化。组成雾霾小颗粒因人体吸入呼吸道和肺叶中，被空气中的病菌和细菌感染传染类疾病。雾霾还影响人体皮肤散热，容易出现胸闷、疲劳、头晕等症状，雾霾还会引起鼻炎、支气管炎等病症，长期处于这种环境能够诱发肺癌，雾霾最大的危害就是极易引起肺癌。

3 开封市雾霾污染现状

开封市是国家 113 个环境保护重点城市之一，根据国家《环境空气质量标准》及国家环保部对全国 113 个环境保护重点城市的要求，开封市环境监测站 2012 年 9 月在市区 5 个监测点位安装与雾霾密切相关的 $PM_{2.5}$监测设备，2012 年 10 月试运行，同年 12 月 26 日起数据正式对外发布。经对雾霾主要成分 $PM_{2.5}$、PM_{10}的监测，近几年开封市大气环境污染情况如下。

3.1 开封市“十二五”以来环境空气质量状况

“十二五”以来，开封市经济处于较快发展阶段，环境污染特别是大气环境污染随之加剧，从 2011—2014 年上半年全市空气环境质量目标完成情况见表 1。

表 1 2011—2014 省下空气环境质量目标完成情况表

年度	省下指标	实际完成	完成百分比/%	变化趋势/%
2011	292	323	88.5	—
2012	292	325	88.8	−0.3
2013	292	260	71.2	−17.6
2014（半年）	219	129	70.7	—

从表 3-1 数据可知，2011—2014 年，开封市省下环境空气质量政府目标完成情况呈现逐年下降趋势，2013 年和 2014 年上半年未完成 2013 年省下开封市环境空气质量政府目标任务。2014 年省目标因执行新的空气质量标准而放宽 73 天，达标天数仍不理想。

3.2 开封市大气环境容量现状

在空气环境质量标准允许的情况下区域大气环境所能容纳污染物质最大的量就是大气环境容量，因此，节能减排还大气环境容量是防治雾霾的根本。

表 2 2011—2014 开封市新建企业大气排放总量核定表

项目类别	二氧化硫/t	氮氧化物/t	备注
2011 年	327.9	687.9	
2012 年	757.23	1 241.95	
2013 年	125.4	282.16	
2014 年	29.81	70.9	至 2014.6.4

表 3-2 显示开封市新建项目，2011 年至今，二氧化硫排放 1 240.34t，氮氧化物排放 2 282.91t。

表 3 2011—2013 年开封市大气环境容量及实际排放量表

项目类别	氮氧化物/万 t	二氧化硫/万 t	备注
2010 年省测算容量	13.05	9.19	
2010 实际排放	10.817	3.722	
2011 实际排放	7.02	5.74	
2012 实际排放	6.73	5.17	
2013 实际排放	6.635	5.28	

从表 3 中可见，开封市大气环境已无环境容量。

3.3 开封市空气环境质量变化趋势

表 4　2011—2013 开封市空气环境质量变化趋势表

项目类别	2011 年	2012 年	2013 年	备注
PM_{10}达标情况	超标	超标	超标	
环境空气质量定性评价指数	0.85	0.81	1.003	
PM_{10}、SO_2、NO_2综合评价	二级	二级	三级	
环境空气质量状况	良好	良好	轻污染	
主要污染因子	颗粒物	颗粒物	颗粒物	

从表 3-4 中可以看出，从 2011—2014 年上半年，开封市空气环境质量状况整体呈现下降趋势，主要污染物为颗粒物，即雾霾的主要成分，也就是说开封市雾霾增多是造成空气环境质量下降的主要因素。

3.4 2014 年开封市环境空气质量状况

对照《环境空气质量标准》(GB 3095—2012)，2014 年上半年开封市空气环境优、良天数 55 天，优良天数只占 36.4%。污染物浓度 $PM_{2.5}$、PM_{10} 平均浓度分别为 $110\mu g/m^3$ 和 $152\mu g/m^3$，均超过国家二级标准。上半年出现重度污染及以上污染天气共 24 天，其中连续 3 天发生重度污染两次，整体分析，开封市空气环境质量状况堪忧。

4 开封市雾霾的成因

开封市雾霾中颗粒物主要来源，一是来自黄河故道干滩微小颗粒，被风吹起聚集后不易沉降和扩散，飘浮在空气中；二是工业企业废气、燃煤锅炉排放的烟尘、二氧化硫、氮氧化物等污染物，聚在市区上空形成空气雾霾；三是近年来城市的机动车越来越多，市区道路狭窄，车速低，使机动车尾气成为雾霾的重要组分；四是建筑施工扬尘、道路交通扬尘以及餐饮油烟也是城市雾霾主要来源。

5 开封市雾霾防治中存在的问题

开封市大气雾霾污染防治过程存在许多问题，经分析主要表现在以下 5 个方面：

5.1 城市规划不合理

城市区域规划和布局不合理，高耗低效产能及环保设施落后的企业位于在居民区或者城市上风向，工业炉窑穿插在城市居民区，大量空气颗粒物近地排放是市区雾霾的主要来源。

5.2 机动车排污增加

随着开封市机动车保有量逐年增多，机动车尾气排放已成为影响城市空气质量的重要污染源之一。目前机动车环保监测体系不健全，未开展机动车环保监测和道路抽检，机动车排污管理无有效的管理手段。

5.3 城市管理存在问题

开封市城市清洁能源使用率较低，能源结构有待调整和优化；各类建筑施工扬尘污染现象突出，致使扬尘污染严重；市区餐饮业的饮食灶未使用清洁能源，或安装油烟净化装置后未设置专用烟道，使得餐饮业油烟污染；城乡地面和道路扬尘污染管理薄弱，环卫保洁作业方式粗放，城市道路清扫保洁机械化作业水平低。雾霾发生时，缺少有效的雾霾控制措施和控制手段。

5.4 农村雾霾污染防治滞后

农村夏收和秋收季节秸秆焚烧向空中排放大量颗粒物，农田防风林建设和路网绿化建设不好，许多沙化地区防护林网建设薄弱，无法阻挡非种植季节的风沙飘尘。

5.5 城市绿化面积低

城市周边水面和绿地面积低，市区和城乡结合部裸露地面多，特别是涉及黄河滩区和城市周边风口地区防风固沙林稀少，城区缺乏有效的风沙保护林带，道路绿化密度和宽度不够，城市周边清洁河流与景观水域面积较少。

6 雾霾防治措施建议

开封市大气雾霾防治应以可持续发展和保障人民群众身体健康为指导思想，大力推进生态文明建设，坚持污染物总量减排与环境质量改善同步，形成政府统领、全民参与的雾霾污染防治新机制，推动产业结构优化，实现环境、经济与社会效益共赢。

6.1 合理规划城市布局

合理规划城市布局，优化不同的环境功能区保护区，城市建设规划经人大讨论通过后依法实施，任何人不得随意改动。

6.2 严格环保把关

提高建设项目环境准入门槛，严格控制新增大气污染源的建设项目，对高耗能、高污染、高排放的项目不予审批。加快产业结构调整，淘汰落后产能，引进经济效益好，污染物排放少的高附加值的新型高新技术企业。同时，进一步优化产业布局，将重大气污染企业尽快迁入相应的产业集聚区。

6.3 调整城市能源结构

加快城市集中供热能力建设、力争建成区新增 200 万 m^2 集中供热面积。各产业集聚区实行集中供热，新增 1 200 万 m^3 天然气使用量。在划定的高污染燃料禁燃区，禁止煤炭使用。对超标排放企业实行限期治理，减轻能源污染对周边环境的影响。

6.4 整治燃煤锅炉

做好燃煤锅炉综合整治，对市区供热管网覆盖范围内 20 蒸吨及以下燃煤锅炉实行限期淘汰，对火电燃煤机组限时完成脱硫脱硝治理达标验收。20 蒸吨以上锅炉、垃圾焚烧炉、金胜热力的取暖锅炉必须安装在线监测装置，取消旁路烟道，同时和市环保局监控平台联网，进行实时监控，确保锅炉污染物稳定达标排放。

6.5 开展餐饮业油烟和露天烧烤整治

按照《开封市城市饮食业油烟污染防治监督管理办法》、《开封市饮食业烟尘油烟污染整治工作实施方案》规定，未经环评审批和不符合卫生管理要求的餐饮经营项目，一律不予发放工商营业执照。从事饮食服务的，项目选址必须符合城市规划和环保要求，必须使用清洁能源，配套安装油烟净化装置。对露天烧烤以区纳入城市数字化管理平台，坚决取缔。

6.6 加强农村雾霾防治

农林主管部门在夏、秋收季节，组织秸秆回收用于发电和生物质能生产，加强对农村秸秆焚烧污染的监控，与各村镇签订责任目标，重罚违规者，用制度抑制农村雾霾的产生。政府支持农田防风林网建设和道路防护林网建设，重点加强沙化区域防风固沙林网建设。

6.7 加强机动车污染防治

到 2015 年在用汽车环保标志发放率达到 90%以上。要加强对营运客货车辆，特别是公交车辆的污染防治工作，环保部门上路监控，禁止排污严重的车辆上路。要大力发展城市公共交通，早日实现公交车电气化，或者燃用清洁天然气燃料。2015 年全面淘汰 2005 年年底前注册的运营黄标车。

6.8 加强建筑施工管理

加强建筑施工管理，包括旧城区改造，房屋拆迁、建筑物维修、施工装卸物料，干混砂浆的拌和、土石方开挖和运输抛撒，用洒水封盖等多种方法严格控制各类建筑施工扬尘，加强城市垃圾运输和渣土车运输道路扬尘污染控制。同时应加强各垃圾堆放场、企业煤厂、工厂及施工过程中原材料堆放地、固体废物堆放地、污水处理厂废弃污泥集放地，无良好防风措施的垃圾堆场等进行管理，设置室内堆放场，无条件设置的，应在堆场安装防风隔尘墙，经常对堆存物进行碾压和洒水处理，防止扬尘。

6.9 加强城市绿化

在城市周围远、中、近距离种植三层防护林带，防风固沙。大力开展植树造林，增加城市植被覆盖率，在黄河滩区和城市周边风沙地区大面积种植防风固沙林带，建设有效的防护林网络，已建和在建道路增加绿化密度和宽度。充分利用开封市引水方便的地域优势，扩建城市水面和绿地面积，引水造湖，尽快投建水系三期工程，增加城市水域面积，美化城市景观，减少雾霾产生源。

6.10 全民参与防治雾霾

根据开封市政府发布的《开封市大气重污染应急预案》，对重污染天气，坚持以防为主，提前预警，分工负责，及时控制，有效应对。环保部门每日通过网站、电视、广播发布市区空气质量日报、预报、健康提示及防护建议等综合信息。当出现重雾霾天气时，通过新闻媒体及时进行空气质量信息发布，以便市民适时了解空气质量状况及变化趋势，加强自我防护。

积极开展大气污染防治宣传教育，提高公众环境保护意识。倡导全民关注身边的大气环境，敢于监督、举报身边的违法排污行为。另外，市民要身体力行，自觉参与到大气环境保护中，节约能源和资源从我做起，比如少开车多走路，多使用公共交通工具，形成人人关注环境保护、人人参与雾霾防治的良好社会氛围。畅通群众投诉举报渠道，及时解决人民群众反映的大气雾霾污染问题。新闻媒体要对大气环境质量的热点难点问题进行跟踪报道，让老百姓第一时间了解事实真相。对大气雾霾实施全民监管。

参考文献

[1] 开封市环境质量报告书.
[2] 开封市环境质量年鉴.
[3] 大气污染防治行动计划.
[4] 大气污染防治行动计划考核实施细则.

作者简介：王广华（1956—），男，山东威海人，学士，教授级高级工程师。

广安市驴溪河流域水污染现状调查评估及水环境容量分析

黎 红 陈 波 杜全书 曾丁山

广安市环境监测站，广安 638000

摘 要：广安市驴溪河是广安市前锋区、华蓥市禄市镇的主要河流，也是其母亲河，多年来受到境内工业废水、沿途场镇生活污水、畜禽养殖污水、农田径流面源污染等影响，河流水质受到一定程度的污染，水环境容量严重不足。文章通过对驴溪河流域水质现状、污染现状调查评估，分析出驴溪河水环境容量、面临的环境问题，为政府对前锋区产业结构调整、农村污染防治、未来发展定位提供参考，有利于驴溪河污染防治、流域水质改善、人与自然和谐相处的生态驴溪河建设。

关键词：驴溪河水质；污染调查评估；水环境容量分析

The Water Pollution Evaluation and Water Environmental Capacity Analysis of lüxi River in Guang'an City

LI Hong CHEN Bo DU Quan-shu ZENG Ding-shan

Guang'an Environmental monitoring station, Guang'an 638000

Abstract: The Lvxi River in Guang'an city is main river and mother river of Qianfeng district of Guang'an and Lushi town of Huaying city. Influenced by industrial wastewater within the borders, domestic wastewater and livestock breeding wastewater of towns along the way, non-point source pollution of farm runoff and so on of these years, the water quality of Lvxi River in Guang'an City has been polluted in a certain degree and its water environmental capacity comes serious shortage. Through the investigation and evaluation of current situation of water quality and pollution in Lvxi River basin, this article analyzes about its water environmental capacity and main environment problems to be face, and provide references for government's industrial restructuring to Qianfeng district, rural pollution prevention and development orientation in future. This is in favor of Lvxi River's pollution prevention, water quality improvement and construction of ecological Lvxi River with harmony between man and nature.

Key words: water quality of Lvxi River; pollution investigation and evaluation; water environmental capacity analysis

广安市驴溪河发源于广安市前锋区桂兴镇界牌村丁家山草坝场，河流全长 49 公里，流域面积约 192km^2，流经前锋区桂兴镇、前锋镇、新桥乡、代市镇、观塘镇、华蓥市禄市镇和前锋工业园区、新桥工业园区，于华蓥市永兴镇汇入渠江（渠江为长江一级支流），为三峡库区上游影响区内重要小流域之一。驴溪河多年来受到沿途场镇生活污水、工业废水、畜禽养殖污水、农业种植农田径流面源污染等影响，河流水质受到一定程度的污染，水环境容量严重不足。因此，对驴溪河流域水质现状、污染现状调查评估，分析出驴溪河水环境容量、面临的环境问题，为政府对前锋区产业结构调整、农村污染防治、未来发展定位提供参考十分必要。

1 流域水质状况

近年来，通过对驴溪河流域断面的 pH、溶解氧、氨氮、总磷、总氮、化学需氧量、生化需氧量、阴离子表面活性剂、石油类、动植物油等主要指标的监测结果发现，驴溪河流经前锋镇场镇之前的水质较好，可达到《地表水环境质量标准》（GB 3838—2002）Ⅲ类标准；流经前锋、新桥、禄市、代市 4 个场镇和前锋工业园区、新桥工业园区后，受沿途场镇生活污水、工业废水、畜禽养殖污水、农业种植农田径流面源污染等影响，其水质超过地表水环境质量Ⅲ类水质标准，主要污染因子为化学需氧量（COD）、氨氮（NH_3-N）；观塘镇内段流域基本无工业污染源和场镇污染影响，水质在该区段得到一定程度的自净，下游入渠江断面水质可达到Ⅲ类标准。

2 流域污染现状调查与评估

2.1 调查评估方法

评价因子：驴溪河流域主要污染因子为 COD、NH_3-N，因此本次评估因子确定为 COD、NH_3-N，以 2011 年为规划基准年。

调查方法：生活污染、分散式畜禽养殖[1]、农田径流污染[2]均采用排污系数法，工业污染采用污染源普查数据。

评估内容：计算不同类型污染源排放 COD、NH_3-N 入河量[3]，分析点源、面源污染贡献率。

2.2 污染源调查结果

2.2.1 工业污染源

驴溪河流域内分布有新桥工业园区、前锋工业园区，涉及汽车零部件及配件、化工、建材等企业。工业园区污水排放采用雨污分流系统，生产区内排放的生产废水经过处理达到《污水综合排放标准》（GB 8978—1996）中的三级标准后，同雨水以及生活污水一起排至区内的污水排污管网，送至广安经济开发区新桥能源化工园区污水处理厂（以下简称新桥污水处理厂）处理，达到《城镇污水处理厂污染物排放标准》（GB 18918—2002）中一级标准的 A 标准后，作为区内的中水回用，中水处理过程的反洗水，经过污水泵站提升后排入驴溪河。根据 2011 年的污染源普查数据，调查到驴溪河流域主要入河污染企业有 14 家，污染物排放量 COD 为 256.4t/a，NH_3-N 为 5.075t/a。

2.2.2 生活污染源

场镇生活污染。驴溪河流域涉及前锋镇、代市镇、新桥乡、禄市镇 4 个场镇，2011 年场镇人口约为 38 680 人，按排污系数估算[3]，场镇生活污水量为 96L/（人·d）、COD 为 60g/（人·d）、NH_3-N 为 6g/（人·d），则流域内场镇生活污水排放总量约为 1 355.35t/a，COD 为 847.09t/a，NH_3-N 为 84.71t/a。

农村生活污染源。驴溪河流域涉及前锋镇、代市镇、新桥乡、禄市镇的全部，观塘镇、永兴镇的部分农村地区。2011 年驴溪河流域人口约为 151505 人，按排污系数估算，农村地区生活污水量为 80L/人（人·d）、COD 为 40g/（人·d）、NH_3-N 为 4g/（人·d），则流域内农村生活污水排放总量约为 4 423.95t/a，COD 为 2 211.97t/a，NH_3-N 为 221.2t/a。

2.2.3 农田径流污染源现状调查

驴溪河流域农业用地总面积约为 9 714.49hm^2，其中耕地面积 9 080.49hm^2，包括旱地 3 749.48hm^2、水田 5 290.12hm^2，果园、茶园等农用园地 634hm^2，区域农田、果园主要集中在河流两岸。按照排污系数估算，驴溪河流域农业径流 COD 排放量约为 1 515.46t/a，氨氮约为 303.09t/a。

2.2.4 畜禽养殖染源排放量调查。

规模化畜禽养殖污染源[1][2]。根据 2011 年对 5 家规模化畜禽养殖场污染源普查数据、各养殖场猪粪便均采用干清粪方式处理，猪尿进入沼气池处理，种养结合。经利用、处理后，规模化畜禽养殖污染物排放量 COD 约为 256.4 t/a，NH_3-N 约为 7.9t/a。

分散式畜禽养殖污染源流域范围内分散式畜禽养殖量较小，主要是猪、家禽等，经调查估算，共折合成生猪约为 20.22 万头。按照排污系数估算，污水排放量 30.5kg/（头·d）、COD 为 50g/（头·d）、氨氮为10g/（头·d），主要污染物排放量COD约为1 819.43t/a，氨氮约为363.89t/a。

2.3 流域污染分析与评估

2.3.1 污染物排放量

通过以上对不同类型污染源的污染排放情况计算，得到驴溪河流域污染物排放汇总（表1），驴溪河流域污染物排放量COD为6 689.26t/a，氨氮为985.86t/a。

表1 驴溪河流域污染物排放量汇总

单位：t/a

来源		COD	NH_3-N
工业污染源		256.40	5.08
生活污染源	小计	3 059.06	305.91
	场镇生活污染源	847.09	84.71
	农村生活污染源	2 211.97	2 21.20
农田径流		1 515.46	303.09
畜禽养殖污染源	小计	1 858.33	371.79
	规模化畜禽养殖污染源	38.90	7.90
	分散式畜禽养殖污染源	1 819.43	363.89
合计		6 689.26	985.86

2.3.2 污染入河贡献率分析

根据各类污染物入河系数[1][2]，计算驴溪河流域点源、面源污染物入河量、入河贡献（表2）。

表2 驴溪河流域点、面源污染物入河量汇总

单位：t/a

来源		入河系数	COD		NH_3-N	
			入河量	入河比例	入河量	入河比例
点源	工业污染源	1	256.40	53%	5.08	36%
	场镇生活污染	0.8	677.67		67.77	
	规模化畜禽养殖污染	0.15	5.84		1.19	
	小计		939.91		74.03	
面源	农村生活污染	0.15	331.80	47%	33.18	64%
	农田径流	0.15	227.32		45.46	
	分散式畜禽养殖污染	0.15	272.91		54.58	
	小计		832.03		133.23	
合计			1 771.94		207.25	

点源污染物入河贡献率：驴溪河流域点源包括工业污染源、场镇生活污染源、规模化畜禽养殖污染源，污染入河量COD为939.91t/a，氨氮为74.03t/a，分别占总的污染物入河量的53%、36%。

面源污染物入河贡献率：面源包括农村生活污染源、农田径流、分散式畜禽养殖污染源，污染入河量COD为832.03t/a氨氮为133.23t/a，分别占总的污染物入河量的47%、64%。COD入河贡献率较大的污染源分别是场镇生活污染源、农村生活污染源、分散式畜禽养殖污染源；氨氮入河贡献率较大的污染源分别是场镇生活污染源、分散式畜禽养殖污染源、农田径流。

3 流域水环境容量核算

3.1 水环境容量确定原则

水环境容量的确定是水污染物实施总量控制的依据，是水环境管理的基础。水环境容量的确定，要遵循保持环境资源的可持续利用、维持流域各段水域环境容量的相对平衡两条基本原则[3]。

3.2 水环境容量模型选用[3]

驴溪河河床较窄、水位浅、比降大、水流湍急，排入的污染物能迅速混合，本次环境容量计算选用一维模型。

3.3 排污口概化[3]

一维模型计算的水环境容量是在给定排污口排放位置的前提下，根据相关水文参数和污染物在水环境中的降解特性确定的相对值，根据各排污口的位置及其污染物的排放量、排放浓度按计算概化成一个集中排污口来确定排污口到下断面的距离，以便明确环境容量。

3.4 水环境容量计算模式[3]

$$[W]=31.536[C_s(Q+\sum q_i)\exp(K\frac{x_1}{86.4u})-C_0Q\exp(-K\frac{x_2}{86.4u})]$$

式中：31.536—单位换算系数；

W——水环境容量，t/a；

C_s——控制点水质标准，mg/L；

C_0——上断面来水污染物设计浓度，mg/L；

$\sum q_i$——旁侧入河流量，m^3/s；

K——污染物综合降解系数，1/d；

x_1、x_2——概化排污口至上下游控制断面距离，km；

u——河流平均流速，m/s。

3.5 水环境容量的边界条件和参数选择[3]

3.5.1 水环境容量的边界条件

本文在计算水环境容量时，将整个流域作为1个计算单元进行计算。

3.5.2 水文条件

表3 驴溪河水文参数表

河 长/km	河流平均流速/(m/s)	平均流量/(m^3/s)	集中排污口		支流流量 $\sum q_i$/(m^3/s)
			到下断面距离/km	到上游对照断面距离/km	
49	0.25	1.95	32	14	0.6

3.5.3 降解系数的确定方法

污染物的生物降解、沉降和其他物化过程，可概括为污染物综合降解系数可通过水团追踪试验、资料反推、类比法、分析借用等方法确定，本次模型参数采用经验法。驴溪河污染物降解系数见表4。

表4 河流污染物降解系数

单位：1/d

河流名称	K_{COD}	$K_{NH_3\text{-}N}$
驴溪河	0.22	0.18

3.6 水环境容量计算结果

表5 驴溪河水环境容量计算结果表

污染物名称	理想水环境容量[4]/(t/a)	现状入河量/(t/a)	剩余容量/(t/a)
COD	1 341.50	1 771.94	−430.44
NH_3-N	80.06	207.25	−127.19

从上表可知，驴溪河COD和NH_3-N入河量均已大大超过其环境容量，必须采取有效措施进行综合整治，减少污染物入河量，以保证驴溪河水质达到功能区标准。

4 结论

通过对驴溪河流域水质现状、污染现状调查评估和水环境容量分析表明，驴溪河受到沿途场镇生活污水、工业废水、畜禽养殖污水、农业种植农田径流等污染较重，主要污染物为COD和NH_3-N。COD入河贡献率较大的污染源分别是场镇生活污染源、农村生活污染源、分散式畜禽养殖污染源；氨氮入河贡献率较大的污染源分别是场镇生活污染源、分散式畜禽养殖污染源、农田径流。COD和氨氮入河量均已大大超过其环境容量，环境容量严重不足，必须采取有效措施进行综合整治，减少污染物入河量，以保证驴溪河水质达到功能区标准、建设人与自然和谐相处的生态驴溪河。

参考文献

[1] HJ 497-2009，畜禽养殖业污染治理工程技术规范［S］.
[2] HJ 574-2010，农村生活污染控制技术规范［S］.
[3] 中国环境规划院．全国水环境容量核定技术指南［G］．北京：中国环境规划院，2003：12—75.
[4] 广安市人民政府．广安市环境保护"十二五"规划［G］．广安：广安市人民政府，2010.

作者简介：黎红（1965—），女，四川广安邻水人，大专，高级工程师，第一批国家环境监测"三五"人才技术骨干，主要从事环境监测及管理工作。

预警与应急监测

西安市空气质量动力统计预报模式初探

高雪玲[1]　王娟敏[2]　丁强[1]　薛四社[1]　王琼[1]

1. 陕西省环境监测中心站，西安　710054；

2. 陕西省气候中心，西安　7100141

摘　要：利用西安市 2013—2014 年环境空气质量监测资料及同期气象资料，分析了西安市的空气质量状况以及气象要素对空气质量的影响情况，并根据气象要素与空气质量指数的相关关系，分别建立全年日值模型、季节日值模型和典型月日值模型对 AQI 值进行预测试验。结果表明西安市空气质量较好的时段为 4—11 月，空气质量较差的时段为 12 月和 1—3 月；$PM_{2.5}$和 PM_{10}是造成西安市大气污染的主要因素；除气压与 AQI 指数存在显著正相关关系外，气温、风速、降水量和地面温度与 AQI 指数均存在显著的负相关关系。3 种模型的预测结果均能较好地反映出 AQI 整体变化趋势，但典型月日值模型的预报结果相对较好，达到 16.1%。说明基于历史气象资料和同期 AQI 值的统计学方法在空气质量指数预测方面能够发挥较好的作用。

关键词：空气质量指数；气象条件；预测模型

Study on Air Quality Dynamic Statistical Forecasting Model in Xi'an City

GAO Xue-ling[1]　WANG Juan-min[2]　DING Qiang[1]　XUE Si-she[1]　WANG Qiong[1]

1. Shaanxi Province Environmental Monitoring Center Station, Xi'an 710054;

2. Shaanxi provincial Climate Center, Xi'an 710014

Abstract: Based on the air quality monitoring data and meteorological data from 2013 to 2014 year in Xi' an City, the city's air quality and the effects of meteorological factors on air quality is analyzed. According to the relationship between meteorological factors and the index of air quality, the whole year value model, seasonal daily value model and the typical date value prediction model were built to test on the AQI value. The results showed that the best period of Xi'an City air quality is April to November, the worst air quality is in December and January to March; $PM_{2.5}$ and PM_{10} are the main factors causing air pollution in Xi'an city; there was a significant positive correlation between the pressure and the AQI index, at the same time there were significant negative correlation between air temperature, wind speed, precipitation and land surface temperature and AQI index. Although the three Prediction models are all reflect the AQI overall trend, the typical date value model prediction results is relatively better, reaching 16.1%. The statistical method of the historical meteorological data and the corresponding AQI value based on the air quality index prediction can perform better.

Key words: air quality index; meteorological conditions; prediction model

1　引言

随着经济的发展，城市不断扩张，城市空气污染日益严重，灰霾天气频繁出现，极大地影响了大气环境质量和人体健康。有关研究表明，空气污染程度不仅取决于污染源的数量和分布、地形的简单或复杂，更与当时气象条件密切相关[1-3]。研究空气质量与气象要素的关系，并将其与气候变化结合起来，探讨各气象要素变化对空气质量的潜在影响，对我国减污治污政策的制定具有一定的指导意义。本文利用2013—2014年西安市环境监测资料及同期气象资料，对气象场影响下的城市大气污染状况进行分析，以期寻求气象与大气污染之间的关系和变化规律，为大气污染防治提供有价值的参考。

2 数据来源与研究方法

(1) 西安市2013年1月1日—2014年7月31日的逐日AQI、首要污染物、空气质量级别和空气质量状况数据。

(2) 气象资料包括对应时段的气压、气温、风速、相对湿度、降水、地面温度的逐日值。

(3) 环境空气质量指数（AQI）及其分级标准。

环境空气质量指数（AQI）是根据我国《环境空气质量标准》（GB 3095—2012）中规定的可吸入颗粒物（PM_{10}）、细颗粒物（$PM_{2.5}$）、二氧化硫、二氧化氮、一氧化碳和臭氧六项常规监测的污染物的浓度简化成的用来定量描述空气质量状况的无量纲指数。主要用于空气质量实时报和日报。AQI的数值越大、级别越高，说明空气污染状况越严重，对人体的健康危害也就越大。

空气质量日报中所公布的AQI是基于可吸入颗粒物（PM_{10}）、细颗粒物（$PM_{2.5}$）、二氧化硫、二氧化氮、一氧化碳5项污染物浓度的24 h平均值及臭氧日最大8h滑动平均共6项指标计算的，6项空气质量分指数中的最大值确定为该城市当日的AQI。当AQI大于50时环境质量分指数最大的污染物为当日首要污染物。

表1 空气质量指数（AQI）分级标准

空气质量指数（AQI）	空气质量指数级别	空气质量指数类别
0～50	一级	优
51～100	二级	良
101～150	三级	轻度污染
151～200	四级	中度污染
201～300	五级	重度污染
＞300	六级	严重污染

3 结果分析

3.1 西安市2013年1月1日—2014年4月30日的空气质量状况

3.1.1 空气质量变化分析

2013年1月1日—2014年4月30日，西安的有效样本数为485天，AQI最大值500出现在2013年2月、3月和12月，最小值32出现在2013年6月，变化幅度大，这可能与当地污染源的排放以及不同的气象条件有关。从图1可见，西安市空气质量较好的时段为4—11月，空气质量较差的时段为1—3月和12月。空气质量为优的比例占到全年1.9%，空气质量为良的比例为33.2%，轻度污染的比例为30.1%，中度污染的比例为14.4%，重度污染的比例为12.2%，严重污染的比例为8.2%，见表2。

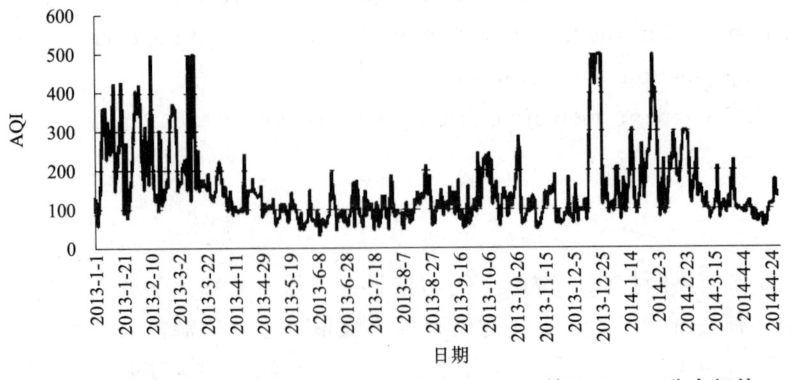

图1 西安市2013年1月1日—2014年4月30日的逐日AQI分布规律

表 2　西安市 2013 年 1 月 1 日—2014 年 4 月 30 日空气质量状况统计

污染状况	优	良	轻度	中度	重度	严重	合计
天数	9	161	146	70	59	40	485
占比	1.9%	33.2%	30.1%	14.4%	12.2%	8.2%	100.0%

3.1.2　首要污染物分析

2013 年 1 月 1 日—2014 年 4 月 30 日，西安市有 219 天的首要污染物为 $PM_{2.5}$，占 45.2%；173 天的首要污染物为 PM_{10}，占 35.7%；O_3 为首要污染物出现 76 天，占 15.7%；这三类污染物一共占 96.5%，是西安市的主要污染物。CO 和 NO_2 为首要污染物一共出现 8 天，空气质量为优的天数为 9 天。可见，$PM_{2.5}$ 和 PM_{10} 是造成西安市大气污染的主要因素。

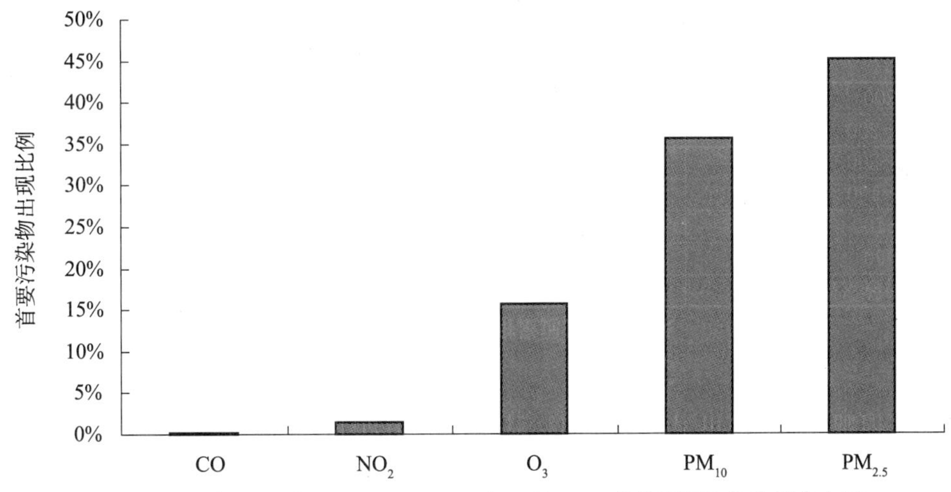

图 2　西安市 2013 年 1 月 1 日—2014 年 4 月 30 日的首要污染物比例分布图

3.2　西安市空气质量与气象要素的关系

气象要素是制约污染物在大气中稀释、扩散、迁移和转化的重要因素。本文利用西安市 2013 年 1 月 1 日—2014 年 4 月 30 日的空气质量指数（AQI）日报数据和相应时段的各气象要素地面观测数据，采用相关统计法分析逐日各气象要素平均值与逐日 AQI 之间的相关关系，结果见表 3。

3.2.1　西安市空气污染指数与气象要素的相关性分析

从表 3 可以看出，各气象要素对西安市空气质量的影响程度存在一定的差异。气温、气压、平均风速、降水量和地面平均气温与空气质量的关系较为密切，其中，气压与 AQI 指数存在显著的正相关关系，气温、风速、降水量和地面温度与 AQI 指数存在显著的负相关关系。

表 3　2013 年 1 月 1 日—2014 年 4 月 30 日逐日 AQI 与气象要素相关系数

相关性	AQI	气温	风速	气压	湿度	降水量	地温
AQI	1.000	−0.433	−0.179	0.257	0.001	−0.196	−0.421
气温	−0.433	1.000	0.254	−0.873	0.018	0.089	0.988
风速	−0.179	0.254	1.000	−0.271	−0.099	0.098	0.251
气压	0.257	−0.873	−0.271	1.000	−0.045	−0.126	−0.862
温度	0.001	0.018	−0.099	−0.045	1.000	0.372	0.008
降水量	−0.196	0.089	0.098	−0.126	0.372	1.000	0.057
地温	−0.421	0.900	0.251	−0.862	0.008	0.057	1.000

（1）气温与 AQI 的关系：

AQI 指数与西安市的日平均气温和日平均地面气温存在显著的负相关关系，说明气温对空气质量有显著的影响。其原因在于，大气污染物在垂直方向的扩散主要取决于气温的垂直分布，当气温较高时，大气处于不稳定状态，在热力对流的作用下污染物向上扩散，AQI 指数就降低；反之，大气变得稳定，污染物的扩散受到抑制，AQI 指数就升高。

（2）气压与 AQI 的关系：

AQI 指数与西安市的日平均气压存在显著的正相关关系，表明气压对西安市空气质量有一定的影响。大气污染物的扩散与大范围的天气背景有关。当低压控制时，大气处于中性或不稳定状态，低层空气辐合上升，近地面的污染物随空气上升到高空，有利于近地面污染物向高空扩散和雨水稀释；当高压控制时，空气作下沉运动，并常形成下沉逆温，阻止污染物的向上扩散。如果高压移动缓慢，长期停留在某一地区，就会造成由于高压控制伴随而来的小风速和稳定层结，不利于污染物的稀释和扩散。尤其是高压天气晴朗时，夜间容易形成辐射逆温，对污染物的扩散更不利，此时易出现污染危害。如果再加上不利的地形条件，往往形成严重的污染事件[4]。

（3）风速与 AQI 的关系：

风是边界层内影响污染物稀释扩散的重要因子，风速是造成快速水平输送或平流的主要原因，而风向则决定大气污染物浓度的分布。风速对污染物的环境浓度具有双重影响，在一定范围内，风速越大越有利于空气污染物的扩散和稀释，AQI 指数越小；超过这一范围，风速增大将使空气中可吸入颗粒物浓度明显增加，导致空气污染加重[5]。

（4）降水量与 AQI 的关系：

西安市日平均降水量与 AQI 指数呈负相关关系，说明降水量对空气质量有正效应作用。$PM_{2.5}$ 和 PM_{10} 是西安市首要的空气污染物，大气降水不仅可以冲刷空气中的部分 PM_{10} 颗粒，也可以在一定程度上抑制地面扬尘发生，从而有效减少 PM_{10} 排放。因此，降水对空气污染物有较好的净化作用[6]。

3.2.2 西安市空气污染指数与气象要素的主成分回归分析

主成分分析方法是一种将多个指标化为少数几个不相关的综合指标（即所谓主成分）的统计分析方法。它对于分析多指标的大量数据以了解数据间的关系及趋势是一种很有效的方法，因此，主成分分析被广泛用于分析大量的环境和空气污染数据研究中。由于选取的气温、气压、风速、降水量、相对湿度和平均地表温度 6 个常规气象要素之间存在较高的相关性（见表 3），需要先对其进行主成分分析，经 SPSS 软件计算的相关系数矩阵的特征值及贡献率见表 4。

进行主成分分析时，由于平均气温和平均地表温度相关性很大，因此把平均气温作为代表选为第一主成分，第二主成分为平均风速，第三主成分为平均气压，第四主成分为平均相对湿度，第五主成分为降水量。由表可见，第一、第二、第三主成分累计贡献率超过 85%，说明气温、风速和气压能代表气象要素的主要信息。

表 4 相关系数矩阵特征值及贡献率

Component	Initial Eigenvalues			Extraction Sums of Squared Loadings		
	Total	% of Variance	Cumulative/%	Total	% of Variance	Cumulative/%
1	2.038	40.754	40.754	2.038	40.754	40.754
2	1.370	27.390	68.144	1.370	27.390	68.144
3	0.900	17.998	86.143			
4	0.567	11.336	97.479			
5	0.126	2.521	100.000			

Extraction Method: Principal Component Analysis.

3.3 西安市 AQI 值统计预测模型分析

根据 AQI 值与关键气象因子相关关系分析结果，选择气温、风速和气压作为主要的影响因子。在预报检验中，采用最常用的平均绝对百分比误差 *MAPE* 对预报误差进行评估：

$$MAPE=\frac{\frac{1}{N}\sum_{i=1}^{N}|P_f^i-P_0^i|}{\frac{1}{N}\sum_{i=1}^{N}P_0^i}\times 100\%$$

式中：N——数据总数；P_f——预测值；P_0——真实值；i——数据序号。

3.3.1 全年日值预测模式

利用西安市 2013 年 1 月 1 日—2014 年 5 月 31 日的日平均气温、日平均风速和日平均气压作为自变量，AQI 值作为因变量，进行多元线性回归分析，得到回归方程如下：

$$Y=-7.968x_1-9.587x_2-5.234x_3+5\ 355.387$$

式中：Y——AQI 值；x_1——平均气温；x_2——平均风速；x_3——平均气压。

根据以上线性关系式推算 2014 年 6 月 1 日至 6 月 30 日的 AQI 值，将预测结果与实测结果进行相对误差计算，得到日平均相对误差为 53.9%，如图 3 所示。由图可见，AQI 预测值与实际值的整体高低走向基本一致，但预测值要显著高于实测值。

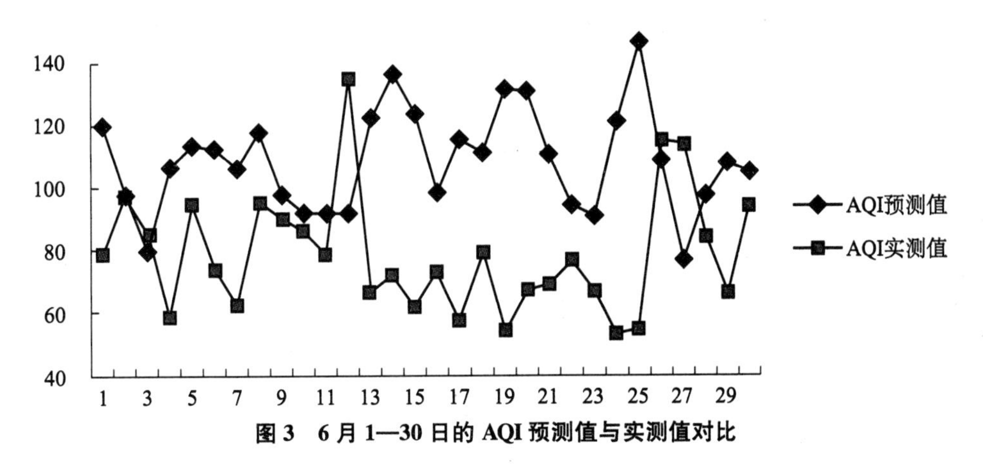

图 3 6 月 1—30 日的 AQI 预测值与实测值对比

3.3.2 季节日值预测模式

利用西安市 2013 年夏季 6 月 1 日— 8 月 31 日的日 AQI 值建立与日平均气温、日平均风速、日平均气压的线性回归方程，再次进行试验。从方差分析表来看，4 个模型概率 $P<0.01$。线性回归方程如下：

$$Y=6.778x_1+1.26x_2+1.298x_3-1\ 331.336$$

根据以上方程对 2014 年 6 月西安市 AQI 值进行预测，统计预测结果（图 4）。由图可见，预测结果与实测结果趋势大致吻合，峰、谷值大体一致，但总体比实测值偏大，平均误差为 26.8%。

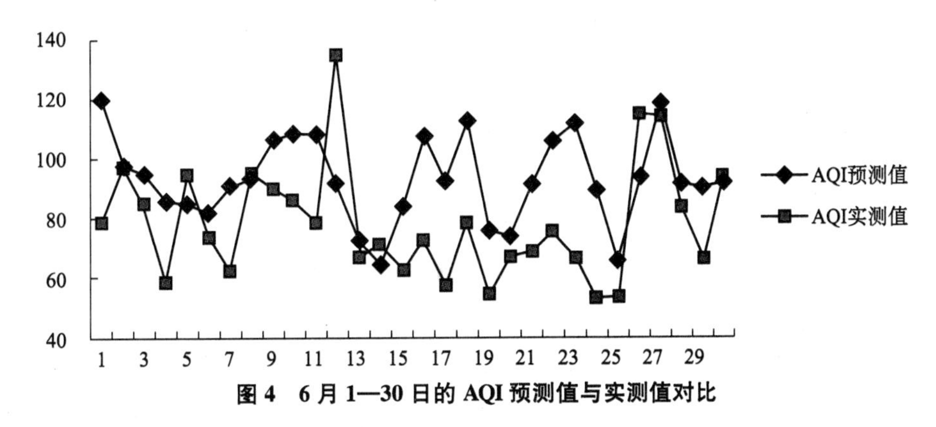

图 4 6 月 1—30 日的 AQI 预测值与实测值对比

3.3.3 典型月日值预测模式

选择建立 2013 年 6 月 1—30 日的日 AQI 值与日平均气温、日平均风速和日平均气压的线性回归方程。方程如下：

$$Y=5.257x_1+5.542x_2+5.057x_3-4\ 918.53$$

根据以上方程对 2014 年 6 月西安市 AQI 值进行预测，统计预测结果（图 5）。由图可见，预测结果与实测结果趋势大致吻合，峰、谷值预测结果较好，平均误差为 16.1%。

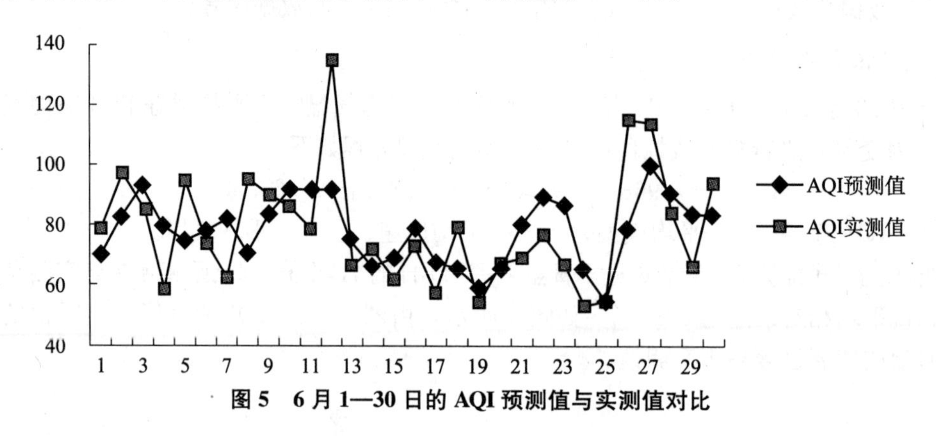

图 5　6 月 1—30 日的 AQI 预测值与实测值对比

3.3.4　3 种模型预测结果分析

根据以上全年日值模型、季节日值模型和典型月日值模型预报的 2014 年 6 月 AQI 值结果可知：各模型的预测结果均能较好地反映出 6 月的 AQI 整体变化趋势，但全年日值模型的预测值要显著高于实测值，相对误差达 53.9%；季节日值模型由于只选用了夏季的 AQI 值和气象要素，更能代表 6 月份的实际情况，因而误差显著减小为 26.8%；最后单独选用 2013 年 6 月的 AQI 值和气象要素进行相关关系分析，平均误差最小为 16.1%。因此，典型月日值模型的预报结果相对较好。

3　结论

（1）分析了西安市 2013—2014 年以来的空气质量状况，结果表明西安市空气质量较好的时段为 4—11 月，空气质量较差的时段为 1—3 月和 12 月；空气质量优和良的比例占到 35.1%，轻度和中度污染的比例为 44.5%，重度以上污染的天气比例为 20.4%；$PM_{2.5}$ 和 PM_{10} 是造成西安市大气污染的主要因素。

（2）各气象要素对西安市空气质量的影响程度存在一定的差异。除气压与 AQI 指数存在显著正相关关系外，气温、风速、降水量和地面温度与 AQI 指数均存在显著的负相关关系。其中气温、气压和平均风速与空气质量的关系较为密切。

（3）根据 AQI 值和相关气象要素建立的全年日值模型、季节日值模型和典型月日值模型的预测结果可知：各模型的预测结果均能较好地反映出 6 月的 AQI 整体变化趋势，但典型月日值模型的预报结果相对较好达到 16.1%。说明基于历史气象资料和同期 AQI 值的统计学方法在空气质量指数预测方面能够发挥较好的作用。

参考文献

[1] 周兆媛，张时煌，高庆先，等. 京津冀地区气象要素对空气质量的影响及未来变化趋势分析[J]. 资源科学，2014，1 (36)：191-199.

[2] 连东英，林长城，郭进敏，等. 气象条件变化对三明市空气质量的影响 [J]. 安徽农业科学，2010，38 (35)：20199-20202。

[3] 张文静，孙娴，王琦，等. 西安市污染气象特征和大气环境容量分析 [J]。水土保持研究，2012，5 (19)：257-261.

[4] 商博，于光金，王桂勋 . 基于 PCA 的区域环境质量综合评价及应用实例研究 [J]. 中国环境监

测，2013，5（29）：12－15.
[5] 邵天杰，赵景波．西安空气质量时空变化特征分析［J］. 干旱区研究，2008，5（25）：723-728.
[6] 李向阳，丁晓妹，高宏，等. 中国北方典型城市 API 特征分析［J］. 2011，3（25）：96-101.

作者简介：高雪玲（1972.11—），女，硕士研究生，教授级高工，1993 年大学毕业一直从事环境监测工作。

便携式 GC-MS 应用于一起水污染事故的案例分析

高　博　刘文凯　王晓昆
河北省环境监测中心站，石家庄　050037

摘　要：以一起水污染事故为案例，详细阐述了便携式 GC-MS 在该事故应急监测全过程中的应用，并对便携式 GC-MS 在应急监测中的应用进行分析和讨论，为同类突发性污染事故应急监测工作提供借鉴和参考。

关键词：便携式 GC-MS；应急监测；水污染事故；案例分析

Analysis on an Emergency Monitoring Case of Water Pollution Measured by Portable GC-MS

GAO Bo　LIU Wen-kai　WANG Xiao-kun
Hebei Province Environmental Monitoring Centre，Shijiazhuang 050037

Abstract：This paper took the sudden water pollution accident as a typical example and elaborated the application of portable GC-MS in the whole process of emergency monitoring. Application of portable GC-MS in emergency monitoring are analyzed and discussed. The useful experiences of this emergency monitoring were summarized and provided as a reference for similar accidents.

Key words：portable GC-MS；emergency monitoring；water pollution accident；case analysis

在过去十几年中，随着我国对基础化工品需求的迅速增长，化工生产行业得到迅速发展，化工突发性污染事故的发生率也随之大大增加[1]。因此，如何迅速地确定出化工污染物种类、影响范围、浓度变化趋势就成为了化工事故环境应急监测的首要任务[2-3]。本文以 2015 年河北南部某县化工园区发生的水污染事故为案例，就便携式 GC-MS 在应急监测中的应用进行分析和讨论，从而为同类突发性污染事故应急监测工作提供借鉴和参考。

1　基本情况

1.1　中毒事件情况

事发日中午，SM 公司有 4 名职工饮用电茶炉水后出现身体不适症状。该公司立即组织 4 名职工到县医院进行诊治。至当日傍晚，2 名职工住院观察，2 名出院。该公司其他职工因外出参加婚宴，而得以幸免。次日中午，HX 公司部分职工在该公司食堂就餐过程中发生头晕、呕吐、腹痛等不适症状，其中 7 人症状较为明显。该公司立即将就餐的 77 名职工全部送往医院诊治，大部分职工经诊治无碍后，陆续返回工作岗位，7 名症状较明显职工则住院观察。

1.2　现场勘测情况

事发区域县城约有 3 万人口，自来水公司采用深井水供给居民饮用。事发工厂位于该县县城西北部的化工园区内。该园区内共有 11 家化工企业，企业生产用水除采用自来水外，也有部分企业采用自备井水作为补充。其中，HX 公司只有自来水供水而无自备井，SM 公司则既有自来水又有自备井供水。

现场应急监测人员使用 Miran SapphlRe 便携式红外气体检测仪，对事发企业供水管网上、下游可疑点位及排污节点进行现场排查并取样分析。现场排查发现 SM 公司厂区电茶水炉采集的水样与 WX 公司厂区及废水池气味特征一致，检出疑似特征污染物也与 WX 公司有高度关联性。据此，初步确定此次中毒事件为饮用水污染事件，并初步锁定污染源为 WX 公司。

2　溯源监测

通过对 SM 公司电茶水炉、HX 公司食堂吃水池、WX 公司自备井、SD 公司自备井、TM 公司自备井、MX 自备井、FR 自备井及 SM 公司自备井的样品溯源监测分析，获得主要特征污染物信息，为排查事故发生原因、查明污染节点和路径、认定事故责任主体提供技术支持。应急监测人员利用便携式 GC-MS 的顶空方法对相关水样进行色谱—质谱联用定性分析来鉴别特征污染物，定性结果详见表 1，SM 电茶水炉与 WX 自备井检出谱图详见图 1。

表 1　溯源监测分析一览表

点位	二乙基苯胺	甲苯	辛醇	乙酸乙酯	二氯甲烷	二甲基甲酰胺	样品特征描述
HX 公司食堂吃水池	—	√	—	√	√	—	无色、澄清、略有气味
SM 公司电茶水炉	√	√	√	√	√	√	浅黄色、澄清、刺激性气味
WX 自备井 1#	√	√	√	√	√	√	淡黄色、澄清、刺激性气味
WX 自备井 2#	√	√	√	√	√	√	淡黄色、澄清、刺激性气味
WX 自备井 3#	√	√	√	√	√	√	淡黄色、澄清、刺激性气味
SD 自备井 1#	—	—	—	—	—	—	无色、澄清、无味
SD 自备井 2#	—	—	—	—	—	—	无色、澄清、无味
SD 自备井 3#	—	—	—	—	—	—	无色、澄清、无味
TM 自备井 1#	—	—	—	—	—	—	无色、澄清、无味
TM 自备井 2#	—	—	—	—	—	—	无色、澄清、无味
TM 自备井 3#	—	—	—	—	—	—	无色、澄清、无味
SM 自备井 1#	—	—	—	—	—	—	无色、澄清、无味
SM 自备井 2#	—	—	—	—	—	—	无色、澄清、无味
SM 自备井 3#	—	—	—	—	—	—	无色、澄清、无味
MX 自备井	—	—	—	—	—	—	无色、澄清、无味
FR 自备井	—	—	—	—	—	—	无色、澄清、无味

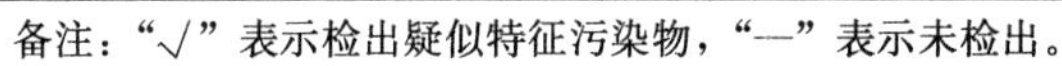
备注：“√”表示检出疑似特征污染物，“—”表示未检出。

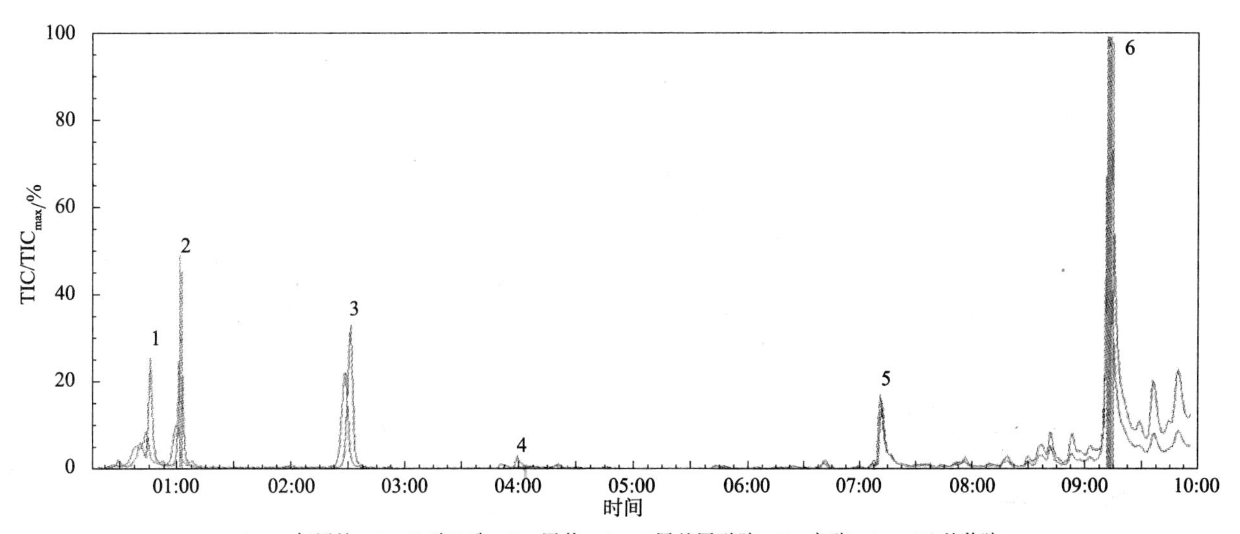

1—二氯甲烷；2—乙酸乙酯；3—甲苯；4—二甲基甲酰胺；5—辛醇；6—二乙基苯胺

图 1　SM 公司电茶水炉（黑色）与 WX 公司自备井 1#（蓝色）检出谱图

3 跟踪监测

为了掌握事故发生后的污染程度、范围及变化趋势，需要对 WX 公司自备井进行连续的跟踪监测，直至其水质恢复正常或达标。跟踪监测结果详见表 2。

表 2 跟踪监测分析一览表

点位	二乙基苯胺	甲苯	辛醇	乙酸乙酯	二氯甲烷	二甲基甲酰胺
WX 自备井 x+1 日（20：25）	√	√	—	√	√	—
WX 自备井 x+2 日（09：12）	√	√	—	—	—	—
WX 自备井 x+2 日（12：50）	√	√	—	√	√	—
WX 自备井 x+2 日（15：00）	√	√	—	—	√	—
WX 自备井 x+2 日（17：00）	√	√	—	—	√	—
WX 自备井 x+2 日（19：00）	√	√	—	—	—	—
WX 自备井 x+2 日（21：00）	—	√	—	—	—	—
WX 自备井 x+2 日（23：00）	√	√	—	—	√	—
WX 自备井 x+3 日（01：00）	—	√	—	—	√	—
WX 自备井 x+3 日（03：00）	√	√	—	—	√	—
WX 自备井 x+3 日（05：00）	√	√	—	—	√	—
WX 自备井 x+3 日（07：00）	√	√	—	—	√	—
WX 自备井 x+3 日（09：00）	—	√	—	—	—	—
WX 自备井 x+3 日（11：05）	—	—	—	—	—	—
WX 自备井 x+3 日（13：00）	—	—	—	—	—	—
WX 自备井 x+3 日（18：00）	—	—	—	—	—	—
WX 自备井 x+4 日（09：00）	—	—	—	—	—	—
WX 自备井 x+4 日（13：30）	—	—	—	—	—	—
WX 自备井 x+4 日（18：00）	—	—	—	—	—	—

备注：“√”表示检出疑似特征污染物，“—”表示未检出，x 日为事发日。

4 监测结果分析

4.1 溯源监测结果分析

SM 公司电茶水炉中水样（x+1 日采集的 x 日残存水样）检出疑似特征污染物：二乙基苯胺、甲苯、辛醇、乙酸乙酯、二氯甲烷、二甲基甲酰胺。与同日上午 WX 公司自备井中取出的三个水样所检出的疑似特征污染物基本一致。同日上午所采 HX 公司食堂吃水池水样中检出疑似特征污染物为：甲苯、乙酸乙酯、二氯甲烷，与 SM 公司电茶水炉及 WX 公司自备井中发现的部分疑似特征污染物一致。SD 公司自备井、TM 公司自备井、MX 公司自备井、FR 公司自备井及 SM 公司自备井采样点位取样中均未检出疑似特征污染物。

6 种疑似特征污染物的分子量从 73.1 到 149.2、沸点从 39.8℃到 215.5℃，均在便携式 GC-MS 的测试参数范围内；外观从无色到黄色，且均可溶于水与样品特征描述不存在冲突，具体信息详见表 3。

表 3 特征污染物一览表

名称	分子量	沸点	溶解性	性状	毒性	用途
二乙基苯胺	149.2	215.5℃	溶于水，微溶于乙醇、乙醚	无色至黄色油状液体，有特臭	吸入、口服或经皮肤吸收可致死	染料中间体、乳胶促进剂、制药、农药等
甲苯	92.1	111 ℃	极微溶于水，可混溶于多数有机溶剂	无色透明液体，有类似苯的芳香气味	属低毒类，急性中毒可出现头晕、头痛、恶心、呕吐、胸闷、四肢无力、等症状	有机溶剂和合成医药、涂料、树脂、染料、炸药和农药等

续表

名称	分子量	沸点	溶解性	性状	毒性	用途
辛醇	130.2	184℃	溶于水，与多数有机溶剂互溶	无色有特殊气味的可燃性液体	低毒	制造增塑剂，也用于印染、油漆、胶片等方面
乙酸乙酯	88.1	77℃	与多数有机溶剂混溶，溶于水	无色透明液体	低毒	有机化工、香精香料、油漆、医药等行业
二氯甲烷	84.9	39.8℃	微溶于水，溶于乙醇和乙醚	无色透明液体，有芳香气味	中等毒性	胶片生产和医药领域
二甲基甲酰胺	73.1	152.8℃	能和水及大部分有机溶剂互溶	无色、淡的氨气味的液体	吸入及皮肤接触有害，刺激眼睛	工业溶剂、也用于制造杀虫剂

通过监测结果分析、特征污染物理化性质和用途分析，基本可确定 SM 公司和 HX 公司所受污染与 WX 公司自备井具有高度相关性，可初步确定污染责任主体为 WX 公司。

4.2 跟踪监测结果分析

自 x+1 日 22 点起，使用水泵对 WX 公司自备井进行连续排水。x+2 日 11 点左右 WX 公司厂区停电，自备井抽水停止，12：50 恢复供电后抽水继续。故在此时段 WX 自备井水样疑似特征污染物浓度按峰面积推算有所反弹，但随后采集的样品污染物浓度明显下降。WX 公司自备井污染物浓度随着污水不断地抽出整体呈下降趋势。跟踪监测结果显示 WX 自备井水样自 x+3 日 11：05 起至 x+4 日 18：00 未检出疑似特征污染物，其水质基本得到恢复。

5 讨论

5.1 监测结果表示方式讨论

由于突发环境事件其发生的突然性、急迫性决定了应急监测应尽快确定主要污染物。在这种时间紧、任务量大的工作模式下，应急监测人员往往没有时间在现场做曲线进行准确的定量。而突发环境事件其发生形式的多样性、成分的复杂性使得应急监测人员根本不可能具备所有的标准物质来完成准确定量，所以此次应急监测采用色谱分离后质谱谱库匹配定性鉴别，定性监测结果以“检出”或“未检出”来表示。

5.2 便携式 GC-MS 的局限性讨论

便携式 GC-MS 也叫便携式气相色谱—质谱联用仪。该仪器将气相色谱的高分离能力和质谱的定性能力相结合，可在突发环境事件现场通过对复杂的混合物组分中的挥发性有机物进行色谱分离和质谱图谱库匹配鉴别[4]。便携式 GC-MS 具有操作简便、快速、检出限相对较低等特点，但是相对应急监测工作的需要，仍然存在一定的局限性。一是受仪器便携性所限，只适合于测定包含 1～15 个碳原子、沸点低于 270℃、离子化后分裂物质量在 41～300amu 之间的物质；二是分离度不够好，共流出现象严重，严重限制了对未知物质的定性能力；三是与实验室台式 GC-MS 相比，测定结果的准确度和精密度相对逊色[5]。因此，在应急监测中还应与便携式红外光谱仪、激光拉曼光谱测定仪等[6]多种检测手段相配合，并结合当地危险源调查数据库支持系统和各类化学品基本特性数据库支持系统来开展工作。

参考文献

[1] 蔡晓刚，张国溢．便携式 GC-MS 在应急监测中的应用 [J]. 广东化工，2014，41 (15)：234-235.
[2] 李国刚．突发性环境污染事故应急监测案例 [M]. 北京：中国环境科学出版社，2010.
[3] 曾建．浅谈化工企业突发性环境污染事故应急监测 [J]. 能源与环境，2014 (6)：68-70.

[4] 吕天峰，许秀艳，梁宵，等. 便携式 GC-MS 在应急监测中的应用 [J]. 中国环境监测，2010，26（6）：36-41.

[5] 封跃鹏，等. 便携式和台式气质联用仪测定水中挥发性有机物的比对研究 [J]. 质谱学报，2014，35（2）：179-184.

[6] 李国刚. 环境化学污染事故应急监测技术与装备 [M]. 北京：化学工业出版社，2005.

作者简介：高博（1981.3— ），男，工程师，现就职于河北省环境监测中心站，从事环境监测工作。

流动注射技术在空气五氧化二磷应急监测中的应用

代　佼　夏　勇　王小将　陈美芳　廖德兵
攀枝花市环境监测站，攀枝花　617000

摘　要： 采用连续流动注射技术建立了空气中五氧化二磷应急监测的方法，并成功应用于一起突发性五氧化二磷空气污染事件的应急监测。空气中的五氧化二磷用过氯乙烯滤膜采样，加入去离子水反应生成正磷酸，过滤、洗涤、定容后运用连续流动注射仪进行测定。该方法下样品加标回收率为 96.0%～102%，相对标准偏差为 0.5%～3.7%，采样体积为 300L 时方法检出限为 0.001 6mg/m^3，统计学检验结果表明所建方法与国标法的测定结果无显著性差异。通过应急监测实例应用，所建方法较国标法能更好地满足应急监测对时效性和连续性的要求。

关键词： 连续流动注射；空气；五氧化二磷；应急监测；突发事件

Application of Flow Injection Technique in Phosphorus Pentoxide Emergency Monitoring

DAI Jiao　XIA Yong　WANG Xiao-jiang　CHEN Mei-fang　LIAO De-bing
Environmental monitoring station，Panzhihua 617000

Abstract： A method was established for determination of phosphorus pentoxide in air by flow injection technique，which had been successfully applied in emergency monitoring of phosphorus pentoxide in air in an emergent event. The phosphorus pentoxide in air was collected by perchlorethylene filter membrane，and then reacted with water to produce orthophosphate. The orthophosphate was analyzed by flow injection analysis after filtering，washing and constanting volume. Under the method，the recovery rate of spiked samples was 96.0% ～ 102% with RSD was 0.5% ～ 3.7%. The method detection limit was 0.0016 mg/m^3 when the sampling volume was 300L. According to the statistical test，the present method showed no significant difference compared with national standard method. Based on the application of the established method in phosphorus pentoxide emergency monitoring，the method has advantage of timesaving and continuity compared with the national standard method.

Key words： flow Injection；air；phosphorus pentoxide；emergency monitoring

我国是黄磷生产和使用大国，但因黄磷生产是高能耗、高污染的行业，加之黄磷尾气处理和循环利用技术滞后，燃烧后产生的五氧化二磷能以粉尘或气溶胶形态进入环境，造成环境污染。此外黄磷具有剧毒、易燃、易爆的特性，在生成和运输过程中极易发生安全事故而引起环境污染，全国已经发生多起黄磷生产和运输过程中的突发性安全事故[1,2]，造成大规模人员疏散和严重的环境危害。当事故发生后通过应急监测第一时间获取特征污染物的浓度，对评估污染物扩散范围和制定科学有效减灾措施显得至关重要。

国标法[3]测定空气五氧化二磷显色时间长，试剂保存时间短，线性范围窄，实际样品在不能确定大致浓度的情况下往往需要稀释几个梯度，从这几个方面来看此法已经不能很好地满足应急监测对时效性和连续性的要求。连续流动注射技术[4]以其分析速度快、自动化程度高的优点，已经广泛应用于水、食品、土壤中磷酸盐和总磷[5-9]的测定。该文在流动注射测定总磷方法的基础上，通过测定磷酸盐间接测定环境空气中的五氧化二磷。经过方法建立，结果评价，统计学检验，以及应急监测实例应用，证明该法能快速、连续、准确地对空气中五氧化二磷进行定量分析，能满足应急监测对时效性和连续性的要求。

1 方法

1.1 仪器与试剂

FIA6000＋型连续流动注射分析仪（北京吉天仪器有限公司），超声波清洗器（昆山禾创超声仪器有限公司），万分之一天平（梅特勒—托利多仪器有限公司）。

磷酸盐磷标准储备液（浓度为500mg/L，购自环境保护部标准样品研究所，批号102811）。磷标准使用液：用去离子水将磷酸盐磷标准储备液稀释成10.0mg/L的磷标准使用液。钼酸铵储备液（40g/L）：溶解40.0g分析纯四水钼酸铵并定容于1L，避光冷藏于塑料瓶中。酒石酸锑钾储备液（3g/L）：溶解3.0g分析纯酒石酸锑钾并定容于1L，避光冷藏于塑料瓶中。钼酸盐显色剂（8g/L）：量取200ml钼酸铵储备液和67ml酒石酸锑钾储备液混合，再加入85g优级纯氢氧化钠，冷却至室温后定容至1L。抗坏血酸还原剂（50g/L）：溶解50.0g优级纯抗坏血酸并定容于1L。硫酸水溶液（体积分数10%）：将100ml分析纯浓硫酸搅拌下缓缓加入500ml去离子水中，冷却至室温后定容于1L。载流为去离子水。所有溶液用前超声脱气。

1.2 方法原理

该法是在流动注射测定总磷方法的基础上改变原有的流路，即将消解试剂过硫酸钾替换成载流去离子水，试样预热后再与硫酸混合使之酸化，关闭紫外消解灯，使得试样不经硫酸和过硫酸钾的消解，最终通过测定试样中的磷酸盐间接测定环境空气中五氧化二磷。用过氯乙烯滤膜采集空气中的五氧化二磷，加水与五氧化二磷反应生成正磷酸，在酸性介质中有锑盐存在的情况下，正磷酸与钼酸铵反应生成磷钼杂多酸，被抗坏血酸还原成蓝色的络合物，用流动注射仪于880nm处测定其吸光度，可计算出磷酸盐的浓度，进而间接测定环境空气中五氧化二磷含量。仪器流路图见图1。仪器参数设置如下：恒温室110℃；流通池1cm；检测波长880nm；泵速35r/min；样品周期2min；紫外灯关闭。

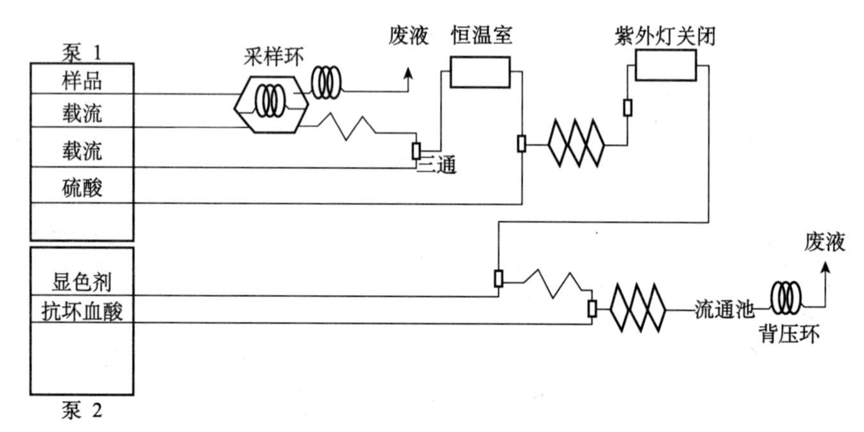

图1 仪器流路图

1.3 试验方法

1.3.1 样品采集

将滤膜装置颗粒物采样器的滤膜夹内，以100 L/min流量采样60min，并记录采样条件，采样后将滤膜用干净的镊子取出，叠放在样品盒中带回实验室[3]。所有与试验相关的玻璃器皿均使用1：5的盐酸水溶液浸泡24h，再用去离子水冲洗干净备用。

1.3.2 试样制备

用洁净的镊子将滤膜从样品盒中取出，置于50ml烧杯中，加入10ml去离子水，加入1.0ml 5mol/L

的稀硫酸溶液，搅动并超声提取15min，用滤纸过滤样品于50ml容量瓶中，用约20ml去离子水洗涤烧杯及滤渣，洗涤液合并定容于刻度线。同时取同批号的空白滤膜按同样的操作制备空白试样。

1.3.3 工作曲线

取若干100ml容量瓶，瓶中先加入1ml 5mol/L的稀硫酸溶液，然后用去离子水将磷酸盐标准使用液稀释配制成磷质量浓度为0.02、0.05、0.10、0.20、0.50、1.00、1.50、2.00mg/L的标准系列，在仪器最佳工作条件进行测定，仪器分析软件自动以其响应信号的峰面积对质量浓度绘制出标准曲线，并按照样品序列表自动依次计算出样品的磷质量浓度。

1.3.4 结果计算

空气中五氧化二磷浓度由下列公式计算：

$$\rho\ (P_2O_5)\ =2.29\ \frac{(C-C_0)V}{V_n}$$

式中：$\rho\ (P_2O_5)$ ——空气中五氧化二磷的含量，$\mu g/m^3$；

C——由标准曲线查得的样品滤膜上磷的浓度，mg/L；

C_0——由标准曲线查得的空白滤膜上磷的浓度；mg/L；

V——试样定容体积，ml；

V_n——标准状态下采样的体积，m^3；

2.29——磷与五氧化二磷的换算系数。

2 结果与讨论

2.1 方法学评价

根据《HJ 168—2010 环境监测分析方法标准制修订技术导则》中的方法和要求计算本法五氧化二磷的检出限为0.48μg/50ml，采样体积为300L时五氧化二磷的检出限为0.001 6mg/m^3。采用实际样品加标进行方法精密度和准确度评价。加标量设置为1.00、20.0和50.0μg 3个级别，按试验方法对3个样品及其加标样品平行测定7次，计算出五氧化二磷加标回收率为96.0%～102%，相对标准偏差为0.5%～3.7%，方法学评价结果见表1。

表1 方法学评价结果

样品编号	工作曲线	本底值/μg	加标量/μg	测定平均值/μg	平均回收率/%	相对标准偏差/%
Ⅰ	$y=46.462x-1.5623$ (r=0.999 5)	1.90	1.00	2.92	102	3.7
Ⅱ		20.15	20.00	39.36	96.0	1.7
Ⅲ		49.05	50.00	99.55	101	0.5

2.2 统计学检验

用所建方法对16份五氧化二磷空气样品进行分析，同时按照国标法[3]进行方法对比测定，测定结果见表2。经统计分析（t检验），在95%的置信区间内，计算出两种方法测定结果间的泊松相关系数为0.996，$t=1.234$，$P=0.236$，查t检验临界值分布表可知，$t<t_{0.05(15)}=2.131$，$P>0.05$，因此两种方法的测定结果无显著性差异，运用本法检测的准确度良好。

表2 本法与国标法测定结果比对

样品编号	国标法测定/（μg/50ml）	本法测定/（μg/50ml）	相对标准偏差/%
1	45.3	44.2	1.7
2	38.6	39.4	1.5
3	48.4	50.0	2.3
4	88.6	89.2	0.5
5	39.1	38.6	0.9

续表

样品编号	国标法测定/（μg/50ml）	本法测定/（μg/50ml）	相对标准偏差/%
6	49.4	49.0	0.6
7	97.5	99.0	1.1
8	24.6	23.4	3.5
9	46.3	45.5	1.2
10	53.3	54.0	0.9
11	120.9	125.6	2.7
12	60.9	55.9	6.1
13	50.2	46.2	5.9
14	54.9	49.8	6.9
15	89.3	87.3	1.6
16	46.2	43.7	3.9

2.3 方法的时效性和连续性

应急监测结果为决策者迅速作出科学合理的应对措施提供第一时间的数据支撑，因此监测结果的时效性和检测过程的连续性显得尤为重要。进行了所建方法与国标法线性范围、试剂保存时间和样品分析时间的比较，结果见表 3。结果表明本法的线性范围是国标法的 4.6 倍；针对浓度为线性范围内和超线性范围的样品，本法的分析时间分别是国标法的 1/13 和 1/8；本法试剂的保存时间为 1 个月，而国标法试剂保存时间仅为 4h，同时本法的自动进样技术能大大减少实验室分析人员的劳动强度，因此本法在应急监测的时效性和连续性上均优于国标法。

表 3　本法与国标法监测时效性和连续性的比较结果

样品编号	样品浓度	线性范围（μg/50ml，以磷计）		试剂保存时间		样品分析时间	
		国标法	本法	国标法	本法	国标法	本法
01	线性范围内	0.0～21.8	0.0～100	4h	1 个月	45min	3.5min
02	超线性范围					55min	7min

3　应急监测应用实例

3.1　事故基本情况

2014 年 3 月 1 日 15 时 50 分，攀枝花市某化工企业一黄磷电冶炼炉炉底温度异常，导致炉底烧穿，熔融磷铁磷渣泄漏遇湿爆炸，导致预沉槽钢梁支架垮塌、预沉槽坠落受损，黄磷爆炸燃烧产生的五氧化二磷在爆炸冲击波和风力的作用下迅速向厂界外扩散。

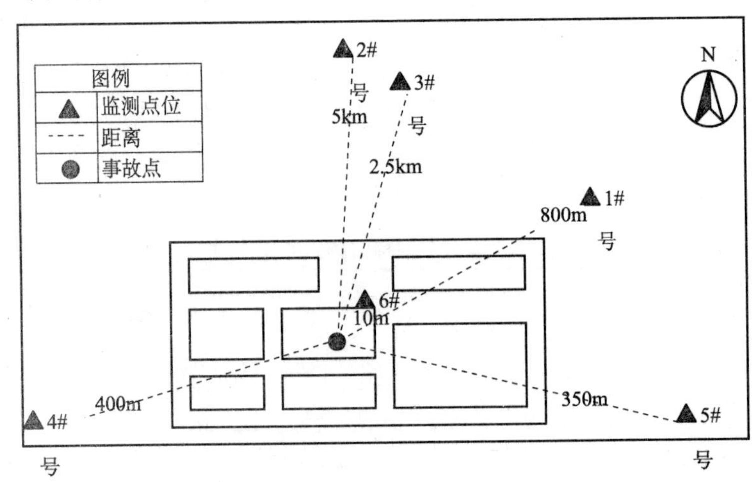

图 2　应急监测点位布设示意图

3.2 应急监测的实施

根据《攀枝花市突发环境事件应急预案》对事故区域开展应急监测。采用风杯式风速仪初步测定了事故发生地的风向为西南风，并结合事故发生点的水文、地理、周围的环境敏感点等信息，确定了此次应急监测的 6 个监测点位，监测点位布设见图 2。1＃、2＃、3＃分别为厂界外东北方向距事故点约 800m、5km、2.5km 的下风向点位，4＃、5＃分别为厂界外西南方向约 400m 和东南方向距事故点约 350m 的点位，6＃为厂界内东北方向距事故点约 10m 的点位。其中 1＃和 2＃为居民区，3＃、4＃、5＃为事故企业所在工业园的其他企业厂区。

3.3 监测结果与评价

从 3 月 1 日 18 时 19 分至次日凌晨 24 时 25 分，采用所建方法共获取有效监测数据 14 个，各监测点位五氧化二磷监测结果变化趋势见图 3。1＃、2＃每小时监测一次，1＃共监测 4 次，2＃共监测 3 次，3＃、4＃、5＃共监测 1 次，6＃每小时监测 1 次，共监测 4 次。由图 3 可知，厂界外的 5 个点位的目标污染物浓度均能达到《工业企业设计卫生标准》（TJ 36—79）[10] 中五氧化二磷的标准限值 0.15 mg/m^3，厂界内点位目标污染物浓度直到夜间 21 时 36 分才下降至标准限值以下。

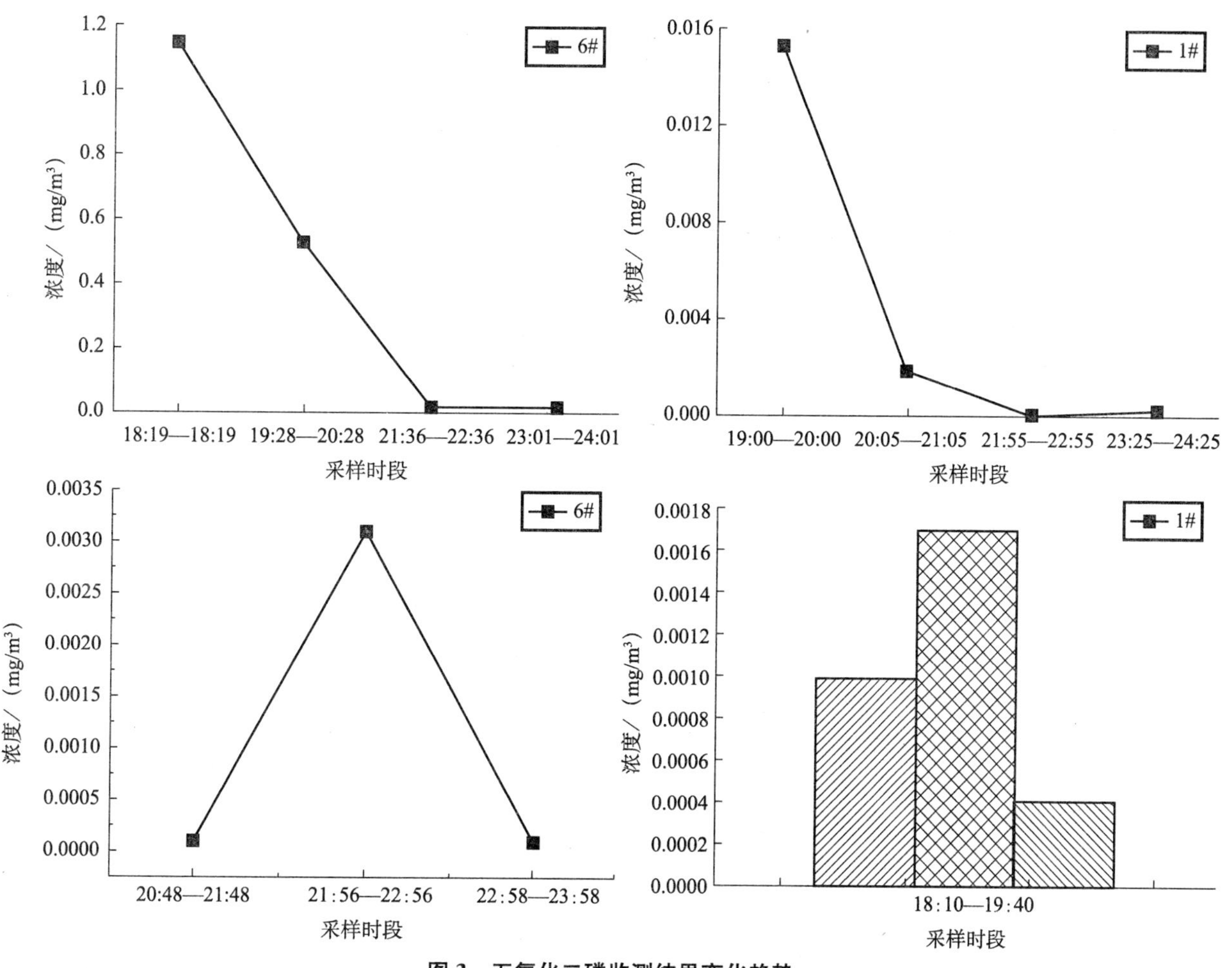

图 3 五氧化二磷监测结果变化趋势

3.4 监测结果对事故处置的效用

采用流动注射技术极大地缩短了样品分析及数据报送的时间，从样品送达至数据报送过程由 70 分钟缩短到 35 分钟，为市应急办领导及时了解事故点周围的环境空气质量提供可靠的数据，同时为决策层稳妥科学的处置突发事件提供坚实的技术支撑。从此次应急监测的结果来看，事故点厂界外 5 个点位的目标污染物浓度均未超标，未对周围环境空气造成影响，避免了不必要的民众恐慌和大规模的人员疏散。事故点厂界内点位的目标污染物浓度在企业停电停产和消防部门扑灭现场大火后呈现明显下降的趋势，说明该次事故点就是污染源，控制污染源显著降低了目标污染物的浓度，采取的应急处置措施是科学、合理且有效的。

4 结论

基于连续流动注射测定总磷的方法，建立了连续流动注射间接测定空气中五氧化二磷的方法。通过方法学评价和统计学检验，该法具有灵敏度高、线性宽、精密度好、准确度高的特点，在应急监测过程中极大地缩短样品分析时间，增强了监测工作的连续性，满足空气五氧化二磷应急监测对时效性和连续性的需要，有效地提高了环境监测部门应对环境污染突发事件的技术能力。

参考文献

[1] 王炳强．黄磷运输泄漏事故案例分析及其预防与应急措施 [J]．职业卫生与应急救援，2014，32 (6)：390-391.

[2] 陈善计．制磷电炉爆炸的原因剖析 [J]．无机盐工业，2006，38 (10)：42-43.

[3] 环境空气 五氧化二磷的测定 抗坏血酸还原—钼蓝分光光度法．HJ 546-2009.

[4] 齐文启，孙宗光．流动注射分析（FIA）及其在环境监测中的应用 [J]，现代科学仪器，1999 (1-2)：24-35.

[5] 水质 磷酸盐和总磷的测定 连续流动—钼酸铵分光光度法．HJ 670-2013

[6] Aneta Jastrzębska. Capillary isotachophoresis as rapid method for determination of Orthophosphates pyrophosphates，tripolyphosphates and nitrites in food samples [J]．Journal of Food Composition and Analysis，2011，24 (7)：1049-1056.

[7] Marta Fiedoruk，David J. Cocovi-Solberg，et al. Hybrid flow system integrating a miniaturized optoelectronic detector for on-line dynamic fractionation and fluorometric determination of bioaccessible orthophosphate in soils [J]．Talanta，2015，133：59-65.

[8] 谷晓明，郝龙腾，王庆飞．顺序注射平台—分光光度法测定水中总磷 [J]．中国环境监测，2014，30 (4)：151-154.

[9] 苏苓，张海涛，王庆霞，等．流动注射微波在线消解分光光度法测定水中总磷 [J]．中国环境监测，2007，23 (3)：11-13.

[10] 工业企业设计卫生标准．TJ 36-79.

作者简介：代佼（1986—），男，汉族，四川安岳人，硕士研究生，工程师，主要从事环境监测与分析工作。

水中甲醇等 5 种强极性有机物应急监测方法研究

曹方方　李红莉　金玲仁
山东省环境监测中心站，济南　250101

摘　要：实验建立了顶空—车载气相色谱质谱法快速检测水污染事故中的甲醇、丙酮、乙腈、*N*,*N*－二甲基甲酰胺、*N*,*N*－二甲基乙酰胺等五种强极性挥发性有机物的方法。对顶空条件参数及气相参数进行了优化，在最佳实验条件下测得甲醇、丙酮、乙腈、*N*,*N*－二甲基甲酰胺、*N*,*N*－二甲基乙酰胺等五种化合物的方法检出限分别为 1.0、0.06、0.5、10.0、10.0 mg/L；平行测定七次结果的相对标准偏差分别在 2.1%～3.8%之间，样品加标回收率在 78%～116%之间。满足水污染事故现场快速、准确的应急监测需求，可以应用于五种极性化合物水污染事故的现场应急监测中。

关键词：顶空；气相色谱质谱法；水污染事故应急监测；强极性挥发性有机物

Research on Emergent Monitoring of Methonal and So Like Five Strong Polar Organic Compounds in Water

CAO Fang-fang　LI Hong-li　JIN Ling-ren
Shandong Environmental Monitoring Center，Ji'nan　250101

Abstract：A headspace-vehicular GC/MSD method was proposed to rapidly detect five strong polar volatile organic compounds，such as methonal，acetone，acetonitrile，*N*,*N*-dimethyl formamide and *N*,*N*-dimethyl-Acetamide in water pollution accidents. In this research，headspace parameters and GC parameters were optimized，and under optimal conditions，the LOD of methonal，acetone，acetonitrile，*N*,*N*-dimethyl formamide and *N*,*N*-dimethyl-Acetamide was 1.0，0.06，0.5，10.0，10.0 mg/L respectively；and the RSD was among 2.1%～3.8% by analyzing seven parallel samples；the recovery showed among 78%～116%. It meets the requirements of the spot emergent monitoring，and could be applied to the spot emergent monitoring during water pollution accidents about these five polar organic compounds.

Key words：headspace；GC/MS；water pollution emergent monitoring；strong polar volatile organic compounds

引言

甲醇、丙酮、乙腈、*N*,*N*－二甲基甲酰胺、*N*,*N*－二甲基乙酰胺五种强极性有机溶剂常用在化工和医药行业[1-3]，因具有强极性通常能与水和有机溶剂互溶。通过皮肤、消化系统进入人体损害肝脏、肾脏等器官，在临床工作中已经发现有 *N*,*N*－二甲基甲酰胺、*N*,*N*－二甲基乙酰胺中毒的案例[4]。而且这五种物质均是工业上常用有机溶剂，在交通运输过程中极易发生运输污染事故，造成环境水体的污染，如 2013 年发生在山东省境内的甲醇污染事故。因此，有必要建立快速定性定量检测这五种有机物的相关应急监测方法。

N,*N*－二甲基甲酰胺、*N*,*N*－二甲基乙酰胺与水和有机溶剂可互溶，且沸点较高，难以用液液萃取的方式提取，在样品分析中通常采用直接进样方式检测[5-6]。但大量水及样品基体进入色谱柱容易造成色谱柱污染、堵塞毛细管柱，同时峰型也较差。关于检测环境水体中的甲醇、丙酮、乙腈的文献已有大量报道，

一般采用顶空气相色谱法检测[7]，检测灵敏度高，但未见有与气相色谱质谱法联用的相关报道。车载—GC/MS技术，因其具有抗震效果好、加热和降温速度快等优良性能，近年来常被用在有机污染事故的现场快速分析中，但还未见有关甲醇、丙酮、乙腈、N,N-二甲基甲酰胺、N,N-二甲基乙酰胺五种强极性有机物应用的报道。本文采用顶空—车载气相色谱质谱法同时检测分析废水中的甲醇、丙酮、乙腈、N,N-二甲基甲酰胺、N,N-二甲基乙酰胺，该方法无有机溶剂使用，操作方便简单，可以应用于甲醇、丙酮、乙腈、N,N-二甲基甲酰胺、N,N-二甲基乙酰胺的水污染事件的现场应急监测中。

1 实验部分

1.1 仪器与试剂

车载气相色谱/质谱仪（5975T 美国 Agilent 公司）；顶空进样器（HSS 86.50 DANI 公司生产）；毛细管色谱柱 HP-INNOWAX（30 m×530 μm×1 μm）；毛细管色谱柱 DB-624（20 m×180 μm×1 μm）；22 ml 钳口顶空瓶。

甲醇：优级纯（默克股份两合公司，德国）；乙腈：优级纯（默克股份两合公司，德国）；丙酮：优级纯（默克股份两合公司，德国）；N,N-二甲基甲酰胺：优级纯（天津市广成化学试剂有限公司）；N,N-二甲基乙酰胺：优级纯（天津市广成化学试剂有限公司）。氯化钠（天津市广成化学试剂有限公司），使用前在400℃马弗炉中灼烧4 h，于干燥器中冷却至室温后转移磨口玻璃瓶中保存备用。

混合标准溶液配制：取500 μl N,N-二甲基甲酰胺、500 μl N,N-二甲基乙酰胺、100 μl 甲醇、50 μl 丙酮、50 μl 乙腈于2 ml安捷伦自动进样小瓶中，混合均匀后密封，放入冰箱中冷藏。

1.2 实验条件

1.2.1 气相色谱质谱条件

DB-624（20 m×180μm×1μm）LTM 柱，进样口温度：220 ℃；柱流速：0.8 ml/min，恒流模式；进样方式：分流进样，分流比为10∶1；升温程序：40℃保持4 min，以15℃/mim的速度升温至280℃，保持3 min。接口温度280℃；离子源：230℃；四级杆：150℃；EI电压：70 eV；溶剂延迟：2 min；扫描模式：SCAN，扫描范围29～260aum。

1.2.2 顶空参数

加热平衡温度：95℃；加热平衡时间：30 min；取样针温度：105℃；传输线温度：115℃；加压时间：0.2 min；进样时间：0.2 min。

1.3 实验方法

取3.0 g氯化钠，然后准确移取10 ml待测样品于22 ml钳口顶空瓶中，密封摇匀后按照最佳实验条件分析。

2 结果讨论

2.1 顶空参数的优化

2.1.1 平衡温度的影响

提高样品温度，有利于目标分析物快速达到气液相平衡状态。对比65℃、75℃、85℃、95℃等不同平衡温度条件下各物质的响应信号值，实验结果表明随着温度升高甲醇、丙酮、乙腈三种物质信号增强不明显，而N,N-二甲基甲酰胺、N,N-二甲基乙酰胺随着温度升高响应信号增强，85℃时信号不再改变。因此实验中选用85℃的平衡温度。

2.1.2 平衡时间的影响

平衡时间是影响顶空效果的一个重要参数。实验研究了10 min、15 min、20 min、30 min、35 min平衡时间对五种化合物的影响，实验结果见图1。本实验选择平衡时间为20 min。

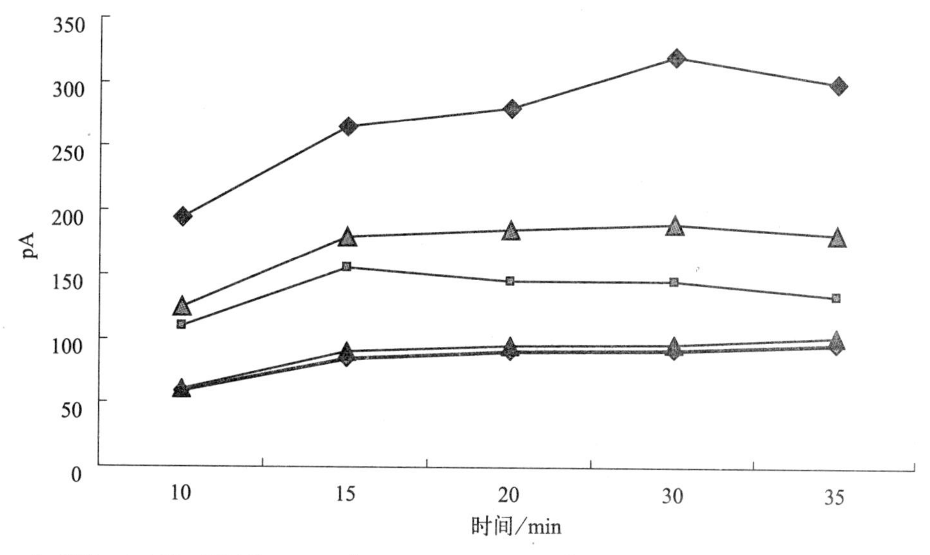

◆ 甲醇；▲乙腈；□丙酮；△N,N'-二甲基乙酰胺；◇N,N'-二甲基甲酰胺

（3.0 g 氯化钠，10μl 混合标准溶液与 10 ml 空白试剂水中）

图 1　平衡时间对化合物响应值的影响

2.2　氯化钠加入量的影响

由于盐析作用，加入氯化钠可以降低有机物在水中的溶解度，提高方法的灵敏度。本次实验研究了分别加入 0 g、1 g、2 g、2.5 g、3 g、3.5 g 氯化钠的影响。实验结果表明随着氯化钠加入量的增加，所有化合物的响应信号均有不同程度的增强。甲醇、丙酮、乙腈的挥发性受氯化钠加入量的影响不大，当加入的氯化钠高于 2.5 g 时，信号不再增强。N,N -二甲基甲酰胺、N,N -二甲基乙酰胺随着氯化钠含量的增加而逐渐增加，3 g 时信号达到最大值，之后响应信号开始降低。实验中选择加入 3.0 g 氯化钠。

2.3　色谱条件的选择

2.3.1　色谱柱选择

研究了 HP-INNOWAX 强极性柱及 DB-624 非极性柱这两种极性不同色谱柱对五种化合物的分离分析能力。研究发现五种化合物在 DB-624 色谱柱上保留时间短，分析速度快。在污染事故的现场监测中，需要快速判定污染物的种类、浓度、污染范围等，因此 DB-624 非极性柱非常适用于污染事故应急现场的快速分析中；五种化合物在 HP-INNOWAX 毛细管柱上分离度好，峰形尖锐，而且大孔径毛细管柱可以实现很小的分流比，提高方法灵敏度，但各物质保留时间长，不利于快速分析。因此本实验选用 DB-624 非极性柱。

2.3.2　载气流速选择

载气流速不仅影响样品的分离效率，同时对各组分的保留时间也有影响。在顶空-气相色谱/质谱法的分析中，对于甲醇的分析主要来自氧气的干扰。两者的特征离子均为 32，而且两者在非极性柱中的保留时间短，容易峰重叠而造成氧气对甲醇分析的干扰。研究发现降低柱流速可以提高两者的分离度，实验中分别研究了 0.5 ml/min、0.8 ml/min、1ml/min 的流速影响，结果表明流速太低样品拖尾严重，流速高于 1ml/min 时甲醇和氧气峰不能分开，而 0.8 ml/min 时，氧气先于甲醇出峰而避免了对甲醇的干扰。因此载气流速设为 0.8 ml/min。

2.3.3　分流比的选择

当样品浓度较高或样品基底较为复杂时采用分流进样模式，在分析痕量物质时一般采用不分流进样模式。但当车载气质联用仪与顶空装置联用时，分流比的选择至关重要，特别是毛细管柱的内径较细时。当毛细管内径较细时，同样的柱流速需要更大的柱前压，如果分流比设置过小，则顶空一路的载气流速也相应减小，顶空的载气压力低于进样口的压力时不能将样品顺利带入进样口。研究发现，当分流比设置为 10∶1 时分析结果较好，因此将分流比设置为 10∶1。

3 方法性能

分别取 4 μl、6 μl、8 μl、10 μl、20 μl 配制的 5 种混合标液加入到加有 10 ml 空白试剂水的 22 ml 顶空瓶中作为顶空—气相色谱质谱法的标准序列。根据各物质的峰面积和质量浓度做线性回归。该方法下测的五种物质的回归方程及相关系数见表 1。从表 1 可以看出气相色谱质谱法中各物质相关系数在 0.99 以上。

平行做 7 组高于 3～5 倍方法检出限的同浓度的样品，根据公式计算其方法检出限；取 6 μl（1.1）中配置的混合标液加入到 10 ml 水中，平行做 7 组同一浓度样品计算相对标准偏差（RSD）以检验方法精密度，结果见表 1。五种物质的相对标准偏差≤3.8%，说明方法的精密度良好，同时检出限也可以满足污染事故分析的需求。

表 1 方法性能参数

方法	化合物	回归方程	相关系数	检出限/（mg/L）	RSD/%
顶空气相色谱质谱法	甲醇	$Y=573.3x-5.776$	0.9980	1.0	2.4
	丙酮	$Y=5\ 410x+768.4$	0.9992	0.06	2.1
	乙腈	$Y=1\ 712x+377.8$	0.9994	0.5	2.6
	N,*N*-二甲基甲酰胺	$Y=114.6x-1323$	0.9980	10.0	3.2
	N,*N*-二甲基乙酰胺	$Y=180.9x+3541$	0.9984	10.0	3.8

在地表水样品和工业废水样品中分别加入不同量的已知浓度的标准溶液，在最佳实验条件下采用顶空—车载气相色谱质谱法进行分析，计算加标回收率。结果见表 2。不同水体的样品加标回收率在 78%～116%之间，表明该方法在实际样品的应用中有较好的准确度。

表 2 实际样品分析

样品	化合物	加入值	测定值	回收率/%
地表水	甲醇	—	N.D	—
		1.974	2.093	106
		3.291	2.764	84
	丙酮	—	N.D	—
		3.958	3.839	97
		6.596	7.387	112
	乙腈	—	N.D	—
		1.975	2.113	107
		3.291	3.818	116
	N,*N*-二甲基甲酰胺	—	N.D	—
		23.607	19.122	81
		31.477	26.755	85
	N,*N*-二甲基乙酰胺	—	N.D	—
		23.415	21.073	90
		31.220	24.352	78

续表

样品	化合物	加入值	测定值	回收率/%
工业废水	甲醇	—	N. D	—
		1.974	1.619	82
		3.291	2.929	89
	丙酮	—	N. D	—
		3.957	3.839	97
		6.596	6.200	94
	乙腈	—	N. D	—
		1.975	1.797	91
		3.291	3.423	104
	N,*N*-二甲基甲酰胺	—	N. D	—
		23.607	21.011	89
		31.477	26.440	84
	N,*N*-二甲基乙酰胺	—	N. D	—
		23.415	21.073	90
		31.220	27.161	87

4 小结

本文建立了顶空—车载气相色谱质谱法分析环境水样品中的甲醇、丙酮、乙腈、*N*,*N*-二甲基甲酰胺和*N*,*N*-二甲基乙酰胺5种与水和有机溶剂均互溶的强极性有机化合物。该方法操作简便，可实现自动化分析，且无须使用大量有机溶剂进行样品处理等繁琐前处理步骤，绿色环保。通过方法性能分析，该方法检出限低，精密度好；通过实际样品分析，发现其准确度高，满足污染事故现场分析的需求，可以应用于五种极性有机物水污染的现场应急监测中。

参考文献

[1] 赵丽，梁志坚，等. 气相色谱法测定工业场所空气中的 *N*,*N*′-二甲基甲酰胺和 *N*,*N*′-二甲基乙酰胺[J]. 理化检验—化学分册，2012，48：358-359.

[2] 李海燕. 顶空-毛细管气相色谱法同步测定水中丙酮吡啶乙腈 [J]. 中国环境监测，2011，27：56-58.

[3] 李韵谱，董小艳，等. 气相色谱-质谱法分析环境空气中的甲醇和丙酮 [J]. 环境卫生医学杂志，2013，3：445-448.

[4] 周高祥. 一起急性二甲基甲酰胺职业中毒的调查分析 [J]. 职业卫生与病伤，2013，26：365-367.

[5] 唐访良，朱文，等. 气相色谱法测定废水中的 *N*,*N*′-二甲基甲酰胺和 *N*,*N*′-二甲基乙酰胺[J]. 理化检验—化学分册，2006，42：941-942.

[6] 朱辉，耿艳，等. 毛细管柱气相色谱法测定废气和废水中的 *N*,*N*′-二甲基甲酰胺[J]. 环境监测管理与技术，2013，25：43-45.

[7] 江建彪，朱高文，等. 顶空毛细管气相色谱法同时测定水中丙酮甲醇乙腈 [J]. 环境监测管理与技术，2012，24：64-66.

作者简介：曹方方（1988.2—），硕士研究生，山东省环境监测中心站助工，从事气相色谱及气相色谱质谱工作。

水中硝酸盐氮的应急监测方法研究

郭一鹏[1]　王 超[2]

1. 郑州沃特测试技术有限公司，郑州　450001；

2. 信阳市环境监测站，信阳　464000

摘　要：快检技术是当前环境监测工作的重要部分。以水中硝酸盐氮为例，采用 ZZW 真空检测管—电子比色法测定水和废水中的硝酸盐氮，结果表明，该方法操作简单，携带方便，准确度和精密度较高。方法检出限为 0.7mg/L，加标回收率为 90.0%～112%，相对标准偏差为 5.05%～11.1%，相对误差为 −0.20%～+6.2%。测定实际样品时两种方法的相对误差为 −15.2%～+14.8%。真空检测管—电子比色法完全可以满足污染物排放标准要求。

关键词：硝酸盐氮；快检技术；真空检测管

Study of Emergency Monitoring Method of Nitrate Nitrogen in Water

GUO Yi-peng[1]　WANG Chao[2]

1. Zhongzhou Water Test Technology company，Zhengzhou 450001；

2. Xinyang Environmental Monitoring Station，Xinyang 464000

Abstract：Rapid detection technology is an important part of the current environmental monitoring work. Using the zzw vacuum test tube-Electronic colorimetric method to detect nitrate nitrogen in water and wastewater，The result shows the method is The method is simple operation，easy to carry，high accuracy and precision. The detection limit is 0.7mg/L，the standard addition recovery was 90.0%～112%，relative standard deviation was 5.05%～11.1%，The relative error was −0.20～+6.2%. When testing various actual samples by the two methods，the relative error is −15.2～+14.8%. so the vacuum test tube-Electronic colorimetric method is applicable of the discharge standards.

Key words：nitrate nitrogen；rapid detection technology；vacuum testing tube

水中硝酸盐是在有氧环境下，亚硝酸、氨氮等各中形态的含氮化合物中最稳定的氮化合物，亦是含氮有机物经无机作用最终的分解产物[1]。硝酸盐在人体内经过消化系统后被转化成亚硝酸盐，亚硝酸盐能使血液中血红蛋白分子氧化，将二价铁氧化为三价铁从而丧失了携带氧的能力，导致患者呼吸困难甚至死亡。目前，测定硝酸盐氮的分析方法有电催化还原法[2]、镉柱还原法[3]、可见分光光度法[4]、紫外分光光度法[5-6]、离子色谱法等，但这些分析方法操作繁琐，不便携带，为此研制开发便携式、快速测定硝酸盐氮的方法迫在眉睫。

现场快检技术已成为我国环境监测工作中的一个重要部分[7]，现场快检是突发环境事件处置和善后处理工作的基础和前提[8]，是环境污染事故处理处置中的首要环节[9]。具有不可预见性、要求快速、监测数据还要具有准确性和代表性、监测对象复杂、监测范围广、监测周期长、监测条件艰苦等特点[10-11]。现代快检较常见的技术有检测管技术、试剂盒（试纸）技术、便携式光谱仪技术、便携式电化学仪技术

基金项目：中国环境监测总站转型项目环境污染事故应急监测技术方法研究（2011ZX-FX001）。

等[12]。当前现场快检标准方法欠缺，亟须紧扣环境污染、时效性强、事故现场试验条件限制多等特点建立完善的应急监测技术的标准方法体系[13-14]，真空检测管-电子比色法作为国家环保标准方法发布实施[15]，为现场快检技术的普及和发展确定了地位。

郑州沃特测试技术有限公司生产的 ZZW 水质多参数现场测试仪基于真空检测管-电子比色法（以下简称“真空检测管法”）原理设计的快检仪器，它将真空检测管自吸式定量采样、自动快速显色的技术与现代光电传感器及数模转换技术系统集成而研制的微电脑型水质现场测试仪，可对水样中多种成分进行定量快速分析，具有仪器简单、操作简单、升级简单等特点。该文以硝酸盐氮为例，采用 ZZW 水质多参数现场测试仪测定水和废水中的硝酸盐氮，并与离子色谱法进行比对[16]，分析探讨方法检出限、精密度、准确度、加标回收率、抗干扰性等技术参数。

1 实验部分

1.1 主要试剂与仪器

ZZW 水质多参数现场测试仪；硝酸盐氮真空检测管，郑州沃特测试技术有限公司生产。

离子色谱法，所需试剂按该方法标准准备和配制。

1.2 真空检测管-电子比色法方法原理

在 100℃强酸性条件下，硝酸盐氮与二甲基苯酚反应生成红色化合物，该化合物的色度值与硝酸盐氮的浓度呈一定的线性关系。

1.3 真空检测管-电子比色法实验方法

水样采集按照 HJ/T 91 和 HJ/T 164 的相关规定进行。

硝酸盐氮的测定：将硝酸盐氮检测管的毛细管部位完全浸入待测水样中，折断毛细管，待测水样即被自动吸入管中；取出检测管，将其来回倒置几次使管中液体混合均匀；然后在 ZZW 加热反应器中 100℃加热 10min，取出后自然冷却 10min，将完成显色反应的检测管插入 ZZW 水质多参数现场测试仪的插孔中，按测试仪操作程序进行测试。

1.4 数据统计

数据统计参照 HJ 168—2010[17]。

2 条件实验与讨论

2.1 条件参数试验

2.1.1 反应温度对硝酸盐氮测定的影响

改变反应温度，其他测试条件不变，配制 15.0mg/L 浓度硝酸盐氮标准溶液（环境保护部标准样品研究所生产，样品编号为 102111，浓度为 500mg/L 标准溶液稀释），平行测定 5 组数据，测定结果见表 1。

表 1　反应温度对硝酸盐氮测定的影响

反应温度/℃	测定结果/（mg/L）						相对误差/%
	1	2	3	4	5	平均值	
90	7.0	7.0	8.0	7.0	8.0	7.4	−50.7
100	16.5	16.5	18.0	16.5	16.5	16.8	+12.0
110	19.8	19.8	19.8	23.8	23.8	21.4	+42.7

由表 1 可知，在其他条件不变情况下，测定结果随反应温度升高而增加，反应温度在 100℃时，对硝酸盐氮的测定结果影响不大。

2.1.2 显色时间对硝酸盐氮测定的影响

改变显色时间，其他测试条件不变，配制 10.0mg/L 浓度硝酸盐氮标准溶液（环境保护部标准样品研究所生产，样品编号为102111，浓度为500mg/L标准溶液稀释），平行测定5组数据，见表2。

表2　显色时间对硝酸盐氮测定的影响

显色时间/ min	测定结果/（mg/L）						相对误差/%
	1	2	3	4	5	平均值	
8	7.0	7.0	6.0	6.0	7.0	6.6	−34.0
10	10.0	10.0	11.5	10.5	11.5	10.7	+7.0
12	13.0	13.0	14.0	14.0	15.0	13.8	+38.0

由表2可知，在反应温度为100℃温度下，显色时间对硝酸盐氮的测定结果有一定的影响。当显色时间为10min时，测量结果基本不变。

2.1.3　干扰实验

参照酚二磺酸光度法[18]测定硝酸盐氮时，亚硝酸盐可产生干扰，本项目选择亚硝酸盐对硝酸盐进行干扰试验测试，结果见表3。

表3　亚硝酸盐对硝酸盐干扰试验

加入NO_2^-浓度/（mg/L）	测定结果/（mg/L）						相对误差/%
	1	2	3	4	5	平均值	
0.5	10.0	11.5	11.5	10.0	10.0	10.6	+6.00
5.0	10.0	11.5	11.5	10.0	8.8	10.4	+3.60
8.0	7.0	8.0	8.0	8.0	8.0	7.96	−20.4
10.0	6.0	6.0	5.0	5.0	5.0	5.40	−46.0

由表3，测定结果随溶液中亚硝酸盐氮含量的增加逐渐降低，表明亚硝酸盐氮对测定产生负干扰。

2.2　方法检出限

使用蒸馏水为空白样，取B基色积分值为硝酸盐氮空白信号值，平行测定7次，测定数据见表4，按照上述方法，确定真空检测管法硝酸盐氮的方法检出限为0.7mg/L，方法测定下限3.0mg/L（测定下限以4倍检出限计算）。

表4　硝酸盐氮检出限、测定下限测定结果

空白信号测定值	平均值	标准偏差	检出限/（mg/L）	测定下限/（mg/L）
1005	1 003	1.09	0.7	3.0
1003				
1003				
1003				
1002				
1003				
1002				

2.3　精密度实验

参考仪器厂家说明书中给定的测定上限（30mg/L），实验室分别配制五种浓度硝酸盐氮标准溶液（环境保护部标准样品研究所生产，样品编号为102111，浓度为500mg/L标准溶液稀释），平行测定6组数据，计算其相对标准偏差。精密度实验数据详见表5。

表 5　1 硝酸盐氮精密度测试数据

单位：mg/L

样品名称	1	2	3	4	5	6	平均值	标准偏差	相对标准偏差/%
硝酸盐氮标液（5.0）	4.0	5.0	5.0	5.0	4.0	5.0	4.67	0.52	11.1
硝酸盐氮标液（10.0）	11.5	11.5	13.0	11.5	10.0	10.0	11.3	1.13	10.0
硝酸盐氮标液（15.0）	16.5	16.0	18.0	16.5	16.5	15.5	16.5	0.84	5.07
硝酸盐氮标液（20.0）	19.8	19.8	22.5	21.5	21.5	21.2	21.1	1.06	5.05
硝酸盐氮标液（27.0）	≥30	26.2	26.2	26.2	28.8	27.5	27.5	1.61	5.87

由表 5 可知，ZZW 测试仪测定硝酸盐氮标准样品时，相对标准偏差为 5.05%～11.1%。

2.4　准确度实验

测定 3 支有证标准物质（环境保护部标准样品研究所生产，样品编号 200831，浓度为 0.791±0.026mg/L；样品编号 200832，浓度为 6.02±0.21mg/L；样品编号 200834，浓度为 12.2±0.9mg/L）。平行测定 7 组数据计算其相对误差。沃特测试仪对质控样品测试数据见表 6。

表 6　硝酸盐氮质控样品测试数据

单位：mg/L

平行号		质控样样品		
		浓度 1（200831）	浓度 2 及编号（200832）	浓度 3（200834）
测定结果	1	0.90	6.00	13.0
	2	0.90	6.00	13.0
	3	0.90	6.02	13.0
	4	0.90	6.02	12.5
	5	0.70	6.02	13.0
	6	0.70	6.00	12.5
	7	0.90	6.00	12.5
平均值		0.84	6.01	12.8
质控样品浓度		0.791±0.026	6.02±0.21	12.2±0.9
相对误差/%		+6.2	−0.20	+4.90

由表 6 可知，测定所选用的含硝酸盐氮有证标准样品，相对误差为−0.20%～+6.2%。

2.5　实际样品测定

选用不同类型的水样，加入硝酸盐氮标准溶液进行测定，每个加标样品平行测定 6 次，计算每个样品的加标回收率。测定结果见表 7。

表 7　实际样品加标测定结果

样品名称		测定结果/（mg/L）							加标量/（mg/L）	加标回收率/%
		1	2	3	4	5	6	平均值		
谭家河鸡公山出境（地表水）	样品	1.9	1.9	1.7	1.7	1.8	1.8	1.8	—	—
	加标后	10.0	11.5	11.5	11.5	10.0	10.0	10.8	10.0	90.0
谭家河老湾村断面（地表水）	样品	1.7	1.7	1.8	1.8	1.7	1.7	1.73	—	—
	加标后	22.5	21.2	21.2	22.1	21.2	21.2	21.6	20.0	99.4
谭家河入湖上游（地表水）	样品	1.8	1.8	1.7	1.7	1.8	1.8	1.77	—	—
	加标后	22.5	23.8	23.8	19.8	21.2	21.2	22.1	20.0	102
新申河（污水）	样品	3.0	3.0	3.0	2.6	2.6	2.6	2.8	—	—
	加标后	13.0	15.0	15.0	13.0	15.0	13.0	14.0	10.0	112
黑泥沟（污水）	样品	3.0	3.3	3.0	3.0	3.0	2.6	2.98	—	—
	加标后	23.5	23.8	22.5	22.5	23.5	22.5	23.1	20.0	101
平电沟（污水）	样品	0.7	1.7	0.7	1.7	1.8	1.8	1.4	—	—
	加标后	21.2	22.1	22.1	21.2	21.2	21.2	21.5	20.0	100

由表 7 可知，用真空检测管法测定不同类型样品硝酸盐氮时，加标回收率为 90.0%～112%。

2.6 方法比较

分别选取标准溶液、地表水和工业废水不同水样，按照样品分析步骤，与离子色谱法进行比对，以离子色谱法测定结果作为真值，计算真空检测管法测定结果的相对误差。实验数据见表8。

表8 沃特测试仪和实验室方法比对实验数据 单位：mg/L

样品名称	真空检测管法	离子色谱法	绝对误差	相对误差/%
标准溶液	6.01	6.00	0.01	0.17
地表水1#	2.87	2.50	0.37	14.8
地表水2#	1.73	2.04	−0.31	−15.2
地表水3#	1.77	1.57	0.20	12.7
废水1#	2.80	3.18	−0.38	−11.9
废水2#	2.98	3.36	−0.38	−11.3
废水3#	1.75	2.00	−0.25	−12.5

由表8可知，ZZW水质多参数现场测试仪和离子色谱法相比，两种方法测定结果相对误差为−15.2%～+14.8%。

5 结论

（1）真空检测管-电子比色法最低检出限为0.7mg/L，测定下限为3.0mg/L，加标回收率为90.0%～112%，相对标准偏差为5.05%～11.1%，相对误差为−0.20%～+6.2%。

（2）用离子色谱法和真空检测管法测定硝酸盐氮的相对误差为−15.2%～+14.8%。

（3）和离子色谱法相比，真空检测管法操作简单，携带方便，特别适合于环境现场快速测定。

参考文献

[1] 国家环境保护总局《水和废水监测分析方法》编委会．水和废水监测分析方法［M］．4版．北京：中国环境科学出版社，2002：258.

[2] 胡晓明，夏定国．双核酞菁铁载碳纳米管电催化还原水中硝酸盐氮的研究［J］，环境科技，2012，25（4）：1-5.

[3] 许杨，徐月梅．蔬菜中硝酸盐氮的分析方法［J］．山东环境，1994（6）：15.

[4] 孙仕萍，邢大荣，张岚，等．水中硝酸盐氮的麝香草酚分光光度测定法［J］．环境与健康杂志，2007，24（4）：256-257.

[5] 邢军．紫外光度法测定水中硝酸盐氮的应用研究［J］．贵州环保科技，2006，12（3）：17-19.

[6] 冷家峰，刘仙娜，王泽俊．紫外吸光光度法测定蔬菜鲜样中硝酸盐氮［J］．理化检验—化学分册，2004，40（5）：288-289.

[7] 徐亮，钟声，魏宏农．环境污染事故中重金属优先快速监测方法研究［J］．环境监控与预警，2014，6（3）：20-23.

[8] 连兵，崔永峰．环境应急监测管理体系研究［J］．中国环境监测，2010，26（4）：12-15.

[9] 饶永才，马运宏．徐州市三环西路硝基苯泄漏事故应急监测案例分析及研究［J］．环境科技，2008，21（A02）：37-39.

[10] 韩芹芹，张可潭．乌鲁木齐市环境应急监测体系存在的问题及对策［J］．中国环境监测，2013，29（2）：86-90.

[11] 徐晓力，徐田园．突发事故水环境污染应急监测系统建立及运行［J］．中国环境监测，2011，27（3）：1-3.

[12] 李国刚．环境化学污染事故应急监测技术与装备 [M]. 北京：化学工业出版社，2005：12-18.

[13] 傅晓钦，胡迪峰，翁燕波，等. 突发性环境污染事故应急监测研究进展 [J]. 中国环境监测，2012，28 (1)：107-109.

[14] 刀谞，滕恩江，吕怡兵，等. 我国环境应急监测技术方法和装备存在的问题及建议 [J]. 中国环境监测，2013，29 (4)：169-175.

[15] 水质 氰化物等的测定 真空检测管-电子比色法．HJ 659—2013.

[16] 国家环境保护总局《水和废水监测分析方法编委会》．水和废水监测分析方法 [M]. 4 版．北京：中国环境科学出版社，2002：156-161.

[17] 环境监测 分析方法标准制修订技术导则 [S]. HJ 168—2010.

[18] 国家环境保护总局《水和废水监测分析方法编委会》．水和废水监测分析方法 [M]. 4 版．北京：中国环境科学出版社，2002：259-261.

作者简介：郭一鹏 (1976—)，男，河南郑州人，硕士，工程师，从事监测技术研究。

水质应急监测中样品编号方法探讨

计晓梅　廖鹏鹏　唐丽嵘　杜　娟
桂林市环境监测中心站，桂林　541002

摘　要：介绍了 3 种水质应急监测中的样品编号方法及特点，即纯数字编号法、按样品类别编号法和按点位时间编号法，较好地满足了水质应急监测中对样品编号的要求，可供各级环境监测部门参考。

关键词：样品编号；纯数字；类别；点位和时间

Discussion on Methods of Sample Numbering in Emergency Water Quality Monitoring

JI Xiao-mei　LIAO Peng-peng　TANG Li-rong　DU Juan
Guilin Environmental Monitoring Centre，Guilin 541002

Abstract：This article discusses three kinds of methods of sample numbering and characteristics in emergency water quality monitoring，they are the pure-number numbering method，the numbering method according to the sample type and the numbering method according to the monitoring site and time. They meet the demand of the emergency water quality monitoring and they are good for every environmental monitoring department's reference.

Key words：sample numbering；pure-number；sample type；monitoring site and time

根据《突发环境事件应急监测技术规范》（HJ 589—2010）中样品管理的要求，现场采集的样品要及时进行唯一性标识，样品管理要确保处于受控状态[1]。实验室计量认证/审查认可准则要求：实验室应建立能区别不同样品的唯一性标识制度并形成文件，以确保样品的标识在任何时候都不会发生混淆[2]。应急监测过程中的样品编号是样品管理的一个部分，样品编号方法的好坏对提高应急监测的质量和工作效率起着非常重要的作用[3]。本文通过总结实际水质应急监测工作的一般要求和实际经验，将水质应急监测中的样品编号方法分为三类，即纯数字编号法、按样品类别编号法、按点位时间编号法，并分析了不同样品编号方法的特点，能较好地满足水质应急监测的需求。

案例：在××水质应急监测中，8 月 1 日设置水质监测断面 4 个（东江、南江、西江、北江），8 月 2 日在原有监测断面的基础上新增加 3 个监测断面（金江、木江、水江），其中金江断面位于东江和南江之间、木江断面位于西江和北江之间、水江位于北江下游 2km，8 月 3 日—8 月 7 日设置监测断面 4 个（东江、西江、木江、水江）。这些断面中除西江断面河宽 70m 外，其他断面河宽均小于 50m。西江断面每天监测 2 次，其他断面每天监测 1 次。

1　纯数字编号法

纯数字编号法是在样品采集前根据采样点位及采样频次的设置，每个监测断面分配给一定数量的数字，数字的位数根据采集样品数量而定，采样数量大则样品编号位数多，反之则少[4]，如 1001、1002、1003 等。在水质应急事件的整个监测过程中，每个水质监测点位分配使用不同的样品编号段，如 1# 点位样品编号段 1001～1999，2# 点位样品编号段 2001～2999，19# 点位样品编号段 19001～19999，样品编号按采样先后顺序依次连续使用。

按纯数字编号法将案例中的7个监测点位依次编号：1# 东江、2# 南江、3# 西江、4# 北江、5# 金江、6# 木江、7# 水江。采样过程中，采样人员每采集一个样品，就在这个样品的适当位置贴上一个样品编号，同时，在采样原始记录表上记录该样品的相关信息，以东江、西江、水江3个点位为例，具体信息如表1。

表1　××环境监测站水质采样原始记录表

点位编号	采样点位	样品编号	采样时间	监测项目	保护剂	天气情况	采样量	样品外观
1#	东江断面（中）	1001	201408010910	Gd	硝酸	晴，30℃	1L	近无色，无味，微浊
1#	东江断面（中）	1002	201408020910	Gd	硝酸	晴，30℃	1L	近无色，无味，透明
1#	东江断面（中）	1003	201408030910	Gd	硝酸	晴，30℃	1L	近无色，无味，透明
3#	西江断面（左）	3001	201408010910	Gd	硝酸	晴，30℃	1L	近无色，无味，微浊
3#	西江断面（中）	3002	201408010920	Gd	硝酸	晴，30℃	1L	近无色，无味，微浊
3#	西江断面（右）	3003	201408010930	Gd	硝酸	晴，30℃	1L	近无色，无味，微浊
3#	西江断面（左）	3004	201408012110	Gd	硝酸	晴，30℃	1L	近无色，无味，微浊
3#	西江断面（中）	3005	201408012120	Gd	硝酸	晴，30℃	1L	近无色，无味，微浊
3#	西江断面（右）	3006	201408012130	Gd	硝酸	晴，30℃	1L	近无色，无味，微浊
3#	西江断面（左）	3007	201408020910	Gd	硝酸	晴，30℃	1L	近无色，无味，透明
3#	西江断面（中）	3008	201408020920	Gd	硝酸	晴，30℃	1L	近无色，无味，透明
3#	西江断面（右）	3009	201408020930	Gd	硝酸	晴，30℃	1L	近无色，无味，透明
7#	水江断面（中）	7001	201408020910	Gd	硝酸	晴，30℃	1L	近无色，无味，透明
7#	水江断面（中）	7002	201408030910	Gd	硝酸	晴，30℃	1L	近无色，无味，透明

此种样品编号方法可以保证样品具有唯一性标识，样品编号规则简单易行，比较适用于采集样品数量较少的应急监测中，但样品编号不具有溯源性，可提供的样品相关信息少。

2　按样品类别编号法

按样品类别编号法的形式如下：

××　××　××　　××　　　××　　－　××

年份＋月份＋日期＋样品类别＋采样点位编号＋样品序号

年份、月份、日期及采样点位均用两位数字表示；各种水质样品类别代号分别为：废水（污水）—WW，地表水—WB；饮用水—WY；地下水—WX；风景湖塘水—WH；水库水—WK；样品序号，用自然数表示。

表2　××环境监测站水质采样原始记录表

点位编号	采样点位	样品编号	采样时间	监测项目	保护剂	天气情况	采样量	样品外观
01#	东江断面（中）	140801WB01-01	201408010910	Gd	硝酸	晴，30℃	1L	近无色，无味，微浊
01#	东江断面（中）	140802WB01-01	201408020910	Gd	硝酸	晴，30℃	1L	近无色，无味，透明
01#	东江断面（中）	140803WB01-01	201408030910	Gd	硝酸	晴，30℃	1L	近无色，无味，透明
03#	西江断面（左）	140801WB03-01	201408010910	Gd	硝酸	晴，30℃	1L	近无色，无味，微浊
03#	西江断面（中）	140801WB03-02	201408010920	Gd	硝酸	晴，30℃	1L	近无色，无味，微浊
03#	西江断面（右）	140801WB03-03	201408010930	Gd	硝酸	晴，30℃	1L	近无色，无味，微浊
03#	西江断面（左）	140801WB03-04	201408012110	Gd	硝酸	晴，30℃	1L	近无色，无味，微浊
03#	西江断面（中）	140801WB03-05	201408012120	Gd	硝酸	晴，30℃	1L	近无色，无味，微浊
03#	西江断面（右）	140801WB03-06	201408012130	Gd	硝酸	晴，30℃	1L	近无色，无味，微浊
04#	西江断面（左）	140802WB04-01	201408020910	Gd	硝酸	晴，30℃	1L	近无色，无味，透明
04#	西江断面（中）	140802WB04-02	201408020920	Gd	硝酸	晴，30℃	1L	近无色，无味，透明
04#	西江断面（右）	140802WB04-03	201408020930	Gd	硝酸	晴，30℃	1L	近无色，无味，透明
07#	水江断面（中）	140802WB07-01	201408020910	Gd	硝酸	晴，30℃	1L	近无色，无味，透明
04#	水江断面（中）	140803WB04-01	201408030910	Gd	硝酸	晴，30℃	1L	近无色，无味，透明

按样品类别编号法将案例中的监测点位编号：8月1日点位编号（01#东江、02#南江、03#西江、04#北江）、8月2日点位编号（01#东江、02#金江、03#南江、04#西江、05#木江、06#北江、07#水江）、8月3日—8月7日点位编号（01#东江、02#西江、03#木江、04#水江）。如有一个样品的编号为140801WB03-03，则表示2014年8月1日在03#采样点位（西江断面）采集的第3个地表水水样。采样同时填好采样原始记录表，以东江、西江、水江3个点位为例，具体信息如表2所示。

3 按点位时间编号法

按点位时间编号法的形式如下：

××　J　××　××－　××　－××

年份＋J＋月份＋日期 ＋ 采样点位编号 ＋ 样品序号

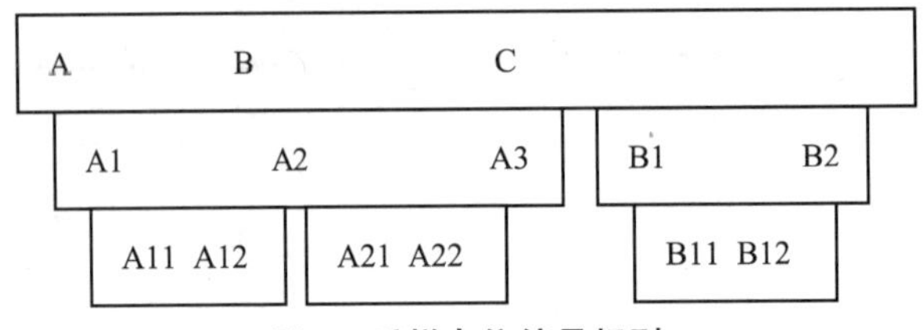

图1　采样点位编号规则

采样点位编号采用逐级间插编号法，编号规则如图1所示，首次编号时，采样点位编号按一级编码（英文字母）依次定为A、B、C、D…，监测方案改变时，如需在A点位和B点位之间增加采样点位，则按二级编码（A1、A2、A3…）依次编号，如需在A1点位和A2点位之间增加采样点位，则按三级编码（A11、A12、A13…）依次编号，若采样点位减少，只需直接去掉该采样点位及其对应的编号即可。当需要采集同一点位左中右/上中下时，在采样点位编号后加相应的英文首字母表示，左L，中M，右R，上S，下B。

与用数字表示采样点位相比，该采样点位编号方法可以保证每一个采样点位在整个应急监测中具有唯一性编号，在应急监测方案不断调整的情况下应用，编号方法简单，具有较好的延续性及可调整性。按逐级间插编号法将案例中的7个监测点位依次编号：A1东江、A2南江、A3西江、A4北江、A11金江、A31木江、A5水江。

水质应急监测中的样品类别均用J作为标识；年份、月份、日期均用两位数字表示；样品序号用采样时间表示。如有一个样品的编号为14J0801-A1S-1024，则表示应急监测中2014年8月1日10点24分在A1采样点位采集的上层水样。与用自然数表示样品序号相比，该样品序号的编号方法，简便灵活，可以在没有工作交接的紧急情况下，避免出现同一日期同一点位不同采样人员采样时重复编号的问题，保证每一个样品在整个应急监测中具有唯一性编号，监测数据便于检索，增强可溯源性，在应急监测中较为实用。以东江、西江、水江3个点位为例，具体信息如表3所示。

表3　××环境监测站水质采样原始记录表

点位编号	采样点位	样品编号	采样时间	监测项目	保护剂	天气情况	采样量	样品外观
A1	东江断面（中）	14J0801-A1S-0910	201408010910	Gd	硝酸	晴，30℃	1L	近无色，无味，微浊
A1	东江断面（中）	14J0802-A1S-0910	201408020910	Gd	硝酸	晴，30℃	1L	近无色，无味，透明
A1	东江断面（中）	14J0803-A1S-0910	201408030910	Gd	硝酸	晴，30℃	1L	近无色，无味，透明
A3	西江断面（左）	14J0801-A3S-0910	201408010910	Gd	硝酸	晴，30℃	1L	近无色，无味，微浊
A3	西江断面（中）	14J0801-A3S-0910	201408010920	Gd	硝酸	晴，30℃	1L	近无色，无味，微浊
A3	西江断面（右）	14J0801-A3S-0910	201408010930	Gd	硝酸	晴，30℃	1L	近无色，无味，微浊
A3	西江断面（左）	14J0801-A3S-0910	201408012110	Gd	硝酸	晴，30℃	1L	近无色，无味，微浊
A3	西江断面（中）	14J0801-A3S-0920	201408012120	Gd	硝酸	晴，30℃	1L	近无色，无味，微浊
A3	西江断面（右）	14J0801-A3S-0930	201408012130	Gd	硝酸	晴，30℃	1L	近无色，无味，微浊
A3	西江断面（左）	14J0802-A3S-0910	201408020910	Gd	硝酸	晴，30℃	1L	近无色，无味，透明

续表

点位编号	采样点位	样品编号	采样时间	监测项目	保护剂	天气情况	采样量	样品外观
A3	西江断面（中）	14J0802-A3S-0920	201408020920	Gd	硝酸	晴，30℃	1L	近无色，无味，透明
A3	西江断面（右）	14J0802-A3S-0930	201408020930	Gd	硝酸	晴，30℃	1L	近无色，无味，透明
A5	水江断面（中）	14J0802-A5S-0910	201408020910	Gd	硝酸	晴，30℃	1L	近无色，无味，透明
A5	水江断面（中）	14J0803-A5S-0910	201408030910	Gd	硝酸	晴，30℃	1L	近无色，无味，透明

该方法较好地满足了应急监测点位布设及样品编号应具有延续性的要求，对应急监测样品进行统一的编号管理，便于环境监测的信息化管理，确保了样品具有唯一性标识。

参考文献

[1] 突发环境事件应急监测技术规范 [S]. HJ 589—2010.

[2] 检测和校准实验室能力的通用要求 [S]. GB/T 15481—2000.

[3] 李国刚. 环境监测质量管理工作指南 [M]. 北京：中国环境科学出版社，2010.

[4] 谭志农，马先锋，刘明阳. 环境监测中样品的两种编号方法 [J]. 环境科学与技术，2011，34 (12H)：225-227.

作者简介：计晓梅（1986.8—），女，广西桂林人，毕业于广西师范大学环境科学专业，硕士，桂林市环境监测中心站从事环境监测工作。

移动式水质自动监测系统及其在应急监测中的应用

李新宇　周贤杰　蔡　锋
重庆市环境监测中心，重庆　401147

摘　要： 移动式水质自动监测系统是一款集成化的水质流动监测系统。文中简要介绍了该系统功能特点及使用方法。方法验证实验和实际应用结果表明，该系统技术较成熟，运行稳定。其不但完全能够满足应急监测的需要，而且弥补了传统人工监测和移动实验室监测时效性不足、自动化程度差和准确性较低等缺点，增强了水环境应急监测能力。

关键词： 突发环境污染事故；应急监测；移动式水质自动监测系统

Mobile Automatic Monitoring System for Water Quality and Its Application in the Emergency Monitoring

LI Xin-yu　ZHOU Xian-jie　CAI Feng
Chongqing Environment Monitoring Center, Chongqing　401147

Abstract: The mobile automatic monitoring system for water quality is a type of an integrated mobile monitoring system for water quality. Its functional characteristics and usage method was introduced in this paper. The results of experiment and practical application show that the system is more mature and stable in operation. It not only can meet the need of emergency monitoring, but also to make up for the shortcomings of traditional manual monitoring, mobile monitoring and timeliness poor degree of automation and accuracy is low, enhances the water environmental emergency monitoring ability.

Key words: emergency accident; environmental pollution emergency monitoring; the mobile automatic monitoring system for water quality

近年来，随着社会经济的迅速发展，人类活动日益加剧，突发性环境污染事故逐年增加，其中又以水污染事故数量最为突出[1,2]。为提高重大水污染事故发生后快速有效地监测能力，为管理部门及时、准确制定应急处理方案提供技术支撑，减少事故带来的负面影响，国内外陆续研发了大量应急监测新技术、新方法。

移动式水质自动监测系统是为满足国内环境监测快速、便捷、准确的需要，近年国内开发的一款水质流动监测系统。该系统将移动实验室和固定式自动监测设备集成到一台监测车上，从而实现了监测过程中的采样、留样、测试、数据上传等过程的全自动无人值守监测，而且，分析过程灵敏快速，最大程度上契合了突发水污染事故应急监测的要求。该系统能最大限度地发挥流动实验室的机动性，快速准确地分析水样并能及时上报实时数据。本文简要介绍了该系统的各种功能、使用方法及应用案例，旨在为全面了解及使用该系统提供参考资料。

1　系统功能介绍

移动式水质自动监测系统能实现连续自动分析，在流动监测中自动完成样品的采集、预处理、仪器的校零、校标等，大大提高了分析的效率，从而能够节省大量的人力和物力。该系统将各种辅助设备和分析单元都集成到一台监测车上，可用于水质应急监测、污染源在线监测装置比对监测，亦可应用于常规水质监测分析。

1.1 车载分析单元

移动式水质自动系统可分析 21 种常规项目，相关参数见表 1。其中水质五参数分析仪可分析水质五参数（pH、水温、电导率、溶解氧、浊度）；重金属在线分析仪，可分析铜、铅、锌、镉；化学需氧量在线分析仪，可分析化学需氧量；高锰酸盐指数在线分析仪，可分析高锰酸盐指数。此外，模块还可以实现六价铬、总汞、总镍、总锰、砷、总磷、氨氮、总氰化物、挥发酚及硫化物等指标在线分析。

表 1 移动式水质自动监测系统相关参数

序号	监测参数	移动式水质自动监测系统分析方法	自动监测系统量程	自动监测系统检出限
1	水温	探头法	0～50℃	—
2	pH	探头法	0～14	—
3	浊度	探头法	0～3 000NTU	—
4	溶解氧	探头法	0～20mg/L	—
5	电导率	探头法	0～100mS/cm	—
6	COD_{Mn}	高锰酸钾滴定分光光度法	0～100mg/L	0.5mg/L
7	COD_{Cr}	重铬酸钾氧化分光光度法	0～5000mg/L	5mg/L
8	氨氮	纳氏试剂分光光度法	0～300mg/L	0.05mg/L
9	总氰	异烟酸-巴比妥酸分光光度法	0～5mg/L	0.005mg/L
10	汞	冷原子吸收光度法	0～0.1mg/L	0.000 05mg/L
11	硫化物	专用显色分光光度法	0～20mg/L	0.01mg/L
12	砷	新银盐分光光度法	0～5mg/L	0.005mg/L
13	锰	高锰酸钾氧化分光光度法	0～50mg/L	0.05mg/L
14	镍	丁二酮肟分光光度法	0～100mg/L	0.05mg/L
15	总磷	磷钼蓝分光光度法	0～50mg/L	0.005mg/L
16	六价铬	二苯碳酰二肼分光光度法	0～20mg/L	0.005mg/L
17	挥发酚	4-氨基安替比林分光光度法	0～10mg/L	0.01mg/L
18	锌	阳极溶出伏安法	0～1mg/L	0.01mg/L
19	镉	阳极溶出伏安法	0～1mg/L	0.000 1mg/L
20	铅	阳极溶出伏安法	0～1mg/L	0.001mg/L
21	铜	阳极溶出伏安法	0～1mg/L	0.001mg/L

1.2 辅助系统

辅助系统包括采样系统、预处理系统、供电系统和抗震系统等。

1.2.1 采样系统

移动式自动监测系统采用自吸泵取水，取水扬程和距离分别为 20m、200m。当取水点距离监测车的距离超过水泵的取水范围时，可人工采样后从仪器的标样管进样。

1.2.2 预处理系统

系统配备超声波均化及过滤清洗预处理模块，并配备不同水样过滤的滤芯，过滤口径在 5～50μm 之间。根据水样实际情况，可以选装合适过滤口径的滤芯。超声波均化水样可以保证水样的整体代表性，而过滤清洗预处理模块可以防止管网系统堵塞。

1.2.3 供电系统

系统有UPS稳压电源供电、发电机供电、外接电源供电三种供电模式。其中发电机供电模式在加满燃油后可以连续工作约8h，有效地保障了野外应急监测的顺利进行。

1.2.4 抗震系统

车载设备具有完善的抗震措施。监测模块固定架与车体之间采用船舶专用防震器连接固定，车体具备4个支撑脚以消除振动对监测分析过程的影响；监测分析模块内部采用模块化设计，监测分析模块主要包括单片机控制模块、电源模块、流路控制模块、反应监测模块、采样/预处理模块、通讯模块等，各模块间采用插头式电路连接，有效地防止振动产生影响；模块内部采用双层支架固定，各模块间连接都采用螺丝固定，电源和信号的线路插座上用胶固定。

2 系统使用方法

移动式水质自动监测系统以监测车为载体，通过模块组合和优化，在监控模块的统一指挥下，完全自动的完成水质应急监测中的自动取水、连续水样预处理、仪器自动分析、数据自动采集和处理及数据自动上传等功能，见图1。

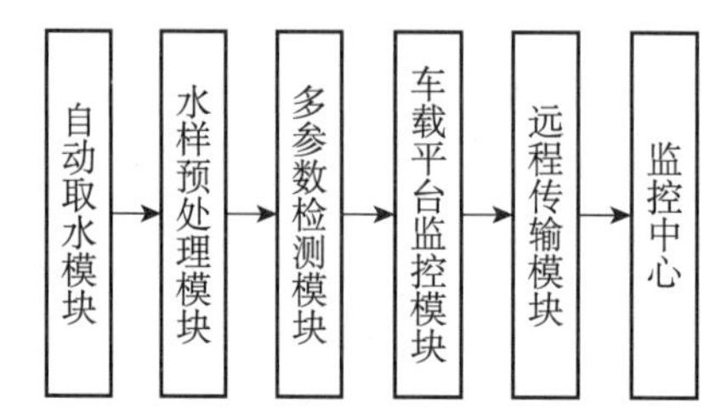

图1 移动式自动监测系统模块组合示意

2.1 自动取水模块

连接好取水管道、水泵、车身进样口及电源，自动取水模块会根据监控模块指令自动完成取水功能。

2.2 水样预处理模块

水样预处理模块用于对来自取水单元的水样进行过滤、沉降及超声均化等处理，可以去除掉水样中的颗粒物使处理后的水样能直接进入多参数检测模块中进行测试。水样预处理模块组成情况见表2。

表2 水样预处理模块组成情况

序号	预处理模块组成部分	安装位置	功能	处理后的水样去向
1	金属过滤头	取水头	粗过滤	进入取水管道
2	100μm砂芯漏斗	车身进样口后	过滤	进入水样箱（可以直接从此进入部分分析单元）
3	45μm砂芯漏斗	超声波过滤箱	精细过滤	进入超声波均化装置
4	超声波均化装置	超声波过滤箱	超声波均化	进入其余的分析单元

2.3 多参数自动检测模块

多参数自动检测模块由14个监测分析单元组成，可以实现21种常规项目的自动在线分析，包括pH、水温、电导率、溶解氧、浊度、高锰酸盐指数、化学需氧量、总氰化物、砷、总磷、氨氮、铅、镉、锌、铜、六价铬、总镍、总汞、总锰、硫化物及挥发酚。

2.4 车载平台监控模块

系统可以通过车载软件平台监控整个系统的操作。在工作条件下，系统共有停止测试、手动、核查连续、人工取样连续、核查间隔及人工取样间隔6种监控模式，见图2。

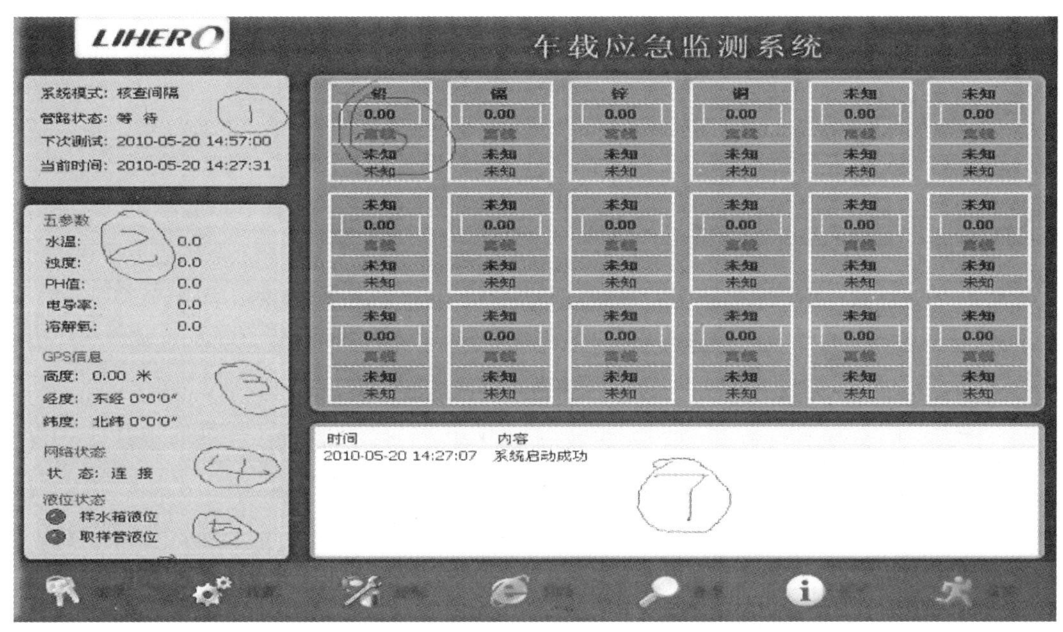

图 2　车载平台监控模式

2.5　远程传输模块

移动式水质自动监测系统能通过远程传输模块将车载平台实时监测数据上传至远程服务器，并通过互联网浏览器供远程端电脑查阅。

3　方法验证

采用配置的标准溶液对总磷、COD、硫化物等 16 种参数进行自动监测仪器方法性能测试，水质五参数采取标准样品或便携式分析仪器进行现场比对验证。移动式水质自动监测系统 16 类指标精密度和准确度实验结果见表 3。如表 3 所示该系统 16 项参数的精密度和准确度均能满足方法评价要求。pH、水温、电导率、溶解氧、浊度等水质五参数准确度如表 3 所示，其准确度均达到方法评价要求。

表 3　准确度和精密度

项目	测试次数/（mg/L）					平均值	配置值	相对误差/%	相对标准偏差/%
	1	2	3	4	5				
总磷	1.25	1.25	1.26	1.26	1.26	1.26	1.31	−4.2	0.3
COD	1 093	1 034	1 067	1 069	1 006	1 054	1 000	5.4	3.2
硫化物	0.339	0.341	0.348	0.359	0.355	0.348	0.326	6.9	2.5
高锰酸盐指数	4.73	4.41	4.49	4.46	4.41	4.50	4.60	−2.2	2.9
氨氮	24.8	24.0	24.3	24.1	24.3	24.3	23.9	1.8	1.3
挥发酚	7.37	7.41	7.46	7.56	7.66	7.49	8.00	−6.4	1.6
总锰	1.08	1.12	1.13	1.12	1.12	1.11	1.18	−5.6	1.7
总汞	98.82	107.98	107.36	107.25	105.4	105.362	100	5.4	3.6
总氰	0.132	0.139	0.127	0.137	0.126	0.132	0.126	5.0	4.4
总砷	0.061 4	0.060 9	0.061 1	0.061 8	0.060 1	0.061 1	0.060 6	0.8	1.0
总镍	39.3	38.9	40.0	40.0	39.2	39.5	40.0	−1.3	1.2
锌	0.452	0.443	0.437	0.451	0.438	0.444	0.407	9.1	1.6
镉	1.03	1.13	1.09	1.05	1.05	1.07	1.00	7.1	3.6
铅	0.68	0.66	0.65	0.61	0.65	0.65	0.678	−4.1	3.9
铜	0.535	0.546	0.543	0.539	0.531	0.5388	0.597	−9.7	1.1
六价铬	15.2	15.2	15.5	15.1	15.1	15.2	16.0	−4.9	1.0
评价标准								≤±10%	≤±5%

表4　水质5参数准确度

标准样品测定结果				
	配置值	测定值	相对误差/%	评价标准
电导率/（mS/cm）	1.22	1.16	−4.92	≤±10%
	浊度/NTU	40	41.39	
pH	4.14	4.04	−0.1	≤±0.5%
	9.14	9.12	−0.02	
对比实验（地表水）测定结果				
	多参数仪现场测定值	流动车测定值	相对误差/%	
溶解氧/（mg/L）	6.85	6.99	2.04	≤±15%
	6.90	7.48	8.41	
	7.25	7.35	1.38	
	24.0	23.98	−0.1	
水温/℃	24.5	24.00	−2.0	
	25.6	24.14	−5.7	

4　应用实例

2011年7月27日，接12369指挥中心通知，四川省境内电解锰厂尾矿渣污染涪江，重庆市环境监测中心应急室紧急调度移动式水质自动监测系统奔赴现场。现场暴雨肆掠，车辆停靠点到涪江水面距离约有15m，难以接近水面。应急监测人员立即接电启动车载仪器，直接将采样探头抛入涪江水中自动采集水样，开展氨氮、六价铬、硫化物、锰及镉等指标分析，为避免出现社会恐慌现象提供了重要的信息。

2012年4月25日，接12369指挥中心通知，重庆大足区麻杨河发生水体变色现象，重庆市环境监测中心应急室紧急调度移动式水质自动监测系统连夜赶赴现场。车辆抵达现场后，应急监测人员立即启动车载发电机给仪器供电，并升起探照灯将现场照亮，极大地方便了现场人员的应急勘察工作。在应急监测过程中，监测人员利用车载分析仪器对原始水样和处置后水样的化学需氧量、锰进行了对比分析，得出处置方法既能有效褪色又能改善水质的结论，极大地推进了现场处置的进度。

5　结语

近年来，水质污染事故层出不穷。常见水质应急监测系统多为简单配置的便携式水质监测设备，准确度不高，监测分析过程需要大量人工操作，而采集样品回实验室分析又不能满足应急监测过程中特殊的迫切性。移动式水质自动监测系统采用流动实验室的设计概念，并将采样、预处理、分析、数据监控整个流程自动化，在环境应急监测过程中既能求“快”，又能求“准”，能够及时准确地为决策部门提供数据支撑。

参考文献

[1] 刘燕芬．浅谈应急监测在突发性环境污染事故的关键环节和作用［J］．环境，2011（S1）：101.

[2] 黄满红，李咏梅，顾国维．生物测试方法在城市污水毒性评价中的应用［J］．同济大学学报，2005，33（11）：1489-1493.

作者简介：李新宇（1979.1—），男，重庆市环境监测中心高级工程师，分析室主任，环境工程硕士，从事环境现场及应急监测、分析工作。

突发性油类泄漏污染事故应急处置技术研究

王　俭[1]　李新宇[1]　高　飞[1]　蔡　锋[2]　赵士波[1]
1. 重庆市环境监测中心，重庆　401147；
2. 重庆市环境科学研究院，重庆　401147

摘　要： 突发性油类泄漏环境污染事故越来越多，对其进行及时有效的处置已成为环境应急过程中最核心的问题。文章分析了油类污染物进入水体、大气及土壤等环境介质的污染特征，介绍了油类污染各种应急处置技术，并以某次突发性油类污染事件应急处置实例阐明了处置技术的运用，最后对该类污染事故应急处置进行了分析与总结。

关键词： 突发性；油类泄漏；环境污染事故；应急处置

Research on the Emergency Treatment Technology for Sudden Environmental Pollution of Oil Leaking Accident

WANG Jian[1]　LI Xin-yu[1]　GAO Fei[1]　CAI Feng[2]　ZHAO Shi-bo[1]
1. Chongqing Environment Monitoring Center, Chongqing 401147;
2. Chongqing Research Academy of Environment Science, Chongqing 401147

Abstract: More and more sudden oil environmental pollution accident occurred in recent years, the timely and effective disposal has become the key problem in the process of environmental emergency. The article analyzed the pollution characteristics of oil pollutants into the ambient medium and introduced various emergency disposal technology of oil leaking pollution, and then illuminated the application of treatment technology with a sudden oil pollution emergency disposal example. Finally, the emergency disposal measures and considerations of this kind of pollution accident were summarized according to the instance.

Key words: unexpected; oil leaking; environmental pollution accident; emergency treatment

随着经济的迅速发展，我国的能源需求与日俱增，油类泄漏事故在工业生产、运输过程中时常发生，在突发性环境污染事故中所占比例逐年升高[1]。油类泄漏时如果应急处置错误或处理不当，不但无助事态的控制，还会对水体、大气、土壤等生态环境造成极大危害[2-3]。针对油泄漏的应急处理技术是当前的研究热点之一，而海洋溢油事故因其区域的特殊性，应急处置技术已有很多研究[4-7]，但对于内陆地区突发性油类泄漏的应急处置研究相对较少。本文主要研究内陆地区油泄漏的事故污染特征及应急处置技术，为污染事故的应急处置提供参考。

1　油类污染物的环境污染特征

油是由不同的碳氢混合物组成，其中所含主要组分有烷烃，还有芳香烃、重金属、带-SH 基团的多种含硫化合物以及多种多环芳烃[8]。突发性油类污染事故发生原因主要是储存过程中油库及管道泄漏、运输罐车侧翻以及其他含油废水的非正常排放等。泄漏的油类会沿着地表面流淌和渗入地下，污染土壤和邻近水源，同时，挥发性油类蒸气会随风扩散，对周边环境空气造成不同程度的污染。

基金项目：国家水体污染控制与治理科技重大专项（No. 2013ZX07503-001-03）。

1.1 油类在水体中的扩散

油类污染物进入水体后，在水面形成一层油膜，阻碍氧气进入水体，抑制植物的光合作用。油类污染物在水体中迁移和转化主要取决于油层的厚度、油水的混合情况、水温和光辐射强度，在强烈的光辐射下可以有小于10%的油被氧化成可溶性物质溶入水中[9]。油类进入水体环境后以5种形态存在[10-12]：浮油、分散油、乳化油、溶解油和凝聚态残余油。

1.2 油类在空气中的蒸发

油类中容易挥发的成分蒸发到大气中，蒸发速度取决于环境温度和风速。影响泄漏的油类行为和持久性的主要物理属性是比重、蒸气压和黏度等[13]。油类泄漏后，液体会沿地面向四周流动，在地面形成一定面积的液池，液池内的油经过蒸发，在液池表面形成蒸气云并向大气中扩散，蒸发速率决于泄漏面积及热流量。

1.3 油类在土壤中的扩散

在油类污染事故中，污染物向低洼流动的同时向深度方向渗透，并向两侧方向横向扩散。一方面向大气中挥发，另一方面向土壤中入渗被土壤吸附，并在大气降水时，土壤中的油在径流条件下向水中释放随流迁移，另外在水动力驱动下向更深土层入渗，进入土壤环境后，剩余部分沿着径流进入水体[14-15]。

2 油类泄漏环境污染应急处置技术

油类污染物泄漏的处理方式很多，物理、化学、生物技术等都在其中有很大的应用空间[16]。根据扩散特征及降解机理，主要处理方式如下[17]：

2.1 物理处理法

物理处理法主要是通过物理手段对泄漏的油进行围控和回收，采用物理清除可以避免对环境的进一步污染，主要有拦截、打捞和吸附三种方式。①拦截：通过围油栏将油层限制在特定区域并防止油层扩散的一种方法。围油栏的种类很多，常见的有乙烯柏油防水布制作的带状物，紧急时，也可用泡沫塑料、稻草捆、大木料等物代替[18]；②打捞：根据其收油原理可以分为黏附式撇油器、抽吸式撇油器、堰式撇油器等；③吸附：是利用吸油性能良好的亲油材料制作的吸附器具回收水面浮油的方法。吸附法具有较大比表面积、亲油疏水性、吸油速度快、密度小等特点[19]，已有应用的如粉碎的锯末、浮石粉等材料对油具有一定的净化能力，还有一些新型的超疏水超亲油材料吸附效果较好[20]。

2.2 化学处理法

化学处理法是通过改变油类的化学性质而消除污染的一种方法，常见的有燃烧法和化学试剂法。燃烧法可迅速有效地去除水面大量油类，该法操作性强，通常在泄漏初期油层含水率较低的条件下进行，油膜厚度应大于3mm。但是该法引起二次污染，燃烧产物对大气、水体环境均造成有害影响[21]。化学试剂法是通过使用化学药剂改变漏油的物理性质对油污进行清除，常用药剂有消油剂、凝油剂、集油剂。

2.3 生物处理法

生物处理法是通过微生物将油类作为其新陈代谢的营养物质，来催化降解环境污染物，减小或去除油污染的一个受控或自发进行的过程，应急处置用的较少，多用于长期修复。

3 突发性油类泄漏应急处置实例

3.1 污染事件概况

2013年11月27日，重庆市环境应急与事故调查中心接到报告，一辆柴油罐车行驶到某镇时发生侧翻，车上装载成品柴油泄漏。泄漏量约为1 t，油污经农田扩散进入田边小溪沟，再经小溪沟汇集到水库上游筑坝内，可能对镇饮用水源地造成污染。接到报告后，市环境应急与事故调查中心立即启动应急预案，指派环境应急人员会同环保专家赶赴现场进行应急处置。事故地天气情况为阴，无主导风向，且未来几天内无降雨，污染事故地理位置示意图见图1。

3.2 环境保护目标

通过现场调查，事故地环境保护目标为A镇饮用水源B水库，环境敏感点为A镇居民及小河沿岸的C村居民。根据该地区饮用水源保护区划分调整，B水库属Ⅲ类水域，执行《地表水环境质量标准》（GB 3838—2002）Ⅲ类标准；A镇水厂日均供水量100m^3，供水人口约1 500人；小河沟受污染长约1.5 km，河沟宽度平均2.5 m左右，岸边长满了杂草，河沟两岸为已收割的稻田及C村的几十户居民。

3.3 柴油污染特征

此次泄漏物质为成品柴油，是石油提炼后的一种油质的产物，由不同的碳氢化合物混合组成，其主要成分是含9～18个碳原子的链烷、环烷或芳烃。它的化学和物理特性位于汽油和重油之间，沸点在170～390℃，比重为0.82～0.845 kg/L，引燃温度：350～380℃，爆炸极限：1.5～6.5%，其蒸气与空气可形成爆炸性混合物，与明火易燃烧爆炸。柴油泄漏对当地的水体、空气和土壤造成了不同程度的污染，稻田水面上和小河沟上可见油膜覆盖，事故现场弥漫着较大的柴油味道。事发期间温度较低，且泄漏面积不大，柴油挥发效率不高。

3.4 应急处置过程

通过现场踏勘与调查之后发现，油污通过水田缓慢扩散至小水沟，河水流速缓慢，水面上可见油膜覆盖，并有部分柴油挥发到空气中，事故下游为饮用水源地，且事发地点周围居民众多，排除化学处理的燃烧法和试剂法，主要采取物理方法进行处置。

根据现场的特殊情况，关闭小河沟堤坝，并将上游水分流，降低来水流量，切断水库的进水，最大限度确保水库不受污染；对于小河沟受污染的水体，因地制宜，当时正值水稻收割之后，故首先采用稻草进行拦截、吸附，随后采用吸附和拦截效率更高的吸油毡和拦油索进行处置；采用多道沙袋、活性炭筑坝和多道围油栏拦截，对小河沟分段处理；采用稻草、吸油毡、吸油纸等对河道水体面上聚集的浮油反复吸附，并将河沟两岸的吸油杂草清除，有效地控制了污染事态。

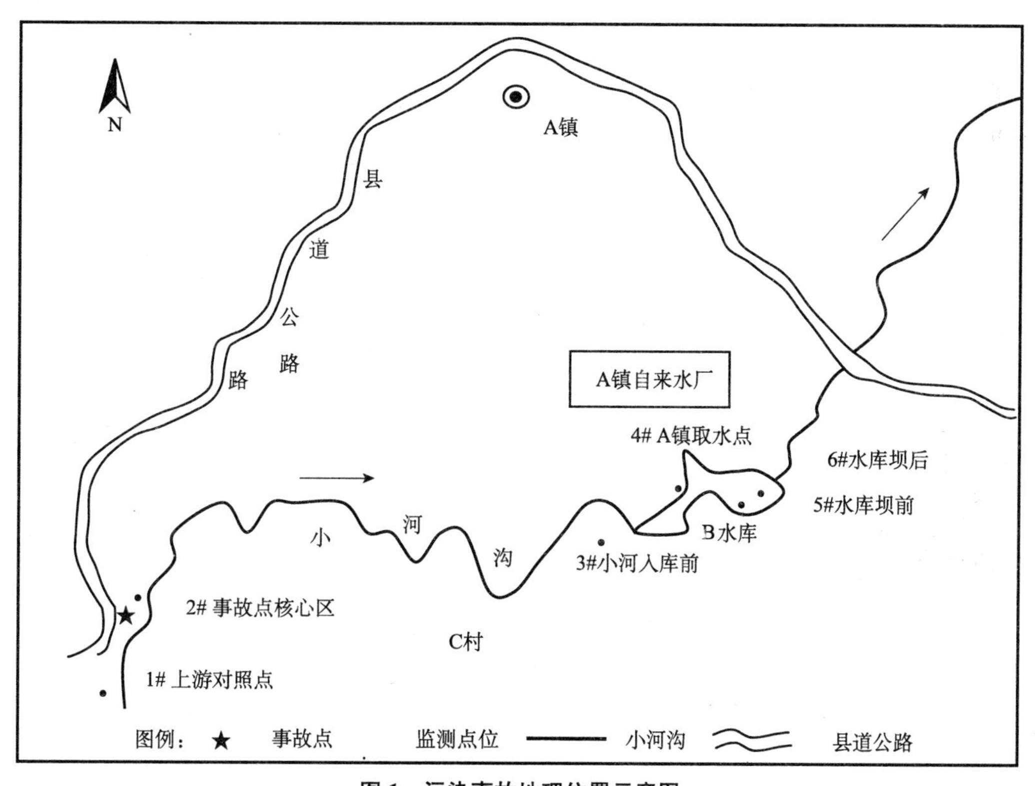

图1 污染事故地理位置示意图

3.5 应急监测结果分析

环境监测部门同时对小河沟和水库的水质进行同步监测。根据水流方向，沿线布置监测点位，共设6个采样点，分别为1＃上游对照点、2＃事故点核心区、3＃小河入库前、4＃ A镇取水点、5＃水库坝前和6＃水库坝后。监测布点示意图见图1。水体中的石油类浓度变化趋势见图2。从图中可见，2＃事故点核心区和3＃小河入库前的监测点位的石油类浓度随着时间逐渐下降，并在12月2日达到地表水Ⅲ类标准限值，说明应急处置有效地降低了油类对水体的污染。4＃B镇取水点和5＃水库坝前的监测数据表明，有少量油进入了水库，对水库水质造成了一定的影响，但在较快时间内恢复正常。从12月2日到4日，各监测点位的石油类浓度均恢复到背景值，表明油类污染已基本消除。

3.6 后续处置工作

2014年12月4日，各监测点位石油类指标均恢复正常，应急状态解除，继续进行后续处置工作，回收已吸油的吸油毡、围油栏和稻草等物品，并将其妥善处理；将事故地核心区稻田内受柴油污染的土壤全部清运，挖掘深度约30cm，清理受污染的土壤，交由危险废物处理中心集中处置；对水体的应急监测转为跟踪监测，降低监测频次，关注水库水质情况。

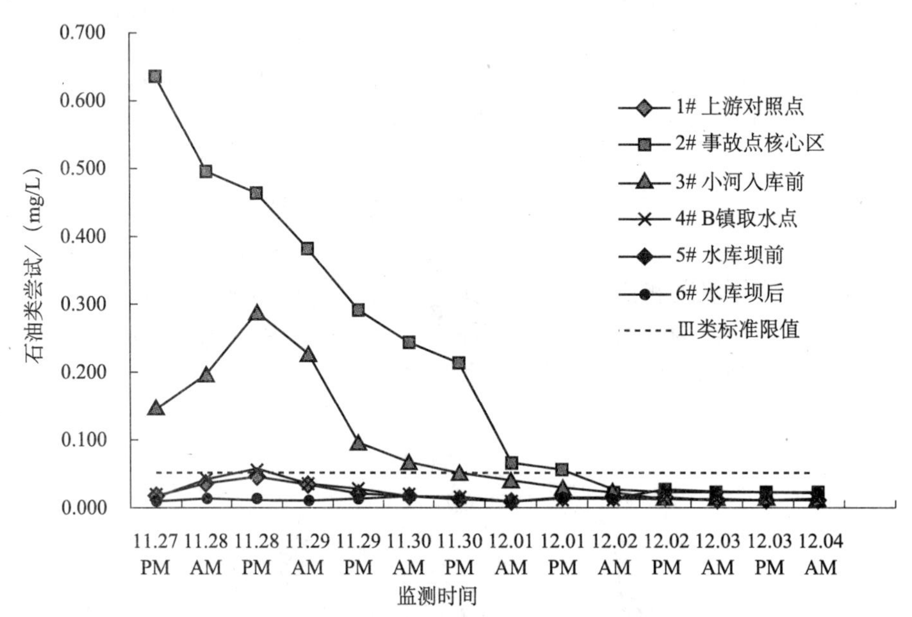

图2 地表水中石油类浓度变化趋势图

3.7 应急处置评价

事件发生后，各部门紧密配合、各司其职，共同开展应急处置工作。在污染的河段内按照分段、分组方案，落实领导和专人，深入开展处置。本次处置及时，措施得当，未产生舆论恐慌，未对周边居民生活造成明显影响。

4 突发性油类污染事故处置建议

突发性油类环境污染应急处置由于其形式多样，发生突然，危害严重，处置艰巨，对处置时间，人员素质，处置材料都有很强的要求，要求在最短的时间，利用最差的条件，将环境损害降到最低。应急处置措施在限制事故扩大，降低事故对生命和环境的危害及财产损失方面起着重要的作用，对于突发油类泄漏的环境污染事故，应重点关注以下几个方面：

4.1 掌握油类污染事故的概况

接到突发性油类环境污染事故报告后，一定要在最短的时间里准确掌握现场的相关信息，泄漏油类的种类、数量、方式；泄漏油类的物理化学性质及环境污染特征；事故地的气象情况（天气、风向、温度等），事故点周围的环境敏感目标（重要水体、自然保护区）和环境敏感点（居民聚集地、学校和医院等）；只有对事发现场及周边环境有详细的了解，才能有的放矢。

4.2 选取实用有效的处置方法

各种处理方法各有优缺点，需要根据实际情况来选用，选取方法的原则是去除效率与适应性的选择，同时注意因地制宜与选择。化学方法最大的不足在于其二次危害性，其使用受到很大制约；生物降解的速度无法满足应急工作的需要；物理处理材料简单可取，对人员的专业要求不高，为目前采用最多的处理方法。

4.3 重点关注应急监测数据

应急监测数据是对污染现状的反映，同时也是对处置效果的反映，应急处置与应急监测互为补充。只有对污染事故的类型及污染状况作出准确的判断，才能为污染事故及时、正确的进行处理、处置和提供科学的决策依据，才能对处置效果进行有效的评价。

4.4 切实避免处置二次污染

油类污染事故中，一是要避免消防废水的二次污染，为了避免燃烧或者爆炸，或者是已经燃烧，都有大量的含油消防废水，其对水环境的污染不容忽视；二是要避免处置材料的二次污染，在进行漏油的处理时，需根据油污的具体情况优化配置处理方案，对使用过的各种处置材料进行回收和送危险废物中心集中处置。

总之，对于突发性油类污染事故，首要的是预防为主，加强管理，消除隐患，当突发性油类污染事故发生时，要综合考虑各种因素，选择适用有效的应急处置技术，才能提高应对效率和应对水平，达到理想的应急处置效果，最大限度地减少对环境的污染。

参考文献

[1] 张媛，赵文喜，张建军，等. 突发性环境污染事故的统计分析及预防策略 [J]. 环境污染与防治，2013，35 (10)：108-112.

[2] 张嘉亮，张宏哲，袁纪武. 典型危险化学品泄漏事故预防及应急处置 [J]. 安全健康和环境，2009，9 (7)：32-34.

[3] 王威，王金生，滕彦国，等. 国内外针对突发性水污染事故的立法经验比较 [J]. 环境污染与防治，2013，35 (6)：83-86.

[4] 裴玉起，储胜利，杜民，等. 溢油污染处置技术现状分析 [J]. 油气田环境保护，2011，21 (1)：49-52.

[5] 余小凤. 海洋溢油应急处置效果评估方法 [D]. 大连：大连海事大学，2013.

[6] 马立学，王晶，王鸯鸯，等. 浅谈突发溢油事件应急处置技术及装置的应用 [J]. 中国环保产业，2012，(5)：17-20.

[7] 陈燕. 突发性海洋溢油污染事件应急处理研究 [J]. 环境科学与管理，2014，39 (6)：27-30.

[8] 杨鲁豫，王琳，王宝贞. 我国水资源污染治理的技术策略 [J]. 给水排水，2001，27 (1)：94-101.

[9] 赵云英，杨庆霄. 溢油在海洋环境中的风化过程 [J]. 海洋环境科学，1997，16 (1)：45-52.

[10] 魏淑伟. 水体中油污染现状及测定方法研究 [J]. 枣庄学院学报，2011，28 (2)：92-93.

[11] 陈建秋. 中国近海石油污染现状、影响和防治 [J]. 节能与环保，2002 (3)：15-17.

[12] 陶永华，殷明. 水中油类污染物生物处理技术方法概述 [J]. 海军医学杂志，2001 (2)：163-166.

[13] 高丹，寿建敏. 船舶溢油事故等级的模糊综合评价 [J]. 珠江水运，2007，(2)：25-28.

[14] 任磊，黄廷林. 土壤的石油污染 [J]. 农业环境保护，2000，19 (6)：360-363.

[15] 孙清，陆秀君，梁成华. 土壤的石油污染研究进展 [J]. 沈阳农业大学学报，2002，33 (5)：390-393.

[16] Psarros G，Skjong R，Vanem E. Risk acceptance criterion for tanker oil spill riskreduction measures [J]. Marine Pollution Bulletin，2011，62 (1)：116-127.

[17] 朱姝霖. 海上溢油事故的影响及处理分析 [J]. 航海，2011 (4)：57-58.

[18] 陈荔. 水中油污染物分散与降解机理的研究 [D]. 上海：华东理工大学，2012.

[19] 李言涛. 海上溢油的处理与回收 [J]. 海洋湖沼通报，1996 (1)：73-83.

[20] 姬鹏婷. 超亲油超疏水油水分离纺织品的制备与研究 [D]. 西安：陕西科技大学，2014.

[21] Zengel S A，Michel J. Environmental effects of in situ burning of oil spills in inland andupland habitat [J]. Spill Science & T echnology Bulltin，2003，8 (4)：373-377.

作者简介：王俭 (1984.11—)，重庆市环境监测中心，工程师，主要研究方向为环境应急、环境风险及环境损害鉴定评估。

化工园区环境监控预警系统长效机制探讨

郁建桥[2]　胡 伟[2]　曹 军[1]

1. 江苏省环境监测中心，南京　210036；

2. 南京大学污染控制与资源化研究国家重点实验室，南京　210093

摘　要：针对我国化工园区环境监控预警系统缺少保证其持续稳定运行的长效机制的现状，本文从组织保障、制度保障、经费保障、成效保障、定期评估、持续提升和信息公开几个方面就如何构建化工园区环境监控预警系统长效机制进行了探讨。

关键词：化工园区；监控预警；长效机制

Study the Long-efficiency Work Mechanism of Environment Monitoring and Early Warning System of Chemical Industry Park

Abstract: For lack of the long-efficiency mechanism to ensure environment monitoring and early warning system of our country chemical industry park runs stably, in this paper, from organization guarantee, system safeguard, funds supply, safeguard of effectiveness, regular assessment, Continuous Improvement and information disclosure several aspects, we discussed how to construct the long-efficiency mechanism for environmental monitoring and early warning system of chemical industry park.

Key words: chemical industry park; monitoring and early warning; long-efficiency mechanism

化工园区内企业相对集中，化学品种类繁多，化工工艺复杂，存在着发生重特大事故的现实性和可能性[1-4]。加强对化工园区环境质量的监控与预警工作，加强对企业排放状况的监测和监控，推进园区环境自动监控预警能力建设，加强信息共享平台建设，建立化工园区环境监控预警系统，是降低化工园区环境风险，遏制环境污染事故发生，保护生态环境安全的重要措施之一[5,6]。目前，多地已展开化工园区环境监控预警系统的建设工作[7]，并取得初步成效，但还缺少能够维持其长期稳定运行的配套的长效机制。

为强化化工园区环境监控预警系统的长效稳定运行，推动化工园区环境监控水平的提升，本文将对如何构建完善的化工园区环境监控预警系统长效机制进行探讨。

1　构建化工园区环境监控预警组织保障体系

化工园区应建立一个包括园区、企业和第三方机构多个主体在内的共同参与的环境监控预警系统的组织保障体系，明确不同主体的相关职责，实现激励与约束相容，并协同作用以推动化工园区环境监控预警系统的可持续稳定发展。

园区在环境监控预警长效机制建设中应当发挥主导作用，建立专门的环保机构，负责制定相关管理制度、技术规范和操作规程，落实园区监控预警系统运行管理经费，确定第三方运行维护机构，统筹管理园区监控预警系统运行工作，开展质量管理和工作考核，汇总编制园区监控预警系统运行报告，组织技术培训交流，对第三方机构和企业进行监督和管理。

企业在环境监控预警长效机制建设方面存在着被动性，园区可以采取激励措施弥补经济因素对企业主动参与环境监控预警长效机制建设的动力缺失，充分发挥企业的专业优势。在环境监控预警长效机制建设过程需明确企业职责：企业负责厂区内监控设备的日常管理和质量控制，监督第三方机构开展日常运行维护，协助园区管理部门进行园区监控预警系统的管理和升级，按时上报监控预警设备监测数据、信息、台账和报告，协助园区管理部门实施环境风险监控预警等工作。

将环境监控预警系统运行维护的一部分工作以服务外包的形式外包给第三方机构，可以极大的节省人力、物力，使效益最大化。第三方机构根据招标合同约定的工作内容和技术要求，主要负责园区环境监控预警系统的日常运行维护，对监控预警系统进行质量控制管理，对监测数据质量负责，配合园区管理部门、企业实施应急监测预警工作。

2 构建符合园区特色的环境监控预警系统制度保障体系

由于化工园区环境监控预警系统的建设在我国尚属于起步阶段，还缺少与之配套的技术规范和标准、制度体系，因此需在遵守国家、省、市有关法律和规定的基础上，制定具体的技术规范、标准和配套制度。目前应抓紧制定化工园区环境监控预警系统运行管理办法、化工园区环境监控预警系统监控中心管理制度、监控预警系统数据管理制度、环境应急物资管理制度及预警信息处置措施等制度。同时要抓紧制定和完善相关的环境监控设备操作规范和标准体系。并且随着化工园区环境监控预警系统的建设和完善及时做好制度、规范和标准的修改、补充、废止等工作，切实做到化工园区的环境监控预警工作有法可依，有章可循。

3 建立化工园区环境监控预警经费保障机制

化工园区环境监控预警系统，通常不直接产生经济效益，落实园区环境监控预警系统运行管理和升级改造等费用是确保系统能够长效运行的基础。园区可根据实际多渠道建立园区环境监控预警系统运行维护费用来源。

化工园区可通过将园区监控预警系统的运行维护和升级改造费用列入园区年度预算，设立园区监控预警专项经费，较大程度上承担起园区监控预警系统的运维费用；企业根据其产污特征及环境自动监控设备的情况安排部分专项资金，负责厂区内环境监控设备的运行和维护。园区可根据不同需求给予企业不同标准的运行维护费用补助，进行补贴时应同步建立有利于促进园区环境监控预警系统长效运行的奖惩机制，建议以奖励的方式给予补助。

园区和企业还可积极申请国家和地方财政有关环境监控预警方面的专项经费支持。

对于生产安全事故实施应急救援所产生的费用原则上由事故发生单位承担，事故单位暂时无力承担的，由建议园区管委会协调解决。

4 建立化工园区环境预警系统成效保障体系

以园区环境监控预警平台的实际运行成效，保障园区环境监控预警平台的长效稳定运行，主要体现在严格数据报表的输出，确保数据的有效性；定期提供园区环境监控预警平台的运行报告。

4.1 数据报表

园区环境监控预警平台按照平台预先设定好的格式，定期生成数据报表，以图标、表格、图形等形式展现监控预警系统的监控结果，主要包括各排污口监控设备的运行状况、园区各污染物排放浓度、流量、排放量等信息，可以汇总统计区域内所有污染物的排放总量，掌握和量化污染物的排放趋势，为区域内控制污染物排放总量提供技术支持，为环保部门现场执法和排污收费提供依据。数据报表可分为日报表、周报表、月报表、季度报表和年度报表，各报表涵盖的内容侧重点可随上报周期的长短进行调整。

4.2 运行报告

化工园区环境监控预警系统运行报告，可反映环境监控预警系统的运行状态。运行报告需涵盖以下几个主要部分：系统概况、系统运行整体情况、系统日常运行维护的实施、系统运行维护中问题的解决、系统出现的报警、误报警和漏报警情况、系统存在的其他问题以及其他需要说明的事项和下步工作计划。运行报告可配备必要的图表对相关内容加以阐述。

5 建立化工园区环境监控预警系统定期评估机制

在化工园区建立有关环境监控预警系统的定期评估机制，有利于及时发现环境监控预警系统运行管理过程中存在的漏洞、安全隐患等问题，提升系统的适用性。

建立定期评估机制，需明确评估的内容，规定主持评估的机构和执行时限、确定参与评估的人员。化工园区环境监控预警系统的定期评估主要为环境监控预警系统运行效果评估和第三方运行维护效果评估。环境监控预警系统运行效果评估主要是针对园区环境监控预警系统运行管理人员及设备配备情况、经费落实及使用情况、相关管理办法的执行情况、组织相关培训情况、系统运行效果评估等方面进行综合评估，并提出人员、组织机构、设备、经费、合适的管理方法、专业的培训以及系统升级该着等方面的需求。第三方运行维护效果评估则重点考察第三方机构对园区环境监控预警系统的人员及设备配备、仪器设备的定期维护和校准、设备软件故障率、对企业进行质控考核及指导、体系运行报告等文本材料提交等的情况，以及其他合同规定内容的执行情况等，并对第三方提出改进意见。

6 建立化工园区环境监控预警系统的持续改进机制

随着园区规模、入园企业、产污情况和园区投入、环境监控现状等的变化，园区环境监控预警系统也需要随着时间的推移，进行持续的改进，以满足园区环境监控的现实需求。园区环境监控预警系统改进，应在园区监控预警系统评估的基础上，对园区环境监控预警系统存在不足、漏洞、安全隐患等方面进行总结，然后提出整改方案，对园区环境监控预警系统进行内容补充、系统提升和修订，持续提升园区环境风险监控预警能力。

此外，园区还应通过组各种培训、演练、经验交流会、案例学习、现场考察以及宣传教育等多种方式，全面提升园区的风险监控能力。

7 建立有关化工园区环境监控预警系统的信息公开机制

化工园区环境监控预警系统的长效运行和管理不仅需要园区和企业的参与，还应通过信息公开，发挥其他相关人员的参与及监督作用。

园区可通过数据报表的形式，向所属县、市、省环保系统公开园区监控预警系统的监控结果，发挥所属县、市、省环保系统对园区监控预警系统的监管作用。

园区可向所属省市县的其他管理层公布园区监控预警系统的建设情况，总体运行情况等内容，发挥管理层的参与和监督作用。

园区还可通过报刊、广播、电视、环境保护主管部门网站、排污单位网站、新闻发布会及园区自建的信息平台等便于公众知晓的方式，公布园区监控预警系统的建设情况等内容，充分发挥公众监督的作用。

参考文献

[1] 吴宗之，魏利军．重大危险源辨识与监控是企业建立事故应急体系的基础 [J]. 中国安全生产科学技术，2005，1 (6)：58-62.

[2] 施卫祖．重大危险源监管工作的目标、任务、范围 [J]. 劳动保护，2005，8：16-18.

[3] 匡蕾，吴起，王丽莉．化工园区整体安全性探索与展望 [J]. 中国安全生产科学技术，2008，4 (4)：73-76.

[4] 韩璐，宋永会，司继宏，俞博凡．化学工业园区重大环境风险源监控技术研究与应用 [J]. 环境科学研究，2013，26 (3)：334-340.

[5] 郭丽娟，袁鹏，宋永会，王力，彭剑锋，许伟宁．化工园区企业环境风险分级管理研究 [J]. 环境工程技术学报，2011，5：403-408.

[6] 李霁，刘征涛，李捍东，等. 化工园区重点液态环境风险源监控布点研究 [J]. 环境工程技术学报，2011，5：409-413.

[7] 于飞芹，凌云，钱岑．南通市某化工园区环境监测监控预警体系建设研究 [J]. 广东化工，2015，5：102-103.

作者简介：郁建桥 (1966—)，江苏省环境监测中心，研究员级高工，从事环境监测工作。

环境监测调查分析

大辽河口典型污染物时空分布研究

周丹卉
辽宁省环境监测实验中心，沈阳 110161

摘　要：基于2009—2010年的4次调查数据，对大辽河口河流段与近海区典型污染物浓度的时空分布特征进行了分析研究。结果表明，大辽河口河流段与近海段均以氮污染问题最为突出，河流段氨氮污染受流量影响较大，近海区无机氮分布站位间差异大于潮汐间差异。

关键词：大辽河口；典型污染物；时空分布

Spatial and Time Distribution of Typical Contaminants in the Daliaohe Estuary

ZHOU Dan-hui
Liaoning Environmental Monitoring Experiment Center，Shenyang 110161

Abstract：Based on the four times survey data from 2009 to 2010，spatial and time distribution of typical contaminants of Daliaohe estuary was analyzed. The results show that nitrogen pollution is the most important problem of river segment and offshore segment in Daliaohe Estuary.

Key words：daliaohe estuary；typical contaminants；spatial and time distribution

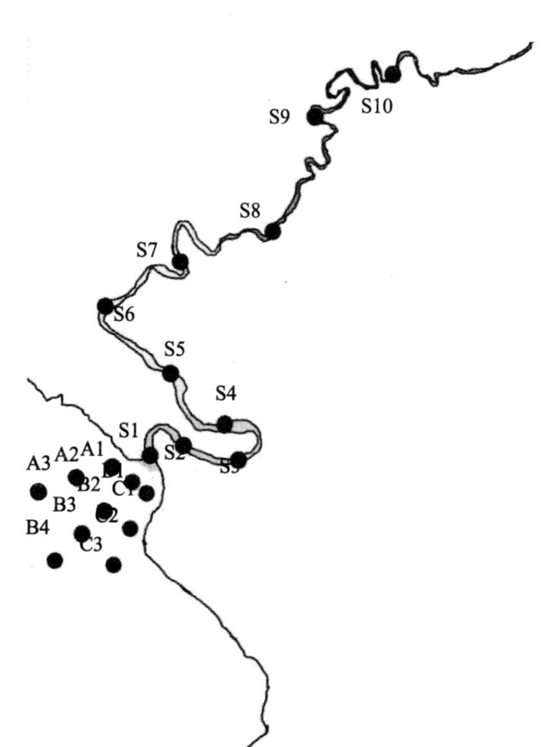

图1　大辽河口20个调查站位分布图

河流入海口是介于河流和海洋之间的生态交错区，也是陆海相互作用最强烈的区域。伴随着辽宁经济的飞速发展，大量污染物经河流汇聚到河口进入海洋，导致河口区存在严重的污染问题，富营养化严重、生态退化、河口湿地面积萎缩，已经显著影响了河口生态功能的发挥，对区域生态安全构成了严重威胁[1-4]。

大辽河全长96km，由发源于抚顺的浑河和本溪的太子河于汇合而成，于营口入海。受上游浑河、太子河携带的大量陆源污染物影响，盘锦、营口地区的近岸海域污染严重[5-6]。因此，及时分析、了解大辽河口区域的水质污染现状及其时空分布变化规律十分必要。

1　研究方法

于2009年秋季、2010年春季、2010年夏季和2010年秋季对大辽河近入海河段环境进行了4次水质调查，共设置20个调查站位，其中河流段和近海段各10个站位（见图1），并在河流段的辽河公园（S3）和三岔河（S10）2个站位进行了24h连续观测。观测项目包括温度、盐度、溶解氧、营养盐、高锰酸盐指数、叶绿素*a*等。

2　结果与讨论

2.1　大辽河口典型污染物分布

大辽河河流段10个采样站位的监测结果表明，采用国家《地表水环境质量标准》(GB 3838—2002)中的Ⅲ类水质标准限值进行评价，河流段为Ⅱ类～劣Ⅴ类水质，主要污染物为氨氮、高锰酸盐指数、溶解氧和石油类。4次监测结果中，氨氮持续超标，污染问题最为突出，河流段超标频率为30%～90%，高锰酸盐指数也普遍超标，连续站超标频率为85.7%～95.2%，2010年春季与夏季，石油类均有超标，连续站超标频率为6.3%～69.8%。

大辽河近海区段10个采样站位的监测结果表明，采用国家《海水水质标准》(GB 3097—1997)中的Ⅱ类功能区水质标准限值进行评价，近海区全部为劣Ⅳ类水质，主要污染物为无机氮、化学需氧量、溶解氧和pH。3次监测结果中，4项指标均持续超标，污染问题较为突出，其中，无机氮超标频率均为100%，化学需氧量超标频率为40%～85%，溶解氧超标频率为65%～100%，pH超标频率为90%～100%，溶解氧超标频率为65%～100%。大辽河口污染指标超标率见表1。

表1　大辽河口主要污染指标超标率

	2009年秋季	2010年春季	2010年夏季	2010年秋季
河流站	氨氮40.3% 高锰酸盐指数100%	氨氮75.0% 溶解氧8.3% 石油类83.3%	氨氮30% 溶解氧90%	氨氮90%
连续站	高锰酸盐指数95.2%	高锰酸盐指数85.7% 石油类69.8%	高锰酸盐指数88.9% 石油类6.3%	—
近海站	—	无机氮100% COD 40% 溶解氧65% pH 90%	无机氮100% COD 75% 溶解氧100% pH 100%	无机氮100% COD 85% 溶解氧92.5% pH 100%

2.2　大辽河口河流段典型污染物时空分布

大辽河河流段氨氮污染较重，各水期均有站位超Ⅲ类水质标准。其中，枯水期氨氮浓度最高，10个站位中除S1站位均超标，S6站达2.81 mg/L，超标1.81倍；平水期氨氮浓度总体较枯水期有所下降，但除S9站位外均超标，S10站位达2.87 mg/L，超标1.87倍；丰水期水量上升，水质好转，除S3、S4、S7站位外均符合Ⅲ类水质标准。

大辽河河流段溶解氧浓度枯水期 > 平水期 > 丰水期。枯水期和平水期浓度总体高于5 mg/L，符合Ⅲ类水质标准。丰水期除S6和S10两个站位外，均超Ⅲ类水质标准，溶解氧最低值出现在S3、S7和S8三个站位，浓度分别为2.75mg/L、2.80mg/L和2.45mg/L。各站位氨氮和溶解氧的水期监测结果见图2和图3。

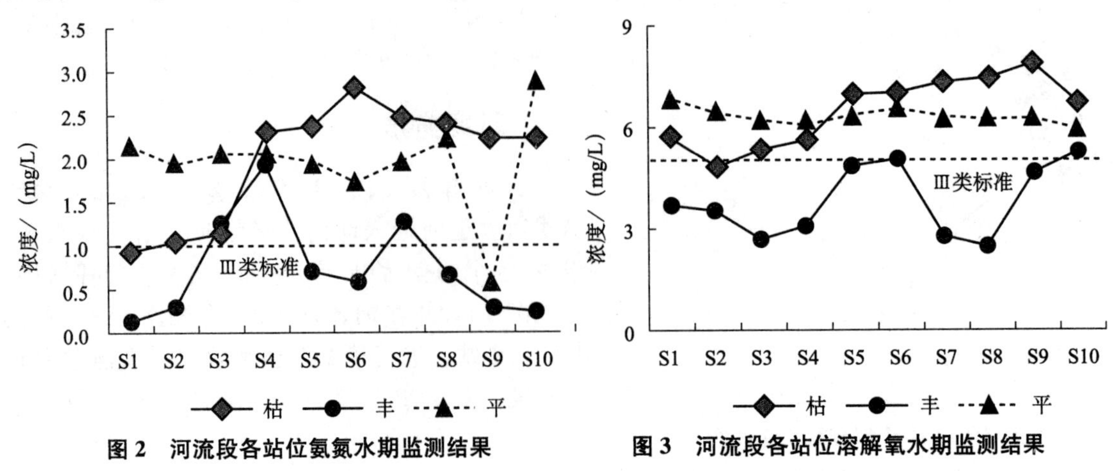

图2　河流段各站位氨氮水期监测结果　　图3　河流段各站位溶解氧水期监测结果

2.3 大辽河口近海区典型污染物时空分布

无机氮是大辽河近海区的主要污染物，大辽河所携带的大量的无机氮对河口海域的生态环境产生了很大影响，造成辽东湾近海海域营养盐过剩，容易诱发赤潮。对大辽河近海区10个站位无机氮平均浓度进行水期间比较，可以看出，大辽河口无机氮的含量季节间或水期间差异显著，枯水期无机氮浓度为4.38～4.48mg/L，明显高于丰水期和平水期，丰水期与平水期之间无明显差异。近海区无机氮浓度水期间比较见图4。

近海区各站位无机氮浓度水期监测结果显示，大辽河口无机氮分布站位间差异大于潮汐间差异，涨潮与落潮浓度变化不大。各水期站位间无机氮浓度差异明显，平水期B1～B3站位浓度相对较高，丰水期A1～A3站位浓度相对较高。近海区各站位无机氮水期监测结果见图5。

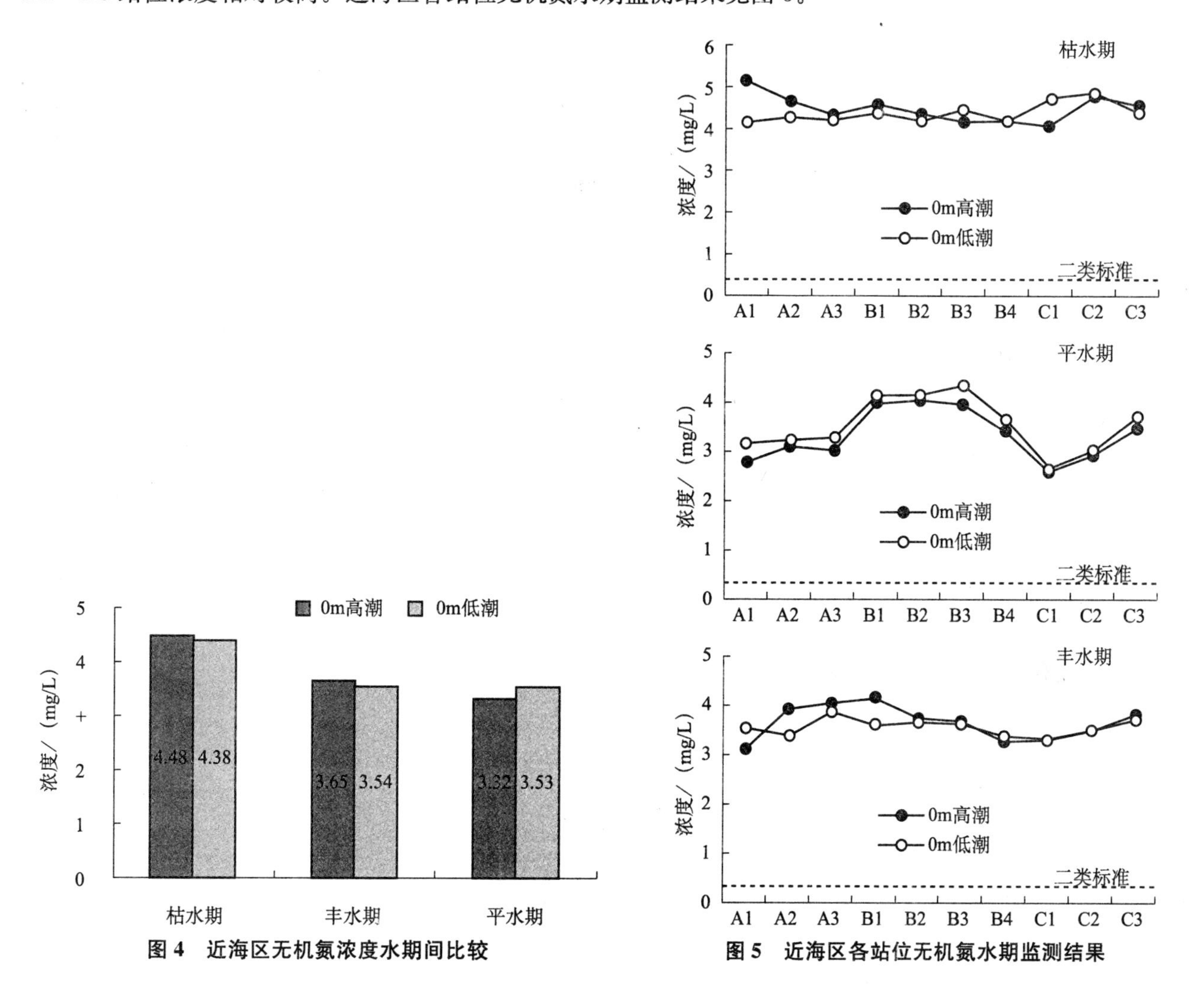

图4 近海区无机氮浓度水期间比较

图5 近海区各站位无机氮水期监测结果

3 结论

（1）受上游浑河、太子河，以及盘锦和营口两市的生活污水排入影响，大辽河口水体以有机物和氮污染为主。河流段与近海段均以氮污染问题最为突出。

（2）大辽河口河流段水体氨氮污染严重，其浓度受流量影响较大，丰水期水质最好，枯水期水质最差；溶解氧对温度变化较为敏感，夏季高温溶解度较小，而冬季低温时溶解度明显升高。

（3）大辽河口近海区水体的主要污染物是无机氮，季节间差异明显，以枯水期污染最为严重；无机氮分布站位间差异大于潮汐间差异。

参考文献

［1］刘娟，孙茜，莫春波，等．大辽河口及邻近海域的污染现状和特征［J］．水产科学，2008，27（6）：286-289.

［2］柴宁．大辽河水系主要污染物特征分析［J］．环境保护科学，2006（6）.

［3］沙厚平，张天相，单红云，等．大辽河口及邻近海域 BOD_5 与 COD 分布现状和特征［J］．海洋环境科学，2007，26（1）：74-76.

［4］雷坤，郑丙辉，孟伟，等．大辽河口 N、P 营养盐的分布特征及其影响因素［J］．海洋科学研究，2007，26（1）：19-23.

［5］杨丽娜，李正炎，张学庆．大辽河入海河段水体溶解氧分布特征及低氧成因的初步分析［J］．环境科学，2011，32（1）：51-57.

［6］李国颖，刘玉机，金福杰．大辽河（营口段）污染事故自动监控与应急处理系统的构建研究［J］．环境保护与循环经济，2009（10）：39-41.

作者简介：周丹卉（1979.5—），女，汉，辽宁沈阳人，博士，高级工程师，辽宁省环境监测实验中心，综合室副主任，主要从事环境监测与管理工作。

乌鲁木齐市大气颗粒物污染特征研究

王　灵[1,2]　钱翌[2]

1. 乌鲁木齐市环境监测中心站，乌鲁木齐　830000；

2. 青岛科技大学环境与安全工程学院，青岛　266042

摘　要：通过对乌鲁木齐市执行新的空气质量标准以来（2013年和2014年）$PM_{2.5}$和PM_{10}实时监测数据的整理和分析，结果表明，2014年乌鲁木齐市的$PM_{2.5}$和PM_{10}年平均浓度分别为61μg/m³和145μg/m³，分别超标0.74倍和1.07倍，颗粒物污染严重。与2013年相比，$PM_{2.5}$年平均浓度下降30.7%，说明乌鲁木齐市细颗粒物污染治理成效显著。PM_{10}和$PM_{2.5}$的季节变化、空间分布、ρ（$PM_{2.5}$）/ρ（PM_{10}）值分析均表明乌鲁木齐市扬尘污染严重，城市管理水平较低。ρ（PM_{10}）与ρ（$PM_{2.5}$）、降尘量与ρ（PM_{10}）之间存在一定的相关性，而ρ（$PM_{2.5}$）与降尘量之间不存在相关性。

关键词：乌鲁木齐；颗粒物；污染特征；相关性

大气颗粒物是影响大气物理和化学性质的重要组成，能够散射或吸收太阳辐射，造成能见度下降；通过改变云凝结过程，影响全球气候变化[1]。流行病学研究结果表明，细颗粒物具有负面健康效应，包括增加死亡率，引发心血管、呼吸系统和过敏性疾病等[2]。乌鲁木齐市是丝绸子路经济带的核心区，城市化水平较高，颗粒物污染导致能见度下降，灰霾现象日益增多，危害人体健康。乌鲁木齐市大气污染复杂程度引起了政府部门和学者的广泛关注，大量研究表明该地区颗粒物污染仍然形势严峻[3-6]。2013年，乌鲁木齐市开始实施新的环境空气质量标准（《环境空气质量标准》，GB 3096—2012），该标准将$PM_{2.5}$纳入空气质量评价体系，同时加严了PM_{10}的浓度限值，对环境空气质量提出了更高的要求。本文对乌鲁木齐市$PM_{2.5}$和PM_{10}的时空分布特征及其相关性进行研究，为乌鲁木齐市有效控制颗粒物污染提供科学依据。

1　数据来源及数据处理

2013—2004年乌鲁木齐市7个国控大气自动监测点位（收费所、监测站、铁路局、三十一中、七十四中、米东区、农科院实验农场）的连续监测数据及降尘监测数据。监测点位分布及概况见图1、表1。使用Excel2010、SPSS13.0等数据分析软件进行整理、统计。

2　结果与分析

2.1　乌鲁木齐市$PM_{2.5}$、PM_{10}浓度变化

2.1.1　时间变化特征

（1）年变化：

乌鲁木齐市$PM_{2.5}$和PM_{10}年均浓度见图2。

从图2可以看出，2014年乌鲁木齐市的$PM_{2.5}$和PM_{10}日均浓度范围分别为14～975μg/m³、11～264μg/m³，平均浓度分别为61μg/m³和145μg/m³，均超过国家环境空气质量二级标准值，分别超标0.74倍和1.07倍，说明乌鲁木齐颗粒物污染严重。与2013年相比，$PM_{2.5}$年平均浓度下降30.7%，PM_{10}年平均浓度保持稳定，说明乌鲁木齐市细颗粒物污染治理成效显著。

基金项目：国家自然科学基金项目（50808103）资助。

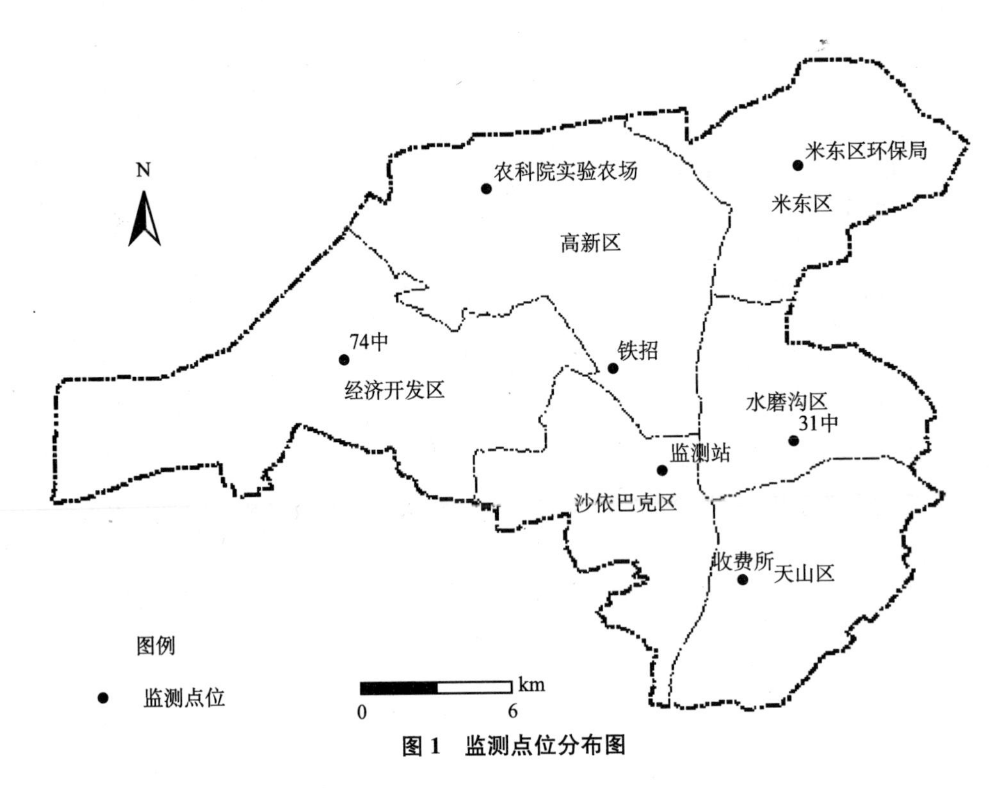

图1　监测点位分布图

表1　自动监测点位情况概述

编号	点位名称	经纬度	分布区域名称	区域描述
1#	收费所	43°45′ N，87°36′1 E	天山区	行政、住宅集中区
2#	监测站	43°49′ N，87°34′ E	沙依巴克区	交通、商业密集区
3#	铁路局	43°52′ N，87°33′ E	高新区	电子、精密制造产业区
4#	31中	43°49′ N，87°38′ E	水磨沟区	发电企业密集区
5#	74中	43°52′ N，87°25′ E	经济开发区	钢铁、机械产业密集区
6#	米东区环保局	43°57′ N，87°38′ E	米东区	化工企业密集区
7#	农科院实验农场	43°57′ N，87°29′ E	高新区	郊区农业、建材区

(2) 月、季变化：

乌鲁木齐市 $PM_{2.5}$ 和 PM_{10} 月平均浓度在2014年的变化趋势见图2。

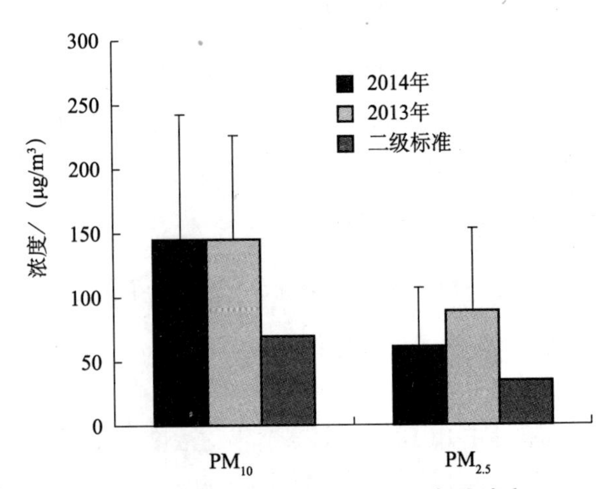

图2　乌鲁木齐市 PM_{10} 和 $PM_{2.5}$ 年均浓度

从图3可以看出，$PM_{2.5}$ 月平均浓度最低的月份是7月，最高的月份是12月，变化趋势较明显，总体来看，污染物浓度呈“U形”分布，1—3月、12月 $PM_{2.5}$ 浓度维持在较高的水平，4—11月浓度较低。与国家环境空气质量二级标准值比较发现，6月、7月、8月 $PM_{2.5}$ 月均值达标，分别为32 μg/m³、30 μg/m³和35 μg/m³，其余月份均超标。

从图3可以看出，PM_{10} 月变化规律不明显，各月均值均超过国家二级标准。其中4月、12月浓度较高，月均浓度分别为231μg/m³和201μg/m³，分别超标2.3倍和1.9倍；2月、6月、11月度较低，月均浓度分别为110μg/m³、101μg/m³和 μg/m³。2014年4月，受气象条件的影响，乌鲁木齐出现了两次较为明显的大风扬尘天气，可吸入颗粒物浓度同比上升110.9%。第一次大风扬尘天气出现在4月3日，造成我市空气质量连续5天超标，其中4月3—5日连续3日AQI指数均达到六级严重污染，4月6日四级轻度污染，4月7日三级轻度污染。第二次大风扬尘天

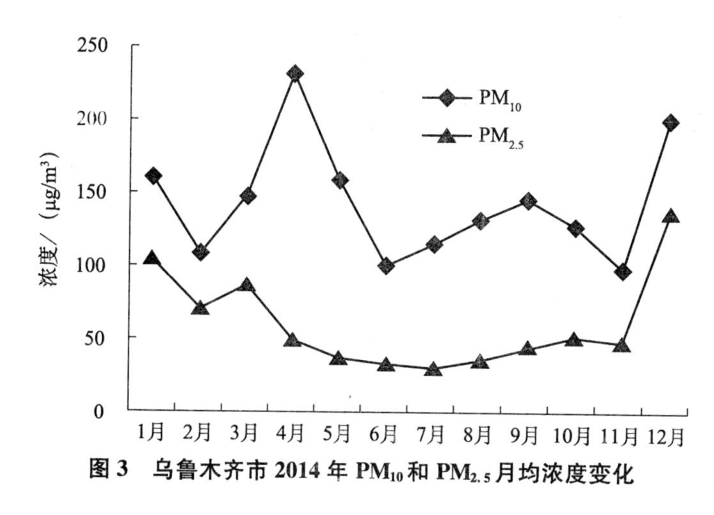

图 3　乌鲁木齐市 2014 年 PM_{10} 和 $PM_{2.5}$ 月均浓度变化

气出现在 4 月 23 日，引起 1 天六级严重污染。剔除大风扬尘天气的监测数据，PM_{10} 月均浓度为 139μg/m³，与上年同期相比增加 26.4%。

从季节上来看，乌鲁木齐市 $PM_{2.5}$ 污染程度由轻到重依次为夏（23μg/m³），秋（47μg/m³），春（58μg/m³），冬（104μg/m³）。乌鲁木齐市 $PM_{2.5}$ 浓度呈现出冬高夏低的分布趋势与乌鲁木齐市特殊的气候条件有关。乌鲁木齐市东、西、南三面环山，特殊的地形造成冬季近地层空气温度低、风速小、空气稳定性强，空气流通不够，大雾阴霾天气出现频繁，不利于污染物的扩散，且冬季较易出现逆温，逆温层的出现会直接影响污染物的扩散，导致污染物浓度的增加。

从季节上来看，乌鲁木齐市 PM_{10} 的变化趋势与 $PM_{2.5}$ 不一致，污染程度由轻到重依次为夏（117μg/m³），秋（124μg/m³），冬（157μg/m³），春（179μg/m³）。出现春季比冬季浓度高的现象，一方面表明冬季 PM_{10} 的治理取得一定成效，冬季不利气象条件对空气污染的贡献有所下降；另一方面表明，乌鲁木齐市扬尘污染已经非常严重，扬尘污染治理形势不容乐观。

（3）日变化：

图 4 为乌鲁木齐市 2014 年 PM_{10} 和 $PM_{2.5}$ 日均浓度变化情况。从图 4 可以看出，$PM_{2.5}$ 和 PM_{10} 日平均浓度变化幅度较大，最大值达到 264μg/m³ 和 975 μg/m³，分别超过二级标准值 2.5 倍和 5.5 倍；最小值为 14μg/m³ 和 11μg/m³，只有二级标准值的 15% 和 9%。全年 $PM_{2.5}$ 超标天数 85 天，超标率 23.3%；PM_{10} 超标天数 130 天，超标率达 35.6%。

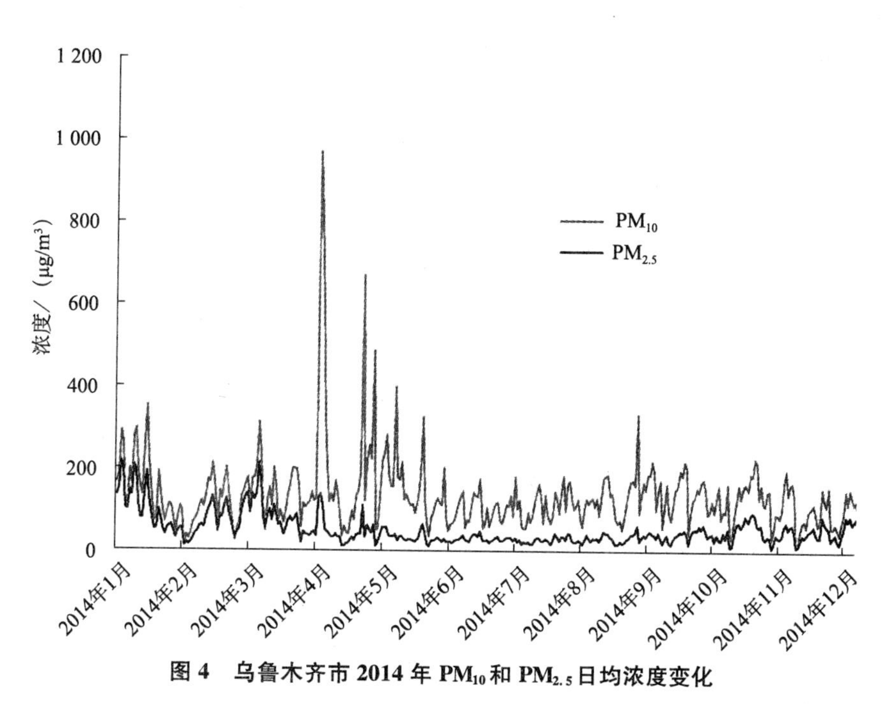

图 4　乌鲁木齐市 2014 年 PM_{10} 和 $PM_{2.5}$ 日均浓度变化

图 5 为乌鲁木齐市 2014 年 PM_{10} 和 $PM_{2.5}$ 日均浓度频数分布图。从图 5 可以看出，乌鲁木齐市 2014 年 PM_{10} 和 $PM_{2.5}$ 日均浓度均不符合正态分布或近似正态分布，受颗粒物浓度的影响，乌鲁木齐市极端污染天气出现的频率较高。

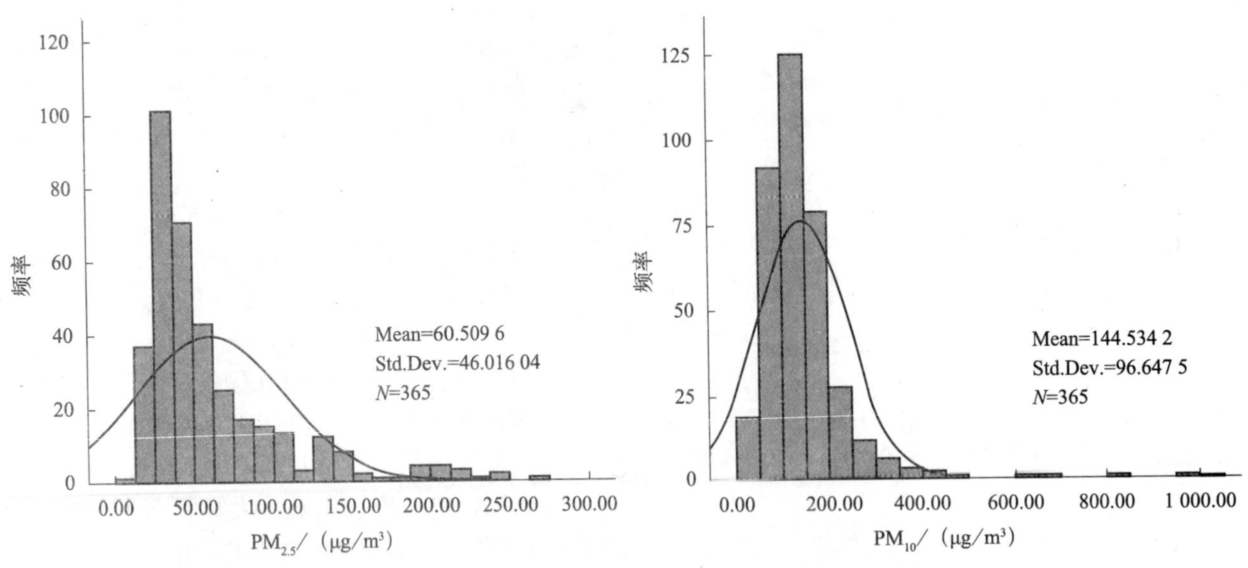

图 5　乌鲁木齐市 2014 年 PM_{10} 和 $PM_{2.5}$ 日均浓度频数分布图

2.1.2　空间变化特征

乌鲁木齐市 2014 年 6 个监测点 PM_{10} 和 $PM_{2.5}$ 年均浓度见图 6、图 7。

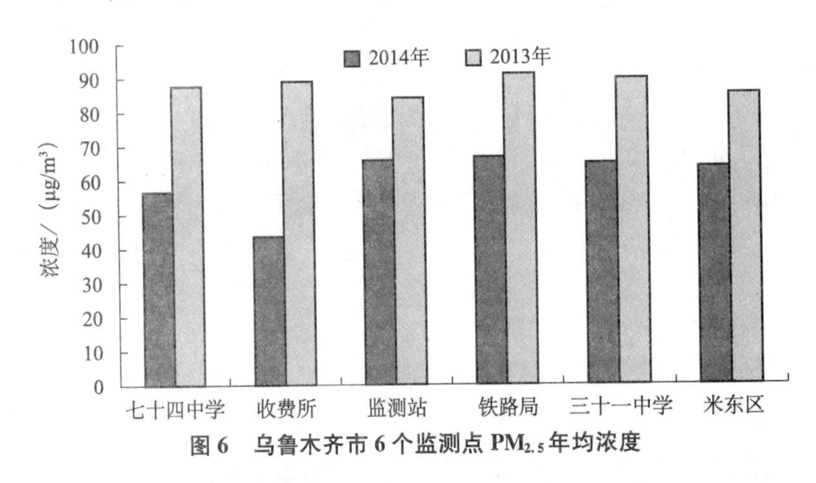

图 6　乌鲁木齐市 6 个监测点 $PM_{2.5}$ 年均浓度

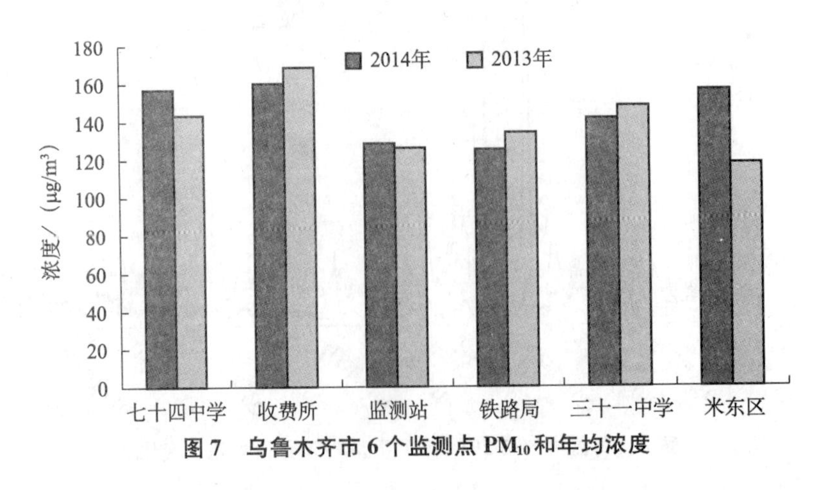

图 7　乌鲁木齐市 6 个监测点 PM_{10} 和年均浓度

从图 6 可以看出，2014 年 6 个监测点 $PM_{2.5}$ 年平均浓度均超过二级标准，其中较高的监测点是监测站（66μg/m³）、铁路局（66μg/m³）、三十一中（64 μg/m³）、米东区（64 μg/m³），其次为七十四中（57μg/m³），收费所（44 μg/m³）$PM_{2.5}$ 年平均浓度较低。最高的监测站和铁路局比最低的收费所高出约 50%。从监测点所处的位置来看，城市东部、中部、东北部 $PM_{2.5}$ 污染严重，城市西北部次之，城市南部 $PM_{2.5}$ 污染相对较轻。2013 年所有监测点年均浓度值均比 2014 年高，且不同监测点之间 $PM_{2.5}$ 浓度的差异性比 2014 年小，最高点比最低点高出仅 8%。

从图 7 可以看出，2014 年 6 个监测点 PM_{10} 年平均浓度均超过二级标准，其中较高的监测点是收费所（160μg/m³）、七十四中（157μg/m³）、米东区（156μg/m³），其次为三十一中（141μg/m³），监测站（128μg/m³）、铁路局（125μg/m³）年平均浓度较低。最高的收费所比最低的铁路局高出约 28%。PM_{10} 的空间分布与 $PM_{2.5}$ 刚好相反，城市南部、西北部 PM_{10} 污染较重。2013 年不同监测点之间 PM_{10} 浓度的差异性比 2014 年大，尤其是最高点比最低点高出 43%。

综合分析图 6、图 7 可知，$PM_{2.5}$ 和 PM_{10} 的空间分布规律不一致，年际变化趋势也不一致，说明乌鲁木齐市 $PM_{2.5}$ 和 PM_{10} 的来源差异较大，同时在空间上也存在较大来源差异。

2.2 $PM_{2.5}$ 和 PM_{10} 的相关性分析

$\rho(PM_{2.5})/\rho(PM_{10})$ 可以反映可吸入颗粒物（PM_{10}）中细颗粒物（$PM_{2.5}$）的含量。2014 年乌鲁木齐市 $\rho(PM_{2.5})/\rho(PM_{10})$ 的平均值为 41.9%，说明可吸入颗粒物（PM_{10}）中细颗粒物（$PM_{2.5}$）的含量小于粗颗粒物（$PM_{2.5-10}$）的含量。这与杨复沫等[7]关于北京［$\rho(PM_{2.5})/\rho(PM_{10})$］的 55%、魏复盛等[8]关于兰州［$\rho(PM_{2.5})/\rho(PM_{10})$］的 52%相比较低。这主要是由于乌鲁木齐市扬尘污染较其他城市严重的原因，城市管理水平较低。另外，不同季节 $\rho(PM_{2.5})/\rho(PM_{10})$ 的值不同，乌鲁木齐市春、夏、秋、冬的 $\rho(PM_{2.5})/\rho(PM_{10})$ 值分别为 32.3%、27.6%、38.2%、66.5%，冬季最高，夏季最低，反映采暖燃烧源对细颗粒物的贡献较大，而夏季扬尘污染对粗颗粒物的贡献较大。

$\rho(PM_{10})$ 与 $\rho(PM_{2.5})$ 之间存在一定的相关性，且各个季节的相关性差异较大（如图 8 所示）。其

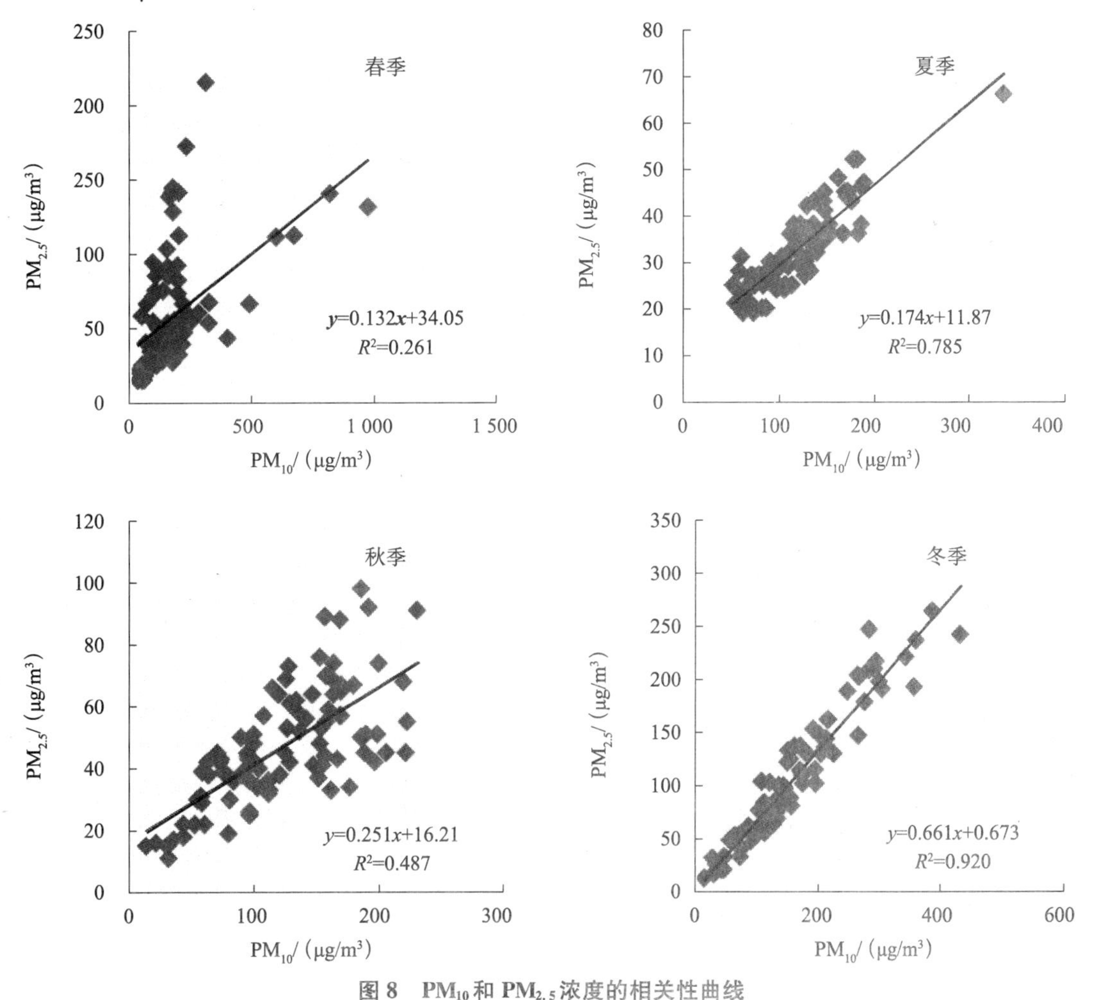

图 8　PM_{10} 和 $PM_{2.5}$ 浓度的相关性曲线

中冬季相关性最好，相关系数为 0.96，回归方程为 ρ（$PM_{2.5}$）$=0.661\times\rho$（PM_{10}）$+0.6738$。

2.3 $PM_{2.5}$、PM_{10}与降尘量的相关性分析

2014 年乌鲁木齐市大气降尘量月变化情况见图 9。从图 9 可以看出，4 月降尘量最大，超过 60t/(km^2·月)，这与 4 月沙尘天气频发有关。

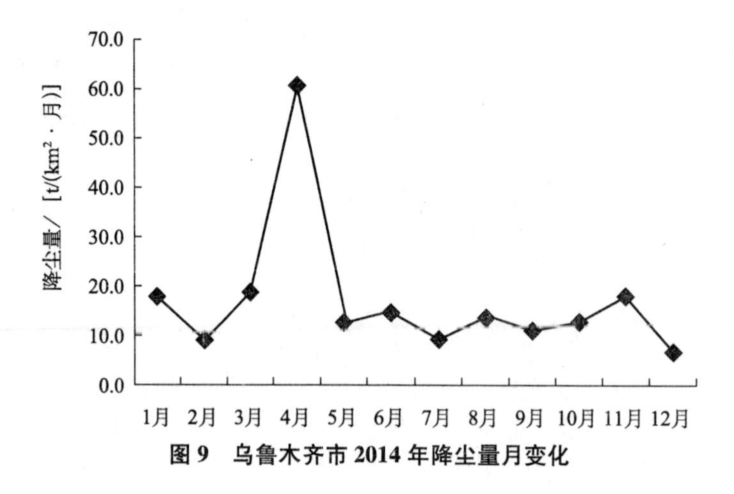

图 9 乌鲁木齐市 2014 年降尘量月变化

分析 PM_{10}与降尘的相关性，SPSS 统计软件得出大气降尘月总量与大气中的 PM_{10}的月均值相关系数为 0.77，统计检验得相伴概率小于 0.05，即降尘和 PM_{10}显著相关，且为正相关，其关系见图 10。此结果与相关研究结论一致。说明大气降尘能一定程度上反映 PM_{10}的污染情况，主要颗粒物来源具有一致性。但是，极端天气（如沙尘天气）对月降尘量具有决定性的影响，而对 PM_{10}的月均值的影响相对较弱，因此在沙尘天气出现的月份，月大气降尘量与月均 PM_{10}相关性较弱。2014 年 4 月，乌鲁木齐出现了两次较为明显的大风扬尘天气，降尘量比去年同期增加了 385%，而可吸入颗粒物浓度仅上升 110.9%。

分析 2014 年月大气降尘量与月均 $PM_{2.5}$的相关性曲线（图 11）发现，大气降尘月总量与大气中的 $PM_{2.5}$的月均值不具相关性。这是 $PM_{2.5}$的主要来源与降尘的不一致造成的。

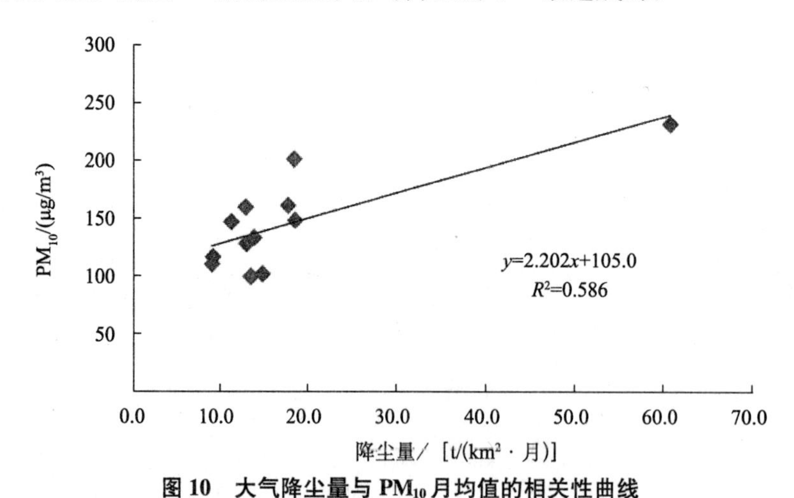

图 10 大气降尘量与 PM_{10}月均值的相关性曲线

3 结论

（1）2014 年乌鲁木齐市的 $PM_{2.5}$和 PM_{10}年平均浓度分别为 61μg/m^{3}和 145μg/m^3，分别超标 0.74 倍和 1.07 倍，颗粒物污染严重。与 2013 年相比，$PM_{2.5}$年平均浓度下降 30.7%，说明乌鲁木齐市细颗粒物污染治理成效显著。

（2）从季节上来看，乌鲁木齐市 $PM_{2.5}$污染程度由轻到重依次为夏（23 μg/m^3），秋（47 μg/m^3），春（58 μg/m^3），冬（104 μg/m^3）。乌鲁木齐市 $PM_{2.5}$浓度呈现出冬高夏低的分布趋势与冬季不利气候条件有

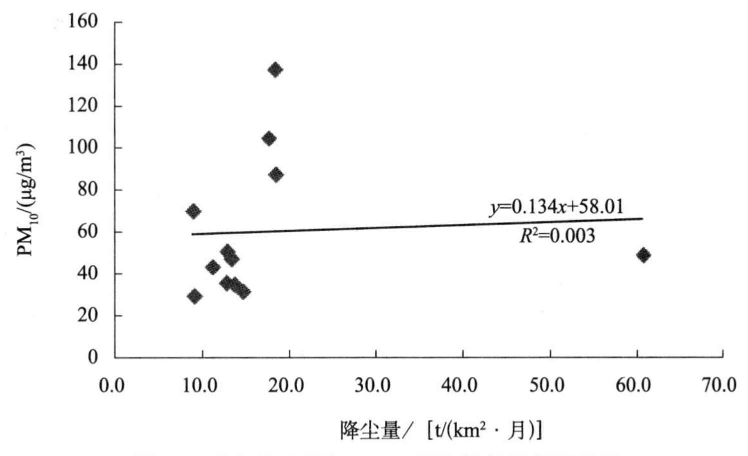

图 11　大气降尘量与 $PM_{2.5}$ 月均值的相关性曲线

关。乌鲁木齐市 PM_{10} 的变化趋势与 $PM_{2.5}$ 不一致，出现春季比冬季浓度高的现象，一方面表明冬季 PM_{10} 的治理取得一定成效，冬季不利气象条件对空气污染的贡献有所下降；另一方面表明，乌鲁木齐市扬尘污染已经非常严重，扬尘污染治理形势不容乐观。

(3) 城市东部、中部、东北部 $PM_{2.5}$ 污染严重，城市西北部次之，城市南部 $PM_{2.5}$ 污染相对较轻。而 PM_{10} 的空间分布与 $PM_{2.5}$ 刚好相反，城市南部、西北部 PM_{10} 污染较重。

(4) 2014 年乌鲁木齐市 ρ ($PM_{2.5}$) /ρ (PM_{10}) 的平均值为 41.9%，与其他城市相比较低。这主要是由于乌鲁木齐市扬尘污染较其他城市严重的原因，城市管理水平较低。ρ (PM_{10}) 与 ρ ($PM_{2.5}$) 之间存在一定的相关性，且各个季节的相关性差异较大（如图 6 所示）。其中冬季相关性最好，相关系数为 0.96，回归方程为 $\rho(PM_{2.5})=0.661\times\rho(PM_{10})+0.6738$。

(5) 大气降尘月总量与大气中的 PM_{10} 的月均值具有一定的相关性，相关系数为 0.77，极端天气（如沙尘天气）出现的月份（2014 年 4 月），月大气降尘量与月均 PM_{10} 相关性较弱。大气降尘月总量与大气中的 $PM_{2.5}$ 的月均值不具相关性。

参考文献

[1] Tao J，HoKF，ChenL，et al. Effect of chemical composition of $PM_{2.5}$ on visibility in Guangzhou，China，2007 spring [J]. Particuology，2009，7 (1)：68-75.

[2] 胡伟，胡敏，唐倩，等. 珠江三角洲地区亚运期间颗粒物污染特征 [J]. 环境科学学报，2013，33 (7)：1815-1823.

[3] 朱柯嘉 . 乌鲁木齐市空气污染指数特性及预测模型研究 [D]. 兰州：西北师范大学，2013.

[4] 乌鲁木齐市大气污染成因及防治对策研究 [J]. 干旱区资源与环境，2010，24 (9)：68-71.

[5] 师浩凌 . 乌鲁木齐市大气污染状况及主要污染源分析 [D]. 乌鲁木齐：新疆农业大学，2012.

[6] 许鹏，谢海燕，孙媛媛 . 乌鲁木齐市大气污染状况及治理成效研究 [J]. 环境科学导刊，2014，4.

[7] 杨复沫，贺克斌，马永亮，等. 北京 $PM_{2.5}$ 浓度的变化特征及其与 PM_{10}、TSP 的关系 [J]. 中国环境科学，2002，22 (6)：506-510.

[8] 魏复盛，滕恩江，吴国平，等. 我国 4 个大城市空气 $PM_{2.5}$、PM_{10} 污染及其化学组成[J]. 2001，17 (1)：1-6.

作者简介：王灵（1982 —），男，工程师，硕士，主要从事环境监测与评价研究。

河南省部分典型城市大气主要污染物时间变化规律分析

王晶晶　王玲玲　邢梦林　王兴国　黄腾跃
河南省环境监测中心，郑州　450004

摘　要：本文对河南省郑州、安阳、三门峡、信阳四个典型城市的四种大气污染物臭氧、二氧化氮、一氧化碳和 $PM_{2.5}$ 的时间变化规律进行了分析，并初步探讨了日变化、年变化规律及其影响因素。不同城市日变化规律基本相同，呈双峰双谷规律，4 种污染物各有特点。年变化一致性规律表现为单峰型，臭氧浓度在夏季达到最大值，冬季达到最低值，而其余 3 种污染物在冬季浓度达到最高值，在夏季浓度达到最低值。

关键词：污染特征；时间变化规律；影响因素

Study on Time Change Regulation of Main Atmospheric Pollutants in Henan Province

WANG Jing-jing　WANG Ling-ling　XING Meng-lin　WANG Xing-guo　HUANG Tengyue
Environmental Monitoring Center of Henan Province，Zhengzhou 450004

Abstract：The time change regulation of four atmospheric pollutants（ozone，nitrogen dioxide，carbonic oxide and $PM_{2.5}$）of four typical cities in Henan province has been studied. And a preliminary conclusion on the daily change regulation，on the annual change regulation and on their influence factors has been drawn. For the four cities，the daily change regulation is basically the same，a bimodal form and the four pollutants exhibit different characteristics. The annual time regualtion is also almost the same；it is monomodal form. The maxima of the concentration of ozone appear in summer and the minima appear in winter. While，the maxima of the concentration of the other three pollutants appear in winter and the minima appear in summer.

Key words：pollution characteristics；time change regulation；influence factors

臭氧、二氧化氮、一氧化碳和 $PM_{2.5}$ 为城市空气质量最新控制标准中的目标污染物，它们对于城市空气质量有着较大影响，对人们的健康构成了很大威胁[1]。

二氧化氮是有刺激性臭味的红棕色气体，主要来自于燃料高温燃烧的释放，如机动车尾气和工厂废气等。NO_2 可与空气中的水蒸气结合生成硝酸，造成酸雨的形成。NO_2 还是造成光化学烟雾的主要因素[1]，可经过光化学反应生成臭氧。

一氧化碳是大气中分布最广和数量最多的污染物，内燃机排放的废气是大气中 CO 的主要来源，其次是锅炉使用化石燃料所排放的废气[2]。CO 是燃料不完全燃烧的产物。在对流层中，CO 能与 OH 自由基反应，从而能减少对流层中 60％左右的 OH 自由基[3]，间接影响着大气中温室气体的化学反应[4]。

$PM_{2.5}$ 是指空气动力学直径小于或等于 2.5μm 的颗粒物，也称为可入肺颗粒物，它的直径还不到人的头发丝粗细的 1/20。主要来自燃烧过程，比如化石燃料（煤、汽油、柴油）的燃烧，生物质（秸秆、木柴）的燃烧和垃圾焚烧等。其他的人为来源包括：道路扬尘、建筑施工扬尘和工业粉尘等。大气中的细颗粒物 $PM_{2.5}$，往往会附着硫化物、氮氧化物和重金属颗粒等大多由工业污染源排放的污染因子，因而对人体的伤害很大。[5]

本文选取安阳、郑州、三门峡、信阳四个典型城市国控点位 2014 年 1 月至 12 月共 12 个月的监测数据进行分析，探讨了臭氧、二氧化氮、一氧化碳和 $PM_{2.5}$ 4 种污染物的时间变化规律及其之间的相关性。

1 污染特征分析

1.1 日变化规律

选取 1 月、4 月、7 月、10 月为各季的代表月份，对这四种污染物在这四个月份的日变化规律进行了探讨。由图 1～图 4 可得，四个典型城市的四种污染物在四个季节的日变化规律差别不大，呈双峰双谷规律，臭氧一天浓度的最大值出现在午后至傍晚阶段，最小值出现在早上，而其余 3 种污染物的两个峰值出现在上午及前半夜，四种污染物各有特点，因此以郑州为代表进行进一步分析。

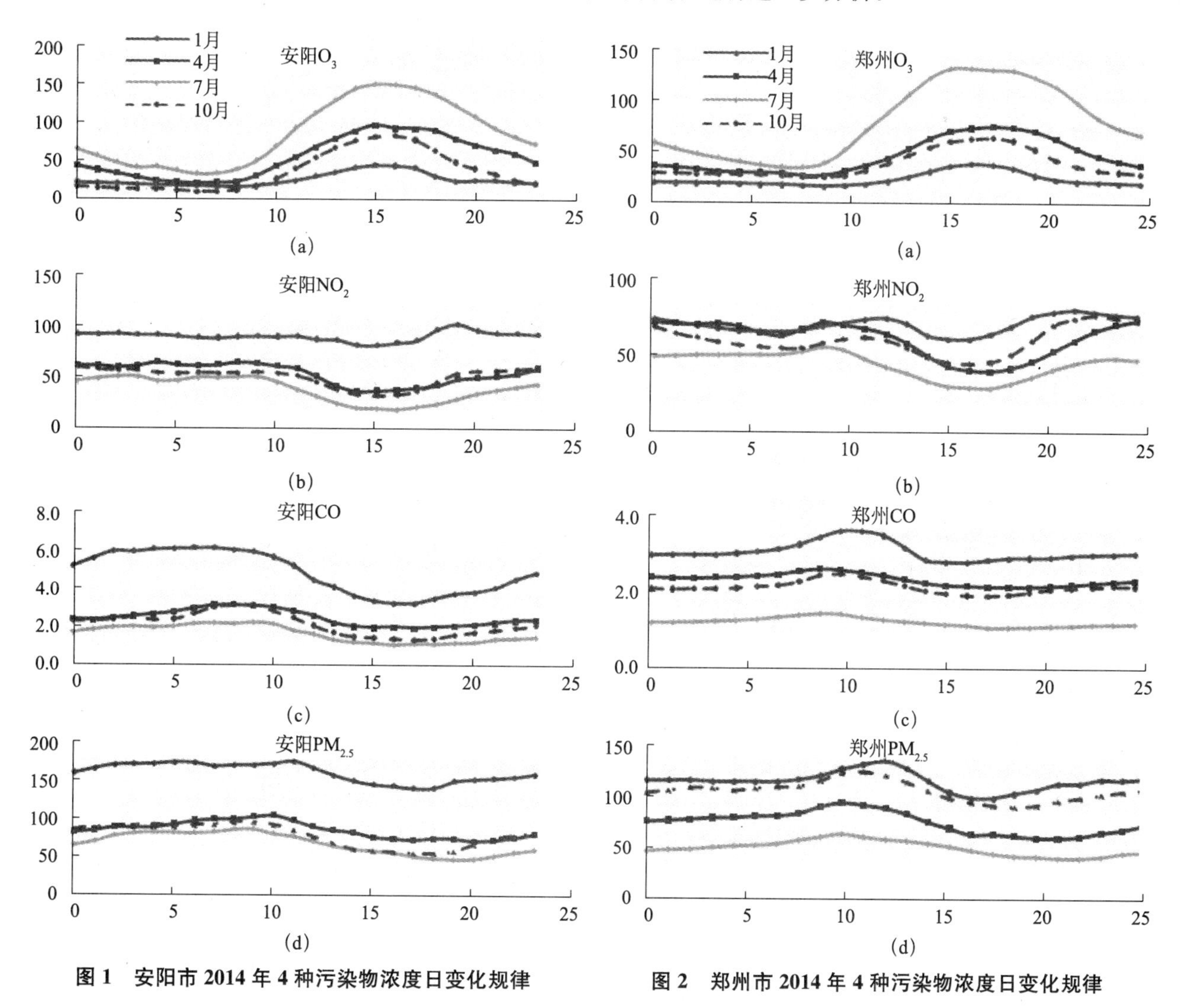

图 1 安阳市 2014 年 4 种污染物浓度日变化规律

图 2 郑州市 2014 年 4 种污染物浓度日变化规律

1.1.1 臭氧

如图 2（a）所示，从总体来说，在这 4 个月份中，郑州臭氧日变化规律具有较好的一致性。臭氧浓度从早上开始升高，峰值出现在 14：00—16：00 之间，晚上趋于平稳。但这 4 个月份由于季节气候的不同，日变化规律还是有所差异。差异表现为：第一，随着夏季的来临，臭氧浓度开始攀升的时间点有所提前。1 月臭氧浓度攀升的时间点为早上 9 点，4 月为早上 8 点，7 月为早上 7 点，10 月又回到早上 8 点；第二，随着夏季的来临，臭氧浓度攀升的幅度有所增大，峰值浓度不断升高，从 1 月的 38μg/m³ 逐渐上升至 7 月的 129μg/m³，到 10 月时峰值最大值又下降至不到 65μg/m³；第三，随着夏季的来临，臭氧浓度稳定时间段变短，1 月臭氧的稳定时间段为 20：00—次日 9：00，4 月臭氧的稳定时间段为 3：00—8：00，7 月臭氧的稳定时间段为 5：00—7：00，10 月臭氧的稳定时间段为 23：00—次日 8：00。

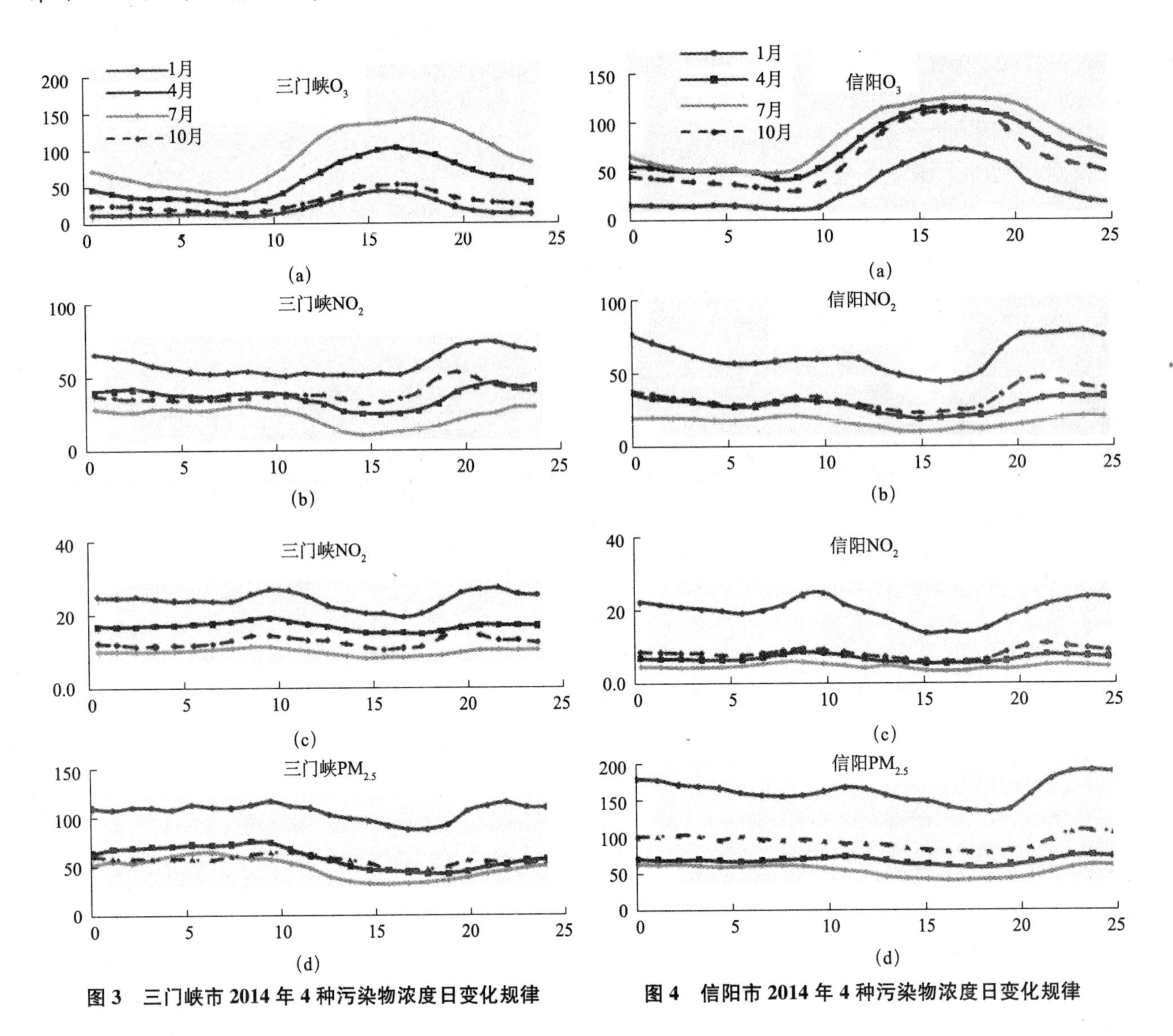

图3　三门峡市2014年4种污染物浓度日变化规律　　**图4　信阳市2014年4种污染物浓度日变化规律**

这主要是因为在白天有太阳光的照射，大气中各种污染物发生光化学反应生成臭氧，增加了臭氧的浓度，而随着光照的减弱，臭氧的生成速率放缓，但臭氧又是不稳定物质，易分解，而且臭氧具有很强的氧化性，易与大气中的还原性物质发生氧化还原反应，所以臭氧浓度逐渐下降，最终达到一种稳定状态。日变化规律差异的产生也与随着夏季的来临，太阳升起时间越来越早，光照时间越来越长，光照强度越来越强有关。太阳升起时间提前，发生光化学反应的时间提前，臭氧的产生与开始堆积时间提前；光照时间长，则光化学反应在一天中的发生时间段变长，臭氧浓度处于变化的时间段就变长；光照强度强，则光化学反应就越剧烈，生成的臭氧就越多。

1.1.2　二氧化氮

如图2（b）所示，从总体上来说，这4个月份中，二氧化氮浓度变化也是大致相同的。二氧化氮日浓度变化规律表现为双峰型，峰值出现在7：00—11：00和20：00—23：00，低值出现在15：00—16：00。同样的，二氧化氮的日变化规律随着季节的不同也是有所差异的。首先，随着夏季的来临，二氧化氮早上峰值出现的时间提前而晚上峰值出现的时间延后，且随着夏季的来临，晚上峰值浓度的降低速率比早上峰值的降低速率更快，甚至在7月份无明显峰值出现；其次，随着夏季的来临，二氧化氮日变化曲线的峰值与最低值的差值逐渐变大，二氧化氮浓度变化幅度逐渐增大。

NO_2早上峰值的形成，除了与汽车尾气产生的NO_2的堆积外，还与光化学反应有着密切的联系。光化学反应对于NO_2有两方面的影响。首先，汽车尾气中除了含有NO_2，还有NO，NO在阳光的照射下能与大气中的其他污染物发生反应生成 NO_2；其次，在阳光的照射下，NO_2 自身也参与光化学反应，逐渐被消耗。从图 6 可以看出，在统计的这 4 个月份里，汽车车流量的日变化规律并无太大差别，所以汽车尾气排放对于 NO_2 在四季的影响相差不大，而这 4 个月份中 NO_2 日变化规律的不同就主要与光照有关。

1.1.3 一氧化碳

总体来说［图 2（c）所示］，一氧化碳的日变化规律为双峰型，峰值分别出现在 8：00—10：00 和 23：00—次日 0：00，但第二个峰型很不明显，最低值出现在 14：00—16：00。在 1 月份时，早上的峰值出现时峰型较为明显，越接近夏季 CO 日浓度变化越趋于平缓。大气中一氧化碳发生的化学反应，除了作为前体物参与光化学反应外，还能被大气中的氧化物氧化，生成二氧化碳。CO 日变化规律中第二个峰值的出现并不明显，CO 浓度并没有随着傍晚第二个车流量高峰的到来及光化学反应的减弱而增加，这就很可能与白天臭氧（强氧化物）的生成与堆积有关，O_3 将汽车尾气中排放的 CO 氧化成 CO_2，使大气中 CO 的堆积并不明显。而早上的峰值随着夏季的到来也越来越不明显，这除了与夏季光照时间早，光照时间强，有利于光化学反应发生外，也与夏季臭氧浓度高，也易于 CO 发生氧化还原反应有关。

1.1.4 $PM_{2.5}$

图 2（d）所示，$PM_{2.5}$ 的日变化规律为较弱的双峰型，第一个峰值出现在 9：00—11：00 之间，且随着夏季的来临，第一个峰值出现的时间点略有提前；第二个峰值较不明显，大致出现在 24：00 左右。$PM_{2.5}$ 浓度日变化的起伏程度也随着夏季的到来而减小。

这可能是由于在夜晚和清晨，太阳辐射强度小，空气温度较低，地面温度较低，较易生成逆温层，不利于污染物的扩散，而到了早上随着上班高峰期的到来，汽车尾气排放增加，而且人类的活动也使扬尘增多，再加上大气层结较为稳定，造成了 $PM_{2.5}$ 浓度的升高。而到了中午，随着太阳辐射的增强，地面温度升高，大气垂直层面上的对流增强，较有利于 $PM_{2.5}$ 的扩散，所以 $PM_{2.5}$ 浓度降低。随着下班高峰的到来，$PM_{2.5}$ 排放浓度增加，大气层结趋于稳定，$PM_{2.5}$ 再次在大气中产生积累，浓度增加。

1.2 年变化规律

由图 5 可得，这四个典型城市的四种污染物年变化规律也大致相同，均为单峰型，臭氧浓度在春季逐渐升高，夏季达到最大值，然后逐渐降低，冬季达到最低值，而其余三种污染物在冬季浓度达到最高值后逐渐降低，在夏季浓度达到最低值，然后浓度又逐渐升高。以郑州为代表进行进一步分析。

从图中可得，对臭氧来说，最大月均值出现在 7 月，最小月均值出现在 12 月，随着夏季的到来，臭氧浓度月均值有一个逐渐增大的过程，到 7 月达到峰值后，又呈逐渐减少的趋势。而二氧化氮、一氧化碳和 $PM_{2.5}$ 的季节变化规律与臭氧的季节变化规律呈相反关系，二氧化氮月均浓度在 11 月达到峰值，在 6 月达到最低值；一氧化碳月均浓度在 1 月达到峰值，在 7 月达到最低值，$PM_{2.5}$ 浓度在 7 月达到最低值，11 月达到最高值。郑州冬季是采暖期，锅炉燃烧大量的化石燃料，向大气中排放大量的 NO_x、CO 及粉尘，再加上光照较弱，光化学反应不剧烈，所以 O_3 浓度较低，冬季大气层结又较为稳定，不利于污染物的扩散，所以 NO_2、CO 及 $PM_{2.5}$ 在冬季时浓度较高。而在夏季光照强烈，有利于光化学反应的发生生成臭氧，所以在夏季时 O_3 浓度达到较高值。

2 影响因素及相关性分析

2.1 车流量

通过对郑州市区主干道车流量（如图 6 所示）的统计情况显示，汽车流量在这四个月份中的日变化趋势一致。在早上 7：00—9：00 和下午 17：00 左右车流量达到一天中的高峰，白天的车流量显著高于晚上的车流量。

由于 4 种污染物各季节的变化趋势相同，所以选取 7 月的小时值数据来进行规律分析。车流量日变化规律同样选取 7 月的统计数据。在图 7 中，二氧化氮、臭氧及 $PM_{2.5}$ 的浓度为 $\mu g/m^3$，车流量单位为辆，同时为方便在同一图中显示，将 CO 的浓度单位也转化成 $\mu g/m^3$。

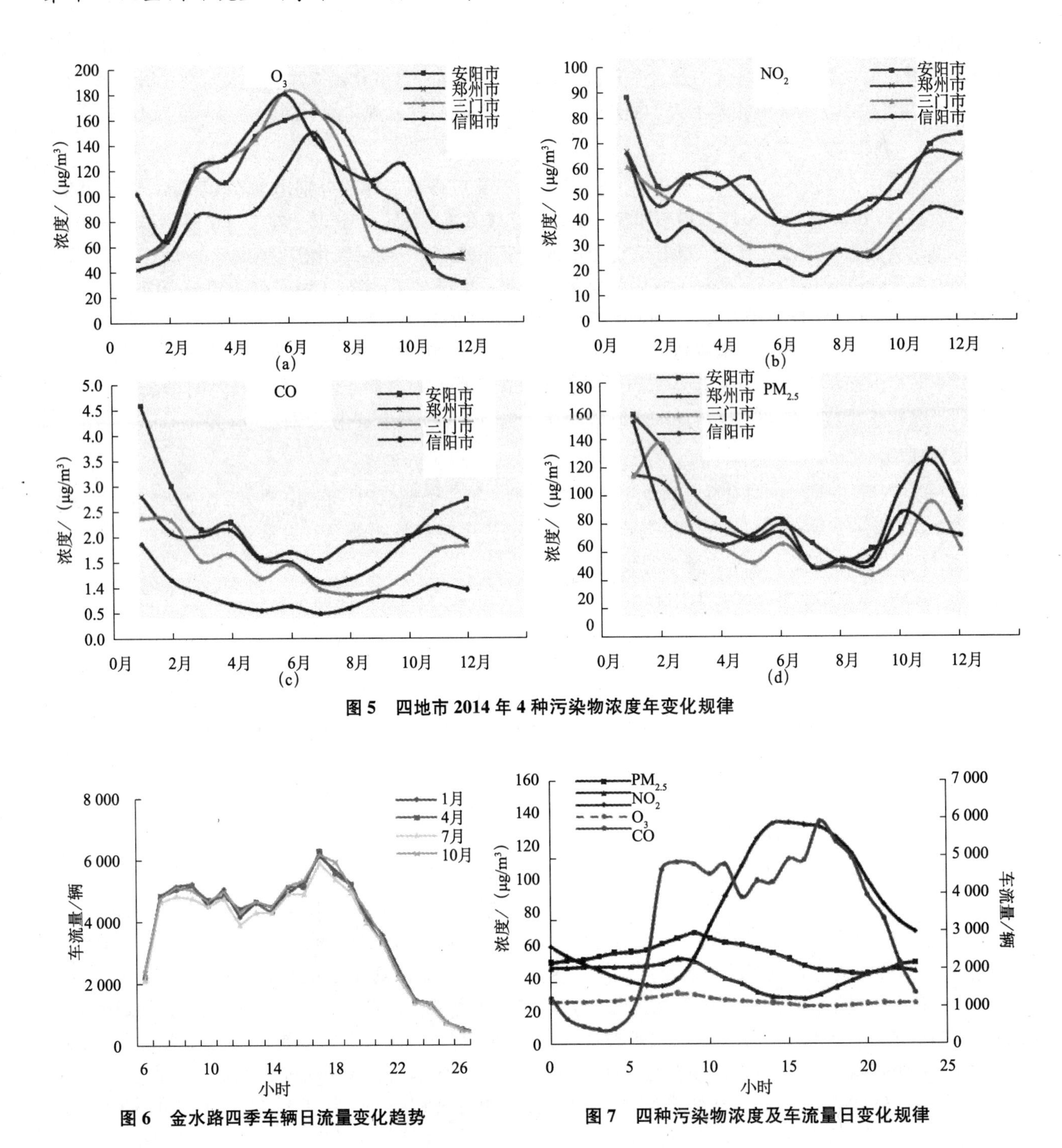

图 5　四地市 2014 年 4 种污染物浓度年变化规律

图 6　金水路四季车辆日流量变化趋势

图 7　四种污染物浓度及车流量日变化规律

从图 7 中可以看出，随着早上车流量的增加，最先带动的是 $PM_{2.5}$和 NO_2浓度的升高。早上大气层处于较稳定的状态，随着汽车尾气排放量的增加，$PM_{2.5}$浓度逐渐累积，到了中午，温度逐渐升高，大气垂直对流增强，$PM_{2.5}$得到较好的稀释扩散，浓度逐渐降低，直到傍晚，大气层结又趋于稳定，$PM_{2.5}$再次累积；对于 NO_2来说，早上光照较弱，NO_2消耗少，在车流量达到早上的高峰后，汽车尾气中排放的 NO_2就不断地被累积，随着光照逐渐增强，NO_2消耗增加，浓度逐渐减少，到了傍晚光照减弱，NO_2消耗减少，车辆排放的尾气不断积累，形成第二个峰值，随着车流量的减少，NO_2排放减少，大气中的 NO_2浓度又逐渐降低。而 O_3随着 NO_2的增多及光化学反应的进行，大气中浓度不断增加，与 NO_2呈现出明显的负相关关系。CO 早上的浓度也随着车流量的高峰到来而增加，随着臭氧浓度的升高而降低。到傍晚时，在第二个车流量高峰及大气中高浓度臭氧的共同影响下，而略微升高，直至达到一个平稳的状态。

3 总结

文章对河南省4个典型城市国控点位2014年1月至12月共12个月的监测数据进行了分析，总结了O_3、CO、NO_2及$PM_{2.5}$四个污染物的日变化规律及年变化规律。

这4种污染物在四个典型城市的日变化及年变化规律的整体趋势大致相同。O_3浓度与NO_2浓度、CO浓度呈现出负相关关系，季节变化导致的光照变化对于O_3的浓度也有较大影响；NO_2的浓度变化主要受车流量、冬季燃煤取暖及光化学反应的影响；CO的浓度，除了受车流量、冬季燃煤取暖及光化学反应影响因素外，还受大气中氧化物的影响；而$PM_{2.5}$则主要受尾气排放、人类活动及大气稳定度的影响较大。

参考文献

[1] 吴鄂飞．夏季环境空气中臭氧和氮氧化物变化关系［J］．环境科学与技术，2006，29（增刊）．

[2] 张杰．催化燃烧炉催化剂失活特性及应用研究［R］．北京：北京建筑工程学院，2009.

[3] 张仁健，王明星．大气中一氧化碳浓度变化的模拟研究［J］．大气科学，2001，25（6）：847-855.

[4] 杨继东，刘佳泓，杨光辉，等．天津市环境空气中一氧化碳污染特征及变化趋势研究［J］．环境科学与管理，2012，37（6）：89-90.

[5] 杨洪斌，邹旭东，汪宏宇，等．大气环境中PM2.5的研究进展与展望［J］．气象与环境学报，2012，28（3）：77-82.

作者简介：王晶晶（1988.11—），河南省环境监测中心，助理工程师，从事环境监测与研究。

典型废弃小企业铬渣堆场对周围土壤地下水污染调查分析

王玲玲　王兴国　王媛媛　王晶晶
河南省环境监测中心，郑州　450004

摘　要：本文介绍了对两处废弃农村乡镇企业不规范铬渣堆场的污染调查监测，结果表明两处渣堆中总铬、锰、镍和铜金属元素含量较高，已对周边一定距离内的土壤和地下水造成了一定的铬污染，存在潜在危害。项目组根据调查结果立即向当地管理部门提交了报告进行进一步安全评估和处置。

关键词：铬渣堆；土壤；地下水

Investigation and Analysis on Influence of Chromium Slag Sites of Typical Abandoned Small Businesses on Surrounding Soil and Ground Water

WANG Ling-ling　WANG Xing-guo　WANG Yuan-yuan　WANG Jing-jing
Environmental Monitoring Center of Henan Province，Zhengzhou 450004

Abstract：The results of pollution investigation and monitoring on the irregular chromium slag sites of two abandoned township businesses are introduced in this article. The results show that the concentrations of total chromium，Manganum，nickel and copper in the two slag sites are relatively high，and the surrounding soil and the surrounding ground water in a certain distance has already been polluted by chromium. The results have been reported to the local governments and the local government will conduct environmental assessment and solve the problem.

Key words：chromium slag sites；soil；ground water

铬渣中含有致癌物铬酸钙和剧毒物六价铬，这些铬渣堆大多没有防雨、防渗措施，经过几十年的雨水冲淋、渗透，会逐渐成为持久损害地下水和农田的污染扩散源[1-3]。据调查我省有多处铬渣堆放区，对于查明的铬渣堆放区环保部门已有了较为严格的监管，但也存在部分规模较小的铬渣堆没有被规范化处置监管的现象。本文介绍了河南省环境监测中心 2011 年在进行农村水安全调查中发现了当时未被监管的两处停产乡镇企业铬渣堆场，立即对其开展了周围土壤和地下水的监测分析，及时将监测结果提交当地监管部门，建议对该区域进行环境安全评估和处置，确保了周围农村人群的饮水健康和安全。

1　铬渣区域概况

A 铬渣堆位于某镇某村西南 500m 某化工厂北，为露天堆放的矿渣，2010 年已停放，无防渗措施，有围墙圈围，并有塑料布覆盖，估算约有 4 000m^3，地表及墙体渗有黄色物质——“六价铬”。该地区为包气带岩性为粉质黏土，地下水埋深 4m 左右，地下水流向为由西北向东南。

B 铬渣堆位于某乡某村某河流旁化工厂院内，该工厂为 1980 年左右就开始生产，2010 年化工厂已停产，原为村集体企业。铬渣堆主要堆放在工厂南侧，共约 4.68 万 t，露天堆放且无防渗措施，渣堆塑料布覆盖，如遇大风天气，渣粉四处飘扬。铬渣堆存在外渗现象，附近地表及墙体有大片的十分醒目黄色物质。该点附近为包气带岩性为粉土、粉质黏土，地下水埋深约 16m，地下水流向总体流向为由北向南，地表水补给地下水。化工厂紧临某河，流经下游有某市重要的后备地下水源地。

2 布点采样

根据两处铬渣堆场的地形地势情况，分别在A铬渣堆周围采用蛇形布点采集了4个钻孔、不同深度的7个土壤和附近200m内存在的2个地下水，在B铬渣堆采集了5个钻孔、不同深度的8个土壤和附近地下水流向下游3个地下水和1个上游背景井水。具体分布见表1、表2。

表1 A铬渣堆周边环境采样点位分布表

编号	地理位置	采样类型	钻孔编号	采样层位	备注
AT01	化工厂北铬渣堆放场地东南角低洼处	土样	Ⅰ号钻孔	0～5cm	同一剖面
AT02				40～50cm	
AT03	化工厂北铬渣堆处	铬渣	Ⅱ号钻孔		
AT04	化工厂东墙2m处农田中	土样	Ⅲ号钻孔	0～5cm	同一剖面
AT05				40～50cm	
AT06	化工厂东墙东24m农田中	土样	Ⅳ号钻孔	0～5cm	
AT07	华幸化工厂东墙东80m农田中	土样	Ⅴ号钻孔	0～5cm	
AS01	化工厂东距渣堆约80m	水样		浅层	
AS02	化工厂西距渣堆约50m	水样		浅层	

表2 B铬渣堆周边环境采样点位分布表

编号	地理位置	类型	编号	采样层位	备注
BT01	化工厂铬渣堆南墙外土堆	土样	Ⅰ号钻孔	0～5cm	
BT02-04	化工厂铬渣堆南墙外2m农田	土样	Ⅱ号钻孔	0～5cm	同一剖面
				10～20cm	
				40～50cm	
BT05-06	化工厂铬渣堆南墙外6m农田	土样	Ⅲ号钻孔	0～5cm	同一剖面
				30～40cm	
BT07	化工厂铬渣堆南墙外20m农田	土样	Ⅳ号钻孔	0～5cm	
BT08	化工厂铬渣堆南墙外30m农田	土样	Ⅴ号钻孔	0～5cm	
BS01	化工厂南约150m	水样		浅层	
BS02	工厂西南约50m	水样		浅层	
BS03	化工厂院东北角距渣堆约120m	水样		浅层	
BS04	村南口养猪场化工厂北1100m背景值	水样		浅层	

3 调查结果分析

针对铬渣堆污染源特点，本次样品分析与测试项目主要以无机重金属为主，其中土壤分析项目7项，Cr、Cu、Zn、Mn、Pb、Ba、Ni等。水质分析项目为Cd、六价铬、Cr、Cu、Fe、Mn、Ni、Pb 8项。

3.1 A铬渣堆调查结果

通过对土壤钻孔样品进行对比分析，发现铬渣中主要有害重金属元素为镍、锰、锌、铬。农田地区不同深度（0～0.05m，0.4～0.5m），这4种元素呈递减趋势，在距铬渣堆不同距离（距渣堆1m、2m、24m、80m）呈递减趋势（见表3），最近农田中浅层（50cm内）土壤铬超土壤环境质量Ⅲ级标准标值1.86倍，24m以外农田土壤中这四种元素含量均低于土壤环境质量Ⅲ级标准。该区80m内土壤镉含量均高于2007年土壤普查时本地区背景值。而铜、铅、钡这三种元素均低于土壤环境质量Ⅲ级标准，渣堆含量低于农田含量。锰为铬渣堆中次高含量元素，但周边土壤中锰基本在背景值附近，未见明显污染。镍和锌低于土壤环境质量Ⅲ级标准标限值，略高于本地区背景值。说明渣堆中主要对周边起影响作用的元素为镍、锌、铬，尤其以铬影响最大。

表 3　A 铬渣堆附近农田土样重金属检出含量表　　单位：μg/g

编号	钻孔编号	深度	铬	铜	锌	锰	铅	钡	镍	备注
AT01	Ⅰ号	0～0.05m	3 253	24.5	68.0	551	21.8	456	42.4	距渣堆 1m 墙角
AT02		0.4～0.5m	37 217	29.3	72.5	516	20.5	470	44.6	
AT03	Ⅱ号	0～0.05m	54 565	49.3	1 618	3 189	11.9	38.8	1 221	渣堆
AT04	Ⅲ号	0～0.05m	859	31.8	88.0	613	30.1	573	38.8	距渣堆 2m
AT05		0.4～0.5m	585	29.9	76.4	594	29.1	600	39.9	
AT06	Ⅳ号	0～0.05m	89.2	29.4	72.6	563	26.1	473	36.7	距渣堆 24m
AT07	Ⅴ号	0～0.05m	86.3	28.5	66.0	547	25.1	440	34.0	距渣堆 80m
土壤环境标准Ⅲ级	标准限值		300	400	500	—	500	—	200	
2007 年土壤普查	该区背景值	0～20cm	66.6	21.3	61.7	623	25.0	—	25.0	

地下水样中六价铬在本区地下水样中未检出。Cd、Cr、Cu、Fe、Mn、Ni、Pb 7 项均有检出（见表 4）。

铬、锰两种元素在距渣堆 50m 水井中含量高于距渣堆 80m 水井中含量，而铬、锰两种元素在为渣堆的主要成分之一，因此可初步判定在距渣堆 50m 处浅层地下水中已受到污染，其中 AS02 中锰浓度已超出《地下水质量标准》（GB/T 14848—93）Ⅲ类水标准限值，不适合饮用。Pb 在地下水中含量远远高于《地下水质量标准》Ⅲ级标准，超过Ⅴ类水质标准。AS02 号水井出现了另一种和铬渣堆没有明显相关性的污染现象。经调查了解，距 AS01 水井东南 50m 处某村边有一塑料加工厂，回收旧编织袋，经过水洗进行深加工。该厂回收旧编织袋进行水洗，在加工厂附近建有一水塘，专门储存清洗编织袋废水。水塘水面距地表大约 2m 左右，本区地下水位埋深约 4m 左右，在水塘处形成一个小型水丘，地下水向四周流动，而 AS01 水样中 Cd、Cu、Ni、Pb 等元素含量偏高可能与水塘的垂直渗漏补给有关，AS02 水样中 Cr、Mn 两种元素偏高与渣堆的影响有关。

表 4　A 铬渣堆附近地下水样检出元素含量表

元素	单位	检出限	AS01	AS02	地下水Ⅲ类标准值
Cd	μg/l	0.06	0.48	nd	10
六价铬	mg/l	0.004	nd	0.004	0.05
Cr	μg/l	0.09	0.75	5.02	—
Cu	μg/l	0.09	3.75	2.48	1 000
Mn	μg/l	0.06	13.5	115	100
Ni	μg/l	0.07	2.16	1.33	50
Pb	μg/l	0.07	108	30.6	50
Zn	μg/l	0.8	45.5	31.9	1 000

注：nd 表明未检出。

3.2　B 铬渣堆放区污染特征分析

对 B 铬渣堆放区采样分析结果见表 5。分析结果表明：五个采样点的表层土壤（5cm）中的铬浓度随着距离铬渣堆的距离增加浓度下降，铬渣堆外最近的农田土壤铬超出土壤环境质量Ⅲ级标准标值 8.8 倍，其他点位土壤低于标准限值均高于 2007 年土壤普查时本地区背景值。所有土壤中锰的浓度均较该地区 2007 年土壤普查时本地区背景值 607μg/g 高出 110～20μg/g，镍也较背景值有 0.3 倍左右的增加。

表 5　B 铬渣堆附近农田土样重金属检出含量表　　单位：μg/g

编号	钻孔编号	深度	铬	铜	锌	锰	铅	钡	镍	备注
BT01	Ⅰ号井	0～5cm	2 963	23.5	67.1	660	21.8	464	31.7	铬渣堆南墙外土堆
BT02	Ⅱ号井	0～5cm	448	24.8	70.0	711	24.9	513	34.3	铬渣堆南墙外 2m 农田
BT03		10～20cm	203	22.9	66.5	627	19.4	415	30.1	
BT04		40～50cm	89	22.5	63.1	638	19.9	440	31.6	

续表

编号	钻孔编号	深度	铬	铜	锌	锰	铅	钡	镍	备注
BT05	Ⅲ号井	0～5cm	166	23.3	71.2	682	22.5	466	33.1	铬渣堆南墙外 6m 农田
BT06		30～40cm	96	23.3	77.6	656	21.0	456	31.6	
BT07	Ⅳ号井	0～5cm	126	24.6	73.1	717	24.4	506	34.2	渣堆南墙外 20m 农田
BT08	Ⅴ号井	0～5cm	123	23.3	70.6	712	23.3	490	34.8	渣堆南墙外 30m 农田
土壤环境标准Ⅲ级	标准限值		300	400	500	—	500	—	200	
2007 年土壤普查	该区背景值 0～20cm		64	22.7	66.4	607	24.2	—	26.4	

监测结果表明，四处监测井中均未检出六价铬，但随着距渣堆距离的增加总铬的浓度逐渐降低；检出的主要金属有害物质有钡、总铬、铜、铁、锰、钼和镍，1 号井中检出了铅，锰 1、2 和 3 号井中锰超出《地下水质量标准》Ⅲ级标准限值，其他金属浓度均远低于《地下水质量标准》Ⅲ级标准限值。

表 6　B 铬渣堆附近地下水样检出元素含量表

单位：μg/L

元素	检出限	SJF-S01	SJF-S02	SJF-S03	SJF-S04	地下水Ⅲ类标准值
Cd	0.06	nd	nd	nd	nd	10
六价铬	0.004	nd	nd	nd	nd	50
Cr	0.09	1.29	0.61	0.95	0.14	—
Cu	0.09	2.47	2.38	3.14	0.59	1 000
Mn	0.06	756	630	522	19.8	100
Ni	0.07	1.12	1.10	1.26	0.73	50
Pb	0.07	0.15	nd	nd	nd	50
Zn	0.8	nd	nd	111	38.6	1 000
距离渣堆		南约 150m	距系南墙约 50m	厂内东北角约 120m	南墙外 1 100m	

注：nd 表明未检出。

综上，两处铬渣堆均显示对附近区域土壤造成了中铬等金属的污染，对周边浅层地下水存在有潜在危害。需要向环保管理部门提请进行全面的安全性评估和污染处置。

4　调查结论

通过对两处停产乡镇企业遗留铬渣堆的周边环境调查可得到以下结论和建议：

（1）两处铬渣中主要含有铬、锰、镍和锌，但也含有铅、铜等其他金属元素，属危险废物，长期堆放会造成对周边土壤和地下水的污染。

（2）调查结果显示，两处不同规模的铬渣堆已经对附近浅层地下水和表层土壤造成了污染，项目组形成报告尽快将本调查结果上报管理部分建议开展更加细致的污染范围和环境危害安全性评估并采取相应处置措施。

（3）企业未按要求向当地环保部门进行危废登记，周围群众防范和环境安全意识较差也没有及时向当地环境部门反映，对铬渣的危害和认识缺乏了解，致使不规企业堆放铬渣给周边环境造成了一定程度的危害。

参考文献

[1] 沈婷婷．某化工厂铬渣堆场及周边土壤重金属污染风险评估研究 [J]．环境科学与管理，2014，39 (7)：172-176.

[2] 赵利刚，蒲生彦，杨金艳，等. 某铬渣堆场周边土壤地下水 Cr^{6+} 污染特征研究 [J]. 环境工程，2015，2：117-121.
[3] 于卫花. 典型铬渣堆对周围土壤及地下水污染的研究 [R]. 北京：中国地质大学，2012.

作者简介：王玲玲（1967.1—），河南省环境监测中心，教授级高工，从事环境监测与研究。

武汉市湖泊秋季藻类组成及物种多样性分析

李　媛　范天喻　李元豪　郭姝荃
武汉市环境监测中心，武汉　430015

摘　要：通过对武汉市 30 个湖泊浮游藻类进行采样调查，共检出藻类植物 7 门 48 属，群落结构组成以绿藻、蓝藻、硅藻为主。同时，用 Shannon-weaver 多样性指数、Margalef 丰富度指数对各湖泊水质进行初步评价，结果显示 30 个湖泊水环境呈现中污染至较清洁状态。

关键词：湖泊；藻类；生物多样性；群落结构

Analysis of Species Composition and Species Diversity Index of Algae of Lakes in Autumn in Wuhan

LI Yuan　FAN Tian-yu　LI Yuan-hao　GUO Shu-quan
WuhanEnvironmental Monitoring Center，Wuhan 430015

Abstract：Samples of algae communities in thirty lakes in Wuhan were collected in autumn. 48 genus belonging to 8 divisions of algae identified. Community structure was mainly composed of green algae，cyanobacteria，diatoms. Water quality of lakes was assessed by Shannon-weaver diversity index and Margalef index. The results showed that the water quality of thirty lakes was clean or moderately pollution.

Key words：lakes；algae；biodiversity；community structure

浮游藻类是水体的初级生产者，不同种类的浮游藻类对营养盐的需求和反应是不同的，因而可以通过监测水体中浮游藻类的种类、丰度或群落结构等判断综合水质状况。随着科学技术的不断进步，藻类植物已经被广泛用来评价湖泊水质状况和变化趋势[1]，欧盟等国家采用藻类丰富度指数和硅藻的污染敏感性指数等作为评价水体的重要指标[2][3]。我国利用藻类进行环境综合评价也做了许多的工作，如董旭辉等[4]利用硅藻生物多样性及其对环境的指示作用，对长江等水域进行了初步研究。

武汉市位于湖北省东部，长江与汉江交汇处，区域地势平坦，水系发达，湖泊数量多，是武汉城市发展的重要资源。近年来由于城市化及工业化，湖泊严重暴露在污染中，水体出现了富营养化加剧、生物多样性减少等现象，严重破坏了湖泊生态系统。

本研究通过对武汉市湖泊秋季浮游藻类的群落结构、生物多样性进行系统调查，了解湖泊水质状况，及时发现污染状况和潜在风险，为湖泊环境治理提供数据支持和技术支撑。

1　监测方法

1.1　采样点位和采样时间

采样时间是 9 月至 10 月，选取具有代表性的 30 个湖泊为研究对象，分别是：水果湖、汤菱湖、郭郑湖、庙湖、鹰窝湖、喻家湖、东湖听涛、东湖落雁、筲箕湖、小潭湖、菱角湖、紫阳湖、四美塘、外沙湖、月湖、莲花湖、墨水湖、后襄河、江汉西湖、机器荡子、汉口菱角湖、南湖、野芷湖、青菱湖、黄家湖、杨春湖、皮泗海、高湖、后官湖、蔡甸南湖。每个湖泊设一个采样点，共 30 个采样点，分别在 9 月至 10 月监测一次。监测点位见图 1。其中，水果湖、汤菱湖、郭郑湖、庙湖、鹰窝湖、喻家湖、东湖听涛、东湖落雁、筲箕湖、小潭湖、菱角湖等属东湖水系。皮泗海、高湖、后官湖、蔡甸南湖等属后官湖水系。

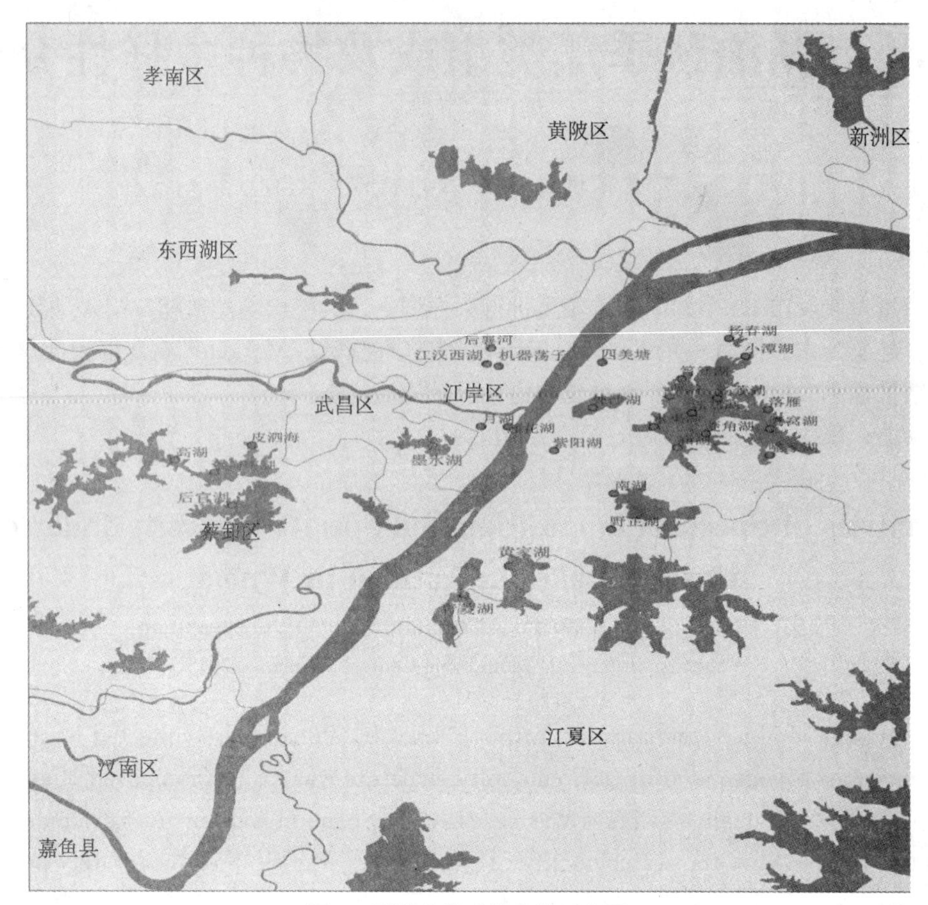

图1　浮游藻类采样点位示意图

1.2　采样方法、样品处理及分析方法

本次监测的采样方法、样品处理和分析方法均参照《水和废水监测分析方法》(第四版)[5]中“第一章　水生生物群落的测定”所述的方法。

1.2.1　采样方法及样品处理

定性样品用25号浮游生物网采集。采集时，在水体表层至0.5m深处以20～30cm/s的速度作∞形来回缓慢拖动约1～3min，捞起后立即打开浮游生物网下端的活塞，将定性水样装入采样瓶中，并贴上标签做好标记，用于新鲜样品种类鉴定。定量样品用有机玻璃采水器采集1L水样，并现场加入15ml鲁哥氏液进行固定保存，带回实验室静置沉淀24h后，用虹吸法抽掉上清液，将沉淀物浓缩至30ml后保存。

将浓缩后的定量样品摇匀后，吸取0.1ml样品放入浮游生物计数框内，在10×40倍显微镜下选取100个视野计数。每个样品计数两片，取其平均值，如两片计数结果个数相差15%以上，则进行第三片计数，取其个数相近两片的平均值。定性藻类样品在10×40倍显微镜下直接观察鉴定。藻类鉴定主要依据《中国淡水藻类——系统、分类及生态》[6]。

1.3　藻类多样性分析方法

本研究中，选取生态评价中广泛使用的藻类Shannon-weaver多样性指数、Margalef丰富度指数来评价水体质量。

Shannon-weaver多样性指数计算公式如下：

$$H = -\sum_{i=1}^{S}(n_1/N)\cdot\log_2(n_I/N) \tag{1}$$

式中：n_i——第 i 种生物的个体数；N——总个体数。

Margalef 丰富度指数计算公式如下：

$$R = \frac{S-1}{\ln N} \tag{2}$$

式中：N——藻类植物个体总数；S——藻类植物种数。

根据公式（1）、（2）计算浮游植物多样性指数。具体评价标准如表 1 所示：

表 1　评价标准

指数类型	指数值	评价结果
Shannon-weaver 多样性指数	0～1	重污染
	1～2	α-中污染
	2～3	β-中污染
	＞3	清洁
Margalef 丰富度指数	0～1	重污染
	1～3	中污染
	＞3	清洁

2　结果

2.1　藻类群落结构

在以上 30 个湖泊内共检出浮游藻类 7 门 48 属，分别是蓝藻门、绿藻门、硅藻门、隐藻门、甲藻门、裸藻门和金藻门。其中绿藻种类最多，占藻类属数 39.6%；蓝藻和硅藻均为 20.8%；甲藻和裸藻均为 6.3%；金藻为 4.2%；隐藻为 2.1%。各湖泊浮游藻类群落结构组成见图 2。

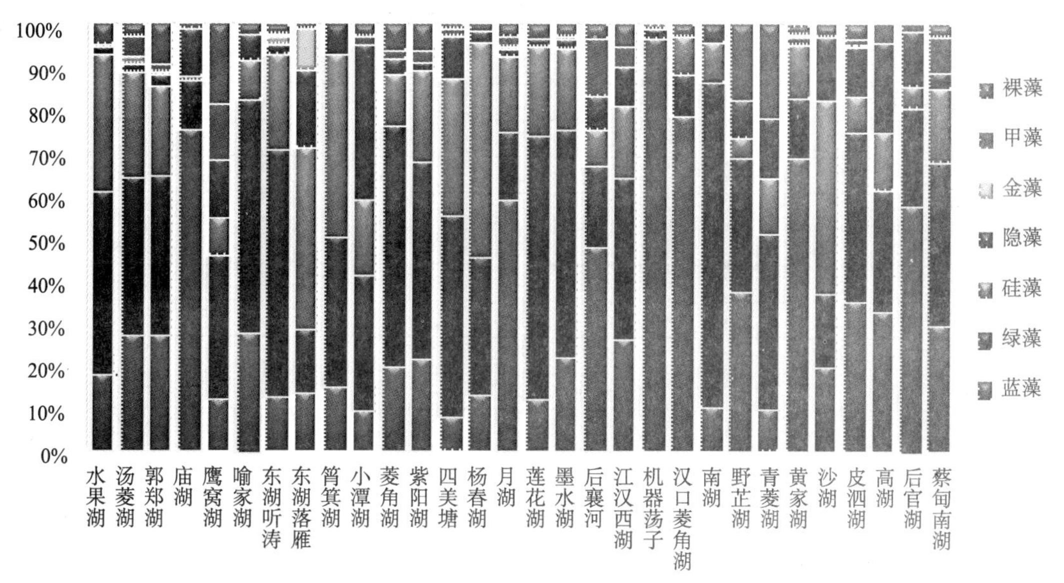

图 2　浮游藻类群落结构组成

在东湖水系中，蓝藻中以色球藻、平裂藻、微囊藻、鞘丝藻居多，绿藻中以小球藻、盘星藻、十字藻、栅藻居多，硅藻中以针杆藻、直链藻、小环藻、桥弯藻居多，隐藻中以蓝隐藻居多，甲藻中以多甲藻、角甲藻居多，裸藻中以囊裸藻、扁裸藻居多，金藻中以椎囊藻较为常见。在东湖水系的大部分湖泊中，以上藻类都有检出，但所占比例各不相同，其中金藻门的锥囊藻只在东湖落雁检出，指示该水体较为清洁。

四美塘以绿藻和硅藻为主，其中绿藻以鼓藻、新月藻居多，硅藻以脆杆藻、桥弯藻、舟形藻居多。鼓藻是清洁水体的指示物种，说明四美塘的水质较好。杨春湖以硅藻中的舟形藻、针杆藻和绿藻中的小球藻、十字藻居多。杨春湖水位较浅，流速较快，泥沙较多，含有的硅藻也较多。南湖、野芷湖、墨水湖、西北湖以绿藻中的栅藻和蓝藻中的颤藻居多。月湖含有蓝藻中的鱼腥藻较多，后襄河含有蓝藻中的鞘丝藻较多，汉口菱角湖含有较多的微囊藻和色球藻。沙湖以蓝藻和硅藻为主，其中蓝藻以平裂藻和小球藻居多，硅藻以直链藻和舟形藻居多。皮泗海、高湖、后官湖均以蓝藻和绿藻为主，其中鱼腥藻、隐藻、小球藻较为常见。蔡甸南湖以绿藻和甲藻为主，其中绿藻以异膜藻居多，甲藻中的多甲藻较为常见。

2.2 藻类密度

浮游藻类密度平均值为 3.38×10^{7}个/L，最大值为 2.52×10^{8}个/L，出现在机器荡子；最小值为 3.48×10^{6}个/升，出现在东湖落雁。机器荡子正处于水华时期，优势种群为微囊藻和色球藻，所占比例分别为 40.8%和 28.4%。各湖泊浮游藻类密度见表 2。

表 2 浮游藻类密度结果表

湖泊点位	浮游植物	
	属数	个/L
水果湖	24	9.30×10^{6}
汤菱湖	24	9.02×10^{6}
郭郑湖	24	8.30×10^{6}
庙湖	26	3.26×10^{7}
鹰窝湖	23	8.74×10^{6}
喻家湖	26	5.14×10^{7}
听涛	25	3.69×10^{7}
落雁	24	3.48×10^{6}
筲箕湖	26	4.37×10^{7}
小潭湖	23	3.41×10^{7}
菱角湖	24	3.08×10^{7}
紫阳湖	21	1.34×10^{7}
四美塘	26	4.18×10^{6}
杨春湖	21	7.92×10^{6}
月湖	29	2.14×10^{7}
莲花湖	21	2.77×10^{7}
墨水湖	24	6.59×10^{7}
后襄河	33	3.23×10^{7}
江汉西湖	23	3.64×10^{6}
机器荡子	21	2.52×10^{8}
汉口菱角湖	23	4.10×10^{7}
南湖	24	9.84×10^{6}
野芷湖	25	9.44×10^{6}
青菱湖	24	1.98×10^{7}
黄家湖	25	8.97×10^{7}
沙湖	23	1.56×10^{7}
皮泗海	26	4.26×10^{7}
高湖	26	3.85×10^{7}
后官湖	25	2.26×10^{7}
蔡甸南湖	24	3.06×10^{7}
平均值	48	3.38×10^{7}

2.3 藻类生物多样性分析评价

物种多样性指数是生物群落中种类数与个体数的比值，是任何群落的主要特征。在正常清洁水体中群落结构相对稳定，生物的种类多，个体数相对稳定。当水质环境受到污染或其他危害时，不同种生物对新环境的敏感性和耐受能力是不同的，敏感的种类在不利的条件下衰亡，抗性强的种类在新的条件下大量发展，群落发生演替。这种群落演替的现象，可用多样性指数表示，即应用简单的指数值来评价环境质量，从而反映水体污染情况。在本次调研中，选取生态评价中广泛使用的藻类 Shannon-weaver 多样性指数和 Margalef 丰富度指数共同评价水体质量。各湖泊的生物多样性指数、物种丰富度指数如表 3 所示。

表 3 浮游藻类生物多样性指数结果表

湖泊名称	多样性指数 H		丰富度指数 R	
	指数值	评价结果	指数值	评价结果
落雁	4.14	清洁	1.50	中污染
皮泗海	4.11	清洁	1.42	中污染
后官湖	4.09	清洁	1.42	中污染
四美塘	4.08	清洁	1.64	中污染
蔡甸南湖	4.06	清洁	1.33	中污染
青菱湖	4.04	清洁	1.37	中污染
江汉西湖	4.02	清洁	1.46	中污染
郭郑湖	3.96	清洁	1.45	中污染
鹰窝湖	3.90	清洁	1.38	中污染
听涛	3.87	清洁	1.45	中污染
汤菱湖	3.87	清洁	1.41	中污染
菱角湖	3.83	清洁	1.34	中污染
野芷湖	3.79	清洁	1.85	中污染
后襄河	3.79	清洁	1.49	中污染
筲箕湖	3.76	清洁	1.45	中污染
水果湖	3.75	清洁	1.44	中污染
莲花湖	3.74	清洁	1.17	中污染
紫阳湖	3.68	清洁	1.43	中污染
喻家湖	3.68	清洁	1.22	中污染
高湖	3.67	清洁	1.43	中污染
外沙湖	3.65	清洁	1.33	中污染
南湖	3.63	清洁	1.25	中污染
庙湖	3.59	清洁	1.42	中污染
黄家湖	3.56	清洁	1.31	中污染
墨水湖	3.51	清洁	1.28	中污染
小潭湖	3.35	清洁	1.26	中污染
杨春湖	3.24	清洁	1.26	中污染
月湖	3.15	清洁	1.66	中污染
汉口菱角湖	2.77	β-中污染	1.26	中污染
机器荡子	0.91	重污染	0.98	中污染

一般认为，在清洁水体中群落的物种多样性较高，而在污染水体中多样性指数则低。本研究中 30 个湖泊浮游藻类的 Shannon-weaver 多样性指数（H）变化范围是 0.91～4.14，评价结果显示，除机器荡子、汉口菱角湖外，其余 28 个湖泊水质状况较好，水质呈清洁状态。汉口菱角湖受到了一定程度的污染，水质呈 β-中污染；机器荡子多样性指数最低，污染较为严重，水质为重污染。Margalef 丰富度指数（R）的变化范围是 0.98～1.50，评价结果显示，除机器荡子外，其余 29 个湖泊均受到了一定程度的污染，属于中污染水体；机器荡子受到的污染较重，水质呈重污染状态。

各湖泊的多样性指数变化趋势如图 3 所示。从图可看出，Shannon-weaver 多样性指数与 Margalef 丰富度指数基本呈正相关性，在各湖泊中两指数的变化趋势基本一致性，说明两种不同的指数对湖泊藻类评价具有相类似的结果。从整体比较，东湖落雁、皮泗海、后官湖、四美塘等湖泊的水质较好，汉口菱角湖和机器荡子的水质最差。其中，四美塘、东湖落雁湖区秋季水质污染少，其多样性指数最高，富营养化程度较轻；皮泗海、蔡甸南湖、后官湖秋季水质污染相对较少，其生物多样性指数较高。而外沙湖多样性指数较低，水质状况较差；汉口菱角湖和机器荡子多样性指数属最低水平，污染严重。特别是机器荡子在夏秋季常发生水华现象，浮游藻类群落结构受到严重影响，反映出水质污染较为严重。综合分析，以上30个湖泊水环境呈现中污染至较清洁状态。

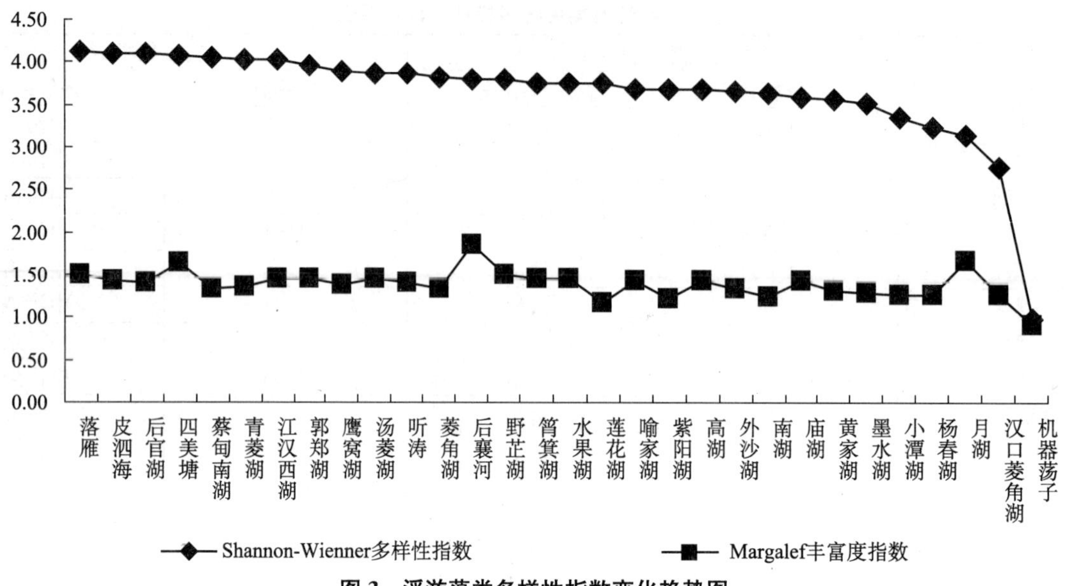

图3　浮游藻类多样性指数变化趋势图

3　讨论与结论

本研究通过对30个湖泊浮游藻类的调查监测，共鉴定出藻类7门48属，主要由蓝藻、绿藻、硅藻、甲藻等组成。根据检出藻类密度，绿藻＞蓝藻＝硅藻＞甲藻，可初步推断以上30个湖泊浮游藻类的群落组成主要为蓝绿藻—硅藻类型。其中，东湖水系的浮游藻类群落结构以蓝藻—绿藻为主，其他湖泊的浮游藻类群落结构以蓝藻—硅藻为主。营养型湖泊中常以硅藻类占优势，富营养型湖泊则常以绿藻、蓝藻类占优势[7][8]。因此从浮游藻类群落结构和密度上推测，以上30个湖泊水环境呈轻度富营养化状态。其中蓝藻中的微囊藻和色球藻较为常见，能在富营养化水体中大量生长；椎囊藻和鼓藻也有检出，常见于清洁水体中，是水质较好的指示物种，可把这些藻类作为武汉市内淡水湖泊水质状况的指示物种。

从30个湖泊的浮游藻类多样性指数分析结果可看出，Margalef丰富度指数与Shannon-weaver多样性指数的变化趋势基本一致。根据两种多样性指数的初步评价，30个湖泊水环境呈现中污染至较清洁状态。近年来，东湖水系周边的污染防治和综合治理措施对改善水环境质量提供了有力保障，小型湖泊（如四美塘）的生态修复及清淤工程也对水环境质量的改善起到了积极作用。但湖泊污染状况不容忽视，人口众多和商业区域较为密集，是湖泊污染加剧的重要因素。因此，必须严格控制湖泊周边城市开发和项目建设，制定和完善湖泊水环境治理方案，长期跟踪监测湖泊水环境质量，为湖泊环境管理和污染防治提供有效依据。

参考文献

［1］ Mariacristina T，Antonio DU. Biology monitoring of some Apennine Rivers using the Diatom-Based Eutrophication / Pollution index compare to other European Diatom indices［J］. Diatom Research，2006，21（1）：159-174.

［2］ Munne A，Prat N. Defining river types in a Mediterranean Area：A methodology for the implementation of the EU water framework directive [J]. Environment Management，2005，(34)：711-729.

[3] Rott E，Pipp E，Pfsiter P. Diatom Methods developed for river quality assessment in Austria and crosscheck against numerical tropic indication methods used in Europe [J]. Algological Studies，2003，110：91-115.

[4] 董旭辉，羊向东，王荣．长江中下游地区湖泊富营养化的硅藻指示性属种 [J]. 中国环境科学，2006，26 (5)：570-574.

[5] 国家环境保护总局．水和废水监测分析方法．4 版．北京：中国环境科学出版社．2002：649-653.

[6] 胡鸿钧，魏印心．中国淡水藻类——系统、分类及生态 [M]. 北京：科学出版社，2006.

[7] 肖利娟．海南省 7 座大型水库浮游植物群落特征和富营养化分析 [R]. 广州：暨南大学，2008.

[8] 黄玉瑶．内陆水域污染生态学：原理与应用 [M]. 北京：科学出版社，2001.

作者简介：李媛（1982.10—），女，汉族，湖北武汉人，博士，武汉市环境监测中心，工程师，监测一室副主任，从事生物监测工作。

厦门 $PM_{2.5}$ 化学组成及其来源解析

庄马展

厦门市环境监测中心站，厦门　361022

摘　要：2013年，在厦门选择4个站点进行四个季节的 $PM_{2.5}$ 样品采集，通过分析测量 $PM_{2.5}$ 质量浓度及其化学组分浓度特征，发现厦门市2013年 $PM_{2.5}$ 年均值为38.60μg/m³，冬春季浓度较高，夏秋季浓度较低。不同点位元素、离子和碳组分的浓度特征对比表明，湖里点与人为活动污染有关的重金属元素以及二次无机离子浓度，表明工业生产、交通运输对局地 $PM_{2.5}$ 化学组成有明显的影响；与之相反，处于生活区的洪文点其污染组分浓度较低。说明局地排放对站点 $PM_{2.5}$ 及其组成影响较大。PMF源解析结果表明，厦门市 $PM_{2.5}$ 主要来自于二次气溶胶为30.9%；其次为包括机动车、船舶和飞机等在内的交通源占19.3%；燃煤和生物质燃烧源占15.6%。除此之外，工业源和垃圾焚烧源、扬尘源、海盐源分别占总贡献的14.2%、10.8%和9.2%。

关键词：$PM_{2.5}$；化学组成；源解析；厦门

Chemical Composition and Source Apportionment of $PM_{2.5}$ Collected at Xiamen

ZHUANG Ma-zhan

Xiamen Environmental Monitoring Central Station, Xiamen 361022

Abstract: $PM_{2.5}$ samples were collected at four monitoring sites at Xiamen for different seasons in 2013, and its mass concentration, elements, ions and carbonaceous components were analyzed. The results shows that mass concentration of $PM_{2.5}$ is 38.60μg/m³ at Xiamen in 2013 with a great value during winter and spring and low value during summer and autumn. By compare the concentration of detected species at different sampling site, it is found that values of heavy metal elements and secondary ions elements related to human activities appear at Huli site, which represents the industrial production and port. On the contrary, Hongwen site as a residential area which has less pollution emission has a low concentration of polluted species. This indicated that the chemical composition of $PM_{2.5}$ samples collected at different sites can be influenced by regional emissions. Calculated by PMF, it is found that 30.9% of $PM_{2.5}$ is contributed by secondary aerosol, the 19.3% is from mobile sources including vehicle, ship and airplane, coal and biomass burning occupied 15.6%, and in addition, 14.2%, 10.8% and 9.2% come from industry/waste burning, dust and sea salt source.

Key words: $PM_{2.5}$; chemical composition; source apportionment; Xiamen

近年来，$PM_{2.5}$ 已成为区域和城市大气环境研究的热点之一[1-3]。研究表明，$PM_{2.5}$ 不仅降低能见度，而且对人体健康、气候变化和生态环境等有一定的影响[4-8]。由于大气 $PM_{2.5}$ 的来源复杂，影响因素很多，既受人为活动和自然活动的影响又受到气象条件等诸多因素的制约。为了有效控制 $PM_{2.5}$ 的浓度，提高空气质量，就必须了解大气中 $PM_{2.5}$ 及其组分的物理化学特征，并对其来源进行解析，即不仅要定性地识别 $PM_{2.5}$ 的来源，还要定量地计算出各种源对环境污染的贡献值。因此，弄清 $PM_{2.5}$ 的来源及各来源所占比

基金项目：厦门市环保专项项目，厦环规［2013］19号（10），2014福建省环保厅科技项目。

例，对于防治 $PM_{2.5}$ 污染有着十分重要的指导意义，也是大气颗粒物研究领域的重要内容之一。

厦门市是福建省东南沿海城市，是我国最早经济特区，是海峡西岸重要中心城市。改革开放 30 多年来，厦门经济保持快速增长，环境压力与时俱增，大气污染在加剧，空气质量呈现下降趋势，特别是大气颗粒物成为最首要的污染物[9]。根据厦门市环境监测中心站监测结果，2013 年厦门市 $PM_{2.5}$ 的年均浓度为 36μg/m^3，超过空气质量二级标准。关于厦门市颗粒物的研究较少，早期也开展过与颗粒物和 $PM_{2.5}$ 来源有关的研究[10-12]，但在新形势下，厦门地区 $PM_{2.5}$ 的来源到底是什么，不同污染源的贡献到底有多少，尚不清楚。本次工作即是在 $PM_{2.5}$ 样品观测分析的基础上，通过分析 $PM_{2.5}$ 及其化学组分特征，进而对其来源进行定量解析。

1 采样点与实验分析

1.1 采样点

选择厦门市环境监测中心站常规观测点中的 4 个点位进行观测，其中湖里点和洪文点代表岛内环境状况，湖里偏工业区与港区，洪文点周边则主要是生活居民区；鼓浪屿旅游活动活跃；集美点位于华夏学院内，代表了郊区的环境情况，其周边施工工地较多。

2013 年选择 1 月、4 月、7 月和 10 月分别代表冬季、春季、夏季和秋季，在选择的 4 个站点进行了 $PM_{2.5}$ 样品采集，选用石英和特氟龙两种滤膜每个月 1 日至 21 日进行 24 小时连续监测。为确保采样的一致性，同一采样点采取同一采样器：鼓浪屿为 Thermo 2300（16.7L/min，美国）采样器，湖里则为 MiniVol（5L/min，美国）采样器，洪文点和集美点则分别为 Thermo2000i2（16.7L/min，美国）和 Thermo 2300（16.7L/min，美国）采样器。为保证采样的有效性，各采样仪器在采样前均进行流量校正，并定期对采样头进行清洗。本次工作每个观测点各采集石英和特氟龙滤膜各 80 个。

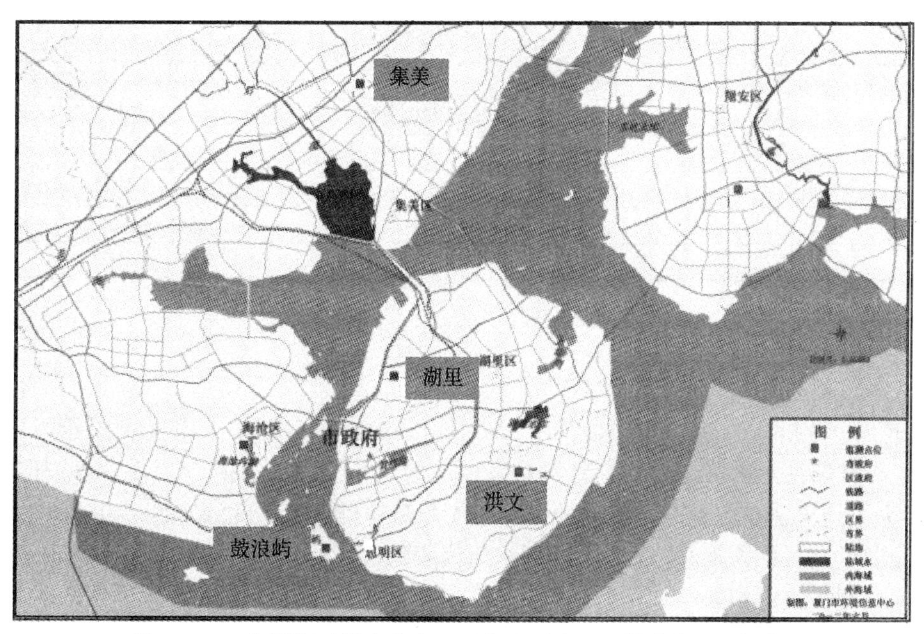

图 1 2013 年厦门采样点分布图（湖里、洪文和鼓浪屿为国控点）

采样滤膜均由英国 Whatman 公司生产，直径 47 mm，孔径小于 0.2μm，可以保证对颗粒物的收集效率大于 98%。石英滤膜采样前在的马弗炉中高温（800℃）烘烤 3h，以防止可能的含碳物质污染。为防止污染，各滤膜在采样前均放置在专门清洗过的片夹内，运输途中均用密封袋包装。

1.2 实验分析

石英和特氟龙滤膜质量浓度利用微电子天平（瑞士生产的 Mettle M3）称量结果计算。元素组分均采用能量色散 X 射线荧光分析仪（ED-XRF）分析，本研究中共检测了 20 种元素[13]；用 Dionex-600 离子色谱仪对水溶性离子进行测定，测试项目包括常规阴离子（F^-、Cl^-、NO_2^-、Br^-、NO_3^-、SO_4^{2-}）和阳离子（Na^+、NH_4^+、K^+、Mg^{2+}、Ca^{2+}）[14]；利用 DRI Model 2001 热光碳分析仪分析样品中的有机碳和元素碳的 8 个组分（OC1、OC2、OC3、OC4、EC1、EC2、EC3、OP）。根据 IMPROVE _ A 协议规定：OC =OC1+OC2+OC3+OC4+OP；EC= EC1+EC2+EC3-OP[15]。

1.3 PMF 源解析

PMF 模型是由 Paatero 和 Tapper（1993）提出的一种新颖的颗粒物源解析方法[16]，为多变量因子分析方法，它可以将样品组分的数据矩阵降解成因子贡献和因子特征矩阵，然后根据各因子的特征来解释污染源类型和贡献大小。该方法已经成功应用于中国、美国、欧洲、澳大利亚等多个国家和地区大气中颗粒物源解析[17-19]。本研究采用美国环保署 2008 年最新颁布的源解析软件 EPA PMF 3.0 对 $PM_{2.5}$的来源进行解析。

2 结果

2.1 $PM_{2.5}$质量浓度

厦门市 4 个采样点鼓浪屿（GLY）、洪文（HW）、湖里（HL）和集美（JM）在不同季节的 $PM_{2.5}$质量浓度统计结果见表 1。可以看出，厦门年平均 $PM_{2.5}$浓度值为 38.60μg/m³，与厦门市三个国控点年均浓度接近，说明所采集样品具有代表性。4 个站点在春季 $PM_{2.5}$浓度均超国家年均二级标准，夏季均达标。$PM_{2.5}$浓度最高的地区为湖里，该点位周边工厂较多，并且临近港口和机场，$PM_{2.5}$排放源较多。其次为鼓浪屿和集美点，两者年均浓度水平基本一致，$PM_{2.5}$平均浓度分别为 41.23μg/m³ 和 41.14μg/m³。洪文点作为居民生活区，其 $PM_{2.5}$平均浓度最低，为 35.13μg/m³。总体上，各采样点全年平均 $PM_{2.5}$浓度值比较结果为：湖里＞鼓浪屿＞集美＞洪文。

表 1 全市各点位各季节空气 $PM_{2.5}$日均浓度 单位：μg/m

点位名称	春季	夏季	秋季	冬季	年均值
鼓浪屿	53.93	22.64	36.96	52.02	41.39
洪文	44.97	15.48	35.29	47.25	35.75
湖里	61.22	22.14	40.74	55.53	44.91
集美	49.01	32.90	39.54	44.75	41.55
平均值	49.77	22.43	36.78	45.41	38.60

2.2 $PM_{2.5}$元素浓度特征

为深入研究采样期间 $PM_{2.5}$中元素的组成特征，挑选了 Al、Si、Fe、V、Ni、Cu、Zn、As、Cd、Pb 10 种主要元素进行了分析（表 2）。可以看出，Al，Si，Fe3 种元素在 5 个采样点中相对于其他元素均处于较高浓度水平，这三种元素可代表地壳元素对采样点的影响。其中，除湖里点 Al 高于其他点位外，Si 和 Fe 的浓度最高值均出现在集美点。挑选的 7 种与人为活动排放有关的元素中，除 As，其余 6 种元素的最高值均出现在湖里点。总体来看，Al、Si 和 Fe 为代表的地壳元素浓度在集美点最高，这与集美点附近工程较多，裸露地面排放更多的浮尘有关；以 V、Ni、Cu、Zn、As、Cd 和 Pb 为代表的人为活动污染元素在湖里点浓度最高，这与湖里点工业排放以及包括机动车和船舶在内的移动源排放较多有关。

表 2 厦门各点位空气 $PM_{2.5}$中部分元素浓度季节统计 单位：μg/m

采样点	季节	Al	Si	V	Fe	Ni	Cu	Zn	As	Cd	Pb
鼓浪屿	春季	0.20	0.74	0.02	0.27	0.01	0.02	0.26	0.00	0.00	0.10
	夏季	0.11	0.21	0.02	0.11	0.01	0.02	0.13	0.00	0.01	0.04
	秋季	0.20	0.49	0.01	0.23	0.00	0.01	0.16	0.00	0.01	0.05
	冬季	0.15	0.47	0.01	0.25	0.00	0.03	0.28	0.01	0.01	0.12
	平均值	0.16	0.48	0.01	0.22	0.01	0.02	0.21	0.01	0.01	0.08

续表

采样点	季节	Al	Si	V	Fe	Ni	Cu	Zn	As	Cd	Pb
洪文	春季	0.33	1.01	0.02	0.33	0.01	0.02	0.25	0.00	0.00	0.09
	夏季	0.14	0.27	0.01	0.11	0.00	0.02	0.09	0.00	0.01	0.03
	秋季	0.35	0.80	0.00	0.31	0.00	0.02	0.21	0.01	0.01	0.05
	冬季	0.40	0.90	0.00	0.36	0.01	0.04	0.27	0.01	0.02	0.11
	平均值	0.30	0.74	0.01	0.28	0.01	0.02	0.21	0.01	0.01	0.07
湖里	春季	0.49	1.02	0.03	0.40	0.02	0.02	0.32	0.00	0.02	0.12
	夏季	0.42	0.32	0.02	0.21	0.01	0.03	0.17	0.01	0.03	0.05
	秋季	0.39	0.71	0.01	0.32	0.01	0.03	0.23	0.01	0.02	0.06
	冬季	0.40	0.85	0.01	0.42	0.00	0.03	0.38	0.00	0.02	0.11
	平均值	0.43	0.79	0.02	0.33	0.01	0.03	0.27	0.00	0.02	0.09
集美	春季	0.48	1.50	0.01	0.53	0.01	0.02	0.25	0.00	0.00	0.10
	夏季	0.32	0.71	0.01	0.26	0.01	0.03	0.21	0.00	0.02	0.07
	秋季	0.42	0.84	0.00	0.35	0.00	0.03	0.25	0.01	0.02	0.07
	冬季	0.36	0.89	0.00	0.36	0.00	0.02	0.23	0.01	0.01	0.12
	平均值	0.39	0.97	0.01	0.37	0.01	0.02	0.23	0.01	0.01	0.09

2.3 $PM_{2.5}$离子浓度特征

厦门市各站点离子质量浓度大小依次为：湖里>集美>鼓浪屿>洪文。可以看出，作为二次无机离子SO_4^{2-}、NO_3^-和NH_4^+的浓度在4个站点均较高，其中SO_4^{2-}为浓度最高的离子，平均值为11.82μg/m³，其占总离子比例为33%～42%之间（图1）。NO_3^-在总离子浓度中份额在22%～33%，质量浓度平均值6.47μg/m³。从区域上看，湖里点SO_4^{2-}和NO_3^-浓度最高，洪文最低。NH_4^+在总离子比例为17%～25%（图2），平

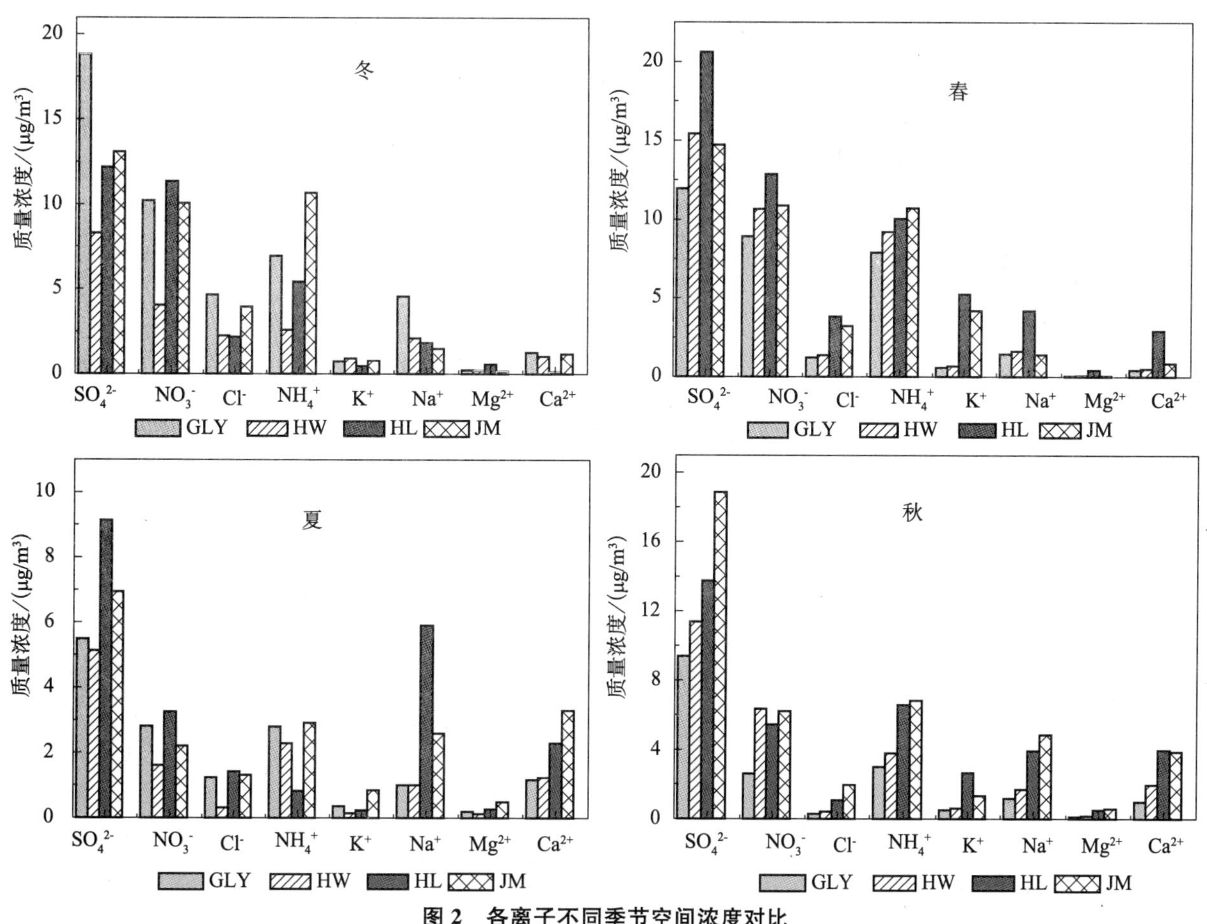

图2 各离子不同季节空间浓度对比

均质量浓度为5.7 μg/m³，其中集美最高，为8.23μg/m³，湖里次之，洪文最低，为4.62μg/m³。可以看出，湖里二次污染情况最为严重。厦门作为沿海城市，其Na^+和Cl^-代表的海盐离子比较高，占离子总量的11%～24%。

2.4 PM₂.₅中碳组分浓度变化

图3可以看，鼓浪屿空气$PM_{2.5}$中OC年均浓度为5.87μg/m³，EC为2.53μg/m³；洪文OC浓度为4.56μg/m³，EC为1.64μg/m³；湖里OC浓度为11.39μg/m³，EC浓度为3.62μg/m³；集美OC浓度为8.05μg/m³，EC浓度为3.66μg/m³；OC浓度最高出现在湖里，最低为洪文；EC浓度最高出现在集美与湖里，最低仍为洪文。

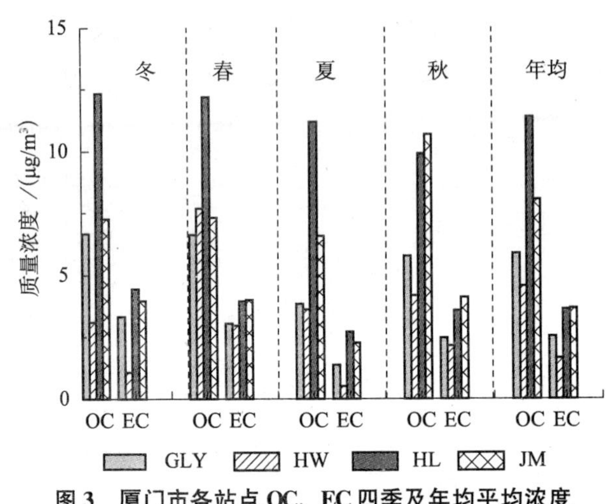

图3 厦门市各站点OC、EC四季及年均平均浓度

图4为不同站点$PM_{2.5}$中OC与EC的相关关系。可以看出，各个点位OC与EC的相关性都较好，表明厦门市OC和EC的来源基本相同。但不同点位OC与EC的相关性也存在差异，洪文OC、EC相关性达到0.81，表明该地区OC和EC来源相对一致；而集美与湖里站点OC与EC相关系数相对较低，分别为0.66和0.79，表明这两个站点OC来源相对复杂，可能存在二次有机碳的影响。

2.5 PM₂.₅物质平衡

可以看出（图5），不同点位中OM和SO_4^{2-}均是其最主要的组分，在大气$PM_{2.5}$质量浓度中的份额高于其他组分，4个站点OM比例从16.8%～28.8%，SO_4^{2-}从19.5%～23.6%；然后为NO_3^-成分，其比例从9.6%～13.9%。NH_4^+和海盐（sea salt）在4个站点的比例从6.4%～13.9%；EC和地质尘（GM）在$PM_{2.5}$质量中的份额均小于10%；其他未知组分在$PM_{2.5}$中的份额变化范围在7.0%～18.8%之间。由此可见，厦门市与二次污染有关的有机物和无机离子浓度较高，而其与扬尘有关的GM比例较低。

3 厦门PM₂.₅来源解析

对4个采样点的源贡献进行加权平均，计算厦门市整体$PM_{2.5}$主要组分的来源贡献比例，结果如图6所示。整体上看，二次气溶胶是厦门市$PM_{2.5}$的主要来源，占30.9%；包括机动车、船舶和飞机等在内的交通源一次排放是厦门市$PM_{2.5}$的次要来源，占19.3%。第三为燃煤和生物质燃烧源，占15.6%。除此之外，工业源和垃圾焚烧源、扬尘源、海盐源分别占总贡献的14.2%、10.8%和9.2%。其中二次气溶胶部分与SO_2、NO_x、VOCs、O_3等前体污染气体的排放有关；交通源则主要与机动车以及厦门港内船舶的排放有关；燃煤和生物质燃烧与厦门市内以及市外的燃煤发电和农业焚烧有关；扬尘源主要来自于建筑工地和道路扬尘；海盐源主要来自于海洋。可以看出，对于厦门市$PM_{2.5}$污染的治理首先要控制工业生产和交通过程的废气排放，它们不仅排放一次污染物，而且其排放的污染气体通过复杂的物理化学反应也会转变为颗粒物，形成二次气溶胶。其次，应进一步加强对燃煤电厂污染物的控制，缩紧其排放标准；另外，应加强建筑施工工地的扬尘管理，包括施工过程、裸露地面的掩盖以及工程车辆的运输工程等。

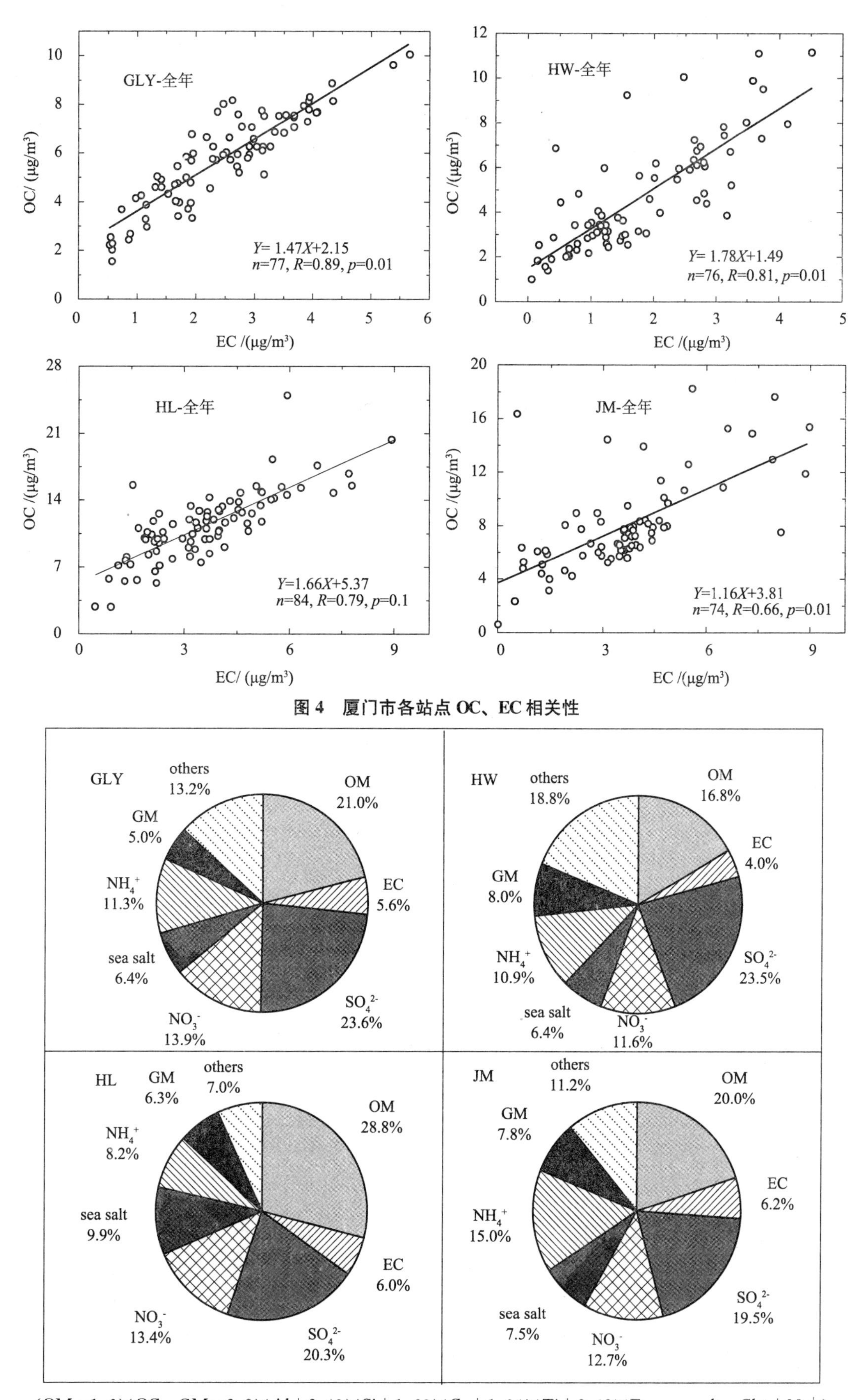

图 4 厦门市各站点 OC、EC 相关性

(OM=1.6×OC；GM=2.2×Al+2.49×Si+1.63×Ca+1.94×Ti+2.42×Fe；sea salt=Cl^-+Na^+)

图 5 不同点位 $PM_{2.5}$ 年均浓度的物质平衡

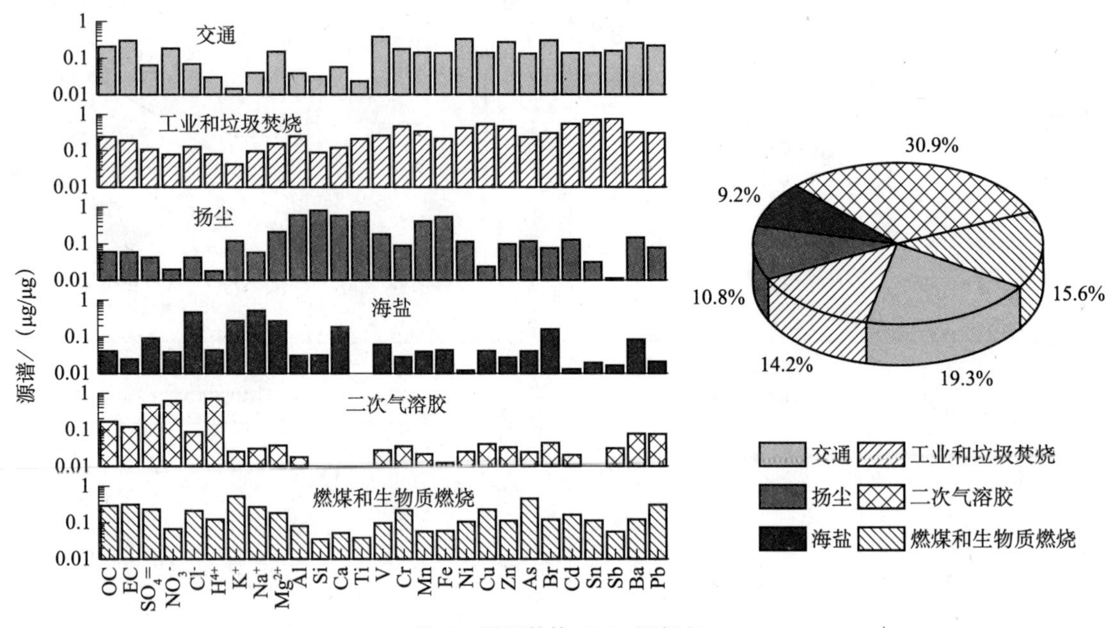

图6 厦门整体 $PM_{2.5}$ 源解析

4 结论

（1）厦门市2013年 $PM_{2.5}$ 年均值为38.60μg/m³。在时间上，冬春季浓度高，夏秋季浓度较低。在空间上，位于工业区的湖里点浓度年均值最高，为44.91μg/m³，位于生活区的洪文点浓度最低，为35.75μg/m³。

（2）从元素、离子和碳组分的浓度特征来看，湖里点与人为活动污染有关的重金属元素以及二次无机离子浓度，表明工业生产对局地 $PM_{2.5}$ 化学组成有明显的影响；与之相反，处于生活区的洪文点其污染组分浓度较低。集美点则表现出浓度较高的地壳元素和 NH_4^+，这与其位于郊区裸露地面较多以及靠近农业生产有关。

（3）PMF源解析结果表明，厦门市 $PM_{2.5}$ 主要来自于二次气溶胶为30.9%；其次为包括机动车、船舶和飞机等在内的交通源占19.3%；燃煤和生物质燃烧源占15.6%。除此之外，工业源和垃圾焚烧源、扬尘源、海盐源分别占总贡献的14.2%、10.8%和9.2%。

参考文献

［1］曹军骥．$PM_{2.5}$ 与环境［M］．1版．北京：科学出版社，2014：13-14.

［2］孙峰，张大伟，孙瑞雯，等．北京地区冬季典型 $PM_{2.5}$ 重污染案例分析［J］．中国环境监测，2014，30（6）：1-12.

［3］孙韧，张文具，董海燕，等．天津市 PM_{10} 和 $PM_{2.5}$ 中水溶性离子化学特征及来源分析［J］．中国环境监测，2014，30（2）：145-150.

［4］Huang，S. L.，Hsu，M. K.，Chan，C. C. Effects of Submicrometer Particle Compositions on Cytokine Productionand Lipid Peroxidation of Human Bronchial Epithelial Cells［J］．Environ. Health Perspect，2003，111：478-482.

［5］Nel，A.，Xia，T.，M¨adler，L.，et al.. Toxic Potential of Materials at the Nanolevel［J］．Science，2006，311：622-627.

［6］Kleinman，M. T.，Araujo，J. A.，Nel，A.，et al. Inhaled Ultrafine Particulate Matter Affects CNS Inflammatory Processes and May Act via MAP Kinase Signaling Pathways［J］．Toxicology Letters，

2008，178，127-130.

[7] Nemmar，A.，Hoet，P. H.，Vanquickenborne，B.，et al. Passage of Inhaled Particles into the Blood Circulation in Humans [J]. Circulation，2002，105：411-414.

[8] Forster P. V.，Ramaswamy V.，Artaxo P.，et al. Changes in atmospheric constituents and in radiativeforcing [M]. Cambridge，Cambridge University Press，2007.

[9] Zhang，F. W.，Xu，L. L.，Chen，J. S.，et al. Chemical compositions and extinction coefficients of $PM_{2.5}$ in prei-urban of Xiamen，China，during June 2009-May 2010 [J]. Atmospheric. Research，2012，106：150-158.

[10] 张学敏．厦门市大气可吸入颗粒物元解析的研究 [J]. 环境科学与技术，2007，30（11）：51-69.

[11] 庄马展，杨红斌，王坚，等. 厦门市大气颗粒物化学元素特征 [J]. 厦门科技，2006，专题研究．

[12] 庄马展．厦门大气细颗粒物 $PM_{2.5}$ 化学成分谱特征研究 [J]. 现代科学仪器，2007，5：113-115.

[13] Zhang，N. N，Cao，J. J.，Ho，K. F.，He，Y. Q.（2012）. Chemical characterization of aerosol collected at Mt. Yulong in wintertime on the southeastern Tibetan Plateau [J]. Atmospheric Research. DOI：10. 1016/j. atmosres. 2011. 12. 012.

[14] Shen，Z. X，Cao，J. J，Arimoto，R，et al. 2009. Ionic composition of TSP and $PM_{2.5}$ during dust storms and air pollution episodes at Xi'an，China [J]. Atmospheric Environment，43：2911-2918.

[15] Cao，J. J.，Lee，S. C.，Chow，J. C.，Watson，J. G.，Ho，K. F.，Zhang，R. J.，Jin，Z. D.，Shen，Z. X.，Chen，G. C.，Kang，Y. M.，Zou，S. C.，Zhang，L. Z.，Qi，S. H.，Dai，M. H.，Cheng，Y.，Hu，K.，2007. Spatial and seasonal distributions of carbonaceous aerosols over China [J]. J. Geophys. Res. 112，D22S11. doi：10. 1029/2006JD008205.

[16] Paatero，P.，Tapper，U.：Positive matrix factorization：a non-negative factor model with optimal utilization of error estimates of data values [J]. Environmetrics，5，111-126（1994）

[17] 张智胜，陶俊，谢邵东，等. 成都城区 $PM_{2.5}$ 季节污染特征及来源解析 [J]. 环境科学学报，2013，33（11）：2947-2952.

[18] Song Y，Zhang Y，Xie S，et al. Source apportionment of PM2. 5 in Beijing by positive matrix factorization [J]. Atmospheric Environment，2006，40（8）：1526-1537.

[19] Zhang R，Jing J，Tao J，et al. Chemical characterization and source apportionment of PM2. 5 in Beijing：seasonal perspective [J]. Atmospheric Chemistry and Physics，2013，13（14）：7053-7074.

作者简介：庄马展（1966—），厦门市环境监测中心站总工程师，从事环境监测工作26年，主要研究大气污染、酸沉降与海洋环境监测、发表相关研究论文20余篇，2014年环保部授予首批全国环境监测一流专家。

2013 年春夏季厦门市碳气溶胶的组成及来源特征

张杰儒

厦门市环境监测中心站，厦门 361022

摘　要：为研究厦门市 $PM_{2.5}$ 及其碳组分的组成特征及来源，于 2013 年春季和夏季分别进行了 $PM_{2.5}$ 的采集，并测定了其中有机碳（OC）和元素碳（EC）的含量。结果表明，厦门市春季和夏季 $PM_{2.5}$ 的浓度分别为 77.5±20.2μg/m³ 和 39.6±18.7μg/m³，OC 的浓度分别为 12.2±2.2μg/m³ 和 11.6±3.8μg/m³，EC 的浓度分别为 4.0±1.7μg/m³ 和 2.8±1.2μg/m³，TC 在 $PM_{2.5}$ 中所占比例分别为 20.9%和 36.4%。OC 和 EC 在春季的相关性较好（R^2＝0.7），在夏季的相关性较差（R^2＝0.3），表明二者在春季具有更为一致的来源。OC/EC 的比值在春季和夏季的平均值分别为 3.4 和 4.6，表明其主要受到机动车、燃煤和船舶等的影响。春季和夏季 SOC 分别占 OC 的 37.7%和 46.1%。后向轨迹分析表明，厦门市 $PM_{2.5}$ 的污染程度与风向和气团来源有着密切关系。当气团主要来自内陆或途径内陆时，厦门市污染较重；当气团主要来自海洋时，厦门市污染较轻。

关键词：$PM_{2.5}$；有机碳；元素碳；后向轨迹；厦门

Characterization and Aource Analysis of Carbonaceous Aerosol During Spring and Summer of 2013 in Xiamen

ZHANG Jie-ru

Xiamen Environmental Monitoring Central Station，Xiamen 361022

Abstract：In order to study the characterization and source of organic carbon（OC）and elemental carbon（EC）in $PM_{2.5}$ in Xiamen，$PM_{2.5}$ were sampled during spring and summer in Huli of Xiamen，and then OC and EC were analyzed. The results showed that average concentrations of $PM_{2.5}$ in spring and summer were 77.5±20.2μg/m³ and 39.6±18.7μg/m³，respectively，OC were 12.2±2.2μg/m³ and 11.6±3.8μg/m³，respectively，EC were 4.0±1.7μg/m³ and 2.8±1.2μg/m³. The percentage of total carbon（TC）in $PM_{2.5}$ were 20.9% and 36.4，respectively. OC showed good correlation with EC in spring，indicating that they had more similar sources in spring. The ratios of OC to EC were 3.4 and 4.6 in spring and summer，respectively，which proved that vehicle emission，coal combustion and ship emission were the major source. Secondary organic carbon（SOC）accounted for 37.7% and 46.1% of OC，respectively. Backward trajectory analysis showed that heavy pollution at Xiamen is often along with the pathway from north China，and the low concentration of $PM_{2.5}$ and OC/ECwas caused by the air mass came from the ocean.

Key words：$PM_{2.5}$；organic carbon（OC）；elemental carbon（EC）；backward trajectory；Xiamen

近年来，随着我国经济的发展和民众生活水平的提高，公民对大气环境质量的关注越来越高。2011 年年末以来，我国发生了多次大范围雾霾事件，引起了国内外广泛关注。作为大气污染的重要污染物，$PM_{2.5}$ 的研究在我国多地区已经开展进行[1]。碳组分是 $PM_{2.5}$ 的重要组成部分，一般可占 $PM_{2.5}$ 总质量的

基金项目：厦门市环保专项项目，[厦环规［2013］19 号（10），2014 福建省环保厅科技项目。

20%～50%[2,3]。碳组分主要包括有机碳（organic carbon，OC）和元素碳（elemental carbon，EC）。OC是一种含有成百上千种有机物的混合体，既包括污染源直接排放的一次有机碳（primary OC，POC），又包括VOCs等气态前体物经过复杂的光化学反应后生成的二次有机碳（secondary OC，SOC）。EC则主要来自于化石燃料和生物质的不完全燃烧。

厦门市作为我国海峡西岸经济区的龙头城市，在经济和城市建设快速发展的同时，大气污染形势越加严峻。厦门市大气$PM_{2.5}$污染有其自身特殊性：厦门市地处海峡西岸经济区中部，本地污染与外地传输作用均较为显著，且时空变化很大；夏秋季极易受台风外围下沉气流作用而形成重污染；气温高，大气光化学过程速度快，二次污染严重等。根据2012年6月再创国家环保模范城市现场复核专家组意见，为了巩固厦门市再创模范城市的成果，厦门市大气细颗粒物污染防治体系亟待建立。对此，厦门市环境监测中心站于同年开展《大气细颗粒物污染源解析以及灰霾成因研究》项目，旨在通过对厦门市的$PM_{2.5}$污染成因与来源进行深入研究，从源头上减少与控制污染源排放，改善目前厦门环境大气污染现状。

本文以厦门市大气环境中的$PM_{2.5}$为研究对象，分析了其中碳组分的变化特征，并通过后向轨迹法对污染来源进行了相应分析，以期为了解厦门市碳气溶胶的污染状况和制定相应防治对策提供理论依据。

1 材料与方法

1.1 样品采集

在厦门岛内选取湖里区国控点作为采样点，具体位置如图1所示。该点位于厦门岛西北部，周边交通活动较为集中。采样点距离地面约10m，周围视野开阔，通风良好。采样时间为2013年4月和7月，每个月采集20天，每个样品从当日10点持续采集至次日9点。采样仪器为带有$PM_{2.5}$切割头的便携式采样器（Airmetrics，美国），流量为5 L/min。采样滤膜为47 mm直径的石英滤膜（Whatman，英国）。采样前空白石英滤膜置于450℃马弗炉中灼烧4 h，以去除可能的碳污染。采样前后滤膜均密封保存在－18℃冷藏环境下备用。

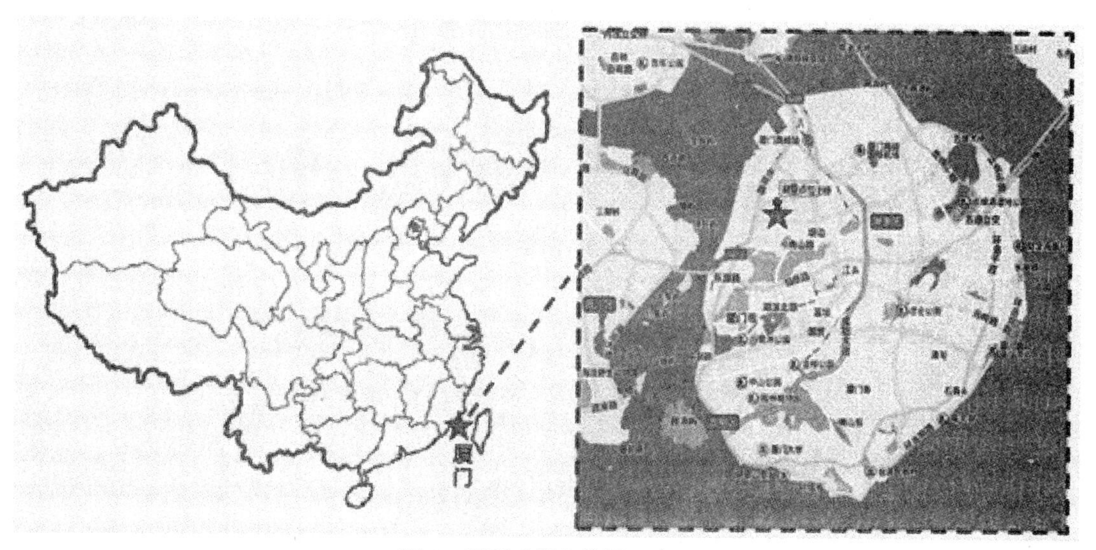

图1 厦门采样点位置示意图

1.2 样品分析

采样前后滤膜称重时，先在恒温恒湿箱（温度20～23℃，相对湿度35%～45%）中稳定24 h以上，然后用精度1 μg的微电子天平（Sartorius，德国）称重。所有空白滤膜和样品滤膜至少称2次，直至达到允许误差。

OC、EC的分析采用美国沙漠研究所研制的DRI Model 2001热光碳分析仪，分析协议为IMPROVE_A热光反射协议（thermal/optical reflection，TOR）。在分析过程中，8种碳组分（OC1、OC2、OC3、

OC4、EC1、EC2、EC3 和 OP）被定量检测出来。根据 IMPROVE _ A 协议规定：OC = OC1+OC2+OC3+OC4+OP，EC = EC1+EC2+EC3−OP，TC=OC+EC。具体实验原理及操作流程见 Cao 等的研究[4]。

2 结果与讨论

2.1 $PM_{2.5}$与碳组分的时间变化特征

图 2 为采样期间厦门市 $PM_{2.5}$与 OC、EC 质量浓度的日变化图，表 1 为厦门及国内其他主要城市 $PM_{2.5}$及其碳组分的季节浓度和比例统计。厦门市 2013 年春季和夏季 $PM_{2.5}$的日浓度变化范围分别为 33.6～115.5 μg/m³和 23.2～87.0 μg/m³，季节平均浓度分别为 77.5±20.2 μg/m³和 39.6±18.7μg/m³，其中春季最低值和最高值分别出现在 4 月 21 日和 26 日，夏季最低值和最高值分别出现在 7 月 3 日和 21 日。与我国《环境质量标准》(GB 3095—2012) 二级标准（75 μg/m³）相比，春季 $PM_{2.5}$超标率为 50%，夏季超标率为 10%。

由图 2 可知，虽然春季 $PM_{2.5}$的浓度明显高于夏季，然而碳组分的季节浓度差异较小，尤其是 OC。季节统计可知（见表 1），春季和夏季 OC 的季节平均浓度分别为 12.2±2.2μg/m³和 11.6±3.8μg/m³，EC 变化稍大，分别为 4.0±1.7μg/m³和 2.8±1.2μg/m³。OC 与 $PM_{2.5}$表现出较为明显的季节差异，可能表明夏季除污染源直接排放的 POC 外，还生成了较多的 SOC。

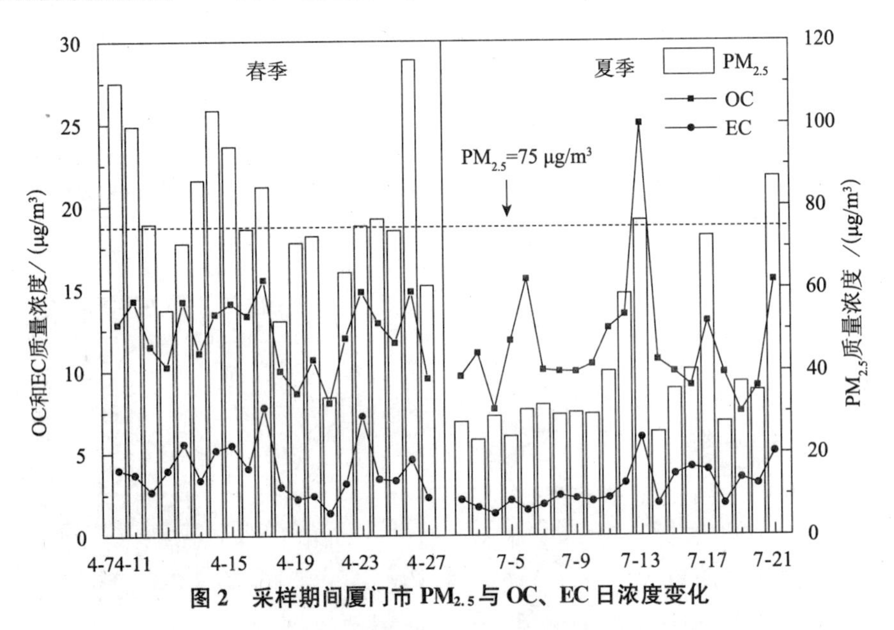

图 2 采样期间厦门市 $PM_{2.5}$与 OC、EC 日浓度变化

表 1 我国主要城市 $PM_{2.5}$及其碳组分的季节浓度和比例

采样点	采样时间	$PM_{2.5}$/(μg/m³)	OC/(μg/m³)	EC/(μg/m³)	SOC/(μg/m³)	OC/EC	TC/$PM_{2.5}$/%	SOC/OC/%	参考文献
厦门	2013 年春季	77.5±20.2	12.2±2.2	4.0±1.7	4.3±1.8	3.4	20.9	37.7	本研究
	2013 年夏季	39.6±18.7	11.6±3.8	2.8±1.2	5.5±3.2	4.6	36.4	46.1	
三亚	2012 年冬季	20.4±7.6	3.1±1.3	1.2±0.4		2.6	21.1		[5]
上海	2010 年春季	50.4	7.2±3.2	2.3±1.1	2.8	3.3	18.8	38.6	[6]
	2010 年夏季	47.2	6.8±4.0	2.2±1.2	1.7	3.0	19.1	25.3	
成都	2009 年春季	133.2±55.5	20.7±6.0	5.7±1.8		3.6	19.8		[7]
西安	2006 年春季	162.7±59.0	29.4±12.5	9.9±4.0			24.2		[8]
广州	2004 年夏季	73.4	19.9±8.2	6.6±2.3	9.1	3.0	36.1	45.5	[9]
北京	2003 年夏季	131.6±28.0	19.7±4.7	5.7±4.1		3.5	19.3		[3]

与国内主要城市相比（见表 1），厦门市的 $PM_{2.5}$及碳组分浓度除高于上海和三亚外，低于绝大多数内

陆城市，然而厦门市的 $TC/PM_{2.5}$ 高于多数城市，表明其 $PM_{2.5}$ 污染主要是由碳气溶胶造成的。

2.2 OC 和 EC 的相关性分析

通过研究 OC 和 EC 之间的关系，可以在一定程度上判定碳气溶胶的来源，其相关性分析可用于判断 OC 和 EC 来源的相似性，若相关性好，则说明二者具有较为一致的来源。图 3 为厦门市春季和夏季 OC 和 EC 的相关性分析，由图可知，OC 和 EC 在春季的相关性较好（$R^2=0.7$），在夏季的相关性较差（$R^2=0.3$），表明二者在春季比在夏季具有更为一致的来源。夏季碳组分来源的复杂性可能与高温和强光照促进了 SOC 的生成有关[10,11]。

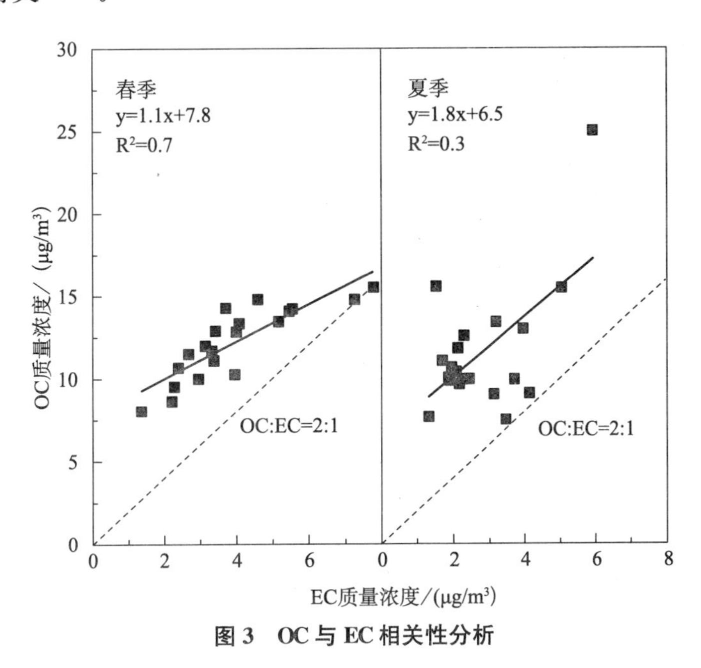

图 3 OC 与 EC 相关性分析

2.3 OC/EC 比值及 SOC 的分析

研究表明，不同排放源 OC/EC 的比值存在一定差异，例如燃煤尘、机动车尘、船舶尾气尘和生物质燃烧尘的 OC/EC 比值分别为 6.3、3.0、1.9 和 12.7，因此可以通过 OC/EC 的比值来初步判断碳气溶胶的来源[12]。厦门市春季和夏季 OC/EC 的平均值分别为 3.4 和 4.6，变化范围分别为 2.0～5.7 和 2.1～10.4，考虑到采样点周边交通活动较为集中，因此 OC/EC 比值可能主要是受机动车的影响。湖里作为工业区，燃煤对 OC/EC 也有较大贡献。此外，采样点接近厦门货运码头，船舶尾气也是重要来源之一。

SOC 是 OC 的重要组成部分，当 OC/EC 的比值大于 2 时，表明有 SOC 的生成[13]。根据 Castro 等的研究[14]，SOC 的浓度可利用公式（1）进行计算：

$$SOC = OC - EC \times (OC/EC)_{min} \tag{1}$$

式中：$(OC/EC)_{min}$ 为采样期间 OC/EC 的最小值。

由表 1 可知，厦门市春季和夏季 SOC 的平均浓度分别为 $4.3\pm1.8\mu g/m^3$ 和 $5.5\pm3.2\mu g/m^3$，分别占 OC 的 37.7%和 46.1%，这与 OC 和 EC 相关性分析具有相似的结果。根据厦门市环境监测中心站在湖里站点的气象观测资料：4 月湖里平均气温为 20.5℃，7 月为 28.9℃。因此，7 月份的高温更有利于 SOC 的生成，导致夏季 SOC 和 OC 的浓度均较高。与国内主要城市相比（表 1），厦门市 SOC/OC 的比值也处于较高水平，尤其是夏季。

2.4 后向轨迹分析

后向轨迹分析在许多研究中被用来追踪气团来源及其移动轨迹，从而推测一定时间段内 $PM_{2.5}$ 的可能来源[15,16]。本研究利用 NOAA 提供的混合蛋壳里拉格朗日函数综合轨迹模型，对厦门春季和夏季 $PM_{2.5}$ 浓度最高日和最低日进行了后向轨迹分析。如图 4 所示，4 月 21 日和 26 日分别为春季最低和最高浓度日，7月3日和21日分别为夏季最低和最高浓度日。后向轨迹的运行时间设定为72 h，同时选取500 m、1 000 m和1 500 m的气团高度进行分析。

基于后向轨迹分析结果，春季时，4月21日气团来自东北方向的黄海海面上，并沿海岸线到达厦门，气团较为洁净，因而外来传输对厦门影响较小，$PM_{2.5}$浓度较低；4月26日气团来自西北内陆方向，在传输过程中将大量颗粒物携带至厦门，导致$PM_{2.5}$浓度较高。夏季气团的方向与春季有较大差别，7月3日气团来自洁净的南海地区，稀释了厦门本地的污染物浓度，导致$PM_{2.5}$浓度较低；7月21日气团来自太平洋地区，途径浙江南部和福建北部地区进入厦门，带来部分外来颗粒物，导致$PM_{2.5}$浓度较高。由此可知，在厦门市本地污染源贡献较为稳定的情况下，风向和气团来源等对厦门市$PM_{2.5}$的污染状况有着重要影响。

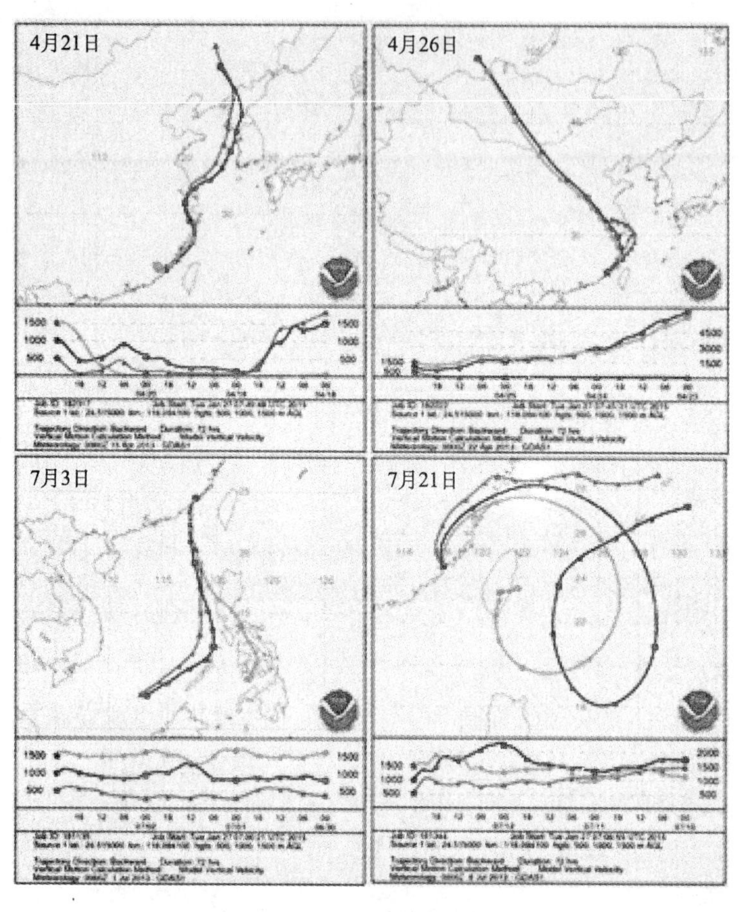

图4　72h后向轨迹分析

3　结论

（1）2013年春季和夏季厦门市$PM_{2.5}$的浓度分别为77.5±20.2μg/m³和39.6±18.7μg/m³，OC的浓度分别为12.2±2.2μg/m³和11.6±3.8μg/m³，EC的浓度分别为4.0±1.7μg/m³和2.8±1.2μg/m³，TC在$PM_{2.5}$中所占比例分别为20.9%和36.4%。

（2）厦门市OC和EC在春季的相关性较好（R^2=0.7），在夏季的相关性较差（R^2=0.3），表明二者在春季比在夏季具有更为一致的来源。

（3）厦门市OC/EC的比值在春季和夏季的平均值分别为3.4和4.6，表明其主要受到机动车、燃煤和船舶等的影响。OC/EC的比值均大于2.0，表明SOC的生成，春季和夏季SOC分别占OC的37.7%和46.1%。

（4）后向轨迹分析表明，厦门市$PM_{2.5}$的污染程度与风向和气团来源有着密切关系。当气团主要来自内陆或途径内陆时，厦门市污染较重；当气团主要来自海洋时，厦门市污染较轻。

参考文献

[1] 曹军骥．$PM_{2.5}$与环境 [M]. 1版．北京：科学出版社，2014：13-14.

[2] 陈衍婷，陈进生，胡恭任，等. 福建省三大城市冬季 $PM_{2.5}$中有机碳和元素碳的污染特征 [J]. 环境科学，2013，34 (5)：1988-1994.

[3] Cao J J，Shen Z X，Chow J C，et al. Winter and summer $PM_{2.5}$ chemical compositions in fourteen Chinese cities [J]. Journal of the Air & Waste Management Association，2012，62 (10)：1214-1226.

[4] Cao J J，Lee S C，Ho K F，et al. 2003. Characteristics of carbonaceous aerosol in Pearl River Delta Region，China during 2001 winter period [J]. Atmospheric Environment，37 (11)：1451-1460.

[5] 周家茂，赵由之，刘随心，等. 三亚冬季大气 $PM_{2.5}$及碳气溶胶特征与来源解析 [J]. 地球环境学报，2012，3 (5)：1060-1065.

[6] 张懿华，王东方，赵倩彪，等. 上海城区 $PM_{2.5}$中有机碳和元素碳变化特征及来源分析 [J]. 环境科学，2014，35 (9)：3263-3270.

[7] 陶俊，柴发合，朱李华，等. 2009年春季成都城区碳气溶胶污染特征及其来源初探 [J]. 环境科学学报，2011，31 (12)：2756-2761.

[8] 刘随心，张二科，曹军骥，等. 西安2005年春季大气碳气溶胶的理化特征 [J]. 过程工程学报，2006 (z2)：5-9.

[9] 黄虹，李顺诚，曹军骥，等. 广州市夏季室内外 $PM_{2.5}$中有机碳，元素碳的分布特征 [J]. 环境科学学报，2005，25 (9)：1242-1249.

[10] 王杨君，董亚萍，冯加良，等. 上海市 $PM_{2.5}$中含碳物质的特征和影响因素分析 [J]. 环境科学，2010，31 (8)：1755-1761.

[11] Duan F K，He K B，Ma Y L，et al. Concentration and chemical characteristics of $PM_{2.5}$ in Beijing，China：2001—2002 [J]. Science of the Total Environment，2006，355 (1)：264-275.

[12] 张灿，周志恩，翟崇治，等. 基于重庆本地碳成分谱的 $PM_{2.5}$碳组分来源分析 [J]. 环境科学，2014，35 (3)：810-819.

[13] Gray H A，Cass G R，Huntzicker J J，et al. 1986. Characteristics of atmospheric organic and elemental carbon particle concentrations in Los Angeles [J]. Environmental science & technology，20 (6)：580-589.

[14] Castro L M，Pio C A，Harrison R M，et al. 1999. Carbonaceous aerosol in urban and rural European atmospheres：estimation of secondary organic carbon concentrations [J]. Atmospheric Environment，33 (17)：2771-2781.

[15] Cobourn W G. An enhanced $PM_{2.5}$ air quality forecast model based on nonlinear regression and back-trajectory concentrations [J]. Atmospheric Environment，2010，44 (25)：3015-3023.

[16] He Z，Kim Y J，Ogunjobi K O，et al. Characteristics of $PM_{2.5}$ species and long-range transport of air masses at Taean background station，South Korea [J]. Atmospheric Environment，2003，37 (2)：219-230.

作者简介：张杰儒（1986—），男，硕士，厦门市环境监测中心站，助理工程师，主要研究方向为大气污染控制。

北京市大气 PM_{10} 与 $PM_{2.5}$ 污染现状及相关性分析

林安国　梁云平　李　萌　王　琛

北京市环境保护监测中心，北京　100048

摘　要：通过对比北京市四个采样点一年中 4 个季节的 PM_{10} 与 $PM_{2.5}$ 浓度，得到了颗粒物浓度状况和地域间以及季节分布规律，并分析了 PM_{10} 与 $PM_{2.5}$ 浓度比例关系。两者浓度均为冬季最高，夏秋季节较好，但春季浓度状况显著不同。北京市南部地区污染状况最为严重。$PM_{2.5}/PM_{10}$ 季节特征明显，随着污染程度加重 $PM_{2.5}$ 所占比重越大。

关键词：可吸入颗粒物；细颗粒物；季节变化；空间变化；$PM_{2.5}/PM_{10}$

Mass Concentration Variations of PM_{10} and $PM_{2.5}$ in Beijing Area and the Relationship between Them

LIN An-guo　LIANG Yun-ping　LI Meng　WANG Chen

Beijing Municipal Environment Monitoring Center, Beijing 100048

Abstract: According to the one year sample in four areas in Beijing to get PM_{10} and $PM_{2.5}$ sample, to know the particulate matter concentration of regional and seasonal distribution. Analyzing the ratio between PM_{10} and $PM_{2.5}$. The concentration of both particulate matters are highest in winter and in low level during summer and autumn. But they have different pollution level in spring. Beijing pollution situation in the southern region of the most serious. The ratio between $PM_{2.5}$ and PM_{10} has obviously seasonal characteristics. The ratio of $PM_{2.5}$ increase when the air quality get worse.

Key words: PM_{10}; $PM_{2.5}$; seasonal variation; regional variation; $PM_{2.5}/PM_{10}$

可吸入颗粒物（环境空气中空气动力学当量直径小于等于 10μm 的颗粒物，即 PM_{10}）能够长期悬浮在空气中而不易沉降是大气中大量有害物质的载体当其通过呼吸道进入人体时它所带来的危害往往高于单一污染物[1]；细颗粒物（环境空气中空气动力学当量直径小于等于 2.5μm 的颗粒物，即 $PM_{2.5}$）其粒径更为细小，大部分可直接进入人体的肺部，并在肺泡沉积，进入血液循环，因而对人体产生的危害更大[2]。每年首要污染物为颗粒物的天数比例超过 95%，因此颗粒物是影响北京市空气质量的关键性因素，是北京市大气的主要污染物。本文通过对北京市不同功能区、不同季节的空气中的颗粒物为主要研究对象，分别在 2012 年 8 月到 2013 年 5 月间选取四个月同步采集 PM_{10} 与 $PM_{2.5}$ 样品，分析其时空分布与变化规律及相关性，为准确把握污染现状并有效地控制提供科学依据及技术支持。

1　样品采集

根据历年自动监测的颗粒物浓度数据及北京市功能区划分，选取了 4 个采样点进行 PM_{10} 和 $PM_{2.5}$ 采集。4 个点位具体情况见表 1。

表 1　监测点位设置情况一览表

监测点位	地理位置	基本情况
定陵	西北郊区	位于定陵旅游区内，处于北京常年风向上风口，周围没有污染源清洁，作为城市背景对照点

续表

监测点位	地理位置	基本情况
车公庄	中心城区	周围没有较大污染源，集居住、交通和商业为一体的城市区域代表点
亦庄	东南郊区	集居住、交通及商业为一体的典型郊区环境空气质量评价代表点
良乡	西南郊区	属于以居住、交通为主的典型郊区环境空气质量评价代表点

本次实验使用的是重量法仪器采集颗粒物样品，PM_{10}和$PM_{2.5}$的采样器分别为武汉天虹公司的TH-16A型四通道大气颗粒物（流量16.7L/min）采样仪和TH-150型中流量采样仪（流量100L/min）；分析天平为瑞士梅特勒公司的电子天平，型号为：XP205，测量精度为十万分之一。采样时间选取了2012年8月、10月、12月及2013年4月，分别代表夏季、秋季、冬季和春季，在每个月的中旬采集5～7天样品。采样时间为每天的9：30到次日的9：00，每次采样前后均使用流量计对采样器进行流量校准。采样滤膜选用Whatman公司的石英膜。在使用前借助X光看片机查看其是否有砂眼等瑕疵，剔除不合格滤膜。每次称量前在恒温恒湿环境中（温度25℃，湿度40%）恒重24h，确保称量准确。

2 结果与讨论

2.1 季节与空间变化

基于重量法原理的本次采样所得到的$PM_{2.5}$平均浓度为109.9μg/m³，对比GB 3095—2012规定的75μg/m³的二级标准限值明显偏高；既高于同为内陆城市的郑州（108μg/m³，2013年）[3]、更远高于沿海城市的福州（36μg/m³，2011年）[4]。PM_{10}平均浓度为170.9μg/m³，也高于150μg/m³的国家标准及郑州（170μg/m³）[3]等城市，大气污染现状不容乐观。

北京$PM_{2.5}$浓度季节变化如下：冬季＞秋季＞夏季＞春季；而PM_{10}浓度季节变化则是：冬季＞春季＞秋季＞夏季。冬季是北京的采暖季，大量燃煤锅炉排放的颗粒物造成了这个季节一贯是北京污染最严重的时段，加之冬季往往容易出现“静稳”的气象状态，形成“雾霾天”，也加重了这个季节的污染。夏季与秋季平均浓度差别不大，颗粒物质量浓度相对较低；夏季影响北京的主要天气系统为副热带高压，地面气压场以弱高压为主，大气层结稳定，易出现静稳天气，不利于污染物扩散，加之北京夏季盛行偏南风，区域输送对北京大气环境影响比较明显，颗粒物浓度受周边影响较高；但由于这个季节降水量较大，其冲刷作用使得颗粒物浓度降低，因此这个季节的浓度不算太高；秋季是天气系统转换的季节，伴随着不稳定天气系统变化，中高层北风频率较高，扩散条件较其他季节较好。PM_{10}与$PM_{2.5}$季节分布最显著的差别是春季污染程度的不同，$PM_{2.5}$春季浓度水平最低，而PM_{10}春季污染程度则明显偏高；原因在于春季风速全年最大，季节性的外来沙尘及局地扬尘污染会导致粗颗粒物污染的加重，但较大的风速反而有利于细颗粒物的扩散，造成在春季$PM_{2.5}$浓度水平的降低。由于季节变化需要多年的数据才能获得较为稳定可靠的季节变化特征，北京地区颗粒物的季节变化规律仍需数据的进一步积累。本次采样具体情况如图1、图2所示。

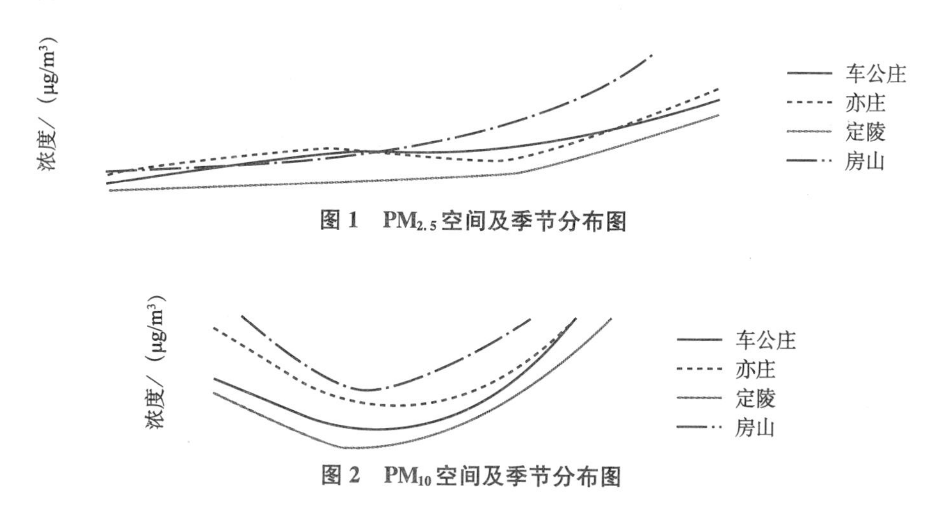

图1 $PM_{2.5}$空间及季节分布图

图2 PM_{10}空间及季节分布图

颗粒物浓度在空间分布上，遵循着“北低南高”的特征。北部地区污染程度最轻，4个季节的浓度均明显低于其他地区；虽然本次采样只选取了北部一个点位，且为清洁对照点，但北部地区颗粒物浓度较低的情况同北京市总体状况相吻合。北部地区工业污染源少，本地污染来源有限；同时，该地区位于盛行风的上风向，风向来源地如张家口、内蒙古河套地区等地空气质量较好，减少了外来源的输送。南部地区污染程度较重，无论是PM_{10}还是$PM_{2.5}$，其浓度水平在每个季节均为全市为最高，其中西南地区集中着多个水泥厂及燕山石化等大型企业有一定关系，同时该地区地形为山地，污染物不易扩散，造成了颗粒物浓度较高；而东南地区也存在着经济技术开发区等工业污染源，且处于盛行风的下风向，容易造成污染物的累积。北京市的南部地区与河北省工业发达的保定、石家庄等城市接壤，这些地区污染的外来输送也对该区域空气质量造成了一定影响。

2.2 $PM_{2.5}/PM_{10}$的关系研究

$PM_{2.5}/PM_{10}$在变化趋势上存在着密切关系。基于气象条件、污染类型等原因，$PM_{2.5}/PM_{10}$的关系存在一定季节特征和污染特征。统计时间内，两者年均比值为63.7%。采样周期内的最高值为97.7%，最低值为28.1%。徐敬等[5]根据美国加拿大几个城市归纳一般污染较轻的城市两者比值在0.3～0.5之间，污染较重的城市比值在0.5～0.7之间，北京的污染状况属于比较重的城市行列。具体各季节情况见表2。

表2　不同季节$PM_{2.5}$与PM_{10}比值情况

季节	$PM_{2.5}/PM_{10}$	最高日	最低日
春季	44.6%	76.6%	28.1%
夏季	64.1%	83.8%	33.5%
秋季	69.0%	96.7%	51.8%
冬季	77.0%	97.7%	51.9%

由于春季干燥、粗颗粒所占比例较高，春季$PM_{2.5}/PM_{10}$最低，为44.6%，其次是夏季和秋季分别为64.1%和69.0%，冬季比值最高，达到77.0%。各季节中，最高的日比值在76.6%～97.7%之间，也呈春、夏、秋、冬逐渐上升的趋势；最低日比值在28.1%～51.9%之间，春季最低，冬季最高。

在不同空气质量级别时$PM_{2.5}/PM_{10}$的数值，也反映出大气污染状况。$PM_{2.5}$空气质量为一级时，$PM_{2.5}/PM_{10}$的平均值最低，仅为46.5%。同时，在所有一级天中，最高的日比值为74.0%，也在各级别中最低。随着空气污染程度上升，$PM_{2.5}/PM_{10}$的比值也逐渐上升，空气质量为二级、三级时，比值超过50%，空气质量为四级、五级时，比值超过60%，当空气质量达到六级时，两者达到72.5%，同时在六级重污染时，最低日比值也超过50%。可见两者的比值是随污染程度的加重而上升，也可以证明现阶段北京市重污染主要是由$PM_{2.5}$造成的。具体情况见表3。

表3　空气质量各级别$PM_{2.5}$与PM_{10}比值情况

级别	平均值	最高日比值	最低日比值
一级	46.5%	74.0%	25.9%
二级	52.5%	86.8%	33.5%
三级	59.2%	89.2%	35.8%
四级	66.5%	87.5%	44.4%
五级	68.6%	95.8%	46.9%
六级	72.5%	96.9%	52.2%

3　结论

(1) 基于本次采样的$PM_{2.5}$平均浓度为109.9$\mu g/m^3$，PM_{10}浓度为170.9$\mu g/m^3$。高于国家标准和其他城市，大气污染较严重；

(2) 两种颗粒物均在冬季浓度最高，秋季好于夏季，两个季节浓度均相对较低。春季差别明显，$PM_{2.5}$春季浓度最低，而PM_{10}春季浓度仅低于冬季。这与颗粒物的性质及气象因素有关；

（3）北京市颗粒物污染状况总体呈现出“北低南高”的状态，南部污染源较多，且受外部输送影响较大；

（4）不同季节 $PM_{2.5}/PM_{10}$ 数值变化反映当季的污染特点，在重污染日两者比值显著偏高，显示出重污染条件下的主要污染物为 $PM_{2.5}$。

参考文献

[1] 赵越，潘钧，张红远，等．北京地区大气中可吸入颗粒物的污染现状分析 [J]．环境科学研究，2004，17（1）：267-69

[2] 黄鹂鸣，王格惠，王荟，等．南京市空气中颗粒物 PM_{10}、$PM_{2.5}$ 污染水平 [J]．中国环境科学，2002，22（4）：334-337

[3] 郑瑶，邢梦林，李明，等．郑州市 $PM_{2.5}$ 和 PM_{10} 质量浓度变化特征分析 [J]．干旱环境监测，2014，28（3）：104-108

[4] 王宏，陈晓秋，余永江，等．福州市 $PM_{2.5}$、$PM_{2.5}/PM_{10}$ 分布特征及与气象条件关系的初步分析 [J]．热带气象学报，2014，30（2）：387-391

[5] 徐敬，丁国安，颜鹏，等．北京地区 $PM_{2.5}$ 的成分特征及来源分析 [J]．应用气象学报，2007，18（5）：645-654

作者简介：林安国（1981—），学士，高级工程师，上海市静安区人，主要从事环境监测工作。

哈尔滨市细颗粒物（$PM_{2.5}$）中多环芳烃的污染特征

李云晶　张万峰

哈尔滨市环境监测中心站，哈尔滨　150076

摘　要：为了解哈尔滨市细颗粒物 $PM_{2.5}$ 中多环芳烃的污染状况，本文选择哈尔滨市代表不同区域的四个监测点，测定 2013 年春、夏、秋、冬四个季节 $PM_{2.5}$ 中的多环芳烃，研究结果表明 $PM_{2.5}$ 中 PAHs 总量的浓度呈四季变化，冬季最大，均值为 143.4 ng/m^3，夏季最小，均值为 12.4 ng/m^3；春夏季 $PM_{2.5}$ 中多环芳烃污染源以交通源为主；秋季 $PM_{2.5}$ 中多环芳烃主要来自交通、燃煤复合源；燃煤源是冬季 $PM_{2.5}$ 中多环芳烃主要来源。

关键词：细颗粒物；多环芳烃；$PM_{2.5}$；PAHs

Pollution Characteristic of PAHs in Particulate Matter（$PM_{2.5}$）in Harbin

LI Yun-jing　ZHANG Wan-feng

Haerbin Environmental Monitoring Center，Haerbin 150076

Abstract：To understand the pollution characteristic of PAHs in $PM_{2.5}$ in Harbin，we selected four monitoring points in different regions of Harbin to determine the PAHs in $PM_{2.5}$. The results of the study showed that the total concentration of PAHs in $PM_{2.5}$ in four seasons was that the winter was maximum and the summer was minimum. The average value of winter is 143.4 ng/m^3 and the average value of summer is 12.4 ng/m^3. The pollution source of PAHs of $PM_{2.5}$ in spring and summer was traffic source；The coal and transportation was the pollution source in Autumn；Coal was the main source in winter.

Key words：particulate matter；polycyclic aromatic hydrocarbons；$PM_{2.5}$；PAHs

多环芳烃（Polycyclic Aromatic Hydrocarbons，PAHs）是一类由两个或两个以上苯环按照线形、角状或簇状等稠环方式连接在一起的有机化合物。自然界中这类化合物在生物降解、水解、光作用裂解等方式下消除，使得环境中的 PAHs 含量保持在一个较低的浓度水平上，但近些年来，人类生产生活活动的加剧，使环境中的 PAHs 大量的增加。如煤、石油、烟草、木材、有机高分子化合物等燃烧均会产生 PAHs，进而进入大气环境，危害人类健康。迄今已发现有 200 多种 PAHs，其中有相当部分具有致癌性，如苯并［α］芘、苯并［α］蒽等。本次试验针对美国环保署提出的 16 种优先控制的 PAHs，用快速溶剂萃取—气相色谱质谱法测定哈尔滨市岭北、宏伟公园、和平路及南岗学府路 4 个监测点位四季 $PM_{2.5}$ 中的 PAHs，总结出哈尔滨市 $PM_{2.5}$ 中 PAHs 的污染特征。

1　样品的采集与测定

1.1　样品的采集

本次实验选择 4 个具有代表性污染程度的点位，分别为岭北、宏伟公园、和平路及学府路监测点，设置 4 个季节采样周期，每个周期内连续采集 5 天 $PM_{2.5}$ 样品，每天连续采样 24 h。

1.2　样品的分析

本试验采用加速溶剂萃取法萃取 $PM_{2.5}$ 中的 16 种多环芳烃，样品净化浓缩至 1.0ml，用气相色谱—质谱法测定，用内标法定量。

2 实验结果分析

2.1 $PM_{2.5}$中多环芳烃的污染浓度水平

哈尔滨$PM_{2.5}$中16种PAHs的总量浓度年均值为62.7 ng/m^3，四季均值范围是12.4～143.4 ng/m^3；强致癌性苯并［α］芘年均浓度为4.87 ng/m^3，四季均值范围是0.74～11.86 ng/m^3。四季变化为冬季>秋季>春季>夏季，原因是哈尔滨市冬季供暖期燃煤量增加，导致排放的大气污染物骤增，燃煤源是$PM_{2.5}$中PAHs的来源之一，因此冬季$PM_{2.5}$中PAHs总量的浓度最大。哈尔滨市每年10月中旬逐渐进入供暖期，供暖强度虽然比冬季小，但秋季$PM_{2.5}$中PAHs总量明显大于夏季和春季。与国内其他城市，如贵阳市[1]、上海近郊[2]、抚顺市[3]、合肥市[4]、武汉市[5]对于$PM_{2.5}$中PAHs总量浓度相比，哈尔滨市$PM_{2.5}$中PAHs总量处于中高水平，这应该与哈尔滨作为全国最北方的省会城市，冬季供暖期长有关。

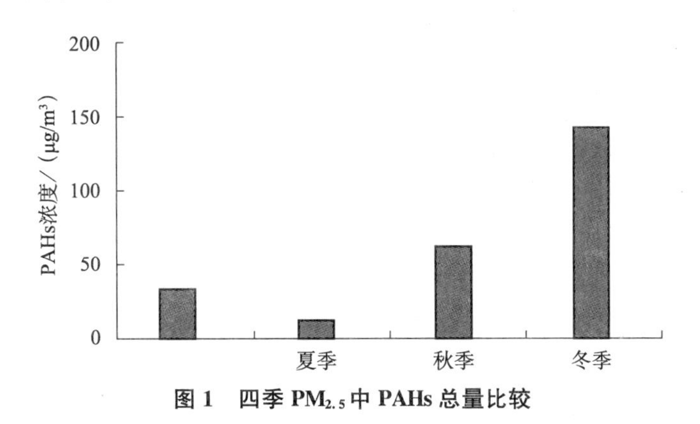

图1 四季$PM_{2.5}$中PAHs总量比较

2.2 $PM_{2.5}$中多环芳烃的环数分布特征

从图2分析结果可以看出，在四个季节中，非致癌的二环、三环多环芳烃占PAHs总量为3%～5%，

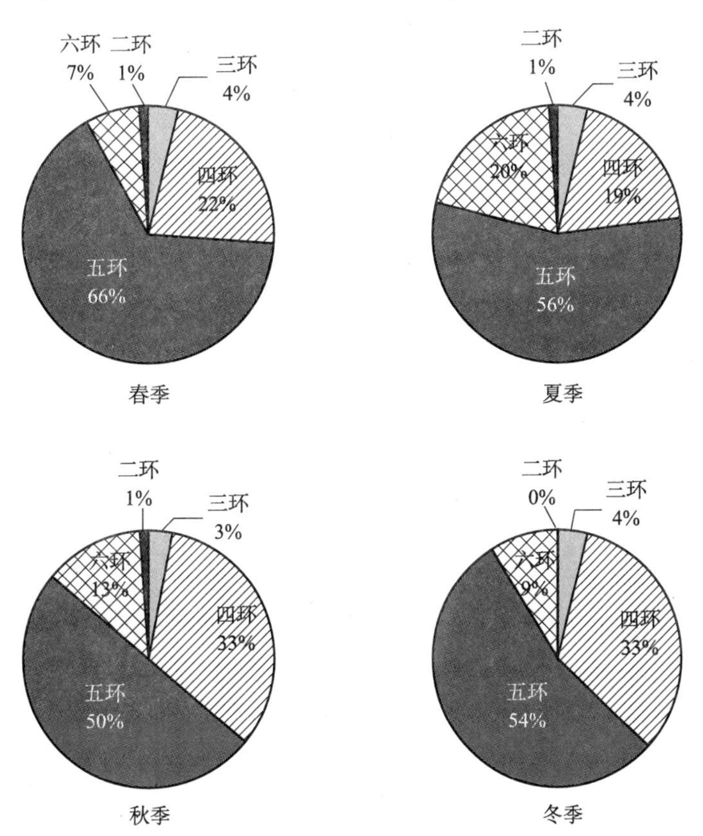

图2 四季多环芳烃环数分配图

四季差异不明显，这说明二环、三环多环芳烃主要以气态污染物存在，可以穿过石英滤膜而无法捕集，吸附到颗粒物上的量较少。秋、冬季四环多环芳烃占 PAHs 总量为 33%，大于春季 22%及夏季 19%，说明温度对四环多环芳烃气固分配比的影响较明显，秋、冬季气温低，四环的多环芳烃更易富集在颗粒物中，而春、夏季时四环的多环芳烃则多以气态形式存在于环境空气中。由于二环、三环的多环芳烃无致癌性，而四环的多环芳烃致癌性较低，五环、六环的多环芳烃致癌性较强，因此可看出细颗粒物 $PM_{2.5}$ 中所富集的致癌性多环芳烃比重较大。

通常 PAHs 不同种类单体的特征比值可以定性判断颗粒物污染的来源[6-7]。哈尔滨 $PM_{2.5}$ 中的 PAHs 中 BaA/（BaA+Chr）的比值春夏季为 0.28 和 0.34，可以得出春夏季 $PM_{2.5}$ 中多环芳烃来源以石油源为主，而秋冬季 BaA/（BaA+Chr）比值为 0.74、0.80，可以得出秋冬季 $PM_{2.5}$ 中多环芳烃来源以燃烧源为主。BaP/BghiP 比值四季差异较大，可以看出春、夏季 BaP/BghiP 比值小于 0.44，$PM_{2.5}$ 中 PAHs 来源以交通源为主；秋季 BaP/BghiP 比值为 0.82，$PM_{2.5}$ 中 PAHs 来自交通、燃煤复合源，这与哈尔滨市入秋后 10 月中旬开始预供暖有关；冬季 BaP/BghiP 比值为 1.52，$PM_{2.5}$ 中 PAHs 来源以燃煤源为主导。InP/BghiP 比值可以作为识别汽车燃料的依据，从 InP/BghiP 四季比值结果可以看出春夏两季以柴油燃烧源为主，秋冬两季以煤油燃烧源为主，并且冬季 InP/BghiP 比值为 1.40，比秋季比值 1.09 更接近煤油型燃烧源，原因可能由于进入供暖期以后，哈尔滨市陆续有一些燃油锅炉投入使用，使煤油燃烧源占了主导地位。

2.3　哈尔滨市 $PM_{2.5}$ 中 PAHs 的空间分布特征

岭北、宏伟公园、和平路及学府路分别代表道里区清洁对照点、道外区居民商业混合区、香坊区居民商业混合区、南岗区文化教育区。从图 3 中可看出岭北四季 $PM_{2.5}$ 中的 PAHs 总量较其他点位低；而学府路四季 $PM_{2.5}$ 中的 PAHs 总量与和平路四季 $PM_{2.5}$ 中的 PAHs 总量区别不大，这主要因为近年来学府路作为哈尔滨连接哈西新区的要道，周边不断扩张建设，已逐渐变为文化教育、居民商业混合区，因此 $PM_{2.5}$ 中的 PAHs 总量水平与和平路差别不大。宏伟公园是 4 个点位中 $PM_{2.5}$ 中 PAHs 总量污染最严重的，也说明了道外区是哈尔滨市空气质量较差的地区，尤其冬季，$PM_{2.5}$ 中 PAHs 总量值显著增高，这与道外区棚户区较多，燃煤面源污染严重有关。

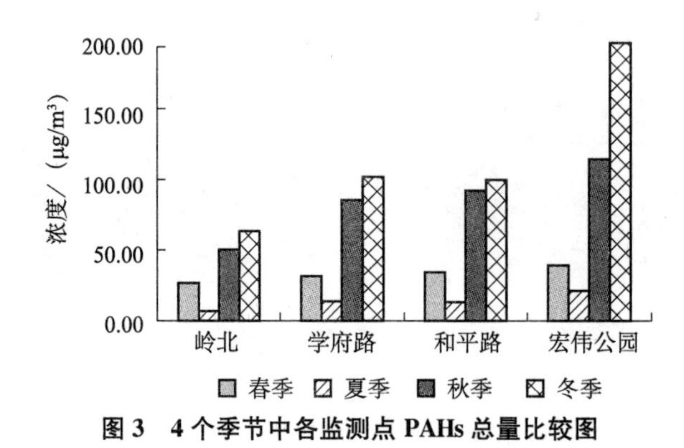

图 3　4 个季节中各监测点 PAHs 总量比较图

3　结论

（1）哈尔滨市 $PM_{2.5}$ 中 PAHs 总量的浓度呈四季变化，为冬季＞秋季＞春季＞夏季。

（2）哈尔滨市 $PM_{2.5}$ 中 PAHs 的环数分布总体特征为二环＜三环＜六环＜四环＜五环，其中四环多环芳烃的秋、冬季百分含量＞春夏季分含量，说明温度对四环多花芳烃气固分配比的影响较明显。

（3）通过比值法推断出 $PM_{2.5}$ 中 PAHs 污染源春夏季以交通源为主，秋季来自交通、燃煤复合源，冬季以燃煤源为主导。

（4）哈尔滨市颗粒物 $PM_{2.5}$ 中 PAHs 空间分布特征为岭北（道里区背景点）＜学府路（南岗区）≈和平路（香坊区）＜宏伟公园（道外区）。这与环境功能区划及区域内面源大气污染强度有关。

参考文献

[1] 杨成阁．贵阳市 PM_{10}、$PM_{2.5}$及其中多环芳烃的污染特征与来源解析研究 [D]. 贵阳：贵州师范大学，2014.

[2] 吴明红，陈镠珞，陈祖怡，等. 多环芳烃在上海近郊大气颗粒物（$PM_{2.5}$和 PM_{10}）中的污染特征、来源及其健康风险评估 [J]. 上海大学学报，2014，20（4）：521-530.

[3] 赵丽，张金生，李丽华，等. 抚顺市望花区 $PM_{2.5}$中多环芳烃的污染特征研究 [J]. 应用化学，2014，43（7）：1336-1338.

[4] 吴文．合肥市大气颗粒物污染特征研究 [D]. 合肥：合肥工业大学，2014.

[5] 王磊，周家斌，苑金鹏，等. 武汉大气 $PM_{2.5}$中烃类有机物污染特征及来源辨析 [J]. 武汉理工大学学报，2013，35（12）：140-144.

[6] Halsall C J，Coleman P J，Davis B J，et al. Polycyclic Aromatic Hydrocarbons in U. K. Urban Air [J]. Environ Sci Technol，1994，28：2380-2386.

[7] 赵丽，张金生，李丽华，等. 抚顺市望花区 $PM_{2.5}$中多环芳烃的污染特征研究 [J]. 应用化工，2014，43（7）：1336-1338.

作者简介：李云晶（1983.8—），哈尔滨市环境监测中心站，科员，工程师。

太湖水源水主要异味物质规律研究及来源探讨

李继影　张晓赟　徐恒省　秦宏兵

苏州市环境监测中心，苏州　215004

摘　要：本文以太湖某饮用水源地的二甲基异莰醇、土臭素等潜在威胁供水安全的主要异味物质为研究对象，分析其变化规律，研究二甲基异莰醇、土臭素等异味物质来源，为太湖饮用水源异味物质控制、水质改善，保护水环境生态和保障人体健康提供技术支持。

关键词：太湖；水源地；异味；二甲基异莰醇

Preliminary Study on Variation and Origin of the Main Odor Source Water in Taihu Lake

LI Ji-ying　ZHANG Xiao-yun　XU Heng-sheng　QIN Hong-bing

Suzhou Environmental Monitoring Central Station，Suzhou　215004

Abstract：In this paper，2-methylisoborneol and Geosmin were the main objects of study. They are the main odor material for potential threat to water safety. Through the analysis of the variation regularity and study on the source of odor substances，its can provide technical supports for improvement of Taihu drinking water source water quality，odor control，protection of water environment ecology and human health.

Key words：Taihu；drinking water sources；odor；2-MIB

近年来，随着人们对饮用水质量的要求越来越高，水中的异味已经引起人们的重视，我国新的《生活饮用水卫生标准》（GB 5749—2006）中，甲基异莰醇-2 和土臭素被列入出厂水、管网水的必测项目[1-3]。国外自 20 世纪 50 年代就开始了对水体异味的研究，至今已成为当今世界水环境研究热点之一，而我国在这方面的研究相对较晚，相关研究工作也刚刚起步[4-6]。饮用水中的异味问题在国内外普遍存在，成为各供水者必须面临的重要问题。早在 1850 年，美国就发现了水体异味；以色列的 Galilee 湖在 20 世纪 70 年代发生过异味事件，1995 年 6 月再次发生水体异味事件；挪威的 Miosa 湖于 20 世纪 70 年代末暴发的颤藻“水华”，使得水体具有难闻的土霉味；1969 年 5 月，日本的琵琶湖发生严重的饮用水异味事件，影响了日本京都、大阪、神户地区的居民供水；1993 年加利福尼亚州的 Castic 水库在秋季藻类暴发，使得水体中的二甲基异莰醇剧增，导致水体中含有很浓的土霉味[7-10]。

而在国内，我国也普遍存在着水体的异味问题，尤其是在太湖、滇池、巢湖、东湖等富营养化严重的湖泊中，产生的一些优势藻类过度繁殖，在生长的过程中释放出具有挥发性的次生代谢产物，使得水体产生异味，引起市民的抱怨，同时也危害了人体的健康[11-14]。我国面临的饮用水异味问题分布范围广，较为严重，特别是在 2007 年 5 月暴发的太湖水危机事件中，水体中的严重异味影响了几十万人的正常饮水，引起了国内外的广泛关注[15-16]。为了解决这一系列的异味问题，就必须研究水体中异味的主要成分和它们在水体中的来源、变化规律以及影响异味产生的环境因子、生物因素等，以便从根本上提出合理的水质处理方案并找到解决水体异味问题的有效方法[17-20]。

基金项目：江苏省太湖水环境治理专项资金科研课题（JSZC-G2014-211）资助。

1 研究方法

2013年对太湖某饮用水源地开展主要异味物质的相关指标监测。现场调查指标主要为水质理化指标（水温、pH值、DO、浊度、电导率、透明度等）、藻类情况（叶绿素、藻类密度及其分布情况等）、水草情况（种类、优势种、种群结构和现存量等）。实验室分析指标主要包括水质理化指标（土嗅素、甲基异莰醇-2、氨氮、总磷、高锰酸盐指数、化学需氧量、生化需氧量、氟化物、悬浮物等）、生物群落指标（蓝藻、绿藻、硅/甲藻荧光量、百分比、光合速率和光合效率等）。

2 结果与讨论

2.1 变化规律分析

2013年，从甲基异莰醇-2的分析结果来看（图1），此饮用水源地的整体浓度较高，检出率为100%，超标率为88.9%，浓度范围在8.0～99.6 ng/L之间，其浓度5—9月为高峰期，9月有所下降。从土臭素的分析结果来看（图1），此饮用水源地的整体浓度不高，检出率为83.3%，超标率为22.2%，其中8月、10月的土臭素浓度超出生活饮用水水质参考限值［《生活饮用水卫生标准》（GB 5749—2006）—表A.1生活饮用水水质参考指标及限值］。此项研究结果表明，此水源地主要异味物质为甲基异莰醇-2，超标时段主要集中在夏秋高温季节。

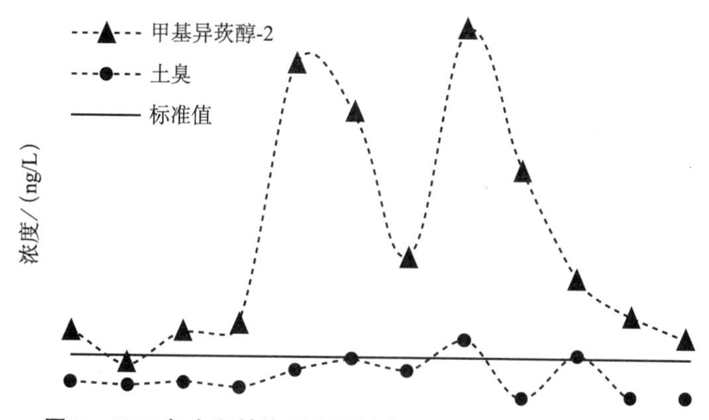

图1 2013年太湖某饮用水源地主要异味物质的浓度变化图

2.2 来源初步分析

在异味发生高峰时段对此水源地及其附近区域的主要异味物质——甲基异莰醇-2进行细化研究，对其浓度进行等值线分析（图2）。结果表明，近岸处测点为该区域异味物质最高点，浓度达到137.0 ng/L，远超过异味阀值和参照限值。结合现场分析，其余浓度较高的测点均离岸较近，水较浅，水生植物生长茂盛。

通过对太湖湖体及重点水域异味物质的现场调查与分析，异味物质浓度较高的区域主要位于沿岸区，以及容易受到湖流影响、外源输入和人类活动干扰较大的区域。这些区域一般水体较浅，底泥沉积物较多，在水体交换比较缓慢的情况下，底泥释放对异味物质浓度贡献最大。异味物质可能是底泥藻类和以放线菌为代表的微生物分泌的次生代谢产物，当然这还需要进一步研究与证实。

通过对调查数据进行统计分析，2-甲基异莰醇浓度与硅藻生物荧光量在99%置信区间呈高度正相关，相关系数为0.854**；土嗅素浓度与硅藻在群落中的百分比、藻密度在99%置信区间呈正相关，相关系数为0.738**（高度正相关）和0.559**（中度正相关）。据文献报道，有多种硅藻（颗粒直链硅藻、条纹小环藻、针杆藻、舟形藻、菱形藻等）均可产生异味物质，这说明硅藻中的某些种类可能是导致水质异味的原因。

通过对调查数据进行统计分析，2-甲基异莰醇浓度表现出与总氮在99%置信区间呈中度正相关，相

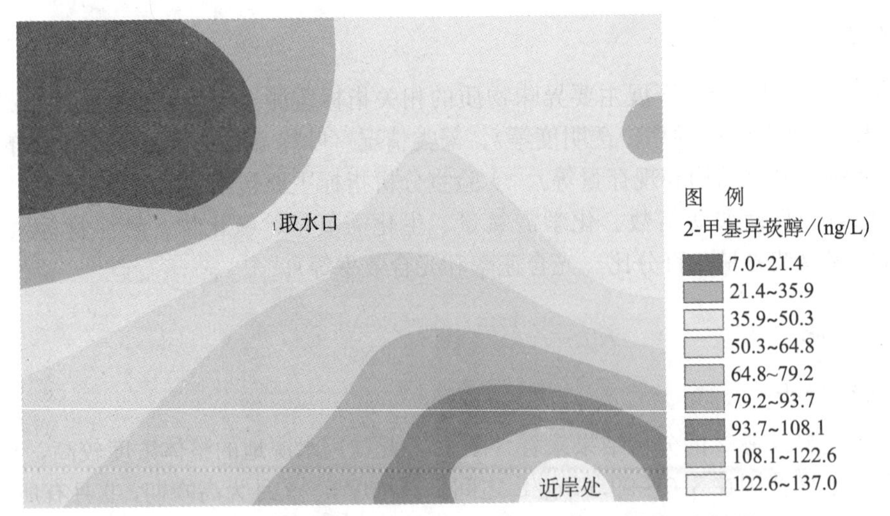

图 2　2013 年太湖某饮用水源地甲基异莰醇-2 等值线分析图

关系数为 0.477**。氮磷等营养元素引起的水体富营养化，导致藻类等微生物的快速生长与繁殖，在一定程度上促使了异味物质的产生。另外，土嗅素在 95%置信区间与浊度呈中度负相关，与水温、pH 值、溶解氧呈中度正相关。这说明环境条件在藻类及微生物的次生代谢产生异味物质过程中也有一定的作用。

3　结论

综合上述，太湖此饮用水源地异味物质浓度水平较高，与该区域受高温季节、人为干扰的影响密切相关，温度高利于微生物生长、水草枯败带来的底泥沉积以及风浪扰动带来的污染物释放是太湖水体出现异味的主要原因。

(1) 太湖苏州辖区异味物质的主要组分是 2-甲基异莰醇，浓度较高的测点主要集中在沿岸区以及人类活动干扰较大的区域。随着气温下降，异味对原水的影响逐渐减轻。

(2) 饮用水源地等重点区域的异味物质来源与围网养殖区、植物茂盛区的底泥沉积物释放有关，迁移可能与风浪扰动、外源输入（附近水体污染物流入）相关。

(3) 结合藻类群落分析来看，特殊藻类（硅藻某些种类）的生长和次生代谢可能是异味物质浓度贡献的组成部分，但贡献率远低于底泥释放的影响。

(4) 底泥中的藻类和微生物次生代谢可能是产生异味的原因，未来需要进一步研究和关注。

参考文献

[1] 生活饮用水卫生标准. GB 5749—2006.

[2] 靳朝喜，张军伟，王锐，等. 饮用水中致嗅和味原因研究进展 [J]. 北方环境，2010，2：83-87.

[3] 陆娴婷，张建英，朱荫湄. 饮用水的异臭嗅味研究进展 [J]. 环境污染与防治，2003，25 (1)：32-35.

[4] Andreas Peter，Taste and Odor in Drinking Water [M]. Sources and Mitigation Strategies. Zurich，2008：1-143.

[5] I. H. (Mel) Suffet，Djanette Khiari，Auguste Bruchet. the drinking water taste and odor wheel for the millennium：beyond geosmin and 2-methylisoborneol [J]. wat. sci. tech，1999，40 (6)：1-13.

[6] I. H. (Mel) Suffet，Linda Schweitzer，DjaneUe Khiari. Olfactory and chemical analysis of taste and odor episodes in drinking water supplies [J]. Reviews in Environmental Science & Bio Technology，

2004，3：3-13.

[7] Dempster T A. Taste and odor problems in source waters and water treatment facilities [D]. US：Arizona State University，2006.

[8] Friedrich Juttner and Susan B，Watson. Biochemical and Ecological Control of Geosmin and 2-Methylisoborneol in Source Waters. [J]. Applied and Environmental Microbiology，July 2007，4395-4406.

[9] Peter A，von Gunton U. Oxidation kinetics of selected taste and odor compounds during ozonation of drinking water [J]. Environmental Science & Technology，2007，41 (2)：626-631.

[10] Andreas Peter，Oliver Kosterc，Andrea Schildknecht，et a1. Occurrence of dissolved and particle-bound taste and odor compounds in Swiss lake waters. [J]. Water Research，2009，43：2191-2200.

[11] 李勇，张晓健，陈超. 水中嗅味评价与嗅味物质检测技术研究进展 [J]. 中国给水排水，2008，24 (16)：1-6.

[12] 李大鹏，李伟光. S市水源水质臭物质分析研究 [J]. 苏州科技学院学报，2006，19 (2)：52-53.

[13] 徐盈，黎雯. 东湖富营养水体中藻菌嗅味性次生代谢产物的研究 [J]. 生态学报，1999，19 (2)：212-216.

[14] 胡冠九，吕欣. 饮用水嗅味原因、案例分析及检测应对措施 [J]. 环境监测管理与技术，2013，25 (3)：13-16.

[15] 苏晓燕，许燕娟，沈斐，等. 无锡市水源地致嗅物质调查及原因分析 [J]. 环境监控与预警，2011，3 (2)：33-37.

[16] 于建伟，李宗来，曹楠，等. 无锡市饮用水嗅味突发事件致嗅原因及潜在问题分析 [J]. 环境科学学报，2007，27 (11)：1771-1777.

[17] 宋立荣，李林，陈伟，等. 水体嗅味及其藻源次生代谢产物研究进展 [J]. 水生生物学报，2004，28 (4)：434-439.

[18] 殷守仁，徐立蒲. 淡水浮游藻类与鱼体嗅味关系的初步研究 [J]. 大连水产学院学报，2003，18 (2)：156-157.

[19] 王奕轩. 自来水中木头味物质 13-cyclocitral 之来源及去除之研究 [D]. 国立成功大学硕士论文，2000.

[20] 王学云，高乃云. 水中藻类的臭味及去除方法 [J]. 净水技术，1999，67：36-38.

作者简介：李继影（1980.1—），苏州市环境监测中心工作，高级工程师，主要从事水生生物监测工作。

基于在线监测分析南京$PM_{2.5}$中水溶性离子变化特征

丁　峰　母应锋　朱志锋

南京市环境监测中心站，南京　210013

摘　要：利用 MARGA ADI 2010 气溶胶在线组分监测结果，分析了 2013 年南京市草场门测点 $PM_{2.5}$ 中水溶性离子特征，结果表明：南京市 $PM_{2.5}$ 中水溶性离子平均值为 38.23μg/m³，占 $PM_{2.5}$ 含量达 49.6%，其中 SO_4^{2-}、NO_3^- 和 NH_4^+ 是 $PM_{2.5}$ 的重要组分，从季节分布特征看，水溶性离子质量浓度冬春季节高于夏秋季节，观测期间，NH_4^+ 和 SO_4^{2-} 和 NO_3^- 有着较好的相关性，NH_4^+ 与 SO_4^{2-}、NO_3^- 主要结合方式为（$(NH_4)_2SO_4$ 和 NH_4NO_3，Cl^- 与 SO_4^{2-} 的相关系数为 0.540，Ca^{2+} 和 Mg^{2+} 相关系数为 0.742。NO_3^- 和 SO_4^{2-} 的浓度比值夏季最低，冬季最高，各季节比值范围介于 0.53～1.06，总体低于发达国家水平，表明以燃煤等固定源排放对 SO_2、NO_x 等贡献较大。

关键词：MARGA；水溶性离子；$PM_{2.5}$

Characteristics of Water-Soluble Ions in $PM_{2.5}$ of Nanjing Based on Online Monitoring

DING Feng　MU Ying-feng　ZHU Zhi-feng

Nanjing Environment Monitoring Centre，Nanjing 210013

Abstract：In this article，we study the chemical characteristics of aerosols in the Nanjing by using the high temporal resolution MARGA ADI 2010. We conducted instrumental observation experiments from May to December in 2013，and the results showed that the water-soluble fraction accounted for 49.6% in $PM_{2.5}$. The three major ions SO_4^{2-}、NO_3^- and NH_4^+，accounted for 93% of the total water-soluble ions. From the seasonal distribution，the water-soluble ions in winter season is higher than the summer season. SO_4^{2-}、NO_3^- and NH_4^+ have good correlations. The main existence form of NH_4^+、SO_4^{2-} and NO_3^- is $(NH_4)_2SO_4$ and NH_4NO_3. Ca^{2+} and Mg^{2+} show a good correlation. Mass concentration ratio of NO_3^-/SO_4^{2-} indicates that the stationary source is the main pollution source for water-soluble species compared to the mobile source。

Key words：MARGA；water-soluble ions；$PM_{2.5}$

1　引言

近年来，灰霾等大气污染问题凸显，以 $PM_{2.5}$ 为代表的颗粒物污染成为我国空气质量改善的首要难题。目前已知 $PM_{2.5}$ 的化学成分包括无机成分、有机成分、微量重金属元素、元素碳等。Wang[1] 等认为气胶中的可溶性无机离子对于研究局地污染对区域生态系统的影响提供了重要信息，鉴于气溶胶在生物地球化学循环中的重要性，有必要获得高精度的大气气溶胶中可溶性无机离子特征及其变化规律。

对南京市颗粒物中水溶性离子的研究中，张予燕等[2] 利用手工采样，分析了南京市 2010 年 $PM_{2.5}$ 中水溶性离子浓度水平、时间变化特性，结果表明，SO_4^{2-}、NO_3^- 和 NH_4^+ 是 $PM_{2.5}$ 的主要组成成分，SO_4^{2-}、NO_3^- 和 NH_4^+ 相关性较好，NH_4^+ 是 $PM_{2.5}$ 中硫酸盐和硝酸盐中居于主导地位的离子。

传统的研究方法主要采用膜采样分析方法，该方法具有连续性差，时间跨度窄的缺点，采用在线监测方法，开展气溶胶水溶性离子变化特征的研究相对较少。本文旨在利用 MARGA 在线观测可溶性离子的优势，分析南京气溶胶水溶性离子成分的时间变化特征、逐月变化和季节变化，同时简要分析各离子组分之间的相关性。

2 研究方法

2.1 监测点位

本数据序列来自于瑞士万通的 MARGA ADI 2010 仪器，采样点位于江苏南京草场门大气国控点（32°03′N，118°44′E）办公楼楼顶（图中绿点），采样口距离地面约 20m，该测点地处南京市鼓楼区的文教、居住及交通混合区，是较为典型的城区大气观测站点。采样时间从 2013 年 4—12 月，MARGA 每隔 1h 对大气气溶胶中的水溶性离子成分（Ca^{+}、K^{+}、NH_4^{+}、Na^{+}、Mg^{2+}、SO_4^{2-}、NO_3^{-}、Cl^{-}）和示踪气体（HCl、HONO、SO_2、HNO_3、NH_3）进行测量。$PM_{2.5}$质量浓度数据来源于美国 Met One 公司生产的β射线法 $PM_{2.5}$在线监测仪（增加了动态加热系统 DHS）。

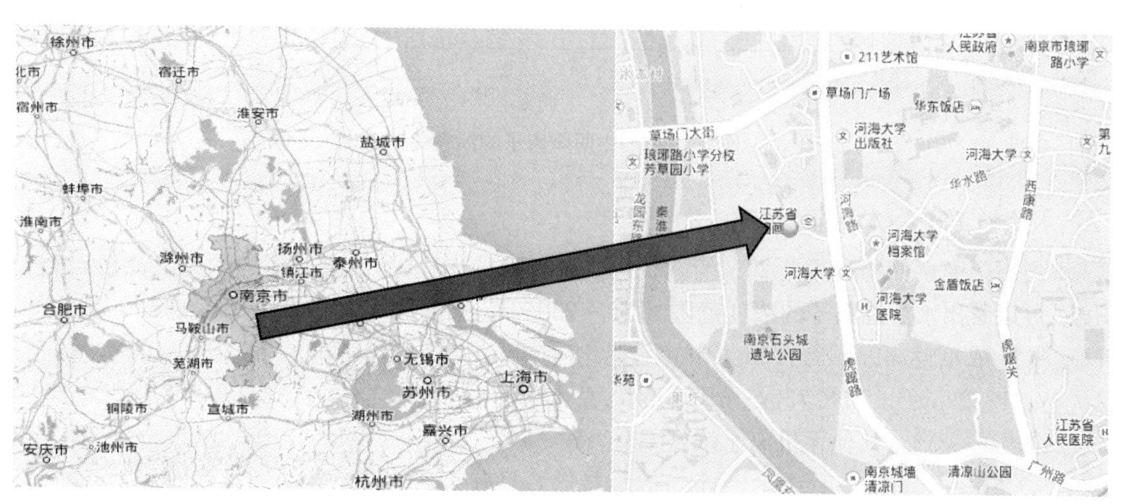

图 1 草场门大气国控点

2.2 在线监测仪器

MARGA-Monitoring instrument for Aerosols and Gases（图 2）是在线监测环境大气中气溶胶和气体中相关无机物浓度的仪器。MARGA 由取样系统、分析系统和一个整合控制系统三部分组成。取样系统：Applikon 专利的取样技术，能够将大气中的气体和气溶胶进行无失真条件下分别分离并收集。分析系统：MARGA 内嵌双通道用于阴阳离子分析仪样品注射泵，脱气装置，内标系统、分析条件。分析控制系统：由 Applikon 研发的控制系统，包括自动取样、样品分析和数据输出、传送的整个过程整合控制。

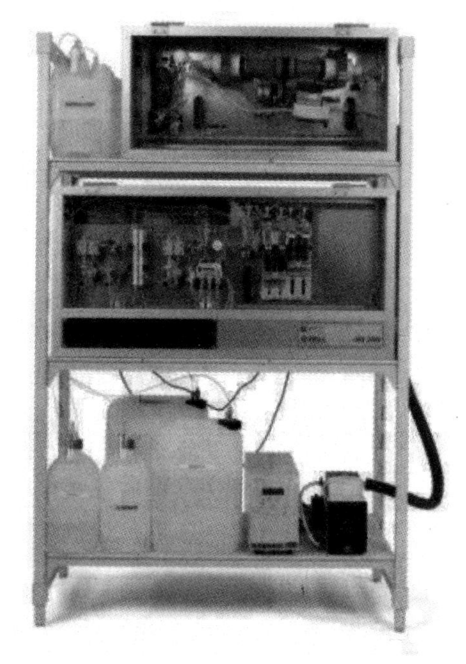

图 2 MARGA 在线气体及气溶胶成分监测系统

3 结果与讨论

3.1 水溶性离子平衡关系分析

阴阳离子当量浓度计算公式：

$$\sum 阴离子 = \frac{Cl^{-}}{35.453} + \frac{NO_3^{-}}{62.005} + \frac{SO_4^{2-}}{48.03}$$

$$\sum 阳离子 = \frac{Na^+}{23.0} + \frac{K^+}{39.08} + \frac{NH_4^+}{18.04} + \frac{Ca^{2+}}{20.004} + \frac{Mg^{2+}}{12.047}$$

根据当量浓度进行线性拟合，结果如图 2 所示阴阳离子间呈现良好的线性关系，相关系数 R^2 为 0.99，表明样品中各种主要离子测量完全且数据可靠，能代表 $PM_{2.5}$ 中主要水溶性离子成分。

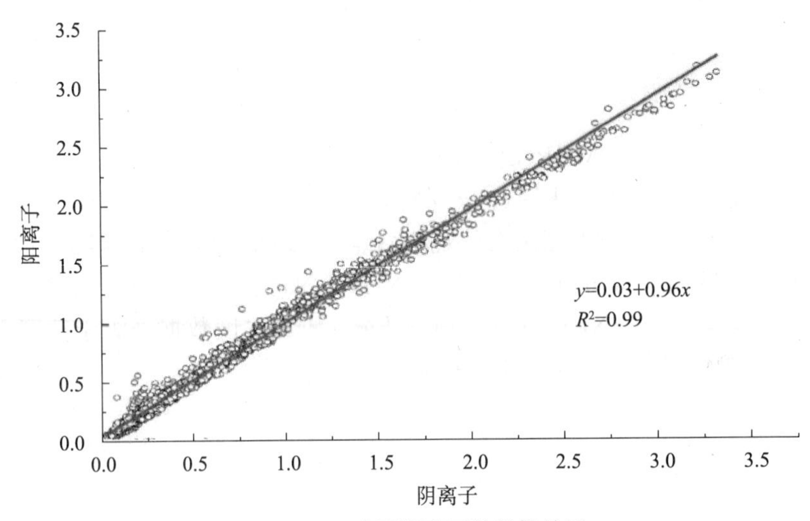

图 3　$PM_{2.5}$ 中阴阳离子的线性关系

3.2　水溶性离子总体特征分析

表 2.1 列出了南京草场门测点 2013 年 4 月至 12 月 $PM_{2.5}$ 中水溶性离子平均浓度 $PM_{2.5}$ 水溶性离子的平均浓度，可以看出水溶性离子的浓度范围 2.56～238.74μg/m³，平均值为 38.23μg/m³，水溶性离子组分占 $PM_{2.5}$ 质量浓度达 49.6%。$PM_{2.5}$ 中主要水溶性离子为 SO_4^{2-}、NO_3^- 和 NH_4^+，年均浓度分别为 14.46μg/m³、12.29μg/m³ 和 8.75μg/m³，分别占总水溶性离子的 37.8%、32.1% 和 27.1%，这三种离子占到总离子浓度的 93%，其他无机离子浓度 $Cl^- > K^+ > Ca^+ > Na^+ > Mg^{2+}$，年均浓度分别为 1.27μg/m³、0.86μg/m³、0.51μg/m³ 和 0.24μg/m³，Mg^{2+} 含量最低，只有 0.08μg/m³。

对比我国不同地区细粒子中主要可溶性离子浓度，我们可以看到：南京各水溶性离子浓度均显著高于大气背景站贡嘎山，SO_4^{2-}、NO_3^- 浓度和北京基本持平，但明显低于石家庄，济南等北方城市，高于同处长三角地区的上海。

表 1　南京 2013 年 $PM_{2.5}$ 水溶性离子浓度统计　　单位：μg/m³

		Cl^-	NO_3^-	SO_4^{2-}	Na^+	$NH4^+$	K^+	Mg^{2+}	Ca^{2+}
南京 4—12 月	平均	1.27	12.29	14.46	0.24	8.75	0.86	0.08	0.51
	最小值	0.00	0.55	0.85	0.00	0.71	0.00	0.00	0.00
	最大值	25.54	104.73	83.76	8.89	54.51	17.20	0.62	8.89
	标准偏差	2.04	14.24	10.38	0.46	7.64	0.85	0.07	0.51
	有效数据 N	5 520	5 560	5 563	6 045	5 581	5 581	5 581	5 581

表 2　南京全年水溶性离子平均浓度与国内各城市比较　　单位：μg/m³

采样地点	采样时间	Cl^-	NO_3^-	SO_4^{2-}	Na^+	NH_4^+	K^+	Mg^{2+}	Ca^{2+}
贡嘎山[4]	2005.12—2006.11	0.2	0.6	3.5	0.1	1.5	0.2	0.0	0.3
济南[5]	2007.12—2008.10	4.4	15.9	38.9	1.6	20.7	2.3	0.1	0.8
北京[6]	2009—2010	2.9	12.1	19.1	0.5	6.4	1.7	0.2	1.5
石家庄[7]	2009—2010	8.6	29.8	35.1	0.7	9.2	3.4	0.3	2.7
上海[8]	2003.9—2005.1	3.0	6.2	10.4	0.6	3.8	0.6	0.3	1.3
南京	2013.4—2013.12	1.3	12.3	14.5	0.2	8.8	0.9	0.1	0.5

3.3 水溶性离子浓度季节变化特征

3.3.1 各季节总体水溶性离子质量特征

根据南京季节气候特征以及本文中的观测时间段，对于四季的划分依次为春季（4—5 月），夏季（6—8 月），秋季（9—11 月），冬季（12 月）。图 3 给出了各离子的浓度及质量百分比的季节变化，可以看到，南京 $PM_{2.5}$ 中水溶性离子浓度春冬季明显高于夏秋季，冬季气溶胶离子组分浓度最高（53.11μg/m³），其次是春季（39.92μg/m³）和秋季（27.79μg/m³），最后是夏季（24.25μg/m³），这与近年对南京地区气溶胶水溶性离子组分研究结果相一致。冬季南京地区大气边界层低，多逆温，易形成静稳天气，不利于污染物的水平和垂直扩散，造成冬季颗粒物浓度明显偏高；夏季降水较多，对颗粒物清除作用明显，且夏季主导风向多为偏东风，气流来源较为清洁，同时大气边界层较高，水平和垂直扩散条件较好，造成夏季颗粒物中离子浓度较低。

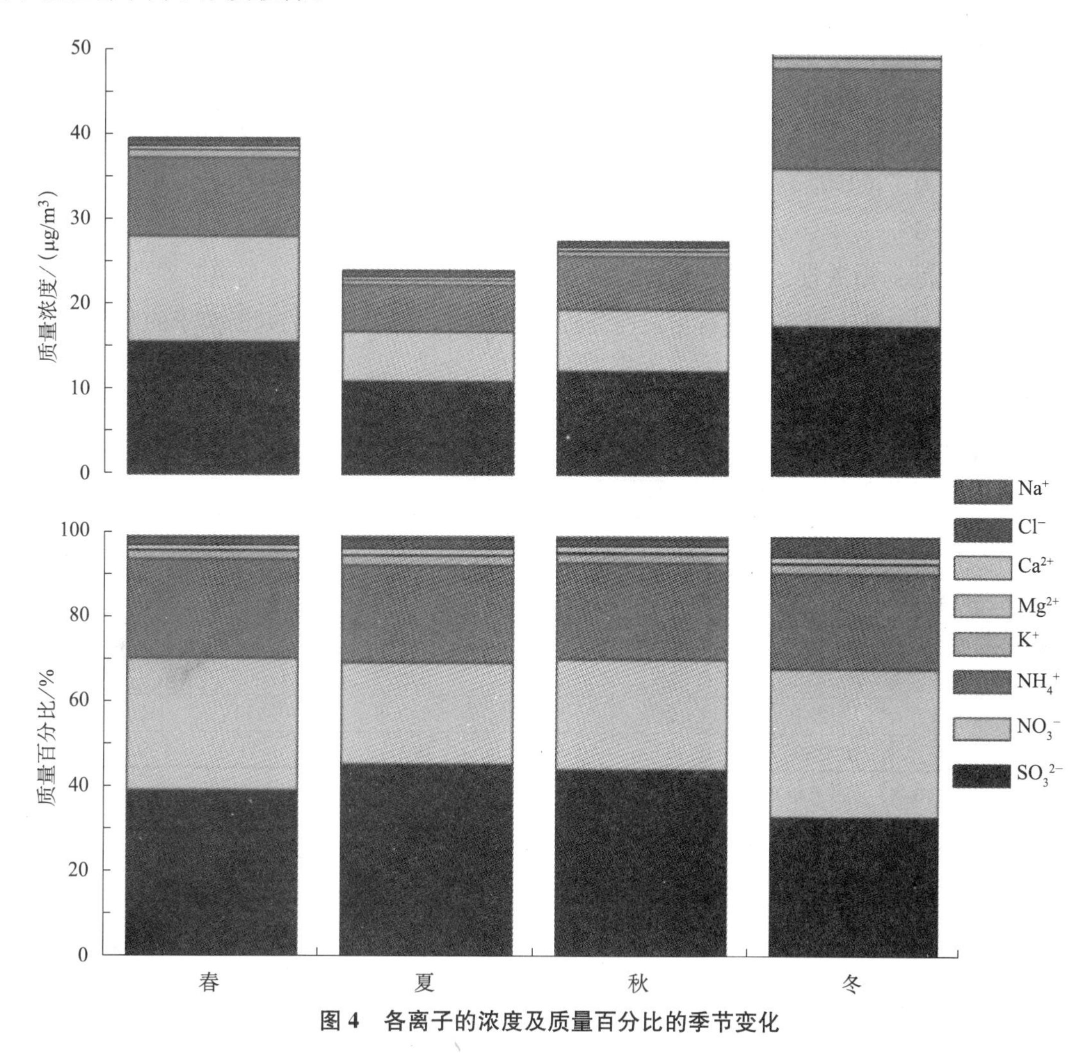

图 4 各离子的浓度及质量百分比的季节变化

3.3.2 不同水溶性离子质量分布特征

（1）SO_4^{2-}：

$PM_{2.5}$ 中 SO_4^{2-} 主要来自于 SO_2 的氧化，通常以（NH4）$_2SO_4$，NH_4HSO_4 和 H_2SO_4 的形式存在，且这些硫酸盐均是水溶性的。SO_4^{2-} 质量浓度冬季＞春季＞秋季＞夏季，但在 $PM_{2.5}$ 中质量百分比却是夏季＞秋季＞春季＞冬季。夏季气温升高，相对湿度增大，大气光化学氧化性增强，二氧化硫和氧化剂在云、雾水中或气溶胶液滴表面的非均相氧化反应也明显增强因此夏季 $PM_{2.5}$ 中硫酸盐是主要组成因子，占 $PM_{2.5}$ 组分的 45％左右。冬季的低温、低湿条件不利于 SO_2 的转化，但由于这一时期大气中 SO_2 质量浓度随冬季工业燃煤等污染源大量增加而达到最高，因此 SO_4^{2-} 质量浓度仍然最高。

（2）NO_3^-：

NO_3^- 的浓度季节变化为冬季＞春季＞秋季＞夏季。相关文献[9]指出：温度高于 30℃时大部分的硝酸盐将以气态形式存在，当温度低于 15℃时大部分的硝酸盐将以颗粒物的形式存在；在 15～30℃的范围内，虽然相对湿度也会影响这个平衡，但温度的影响更重要。冬季气温低，有利于气态 HNO_3 向硝酸盐转化，因此无论是质量浓度还是在 $PM_{2.5}$ 中的占比，硝酸盐均是冬季最高，同时冬季不利的气象扩散条件（逆温、边界层较低），客观上也加重了硝酸盐的生成的量，在四季中，冬季是唯一硝酸盐的平均超过硫酸盐的质量。

（3）NH_4^+：

氨是大气中唯一的碱性气体。NH_4^+ 的季节变化为冬季＞春季＞秋季＞夏季。NH_4^+ 则通常被认为是由氨气与大气形成的二次污染物硫酸或硝酸反应生成。冬季温度较低，抑制了硝酸铵的半挥发性，有利于硝酸盐以颗粒态形式存在[10]，同时冬季稳定的边界层条件有利于铵盐的累积。而夏季气温高，有利于铵盐的分解，使得 NH_4^+ 浓度降低。

其他微量离子（Cl^-、K^+、Mg^{2+} 和 Ca^{2+}）均是冬季最高，主要由于冬季不利的扩散条件下，污染物的累积导致 $PM_{2.5}$ 中离子浓度居高不下。而 Na^+ 主要来自海洋，受人为源影响较小，季节浓度变化为春季＞夏季＞秋季＞冬季。

3.4　各离子之间的相关性

通过对 $PM_{2.5}$ 中水溶性无机离子进行相关性分析（见表 3），可以简要的判断离子的形态、来源及相互关系。

表 3　水溶性离子相关性

	Cl^-	NO_3^-	SO_4^{2-}	Na^+	NH_4^+	K^+	Mg^{2+}	Ca^{2+}
Cl^-	1.000							
NO_3^-	0.726	1.000						
SO_4^{2-}	0.540	0.779	1.000					
Na^+	−0.008	−0.077	−0.069	1.000				
NH_4^+	0.699	0.948	0.930	−0.095	1.000			
K^+	0.742	0.720	0.595	0.152	0.693	1.000		
Mg^{2+}	0.358	0.281	0.195	0.390	0.236	0.411	1.000	
Ca^{2+}	0.332	0.233	0.125	0.172	0.176	0.41	0.742	1.000

注：均在 0.01 水平（双侧）上显著相关。

观测期间，NH_4^+ 和 SO_4^{2-} 和 NO_3^- 有着较好的相关性，相关系数分别达到 0.948 和 0.930，NH_4^+ 在气溶胶中和 NO_3^- 的结合形式相对单一，但与 SO_4^{2-} 却存在 2 种结合形式：NH_4HSO_4 和 $(NH_4)_2SO_4$，为了探究南京大气气溶胶中 NH_4^+ 与 SO_4^{2-} 的主要结合形式，通过查阅相关文献，根据 NH_4^+ 在不同化合物中化学计量比例对其进行了计算，方程（1）是以 NH_4NO_3 和 NH_4HSO_4 为基础的公式，方程（2）是以 NH_4NO_3 和 $(NH_4)_2SO_4$ 为基础的公式（C 代表气溶胶中离子浓度），计算实测值与计算值的线性关系。

$$Ccal(NH_4^+) = 0.29C_{NO_3^-} + 0.19C_{SO_4^{2-}} \quad (1)$$

$$Ccal(NH_4^+) = 0.29C_{NO_3^-} + 0.38C_{SO_4^{2-}} \quad (2)$$

由图 5 可以看出，以 NH_4HSO_4 和 $(NH_4)_2SO_4$ 形式存在的 NH_4^+ 斜率分别为 0.751 与 0.991，后者更接近实际值，说明南京气溶胶中 NH_4^+ 与 SO_4^{2-} 主要结合方式为 $(NH_4)_2SO_4$。这与银燕研究的南京大气细颗粒物化学组成中 NH_4^+ 与 SO_4^{2-} 结合方式结果相一致[11]。但是两种结合形式线性方程截距都不为 0，说明 SO_4^{2-} 与 NO_3^- 不仅与 NH_4^+ 形成了化物，还可能存在其他形式的硫酸盐与硝酸盐，如 K_2SO_4 和 KNO_3 等。

就其他离子相关性而言，K^+ 和 NH_4^+ 具有很好的相关性，表明两者均来自于农业活动和生物质的燃烧；Cl^- 与 SO_4^{2-} 的相关系数为 0.540，表明 Cl^- 除源于海盐外，可能还来源于燃煤；Ca^{2+} 和 Mg^{2+} 具有较

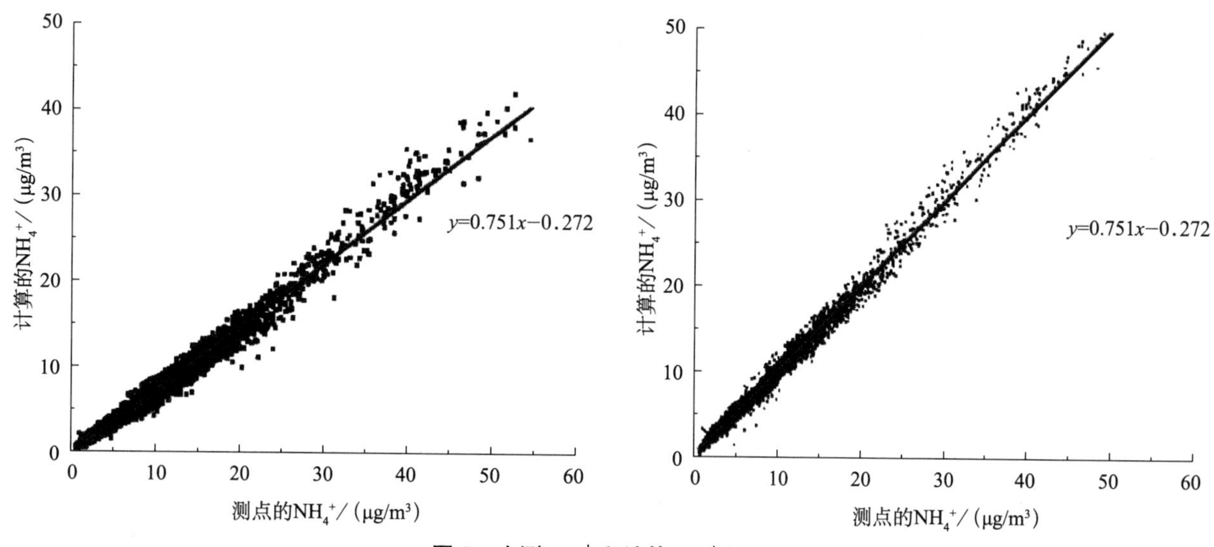

图 5　实测 NH_4^+ 和计算 NH_4^+ 相关性

好的相关性 R 为 0.742，土壤和道路扬尘是 Ca^{2+} 和 Mg^{2+} 的共同来源；K^+ 与 NO_3^- 和 Cl^- 的相关性也较高（0.742 和 0.720），故推测大气中 K^+ 可能以 KNO_3 和 KCl 的形式存在，同时颗粒物中 NO_3^- 和 Cl^- 可能具有某种共同的来源，可能因非海盐气溶胶中的 Cl^- 也部分来自于机动车尾气排放。

3.5　SO_4^{2-} 与 NO_3^- 质量比分析

大气气溶胶中 NO_3^- 和 SO_4^{2-} 的质量比可以用来比较固定源和移动源对大气中 NO_2 和 SO_2 贡献量的大小。NO_3^- / SO_4^{2-} 越大，说明汽车尾气等移动源对 NO_2 和 SO_2 的贡献量越大，NO_3^- / SO_4^{2-} 越小，说明煤烟等固定源对 NO_X 和 SO_2 的贡献量越大。对 $PM_{2.5}$ 的研究表明，发达国家 NO_3^- / SO_4^{2-} 在 1.33～2.20，代表发达国家移动源贡献为主[12]，下图是南京市 2013 年不同季节 NO_3^- /SO_4^{2-} 比值，由图可见 NO_3^- / SO_4^{2-} 值介于 0.53～1.06，比值较小，且低于发达国家水平，表明南京市燃煤等固定源对 NO_X 和 SO_2 贡献较大。夏季最低，冬季最高，夏季气温高，太阳辐射强，进入 $PM_{2.5}$ 中的铵盐在高温下易分解，从而导致低 NO_3^- / SO_4^{2-} 值较小，冬季气温低 $PM_{2.5}$ 中的铵盐不易挥发，SO_2 向硫酸盐的转化率也降低，同时冬季静稳天气较多，也有利于各种离子的累积，导致冬季 NO_3^- /SO_4^{2-} 值最高。

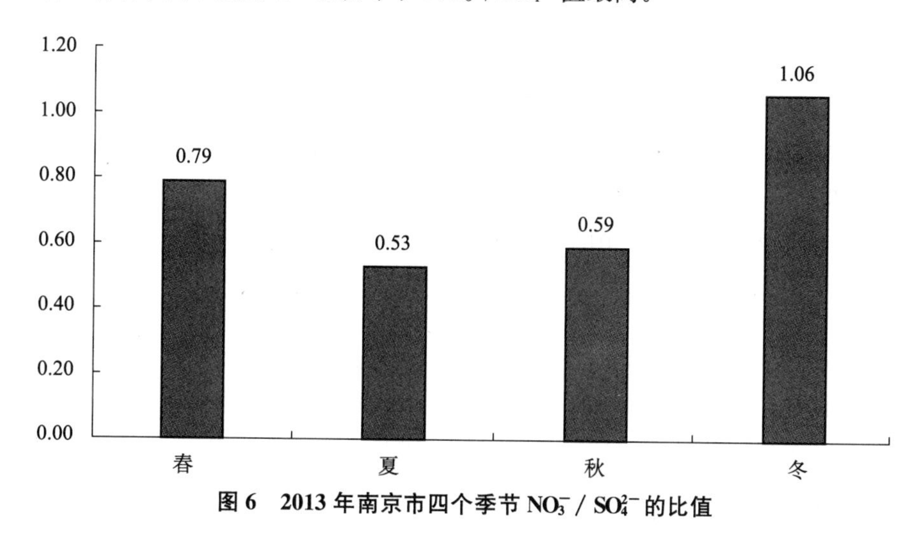

图 6　2013 年南京市四个季节 NO_3^- / SO_4^{2-} 的比值

4　结论

（1）2013 年 4 月至 12 月期间，南京市草场门测点 $PM_{2.5}$ 中水溶性离子平均值为 38.23μg/m³，占

$PM_{2.5}$含量达49.6%，其中SO_4^{2-}、NO_3^-和NH_4^+是$PM_{2.5}$的重要组分，这三种离子占总离子浓度的93%。

（2）从季节分布特征看，南京$PM_{2.5}$中水溶性离子总体质量浓度冬春季节高于夏秋季节，其中SO_4^{2-}、NO_3^-和NH_4^+质量浓度均是冬季>春季>秋季>夏季，其他微量离子（Cl^-、K^+、Mg^{2+}和Ca^{2+}）均是冬季最高，Na^+主要来自海洋，受人为源影响较小，季节浓度变化为春季>夏季>秋季>冬季。

（3）观测期间，NH_4^+和SO_4^{2-}和NO_3^-有着较好的相关性，相关系数分别达到0.948和0.930，南京$PM_{2.5}$中NH_4^+与SO_4^{2-}、NO_3^-主要结合方式为$(NH_4)_2SO_4$和NH_4NO_3，Cl^-与SO_4^{2-}的相关系数为0.540，表明Cl^-除源于海盐外，可能还来源于燃煤，Ca^{2+}和Mg^{2+}有着较好的相关性，土壤和道路扬尘可能是共同来源。

（4）南京市2013年不同季节NO_3^-/SO_4^{2-}比值，夏季最低，冬季最高NO_3^-/SO_4^{2-}值介于0.53～1.06，比值较小，且低于发达国家水平，表明南京市燃煤等固定源对NO_X和SO_2贡献较大。

参考文献

[1] Wang H，Shooter D. Water soluble ions of atmosphere aerosols in three New Zealand cities：seasonal changes and sources [J]. Atmospheric Environments，2001，35 (34)：6031-6040.

[2] 张予燕，任兰，孙娟，等. 南京大气细颗粒物中水溶性组分的污染特征 [J]. 中国环境监测，2013 (8)：25-28.

[3] 汤莉莉，沈宏雷，汤蕾，等. 冬季南京北郊大气气溶胶中水溶性阴离子特征 [J]. 大气科学学报，2013，36 (4)：489-498.

[4] 赵亚南，王跃思，温天雪，等. 贡嘎山大气气溶胶中水溶性无机离子的观测与分析研究 [J]. 环境科学，2009，30 (1)：9-15.

[5] 寿幼平. 济南大气$PM_{2.5}$中无线离子在线观测研究. 山东大学.

[6] Wang G，Tang A，et al. The ion chemistry and the source of PM $_{2.5}$ in Beijing [J]. Atmospheric Environment，2005，39 (21)：3771-3784.

[7] 赵普生，张小玲，孟伟，等. 京津冀区域气溶胶中无机水溶性离子污染特征分析 [J]. 环境科学，2011，32 (6)：1547-1553.

[8] Wang Y，Zhuang G S，Zhang X Y，et al. The ion chemistry seasonal cycle and source of $PM_{2.5}$ and TSP aerosol in Shanghai [J]. Atmospheric Environment，2006，40：2935-2952.

[9] Stelson A W and Seinfeld J H. Relative humidity and temperature dependence of ammonium nitrate dissociation constant [J]. Atmospheric Environemt，1982，16 (5)：983-992.

[10] 胡敏，何凌燕，黄晓锋，等. 北京大气细粒子和超细粒子理化特征、来源及形成机制 [M]. 北京：科学出版社，2009.

[11] 银燕，童尧青，魏玉香，等. 南京市大气细颗粒物化学成分分析 [J]. 大气科学学报，2009，32 (6)：723-733.

作者简介：丁峰（1983—），男，汉族，江苏淮安人，硕士，工程师，在南京环境监测站自动室从事空气质量预测预警工作。

南京草场门大气挥发性有机物特征分析

杨丽莉　胡恩宇　王美飞　王天任
南京市环境监测中心站，南京　210013

摘　要：建立了采用 SUMMA 不锈钢罐间隔不同时段采集样品，利用二级冷阱浓缩结合 GC/MS 法测定环境空气中 105 种挥发性有机物（VOCs）组分的方法，并研究了草场门环境空气中 VOCs 组成和日浓度变化特征。结果表明观测日浓度呈现烷烃＞苯系物＞卤代烃＞烯烃＞氯苯类的趋势，夜间明显高于日间浓度，烷烃显示机动车尾气和汽油挥发的贡献来源，而苯系物则显出日间机动车贡献较大，而夜间工业排放贡献明显的特征。

关键词：大气；挥发性有机物；日变化特征

The Characteristic Analysis of Volatile Organic Compounds in the Atmosphere of Caochangmen Site in Nanjing

YANG Li-li　HU En-yu　Wang Mei-fei　Wang Tian-ren
Nanjng Environment Monitoring Center，Nanjing　210013

Abstract：A method was developed to determinate 105 kinds of volatile organic compounds（VOCs）at ambient air in different period of time by GC/MS coupled with summa canister colletction-cold trap concentration. The compositions and diural variations rules of VOCs concentration in caochangmen ambient air were also studied. The results showed that the concentration of VOCs in one day had trend as follow：alkane ＞benzene hydrocarbon＞halohydrocarbon＞alkene＞chlorobenzenes. The concentration of VOCs at night were higher than in the daytime. Alkane was mainly contributed by motor vehicle exhaust and evaporation of gasoline. Benzene hydrocarbon was mainly contributed by automotive vehicle in daytime and industrial emissions at night.

Key words：atmosphere；volatile organic compounds；diural variations rules

1　引言

挥发性有机化合物（volatile organic compounds）定义有多种，美国联邦环保署（EPA）的定义：挥发性有机化合物是除 CO、CO_2、H_2CO_3、金属碳化物、金属碳酸盐和碳酸铵外，任何参加大气光化学反应的碳化合物。我国和世界卫生组织（WHO，1989）的相似，定义为熔点低于室温而沸点在 50～260℃之间的挥发性有机化合物的总称。虽然对挥发性有机物的定义较多，但是研究和控制重点在于对环境和人体健康有危害的化合物，主要是烷烃类、芳烃类、酯类、醛类和酮类等化合物，大概有 300 多种。随着研究的深入，发现这类化合物除了直接对人类呼吸系统、神经系统等有直接伤害，有的化合物还具有光化学反应性，对臭氧生成的贡献与挥发性有机物的化学组成和浓度水平有很密切的关系，城市地区容易形成围绕 VOCs 的光化学过程从而产生光化学烟雾污染。

我国也已有很多研究者参照国外关注的特征 VOC 组分，结合各种模型和实际情况进行分析，对大气中的 VOC 状况、来源、污染影响程度进行了初步研究。如解鑫等以广州为例分析了 VOC 组分在臭氧生成中的作用；应方等通过对杭州市道路空气中挥发性有机物的特征分析，得出机动车排放的烯烃和芳香烃是道路空气中主导的活性 VOC 物种的结论；陈文泰等估算了 VOC 对二次有机气溶胶（SOA）的生成贡献；王倩等研究了 VOC 对二次有机气溶胶的生成贡献及来源分析等；另外还有研究者开始对 VOC 健康风险评价进行研究，所有本文以不锈钢罐不同频次间隔采样，GC/MS 进行预浓缩分析，对 105 种 VOC 目标化合物进行分析，对南京市草场门一日数据进行统计，分析典型 VOC 物种以及浓度变化特征，结合 O3 等分析影响本地空气质量的主要 VOC 成分，初步分辨优先控制的 VOC 目标及可能的来源，对污染防治有一定的科学借鉴意义。

2 实验部分

2.1 仪器与试剂

6890-5975 气相色谱—质谱联用仪（美国安捷伦公司）；3550DS 预浓缩分析仪，3602 预浓缩自动进样装置，2200A 自动稀释仪，2100B 采样罐清洗仪（美国 Nutech 公司）。

6L TO-Can SUMMA 采样罐（硅烷化处理）（美国 Restek 公司）；2h、8h、12h 限流采样控制阀。

2.2 目标化合物

挥发性有机物标准气体（68 种组分，以烯烃、苯系物和氯氟烃为主，还有部分醛酮等含氧化合物；65 种组分，以烯烃、苯系物和卤代烃为主）1.0 ppm（美国 Spectra Gases Inc.），这两种标气所含化合物大部分比较重合；挥发性有机物标准气体（57 种组分，以烯烃、烷烃和苯系物为主）1.0 ppm（美国 Spectra Gases Inc.）；内标混合标准气体（4 种组分，溴氯甲烷，1，4-二氟苯，氘代氯苯和 4-溴氟苯）10 ppm（美国 Spectra Gases Inc.）。

2.3 样品采集和分析

采样地点：南京市环境监测站草场门大气监测站点楼顶。硅烷化 SUMMA 采样罐预先清洗干净抽成真空，连接不同类型的限流阀，在采样现场打开阀门，空气样品会在限定的时间内充满采样罐，采集此段时间的环境空气样品，分析结果为此段时间的平均值，采样结束后，旋紧采样罐阀门，尽快分析。

2012 年 9 月 26 日在南京草场门监测站点进行 24h 采样，从 0：00～24：00，选择 2h、8h 和 12h 3 种限流阀进行不同时段的采样，采集时间段覆盖 24h，测定值分别为 2h 平均、8h 平均和 12h 平均值。样品分析参照美国 EPA TO-14 方法，捕集管温度液氮冷却至－150℃，解析温度 150℃，吹扫温度 125℃，时间 30s，控制采集 500 ml 样品进行浓缩，经过两级冷阱聚焦后解析进入色谱系统分析。所用三种不同组成成分的标准物质，分别稀释配制低浓度标气进样分析，绘制校准曲线，由于标准样品和待测样品中添加的内标浓度一致，因此样品分析一次进行多次计算可汇总共 105 种 VOC 化合物，在实际测定中发现醛酮类化合物、高沸点烷烃等化合物的检出率很低，而其中 15 种苯系物、9 种烯烃、12 种卤代烃、12 种烷烃、6 种卤代苯能够明显定量检出，也能显示出时间变化趋势，本项目以此 54 种检出 VOC 组分进行统计分析。

3 结果

3.1 VOCs 浓度水平

2012 年 9 月 25 日，晴，昼夜湿度变化不大 36％～50％，东风，风速 1.2～3.4m/s，温度 19～28℃，日照充足，紫外线较强，比较有利于光化学烟雾的形成以及分析各种 VOC 的组成和变化情况。采集的全部样品中 2h 频次的 6：00～8：00 和 8h 频次的 16：00～24：00 的无效，其余样品分析结果满意，按 2h 频次样品分析结果显示，全天 54 种 VOC 总质量浓度水平在 36.0～159$\mu g/m^3$ 之间，总体积分数浓度水平在 10.0～42.4ppbv 之间。

3.2 环境空气主要 VOCs 种类特点

本次采样按照每 2h、每 8h、每 12h 间隔分别采集，分别测定值代表 2h 平均值、8h 平均和 12h 平均值，分别计算全天的浓度和比例分布，测定的 54 种 VOC 中主要检出 VOC 种类依次为烷烃、芳香烃（苯系物）、卤代烃、烯烃，还有少量的氯苯类化合物、萘、二硫化碳等，样品中检出浓度呈现烷烃＞苯系物>卤代烃>烯烃>氯苯类的趋势，与不少文献的研究结果相似。表1中列出各种类检出占比情况，可以看出全天采集样品的VOC种类占比平均值和采样频次间隔差别不大。烷烃和苯系物是本次测定中占比较高的种类，但是烷烃占比与文献报道的39%～60%相比明显较低，原因可能是本次监测所涉及的VOC化合物较文献组成、种类明显不同，文献报道的多是以烷烃、烯烃、芳香烃为主的标准物质进行定量，可检测的烷烃组分本来就占多数，除了烷烃、烯烃、芳香烃以外，还有卤代烃、氯苯类等常见VOC或者与温室效应有关的VOC组分，因此烷烃可能的占比有一定的下降，但是优势占比的特点是一致的。

表1　检出VOC种类组成比例

VOC种类	质量浓度占比/%			体积分数占比/%		
	2h频次	8h频次	12h频次	2h频次	8h频次	12h频次
烷烃	33.0	33.6	31.3	37.9	37.4	36.2
苯系物	27.1	27.2	29.6	23.0	22.6	25.5
卤代烃	18.3	18.2	19.8	17.2	19.2	16.0
烯烃	10.8	11.9	9.9	15.1	14.9	16.0
氯苯	6.4	5.3	5.1	3.5	3.0	3.0
萘	3.5	2.7	3.3	2.3	1.7	2.1
二硫化碳	0.8	1.1	1.1	0.9	1.2	1.2

在检出的VOC组分中烷烃主要包括C4～C7的烷烃组分，有正构烷烃、支链烷烃和环烷烃；烯烃主要包括C3～C5组分，有一烯烃和二烯烃；芳香烃为C6～C9的苯及苯的同系物；卤代烃主要为氟利昂、氯代甲烷、氯代乙烷、氯代乙烯等；卤代芳烃主要为1～3氯代苯；另外还有萘和二硫化碳。

分别对各类别VOC进行统计分析发现，所有样品中的烷烃类化合物比例最高的都是正戊烷，其次是正丁烷、异戊烷、异丁烷等；所有样品中的芳烃类化合物比例最高的都是甲苯，其次是苯、二甲苯、乙苯等；烯烃中比例最高的都是丙烯，其次是丁烯、丁二烯、异戊二烯等；而卤代烃没有特别优势组分，但是总体氟利昂的总占比较高，除了各种氯氟烃氟利昂类以外，最高占比的是氯甲烷、二氯甲烷、四氯化碳；氯代苯中都是1，4-二氯苯为主要优势组分，其次为1，2，4-三氯苯；可以看出虽然有着变化幅度，但优势种类相似，可以反映出本地特色。

3.3　环境空气典型VOCs的日变化和组成特征

观测当日（9.26）空气质量较好，各项指标按小时均值计算均能达到《环境空气质量标准》（GB 3095—2012）二级标准，采集VOC的频次按2h结果，其他指标均按1h均值进行比较。图1给出了观测日挥发性有机物总含量、O_3、二氧化氮（NO_2）和$PM_{2.5}$的变化情况。

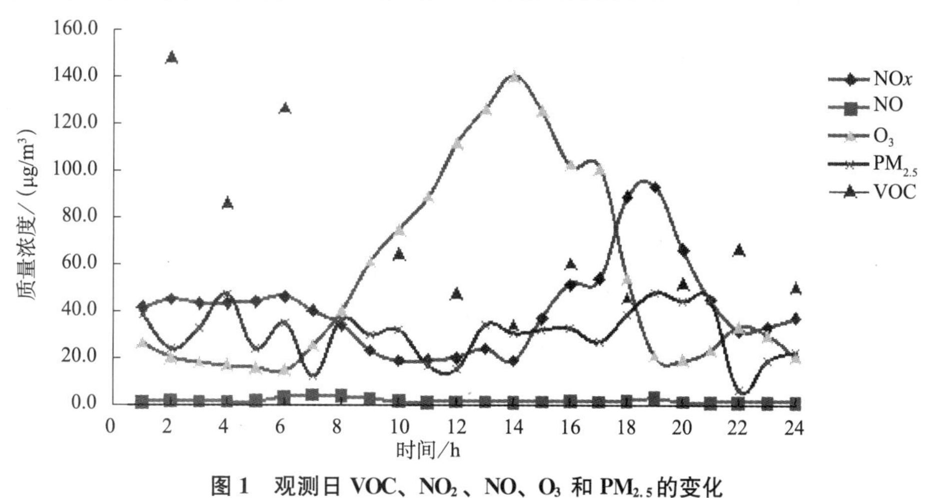

图1　观测日VOC、NO_2、NO、O_3和$PM_{2.5}$的变化

在当时的气象条件下气温较高（19～28℃）、风速较小（2～3 m/s）、晴天光照较强，有利于臭氧的生成，从图中可看出，臭氧变化的趋势和VOC和NO_2、NO是相反的，与文献报道的趋势是一致的。臭氧趋势是简单的单峰变化，小时均值从早 8：00 后逐渐加大，最大小时均值在下午 14：00—17：00 之间；而 VOC、NO 和 NO_2 峰值明显提前，在夜间 2：00 和早高峰的 6：00—8：00 出现两次峰值后各自变化又有不同，VOC 在中午之后逐渐平稳上升，NO_x则在午后明显上升，NO 在早晚高峰时段显示出双峰现象。

将本次测定的各种 VOC 种类汇总观察日变化情况，见图 2，变化趋势大致相同，都是在早晚出现浓度峰值，在中午光化学作用强烈的时候，浓度迅速降低，但是变化幅度有一定差别；各种类 VOC 所占百分比例变化幅度不大，但是变化趋势各有不同，其中苯系物和烯烃的占比趋势变化相反，烷烃虽然占比较高，但是变化幅度不大，也没有规律。

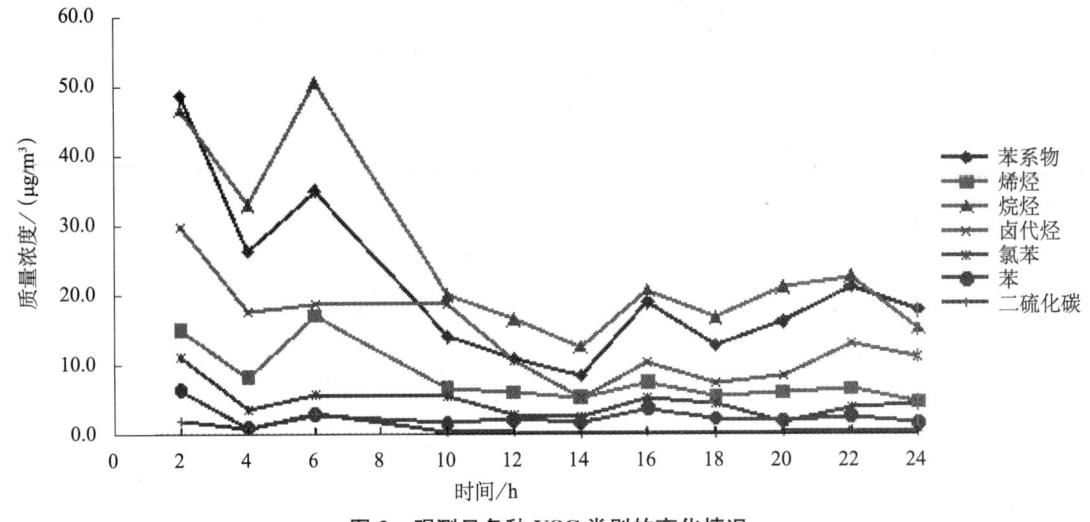

图 2　观测日各种 VOC 类别的变化情况

在检测的 VOC 组分中，有些化合物是代表排放源头的特征表征物，比如在城市大气中，芳香化合物、1-丁烯、顺 2-丁烯、1，3-丁二烯、戊烷等都是非常重要的人为源排放特征化合物，而异戊二烯就是植物释放特征物，这些 VOC 组分很多也是二次有机气溶胶前驱体和城市里二次有机气溶胶的主要组成部分以及和臭氧的生成相关性较强。

研究表明 C4、C5 的烯烃是烯烃组分中化学活性的主要贡献者，芳香烃是既影响环境空气质量，又是直接影响人体健康的有毒有害物质，也是研究关注的热点，来源比较广泛，常用苯与甲苯的质量浓度比值（B/T）来分析大气中 NMHCs（非甲烷烃）的来源，机动车排放尾气中 B/T 比值约为 0.5，如果有其他排放源则大于 0.5，本次监测期间采取了 2h、8h 和 12h 间隔频次的样品采集，3 种频次采样的 B/T 比值变化见图 3。

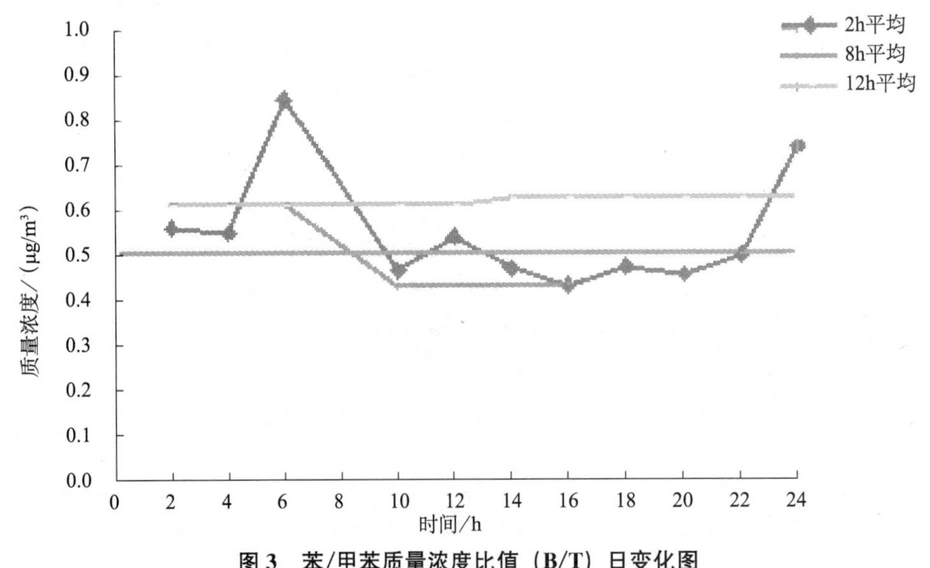

图 3　苯/甲苯质量浓度比值（B/T）日变化图

图中显示 2h 采样频次的可以显示出 B/T 变化的特征，在夜间至早高峰时段 B/T 大于 0.5，可以看出这段时间本地空气中除了机动车排放以外工业源可能是另外的贡献源。间隔累计采样的时间 8h 还能反映日变化的大致特征，12h 由于两个时段都包含日间和夜间，平均值差异不大，无法显示日间时间变化特征。因为苯系物占所有检出 VOC 的比例近 30%，来源也较为广泛，除了机动车还有工业源和燃烧源等，因此显示出大部分时间段 B/T 比值大于 0.5，说明空气中苯系物的来源贡献途径较多，特别是 22：00—6：00 的夜间，B/T 值明显升高，估计和工业源的夜间排放有较大关系。

大多研究认为各类源排放的特征物质如果相关性较好则能表示排放源相似，有研究表明乙苯和间/对二甲苯的来源相似，可以通过特征化合物的相关性大致判断来源是否一致。在监测的当日，和汽油车排放物质有关的 1-丁烯、异丁烯、顺-2-丁烯相关性很好，而 1,3,5-三甲苯和苯、甲苯的相关性稍差，说明苯和甲苯的来源更多一些，与 B/T 比值变化的特征显示一致；另外和柴油排放的特征物质异戊烷、戊烷、丙烯、顺-2-丁烯相关性大于 0.7，与汽油挥发相关的物质丁烷、2-甲基戊烷、3-甲基戊烷相关性较好，均大于 0.8，1,2-二氯乙烷与其的相关性也较好，可以大致确定这类物质基本来源于汽油油品的挥发；丁烷和异丁烯相关系数大于 0.8，显示了共同的液化石油气车的排放来源。另外车汶蔚的研究显示珠三角地区的 VOC 主要源头为机动车排放，在 VOC 贡献上能显出机动车的影响不可忽视，其中包含所用的油品挥发和相对环保的液化石油气车。在本次监测日，比较苯系物中苯、甲苯、乙苯、二甲苯的比例与机动车典型的比例 3：7：1：5 的关系并不相似，加上 B/T 比值的变化并不能得出 VOC 主要贡献为机动车，根据检测目标物的分析可以显示 C4-C6 烷烃、C3-C4 烯烃与机动车相关性较强，苯系物来源复杂，工业源特别是夜间排放的不容忽视，卤代烃类工业源更明显。

另外一种特殊的烯烃异戊二烯是植物排放的挥发性有机物的主要成分之一，是大气中重要的活性物质，也是研究较为广泛的物质，是公认的自然源的代表物质，而且随着气温的升高排放速率迅速增加，另外又是参与光化学反应的重要活性物质，图 4 给出观测日异戊二烯和臭氧的浓度变化曲线，可以看出异戊二烯呈现双峰，增长趋势与臭氧的增长相似，与其他参与臭氧生成的 VOC 趋势相反，与文献也是相似的，当日晴天有利于植物叶片异戊二烯的释放，也能说明植物排放在光化学污染形成中有着不可忽视的作用。

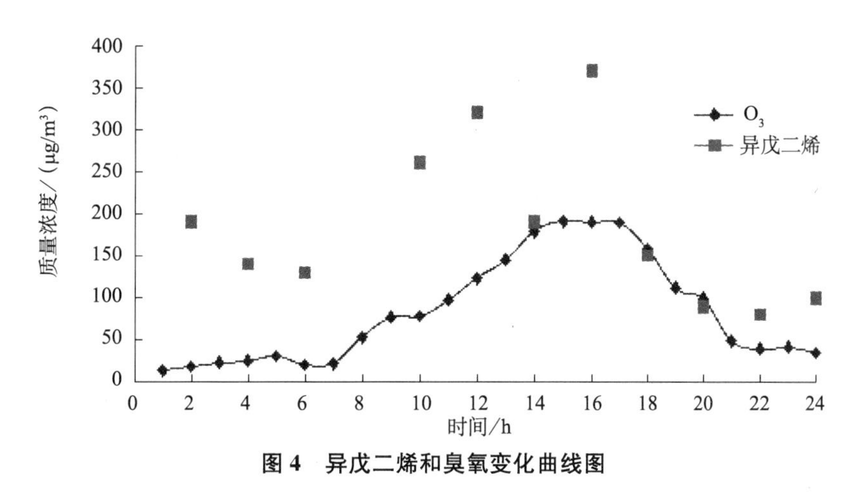

图 4　异戊二烯和臭氧变化曲线图

研究空气中 VOC 的主要目的还是对光化学反应的贡献和影响，有较多的研究关注特征指示物变化或者比值变化，衡量光化学反应的进度，根据文献和本次检测的指标，选择乙苯和间/对二甲苯的浓度比值作为特征物质对，乙苯和间/对二甲苯被认为是同一来源，而间/对二甲苯较为活泼，会不断参与化学反应，本次检测日的二者的相关性较好，相关系数 R^2 为 0.933，二者比值变化曲线在臭氧值达到峰值后比值越来越高，显示出二甲苯较乙苯的光化学活性高。

比较各种 VOC 可发现，虽然工业、生活、植物生长等排放的 VCO 种类很多，但是由于标准物质来源有限，监测手段有限，不可能对数量众多的 VOC 进行监测统计分析，这样会花费大量人力物力，可以分析监测获得的优势种类，结合本地的源头分析本地应该主要管理的排放源，做到有目的的监测和跟踪。

4 结论

采用硅烷化钢罐采集样品二级冷阱浓缩配合 GC/MS 可分析多种痕量 VOC 组分，在采集的样品中检出浓度呈现烷烃＞苯系物＞卤代烃＞烯烃＞氯苯类的趋势；总的 VOC 日变化趋势呈现早晚高，午间低的特征；各类别 VOC 种类分析显示出机动车和工业排放混合源的特点，烷烃显示机动车尾气和汽油挥发的贡献来源，而苯系物则显出日间机动车贡献较大，而夜间工业排放贡献明显的特征；植物排放也不能忽视。

作者简介：杨丽莉（1968—），女，研究员，主要从事环境中有机污染物分析监测研究。

闽江养殖区底泥耗氧量研究

郭　伟
福建省环境监测中心站，福州　350003

摘　要：本文通过对闽江尤溪口养殖区底泥耗氧量研究得出，底泥耗氧分为3个阶段，第一阶段底泥耗氧速率最大达到1.17 mg/（m^2·d），第三阶段底泥耗氧速率最小达到0.07mg/（m^2·d）；整个耗氧过程约在100min趋于稳定。

关键词：闽江；养殖区；底泥耗氧量

The Sediment Oxygen Demand in Fish Pond

GUO Wei
Environmental Monitoring center station of Fujian Provincte，Fuzhou 350003

Abstract：The sediment oxygen demand（SOD）in Minjiang of fish pond was studied in this paper. The oxygen consumption rate was 0.07～1.17mg/（m^2·d）in this fish pond. The SOD decreased as the time increased and the SOD close to zero after 100 min.

Key words：Minjiang River；fish pond；sediment oxygen demand（SOD）

随着社会发展和生活水平的提高，人们对河流的生态环境给予越来越多的重视。水体中溶解氧含量是影响水环境的重要因素，是作为评价水质的重要指标，对水体中生物的生长繁殖产生极大作用。但是受到严重污染的河流，很多污染物积累在底部，大量消耗氧气，底泥耗氧量（sediment oxygen demand，SOD）占了河流总耗氧的大部分，在特定的水体中，该比例可高达50％[1]。

底泥耗氧量通常指的是发生在底泥中生物和化学氧化过程中消耗水体溶解氧的量[2]。底泥生物作用对底泥中溶解氧影响主要表现为：底泥微生物利用氧气进行新陈代谢，分解有机物；同时，底泥是多种底栖生物生存活动的空间，底泥中生物活动对底泥的扰动会促使底泥中物质（如氧气、有机物，还有一些氨氮、硝酸盐等化学组分等）与水体交换量增加，加速了对水体溶解氧的消耗。底泥中生物数量、种群类型、生物活性等因素与底泥与生物作用密切相关，从而影响底泥耗氧量[3]。水体中含氮和含磷量在某种程度上也与SOD有一定相关性，但是这些相关性并未在所有研究中都显示[4]。底泥的生物扰动现象在湖泊和海洋中比较常见[5]，但在河流或水渠中也可能存在。本文以尤溪河尤溪口养殖区为对象，初步研究该区底泥耗氧情况，为尤溪口水产养殖提供科学依据。

1　材料与方法

1.1　试验方法

测定SOD的装置目前尚无统一规格，外形为圆柱或长方形[6,7]，材质多为有机玻或钢板[8,9]，本研究实验装置是由有机玻璃加工制作的圆柱状容器，内径30cm，高度30cm，同时该装置有较高的密闭性，可以防止外界氧气自由进入实验水体引起测定误差。根据Tohru Seiki等人的研究，下层底泥对SOD的贡献很小，SOD由表层仅0.5cm厚的底泥控制[10]。上覆水人工加待测底泥表层水，水质均一。因为上覆水的溶解氧浓度以及上覆水体积和底泥面积之比（V/A）对SOD的测定有重要影响，Tohru Seiki研究发现溶解氧大于2～3mg/L时生化SOD不受水体溶解氧浓度的影响[8]，而且V/A太小，上覆水需要不断补充，其流动可能导致底泥泛起，但是如果 V/A 太大，上覆水中DO消耗缓慢，测定时间过长，耗氧曲线线性差。上覆水水深一般大于10cm。根据以上分析本实验底泥厚度取10cm，上覆水通过人工充氧使其接近饱和，然后采用虹吸法注入实验装置，深度取12cm，缓缓放入溶解氧测定仪（溶氧仪带搅拌功能，放入前校准完毕，放置时轻拿轻放，以免扰动底泥），然后用封口膜将其口封住，以免空气进入，启动溶氧仪开始测定。同时用待测底泥表层水做空白实验。整个实验过程保持恒温。

1.2 底泥采集

底泥采样最重要的是要保持底泥受到的扰动最小，目前泥样采集方法可分为柱状采样器采集和挖泥机采集2种，而柱状采样器对底泥的扰动小，所以在目前研究中使用广泛。柱状采样器的内径在5～15cm之间，材质多为塑料[11-14]或铝质[12]，采样器杆一般是可伸缩型，最大长度在1～7m[11,13]，可以在岸边或船上采样，也有人工潜入水底采样的情况。

本次研究在尤溪口选择有代表性的样点，避开污染源，采用UWIDEC柱状采泥器采集底泥，采泥器外径7cm，内径6cm，底泥采上船后对底泥进行密封，立即带回实验室进行测定，并且保证时间间隔不大于6h。

2 结果分析

底泥耗氧总量随时间变化趋势如图1所示，从实验数据得出，SOD数据的变化分三个比较明显的阶段：0～30min、30～60min、60min至实验结束。第一阶段由于虹吸法注入上覆水可能对底泥有一定的扰动，因此溶解氧消耗比较快，SOD数值比较大，为1.17mg/（m²·d）；第二阶段溶解氧变化较缓，SOD数值为0.61 mg/（m²·d）而且曲线相关性较好，$R^2=0.911$；第三阶段溶解氧浓度趋于稳定，SOD数值为0.07 mg/（m²·d）。因此对于所研究区域底泥样品第二阶段是最佳测试时间。

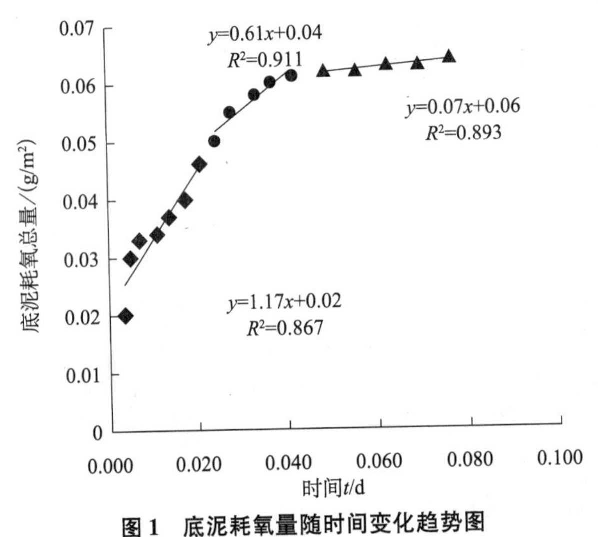

图1 底泥耗氧量随时间变化趋势图

底泥耗氧通常指的是发生在底泥中生物和化学氧化过程中消耗水体中溶解氧的量，此外上覆水的水流速度和水温与底泥耗氧量也有不同程度的相关性。本实验控制温度和水流流速不变，由于试验底泥为淤泥状底泥，颗粒比较细，更容易吸附水体中的有机颗粒[15,16]，为底泥生物的生长创造了良好的环境，生物作用引起底泥耗氧量的增加，因此本实验开始阶段可能是生物氧化和化学氧化一起作用，耗氧量比较显著，随着化学氧化作用的减弱耗氧量趋于平缓，直至稳定在一定水平。

3 结论

（1）通过对河流底泥耗氧研究，建立底泥耗氧随时间变化规律，底泥耗氧可以分为3个阶段，第一阶段耗氧较快，第二阶段耗氧变缓，第三阶段耗氧趋于平缓，基本保持不变。

（2）针对本次研究河段，底泥耗氧两约在100min之内趋于稳定。

参考文献

[1] HU W F, LO W, CHUA H, et a1. Nutrient release and sediment oxygen demand in a eutrophic land—locked embayment in Hong Kong [J]. Environment International, 2001, 26 (5): 369-375.

[2] GARCIA M H. Sedimentation engineering: processes, measurements, modeling and practice [M]. ASCE, 2008.

[3] 邓思思, David Z. Zhu (朱志伟). 河流底泥耗氧量测量方法及耗氧量影响因素, 水利水运工程学报 . 2013 (4) .

[4] HILL B H, HERLIHY T, KAUFMANN P R, et a1. Sediment microbial respiration in a synoptic survey of mid-Atlantic region streams [J]. Freshwater Biology, 1998, 39 (3): 493-501.

[5] ZHANG L, SHEN Q S, HU H Y, et a1. Impacts of corbicula fluminea on oxygen uptake and nutrient fluxes across the sediment water interface [J]. Water, Air&Soil Pollution, 2011, 220 (1-4): 399-411.

[6] 林卫青, 顾友直. 苏州河底泥的耗氧速率. 上海环境科学 . 2001, 20 (5) .

[7] Chen GH, I Man Leong, J Liu and Ju-chang Huang. Oxygen deficit determinations for a major river in estern Hong Kong. China Chemosphere, 1994, 41: 7-13.

[8] Belanger T V, Beutha. Oxygen demand in lake apopka Florida. Water Res. 1981, 15 (2): 267-274.

[9] Mackenthun A A, Heinz Steian. Effeet of flow velocity on sediment oxygen demand experiments. J. of Environ. Eng. 1998, 124 (3) .

[10] Tohru Se1ki, Hirofum Izawa, Etsuji Date et at. Sediment oxygen demand in hiroshnna bay. Water Res. 1994, 28 (2): 385-393.

[11] Truax D D. , Adnan Shindala, Hunter Sartain. Comparison of two sediment oxygen demand measurement teehriques. J of Environ Eng. 1995, 121 (9) .

[12] Shin W S. John H Pardue. Jackson W A. Oxygen demand and sulfate reduction in petroleum hydrocarbon contaminated salt marsh soils. Water Res. 2000, 34 (4): 1345-1353.

[13] Bowman G. T. and Delfino J. J. Sediment oxygen demand techniques: A review and comparison of laboratory and in situ systems. Water Res. 1986, 14 (3); 491-499.

[14] Veenstra J N, Nolen SL. In situSediment oxygen demand in five southwestern U. S. Lakes. Water Res. 1991, 25 (3): 351-354.

[15] LIU W C. Measurement of sediment oxygen demand for modelling dissolved oxygen distribution in tidal Keelung River [J]. Water and Environment Journal, 2009, 23 (2): 100-109.

[16] PARR L B, MASON C F. Causes of low oxygen in a lowland, regulated eutrophic river in Eastern England [J]. Science of the Total Environment, 2004, 321 (1-3): 273-286.

作者简介：郭伟 (1980. 9—)，工作于福建省环境监测中心站，工程师，主要从事水质监测及研究工作，单位位于福建省福州市福飞南路 138 号。

包头市城市扬尘中多环芳烃的污染特征及来源解析

周海军[1,2]　刘　涛[1]　李　婧[1]　智　颖[1]　唐含英[1]
谢　非[1]　目仁更[1]　闫丽娟[1]
1. 内蒙古自治区环境监测中心站，呼和浩特　010011；
2. 内蒙古大学生命科学学院，呼和浩特　010021

摘　要：对46个包头市城市扬尘样品中16种EPA优控多环芳烃的含量、污染特征进行了分析，使用特征比值法和主因子分析法对其来源进行了解析。16种多环芳烃总量介于2 868～14 218μg/kg之间，平均值为7 404μg/kg，以3～4环多环芳烃为主，占总多环芳烃的48.0%～86.4%，平均占74.5%。特征比值和主成分分析表明，包头城市扬尘中多环芳烃主要来源为煤和生物质燃烧源占27.1%，液体燃料燃烧源占26.4%。

关键词：城市扬尘；多环芳烃；特征比值；主成分分析；来源解析

Characteristics and Sources of Polycyclic Aromatic Hydrocarbons in Baotou Fugitive Dust

ZHOU Hai-jun[1,2]　LIU Tao[1]　LI Jing[1]　ZHI Ying[1]　TANG Han-ying[1]
XIE Fei[1]　MU Ren-geng[1]　YAN Li-juan
1. Environmental monitoring center station of Inner Mongolia Autonomous Region，Hohhot 010011
2. College of life science，Inner Mongolia University，Hohhot 010021

Abstract：Forty-six urban fugitive dust samples were collected from Baotou. Sixteen polycyclic aromatic hydrocarbons (PAHs) in the United States Environmental Protection Agency (US EPA) priority controlled list were determined. Total PAHs concentrations ranged from 2 868～14218μg/kg，with a mean value of 7 404μg/kg. 3-ring and 4-ring PAHs accounted for 48.0%～86.4% of the total PAHs，with a mean value of 74.5%. The diagnostic ratios and Principal component analysis (PCA) indicated that biomass and coal combustion and liquid fossil fuel combustion were major sources of polycyclic aromatic hydrocarbons in Baotou fugitive dust，explained 27.1% and 26.4% of the total variance of the raw data.

Key words：fugitive dust；polycyclic aromatic hydrocarbons；diagnostic ratios；Principal component analysis；source apportionment

多环芳烃（polycyclic aromatic hydrocarbons，PAHs）指由两个及两个以上苯环稠合而成的一类广泛存在于环境中的持久性有机污染物[1]。它具有远距离迁移性、难降解性和生物累积性等特点，且部分单体具有“致癌、致畸、致突变”的性质[1,2]。1976年美国环境保护总署（EPA）确定其中的萘（Nap，2环）、苊（Acy，3环）、二氢苊（Ace，3环）、芴（Fl，3环）、菲（Phe，3环）、蒽（Ant，3环）、荧蒽（Flu，4环）、芘（Pyr，4环）、苯并［*a*］蒽（BaA，4环）、䓛（Chr，4环）、苯并［*b*］荧蒽（BbF，5环）、苯并［*k*］荧蒽（BkF，5环）、苯并［*a*］芘（BaP，5环）、二苯并［*a*,*h*］蒽（DBA，5环）、苯并［*g*,*h*,*i*］苝（BP，6环）、茚并［1,2,3-*cd*］芘（InP，6环）16种PAHs作为优先控制对象。随着工业化和城市化的快速发展，煤、石油等化石燃料在生产、生活中被广泛使用，以化石燃料燃烧为主的人类燃烧活动成为环境中 PAHs 的主要来源[3]。

内蒙古是中国的煤炭大省，为了提高当地煤炭资源的就地转化和利用效率，“十二五”期间大力发展了煤化工产业，而多环芳烃是煤化工行业的主要污染物之一，且有毒性大，难降解等特点[4]。本研究选择包头市主城区，采集城市扬尘样品，分析 EPA 优控 16 种多环芳烃的含量、污染特征，使用特征比值法和主成分分析法对其来源进行了解析。

1　材料与方法

1.1　样品采集

2014 年 6 月在包头市主城区居民楼 2 楼以上窗台，使用排笔采集窗台上积累的灰尘，每个样品采集 300g。去除蚊虫等杂质、过 200 目尼龙筛，装入封口袋带回实验室，－20℃保存。采样点位如图 1 所示。

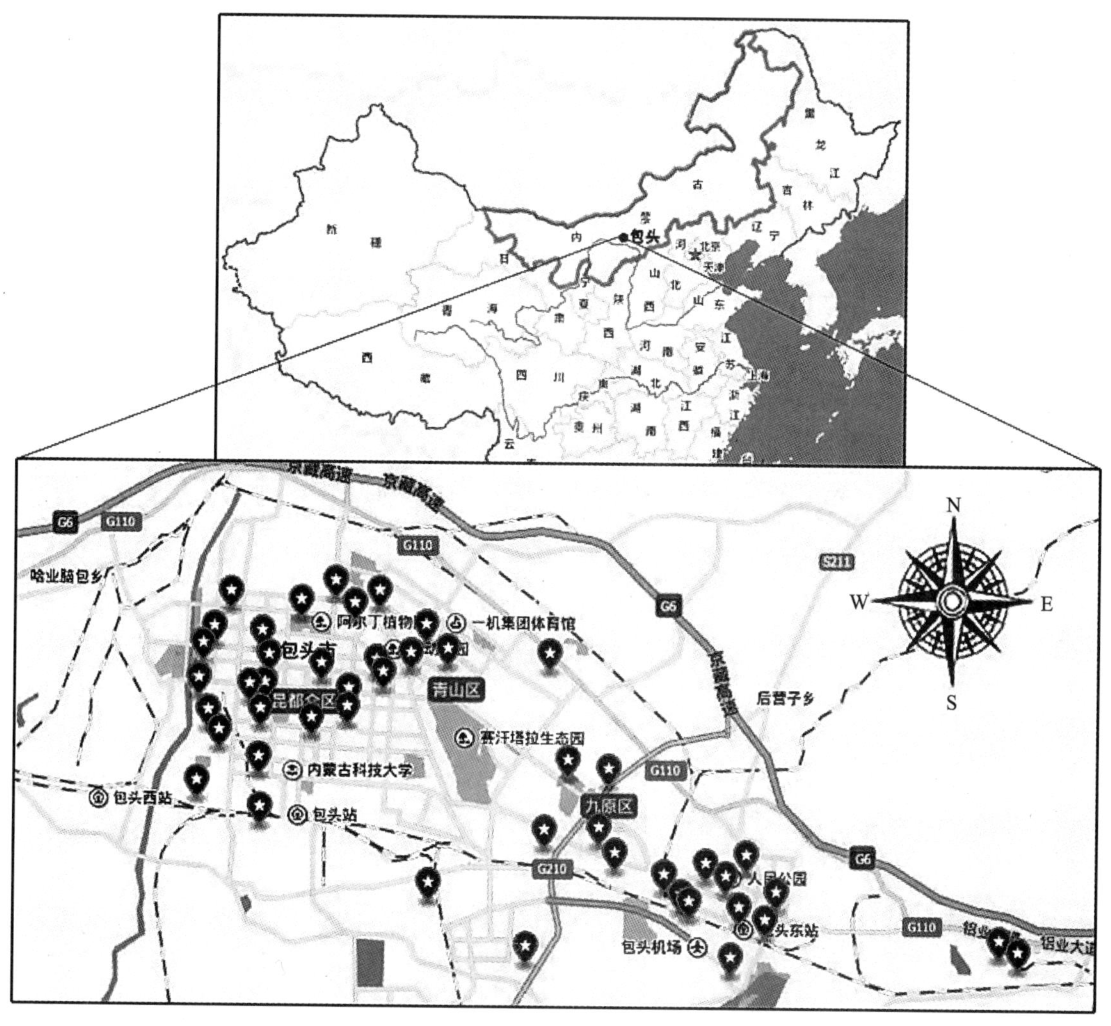

图 1　采样点位示意图

1.2　仪器与试剂

Agilent1200 高效液相色谱仪，FOSS ST310 索氏抽提系统，东京理化 N-1001 旋转蒸发仪，北京同泰联 TTL-dcⅡ型氮吹仪，SUPELCO 固相萃取仪。乙腈、丙酮、二氯甲烷等有机溶剂均为 HPLC 级，弗罗里硅土小柱（1g，6ml），EPA610 16 种多环芳烃混合标准溶液（0.2mg/ml）。

1.3　样品分析

称取 5g 灰尘于索氏提取器滤筒中，使用 40ml 二氯甲烷/正己烷（1∶1）混合溶液回流 16h，冷却至室温，提取液在旋转蒸发仪上浓缩至1ml，加入3ml正己烷，再浓缩至1ml待净化。1g弗罗里硅土柱为净化柱，先用4ml二氯甲烷活化，再用6ml正己烷平衡净化柱（当2ml正己烷流过净化柱后，关闭活塞，使正己烷在柱中停留5min），弃去流出液。在溶剂流干之前，将浓缩后的样品溶液加到柱上，再用3ml正己烷分3次洗涤装样品的容器，将洗涤液一并加到柱上，弃去流出的溶剂。用6ml二氯甲烷/正己烷（1+1）洗涤吸附有样品的净化柱，待洗脱液流过净化柱后关闭流速控制阀，让洗脱液在柱中停留5min，再打开控制阀，接收洗脱液至完全流出，收集洗脱液于10ml离心管中。氮吹仪浓缩至0.5～1.0ml，加3ml乙腈继续浓缩至0.5～1.0ml，用乙腈定容至1ml，待分析。

使用多环芳烃专用色谱柱HX736091 HPLC Column 250×4.6mm LiChrospher PAH（5μm），乙腈、水梯度洗脱（50%乙腈保持5min，20min后乙腈比例线性升至100%，保持10min，10min后再线性降至50%），1ml/min流速，30℃柱温，20μl进样量，紫外254nm波长下测定。

1.4 质量控制与质量保证

每批样品测定均采取了空白样品、加标回收率测试等质量控制手段，除了萘的回收率（56.3%）较低外，其余15种PAHs的回收率为68.0%～90.7%。方法检出限为0.023～2.3μg/kg。

2 结果与讨论

2.1 PAHs污染特征

所有样品中16种PAHs全部检出，总PAHs的含量介于2 868～14 218μg/kg之间，平均值为7 404μg/kg。7种致癌PAHs的含量介于701.6～4 352μg/kg之间，平均值为1 703μg/kg，BaP含量介于34.35～762.7μg/kg之间，平均值为239.2μg/kg（见表1）。与国内研究区域相比，总PAHs含量与BaP含量明显高于广州城市降尘，与香港特区室内灰尘接近，远低于天津市降尘。与国外研究区域相比，总PAHs含量与BaP含量明显高于巴基斯坦拉合尔地面尘，稍高于意大利巴勒莫室内尘。（详见表2）。

表1 城市扬尘中PAHs含量、BaP毒性当量含量（n=46） 单位：μg/kg

PAHs	PAHs范围	PAHs均值±SD	TEF	TEQ_{BaP}范围	TEQ_{BaP}均值±SD
NaP	36.41～587.4	275.0±120.0	0.001	0.036 4～0.587 4	0.275 0±0.120 0
Acy	143.0～1952	667.7±340.4	0.001	0.143～1.952 3	0.667 7±0.340 4
Ace	365.7～2982	1356±572.7	0.001	0.365 7～2.982 5	1.356±0.572 7
Fl	21.11～265.5	121.2±50.5	0.001	0.021 1～0.265 5	0.121 2±0.050 5
Phe	485.2～2 483	1246±390.1	0.001	0.485 2～2.482 6	1.246±0.390 1
Ant	8.038～134.2	63.37±28.77	0.01	0.080 4～1.341 6	0.633 7±0.287 7
Flu	429.0～3 146	1346±506.6	0.001	0.429～3.145 9	1.346±0.506 6
Pyr	56.07～1 447	291.1±221.5	0.001	0.056 1～1.447 1	0.291 1±0.221 5
BaA	25.57～279.1	112.9±52.08	0.1	2.557～27.91	11.29±5.208
Chr	55.05～810.8	340.4±169.5	0.01	0.550 5～8.108	3.404±1.695
BbF	26.14～597.2	95.7±118.5	0.1	2.614～59.72	9.566±11.85
BkF	83.92～1246	422.2±242.0	0.1	8.392～124.6	42.22±24.20
BaP	34.35～762.7	239.2±136.7	1	34.35～762.7	239.2±136.7
DBA	7.793～2 775	277.6±475.1	1	7.793～2 775	277.6±475.1
BP	111.5～850.4	334.3±190.6	0.01	1.115～8.504	3.343±1.906
InP	101.7～538.4	215.1±91.29	0.1	10.17～53.84	21.51±9.129
∑PAHs	2 868～14 218	7 404±2 281	—	231.8～3102	614.0±497.1
Car-PAHs	701.6～4 352	1 703±705.5	—	226.8～3096	604.8±496.8

注：致癌性多环芳烃（Car-PAHs）包括BaA、Chr、BbF、BkF、BaP、DBA和InP。毒性当量因子TEF引自文献[5]。

表 2　不同研究区域尘土中多环芳烃含量对比　　单位：μg/kg

研究区域	样品类型	样品数	采样时间	BaP 含量		PAHs 含量		PAHs 种类	文献来源
				范围	平均值	范围	平均值		
天津	降尘	26	2002.3—8	20～2 770	568.3	1 030～48 190	21 000	16	[6]
广州	城市降尘	96	2010.08	40～540	240	840～12 300	4 800	16	[7]
香港	室内尘	55	2010	110～2 280	380	1 640～27 300	6 180	16	[8]
拉合尔	地面尘	26	2014	1.1～757	102	16.1～6 757	1 528	16	[9]
巴勒莫	室内尘	45	2007	1.8～608	112	36～34 453	5 111	16	[10]
本研究	城市扬尘	46	2014.06	34.35～762.7	239.2	2 868～14 218	7 404	16	—

16 种 PAHs 主要以 3 环（46.6%）和 4 环（28.0）为主，2 环（3.8%）、5 环（14.2%）、6 环（7.5%）PAHs 含量较低。其中三环的 Ace、Phe 和四环的 Flu 含量较高，分别占总 PAHs 含量的 18.2%、17.1 和 18.2%（见图 2）。

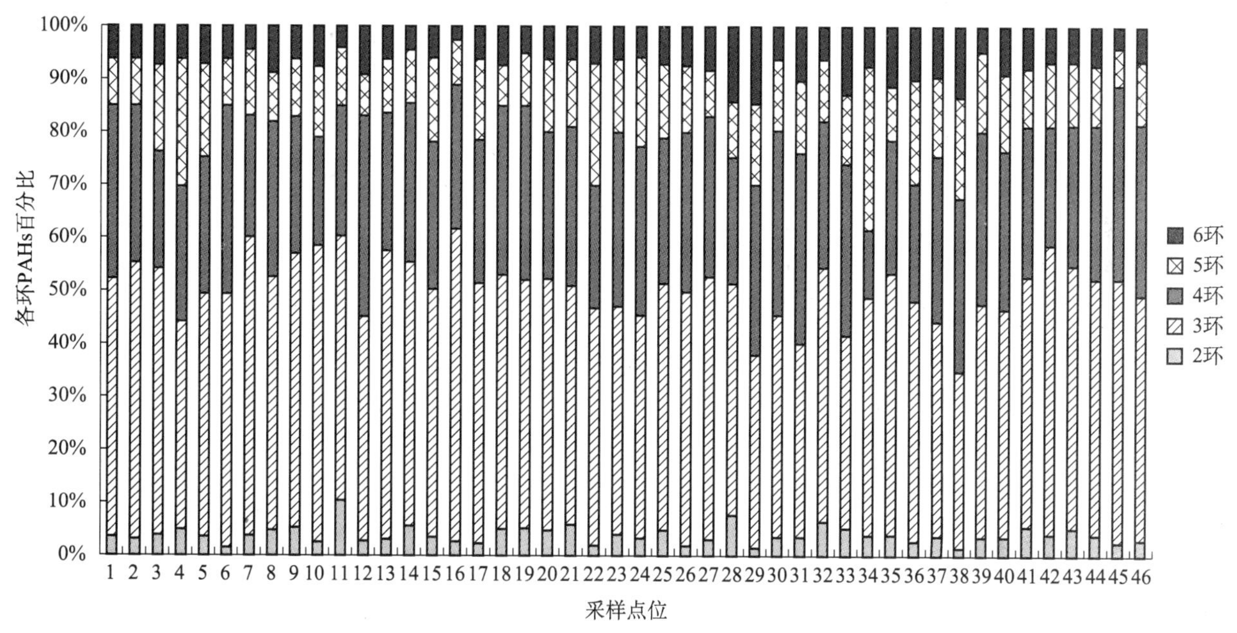

图 2　城市扬尘中各环 PAHs 的百分比

2.2 PAHs 来源解析

2.2.1 特征比值法

不同污染源排放的 PAHs 组分及其比值有所不同，因此 Flu/（Flu＋Pyr）、BaA/（BaA＋Chr）、InP/（InP+BP）等比值常用于解析 PAHs 的来源。Flu/（Flu+Pyr）小于 0.4 表示石油源，介于 0.4～0.5 之间表示石油燃烧源，大于 0.50 属于煤和生物质燃烧源；BaA/（BaA+Chr）比值小于 0.20 属于石油源，介于 0.20～0.35 之间属于石油燃烧源，大于 0.35 属于煤或生物质燃烧源；InP/（InP+BP）比值小于 0.20 属于石油源，介于 0.20～0.50 之间属于石油燃烧源，大于 0.50 属于煤或生物质燃烧源[11,12]。如图 3（a）、图 3（b）所示，本研究中 46 个点位 Flu/（Flu+Pyr）比值介于 0.56～0.95 之间，平均值为 0.83，均大于 0.50，属于煤和生物质燃烧源；BaA/（BaA+Chr）比值介于 0.06～0.57 之间，平均值为 0.27，属于石油和燃烧混合源；BaA/（BaA+Chr）比值介于 0.15～0.56 之间，平均值为 0.41，属于石油和燃烧混合源。

2.2.2 主成分分析法

通过 SPSS19.0 主成分分析，提取出 4 个因子，累计方差贡献率为 72.0%。各主成分因子载荷列于表 3。因子 1 方差贡献率为 27.1%，其中 Ant、Flu、Pyr、Chr、BkF、BaP、BP、InP 因子载荷较高，可定

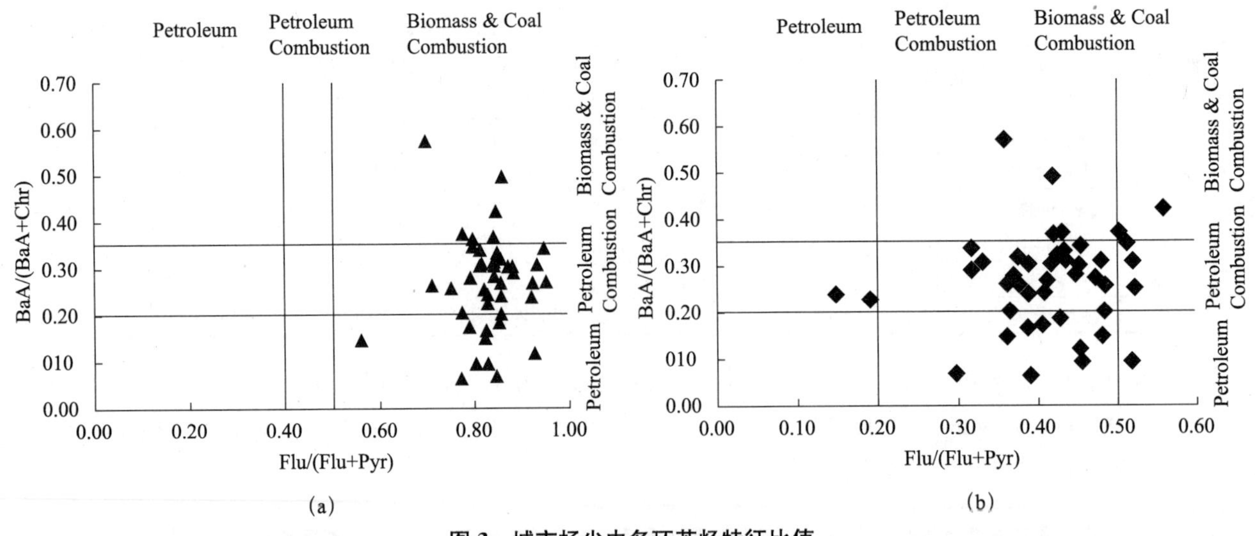

图 3 城市扬尘中多环芳烃特征比值

义为煤和生物质燃烧源。因子 2 方差贡献率为 26.4%，其中 Ace、Acy、Fl、Phe、Flu、Chr 因子载荷较高，可定义为液体燃料燃烧源。

表 3 城市扬尘样品中成分分析

PAH	成分			
	因子 1（27.1%）	因子 2（26.4%）	因子 3（10.0%）	因子 4（8.5%）
NaP	0.165	0.394	0.428	−0.231
Ace	0.092	0.851	0.094	0.023
Acy	0.247	0.801	0.046	−0.221
Fl	0.317	0.759	0.055	−0.059
Phe	0.298	0.828	0.258	−0.055
Ant	0.405	−0.031	0.564	0.488
Flu	0.504	0.690	0.286	0.161
Pyr	0.672	0.332	0.074	−0.024
BaA	−0.001	0.751	−0.221	0.013
Chr	0.772	0.445	0.175	0.050
BbF	0.004	−0.009	−0.065	0.860
BkF	0.490	0.204	0.194	−0.462
BaP	0.946	0.103	0.106	0.020
DBA	0.070	−0.032	−0.887	0.099
BP	0.808	0.086	−0.024	−0.111
InP	0.893	0.196	−0.053	0.059

注：大于 0.4 加粗表示。

2.3 PAHs 风险评价

通过下列公式计算 BaP 总毒性当量浓度（TEQ_{BaP}）。

$$TEQ_{BaP} = \sum_{i=1}^{n}(C_i \times TEF_i)$$

式中：TEQ_{BaP}是总毒性当量浓度，μg/kg；Ci 是第 i 个 PAHs 的质量浓度，μg/kg; $TEFi$ 是第 i 个 PAHs 的毒性当量因子。

结果显示，总毒性当量浓度介于 231.8～3 102μg/kg，平均为 614.0μg/kg，7 种致癌 PAHs 毒性当量浓度介于 226.8～3 096μg/kg，平均为 604.8μg/kg。7 种致癌 PAHs 毒性当量浓度占 16 种 PAHs 毒性当量浓度的 98.1%，其中 BkF、BaP 和 DBA 为主要对 PAHs 总毒性当量浓度有贡献的 PAHs，占总 PAHs

毒性当量浓度的 88.8%。

3 结论

（1）包头市主城区 46 个城市扬尘样品中 16 种多环芳烃总量的范围为 2 868～14218μg/kg，平均值为 7 404±2 281μg/kg。主要以 3～4 环多环芳烃为主，占总多环芳烃的 48.0%～86.4%，平均占总多环芳烃的 74.5%。

（2）特征比值法和主成分分析法来源解析结果一致，包头城市扬尘中多环芳烃主要来源为煤和生物质燃烧源占 27.1%，液体燃料燃烧源占 26.4%。

（3）16 种 PAHs 的总毒性当量浓度为 614.0μg/kg，7 种致癌 PAHs 毒性当量浓度 604.8μg/kg，其中 BkF、BaP 和 DBA 为主要对 PAHs 总毒性当量浓度有贡献的 PAHs，占总 PAHs 毒性当量浓度的 88.8%。

参考文献

[1] 侯艳伟，张又弛．福建某钢铁厂区域表层土壤 PAHs 污染特征与风险分 [J]．环境化学，2012，31（10）：1542-1548.

[2] 王学彤，贾英，孙阳昭，等．典型污染区农业土壤中 PAHs 的分布、来源及生态风险 [J]．环境科学学报，2009，29（11）：2433-2439.

[3] Jones K C，Straford J A，Waterhouse K S，et al. Increases in the polynuclear aromatic hydrocarbon content of an agricultural soil over last century [J]． Environmental Toxicology and Chemistry，1989，23：95-101.

[4] 周海军，孙文静，团良等．重点污染源企业周边农田土壤中多环芳烃污染水平与风险评价 [J]．环境化学，2013，32（10）：1976-1982.

[5] Tsai P J，Shih T S，Chen H L，et al. Assessing and predicting the exposure of PAHs and their carcinogenic potencies from vehicle engine exhausts to highway toll station workers [J]． Atmospheric Environment，2004，38（2）：333-343.

[6] 吴水平，兰天，左谦，等．天津地区一些降尘中多环芳烃的含量与分布 [J]．环境科学学报，2004，24（6）：1066-1073.

[7] WeiWang，Min-juan Huang，YuanKang et al. Polycyclic aromatic hydrocarbons（PAHs）in urban surface dust of Guang zhou，China：Status，sources and human health risk assessment [J]． Science of the Total Environment，2011，409，4519-4527.

[8] Yuan Kang，Kwai Chung Cheung，Ming H Wong. Polycyclic aromatic hydrocarbons（PAHs）in different indoor dusts and their Potential cytotoxicity based on two human cell lines [J]． Environment International，2010，36，542-547.

[9] Atif Kamal，Riffat Naseem Malik，Tania Martellini et al. Cancer risk evaluation of brick kiln workers exposed to dust bound PAHs In Punjab province（Pakistan）[J]． Science of the Total Environment，2014，493，562-570.

[10] Maria Rosaria Mannino，Santino Orecchio. Polycyclic aromatic hydrocarbons（PAHs）in indoor dusts matter of Palermo（Italy）area：Extraction，GC-MS analysis，distribution and sources [J]． Atmospheric Environment，2008，42，1801-1807.

[11] Yunker MB，Macdonald RW，Vingarzan R et al. PAHs in the Fraser River basin：a critical appraisal of PAH ratios as indicators of PAH source andcomposition [J]． Org Geochem，（2002）33：489-515.

[12] Bucheli TD，Blum F，Desaules A，et al. Polycyclic aromatic hydrocarbons，black carbon，and molecular markers in soils of Switzerland. Chemosphere，(2004) 56：1061-1076.

致谢：现场采样工作由内蒙古自治区环境监测中心站刘涛、智颖、郑全利等同志协助完成，在此表示感谢。

作者简介：周海军（1981—），男，蒙古族，内蒙古通辽市人，内蒙古自治区环境监测中心站，工程师，博士，主要从事有机污染物监测与研究工作。

近年我国地表水总磷污染状况及分布特征初析

嵇晓燕　刘廷良　孙宗光

中国环境监测总站，北京 100012

摘　要：采用2008—2013年的地表水监测数据进行分析。全国地表水总磷平均浓度虽呈下降趋势，但总磷仍是地表水污染的主要因子之一。主要江河的总磷浓度远高于重要湖库，主要江河总磷浓度的平均值基本是重要湖库平均值的2倍多。重要湖库总磷平均浓度在2008—2013年均超地表水Ⅲ类水质标准。总磷污染分布特征表现在：七大流域总磷浓度均有超标，海河、黄河和淮河流域污染较重；海河流域总磷浓度年均值超标率历年均在50%左右，海河流域总磷年均值的最大超标倍数一直是七大流域中最高的；海河和黄河流域近两年出现加重的趋势。七大流域支流污染均重于干流。七大流域干流断面总磷浓度绝大部分都能满足地表水Ⅲ类水质标准，个别地区会出现污染情况。七大流域支流的总磷浓度变化较大，污染分布不均匀；海河支流的断面超标率和断面最大超标倍数均是七大流域中最高的。“三湖”总磷年均浓度虽然呈现变化，但均超地表水Ⅲ类水质标准；“三湖”中滇池的污染最重；滇池总磷年均浓度最高，远高于太湖、巢湖和其他重要湖库。

关键词：地表水；流域；总磷；污染；分布特征

Primary Discussion on Distribution Characteristic of Total Phosphorus Pollution of Surface Water in China in Recent Years

JI Xiao-yan　LIU Ting-liang　SUN Zong-guang

China National Environmental Monitoring Center，Beijing 100012

Abstract：Data of surface water monitoring are analyzed from 2008 to 2013. The average concentration of surface water TP is decreasing，but TP is still one of main factors of surface water pollution. The TP average concentration of main rivers is higher than the one of important lakes. The TP average concentration of main rivers is two times more than the one of important lakes. The TP average concentration of important lakes is more than Ⅲ surface water quality standard every year. There is distribution characteristic of TP pollution in China. In every basin，the TP average concentration is over the standard in some place. TP pollution is more serious in HAIHE，HUANGHE and HUAIHE basin. The TP average concentration exceeding rate is about 50% in HAIHE basin. The maximum exceeding multiple of TP average concentration in HAIHE basin is highest among seven basins. TP pollution is getting worse in HAIHE and HUANGHE basin. TP pollution of minor rivers is more serious. The TP average concentration of most main river sections is less than Ⅲ surface water quality standard. The TP average concentration is over the standard in individual sections. The TP average concentration of minor rivers varies largely. Pollution distribution is not even. Exceeding rate and maximum exceeding multiple of minor rivers in HAIHE basin are highest among seven basins. The TP average concentration of Three Lakes is more than Ⅲ surface water quality standard every year. TP pollution in DIANCHI Lake is the worst among Three Lakes. The TP average concentration of DIANCHI Lake is higher than other important lakes.

基金项目：国家水体污染控制与治理科技重大专项（2014ZX07502—002）。

Key words: surface water; basin; total phosphorus; pollution; distribution characteristic

为了防治地表水污染，国家一直把化学需氧量和氨氮作为地表水污染减排的两大抓手。殊不知总磷也已经成为全国地表水污染的重要因子。水体富营养化是一个世界性问题，在导致水体富营养化的营养物质中，磷是多数淡水水体中藻类生长的限制性因子[1,2]。国际上一般认为水体总磷浓度超过 0.02 mg/L 时易发生湖泊富营养化[1,3]。我国的许多湖泊都处于富营养化状态或即将变成富营养化状态，部分河流也频繁出现蓝藻暴发，总磷污染的危害越来越显现出来。

总磷的污染主要来源于面源，治理难度大，应该近早引起重视。目前为止，没有相关文献对全国总磷的污染状况做过分析研究。本文首次采用国家地表水环境质量监测网的监测数据，对全国地表水的总磷污染状况及分布特征进行初步的分析，对于总磷的污染防治工作有着重要的、积极的意义。

1 数据及评价方法

1.1 数据来源和断面分布

从 2008 年开始，国家地表水环境质量监测网全面监测总磷，因此采用地表水国控监测网 2008—2013 年的监测数据进行分析。

2008—2011 年地表水国控监测网共监测 759 个断面（点位），包括：长江、黄河、珠江、松花江、淮河、海河和辽河七大江河水系，太湖、滇池和巢湖环湖河流，以及浙闽片河流、西北诸河和西南诸河等共 320 条河流的 604 个断面，太湖、滇池、巢湖等 28 座重点湖库的 155 个点位。2012 年以来，在原有基础上优化调整为 972 个监测断面（点位），形成长江、黄河、珠江、松花江、淮河、海河、辽河、浙闽片河流、西北诸河和西南诸河以及太湖、滇池和巢湖环湖河流等共 423 条河流的 766 个断面，太湖、滇池和巢湖等 62 座重要湖库的 206 个点位。目前七大流域和重要湖库的监测断面和点位分布如表 1 和表 2 所示。

表 1 七大流域监测断面分布

流域名称	长江流域	黄河流域	珠江流域	松花江流域	淮河流域	海河流域	辽河流域
断面个数	160	61	54	88	95	64	55
监测河流条数	82	19	32	35	63	43	19

表 2 重要湖库监测点位分布

流域名称	太湖	巢湖	滇池	其余重要湖库
断面个数	20	8	10	168
监测湖库个数	1	1	1	59

1.2 评价方法

水体水质状况的评价指标为《地表水环境质量标准（GB 3838—2002）》表 1 中的 21 项指标，即：pH 值、溶解氧、高锰酸盐指数、化学需氧量、五日生化需氧量、氨氮、总磷、铜、锌、氟化物、硒、砷、汞、镉、铬（六价）、铅、氰化物、挥发酚、石油类、阴离子表面活性剂和硫化物。采用单因子评价法。

超标评价标准为《地表水环境质量标准（GB 3838—2002）》中各指标的Ⅲ类水质标准。其中总磷河流断面的Ⅲ类水质标准是 0.2 mg/L，湖库点位的Ⅲ类水质标准是 0.05 mg/L。

主要污染指标的确定方法为：将水质超过Ⅲ类标准的指标按其断面超标率大小排列，取断面超标率最大的前几项为主要污染指标。断面超标率的计算公式如下：

$$\text{断面超标率}=\frac{\text{某评价指标超过Ⅲ类标准的断面（点位）个数}}{\text{断面（点位）总数}}\times 100\% \tag{1}$$

超标倍数的计算公式如下：

$$\text{超标倍数}=\frac{\text{某指标的浓度值}-\text{该指标的Ⅲ类水准的标准}}{\text{该指标的Ⅲ类水准的标准}} \tag{2}$$

2 污染状况及分布特征

2.1 总体情况

采用前文所述的21项指标进行评价，全国地表水2008年呈中度污染，2009—2013年，均呈轻度污染，主要污染指标为化学需氧量、总磷和五日生化需氧量，总磷的断面超标率仅次于化学需氧量。主要江河总体2008年和2009年呈中度污染，2010—2013年均呈轻度污染，主要污染指标基本为化学需氧量、氨氮、五日生化需氧量、总磷和高锰酸盐指数，总磷也是主要的超标因子。2008—2013年，处于污染状态的重要湖库的主要污染指标均为总磷、化学需氧量和高锰酸盐指数，总磷是湖库污染的最主要因子。

近年来，全国地表水、主要江河和重要湖库的总磷年均浓度呈逐渐下降趋势，全国地表水由0.22 mg/L降为0.13 mg/L，主要江河由0.25 mg/L降为0.15 mg/L，重要湖库由0.10 mg/L降为0.06 mg/L。主要江河总磷浓度的平均值高于全国地表水和重要湖库的平均值，且主要江河总磷浓度的平均值基本是重要湖库平均值的2倍多。主要江河总磷平均浓度在2008—2009年均为Ⅳ类水质，2010—2013年满足地表水Ⅲ类水质标准（GB 3838—2002）；重要湖库总磷平均浓度在2008—2013年均超地表水Ⅲ类水质标准（GB 3838—2002）。

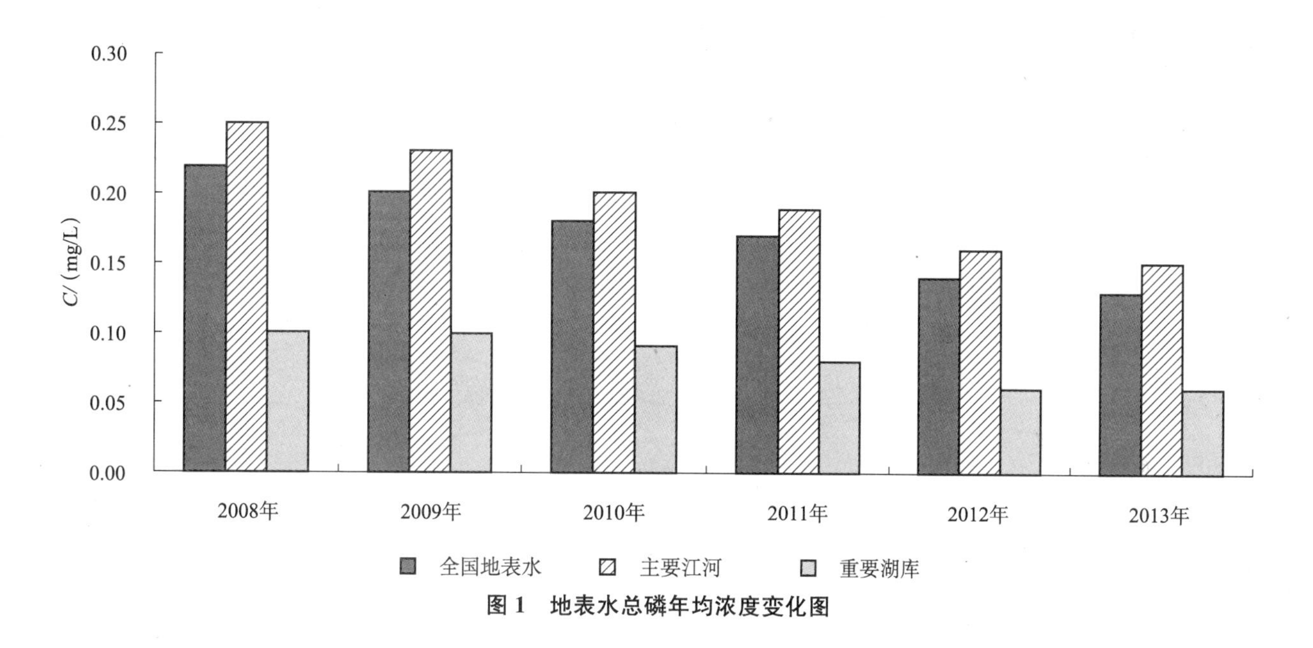

图1 地表水总磷年均浓度变化图

2.2 七大流域

2.2.1 流域总体情况

七大流域总磷年均浓度呈现不同的变化趋势：海河流域由2008年的0.68 mg/L下降到2013年的0.39 mg/L，下降了43%，但仍超地表水Ⅲ类水质标准，且2013年较2012年升高了5%；黄河流域由2008年的0.25 mg/L下降到2013年的0.19 mg/L，下降了24%，但2013年较2012年升高了19%；淮河和松花江流域呈现下降趋势，由超地表水Ⅲ类水质标准变为满足地表水Ⅲ类水质标准，2013年年均浓度分别为0.17 mg/L和0.13 mg/L，较2008年分别下降29%和38%；辽河、长江和珠江流域呈现波动下降趋势，分别下降45%、38%和20%。

七大流域总磷年均值超标率呈现波动变化：海河流域超标最严重，半数断面总磷年均值超标；其次是淮河、黄河和辽河流域，与2008年相比，虽然超标率略有下降，但仍在20%左右；长江和松花江流域在波动中略有下降，目前维持在10%左右；珠江流域基本没有大的变化，仅个别河段总磷超标。

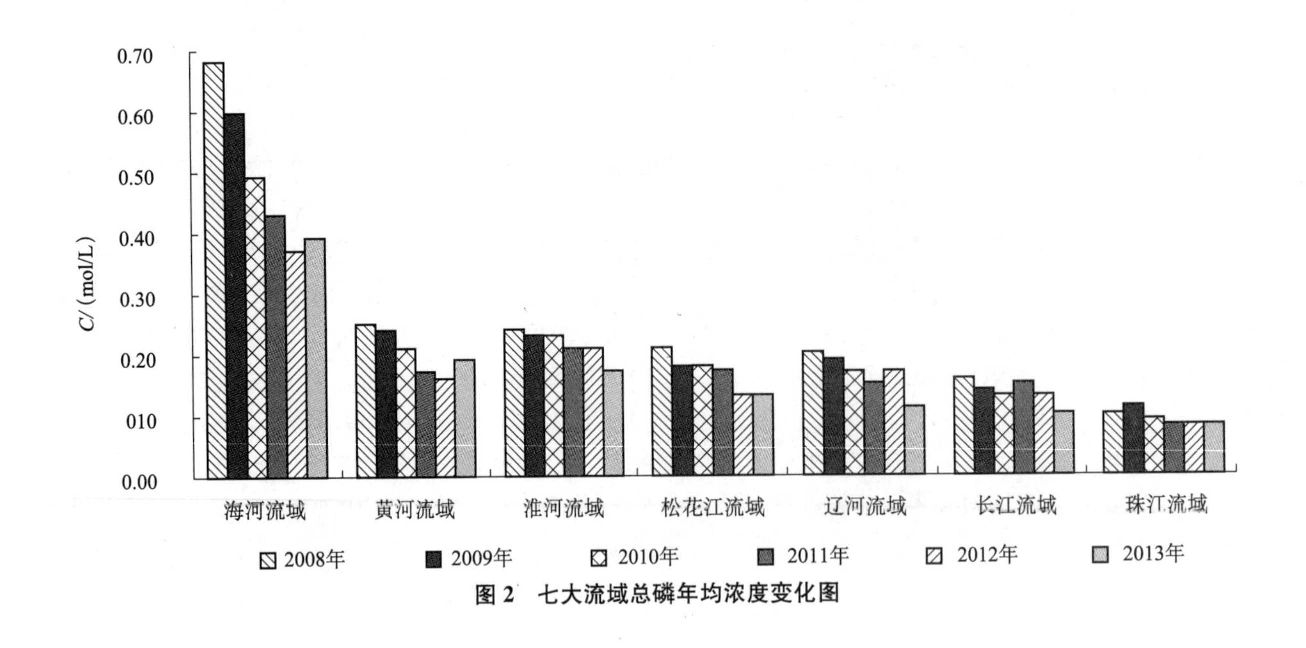

图 2 七大流域总磷年均浓度变化图

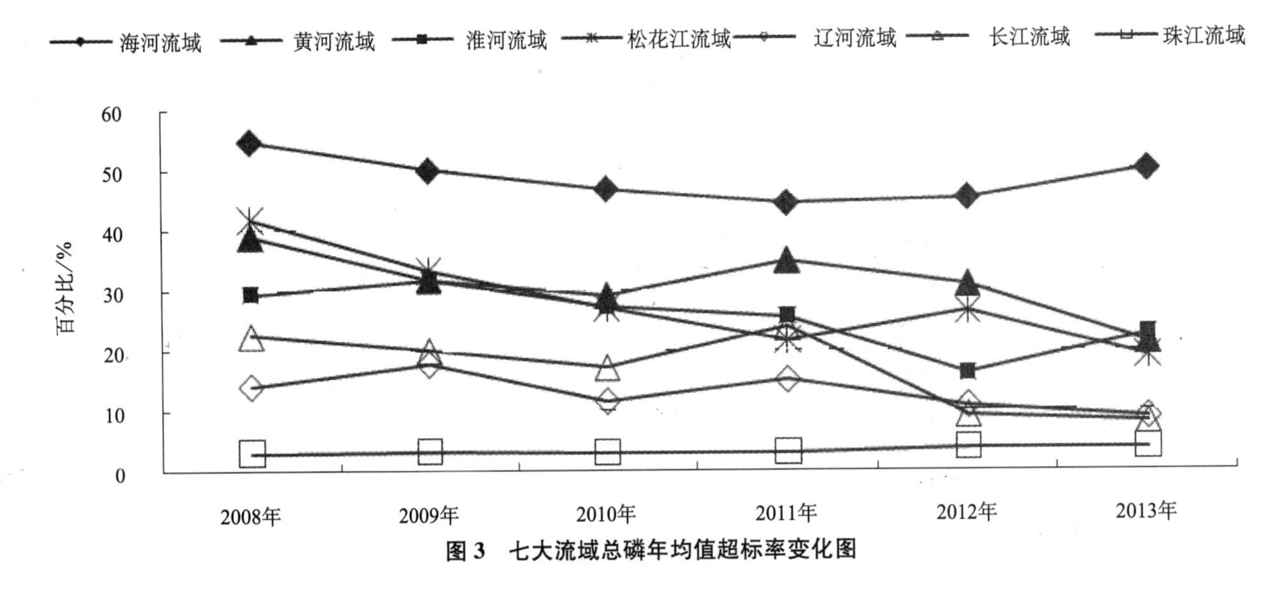

图 3 七大流域总磷年均值超标率变化图

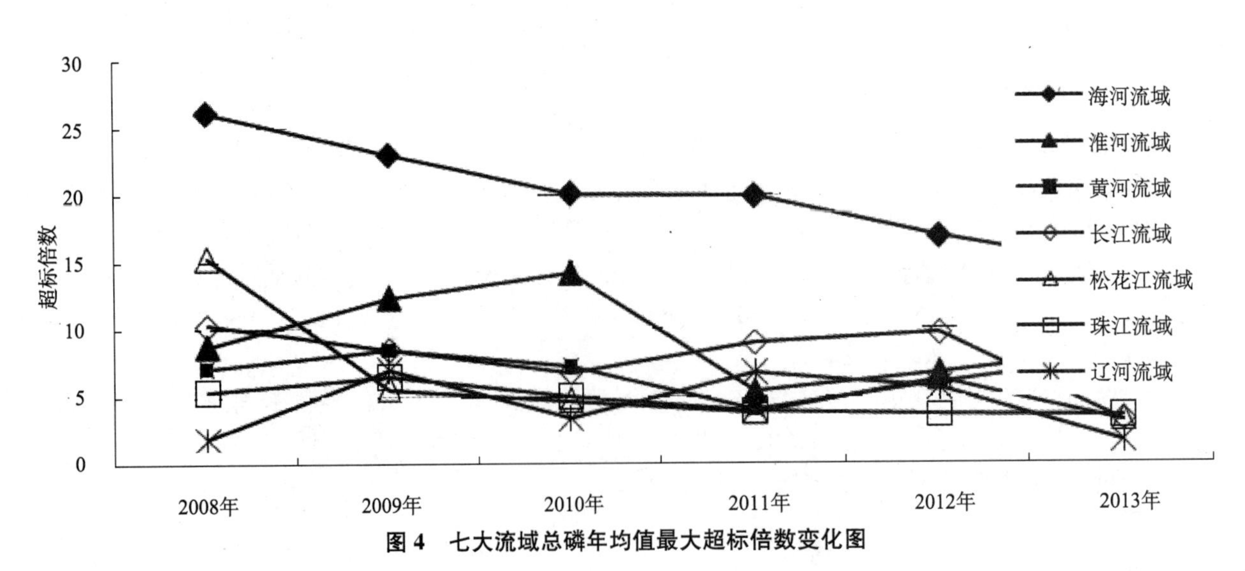

图 4 七大流域总磷年均值最大超标倍数变化图

七大流域总磷年均值最大超标倍数呈现不同的变化趋势：与 2008 年相比，海河流域呈下降趋势，但 2013 年仍超地表水Ⅲ类水质标准 15 倍，2008—2013 年，海河流域总磷年均值的最大超标倍数一直是七大流域中最高的；淮河流域和黄河流域呈现波动变化，2013 年和 2008 年基本一致，均在 8 倍左右；长江和松花江流域呈现波动下降趋势，由 2008 年的十几倍降到 3 倍；珠江流域在 4～6 倍间波动变化；辽河流域在 2～7 倍间波动变化。

2.2.2 干流情况

七大流域干流沿程的总磷年均浓度呈现不同的变化。

长江干流和黄河干流总磷浓度沿程均呈波动变化，基本都满足地表水Ⅲ类水质标准，仅仅是长江四川省宜宾市挂弓山断面、上海市朝阳农场断面和黄河河南省三门峡市风陵渡大桥断面出现过超标。挂弓山断面 2008 年和 2009 年均超标 0.06 倍；朝阳农场断面 2009—2012 年超标，最高值出现在 2011 年，超标 0.24 倍；风陵渡大桥断面 2010 年和 2013 年分别超标 0.28 倍和 0.35 倍。

珠江干流总磷浓度沿程均满足地表水Ⅲ类水质标准。

松花江干流仅黑龙江省肇源县肇源断面总磷浓度 2008—2011 年出现超标，最高值出现在 2011 年，超标 1.5 倍。

淮河干流主要是安徽省阜阳市王家坝断面总磷浓度 2008—2012 年出现超标，超标倍数在 0.02～0.2 倍之间变化。

海河干流短，仅设置 2 个断面，均在天津市。三岔口断面总磷浓度 2010—2013 年均超地表水Ⅲ类水质标准，超标倍数由 1.1 倍降为 0.1 倍。海河大闸断面 2008—2013 年均超地表水Ⅲ类水质标准，超标倍数在 1.1～2.1 倍之间变化。

辽河干流总磷浓度沿程呈先升后降的变化趋势。从辽宁省铁岭市福德店至兴安断面出现超标，图中可以看出 2008 年至 2013 年地表水Ⅲ类水质标准线以上的峰越来越小，说明超标的倍数越来越小。最高值出现在 2008 年的朱尔山断面，超标 1.5 倍；到 2013 年福德店和兴安断面满足地表水Ⅲ类水质标准，仅朱尔山和红庙子超标 0.05 倍。

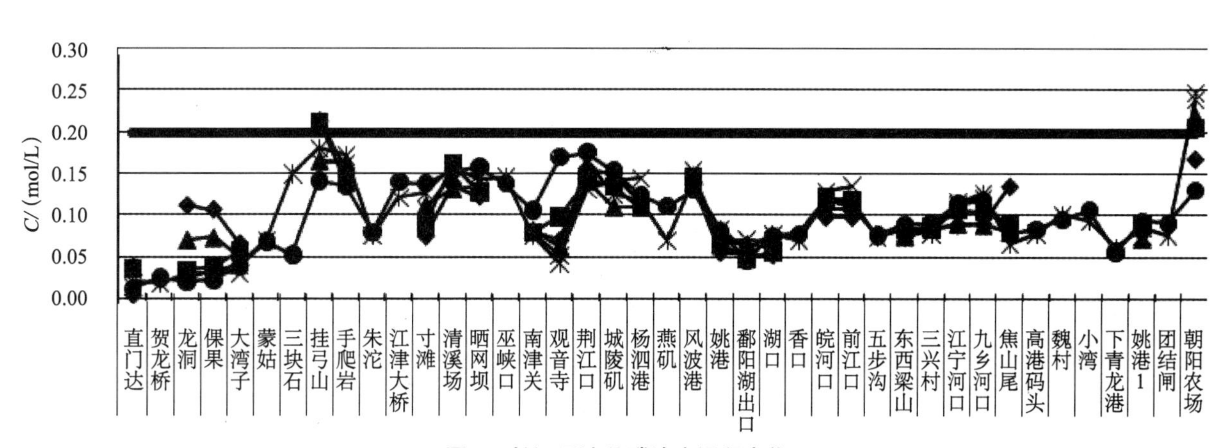

图 5 长江干流总磷浓度沿程变化

2.2.3 支流情况

七大流域总磷污染支流均重于干流。

从总磷浓度变化看，支流的总磷浓度变化较大，污染分布不均匀。2008—2013 年，七大流域支流中污染较重的河段分别是：海河流域滏阳河和卫运河邢台市段、北运河廊坊市和北京市段；淮河流域黑茨河阜阳市段、小清河济南市段和洪河驻马店市段；长江流域螳螂川昆明市段；黄河流域汾河太原市段和涑水河运城市段；松花江流域伊通河和饮马河长春市段、阿什河哈尔滨市段；珠江流域练江汕头市段和深圳河深圳市段；辽河流域条子河四平市段。

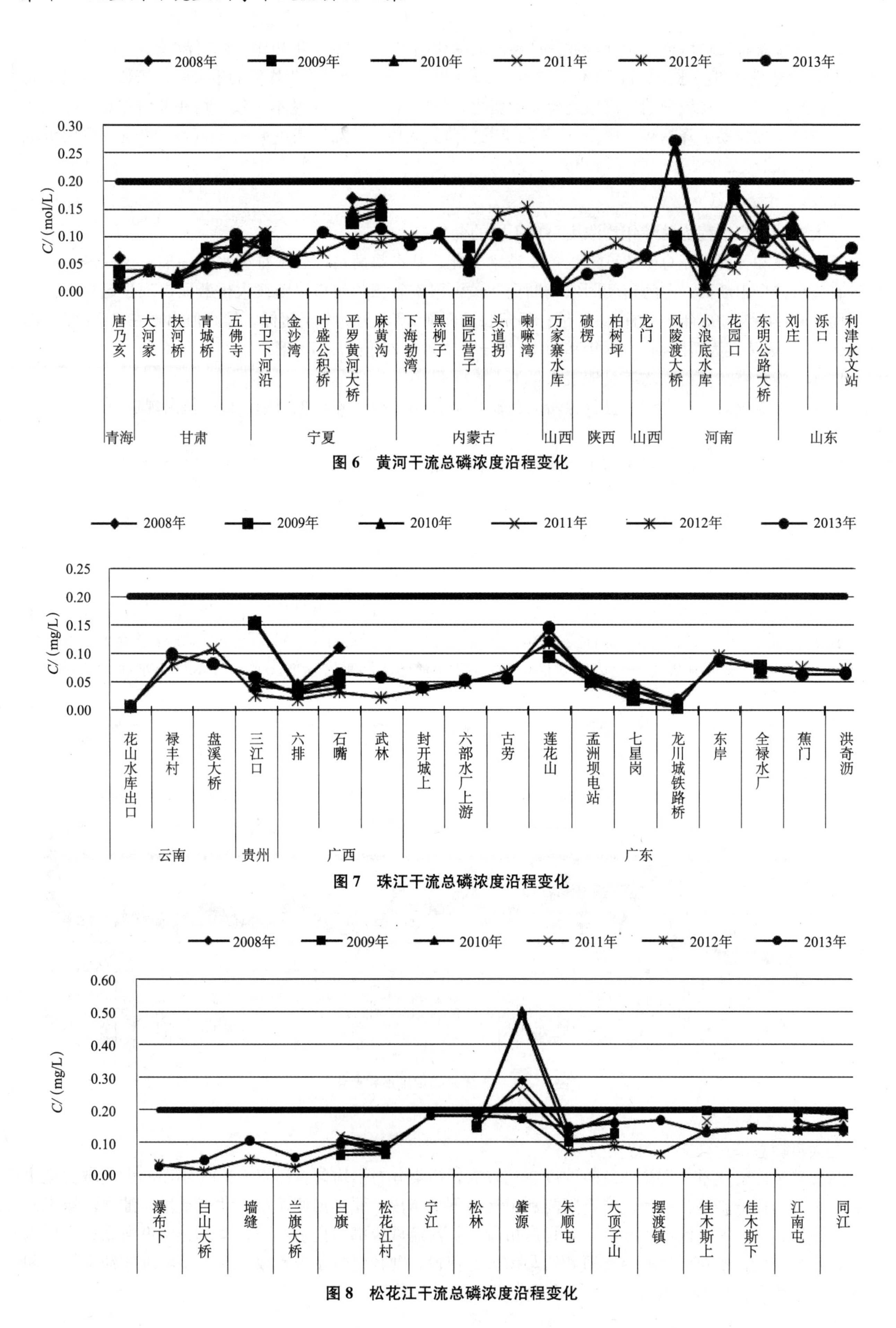

图6 黄河干流总磷浓度沿程变化

图7 珠江干流总磷浓度沿程变化

图8 松花江干流总磷浓度沿程变化

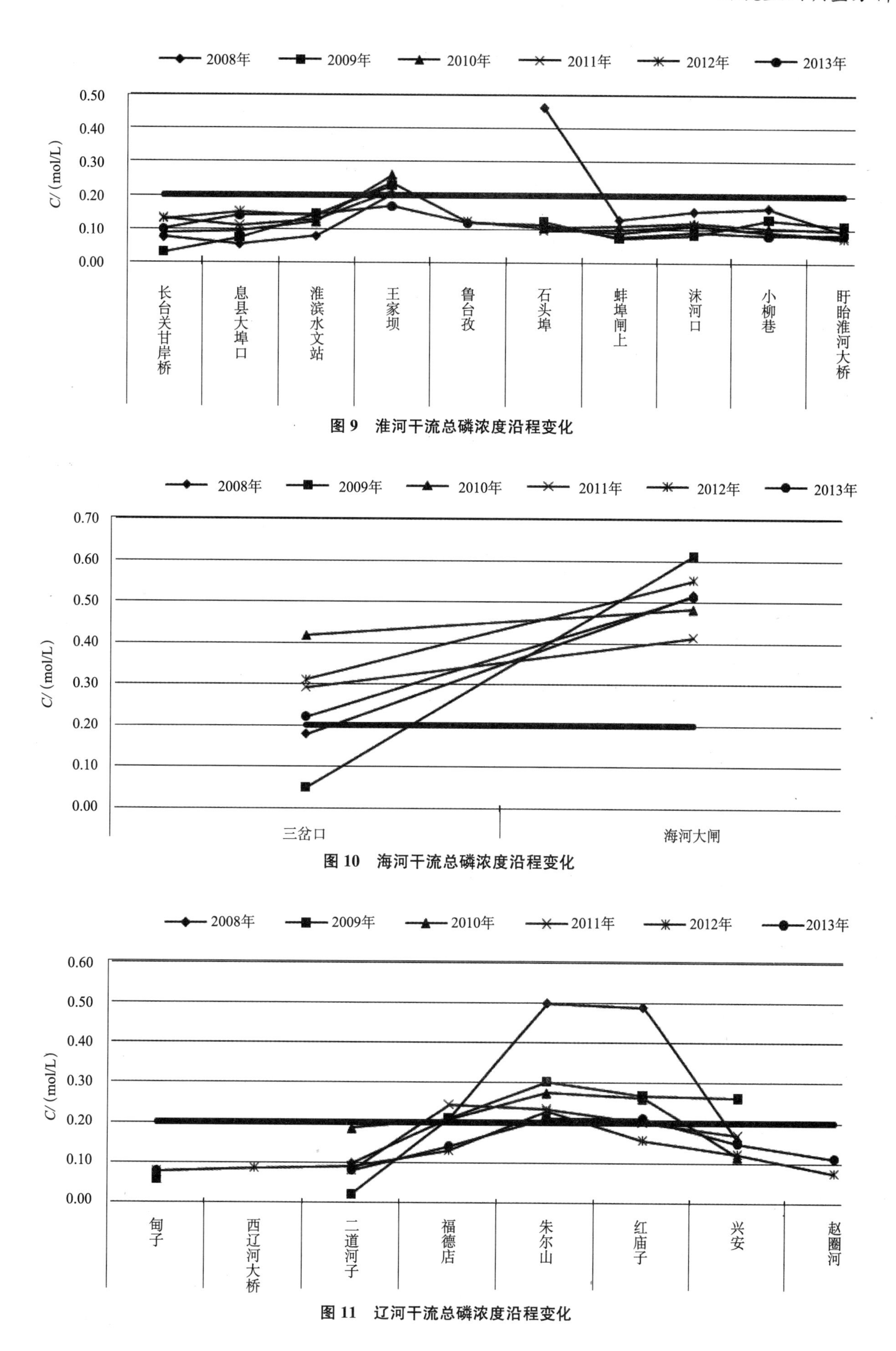

图 9　淮河干流总磷浓度沿程变化

图 10　海河干流总磷浓度沿程变化

图 11　辽河干流总磷浓度沿程变化

从断面超标率变化范围看，2008—2013年间海河支流波动不大，基本都在50%左右，污染也最重。黄河支流在2008—2011年超标率很高，都在50%以上，且2009年达到63.6%；但2012—2013有所下降，在30%左右。淮河支流、松花江支流、辽河支流和长江支流均处于波动变化；淮河支流最高在2011年为40.3%，最低在2013年为23.8%；松花江支流最高在2011年为28.1%，最低在2013年为9.7%；辽河支流最高在2008年为38.5%，最低在2011年为16.1%；长江支流最高在2009年为22.5%，最低在2013年为11.8%。珠江支流变化不大，基本在5%左右。

从断面最大超标倍数看，海河支流最高，其次是松花江支流和淮河支流，长江支流最低。

表3 七大流域支流总磷污染情况

流域	浓度变化范围/(mg/L)	断面超标率变化范围	最大超标倍数
长江支流	0.005～0.83	11.8～22.5	3.2
黄河支流	0.018～1.90	27.8～63.6	8.5
珠江支流	0.012～1.49	4.3～5.6	6.5
松花江支流	0.016～3.26	9.7～28.1	15.3
淮河支流	0.021～3.04	23.8～40.3	14.2
海河支流	0.005～5.41	42.6～55.0	26.1
辽河支流	0.005～1.59	16.1～38.5	7.0

2.3 三湖

"三湖"总磷年均浓度呈现不同的变化趋势：太湖的总磷年均浓度在0.06～0.08 mg/L间波动变化；巢湖的总磷年均浓度在波动中有所下降，由2008年的0.15 mg/L降到2013年的0.09 mg/L；滇池从2008年的0.35 mg/L升至2009年的0.45 mg/L后有所下降，2011—2013年一直持平为0.18 mg/L。

"三湖"的总磷年均浓度虽然呈现变化，但均超地表水0.05 mg/L的Ⅲ类水质标准（GB 3838—2002）。总体来说滇池总磷年均浓度最高，其次是巢湖，最后是太湖。与全国其他重要湖库的平均值相比，滇池和巢湖均高于其他重要湖库；太湖2008—2010年均低于其他重要湖库，2011—2012和其他重要湖库持平，2013又略高于其他重要湖库。

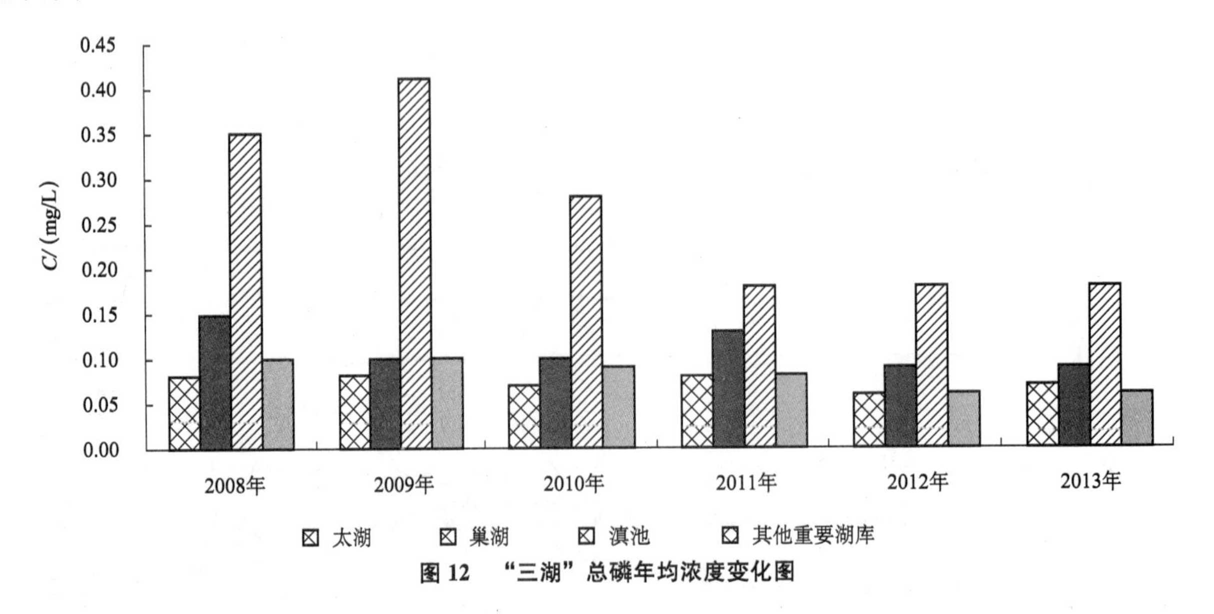

图12 "三湖"总磷年均浓度变化图

3 结论

(1) 随着国家对水污染防治工作的不断推进，全国地表水的总磷平均浓度有所下降，但是总磷仍是全国地表水污染的主要因子之一。除了表征有机污染的指标化学需氧量，总磷是全国地表水超标的第二大类指标。总磷也是全国重要湖库水质污染及富营养化的主要影响因子。

（2）主要江河的总磷浓度远高于重要湖库，会对受纳湖库造成重要影响。目前为了治理湖库，很多地方采取调水的方式，引河流的水进入湖库。如引江济太工程，将长江水通过望虞河引进太湖，长江的总磷浓度是太湖湖体的近 2 倍，本来已经超标的太湖在接纳长江水后总磷浓度会进一步升高，将对太湖的富营养化造成重要影响。

（3）总磷污染分布有一定的特征，虽然各流域均有超标，但污染较重的主要在海河、黄河和淮河流域，且支流重于干流；海河和黄河流域近年出现增加的趋势。“三湖”中滇池的污染最重，浓度虽有所下降，但仍为Ⅴ类水质。

4 建议

（1）加强污染来源的控制。总磷主要来源于生活污水、畜禽养殖、农业水土流失、化肥、农药、食品等行业的排水。控制各种污染源是从根本上控制总磷的措施。如控制和限制磷肥的施用，提高化肥利用率，平衡施肥；严格控制农药的使用品种和数量，合理使用农药。

（2）加强污染治理力度。对不同的污染来源采取不同的治理措施，如增加村镇生活污水收集管网布设和污水处理工程；采用湿地净化等方式减少面源进入水体的污染物量。

（3）加强基础研究。水体中的总磷浓度受底泥及悬浮颗粒的影响，对底泥及悬浮颗粒的磷含量开展研究，有助于进一步弄清水体的总磷变化情况。另外对污染地区开展磷来源解析研究，有助于针对性采取污染治理措施，为总磷污染防治提供科学依据，做到有的放矢。

参考文献

［1］娄保锋，臧小平，洪一平．水样不同处理方式对总磷监测值的影响．环境科学学报［J］．2006，VOL26（8）：1393-1399.

［2］卢嘉，李小平，陈小华．淀山湖总氮和总磷的时空模拟分布．环境监测管理与技术［J］．2010，VOL22（6）：32-38.

［3］齐文启，陈光，孙宗光等．总氮、总磷监测中存在的有关问题．中国环境监测［J］．2005，VOL21（2）：31-35.

作者简介：嵇晓燕（1981.4—），就职于中国环境监测总站，高级工程师，从事水环境监测工作。

济南市夏季大气多溴联苯醚污染特征及暴露水平

张厚勇　王在峰　李海滨

山东省济南市环境保护科学研究院，济南　250014

摘　要：为了评估济南市大气中多溴联苯醚的污染程度，2012 年 7 月 11 日至 2012 年 7 月 16 日，利用中流量采样器采集了济南市城区气态和颗粒态大气样品，利用 GC-NCI-MS 进行分析，并采用呼吸速率、肺泡中气体交换的空气比率等参数，对当地人群的 PBDEs 呼吸暴露量进行分析。分析结果表明：11 种 PBDEs 的总浓度（气相＋颗粒态）范围为 105.9～215.8 pg/m^3，平均值为 161.7 pg/m^3；低溴联苯醚的浓度为 65.6～163 pg/m^3，平均值为 119 pg/m^3；BDE209 的浓度为 25.2～59.9 pg/m^3，平均值为 42.7 pg/m^3。10 种低溴联苯醚中含量最高的单体为 BDE99，其次为 BDE47，浓度分别为 29.6 pg/m^3 和 21.03 pg/m^3，它们占总量的 43%。PBDEs 儿童日平均呼吸暴露量（76.5 pg/kg）明显高于成年人（33.0 pg/kg），是成人日平均呼吸暴露量的 1.3 倍，应该值得引起关注。

关键词：大气；多溴联苯醚；济南；暴露

Pollution Characterizaction of Polybrominated Diphenyl Ethers in Summer Air of Ji'nan and Human Exposure

ZHANG Hou-yong　WANG zai-feng　LI Hai-bing

Jinan Research Academy of Environmental sciences, Ji'nan　250014

Abstract: In order to evaluate the degree of pollution in the air of Ji'nan polybrominated diphenyl ethers, Air samples in gas and particle phases were collected by a middle volume sampler from June 11 to June 16 in 2011. PBDEs were analyzed via GC-NCI-MS. The daily total exposure to PBDEs was analyzed via air ratio and gas respiration exchange rate in the alveoli. The total concentrations (gas plus particle phases) of 11 PBDEs were ranged from 105.9 to 215.8 pg/m^3, with an average of 161.7 pg/m^3. Low bromine diphenyl ethers concentrations (gas plus particle phases) were ranged from 65.6 to 163 pg/m^3, with an average of 119 pg/m^3. BDE209 concentration was ranged from 25.2 to 59.9 pg/m^3, with an average of 42.7 pg/m^3. The 10 monomer content in low bromine biphenyl ether was the highest in BDE99, followed by BDE47, concentrations were 29.6 pg/m^3 and 21.03 pg/m^3, which accounted for 43% of the total. The daily intake of PBDEs of children (76.5 pg/kg) was significantly higher than that of adults (33 pg/kg), was 1.3 times the amount of daily intake of adult, should be cause for concern.

Key words: polybrominated diphenyl ethers (PBDEs); air; Jinan; exposure

多溴联苯醚（PolyBrominated Diphenyl Ethers，PBDEs）是溴代阻燃剂类化合物，常作为阻燃添加剂加入树脂、聚苯乙烯和聚氨酯泡沫等高分子合成材料中，广泛地应用于塑料制品、纺织品、电路板和建筑材料等领域[1-2]。

PBDEs 是一系列含溴原子的芳香族化合物，其结构、性质独特，具有高亲脂性、很难溶于水，在产品的生产、使用、废弃过程中均会不断释放进入环境，能够以气态和颗粒态的形式存在于大气中，其具

山东省自然科学基金资助项目（Z2008E04）。

有较强的亲脂憎水性，易在生物脂肪内积累，已普遍存在于土壤、水体、空气、生物组织等各种介质中[3-8]。

国外对 PBDEs 的研究较早，有关 PBDEs 在环境中的分布、来源及迁移已成为热点问题[9-10]，我国近年来陆续开展了环境中 PBDEs 污染状况的研究，主要集中在北京[11]、上海[12-13]、珠三角[14]和电子垃圾拆解地[15-16]等地区。

济南市不仅作为山东省会，而且也是华北最大的电子产品制造、销售集散地，至今还鲜有 PBDEs 方面的报道。因此，开展济南市大气中 PBDEs 污染水平监测研究，对于全面了解济南市大气环境质量，特别是 PBDEs 污染水平和特征，并深入探讨来源及人群呼吸暴露风险，为全面评估济南市大气环境质量提供重要的数据基础，以期为相关污染防治提供科学依据。

1 材料与方法

1.1 样品采集、提取和净化

采样点位于济南市环境监测中心站楼顶（E117°2′55″、N36°39′44″），距地面 17m，周围没有明显污染源和高大障碍物。采用 PM10 气/粒主动采样器（广州地化所），利用石英滤膜（QFF，Whatman，直径 90 mm）采集 PM10 颗粒态样品，利用聚氨酯泡沫（PUF，Supelco，直径 60 mm）采集气态样品，采样流速为 100mL/min，采样体积为 120m^3，采样时间为 2012 年 7 月 11 日至 2012 年 7 月 16 日，每个样品采集时间为 20h，共获得 6 对气态和颗粒态的大气样品。

将采集到的石英滤膜、聚氨酯泡沫放入加速溶剂萃取仪（ASE）的萃取池中（34ml），并加入的回收率指示物^{13}C-PCB 141，用正己烷/丙酮（$V:V=1:1$）抽提 15min，抽提液在旋转蒸发仪上浓缩至 1.0 ml，然后用多层复合硅胶层析柱（从下至上分别为 3 cm 的中性氧化铝，2 cm 的中性硅胶，3 cm 的碱性硅胶，2 cm 的中性硅胶，6 cm 的酸性硅胶和 l cm 的无水硫酸钠）净化，用正己烷 100 ml 淋洗出 PBDEs 组分，旋转浓缩并用正己烷定容为 20μl，加入^{13}C-PCB 208 作内标，进行 GC-NCI-MS 测定。

1.2 仪器分析条件

分析仪器为岛津气相色谱—质谱联用仪（Shimadzu-QP2010Plus），负化学源（NCI）。采用色谱柱 DB-XLB（30m×0.25mm×0.25μm）对低溴联苯醚进行检测（PBDE20～183），程序升温条件为初始温度 110℃，保持 1min，以 8℃/min 升温至 180℃，保持 1min，以 2℃/min 升至 240℃，保持 5min，以 2℃/min 升至 280℃，保持 25min，以 5℃/min 升至 290℃，保持 13min。载气为氦气；反应气为甲烷。流速控制模式：线流速控制模式，柱流速为 1.0ml/min、线流速 37.4ml/min；进样口温度为 290℃、进样口压力为 77.1kPa、进样量为 1.0μl、不分流进样，离子源温度为 200℃，传输线温度为 280℃。

采用色谱柱 CP-Sil ^{13}CB（15m×0.25mm×0.20um）对 BDE209 进行检测，程序升温条件为初始温度 150℃，保持 1.50min，以 20℃/min 升至 320℃，保持 8.0min。柱流速：1.50ml/min、线流速 72.1 ml/min；进样口温度为 260℃、进样口压力为 77.1kPa。

1.3 质量保证和质量控制

在整个实验过程中，共进行了现场全程序空白试验，结果表明在全程序空白中均低于 PBDEs 检出限。本实验过程中 PBDE20～183 采用内标法定量，内标物为^{13}C-PCB208，BDE209 采用外标法定量，11 种 PBDEs 同系物方法检出限为 0.016～0.20 pg/m^3。

2 结果与讨论

2.1 大气中 PBDEs 的浓度

济南城区夏季大气中，11 种 PBDEs 均能检出。11 种 PBDEs 的总浓度范围为 105.9～215.8 pg/m^3，平均值为 161.7 pg/m^3。其中低溴联苯醚的浓度为 65.6～163 pg/m^3，平均值为 119 pg/m^3；BDE209 的浓度为 25.2～59.9 pg/m^3，平均值为 42.7 pg/m^3。

本研究中济南市 11 种多溴联苯醚中含量最高的单体为 BDE209，大气中最主要的 PBDEs 污染同族体，与美国芝加哥（2002—2003）[22]、日本东京（2000—2001）[23]和中国北京（2008）[19]、中国广州（2004）[18]、中国西安（2008）[17]一致，均为 BDE-209（表 1）。济南市 BDE209 含量还是处于较低水平，低于中国西安（2008）[17]、中国广州（2004）[18]、中国北京（2008）[19]、中国潍坊（2011—2012）[20]等地区，与美国芝加哥（2002—2003）[22]、日本东京（2000—2001）[23]等地区相当。说明随着全球五溴联苯醚和八溴联苯醚产品的禁止生产和使用，十溴联苯醚作为主要的使用产品，已成为世界各国环境中 PBDEs 污染物的主要同族体。

本研究济南市 10 种低溴联苯醚中，BDE47 和 BDE99 是含量最大的单体，分别为 29.6 pg/m^3、21.03 pg/m^3，它们占总量的 43%。与美国芝加哥（2002—2003）[22]、日本东京（2000—2001）[23]和中国北京（2008）[19]、中国广州（2004）[18]、中国西安（2008）[17]等国内外研究结果类似（表 1）。济南市 10 种低溴联苯醚总量高于西安[17]、中国广州城市（2004）[18]、美国芝加哥（2002—2003）[22]、日本东京（2000—2001）[23]等地区，低于中国广州工业区（2004）[18]、台州电子拆卸区（2005）[21]。对比结果表明，济南市大气中 PBDEs 存在一定程度的污染。

表 1　世界部分地区大气中 PBDEs 的浓度

采样点	类型	采样时间	低溴同系物单体	低溴 Σ_{10} PBDEs 含量/（pg/m^3）	低溴浓度最高单体	BDE209 含量/(pg/m^3)	文献
济南	城市	2012 年	28、47、66、100、99、85、154、153、138、183	119（65.6～163）	47、99	42.7（25.2～59.9）	本研究
西安	城市	2008 年	17、28、47、66、85、99、100、153、154、138、183	38.0（16.3～86.5）	47、99	178（16.3～576）	17
广州	城市	2004 年	28、47、66、85、99、100、138、153、154、183	88.8（64.0～110）	47、99	263.8（99.9～444）	14
广州	工业区	2004 年	28、47、66、85、99、100、138、153、154、183	3 672.7（170.4～6 594）	47、99	4 200（230.2～11 464）	
北京	城市	2008 年	28、47、99、153、183、206	31～1049	47、99	8～1016	19
潍坊	生产基地	2011 年 2012 年	28、47、99、100、153、154、183	14 000（1 600～24 000）	28、47	14 000（1 500～24 000）	20
台州	电子拆卸基地	2005 年	—	894（92～3 086）	47、99	1 101（59～3 079）	15
美国芝加哥	城市	2002—2003 年	—	39.9（10.7～102）	47、99	60.1（1.5～878）	22
日本东京	城市	2000—2001 年	28、47、66、100、99、85、154、153、138、183	4.5～65	47、99	ND～48	23

2.2　PBDEs 在气相和颗粒相中的分配

半挥发性有机物在大气中以气相或者吸附于颗粒物上的形式存在它们在气相和颗粒相中的分配会影响它们在大气中的迁移和沉降等行为[24]。济南市大气中 PBDEs 在气相和颗粒相中的分配如图 1 所示，高溴 PBDEs 主要存在于颗粒相中。气相和颗粒相中浓度最高的单体为 BDE209。低溴 Σ_{10} PBDEs 在采样期间的气相浓度和颗粒相浓度分别为 88.6 pg/m^3、34.6 pg/m^3，颗粒相所占质量分数为 74.4%，可以看出 PBDEs 主要存在于颗粒相中。对于 BDE209，仍有 21.1%存在于气相中，这可能因为采样期间气温较高，颗粒相转移了一部分到气相中。

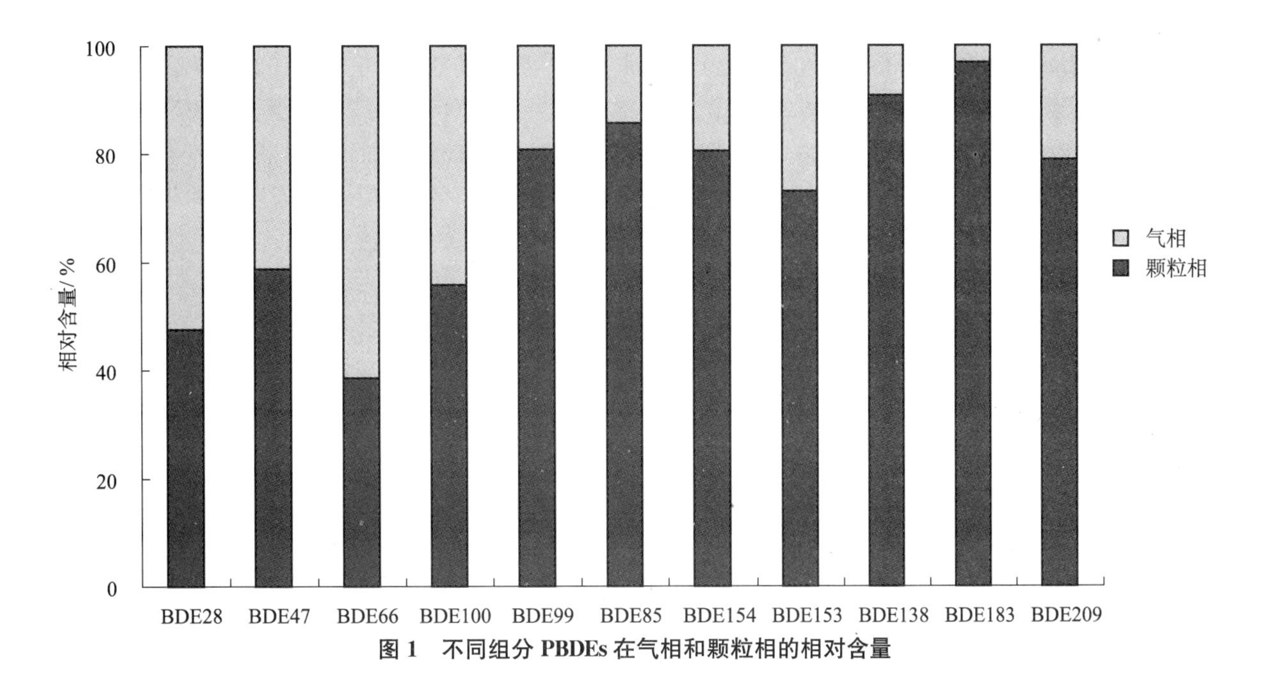

图 1　不同组分 PBDEs 在气相和颗粒相的相对含量

2.3　济南市大气中 PBDEs 的人体暴露

虽然目前全球科学界还未建立 PBDEs 毒性的因子，但其对人体潜在的健康危害仍不容忽视，对于大气污染物来说，吸入和皮肤接触是污染物暴露的主要方式，PBDEs 主要经过食物摄入和呼吸进入人体内，相比较于其他持久性有机污染物，呼吸暴露在 PBDEs 人类暴露途径中占据较高的比重[24-25]。

本研究采用美国环境保护局（USEPA，1997）及 Nouwen 等[26]在评估美国室内环境中 PBDEs 的暴露水平中采用的计算公式来考察呼吸吸入大气所产生的 PBDEs 的日暴露量，计算公式如下[27-28]：

$$\mathrm{DI}=\frac{C\times \mathrm{IR}\times f}{\mathrm{BW}}$$

式中：DI——日暴露量，pg. kg-bw^{-1}. day^{-1}；

C——大气中 PBDEs 的浓度，pg/m^3；

IR——呼吸速率，m^3/d；

f——进入肺泡进行气体交换的空气比率，0.75；

BW——体重，kg。

表 2　计算人群每日摄入量

评估因子	儿童	少年	青年	成年人
年龄	1～5	6～11	12～19	≥20
f	0.75	0.75	0.75	0.75
IR（m^3/d）	7.6	10.9	14	13.3
BW（kg）	16	29	52	65
C（pg/m^3）	161.7	161.7	161.7	161.7
DI [pg/(kg-bw. day)]	57.5	45.6	32.6	24.8
广州贵屿[29] DI [pg/(kg-bw. day)]	3 250	—	—	2 480
黑龙江省[30] DI [pg/(kg-bw. day)]	5.89	—	—	4.66
深圳[31] DI [pg/(kg-bw. day)]	10.7			4.72

PBDEs 通过大气产生的人体暴露随着年龄的增加有明显减少的趋势，PBDEs 儿童日平均呼吸暴露量（76.5 pg/kg）均明显高于成年人（33.0 pg/kg），是成人日平均呼吸暴露量的 1.3 倍。与国内其他地区相比，广州贵屿[29]的 PBDEs 儿童 DI（3 250 pg/kg）、成年人 DI（2 480 pg/kg），黑龙江省[30]的儿童 DI（5.89 pg/kg）、成年人 DI（4.66 pg/kg），深圳[31]的儿童 DI（10.7 pg/kg）、成年人 DI（4.72 pg/kg）。对比结果表明，济南的儿童日平均呼吸暴露量明显低于电子拆卸地，高于黑龙江省和深圳市，应该值得引起关注，表明 PBDEs 呼吸暴露量与周围环境与工业发展水平有相关关系。

3 结论

济南市 11 种 PBDEs 的总浓度（气相＋颗粒态）范围为 105.9～215.8 pg/m^3，低溴联苯醚的浓度为 65.6～163 pg/m^3，平均值为 119 pg/m^3；BDE209 的浓度为 25.2～59.9 pg/m^3，平均值为 42.7 pg/m^3。11 种低溴联苯醚中含量最高的单体为 BDE99，其次为 BDE47，它们占总量的 43%。PBDEs 儿童日平均呼吸暴露量明显高于成年人，是成人日平均呼吸暴露量的 1.3 倍。

参考文献

［1］ Adrian Covaci，Stefan Voorspoels，Jacob de Boer. Determination of brominated flame retardants，with emphasis on polybrominated diphenyl ethers（PBDEs） in environmental and human samples-a review ［J］. Environment International，2003，29（03）：735-756.

［2］ Harrad S，Hazrati S，Ibarra C. Concentrations of polychlorinated biphenyls in indoor air and polybrominated diphenyl ethers in indoor air and dust in Birmingham，United Kingdom：implications for human exposure ［J］. Environmental science and technology. 2006，40（15）：4633-4638.

［3］ 蒋欣慰，孙鑫，裴小强，等. 杭州市办公场所室内空气中 PBDEs 的污染现状与特征 ［J］. 环境科学，2014，35（01）：41-45.

［4］ Yan Wang，Chunling Luo，Jun Li，et al. Characterization of PBDEs in soils and vegetations near an e-waste recycling site in South China ［J］. Environmental Pollution，2011，159（10）：2443-2448.

［5］ Chaofei Zhu，Yingming Li，Pu Wang，et al. Polychlorinated biphenyls（PCBs） and polybrominated biphenyl ethers（PBDEs） in environmental samples from Ny-Ålesund and London Island，Svalbard，the Arctic ［J］. Chemosphere，2015，126（05）：40-46.

［6］ Adeel Mahmood，Riffat Naseem Malik，Jabir Hussain Syed，et al. Dietary exposureand screening-level risk assessment of polybrominated diphenyl ethers（PBDEs） and dechloran plus（DP） in wheat，rice，soil and air along two tributaries of the River Chenab，Pakistan ［J］. Chemosphere，2015，118（01）：57-64.

［7］ Khanh-Hoang Nguyen，Heesoo Pyo，Jongchul Kim，et al. Exposure of general population to PBDEs：A Progressive Total Diet Study in South Korea ［J］. Environmental Pollution，2014，195（11）：192-201.

［8］ 夏重欢. 中国沿海地区海鱼体内持久性有机污染物痕量元素的污染水平以及对人类健康的风险评估 ［D］. 中国科学技术大学，2011.

［9］ 杨萌. 中国大气中多溴联苯醚的含量组成及气粒分配 ［D］. 大连海事大学，2013.

［10］ Robin JL，Adrian Covaci，Stuart Harrad，et al. Levels and trends of PBDEs and HBCDs in the global environment：Status at the end of 2012 ［J］. Environment International，2014，65（04）：147-158.

［11］ 胡永彪，李英明，耿大玮，等. 北京冬季大气中多溴联苯醚的污染水平和分布特征 ［J］. 中国环境科学，2013，33（01）：9-13.

[12] 裴镜澄. 上海典型地区环境介质中溴代阻燃剂的污染特征及来源解析 [D]. 上海大学，2014.

[13] 唐量. 多溴联苯醚及十溴二苯乙烷在上海市典型环境介质中的分布及生态风险评估 [D]. 上海大学，2012.

[14] 王俊，张干，李向东，等. 珠江三角洲地区大气中多溴联苯醚的被动采样观测 [J]. 中国环境科学，2007，27 (1)：10-13.

[15] 李英明，江桂斌，王亚华，等. 电子垃圾拆解地大气中二噁英、多氯联苯、多溴联苯醚的污染水平及相分配规律 [J]. 科学通报，2008，53 (02)：165-171.

[16] Gao ST，Hong JW，Yu ZQ，et al. Polybrominated diphenyl ethers in surface soils from e-waste recycling areas and industrial areas in South China：concentration levels，congener profile，and inventory [J]. Environmental Toxicology and Chemistry，2012，31 (04)：928-928.

[17] 蒋君丽，张承中，马万里，等. 西安城区秋季大气中多溴联苯醚的污染特征及来源分析 [J]. 环境科学，2011，32 (08)：2226-2230.

[18] 陈来国，麦碧娴，许振成，等. 广州市夏季大气中多氯联苯和多溴联苯醚的含量及组成对比 [J]. 环境科学学报，2008，28 (01)：150-159.

[19] 金军，胡吉成，王英，等. 北京市春季大气中的多溴联苯醚 [J]. 环境化学，2009，28 (05)：711-715.

[20] 吴辉，金军，王英，等. 典型地区大气中多溴联苯醚和新型溴代阻燃剂的水平及组成分布 [J]. 环境科学，2014，35 (04)：1230-1237.

[21] Muenhor，Dudsadee. Polybrominated diphenyl ethers (PBDEs) in indoor and outdoor environments [D]. University of Birmingham，2011.

[22] Hites R A，Hoh E. Brominated Flame Retardants in the Atmosphere of the East-Central United States [J]. Environmental science and technology，2005，39 (20)：7794-7801.

[23] Hayakawa K，Takatsuki H，Watanabe I，et al. Polybrominated diphenyl ethers (PBDEs)，polybrominated dibenzo-p-dioxins/dibenzofurans (PBDD/Fs) and monobromo-polychlorinateddibenzo-p-dioxins/dibenzofurans (MoBPXDD/Fs) in theatmosphere and bulk deposition in Kyoto，Japan [J]. Chemosphere，2004，57 (05)：343-356.

[24] Athanasios Besis，Constantini Samara. Polybrominated diphenyl ethers (PBDEs) in the indoor and outdoor environments-A review on occurrence and human exposure [J]. Environmental Pollution，2012，169 (10)：217-229.

[25] Shaw SD，Blum A，Weber R，et al. Halogenated flame retardants：do the fire safety benefits justify the risks? [J]. Reviews on Environmental Health，2010，25 (04)：261-305.

[26] Nouwen J，Cornelis C，De F，et al. Health risk assessment of dioxin emissions from municipal waste incinerators：the Neerlandquarter (Wilrijk，Belgium) [J]. Chemosphere，2001，43 (4-7)：909-923.

[27] Boris Johnson-Restrepo，Kurunthachalam Kannan. An assessment of sources and pathways of human exposure to polybrominated diphenyl ethers in the United States [J]. Chemosphere，2009，76 (4)：542-548.

[28] Ma X，Jiang X，Jin Y，et al. Dispersion modeling and health risk assessment of dioxin emissions from a municipal solid waste incinerator in Hangzhou，China [J]. Journal of Zhejiang University-Science A：Applied Physics and Engineering，2012，13 (01)：69-78.

[29] Chen D，Bi X，Liu M，et al. Phase partitioning，concentration variation and risk assessment of polybrominated diphenyl ethers (PBDEs) in the atmosphere of an e-waste recycling site [J]. Chemosphere，2011，82 (09)：1246-1252.

［30］李玲，王春雷，蒋友胜，等. 深圳市大气中多溴联苯醚污染水平和特征及人体呼吸暴露分析［J］. 卫生研究，2012，41（05）：776-782.
［31］李一凡，朱宁正，刘丽艳，等. 黑龙江省大气中多溴联苯醚的污染特征［J］. 黑龙江大学自然科学学报，2014，31（02）：228-232.

作者简介：张厚勇，男，四川资阳市人，硕士，工程师，主要从事环境监测有机污染物分析。

大气污染物与降水中酸性离子相关性研究
——以宁夏石嘴山市为研究对象

田林锋[1]　罗桂林[2]　马春梅[1]　解鹤[2]　徐　恩[1]

1. 石嘴山市环境监测站，石嘴山　753000；

2. 宁夏理工学院，石嘴山　753000

摘　要：为了研究石嘴山市大气中硫氧化物、氮氧化物近年污染规律以及降水类型的变迁，明确大气中前体污染物浓度与降水类型变迁之间的相关性，2007—2012年连续6年，对3个不同观测点每日二氧化硫（SO_2）、二氧化氮（NO_2）以及降水中的典型酸性离子浓度的连续监测，分析了大气SO_2、NO_2与降雨中SO_4^{2-}、NO^{3-}离子之间的相关性。结果表明：2007—2012年间石嘴山市SO_2排放量略有降低，NO_2排放量逐年增加。大气中SO_2及NO_2分别在2009年及2010年达到最大值，为0.08 mg/m³及0.04 mg/m³；6年间石嘴山市降水类型由燃煤型逐渐向混合型过渡，SO_4^{2-}/NO^{3-}比例逐年下降，由2007年的19.74降低至2012年的3.28；石嘴山市近年来降水类型的转变一方面原因是在SO_2减排背景下的NO_2大幅增加，另一方面是大气中氧化水平的不断升高，使NO_2氧化率大幅增加。

关键词：石嘴山市；二氧化硫；二氧化氮；降雨；相关性

Analysis of Correlation Between Atmospheric Pollutants and Acid Precipitation
——Based on Shi zui shan City

TIAN Lin-feng[1]　LUO Gui-lin[2]　MA Chun-mei[1]　XIE He[2]　XV En[1]

1. Shizuishan Environmental Monitoring Station, Shizuishan 753000;

2. Ningxia Institute of Science and Technology Liberal arts college Department of Chemical Engineering, Shizuishan 753000

Abstract: The correlation of the atmospheric precursor pollutants and the precipitation type in recent years was studied by analyzing the pollution trend of sulfur and nitrogen oxides in the atmosphere and the change of the precipitation type. The content of SO_2, NO_2 in atmosphere and the concentrations of SO_4^{2-}, NO_3^- in precipitation on the corresponding precipitation day was obtained at three different monitoring stations in Shizuishan City between 2007 and 2012. The results showed that although a reduction of SO_2 emission was occurred, a significant increase of NO_2 concentration was observed. The SO_2 and NO_2 reached their maximum concentrations of ca. 0.08 mg/m³ in 2009 and 0.04 mg/m³ in 2010, respectively. The SO_4^{2-}/NO_3^- ratios in the precipitation decreased from 19.74 to 3.28 between 2007 and 2012, indicating that the acid rain type was gradual transition from the sulfate type to the mixed type. The change of acid rain type of Shizuishan City in recent years was mainly attributed to the following two reasons: (1) the emission of NO_2 was significantly increased during the SO_2 emission reduction progress; (2) the oxidation ability of the atmosphere became stronger, and the oxidation rate of NO_2 to NO_3^- increased faster than that of the SO_2 to SO_4^{2-}.

Key words: Shizuishan city; SO_2; NO_2; rainfall; correlation

当前，我国面临着较为严重的酸雨污染形势，而酸雨的产生与大气中存在的硫氧化物、氮氧化物密切相关，酸雨的产生严重危害水环境及土壤环境安全[1-4]。而在不利的气象及大气条件下，硫氧化物及氮氧化物易转化为水溶性的硫酸根、硝酸根，降低降水的pH值，随降水过程降落到地面，造成对环境的破坏[5-8]。因此，研究大气污染物中硫氧化物、氮氧化物与降水中硫酸根、硝酸根的关系，对有效控制降水中酸性物质的形成具有重要的意义，而国内现有研究较少对降水中的酸性离子以及对应的大气污染前体物进行长期系统性的监测分析[9,10]。

石嘴山市作为西部重要的煤炭生产基地及工业型城市，易因化石燃料燃烧造成的大气中硫氧化物、氮氧化物浓度偏高。本研究基于对2007—2012年连续6年石嘴山市降水中SO_4^{2-}、NO_2^-、NO_3^-浓度的监测数据以及降水日大气中SO_2、NO_2浓度监测数据，分析降水中酸性物质的浓度与大气中污染物浓度之间的关系，探讨2007—2012年间降水组成的变化规律，为后期有效控制酸雨形成提供理论指导。

1 材料与方法

1.1 SO_2、NO_2浓度监测

采用大西北—东宇1000系列空气质量自动监测系统对石嘴山市三个不同点位的空气质量进行在线监测。其中大武口城区1个点位，惠农区2个点位，空气自动监测系统每年365天，每天每隔1h对大气中的SO_2、NO_2浓度进行连续采样监测并记录。其中SO_2采用非脉冲紫外荧光法检测，NO_2采用化学发光法检测。

1.2 降水中典型离子浓度监测

降水的采集点位与SO_2、NO_2监测点位一致。降水的采集和pH值的监测参照国标《酸雨观测规范》（GB/T 19117—2003）进行。使用戴安AdvancedIc阴离子色谱测定降水中的SO_4^{2-}、NO_2^-、NO_3^-的浓度。

1.3 大气污染物与降水中酸性离子相关性分析

将每个降水日降水中的SO_4^{2-}、NO_3^-浓度及当日大气中的SO_2、NO_2浓度进行数据对应，并计算每次降水过程中降水中的SO_4^{2-}/NO_3^-比值以及大气中SO_2/NO_2比值。对一年内的全部降水过程中的SO_4^{2-}/NO_3^-比值以及大气中SO_2/NO_2比值取平均值。同时，对降水日降水中SO_4^{2-}浓度与当日大气中SO_2浓度的全年监测结果进行相关性分析，得到拟合斜率k_s；同样对降水日降水中SO_4^{2-}浓度与当日大气中SO_2浓度的全年监测结果进行相关性分析，得到拟合斜率k_n。对同一年份的k_s及k_n取均值，通过对不同年份k_s以及k_n的比较，可以对大气氧化性质的变化进行分析。

2 结果与讨论

2.1 大气中SO_2、NO_2浓度变化规律

对2007—2012年每年中全部3个监测点的SO_2、NO_2浓度的平均数进行统计，由图1（A）可知，2007年至2012年期间，石嘴山市大气中的SO_2、NO_2浓度随年份呈现一定的波动，但均具有先增加后降低的基本趋势。SO_2、NO_2年均浓度的峰值出现在2009年及2010年，分别达到约0.08 mg/m^{3}及0.04 mg/m^3。之后SO_2、NO_2年均浓度呈逐年下降的趋势。对不同月份石嘴山市大气中SO_2、NO_2含量的历年平均值变化规律，由图1（B）可知，SO_2浓度呈现出显著的冬季浓度高，夏季浓度低的规律。1月浓度达到峰值，大气中SO_2浓度达到约0.15 mg/m^3；7月浓度最低，约为0.025 mg/m^3，冬夏两季大气中SO_2浓度差异较大。NO_2浓度的季节变化特征与SO_2情况类似，1月与7月NO_2浓度分别达到最高值与最低值，但最高值与最低值的差异小于SO_2。

在"十一五"减排政策的引导下，可以发现，SO_2的排放量上升趋势基本得到了控制，特别是石嘴山地区作为SO_2重点控制区域，大气中的SO_2含量呈现下降的趋势，但氮氧化物排放量逐年上升。现有研究结果表明，氮氧化物在光化学烟雾的形成过程中具有重要的作用，因此对于氮氧化物的排放控制不容忽视[11-13]。从监测结果来看，氮氧化物排放量逐年递增，但空气中的氮氧化物浓度并未观测到明显升高，

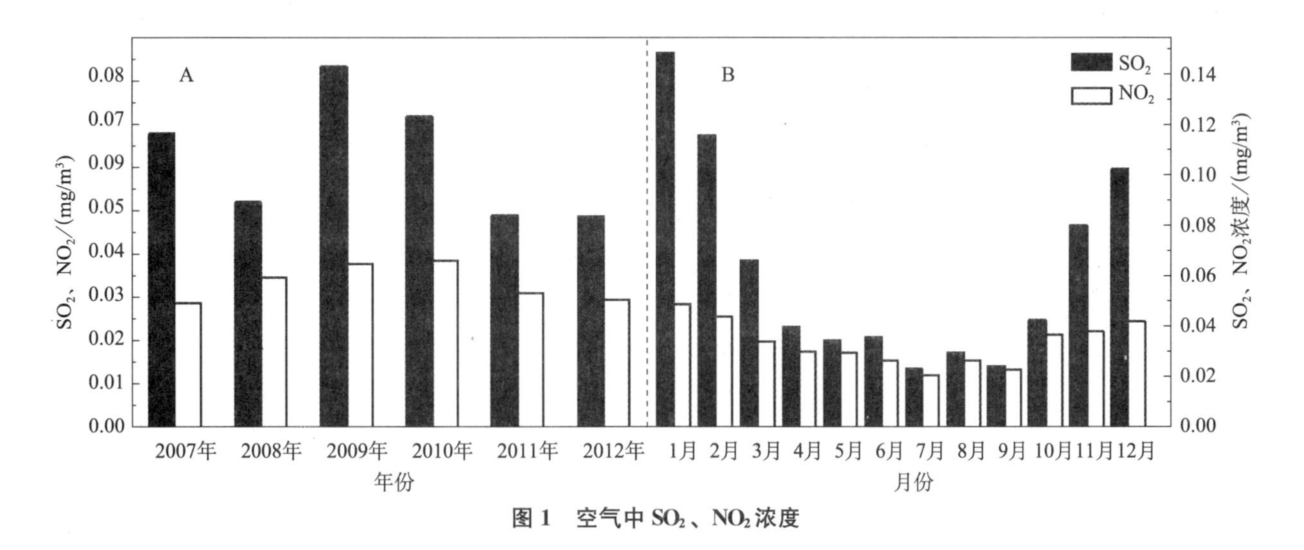

图 1 空气中 SO_2、NO_2 浓度

这可能因为过量排放的氮氧化物发生了地面沉积现象。

表 1 2006—2010 石嘴山市工业废气二氧化硫、氮氧化物[14]

年份	企业数	二氧化硫/万 t		氮氧化物/万 t	
		排放量	去除量	排放量	去除量
2006	128	13.0	1.7	4.3	0.03
2007	159	12.9	8.5	4.2	0.03
2008	153	13.5	5.7	5.0	0
2009	158	11.3	10.1	5.0	0
2010	163	11.4	20.8	8.1	0

2.2 降水组成变化分析

随着石嘴山市产业结构升级，以及大气污染控制技术的渗透，石嘴山市近年来 SO_2 排放量及大气中 SO_2 浓度均呈现一定下降的趋势；但氮氧化物排放量持续增加，导致大气中积存大量的氮氧化物，并可能进一步影响到云层中硝酸根、亚硝酸根的浓度水平，从而降低降水的 pH 值，对降水 pH 值下降起到促进作用。因此，有必要考察在 2007—2012 年度石嘴山大气中 SO_2、NO_2 浓度变化背景下，降水中不同酸根离子浓度的变化规律。

图 2 为不同年份石嘴山降水中 SO_4^{2-} 与 NO_3^- 浓度均值的变化规律，从图中可以看出不同年份 SO_4^{2-} 浓度波动较大，2009 年达到 6 年来最低值，约为 10 mg/L；而 NO_3^- 浓度则出现较大幅度的上升。从不同年份石嘴山市降水中主要阴离子的相对比例变化情况可以看出，F^-、NO_2^- 浓度较低，而 Cl^-、NO_3^-、SO_4^{2-} 是造成石嘴山降水酸性增加的主要酸根离子。2007—2012 年期间，Cl^- 比例呈现一定下降的趋势，由 2007 年的 17.35%下降至 2012 年的 6.67%；NO_3^- 比例呈现显著上升趋势，由 2007 年的 3.92%上升至 2012 年的 21.52%；SO_4^{2-} 比例在 65%～75%间波动。因此，本研究主要关注了对降水酸性增加贡献最大的 SO_4^{2-} 与 NO_3^- 浓度与大气中相关前体物 SO_2 及 NO_2 浓度之间的相关性。在 SO_2 减排及 NO_2 排放量大幅增加的背景下，大气中的 SO_2 及 NO_2 浓度比值在不同年际未出现较大幅度波动，特别是不同年份大气中 NO_2 浓度值较为稳定。这表明增加的 NO_2 排放量很可能通过降水、干沉降等形式发生了地表沉降。

通常，依照降水中的硫酸根与硝酸根的比例，将酸雨分为三类：燃煤型（$SO_4^{2-}/NO_3^- > 3$）、混合型（$0.5 < SO_4^{2-}/NO_3^- \leqslant 3$）及燃油型（$SO_4^{2-}/NO_3^- \leqslant 0.5$）。现有研究结果表明，现阶段我国主要的酸雨类型是硫酸型酸雨[15]，从 2007—2012 年间监测结果来看，石嘴山市的酸性降水类型逐步由燃煤型向混合型过渡，表现在 SO_4^{2-}/NO_3^- 比值不断降低，由 2007 年的 19.74 降低至 2012 年的 3.28，该变化趋势与我国的上海、广州、南京等城市相一致[16-18]。这表明增加排放的氮氧化物虽然并未造成大气中 NO_2 浓度的显著上升，但却使云层中的硝酸根离子浓度显著增加。单纯控制 SO_2 排放量并不能有效遏制酸性降水的形成，

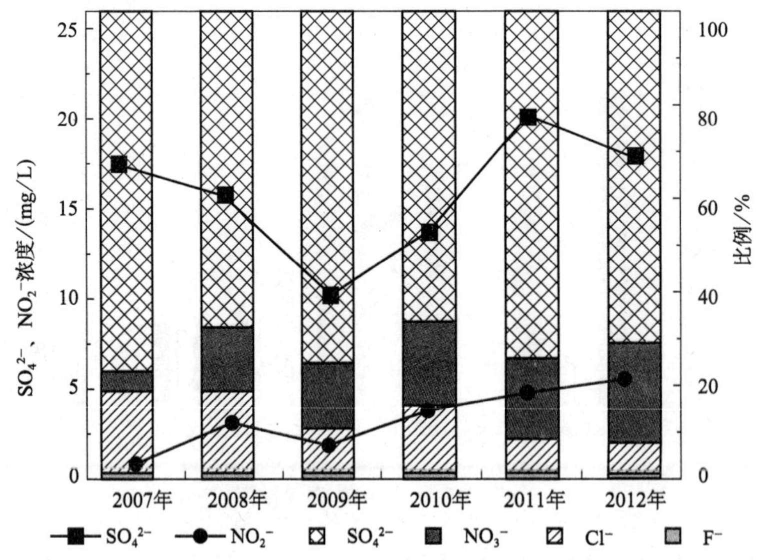

图 2 不同年份大气中污染物与降水中相关离子浓度变化规律及主要阴离子比例关系

如果不对 NO_2 排放量进行严格控制，虽可能不会造成大气污染的加剧，但极易造成氮氧化物在云层中转化为硝酸根从而造成降水酸性的增加。

2.3 酸性降水类型变迁分析

降水中 SO_4^{2-}、NO_2^-、NO_3^- 浓度与大气中 SO_2、NO_2 浓度变化规律如图 3 所示。图 3（C）为采样点 1 在 2007—2012 年间不同月份降水中 SO_4^{2-} 浓度及降水当日监测到的大气中 SO_2 浓度的月度平均值。从图中可以看出，SO_2 浓度与 SO_4^{2-} 浓度变化规律具有一定一致性。图 3（D）为采样点 1 在 2007—2012 年间不同月份降水中 NO_2^-、NO_3^- 浓度及降水当日监测到的大气中 NO_2 浓度的月度平均值。由图可知，NO_2^- 浓度较低，而 NO_3^- 与 NO_2 浓度的相关性较好。从结果可以看出，由于是 SO_4^{2-} 以及 NO_3^- 的重要前体物，SO_2 以及 NO_2 浓度可以在一定程度上指示降水中的 SO_4^{2-} 及 NO_3^- 浓度。2007—2012 年度增加的 NO_2 排放量很大一部分通过化学反应以云中 NO_3^- 的形式沉降至地表；而这一时期中降水中的 SO_4^{2-} 未发生显著增加，表明大气在氧化 NO_2 以及 SO_2 方面可能存在一定差异。

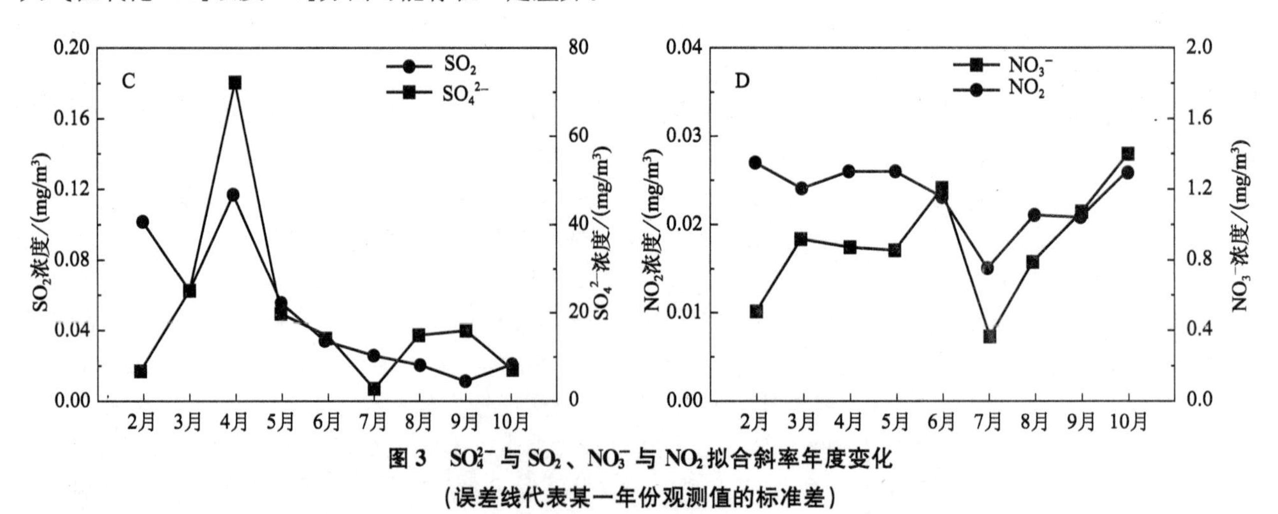

图 3 SO_4^{2-} 与 SO_2、NO_3^- 与 NO_2 拟合斜率年度变化

（误差线代表某一年份观测值的标准差）

通过对不同采样点降水中 SO_4^{2-}/NO_3^- 比值与大气中 SO_2/NO_2 比值年度变化规律进行分析可以看出，SO_2/NO_2 比值在 2008—2010 年之间较高，而在 2007 以及 2011—2012 较低，总体来看浓度波动不大；而三个不同采样点 SO_4^{2-}/NO_3^- 年度变化规律具有相似性，即 2007—2012 年间呈现逐渐下降的趋势。这也体现了 2007—2012 年间石嘴山市酸性降水类型由燃煤型向混合型转变的过程。在大气中 SO_2/NO_2 无显著降低的情况下，SO_4^{2-}/NO_3^-显著下降，这表明虽然SO_2及NO_2浓度可以在一定程度上指示降水中的SO_4^{2-}及NO_3^-浓度，但随着年份的变化，其数值间的对应关系也在发生一定的改变。

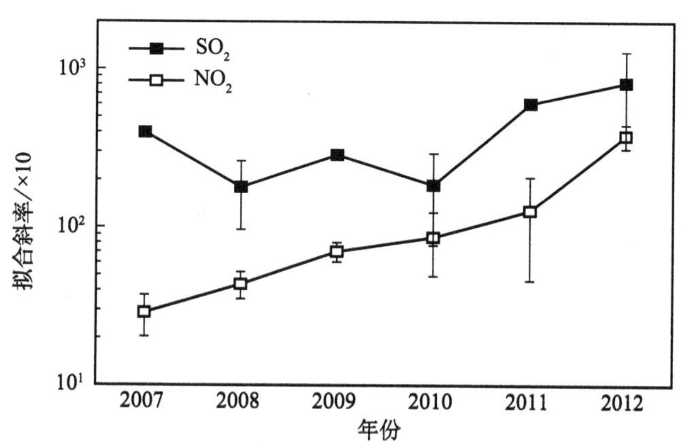

图4　不同年份大气中污染物与降水中相关离子浓度变化规律

大气中的污染物与降水中对应的酸性离子之间的拟合斜率表征了某种大气污染物在云中转化为酸性离子的能力，反映了特定的化学状态下大气氧化相应的污染物在云中形成酸性离子的氧化水平[19-21]。对SO_4^{2-}与SO_2、NO_3^-与NO_2拟合斜率年度变化规律进行分析（图5），分析结果表明，2007—2012年间k_n呈逐渐上升的趋势，2012年的k_n值与2007年相比，增加超过10倍；而k_s值在2007年到2012年间存在一定波动，2011及2012两个年度与2007年相比有一定增加，但幅度远小于k_n。进一步的分析表明，石嘴山市大气的化学性质使得其对NO_2的氧化性逐年增强，而对SO_2的氧化性基本稳定，略有增强。其原因可以用大气中SO_2及NO_2发生氧化反应的不同机理来解释。近年来，随着空气污染状况的加剧，大气中氧化性物质浓度增加，特别是VOC、O_3等物质均对NO_2的氧化产生作用。并且由于NO_2可溶于水并与水发生反应形成NO_3^-，因此一旦大气氧化性质增强，在NO_2排放量显著增加的情况下，云中NO_2的转化率极易增加．而SO_2的氧化需要强氧化剂的参与，因此SO_4^{2-}浓度无显著增加。

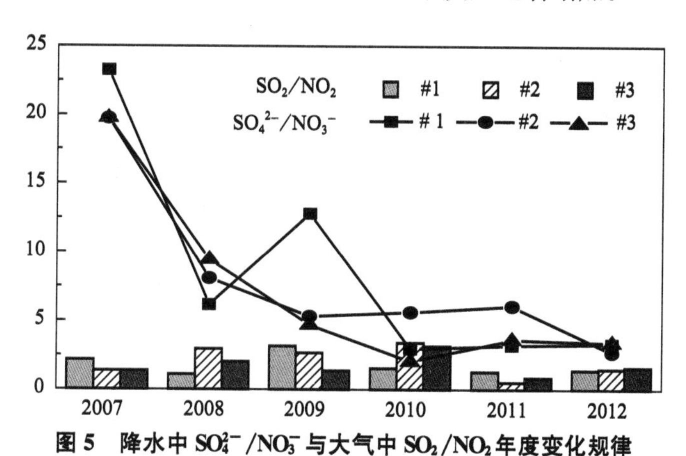

图5　降水中SO_4^{2-}/NO_3^-与大气中SO_2/NO_2年度变化规律

3　结论

(1) 2007—2012年间石嘴山市SO_2排放量略有降低，NO_2排放量逐年增加，大气中SO_2及NO_2分别在2009年及2010年达到最大值，约为0.08 mg/m³及0.04 mg/m³，大气中SO_2及NO_2浓度在冬季显著高于夏季。

(2) 2007—2012年间石嘴山市酸雨类型由燃煤型逐渐向混合型过渡，降水中的SO_4^{2-}浓度存在一定波动，NO_3^-浓度逐渐增加，SO_4^{2-}/NO_3^-比例逐年下降，由2007年的19.74降低至2012年的3.28。为有效控制酸雨，对NO_2的减排措施势在必行。

(3) 石嘴山市近年来酸雨类型的转变一方面原因是在 SO_2 减排背景下的 NO_2 大幅增加；另一方面是大气污染状况的加剧，导致大气氧化性的增强，从而使得 SO_2 及 NO_2 氧化率增加。特别是 NO_2 氧化率增速大于 SO_2 氧化率，是导致降水类型转变的重要原因。表明当前有效减少氮氧化物排放以及综合控制氧化性物质排放是预防酸性降水发生的两大必要措施。

(4) 通过长期对石嘴山市大气中 SO_2、NO_2 浓度监测表明，一方面 NO_2 排放量的增加增大了控制酸雨中 NO_3^- 浓度的难度；另一方面大气复合污染的加剧使大气对 NO_2 的氧化性逐年增强，这两种因素的共同作用导致 NO_2 氧化率发生了显著增加。在当前 SO_2 排放有效削减的前提下，今后一方面应重点关注氮氧化物排放量的削减；另一方面需要对 VOCs、O_3 等氧化性物质排放进行综合控制，降低大气的氧化水平。

参考文献

[1] Aas W，Shao M，Jin L，et al. Air concentrations and wet deposition of major inorganic ions at five non-urban sites in China，2001—2003 [J]. Atmospheric Environment，2007，41：1706-1716.

[2] Galloway J N，Zhao D W，Xiong J L，et al. 1987. Acid rain：China，United States，and a remote area [J]. Science，236：1559-1562.

[3] 王代长，蒋新，卞永荣，等. 酸沉降对生态环境的影响 [J]. 中国生态农业学报，2003，11 (1)：107-109.

[4] 张修峰. 上海地区大气氮湿沉降及其对湿地水环境的影响 [J]. 应用生态学报，2006，17 (6)：1099-1102.

[5] Das R，Das S，Misra V. Chemical composition of rainwater and dustfall at Bhubaneswar in the east coast of India [J]. Atmos Environ，2005，39：5908-5916.

[6] Lee B K，Hong S H，Lee D S. Chemical composition of precipitation and wet deposition of major ionson the Korean peninsula [J]. Atmos Environ，2000，34 (4)：563-575.

[7] 杨复沫，贺克斌，雷宇，等. 2001—2003 年间北京大气降水的化学特征 [J]. 中国环境科学，2004，24 (5)：538-541.

[8] 丁慧明，姚芳芳，陈静静，等. 浙江宁波天童地区酸性降水化学特征研究 [J]. 环境科学学报，2012，32 (9)：2245-2252.

[9] 王艳，葛福玲，刘晓环，等. 泰山降水的离子组成特征分析 [J]. 中国环境科学，2006，26 (4)：422-426.

[10] 牛彧文，何凌燕，胡敏. 深圳大气降水的化学组成特征 [J]. 环境科学，2008，29 (4)：1014-1019.

[11] 刘炳江，郝吉明，贺克斌，等. 中国酸雨和二氧化硫污染控制区区划及实施政策研究 [J]. 中国环境科学，1998，18 (1)：1-7.

[12] 王玮，王文兴，全浩. 我国酸性降水来源探讨 [J]. 中国环境科学，1995，15 (2)：89-941.

[13] 环境保护部. 国家酸雨和二氧化硫污染防治“十一五”规划 .

[14] 石嘴山市环境保护局，石嘴山市环境监测站. 宁夏石嘴山市“十一五”期间环境质量报告书 (2006—2010 年) . 2011.

[15] 汪家权，吴劲兵，李如忠，钱家忠，潘天声. 酸雨研究进展与问题探讨 [J]. 水科学进展，2004，15 (4)：526-530.

[16] 陈秀梅，张修峰 . 2007. 广州市酸雨演变规律及其生态学意义 [J]. 生态科学，26 (3)：246-249.

[17] 张群，郁晶，喻义勇. 南京市酸雨特征及变化趋势分析 [J]. 环境科学与管理，2009，34 (12)：108-111.

［18］梅雪英，杨扬，方建德．2010．上海地区酸雨类型格局转变研究［J］．长江流域资源与环境，19（9）：1075-1078.

［19］罗栩羽，吴志权，邹德龙，等．广东省春季一次酸雨过程的数值模拟［J］．环境科学学报，2012，32（11）：2693-2703.

［20］王体健，李宗恺，南方．区域酸性沉降的数值研究Ⅰ：模式［J］．大气科学，1996，20（5）：606-614.

［21］王玮，姜振远，张孟衡，等．华南大气气溶胶的污染特征及其与酸性降水的关系．1992，12（1）：7-15.

作者介绍：田林锋（1983—），男，陕西宝鸡人，中级工程师，硕士，主要从事环境分析。

宁夏石嘴山市某工业园区大气污染物及其重金属分布特征研究

罗桂林[1]　田林锋[2]　晁　婧[1]　卫丽娜[1]　马春梅[2]　童　玲[2]

1. 宁夏理工学院文理学院，石嘴山　753000；

2. 宁夏石嘴山市环境监测站，石嘴山　753000

摘　要：利用 ArcGIS 软件，结合 SPSS 数据分析，研究了宁夏石嘴山市某工业园区 PM10、SO_2、NO_2及 PM10 中 Pb、Cd、Cu、Zn、Hg 含量水平及空间分布特征，研究结果显示，可吸入颗粒物日均值范围为 0.150～1.132mg/m^3，超标率为 77.1%；二氧化硫日均值范围为 0.136～0.285mg/m^3，超标率 14%；二氧化氮日均值范围为 0.033～0.153mg/m^3，超标率 6%。其 PM_{10}中 Pb、Cd、Cu、Zn、Hg 的平均浓度分别为：168 mg/kg、8 mg/kg、80 mg/kg、1.0 mg/kg、1.0 mg/kg，变异系数变化范围为 30%～109%，波动性较大，除过 Hg 外，其余 4 种重金属含量相对全国土壤及国内其他城市偏低。空间分析显示出该工业园区大气可吸入颗粒物及氮硫氧化物分布特征。

关键词：工业园区；大气；重金属；分布特征

Atmospheric Pollutants and Heavy Metals Distribution in an Industrial Park in Shizuishan City，Ningxia Province

LUO Gui-lin[1]　TIAN Lin-feng[2]　CHAO Jing[1]　WEI Li-na[1]　MA Chun-mei[2]　TONG Ling[2]

1. Ningxia Institute of Science and Technology，Shizuishan 753000；

2. Shizuishan Environmental Monitoring Station，Shizuishan 753000

Abstract：Using ArcGIS software，combining SPSS data analysis，the study of the Shizuishan Ningxia an industrial park PM_{10}，SO_2，NO_2 and PM10 in Pb，Cd，Cu，Zn，Hg concentration levels and spatial distribution of the findings show，respirable particulate matter daily average in the range of 0.150～1.132mg/m^3，exceeding the rate of 77.1%；sulfur dioxide daily average range of 0.136～ 0.285 mg/m^3，exceeding the rate of 14%；NO_2 daily average range of 0.033 ～ 0.153 mg/m^3，exceeding the rate of 6% of its PM_{10} in Pb，Cd，Cu，Zn，average concentration，Hg，respectively：168 mg/kg，8 mg/kg，80 mg/kg，1.0 mg/kg，1.0 mg/kg，the coefficient of variation varied from 30% to 109% more volatile，in addition to over Hg，the other four kinds of heavy metal content in the country is relatively low in soil and other cities. Spatial analysis shows that the industrial park inhalable particulate matter and sulfur oxides of nitrogen distribution.

Key words：industrial park；the atmosphere；heavy metal；Distribution

大气中的颗粒物（气溶胶）直径一般在 0.003～100μm 之间，这些粒子会通过反射、散射和吸收太阳及红外长波辐射等作用影响气候[1-5]。颗粒物对人类的健康有较大的影响[6,7]，流行病学研究表明，暴露在高浓度的颗粒物中能够导致心脏病和呼吸疾病增加，甚至导致死亡率的升高[8-10]。一般情况下颗粒物的数浓度主要由爱根核模态的细粒子（粒径小于 0.1μm）决定，其质量浓度则主要由粒径较大的粗模态粒子（粒径大于 1.0 μm）决定，但这些由人类活动导致的亚微米级模态颗粒物很大程度地改变了其数浓度谱分布，如在北京，一次排放颗粒物中有超过一半的粒子由 $PM_{2.5}$ 组成，这些粒子在成云致雨中发挥了重要的作用，也会造成灰霾天气，使大气能见度下降[11-15]。

位于西北地区的宁夏石嘴山市是一座新型的以煤炭开采为支柱产业的工业化城市，近年来，大气环境受到不同程度的污染，但该地区的大气污染一直停留在监测水平上，对于其进一步的研究，如溯源分析、颗粒物中重金属含量水平及危害程度研究，较为鲜见[16,17]。本研究在石嘴山某工业园区展开，通过对大气颗粒物 PM_{10}、SO_2 和 NO_2 监测，从而确定该工业园区大气颗粒物 PM_{10}、SO_2 和 NO_2 及 PM_{10} 中 5 种重金属的空间分布特征，以期对了解石嘴山市工业化过程中工业园区大气环境污染状况、大气颗粒物的来源以及采取合理的措施进行大气质量的控制提供参考，进而为石嘴山市由工业转化为工业园林城市提供参考依据。

1 实验部分

1.1 样品采集

按照工业园区厂房分布和当地居民反映污染情况进行相应布点，2011 年 11 月 20 日在一个晴好的天气里（这种天气持续 1 周以上），利用相应仪器进行采样。PM_{10} 以 100L/min 流速连续采集 12h，用重量法测定；NO_2 以 0.4L/min 连续采集 18h，用盐酸萘乙二胺分光光度法测定；SO_2 以 0.5 L/min 连续采集 18h，用甲醛缓冲吸收液—盐酸付玫瑰苯胺分光光度法测定。采样仪器为空气/智能 TSP 综合采样器（崂应 2050 型），连续采集 7 天，在该研究区域内共设置 5 个采样点位，具体点位见图 2。

1.2 重金属处理及分析

利用混酸消解法对样品进行预处理：将称量后的 PM_{10} 滤膜（用剪刀剪碎）置于 150ml 锥形瓶中，加 30ml 硝酸、5ml 高氯酸，瓶口插入小漏斗，于电热板上加热至微沸，保持微沸 2h。稍冷后再加入 10ml 硝酸，继续加热沸腾至近干。冷却后加入少量水，微热后用定量滤纸过滤，定容至 25ml 容量瓶，待测。样品测试采用德国耶拿 AAS ZEEnit700 原子吸收光谱仪（石墨炉原子化器）。

1.3 质量控制与保证

环境空气监测工作从样品的采集到实验室分析，按照《大气污染物无组织排放监测技术导则》（HJ/T 55—2000）中的有关规定执行。二氧化硫、二氧化氮现场采样时加采 10%～20%的现场空白及平行样，在实验室内分析时做 10%～20%的密码样。现场空白符合要求，平行样的相对偏差及密码样的测定结果 100% 合格。可吸入颗粒物采用称量“标准滤膜”进行质量控制；采样前对空气采样仪器进行了校准，进而确保监测数据的准确性和可靠性。

2 结果与讨论

2.1 工业园区 PM_{10}、NO_2、SO_2 的含量分布特征

从监测结果来看，该工业园区可吸入颗粒物日均值范围为 0.150～1.132mg/m³，超标率为 77.1%；二氧化硫日均值范围为 0.136～0.285mg/m³，日均值超标率 14%；二氧化氮日均值范围为 0.033～0.153mg/m³，日均值超标率 6%，该工业园区 3 种大气污染物基本上都在《环境空气质量标准》（GB 3095—1996）二级标准和三级标准之间，PM_{10} 污染最严重，基本都超过三级标准。

表 1 各项污染物的浓度限值（GB 3095—1996）

污染物名称	取值时间	浓度限值/（mg/m³）		
		一级标准	二级标准	三级标准
可吸入颗粒物 PM_{10}	日平均	0.05	0.15	0.25
二氧化氮 NO_2	日平均	0.08	0.08	0.12
二氧化硫 SO_2	日平均	0.05	0.15	0.25

盒须图又称箱形图，其绘制需使用常用的统计量，提供了一种只用5个点对数据集做简单总结的方式，最适宜提供有关数据的位置和分散的参数，尤其是在有不同的母体数据时更可表现出其差异性[18]。盒须图呈现了整个工业园大气中PM_{10}、SO_2、NO_2浓度集散状态及整体偏差程度，图1看出，PM_{10}出现两个温和异常值，分别为1.08和1.32，NO_2的温和异常值分别为0.153和0.133，而SO_2在7天的监测过程中无异常值。整体而言，这3种大气污染物在本次监测过程中数值较为稳定，离散度较小.

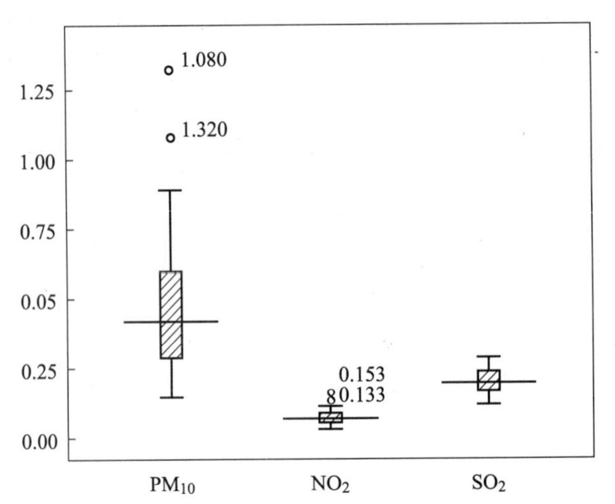

图1　大气污染物（PM_{10}、NO_2、SO_2）盒须图（图中“°”为温和异常值）

2.2　PM_{10}、NO_2、SO_2空间分布特征及溯源分析

地质统计学（Geostatistics）是以区域化变量（Regionalized Variable）理论为基础，以变异函数（Variogram）为基本工具的科学，其主要研究内容为在空间分布中具有双重特性（随机性和结构性）的自然现象，所以凡是在空间分布上具备双重特性的数据，都可使用地质统计学内的方法来进行处理和分析[19-21]。将地理信息系统（GIS）的空间分析功能与地统计学相结合用于大气污染方面研究，不仅能了解大气污染物含量空间分布状况，而且能够更好地揭示其影响因子，能够为污染物来源提供参考依据[22-25]。

本文对该工业园区PM_{10}、NO_2、SO_2含量分布状况进行克里格插值计算，绘图结果见图2。从其中的a图可以看出，PM_{10}主要是分布在焦化厂和电厂煤场之间区域，其值以三角加逼的形式直接延伸到中心地段的居民区域，同时最中心地段5＃点居民区出现最大值，究其原因可能是因为该点位位于公路边，加之电厂煤场和焦化厂离其最近，各种原因综合在一块导致该点位PM_{10}含量较高。从b图可以看出，该小区域的NO_2的空间含量分布与PM_{10}分布比较相似，同样在焦化厂和电厂煤场之间出现较高值，以三角加逼的形式分布，但在5＃点并未出现高值，究其原因可能是因为焦化厂的大气污染，同时该路段拉煤车辆较多，这两方面原因造成了氮氧化物的升高。而SO_2的空间分布与PM_{10}和NO_2的分布差异比较大，从c图可以看出，SO_2主要是出现在3＃点位，即钢厂和生活区的边缘区，这可能与冬季的居民取暖有较大的关系，该地区居民冬季多自己烧煤取暖。

2.3　PM_{10}中重金属含量分布

石嘴山市某工业园区PM_{10}中重金属含量测试统计见表2。由表2可知，该工业园区PM_{10}中Pb、Cd、Cu、Zn、Hg的浓度变化范围分别为：70～262 mg/kg，2.0～22.2mg/kg、33～131mg/kg、0.9～1.9mg/kg、0.49～1.0mg/kg，平均含量分别为：168 mg/kg、8 mg/kg、80 mg/kg、1.0 mg/kg、1.0 mg/kg，变异系数变化范围为30%～109%，5个点位之间5种重金属含量差异较大。与国内已有的宝鸡市街尘中重金属含量相比较，该工业园区PM_{10}中重金属含量普遍偏低，有些重金属元素偏低数十倍之多，这可能和所监测的样品差异有关系，因宝鸡市街尘主要是大颗粒物中重金属，而本研究主要是PM_{10}中重金属，大气粒径对重金属吸附作用可能会影响重金属含量，具体情况有待进行进一步研究[26]。

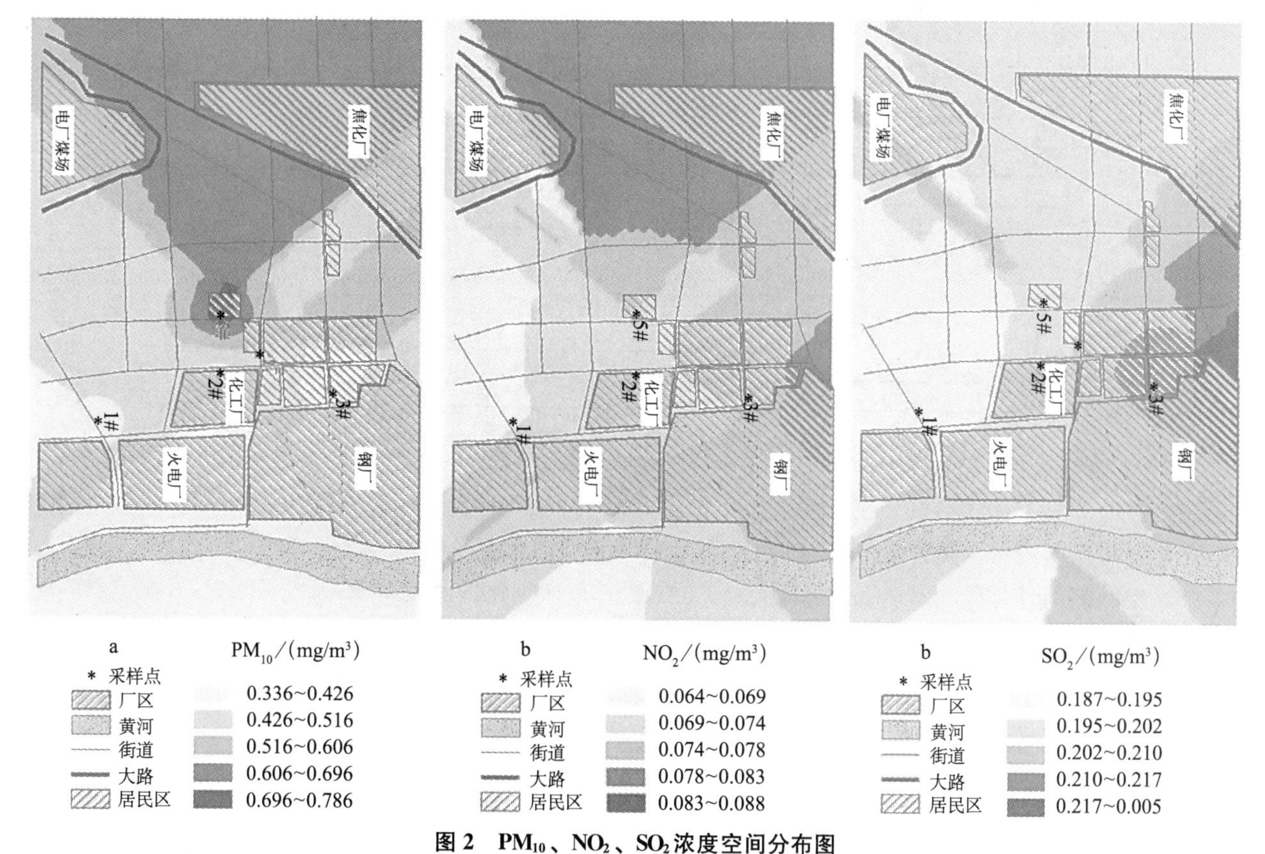

图 2　PM_{10}、NO_2、SO_2 浓度空间分布图

表 2　石嘴山市某工业园区 PM_{10} 中重金属含量分布　　单位：mg/kg

元素	最小值	最大值	平均值	变异系数	世界土壤元素背景值	中国土壤元素背景值	宁夏土壤元素背景值
Pb	70	262	168	0.41	35	26.0	20.6
Cd	2.0	22.2	8	1.09	0.35	0.097	0.112
Cu	33	131	80	0.51	30	22.6	22.1
Zn	0.9	1.9	1.0	0.36	9	74.2	58.8
Hg	0.49	1.0	1.0	0.3	0.06	0.065	0.021

2.4　聚类分析

在聚类分析中，本文采用组间的类平均法（between-groups average linkage）进行变量标准化，距离测量采用平方欧氏距离（Squared Euclidean distance），最后得到图 3 的重金属聚类分析和采样点位聚类分析树形图，从图中可以清楚地看到这 5 种重金属和采样点位的聚类过程，其横坐标为样点间的距离，距离越近，表明两者越相似，本文选择 10 为组间距离标准，分别得到差异明显的 3 个组。从点位聚类中可以看出，2 #、3 #、4 # 聚为第一类，1 # 聚为一类，5 # 独聚为一类，这和周边实际环境比较相符，因 1 # 位于火电厂，5 # 偏近于焦化厂，其余 3 个点位基本位于居民区，这三个明显的环境区域重金属分布情况差异性可能比较大。对 5 种重金属而言，Zn、Hg、Cd 聚为一类，Cu 为聚为一类，Pb 单个聚为一类。

3　结论

（1）就该工业园区大气中氮氧化物及可吸入颗粒物而言，连续 7 天的样品稳定性较好，相同指标数据间的差异性较小，只出现一些温和异常值。同时可吸入颗粒物、二氧化硫、二氧化氮日均值超标率分别为 77.1%、14% 和 6%，该工业园区 3 种大气污染物基本上都在国家二级标准和三级标准之间，PM_{10} 污染最严重，基本都超过三级标准。

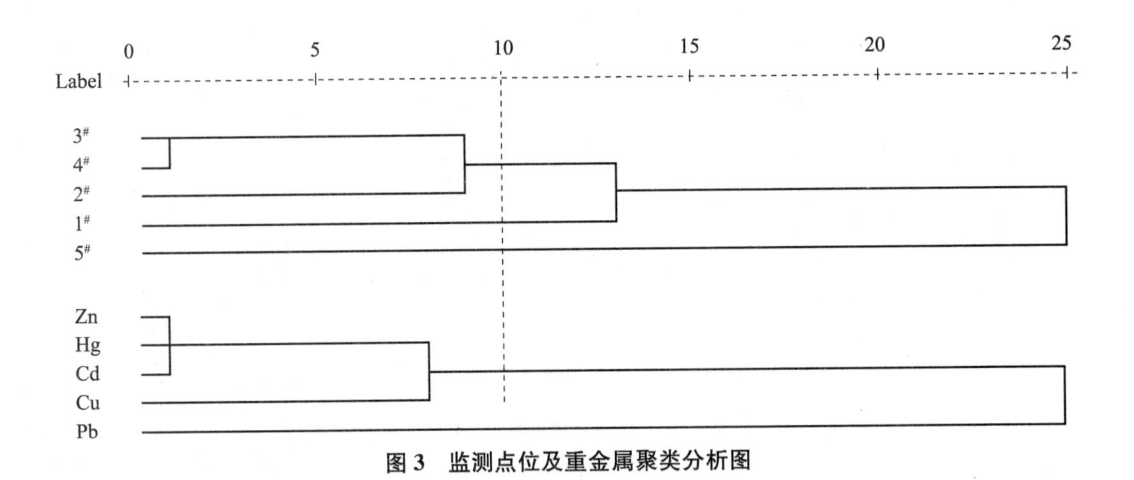

图3 监测点位及重金属聚类分析图

(2) 工业园区 PM_{10} 中 Pb、Cd、Cu、Zn、Hg 的浓度波动性较大，变异系数为 30%～109%，但相对国内已有城市街尘中重金属含量普遍偏低，颗粒物物中重金属危害性较小。

(3) 空间差值计算显示出该工业园区 PM_{10} 主要是分布在焦化厂和电厂煤场之间区域，NO_2 同样在焦化厂和电厂煤场之间出现较高值，以三角加逼的形式分布，SO_2 主要是出现在钢厂和生活区的边缘区，这可能与冬季的居民取暖有较大的关系。聚类分析显示出各点之间可能存在一定的相互关系。

参考文献

[1] 李金娟，邵龙义，李慧，等. 阴霾天气 PM_{10} 的微观特征及生物活性研究 [J]. 地球与环境，2010，38 (2)：165-169.

[2] 翟晴飞，金莲姬，林振义，等. 石家庄春季大气气溶胶数浓度和谱的观测特征 [J]. 中国环境科学，2011，31 (6)：886-891.

[3] Horvath H. Size segregated light absorption coefficient of the atmospheric aerosol [J]. Atmospheric Environment，1995，29：875-883.

[4] Pratsinis S E，Novakov T，Ellis C，et al. The carbon-containing component of the Los Angeles aerosol：source apportionment and contributions to the visibility budget [J]. Journal of Air Pollution Control Association，1984，34：643-650.

[5] 沈凡卉，王体健，庄炳亮，等. 中国沙尘气溶胶的间接辐射强迫与气候效应 [J]. 中国环境科学，2011，31 (7)：1057-1063.

[6] Romanathan V，Crutzen P J，Kiehl J T，et al. Aerosol climate and the hydrological cycle [J]. Science，2001，294：2119-2124.

[7] Mercedes M R，Antonella Z，Joel S. The Effect of Ozone and PM_{10} on Hospital Admissions for Pneumonia and Chronic Obstructive Pulmonary Disease：A National Multicity Study [J]. American Journal of Epidemiology，2006，163 (3)：579-588.

[8] Janssen A，Hoek G，Brunekreef B. Mass concentration and elemental composition of PM_{10} in classrooms [J]. Occupational and Environmental Medicine，1999，56 (7)：482-487.

[9] Swift D L. The oronasal airways：the definer and ignored respiratory ozone of the PM10 regulatory convention [J]. Inhalation Toxicology，1995，7 (1)：125-150.

[10] 徐华英. 我国空气污染状况及其对人体健康的影响 [J]. 气候与环境研究，1999，4 (1)：56-60.

[11] 于兴娜，李新妹，登增然登，等. 北京雾霾天气期间气溶胶光学特性 [J]. 环境科学，2012，33 (4)：1057-1062.

[12] 刘宁微，马雁军，刘晓梅，等. 1980—2009年沈阳灰霾的变化趋势研究 [J]. 干旱区资源与环境，2010，24 (10)：92-94.

[13] 吴兑，毕雪岩，邓雪娇，等. 珠江三角洲大气灰霾导致能见度下降问题研究 [J]. 气象学报，2006，64 (4)：510-518.

[14] 马雁军，刘宁微，王扬，等. 沈阳及周边城市大气细粒子的分布特征及其对空气质量的影响 [J]. 环境科学学报，2011，31 (6)：1168-1174.

[15] 王京丽，谢庄. 北京市大气细粒子的质量浓度特征研究 [J]. 气象学报，2004，62 (1)：104-111.

[16] 任学蓉，靳燕，马春梅，等. 石嘴山市大气环境质量变化特征分析 [J]. 宁夏工程技术，2012，11 (1)：40-45.

[17] 房春生，陈分定，陈克华，等. 龙岩市大气颗粒物来源统计分析 [J]. 中国环境科学，2011，31 (2)：214-219.

[18] 田林锋，胡继伟，秦樊鑫，等. 基因统计的百花湖表层水中重金属分布特征 [J]. 环境科学研究，2011，24 (3)：16-24.

[19] 唐泽圣. 三维数据场可视化 [M]. 北京：清华大学出版社，1999.

[20] Terry L. Pavlis，Richard Langford，Jose Hurtado，and Laura Serpa. Computer-based data acquisition and visualization systems in field geology：Results from 12 years of experimentation and future potential [J]. Geosphere，2010，6：275-294.

[21] Ana C Pires，Alberto Gomes and Helder I Chaminá. Dynamics of coastal systems using GIS analysis and Geomaterials evaluation for groins [J]. Environmental and Engineering Geoscience，2009，15：245-260.

[22] 郝泽嘉，周丰，郭怀成. 香港海域表层沉积物重金属空间分析 [J]. 环境科学研究，2008，21 (6)：110-117.

[23] 孙洪泉. 地质统计学及其应用 [M]. 北京：中国矿业大学出版社，1990.

[24] 王博，杨志强，李慧颖，等. 基于模糊数学和GIS的松花江流域水环境质量评价研究 [J]. 环境科学研究，2008，21 (6)：124-129.

[25] 田林锋，胡继伟，秦樊鑫，等. 重金属元素在贵州红枫湖水体中的分布特征 [J]. 中国环境科学，2011，31 (3)：481-489.

[26] 王利军，卢新卫，雷凯，等. 宝鸡市街尘重金属元素含量、来源及形态特征 [J]. 环境科学，2011，32 (8)：2470-2476.

作者简介：罗桂林（1983—），女，汉族，山西大同人，硕士，主要从事环境分析。

许昌市近地面臭氧变化特征分析

王爱琴　刘梦杰　王俊超　王　鹏
许昌市环境监测中心，许昌　461000

摘　要：为了研究许昌市近地面臭氧浓度变化，利用2014年1月—2015年2月许昌市3个监测站点的臭氧大气连续自动监测数据，对臭氧浓度的日变化、月变化、季节变化及臭氧与二氧化氮的关系进行了分析。结果表明：①臭氧浓度具有明显的日变化规律，一般在午后浓度较高，14—15时达到最大，夜晚较低，早晨6—7时降到最低；②臭氧浓度还显示了明显的月变化规律，在5—6月达到最大，1月、12月降到最低；③臭氧浓度的季节变化也是相当明显，大小依次为夏季＞春季＞秋季＞冬季；④臭氧浓度与二氧化氮浓度呈显著地负相关性。

关键词：许昌市；近地面；臭氧；变化特征

Characteristic of Surface Ozone Concentrations in Xuchang

WANG Ai-qin　LIU Meng-jie　WANG Jun-chao　WANG Peng
Environment Monitoring center of Xuchang City，Xuchang 461000

Abstract：In order to study the characteritic of suface ozone concentrations in Xuchang，the continuous observation data of surface ozone（O_3）concentrations in Xuchang from January 2014 to February 2015 were used to analyse the daily variation，monthly variation，regularities of seasonal varition and its correlation with nitrogen dioxide（NO_2）. The conclusions are：① Ozone concentration has obvious daily change which is higher after noon and lower in night，the highest is at 14—15 o'clock and the lowest is at 6—7 o'clock. ② Ozone concentration also shows obvious regularity of monthly variation which is reached the maximum at 5—6 months and January，December to a minimum. ③ Ozone concentration has obvious seasonal change，the order from higher to lower is summer，spring，autumn，winter. ④ The relation between ozone and nitrogen dioxide（NO_2）is significant negative correlation.

Key words：Xuchang；suface；ozone；variation characteristics

臭氧是大气中氮氧化合物和碳氢化合物等前体物在太阳辐射作用下通过光化学反应产生的二次污染物[1-2]，同时也是一种重要的温室气体，具有直接或间接的辐射强迫效应。如果臭氧浓度过高，将加速材料老化、导致农作物减产，影响人类健康：破坏人体皮肤中的维生素E、加速衰老、诱发淋巴细胞染色体畸变等，并对生态环境造成严重的危害[3-5]。我国《环境空气质量标准》（GB 3095—2012）已于2012年将臭氧日最大8h平均浓度列为新增考核指标，规定臭氧日最大8h平均的一级标准不大于100 μg/m³，二级标准不大于160 μg/m³。许昌市2014年对臭氧开始了监测，目前有关臭氧污染的相关研究资料还比较缺乏。因此对许昌市进行臭氧浓度的监测及变化特征的研究具有重大意义，同时对制定空气污染控制策略也具有深远影响[6-7]。

1　研究方法

1.1　监测点位

许昌市位于中原腹地，伏牛山脉东麓，平均海拔72.8m，属于暖温带季风型气候。平均降水量600～

700mm，多集中在夏季。许昌市在城市建成区内设有 3 个监测点位，分别为六一路 22 号监测站（N：113°49′59″、E：34°00′42″）、劳动路 1098 号环保局（N：113°49′15″、E：34°01′53″）和延安南路 2246 号开发区（N：113°47′56″、E：33°59′57″）。3 个监测站点均为空气质量自动监测国控点。监测点位的选取均符合国家相关技术规范要求，监测数据具有良好的代表性、准确性和可比性。

1.2 监测仪器及原理

三个站点监测仪器均采用美国 ThermoFisher 公司生产的 49i 型紫外荧光法臭氧分析仪、49i-PS 型臭氧气体校准仪；42i 型化学发光 NO_x 分析仪、146i 型多元气体校准仪及 111 型零气发生器。监测过程严格按照《环境空气质量自动监测技术规范》HJ-T193—2005 中的相关技术规定和质量控制要求，对仪器进行定期巡检、维护，每周进行零点和跨度校准，定期进行多点校准，以确保仪器精密度、准确度、线性状态等运行正常。

1.3 监测时间、频次及数据采集

监测时间选取为 2014 年 1 月 1 日至 2015 年 2 月 28 日，采用每天 24h 连续自动监测，每 5min 记录一次监测数据的监测方法（因为以连续 8h 最高浓度限值为主的臭氧空气质量标准已成为臭氧环境空气质量评价的发展趋势，所以以下所说的臭氧浓度在不明确是小时平均浓度时均为臭氧日最大 8h 滑动平均值）。各子站监测数据通过数据采集仪采集后实时上传至中心控制室，由专业技术人员进行统计、整理与分析。

2 结果与讨论

2.1 臭氧浓度的日变化特征

分别对 3 个监测点位一年内每日每小时的臭氧浓度平均值进行统计计算得到一年内每日每小时的臭氧浓度平均值，根据统计计算结果绘制三站点及全市年小时平均臭氧浓度的日变化曲线，见图 1。

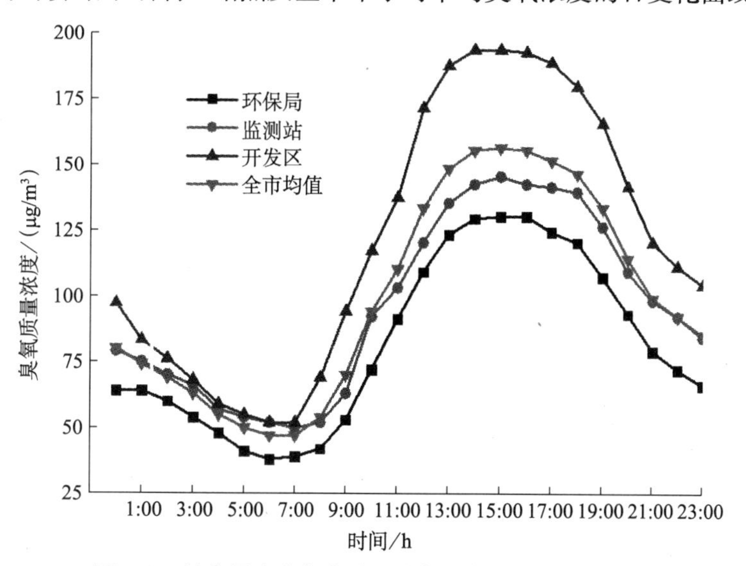

图 1 三站点及全市年小时平均臭氧浓度的日变化曲线

从图 1 可以看出，许昌市 3 个站点及全市臭氧浓度值曲线呈单峰型，谷值出现在早晨 6—7 时，峰值出现在午后 14—15 时，相差 6 倍之多，日变化特征十分明显。午后臭氧浓度出现峰值的主要原因是，经过午间最强烈的日照辐射后，气温在此时也达到最高值，有利于光化学平衡生成臭氧（在中午 12 时左右太阳紫外辐射达到一日最大值[8]，由于地面臭氧浓度达到反应平衡具有一定的延迟性，因此一般在 14—15 时达到臭氧浓度的最大值）。由于夜间没有日光照射，光化学反应的速度比较慢，同时一氧化氮等还原剂与臭氧反应，消耗部分臭氧，降低趋势持续到 6—7 时，随后伴随着太阳紫外辐射的增强，臭氧浓度又开始了循环的上升趋势。即使在阴雨天臭氧也可以通过湍流向下输送到地面[9]。

2.2 臭氧浓度的月变化特征

分别对三站点按日最大 8h 平均臭氧浓度进行统计计算每日臭氧浓度平均值，并计算全市每月臭氧浓

度平均值，根据统计计算结果绘制三站点及全市年平均臭氧浓度的月变化曲线，见图 2。

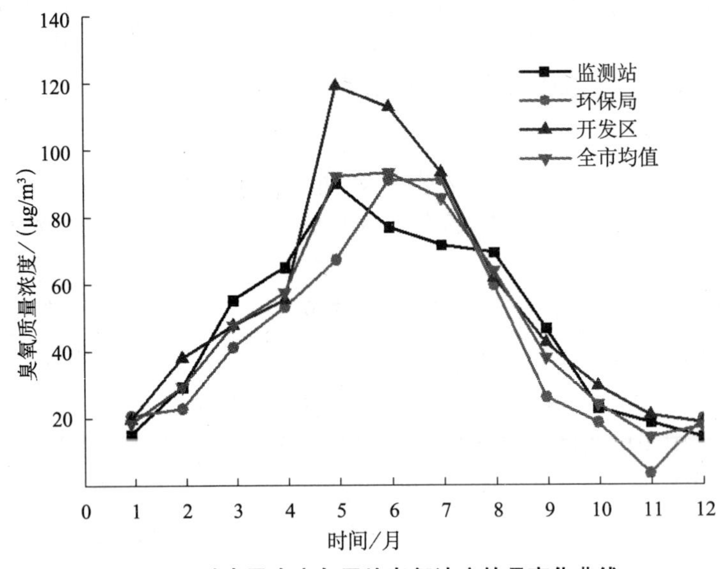

图 2　三站点及全市年平均臭氧浓度的月变化曲线

从图 2 可以看出，2014 年 1 月至 2014 年 12 月，臭氧浓度月变化规律为：1—6 月呈上升趋势，6—11 月呈下降趋势；5—6 月份各站点臭氧浓度均较高，1 月、12 月份达到最低。这与臭氧浓度受日照强度和日照时间的影响较大有关。

2.3　臭氧浓度的季节变化特征

从图 3 可以看出，许昌市臭氧浓度值呈现明显的季节变化规律，其中大小依次为夏季>春季>秋季>冬季。开发区各个季度臭氧浓度值都略高于监测站和环保局 2 个站点。夏季气温高、太阳紫外辐射强度大；春季风力大利于污染物扩散，但是气温略高且干燥又有利于化学反应达到平衡；秋季气温凉爽、冬季温度过低，都不利于化学反应的进行[9]。因此，臭氧浓度变化呈现出明显的季节变化特征。

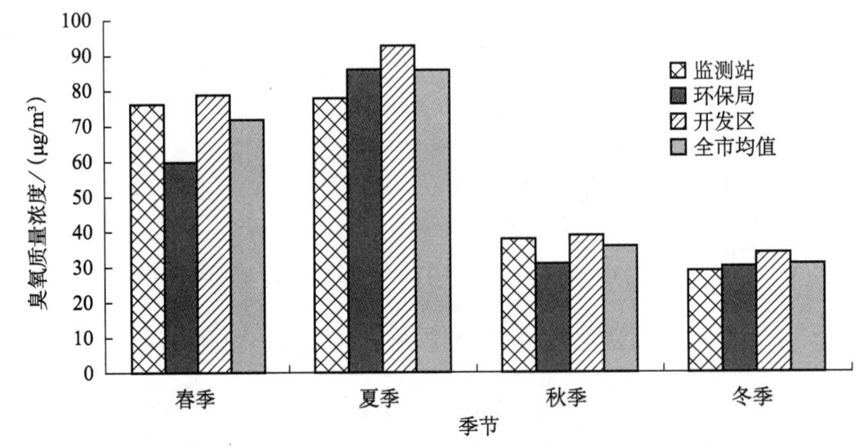

图 3　三站点及全市平均值臭氧浓度值季节变化条形图

2.4　臭氧浓度与二氧化氮的浓度关系

选取了全市 2014 年臭氧、二氧化氮的浓度年均值数据、环保局 6 月 28 日至 30 日 72 h 和开发区 6 月的月均 24 h 臭氧、二氧化氮的浓度小时数据进行统计计算并分别绘制全市 2014 年年均臭氧、二氧化氮浓度的月变化曲线、环保局 2014 年 6 月 28 日—30 日的 72 h 臭氧、二氧化氮浓度变化曲线、开发区 2014 年 6 月的月均 24 h 臭氧、二氧化氮浓度变化曲线，见图 4、图 5、图 6。

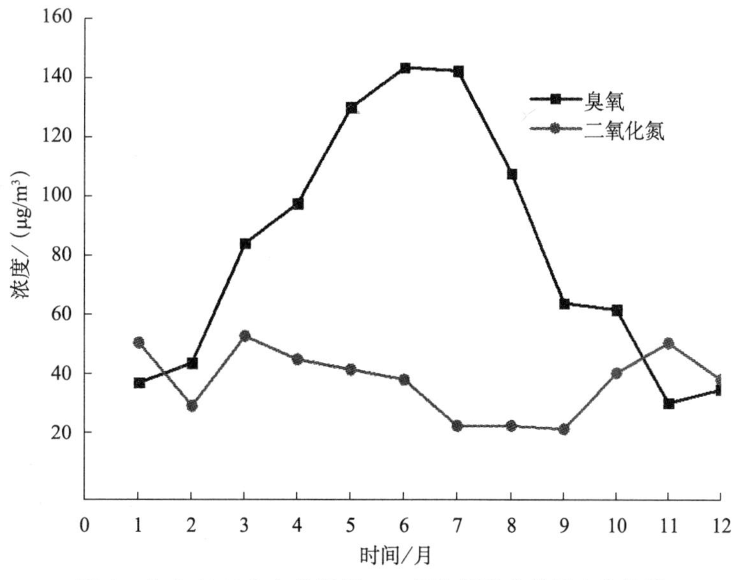

图 4　全市 2014 年年均臭氧、二氧化氮浓度的月变化曲线

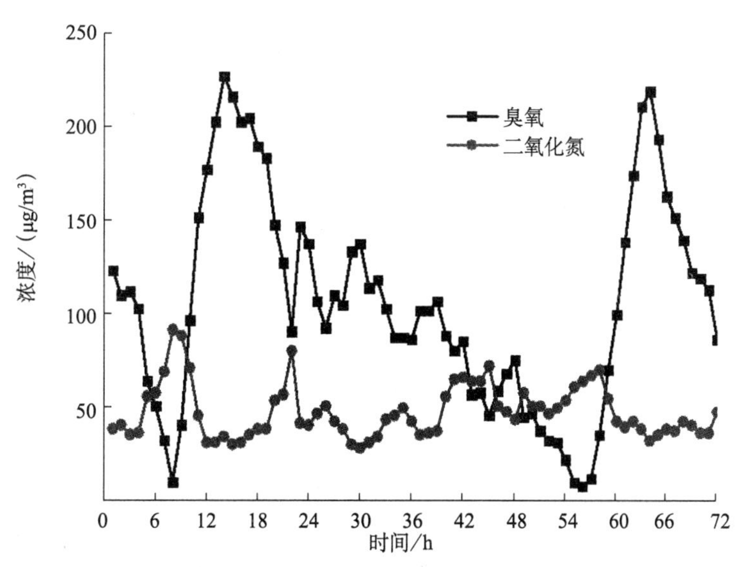

图 5　环保局 2014 年 6 月 28—30 日的 72 h 臭氧、二氧化氮浓度变化曲线

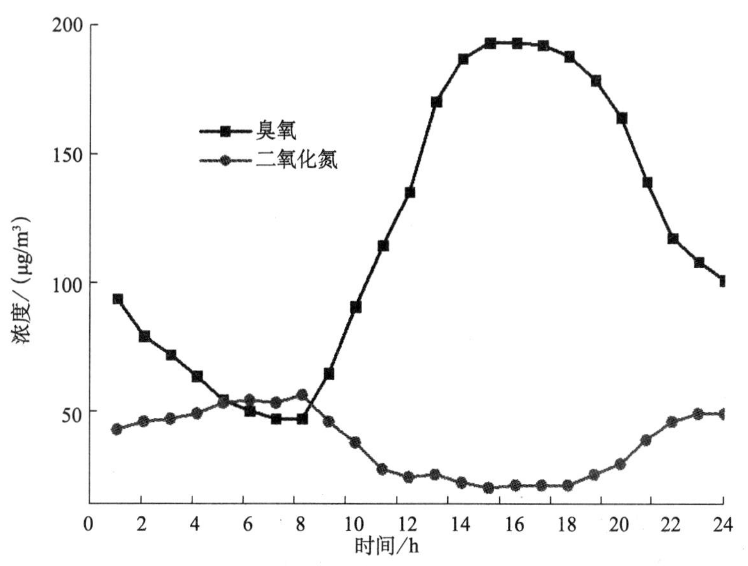

图 6　开发区 2014 年 6 月的月均 24 h 臭氧、二氧化氮浓度变化曲线

臭氧和氮氧化物都是大气中的痕量气体[10]，它们之间也是可以进行相互转化的，在大气化学过程中扮演着重要角色，在环境监测中通常以二氧化氮浓度来表征氮氧化物浓度，因此研究臭氧与二氧化氮二者的变化关系具有重要的意义[11-13]。由图4、图5、图6可知，臭氧浓度与二氧化氮浓度呈显著地负相关性。尤其是开发区6月的月均24 h臭氧、二氧化氮浓度的相关系数 r 为－0.93，呈现出极近完美的轴对称图形。

3 结论与展望

3.1 结论

（1）臭氧浓度具有明显的日变化特征，一般在午后浓度较高，14—15时达到最大，夜晚较低，早晨6—7时降到最低；

（2）臭氧浓度还显示了明显的月变化规律，在5—6月达到最大，1月、12月降到最低；

（3）臭氧浓度的季节变化也是相当明显，大小依次为夏季、春季、秋季、冬季；

（4）臭氧浓度与二氧化氮浓度具有显著地负相关性。

3.2 展望

（1）监测点位的数量较少，空间的代表性有所不足，并且仅根据有限点位一年的监测数据所得到的分析结果尚不成熟，其代表性和结论在其他地区和今后的适用性上需要进一步的跟踪验证。

（2）根据新空气质量标准（GB 3095—2012）的要求，2015年所有地级以上城市开始用新标准进行评价。许昌市自2014年在原有监测因子 PM_{10}、SO_2、NO_2 的基础上新增加了 $PM_{2.5}$、O_3、CO三项监测因子，从2014年发布的AQI日报中可知，全市2014年度污染天数共205天，其中主要污染物为 $PM_{2.5}$ 的天数为145天、为 PM_{10} 的天数为29天、为 O_3 的天数为26天、为 NO_2 的天数为2天。在 $PM_{2.5}$、PM_{10} 作为主要污染物被人们关注的同时，我们也应该对臭氧污染引起足够的重视。因此能够进行深入的臭氧污染特征分析，对今后开展臭氧污染的监测和制定污染控制策略都具有重要的指导意义。

参考文献

[1] 秦瑜，春生. 大气化学基础 [M]. 北京：气象出版社，2003，85-86.

[2] 白建辉，徐永福，陈辉，等. 鼎湖山深林地区臭氧及前提物的变化特征和分析 [J]. 气候与环境，2003，8（3）：370-380.

[3] 陈仁杰，陈秉衡，阚海东. 上海市近地面臭氧污染的健康影响评价 [J]. 中国环境科学，2010（5）：603-608.

[4] 唐贵谦，李昕，王效科，等. 天气型对北京地区近地面臭氧的影响 [J]. 2010，31（3）：573-578.

[5] 柳燕. 大气臭氧层 紫外辐射与人类健康 [J]. 地球物理学进展，1998，13（3）：103-110.

[6] 丁国安，徐晓斌，罗超，等. 中国大气本底条件下不同地区地面臭氧特征 [J]. 气象学报，2001，59（1）：88-96.

[7] Huixiang W，Lijun Z，Xiaoyan T. Ozone concentrations in rural regions of the Yangtze Delta in China [J]. Journal of Atmospheric chemistry，2006，54（3）：255-265.

[8] 丛菁，孙立娟，蔡冬梅. 大连市紫外线辐射强度分析和预报方法研究. 气象与环境学报，2009，25（3）：48-52.

[9] 于基广，王燕，王敏铃，等. 烟台市大气臭氧近地面分布特征初探 [J]. 黑龙江环境通报，2011（3）：45-48.

[10] 周晨虹. 大气臭氧和二氧化氮的变化及其影响因素 [D]. 南京信息工程大学，2013.

[11] 白建辉，王明星，黄忠良. 鼎湖山臭氧 氮氧化物和太阳可见光辐射相互关系的研究 [J]. 环

境科学学报，2000，20（2）：173-178.

［12］白建辉，王明星，孔国辉，等. 鼎湖山地面臭氧，氮氧化物变化特征的分析［J］. 环境科学学报，1999，19（3）：262-265.

［13］陈程，王瑜. 连云港市臭氧变化规律及影响因素分析［J］. 能源与环境，2014（6）.

作者简介：王爱琴（1965—），许昌市环境监测中心，许昌市环境监测中心副主任，高级工程师，环境监测，主要从事大气、水质、噪声、环境自动监测及管理工作。

江苏省某市典型饮用水源抗生素含量特征研究

胡冠九[1,2]　陈素兰[2]　穆　肃[2]　张蓓蓓[2]

1. 江苏省大气环境与装备技术协同创新中心，南京　210036；

2. 江苏省环境监测中心，国家环境保护地表水环境

有机污染物监测分析重点实验室，南京　210036

摘　要：采用固相萃取-高效液相色谱/串联质谱法分析江苏省某市三个典型地表饮用水源中五类（14种）抗生素含量。结果表明，14 种目标抗生素的含量在 ND～52.7 ng/L，检出率在 0～78%。检出频率较高的为磺胺嘧啶、磺胺甲噁唑、金霉素和氧氟沙星，含量相对较高的为磺胺类，但总体上，抗生素的含量水平低于国内外其他地表水中相应污染物。抗生素含量受季节和水源类型影响，平水期浓度（188.3 ng/L）＞枯水期（57.2 ng/L）＞丰水期（8.9 ng/L），在太湖水源地略高于长江水源地。

关键词：抗生素；饮用水源；江苏

Concentration Characteristics of Antibiotics in Source Water from Typical Districts in a certain city of Jiangsu Province

HU Guan-jiu[1,2]　CHEN Su-lan[2]　MU Su[2]　ZHANG Bei-bei[2]

1. Collaborative Innovation Center of Atmospheric Environment and Equipment Technology of Jiangsu Province，Nanjing 210036；

2. Jiangsu Environmental Monitoring Center，State Environmental Protection Key Laboratory of Monitoring and Analysis for Organic Pollutants in Surface Water，Nanjing 210036

Abstract：The occurrence of 14 selected antibiotics in the source water samples collected from three typical districts in a certain city of Jiangsu Province were investigated using solid phase extraction followed by high performance liquid chromatography-electrospray ionization tandem mass spectrometry. The results showed that the concentrations of antibiotics ranged from ND to 52.7 ng/L，and the detectable frequency ranged from 0 to 78%. The sulfadiazine，sulfamethoxazole，chlortetracycline and ofloxacin were detected most frequently，and the sulfonamides were found having the highest concentrations. However，the concentrations of antibiotics in the district water sources are lower than those reported in other studies. Moreover，the concentration distributions changed with the seasons and locations. Usually，the total target compounds had higher concentration levels in normal season（188.3 ng/L）than in dry season（57.2 ng/L）and in wet season（8.9 ng/L），and the level of antibiotics from the Taihu lake was higher than that from the Yangtze River.

Key words：antibiotics；drinking water source；Jiangsu province

近年来，抗生素作为新型污染物之一，其环境污染问题引起广泛关注。抗生素大量使用于人类医疗和畜禽养殖，其大部分以原形或代谢物随粪尿排出，最终会进入环境，促进微生物耐药性以及抗生素抗性基因产生，影响生态系统、威胁人类健康。近年来国外学者在地表水、地下水、污水处理厂都检测出了多种抗生素[1-3]。

本文选择用量大、使用范围广且容易进入水体的五类共 14 种抗生素（4 种四环素类、3 种磺胺类、2

种大环内酯类、2 种喹诺酮类和 3 种氯霉素类）为目标物，对江苏省某市三个典型地表饮用水源中上述目标抗生素进行了残留水平和污染特征调查，为揭示饮用水源中抗生素类药物的污染现状，评估其生态危害，进一步研究其环境行为提供科学依据。

1 材料与方法

1.1 仪器及材料

高效液相色谱/串联质谱仪（WatersAquity/TQD，美国 Waters 公司），色谱柱 BEH C18（100 mm×2.0 mm，1.7μm）；固相萃取装置（GX-274ASPEC，美国吉尔森公司）；氮吹仪（Caliper turbovapⅡ，美国 CEM 公司）；LC-SAX 固相萃取小柱（3ml/500 mg，美国 Supelco 公司）；Oasis HLB 固相萃取柱（6 ml/500 mg，美国 Waters 公司）；0.22μm 针头过滤器（聚四氟乙烯材质，天津津腾实验设备有限公司）。

四环素、土霉素、金霉素、强力霉素、磺胺嘧啶、磺胺甲噁唑和磺胺二甲嘧啶等 7 种抗生素标样购自德国 Dr. Ehrenstorfer GmbH 公司，其他抗生素购自中国药品生物制品检定所，内标物^{13}C-咖啡因（纯度 99.9%）购自美国 Cambridge 公司。

1.2 样品采集

分别于 2013 年 2 月，5 月和 8 月，按照地表水监测技术规范[4]，采集江苏某市 GH 水厂、XWL 水厂和 XW 水厂的饮用水源地表水样，其中 GH 和 XWL 为市区水厂，水源为太湖；XW 为该市县级市水厂，水源为长江。每个水源地均采集 2 个平行样（其中 1 个用作平行测定，另一个作为基体加标用水样）。

1.3 样品处理与分析

1L 水样经 0.45μm 醋酸纤维滤膜过滤，加入 0.5g EDTA-Na_2，用稀硫酸调节至 pH 小于 3.0，通过 LC-SAX 与 HLB 的串联柱进行萃取富集。富集完毕后用 10 ml 超纯水清洗串联柱，移除 LC-SAX 小柱，用约 6.0ml/min 的氮气吹扫 HLB 小柱 20 min，再用 10 ml 含 0.1%甲酸的甲醇洗脱小柱，收集到的洗脱液在氮吹仪上用氮气吹至小于 1.0 ml，加入 10μl 内标^{13}C-咖啡因（1.0 mg/L），用含 0.1%的甲酸的甲醇定容至 1.0 ml，过滤后作 HPLC-MS/MS 测定，测定条件参见文献 [5]。

1.4 质量保证与质量控制

采用内标校准法（^{13}C-咖啡因）定量，校准曲线由 0.0、0.5、1.0、2.0、5.0、10.0、20.0μg/L 7 个浓度绘制而成，其 R^2 值大于 0.99；依据 HJ 168—2010[6] 获得方法检出限在 0.01～1.0 ng/L，空白加标回收率在 62.5%～87.4%，实际样品的加标回收率在 59.4%～83.2%，样品平行测定的相对偏差在 5.4%～8.2%。

2 结果与讨论

2.1 某市典型饮用水源抗生素污染现状分析

三个典型饮用水源抗生素的污染情况如表 1 所示。5 类（14 种）目标抗生素的含量在 ND～52.7ng/L，检出率在 0～78%。

在三饮用水源地所测定的抗生素中，磺胺类含量相对最高，占 14 种抗生素测定总量的 51.9%，其次为四环素类（29.9%）和喹诺酮类（14.5%）。14 种抗生素中，除氯霉素、氟甲砜霉素和罗红霉素外，其余 11 种在三个饮用水源地均有检出，检出率在 11%～78%（以在 3 个水厂的 3 次监测、9 组数据计），其中检出率最高的为磺胺嘧啶，检出率为 78%；其次为磺胺甲噁唑、金霉素和氧氟沙星 3 种抗生素，其检出率均为 67%，这 4 种抗生素的浓度中位值或均值也相对较高，为 3 个水源地的主要污染物质。

磺胺嘧啶、磺胺甲噁唑属磺胺类药物，是应用较早的一类人工合成抗菌药物。江苏地区畜禽粪便中磺胺类药物的检出率普遍较高[7]，将含抗生素的动物粪便作有机肥施用到农田，是抗生素进入环境的重要途径。本研究中，磺胺类药物在江苏某市典型饮用水源地均有检出，检出率在 22%～78%，最高含量分别为 52.7、8.6 和 1.29 ng/L。水中磺胺类药物含量和检出率相对较高除与此类药物应用较多有关外，还有一个原因是该类药物稳定性较高，且具有很强的亲水性，很容易通过排泄、雨水冲刷等式进入水环境[8-9]。

金霉素是四环素类抗生素。四环素类由于其价格低廉、药效显著，作为一种外用药和饲料添加剂仍在普遍使用，由于其极易水解和光解，自然水环境中的四环素含量一般不会很高[10]。本研究中四环素的检出率在 11%～67%，浓度在 ND～15.4 ng/L。

氟喹诺酮类抗生素是近 10 多年来研究最多、用量较大的一类合成抗菌药[11]。氧氟沙星是第三代喹诺酮类抗菌药，临床应用中广泛使用[12]。本研究中氧氟沙星最高含量和检出率分别为 13.2 ng/L 和 67%%，与氟喹诺酮类药物在我国具有较高的用量相吻合。

2.2 某市典型饮用水源抗生素污染的时空分布特征

三个典型饮用水源地不同月份抗生素的浓度比较如图 1 所示。总体而言，抗生素的总含量呈现为 5 月（188.3 ng/L）＞2 月（57.2 ng/L）＞8 月（8.9 ng/L），即平水期＞枯水期＞丰水期。比较 14 种目标抗生素在三个典型饮用水源地不同月份抗生素的检出率，发现在 5 月和 8 月，检出率相差不大，分别为 33.3%和 35.3%，而 2 月检出率略高，为 48.7%，可能的原因是：平水期（5 月）畜牧养殖业、工农业生产进入生产旺季，农用抗生素使用量和工业生产废水的抗生素排放量增大。加上雨量逐渐充沛，上游客水也渐增，有雨水流经地表、农田和池塘，可将额外的抗生素冲刷至河流中，使河水中抗生素总量增加，使得平水期检出的抗生素浓度较高[11]。但大量雨水的稀释作用，也可能使河水中抗生素的检出频次降低，因此，平水期抗生素的检出率比枯水期（2 月）的小。

比较不同水源地抗生素的总浓度，总体呈现 XWL＞ GH＞ XW 的趋势，这可能与 XW 水厂水源取自长江，而 GH、XWL 水源取分别自太湖有关。长江流量大、水体自净能力较强、水质总体较好；太湖则换水周期较长（约 300 天），水体自净能力较长江要弱得多，其水环境还应有待进一步改善。

2.3 不同国家地表水中抗生素含量水平比较

表 2 比较了 14 种抗生素在国内外不同地表水中的含量水平。结果显示，某市三个典型饮用水源地抗生素含量与国内其他地表水体的含量相比，总体上处于偏低水平；除土霉素、金霉素和磺胺嘧啶的浓度略高于文献报道值外，其他所测定的抗生素，浓度水平绝大多数低于国内外其他水体。

表 1 三个典型饮用水源地 14 种抗生素的检出浓度

单位：ng/L

监测点位			GH			XWL			XW			检出率[1)]
		总浓度	范围	均值	中位值	范围	均值	中位值	范围	均值	中位值	/%
四环素类	四环素	26.1±27.3	ND	ND	ND	ND～2.3	0.8	ND	ND	ND	ND	11
	土霉素		ND～8.7	1.5	1.0	ND～3.4	1.1	ND	ND～15.4	5.1	ND	44
	金霉素		ND～5.9	4.0	2.0	ND～6.0	3.9	5.8	ND～3.6	2.4	3.6	67
	强力霉素		ND～3.9	3.7	2.6	ND～8.5	3.7	2.6	ND～3	1.0	ND	56
磺胺类	磺胺嘧啶	44.0±53.8	ND～33.9	18.8	2.7	0.8～52.7	18.9	3.2	ND～4.8	2.0	1.1	78
	磺胺甲噁唑		ND～5.5	4.4	4.7	ND～8.6	3.4	1.5	ND～8.6	3.7	2.4	67
	磺胺二甲嘧啶		ND～0.29	0.4	ND	ND～1.29	0.4	ND	ND	ND	ND	22
喹诺酮类	诺氟沙星	12.3±15.1	ND～4.4	ND	ND	ND～2.8	0.9	ND	ND～2.5	1.6	2.4	44
	氧氟沙星		ND～5.1	1.9	0.6	ND～13.2	4.8	1.1	ND～3.9	1.6	0.9	67
大环内酯类	红霉素	2.6±3.9	ND	ND	ND	ND～4.0	1.3	ND	ND～3.0	1.2	0.7	33
	罗红霉素		ND	ND	ND	ND	ND	ND	ND	ND	ND	0
氯霉素类	氯霉素	0.6±1.0	ND	ND	ND	ND	ND	ND	ND	ND	ND	0
	甲枫氯霉素		ND	ND	ND	ND	ND	ND	ND～1.7	0.6	ND	11
	氟甲砜霉素		ND	ND	ND	ND	ND	ND	ND	ND	ND	0

①检出率指在 3 个水厂的 3 次监测、9 组数据中，抗生素含量大于检出限的频率；②ND 表示未检出。

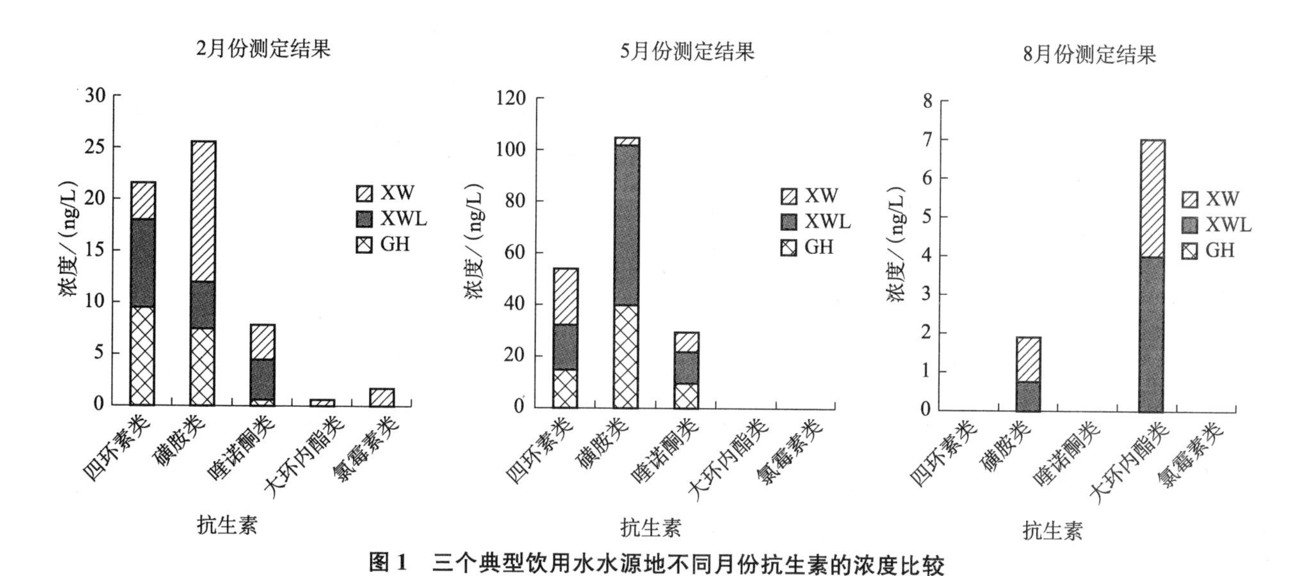

图1 三个典型饮用水水源地不同月份抗生素的浓度比较

表2 不同地表水中抗生素残留含量比较

类别	物质	质量浓度/(ng/L)	来源	文献
四环素类	四环素	0～2.3	江苏某市典型饮用水源	本研究
		0.4～1.1	贵阳市饮用水源（阿哈湖）	[13]
		2.81	福建九龙江下游流域水体	[10]
		ND～9.8	巢湖湖水	[12]
		ND～32.2	南京地区部分江河及自来水厂源水	[14]
	土霉素	ND～15.4	江苏某市典型饮用水源	本研究
		ND	南京地区部分江河及自来水厂源水	[14]
		ND～4.9	巢湖湖水	[12]
		0.5～0.6	贵阳市饮用水源（阿哈湖）	[13]
	金霉素	ND～6.0	南京典型县区饮用水水源地	本研究
		ND	南京地区部分江河及自来水厂源水	[14]
		0.5～0.9	贵阳市饮用水源（阿哈湖）	[13]
		ND～4.4	巢湖湖水	[12]
	强力霉素	ND～8.5	江苏某市典型饮用水源	本研究
		ND～42.3	巢湖湖水	[12]
磺胺类	磺胺嘧啶	ND～52.7	江苏某市典型饮用水源	本研究
		<10	瑞士地表水	[15]
		20	韩国地表水	[16]
		135～336；3～141	珠江广州段（枯季；洪季）	[13]
	磺胺甲噁唑	ND～8.6	江苏某市典型饮用水源	本研究
		<10	瑞士地表水	[15]
		3.03～15.7	南京地区部分江河及自来水厂源水	[14]
		20	韩国地表水	[16]
		111～193；2～165	珠江广州段（枯季；洪季）	[11]
	磺胺二甲嘧啶	ND～1.29	江苏某市典型饮用水源	本研究
		107～323；4～179	珠江广州段（枯季；洪季）	[11]
喹诺酮类	诺氟沙星	ND ～4.4	江苏某市典型饮用水源	本研究
		ND～5.55	南京地区部分江河及自来水厂源水	[14]
		117～251；ND～13	珠江广州段（枯季；洪季）	[11]
		ND～34.8	巢湖湖水	[12]
		≤120	美国地表水	[17]

续表

类别	物质	质量浓度/(ng/L)	来源	文献
喹诺酮类	氧氟沙星	ND～13.2	江苏某市典型饮用水源	本研究
		ND～6.68	南京地区部分江河及自来水厂源水	[14]
		18.06	意大利地表水	[8]
		53～108；ND～16	珠江广州段（枯季；洪季）	[11]
		1.2～182.7	巢湖湖水	[12]
大环内酯类	红霉素	ND～4.0	江苏某市典型饮用水源	本研究
		3.4	韩国地表水	[16]
		4.62	意大利地表水	[8]
		110～199	瑞士地表水	[15]
		423～636；13～423	珠江广州段（枯季；洪季）	[13]
	罗红霉素	ND	江苏某市典型饮用水源	本研究
		11～33	瑞士地表水	[15]
		13～169；ND～105	珠江广州段（枯季；洪季）	[13]
氯霉素类	氯霉素	ND	江苏某市典型饮用水源	本研究
		0.6～0.8	贵阳市饮用水源（阿哈湖）	[13]
		54～166；11～266	珠江广州段（枯季；洪季）	[13]
	甲砜氯霉素	ND～1.7	江苏某市典型饮用水源	本研究
	氟甲砜霉素	ND	江苏某市典型饮用水源	本研究
		16.18	福建九龙江下游流域水体	[10]

3 结论

(1) 江苏某市3个典型饮用水源水中检出频次较高的抗生素为磺胺类（磺胺嘧啶、磺胺甲噁唑）、四环素类（金霉素）和喹诺酮类（氧氟沙星），含量相对最高的为磺胺类，但与国内外其他地表水比较，该市三个典型饮用水源水中总体上抗生素的污染程度处于偏低水平。

(2) 抗生素在不同季节浓度含量不同，呈现平水期>枯水期>丰水期的特点，与饮用水源采样点位、畜牧养殖业、工农业生产周期和雨量等因素有关。

(3) 取自太湖的饮用水源地抗生素含量略高于长江，加强水源地的环境保护工作须持之以恒。

参考文献

[1] 王晓阁. 土壤与水体环境中典型抗生素的研究进展 [J]. 中山大学研究生学刊（自然科学、医学版），2013，34 (1)：71-79.

[2] 尹春艳，骆永明，滕应，等. 典型设施菜地土壤抗生素污染特征与积累规律研究 [J]. 环境科学，2012，33 (8)：2810-2816.

[3] 徐浩，肖湘波，唐文浩，等. 海口城区地表水环境中抗生素含量特征研究 [J]. 环境科学与技术，2013，36 (9)：60-65.

[4] 地表水和污水监测技术规范. HJ/T 91—2002.

[5] 环境监测 分析方法标准制修订技术导则. HJ 168—2010.

[6] 陈永山，章海波，骆永明，等. 典型规模化养猪场废水中兽用抗生素污染特征与去除效率研究 [J]. 环境科学学报，2010，30 (11)：2205-2212.

[7] Chen H，Dong Y H，Wang H，et al. Residual characteristics of sulfanilamide in animal feces in Jiangsu Province [J]. Journal of Agro-Environment Science，2008，27 (1)：385-389.

[8] Zuccato E，Castiglioni S，Bagnati R，et a1. Source，occurrence and fate of antibiotics in the Italian aquatic environment [J]. Journal of Hazardous Materials，2010，179 (1-3)：1042-1048.

[9] 叶计朋，邹世春，张干，等．典型抗生素类药物在珠江三角洲水体中的污染特征 [J]．生态环境，2007，16 (2)：384-388.

[10] 欧丹云，陈彬，陈灿祥，等．九龙江下游河口水域抗生素及抗性细菌的分布 [J]．中国环境科学，2013，33 (12)：2243-2250.

[11] 徐维海，张干，邹世春，等．香港维多利亚港和珠江广州河段水体中抗生素的含量特征及其季节变化 [J]．环境科学，2006，27 (12)：2458-2462.

[12] 唐俊，陈海燕，史陶中，等．巢湖喹诺酮及四环素类药物污染现状及来源分析 [J]．安徽农业大学学报，2013，40 (6)：1043-104.

[13] 刘虹，张国平，刘丛强．固相萃取 色谱测定水、沉积物及土壤中氯霉素和 3 种四环素类抗生素 [J]．分析化学，2007，35 (3)：315-319.

[14] 张川，胡冠九，孙成．UPLC-ESI-MS/MS 法同时测定水中 7 种抗生素 [J]．环境监测管理与技术，2009，21 (3)：37-40.

[15] Mcardell C S，Mounar E，Suter M J～F，et a1. Occurrence and fate of marolide antibiotics in wastewater treatment plants and in the Glatt valley watershed，Switzerland [J]. Environmental Science and Technology，2003，37：5479-5486.

[16] Kim S D，Cho J，Kim I S，et a1. Occurrence and removal of pharmaceuticals and endocrine disruptors in South Korean surface，drinking，and waste waters [J]. Water Res，2007，41 (5)：1013-1021.

作者简介：胡冠九 (1969—)，江苏省环境监测中心副主任，研究员级高工，从事环境监测科研与管理工作。

攀枝花市大气有机污染特征及来源分析

林　武　范华伟　廖德兵　杨　洋　夏　勇　王海燕
攀枝花市环境监测站，攀枝花　617000

摘　要：采用SUMMA罐采样-气相色谱/质谱法测定挥发性有机物（VOCs），滤膜采样—高效液相色谱法测定颗粒物中多环芳烃（PAHs），选取攀枝花市不同功能区的5个点位，采集4个季度的大气样品。共检出VOCs 54种，苯系物检出率最高，定量检出的VOCs浓度范围为0.11～29.8μg/m³；检出PAHs15种，其中苯并［a］芘等11种PAHs的检出率为100%，定量检出的PAHs浓度范围为0.02～95.2ng/m³。主要大气有机物分布整体呈现出旱季高，雨季低的特点。应用比值法、相关性和因子分析法对来源进行分析，结果表明机动车、燃煤和炼焦工业排放是攀枝花市大气有机污染主要来源。颗粒物中PAHs来源，机动车排放的方差贡献占51.0%；燃煤和炼焦排放的方差贡献占40.9%。

关键词：挥发性有机物；多环芳烃；污染特征；来源分析；攀枝花市

Pollution Characteristics and SourceAnalysis of Atmospheric Organic Compounds in Panzhihua

LIN Wu　FAN Hua-wei　LIAO De-bin　YANG Yang　XIA Yong　WANG Hai-yan
Panzhihua Environmental Monitoring Station，Panzhihua 617000

Abstract：Determination of volatile organic compounds（VOCs）by SUMMA canister sampling-gas chromatography/mass spectrometry technology，and particle-phase polycyclic aromatic hydrocarbons（PAHs）by membrane filter sampling-high performance liquid chromatography. Atmospheric samples in four seasons were collected from five different functional area in Panzhihua. The 54 species of VOCs were measured by qualitative detection. BTEX have the highest detection rate. The quantitative detection concentration range of VOCs was 0.11～29.8μg/m³. PAHs 15 species，the detection rate of 11 species PAHs was 100%，including Benzo［a］pyrene，etc. The quantitative detection concentration range of PAHs was 0.02～95.2ng/m³. The main atmospheric organic compounds concentration distribution has a whole trend，high in dry season，low in rainy season. Diagnostic ratio，correlation analysis and factor analysis method were employed to analysis sources. The results indicated that vehicle emissions，coal combustion and coking industrial processes were the main sources of atmospheric organic compounds in Panzhihua. The variance contribution of vehicle emissions accounted for 51.0%，Coal combustion and coking emissions accounted for 40.9% in particle-phase PAHs sources.

Key words：VOCs；PAHs；pollution characteristics；source analysis；Panzhihua

大气有机污染物种类多、数量大。如挥发性有机物（VOCs）具有较强的毒性及致癌性，有些组分还是温室效应气体和光化学烟雾的前体物[1]；多环芳烃（PAHs）具有“三致”效应，在大气中广泛存在，特别是城市和工业地区，来源于各种矿物燃料、木材及其他含碳氢化合物的不完全燃烧[2]。攀枝花市作为中国西部重要的钢铁、钒钛、能源基地，地处金沙江干热河谷，为研究河谷区域内大气有机污染状况，对攀枝花市大气有机污染物进行分析并探讨其来源。

1 实验部分

1.1 样品采集

采样点位为攀枝花市5个国控环境空气自动监测点，分布见表1。分别采集了4个季度的大气样品，采样日期为2013.4.22—4.29、2013.8.26—9.2、2013.11.25—12.2、2014.2.19—2.26，每天每测点采集1个样品。用SUMMA罐采集VOCs样品，流量调节阀控制采样。石英纤维滤膜采集颗粒物中PAHs样品，采样流量为100L/min，采集24h。

表1 采样点位分布

序号	点位	地点	经纬度	代表功能区
1	炳草岗	东区炳草岗市政府楼顶	N 26.5850，E 101.7169	商业、交通、居民
2	弄弄坪	东区弄弄坪十九冶医院楼顶	N 26.5703，E 101.6939	工业、居民
3	仁和	仁和区城建局楼顶	N 26.5017，E 101.7453	背景、居民
4	河门口	西区宝鼎攀煤公司楼顶	N 26.5928，E 101.5769	工业、居民
5	金江	仁和区机电学院金江校区宿舍楼顶	N 26.5569，E 101.8472	工业、居民、交通

1.2 主要仪器及分析条件

美国ENTECH清罐及预浓缩系统；Agilent 7890A GC/5975C MS；SPECTRA VOCs混合标气（TO-14A，体积分数1×10^{-6}）；岛津液相色谱仪，配荧光和紫外检测器。

预浓缩-GC/MS法测定VOCs。捕集管－150℃，解析150℃，吹扫150℃，进样1min，烘焙10min。VF-624ms（60m×0.25mm×1.4μm）色谱柱；进样口230℃；不分流；柱流量1.0 ml/min；程序升温，35℃保持5 min，5℃/min升至140℃保持2 min，30℃/min升至230℃保持4min。离子源EI，230℃；四极杆150℃；传输线280℃；离子化能量70eV；扫描范围30～260amu，SCAN和SIM模式；谱库检索定性，内标法定量。

乙腈超声提取—液相色谱法测定PAHs。梯度洗脱，60%乙腈保持5min，45min时增至100%，45.01min减至60%，保持5min；流量1.0ml/min；柱温30℃。苊（Ace）用紫外检测器；萘（Nap）、苊烯（Acey）、芴（Flu）、菲（Phe）、蒽（Ant）、荧蒽（Flt）、芘（Pyr）、苯并［*a*］蒽（BaA）、䓛（Chr）、苯并［*b*］荧蒽（BbF）、苯并［*k*］荧蒽（BkF）、苯并［*a*］芘（BaP）、茚并［1,2,3-*cd*］芘（IND）、二苯并［*a*,*h*］蒽（DBahA）、苯并［*g*,*h*,*i*］苝（BghiP）用荧光检测器。

2 结果与讨论

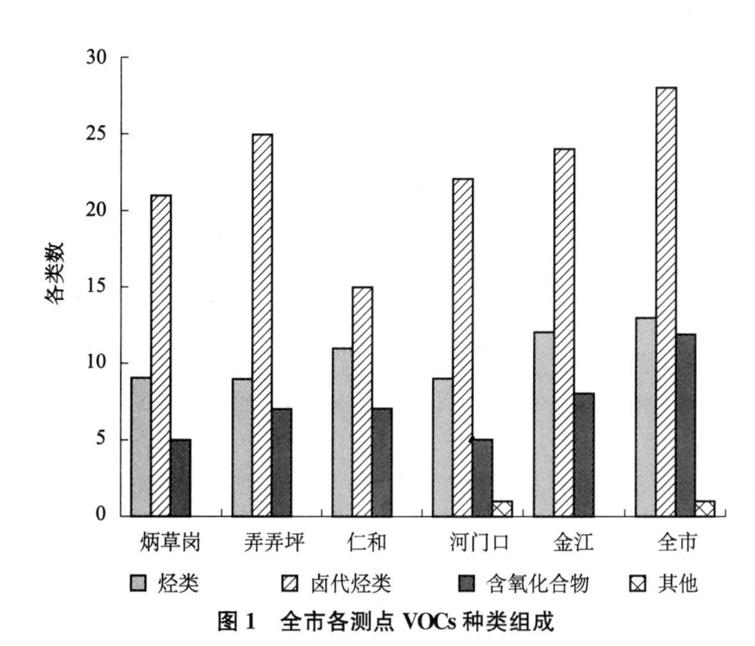

图1 全市各测点VOCs种类组成

2.1 VOCs污染特征

全市共检出54种VOCs，包括烃类（烷烃、烯烃和芳香烃）、卤代烃类（含卤代烷烃、烯烃和芳香烃）、含氧化合物及其他。烃类占24%，卤代烃类占52%，含氧化合物占22%，其他占2%。检出的烃类以芳香烃为主，占烃类的69%。样品总检出率65%以上的均为苯系物，甲苯最高，为97%，其次是苯95%。定量检出的VOCs浓度范围为0.11～29.8μg/m^3，整体浓度水平较低。

VOCs种类分布见图1。除仁和外，其余点位检出VOCs数量差别不大，交通功能区检出的VOCs数量相对较多。各测点检出率最高的均为苯系物，说明苯系物稳定地存在于各功能区。

苯系物浓度炳草岗＞河门口＞金江＞弄弄坪＞仁和，交通功能区苯系物浓度较高。市区高于郊区，背景点最低。苯系物浓度季节变化如图2所示，2月、11月较高，4月、8月较低，攀枝花四季不分明，雨季集中，苯系物浓度整体呈现旱季高，雨季低。旱季气温高，天气干燥，利于苯系物挥发，加之近地层逆温显著，扩散不易，造成旱季苯系物浓度相对较高。

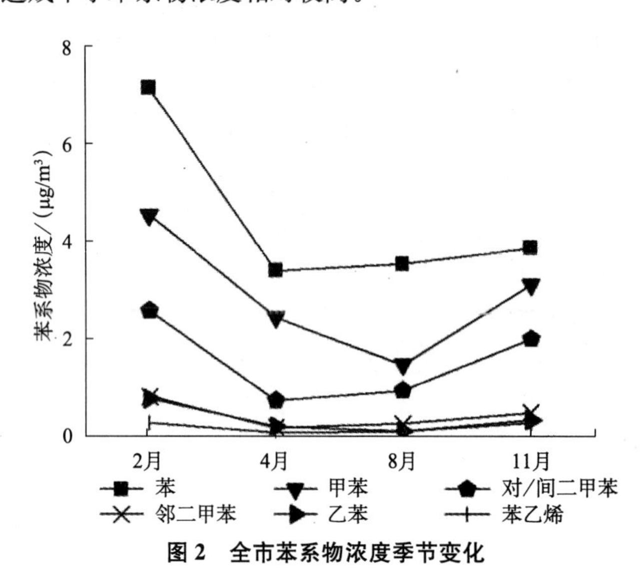

图2　全市苯系物浓度季节变化

2.2　PAHs污染特征

全市颗粒物（PM_{10}）中PAHs检出率较高，Phe、Flt、Pyr、BaA、Chr、BbF、BkF、BaP、IND、DBahA、BghiP的检出率为100%。定量检出的PAHs浓度范围为0.02～95.2ng/m³，以分子量大、不易挥发的5、6环为主，BbF、BghiP、Chr、DBahA、Flt 5种PAHs占PAHs总量的58.2%。各测点PAHs组分基本相同，但河门口PAHs浓度水平最高，这与河门口是能源、建材、冶金化工等集中的工业区有关，区内有3家发电厂、1家水泥厂、4家焦化厂等大型企业，大气中煤烟尘和焦化尘污染最为严重。全市PAHs相对含量见图3。

全市总PAHs和PM_{10}浓度季节变化见图4。各季度总PAHs和PM_{10}变化趋势一致，浓度水平均为11月、2月较高，8月较低，4月最低。两者Pearson相关系数为0.87，具有强相关性。秋冬季节大气扩散条件不利于污染物稀释，颗粒物污染较重，导致PAHs浓度水平较高。

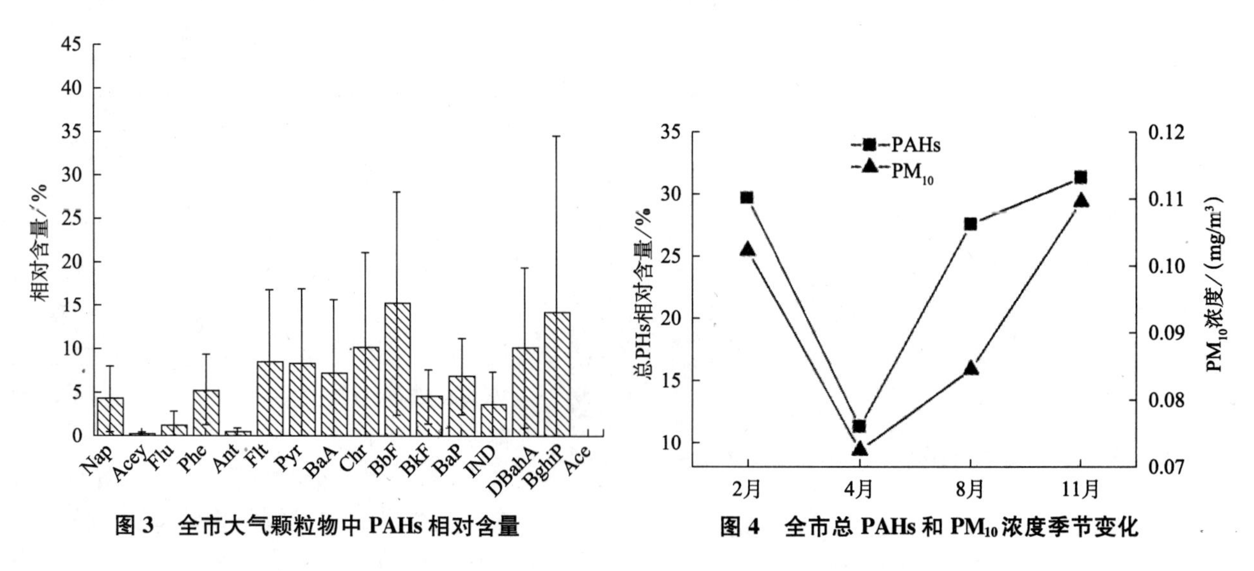

图3　全市大气颗粒物中PAHs相对含量

图4　全市总PAHs和PM_{10}浓度季节变化

3　有机污染来源分析

3.1　主要 VOCs 来源分析

将攀枝花市隧道内 VOCs 平均浓度（2014.9.16—9.18，巴斯箐、凉风坳隧道监测值），与各测点 VOCs 平均浓度进行相关性分析。与炳草岗、弄弄坪、仁和、河门口、金江的相关系数分别为 0.94、0.75、0.56、0.73 和 0.91。说明炳草岗、金江与隧道相关性较强，弄弄坪和河门口次之，仁和的相关性最低。可看出，交通量大的炳草岗、金江受机动车排放影响明显；而弄弄坪、河门口主要是工业区，受机动车排放影响相对较小。

苯系物相关系数见表 2。特征比值苯/甲苯 1.5，苯/乙苯 12，苯/二甲苯 2.2，甲苯/乙苯 8.0，甲苯/二甲苯 1.5，乙苯/二甲苯 0.2。甲苯、乙苯、二甲苯三者之间相关性较强，甲苯/二甲苯、乙苯/二甲苯符合机动车源特征值（甲苯/二甲苯 0.75～1.67，乙苯/二甲苯 0.17～0.33[3,4]），说明甲苯、乙苯、二甲苯可能均来自机动车排放。苯与三者的相关性较弱，且比值也高于机动车源特征值，说明存在部分苯来自含量更高的非机动车源，如燃煤、炼焦等工业污染源。

表 2　苯系物 Pearson 相关系数

	苯	甲苯	乙苯	二甲苯
苯	1.00			
甲苯	0.37	1.00		
乙苯	0.36	0.80	1.00	
二甲苯	0.40	0.83	0.87	1.00

3.2　PAHs 来源分析

（1）比值法。颗粒物中 PAHs 特征比值及判据[5,6]见表 3。Phe/（Phe+Ant）、Phe/Ant 比值均高于燃煤排放；BaA/Chr 比值符合炼焦排放；BbF/BkF 比值在机动车和燃煤排放之间，接近燃煤排放；BaP/BghiP 比值符合机动车排放特征值。

表 3　颗粒物中 PAHs 特征比值

名称	Phe/（Phe+Ant）	Phe/Ant	BaA/Chr	BbF/BkF	BaP/BghiP
机动车排放	0.50	2.70	0.47～0.59	1.07～1.45	0.30～0.78
燃煤排放	0.76	3.00	1.05～1.47	3.53～3.87	0.90～6.60
炼焦排放			0.70		5.10
汽油燃烧					0.30～0.40
柴油燃烧	0.65				0.46～0.81
攀枝花市大气	0.92	11.2	0.70	3.37	0.48

（2）因子分析法。因子分析是根据相关性大小把每一种变量进行分组，使得同组内变量间相关性较高，不同组变量不相关或相关性低，找出主因子[7]。将因子分析法用于识别颗粒物中 PAHs 污染源类型，用 SPSS 软件，对 2 100 个 PAHs 数据进行因子分析，提取初因子，通过方差极大正交旋转法得到公因子，最后结合污染源信息识别源类型。由表 4 可见，因子分析得到 3 个主因子，累计方差贡献率 91.9%。

表 4　方差极大正交旋转因子载荷矩阵

变量	因子 1	因子 2	因子 3	共同度
Nap	0.623	0.539	0.070	0.684
Acey	0.416	0.080	0.833	0.874
Flu	0.341	0.056	0.906	0.941
Phe	0.594	0.344	0.600	0.831
Ant	0.808	0.230	0.462	0.919
Flt	0.810	0.283	0.456	0.944

续表

变量	因子 1	因子 2	因子 3	共同度
Pyr	0.781	0.255	0.518	0.943
BaA	0.848	0.214	0.462	0.978
Chr	0.841	0.252	0.461	0.983
BbF	0.839	0.371	0.371	0.979
BkF	0.365	0.886	0.063	0.922
BaP	0.061	0.949	0.141	0.925
IND	0.896	0.195	0.336	0.954
DBahA	0.870	0.308	0.296	0.940
BghiP	0.934	0.052	0.300	0.964
方差贡献率/%	51.0	17.9	23.0	
累计方差贡献率/%	51.0	68.9	91.9	

因子 1 中的 BghiP、IND、DBahA、BaA、Chr、BbF、Flt、Ant 有较大载荷值。BghiP、DBahA、BbF 是汽油燃烧标志物，轻型汽车排放富含 DBahA，这些标志物用来指示机动车排放[8]，说明因子 1 代表机动车排放。因子 2 中的 BaP 和 BkF 的载荷值较高，BaP 用来指示工业烟囱，BkF 用来指示燃煤[8]，说明因子 2 代表工业燃煤排放。因子 3 中的 Flu 和 Acey 的载荷值较高，两者均为燃煤和焦化尘的标志物，认为因子 3 代表炼焦排放。

因子分析结果表明机动车排放的方差贡献率为 51.0%，燃煤和炼焦排放的方差贡献率为 40.9%。结合比值法分析结论，机动车排放对颗粒物中 PAHs 贡献较大，机动车、燃煤和炼焦排放是攀枝花市大气颗粒物中 PAHs 的主要来源。

4 结论

攀枝花市大气中共检出 54 种 VOCs，整体浓度水平较低，检出率高的项目主要为苯系物，甲苯检出率最高。颗粒物中 PAHs 检出率高，以 5、6 环为主，河门口 PAHs 浓度最高。全市总 PAHs 和 PM_{10} 具有强相关性，季节变化趋势一致，11 月、2 月较高，8 月、4 月较低。苯系物和 PAHs 浓度季节变化整体上均为旱季高，雨季低。

VOCs 主要来源于机动车和工业排放，炳草岗、金江受机动车排放影响大，河门口、弄弄坪受工业排放影响大。其中甲苯、乙苯和二甲苯主要来自于机动车排放，苯主要来自工业排放。机动车、燃煤和炼焦工业排放是颗粒物中 PAHs 的主要来源，近年来机动车排放对 PAHs 的贡献越来越大。

参考文献

[1] 李雷，李红，王学中，等. 广州市中心城区环境空气中挥发性有机物的污染特征与健康风险评价 [J]. 环境科学，2013，34 (12)：4558-4564.

[2] 赵淑莉，谭培功. 空气中有机物的监测分析方法 [M]. 北京：中国环境科学出版社，2005.

[3] Mohamed M F，Kang D W. Volatile organic compounds in some urban locations in United States [J]. Chemosphere，2002，47 (8)：863-882.

[4] Gee I L，Sollars C J. Ambient air levels of volatile organic compounds in Latin American and Asian cities [J]. Chemosphere，1998，36 (11)：2497-2506.

[5] Dallarosa J. B.，Teixeira E. C.，PiresM. A.，et al. Study of the Profile of Polycyclic Aromatic Hydrocarbons in Atmospheric Particles (PM_{10}) Using Multivariate Methods [J]. Atmospheric Environment，2005，39 (35)：6587-6596.

[6] 陈静. 西安市大气和土壤中多环芳烃的污染特征研究 [D]. 西安：西安建筑科技大学，

2012.28-29.

[7] 邹本东，徐子优，华蕾，等. 因子分析法解析北京市大气颗粒物 PM_{10} 的来源 [J]. 中国环境监测，2007，23 (2)：79-85.

[8] 高博. 广州市大气 $PM_{2.5}$ 中多环芳烃的污染特征和来源解析 [D]. 广州：中国科学院广州地球化学研究所，2013.15-16.

作者简介：林武（1981—），男，四川资中人，硕士，攀枝花市环境监测站，工程师，主要从事有机物监测及污染控制研究。

桂林市大气细颗粒物（$PM_{2.5}$）来源浅析

杜　娟　张志朋　宋韶华　易春盛　黄石磊　计晓梅　康兴快

桂林市环境监测中心站，桂林 541002

摘　要：采用在线单颗粒气溶胶质谱技术源解析方法，采集监测站、龙隐路小学、八中、电子科大尧山校区 4 个代表性监测点位对春夏之交的桂林市 $PM_{2.5}$ 大气细颗粒物进行质谱分析，定量解析典型排放源类对细颗粒物的贡献。结果表明：桂林市细颗粒物污染来源占比前三位分别为机动车尾气（31.3%）、燃煤（23.5%）和工业工艺（15.6%）；当 $PM_{2.5}$ 污染加重时，扬尘、二次无机气溶胶、机动车尾气占比上升明显，燃煤和生物质占比有所减少，工业工艺占比无显著变化；雨天时，机动车尾气的占比较低，生物质燃烧的占比在雨天远大于晴天，餐饮占比雨天较晴天有所上升，但燃煤、扬尘、工业工艺占比呈既有上升也有下降的现象。

关键词：单颗粒气溶胶质谱；源解析；细颗粒物

Research of Source Apportionment from Airborne Fine Particulate Matter in Guilin

DU Juan　ZHANG Zhi-peng　SONG Shao-hua　YI Chun-sheng

HUANG Shi-lei　JI Xiao-mei　KANG Xing-kuai

Guilin Environmental Monitoring Centre，Guilin　541002

Abstract：Using mass spectrometry technology method for online single-particle aerosol，acquisition of4 representative monitoring points of the spring and summer of guilin atmospheric $PM_{2.5}$ fine particles size and chemical composition of mass spectrometry analysis（monitoring station，Long Yin Road school，BaZhong school，and YaoShan campus of University of Electronic Science Technology of Guilin）. The results showed that the fine particulate matter pollution source of top three，respectively，for the motor vehicle exhaust（31.3%），coal（23.5%）and industrial technology（15.6%）in Guilin. When $PM_{2.5}$ pollution aggravated，dust，secondary inorganic aerosols，motor vehicle exhaust than rise obviously，coal and biomass accounted for less than the industrial process of no significant change；Rainy days，the motor vehicle exhaust of lower，biomass burning of great assistant in rainy day，food accounted for a rainy day a sunny day increased，but coal，dust，industrial process of both rising and falling phenomenon.

Key words：Single particle aerosol mass spectrometer；source apportionment；fine particulate matter

近年来桂林市城市环境空气质量逐年下降，出现了以颗粒物（PM_{10}和 $PM_{2.5}$）为特征污染物的污染天气[1]。2014 年桂林市细颗粒物 $PM_{2.5}$年均值为 66μg/m^3，日均值达标率仅为 68.5%[2-4]。细颗粒物 $PM_{2.5}$是全球变暖、灰霾产生等大气污染现象的主要诱因，对人民群众的健康存在巨大威胁。本研究选用在线单颗粒气溶胶质谱技术通过对 4 个代表性监测点位细颗粒物进行直接质谱分析，利用自适应共振神经网络分类方法（ART-2a）、k-means 等分类模型计算，定量解析各污染源类对环境空气中细颗粒物的贡献[6-12]。

1 仪器与方法

1.1 仪器及主要性能

单颗粒气溶胶飞行时间质谱仪（SPAMS 0515），仪器原理参见文献论述[8,13]，采集数据软件为 YAADA（Version2.1，运行在 Matlab 平台），软件核心为 ART-2a 法则，法则 3 个主要参数为警戒因子、学习因子和迭代次数。颗粒粒径检测速度：20 个/s；击打率：>20%；化学成分可测范围：1～500amu；266 nm 激光电离，电离能量：0.5～0.6mJ，采用聚苯乙烯（PSL）小球进行粒径校正，金属标准液（碘化钠）进行质谱校正[8]。

1.2 监测点位及颗粒物信息

使用单颗粒气溶胶质谱仪对监测站、龙隐路小学、电子科大尧山校区、八中 4 个点位的 $PM_{2.5}$ 进行在线质谱监测，监测点位细颗粒物监测信息见表 1。

表 1 各监测点位细颗粒物监测信息

点位	是否国控点	代表功能区	采样时间/h	测径颗粒物个数	有谱图信息颗粒物个数	每小时测径颗粒数	$PM_{2.5}$ 小时质量浓度/（$\mu g/m^3$）
监测站	国控点	交通、工业、居住、商业综合区	73.8	2 257 153	350 778	30 586	97.3
龙隐路小学	国控点	文化、居住、商业区	46.5	268 147	56 996	5 766	23
电子科大尧山校区	国控点	清洁对照点	46.1	1 385 404	212 053	29 691	77
八中	国控点	工业、交通、居住区	77.3	2 387 259	675 669	30 900	88

2 结果与讨论

参照《大气颗粒物来源解析技术指南》，将桂林市细颗粒物污染来源归结为七大类，分别为餐饮、扬尘、生物质燃烧、机动车尾气、燃煤、工业工艺（非燃烧产生的颗粒）、二次无机气溶胶和其他。利用自适应共振神经网络分类方法（ART-2a）、k-means 等分类模型计算，推断各点位细颗粒物的来源个数比例见表 2。

2.1 市区污染源分布

由图 1 可知，市区 3 个监测点位首要污染源均为机动车尾气，这与三点位地处市区交通发达地段，机动车流量大有关。尤其是监测站与桂林市汽车客运总站仅相隔中山南路，总站每日有大量长途大巴进出，中山南路是桂林市交通主干道，全天车流量均非常大，导致该点位受机动车尤其是公交车、旅游大巴车等燃烧柴油型机动车排放尾气影响较大，机动车尾气污染源的占比最高。次要来源为燃煤，这与桂林燃煤为主的能源消费结构有关，监测站、八中、龙隐路小学均位于商业、居住的大气复合污染区域，附近多数小餐馆、米粉店，甚至一些酒店的能源消费仍以燃煤为主。经与桂林市典型排放源谱库比对[13]，点位的细颗粒物中碳元素的特征与砖厂燃煤排放的细颗粒元素碳的特征相似，推测燃煤的部分来源可能来自市区周边的燃煤砖厂的排放。第三来源是工业工艺，工业工艺细颗粒物可能来自点位附近，市区周边水泥、铁合金等企业的工艺废气排放。扬尘对监测站、龙隐路小学的细颗粒物也有较大贡献，占比均为 15.9%。近年来桂林市新（扩）建道路、房地产开发等城市建设工程全面铺开，工地扬尘控制、渣土文明运输等降尘措施未得到有效落实，市区建筑工地扬尘和建筑渣土道路扬洒构成市区扬尘的主要来源。生物质燃烧在八中和龙隐路小学点位占比分别为 12.3%和 11.2%，高于监测站。初步分析可能是由于在八中附近的奇峰产业园中有部分企业是以木糠、木材等生物质为燃料；在龙隐路小学附近，生物质燃料锅炉的燃烧排放。龙隐路小学餐饮占比为 2.6%，所有监测点位中占比最高，该点位附近餐饮业发达，餐饮油烟对其细颗粒物影响较大。

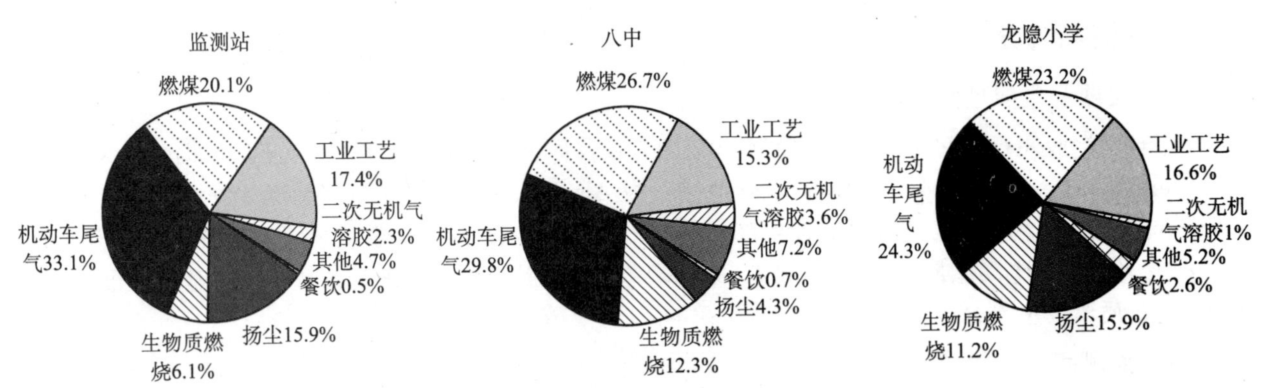

图1　监测站、八中和龙隐路小学细颗粒物来源占比

表2　各点位细颗粒来源个数比例　　单位：%

点位名称	$PM_{2.5}$数浓度/（颗粒个数/h）	$PM_{2.5}$质量浓度/（μg/m³）	餐饮	扬尘	生物质燃烧	机动车尾气	燃煤	工业工艺	二次纯无机气溶胶	其他
监测站	30 586	97	0.5	15.9	6.1	33.1	20.1	17.4	2.3	4.7
龙隐路小学	5 766	23	2.6	15.9	11.2	24.3	23.2	16.6	1.0	5.2
八中	30 900	88	0.7	4.3	12.3	29.8	26.7	15.3	3.6	7.2
电子科大尧山校区	29 691	77	0.2	9	5.3	38.0	23.1	16.1	2.2	6.1

由图2可知，监测站点位中各类细颗粒物时间变化相对较为一致。机动车尾气有明显的早、晚高峰规律；扬尘有2个高峰，占比最高时接近35%，且均出现在凌晨4、5点钟，可能由于清洁工打扫卫生多在该时间段造成了扬尘占比高峰；龙隐路小学点位中餐饮占比18：00前后出现高峰，该点位附近餐饮业较发达，该时段受厨房油烟影响较大所致。6月22日0时过后扬尘占比开始出现增长并达到高峰，这是由于第一天降雨引起扬尘细颗粒物的沉降，待路面干燥后，行驶车辆导致沉降颗粒物再次扬起，扬尘又开始递增；八中点位中二次无机气溶胶6月15日03时与6月16日06时出现两个高峰，与$PM_{2.5}$质量浓度最高相符合。这是由于两个时间段空气湿度高所造成，相对湿度均接近80%。八中生物质燃烧源在6月14与16日的19：00—23：00均出现高峰，可能是周边以生物质为燃料的企业进行夜间生产。

2.2　不同空气质量下各污染源的占比变化情况

截取监测站点位两个时间段即$PM_{2.5}$为轻度污染和中度污染天气情况，观察污染源占比变化情况。由图3可知，两污染时间段主要污染源都是机动车尾气。空气质量由轻度污染恶化为中度污染时，机动车尾气与工业工艺占比变化不大，燃煤占比由6.2%下降至4.4%；生物质燃烧占比由6.2%降至4.4%。扬尘

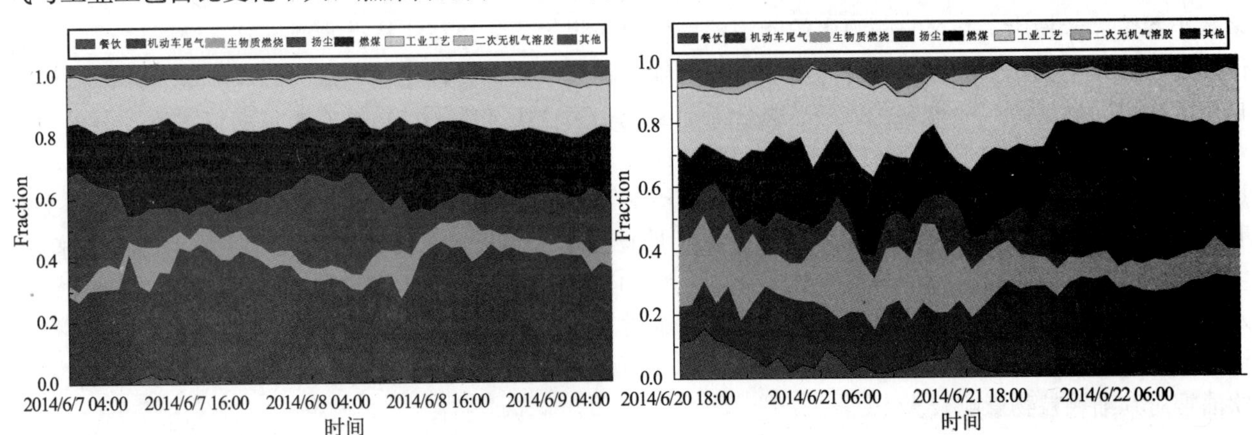

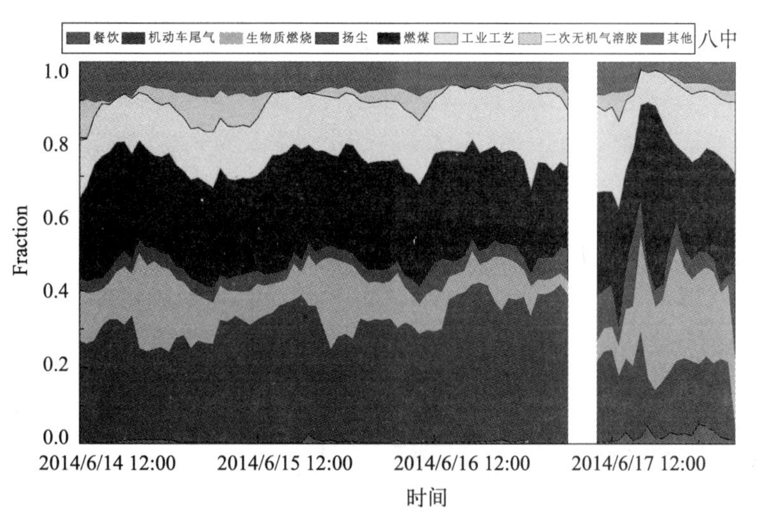

图 2　监测站、八中和龙隐路小学各污染源占比随时间变化图

占比从 7.9%增加到 16.5%，占比增加了 108.9%；二次无机气溶胶由 0.4%上升到 2.8%，占比增加了 6 倍。八中点位 $PM_{2.5}$为优良和重度污染情况下（图 4），工业工艺占比变化不大。燃煤占比由 29.6%降至 26.0%，生物质燃烧占比由 19.5%降至 9.0%。机动车尾气占比由 18.5%增加到 32.0%，占比增加 73.0%，二次无机气溶胶由 2.4%上升到 8.1%，占比增加 237.5%。两次 $PM_{2.5}$高值时污染源的占比相似，造成两次污染的来源一致。

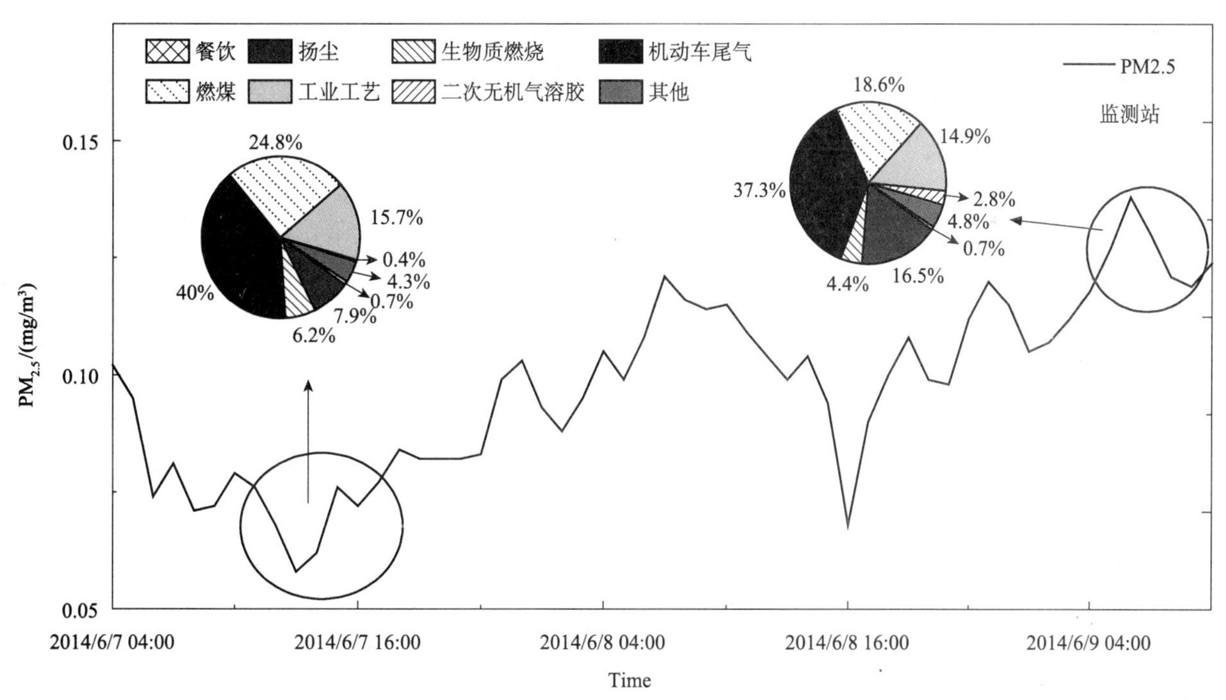

图 3　监测站不同空气质量下污染源占比图

2.3　清洁对照点位污染源分析

由图 5～图 7 可知，清洁对照点电子科大尧山校区污染源分布中机动车尾气占比为 38.0%，为主要来源；其次是燃煤，占比为 23.1%；工业工艺占比 16.1%；其他几类源所占比例很小；除扬尘、二次无机气溶胶外，其他污染源在整个采样时间段内的比例变化较稳定；电子科大尧山校区在监测期间内，不同空气质量下污染源占比变化不大。

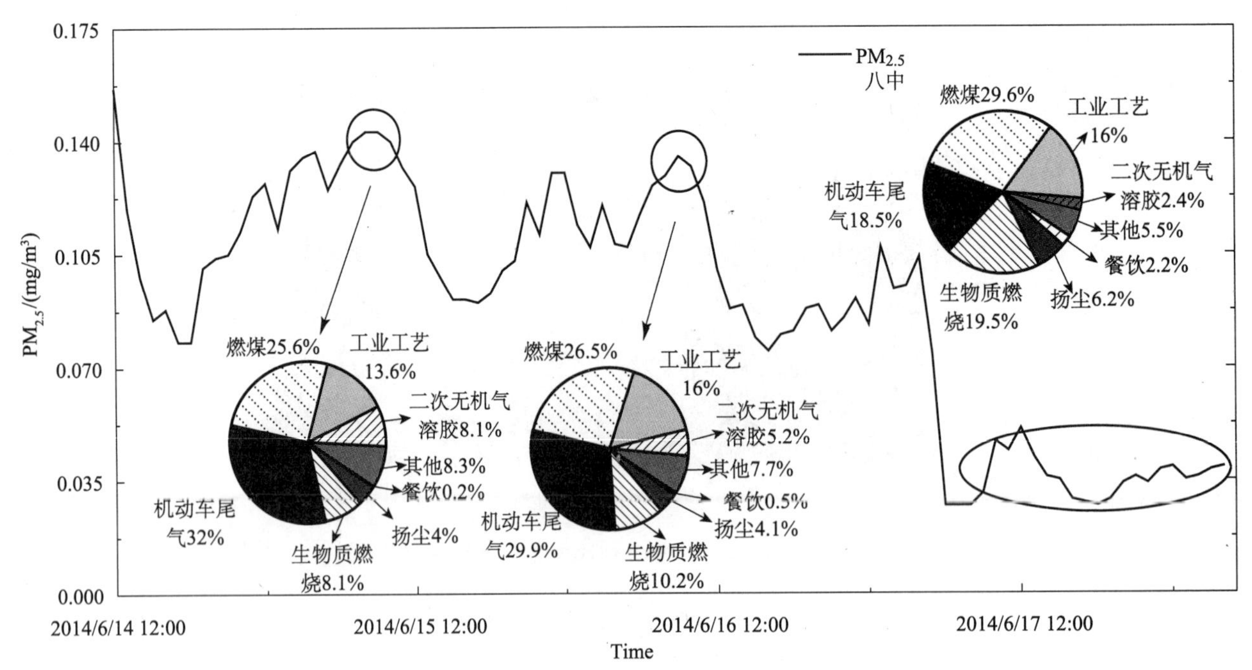

图 4　八中不同空气质量下污染源占比图

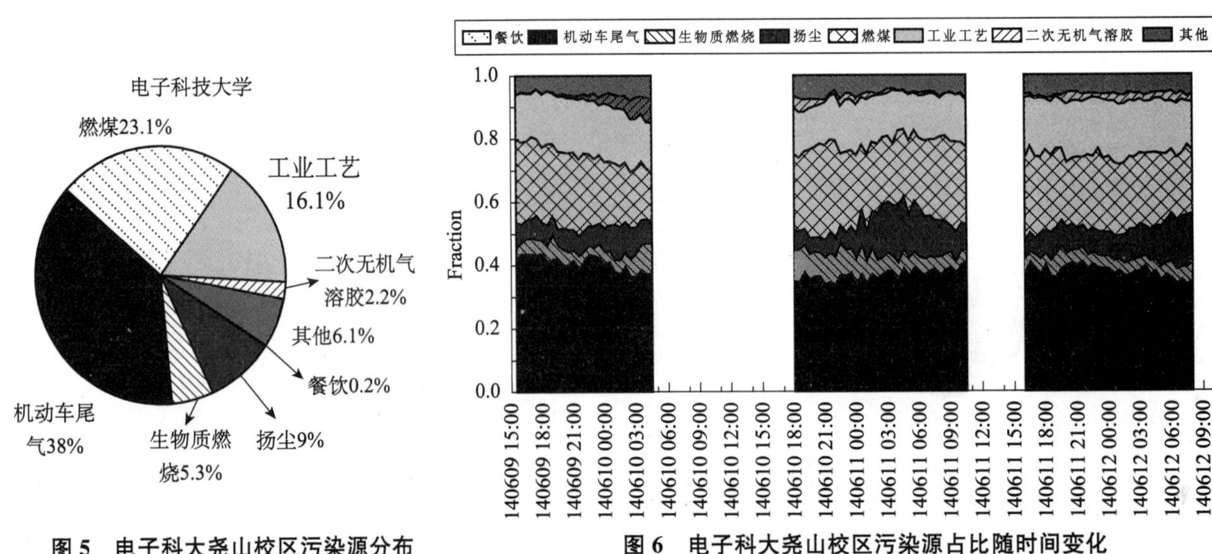

图 5　电子科大尧山校区污染源分布　　**图 6　电子科大尧山校区污染源占比随时间变化**

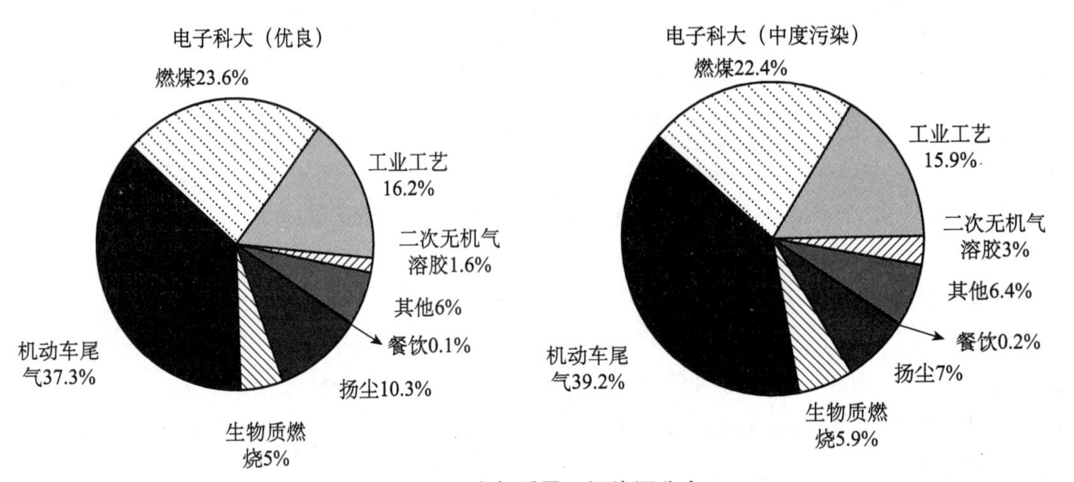

图 7　不同空气质量下污染源分布

2.4 晴、雨天各点位污染源占比情况

表3为晴、雨天各点位细颗粒物来源占比情况表，图8为龙隐路小学晴、雨天细颗粒物来源占比情况。由图可知，龙隐路小学雨天时，机动车尾气占比由26.6%降至14.8%，燃煤占比由24.3%降至18.5%，扬尘占比由17.2%降至10.3%。餐饮占比由1.4%上升至6.5%；生物质燃烧占比由9.3%上升至19.2%；工业工艺由15.7%上升至20.4%。八中雨天时，机动车尾气占比由37.4%降至18.5%，工业工艺占比由17.3%降至16.0%；餐饮占比由0.2%上升至2.2%，生物质燃烧占比由9.8%上升至19.5%，扬尘占比由4.4%上升至6.2%，燃煤占比由22.8%上升至29.6%。电子科大尧山校区雨天时，机动车尾气占比由40.1%降至36.6%，工业工艺占比由16.6%降至14.0%；扬尘占比由7.4%上升至9.5%，生物质燃烧占比由5.1%上升至6.8%，燃煤占比由21.6%上升至25.2%。餐饮占比变化不大。总体看来，雨天时机动车尾气占比较晴天时低，表明降水对机动车尾气有很好的控制和削减作用；生物质燃烧占比在雨天远大于晴天，初步分析是因为雨天时的相对湿度较大，导致生物质燃烧气溶胶的富集，不易扩散，从而在细颗粒物中的占比上升；餐饮占比雨天较晴天有所上升，与雨天不利于餐饮油烟扩散有关。而燃煤、扬尘、工业工艺占比有上升也有下降的情况，初步估计与降雨量大小有关。

表3 晴、雨天各点位细颗粒物来源占比情况表

单位：%

点位名称	日期	天气	餐饮	扬尘	生物质燃烧	机动车尾气	燃煤	工业工艺	纯二次无机气溶胶	其他
监测站	6月7—8日	晴	0.5	18.5	5.6	34.7	21	15.1	0.8	4
	6月8—9日	晴	0.3	17	5.7	36.3	20.4	14.3	1.4	4.5
龙隐路小学	6月20—21日	雨	7.9	10.3	19.2	14.8	18.5	20.4	2.1	6.9
	6月21—22日	晴	1.4	17.2	9.3	26.6	24.3	15.7	0.7	4.8
八中	6月14—15日	晴	0.2	5.1	7.4	40.1	21.6	16.6	2.8	6.1
	6月15—16日	晴	0.1	6.8	9.5	36.6	25.2	14.0	1.6	6.2
	6月16—17日	晴	0.2	4.4	9.8	37.4	22.8	17.3	2.1	6.1
	6月17—18日	雨	2.2	6.2	19.5	18.5	29.6	16.0	2.4	5.5
电子科大尧山校区	6月9—10日	晴	0.2	7.4	5.1	40.1	21.6	16.6	2.8	6.1
	6月10—11日	雨	0.1	9.5	6.8	36.6	25.2	14.0	1.6	6.2
	6月11—12日	晴	0.2	9.8	4.4	37.4	22.8	17.3	2.1	6.1

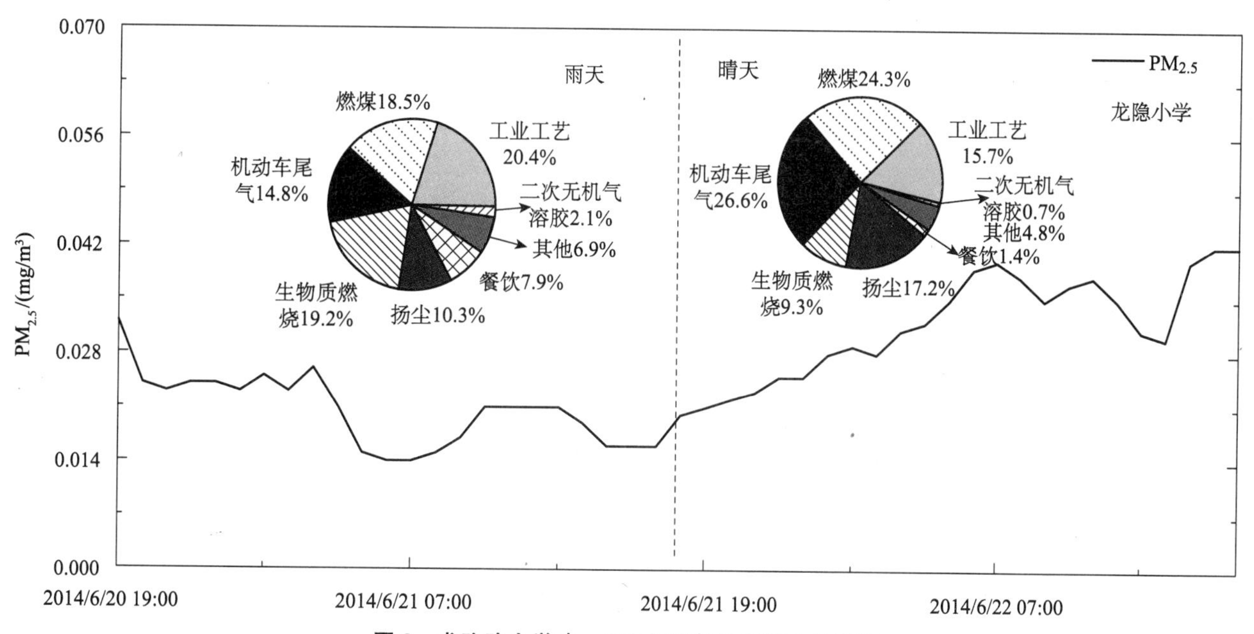

图8 龙隐路小学晴、雨天细颗粒物来源占比情况

2.5 桂林市细颗粒物来源分析

对各点位的细颗粒物来源个数比例进行合并统计出监测期间桂林市细颗粒物污染来源个数比例（图9）。监测期间，桂林市细颗粒物来源主要为机动车尾气，占比为31.3%；其次是燃煤和工业工艺，占比分别为23.5%、15.6%，初步分析主要与桂林市市区及附近大流量交通，燃煤为主的能源消费结构及周边企业生产过程中的非燃烧排放的特点有关。扬尘占比10.4%，位居第四，主要来自城市建设、房地产开发工地的建筑扬尘和渣土运输洒落导致道理扬尘。生物质燃烧比为9.8%，排位第五，与监测期间点位附近生物质燃烧以及市区内部分企业锅炉燃烧木糠、边角废料、生物质有关。

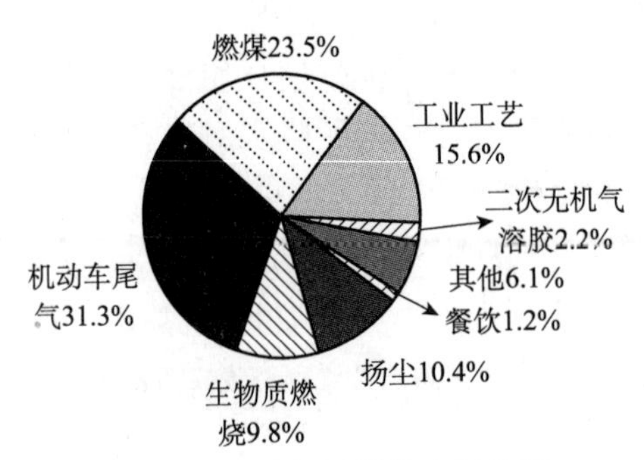

图9 桂林市细颗粒物来源分析

3 结论和建议

使用单颗粒气溶胶质谱仪（SPAMS 0515）对桂林市大气细颗粒物（$PM_{2.5}$）来源进行解析，分析餐饮、扬尘、生物质燃烧、机动车尾气、燃煤、工业工艺（非燃烧产生的颗粒）、二次无机气溶胶等七类细颗粒物源的贡献率，桂林市细颗粒物污染来源占比前3位依次为机动车尾气（31.3%）、燃煤（23.5%）和工业工艺（15.6%），其中监测站、龙隐路小学扬尘占比最高均为15.9%，龙隐路小学餐饮业占比最高2.9%，电子科大尧山校区污染源随时间占比较稳定。监测站、八中机动车尾气呈现上、下班高峰期时占比高，随着晚上车流量减少占比逐渐降低的规律。龙隐路小学，餐饮18：00前后出现高峰。$PM_{2.5}$污染加重时，电子科大尧山校区污染源占比变化不大，监测站扬尘、二次无机气溶胶占比上升显著，八中机动车尾气、二次无机气溶胶上升比较显著，机动车尾气、扬尘是$PM_{2.5}$污染加剧的主要影响因素；污染加剧时，一次排放颗粒物转化为二次颗粒的数量明显增加；雨天时，机动车尾气的占比较低，降水对机动车尾气有很好的控制和削减作用；雨天时相对湿度较大，导致生物质燃烧气溶胶的富集，不易扩散，且不利于餐饮油烟扩散，使得生物质燃烧和餐饮的占比在雨天远大于晴天，燃煤、扬尘、工业工艺占比呈既有上升也有下降现象。

建议有侧重地对机动车尾气及燃煤方面加强防控，减少人为的扬尘排放行为，将工地扬尘控制、渣土文明运输等降尘措施有效落实。在污染天气情况下，通过一定量的洒水措施可以有效地抑制并减少机动车尾气和扬尘，从而达到改善环境质量的目的。建议在利用质谱仪在线实时观测桂林市污染源变化的同时，结合源清单法、受体模型法等方法，将各种方法相辅相成、相互验证的方式，逐步将桂林市细颗粒物来源解析精细化、定量化。

参考文献

[1] 张志朋，宋玉侠，邹志勇，等. 基于环境库兹涅茨曲线特征的桂林市大气环境状况研究 [J]. 环境监测管理与技术，2014，01：14-18.

[2] 环境空气质量标准. GB 3095—2012.

[3] 环境空气质量指数（AQI）技术规定（试行）. HJ 633—2012.

[4] 环境空气质量评价技术规范（试行）. HJ 663—2013.

[5] 大气颗粒物来源解析技术指南（试行）[S].

[6] 张雅萍，杨帆，汪明明，等. 运用单颗粒气溶胶质谱技术研究上海大气重金属（Zn，Cu）污染[J]. 复旦学报（自然科学版），2010，01：51-59+65.

[7] 杨帆. 运用单颗粒气溶胶飞行时间质谱对城市大气气溶胶混合状态的研究[D]. 复旦大学，2010.

[8] 李梅，李磊，黄正旭，等. 运用单颗粒气溶胶质谱技术初步研究广州大气矿尘污染[J]. 环境科学研究，2011，06：632-636.

[9] 芦亚玲，常加敏，赵立宁，等. 庐山地区大气气溶胶单颗粒研究[J]. 中国科技论文，2013，03：255-259.

[10] 何俊杰，张国华，王伯光，等. 鹤山灰霾期间大气单颗粒气溶胶特征的初步研究[J]. 环境科学学报，2013，08：2098-2104.

[11] 王笑非. 上海市大气二次气溶胶的单颗粒质谱研究[D]. 复旦大学，2009.

[12] 严向宏. 上海宝山区大气细颗粒气溶胶 $PM_{2.5}$ 特征研究与源解析[D]. 华东理工大学，2011.

[13] 杜娟，宋韶华，张志朋，等. 桂林市细颗粒物典型排放源单颗粒质谱特征研究.[J/OL]. 环境科学学报，2015，35（5）：1556-1562.

[14] Waggoner A P，Charlson R J. 1976. Fine Particles：Aerosol Generation，Measurement，Sampling and Analysis [M]. New York：Academic Press.

作者简介：杜娟（1977.11—），女，毕业于南京农业大学农业环境保护专业，农学学士，桂林市环境监测中心站，从事环境监测工作，室主任，工程师。

2011—2014年长江Z断面挥发性有机污染物（VOCs）的水平

刘 伟 余家燕
重庆环境监测中心，重庆 401147

摘 要：运用吹扫捕集和气相色谱技术对重庆长江Z断面的水中挥发性有机化合物进行了在线分析研究，18种VOCs均有检出，检出物的年均值都符合我国对地表水环境质量标准。极少检出物的最大浓度偶有超标现象。

关键词：地表水；挥发性有机化合物；吹扫捕集；气相色谱

Study on theVariety and Levels of Volatile Organic Compounds（VOCs）in Z cross Section of Yangtze Rive in 2011—2014

LIU Wei YU Jia-yan
Chongqing Environment Monitoring Center，Chongqing 401147.

Abstract：Volatile organic compounds（VOCs）in surface water samples of one river cross section in Chongqing city were trapped through purging and investigated by gas chromatography，18 VOCs were detected. The average annual pollution level of all detected VOCs was below the permissible concentration specified by the national surface water standard。Precious little VOCs maximum concentration exceed the permissible concentration by accident.

Key words：surface water；volatile organic compounds；trapping through purging；gas chromatography

长江是中国水量最丰富的河流，多年平均年径流量9 616×10^8 m^3，约占全国河流径流总量的36%，为黄河的20倍[1]。2003年在三峡库区检出的挥发性有机污染物中，主要为卤代烃，苯系物较少，表明河水受到一定程度的溶剂污染．所受到的挥发性有机物污染较轻[2]．2011年重庆Z断面地表水中18种挥发性有机物的检测分析表明，挥发性卤代烃为主要污染物，但是存在量都符合我国对地表水环境质量标准[3]；考虑到随着工业的发展，有机污染问题会日渐突出应该给予高度关注。从2011年起，在长江Z断面安装了CMS5000仪器，对长江Z断面进行在线监测。CMS5000实现了挥发性有机化合物在线定量分析，其监测数据有重要参考价值，拓展了水质自动监测站的应用范围。[4][5]由于VOCs的沸点较低、挥发性强，而且地表水中VOCs的含量较低，因此需要合适的富集浓缩，CMS5000仪器采用各国通用的吹扫捕集（purge-and-trap）[6-8]和直接顶空进样技术。

1 样品采集与分析

1.1 样品采集

水质自动监测站每天4h一次启动水泵采样，地表水样先冲洗2L的采样杯，之后采集约2L地表水样，然后吹扫浓缩，气泡状的氩气通过吹气管进入水中，当气泡上升时，一部分VOCs被氩气吹脱将从水相变为气相，在采样管顶部被CMS5000内部采样泵引入CMS5000内，并被CMS5000内置浓缩阱吸附浓缩。然后由加热浓缩器和逆向载气流将 VOCs 解析后进入气相色谱仪的色谱柱进行分离，然后利用 MAID 检测器检测，通过建立好的标准曲线对每种 VOC 进行定性定量分析，并自动生成检测报告。采样杯是食品级，透明 PVC 材料加工而成的.

1.2 试剂

饮用水中挥发性有机化合物分析用标准溶液：SPEX18VOC 标样（XQ-4406）种 VOCs，各化合物浓度为 2 000mg/L，SPEX CertiPrep Group 公司生产。

1.3 仪器设备

INFICON CMS5000 气相色谱仪。

1.4 分析条件

100%二甲基聚硅氧烷，0.32mm 内径（4.0μm df 或等效）的色谱柱。不锈钢阀体/Teflon 膜片，柱模件 55～200℃，载气为氩气，纯度为 99.999 9% @414～689kpa（60～100psi），样品注入口连续水监测 SituProbe（动态冲净和捕集），Tri-Bed 吸附剂予浓缩器。分析条件如下：制造顶空时间为 5s，吹扫时间为 30s，采样时间为 60s，炉温为 50℃，内标温度为 50℃，检测器温度为 80℃，内置减压阀温度为 55℃。程序升温起始温度 60℃，保留 1min，4℃/min 升温到 90℃，然后 6℃/min 升温到 135℃，最后 20℃/min 升温到 200℃，保留 45s，升温过程共 20min。

2 结果与讨论

2.1 数据获取率

从 2012 年 1 月 1 日—2014 年 12 月 30 日，除停电等异常情况外和仪器维修、检查等情况外，每天测试 6 次，把每年上传的数据次数除以应上传的数据个数得出 2011 年数据获取率为 80.78%，2012 年数据获取率为 74.25%，2013 年数据获取率为 80.37%，2014 年数据获取率为 73.46%，总体比较稳定，变化不大。相比水质自动监测站基本监测项目的获取率偏低。主要因为仪器没有和本地子站计算机建立数据通讯，其数据和工作状态不能及时上传；仪器通讯软件有瑕疵，上传的图谱文件较大，数据有一定程度的丢包。

表 1 2011—2014 检出的物质的检出率、检出平均浓度和最大浓度

编号	物质名称	检出率/%				检出平均浓度/(mg/m³)				检出最大浓度/(mg/m³)				GB 3838—2002 标准限值浓度/(mg/m³)
		2011	2012	2013	2014	2011	2012	2013	2014	2011	2012	2013	2014	
1	二氯甲烷	12.55	34.75	24.61	20.21	0.68	1.87	2.97	0.94	1.83	7.22	18.41	3.69	20
2	（CIS）反式 1,2-二氯乙烯	0.06	0.12	未检出	0.07	0.28	0.30	—	0.15	0.28	0.31	0.00	0.15	50
3	顺式 1,2-二氯乙烯	未检出	未检出	0.29	未检出	—	—	0.76	—	0.00	0.00	1.69	0.00	50
4	三氯甲烷	2.49	2.28	13.25	21.08	1.77	3.88	8.08	1.32	3.50	10.72	38.74	6.33	60
5	1,2-二氯乙烷	0.23	未检出	0.34	0.13	2.06	—	2.05	0.79	3.04	0.00	3.09	0.82	30
6	苯	0.62	0.31	8.57	11.65	0.38	1.00	1.41	0.15	1.07	1.61	28.21	0.40	10
7	1,2-二氯丙烷	0.73	未检出	未检出	0.40	0.64	—	—	1.38	0.97	0.00	0.00	2.15	—
8	三氯乙烯	0.40	0.06	0.29	0.20	0.27	0.76	1.08	0.34	0.36	0.76	2.57	0.39	70
9	甲苯	0.34	0.56	0.91	2.21	0.23	0.48	0.75	0.33	0.35	1.39	2.23	2.55	700
10	四氯乙烯	0.17	1.60	9.19	9.37	0.80	0.72	1.69	0.18	1.77	3.42	28.63	0.64	40
11	氯苯	未检出	0.06	未检出	未检出	—	0.86	—	—	0.00	0.86	0.00	0.00	300
12	乙苯	0.23	0.12	0.11	未检出	1.36	0.48	0.58	—	2.84	0.53	0.91	0.00	300
13	对间二甲苯	0.17	0.25	0.40	0.07	0.21	0.23	0.42	0.12	0.30	0.27	0.67	0.12	500
14	苯乙烯	0.34	未检出	0.06	未检出	0.24	—	0.19	—	0.45	0.00	0.19	0.00	20

续表

编号	物质名称	检出率/%				检出平均浓度/(mg/m³)				检出最大浓度/(mg/m³)				GB 3838—2002标准限值浓度/(mg/m³)
		2011	2012	2013	2014	2011	2012	2013	2014	2011	2012	2013	2014	
15	邻二甲苯	0.45	未检出	未检出	未检出	0.56	—	—	—	2.52	0.00	0.00	0.00	500
16	异丙苯	0.45	未检出	0.06	未检出	1.51	—	0.16	—	4.87	0.00	0.16	0.00	250
17	1,4-二氯苯	0.57	0.19	0.46	0.07	2.13	0.97	0.90	016	11.32	1.70	2.50	0.16	300
18	1,2-二氯苯	0.57	0.06	0.46	0.07	2.31	2.34	1.63	1.32	5.45	2.34	4.44	1.32	1000

2.2 18种VOCs检出率分析

由表1可知，2011—2014年，此18种VOC均有检出，有机污染物的种类比较多。以年度统计，每年都有2～6种VOCs未检出，其中顺式1,2-二氯乙烯、氯苯、邻二甲苯有三年未检出，1,2-二氯丙烷、苯乙烯和异丙苯有两年未检出；主要为卤代烃和苯系物，说明此6类物质的污染该断面水质的概率很低，带有一定的偶然性。4年均有检出且4年平均检出率大于5%的有二氯甲烷、三氯甲烷、苯、四氯乙烯，其中二氯甲烷的4年平均检出率最大为23.03%，其次为三氯甲烷，4年平均检出率为9.78%. 可见这四种VOCs是该断面主要的污染物。

2.3 检出的VOCs年平均浓度分析

由表1可知，2011—2014年，除三氯甲烷2013年的年平均浓度为8.08 ppb外，其余检出的VOCs的各年均浓度均小于5mg/m³，均为超过GB 3838—2002标准限值浓度，整体看检出的VOCs各年平均浓度绝对浓度低。有两年的年平均浓度大于1 mg/m³是二氯甲烷、1,2-二氯乙烷、苯。各年平均浓度均大于1ppb的有三氯甲烷和1,2-二氯苯。可见三氯甲烷和1,2-二氯苯各年均浓度比其他检出的VOCs年平均浓度高，绝对浓度低。

2.4 检出的VOCs年最大浓度分析

由表1可知，2011—2014年，除2013年苯的最大浓度为28.21 mg/m³超过GB 3838—2002标准限值浓度，具有一定偶然性。其他检出的VOCs年最大浓度均小于GB 3838—2002标准限值浓度（二氯甲烷因标准未规定除外）。有1年的年均最大浓度大于5mg/m³有1,4-二氯苯，1,2-二氯苯，四氯乙烯、苯。有2年的年均最大浓度大于5 mg/m³有二氯甲烷。有3年的年均最大浓度大于5mg/m³有三氯甲烷。可见苯和三氯甲烷需要关注。

3 结论

通过对重庆Z断面地表水中18种挥发性有机物的检测分析表明，二氯甲烷、三氯甲烷、四氯乙烯、苯为该断面的较常出现的污染物。三氯甲烷和1,2-二氯苯的年均浓度较高，苯和三氯甲烷的最大浓度较大。检出的VOCs年均值都符合我国对地表水环境质量标准。但年最大浓度偶有超标现象。考虑到随着工业的发展，有机污染问题会日渐突出，偶然性超标次数有可能增加，应该给以上几种VOCs予以高度关注。

参考文献

[1] 虞孝感. 长江流域可持续发展研究. 北京：科学出版社，2003：489.

[2] 吕怡兵，宫正宇，连军，等. 长江三峡库区蓄水后水质状况分析 [J]. 环境科学研究，2007，20(1)：1-6.

[3] 刘伟，翟崇治，刘萍，等. 长江某断面挥发性有机污染物监测浅析 [J]. 三峡环境与生态.

[4] 刘伟，翟崇治，余家燕. 自动监测地表水中挥发性有机物的应用研究 [J]. 宁夏农林科技，

2012，53（10）：130-132，134.

［5］黄亮，王丽伟，宋庆国，等. 挥发性有机物监控系统与黄河水质自动监测系统的集成［J］. 安徽农业科学，2013，41（24）：10084-10086.

［6］葛萍，韩鸿印，张俊刚，等. 吹扫捕集—气相色谱法测定水中苯系物［J］·化学分析计量，2005，14（2）：32-33.

［7］张岚，蒋兰，鄂学礼，等. 饮用水中痕量挥发性有机物吹扫捕集—气质联用测定法［J］. 环境与健康杂志，2008，25（5）：431-432.

［8］甘凤娟，陈砚朦. 吹扫捕集—毛细管气相色谱法测定饮用水中的挥发性有机物［J］. 中国卫生检验杂志，2008，18（1）：92-93.

作者简介：刘伟（1978—），男，重庆人，硕士，高级工程师，主要从事环境自动监测工作。

2014年北京市APEC期间空气质量改善分析

程念亮[1]　李云婷[1]　孙　峰[1]　张大伟[1*]　陈　添[2]　邱启鸿[1]
王　欣[1]　郇　宁[1]　周一鸣[19]
1. 北京市环境保护监测中心，北京 100048；
2. 北京市环境保护局，北京 100048

摘　要： 利用2014年11月1—12日（APEC期间）北京市大气污染物、$PM_{2.5}$组分及气象、遥感数据，结合CMB源解析模型，系统分析了北京市APEC期间空气质量与气象条件变化特征并初步评估了减排措施对$PM_{2.5}$浓度的贡献及影响。结果表明：APEC期间北京市$PM_{2.5}$、PM_{10}、SO_2、NO_2的浓度分别为44、63、8和46$\mu g/m^3$，比近5年平均浓度（$PM_{2.5}$为2012—2013年平均浓度）分别降低45%、43%、64%和31%；空间分布上$PM_{2.5}$在城区及北部山区改善效果最明显，下降幅度在30%～45%之间，南部地区降幅在25%以下；不同类别的站点降幅在27.4%～35.5%之间；组分变化上APEC期间$PM_{2.5}$的主要组分SO_4^{2-}与同比（2013年11月1—12日）下降50%，地壳物质同比下降76%，NO_3^-与同比下降35%；CMB模型源解析结果显示APEC期间燃煤锅炉贡献2%，扬尘贡献7%，机动车贡献30%；APEC期间北京市及周边地区采取的保障措施的环境效果显著，同时大幅度的污染物排放量削减具有明显的削减污染峰值、延缓积累速度的作用。

关键词： APEC；$PM_{2.5}$；北京；减排

Analysis About the Characteristics of Air Quality during APEC in Beijing in 2014

CHENG Nian-liang[1]　LI Yun-ting[1]　SUN Feng[1]　ZHANG Da-wei[1]　CHEN Tian[2]　QIU Qi-hong[1]
WANG Xin[1]　HUAN Ning[1]　ZHOU Yi-ming[1]
1. Bejing Municipal Environmental Monitoring Center, Beijing 100048;
2. Beijing Environmental Protection Bureau, Beijing 100048

Abstract: In this paper, we analyzed the air quality variation and meteorological conditions in Beijing during the period of APEC and evaluated the effect of pollution control measures on particle matter concentrations based on the atmospheric pollutant monitoring data, main components of $PM_{2.5}$, meteorological and remote sensing data and CMB model during APEC in 2014. Results showed that average concentration of $PM_{2.5}$, PM_{10}, SO_2, $NO_2$was 44, 63, 8, 46$\mu g/m^3$ during APEC; the average concentration of $PM_{2.5}$, PM_{10}, SO_2, NO_2 decreased 45%, 43%, 64% and 31% compared to the same period of nearly 5 years ($PM_{2.5}$was the the same period of nearly 2 years); the concentration of $PM_{2.5}$ at city and northern mountainous area was lowest which drop 30%～45% compared to the same period of nearly 5 years while in the southern area the ratio was below 25% and the concentration of $PM_{2.5}$ at different categories of sites decreased in the range of 27.4%～35.5%; main components of SO_4^{2-}, substance of the crust, NO_3^- were decreased by 50%, 76%, 35% compared to that from 1st to 12th in 2013and chemical mass balance (CMB) model results indicated that contributions of coal boiler, dust, motor vehicle were 2%, 7%, 30% during APEC respectively; air pollution control measures (coal, dust and traffic management) had

基金项目：北京市科技计划课题（Z131100005613046）；环保公益性行业科研专项（201409005）；国家科技支撑计划（2014BAC23B03）。

a significant effect on reducing pollutant emissions; pollutant emissions controllment reduced the concentration peak and delayed the accumulation speed function.

Key words: APEC; $PM_{2.5}$; Beijing; pollution control measures

大气环境是人类赖以生存和发展的必要条件，空气质量与人类健康息息相关[1-2]。近年来我国中东部地区以细颗粒物 $PM_{2.5}$ 为首要污染物的空气重污染现象频发，对公众健康构成较大威胁[3]，大气污染问题越来越受到人们的关注[4]。

2014 年 11 月北京举办了 APEC 领导人非正式会议，为了保障北京 APEC 会议期间良好的环境空气质量，京津冀及周边六省区市按照“APEC 会议期间空气质量保障方案”，采取了严格的污染排放控制措施，力度空前，污染排放规模大幅度下降。由于保障措施的实施，在秋冬季易于发生重污染的情况下[5-7]，APEC 期间北京地区空气质量持续保持优良，区域的空气质量水平也得到大幅度改善，APEC 空气质量保障取得了圆满成功，被誉为“APEC 蓝”。

分析认识 APEC 期间北京及周边地区空气质量保障措施的实施效果，开展对减排措施及气象条件后分析评估研究仍是国内外关注的焦点问题。本文对利用污染物、气象、遥感、源解析模型综合分析 2014 年 APEC 期间北京市空气质量现状及其影响因素进行了初步分析，以期为大气污染控制提供科学数据，从而更好地为管理部门服务。

1 数据来源与分析方法

1.1 研究区域概况

北京位于东经 115.7°E～117.4°E，北纬 39.4°N～41.6°N，地处华北平原西北端，临近半沙漠化地带边缘，地形为簸箕型，三面环山，平均海拔 43.5m，山地一般海拔 1 000～1 500m，地形较不利于污染物扩散。总面积 16 410.54km²，国土面积 62%为山区，平原面积仅 6 000 多 km²；森林资源总量偏低，平原区森林覆盖率低（14.85%），远低于全市覆盖率（37.6%），大气自净功能较弱。位于北纬 40°地区，属温带大陆性季风气候，四季分明，夏季高温多雨，冬季寒冷干燥，近 10 年年降水量平均不足 450mm，又易受沙尘影响，年均降水的 80%集中在夏季 6、7、8 三个月[8]，污染物本底浓度较高；全市 2 100 多万常住人口、560 万辆机动车、年开复工面积 2 亿 m² 左右以及大量的生产、服务活动主要集中在平原地区，污染物排放强度较高。不同季节、一天当中的不同时段，逆温发生的频率和逆温层的高度不同；扩散条件好时可以达到几千米，扩散条件差时，仅有几百米，静稳、逆温现象多发。

1.2 数据来源

污染物监测数据为北京市环境保护监测中心发布的逐时浓度数据（http：//zx.bjmemc.com.cn/），地面监测站点共计 35 个站点（见图 1），包括 1 个城市清洁对照点，23 个城市环境评价点，6 个区域背景传输点，5 个交通污染监控点；覆盖所有区县，包括区域背景、郊区、城镇、交通干道、居住区等不同的环境类型，所有站点全部经过 GPS 定位[9]；分布在不同地区，包括城六区（东城、西城、朝阳、海淀、丰台、石景山）、西北部（昌平、延庆）、东北部（怀柔、密云、平谷、顺义）、东南部（通州、大兴、亦庄）、西南部（房山、门头沟）。

35 个空气质量自动监测子站操作流程严格按照《环境空气质量自动监测技术规范》（HJ/T 193—2005）[10]进行，其中 $PM_{2.5}$、PM_{10} 均采用微量振荡天平法，SO_2 采用紫外荧光法、NO \ NO_2 采用化学发光法，O_3 采用紫外光度法，CO 采用气体滤波红外吸收法。监测设备由技术人员定期检查并及时维护保养，在 1 年的监测时间内有效数据捕获率超过 95%，数据样本量较为充足。$PM_{2.5}$ 组分数据则为北京市环境保护监测中心综合观测实验平台分析的结果，使用武汉天虹 TH-16A 型四通道采样器进行样品采集，分别使用 ICP 等离子发射光谱法测试无机元素、原子荧光法测试砷和硒、离子色谱法测定水溶性离子、光热法测试 OC/EC。气象资料为北京市观象台地面观测资料、探空资料（http：//cdc.cma.gov.cn/），边界层高度为云高仪监测结果，观测仪器为荷兰 WAISALA 公司的 WXT520 气象观测仪。天气实况图为韩国天气实况资料和数值预报产品（http：//web. kma. go. kr/eng/weather/images/analysischart. jsp），遥感资料为 MODIS 数据产品（http：//aeronet. gsfc. nasa. gov/cgi-bin/bamgomas _ interactive）。

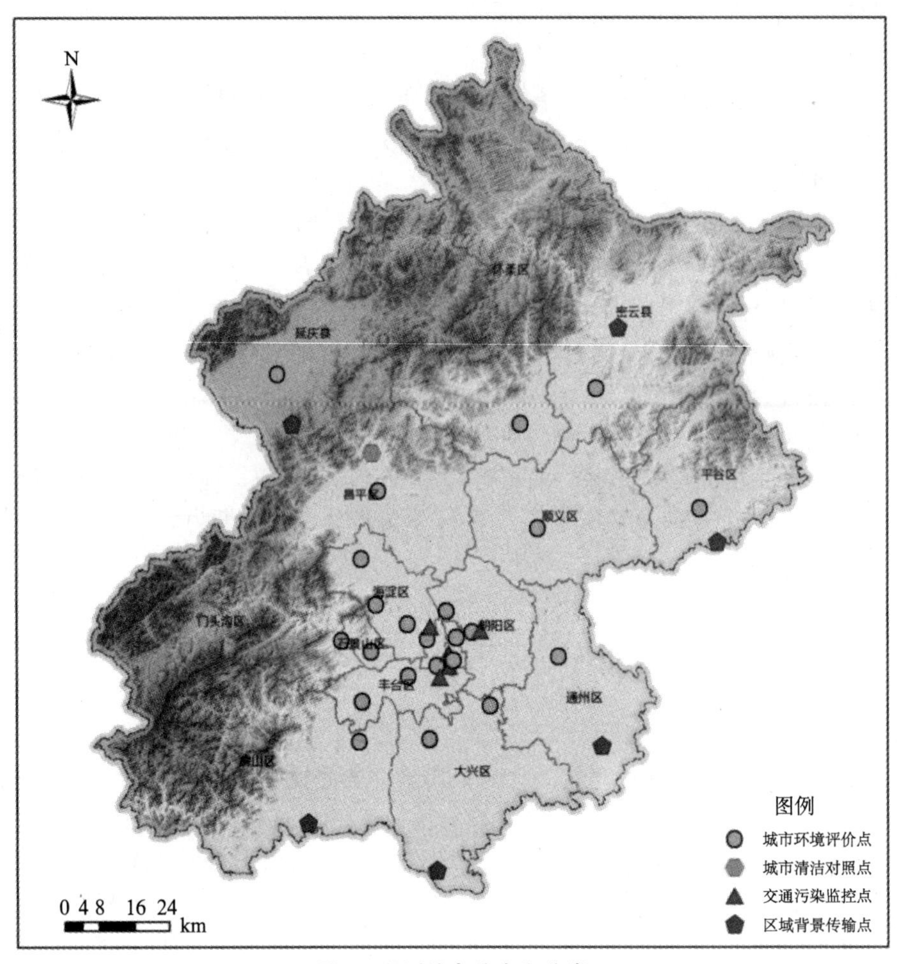

图 1　观测站点分布和分类

1.3　CMB 模型

CMB 模型是根据化学质量平衡原理建立起来的，由于其物理意义明确，算法日趋成熟，在目前大气颗粒物源解析研究工作中成为最重要、最实用的模型[11]。研究应用 CMB 模型对北京市大气 $PM_{2.5}$ 主要来源进行解析，输入文件基于市环境保护监测中心综合观测实验平台的样品数据，对源与受体样品化学组分测试均采用统一的分析技术，每批样品均采取空白样品、质控样品、加标样品、平行测试等质量控制和质量保证措施。根据文献调研、源谱评估及 CMB 灵敏矩阵的计算结果，选取 SO_4^{2-}、Al、Ca 为电厂燃煤锅炉特征组分；SO_4^{2-}、Na 为工业/供热锅炉燃煤特征组分；OC、EC、Mn 为机动车特征组分；Si 为土壤尘、扬尘特征组分；K 为生物质燃烧特征组分[12]。

1.4　研究方法

分别结合天气图、气象要素及污染物监测情况分析 APEC 的空气质量及气象条件变化；通过与近五年 APEC 同期污染物空间分布及遥感监测变化情况分析污染物空间改善效果；比较 $PM_{2.5}$ 的主要组分变化分析空气质量保障措施效果；选取气象条件相似的污染过程对比分析污染物减排效果，以期为北京市大气污染控制提供科学数据。

利用 $PM_{2.5}$ 源解析模型方法，对保障措施的环境改善效果展开评估，目标是剔除气象条件等外在变化因素对空气质量造成的影响，相对客观准确的评估保障措施对空气质量改善之间的量化影响。

2 结果与分析

2.1 空气质量变化

APEC 期间（11 月 1—12 日）北京市维持了优良的空气质量，期间一级优 4 天、二级良 7 天，11 月 4 日为 APEC 期间最高污染水平，三级轻度污染，污染水平较低，首要污染物 $PM_{2.5}$ 日均值为 103μg/m³。经计算 11 月 1—12 日北京市 $PM_{2.5}$、PM_{10}、SO_2、NO_2 的浓度分别为 44、63、8 和 46μg/m³。

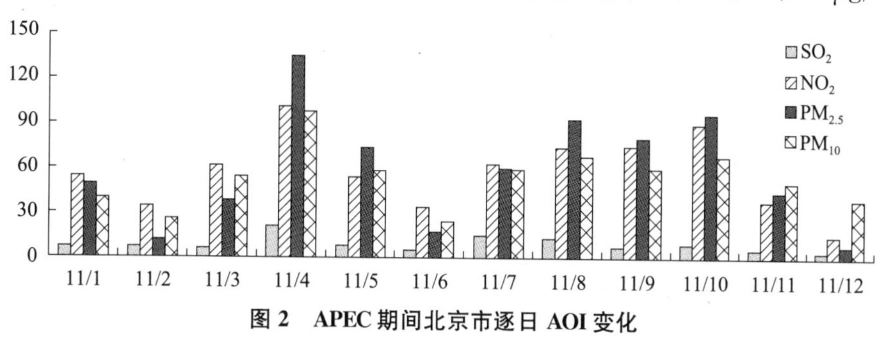

图 2 APEC 期间北京市逐日 AOI 变化

与重污染日的地面（弱气压梯度场或低压辐合区）和高空天气形势（平直环流，浅槽，西南气流或脊）[13-15]不同，APEC 期间北京地面弱高压频繁，500hPa 高空以偏西北气流为主，高低空天气形势的配合导致扩散条件整体较好。从 APEC 期间逐日的北京地面和高空天气形势可以看出 1—3 日受冷空气影响，扩散条件较好，污染物浓度较低。4 日白天，污染物浓度快速上升，4 日达轻度污染；5 日弱冷空气影响，地面转北风，空气质量转优良，并维持至 7 日；8—10 日，区域天气趋向于稳定，减排力度达到最大，所有燃煤电厂限产减排 50%，钢铁、焦化、水泥、玻璃等重点行业高架源企业全部停产（焖炉），工业企业涉及 VOCs 排放工序全部停产；在局部气象条件略有利（短时弱北风影响），$PM_{2.5}$ 浓度抬升速度明显下降，减排效果显著，空气质量维持良的水平；11—12 日，冷空气再次影响，北京及区域空气质量转优良。综合来看 APEC 期间出现 2 次稳定天气过程，分别为 3—5 日和 8—10 日；出现 2 次冷空气活动 6—7 日和 11—12 日。APEC 期间，华北地区弱冷空气活动较频繁，冷空气间歇期稳定气象状况占主导。北京地区是在区域污染扩散条件不利的条件下，在 8—10 日部分时段局地的弱北风对高浓度起到一定抑制作用[16-18]，但这种作用在污染源排放量大幅度削减的背景下才可能发生，即污染水平对弱的有利气象条件也变得较为敏感。

从地面气象要素的统计特征可以看出，APEC 期间平均风速为 3.46m/s，远大于去年年均风速 2.10m/s 及 58 天重污染日平均风速 1.69m/s，也大于近五年同期（2009—2013 年）平均风速 1.90m/s；平均相对湿度为 46.30%，明显小于 2013 年 58 天重污染日平均相对湿度 68.6%，比近五年同期 54.7%高约 8.4%；混合层高度较高，平均为 813m，大于近五年同期（531m）281m，边界层高度较高，北风较大，大气水平及垂直扩散能力增强，APEC 期间扩散条件整体较好。

表 1 APEC 期间北京市 $PM_{2.5}$ 与气象要素变化

	11/01	11/02	11/03	11/04	11/05	11/06	11/07	11/08	11/09	11/10	11/11	11/12
地面形势场	高压前	高压	弱高压	均压	弱低压转高压前	高压	高压	弱高压	弱高压	均压	高压前	高压
500hPa 形势场	槽后	槽后	偏西北气流	浅槽	槽区	槽后	槽后	偏西北气流	偏西北气流	偏西气流	槽后	槽后
相对湿度/%	52.23	23.10	43.60	67.85	44.33	34.63	55.33	65.83	57.48	52.65	40.81	17.80
风速/(m/s)	4.31	6.44	2.10	1.33	3.77	3.33	1.29	1.75	2.04	1.75	5.81	7.51
PBL/m	918	1 355	337	419	764	2 092	765	418	351	393	857	1 091
$PM_{2.5}$/(μg/m³)	34	8	26	103	54	11	43	69	58	71	30.7	5.2

2.2 $PM_{2.5}$空间分布

统计显示2014年11月1—12日北京市$PM_{2.5}$、PM_{10}、SO_2、NO_2的浓度分别为44、63、8和46μg/m³，比去年同期分别下降54%、43%、56%和30%；比近5年平均水平（$PM_{2.5}$为2012—2013年平均水平）降低45%、43%、64%和31%，并且各项污染物的浓度都达到近5年以来最低值。

$PM_{2.5}$是APEC空气质量保障的核心目标污染物，通过各类污染控制措施的综合作用以有效降低$PM_{2.5}$浓度水平。采用克里格（Kriging）插值法对北京市$PM_{2.5}$浓度进行空间插值，克里格插值法应用广泛且插值准确性取决于点的分布及个数[19]，浓度空间分布可以看出APEC期间比近2年（2012年10月正式开展$PM_{2.5}$监测）会议同期明显降低。分地区来看，城区及北部山区改善效果最大，下降幅度在30%～45%；南部地区站点，包括西南部的丰台、房山，东南部的大兴、通州、亦庄，降幅较低，基本在25%以下。北京西南部、东南部的总体污染水平较高，且经常受到周边地区污染传输的影响，南部地区$PM_{2.5}$降幅较低也说明区域污染控制的重要性，区域整体空气质量改善降低了污染传输对北京地区的影响。本文插值后污染物浓度空间分布的不确定性主要来自：①“簸箕状”的特殊地形影响，山间河谷等地区风向转换快且风速偏大，$PM_{2.5}$扩散速率较大，降低了周围$PM_{2.5}$浓度；②没有考虑特定气象条件下，二次化学反应增加的$PM_{2.5}$浓度；③插值方法误差，由于35站点较集中分布在城六区，郊区点个数较少，插值受采样点范围、采样点密度等参数影响。

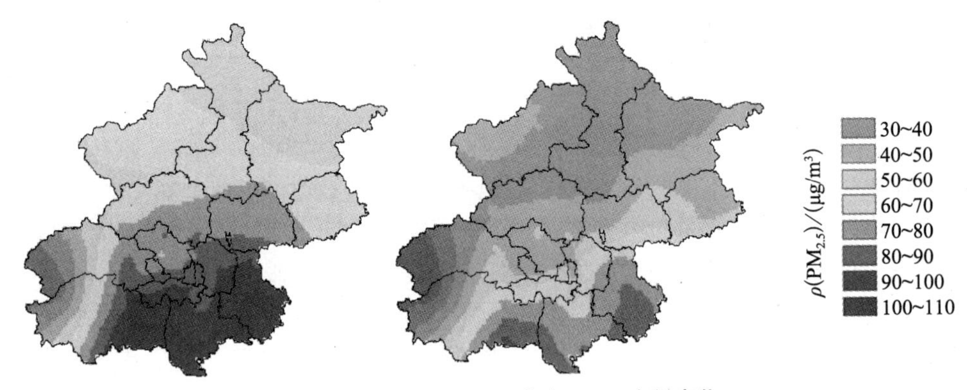

图3 近年11月1—12日北京$PM_{2.5}$空间变化

从不同类别的站点的$PM_{2.5}$降幅分析，各点位$PM_{2.5}$同比均下降，下降幅度为16%～50%。区域背景站下降27.4%，城市环境站下降35.5%，交通环境站下降29.9%，下降幅度均在30%左右，不同类别的站点降幅差异较小，城市环境站的下降幅度最大。北京及区域的燃煤污染控制、单双号限行、企业停产限产、工地停工等措施均对APEC空气质量的成功保障有重要贡献。

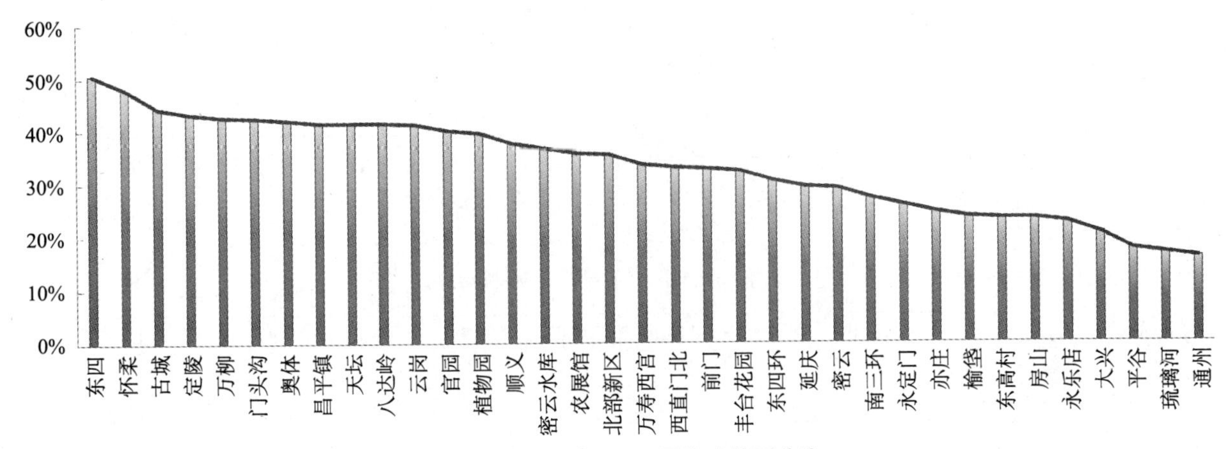

图4 各监测站点$PM_{2.5}$同比改善百分比

图 5 为基于卫星数据反演的 2014 年 APEC 期间、2013 年同期（2013 年 11 月 1—12 日，下同）京津冀 $PM_{2.5}$分布，由图 5 可知 APEC 期间整个区域 $PM_{2.5}$浓度水平明显下降，APEC 减排期间京津冀 $PM_{2.5}$都处于优良水平。从区域统计情况看，北京 $PM_{2.5}$平均浓度下降幅度最大，达 38%；天津 $PM_{2.5}$平均浓度下降 36%，河北中南部下降 24%。京津冀及周边六省区市群策群力，污染控制措施强度力度空前，区域空气质量的明显改善是 APEC 空气质量保障取得成功的重要基础。

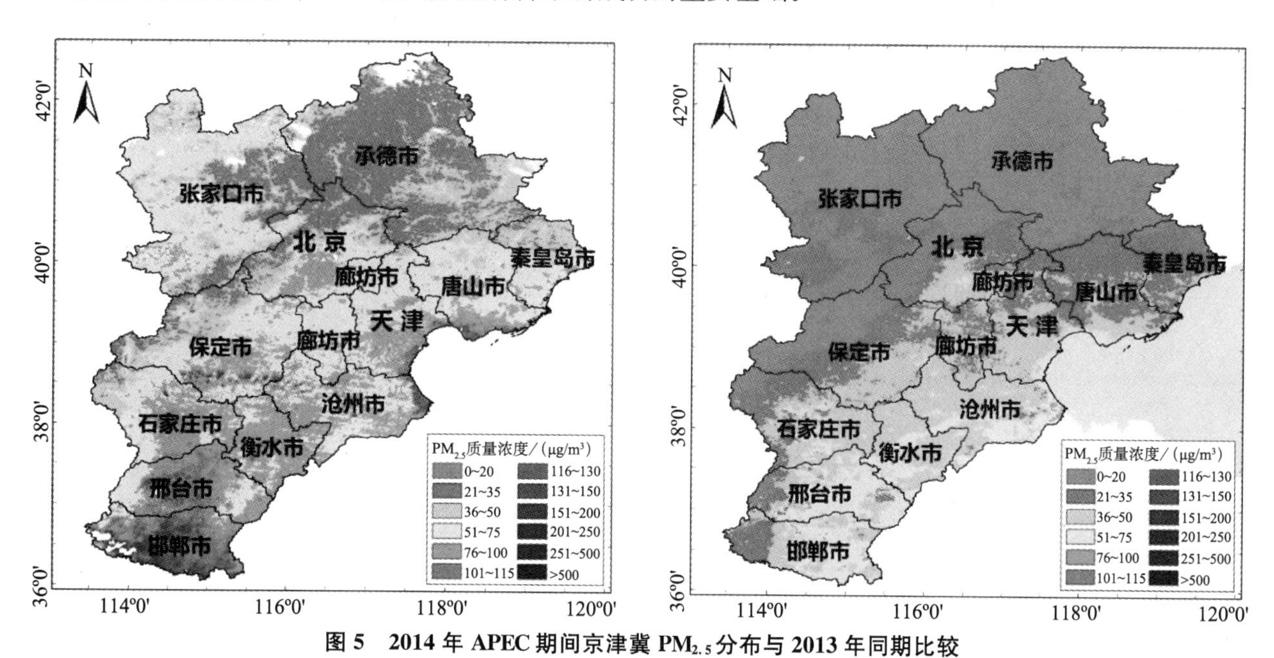

图 5　2014 年 APEC 期间京津冀 $PM_{2.5}$分布与 2013 年同期比较

2.3　$PM_{2.5}$组分变化

图 6 为 2014 年 APEC 期间北京市 $PM_{2.5}$组分变化，APEC 期间 $PM_{2.5}$的主要组分 OM、EC、NH_4^+、NO_3^-、SO_4^{2-}、地壳物质、微量元素，在总质量浓度中的百分含量分别为 39.9%、3.0%、9.3%、20.4%、8.2%、7.6%、5.7%，其他占 5.9%。APEC 期间 SO_4^{2-}与同期相比下降 50%，SO_4^{2-}主要来源于燃煤[20]，它的降低说明压煤措施效果明显。受扬尘影响较大的地壳物质[21]与 2013 年同期相比下降 76%，由 17.0μg/m³下降至 4.0μg/m³，说明扬尘控制措施到位。会议期间 NO_3^-与同期相比下降 35%，NO_3^-主要为 NO_x光化学反应生成，受机动车排放量大幅降低影响 NO_3^-浓度降低明显；EC 浓度受燃烧源及大型货车一次排放影响较大，APEC 会期 EC 浓度同比大幅度下降，由 3.89μg/m³下降至 1.57μg/m³；同时 OC 和 EC 相关性更高，从 0.82 提高到 0.93；OC 和 EC 的比值更大，从 2013 年同期的 6.7 提高为 9.7，说明 EC、OC 二者的来源一致性更强[22]，燃烧源及大型货车污染控制效果显著，贡献降低。

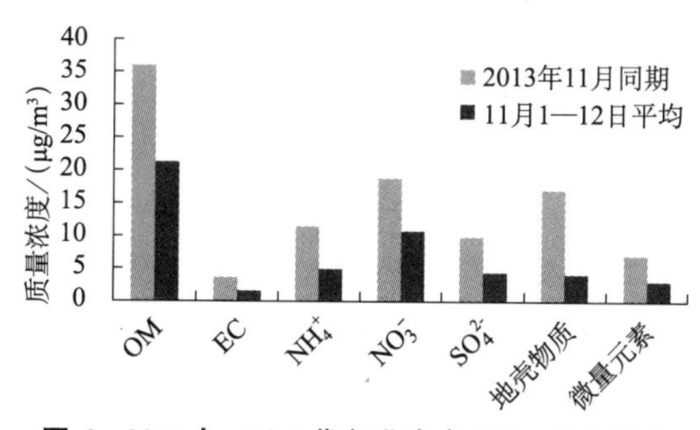

图 6　2014 年 APEC 期间北京市 $PM_{2.5}$组分变化

2.4　污染过程对比

2014 年 11 月 7—11 日北京及华北区域为弱气压系统，大气总体静稳，扩散条件较不利，与 2014 年

10月16—20日污染过程期间的气象条件基本相似。两次过程中$PM_{2.5}$浓度起点接近（见图7），但APEC期间过程浓度上升幅度小，持续积累时间短，没有形成持续时间长的高污染水平。气压及相对湿度日变化也比较相似，APEC控制措施使污染物的积累速度下降，峰值浓度降低，持续时间缩短。而遥感的卫星云图[23]显示北京周边，两次过程期间廊坊—保定—石家庄—邢台等地均处于重至严重污染，而APEC期间区域高浓度污染物向北基本没有传输影响北京，APEC期间的污染控制措施导致污染源排放规模大幅度下降，大幅度的污染物排放量削减具有明显的削减污染峰值、延缓积累速度的作用，区域（主要大气污染物减排30%）和局地（扬尘减排70%～80%、机动车颗粒物减排58%、VOCs减排37%）联动的应急措施[24]（体现了“人努力”）有效避免了重污染的发生。

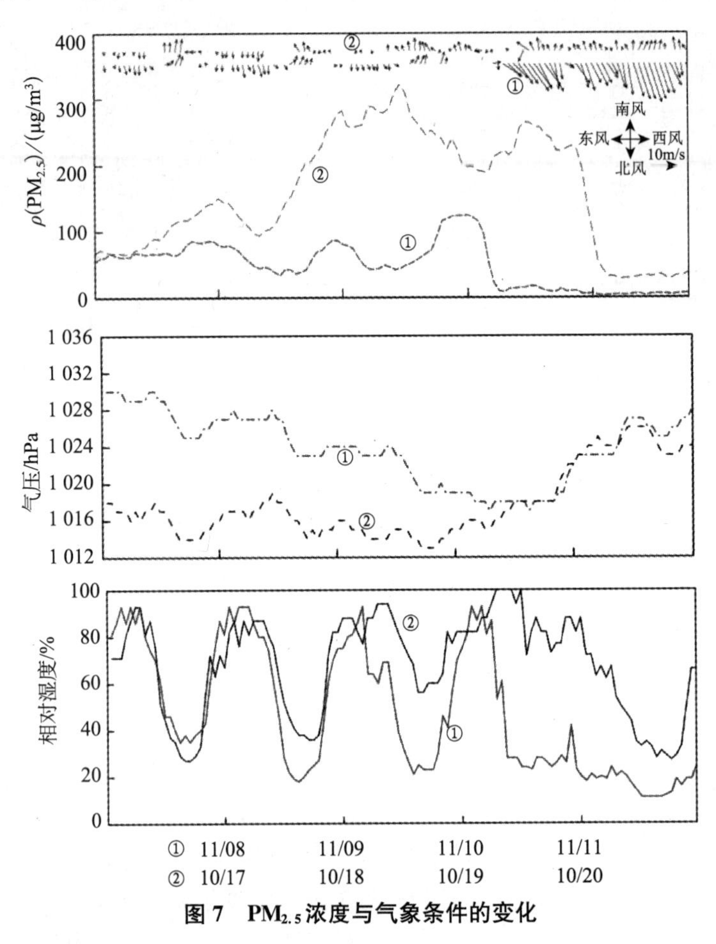

图7　$PM_{2.5}$浓度与气象条件的变化

2.5　来源解析

图8为应用CMB模型获得的2014年APEC期间北京市$PM_{2.5}$源解析结果，由图8可知，与2013年秋季源解析结果相比，燃煤锅炉贡献率由10%下降到2%，本市及区域的燃煤污染控制成效显著。APEC期间，大力压减燃煤，减产限排，燃煤供暖锅炉一律不准提前点火，对燃煤贡献起到高效的控制作用。扬尘贡献量下降十分明显，贡献率由17%下降幅度达到7%，严控施工扬尘污染发挥成效；全市“吸、扫、冲、收”道路清扫保洁新工艺作业在降低道路积尘负荷发挥成效，交通道路扬尘改善明显。机动车贡献率从19%上升到30%，控车减油措施特别是单双号限车对于$PM_{2.5}$一次排放总量、NO排放量有很大的削减，同时对交通拥堵、交通扬尘的改善十分明显。二次硝酸盐贡献率由29%下降到25%，主要与其前体物氮氧化物的减排措施有关，包括电厂减产、脱硝设施投运以及机动车减排等。有机物的贡献率不降反升，贡献率由14%上升到22%；贡献量有小幅下降，相较于其他源类的减排效果，降幅较小。CMB模型源解析APEC期间北京市及周边地区采取的保障措施的环境效果显著。本研究源解析结果受样品采集、称量、组分测试分析、模型计算等环节影响；此外采样点位、采样时间的代表性，也会直接影响源

解析结果的代表性。同时对于$PM_{2.5}$二次来源及区域传输的进一步解析，还应联合应用其他技术手段，例如可靠的源清单数据、优化的数值模拟系统，深入研究其来源。

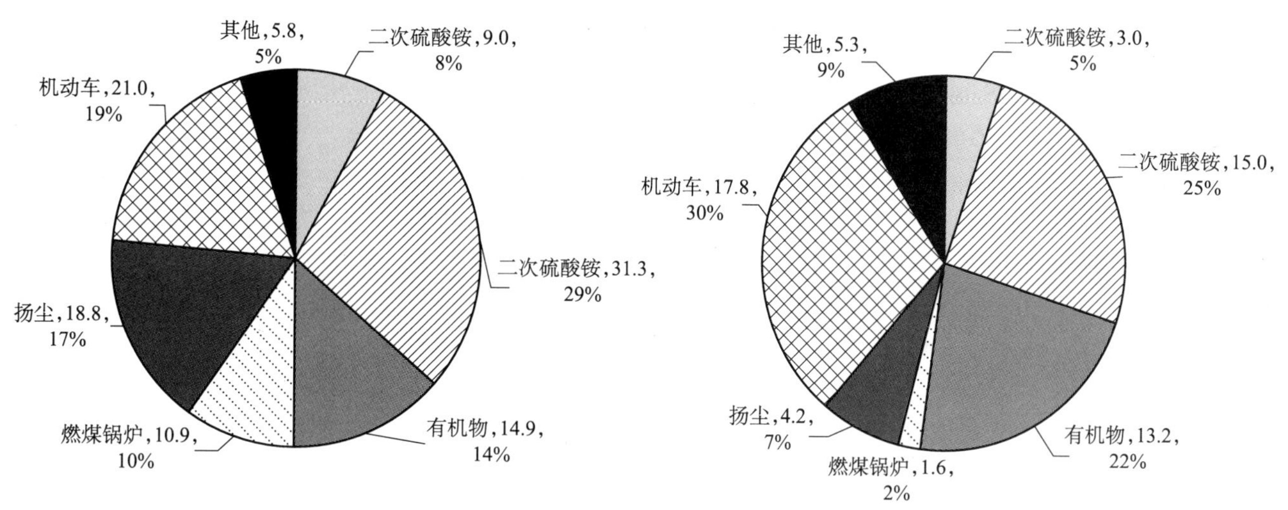

图8　2014年APEC期间北京$PM_{2.5}$源解析及与2013年秋季结果比较

3　结论

（1）2014年APEC期间11月1—12日北京市$PM_{2.5}$、PM_{10}、SO_2、NO_2的浓度分别为44、63、8和46$\mu g/m^3$，比近5年平均浓度（$PM_{2.5}$为2012—2013年平均浓度）降低45%、43%、64%和31%。

（2）$PM_{2.5}$城区及北部山区改善效果最大，下降幅度在30%～45%；南部地区降幅在25%以下；不同类别的站点降幅在27.4%～35.5%之间。

（3）北京市$PM_{2.5}$的主要组分分析结果显示APEC期间SO_4^{2-}与同比下降50%，地壳物质同比下降76%，NO_3^-与同比下降35%；应用CMB模型获得的北京市$PM_{2.5}$源解析结果显示APEC期间燃煤锅炉贡献2%，扬尘贡献7%，机动车贡献30%；APEC期间北京市及周边地区采取的保障措施的环境效果显著，同时大幅度的污染物排放量削减具有明显的削减污染峰值、延缓积累速度的作用。

参考文献

［1］任阵海，万本太，苏福庆，等. 当前我国大气环境质量的几个特征［J］. 环境科学研究，2004，17（1）：1-6.

［2］孟晓燕，王瑞斌，张欣，等. 2006—2010年环保重点城市主要污染物浓度变化特征［J］. 环境科学研究，2012，25（6）：622-627.

［3］Wang Y J，Li L，Chen C H，et al. Source appointment of fine particulate matter during autumn haze episodes in Shanghai，China［J］. Journal of Geophysical Research，2014，4（119）：1903-1914.

［4］Wu D W，Fung J C H，Yao T，et al. A study of control policy in the Pearl River Delta region by using the particulate matter source apportionment method［J］. Atmospheric Environment，2013，76：147-161.

［5］Sun Y L，Zhang G S，Tang A H，*et al*. Chemical characteristics of $PM_{2.5}$ and PM_{10} in haze-fog episodes in Beijing［J］. Environmental Science and Technology，2006，40（10）：3148-3155.

［6］Yao X H，Chan C K，Fang M，*et al*. The water-soluble ionic composition of $PM_{2.5}$ in Shanghai and Beijing，China［J］. Atmospheric Environment，2002，36（26）：4223-4234.

［7］程念亮，李云婷，孙峰，等. 北京市空气重污染天气类型分析及预报方法简介［J］. 环境科学与技术，2015，38（5）：189-194.

[8] 中国环境年鉴编辑委员会. 中国环境年鉴 [M]. 北京：中国环境年鉴社，2001—2010.

[9] 谢淑艳，王晓彦，吴迓名，等. 环境空气中 $PM_{2.5}$ 自动监测方法比较及应用 [J]. 中国环境监测，2013，29 (2)：150-155.

[10] 环境空气质量自动监测技术规范 . HJ/T 193—2005.

[11] Zheng Mei，Salmon Lynn G，Schauer J J，*et al*. Seasonal trends in $PM_{2.5}$ source contributions in Beijing，China [J]. Atmospheric Environment，2005，39：3967-3976.

[12] Song Yu，Zhang Yuanhang，Xie Shaodong，*et al*. Source apportionment of $PM_{2.5}$ in Beijing by positive matrixfactorization [J]，Atmospheric Environment，2006，40：1526-1537.

[13] 陈朝晖，程水源，苏福庆，等. 北京地区一次重污染过程的大尺度天气型分析 [J]. 环境科学研究，2007，20 (2)：99-105.

[14] 李令军，王英，李金香，等. 2000—2010 北京大气重污染研究 [J]. 中国环境科学，2012，32 (1)：23-30.

[15] 程念亮，孟凡，徐俊，等. 中国东部春季一次强冷锋活动空气污染输送的数值模拟研究 [J]. 环境科学研究，2013，26 (1)：34-42.

[16] 王莉莉，王跃思，王迎红，等. 北京夏末秋初不同天气形势对大气污染物浓度的影响 [J]. 中国环境科学，30 (7)：2010，924-930.

[17] 王跃，王莉莉，赵广娜，等. 北京冬季 $PM_{2.5}$ 重污染时段不同尺度环流形势及边界层结构分析 [J]. 气候与环境研究，2014，19 (2)：173-184.

[18] 王喜全，虞统，孙峰，等. 北京 PM_{10} 重污染预警预报关键因子研究. 气候与环境研究，2006，11 (4)：470-476.

[19] Davis R E，Kalkstein L S. Using a spatial synoptic climatological classification to assess changes in atmospheric pollution concentrations [J]. Physical Geography，1990，11 (4)：320-342.

[20] Zhang K，Wang Y S，Wen T X，*et al*. Properties of nitrates，sulfate and ammonium in typical polluted atmospheric aerosols in Beijing [J]. Atmospheric Research，2007，84 (1)：67-77.

[21] Chao J J，Wu F，Chow J C，*et al*. Characterization and source apportionment of atmospheric organic and elemental carbon during fall and winter of 2003 in Xi'an，China [J]. Atmospheric Chemistry and Physics，1995，5：3127-3137.

[22] Li J，Zhuang G S，Huang K，*etal*. The chemistry of heavy haze over Urumqi central Asia [J]. Journal of Atmospheric Chemistry，2008，61 (9)：57-72.

[23] 国家气象局 . FY2E 卫星云图 [EB/OL]. 北京：中央气象，2014 (2014-10-30) [2014-10-30].

[24] 国家环境保护部 . APEC 空气质量保障方案（试行）[M]. 北京：中国环境科学出版社，2013.

[25] Schauer J J，Rogge W F，Hildemann L M，*et al*. Source apportionment of airbome particulate matter using organic compounds as tracers [J]. Atmospheric Environment，1996，30 (22)：3837-3855.

[26] He Kebin，Zhang Qiang，Ma Yongliang，*et al*. Source apportionment of $PM_{2.5}$ in Beijing [J]. Fuel Chemistry DivisionPreprints，2002，47 (2)：677 678.

作者简介：程念亮（1987—），男，硕士，毕业于中国环境科学研究院大气物理与大气环境专业，山东泰安人，工程师，工作于北京市环境保护监测中心，主要从事环境监测及大气环境模拟、预警预报研究。

我国北方典型城市沙尘天气期间空气污染特征分析

潘本锋

中国环境监测总站，国家环境保护环境监测质量控制重点实验室，北京　100012

摘　要：对北方地区典型城市的几起沙尘天气过程进行综合分析，结果表明，沙尘天气对城市环境空气质量影响显著，能够导致严重的空气污染，影响空气质量的主要污染物为 PM_{10}，其次为 $PM_{2.5}$；气态污染物如二氧化硫、二氧化氮、一氧化碳、臭氧等在沙尘天气发生过程中均没有出现超标现象；颗粒物中金属元素铅、砷、铬、钾、镍、铜、锌、硒的浓度在沙尘天气发生时呈下降趋势，而钙、铁、钡的浓度呈显著上升趋势，镉、汞、锰、银等元素的浓度则基本保持稳定；沙尘发生期间颗粒物的光学性质特征表现为消光系数增大，退偏振度同步增大；沙尘发生期间的气象条件特征表现为地表风速较大，空气相对湿度较低，能见度下降。

关键词：沙尘；影响；空气污染；特征

Analysis of Characteristic of Air Pollution During Dust and Sand Storm Occurrence in Some Northern Cities in China

PAN Ben-feng

China National Environmental Monitoring Centre，State Environmental Protection Key Laboratory of Quality Control in Environmental Monitoring，Beijing 100012

Abstract：Analyze some dust and sand storm event in some northern cities in China，result shows that the air quality of cities is influenced by dust and sand storms seriously，even evolve to heavy air pollution，during the dust and sand storm occurrence，the major pollutant is PM_{10}，the following is $PM_{2.5}$，some gaseous pollutant，such as sulfur dioxide，nitrogen dioxide，carbon monoxide，ozone haven't exceeded the air quality standard，The concentration of the metal，such as Pb，As，Cr，K，Ni，Cu，Zn，Se decrease，but Ca，Fe，Ba increase，and Cd，Hg，Mn，Ag stabilize. About optical characteristic of particles，the coefficient of light extinction and depolarization ratio increase synchronously. About the simultaneous meteorological factor，the surface wind speed is fast，and the relative humidity is low，the visibility decrease.

Key words：dust and sand；influence；air pollution；characteristic

1　前言

沙尘天气是风将地面尘土、沙粒卷入空中，使空气混浊的一种天气现象的统称。沙尘天气包括浮尘、扬沙、沙尘暴、强沙尘暴和特强沙尘暴等天气类型[1]。沙尘天气是影响我国北方地区的主要灾害性天气系统之一。沙尘天气发生的地区，给人民生命财产造成巨大损失。沙尘天气发生时，不仅影响到能见度，而且还造成严重的空气污染现象。《中国环境质量报告（2006—2010）》[2]显示 2006—2010 年，我国北方地区每年发生沙尘天气次数在 5～14 次之间，每年沙尘天气累计影响时间在 10～31 天之间，我国 113 个环境保护重点城市中每年受沙尘天气影响而导致的空气质量超标累计天数在 147～546 天次之间，导致的空气质量呈重污染累计天数在 27～78 天次之间。2006—2010 年间，北京市发生沙尘天气时颗粒物（PM_{10}）的月均浓度值是未发生沙尘天气时的 1.6～3.0 倍，呼和浩特市发生沙尘天气时颗粒物（PM_{10}）的月均浓度值是未发生沙尘天气时的 2.1～5.6 倍，表明沙尘天气对城市空气质量有着显著影响。受自然地理条件和气象因素影响，沙尘天气主要发生在我国北方地区，主要包括新疆、西藏、内蒙古、甘肃、宁夏、青海、山西、陕西、河北、河南、北京、天津、辽宁、吉林等地，沙尘天气发生的季节主要集中在春季，以 3—6 月最为严重[3-6]。本文选取我国北方地区的部分典型城市，研究了 2013 年春季沙尘天气发生期间典型城市的环境空气质量状况和污染特征，分析了沙尘天气对城市空气质量的影响。

2　典型城市沙尘天气事例分析

2013 年春季，我国北方地区发生了多次沙尘天气，分别选取 2 月 28 日、3 月 9 日的两次沙尘天气过程，对北京、太原、西安、兰州、呼和浩特等城市在沙尘天气发生过程中各项空气污染物的浓度变化情况进行分析，各城市主要污染物浓度变化情况见图 1～图 5。

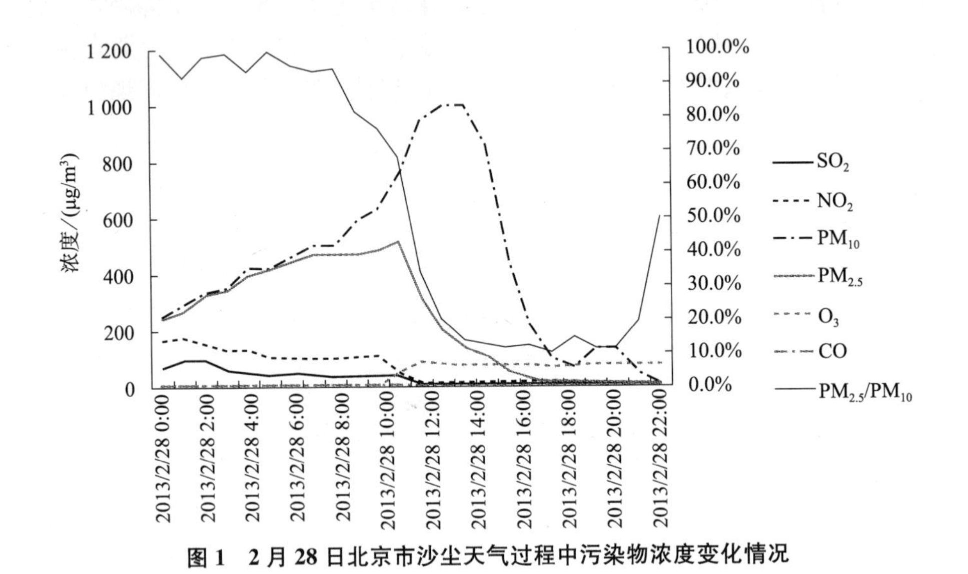

图 1　2 月 28 日北京市沙尘天气过程中污染物浓度变化情况

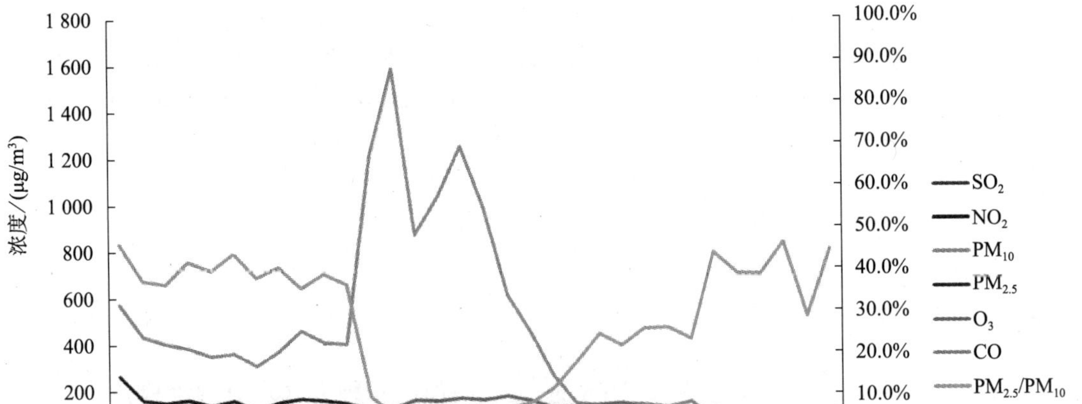

图 2　3 月 9 日太原市沙尘天气过程中污染物浓度变化情况

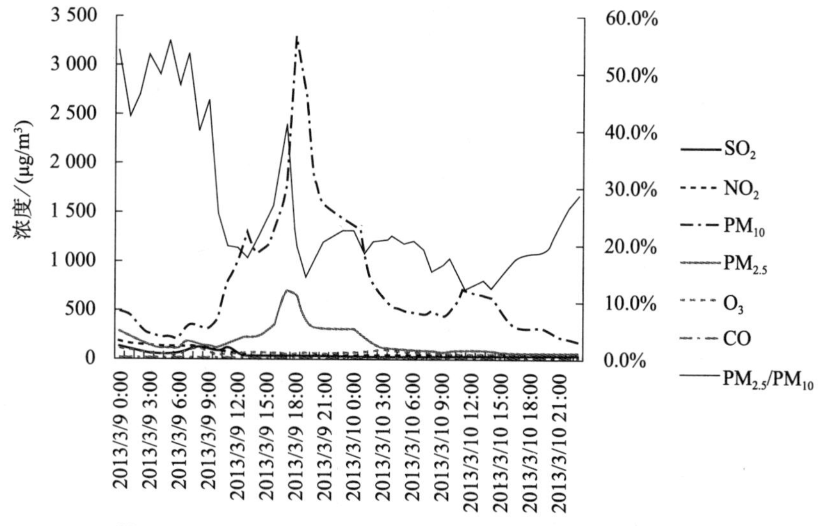

图 3　3 月 9 日西安市沙尘天气过程中污染物浓度变化情况

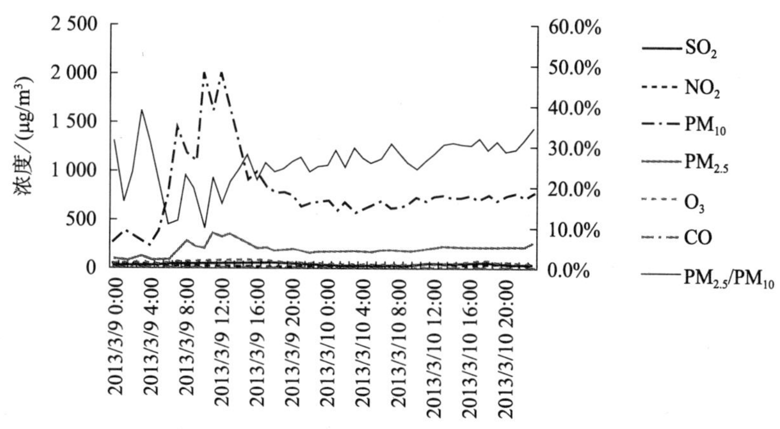

图 4　3 月 9 日兰州市沙尘天气过程中污染物浓度变化情况

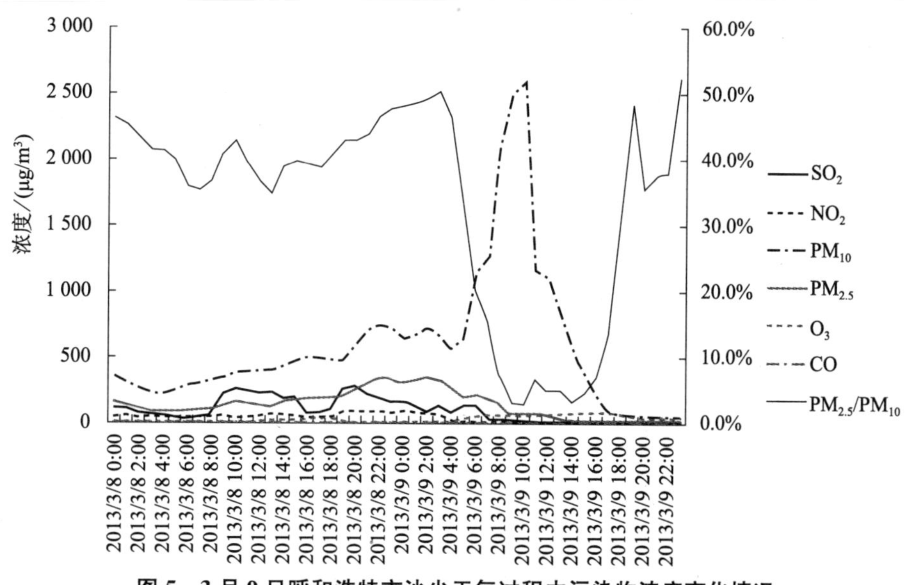

图 5　3 月 9 日呼和浩特市沙尘天气过程中污染物浓度变化情况

由图 1 至图 5 可见，北京、太原、西安、兰州、呼和浩特等城市在沙尘天气发生时，其 PM_{10} 小时浓度迅速上升，最大值分别达到 1 000μg/m³、1 583μg/m³、3 305μg/m³、2 020μg/m³、2 580μg/m³，均远远超过《环境空气质量标准》（GB 3095—2012）中 PM_{10} 日均值二级标准。与 PM_{10} 的变化趋势不同，$PM_{2.5}$ 变化情况较为复杂，在沙尘天气发生过程中西安、兰州 $PM_{2.5}$ 浓度上升较为缓慢，当 PM_{10} 达到最大值时 $PM_{2.5}$ 浓度分别为 $673\mu g/m^3$、$327\mu g/m^3$，而北京、太原、呼和浩特 $PM_{2.5}$ 浓度呈下降趋势，当 PM_{10} 达到最大值时 $PM_{2.5}$ 浓度分别为 $136\mu g/m^3$、$86\mu g/m^3$、$79\mu g/m^3$，表明沙尘天气过程中造成空气质量超标的污染物主要为 PM_{10}，其次为 $PM_{2.5}$。

沙尘天气发生过程中 $PM_{2.5}$ 占 PM_{10} 比例总体呈显著下降趋势，当 PM_{10} 浓度达到最大值时，北京、太原、西安、兰州、呼和浩特等城市，$PM_{2.5}$ 占 PM_{10} 比例分别为 13.6%、5.4%、20.4%、16.2%、3.1%，均远远低于平时水平。

其他气态污染如二氧化硫、二氧化氮、一氧化碳、臭氧等污染物，在沙尘天气发生过程中均没有出现超标现象。

3 沙尘天气过程气象条件分析

沙尘天气的发生与气象因素密切相关，北京、太原、西安、兰州、呼和浩特等城市，在前述沙尘天气过程中的风速、相对湿度、能见度等气象条件情况详见表 1。

表 1 各城市沙尘天气过程气象条件

城市	沙尘发生日期	风速/(m/s)	相对湿度	能见度/km
北京	2013.2.28	4～17	7%～17%	2～25
太原	2013.3.9	7～11	7%～19%	1.6～8
西安	2013.3.9	3～11	15%～26%	1～4
兰州	2013.3.9	2～9	21%～38%	0.8～2.8
呼和浩特	2013.3.9	6～18	14%～51%	4～10

由沙尘天气发生时的气象条件可见，不同城市在沙尘天气过程中的气象条件存在一定的共性特征，主要表现在：沙尘天气发生时地表风速较大，沙尘发生期间最大风速范围在 9～18m/s 之间；相对湿度较小，各城市空气最大相对湿度在 17%～51%；能见度显著下降，各城市最小能见度在 0.8～4km 之间。

4 沙尘天气期间城市空气污染特征分析

通过对沙尘天气期间各污染物浓度变化趋势分析可见，沙尘天气发生时，各城市 PM_{10} 浓度均迅速上升，而 $PM_{2.5}$ 浓度上升较为缓慢，个别城市出现下降；各城市 $PM_{2.5}$ 占 PM_{10} 的比例均呈显著下降趋势，沙尘天气发生期间平均比例范围在 6.7%～24.5%之间，表明沙尘天气发生时，影响城市环境空气质量的污染物主要为 PM_{10}，其次为 $PM_{2.5}$，其原因主要为当沙尘天气发生时，空气中的颗粒物主要来自地表的尘土与沙粒，或者从区域外输送来的沙尘颗粒，这些颗粒物主要以大颗粒为主，$PM_{2.5}$ 所占的比例较小，相反空气中原有的 $PM_{2.5}$ 颗粒因为大风的扩散作用而减少，因此 PM_{10} 成为主要污染物。

沙尘天气发生时空气中的气态污染物如二氧化硫、二氧化氮、一氧化碳、臭氧等污染物在沙尘天气发生过程中均没有出现超标现象，主要与气象条件有关，沙尘天气是伴随着大风降温天气而产生的，风将尘土与沙粒卷入空中的同时，也有利于气态污染物的扩散，因此气态污染物通常不会出现超标现象。

5 沙尘天气期间颗粒物中金属元素浓度变化情况

2013 年 2 月 28 日北京市发生沙尘天气时，颗粒物中铅、砷、铬等元素浓度变化情况见图 6，镉、汞浓度变化情况见图 7，钙、铁、钡浓度变化情况见图 8，钾、镍、铜、锌、硒、锰、银等浓度变化情况见图 9。

由图 6 至图 9 可见，随着此次沙尘天气的发生，空气中铅、砷、铬的浓度均呈迅速下降趋势，至 28 日 14 时颗粒物 PM_{10} 浓度达到最高时，铅的浓度下降至 $15.2ng/m^3$，砷的浓度下降至 $0.54ng/m^3$，铬的浓度下降至 $3.2ng/m^3$；钾、镍、铜、锌、硒等元素的含量在沙尘天气过程中同样呈显著下降趋势；相反，钙、铁、钡等元素含量呈显著上升趋势，钙的最高浓度达到6 570ng/m³，铁的最高浓度达到7 459ng/m³，钡的最高浓度达到570ng/m³；而镉、锰、汞、银等元素的含量则基本保持稳定。

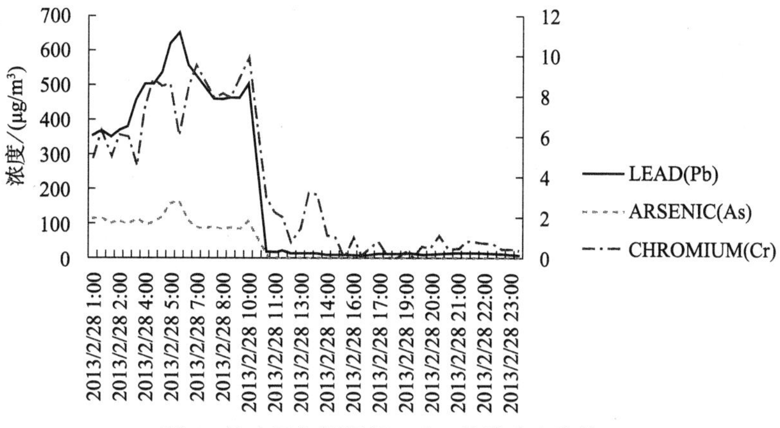

图6　沙尘天气期间铅、砷、铬浓度变化情况

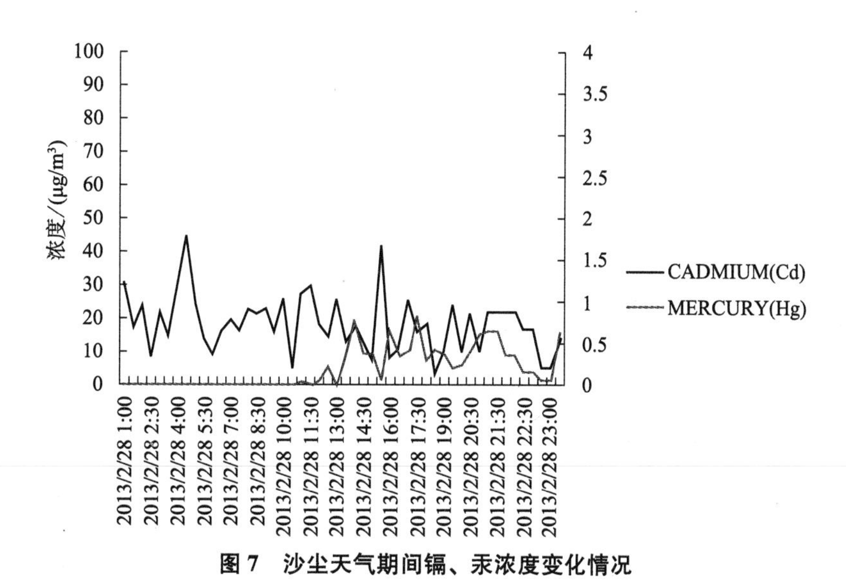

图7　沙尘天气期间镉、汞浓度变化情况

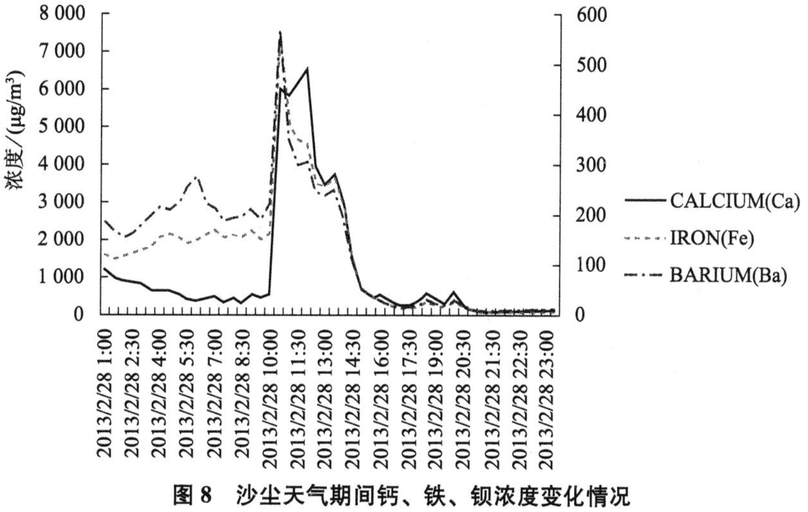

图8　沙尘天气期间钙、铁、钡浓度变化情况

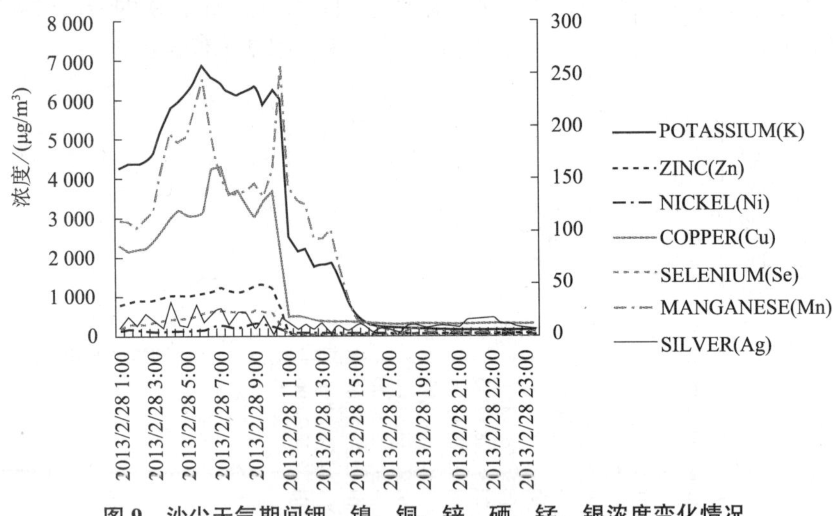

图 9　沙尘天气期间钾、镍、铜、锌、硒、锰、银浓度变化情况

有研究结果[7-15]显示，钙、铁、钡等元素属于常见的地壳元素，在土壤和扬尘中含量较高，当沙尘天气发生时，空气中的颗粒物主要为大风卷起的地面浮沉和土壤或沙尘源区输送来的沙尘颗粒，因此颗粒物中的钙、铁、钡等元素含量升高；而铅、砷、镉、铜、锌等元素主要来自工业污染源、机动车，或生物质燃烧的排放，并主要富集在细颗粒物中，因此当沙尘天气发生时，由于大风带来的扩散作用，使细颗粒物减少，导致颗粒物中的铅、砷、镉、铜、锌等元素含量迅速下降。

6　沙尘天气期间颗粒物光学性质与空间分布特征分析

2013 年 3 月 17 日北京市区出现一次明显的沙尘天气过程，采用微脉冲偏振激光雷达对沙尘天气期间颗粒物的空间分布进行监测，监测结果见图 10。

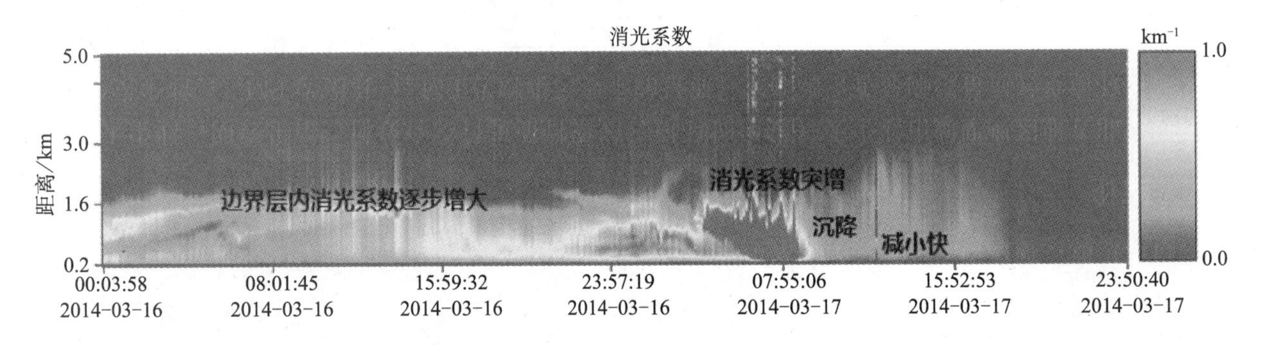

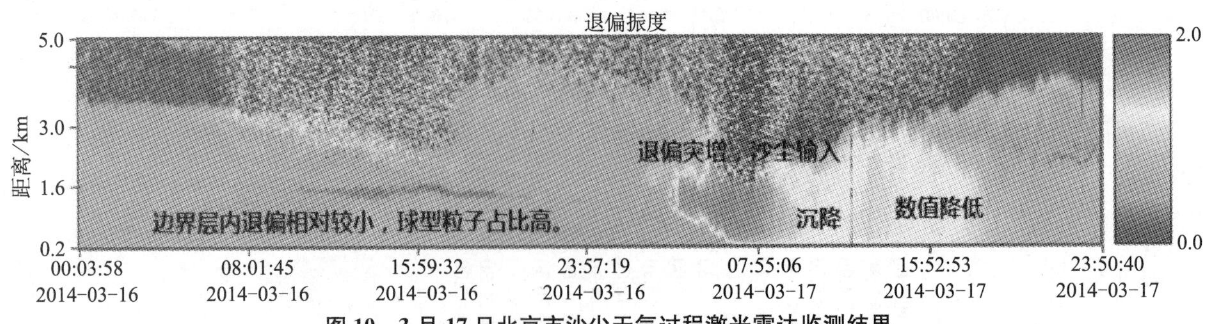

图 10　3 月 17 日北京市沙尘天气过程激光雷达监测结果

由激光雷达监测结果可见，3 月 16 日沙尘天气发生前，边界层内消光系数逐渐增大，从 8 时的 0.40km^{-1}左右，到 16 时的 0.63km^{-1}，再到 17 日 0 时的 0.80km^{-1}，并且在这段时间内边界层内的退偏振度保持在相对较低水平，表明该时期内颗粒物以球形粒子为主，以本地二次生成为主要来源的细颗粒物浓度逐步升高。从3月17日凌晨4时开始，在1.5km左右的高空消光系数突然增为1.6km^{-1}，并且退偏振度也同步增大，表明高空区域首先突然出现了大量的非球形颗粒物，在随后的3～4h后内近地面高度的消光系数和退偏振度逐步增大，反映出沙尘污染团逐渐沉降至近地面。表明此次沙尘天气过程是一次典型的输入性沙尘天气过程，期间颗粒物的光学性质特征表现为消光系数增大，退偏振度同步增大，在空间分布上表现为沙尘天气发生时高空颗粒物浓度较高，随后逐步向近地面沉降，最终随着空气流动颗粒物得以扩散，颗粒物浓度恢复至正常水平。

7 结论

通过对北方地区典型城市沙尘天气发生时环境、气象特征进行综合分析，结果表明，沙尘天气对北方地区城市环境空气质量影响显著，影响空气质量的主要污染物为PM_{10}，其次为$PM_{2.5}$；沙尘发生期间，$PM_{2.5}$占PM_{10}的比例平均在6.7%～24.5%之间，表明空气中的颗粒物主要以大颗粒为主，细颗粒物（$PM_{2.5}$）所占的比例较小；气态污染物中二氧化硫、二氧化氮、一氧化碳、臭氧等污染物在沙尘天气发生过程中均没有出现超标现象；颗粒物中金属元素铅、砷、铬、钾、镍、铜、锌、硒的浓度在沙尘天气发生时呈下降趋势，钙、铁、钡的浓度呈显著上升趋势，镉、汞、锰、银等元素的浓度基本保持稳定；沙尘发生期间颗粒物的光学性质特征表现为消光系数增大，退偏振度同步增大；沙尘天气发生期间的气象条件特征表现为地表风速较大，空气相对湿度较低，能见度下降。

参考文献

[1] 沙尘暴天气等级.GB/T 20480—2006.

[2] 中华人民共和国环境保护部. 中国环境质量报告2006—2010［M]. 北京：中国环境科学出版社，2011：38-41.

[3] 张金艳，李勇，蔡芗宁，邹旭恺，乔林，等. 2006年春季我国沙尘天气特征与成因分析［J]. 气象，2010，36（1）：59-65.

[4] 牛若芸，薛建军，周自江，等. 2002年我国沙尘天气特征分析［J]. 南京气象学院学报，2004，27（2）：178-184.

[5] 王存忠，牛生杰，王兰宁，等. 中国50年来沙尘暴变化特征［J]. 中国沙漠，2010，30（4）：933-939.

[6] 潘耀忠，范一大，史培军，顾晓鹤，等. 近50年来中国沙尘暴空间分异格局及季相分布初步研究［J]. 自然灾害学报，2003，12（1）：2-8.

[7] 陈灿云，梁高亮，王歆华，等. 广州市大气细粒子的化学组成与来源［J]. 中国环境监测，2006，22（5）：61-64.

[8] 胡敏，唐倩，彭剑飞，王锷一，王淑兰，柴发合，等. 我国大气颗粒物来源及特征分析［J]. 环境与可持续发展，2011，5：15-19.

[9] 徐虹，毕晓辉，冯银厂，等. 中国典型沿海城市$PM_{2.5}$化学组分特征［J]. 中国环境科学学会学术年会论文集（2013），4836-4841.

[10] 程水源，刘超，韩力慧，等. 北京及周边城市典型区域$PM_{2.5}$化学组分特征与来源分析［J]. 中国环境科学学会学术年会（2013）浦华环保优秀论文集，43-49.

[11] 高卫东. 新疆土壤元素含量特征及其对沙尘气溶胶贡献分析［J]. 干旱区资源与环境，2008，22（8）：155-158.

[12] 牛生杰，章澄昌，等. 贺兰山地区春季沙尘气溶胶的化学组分和富集因子分析［J]. 中国沙漠，2000，20（3）：264-268.

[13] 万显烈．大连市区大气气溶胶的无机化学特征分析 [J]. 中国环境监测，2005，21 (1)：21-23.

[14] 李国树，王榕海，郭海燕，等. 我院PIXE分析装置在城市大气气溶胶研究中的应用[J]. 中国环境监测，1992，8 (1)：48-51.

[15] 牛红亚，邵龙义，刘君霞，李金娟，王静，等. 北京灰霾天气 PM_{10} 中微量元素的分布特征 [J]. 中国环境监测，2011，27 (1)：72-77.

作者简介：潘本锋（1978—），男，汉族，河南孟津人，硕士，高级工程师。

环境监测统计与核算

关于便携式烟气分析仪使用中质量控制指标的探讨

秦承华　张守斌　刘通浩　白　煜　唐桂刚　景立新
中国环境监测总站 国家环境保护环境监测质量控制重点实验室，北京 100012

摘　要：针对我国现行技术规范对固定污染源便携式烟气分析仪使用中质量控制的不完整、不合理规定，以及监测工作中普遍对便携式烟气分析仪质量控制简单的问题，对便携式烟气分析仪使用中的质量控制指标进行了探讨，建议增加系统偏差、零点漂移和量程漂移的质量控制指标，完善示值误差、气密性 2 个质量控制指标，并给出了各指标的检查方法和具体的量化控制标准。

关键词：固定污染源；便携式烟气分析仪；质量控制

Discussion on Quality Control Index in Using Portable Gas Instruments for Stationary Source

QIN Cheng-hua　ZHANG Shou-bin　LIU Tong-hao　BAI Yu　TANG Gui-gang　JING Li-xin
China National Environmental Monitoring Centre, State Environmental Protection Key Laboratory of Quality Control in Environmental Monitoring, Beijing 100012

Abstract: In the light of bugs and unreasonable regulations for quality control of using portable gas instruments for stationary source in the effective standards, and quality control of using portable gas instruments was generally very simple in the monitoring course, quality control index were discussed in using portable gas instruments. system bias, zero drift and span drift were advised to be added as new quality control index. Indication error and air tightness were proposed to be completed. Also, checking methods and quantitative criterion of controlling were given in the paper.

Key words: stationary source; portable gas instruments; quality control

近几年，我国以雾霾频发为典型的大气环境问题日益突出，大气污染形势严峻，严重损害了人民群众健康。除农业面源、生活面源和机动车移动源外，工业固定污染源是我国大气污染物排放的主要来源。自“十一五”以来，为支撑主要污染物总量控制和减排，国家投入大量人力、物力和财力，实施了全国规模的国控重点污染源监督性监测[1-2]。做好固定污染源废气监测，有利于说清污染源大气污染物排放状况，有利于分析和研究我国多地大面积雾霾频发的问题，能够为污染物排放总量控制、污染治理和环境管理决策提供重要支撑[3-4]。

要做好固定污染源废气监测，获得准确可靠的监测结果，最根本的是仪器设备在监测过程中要完全受控。针对《固定源废气监测技术规范》（HJ/T 397—2007）[5]、《固定污染源监测质量保证与质量控制技术规范》（HJ/T 373—2007）[6]等现行标准规范对便携式烟气分析仪使用质量控制的不完整、不合理规定，以及实际监测工作中普遍对便携式烟气分析仪质量控制简单的问题，本文对便携式烟气分析仪使用的质量控制指标进行了探讨，并给出了各指标的检查方法和具体的量化控制标准。

1　便携式烟气分析仪使用的质量控制现状及存在问题

1.1　标准规范中便携式烟气分析仪使用的质量控制指标尚不全面

目前，利用便携式烟气分析仪监测固定污染源废气主要遵守《固定源废气监测技术规范》（HJ/T

397—2007)[5]、《固定污染源监测质量保证与质量控制技术规范》(HJ/T 373—2007)[6]、《固定污染源排气中颗粒物测定与气态污染物采样方法》(GB/T 16157—1996)[7]等，这些标准规范中仅规定仪器要检漏、检定和校准，质量控制指标仅包括气密性和示值误差。气密性是对整个系统是否漏气进行检查，示值误差是用标准气对仪器传感器进行准确性检查，而便携式烟气分析仪除传感器外，采样、加热、冷凝、除尘等预处理部件也是影响监测结果准确性的重要部分。实际工作中，示值误差的检查也主要是用标准气来检查传感器测试结果是否准确。因此，要获得准确可靠的监测数据，仅以气密性和示值误差 2 个指标对便携式烟气分析的使用进行质量控制是不全面的。

随着企业不断建成投运脱硫、脱硝等治污设施，污染物排放浓度日趋降低；特别是国家发布的《煤电节能减排升级与改造行动计划（2014—2020 年)》(发改能源［2014］2093 号）提出新建燃煤发电机组污染物排放浓度达到燃气轮机组排放限值（二氧化硫、氮氧化物排放浓度分别不高于 35mg/m^3、50mg/m^3)，且目前已有部分企业已完成超低排放改造并投入运行。同时，环境保护部印发了《关于加强污染源监督性监测数据在环境执法中应用的通知》(环办［2011］123 号）和《国家重点监控企业污染源监督性监测及信息公开办法》(环发［2013］81 号)，最高人民法院和最高人民检察院出台了《关于办理环境污染刑事案件适用法律若干问题的解释》(法释［2013］15 号）等法律规定，加强了污染源监测数据在环境执法和办理环境污染刑事案件中的应用，赋予了环境监测站更多法律责任，也对数据质量提出了更高要求。

企业排放污染物浓度日趋降低、数据质量要求越来越高以及仪器日益精密、操作要求更高的形势下，要获得准确可靠的监测数据，需要从各环节做到仪器在整个监测过程中完全受控，增加便携式烟气分析仪使用的其他质量控制指标十分必要。

1.2 标准规范对便携式烟气分析仪示值误差的规定存在不合理之处

《固定源废气监测技术规范》(HJ/T 397—2007)[5] 8.4.3.1 条规定“仪器校准时使用不同浓度的标准气，按仪器说明书规定的程序校准仪器的满档和零点，再用仪器量程中点值附近浓度的标准气复检”。实际监测中，用仪器量程中点值附近浓度的标准气复检并不一定合理；例如，仪器量程 1 000μmol/mol，量程中点值为 500μmol/mol，若用 500μmol/mol 的标准气复检合格，但用来监测 100μmol/mol 以下的实际气体，因实际气体浓度在标准气浓度的 20%以下，不在仪器的最佳线性范围内，监测结果并不一定准确。

《固定污染源监测质量保证与质量控制技术规范》(HJ/T 373—2007)[6] 5.2.1 条规定“利用标准气校准仪器时，若仪器示值误差不高于±5%，仪器可以使用”。但在实际工作中，使用不同的便携式烟气分析仪对不同浓度水平的标准气进行测试发现，此标准对于高浓度的标准气相对宽松、对低浓度的标气特别是 50μmol/mol 以下的标准气过于严格；对经常被带至不同的污染源现场或已使用一段时间的便携式烟气分析仪更是很难达到。例如，若使用 50μmol/mol 的标准气校准仪器，±5%的示值误差对应的绝对误差是±2.5μmol/mol，多数经常使用的便携式烟气分析仪是很难达到的。

对各地监测站，往往由专门的仪器管理员负责校准所有仪器，利用浓度单一的标准气对仪器校准后，便由监测人员带至不同的污染源现场进行监测。仅在实验室进行一次示值误差检查后便对不同的污染源进行监测，是多数监测站的通常做法。但由于不同污染源污染物浓度差异较大，且使用一段时间后，便携式烟气分析仪易发生状态变化，因此，利用单一浓度的标准气校准后的仪器并不是对所有的污染源都适用，并不能保证所有监测数据准确可靠。

1.3 标准规范对便携式烟气分析仪零点和量程检查的规定尚不完整

《固定源废气监测技术规范》(HJ/T 397—2007)[5] 8.4.3.1 条仅规定“仪器校准时使用不同浓度的标准气，按仪器说明书规定的程序校准仪器的满档和零点”，仅规定要用标准气检查仪器的零点和量程情况，并未要求对仪器的零点和量程漂移情况进行控制；《固定污染源监测质量保证与质量控制技术规范》(HJ/T 373—2007)[6] 中无检查仪器零点和量程漂移的规定。

如同废气 CEMS 系统易发生零点或量程漂移，便携式烟气分析仪经过一段时间的使用或所监测污染物浓度变化范围较大时，也较易发生零点或者量程漂移。发生零点或者量程漂移时，仪器则有可能不受控；因此，控制好仪器的零点和量程漂移也是必要的。

1.4 标准规范对便携式烟气分析仪气密性控制的要求尚不全面

《固定源废气监测技术规范》（HJ/T 397—2007）[5]中未对便携式烟气分析仪的气密性检验做规定，《固定污染源监测质量保证与质量控制技术规范》（HJ/T 373—2007）[6]和《固定污染源排气中颗粒物测定与气态污染物采样方法》（GB/T 16157—1996）[7]中仅规定在实验室或监测开始前做仪器气密性检查，并未规定在监测结束后须再次检查气密性。实际工作中，也发现各地在现场监测前很少对便携式烟气分析仪进行气密性检查并记录。

目前，便携式烟气分析仪多由过滤器、采样管、伴热管线、加热预处理器、冷凝水分离器、分析仪主机等不同部件组成，整个系统中存在多个连接部位，且仪器在转移运输或使用过程中也易受到震动、挤压、磕碰等干扰；日常监测过程中也易发生某个接口松动、产生漏气而使监测数据失效。因此，仅在实验室或监测开始前做一次仪器气密性是不足的。

2 改进便携式烟气分析仪使用中质量控制的对策探讨

2.1 增加对便携式烟气分析仪系统偏差的质量控制

示值误差是检查仪器传感器测试结果准确性的问题，但是除传感器外，预处理及采样系统也是影响监测结果准确性的重要部件；部分组件长时间高温受热易发生损坏而发生污染物的吸附或释放、加热冷凝组件效果不良时管路中积存冷凝水也会发生污染物吸收或释放等，均会对监测结果准确性产生影响。因此，要保证整个便携式烟气分析仪作为一个系统测得的监测数据准确可靠，就必须增加对采样和预处理系统测试结果准确性的检查和判断。

美国 PART 75[8]提出了“system bias”的概念并给出了具体方法来检查烟气 CEMS 系统包括预处理和采样系统的整体受控情况。目前，国内的现行标准规范并未没有系统偏差的概念，也未规定在便携式烟气分析仪的使用中进行仪器系统偏差的检查。为保证便携式烟气分析仪的系统受控，增加对便携式烟气分析仪系统偏差的检查和控制是必要的。

检查便携式烟气分析仪的系统偏差，首先应在不经过预处理和采样系统的直接测量模式下对标准气进行测试，然后在经过预处理和采样系统的系统测量模式下对同一标准气再次进行测试，前者是考察传感器的测试结果，后者是考察整个系统的测试结果；计算 2 次测试结果的偏差占仪器校准量程的百分比即为系统偏差。根据对预处理影响控制的一般要求，系统偏差的合格标准以校准量程的±5%以内为宜。

为保证仪器在监测全过程中始终受控，监测开始前和监测结束后均应检查仪器的系统偏差，且 2 次系统偏差均合格时，说明仪器在整个监测过程中是受控的，监测数据有效。若监测开始前仪器的系统偏差合格，但监测结束后却不合格，则判定监测结果无效，应重新监测。为避免仪器关机后发生状态变化，应在实际烟气监测结束后直接检查仪器的系统偏差。

2.2 完善对便携式烟气分析仪示值误差的质量控制

美国 PART 75[8]中提到了“span gas”的使用和“calibration span value”的检查确认，以“calibration span value”作为仪器使用的有效量程（此有效量程小于等于仪器满量程），其以检验仪器示值误差所用最大浓度标准气的定值定义为仪器的校准量程，以此校准量程作为监测实际烟气的有效量程。为利用仪器的最佳线性范围进行监测，用仪器量程中点值附近浓度的标准气检查示值误差并不一定合理，而应以实际气体的大致浓度来确定标准气浓度，具体应选择接近实际排放气体浓度或实际气体浓度在其浓度20%～100%范围内的标准气。因此，建议实际工作中配备几个不同浓度水平的标准气或者配备高浓度的标准气和高纯氮气加上高精度的稀释配气装置携带至现场，根据待测的污染物浓度水平选择合适浓度的标准气或者由高浓度的标准气配制合适浓度的稀释气作为标准气使用。

为解决使用低于 100μmol/mol 的标准气检查仪器示值误差时不高于±5%的标准过严的问题，以 50μmol/mol、450μmol/mol 的标准气供不同的监测站使用不同的仪器进行测试。经统计，若按示值误差不高于±5%，50μmol/mol 比 450μmol/mol 的标准气测试合格率要低近 10 个百分点；若按示值误差以绝对误差不高于±5μmol/mol，则两者的合格率比较吻合。因此，建议标准气体浓度定值小于 100μmol/mol 时，仪器示值误差以绝对误差不高于±5μmol/mol 为宜。

不论是电化学原理还是光学原理的便携式烟气分析仪，经过使用后均易发生状态变化，因此仅在监测开始前检查仪器的示值误差是不科学的。为保证仪器传感器在监测过程中始终受控，且在各个污染源的监测过程中均受控，建议在每个污染源的监测开始前和监测结束后，均检验仪器的示值误差，且 2 次示值误差均合格时，监测数据方判为有效。若监测开始前仪器的示值误差合格，测试结束后却不合格，则应判定监测结果无效，应重新监测。因仪器关机后会发生状态变化，故应在实际烟气测试结束后直接检查仪器的示值误差。

2.3 增加对便携式烟气分析仪零点漂移和量程漂移的质量控制

为防止经过一段时间的监测后仪器发生零点或量程漂移而使监测数据失效，建议在使用便携式烟气分析时增加零点漂移和量程漂移的质量控制。检查零点漂移和量程漂移时，在监测开始前对零点气体和校准量程气体分别进行测试，在监测结束后对相同的零点气体和校准量程气体再次进行测试；将 2 次测试结果的偏差与校准量程进行百分比计算，即为漂移结果。

当零点或量程漂移结果超过一定程度时，仪器的受控性是值得怀疑的，则需对仪器进行检查和维护。建议零点漂移、量程漂移的测试结果一般应在校准量程的±3%以内；当校准量程低于 200μmol/mol 时，零点漂移、量程漂移应控制在校准量程的±5%以内。

利用不同的便携式烟气分析仪监测不同的污染源废气时发现，监测完成后仪器发生了零点漂移或量程漂移，但是监测前后的示值误差和系统偏差却均是完全合格的。因此，判断仪器监测数据是否有效时，示值误差和系统偏差可作为决定性指标，而零点漂移和量程漂移可作为判断仪器受控性的辅助性指标。若零点漂移或量程漂移超限，但监测前后仪器的示值误差和系统偏差均合格，则监测结果是有效的，但应及时对仪器进行全面的检查和维护。

2.4 加强对便携式烟气分析仪系统气密性的质量控制

气密性是保证便携式烟气分析仪监测结果准确的首要一环，只有仪器气密性在整个监测过程中均良好，才能保证监测数据准确可靠。因此，仪器气密性不仅在监测开始前要检查，监测过程中也要注意监控仪器气密性，监测完成后应再次进行气密性检查。

监控监测过程中仪器的气密性，也是为了避免不同连接部位在现场受到震动等干扰导致接口松动而产生漏气，具体可采取跟踪监测结果实时变化的方法：企业正常稳定生产情况下，若测得的氧含量出现了突然升高并逐渐向空气中的氧含量接近，或者同时出现了污染物浓度迅速降低，应及时检查和确认仪器的气密性是否出现问题。

监测完成后再次进行气密性检查，是确认仪器气密性在监测全过程中完全受控的必要步骤，也是各地实际监测工作中普遍缺少的一个环节。监测现场进行仪器的气密性检查，可采用简便快捷的方法：堵严采样管进气口并开启采样泵，观察仪器采样流量的变化；若仪器采样流量在 2min 内下降至零并能保持，则表明仪器气密性良好，否则应分段检查或更换仪器。

3 结论

为获得准确可靠、经得起企业和社会公众检验的固定污染源废气监测数据，使用便携式烟气分析仪时应保证仪器在监测过程中完全受控，可从气密性、示值误差、系统偏差、零点漂移和量程漂移等指标来加强和完善对仪器使用的质量控制。

(1) 完善对仪器气密性的检查和控制。气密性作为保证监测结果准确可靠的第一环，不仅在监测开始前要做，监测过程中也要监控仪器气密性，监测完成后应再次检查气密性。

(2) 增加系统偏差的质量控制指标，并与示值误差一同作为判断仪器监测数据是否有效的决定性指标；同时，为保证便携式烟气分析仪的传感器及采样和预处理系统在整个监测过程中完全受控，应在监测开始前和监测结束后均对示值误差和系统偏差进行检查。

（3）增加零点漂移和量程漂移的控制指标，作为判断仪器是否受控的辅助性指标；若零点漂移或量程漂移超限，应及时对仪器进行全面的检查和维护。

参考文献

[1] 周生贤. 加强环境监测工作 推进先进的环境监测预警体系建设 [J]. 中国环境监测，2007，23 (4)：1-3.

[2] 万本太，蒋火华. 关于“十二五”国家环境监测的思考 [J]. 中国环境监测，2011，27 (1)：2-4.

[3] 吴晓青. 努力探索中国特色环保新道路 全面推进环境监测的历史性转型 [J]. 中国环境监测，2009，25 (3)：1-4.

[4] 罗毅. 抢抓机遇 正视挑战 为探索环境保护新道路提供重要技术支撑 [J]. 中国环境监测，2012，28 (3)：1-3.

[5] HJ/T 397—2007 固定源废气监测技术规范.

[6] HJ/T 373—2007 固定污染源监测质量保证与质量控制技术规范.

[7] GB/T 16157—1996 固定污染源排气中颗粒物测定与气态污染物采样方法.

[8] Part 75—2015 CONTINUOUS EMISSION MONITORING.

作者简介：秦承华（1982.11—），中国环境监测总站，工程师，主要从事环境统计与污染源监测。

水样 pH 的调节对 AOX 测定结果及保存时间的影响

王文路　杨　青

甘肃省环境监测中心站，兰州　730020

摘　要：采用国标方法 GB/T 15959—1995 微库仑法测定水样的 AOX 值时需要对样品进行酸性调节。本文设计模拟实验对比了经过酸固定和未经固定的水样在实验前进行酸度校正对测定结果准确性的影响，讨论了酸度校正所需加入硝酸钠储备液的最佳量；并以加标样品及实际水样（入口和总排口）选取八天进行测定，从而确定酸固定对于水样保存的必要性。实验证明，AOX 水样通过一定方法的酸性调节可使测定结果可更接近于真值，而实际水样用酸固定法并不能通用于所有有机卤化物的固定保存，即水样采集后应尽快分析。本文通过气相色谱-质谱联用仪全扫描定性为其提供了理论依据。

关键词：pH；AOX；保存时间；气相色谱-质谱联用仪

Influence of AOX Measurement Results and Storage Time by pH Adjustment of Water Samples

Wang Wen-lu　Yang Qing

Environmental Monitoring Centre of Gansu Province, Lanzhou 730020

Abstract: Using the national standard method GB/T 15959—1995 Microcoulometry to measure AOX value needs to make the water samples acidic adjustment. We design simulation experiments compared the accuracy of the measurement results between fixed and unfixed water samples by acid before the experiment acidity correction, and discussed the optimal amount of sodium nitrate stock solution in acidity correction; And selected eight days to measure spiked samples and actual water samples (inlet and exhaust ports total) in order to identify the need for preservation of water samples by acid fixation. Experiments show that AOX water sample through a certain method of acidity adjustment allows the determination of results closer to the true value, but the actual water samples by acid fixation is not common to all organic halides that should be analyzed as soon as possible after the water sampling. The gas chromatography-mass spectrometry full scan qualitative provided a theoretical basis.

Key words: pH; AOX; storage time; GC/MS

可吸附有机卤素（adsorbable organic halogens compounds，AOX）是指可吸附在活性炭上的有机卤素化合物，是一项表征有机卤化物的国际性水质指标。水中卤代有机物包括：氯化消毒副产物，如三卤甲烷类物质 THMs 和卤代乙酸类物质 HAAs；有机溶剂，如三氯乙烯、四氯乙烯、其他卤代烷烃和卤代烯烃；氯代、溴代的农药和除草剂；多氯联苯 PCBs；氯代芳香烃，如六氯苯、2，4-二氯苯酚以及部分高分子氯代水生腐殖质等。AOX 大多毒性大、难以降解，并可通过食物链发生富集和放大，对人体健康和生态环境造成潜在危害[1]。水体中的 AOX 含量较低，目前常选用微库仑法进行测定。GB/T 15959—1995 规定了水中可吸附有机卤素的微库仑法测定法，在实际应用与操作中，水样的酸固定、实验室内的酸度校正，对 AOX 测定结果以及水样保存时间存在影响，在此通过可吸附有机卤素测定仪和顶空-气相色谱-质谱联用仪加以研究讨论。

1 仪器设备与试剂

1.1 仪器设备

(1) 德国耶拿 MultiX 2500 型可吸附有机卤素测定仪;

(2) 美国安捷伦 7890A-5977A 型气相色谱-质谱联用仪(配有全自动顶空进样器);

(3) 德国耶拿柱吸附装置;

(4) 上海雷磁 PXSJ-216 型离子分析仪。

1.2 试剂

(1) 活性碳:活性碳的吸附性能用碘值来评价。根据 AWWA 标准 B604,活性碳的碘值必须小于1050。颗粒的大小满足 DIN 19603 标准。活性碳中的氯空白值必须小于 15μg/g[2]。

(2) 高纯氧气。

(3) 硝酸(HNO_3):ρ=1.42g/ml。

(4) $NaNO_3$储备液:称取 17g $NaNO_3$溶解于水中,加入 14ml 浓硝酸,用水定容至 1 000ml。

(5) $NaNO_3$洗脱液:量取 50ml $NaNO_3$储备液至 1 000ml 容量瓶中,用水定容。

(6) 对氯苯酚储备液:用水溶解 725mg 对氯苯酚(C_6H_5ClO),用水定容至 1 000ml。移取 5ml 溶液到 1 000ml 容量瓶中,用水定容,此时溶液中有机氯含量为 1mg/L。

2 实验部分

2.1 水样 pH 的调节

GB/T 15959—1995 规定了水中可吸附有机卤素的测定方法,选用活性炭对水样进行过滤吸附,通常情况下,活性炭在酸性条件下对有机物吸附效率较高[3],且有机水样常以酸做固定而稳定[4],故此实验 pH 的调节主要为酸性调节。

本实验的酸性调节分为水样采集时的酸固定和实验室内的酸度校正。前者是指用硝酸调节水样 pH 在 1.5~2.0 之间;后者指用活性炭吸附(包括柱吸附和振荡吸附)时,加入硝酸钠储备液,校核 pH 值<2。

2.1.1 酸度校正对测定结果的影响

以空白加标 50μg/L 和 200 μg/L 样品作为测试对象。两个浓度分别加入 0.00、0.50、1.00、2.00、4.00、5.00ml 硝酸钠储备液进行酸度校正,经离子分析仪测定 pH 分别在 6.51、2.96、2.67、2.38、2.06、1.90 时的结果变化与相对误差,结果见表 1。

表 1 酸度校正对测定结果的影响

pH	硝酸钠储备液加入量/ml	测定值/(μg/L)	加标量/(μg/L)	相对误差/%
1.90	5.00	50.2	50.0	0.4
2.06	4.00	48.2	50.0	−3.6
2.38	2.00	49.7	50.0	−0.6
2.67	1.00	48.9	50.0	−2.2
2.96	0.50	47.6	50.0	−4.8
6.51	0.00	47.1	50.0	−5.8
1.90	5.00	201	200	0.5
2.06	4.00	203	200	1.5
2.38	2.00	202	200	1.0
2.67	1.00	206	200	3.0
2.96	0.50	205	200	2.5
6.51	0.00	208	200	4.0

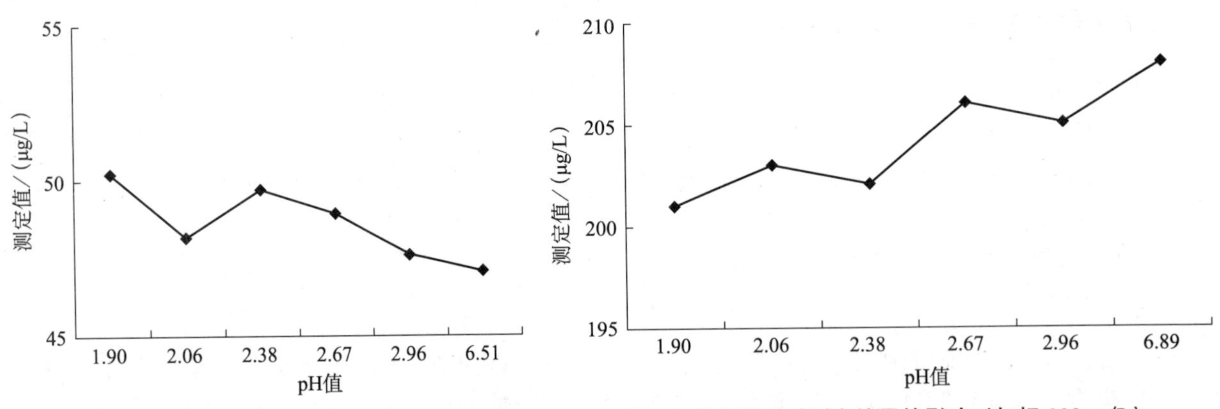

图 1　酸度校正对测定结果的影响（加标 50μg/L）　　**图 2　酸度校正对测定结果的影响（加标 200μg/L）**

由表 1 可知，未经酸固定的水样在实验室用硝酸钠储备液进行酸度校正后，活性炭小柱吸附效率会增加，且随着硝酸钠储备液体积的不断增大，当 pH 值<2 时，即加入 5ml 硝酸钠储备液时，AOX 测定结果相对误差最小，最接近真值。

2.1.2　水样的酸固定与酸度校正对测定结果的影响对比

以空白加标 50μg/L 和 200μg/L 样品作为测试对象。其中，取 50 μg/L 和 200 μg/L 各一份，一份用硝酸调节 pH 值在<2.0，另一份不调节。前处理时，取未调节 pH 的水样，一份加入 5.0ml 硝酸钠储备液，另一份不加，然后按 GB/T 15959—1995 方法进行吸附洗脱处理；再取已经过硝酸固定 pH 的水样，方法同上处理，一份加入 5.0ml 硝酸钠储备液，另一份不加，经吸附洗脱处理后进行测定，结果见表 2。

表 2　水样的酸固定与硝酸钠储备液的酸度校正对测定结果的影响对比

样品处理方式	硝酸钠储备液/ml	测定结果/（μg/L）	加标量/（μg/L）	相对误差/%
—	—	54.9	50	9.8
—	5	47.7	50	−4.6
硝酸，pH<2	—	51.6	50	3.2
硝酸，pH<2	5	53.8	50	7.6
—	—	218	200	9.0
—	5	206	200	3.0
硝酸，pH<2	—	205	200	2.5
硝酸，pH<2	5	215	200	7.5

由表 2 可以看出，经过硝酸固定使 pH<2 且未经过硝酸钠储备液进行酸度校正的水样，与未加酸进行固定但经过酸度校正的水样，其相对误差较小，最接近真值。

2.2　pH 的控制对保存时间的影响

配制足量加标 50μg/L、200 μg/L 样品，足量自来水和蒸馏水，每一种样品分为两份，一份用硝酸固定，另一份不固定，均置于 4℃下保存，从配制当天起，连续 5 天测定之后在第八天、第十天、第十二天隔天再次测定，每次测定时都进行相同的酸度校核，结果见表 3。

由表 3 可以看出，随着保存天数的增加，加酸固定的水样和未固定水样的 AOX 测定值均呈衰减趋势，加酸固定对加标实验样品、自来水样品、污水总排口水样的保存与未加酸固定相比，保存优势并不明显。而对于处理前污水，未加酸固定比加酸样品衰减幅度更大。

表 3 pH 的控制对保存时间的影响

测定值/(μg/L)	50μg/L		200μg/L		自来水(μg/L)		某纸业处理前/(mg/L)		某纸业总排口/(mg/L)	
	加酸固定	未固定	加酸固定	未固定	加酸固定	未固定	加酸固定	未固定	加酸固定	未固定
第一天	49.8	47.2	199	197	22.2	22.0	12.0	12.1	3.36	3.20
第二天	44.6	43.4	189	187	23.2	23.0	11.5	10.8	3.34	3.05
第三天	40.4	42.0	189	185	23.2	24.4	9.00	8.34	3.15	2.99
第四天	41.8	37.8	183	184	23.8	23.6	8.42	6.24	3.01	2.51
第五天	37.4	37.4	182	181	22.6	22.0	7.85	5.52	2.59	2.11
第八天	34.8	33.4	165	163	22.4	21.5	6.96	3.32	1.77	1.55
第十天	34.0	32.8	158	156	21.6	21.2	5.40	2.78	1.46	1.44
第十二天	34.2	27.4	151	148	21.1	20.0	2.11	1.96	1.03	1.02

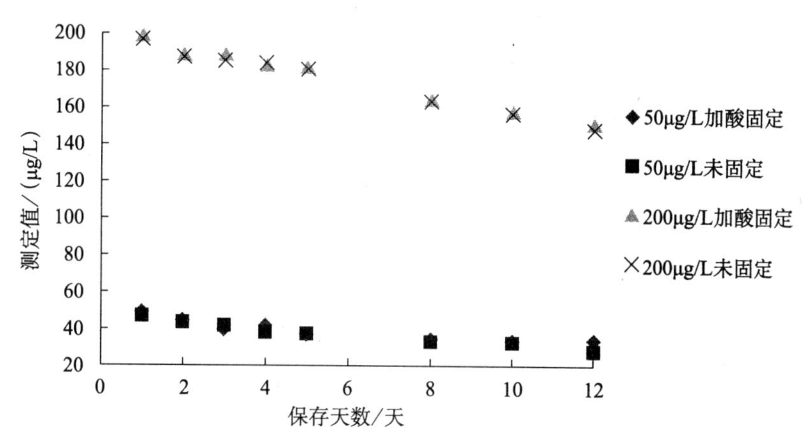

图 3 pH 的控制对保存时间的影响—加标水样

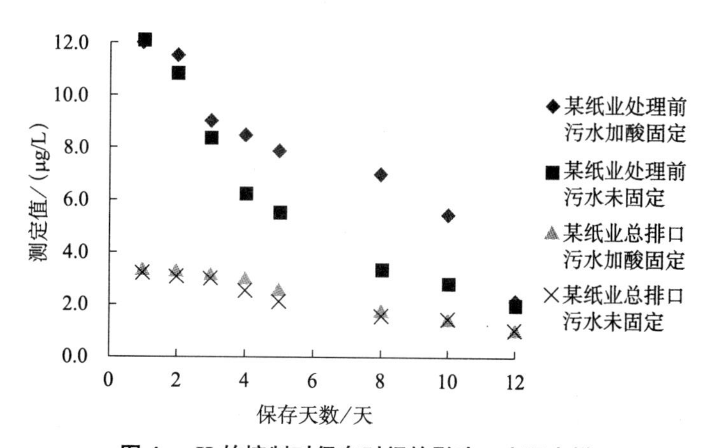

图 4 pH 的控制对保存时间的影响—实际水样

2.3 顶空-气相色谱-质谱联用仪定性及定量纸业废水中的部分有机物

以配有全自动顶空进样器的气相色谱-质谱联用仪对该纸业处理前和处理后的刚采集的废水进行离子数为 35～550 的全扫描定性，对三氯甲烷进行定量，结果见表 4。

表 4 顶空-气相色谱/质谱联用仪定性纸业废水中的挥发性有机物

	处理前/(mg/L)	总排口/(mg/L)
三氯甲烷	3.63	0.439
二氯甲烷	微量检出	N.D
氯化苦	微量检出	N.D

由表4可以看出，处理前的废水中三氯甲烷为主要污染物，在所具备的检测能力下经定量为3.63mg/L，约占AOX测定值的1/3，其余可能为二氯甲烷、氯化苦及其他卤化有机物，如氯代烷烃类化合物[5]、氯酚类化合物[6]等；总排口的废水中仅存在0.439 mg/L三氯甲烷，二氯甲烷等未检出。

3 结论

（1）未经酸固定的水样在实验室用硝酸钠储备液进行酸度校正后，活性炭小柱吸附效率增加，且随着硝酸钠储备液体积的不断增大，当达到pH值<2时，AOX测定结果相对误差最小，最接近真值。本实验条件下，水质pH为6.51，以加入5ml硝酸钠储备液为宜，其他实验室可根据实际情况对加入量进行调整，以使水样pH值<2。

（2）经过硝酸固定使pH<2且未经过硝酸钠储备液进行酸度校正的水样，相较经过酸固定且进行酸度校正的水样，前者相对误差较小，更接近真值。

（3）按照GB/T 15959—1995，应对采集的AOX水样进行硝酸pH<2的固定，且尽快分析。由本实验可知，在AOX样品进行处理前，应对水样进行pH的测定以确定是否需用硝酸钠储备液进行酸度校正，若水样已酸固定，可直接取定量由活性炭小柱吸附；若水样未固定，应根据水样实际pH值做酸度校正处理使水样pH<2后再进行吸附。

（4）随着保存天数的增加，加酸固定的水样和未固定水样的AOX测定值均呈衰减趋势，但加酸固定对加标实验样品、自来水样品、污水总排口水样等较清洁水样的保存优势并不明显。而对于处理前污水，未加酸固定比加酸样品衰减幅度更大。这主要是由于加标样品是由对氯苯酚纯物质配制而成（1.2.6），在常温下其化学性质较稳定，且自来水和污水总排口水样经过前处理后较易挥发和分解的组分较为单一，仅为三氯甲烷；而污水进口样品中含有较多种类有机物，如VOCs、DMDs等，水样组分较为复杂，易挥发、易分解有机物质较多，因此，酸固定对于稳定性较差的有机物保存具有一定作用，但样品中AOX含量也会随时间变化呈较大幅度衰减。因此，水样由于其成分的复杂性，酸固定法并不能通用于所有有机卤化物的固定保存，水样采集后应尽快分析。

参考文献

[1] 吴勇民，陈新才，楼洪海，等．印染废水中可吸附有机卤素（AOX）处理的研究进展［J］．工业水处理，2014，34（9）：6-7.

[2] 水质 可吸附有机卤素（AOX）的测定 微库仑法［S］．GB/T 15959—1995.

[3] 张志芳，邵红，孔祥西，等．花生壳活性炭的制备及其对染料废水的脱色性能研究［J］．沈阳化工大学学报，2014，28（2）：133.

[4] 徐少华．水样的采集与保存的技术方法探析［J］．科技传播，2010（18）：62.

[5] 胡笳，刘加伟，杨光．造纸废水有机污染物及色度研究［J］．江苏造纸，2014（3）：31-32.

[6] 蒲文兴．造纸废水浅谈［J］．环境保护，1977（5）：18.

作者简介：王文路（1986.12—），工程师，甘肃省环境监测中心站，从事环境监测及实验室分析工作。

现场监测比对中二氧化硫干扰性研究

帅　闯　黄　斌　杨　军

宜宾市环境监测中心站，宜宾　644000

摘　要：在线二氧化硫的比对监测干扰因素为：湿度、负压，以及干扰性气体。本文研究了湿度对二氧化硫的监测比对误差最高达 70%，极大负压干扰误差达 40%，硫化氢的干扰误差为 50%。提出了加热除湿、抗压抽气、前端乙酸铅过滤方法消除现场监测干扰。

关键词：湿度；负压；硫化氢；二氧化硫

The Interference in Sulfur Dioxide Analysis with Monitoring

SHUAI Chuang　HUANG Bin　YANG Jun

Yibin Environmental Monitoring Center，Yibin 644000

Abstract：Interference factors on method in monitoring of SO_2 are humidity，negative pressure and interfere with the gas. This paper study on humidity caused SO_2 monitoring relative error of 70%，great negative pressure disturbance was 40%，hydrogen sulfide disturbance was 50%. we proposed several solution：adding heating function on the sampling tube，using pump to reduce the subpressure，add lead acetate filter method.

Key words：humidity；negative pressure；hydrogen sulfide；sulfur dioxide

在线监测已在企业排污监测中发挥着不可磨灭的作用。在实施在线监测同时，国家环保部定期对企业在线监测进行比对，以保证在线监测值的真实性、精确性[3]。监测工作分为污染源自动连续在线监测和污染源监督性监测（手工监测和实验室比对监测）。较成熟的烟气在线监测主要包括：烟道中二氧化硫、氮氧化物、氧气。为了准确核定污染源中二氧化硫的排放浓度和排放量，保证污染源自动监测和污染源的监督性监测提供了可靠的数据。实行现场监测比对工作，采用定电位电解方法对污染进行监督监测，但该法监测工作中受到湿度、负压、干扰性气体的影响。本文旨在研究湿度、负压、干扰性气体硫化氢的影响，提出了相应的解决措施。对数据的精确性提供更加合理的科学依据。

1　实验内容

1.1　实验仪器

ECOM J2KN-3107 烟气分析仪，德国 RBR 公司；LH-7 烟尘采样器，广州林华。

1.2　实验原理

定电位电解传感器主要由电解槽、电解液和电极组成，传感器的三个电极分别称为敏感电极（sensing electrode)、参比电极（reference electrode）及对电极（counter electode)，当被测气体由气孔通过渗透膜扩散到敏感电极表面，敏感电极、电解液、对电极之间进行氧化反应，参比电极为工作电极提供恒定的电化学电位。

$$SO^2 + H_2O = SO_4^{2-} + 4H^+ + 2e$$

与此同时产生对应的极限扩散电流 i，在一定范围内其大小与二氧化硫浓度成正比。

$$i = \frac{Z \times F \times S \times D}{\delta} \times C$$

式中：z——电子转移数；F——法拉第常数；S——气体扩散面积；δ——扩散层厚度；i——极限扩散电流；C——二氧化硫浓度。

1.3 实验方案

在现场监测中，在监测工作开展选用 101ppm、201ppm、498ppm 的二氧化硫标气对 ECOM J2KN-3107 的二氧化硫传感器标定。开展测试同一烟道中不同湿度下未加加热烟枪和加加热烟枪二氧化硫的浓度，从而判断湿度对传感器测试二氧化硫的监测结果影响，通过调节测点位置改变管道内负压大小和在每个测点位置用 LH-7 烟尘采样器抽气进行二氧化硫的浓度监测，判断负压对二氧化硫测试的影响。在同烟道测试情况下在 ECOM J2KN-3107 加上乙酸铅棉来判断硫化氢对二氧化硫浓度监测影响。

2 实验过程

2.1 湿度对二氧化硫测试干扰

湿度对二氧化硫测试影响由于温度过低，或者是采样管内温度远远小于管道内温度，水蒸气低于露点温度，凝结成水分，二氧化硫易溶解于水中，造成管道内气态水分在采样管内吸收二氧化硫，湿度过大也会造成管道内自身吸收二氧化硫。在监测工作中，湿度分别为 5%、10%、15%、20%、30%，定电位电解法监测直接烟道中测试值、将加热烟枪加在 ECOM J2KN-3107 前端，加热温度为 120℃时二氧化硫监测值以及在线仪器监测值如图 1。由图知在 5%湿度时三者测试值偏差小，随着湿度在 10%～30%变化，有加热烟枪的测试值和在线值相对误差 5%，而直接测试值和在线值相差相对误差 70%。由此在相对湿度过大的烟道中用定电位电解法监测二氧化硫的排放值偏差过大。会造成在线监测数据比对不合格。

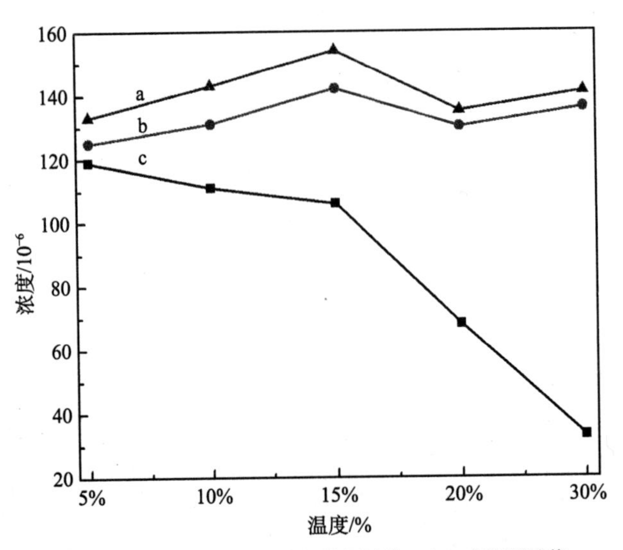

(a) 在线测试值；(b) 加热烟枪测试值；(c) 直接测试值

图 1 二氧化硫监测值及在线仪器监测值

建议：在现场监测工作中，应注意二氧化硫监测环境中湿度的含量，条件不足的可采用碘量法和甲醛法进行人工化学分析方法。其次在使用定电位电解法仪器前检查仪器是否存在除湿装置，或在定电位电解仪器装置前加加热烟枪装置，根据露点温度设置加热温度，一般在 120℃以上，但是二氧化硫进入传感器的温度不应高于 40℃，否则二氧化硫的显示浓度迅速下降，并且温度过高会传感器失灵。要根本解决问题，应采取加热或在采样管之前设置快速除湿装置，将烟气水分的影响降至最小。

2.2 负压对二氧化硫测试干扰

烟道中负压产生的原因：风机作用下，烟气流速过大，烟气在烟道内压力变化产生正负压。采样位置引起烟气进入 ECOM J2KN-3107 产生负压，烟道负压太大，采样装置出现抽不出烟气情形。针对烟道负压研究，采用 LH-778008008 烟尘采样器测试负压，分别用 ECOM J2KN-3107 直接测试不同负压下二氧化硫浓度、用烟尘采样器抽气后测试以及在线监测值如图 2。分析图中在较小负压下三者值相对误差在

5%左右，而随着烟道中负压增大[4]，直接测试值和在线值相对误差 40%，而用烟尘采样器抽气测试与在线值相对误差 5%，这因为烟道中负压大，容易造成抽气泵抽力不够以及采样系统或者采样孔处的泄漏。

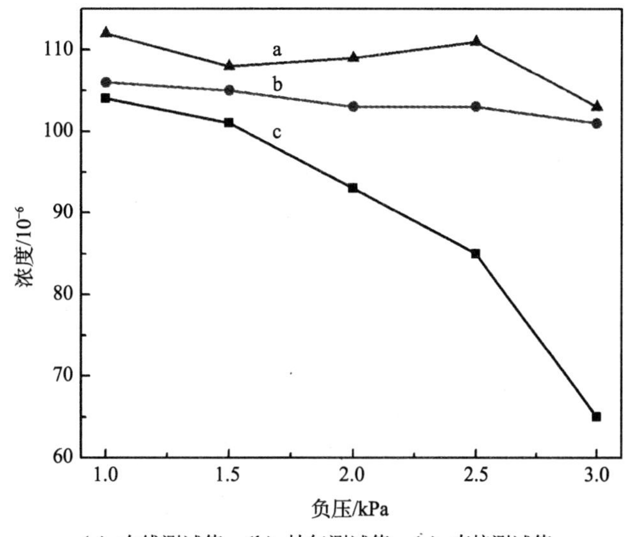

(a) 在线测试值；(b) 抽气测试值；(c) 直接测试值

图 2　二氧化硫直接测试值、抽气测试值及在线测试值

建议：管道负压过大时采用抗负压的仪器进行监测，从而保证进入传感器前的烟气流量和压力，提高烟气预处理器的抗高负压能力。当所测试浓度值和在线值偏差过大时，采用碘量法和甲醛法进行人工化学方法检测。其次，用烟尘采样器抽取一定量的烟气在“样品池”中，在进行监测，最后核算，与在线分析仪进行比对。会得到较好效果。负压过大，无法采足够气量时，更换监测点位，选取在增压风机后端进行取样监测。

2.3　硫化氢对二氧化硫测试干扰

常见锅炉正常工况下烟气中的硫化氢含量少，对烟气测试中二氧化硫传感器的干扰较小。定电位电解法中硫化氢干扰对二氧化硫传感器测试为正干扰[6]。一般垃圾焚烧，水泥厂工艺中会产生大量的硫化氢，对企业现场监测与在线监测数据比对干扰性极大。在实际现场监测工作中，在排口监测位置例行监督性监测，却发现监测值与在线监测值相对误差过大，将 ECOM J2KN-3107 直接测试、在同类型监测仪器前加乙酸铅棉测试与在线监测值比对结果如图 3。由图知当一定量的硫化氢存在，普通监测和在线监测

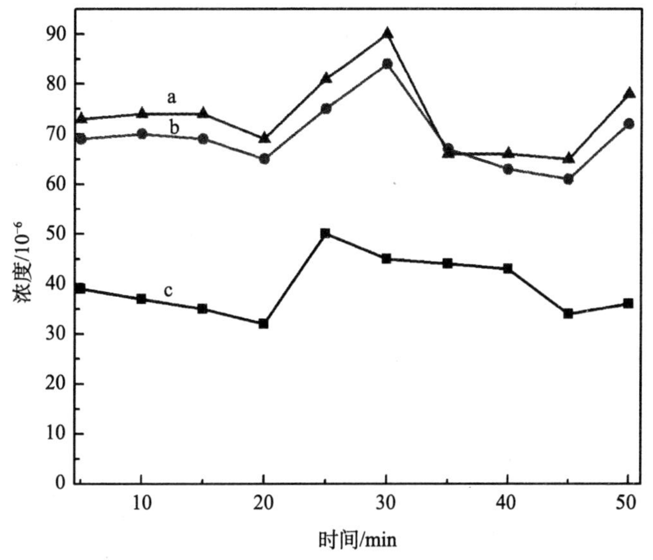

(a) 在线值；(b) 乙酸铅监测值；(c) 直接监测值

图 3　二氧化硫直接测试值、乙酸铅棉测试值及在线监测值

值相对误差在50%左右。而加上乙酸铅棉两者数据误差5%左右。由此在监测时遇到固定污染源废气监测中硫化氢含量过高时，应及时采取在监测仪器前加上乙酸铅棉过滤。

建议：监测中在线监测值与比对值偏差过大，在废气排口端由臭鸡蛋味时，应该考虑存在硫化氢的干扰，适量加上乙酸铅棉，当乙酸铅棉逐渐变黑时，证明存在硫化氢，并应及时更换乙酸铅棉。当无法确定干扰性时，应用碘量法和甲醛法进行人工化学法验证。

3 结果与讨论

（1）监测工作中，必须检查烟气中水的结露问题，最简洁的方法是对采样管和过滤装置加热保温防止结露。

（2）监测中负压过大导致定电位电解法测试中二氧化硫的浓度降低，采用人工化学法监测、抗负压抽气监测或者更改点位监测，能减少比对误差。

（3）极大浓度硫化氢对二氧化硫传感器的干扰性很大，必须在分析仪器前端加上乙酸铅棉去除。

参考文献

[1] 金丽莎，刘玉，等. 烟道中二氧化硫的干扰消除 [J]. 中国环境监测，1996，12（1）：44-45.

[2] 刘文凯. 极大负压条件下定电位电解法测定 SO_2 [J]. 干旱环境监测，2001，12（15）：240-241.

[3] 国家环境保护局. 固定污染源排气中二氧化硫的测定 定电位电解法 [M]. 北京：中国环境科学出版社. 2001. 1.

[4] 谢馨，贾从峰. 烟道中高负压对二氧化硫测定影响及对策研究 [J]. 环境科学与管理，2013，38（9）：133-136

[5] 国家环境保护局. 定电位电解法二氧化硫测定技术条件 [M]. 北京：中国环境科学出版社. 1999. 5.

[6] 谢馨，柏松. 定电位电解法测定烟气中 SO_2 的干扰问题及解决方法 [J]. 环境监控与预警，2010，2（5）：25-26

作者简介：帅闯（1988—），男，汉族，四川省泸州市人，硕士，工程师，分析化学专业，在四川省宜宾环境监测中心站从事现场监测工作。

气袋法采集固定污染源中挥发性有机物的研究

武中林
南京市环境监测中心站，南京 210013

摘　要：通过比较气袋法和玻璃针筒法采集固定污染源中的挥发性有机物，证明气袋采样法能够克服玻璃针筒采样存在的许多不足，更加符合我国相关技术规范的要求，应该全面推广使用。

关键词：气袋，玻璃针筒，挥发性有机物，固定污染源

Study on Sampling VOCs From Atationary Pollution Sources with Air Bag

WU Zhong-lin
Nanjing Environmental Monitoring Center，Nanjing 210000

Abstract：Sampling from stationary pollution sources with air bag is proved can overcome more deficiencies than with glass syringe，and more conformable with our country's technical manual，should be popularized using generally，by comparing Sampling with air bag and glass syringe.

Key words：air bag；glass syringe；VOCs；stationary pollution source

目前国内环境监测站对固定污染源排气中挥发性有机物（如非甲烷总烃、苯系物等）的采样基本按照《固定源废气监测技术规范》（HJ/T 397—2007）[1]中玻璃针筒采样方法进行样品的采集，该方法操作简单，便于实验室分析，玻璃针筒可以反复清洗重复使用，监测成本低，因此这种采样方法在我国的环境监测体系中普及非常广泛，但是结合现场监测工作发现该方法存在许多不足，在新的环保形势下该方法已经不能满足环境监测的要求。

1　玻璃针筒采样存在的问题

1.1　无法采集具有代表性的样品

《固定源废气监测技术规范》（HJ/T 397—2007）和《固定污染源排气中颗粒物测定与气态污染物采样方法》（GB/T 16157—1996）[2]中都规定对于气态污染物采样点“可取靠近烟道中心的一点作为采样点”，但是由于玻璃针筒采样法天生的缺陷，受到下列因素的影响，从而无法采集到具有代表性的样品：①受管道内负压的影响。由于玻璃针筒采样需要手动操作，当管道内是负压时，玻璃针筒伸入管道内时无法将采样孔完全密封，因此管道内负压时容易吸入环境空气，从而导致采集的样品污染物浓度被稀释。②受管道截面积影响。由于玻璃针筒长度比较小，对于截面积较大的排气管道，玻璃针筒采样时无法伸入到烟道中心，不符合监测规范的要求，采集的样品不具有代表性，也不具有法律效应。③受采样孔管长或密闭阀的影响。采样孔一般都有采样套管，并且配有密闭阀。采样套管太长玻璃针筒就不易伸入烟道内，从而无法采集到烟道中心的样品；对于输送高温或有毒气体的烟道，采样孔一般都有闸板阀或球形阀来密封，采样时由于密闭阀无法全部打开，从而影响玻璃针筒的采样。

1.2　采集的样品不易保存

玻璃针筒采集的样品不易保存主要体现在两个方面：①分析前样品不易保存。用玻璃针筒采集完样品后需要将采样头密封，一般都使用三通活塞[3]或者橡胶帽密封（实际应用中多数使用橡胶帽密封），由

于无法做到完全密封，在运输过程中当车辆内温度与环境温度相差比较大时，容易受到热胀冷缩而导致样品泄漏。②样品分析完后不易保存。样品分析完后应当继续保留一段时间以备受检单位提出异议时进行再现性测试，玻璃针筒由于其密封性较差，所以保存时间很短，不便进行再现性测试。

使用真空气袋法采样可以解决玻璃针筒采样中存在的问题，从而测得客观真实的污染物排放浓度。

2 气袋法采样的试验

2.1 采样仪器及原理

采样仪器使用崂应 2080 型智能真空箱气体采样器，其采样原理为：使用真空箱、抽气泵等设备将固定污染源排气筒排放的废气不经过气泵等易沾污和吸附待测样品的设备，直接采集并储存到表面光滑并化学惰性优良的薄膜气袋中。

图 1 崂应 2080 型智能真空箱气体采样器

2.2 现场及数据分析

以分析非甲烷总烃为例，选择不同浓度的两个排口进行比较，同时采用玻璃针筒和真空气袋采样，每个排口不同方法分别采集 4 个样品，采用岛津 GC-14C 气相色谱仪进行分析，监测结果如下：

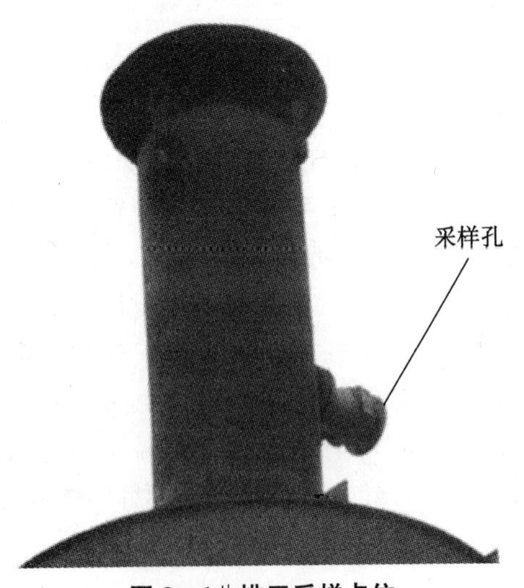

图 2 1＃排口采样点位

表1　1#排口不同采样方法的比较

不同方法	非甲烷总烃浓度/（mg/m³）	绝对误差/（mg/m³）	相对误差
1#气袋	184	74	0.7
1#玻璃针筒	110		
2#气袋	397	287	2.6
2#玻璃针筒	110		
3#气袋	366	127	0.5
3#玻璃针筒	239		
4#气袋	317	82	0.3
4#玻璃针筒	235		

图3　2#排口采样点位

表2　2#排口不同采样方法的比较

不同方法	非甲烷总烃浓度/（mg/m³）	绝对误差/（mg/m³）	相对对误差
1#气袋	64	60	15
1#玻璃针筒	4		
2#气袋	98	96	48
2#玻璃针筒	2		
3#气袋	67	64	21
3#玻璃针筒	3		
4#气袋	116	115	115
4#玻璃针筒	1		

通过以上数据可以看出用气袋法采集的样品浓度高于玻璃针筒采集的样品浓度，由于采样孔都有套管，玻璃针筒无法深入排气筒中心，无法采集到具有代表性的样品，所以导致玻璃针筒采集的污染物浓度较低。当套管越长时，可以看出气袋法采样和玻璃针筒采样的浓度相对误差更大。

将采集的样品在同样的实验室条件下放置几天，发现玻璃针筒采集的样品更容易受到环境的影响，而造成样品的泄漏，而气袋采集的样品具有更好的密封性，样品可以放置15天左右而不泄漏，从而可以满足受检单位提出的复捡要求。上海站的吴迓名等[4]分析了气袋对污染物的吸附影响，证明使用气袋法采集固定污染物排气中的挥发性有机物完全可行，并且气袋法采样比玻璃针筒采样更能满足国家规范的相关要求，采集到具有代表性的样品。

3　结论

采样方法的准确性直接影响对污染程度的判断，因此在采集固定污染源排气中的挥发性有机物时，使用气袋法采集比玻璃针筒采样更加符合我国环境监测的采样技术要求，更容易采集到准确的样品，所以该方法应该推广使用。但是，无论是气袋法采样，还是玻璃针筒采样都属于直接采样法，容器与样品的接触容易造成吸附，从而影响监测结果，所以想要测得更加准确的监测数据，应该大力发展和采样现场分析技术，从而避免样品采集和保存过程对分析结果的影响。

参考文献

[1] 固定源废气监测技术规范. HJ/T 397—2007.

[2] 固定污染源排气中颗粒物测定与气态污染物采样方法. GB/T 16157—1996.

[3] 王心芳. 空气和废气监测分析方法 [M]. 4 版. 北京：中国环境科学出版社，2003，42.

[4] 吴迓名，胡敏. 挥发性有机物气体污染源监测中直接采样法的评价 [J]. 中国环境监测 . 2001，17 (3)：28-30.

作者简介：武中林（1983—），南京市环境监测中心站，工程师。

氰化物水质在线自动监测设备验收方法探讨

冷家峰　乔国栋
济南市环境监测中心站，济南　250014

摘　要：本文针对氰化物水质在线自动监测仪验收问题进行了探讨，通过对仪器的零点漂移、量程漂移、平均无故障连续运行时间及重复性的检测，其结果达到相应的性能指标要求，判定设备具备验收条件；根据水质氰化物的浓度不同，测定仪器精密性、准确性、相关性等指标，使其达到技术指标要求；采集同一时间同一地点的实际水样与传统的国家标准方法进行比对试验，试验误差达到规定的要求；经过以上试验，确定了氰化物在线自动监测设备的验收方法，结果满意。

关键词：水质在线自动监测仪；氰化物；验收方法

Discussed of Check and Acceptance Method for Water Quality On-line Automatic Monitor of Cyanide

LENG Jia-feng　QIAO Guo-dong
Jinan Environmental Monitoring Center，Jinan 250014

Abstract：Discussed of check and acceptance method for water quality on-line automatic monitor of cyanide in the paper. Detection of the zero drift and span drift and the average trouble-free continuous running time and repeability of the instrument，The results meet the requirements of the corresponding performance index and determine the equipment with acceptance criteria；According to difference of cyanide concentration in the water quality，Measuring precision and accuracy and relevance of the instrument，The results meet the requirements of the corresponding performance index；The water samples collected at the same time and the same place with the traditional method of national standard for comparison test，The requirements of the test error；After the above test，Determine the acceptance method of cyanide on-line automatic monitoring equipment，The resuls are well.

Key words：water quality on-line automatic monitor；cyanide；check and acceptance method

2002年国家环保总局颁布的《地表水和污水监测技术规范》中将重金属列为国家总量控制指标，并明确提出，总量控制的指标要逐步实现等比例采样和在线监测[1]。2008—2010年，环保部等多部委更是将重金属污染防治列为工作重点，多次下文强调要加强重金属污染防治。

剧毒物质氰化物以及重金属（包括As、Hg、Cr^{6+}、Pb和Cd）在线监测作为新兴的监测手段能够很好地解决传统环境监测受人员、时间等因素制约的弊端，对企业依法排污有较强的监管、震慑作用，对环境安全有很好的预警作用。目前剧毒物质以及重金属环境水质及污染源在线监测工作在一些地方已经开展。

目前济南市在污染源重金属及剧毒物质在线监测方面工作，开展较少，仅在济南绿霸化学品有限责任公司和济钢集团两个企业总排污口安装了氰化物的在线监测设备，其余企业均未涉及重金属及剧毒物质在线监测工作。而且已安装的两套氰化物在线监测设备由于没有技术规范可依，至今尚未验收。

结合济南市实际情况，济南市环保局根据工作实际需要，在小清河辛丰庄断面安装一套剧毒物质以及重金属在线监测设备，对水质中总氰化物、总砷、总汞和六价铬进行监测，作为前期设备调试、运营、数据积累、摸索经验，为今后大规模开展氰化物及重金属在线监测工作作准备。

重金属（包括 As、Hg、Cr^{6+}、Pb 和 Cd）均没有验收规范，其中六价铬水质自动在线监测仪有相应的技术要求[2]；《As、Hg、Pb、Cd 水质自动在线监测仪技术要求和检测方法》[3-6]均为征求意见稿；剧毒物质氰化物水质自动在线监测仪目前国家还没有出台技术要求和验收规范。可是在线监测设备已经安装调试试运行，为了下一步的正常运转，发挥在线设备的实时监测和监控预警作用，需要将其验收合格后，方可投入使用。在此情况下，我们查阅了大量资料，参照《水污染源在线监测系统验收技术规范》[7]摸索出一套验收方法，作为剧毒物质氰化物水质自动在线监测仪验收依据，将其验收。

1 氰化物水质在线自动监测设备的验收条件

(1) 水质在线自动监测仪已经进行了调试和试运行，并提供调试与试运行报告。

(2) 水质在线自动监测仪进行了零点漂移、量程漂移、平均无故障连续运行时间检测，满足表 1 中性能要求并提供检测报告。

(3) 水质氰化物在线自动监测仪试运行期间，系统整体运行稳定，重复性实验结果，达到表 1 中性能要求并提供检测报告。

2 性能指标及试验方法

2.1 自动分析仪性能指标要求

由于氰化物水质在线分析仪采用异烟酸—巴比妥酸分光光度法，性能指标可以参照《氨氮自动分析仪技术要求》光度法[8]的要求。

表 1 水质在线监测仪零点漂移、量程漂移、重复性和平均无故障连续运行时间性能指标

仪器类型	项目	性能指标
氰化物在线自动监测仪	零点漂移	量程的±5%以内
	量程漂移	量程的±10%以内
	平均无故障连续运行时间	≥720h/次
	重复性	≤±10%

2.2 试验方法

零点漂移：采用零点校正液（0.1%氢氧化钠溶液）为试样连续测试 24h，计算最大变化幅度相对于量程值的百分率。

量程漂移：采用量程校正液（用氰化物标准样品[9]稀释到满量程值的 80%的溶液）于零点漂移试验的前后分别测定 3 次，计算平均值。由减去零点漂移成分后的变化幅度，求出相对于量程值的百分率。

平均无故障连续运行时间：指自动分析仪在检验期间采用实际水样连续运行两个月，记录总运行时间（h）和故障次数（次），计算平均无故障连续运行时间（小时/次）。

重复性：测定零点校正液（0.1%氢氧化钠溶液）3 次，计算平均值作为零值。在相同条件下，测定量程校正液 6 次，各次测量值减去零值计算相对标准偏差。

3 氰化物在线自动监测设备的验收方法

验收期间不允许对在线监测设备进行零点和量程校准、维护、检修和调节。

3.1 验收标准

表 2 总氰化物自动分析仪技术指标[10]

性能指标	技术要求		
样品含量范围	≤0.05 mg/L	0.05～0.5 mg/L	>0.5 mg/L
精确性	≤20%	≤15%	≤10%
准密性	≤±15%	≤±10%	≤±10%
相关性	相关系数 r≥0.999 0		
检出限	0.005mg/L		
实际水样比对试验	≤±20%	≤±15%	≤±15%

3.2 氰化物在线自动监测设备性能验收

3.2.1 仪器的准确度与精密度

氰化物标准溶液：测试样品采用经国家认可的质量控制样品（或按规定方法配制的氰化物标准溶液[11]），根据仪器测量范围确定，选择测量范围中间浓度值。

用氰化物在线自动监测仪连续测定 6 次测试样品，根据测定结果计算仪器的准确度和精密度。准确度和精密度的计算见下式。

准确度以相对误差（RE）表示，计算公式如下：

$$\mathrm{RE}\ (\%)\ =\frac{\overline{x}-c}{c}\times 100$$

式中：$\overline{x}$——质控样品 6 次测定平均值；

c——真值（质控标样值）。

精密度以相对标准偏差（RSD）表示，计算公式如下：

$$\mathrm{RSD}(\%)=\frac{\sqrt{\frac{1}{n-1}\sum_{i=1}^{n}(x_i-\overline{x})^2}}{\overline{x}}\times 100$$

准确度和精密度均达到表 2 技术指标要求。

3.2.2 自动监测仪线性检查

配制标准曲线所用的标准溶液均采用经国家认可的质量控制样品稀释配制而成。

根据仪器测量范围均匀选择 5 个浓度的标准溶液（包括空白，0.1%氢氧化钠）按样品方式测试，计算回归方程 $Y=a+bx$，其中相关系数 r 达到表 2 技术指标要求。

3.2.3 仪器的检出限

配置总氰化物浓度为 0.010mg/L 的标准溶液，用在线监测仪连续测定 7 次，计算其检出限。

仪器的检出限采用实际获得的检出限，计算公式如下：

$$\mathrm{DL}=3S_b/b$$

式中：S_b——多次测定空白或配制的低浓度标准溶液的标准偏差；

b——方法的灵敏度（即标准曲线的斜率，3.2.2 回归方程中的 b 值）。

3.3 实际水样比对实验

由于氰化物是剧毒物质，环境水质中含量较低（在线自动监测起监控和预警作用），甚至未检出，从而导致水样比对没有可比性。因此在实际水样中加入一定量的标准溶液，确保水样中氰化物含量能够检出，使仪器和手工监测比对具有可比性。

比对试验采集瞬时样，每天采集 3 次，连续采样两天，向每个水样中加入一定量的标准溶液（向水样中加入的标准溶液使水样的浓度可以达到≤0.05 mg/L（低浓度）、0.05～0.5 mg/L（中浓度）、>0.5 mg/L（高浓度），分别用氰化物在线监测仪和异烟酸—吡唑啉酮光度法[12]进行测定。

将比对方法的每日测定结果平均值与自动监测仪器的测定结果进行比较。其中测定误差的计算见下式：

$$RE（\%）=\frac{\overline{x}-x_l}{x_l}\times 100$$

式中：$\overline{x}$——为自动监测仪器测定值；

x_l——为比对方法的测定值（平均值）。

测定误差达到表 2 技术指标要求。

比对实验的质量保证和质量控制严格按计量认证的有关要求进行。

4 结语

为了适应环境监管的需求，我国很多地方已经安装了剧毒物质氰化物在线监测仪，实现了氰化物的在线监测，联网化预警管理。目前这些在线自动监测设备大部分均未验收或部分按照地方制定的验收依据验收，设备的质控管理基本依托设备供应商完成，监测数据仅用于预警，未应用于其他监管层面。

我国氰化物水质自动在线监测仪还没有技术要求，无法规范氰化物水质自动在线监测仪的技术性能，因此氰化物在线监测仪的生产、应用选型和性能检验没有规范可依据。国家环境监测总站环境监测仪器质量监督检验中心人员介绍由于氰化物在线监测设备相关技术规范尚未出台，无法开展对氰化物在线监测设备的认证工作，所以截至目前，氰化物在线监测设备无法通过环保产品认证。按照《国家监控企业污染源自动监测数据有效性审核办法》[13]要求，在线监测设备必须通过环境监测仪器质量监督检验中心验收，并获得环境保护产品认证证书，才可应用于环境监测，并且通过有效性审核的数据才能应用于环境管理。由于技术规范的缺少，导致氰化物在线监测设备不具备应用于环境监测领域最基本的准入条件。

另外，氰化物在线监测设备在安装、验收、运营等方面也没有技术规范出台，导致现在氰化物在线监测设备的准确性、稳定性仍需要进一步验证，由于氰化物在线监测设备维护运营流程较常规污染物要复杂，需要运营人员专业技术水平与比对试验条件较高，目前国内已开展氰化物在线监测工作的地市较少，而且开展时间较短，受限于国家技术规范，很多工作开展不规范，很难保障设备的稳定运转，所以现在也很难对水质氰化物在线监测设备的实际运行情况做出比较全面的评价。

为更好地规范氰化物在线监测设备，推动该项工作快速、顺利开展，必须从国家层面上尽快出台相关技术规范及验收标准。

参考文献

[1] 地表水和污水监测技术规范. HJ/T 91—2002.

[2] 六价铬水质自动在线监测仪技术要求. HJ 609—2011.

[3] 砷水质自动在线监测仪技术要求和检测方法（征求意见稿）.

[4] 汞水质自动在线监测仪技术要求和检测方法（征求意见稿）.

[5] 铅水质自动在线监测仪技术要求和检测方法（征求意见稿）.

[6] 镉水质自动在线监测仪技术要求和检测方法（征求意见稿）.

[7] 水污染源在线监测系统验收技术规范. HJ/T 354—2007.

[8] 氨氮自动分析仪技术要求. HJ/T 101—2003.

[9] 氰化物标准溶液. GBW（E）080115.

[10] 中国环境监测总站《环境水质监测质量保证手册》编写组. 环境水质监测质量保证手册［M］. 2版. 北京：化学工业出版社，2010：443.

[11] 国家环境保护总局. 水和废水监测分析方法［M］. 4 版. 北京：中国环境科学出版社，2002：150.

［12］水质氰化物的测定. GB 7487—87.
［13］国家监控企业污染源自动监测数据有效性审核办法. 环法［2009］88 号.

作者简介：冷家峰（1965.12—），济南市环境监测中心站，研究员，在线自动监测。

基于统计的石嘴山市可吸入颗粒物（PM_{10}）溯源初步解析

田林锋[1]　罗桂林[2]　马春梅[1]　齐中首[1]　杨增辉[1]　朱文华[1]　马　佳[1]　孙　欣[1]

1. 宁夏石嘴山市环境监测站，石嘴山　753000；

2. 宁夏理工学院文理学院，石嘴山　753000

摘　要： 为了解西部干旱地区 $PM_{2.5}$ 来源，以宁夏石嘴山市为研究对象，对该市 2012 年 4—12 月间的 $PM_{2.5}$ 的日平均质量浓度进行监测，同时结合本市 PM_{10}、SO_2、NO_2 及降水中阴阳离子浓度，利用统计学方法，通过各污染物之间的相关性分析和主成分分析，初步确定西部干旱地区 $PM_{2.5}$ 主来来源。研究结果表明：石嘴山市 2012 年 4—12 月 $PM_{2.5}$ 平均质量浓度为 0.065 mg/m³，其中，监测最大值为 0.239 mg/m³，最小值为 0.011 mg/m³，其中最大值出现在 12 月，环境空气质量多为轻度污染。从 5 月中旬到 10 月初，整体水平呈现平稳状态，11 月开始呈现缓慢上升趋势，12 月 $PM_{2.5}$ 浓度出现最大值。质量浓度的频率分布很不均匀，最大出现频率质量浓度为 0.04～0.06 mg/m³，占总有效观测数据的 41%。通过现有监测数据的统计分析，明确了石嘴山市城市 PM_{10} 主要来源于煤燃烧、周边企业排放、二次转化源、生物质燃料燃烧、土壤风沙尘和建筑水泥尘 4 个来源，而土壤风沙尘、建筑水泥尘及生物质燃料燃烧可能为主要原因。

关键词： PM_{10}；源解析；石嘴山市；统计

Based on the Statistics of Shizuishan Respirable Particulate Matter（PM_{10}）Preliminary Analytical Traceability

TIAN Lin-feng[1]　LUO Gui-lin[2]　MA Chun-mei[1]　QI Zhong-shou[1]　YANG Zeng-hui[1]

ZHU Wen-hua[1]　MA-Jia[1] SUN Xin[1]

1. Shizuishan Environmental Monitoring Station，Shizuishan 753000；

2. Ningxia Institute of Science and Technology，Shizuishan 753000

Abstract：To understand the arid regions of West $PM_{2.5}$ sources to Shizuishan city for the study，the average mass density of the city on the day-December 2012 between April $PM_{2.5}$ monitoring，combined with the city's PM_{10}，SO_2，NO_2 and the concentration of ions in precipitation，the use of statistical methods，correlation analysis and principal component analysis between various pollutants，initially determined to arid regions of West main sources of $PM_{2.5}$. The results show that：Shizuishan April 2012-December average $PM_{2.5}$ concentration of 0.065 mg/m³，which monitor a maximum of 0.239 mg/ m³，the minimum value is 0.011 mg/m³，where the maximum occurs in December，mostly mild ambient air quality pollution. Concentration frequency distribution is very uneven，the maximum frequency of the mass concentration of 0.04～0.06 mg/m³，41% of the total valid observation data. Through statistical analysis of existing monitoring data，clear the Shizuishan City PM_{10} mainly from coal combustion，emissions from surrounding businesses，the second conversion source，biomass fuel combustion，soil dust and construction of cement dust four sources，soil wind dust，cement dust and construction of biomass fuel combustion may be the main reason.

Key words：PM_{10}；source apportionment；Shizuishan；Statistics

当前，我国的大气污染问题十分严重，在传统的二氧化硫、二氧化氮、可吸入颗粒物（PM_{10}）未有效降低的情况下，以臭氧和细颗粒物（$PM_{2.5}$）为代表的二次污染物浓度水平正快速上升[1-3]。其中，大气颗粒物已经成为我国主要的大气污染物，对大气环境、人体健康、能见度以及气候效应等都有重要的影响[4-6]。大气细颗粒物 $PM_{2.5}$是指大气中粒径≤2.5 μm 的颗粒物，它对人们健康的危害比粗颗粒物更大，它与人类心血管和呼吸系统疾病有密切关系，给人类健康带来极大危害[7-9]。因此，加强城市大气颗粒物浓度变化和粒度谱分布特征的研究，对揭示城市大气颗粒物的基本特征及变化规律具有重要的意义。

近年来，国内外学者利用后向轨迹研究了不同输送路径下大气颗粒物的分布特征[10,11]，采用 CMB[12,13]、富集因子[14,15]、因子分析[16,17]、PMF[18]等手段进行了大气颗粒物元素源解析，研究表明颗粒物来源较为复杂，主要有燃煤、燃油、机动车、地面扬尘、冶金化工等，各污染源的贡献受到局地源、污染物输运、气象条件等因素的影响而有所差异[19]。

石嘴山市作为西部重要的煤炭生产基地及工业型城市，其环境空气污染来源比较复杂，一是作为煤炭生产基地，煤炭筛洗行业比较发达，煤炭使用量比较大；二是作为西部干旱地区，土壤风沙比较严重；三是作为逐渐转型过渡期的工业城市，城市发展比较快，机动车年增加量比较大。本文通过对石嘴山市 2012 年 4—12 月期间连续 155 天大武口城区 $PM_{2.5}$浓度进行监测，结合该时间段 PM_{10}、SO_2、NO_2监测结果及降水中阴阳离子浓度变化，利用统计软件对 $PM_{2.5}$主要来源进行初步推断。

1 实验部分

1.1 采样地点

石嘴山市位于宁夏回族自治区北部，西部紧邻贺兰山脉，海拔高度为 1 090～3 475m，最大相对高差达 2 389m。本次 $PM_{2.5}$手工样采样点位于石嘴山市环境保护局楼顶，出于实际工作需要，从 4 月份开展手工监测。PM_{10}、SO_2、NO_2监测点分别位于惠农区和大武口区环境空气质量监测点，其中 PM_{10}、SO_2、NO_2数据为各空气总氮监测点位平均值。

1.2 样品分析

采用大西比—东宇 1000 系列空气质量自动监测系统对石嘴山市 3 个不同点位的空气质量进行在线监测．其中大武口城区 1 个点位，惠农区 2 个点位，空气自动监测系统每年 365 天，每天每隔一个小时对大气中的 SO_2、NO_2浓度进行连续采样监测并记录。其中 PM_{10}采用红外光散射法检测，SO_2采用非脉冲紫外荧光法检测，而 NO_2采用化学发光法检测。降水的采集点位与空气自动监测点位一致，降水的采集和 pH 值的监测参照国标《酸雨观测规范》（GB/T 19117—2003）进行，使用戴安 AdvancedIc 阴离子色谱测定降水中的阴阳离子的浓度。

1.3 质量控制与保证

环境空气监测工作从样品的采集到实验室分析，按照《大气污染物无组织排放监测技术导则》（HJ/T 55—2000）中的有关规定执行。现场空白符合要求，可吸入颗粒物采用称量“标准滤膜”进行质量控制；采样前对空气采样仪器进行了校准，进而确保监测数据的准确性和可靠性．

2 结果与讨论

2.1 $PM_{2.5}$日平均质量浓度变化和频率分布

图 1 给出了石嘴山市 2012 年 4 月—12 月的 PM2.5 的日平均质量浓度变化情况。从图中可以看出，监测期间 $PM_{2.5}$浓度变化规律性比较强，4 月末到 5 月初 $PM_{2.5}$浓度开始下降，从 5 月中旬到 10 月初，整体水平呈现平稳状态，11 月份开始呈现缓慢上升趋势，12 月 $PM_{2.5}$浓度出现最大值，12 月监测数据普遍超过《环境空气质量标准》（GB 3095—2012）二级浓度限值，多为轻度污染。监测期间平均浓度为 0.065 mg/m³，监测最大值为 0.239 mg/m³，最小值为 0.011 mg/m³，其中最大值出现在 12 月，该月份为石嘴

山市冬季取暖季节，燃煤量较大，加之气候干冷，风沙偏多，这可能是造成该月份 $PM_{2.5}$浓度偏高的主要原因。

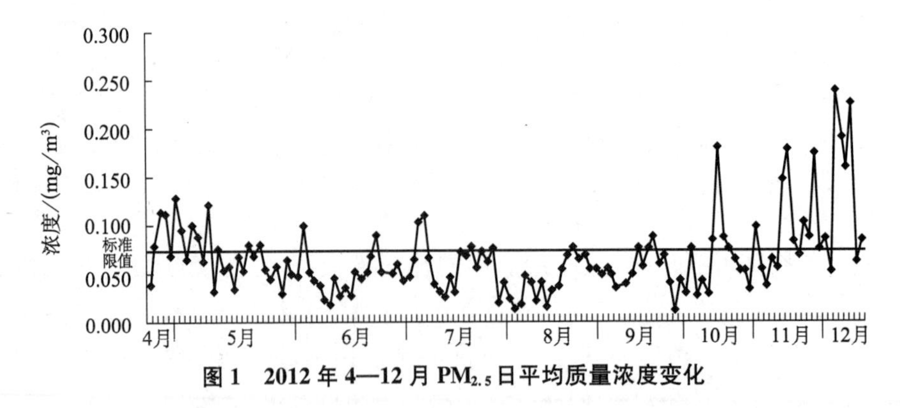

图 1　2012 年 4—12 月 $PM_{2.5}$日平均质量浓度变化

图 2 是将 2012 年 4—12 月的 $PM_{2.5}$小时平均质量浓度 0～0.26 mg/m³，按每间隔 0.02 个质量浓度单位，从小到大一次分为 15 组，然后得出的小时质量浓度频率分布状况。从该图可以看出，石嘴山市小时 $PM_{2.5}$质量浓度的频率分布很不均匀，最大出现频率质量浓度为 0.04～0.06 mg/m³，占总有效观测数据的 41%，这与现有研究结果略有不同[20]。通过石嘴山市 PM2.5 小时质量浓度频率分布的分析，可以了解该地区大气中 $PM_{2.5}$小时质量浓度总体分布状况，对于大气污染控制决策的制定具有一定的指导意义。

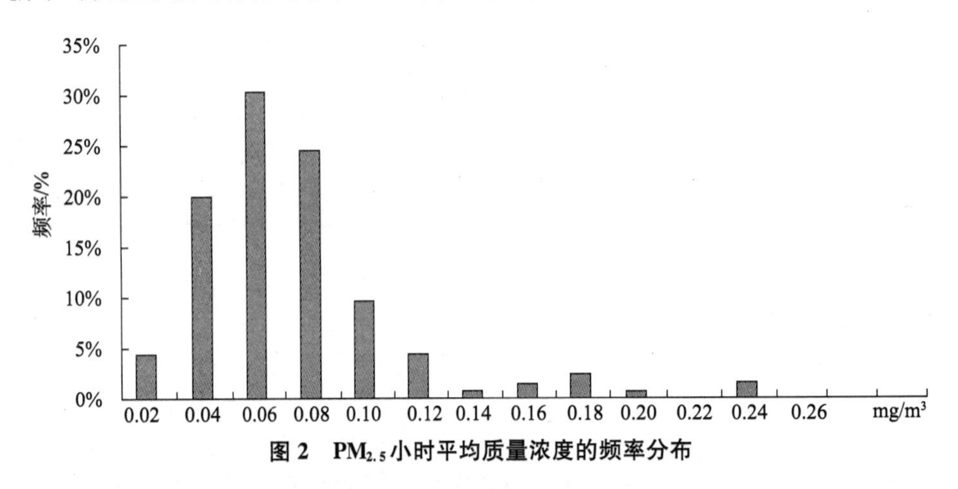

图 2　$PM_{2.5}$小时平均质量浓度的频率分布

2.2　$PM_{2.5}$与环境空气中其他污染物相关性分析

现有研究表明，影响 $PM_{2.5}$含量的因素比较，包括气象因素[21]、物理因素[22]、化学因素等[23]，本研究小组于 2012 年 4—12 月期间通过手工监测方法对大武口城区 $PM_{2.5}$浓度进行监测，结合该时间段 PM_{10}、SO_2、NO_2监测结果，对 $PM_{2.5}$与其他 3 种污染物进行相关性分析（见表 2），结果表明：$PM_{2.5}$与 3 种空气污染物都具有明显的正相关性，其中与 PM_{10}相关性最强，达到 $R^2=0.528$（$P<0.01$），与 SO_2相关性达到 $R^2=0.459$（$P<0.01$），与 NO_2相关性达到 $R^2=0.345$（P<0.01），这说明 PM_{10}、SO_2、NO_2可能都是导致 $PM_{2.5}$浓度变化的原因。

表 1　$PM_{2.5}$与 PM_{10}、SO_2、NO_2相关性分析

	$PM_{2.5}$	PM_{10}	SO_2	NO_2
$PM_{2.5}$	1			
PM_{10}	0.528**	1		
SO_2	0.459**	0.334**	1	
NO_2	0.345**	0.335**	0.519**	1

注："**"表示相关性显著水平 0.01（双尾）。

2.3 PM_{10}中阴、阳离子含量变化

$PM_{2.5}$源解析的目的是要弄清它们的来源以及源分布状况。目前，现有研究表明其来源解析的主要有3类方法：污染源排放清单法、扩散法和受体模型法[24]。扩散法是从源排放出发，计算其落差的环境浓度，进而确定污染物来源。受体模型则是从环境浓度出发，计算源的贡献。在早期人们主要用扩散模式来估算污染物的空间分布，但直接检测污染源十分困难，而从源到受体点之间的物质转化模型不容易建立，这些不足限制了其应用。受体模型就是通过测量源和大气环境（受体）样品的物理、化学性质，定性识别对受体有贡献的污染源并定量计算各污染源的分担率。Kim 等[25]分析不同种类排放源的示踪元素，认为 S、Se 与 As 是燃煤的示踪元素，Ni 是燃油的示踪元素之一，K 是木材燃烧的示踪元素，Fe 和 Mn 是炼钢的示踪元素等。宋宇等[26]利用正定矩阵分解方法探究了北京市细颗粒物中不同化学组分的来源，认为 Ca、Mg、Al、Na 和 Fe 等地壳元素主要是来源于地面的扬尘；Ca 来自于建筑源；K 来自生物质燃烧，可能由于附近麦秸等燃烧带来的；SO_4^{2-} 和有机物认为主要来自大气细粒子通过光化学反应的二次来源；元素碳和 Pb 来自机动车尾气排放；元素碳、有机物和 SO_4^{2-}、Cl^- 是燃煤的标志。研究者可根据研究源与受体样品的这些示踪元素，通过化学质量平衡（CMB）、富集因子（EF）、多元线性回归（MLR）和正矩阵因子分析法（PMF）等多种方法，回推污染源并定量计算各污染源的分担率。现有研究结果最终将 $PM_{2.5}$的主要污染源归结为人为源（机动车尾气尘和燃煤尘），而清洁地区为自然源（土壤风沙尘）[27-29]。而城市 $PM_{2.5}$主要分为 9 种污染源，分别是土壤风沙尘、建筑水泥尘、燃煤尘、柴油/重油燃烧、石化燃料/燃油排放、冶金化工、机动车排放、生物质燃料燃烧、二次转化源（大气 PM_{10}和 $PM_{2.5}$排放源特征标识元素见表 2）。

表 2 大气 PM_{10}和 $PM_{2.5}$排放源的特征标识元素

排放源类型	特征标识元素
土壤风沙尘	铝（Al）、铁（Fe）、硅（Si）、钛（Ti）、钡（Ba）、锰（Mn）、钠（Na）
建筑水泥尘	钙（Ca）、镁（Mg）
燃煤尘	砷（As）、铜（Cu）、镉（Cd）
柴油、重油的燃烧	铜（Cu）
石化燃料、燃油的排放	镍（Ni）
冶金化工	铁（Fe）、锰（Mn）、锌（Zn）、镉（Cd）、铜（Cu）、铅（Pb）、铬（Cr）
机动车排放	锌（Zn）、铜（Cu）、铅（Pb）
生物质燃料燃烧	钾（K）
二次转化源	铵根离子（NH_4^+）、硝酸根离子（NO_3^-）、硫酸根离子（SO_4^{2-}）

本研究小组对 PM_{10}中阴、阳离子进行了分析，监测的 9 种离子主要为 F^-、Cl^-、NO_3^-、SO_4^{2-}、Na^+、NH_4^+、K^+、Mg^{2+}、Ca^{2+}，均值分别为 1.7μg/m³、12.9 μg/m³、14.3μg/m³、48.4μg/m³、5.30μg/m³、6.29μg/m³、3.45μg/m³、0.12μg/m³、0.03μg/m³，所占比例分别为：1.8%、13.9%、15.5%、52.3%、5.7%、6.8%、3.7%、0.1%、0.03%，其中硫酸根所占比例最大，达到 52.3%。这说明周边煤燃烧及企业污染可能也是 PM_{10}的一个重要来源。

表 3 石嘴山市区 PM_{10}中阴阳离子含量

阴离子	SO_4^{2-} 17.3～68.5μg/m³ (59.1%～47.4%)	NO_3^- 2.24～21.70μg/m³ (7.6%～15.0%)	Cl^- 3.64～21.70 μg/m³ (12.4%～15.0%)	F^- 0.15～2.81μg/m³ (0.5%～1.9%)	
阳离子	Na^+ 3.89～9.30μg/m³ (13.3%～6.4%)	NH_4^+ 1.23～13.8μg/m³ (4.3%～9.6%)	Mg^{2+} 0.02～0.55μg/m³ (0.07%～0.34%)	Ca^{2+} 0.01～0.08μg/m³ (0.03%～0.06%)	K^+ 0.78～6.05μg/m³ (2.7%～4.2%)

2.4 PM_{10}中阴、阳离子相关性分析

PM_{10}中的NH_4^+和Ca^{2+}具有较强的相关性，正相关系数达到$R^2=0.882$（$P<0.01$），Ca^{2+}和Na^+具有较强的相关性，正相关系数达到$R^2=0.986$（$P<0.01$），NH_{4+}主要为二次转化源特征元素，Ca^{2+}为建筑水泥尘特征元素，Na^+为土壤风沙尘特征元素，这说明二次转化源的原始污染物可能主要来自土壤风沙尘及建筑水泥尘（PM_{10}中阴阳离子相关性见表4）。

表4 PM_{10}中阴阳离子相关性分析

	F^-	Cl^-	NO_{3-}	$SO_4{}^{2-}$	Na^+	$NH_4{}^+$	K^+	Mg^{2+}	Ca^{2+}
F^-	1								
Cl^-	0.761*	1							
NO_3^-	0.755*	0.901**	1						
SO_4^{2-}	0.837**	0.818*	0.941**	1					
Na^+	0.097	−0.175	0.087	0.059	1				
NH_4^+	0.105	0.029	0.312	0.219	0.932**	1			
K^+	0.265	0.365	0.469	0.289	0.747*	0.872**	1		
Mg^{2+}	−0.554	−0.563	−0.727*	−0.654	−0.292	−0.490	−0.535	1	
Ca^{2+}	0.020	−0.296	−0.038	−0.063	0.986**	0.882**	0.668	−0.246	1

注："**"表示相关性显著水平0.01（双尾），"*"表示相关性显著水平0.05（双尾）。

2.5 PM_{10}中阴、阳离子主成分分析

因$PM_{2.5}$与PM_{10}具有明显的相关性，故通过PM_{10}源解析，可揭示出$PM_{2.5}$的部分来源。通过对PM_{10}中9种阴、阳离子进行了监测，并对这9种监测离子进行主成分分析，分析结果表明：9种离子共提出2个主成分，主成分1可以解释51.45%离子来源，主成分2可以解释35.89%离子来源，两个主成分可以解释87.34%离子来源（见表4）。主成分1中载荷较高的组分是NO_3^-、SO_4^{2-}、NH_4^+、K^+，其中NO_3^-、SO_4^{2-}、NH_4^+主要为二次转化源特征元素，K^+为生物质燃料燃烧特征元素。主成分2中载荷较高的组分是Na^+、Ca^{2+}，其中Na^+为土壤风沙尘，Ca^{2+}为建筑水泥尘。这说明石嘴山市城市PM_{10}主要来源于二次转化源、生物质燃料燃、土壤风沙尘、建筑水泥尘4个来源，其中二次转化源占主要部分。

表5 PM_{10}中9种离子在因子变量上的载荷量

项目	F^-	Cl^-	NO_{3-}	$SO_4{}^{2-}$	Na^+	$NH_4{}^+$	K^+	Mg^{2+}	Ca^{2+}	特征值	贡献率	累计贡献率
主成分1	0.728	0.695	0.863	0.800	0.541	0.691	0.777	−0.817	0.438	4.631	51.45	51.45
主成分2	−0.459	−0.647	−0.453	−0.506	0.818	0.700	0.462	0.106	0.869	3.230	35.89	87.34

3 结论

（1）石嘴山市2012年4—12月$PM_{2.5}$平均质量浓度为0.065 mg/m³，其中，监测最大值为0.239 mg/m³，最小值为0.011 mg/m³，其中最大值出现在12月，12月监测数据普遍超过《环境空气质量标准》（GB 3095—2012）二级浓度限值，多为轻度污染。

（2）石嘴山市$PM_{2.5}$从5月中旬到10月初，整体水平呈现平稳状态，11月开始呈现缓慢上升趋势，12月$PM_{2.5}$浓度出现最大值。质量浓度的频率分布很不均匀，最大出现频率质量浓度为0.04～0.06 mg/m³，占总有效观测数据的41%。

（3）通过现有监测数据的统计分析，明确了石嘴山市城市PM_{10}主要来源于煤燃烧、周边企业排放、二次转化源、生物质燃料燃烧、土壤风沙尘和建筑水泥尘4个来源，而二次转化源可能主要来源于土壤风沙尘、建筑水泥尘，故$PM_{2.5}$可能大部分来源于煤燃烧、周边企业排放、土壤风沙尘、建筑水泥尘及生物质燃料燃烧。

参考文献

[1] 柴发合，高健，王淑兰，等．大气细颗粒物监测的政策制定和标准设计［J］．环境保护，2011，40（16）：18-21.

[2] Sorensen M，Daneshvar B，Hansen M，et al. Personal $PM_{2.5}$ exposure and markers of oxidative stressinblood [J]. Environ. Health Perspect.，2003，111（2）：161-166.

[3] 戴树桂．环境化学［M］．北京：高等教育出版社，1996：98.

[4] 王东方．上海冬春季 $PM_{2.5}$ 中不挥发和半挥发颗粒物的浓度特征［J］．中国环境科学，2013，33（3）：385-391.

[5] Pang Yanbo，Eatough N L，Eatough D J. PM2. 5 Semivolatile organic material at riverside，california：Implications for the $PM_{2.5}$ federal reference method sampler [J]. Aerosol Science and Technology，2002，36：277-288.

[6] 朱彤，尚静，赵德峰．大气复合污染及灰霾形成中非均相化学过程的作用［J］．中国科学：化学，2010，40（12）：1731-1740.

[7] Grover B D，Eatough N L，Eatough D J. Measurement of both nonvolatile and semi-volatile fractions of fine particulate matter in Fresno，CA [J]. Aerosol Science and Technology，2006，40：811-826.

[8] Sorensen M，Daneshvar B，Hansen M，et al. Personal PM2. 5 exposure and markers of oxidative stressinblood [J]. Environ. Health Perspect，2003，111（2）：161-166.

[9] 郭新彪，魏红英．大气 $PM_{2.5}$ 对健康影响的研究进展［J］．科学通报，2013，58（13）：1171-1177.

[10] Lee J H，Hopke P K. Apportioning sources of $PM_{2.5}$ in St. Louis，MO using speciation trends network data [J]. Atmospheric Environment，2006，40（S2）：360-377.

[11] 王芳，陈东升，程水源，等．基于气流轨迹聚类的大气污染输送影响［J］．环境科学研究，2009，22（6）：637-642.

[12] Wei Huang，Junji Cao，Yebin Tao，et al. Seasonal Variation of Chemical Species Associated With Short-Term Mortality Effects of $PM_{2.5}$ in Xi'an，a Central City in China [J]. Am. J. Epidemiol，2012，175（6）：556-566.

[13] 黄辉军，刘红年，蒋维楣，等．南京市主城区大气颗粒物来源探讨［J］．气象科学，2007，27（2）：162-168.

[14] 秦晓光，程祥圣，刘富平．东海海洋大气颗粒物中重金属的来源及入海通量［J］．环境科学，2011，32（8）：2193-2196.

[15] 滕恩江，胡伟，吴国平，等．中国四城市空气中粗细颗粒物元素组成特征［J］．中国环境科学，1999，19（3）：238-242.

[16] 杨丽萍，陈发虎．兰州市大气降尘污染物来源研究［J］．环境科学学报，2002，22（4）：499-502.

[17] 周震峰，刘康，孙英兰．苏南农村地区大气 $PM_{2.5}$ 元素组成特征及其来源分析——化学质量平衡方法［J］．环境科学研究，2006，19（3）：24-28.

[18] Song Y，Zhang Y H，Xie S D，et al. Source apportionment of $PM_{2.5}$ in Beijing by positive matrix factorization [J]. Atmospheric Environment，2006，40（8）：1526-1537.

[19] 李秀镇，盛立芳，徐华，等．青岛市大气 $PM_{2.5}$ 元素组成及来源研究［J］．环境科学，2012，33（5）：1438-1445.

[20] 王扬锋，马雁军，陆忠艳，等．辽宁本溪大气颗粒物浓度特征［J］．环境化学，2012，31（2）：

235-242.

[21] 云慧，何凌燕，黄晓锋，等. 深圳市 $PM_{2.5}$ 化学组成与时空分布特征 [J]. 环境科学，2013，349 (4)：1245-1251.

[22] 赵亚南，王跃思，温天雪，等. 鼎湖山 $PM_{2.5}$ 中水溶性离子浓度特征分析 [J]. 环境科学，2013，34 (4)：1232-1235.

[23] 戴伟，高佳琪，曹罡，等. 深圳市郊区大气中 $PM_{2.5}$ 的特征分析 [J]. 环境科学，2012，33 (6)：1952-1957.

[24] 杨书申，孙珍全，邵龙义，等. 城市大气细颗粒物 $PM_{2.5}$ 的研究进展 [J]. 中原工学院学报，2006，17 (1)：1-5.

[25] Kim B M，Henry R C. Diagnostics for determining influential species in the chemical mass balance receptor model [J]. Air Waste Manage. Assoc，1999，49：1449-1455.

[26] 宋宇，唐孝炎，方晨，等. 北京市大气细粒子的来源分析 [J]. 环境科学，2002，23 (6)：11-16.

[27] 王淑兰，柴发合，张远航，等. 成都市大气颗粒物污染特征及其来源分析 [J]. 地理科学，2004，24 (424)：488-492.

[28] 王荟，王格慧，高士祥，等. 南京市大气颗粒物春季污染的特征 [J]. 中国环境科学，2003，23 (1)：55-59.

[29] 姬亚芹，朱坦，冯银厂，等. 用富集因子法评价我国城市土壤风沙尘元素的污染 [J]. 南开大学学报，2006，29 (2)：94-99.

作者简介：田林锋 (1983—)，男，陕西宝鸡人，中级工程师，硕士，主要从事环境分析。

燃煤电厂 Hg-CEMS 气态汞浓度比对监测评价标准的探讨

陈 飞 李斗果 郭喜丰
重庆市环境监测中心，重庆 401147

摘 要：本文基于燃煤电厂汞监测比对数据，对燃煤电厂 Hg-CEMS 比对监测结果进行了分析，提出了对燃煤电厂 Hg-CEMS 比对监测的建议方法，并对比对监测结果的评价标准提出了建议。

关键词：燃煤电厂；汞监测；汞在线监测系统；比对；评价标准

A Study on the Comparison Evaluation Standard of Hg-CEMS for Coal-fired Power Plant

CHEN Fei LI Dou-guo GUO Xi-feng
Chongqing Environmentel Monitoring Center，Chongqing 401147

Abstract：Based on the data of mercury monitoring in coal-fired power plant，this paper analysed the monitoring results of the comparison with Hg-CEMS for coal-fired power plant，and put forward suggestive methods for Hg-CEMS comparison monitoring of coal-fired power plant，and put forward some suggestions for the evaluation standard of Hg-CEMS comparison monitoring .

Key words：coal-fired power plants；mercury monitoring；Hg-CEMS；comparison；evaluation standard

1 引言

Hg-CEMS 的比对监测是火电厂污染源监测的一项重要内容，但气态汞浓度比对监测评价标准现在并不明确。

在《火电厂大气污染物排放标准》（GB 13223—2011）[1]中明确规定：自 2015 年 1 月 1 日起，燃煤锅炉执行表 1 规定的汞及其化合物污染行排放限值。这意味着，从 2015 年开始，将全面对燃煤电厂的烟气汞进行监测。对 Hg-CEMS 的比对监测自然包括在内，明确燃煤电厂 Hg-CEMS 气态汞浓度比对监测的评价标准，对于《火电厂大气污染物排放标准》（GB 13223—2011）的执行，是必需的技术基础。

在汞监测试点监测工作中，在对比对监测结果进行评价时，参照《固定污染源烟气排放连续监测技术规范（试行）》（HJ/T 75—2007）[2]中关于烟气 CEMS 气态污染物的准确度要求：“当参比方法测定烟气中其他污染物排放浓度；相对准确度≤15%”。发现对 Hg-CEMS 的比对监测结果基本上一直达不到这一要求，原因是烟气中汞的浓度在 10μg 每立方标态烟气的水平，相当于烟气中的二氧化硫、氮氧化物等气态污染物上百毫克每立方标态烟气的浓度水平的万分之一，以对相对高浓度气态污染物比对监测相当的准确度要求相对低浓度的气态污染物，这是不一定合适的。

通过本项研究，要达到的目标是：明确燃煤电厂 Hg-CEMS 气态汞浓度比对监测的评价标准，使《火电厂大气污染物排放标准》（GB 13223—2011）的执行能够落到实处。

2 选择 EPA-30B 方法作为 Hg-CEMS 比对监测中的参比方法

2.1 常用烟气汞离线测试方法

烟气汞的离线测试方法主要分为湿化学法和固体吸附法两大类。

湿化学法是最常用的烟气汞监测技术，主要包括 EPA 方法 29、EPA 方法 101A、EPA 方法 101B、OH 法、TB 法、IB 法等。EPA 方法 29、EPA 方法 101A、EPA 方法 101B 和 OH 法均为国际标准方法，其中，OH 法和 EPA 方法 29 最为常用，而 TB 法和 IB 法是学术研究领域内发展出来的两种方法，也具有比较好的准确性，但并不属于标准方法，因此不常用。HJ 543—2009 规定的行业标准方法[3]也是属于湿化学法。

固体吸附法主要指 EPA 方法 30B[4]。该法是以强化活性炭吸附剂为基础的测试方法，即用填充化学处理过的活性炭吸附剂管，捕集烟气中所有的汞。从烟囱或烟道中以一定速度采取的烟气通过一对吸附管，采样后活性炭采用化学消解法或直接燃烧法对其进行分析。

常用离线烟气汞测试方法对比见表 1。

表 1 常用离线烟气汞测试方法对比

方法名称	方法描述	优点	缺点
OH 方法	湿化学法采集分析 分形态烟气汞	可用于校验 多点同步监测可分形态	操作复杂 高纯度试剂
冷原子吸收分光光度法 （HJ 543—2009）	湿化学法采集 分析烟气总汞	操作简单，适合日常监测 使用，操作简单	不适合经常性采样 无法分形态
EPA 方法 30B	活性炭吸附法采集 分析烟气总汞	多点同步监测 可快速出结果	易受各种因素干扰 价格昂贵 分形态方法尚不完善

2.2 以 EPA-30B 方法作为 Hg-CEMS 比对监测中的参比方法的优势

OH 法使用所要求的条件比较苛刻，不适合经常性采样，故未选用。在现场监测时，我们在电厂脱硫后同一采样断面同时使用冷原子吸收分光光度法（HJ 543—2009）和 EPA 方法 30B 采集烟气汞样品，并与同时段的 Hg-CEMS 监测数据相比较，结果见表 2。

表 2 HJ 543—2009 方法和 EPA 方法 30B 与 Hg-CEMS 监测结果比较

	1	2	3	4	5	6	7	8	9	X	RA/%
RM-A	12.3	7.33	7.90	9.63	8.14	7.99	8.67	9.23	7.73	8.77	14.8
RM-B	8.40	4.63	6.85	6.72	5.92	3.48	15.4	6.78	4.79	7.00	51.3
Hg-CEMS	9.36	7.13	7.89	9.31	7.36	7.73	8.60	8.83	7.26	8.16	—

注：1——测试结果单位：μg/m³；2——RM-A：参比测试方法 A，EPA Mtheod 30B；RM-B：参比测试方法 B，HJ543-2009；Hg-CEMS：烟气汞在线监测系统；X：测试结果平均值；RA：与 Hg-CEMS 比对的相对准确度，%。

从测试数据来看，RM-A 测试数据和 RM-B 测试数据与 Hg-CEMS 测试数据比对的相对准确度分别为 14.8%和 51.3%，采用 EPA-法 30B 测试得到的数据比用冷原子吸收分光光度法（HJ 543—2009）与 Hg-CEMS 监测数据的波动变化更一致；RM-A 测试数据和 RM-B 测试数据与 Hg-CEMS 测试数据的平均值依次为 8.77μg/m³、7.00μg/m³和 8.16μg/m³，显然采用 EPA 方法 30B 测试得到的数据比用冷原子吸收分光光度法（HJ 543—2009）与 Hg-CEMS 监测数据更接近。究其原因，主要是由于电厂烟气高湿、含各种还原性气体、后端采样等客观情况干扰，加之相应的质控措施的缺乏，使得 HJ 543—2009 规定的采样方法的成功使用变得困难。而 EPA 方法 30B 则采用固体吸附管前置的方式避免后端采样带来的各种问题，并且采用平行双样的方式作为每次采样的质控措施，比较好地保证了采样工作的质量。基于对这两种方法测试结果的比较，认为在对 Hg-CEMS 进行比对监测时，选择 EPA 方法 30B 更为合适。

3 在汞试点监测中，以 EPA 方法 30B 作为参比方法，与在线监测数据的比对结果

3.1 比对监测内容

在 2012 年的燃煤电厂汞试点监测工作中，对有两台 30 万 kW 燃煤发电机组的某电厂进行了连续 8 个月、每月一次的监测。该电厂有两套美国 Thermo-Fisher 公司生产的烟气 Hg-CEMS 仪器，一套安装在 1＃机组脱硫后烟道断面上，一套安装在 1＃、2＃机组共用排气烟囱 60m 高度断面上，在汞试点监测工作中，每次都对这两套在线仪器进行了比对监测。

比对监测的方法是：在在线监测探头安装的断面位置，以参比方法 RM（EPA 方法 30B）分次连续采集 9 次样，经分析计算后以有效测试结果与相应时段的 Hg-CEMS 测试值比对，计算各自的平均值、2 个平均值的相对误差及两组数据的相对准确度。

3.2 比对监测结果

1＃机组脱硫后的 Hg-CEMS 比对监测结果如表 3，1＃、2＃机组共用烟囱的 Hg-CEMS 比对监测结果如表 4。

表 3　1＃机组脱硫后的 Hg-CEMS 比对监测结果

	METHOD	1	2	3	4	5	6	7	8	9	X	RE/%	RA/%
1	EPA-30B	8.24	7.9	—	—	12.6	8.26	6.56	6.46	6.97	8.14	−15.2	37.4
	Hg-CEMS	7.46	7.23	—	−8.42	7.05	7.07	6.15	6.71	6.61	6.90		
2	EPA-30B	8.22	8.84	8.76	6.93	8.09	—	7.10	—	—	8.24	−14.0	17.3
	Hg-CEMS	6.90	7.64	8.05	6.77	7.07	—	5.96	—	—	7.09		
3	EPA-30B	8.60	8.05	8.00	5.79	6.11	6.28	6.53	7.84	7.24	7.27	−24.8	31.2
	Hg-CEMS	5.95	5.80	5.64	8.48	5.10	4.79	4.85	5.54	5.75	5.47		
4	EPA-30B	6.84	7.52	7.22	6.45	7.56	6.90	6.99	6.22	6.40	7.13	−19.5	19.5
	Hg-CEMS	6.09	5.94	6.44	6.33	6.36	6.01	6.45	5.81	5.67	6.14		
5	EPA-30B	6.96	7.23	7.50	4.83	7.10	8.63	7.46	7.10	6.96	7.29	−16.3	19.0
	Hg-CEMS	6.06	6.11	6.46		5.84	7.07	6.62	5.85	6.06	6.10		

注：1——测试结果单位：μg/m³；2——METHOD：测试方法；X：测试结果平均值；RE：以 EPA 方法 30B 测试平均值为真值，%；Hg-CEMS 测试平均值的相对误差；RA：与 Hg-CEMS 比对的相对准确度，%（表 4 同）。

表 4　1＃、2＃机组共用烟囱的 Hg-CEMS 比对监测结果

	METHOD	1	2	3	4	5	6	7	8	9	X	RE/%	RA/%
1	EPA-30B	10.3	10.5	10.4	9.59	10.0	9.33	9.39	9.11	9.32	9.77	5.42	13.2
	Hg-CEMS	11.3	13.1	11.7	9.60	9.61	9.61	9.09	9.54	9.47	10.3		
2	EPA-30B	/	5.40	6.59	6.38	/	6.28	6.24	6.10	6.16	6.16	15.6	20.5
	Hg-CEMS	/	7.06	7.34	7.32	/	7.28	7.12	6.92	6.81	7.12		
3	EPA-30B	6.11	5.76	5.70	5.83	7.09	5.50	/	6.83	6.38	6.15	−18.5	28.1
	Hg-CEMS	4.80	5.10	5.07	5.28	5.08	5.25	/	4.92	4.58	5.01		
4	EPA-30B	6.75	7.75	6.38	6.56	6.32	5.86	6.01	6.06	6.51	6.47	−24.0	27.3
	Hg-CEMS	5.46	5.59	4.83	4.95	4.79	4.63	4.70	4.58	4.75	4.92		
5	EPA-30B	5.74	6.85	5.76	6.67	6.26	6.86	7.26	7.87	7.96	6.80	18.7	24.9
	Hg-CEMS	8.10	8.20	7.69	7.53	7.54	7.99	8.31	8.50	8.81	8.07		
6	EPA-30B	6.47	6.64	6.78	7.04	7.15	6.81	6.99	6.32	6.42	6.74	14.4	18.3
	Hg-CEMS	7.08	8.22	7.51	8.15	8.41	7.57	8.23	7.18	7.02	7.71		
7	EPA-30B	3.26	6.29	4.88	5.00	4.96	4.98	5.30	6.03	5.81	5.17	−14.3	27.9
	Hg-CEMS	4.23	4.17	4.07	3.26	3.72	4.73	4.90	5.74	5.01	4.43		
8	EPA-30B	6.77	7.53	6.20	6.43	6.13	7.84	8.13	6.47	7.88	7.04	−6.68	14.8
	Hg-CEMS	6.47	6.73	6.52	6.44	6.67	6.46	6.61	6.31	6.88	6.57		

4 以国内、美国EPA相关评价方法评价比对监测结果，给出建议

目前，我国对Hg-CEMS比对监测的评价参考标准只有《固定污染源烟气排放连续监测技术规范（试行)》（HJ/T 75—2007）中关于烟气CEMS气态污染物的准确度要求：“当参比方法测定烟气中其他污染物排放浓度；相对准确度≤15%”；而在Hg-CEMS使用相对比较成熟的美国，则对Hg-CEMS比对监测的评价标准作了明确的规定[5]：要求在烟气汞浓度>5μg/m³的情况下，相对准确度≤20%，在烟气汞浓度≤5μg/m³的情况下，绝对误差不超过1μg/m³。

如果参照《固定污染源烟气排放连续监测技术规范（试行)》（HJ/T 75—2007）中关于烟气CEMS气态污染物的准确度要求对比对监测结果进行评价，则1＃机组脱硫后的Hg-CEMS比对合格率为0；1＃、2＃机组共用烟囱的Hg-CEMS比对合格率为25%。

如果参照美国EPA相关标准中烟气Hg-CEMS的准确度要求对比对监测结果进行评价，则1＃机组脱硫后的Hg-CEMS比对合格率为60%；1＃、2＃机组共用烟囱的Hg-CEMS比对合格率为37.5%，且第2次与第7次比对监测也非常接近合格标准，也就是说，合格率可以达到62.5%的水平。

我们认为，评价结果表明，通过正常的仪器校准与维护以及恰当的质量控制，Hg-CEMS比对监测合格是可以实现的，这符合企业的利益，也符合环境管理的要求。后者对监测对象的特点与监测仪器的能力考虑更加符合实际，用以评价Hg-CEMS比对监测结果也更加合理。

参考文献

[1] 火电厂大气污染物排放标准. GB 13223—2011.

[2] 固定污染源烟气排放连续监测技术规范（试行). HJ/T 75—2007.

[3] 冷原子吸收分光光度法. HJ 543—2009.

[4] US EPA. Method 30B，determination of total vaporphase mecury emission from coal-fired combustion sources using carbon sorbent traps [SPOL]，2010-12-13.

[5] 40 CFR Ch. 1 (7-1-05 Edition)，page400.

作者简介：陈飞（1980—），男，汉，重庆市人，大学本科，助理工程师，化学专业。

美国水污染源排污许可制度研究

王军霞　陈敏敏　唐桂刚　景立新
中国环境监测总站，北京　100012

摘　要：美国“国家消除污染排放制度”（NPDES）排污许可制度是实现水环境保护目标的重要手段。NPDES 排污许可证有个别许可和一般许可两种。NPDES 有明确的职责分工，严格的申请和发放程序，完善的监督机制。通过对美国 NPDES 许可的研究，提出我国排污许可证制度完善中，应重新认识排污许可的地位和作用，正视排污许可证制度与排污权交易间的关系，重视排污许可证文本的设计，完善排污许可证制度的监督检查机制设计。

关键词：排污许可；水污染源；NPDES

Research on Water Pollution Source Discharge Permit Regulation in USA

WANG Jun-xia　CHEN Min-min　TANG Gui-gang　JING Li-xin
China National Environmental Monitoring Centre，Beijing 100012

Abstract：NPDES discharge permit is the main instrument to protect water quality in USA. There are individual and general permits. There is definite reasonability among stakeholders，rigorous application and payment procedures，and perfect supervision mechanism. While improving the permit instrument in China，it should re-recognize the role of permit，envisage the relationship of permit and emissions trading，pay attention to permit text designing，and improve the designing of supervision mechanism.

Key words：discharge permit；water pollution source；NPDES

1972 年美国《清洁水法》规定，建立排污许可证计划，称为“国家消除污染排放制度”（NPDES），授权美国环保署（EPA）在全国实施，至今已有近四十年历史。美国许可证制度的发展是一个渐进的过程，在立法之后，经过 2～3 年的努力，产生最早的许可证。之后，许可证制度经过污染物和污染源控制范围的逐渐扩大，管理程度逐渐严格的过程，最终形成目前的美国排污许可证制度框架。我国排污许可证制度从八十年代在各地试点，但至今仍未在全国范围内统一实施，对美国 NPDES 许可制度进行研究，可以为我国排污许可证制度的完善提供借鉴。

1　NPDES 排污许可制度在废水污染物监管中的地位

排污许可证制度是实现清洁水法中所设定的国家目标的手段和工具，是清洁水法中对于点源排放要求的实施载体。

1.1　污染物排放控制

针对“至 1985 年，全面停止向通航水体排放污染物”的国家目标，要求对点源排放进行控制，所有向通航水体排放污染物的点源都必须获得排污许可证，否则视为违法。

清洁水法第三章，对排放标准及其实施做了详细的规定，其中关于点源的排放控制标准，是对点源污染排放的直接要求，而这些要求的实施主要依靠排污许可证制度。通过在排污许可证中明确点源需要执行的排放标准类别，以及相应的监测方案，并通过排放许可证制度的实施，实现对点源的排放监督，从而保证点源按照排放标准的要求进行排污。因此，排污许可证是污染物排放控制政策手段。

1.2 水体水质保护

针对“1983年7月1日，在所有可能实现的地方达到水质保护的中期目标，这一目标将有利于鱼类、水生贝类和野生生物的保护和繁殖，并有利于在水面和水中进行娱乐活动。”的国家目标，需要水体达到相应的功能区要求，而仅仅从排放控制的角度出发，在某些时期或者某些地区，即便点源能够满足排放标准的要求，河流水质仍然无法满足水体功能的需求，因此，需要从水体水质保护的角度出发，确定日最大排放量，并将计算所得日最大排放量进行分配。

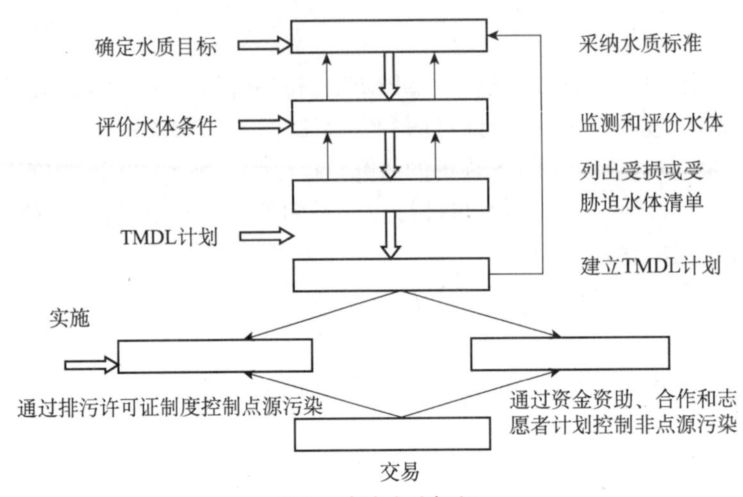

图1 清洁水法框架

从图1清洁水法框架中可以看出，排污许可证制度水体水质保护的载体和工具。清洁水法中确定水体保护目标，并对水体进行评价，对于受损或者受胁迫水体提出保护计划，建立TMDL计划，而排污许可证是TMDL计划在点源污染中实施的载体。

2 NPDES排污许可的种类与内容

2.1 许可证文本的类别

许可证文本是设施在特定条件下向水体排放指定的污染物量一个执照。有两个基本类型的NPDES许可文本：

个别许可证。个别许可是专门为单个设施调整的许可。一旦设施提交合适的申请，许可证权威机构为这个特定的设施开发一个许可证，许可证的开发是在许可申请中包含的信息（如活动类型、排放性质、接收水质）基础上进行的。权威机构向设施发放许可证，许可证的具有一定的有效期（一般不超过5年），并要求在有效期结束之前重新申请。

一般许可证。一般许可包括特定种类的大量设施。一般许可为许可证机构提供了一个费用有效的选择，因为很多设施可以被一个许可包括在内。根据水法中NPDES的规定，以下有共同点的点源种类可写通用般许可：雨污点源；有相同或者充分相似工艺类型的设施；排放同样类型的污水或者从事同样类型污泥利用或者处理活动的设施；有相同排放限制、运行条件或者污泥利用和处理标准的设施；要求相同或者相似监测的设施。一般许可证只能在特定地理区域内使用，如市、县或者州边界；指定的计划区域；污水区域或者污水当局；州高速公路系统；标准的大城市统计区域；或者城市化区域。通过发放一般许可，许可权威机构以更有效率的方式发放更及时的许可证，以分配资源。如大量有某种共同相同因素的设施都可囊括在一般许可中，省去向各个设施方法个别许可证所需的金钱和时间。另外，使用一般许可保证了类似条件设施许可的一致性。

2.2 许可证文本的内容

所有的NPDES许可证，最少包括5个一般部分：

封面——通常包括被许可者的名称、位置，批准排污的说明，被批准排放的具体位置。

排放限制——控制向水体排放的主要机制，设计许可证的人花费大多数的时间获得合适的排放限制，排放限制根据基于技术和基于水质的标准确定的。

监测和报告——用于确定废水和接收水体的特征，评估污水处理的有效性，以及确定遵循许可条件。

特殊要求——排放限制指导的补充情况，例如：最佳管理实践（BMPs），额加监测活动，周边河流调查，毒性削减评估（TREs）。

标准要求——适合所有的 NPDES 许可的预先制定的要求，以及描述许可证的法律、法规和程序上的要求等。

每个许可证包括这五个基本部分，但是各部分的内容根据许可证是发给市政还是工业设施，以及是向个别设施发放还是向多个设施发放（即一般许可）而有所区别。

3 NPDES 排污许可的管理机制

3.1 职责分工

NPDES 许可计划是《清洁水法》授权联邦环保局实施的行动，由中央政府负责。联邦 EPA 可以授权州或者部落具体实施该项目。如果希望获得该项目授权的州，需要符合一定的要求，经联邦环保局评估认定有资格管理该项目的州，要将 NPDES 许可计划纳入本州法律中，使其具有法律效力，州的要求可以比联邦的要求严格，但是不能比联邦的要求低。州既可以申请全面的许可计划，也可以申请部分许可。对于没有申请授权的州，以及申请部分授权的州，州负责以外的部分由联邦环保局直接管理。目前，有 5 个州是完全授权，5 个州没有任何许可证管理授权，由联邦 EPA 设计所有的许可证，其他的州都属于部分授权。

排放许可证并不是简单地从联邦政府机构交给州政府机构去做，变成一个地方的专项工程。它仍然是联邦专项工程，由美国环保局与州的有关环保机构制定有法律认可的契约性质的备忘录（MOA，Memorandum of Agreement），正式授权给州环保机构办理。

联邦环保局及分支机构职责：制定法律规范、人才培训、批准和否决、监督、执行未授权的部分。城镇污水处理厂的污泥排放证管理在技术上比预处理管理简单，但是美国环保局迄今直接管理全美国各州的排放证事务。由于污泥中的污染物含量直接反映了污水处理厂的处理水平和排放水水质，所以污泥排放的管理可以帮助美国环保局直接了解各个城镇污水处理厂的运作和监督授权污水排放许可证各州的工作。

地方许可证管理机构职责：发放由联邦 EPA 授权了的许可证；至少达到《清洁水法》要求的程度去检查、监测、进入和要求报告；评估。检查设施和活动提交的信息的准确性，取样的代表性等，以及其他相关的实施状况的评估；通知公众及其水域可能受影响的其他任何州每份申请，举行听证会；汇报。转交局长每份申请（包括其副本）；汇报许可证的执行情况；上报监测数据等。州许可计划的负责人需要每季、每半年、每年分别向联邦 EPA 地区负责人或者向联邦环保局局长汇报执行和不执行状况，以及不执行状况的类别等；征求相关部门的意见，以保证许可证不违背其他部门的要求；对许可证的违反行为进行民事或刑事制裁，或者其他方式的处罚。

3.2 许可证的申请与发放程序

个别许可的主要步骤：许可证地方管理机构接到来自被许可者的申请，检查申请的完整性和准确性，如有需要，要求其他信息，由此获得完整和准确的申请信息；根据申请数据和其他资料来源确定基于技术的排放限制，根据申请数据和其他资料来源确定基于水质的排放限制，对比基于技术和基于水质的排放限制，选择较严格的作为许可证的排放限制；设计每种污染物的监测要求；综合考虑申请单位的特殊情况和一般情况，考虑差别和其他适用规定，最终形成对申请单位排放方面的要求和限制；草稿公示和说明，概述主要事实和重要的确凿的合法性说明；将许可证草稿和说明提交 EPA 局长；完成检查和发放程序；发放最终许可证；确保许可证要求的实施。

一般许可的程序与个别许可相似，不过在某些规定中有不同。许可机构首先通过搜集证明一群或者一类排放者有相似之处，发放一般许可是合理的数据，确定需要一般许可，在决定是否发放一般许可时，许可机构考虑以下问题：是否有大量设施包括在内，这些设施是否有相似的生产过程或活动，这些设施是否产生相似的污染物，这些设施是否低的潜在违反水质标准的比率。

一般许可发放之后，设施想包括在一般许可下的，通用向许可机构提交意向报告（NOT）。许可机构或者要求附加信息，或者通知将其纳入一般许可，或者要求其申请个别许可。

3.3 监督机制

在 NPEDS 体系中，获得并保持一个较高的环境法规的遵守和执行效率是联邦和州环境管理机构的最重要的目标。因此对排污许可证的执行情况进行监督和检查则成为一种有效的管理和激励机制。通过监督机制的实施，可以有效地检查规章、许可要求和其他项目要求的执行状况；检查被许可者提交的信息的准确度，以及被许可者执行的抽样和检测的合适性和适度性。此外，通过监督机制的实施，还可以实现为执行相应的措施搜集证据、为许可程序获得信息支持以及评估法令的执行程度等目标。

《清洁水法》（section 402）规定，点源的许可证持有者必须遵守许可证的特定要求，对于取得许可证的设施是否严格的遵守许可条件，第 308 条规定了两种监测方式：一是点源的自我监控；二是由 EPA 或州污染控制机构按照一定程序对许可证的执行情况进行监督检查，以及对点源的自我监控情况进行评估。

EPA 的责任。按照清洁水法的要求，EPA 可以对一切排放至天然水体的污水排放点进行监控，而无论其是否拥有许可证。水法中规定在州满足一定条件时，允许联邦机构授权给实施 NPDES 的州许可证的签发，执行和监督的权利，但联邦保留许可证的最终批准的权利。EPA 和州水污染控制机构签署正式的合作协议，以保证对许可证的监督按时准确的完成。一旦州、管辖区和部落被授权发放许可证或者管理部分计划，EPA 将不再管理这些活动。但是，EPA 必须有机会检查每个由州、管辖区和部落发放的许可证，并且否决与联邦要求有冲突的因素。EPA 同时保有在州管辖范围内选择某些设施或活动进行监督检查的权利。如果许可机构不遵循反对意见，EPA 将直接管理许可证。

州政府的责任。国家要求州必须要有一定条件才能把管理的权利下放到州。条件是州必须将 EPA 制定的 NPDES 的法规纳入本州相关的法律体系，或将此作为许可证管理和执行的最低标准。EPA 需要和州制定一个具体的 MOA，属于中央政府的专案，在中央政府法规下执行。州政府按州内划分的区域设立区域办事处，作为许可证的发放和监督管理机构。如果州违规了 MOA 的规定，联邦执法机构可以直接介入进行调查和处罚而不需通过州政府，同时联邦和州法庭也可以接受诉讼。这实际上都是提高了管理的层次。在对许可证的监督中，州政府首先需要制订一个完整的实施计划和程序。这项计划需要满足以下要求：①可以获得州长的授权，对所有违反许可证和相关法规的设施及活动进行全面调查；②按照许可证要求定期对相关设施和活动进行检查；③可以有效获得违反许可证要求的相关违法信息；④制定公众监督程序，使公众对于违法行为的监督信息可以有效反馈。

公众参与。社会监督在美国的环境保护法令执行过程当中，起着非常重要的作用，是一个不可缺少的基本成分。美国《清洁水法》范畴下的“公民诉讼”被使用的最广泛，社会影响也最大。“公民诉讼”条款允许任何利益相关的公民，包括环保团体，在联邦地方法院提出公民诉讼，惩办违反排放标准的排污户，或者没有尽到水法所规定的职责的美国环保署或者州的环境保护政府机构负责人。公民可以参与多种形式的执行过程。根据信息自由法案，公民有权利要求获得 EPA 数据库中的某些特定的设备执行信息。感兴趣公民可以参加任何联邦民事诉讼，参与复审和评论被提议的许可法令。

由上可见，美国的许可证的监督机制分为三个层次：联邦对州的监督；州机构对持有许可证的点源的监督；点源的自我监督以及非营利环境保护团体为主要力量的社会监督。这种多层次、直线型的系统使监督机制严密且容易实施。同时采用证明书等强调个人法律责任的自我监督机制，以及守法援助等政策对守法者提供激励措施，从而提高许可证的执行效果，降低监督成本。

4 对我国排污许可证制度完善的启示

4.1 重新认识排污许可的地位和作用

排污许可证实质上可以看作环保机构发给持证单位的法律文书，同时也是政府的执法文件。排污许可证中包含了持证单位所应遵循的所有要求，而且通过设计模板，提供标准的表格，设计严格的计算公式等形式将对持证单位的要求规范化，一方面对持证单位的要求更加具体和明确，另一方面对持证单位提交的信息的质量提出要求，进行规范，可提高信息的质量。而我国目前普遍认为排污许可证是实施污染物排放总量控制的手段，是以总量控制为基础的污染物授权排放制度。或者认为排污许可证仅仅是对企业排放行为的许可，而对排污许可作为一项水污染源基础而全面的监管政策认识不足。

4.2 正视排污许可证制度与排污权交易间的关系

在美国，废水排污许可证并不是为了进行排污权交易，也不允许点源之间进行交易。在同一受纳水体范围，实施 TMDL 的区域内，点源和非点源之间可以实施排污权交易，主要的方式是由点源提供资金来进行非点源的污染控制，从而可以在降低对点源排放控制要求的情况下，满足 TMDL 的要求，实现对水质的保护。在美国，能够普遍进行交易的是酸雨许可证，是针对于大型排污企业二氧化硫和氮氧化物的排放控制制度，这与我国的情况是不同的。之所以如此，主要是考虑到不同排放源对环境质量影响的可替代性。废水排污影响区域性特征十分明显，不同区域的点源对水体的影响是不同的，不能简单地进行交易。而高架源的二氧化硫和氮氧化物排放迁移性强，不同区域源排放控制具有较强的可替代，可以通过交易的方式实现排污控制。而在我国，排污许可证制度一直以来被当做实施排污权交易的载体，认为实施排污许可证制度就是为了进行排污权交易，或者说实施了排污许可证就一定要进行排污权交易，这种认识是存在误区的。因此，应该正视排污许可证制度与排污权交易的关系。

4.3 重视排污许可证文本的设计

排污许可证文本既是持证单位的守法依据，也是政府部门对排污单位进行检查的重要依据，因此，文本越详尽，对排污单位的管理越确定，政府部门的检查越具针对性。从美国的经验来看，因为设有专门编写排污许可证的专家，并有非常详尽的手册，每个排污单位的许可证文本都非常具体而确定，尤其是对于较大排放源，从各个方面对排污单位废水污染治理进行了规定，形成数十页甚至更多的许可证文本。而我国一直以来，并未对排污许可证文本设计基于足够的重视，许可证文本内容过于原则性和笼统，使得排污单位难以通过许可证文本了解本单位所应采取的污染治理措施，政府部门也不会以许可证文本为依据对排污单位展开全面的检查。许可证文本仅仅作为一个许可的证明，而非真正意义上的排污许可制度的载体。因此，应借鉴美国的经验，重视对排污许可证文本的设计，使其包含对排污单位污染治理和排放的全面而具体的要求，从而正在发挥许可证制度的作用。

4.4 完善的监督检查机制是许可证有效实施的重要保障

美国 NPDES 许可制度之所以能够在水污染治理中发挥重要的作用，离不开完善的监督检查机制。联邦政府对州政府的监督有利于督查州政府更好地开展各排放源的监管，州政府对排放源的监管则直接保证了排污许可证制度的实施效果，公众监督则为该制度的实施提供了强大的外部动力。我国目前缺少全国统一的排污许可制度，国家对省级部门的监督基本不存在。由于我国信息公开制度的不完善，公众参与还很不完善。因此，我国的排污许可证制度的监督检查机制极不完善。我国目前正在研究制定排污许可证制度，应重视对监督检查机制的设计，否则，排污许可证制度的实施效果将难以保障。

参考文献

[1] Water Permitting101 http：//www. epa. gov/npdes/pubs/101pape. pdf.

[2] NPDES Permit Writers' Manual http：//cfpub. epa. gov/npdes/writermanual. cfm? program_id=45.

[3] 40 CFR 124 http：//cfpub. epa. gov/npdes/npdesreg. cfm? program_id=45.

[4] NPDES Compliance Inspection Manual http：//epa. gov/oecaerth/resources/publications/monitoring/cwa/inspections/npdesinspect/npdesmanual. html.

作者简介：王军霞（1984—），中国环境监测总站，工程师，主要从事环境统计与污染源监测工作和研究。

工业废气六价铬排放来源、监测方法及标准综述

董广霞[1]　唐桂刚[1]　李莉娜[1]　刘瑞民[2]　于雯雯[2]
1. 中国环境监测总站，北京　100012；
2. 北京师范大学环境学院，北京　100875

摘　要：通过查阅大量文献，总结了工业废气六价铬来源的主要行业，剖析了其排污节点和排放特征；概括了国内外废气六价铬监测方法及执行的法规标准，为我国六价铬的污染防治和环保监管提供借鉴。

关键词：工业废气六价铬来源；监测方法和标准；综述

Review of Cr（VI）Emission Source From Industrial Exhaust Gas, Monitoring Methods and Standards

DONG Guang-xia[1]　TANG Gui-gang[1]　LI Li-na[1]　LIU Rui-min[2]　YU Wen-wen[2]
1. China National Environmental Monitoring Centre，Beijing 100012；
2. School of Environment，Beijing Normal University，Beijing 100875

Abstract：Summarizes the main industries source of Cr（VI）emission from exhaust gas，analyse the discharge point and emission characteristics；generalize the monitoring methods and standards of domestic and international. Provides reference for Cr（VI）pollution prevention and environmental protection supervision.

Key words：source of Cr（VI）emission from exhaust gas；monitoring methods and standards；review

大气中的Cr（VI）主要吸附在颗粒物上，也存在于铬气溶胶中，自污染源排放后，颗粒物中的Cr（VI）可以在大气中停留7～10d，随风飘到很远的地方，造成大范围的环境污染[1,2]。美国环境保护局（USEPA）将Cr（VI）归为有害空气污染物中18种核心污染物之一，并列入A组可吸入致癌物[3]。大气颗粒物中Cr（III）及Cr（VI）同时存在，且很容易在适宜条件下发生相互转化[1]。

1　废气中六价铬的主要来源

废气六价铬排放主要来源于电镀、铬盐、铁合金、制革等行业。

1.1　电镀行业

电镀工艺包括镀前处理、电镀、镀件清洗和镀件干燥等工序。镀层种类分为单层电镀和多层电镀。单层电镀包括镀锌、镀镍、镀铜和镀铬等，多层电镀一般指装饰性电镀。六价铬在镀硬铬中直接使用，在镀锌、镀镍、镀铜和其他装饰性镀的过程中一般也都需要用铬钝化。下面以应用最广的单层电镀镀锌工艺和装饰性电镀工艺为例，介绍电镀工艺流程和产排污节点，如图1。由电镀生产工艺流程及产排污节点图可以看出电镀行业生产过程中产生的六价铬废气主要来自抛光、除油和电镀等工序。不同的电镀工艺（如普通镀铬、快速镀铬、复合镀铬、三价铬镀铬等）产生的六价铬废气主要为铬酸雾[4]。在镀铬过程中，铬液需要加热，使溶液蒸发带出部分铬酸雾。在镀铬电流效率较低时会产生氢气和氧气，气泡逸出

会把铬液膜分散成极细的铬酸雾飞溅到空气中。另外在一些采用喷涂工艺的过程中，也会产生大量的铬酸雾[5]。

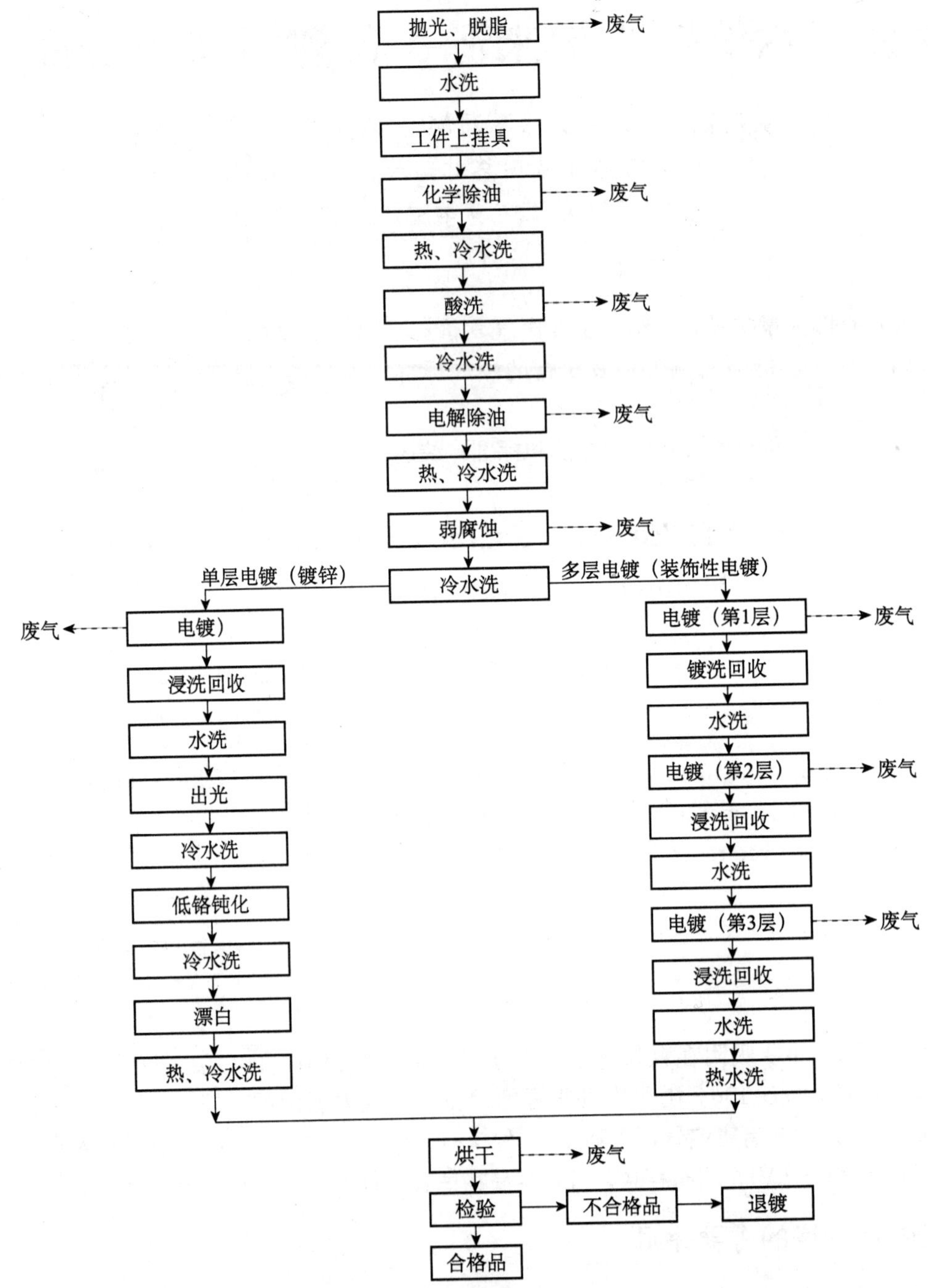

图 1　电镀工艺流程及废气产排污节点

1.2　铬盐生产

铬盐的制作工艺有很多种，主要采用无钙焙烧法和亚熔盐液相氧化法等工艺，其余产能仍采用传统的有钙（或少钙）焙烧工艺。但是，目前在产的 14 家铬盐生产企业中仅有少数几家采用清洁生产工艺，占产能 20%左右，大部分铬盐生产企业都存在比较严重的污染现状[6]。图 2 展示的是传统的有钙（或少钙）焙烧工艺生产铬盐的工艺流程。

铬盐生产过程中产生的六价铬废气主要来自于回转窑、铬渣烘干、粉磨、中和、酸化、铬酸酐加热炉和燃煤锅炉等工段。主要污染物为烟尘、粉尘以及烟（粉）尘中含有的 Cr（Ⅵ）和总铬。据统计，每

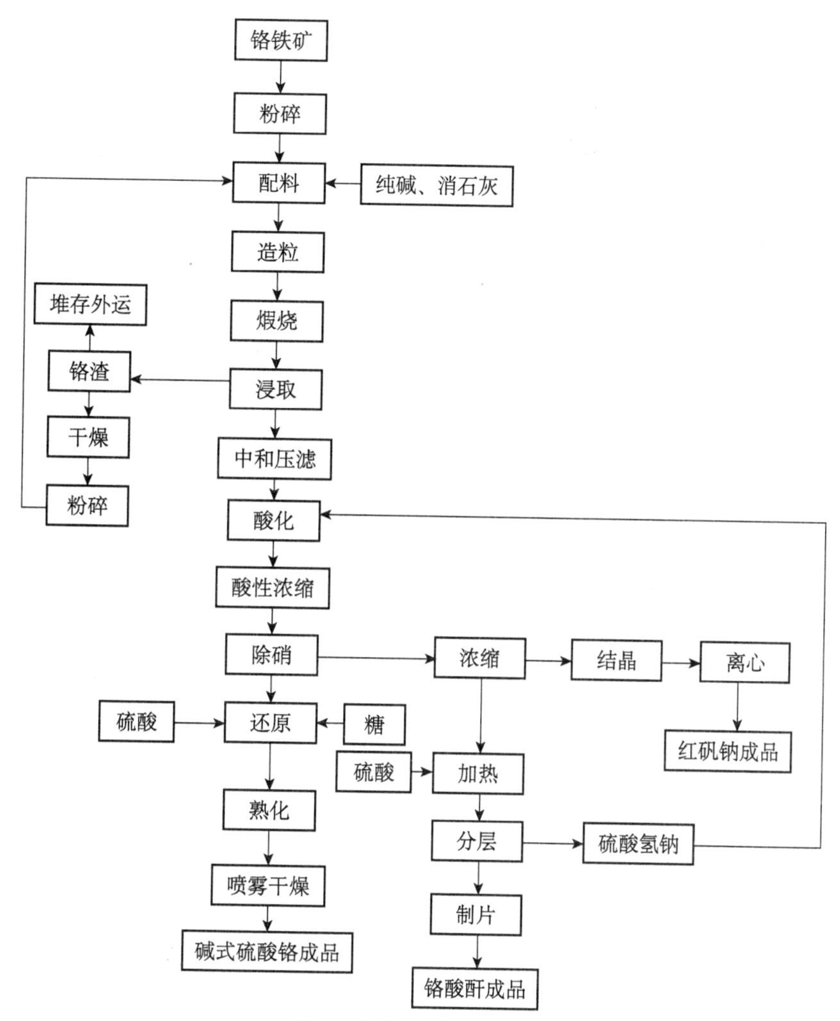

图 2　铬盐生产工艺流程

生产 1t 吨重铬酸钠，要排出约 $1.5\times10^4 m^3$ 的废气[7]，这些废气中含有高浓度的 Cr（Ⅵ），如果不经处理直接排放将造成严重的环境污染。对于能完全密闭的排放点，浸取、中和、（预）酸化等过程产生的水雾、酸雾和铬雾以及铬酸酐和铬粉生产过程产生的含铬、含氯废气，采用两段或多段碱液吸收和电除雾治理，捕集下来的 Cr（Ⅵ）全部返回生产系统利用。

1.3　铁合金行业

我国的铁合金生产中，根据产量，锰系合金最多，其次为硅系合金，然后是铬系合金，铬系合金冶炼过程中产生的六价铬废气量相对较高，铬系合金可分为高碳铬铁合金、中、低碳铬铁合金和微碳铬铁合金，其中中、低碳铬铁的生产方法有电硅热法和转炉法[8]。图 3 展示了转炉法的具体工艺流程。

铁合金生产污染十分严重，产生的废气主要是烟尘，这些烟尘的共同特点是粉尘较细，粒度一般在 2μm 以下[9]。废气排放量及含尘量受冶炼炉况和半封闭烟罩操作门开闭状况的影响，当出现刺火、翻渣和塌料瞬间，烟气量将增大 30%以上[10]。在铬系铁合金冶炼过程中，六价铬废气主要产生于精炼阶段，但其产生量并不大。

1.4　制革行业

制革工业是我国轻工行业的支柱产业，在我国经济建设中发挥着重要的作用，同时也带来了严重的环境污染问题。一般制革是指用鞣剂来处理生皮而使其变成革的质变过程。是将生皮除去毛和非胶原纤维等，使真皮层胶原纤维适度松散、固定和强化，再加以整饰（理）等一系列化学（包括生物化学）、机械处理[11]。制革工艺流程及其中的排污节点如图 4 所示。

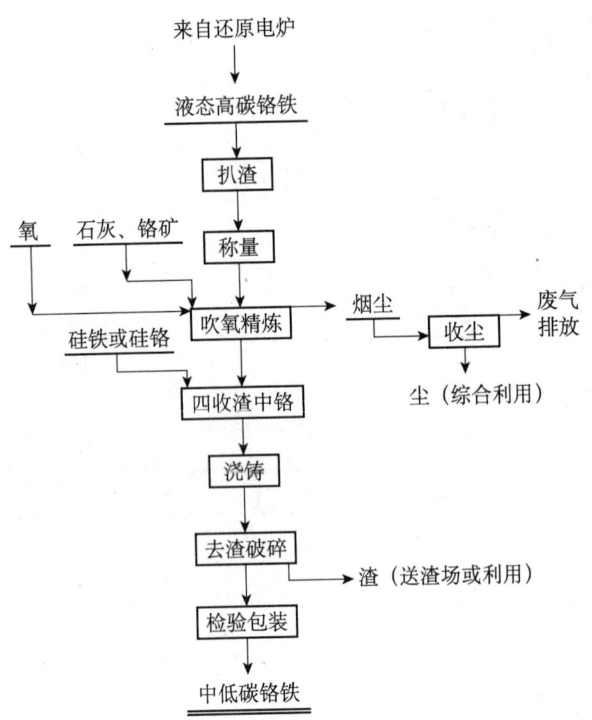

图 3　转炉法精炼中、低碳铬铁工艺流程

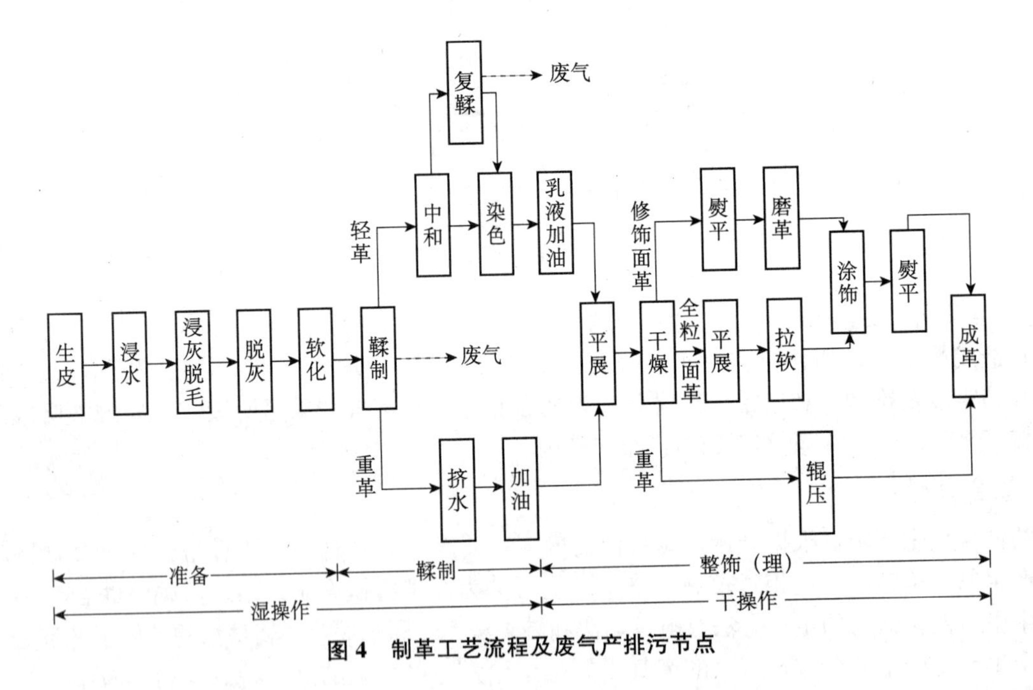

图 4　制革工艺流程及废气产排污节点

在制革行业中，铬的主要作用为鞣制。但是鞣制过程中铬的利用率仅为 80%左右，未被利用的铬必然会对环境会造成一定的污染[12]。皮革中六价铬的直接导致因素是指皮革生产过程中，使用了本身就含有六价铬或超标六价铬的铬粉、含铬鞣剂、含铬盐助剂（如含铬盐染料、颜料膏、固定剂等）、介质（水）等，这一点已形成了共识[13-15]。该行业排放入环境中的六价铬主要以铬酸雾的形态进入大气之中。这是工厂在配制铬鞣液时，铬酸气蒸发而又无回收利用装置所致，在配制铬鞣液时一般要损失 7%～10%的红矾（$K_2Cr_2O_7$）[16]。

2 废气中六价铬的监测方法及排放标准

2.1 监测方法

可用于Cr（Ⅵ）的分析测定方法有很多，可分为化学分析法和仪器分析法两大类。化学分析法主要指碘量法等氧化还原滴定法。由于滴定法的分析准确度往往取决于操作者的熟练程度，而月耗费化学试剂，因此随着分析仪器的发展，仪器分析法在现代分析方法中占主导地位[17]。仪器分析法主要有分光光度法、原子吸收法、极谱法、直接电流法、流动注射分析法、化学发光法、中子活化法和同位素稀释质谱法等[18]。原子吸收法灵敏度较高，近年来应用比较广泛。极谱法、直接电流法、流动注射分析法和化学发光法各具特色，极谱法和直接电流法可直接测定超微量的Cr（Ⅵ）（分析精度可达10^{-3}mg/L），中子活化法和同位素稀释质谱法虽然灵敏度高、选择性高，但因受条件限制，这些方法尚未获得普遍应用。相对而言，分光光度法简便易行，是当今Cr（Ⅵ）分析的主要方法，可参照《空气和废气监测方法（第四版）》[19]。

2.2 法规标准

针对六价铬废气，我国的《大气污染物综合排放标准（GB 16297—1996）》中规定固定源无组织排放铬酸雾的监控浓度限值为0.007 5mg/m^3[20]。

为了进一步控制电镀行业的重金属污染，环保部2008年8月1日颁布了《电镀污染物排放标准（GB 21900—2008）》，规定电镀行业新建企业的铬酸雾排放限值为0.05mg/m^3，现有企业的排放限值为0.07 mg/m^3。欧美等国颁布了严格的生产标准和污染物排放标准，加大对电镀产品和电镀企业的监管[21-23]。2003年7月1日起，欧盟成员国执行ELV（End of Life Vehicle）指令，要求各成员国生产的汽车确保不使用含有重金属银、汞、锡或六价铬等有害物质。RoHS（Restriction of Hazardous Substances）指令要求从2006年7月1日起，投放于市场的新电子和电气设备中不得含有六价铬[24]。美国EPA颁布的《镀硬铬、装饰性镀铬和铬阳极镀槽的国家排放标准》中规定电镀废气中铬的含量为0.01～0.03mg/m^3[25]。

对于铬盐生产行业，发达国家为了最大限度地减少生产过程中对环境的污染，有逐步向发展中国家和铬矿生产国转移的趋势[26]。继意大利斯托帕尼（20世纪80年代）、德国拜耳（20世纪90年代）停止铬盐生产后，进入21世纪以来，日本化工和日本电工株式会社均关闭了各自的铬盐厂，艾利门梯斯铬公司设在美国德州及英国苏格兰的铬盐也先后关闭[27]。在我国，根据2004新编制的《铬盐工业污染物排放标准及监测办法》中公布的拟控制因子中，废气中六价铬的排放浓度要求小于0.5～1mg/m^3。

针对铁合金生产过程中的污染物排放情况，我国制定了《铁合金工业污染物排放标准（GB 2866—2012）》，明文规定了不同情况下铬铁合金工艺排放废气中铬及其化合物的限值。欧美发达国家铁合金产量虽然日趋缩小，但生产技术却越来越先进——新建的矿热炉多为全封闭大型矿热炉，并采取了干法袋式除尘、湿法煤气除尘、余热锅炉以及计算机控制技术，基本上实现了铁合金的清洁生产，在实际生产过程中铬元素的回收率达到了92%[28]。

针对于制革及毛皮加工行业的污染物排放，我国在《制革及毛皮加工工业水污染物排放标准（GB 30486—2013）》中明确规定了该行业废水中六价铬的排放限值，但是还未公布相关的制革行业废气中六价铬的排放限值。

参考文献

[1] 高杨. 成都理工大学校园内大气降尘中重金属铬的分布及形态分析研究，2007，成都理工大学.

[2] Metze，D.，et al.，Determination of Cr（VI）in ambient airborne particulate matter by a species-preserving scrubber-sampling technique. Analytical and bioanalytical chemistry，2004. 378（1）：p. 123-128.

[3] 赵起越，等. 大气颗粒物中六价铬的采样分析. 分析试验室，2014 (04)：440-444.
[4] 张文辉. 电镀工业废气治理. 表面技术，1994 (01)：39-40.
[5] 管涛. 我国电镀工业的现况. 金属世界，2005 (01)：8-9，35.
[6] 张树龙，等. 铬盐清洁生产工艺研究进展. 无机盐工业，2014 (02)：6-9，30.
[7] 季永盛. 铬盐生产过程改进的研究，2007，天津大学.
[8] 张启轩. 我国铁合金工业的现状及加快实施创新对策. 铁合金，2000 (02)：33-39.
[9] Toh，C. H.，P. R. Munroe and D. J. Young，Metal dusting of Fe-Cr and Fe-Ni-Cr alloys under cyclic.
[10] 梁宇蕾. 铁合金工业清洁生产. 宁夏工程技术，2004 (02)：198-202.
conditions. OXIDATION OF METALS，2002. 58 (UNSP 0030-770X/02/0800-0001/01-2)：p. 1-21.
[11] 侯晨雯，俞从正. 制革业清洁生产与绿色化进展. 皮革与化工，2010 (02)：29-33.
[12] 刘娜. 制革含铬废弃物中铬鞣剂的再生与应用，2012，天津科技大学.
[13] 赵勇. 皮革中六价铬的成因及预防. 中国皮革，2005 (07)：11-12，14.
[14] 许春树. 皮革中六价铬的研究进展评述. 西部皮革，2005 (06)：15-20.
[15] Hasan，M. K. and M. Abdul，Radiation induced decontamination of Cr (Ⅵ)，Cu (Ⅱ) and phenol in some tannery effluents. Nuclear Science and Techniques，2007. 18 (1001-8042 (2007) 18：4<212：RIDOCC>2. 0. TX；2-14)：p. 212-217.
[16] 王玲玲. 制革业铬污染物的环境行为研究，2010，北京化工大学.
[17] 高鸿超. 抗氧化剂微胶囊的制备及其控制皮革中六价铬含量的研究. 2007，郑州大学.
[18] Lioy，P. J.，Measurement methods for human exposure analysis. Environmental health perspectives，1995. 103 (Suppl 3)：p. 35.
[19] 国家环境保护总局空气和废气监测分析方法编委会编. 空气和废气监测分析方法. 北京：中国环境科学出版社，2003.
[20] 大气污染物综合排放标准. 2004.
[21] 邢文长. 应对 RoHS 指令和发展循环经济——谈电镀清洁生产中的两个热门话题. 电镀与涂饰，2008 (02).
[22] Baral，A. and R. D. Engelken，Chromium-based regulations and greening in metal finishing industries in the USA. Environmental Science & Policy，2002. 5 (2)：p. 121-133.
[23] Telukdarie，A.，C. Buckley and M. Koefoed，The importance of assessment tools in promoting cleaner production in the metal finishing industry. Journal of Cleaner Production，2006. 14 (18)：p. 1612-1621.
[24] 田民波，马鹏飞. 欧盟 WEEE/RoHS 指令案介绍. 中国环保产业，2003 (11).
[25] 电镀行业污染物排放限值水平分析. 涂料涂装与电镀，2006 (06).
[26] 李兆业. 铬盐行业的现状及发展建议. 无机盐工业，2006 (04)：1-5.
[27] 纪柱. 中国铬盐近五十年发展概况. 无机盐工业，2010 (12)：1-5，15.
[28] 刘东升，张兴. 清洁生产技术在硅铁合金工业中应用. 生物技术世界，2012 (04)：21-22.

作者简介：董广霞 (1976.4—)，女，汉族，山东惠民县人，中国环境监测总站统计室，高级工程师，硕士，环境经济专业，从事污染源源统计与分析工作。

环境监测管理

浅谈环境监测在建设项目环境管理中的前置作用

李　平

马鞍山市环境监测中心站，马鞍山　243000

摘　要：医药、化学等特殊行业排放的污染物中存在“特征因子”，项目建设的事中事后都需对“特征因子”进行环境监测，环评、审批和竣工验收乃至后期的日常环境监管都需要监测数据说话，在建设项目环境管理中环境监测是前提，承担监督监测职能的环环保部门直属环境监测机构要在项目初期提前介入，具备监测能力。

关键词：环境监测；环评；建设项目；环境管理；前置作用

Introduction to Environmental Monitoring in Construction Project Lead Role in Environmental Management

LI Ping

Ma'anshan Environmental Monitoring Center，Ma'anshan 243000

Abstract：Pharmaceutical，chemical and other special industries “characteristic factor” exist in the discharge of pollutants，The matter of the construction of the project after the event will be “characteristic factor” for environmental monitoring，Examination and approval and the completion inspection and acceptance monitoring data of routine environmental monitoring needs to be late and talking，Environmental monitoring in environmental management is the premise，Undertake the supervision and monitoring functions directly under the environmental protection of the environment monitoring institutions at the beginning of the project in advance to intervene in，have the ability to monitor.

Key words：environmental monitoring；environmental assessment；construction project；environmental management；leading role

《中华人民共和国环境保护法》对建设项目管理有明确的规定：“建设对环境有影响的项目，应当依法进行环境影响评价”[1]，国家环保部2013年印发《国家重点监控企业污染源监督性监测及信息公开办法(试行)》，明确要求环境监测机构开展监督性监测时实施“全因子监测”。而针对医药、化学、生物等行业产生的“特征因子”，承担国家主要监督性监测任务的市、县级直属监测机构因人员、设备和技术不足等原因基本不具备监测“特征因子”的能力[2-3]。因此，在建设项目环境管理中，对存在“特征因子”的行业的环境监管，具备环境监测能力是前提。

1　建设项目环境管理的要求

1.1　《环境影响评价报告书》等环评文件的编制

在建设项目环境管理中，作为建设项目可行性研究的一个重要方面，环境影响评价从环境保护角度对建设项目实施后可能造成的环境影响进行分析、预测和评估，提出预防或者减轻不良环境影响的对策和措施，进行跟踪监测，为环境保护行政主管部门及其他综合审批部门进行审批决策提供重要依据[4]。我国的环境影响评价制度是《中华人民共和国环境保护法》明确规定的一项法律制度，具有法律强制性，是我国环境影响评价的重要特征之一，也是项目建设过程中必须履行的法律义务，同时也是项目环境管理的重要依据。根据《中华人民共和国环境影响评价法》和《建设项目环境保护管理条例》规定，建设项目对环境可能造成重大影响的，应当编制环境影响报告书，对建设项目产生的污染和对环境的影响进行全面、详细的评价，环评单位应严格按照《环境影响评价技术导则》、《项目可行性研究报告》等编制《环境影响评价报告书》。

1.2 重点行业存在"特征因子"

重点行业要根据国家规定的《建设项目环境保护分类管理目录》编制《环境影响评价报告书》时，报告书中要有主要污染源、主要污染物的"特征因子"的评价结论。如医药、化学、生物等重点行业的污染源中都存在"特征因子"，《环境影响评价报告书》要有对这些"特征因子"进行详细评价和结论。而这些"特征因子"是随着该项目的原材料使用、生产工艺的不同而产生的，与环境中大量存在的一般污染因子不同，它们具有特殊性、典型性和稀少性。

2 国家对重点监控企业的要求

2.1 国家要求加强"特征因子"的管理

近年来，国家不断加强对这些"特征因子"的管理，如 2008 年 8 月国家环保部、质检总局专门制订的一整套"制药工业水污染排放标准"，涵盖了化学合成类、发酵类、生物工程类、提取类、中药类和混装制剂类六个类别，标准区分了各类制药子行业的"特征因子"。2014 年 12 月公布的《企业事业单位环境信息公开办法》中就要求重点排污单位应当公开主要污染物及特征污染物的名称、排放方式、排放口数量和分布情况、排放浓度和总量、超标情况，以及执行的污染物排放标准、核定的排放总量等排污信息，同时环保部在不断更新的行业排放标准中也将行业的"特征因子"纳入了监控范围。

2.2 国家要求对国控企业全方位、全过程的管理

2013 年 7 月，环境保护部印发了对国家重点监控企业污染源监督性监测和自行监测及信息公开办法的环发［2013］81 号文件，文件涵盖监督性监测、企业自测和信息公开三个方面的内容，要求环境保护主管部门应当根据国家或地方污染物排放（控制）标准、环境影响评价报告书（表）及其批复、环境监测技术规范以及环境管理需要，开展监督性监测，也就是"全因子监测"，同时要求依法公开。因此，国家重点监控企业"特征因子"是环保部门必须监管的领域，是"新环保法"赋予的职责[5]。

3 对国家重点企业的监管要具备手段

3.1 知晓状况，必须有监测手段

环境监测是环境管理的"耳目"，通过监督性监测，确定重点企业排放的污染物，尤其是"特征因子"的种类及其总量是厘清此企业环保责任的前提[6]。有效的监督性监测可以提前引起警觉，为降低环境风险争取时间。同时，通过监测数据，环境监管机构可以清晰了解到企业污染物排放情况及特点，及时、准确、可靠、全面地反映其对周围环境质量影响的现状及发展趋势，为环境规划、污染防治等环境管理工作提供有力保障。

3.2 新建项目，环境监测要前置

建设项目尤其是新建重点，全过程都离不开监测。在环境影响评价阶段，对项目的场地及周边环境进行本底监测是启动的第一步；建设过程的施工中监测监理是阶段性的第二步；项目建成试生产后，环保部门对生产过程进行建设项目竣工验收监测是关键的第三步[7]；项目验收后的正常生产中，对其所产生的污染物进行全因子的监督性监测是长期坚持的第四步。因此，针对重点监控企业项目建设，环境监测是项目能否建设、如何建设、建设成功的有力手段，起到至关重要的前置作用。没有监测手段，项目管理将存在漏洞，环境风险将得不到有效控制。

4　环境监测在建设项目管理中存在的问题及对策

4.1　存在的问题

近年来，随着重金属污染事件的频发，国家加强了重点行业和区域重金属污染防治，要求重点行业在编制环境影响评价报告书时加强对“特征因子”特别是涉及重金属等“特征因子”评价。各级环境监测机构也在重金属监测方面加大投入，提升了重金属的“特征因子”的监测手段。在PX项目建设纠纷、兰州饮用水苯污染事件等发生后，化学品的污染特别是有机污染越来越受到人们的关注。无论是重金属还是有机污染物，我国三级监测网络中承担绝大部分监督性监测任务的市、县两级直属监测机构的监测能力范围中，上述“特征因子”的覆盖面极少，无法满足全部的监测能力，大部分机构仍旧以常规污染指标如化学需氧量、氨氮、非甲烷总烃等为主进行监测与评价。给建设项目环境管理（审批）过程带来很多未知因素，没有监控手段就达不到监控目的。如何有效发挥环境监测在项目管理中的前置作用是一道需要深入思考和解决的新课题。

4.2　对策

4.2.1　同步介入、及时扩项

涉及“特征因子”的建设项目，环保主管部门应在项目的可研、立项和环评阶段就应从环保全局的高度统筹考量，对环评、监测以及监察机构按不同工作职责、能力、要求细化不同的对策，在项目可行性研究和环评调查阶段，确定建设项目生产过程产生的主要污染物及其“特征因子”，告知承担监督监管职能的直属监测机构同步介入，掌握相应的监测方法、扩大监测能力范围，取得相应资质，满足竣工验收和监督性监测的需要。同时鼓励企业对“特征因子”具备自测能力，公开信息，及时掌握企业的污染物排放状况。

4.2.2　寻求质量可靠的合作（分包）方

2015年2月，环保部出台《关于推进环境监测服务社会化的指导意见》（环发［2015］20号），全面放开服务性监测市场，并有序放开公益、监督性监测领域，推进环境监测市场化管理新体制。寻求质量可靠的合作（分包）方，也是直属环境监测机构弥补没有“特征因子”监测能力的可行方案：一是可以帮助直属环境监测机构解决环评初期无“特征因子”监测能力空缺，及时掌控环境本底状况，为环评、审批决策服务；二是从仪器设备的使用效率、运行成本考虑，对仪器设备投入高而监测频率低的“特征因子”项目，不采取扩大能力而是借助有资质、质量好、信誉高质的第三方检测机构，采取合作（分包）形式，避免重复建设提高资金使用率[8]。

综上，在项目管理中，有了环境监测的前置作用，环境保护主管部门对国家重点行业的建设就有了全面的掌控，通过全过程、全因子的监视性和监督性监测，督促企业满足国家法律、法规和规范的要求。

参考文献

［1］中华人民共和国主席令（2014第9号）.《中华人民共和国环境保护法》. 2015-1-1.

［2］李平. 环境监测“X”字模式［J］. 环境保护，2013，41（22）：52-53.

［3］陈斌. 环境监测转型发展状况分析［J］. 中国环境监测 .2013，29（6）：1-4.

［4］中华人民共和国主席令（2002第77号）.《中华人民共和国环境影响评价法》，2003-9-1.

［5］李国刚. “新环保法”对环境监测职责定位的研究思考［J］. 中国环境监测. 2014，30（3）：1-3.

［6］罗岳平. 监督性监测亟待优化［N］. 中国环境报，2015-3-25［3］.

[7] 李平. 浅谈环境监测在建设项目竣工验收中的双重作用 [J]. 第十次全国环境监测学术论文集, 2011：897-900.

[8] 李国刚. 环境监测市场化若干问题的思考 [J]. 中国环境监测. 2014，30 (3)：4-8.

作者简介：李平 (1965—)，男，浙江诸暨人，研究生，马鞍山市环境监测中心站站长，高级工程师。

公共服务视角下的环境监测市场化改革研究

白　煜　陈传忠

中国环境监测总站，国家环境保护环境监测质量控制重点实验室，北京　100012

摘　要：当前，无论是环保系统内部还是社会有关方面对环境监测市场化的呼声很高。从我国全面深化改革，转变政府职能，特别是深化生态环境保护制度改革，推进环境质量监测等领域的政府购买服务面临的实际情况来看，厘清政府与市场之间在环境监测领域中权责关系，积极引入市场化服务成为大势所趋。

关键词：环境监测；市场化；市场机制；监管

Study on the Market Reform of Environmental Monitoring Under the Perspective of Public Service

BAI Yu　CHEN Chuan-zhong

State Environmental Protection Key Laboratory of Quality Control in Environmental Monitoring，

China National Environmental Monitoring Centre，Beijing 100012

Abstract：Currently，there is a loud voice on marketization of environmental monitoring in both the internal system of environmental protection and relevant social parties. From the actual circumstances of comprehensively deepening reform and transformation of government functions in China. In particular，deepening the reform of ecological and environmental protection system and promoting the service of government purchasing in environmental quality monitoring，clarifying authorities and responsibilities between government and marketization in environmental monitoring field and actively introducing marketization service is getting to be the general trend.

Key words：environmental monitoring；marketization；market mechanism；supervision

1　前言

目前，我国环境保护形势非常严峻，人民群众希望改善环境质量的愿望非常迫切，当前不论是政府环境管理还是排污者履行环保责任义务，对环境监测的需求都呈倍增之势。党的十八届三中全会明确将市场对资源配置的基础性调节作用转变为决定性作用，这是中国特色社会主义市场经济理论的重大突破[1-2]。为深入贯彻十八届三中全会精神，周生贤部长在全国环保工作会上明确要求要积极推进生态环境保护领域改革，提出要研究推进环境污染第三方治理，向社会购买服务。环境监测是一项重要的公共服务，通过深化环境监测体制改革，大力提升环保系统的监测能力，同时培育壮大社会检测力量，二者有机结合起来，是全面深化改革的必然要求。

然而，我国的环境监测市场化改革面临很多问题，首先，市场发展不均衡，东部地区起步早、市场需求大，社会检测机构初具规模，而中西部地区进展较慢，而社会环境监测机构规模、监测水平良莠不齐。其次，市场机制不健全，没有形成完善的准入退出机制，同时收费机制不健全，执行的收费标准较为落后，与目前市场化监测成本脱轨。第三，管理机制不健全，政府部门没有建立完善的对社会检测机构的市场准入、收费标准、监管办法和措施等方面的法律法规制度，同时，环境监测工作性质是属于政府行为还是市场行为还存在争议[3]。

推进环境质量监测等领域的政府购买服务面临的实际情况来看，厘清政府与市场之间在环境监测领域中权责关系，积极引入社会化服务成为大势所趋。

2 环境监测市场化相关概念解析

2.1 环境监测市场化理论基础

公共服务的含义十分广泛，从公共权力和公共资源的投入角度出发，公共服务定义为："公共服务是指筹集和调动社会资源，通过提供公共产品（包括水、电、气等具有实物形态的产品和教育、医疗、社会保障等非实物形态的产品）这一基本方式来满足社会公共需要的过程。"[4]而环境监测通过环境质量评价、寻找污染源控制污染、研究环境容量、预测预报环境质量等方式，达到保护人类健康、保护环境、合理使用资源等目的的公共服务，是公共服务的组成部分。

20 世纪 80 年代以来，西方发达国家掀起了一场行政改革浪潮，公共服务市场化、地方政府分权化和执行机构自主化是这场行政改革的三大主题，其中最核心的主题就是公共服务市场化。所谓政府公共服务市场化就是要在公共服务中引入市场机制，用市场机制来改善政府的公共服务，以降低公共服务成本，提高公共服务的质量和效率[5]。而我国当前面临的环境监测市场化改革的实质即公共服务市场化改革，通过引入社会环境检测机构参与环境监测工作，促进环境监测服务的供给者多元共存，打破垄断，引入竞争机制。

2.2 环境监测市场化内涵分析

与传统政府垄断模式相比，环境监测市场化由于通过引入市场竞争机制而改变了以往单一的政府供给格局，实现了环境监测服务的多元供给，为政府以更高效更经济的方式履行环境监测职能提供了可能。环境监测市场化方案在主体、形式、运作等，都体现出于政府垄断环境监测不同的特点，主要有以下几个特点：

一是主体多元性。文森特·奥斯特罗姆所指出："每一个公民都不由'一个'政府服务，而是由大量的各不相同的公共服务产业所服务。大多数公共服务产业都有重要的私人成分"[6]，政府已不再是环境监测服务的唯一提供者，随着市场竞争机制的引入，公共服务主体上呈现出一元主体向多元主体发展的特点，环保部门、环境监测部门、社会环境监测服务机构构成一个互动化、网络化的行动结构。

二是服务竞争性。传统政府垄断模式的特征是垄断取代竞争，而环境监测市场化能否推行，从根本上取决于市场竞争机制的完善程度。"任何民营化努力的首要目标也是将竞争和市场力量引入到公共服务、国企运营和公共资产利用过程中"。[7]一直以来，我国的环境管理部门和环境监测站是环境监测的主体，管理部门是规则的制定者，监测站是社会监测机构的监督者和执行者，缺乏竞争机制，导致人力、物力等监测资源缺乏，监测水平难以得到提升。2008 年，长沙市环境保护局对机动车尾气检测实行社会化运营改革，委托湖南恒凯环保科技投资有限公司作为第三方运营试点公司对机动车尾气进行检测，标志着长沙市环境检测开始向社会化第三方公司进行转移。北京、山东省、广东省等也陆续开始了环境监测市场化的有益尝试，引入竞争机制，能促进环境监测服务质量提高。

三是责任监督性。以往环保部门及环境监测站既充当服务的决策者又充当服务的提供者，这种双重身份关系，决定了政府往往难以做到对自身提供服务实施有效的监督，环境监测服务的效果和质量无法保证。实施环境监测市场化，环保部门通过制定行业服务标准或依据合同等对社会环境监测机构的服务效果和质量进行监管和评估，实现了内部监督向外部监督的转变。

2.3 环境监测市场化路径分析

环境监测市场化的实质就是要引入竞争机制，让社会环境监测机构参与到环境监测服务中，同时，由政府负责规范管理，由"划桨者"变为"掌舵者"，促进环境监测服务的有序开展。本文试图基于环境监测市场化特征，对环境监测市场化的实现进行路径分析，按照手工监测、环境空气自动监测、水质自动监测以及污染源（水、空气）在线监测分类构建不同类型监测服务（包括污染源监测、环评监测、验收监测等）的社会检测机构进行人工采样、分析、报告时等监测活动时，应遵循的资质准入条件、付费参考标准，以及对受托方进行质量控制与绩效认定的措施、办法。

3 社会环境监测机构准入条件

3.1 机构资质

申请进行环境监测的社会环境监测机构应该是在中华人民共和国境内注册、具有独立法人资格，运营单位在所在省必须设有办事机构，同时具备一定数额的注册资金，有固定的办公场所和实验室，如从事手工监测的社会监测机构注册资金应不少于100万元人民币，环境水质自动监测第三方运维机构公司注册资本不低于500万元。

3.2 技术资质

除固定的办事机构和资金外，社会环境监测机构必须依法获得环境监测机构资质证书，如获得《中国合格评定国家认可委员会实验室认可证书》(CNAS)，及《资质认定计量认证证书》(CMA)[8-9]。在设备方面，社会环境监测机构必须达到要求的技术能力，从事环境水质、污染源在线监测的社会机构应有具备计量认证资质，或委托有计量认证的实验室，满足地表水站试剂配制、标样考核、备件更换及比对分析技术要求。

3.3 人员资质

从事运维的人员须具备大专以上学历，具备相应的专业知识，熟悉相关监测工作设备的运行原理及仪器设备的操作使用、调试、维修和更换等技能，并参加由环保部门组织的上岗资格证书考核，取得资格证书才能参加环境监测相关工作。

3.4 信用评价

运维单位在国内承担过类似项目，且系统质量合格，运行状态良好，服务水平优；近三年参加政府采购及经营活动没有重大违法记录；具有良好的商业信誉和健全的财务会计制度；有依法缴纳税收和社会保障资金的良好记录。

4 社会环境监测机构监管及绩效认定方法

社会环境监测机构开展环境监测的过程中要开展对环境监测质量的监督管理及绩效认定，以确保社会环境监测活动程序规范、公平竞争，促进环境监测市场的良性发展。

4.1 机构内部绩效考核机制

社会环境监测机构应制定规范的质量管理体系，负责日常质量管理，做到“日监控、周检查、月对比”的质量管理制度。检查内容包括仪器设备的检查调校、易损件、耗材更换、试剂补充、管路清洗等；每日至少两次开展实时监视数据，每周至少开展一次设备检查维护，并有工作记录备查。社会监测机构每年向省级环境管理部门递交年度工作总结，内容应包含管理体系运行情况、承担服务委托业务情况、参加能力验证或实验室比对情况、接受管理部门质量抽查情况等。

4.2 环保部门等外部质量监管机制

为了社会环境监测机构监测质量，督促其更好的履行职责，环境管理部门要开展严格的质量监管机制，对社会环境监测机构承担委托业务的情况、技术能力、服务质量等进行考核。

考核方式。对社会化检测机构采取信任监管和抽查监督相结合的模式进行监管，承担方一旦签订服务合同须按10%缴纳质量保证金，完成后半年内无质量问题退还。监测部门实行三级考核：记录考核、成本考核、绩效考核。记录考核，即环境监测部门通过核查运维公司子站巡检记录、设备维护记录、预防性检修记录等情况，从巡检出勤率、设备故障率、监测数据获取率、预防性检修完成率等方面考核运维公司工作完成情况。成本考核，即环境监测部门通过核查运维公司成本报表，核查资金与预算的符合情况，避免资金缺口的产生。绩效考核，根据记录考核和成本考核情况，结合现场仪器运行状况的检查、现场比对考核合格率、报表完成率等绩效考核指标，综合评判运维公司是否称职本年度运维工作，环境监测部门是否批准其下一年度继续开展运维工作等关键问题。

考核频次。监督方每周检查运维单位周计划，运维单位需向监督方陈述一周监测运行状况和事件处理情况。每月检查运维单位监测运行情况月报告，同时不定期进行现场跟踪，并查阅运行记录。检查指标包括有效数据获取率、质控样核查合格率和实验室比对合格率 3 大评判指标，通过对 3 大指标的评判考核运营商在考核周期内的系统运行有效性和数据准确性。

考核标准。系统正常运行率达到 90%；有效数据捕获率达到 90%，且每月不得少于 27 个有效日（2 月不得少于 25 个有效日）；数据质控合格率达到 90%以上（以采购方质控数据为准）；异常情况应答率 95%。

4.3 奖惩及退出机制

按照对社会监测机构进行质量监管的结果，对社会监测机构进行评估，每年将评估结果进行公布，评估等级可作为招标等评分条件或依据，同时依据评估等级设立严格的奖惩机制，优胜劣汰的奖惩及退出机制有利于社会监测机构监测质量的提高，通过竞争，促进环境监测市场化的有序良性发展。

奖励机制。对于质量管理有序、数据上报及时、应急响应迅速、经费使用合理的社会监测机构，对单位和个人予以表彰。每年可由省级环境保护部门每年对在本省开展的环境监测的社会化运行的单位组织专项考核，并根据考核结果对社会化运行单位进行评比和表彰，排名前 3 名的单位在下一年度省内自动监控设施社会化运行招标中可予以加分奖励。

惩罚及退出机制。社会化检测机构如有下列行为之一或违反省级环保管理部门规定的，由省级管理部门依次给予书面警告、通报直至发布公告撤销资格的处理：

（1）弄虚作假、检测结果失实的；

（2）违反国家保密规定的；

（3）违反合同约定的；

（4）不能按规定要求完成委托任务的；

（5）连续 3 次质量检查活动未能通过的；

（6）违反国家法律、法规及其他相关规定的。

对发现问题、考核不通过的社会化监测机构，责令其限期整改，整改仍不合格的，建议收回其环境监测资质证书，被收回其环境污染治理设施运营资质证书的单位，3 年内不得重新申请。

5 环境监测市场化运作风险防范制度构建

5.1 完善法律体制，加强顶层设计，尽快发布指导性文件

目前我国实行的《环境监测管理办法》将环境监测定性为政府行为，社会第三方检测机构直接参与环境监测活动存在法律上的障碍。因此，国家有必要应出台文件，有限开放环境监测等领域，允许社会检测机构从事相关工作；同时，为规范环境监测走向社会化和市场化，必须建立相关严密的规章制度与法律体系规范环境监测体系的运转。

建议政府部门对此加强立法研究，尽快出台新的管理办法（条例），以法律形式确定监测领域市场准入条件，对设立环境监测资质行政许可制提出明确意见，明确社会检测机构可以从事的业务范围，以及必须达到的资质要求；明确从机构到人员的双准入制度，将环境监测市场准入落到实处。

5.2 转变各级环境监测站的职能

环境监测是一项技术性强、质量要求高的工作，真正走向市场，引入社会检测机构全面、深入地参与环境监测活动，必须由强有力的监督管理机构进行市场监督。各级环境监测站经过 30 多年的发展，在行业内具备了较高的监测水平和科研能力，积累了丰富的质量控制管理经验，从技术角度有能力满足环境监测市场监督管理的需要，而其社会公益性机构的属性也适合担当监管者的角色。目前已有部分地区的环境监测站进行了分包协作实验室招标，建议以此为契机，将监测任务有选择、有计划、循序渐进地

交由社会第三方检测机构完成，实现环境监测站由监测工作的具体执行者到监测领域技术监管者的职能转变。

5.3 加强对环境监测社会化检测机构的质量管理

一是要求社会化检测机构参与实验室间的比对和能力验证。实验室间的比对是实验室技术能力确认、评价和提升的有效手段。我们可以要求社会化检测机构必须参加规定领域和规定项目的实验室比对和能力验证，促进社会检测机构质量管理，以不断提升自身能力及我国环境检测行业实验室的整体能力，保证监测数据具有代表性、准确性、精密性、可比性和完整性，从而更好地服务于我国环境检测市场，为政府相关管理部门提供客观公正的数据。

二是跟踪社会检测机构样品分析的质控过程。在样品送交实验室分析的全过程中，质管部门可以随机跟踪监控样品分析结果的精密度和准确度。为达到质量保证要求，对社会检测实验室内部进行质量控制；为了反映数据的精密度，质管部门对可行的项目进行平行样分析；为了控制分析操作的准确度，质管部门可选取关键项目，进行加标回收实验；同时采用空白实验值测定、标准物质比对分析、分析方法比较实验和质控图的应用等控制技术。

三是跟踪社会检测机构的人员保障，建立社会环境检测人员从业信用制度。目前，在社会检测机构监测负荷上升、监测领域扩展、监测项目增多、监测人员数量有限的情况下，为了适应不断发展的监测业务需求，监测人员不仅工作强度增加，而且要求他们不断地学习理论知识，增加实践经验和提高技术水平。在教育培训方面，需要督促社会检测机构在加强监测能力建设的同时，更要重视监测人才队伍建设，重点对社会检测机构人才引进和再教育机制进行考核。同时，要加强监测从业人才的培养，在高校中设立相关专业，为社会监测机构输送专业技术人才[10]。在信用约束方面，可对从业人员实行履历登记，以利于环境管理部门及时掌握社会环境检测市场人员流动状况，确保市场的良性发展。同时，要建立与个人从业信用挂钩的信用登记制度，可以在很大程度上减少检测人员因各种外部因素而降低检测质量水平，或人为改变检测结果的概率。实施行业内从业信用痕迹登记制度，提高了人为影响环境检测结果和质量而可能付出的代价和成本，是一种行之有效的信用约束机制。

5.4 构建社会化检测机构信息管理平台

对于手工监测，研究建立社会化检测机构信息管理平台，从人员资质管理、机构资质管理以及机构从业流程管理等方面进行可视化管理。重点功能覆盖检测机构的采样前行程通报、采样后样品管理、检测后检测结果申报和报告上传等。采样前行程通报包括采样时间、地点、采样类别及预计样品数量等；并获得系统赋予的唯一识别编码，该编码一路跟随样品，从采样前到出具检测报告都使用同一编码，作为各项查询与监管之用。环境管理部门随时知晓检测机构的监测计划，从而可以随机抽查其监测活动，并追溯监测活动过程，能较好避免检测机构未采样或采样不实而伪造监测报告。

对于自动和在线监测，研究建立可视化运维平台。通过建立可视化运维平台，对各类设备实现实时监控，及时排查故障，从技术上保障系统平稳的运行。设备监控通过后台运行监控作业获取监控信息，并将监控结果通过网页方式展示出来。

6 结论

环境监测市场化是我国环境监测发展的必然趋势，环境监测是公共服务的一种，用市场机制来改善政府的公共服务，以降低公共服务成本，提高公共服务的质量和效率。而我国当前面临的环境监测市场化改革的实质即公共服务市场化改革，环境监测市场化具有主体多元性、服务竞争性、责任监督性的特征，能够促进环境监测服务的供给者多元共存，打破垄断，引入竞争机制。本文通过环境监测市场化路径分析及风险防范制度构建两方面，对环境监测市场化在我国的开展提出了政策建议，充分体现了环境监测市场化的特征和内涵。本文认为环境监测市场化的实现既要对环境监测主体作出具体规定，严格准入机制，同时要加强监督管理，促进环境监测市场化的良性发展。

参考文献

[1] 国务院关于促进市场公平竞争维护市场正常秩序的若干意见，国发［2014］20号.

[2] 国务院办公厅转发中央编办质检总局关于整合检验检测认证机构实施意见的通知，国办发〔2014〕8号.

[3] 郑习健. 不同部门监测机构施行环境监测存在的主要问题及其协调和规范［J］. 生态环境学报，2009，18（1）：400.

[4] 麻青青. 政府职能转变视角下我国公共服务市场化研究［D］. 济南：山东师范大学. 2014：8.

[5] 韩艺. 西方公共服务市场化的启示与反思［D］. 南昌：南昌大学. 2005：1.

[6] 程祥国，韩艺. 国际新公共管理浪潮与行政改革［M］. 人民出版社，2005.

[7] E·S·萨瓦斯，周志忍，等，译. 民营化与公私部门的伙伴关系［M］中国人民大学出版社，2002：124.

[8] 江苏省环境保护厅. 江苏省社会环境检测机构环境监测业务能力认定管理办法（试行［Z］. 2008.

[9] 四川省环境保护局. 关于印发《四川省社会环境监测机构业务能力认定管理办法》及评审技术要求的通知［Z］. 2009.

[10] 张梅芳. 第三方检测机构的现状与发展探讨［J］. 现代工业经济和信息化，2011（10）：12.

作者简介：白煜（1984—），黑龙江双城人，硕士，工程师。

国内外农村环保技术及政策法规研究

赵晓军　孙　聪　彭福利

中国环境监测总站，北京　100012

摘　要：随着世界各国对城市工业污染的有效控制，农村环境污染问题日益凸显。由于农村环境污染其分散性的特点，导致农村环境治理成本极高而成为困扰各国的普遍难题。但随着农业源污染对污染总量贡献的增大，人们对农村环境问题越加重视，发达国家均制定了相应的政策法规及实用技术。通过研讨国外农村环境保护技术及政策法规的成功经验，对比我国存在的不足，提出新时期农村环保的主要任务内容和建设目标。

关键词：农村环境；环保技术；政策法规

Study on Rural Environmental Protection Technology and Policies and Regulations at Home and Abroad

ZHAO Xiao-jun　SUN Cong　PENG Fu-li

China National Environmental Monitoring Centre，Beijing 100012

Abstract：With the effective control of the city industrial pollution all over the world，the problem of environmental pollution in rural areas has become increasingly prominent. Because of environmental pollution in rural areas and its dispersion characteristics，leading to the high cost of environmental governance in rural areas has become a common problem in all countries. But with the total amount of pollution caused by agricultural non-point source pollution is increasing，people pay more and more attention to the environmental problems in rural areas. Developed countries have formulated the corresponding policies，regulations and practical technology. Through the research on the successful experience of foreign rural environmental protection technology and the policies and regulations，and the comparison of the existing problems in our country，put forward the content and the goal of building the main task of rural environmental protection in the new period.

Key words：rural environment；environmental protection technology；policies and regulations

随着我国农村经济的快速发展，环境问题日益突出，突出表现为农村生活污染治理基础薄弱，面源污染日益加重，农村工矿污染凸显，城市污染向农村转移趋势加速，农村生态退化尚未有效遏制。改革开放 30 年以来，中国农村成功地实现了农民生活从温饱不足到总体小康的历史性跨越，粮食产量实现了十二连增，迈出了全面建成小康社会的历史性步伐。但是，工业“三废”使农村地表水、地下水、土壤、城郊空气、特别是农村饮用水源等均受到不同程度的污染和破坏，化肥、农药不合理使用，畜禽和水产养殖污染、水土流失等造成农村面源污染状况日趋加剧；部分农村地区的生态损害严重，生物多样性锐减，生态系统功能退化，生态环境质量明显恶化。近年来，媒体关注、群众反映强烈的“问题村”数量不断增加，“儿童血铅”、水稻“镉米”等事件频发。千百年来形成的原始的相对稳定的农村自然宜居环境，受人为活动影响正在加快演变，农村环境问题已经成为危及农民健康、食品安全、社会稳定和制约农村经济社会可持续发展的主要因素，农村环境质量监测与评价体系不健全，管理不到位。农村面临着既要大力发展经济又要遏制环境污染的双重压力，环境与发展的矛盾日趋突出，与此同时，随着我国农村“生态文明”和“小康社会”的逐步推进，广大农民群众迫切要求改变这种人居状况、改善生态环境的愿望也十分强烈[4]。

1 国外农村环保技术和相关政策法规

1.1 美国的环境友好替代技术

美国人均耕地0.7hm²，为我国的7倍。美国在农业污染控制上，主要是鼓励农民自愿采用环境友好的替代技术（BMPs），对农民没有或只有很少补贴，替代技术成为了农村污染控制的关键。其替代技术措施以操作简单、价格便宜为佳。主要技术有农田最佳养分管理、有机农业或综合农业管理模式、等高线条带种植、农业水土保持技术措施等。美国EPA早于欧盟颁布了污染预防政策。美国制定的排放限值准则以技术为依据，根据不同工业行业的工艺技术、污染物的产生量、处理技术等因素确定各种污染物的排放限值，并且针对现有污染源、有毒物质和非常规污染物等不同情况规定了不同的控制水平。美国环保署在2003年宣布农业源已经成为水污染的第一大污染源。美国采取的主要防控措施一是政策措施，二是技术措施，三是绿色农业等综合环保措施，经过多年的治理控制，农业污染已大幅减少。据2006年统计，美国农业污染面积已比1990年减少了65%。

1.2 日本土壤污染对策法规

20世纪60年代，日本农业污染开始加重，出现了“镉”、“汞”等多起重大污染事件，引起了政府高度重视，制定了《农药取缔法》《市街地土壤污染暂定对策方针》和《土壤污染对策法》等一系列法律法规、推出了环保型农业发展模式，具体措施包括：确定环境标准和环境容量；减少农药和化肥使用量，使用硝化抑制剂和化肥缓释剂等措施控制农业污染等等。日本的土壤污染防治立法在土壤污染防治方面发挥了积极的作用，其关于农用地土壤污染和城市用地土壤污染规制的很多做法值得我们借鉴。首先，由于农用地土壤污染和工业迹地土壤污染具有不同的特点，需要对二者分别加以规制。第二，日本土壤污染立法包含了大量程序性规范。无论是农用地土壤污染防治中对污染对策区域的指定、污染对策计划的制订，还是城市土壤污染规制中的污染调查、污染区域的指定都必须按照法定的程序进行。这既体现了行政权需要依法行使的理念，同时也便于具体规制措施的实施，使得法律具有很强的可操作性。第三，日本土壤污染防治法除了规定具体的规制措施外，还提出了一系列的保障措施，主要包括赋予行政机关进入检查等权利；行政机关的协调与合作；国家和地方政府对土壤污染防治的援助，科学研究的推进等。

1.3 德国实施生态农业基本政策

德国近年来大力发展生态农业，目前已成为德国农业发展的新趋势。德国人对无污染的绿色食品格外青睐，近年来，绿色食品在德国和整个欧美市场上越来越多地走进了消费者的菜篮子。德国联邦政府实施生态农业的基本政策是要求农业发展的持续性，其意义就是要在土地利用和土地保护之间达到一定的均衡关系。健全的农业和肥沃的土壤、干净的水、清洁的空气以及各种各样的自然生物是无法进口和无法重新再生的。因此，保持自然土壤的肥沃和无害的种植以及爱护饲养的动物都是制定生态农业的基本政策的前提条件。1994年农业环境保护在德国基本法新规定中被提高为国家目标，1995年又提出联邦土地保护法草案，该法将土地保护规定为人类、动物和植物的生存基础。德国中央和地方都颁布了一系列生态农业配套法规和政策条例。在土地规划制度、肥料法令和植物保护法令中都涉及这些方面的内容。如早在1983年的德国北莱茵—威斯特法伦州首次公布的肥料法令中规定：“最高经济肥料（粪尿）量为每公顷含氮240kg”。同时对饲养动物所需的面积定下法规：“每公顷最多许可饲养21头猪或3头牛”。政府支持生态农业发展的主要政策措施包括：政府制定法令、法规和标准，建立质量认证机构；为了鼓励农民从传统型向生态型的经营转型，德国政府制定和实施了转型补贴政策；为了进一步改善生态农业发展的条件，德国联邦政府还为2002年和2003年制定了一个联邦生态农业项目，实施了人员培训和信息服务专项。

1.4 英国农业环保技术政策措施

英国的农业环境保护政策主要是通过开展项目来进行的，这些项目大多数都是以生态补偿的形式开展，促使农民选择最佳耕种模式以达到环境保护的目的。项目有各自的针对性，但每个项目获得生态补偿的条件都不是单一的，如初级补贴项目，其中包含上百种保护生态环境的措施，参加项目的农民可以根据自身条件和需求选择这些措施，而每种措施都有预设的分数，当农民通过开展某种或某些生态环境保护措施达到其农场平均每公顷30分时，英国农业部将会与其签订协议并按照每年每公顷30英镑给予补贴。例如，在农田周边设立用以阻止面源污染的每100m缓冲带将会得到42分，而某农民拥有20 hm^2土地，他只需要在其土地周边按照初级补贴项目的标准建设1 500m的缓冲带，即可获得足够的分数领取补贴，而不需要在其农田周围都建设缓冲带。各项目中补贴和每项生态环境保护措施分数的标准来源都十分科学，数据来自于分布于英国本土百余处示范点，在各示范点采取各种的保护生态环境的措施并与传统耕种模式进行比对，通过计算开展保护生态环境措施环境效益及带来的减产，共同确认相关措施的补偿计分标准。初级补贴项目向所有的农场开放，只要农场主向政府申请基本上都会通过，目前超过60%的英国农场已经享受了该项目。

2 我国农村环保技术和法规建设进展

我国农村及农业环境管理基础薄弱，法律法规及标准体系不完善。近年来，我国农村和农业环境保护立法，已初步形成了一个以《中华人民共和国环境保护法》为主体的法律法规标准体系。包括《地下水质量标准》、《地表水环境质量标准》、《土壤环境质量标准》、《环境空气质量标准》、《农田灌溉水质标准》、《食用农产品产地环境质量评价标准》、《温室蔬菜产地环境质量评价标准》、《城镇污水处理厂污染物排放标准》、《畜禽养殖业污染物排放标准》、《土壤环境监测技术规范》、《农田土壤环境质量监测技术规范》、《地表水和污水监测技术规范》、《农村生活污染控制技术规范》、《保护农作物的大气污染物最高允许浓度》、《规模化畜禽养殖业污染防治技术规范》、《畜禽养殖业污染防治管理办法》等。2000年以来，环保部先后颁布了《农药使用环境安全技术导则》（HJ 556—2010）、《化肥使用环境安全技术导则》（HJ 555—2010）、《农业固体废物污染控制技术导则》（HJ 588—2010）《农村生活污染控制技术规范》（HJ 574—2010）、《畜禽养殖业污染物排放标准》（GB 18596—2001）、《畜禽养殖业污染防治技术规范》（HJ/T 81—2001）、《畜禽养殖产地环境评价规范》（HJ 568—2010）等，这些环境保护法律法规和技术规范，虽然都涉及农业和农村的环境保护，为农村的环境保护提供了重要的监管依据，但是，无论是针对农村特点的法制建设，还是指导农村污染防治活动的技术标准规范，远远落后于当前农村环保工作的需要。

在农业与农村环境污染防治方面，国家还发布了《中共中央国务院关于推进社会主义新农村建设的若干意见》、《国务院关于落实科学发展观加强环境保护的决定》、《关于加强农村环境保护工作的意见》等一系列重要文件，对新时期农村环境保护工作提出了“全面推进，突出重点；因地制宜，分类指导；依靠科技创新机制；政府主导，公众参与”的农村环保工作基本原则，并着重强调要加大农村生活污染治理力度。2010年初环保部发布了《农村生活污染防治技术政策》，从宏观技术层面上指导农村开展污染防治工作。该“技术政策”针对农村生活污水、垃圾、空气等污染明确提出了防治农村生活污染的主要技术路线和原则。当前，从农村环境管理需求来看，农村环境保护法律、法规及标准体系不完善；农村环境监管体系不健全；农村环境污染治理缺少政策和资金支持，特别是国家层面对农村环境污染防治缺少技术政策引导和技术评价，严重影响了农村环境保护工作全面深入开展。

3 新时期农村环境保护主要任务目标

新时期农村环境保护面临着新的机遇和挑战，在我国全面建设小康社会和农村新型城镇化建设的大背景下，环境保护部《关于进一步加强农村环境保护工作的意见》要求：到2015年，完成6万个建制村的环境综合整治，到2020年农村环境和生态状况明显改善，农村环境与经济、社会协调发展。新时期面对国家需求，首先，必须牢固树立健全农村环境保护法律法规体系的大目标。我国现行环境保护法律对农村针对性不强，更缺少强制力的约束手段，国家应根据农村环境保护特点有针对性地制定相应的法律法规和制度，以法律和制度为手段加强监管。第二，农村环境保护工作应确立突出预防为主，综合防治，分类指导的工作方针，坚持效益主导的原则，采用划区分类方法，用较少的资源监控农村环境突出问题。第三，继续加大资金投入。近年来，在国务院一系列农村环保政策的支持和带动下，各级政府积极开展了“生态文明村”和“环境优美乡镇”的建设工作，通过农村“以奖促治”、“以奖代补”、连片综合整治、农村环境综合整治成效明显，部分地区农村人居环境得到了明显改善，但还应扩大整治范围，全面提升农村环境质量水平。第四，要构建多类型农村环境综合评估技术方法，针对新农村建设中农村环境质量综合评估和行政考核的需要，要建立综合评估和环境整治绩效考核方法，指标应涵盖环境质量状况、环境污染治理水平、生态质量状况、经济社会发展水平、综合评估和绩效考核等，坚持效益主导。第五，创建农业生态示范工程，推广先进的农业科学技术，改变传统的耕种方式，减少农药化肥施用量，借鉴国外经验推进农业生态补偿机制。第六，要加强农村环境监管，大力开展农村环保宣传教育，提高农民环保意识，用政策鼓励保护农村环境，增强全社会保护农村环境的自觉性。

参考文献

[1] 徐世平. 美国农业法变迁探析 [J]. 甘肃农业，2005，232 (11)：139-140.

[2] 尹红. 美国与欧盟的农业环保计划 [J]. 中国环保产业，2005 (3)：42-44.

[3] 刘国材. 日本污染防治经验及启示 [J]. 东北水利水电，1999，179 (6)：45-46.

[4] 杨晓萌. 欧盟的农业生态补偿政策及其启示 [J]. 农业环境与发展，2008 (6)：17-20.

[5] 冯青松，孙杭生. 美国、欧盟、日本农业政策的比较研究及其启示 [J]. 世界农业，2004，302 (6)：7-10.

[6] 许建华. 日本《土壤污染对策法》与土壤环境监测 [J]. 环境监测管理与技术，2006，18 (4)：49-51.

[7] 胡必彬. 欧盟土壤生态环境现状及保护战略 [J]. 北方环境，2004，29 (5)：52-55.

[8] 孟繁华. 德国生态农业的现状 [J]. 农村天地，2004 (10)：38-39.

[9] 赖欣，孙桂凤，刘江，等. 英国农业环境保护政策、措施及其启示 [J]. 农业环境与发展，2012，(2)：16-19.

[10] 陈红卫，吴大付，王小龙. 英国农业发展现状经验及启示 [J]. 河南科技学院学报，2011 (5)：17-20.

[11] 乔红. 中国农村经济发展面临的问题与对策 [J]. 南方经济，2001 (6)：54-56.

[12] 王波，黄光伟. 我国农村生态环境保护问题研究 [J]. 生态经济，2006 (12)：138-141.

[13] 周菊香. 我国农村可持续发展过程中面临的问题与对策 [J]. 经济问题，2001 (7)：48-50.

[14] 李蓓蓓，张雪绸. 当前农村生态环境的约束与对策 [J]. 统计与决策，2005 (1)：89-90.

作者简介：赵晓军（1959.11—），中国环境监测总站，研究员，专业领域土壤和农村环境监测。

噪声监测实践中几个常见问题探讨

何　军　彭　爽
重庆市渝中区环境监测站，重庆　400013

摘　要：针对噪声监测实践过程中遇到的六个方面的问题逐一进行分析，并提出合理化建议，为今后噪声标准的修订提供参考。

关键词：噪声；监测；问题

Discuss Several Common Issues of Noise Monitoring Practice

HE Jun　PENG Shuang
Environmental Monitoring Station of Yuzhong Diserict in Chongqing，Chongqing 400013

Abstract：Analysis of each of the six aspects of the problem of noise encountered during monitoring practice，and to make reasonable suggestions，provide a reference for future revisions of the noise standard.

Key words：noise；monitor；problem

在声环境噪声、工业企业厂界噪声、社会生活边界噪声、建筑施工场界噪声监测过程中遇到诸多问题，不少学者提出合理化建议[1][2]，并在新修订的《声环境质量标准》(GB 3096—2008)、《工业企业厂界环境噪声排放标准》（GB 12348—2008)、《社会生活环境噪声排放标准》（GB 22337—2008)、《建筑施工场界环境噪声排放标准》（GB12523—2011)《环境噪声监测技术规范 噪声测量值修订》（HJ 706—2014）等标准中进行完善，但在实践过程中仍然会遇到一些问题。本文将对监测过程中出现的七个方面的问题进行逐一分析，并提出建议。

1　低频噪声的适用性问题

《工业企业厂界环境噪声排放标准》　（GB 12348—2008）和《社会生活环境噪声排放标准》（GB 22337—2008）均规定了结构传声需同时测量倍频带声压级和等效声级，任一频段声级或等效声级超标均为超标。但对于像变压器等低频噪声设备离居民楼较近的扰民问题，因没有相应的监测方法标准和评价标准，只能测定等效声级而不能测定倍频带声压级，可能会有居民虽然感觉很难受，但测定结果可能达标，与实际情况不相符合。因此建议在今后的噪声标准修订中应加以考虑。

2　关于居民楼电梯等噪声设备排放噪声标准执行问题

《关于居民楼内生活服务设备产生噪声适用环境保护标准问题的复函》（环函［2011］88 号）规定《工业企业厂界环境噪声排放标准》（GB 12348—2008）和《社会生活环境噪声排放标准》（GB 22337—2008）两项标准都不适用于居民楼内为本楼居民日常生活提供服务而设置的设备（如电梯、水泵、变压器等设备）产生噪声的评价。该复函明确说了不适合用这两种标准进行评价，环保部之所以这样复函，是因为建筑物室内环境问题直接归属建设部门管理，在处理居民楼内生活服务设备产生噪声的投诉问题时，法律并没有赋予环保部门对这一问题具有行政管辖权。为了避免在实际操作中产生不必要的矛盾，环保部门有必要将这一问题界定地更加清晰、明确。但现实生活中这么噪声扰民现象时有发生，而环保部门是对噪声问题实行统一监督管理的部门，至少作为监测部门，受业主或法院的委托，应对这类噪声进行监测，作为法院判案的依据。

这里涉及两个标准问题需要理清：一是执行什么质量标准或排放标准；二是监测方法标准。

对于执行什么质量标准或排放标准，专家说法不一，国内也有多个案例：有的以《声环境质量标准》（GB3096—2008）进行评价，有的以《建筑设计规范》或《民用建筑隔声设计规范》进行评价，有的以世界卫生组织（WHO）颁布的《社区噪声指南》进行评价。有的以《工业企业厂界环境噪声排放标准》（GB 12348—2008）或《社会生活环境噪声排放标准》（GB 22337—2008）进行评价。在没有相应的标准情况下，法官只要在其自由裁量权范围内参考上述任何部门、机构的相关规定进行案件审理，均属合理。

用什么标准进行评价必须要以配套使用什么标准监测方法来进行监测，才能使评价有意义。《建筑设计规范》、《民用建筑隔声设计规范》、《社区噪声指南》等只有评价标准，没有相应的测量方法与之配套，只有《声环境质量标准》（GB 3096—2008）、《工业企业厂界环境噪声排放标准》（GB 12348—2008）或《社会生活环境噪声排放标准》（GB 22337—2008）有配套的监测方法。

用《声环境质量标准》（GB 3096—2008）质量标准有其缺陷，一是对于环境背景噪声大的情况下的测量结果意义不大，二是该标准没有低频噪声的评价标准和监测方法，而恰恰居民投诉的噪声很多时候都是低频噪声。而只有《工业企业厂界环境噪声排放标准》（GB 12348—2008）或《社会生活环境噪声排放标准》（GB 22337—2008）最贴近实际情况，都是噪声设备通过结构传声至室内后如何科学评价其影响的问题，而且充分考虑了低频噪声的评价和监测。虽然（环函［2011］88 号）规定《工业企业厂界环境噪声排放标准》（GB 12348—2008）和《社会生活环境噪声排放标准》（GB 22337—2008）两项标准都不适用于居民楼内为本楼居民日常生活提供服务而设置的设备（如电梯、水泵、变压器等设备）产生噪声的评价。但作为监测机构可以参照此标准进行监测，作为法官判案的依据是比较恰当的。

3 关于社会生活噪声排放标准和工业企业噪声排放标准的适用范围的问题

争议较大的是医院和房地产项目噪声排放标准的执行问题：对于公立医院没有争议，执行《工业企业厂界环境噪声排放标准》（GB 12348—2008），而对于私立医院，则争论较大，有的认为既然都是医院都应该执行《工业企业厂界环境噪声排放标准》（GB 12348—2008），而有的则认为私立医院属于企业，属于商业经营行为，应执行《社会生活环境噪声排放标准》（GB 22337—2008）。笔者认为应统一为《工业企业厂界环境噪声排放标准》（GB 12348—2008）。

关于房地产开发项目，笔者认为住宅适用于《工业企业厂界环境噪声排放标准》（GB 12348—2008），如果是以商业、娱乐业或酒店业为主的房地产开发项目或商住混用型，应执行《社会生活环境噪声排放标准》（GB 22337—2008）。

4 关于稳态噪声的定义问题

《工业企业厂界噪声排放标准》规定，在测量时段内被测声源的声级起伏不大于 3dB 称为稳态噪声。《社会生活噪声排放标准》没有规定。

执行过程中存在以下几方面问题：第一，在测量时段内是指多长时间，1min 还是 10min？应该予以界定；第二，起伏不大于 3dB，起伏是什么意思，是指最大值减最小值不大于 3dB 还是不大于 6dB；第三：测试过程中是 1s 1 个数据还是 0.1s 1 个数据。这三个方面应进行界定。

笔者认为：实际监测中，因为背景噪声在 1 分钟内也难达到最大值减最小值小于 3dB 的情况。因此不具操作性，根据《机械设计手册》第一卷：稳态噪声是指噪声强度波动范围在 5dB 以内的连续性噪声。考虑到测定厂界或边界噪声时背景噪声波动因素，至少应为最大值减最小值应不大于 6 dB 为宜。

因此笔者建议在今后修订标准时应将其定义为在 1min 内“慢挡”动态特性测量时，其最大值与最小值相差至少应小于等于 6 dB 为宜。

5 关于施工噪声测量时间不足 20min 的处理问题

夜间施工工地执法检查中常碰到这种情况，没有测完 20min 施工停止了，导致数据测定无效。这类问题应该如何处理：如果继续测量至20min，则测量结果没有代表性。如果停止测量，数据无效，又不能作为违法夜间施工的证据。笔者认为，如果是稳定噪声，可以测定1min，但由于稳态噪声的定义尚很模糊和严格，在今后修订标准时应将其定义为在1min内“慢挡”动态特性测量时，其最大值与最小值相差小于等于6dB为宜。

6　环境影响评价噪声监测的监测方法标准问题

环境影响现状评价监测大多数监测站采用的是声环境质量标准，但声环境质量标准只规定了声环境功能区监测方法和敏感建筑物监测方法，两者均不适用于环评现状监测。而《环境噪声监测技术规范 城市声环境常规监测》（HJ 640—2012）也只规定了环保部门开展的声环境监测、道路交通声环境监测和功能区声环境监测。因而笔者建议，在今后修订的环境噪声监测标准或规范里应将环评现状监测纳入标准体系。

参考文献

[1] 戴建红. 工业企业厂界噪声测量过程中的问题探讨 [J]. 中国环境监测，2006，22（2）：37-39.

[2] 肖明熙. 工业企业厂界噪声测量中的背景值修正问题 [J]. 环境科学与管理 2006，31（2）：130-131.

作者简介：何军（1976.1—），重庆市渝中区环境监测站，高级工程师，技术负责人，从事环境监测及技术管理工作。

中国水质自动监测评述

刘　伟　余家燕　刘　萍　黄　伟

重庆市环境监测中心，重庆　400020

摘　要：概述国内外水质自动监测发展情况，分析了我国水质自动监测中预警预报、常规监测替代、综合性监测指标研究、监测服务等方面存在的发展"瓶颈"，并提出解决办法。指出要从水质自动监测标准化、监测标准和监测技术指标现代化、监测服务市场化全面推进水质自动监测领域的现代化进程。指出明确了水质自动监测的法律定位，水质自动监测数据的应用广度和深度将更加扩展。

关键词：水质自动监测；标准化；现代化

Comments of Water Automatic Monitoring in China

LIU Wei　YU Jia-yan　LIU Ping　HUANG Wei

Chongqing Environment Monitor Center，Chongqing 400020

Abstract：Summarized the develop situation of water automatic monitoring（WAM）both here and abroad. A nalysed the developing bottleneck of water automatic monitoring in early warning and forecasting，substitution of routine monitoring，research of comprehensive monitoring and service of monitoring. Proposed the solution way. Pointed out that standardization of WAM，Modernization of standard and monitor technology，marketization of monitor service should be take out . Pointed out that definite the legal position of WAM，the data of WAM will be very useful.

Key words：water automatic monitoring；Standardization；Modernization

1　概述

1.1　国外水质自动监测技术发展概况

美国的水质在线监测从 20 世纪 50—60 年代开始，美国的水质质量监视网[1]由美国联邦政府的地质调查局建立。到目前有约 2 000 个点实现了实时在线监测。英国在 1975 年建成泰晤士河自动水环境监测系统，由一个数据处理中心和 250 个子站组成。日本 1967 年开始考虑在公共水域设置水质站；到 1992 年，在 34 个都道府县和政令市设置了 169 个水站。此外，建设省在日本一级河流的主要水域也设置了 130 个水站。[2]

国外的水站形式多样，包括固定站，测量船，固定或游走的浮标等。监测技术以电磁光谱和声学多普勒技术为主，化学分析为辅，传感器新技术不断得到应用。可实时监测溶解氧、水温、氨氮、硝酸盐氮、pH、电导率、悬浮固体、浊度、电导率、流量，部分在线监测站点使用传感器监测叶绿素、磷酸盐等参数。在线监测数据主要在关于饮用水源、水处理、项目管理、娱乐、公众安全以及一般生态系统的健康等议题上提供决策支持。[3,4]针对不同的河流开发出水质模型，通过在线监测和实验室监测相结合对部分指标进行模拟预报，可实时发布模拟结果，及其可能性和不确定度。

1.2　国内水质自动监测技术发展概况

目前国家在松花江、辽河、海河、黄河、淮河、长江、珠江、太湖、巢湖、滇池流域十大流域的重点断面以及浙闽河流、西南诸河、内陆诸河、大型湖库以及国界出入境河流上建成了149个水站。2003年以来，各省市自筹资金建设地表水站的步伐加快；截至2011年年底，我国已建成的水站保有量达到1 400个左右。[5]

国内水站形式主要包括固定站和浮标两类。国家层面没有推进浮标的建设，部分省市根据本地实际情况有一定建设。自动监测技术方面向国外看齐，欧美日设备为主流设备，国产设备应用较少。可监测水温、PH、浊度、电导率、溶解氧、流量、硝酸盐，正磷酸盐、总磷和总氮参数。主要用于实时监控和预警监视、地表水水质调查，污染源调查、养殖区氮磷时空分布等专题研。

2 发展瓶颈评述

2.1 预警预报作用发挥有限

我国新《环保法》规定，监测机构应当使用符合国家标准的监测设备、遵守监测规范。目前只水质五参数、高锰酸盐指数、总氮、总磷、氨氮等11种在线监测设备制定了环保行业标准。截至2013年一共有五类自动监测仪器通过中国环境监测总站认定。（见表1）可见水质自动分析仪的国家行业标准只覆盖了常规的监测参数，且大多在2003年制定，已滞后于水质自动分析技术的发展。各地在用的水质自动监测仪器很多并没有通过中国环境监测总站的检测。水质自动监测规范也还没有出台。由此造成了水质自动监测数据法律效力有所欠缺。制约水质自动监测预警预报作用的发挥。

表1 水质自动分析仪标准及其仪器现状

标准名	标准号	通过适用性检测品牌数
《pH水质自动分析仪技术要求》	HJ/T 96—2003	7
《电导率水质自动分析仪技术要求》	HJ/T 97—2003	
《浊度水质自动分析仪技术要求》	HJ/T 98—2003	
《溶解氧（DO）水质自动分析仪技术要求》	HJ/T 99—2003	
《高锰酸盐指数水质自动分析仪技术要求》	HJ/T 100—2003	—
《氨氮水质自动分析仪技术要求》	HJ/T 101—2003	70
《总氮水质自动分析仪技术要求》	HJ/T 102—2003	—
《总磷水质自动分析仪技术要求》	HJ/T 103—2003	34
《总有机碳（TOC）水质自动分析仪技术要求》	HJ/T 103—2003	—
《紫外（UV）吸收水质自动在线监测仪技术要求》	HJ/T 191—2005	11
《水质自动采样器技术要求及检测方法》	HJ/T 372—2007	16

因而应加大修改和增加水质自动分析仪行业标准、水质自动监测技术规范、水质自动监测仪器安装验收规范等国家标准和规范的力度，做到标准和规范覆盖水质自动监测的各要素、全流程。明确水质自动监测的法律定位，提高数据的有效作用将对自动监测技术的发展起到历史性与决定性作用。逐步实现水质监测的现代化、智能化、精准化，从现状监测到预测预警的历史性转变。[6]

2.2 取代常规监测有限

大气自动监测的现状将是水环境监测发展的方向，水质自动监测逐步取代手工常规监测是监测现代化的应有之义，是解决监测任务重和监测人手不足矛盾的重要路径。过去水质自动监测的仪器不成熟增加了常规监测比对质控的工作量，加上行业标准的滞后，形成了对自动监测运行所投入的人力、财力巨大，但效果不明显的认识。现今水质自动监测技术已经到了相对稳定发展的阶段，自动监测频次高、人为干扰少的优势被大家所公认。经过多年实践，五参数（水温、pH、电导率、溶解氧和浊度）、高锰酸盐指数和氨氮在全国水站广泛应用，对这类技术成熟监测指标可以完全取代手工监测数据。其他自动监测指标应做到成熟一个取代一个，实现自动监测逐步取代常规手工监测。但这需要相关标准和规范的制定与执行。

2.3 综合性监测指标的研究亟待深入

由于科技发展的局限以及水质监测要素的种类繁多，自动监测不可能做到全要素全面监测［《地表水环境质量标准》(GB 3838—2002) 的监测项目有 109 项]。水质自动监测的监测项目除基本的常规参数以外，应该主要监测反映水质综合性指标（目前以高锰酸盐指数、TOC 和生物毒性指标为代表）。在综合性指标出现异常的情况下，进一步采集水样进行详细指标的实验室分析。形成自动监测弥补手工常规监测频次有限、自动化程度不高的短处。手工监测弥补自动监测因子不足的短处。两者相辅相成，优势互补。

所以需要加大水质自动监测中综合性指标监测方法、标准的研究和仪器的研发。加强自动监测综合性指标与手工监测非综合性指标的方法、数据、监测流程等衔接性问题的研究。

2.4 监测数据应用的科学化水平有待提高

自动监测数据时间代表性很强，对于研究水体变化及其规律，用于预警时效性很强，故主要用于预警。环境管理部门对于环境质量评价和地方政府考核主要采用的是手工监测数据。有的省已采用自动监测数据作为地方政府政绩考核、交界断面考核生态市考核和生态补偿及环境质量评价的依据，这是一种有益的尝试，但运用这些数据的法律地位比较尴尬。主要原因在于，目前自动监测数据之间，自动监测与手工监测数据之间的不一致的问题严重，国家关于自动监测技术的各项标准体系也还未建立起来。

应建立高技术水平的 QA/QC 体系，通过创新技术手段，保证系统内部和系统之间监测数据的可靠性和可比性。

2.5 水质自动监测服务的市场化需要加强

随着形势的发展，环境监测任务越来越重，而环境监测人员匮乏。水质自动监测站大都地处偏远地带，管理工作涉及很多方面，琐碎而多样。因此引入市场机制，充分调动各方面的积极因素，提高自动环境监测服务整体水平和工作效率。解决自动监测独立性、公正性、监测人员匮乏等问题。而各地监测站的主要工作放在新标准的研究、新技术开发，监测疑难问题解决等方面。

应明确市场准入条件。在各种法律法规，技术标准、规范的逐步完善中，培育起一个有序发展、监管到位、技术领先的自动监测服务行业。[7]

2.6 抓住水质自动监测领域的历史发展机遇

美国环保产业主要由环保设备、环保资源、环保服务三大类构成。[8]在美国的经济发展中有着举足轻重的作用。我国的水质自动监测设备主要从欧美发达国家进口，对“三个说清”有历史性贡献。但也存在监测部门在环保产业的发展方面贡献比较尴尬的局面。据不完全统计，改革开放以来我国发布的重要环保产业发展政策 200 项左右[9]，我国环保产业有了长足进步，但距离欧美发达国家尚远。我国的水质自动监测领域的环保企业走过了跟踪研究阶段，已经迈入产业化时代。水质自动监测领域应该在政府的主导下，由监测部门和相关环保企业的共同努力，推进环保监测领域的技术创新和产业发展，为中国的经济转型做贡献。

3 结论

管理部门应加大修改和增加水质自动分析仪行业标准、水质自动监测技术规范、水质自动监测仪器安装验收规范，自动监测替代手工监测标准等国家标准和规范的力度。做到标准和规范覆盖水质自动监测的各要素、全流程；建立自动监测数据和手工监测数据之间的可比性规范，解决自动监测与手工监测数据之间的不一致的问题。科技部门应加大水质自动监测中特异性指标和综合性指标监测方法、标准的研究和仪器的研发。加强自动监测综合性指标与手工监测详细指标的方法、数据、监测流程等衔接性问题的研究。解决做什么，怎么做的问题。

而由谁做的问题，就应该交给市场，让市场在资源配置中起决定性作用。从监测标准规范现代化、监测技术指标现代化、监测服务市场化全面推进水质自动监测领域的现代化进程。

参考文献

[1] U. S. Geological Survey. 2004，NationalField Manual for the Collection of Water-Quality Data . http：//waterwatch. usgs. gov /.

[2] 张苒，黎如. 探讨水质自动监测的定位与发展，中国环境科学学会学术年会论文集（2014).

[3] Ward，R. C. ，and Peters. C. A. eds. ，2003，Seeking a Common Framework for Water Quality Monitoring：Water Resources IMPACT. American water resources association（AWRA），v. 5，No. 5 http：//acwi. gov/monitoring/network /.

[4] ACWI/NWQMC Framework formonitoring published in Water Resources IMPACT，September 2003（Peter and Ward，2003）http：//water. usgs. gov/wicp/acwi/monitoring/pubs/0309impact. pdf.

[5] 马媛媛. 安徽省地表水质自动监测网络优化研究 [R]. 合肥：合肥工业大学，2013：3.

[6] 成国兴，吴旻妍. 谈苏州市环境监测从标准化到基本现代化的探索 [J]. 环境监控与预警. 2013. 4 (2) 第 5 卷 .

[7] 周弛，马文鹏. 中美环境监测体制之比较 [J]. 环境监测管理与技术. 2012. 4（2）24 卷 .

[8] 中华人民共和国环保法.

[9] 陈吕军，温东辉，陈维敏. 美国环保产业发展的现状 [J]. 环境保护，2002（9).

[10] 高明，洪晨. 美国环保产业发展政策对我国的启示 [J]. 中国环保产业，2014（3).

作者简介：刘伟（1978. 6—），男，汉族，重庆市环境监测中心，硕士，高级工程师，主要从事环境自动监测工作。

“十二五”环境监测学科发展综述

王光[1] 孙丽[2] 张迪[1] 于勇[1] 康晓风[1]

1. 中国环境监测总站，国家环境保护环境监测质量控制重点实验室，北京 100012；
2. 河北省环境监测中心站，石家庄 050037

摘　要：“十二五”期间，环境监测科技发展呈现出了一些新的动向。监测手段从人工采样和实验室分析为主，向自动化、智能化和网络化为主的监测方向发展；监测仪器研发向高质量、多功能、集成化、自动化、系统化和智能化的方向发展。本文从研究构建适合我国国情的环境监测技术体系为视角，对“十二五”期间我国环境监测学科的研究进展进行了梳理，以反映这一时期的总体进展。本文从研究构建适合我国国情的环境监测技术体系为视角，对“十二五”期间我国环境监测学科的研究进展进行了梳理，以反映这一时期的总体进展。

关键词：环境监测；学科发展；现状及展望

Environmental Monitoring Discipline Domestic and International Frontier Information and Development Need

WANG Guang[1] SUN Li[2] ZHANG Di[1] YU Yong[1] KANG Xiao-feng[1]

1. State Environmental Protection Key Laboratory of Quality Control in Environmental Monitoring, China National Environmental Monitoring Center, Beijing 100012;
2. Hebei Environmental Monitoring Center, Shijiazhuang 050037

Abstract: During the “Twelfth Five-Year”, the development of environmental monitoring technology has presented some new trends. Means of monitoring from manual sampling and laboratory analysis, mainly to automation, intelligent and network monitoring direction; monitoring equipment R & D to high quality, multi functions, integration, automation, system and intelligent direction. This article from the construction is suitable for the national conditions of our country environmental monitoring technical system perspective, on during the “Twelfth Five Year” period, the subject of environmental monitoring of China's research progress of carried out and to reflect the overall progress of the period. This article from the construction is suitable for the national conditions of our country environmental monitoring technical system perspective, on during the “Twelfth Five Year” period, the subject of environmental monitoring of China's research progress of carried out and to reflect the overall progress of the period.

Key words: environmental monitoring; discipline development; status quo and Prospect

“十二五”以来，环境监测学科无论是基础研究，还是技术创新均取得了一系列进展，通过研究成果的应用发明出新的监测技术和手段，研制出新的检测设备和手段，促进了监测事业的发展，使监测工作不断地满足环境管理和决策的需要，不断地满足公众日益提高的环境质量知情权的需要，为当前环境保护工作的深入发展提供了科技支撑。

“十二五”期间，我国环境保护问题和发展形势发生了明显的转变，环境监测科技发展也呈现出了一些新的动向。监测手段从人工采样和实验室分析为主，向自动化、智能化和网络化为主的监测方向发展；监测项目从常规污染物向微量/痕量有毒有害有机污染物的监测转变；监测分析精度向痕量乃至超痕量最分析的方向发展；监测仪器研发向高质量、多功能、集成化、自动化、系统化和智能化的方向发展；环境监测质量保证与质量控制工作向监测全过程系统化展开。

本文从研究构建适合我国国情的环境监测技术体系为视角，对“十二五”期间我国环境监测学科的研究进展进行了梳理，以反映这一时期的总体进展。

1 引言

环境监测是监测技术规范地应用于认识环境质量的过程，是环保工作的耳目，其真正魅力在于其技术性。及时、全面、准确、可靠的环境监测信息是环境管理的基础，是环境决策的重要支撑，是污染事故的应急依据。环境监测，关系到环保部门履职的威信与地位，关系到民众的生存条件和生活质量，甚至关系到社会稳定和国家的生态安全[1]。认真地思考、探讨和总结环境监测学术研究的有关问题与研究成果，对于促进全国环境监测工作的技术创新，推动“十三五”环境监测改革发展，无疑有着十分重要的现实意义。

“十二五”以来，广大科研工作者、环境保护管理部门、社会机构和一线环境监测工作者进行了大量的探索实践，环境监测技术研究取得丰富的成果，呈现了一些新的发展态势和特点。为清晰地展示“十二五”以来，环境监测学科在基础研究、业务创新和仪器研发等方面的发展成就，总结学科发展规律，提出学科存在的问题及未来发展趋势，环境监测专业委员会试图对“十二五”期间环境监测专业学科各领域的新技术、新方法、新成果及学科能力建设进行全面梳理，把握好环境监测学科未来发展方向及力图突破的重点，为环境科学及其他领域学科发展提供一定的借鉴参考作用。

2 环境监测基础研究主要进展

2.1 环境监测发展战略研究

2.1.1 环境监测管理的体制和监测机构运行机制研究

近年来，关于环境监测发展战略的学术研究有所涌现，学者们在深刻分析环境监测发展现状与问题的基础上，从监测管理体制改革、环境监测法制建设和信息公开等方面提出了创新环境监测机构设置模式[2-4]、优化环境监测网络功能格局[5-10]和探索建立环境监测市场化发展模式[11-13]3个解决方案。

建立“3+X”的环境监测机构设置模式，即在巩固国家、省、市三级环境监测站设置模式的基础上，对市以下监测站的设置于管理采取灵活方式，在管理模式上，财政困难地区可实行市以下垂直管理，经济发达地区可实行属地管理[2]。

环境监测网是我国环境监测工作开展的重要依据，其规划和建设，必须坚持以满足“三个说清”需求为目标导向，努力形成“布局科学、覆盖全面、功能齐全、指标完整、运转高效”的整体格局。理顺各级监测网络的层级关系，形成金字塔形的网络结构，避免重复建设和重复监测；构建多样化的网络功能格局，逐步建立和完善环境监测网预测预警功能，加强对潜在环境风险的分析评估，及时发现并跟踪重点污染源的环境风险隐患；建立环境监测网络资源共享机制，建设快速有效地数据传输系统和统一、安全、高效地数据共享平台[10]。

伴随着环境监测转型的深入推进，在环境监测的市场化方面已经有了一些有益探索[11]，部分地区在委托检测自动站运维等方面开展了市场化的先行先试[12]，但仍要明确环境监测市场化包括非公共服务属性的环境监测使市场决定性作用和公共服务属性的环境监测引入市场机制两层含义[9]，为此，环境监测社会化应坚持政府主导、社会参与的总体格局，引导环保监测机构重点强化环境监测网络运行管理、技术标准研发制定、监督性或执法性监测、环境质量预报预警及污染事故应急监测、监测数据质量控制及汇总分析等职能，同时因地制宜确定社会化区域策略，严格规范社会检测的行为，确保监测市场有序开放、公平竞争、风险可控[13-15]。

2.1.2 各环境要素的监测技术路线研究

环境监测技术路线是在一定时期内，为达到一定任务目标而采取的技术手段和途径，制定出满足环境管理需要、科学先进而又切实可行的技术路线是环境监测的首要问题。目前，我国已初步确立了空气、地表水、噪声、污染源、生态、固体废物、土壤、生物和辐射等环境要素的环境监测技术路线[16]。

开展我国污染源监测技术路线研究，以现场采样、实验室分析为基础，辅以等比例连续采样技术和自动监测相结合的技术手段，建立企业和环保部门共同开展污染源监测工作运行模式，依托现有的污染源监测网络和监测能力，不断探索新型监测技术和评价方法，拓展污染源监测领域，建立污染源监测技术体系和网络体系[17]。

开展我国土壤环境质量监测技术路线研究，以合理布点、现场采样、实验分析为技术手段，以农田土壤和工业污染土壤中有毒有害污染物为监测重点，建立以地市级环境监测站为骨干的监测网络和运行模式，开展土壤环境质量例行监测工作。不断探索新技术新方法、完善土壤环境质量监测技术体系和网络体系，逐步建立全国土壤环境质量监测预警体系[18]。

开展我国近岸海域环境监测技术路线研究，以河口和海湾的富营养化及优先控制污染物为重点，以手工采样—实验室分析为主要手段开展趋势性和压力性监测，以浮标自动监测和卫星遥感等为辅助手段开展预警性和应急性监测，依托现有环境监测网络，逐步健全近岸海域水体、生物、沉积物和生态健康监测项目，完善入海河流、直排海污染源和大气沉降监测技术，深入开展赤潮、溢油、滨海湿地变化和风险预警等专题性监测，不断探索先进的监测技术和评价方法，建立近岸海域环境监测技术体系和网络体系[19]。

开展水生态监测技术路线选择与业务化运行关键问题研究，建立有效的水生态监测技术体系和工作体系，从技术层面分析，涉及水生态监测技术路线的选择，不同生态系统类型和生态功能分区的表征和监测指标的确定，特定生态良好的基准点的确定，多参数评价指标的建立以及评价方法和评价等级划分，同时也包括了水生态调查方法、标准水生生物物种的监测方法和质量控制体系等一系列技术体系的构建。从业务化运行的工作体系分析，涉及具体流域层面的监测点位布设体系方案，水生态监测业务规划，以及能力建设、人才培养、技术更新、经费投入等保障措施[20]。

2.2 区域（或流域）环境污染现状调查监测研究

“十二五”期间，我国陆续开展重点区域和重点流域重金属、有毒有害污染物以及危害人体和生态环境健康的污染物污染状况调查，研究污染物的迁移转化规律及区域联防措施及机制。

开展长三角、珠三角、京津冀地区灰霾天气污染调查研究，2009 年年底，广州市环境监测中心站利用拉曼米散射激光雷达对珠三角地区出现的高污染灰霾天气过程进行观测研究表明，前期轻度灰霾天气期间，颗粒物主要为人为源污染源排放，为大气复合污染提供了条件，随着污染物不断聚集，后期二次颗粒物大量生成，加剧了灰霾污染[21]。2012 年年底，江苏省环境监测中心利用微脉冲激光雷达（MPL）对南京地区的一次灰霾天气进行了不间断观测，结合地面气象要素和 PM_{10}、$PM_{2.5}$ 质量浓度资料分析了此次污染过程颗粒物质量浓度、气象要素、气溶胶垂直方向光学特性和混合层高度（MLH）日变化趋势以及相关性[22]。

在湖库和重点流域地区开展氮、磷污染调查研究，Rong 等[23]收集海河流域重点水功能区主要监测点 2000—2011 年总氮（TN）、氨氮（NH_3-N）（指标的历史数据，并且实测 2009 年 350 个样点的氮素指标，探明海河流域河流氮污染特征及其演变趋势。Ma 等[24]对阿什河丰水期典型时段进行采样监测，采用稳定氮同位素示踪技术，研究了阿什河氮的污染特征，解析了河水中氮的来源。Chen 等[25]采用源解析法对武宜运河氮磷来源结构进行分析。Liu 等[26]详述了辽河流域受到的多环芳烃类、有机氯农药及其他有毒有害物的污染情况，进一步明确了辽河流域具有工业源、城镇市政污水排放及农业面源混合型污染特征。

在重点地区开展重金属污染调查研究，Lu 等[27]对湖南省桂阳县市黄沙坪某铅锌矿周边的农田土壤进行了监测和评价，结果表明研究区域农田土壤存在很高的生态风险。Lang[28]选择海河南系滏阳河作为研究对象，采样富集系数（EF）和相关性探讨研究表层沉积物中 6 种重金属元素的含量空间分布特征，并利用地积累指数和潜在生态危害指数评价重金属生态风险。

2.3 优先控制污染物筛选监测研究

我国的优控污染物研究工作起步较晚，1989 年原国家环境保护局通过了“中国水中优先控制污染物黑名单”，其中包括 68 种污染物，推荐近期实施的名单中包括 48 种污染物。近年来，随着人们对化学品污染认识的不断深入，开展优控污染物筛选工作势在必行[29]。国内外开展优控污染物筛选研究的基础就是对污染物的环境与健康风险进行评估，目前国际上普遍采用的评价方法大致分为定量评分方法和半定量评分方法。从我国优控污染物筛选工作的发展情况来看，已从最开始的主要依靠专家评判来确定优先监测目标而逐步转化为通过客观指标的得分及其他毒性效应、事故发生频次等方面综合得分来进行评估[30]。下一步，可以在实际监测数据的基础上首先对污染物名单进行初筛，并依据合理的指标通过组合与加权的方法对污染物进行综合评分排序，最后通过专家评判对名单进行修正[31]。

2.4 环境预警监测研究

环境空气质量数值预报预警系统是一项复杂的系统工程，是当今环境监测研究的热点与难题。国际上，目前比较成熟的预报模式包括城市尺度模式（如 UAM，GATOR，EKMA 等）、区域尺度模式（如 RADM，LOTOS，EURAD，ROM 等）、全球尺度模式（如 GOES-CHEM、CHASER，GEATM 等）多尺度（嵌套）模式（如 CAM_X，WRF-CHEM，CMAQ，NAQPMS 等）[32-33]。

近年来，数值预报模式在北京、上海、广州、济南、沈阳等许多城市蓬勃开展，实现了数值预报的业务化运行，为北京奥运会、上海世博会、广东亚运会等重大赛事提供了有力的保障。但是，目前还没有全国范围的环境空气质量数值预报预警系统，解淑艳等[34]提出建立一个全国环境空气质量数值预报预警系统，该系统以国家背景站和区域站为区域数据依托，以城市站为加密数据支持，利用数值预报、大气环流、反应模式等开发过程预报和城市 AQI 预报预警产品。王晓彦等[35]探讨了客观订正环节中大气扩散条件、污染源排放、物理化学过程和空气质量变化规律的分析方法及系统建立、结果确定、天气控制形势分析和信息表述等基本原则。

水环境自动监测预警网络体系建设是衡量环境管理能力的重要组成部分，已在区域生态补偿、蓝藻水华预警监测、应急事故监测、重点流域水质断面考核等方面发挥重要作用，是环保部门执政能力的直接体现。顾俊强等[36]重点针对集中式饮用水源地以及城区河道水域这两个最敏感区域的预警监测网络建设进行了优化设想，并对水质自动监测站的点位论证机制、自动监测特征能力监测、信息共享机制等长效管理机制提出看法。

利用生物预警和多参数在线、在位理化参数测量来证实突发性污染事件在实践中是可行的。2002 年以来，美国开展了针对恶意投毒和事故性饮用水污染监测系统的研究，逐步形成了一套完整的三级水质监测系统，综合了毒性测试、酶联免疫等生物效应检测和化学监测技术，能快速鉴别和分析污染物的特性。在唐山投入运行的国产智能化生物监测预警系统，综合了基于水生生物鱼的生物综合毒性监测和水质常规 5 项、氨氮、叶绿素等 11 项生物和化学指标。王子健等[37]提出建立以生物毒性为触发机制的生物—化学多参数综合集成水质在线监测预警技术系统。

2.5 环境应急监测技术研究

随着环境应急监测能力建设的加强，我国在环境污染事故应急监测方面取得了长足进步，《突发环境事件应急监测技术规范》（HJ 589—2010）的颁布为环境应急监测的技术路线指出了方向，规定了突发环境事件应急监测的布点与采样、监测项目与相应的现场监测和实验室监测分析方法、监测数据的处理与上报、监测的质量保证等环节的要求。但仍存在应急监测技术方法标准欠缺，应急监测仪器设备技术运用不当，各种技术和装备的准确性、适用性水平不清等问题。刀谞等[38]从应急监测技术路线、技术方法 2 个方面分析我国环境应急监测技术支撑体系的现状，提出建立完善的应急监测技术标准方法体系和开展应急监测技术的筛选评估等建议。徐晓力等[39]详细阐述了水环境污染应急监测系统及野战实验室的构成。

3 环境监测业务保障体系研究

3.1 环境质量表征技术研究

开展环境监测数据整合、集成、传输监控技术研究。环境监管是一项综合性系统工程，涉及众多监管部门，各部门从自身业务特点需求组织监测并积累了大量的环境监测数据。随着环境监管要求多部门步调一致、形成合力，生态测、管、控一体化成为必然趋势，应研究和构建满足多部门异构生态环境数据集成与交换的公共服务平台技术。李旭文等[40]提出了面向流域水生态监控预警的水环境信息完整性管理理念，基于数据物流服务思想，设计了支持多源水环境数据接入、可灵活配置并监控的水监测数据交换平台原型系统，在太湖流域示范区开展了示范应用。温香彩等[41]以水环境监测数据可靠传输交换与集成、信息规范化处理分析、高效共享与决策支持为应用主线，对水环境监测信息集成、共享与决策支持平台的建设目标、总体架构、主要功能进行了研究，以实现涉水部门水环境信息的采集、传输、交换、存储、分析、发布、共享、展现等。温香彩等[42]提出了一种新的环境质量数据表征方法——时间轮盘图表征方法，可实现相邻时间大尺度和小尺度环境质量变化直观表达。

3.2 环境综合评价技术研究

开展各环境要素环境质量评价和综合评价指标、方法、标准和模型研究。在农村环境质量评价研究方面，国内学者在监测布点和评价指标体系、土壤环境质量、评价模型和农村环境质量指数等方面进行了一些研究[43]，因注重于较小尺度的评价方法研究，很难在全国范围进行推广应用。马广文等[44]以县域为农村环境质量综合评价单元，筛选了农村环境状况指数和农村生态状况指数，构建了农村环境质量综合评价方法，并在全国范围内选择了 9 个典型地区开展了案例研究和方法验证。在河流水生态环境质量评价研究方面，目前国内的研究多利用水质理化数据和部分生物数据评估河流的水质状况，指标评价体系的构建缺乏水质理化要素、生物要素和生境要素间关联性的深入分析，对于具有指示性的水质理化和生境评价指标尚不明确。王业耀等[45]分析了国内开展河流生态质量评价研究的发展过程、阶段性研究进展和应用案例，对河流生态质量评价体系的建立及发展方向提供建议。在区域环境质量综合评价研究方面，李茜等[46]以社会经济系统与环境系统的可持续发展为核心思想，运用层次分析法，建立以人类与环境之间压力—状态—响应关系为框架的，综合环境监测各要素的，反映区域可持续发展水平的区域环境质量综合评价体系，并运用全国 10 年的时间序列数据和 2010 年 31 个省（市、区）的截面数据进行了实证检验。

3.3 环境监测质量控制技术研究

在中国环境监测事业发展进程中，各级环境监测站始终重视环境监测质量保证和质量控制工作，在建立质控技术规范和监测方法、开展监测技术研究、研发环境标准样品与质控样品、开展质量控制工作检查等方面做了大量的工作，逐步形成了以技术培训、质控考核和检查为主线的监测质量管理模式。特别是“十一五”末期，中国环境监测总站启动了以环境监测质量控制为研究方向的环保部重点实验室建设，具备对执行新空气质量标准监测项目的监测子站进行数据比对的能力。陈斌等[47]提出构建国家环境监测网中任何出数据的节点都应执行的统一、全覆盖的质控体系设想。夏新[48]提出了建立监测质量控制指标体系、补充建立量值溯源基准体系等六项提升环境监测质量管理水平的体系建设思路。师建中等[49]以粤港珠江三角洲区域空气质量监控网络的实践为例，介绍了区域联动监测系统的组成和运行机制，重点探讨了系统质量控制/质量保证以及数据管理等核心支撑技术。

3.4 环境监测新技术新方法研究及应用

当前，环境管理已进入了总量管理、流域管理、风险管理、生态管理的时代，迫切需要生物监测、遥感监测等新的技术手段的支撑。其中，流域治理将由行政区管理向流域水生态管理发生转变，由水质达标管理向生态健康管理发生转变，水环境生物监测的重要性日益突出。阴琨等[50]提出要在以流域为单元，以各级支流为监测区段，以实现流域水环境生态完整性评价为目的的综合监测体系总体发展目标的指导下，完成构建水环境生物监测技术体系、全国水环境生物监测网络体系、数据管理与评价平台和运行保障体系4个分目标。实现中国环境管理以“污染防治”为重点到以“生态健康”为目的的转折。徐东炯等[51]提出发展生物完整性、综合毒性等监测与评价核心技术；革新现行监测方法体系，建立水环境生态健康评价及综合毒性评价指标体系、基准及分类管理标准，确立水环境质量管理的生物学目标。汪星等[52]阐述了跨界生物监测项目中的资金来源、管理办法和运行机制等，并对未来的跨界河流生物监测提出建议。

卫星遥感监测技术具有大区域范围内连续观测的优势，能够在不同尺度上反映污染物的宏观分布趋势，并可以在一定程度上弥补地面监测手段在区域尺度上的不足。赵少华等[53]介绍了环保部利用高分一号卫星在大气环境、水环境和生态环境质量等遥感监测与评价中开展了大量应用示范工作，提高了我国环境监测天地一体化能力。徐祎凡等[54]根据实测的太湖、巢湖、滇池和三峡水库的水面光谱信息以及水质参数，构建基于环境一号卫星多光谱数据的富营养化评价模型，对太湖、巢湖、滇池和三峡库区2009年水体营养状况进行了评价分析。牛志春等[55]从霾污染遥感监测业务化流程出发，利用LM-BP人工神经网络模型算法反演区域大气颗粒物浓度，筛选出可业务化的霾污染遥感评价指标。马万栋等[56]通过分析叶绿素额光谱特征选取了特征波段或波段组合，建立了叶绿素浓度反演模型。

3.5 环境监测仪器设备研发与应用

近年来，随着国家及地方有关政策的落实和实施，环境监测设备行业受益匪浅，在污染源自动监测设备、环境空气自动监测设备、手工比对采样设备、实验室分析设备等方面都取得了较大的增长，同时，为了适应环境监测在仪器自动化、集成化要求提高，监测数据可靠性增强等各方面的需求，监测仪器行业在传统技术的基础上不断改进，采用最新的尖端分析技术，如顺序注射分析技术、全谱法分析技术、全加热未除湿完全抽取技术等，这些新技术的应用，使得仪表结构简单、平台通用性强、响应速度快、运营成本低。迟郢等[57-60]综述了2010—2013年我国环境监测仪器行业的总体经营及行业技术的发展状况，阐述了行业市场的特点及重要动态，提出了行业发展中存在的主要问题及对策建议。韩双来等[61]介绍了国内外污染源在线监测技术的发展情况，重点介绍了3种先进的在线监测技术的分析原理及主要技术特点。赵鹏等[62]介绍了水环境在线生物监测包括生物群落在线监测、生物毒理学在线监测和细菌在线监测，其技术手段主要有流式细胞术、急性毒性试验和酶底物检测法等。邓嘉辉等[63]以苯系物为代表，建立了8种苯系物的便携式GC-MS分析方法，方法的准确性和精密度都较好，方便快速，适合污染源VOCs的常规监测和监督性监测。陈斌[64]依托国家重大科学仪器开发专项“基于质谱技术的全组分痕量重金属分析仪器开发和应用示范”项目，针对制革废水中组分成分复杂、Cr（Ⅵ）浓度低等特点，将流动注射离子交换预富集与电感耦合等离子体原子发射光谱法相结合（FIA-IE-ICP-OES），应用于制革废水中微量Cr（Ⅵ）的分析检测，获得了较好的结果。黄钟霆[65]选取4个不同品牌的铅在线监测仪器，综合评价在线测定性能，对于在线重金属铅系统技术规范的制定提供了一定的参考依据。

4 趋势和展望

“十三五”乃至更长一段时期，以新环保法实施为契机，紧紧围绕环境监管的实际技术需求，研究以环境质量综合评价、污染源监测、总量核算和应急监测为重点，全面推进环境监测基础理论、监测技术方法、评价方法、指标体系、表征技术研究；推进环境监测国家重点实验室建设；加大应用技术领域的新成果在环境监测中的应用和转化力度，促进环境监测技术“天地一体化”，力争为环境监测技术创新提供完整的科技支撑。

基于上述分析研究，本文提出环境监测学科未来6个重点研究领域。

（1）加强环境监测分析技术研究。开展环境空气颗粒物源解析技术、重金属污染物监测技术、环境优先污染物的痕量、超痕量监测分析技术及现代生物监测技术研究；开展红外光谱、气相色谱等现场快速应急监测分析技术研究，开展水、大气、土壤以及淡水生物和农产品环境污染事故应急监测技术方法准确性与适用性评估研究；开展水质在线监测装备物联化共性技术、环境有机污染物自动监测技术、大气颗粒物自动监测系统关键技术及适用于我国流域的水质在线生物监测技术研究；开展入河（入湖、入海）主要污染物排放总量监测技术以及国界、省界断面主要污染物通量监测技术研究，开展钢铁行业颗粒物无组织排放量核算技术和工业源 VOC 统计技术研究。

（2）持续推动环境监测预警体系研究。开展城市环境空气质量预报预警系统、饮用水水源地的预警预报系统及典型湖泊藻类水华预警预测系统的关键技术研究，开展基于水动力、生物作用等近岸海域预警技术研究；研究建立覆盖主要环境要素、覆盖主要城镇和农村地区、覆盖重点流域和水体、覆盖环境质量标准要求的污染物指标的监测网络架构，重点敏感区域流域考虑增加对人体健康影响较大的污染物监测调查研究；研究开发监测数据综合分析工具和预警表征发布平台，实现预测预警模拟分析的可视化表达，提高环境质量综合分析水平。

（3）加大环境监测质量控制技术的研究力度。研究并建立环境空气自动监测站的量值溯源、传递与校准体系，重点开展 $PM_{2.5}$ 监测仪、臭氧分析仪等自动监测仪器的量值溯源、传递、校准方法等控制技术体系研究，开展生态、水环境监测数据质量控制及评价技术体系研究；加强对监测质控产品的研发，尽快推动质控实验室恢复或建立配制质控样品、分装样品、实施仪器校准、验证检定/校准结果或标准样品性能等功能，满足质量控制工作的需要。

（4）开展环境监测仪器研发技术体系研究，在满足常规环境监管能力外，逐步加强专项监测、$PM_{2.5}$、POPs、温室气体、VOC 等方面监测设备研发；建立边境河流预警监测体系，建立和完善农村环境监管体系；加强污染源监测设备更新换代研发、重金属在线监测设备研发、国产自主化的大气颗粒物监测设备研发、新型采样设备和样品制备设备研发。

（5）开展环境监测方法体系优化与整合技术研究。开展环境空气、地表水、地下水、土壤、生态、生物、海洋、噪声环境监测方法体系优化与整合技术研究，研究制定环境空气质量数值预报技术规范、污染源自动监测比对监测技术规范、环境空气颗粒物源解析监测技术方法指南、国控重点源二噁英监测质量保证与质量控制技术规范、水生生物监测技术规范等，修订火电厂建设项目竣工环境保护验收技术规范、氨氮水质自动分析仪技术要求等，分类转化 ISO 国际标准。

（6）加强环境监测科技支撑能力建设。力争在环境背景大气监测、二恶英监测、持久性有机物（POPs）分析、生物监测与预警等重点环境监测领域，形成较为完善的实验能力，积极争取建设国家环境质量监测重点实验室；充分利用国家环境监测网生态环境地面监测重点站，建设国家生态环境野外综合观察站，长期定位监测、试验和研究环境问题；建设国家土壤样品库，支撑土壤环境质量例行监测工作。

参考文献

[1] 万本太. 关于环境监测学术研究的思考 [J]. 中国环境监测 . 2011 (02).

[2] 王秀琴，陈传忠，赵岑. 关于加强环境监测顶层设计的思考 [J]. 中国环境监测. 2014 (01).

[3] 万本太，蒋火华. 关于"十二五"国家环境监测的思考 [J]. 中国环境监测 . 2011 (01).

[4] 宋国强. 环境监测生产性及业务创新探讨 [J]. 中国环境监测. 2015 (02).

[5] 钱震，杨杰. 提高三、四级环境监测站监测效率的思考 [J]. 环境监控与预警. 2013 (06).

[6] 李国刚，康晓风，王光. "新环保法"对环境监测职责定位的研究思考 [J]. 中国环境监测. 2014 (03).

[7] 宋国强. 论环境监测人才发展 [J]. 中国环境监测. 2012 (03).

[8] 罗毅. 抢抓机遇 正视挑战 为探索环境保护新道路提供重要技术支撑 [J]. 中国环境监测. 2012 (03).

[9] 游大龙，胡涛，郑芳，马哲河，罗李. 环境监测体制改革探讨 [J]. 环境研究与监测. 2014 (04).

[10] 李国刚，赵岑，陈传忠. 环境监测市场化若干问题的思考 [J]. 中国环境监测. 2014 (03).

[11] 万本太. 浅谈国家环境监测网建设 [J]. 中国环境监测. 2011 (06).

[12] 左平凡. 论第三方环境监测的适用限制 [J]. 沈阳工业大学学报：社会科学版，2012，5 (3).

[13] 周雁凌，季英德. 环保部门质控考核政府购买合格数据山东空气监测站探索社会化运营 [N]. 中国环境报，2011-10-14 [1].

[14] 陈斌，陈传忠，赵岑，高锋亮，刘丽，白煜. 关于环境监测社会化的调查与思考 [J]. 中国环境监测. 2015 (01).

[15] 王帅，丁俊男，王瑞斌，解淑艳，张欣. 关于我国环境空气质量监测点位设置的思考 [J]. 环境与可持续发展. 2012 (04).

[16] 俞梁敏. 环境监测业务服务外包可行性依据的探讨 [J]. 环境科学与管理. 2013 (07).

[17] 万本太. 中国环境监测技术路线研究 [M]. 湖南：湖南科学技术出版社，2003：1-10.

[18] 陈敏敏，李莉娜，唐桂刚，王军霞，景立新. 我国污染源监测技术路线研究 [J]. 生态经济. 2014 (11).

[19] 王业耀，赵晓军，何立环. 我国土壤环境质量监测技术路线研究 [J]. 中国环境监测. 2012 (03).

[20] 王业耀，李俊龙，刘方. 中国近岸海域环境监测技术路线研究 [J]. 中国环境监测. 2013 (05).

[21] 张咏，黄娟，徐东炯，徐恒省，牛志春. 水生态监测技术路线选择与业务化运行关键问题研究 [J]. 环境监控与预警. 2012 (06).

[22] 黄祖照，董云升，刘建国，刘文清，陆亦怀，赵雪松，张天舒，李铁. 珠三角地区一次灰霾天气过程激光雷达观测与分析 [J]. 大气与环境光学学报. 2013 (02).

[23] 严国梁，韩永翔，张祥志，汤莉莉，赵天良，王瑾. 南京地区一次灰霾天气的微脉冲激光雷达观测分析 [J]. 中国环境科学. 2014 (07).

[24] 荣楠，单保庆，林超，郭勇，赵钰，朱晓磊. 海河流域河流氮污染特征及其演变趋势 [J]. 环境科学学报. 2015 (02).

[25] 马广文，王业耀，香宝，刘玉萍，胡钰，张立坤，金霞. 阿什河丰水期氮污染特征及其来源分析 [J]. 环境科学与技术. 2014 (11).

[26] 陈丽娜，凌虹，吴俊锋，任晓鸣，张宇，傅银银，张静. 武宜运河小流域平原河网地区氮磷污染来源解析 [J]. 环境科技. 2014 (06).

[27] 刘瑞霞，李斌，宋永会，曾萍. 辽河流域有毒有害物的水环境污染及来源分析 [J]. 环境工程技术学报. 2014 (04).

[28] 陆泗进，何立环，王业耀. 湖南省桂阳县某铅锌矿周边农田土壤重金属污染及生态风险评价 [J]. 环境化学. 2015 (03).

[29] 郎超，单保庆，李思敏，赵钰，段圣辉，张淑珍. 滏阳河表层沉积物重金属污染现状分析及风险评价 [J]. 环境科学学报. 2015 (01).

[30] 环境保护部科技标准司. 国内外化学污染物环境与健康风险排序比较研究 [M]. 北京：科学出版社，2010.

[31] 王媛. 江苏水体优先控制有毒有机污染物的筛选 [C]. 中国毒理学会环境与生态毒理学专业委员会第二届学术研讨会暨中国环境科学学会环境标准与基准专业委员会 2011 年学术研讨会会议论文集. 北京：中国环境科学研究院，2011：78-81.

[32] 裴淑玮，周俊丽，刘征涛. 环境优控污染物筛选研究进展 [J]. 环境工程技术学报. 2013 (07).

[33] 罗淦，王自发. 全球环境大气输送模式 (GEATM) 的建立及其验证 [J]. 大气科学，2006，30

(3).

[34] SCHERE K L, WAYLANDR A. EPA Regional Oxidant Model (Rom2. 0): Evaluation on 1980 NEROS Data Bases [R]. 1989.

[35] 解淑艳，刘冰，李健军. 全国环境空气质量数值预报预警系统建立探析 [J]. 环境监控与预警. 2013 (04).

[36] 王晓彦，刘冰，李健军，丁俊男，汪巍，赵熠琳，鲁宁，许荣，朱媛媛，高愈霄，李国刚. 区域环境空气质量预报的一般方法和基本原则 [J]. 中国环境监测. 2015 (01).

[37] 顾俊强，吕清，顾钧. 苏州水环境自动预警监测网络体系发展思路研究 [J]. 环境科学与管理. 2013 (09).

[38] 王子健，饶凯锋. 突发性水源水质污染的生物监测、预警与应急决策 [J]. 给水排水. 2013 (10).

[39] 刀谞，滕恩江，吕怡兵，陈烨，阴琨，高愈霄，加那尔别克 [J]. 环境科学与管理. 2013 (04).

[40] 徐晓力，徐田园. 突发事故水环境污染应急监测系统建立及运行 [J]. 中国环境监测. 2011 (03).

[41] 李旭文，温香彩，沈红军，茅晶晶，郇洪江. 基于数据物流服务思想的流域水环境监测数据交换与集成技术 [J]. 环境监控与预警. 2011 (05).

[42] 温香彩，李旭文，文小明，李国刚. 水环境监测信息集成、共享与决策支持平台构建 [J]. 环境监控与预警. 2012 (01).

[43] 温香彩，李旭文. 一种新型的环境质量数据表征方法——时间轮盘图. 2013 中国环境科学学会学术年会论文集（第四卷).

[44] 张铁亮，刘凤枝，李玉浸等. 农村环境质量监测与评价指标体系研究 [J]. 环境监测管理与技术，2009，21 (6).

[45] 马广文，何立环，王晓斐，王业耀，刘海江，董贵华. 农村环境质量综合评价方法及典型区应用 [J]. 中国环境监测，2014 (05).

[46] 王业耀，阴琨，杨琦，许人骥，金小伟，吕怡兵，腾恩江. 河流水生态环境质量评价方法研究与应用进展 [J]. 中国环境监测，2014 (04).

[47] 李茜，张建辉，罗海江，林兰钰，吕欣，李名升，张殷俊. 区域环境质量综合评价指标体系的构建及实证研究 [J]. 中国环境监测，2013 (03).

[48] 陈斌，傅德黔. 构建覆盖国家环境监测网的质量控制体系 [J]. 中国环境监测，2014 (02).

[49] 夏新. 浅谈强化环境监测质量管理体系建设 [J]. 环境监测管理与技术，2012 (01).

[50] 师建中，谢敏. 粤港珠江三角洲区域空气质量联动监测系统质控技术 [J]. 环境监控与预警，2012 (01).

[51] 阴琨，王业耀，许人骥，金小伟，刘允，滕恩江，吕怡兵. 中国流域水环境生物监测体系构成和发展 [J]. 中国环境监测，2014 (05).

[52] 徐东炯，张咏，徐恒省，陈桥，牛志春，黄娟. 水环境生物监测的发展方向与核心技术 [J]. 环境监控与预警，2013 (06).

[53] 汪星，刘录三，李黎. 生物监测在跨界河流中的应用进展 [J]. 中国环境监测，2014 (02).

[54] 赵少华，王桥，杨一鹏，朱利，王中挺，江东. 高分一号卫星环境遥感监测应用示范研究 [J]. 卫星应用，2015 (03).

[55] 徐祎凡，李云梅，王桥，吕恒，刘忠华，徐昕，檀静，郭宇龙，吴传庆. 基于环境一号卫星多光谱影像数据的三湖一库富营养化状态评价. 第十六届中国环境遥感应用技术论坛论文集.

[56] 牛志春，姜晟，李旭文，姚凌. 江苏省霾污染遥感监测业务化运行研究 [J]. 环境监控与预警，

2014 (05).

[57] 马万栋，王桥，吴传庆，殷守敬，邢前国，朱利，吴迪. 基于反射峰面积的水体叶绿素遥感反演模拟研究 [J]. 地球信息科学，2014 (06).

[58] 中国环境保护产业协会环境监测仪器专业委员会. 我国环境监测仪器行业 2010 年发展综述 [J]. 中国环保产业，2011 (06).

[59] 中国环境保护产业协会环境监测仪器专业委员会. 我国环境监测仪器行业 2012 年发展综述 [J]. 中国环保产业，2012 (06).

[60] 陈斌，迟郢，郭炜. 我国环境监测仪器行业 2012 年发展综述 [J]. 中国环保产业，2013 (06).

[61] 迟郢，郭炜. 我国环境监测仪器行业 2013 年发展综述 [J]. 中国环保产业，2014 (11).

[62] 韩双来，项光宏，唐小燕. 污染源排放在线监测仪器技术的发展. 浙江省环境科学学会 2014 年学术年会论文集.

[63] 赵鹏，项光宏. 水环境生物在线监测技术研究进展. 浙江省环境科学学会 2014 年学术年会论文集.

[64] 邓嘉辉，刘盈智，马乔，段炼，朱蓉，刘立鹏，韩双来. 便携式气质联用法检测固定污染源中挥发性有机物. 2014 中国环境科学学会学术年会（第十、十一章).

[65] 陈斌，韩双来. 在线离子交换-ICP-OES 测定水中微量六价铬 [J]. 中国环境监测. 2014 (02).

[66] 黄钟霆，罗岳平，邢宏霖，王静，彭锐，郭卉. 重金属铅在线监测仪器性能对比研究 [J]. 环境科学与管理，2014 (08).

作者简介：王光（1976.11—)，男，汉族，吉林通化人，中国环境监测总站业务管理室，高级工程师，硕士，环境工程专业，从事环境监测规划计划与科研管理。

“十三五”环境监测科技发展的挑战与机遇

康晓风[1]　孙　丽[2]　王　光[1]

1. 中国环境监测总站，国家环境保护环境监测质量控制重点实验室，北京　100012

2. 河北省环境监测中心站，石家庄　050037

摘　要：结合“十三五”期间环境保护重点工作和国家科技体制改革方向，对环境监测科研的任务、需要解决的问题进行了探讨。从环境监测方法制修订、国家重点研发计划、国家科技重大专项等方面综合考虑，分析了水、气、土等方面的科研工作现状和问题，总结了十三五期间环境监测方法制修订的需求和进度安排，归纳了国家层面环境监测科技发展需求，提出了十三五环境监测科技规划的思路。

关键词：环境监测；科技规划；问题；思路

Some Problems and Ideas of Environmental Monitoring Technology of 13th five-yean Plan

KANG Xiao-feng[1]　SUN Li[2]　WANG Guang[1]

1. State Environmental Protection Key Laboratory of Quality Control in Environmental Monitoring, China National Environmental Monitoring Center, Beijing 100012;

2. Hebei Environmental Monitoring Center, Shijiazhuang 050037

Abstract: Combined with the key environmental protection work and the national science and technology system reform direction during 13th planning, the environmental monitoring and scientific research tasks and problems are discussed. According to the environmental monitoring method revision, key national R & D program, National Science and technology major projects, the scientific research work present situation and problems of water, air and soil are analyzed. And environmental monitoring method for revision needs and schedule are summed up, as well as the national level environmental monitoring technology development demand. Put forward the idea of environmental monitoring technology of 13th planning

Key words: environmental monitoring; technology planning; problem; idea

2014年12月3日，国家发布了《关于深化中央财政科技计划（专项、基金等）管理改革的方案》。该方案实施后，将建立公开统一的国家科技管理平台，科技计划（专项、基金等）也形成以国家自然科学基金、国家科技重大专项、国家重点研发计划、技术创新引导专项（基金）、基地和人才专项为代表的五大类布局。从环境保护重点工作任务上看，“气十条”“水十条”已经先后发布，“土十条”也已经呼之欲出。做好“十三五”环境监测科技规划，主动适应科技体制改革，服务环境保护重点工作，已经成为当务之急。

1　“十三五”的科研管理体制

从总体上看，新的科研体制将强化顶层设计，打破条块分割，对科技资源进行统筹，在考虑部门功能性分工的基础上，建立公开统一的国家科技管理平台。

从管理机制上看，可以总结为一个平台、三个支撑、一个系统。

一个平台指的是部际联席会议。由科技部牵头，财政部、发展改革委等相关部门参加。制定议事规则，负责审议科技发展战略规划等工作。各相关部门做好产业和行业政策、规划、标准与科研工作的衔接。

三个支撑是专业机构、战略咨询与综合评审委员会和统一的评估和监管机制。具备条件的科研管理类事业单位等将改造成规范化的项目管理专业机构，通过统一的国家科技管理信息系统受理项目申请，组织项目评审、立项、过程管理和结题验收等。战略咨询与综合评审委员会由科技界、产业界和经济界的高层次专家组成，对科技发展战略规划、科技计划布局、重点专项设置和任务分解等提出咨询意见。统一的评估和监管机制指科技部、财政部对科技计划的实施绩效、战略咨询与综合评审委员会和专业机构的履职尽责情况等进行评估评价和监督检查，进一步完善科研信用体系。

一个系统指的是国家科技管理信息系统。对科技计划的需求征集、指南发布、项目申报、立项和预算安排、监督检查、结题验收等全过程进行信息管理，并主动向社会公开非涉密信息。

从具体内容上看，中央各部门管理的科技计划将整合为国家自然科学基金、国家科技重大专项、国家重点研发计划、技术创新引导专项（基金）、基地和人才专项五项，并且全部纳入统一的国家科技管理平台管理，加强项目查重，避免重复申报和重复资助。

在新的科研管理体制下，环境监测科研应当主动适应外部环境的变化，工作导向要从“监测科研可以帮助监测工作解决什么问题”转变为“国家需要监测科研做什么”。工作协调上要从小范围单打独斗转变为大规模协同合作，牢固树立大局意识和服务意识，积极拓展系统内外合作，逐步走向国家需求大背景下的科研工作。

2 环境监测科研的现状和问题

“十三五”环境保护工作将重点推进水、气、土三项重点污染治理措施。环境监测科技规划重点从这几方面着手，分析现状，确定重点，解决问题，是做好“十三五”环境监测科技规划的前提条件。

2.1 环境监测标准方法现状和问题

环境监测标准方法目前面临三个主要问题：一是新的排放标准、新的污染物尚缺少国家标准和行业标准。二是部分标准方法因可操作性问题、方法之间可比性问题，尚待修订或制定新的方法。三是各行业、各部门的监测方法、评价标准尚不统一。

2.2 水环境监测科研现状和问题

“十二五”期间，水污染控制与治理科技重大专项（“水专项”）设立了“国家水环境监测技术体系研究与示范”项目。该项目围绕流域监业务化平台、监测装备、水环境监测分析方法、质量管理、体制机制五大模块开展技术研发、技术集成攻关研究，开发了水环境监测信息集成、共享与决策支持平台，在示范区初步实现了流域水环境监测的分析方法标准化、质量管理规范化、数据平台信息化、仪器设备国产化、技术天地一体化和网络示范业务化。

通过五年的实施，项目创新构建了多目标、多手段、立体型、复合型的流域水环境监测技术体系，突破了污染源流量测量、减排核算、污染物溯源和微控传感器识别关键技术 28 项，研制了整装成套国产化环境监测仪器备 23 台和水环境标准物质 16 种，建立了水环境监测控信息集成、共享与决策支持系统等业务化平台 4 个，制订了监测标准规范（申报稿/建议稿）120 项，建成了国家、江苏省、苏州市、常熟市四级水环境监测关键技术与网络体系集成示范工程，提升了流域水环境监测关键技术与网络体系集成示范工程，提升了流域环境监测系统的技术能力。

从总体上看，由于“水污染控制与治理科技重大专项”启动时间早，研究内容超前，存在科研成果领先于环境监测业务发展的问题。但是地下水的研究相对滞后。

2.3 气环境监测科研现状和问题

大气污染防治重点专项实施方案（“气专项”）征求意见稿已经于 2015 年 3 月发布，按照“统筹监测预警、厘清污染源头、关注健康影响、研发治理技术、促进成果应用”的思路，确定了 7 个主要任务。其中第一个主要任务是“统筹空气质量监测预报预警研究，完善空气质量监测技术及质控标准，建立统一科技信息发布平台，促进数据共享”。

其他与环境监测监测的相关任务还包括：污染源解析方法研究，大气污染与人群健康关系研究，大气污染与心血管、呼吸道等疾病关系，重点地区大气污染来源识别及区域联防联控技术集成研究等。

从总体上看，由于空气质量监测和预报预警业务工作和科研工作将同步推进，“十三五”期间的主要问题应当是及时将科研成果应用到业务工作中。

2.4 土环境监测科研现状和问题

土壤污染防治重点专项实施方案（“土专项”）目前尚在酝酿过程中，已经列入国家科技部际联席会议会议的议事日程。2015 年，环保部已经启动了公益专项“国家土壤环境质量监测网构建和业务化运行保障研究与示范”项目。土壤环境例行监测也已经正式列入国家环境监测任务。

从总体上看，目前土壤环境监测科研工作相对滞后，现有环境监测科研工作尚不足以指导土壤环境监测业务工作。

3 “十三五”环境监测科技发展机遇和思路

3.1 环境监测标准方法制修订工作

针对环境监测标准方法存在的三个问题，考虑按照轻重缓急，分三个阶段开展工作。

2016 年，以新标准制定工作为主，补充完善新修订的质量标准、排放标准中缺少分析方法的项目，重点是污染源排放项目和土壤环境监测项目。

2017—2018 年，重点解决部分标准方法实用性差的问题，对于针对同一监测项目，但相互之间存在差距的不同标准方法进行择优修订工作，建立适应环境监测工作需要的标准方法体系。

2019—2020 年，努力推进各部门的监测标准方法统一工作，争取在“十三五”末期与水利、国土、农业等部门实现统一监测方法、统一评价标准。

3.2 水环境监测科技工作与思路

水环境监测科研工作应重点依托水专项，促进试点业务平台的实际应用和相关标准方法的实用化。

一是考虑逐步扩大试点业务平台范围，逐步建立水环境预警业务体系。按流域系统重新整合水环境监测技术，按流域水环境功能和污染源时空特点，在现行监测点位、监测项目的基础上，进行系统优化设计，国家、省、市、县四级相结合，落实各级地方政府环境监管职责，由国家统一公布各流域的监测方案。

二是制定统一的环境监测技术规范。切实落实环境保护统一规划、统一监管、统一信息发布的原则，确保监测数据的科学性、准确性、可比性，开展严格的全过程质量控制，针对水环境监测的采样、预处理、分析测试各环节，制定全国统一的技术标准。

3.3 气环境监测科技工作与思路

气环境监测科研工作应紧密围绕气专项，围绕空气质量监测质量保证/质量控制体系建设和预报预警建设两项重点工作，开展以下 3 个方面的工作。

一是大气污染监测（观测）技术研究。构建大气污染源排放监测、大气复合污染立体监测（包括大气超级站）集成、大气边界层理化结构—区域大气污染耦合过程及大气输送监测和质量控制/质量保障等 4 个技术体系。

二是大气污染源动态排放清单技术研究。建立主要污染源化学成分谱库；重点突破实时动态排放表征技术、全过程排放定量技术，构建国家大气污染物排放清单技术标准体系、软件和系列工具包，建立国家大气污染源动态排放清单的业务化平台。

三是大气污染预报预警技术研究。研制我国自己的全球多尺度全耦合空气质量预报模式系统，建立全国—重点区域大气复合污染特征再分析基础数据库，形成科学支撑我国大气复合污染预报预警技术体系及系列模式工具包。

同时，还应积极参与重点地区空气污染源解析方法研究和大气污染与人群健康关系研究。

3.4 土壤环境监测科技工作与思路

土壤环境监测科技规划应积极跟进“土十条”对环境监测的需求，提前参与土壤污染防治重点专项实施方案的需求编制工作，及时总结土壤环境质量监测工作中遇到的问题，并将其纳入土壤污染防治重点专项实施方案中。努力做好“国家土壤环境质量监测网构建和业务化运行保障研究与示范”项目与“十三五”土壤污染防治重点专项的衔接工作。

3.5 其他环境监测科技工作

从国家层面上，“十三五”环境监测科技规划还可积极参与国家自然科学基金项目的申报。从地方层面上，可以结合国家需求和当地工作申报地方的科技专项和科技计划，形成以国家专项为重点，自然科学基金和地方科技计划为补充的环境监测科技体系，全面支持环境监测业务工作进展。

4 组织实施与保障措施

在“十三五”环境监测科技规划编制和执行过程中，在内容上应以指引、满足环境监测业务工作需要为导向，加强科研成果的落地，与业务工作紧密结合。在组织方式上应加强环境监测系统内、外的团结协作，以环保重点工作对环境监测的需要为链条，抓住关键技术节点，明确与其他部门之间、国家与地方之间的分工与任务。在项目执行过程中应注意发挥系统合力，促进环境监测系统技术实力的总体提升。

参考文献

[1] 李国刚，万本太. 中国环境监测科技发展需求分析 [J]. 中国环境监测，2004，28 (6)：5-9.

[2] 万本太，蒋火华. 论中国环境监测技术体系建设 [J]. 中国环境监测，2004，28 (6)：1-4.

[3] 李锦菊，王向明，李建，胡晓兰. 我国环境监测技术规范规划制订现状分析 [J]. 质量与标准化，2011，(2)：25-28.

[4] 万本太，蒋火华. 关于“十二五”国家环境监测的思考 [J]. 中国环境监测. 2011，27 (1)：2-4.

[5] 国务院印发关于深化中央财政科技计划（专项、基金等）管理改革方案的通知 [Z]. 2014-12-03.

[6] 国家重点研发计划“大气污染防治”重点专项实施方案（征求意见稿）[Z]. 2014-2-28.

作者简介：康晓风（1973—），男，河北辛集人，硕士，高级工程师。

国外汽车尾气排放标准分析与启示

孙　丽[1]　葛　杨[2]　张明华[1]
1. 河北省环境监测中心站，石家庄　050037；
2. 沧州市环境监测中心站，沧州　061000

摘　要：汽车尾气造成的大气污染在全球范围内备受关注，发达国家由于早期城市交通的快速发展，经历了较为严重的汽车尾气污染问题，并通过长期的实践积累制定了行之有效的排放标准与规范。该文重点介绍了欧洲、美国、日本世界三大汽车尾气排放标准体系的发展历程，分析了不同标准的应用情况与特点，查找我国与发达国家汽车排放标准间存在的差距，结合我国国情和新时期环保要求，提出完善我国汽车尾气排放标准体系的建议，为降低汽车尾气污染提供参考。

关键词：汽车尾气；排放标准；分析

Analysis and Inspiration of Foreign Automobile Emission Standards

SUN Li[1]　GE Yang[2]　ZHANG Ming-hua[1]
1. Hebe Province Environmental Monitoring Center，Shi jiazhuang 050037；
2. Cangzhou municipal Environmental Monitoring Center，Cang zhou 061000

Abstract：Air pollution caused by automobile exhaust is concerned in the worldwide. Because of the rapid development of early urban transport，developed countries experienced a more serious car exhaust pollution. Due to the long-term practice，they dictated effective emission standards and specifications. This paper focuses on the development process of the world's three major auto emissions standards，such as Europe、the United States and Japan. At the same time，analyzing the application and characteristics of the standards，finding the gap between China and developed countries among vehicle emission standards. In the end，combined with China's national conditions and new environmental requirements，the paper gave some suggestion in order to reduce vehicle exhaust pollution.

Key words：automobile exhaust；emission standards；analysis

随着城市交通的快速发展，各国汽车保有量不断增加，汽车尾气污染问题日益严重。发达国家早在20世纪六七十年代就对汽车尾气排放建立了相应的法规制度，同时推动汽车排放控制技术的进步和排放标准的不断提升。目前，世界上的汽车尾气排放标准分为欧洲、美国、日本三大体系。相比美国和日本，欧洲标准测试要求相对宽泛，应用范围广，是发展中国家借鉴的典范。我国轿车的生产技术由于大多从欧洲引进，因此大体上采用欧洲的标准体系。

1　国外发展历程和应用进展

1.1　欧洲

欧洲标准是欧盟国家为限制汽车废气排放污染物对环境造成的危害而共同采用的汽车废气排放标准，由排放法规和排放指令共同组成。排放法规由欧洲经济委员会参与国自愿认可，排放指令是欧盟参与国强制实施[1]。20世纪60年代，欧洲经济委员会颁布实施了第一项汽车尾气排放法规，目前总数达到99项，其中排放法规7项，对几乎所有类型的车辆排放的氮氧化物（NO_x）、碳氢化合物（HC）、一氧化碳

(CO) 和悬浮粒子 (PM) 都有限制。随着欧洲一体化进程的发展，欧洲的汽车排放标准日趋严格，限制种类不断增加。1992 年以前，欧洲法规（指令）标准已实施若干阶段；1992 年起，欧洲开始逐步执行欧Ⅰ-Ⅵ形式认证排放限值，即公众所熟知的欧Ⅰ至欧Ⅵ标准。从 1992 年的欧Ⅰ、1996 年的欧Ⅱ、2000 年的欧Ⅲ、2005 年的欧Ⅳ、2008 年的欧Ⅴ，到 2013 年实施欧Ⅵ[2]，欧洲的汽车尾气排放标准体系不断充实与完善，对各项排放因子的标准值也逐步收严。例如，在欧Ⅰ标准下，轻型汽油车排放 CO 的限额为 2.72g/km，到欧Ⅳ标准时该限额降至 0.5g/km，降低约 4 倍。与之相比，在国Ⅰ标准下，轻型车排放 CO 的限额为 3.16g/km，到国Ⅳ标准时该限额下降至 1.0g/km，降低仅约 2 倍，力度远不及欧洲欧Ⅰ至Ⅴ标准的详细情况表 1～5。

特点：①欧洲的汽车尾气排放标准的限值因子范围较广，不仅包括一氧化碳、氮氧化物、碳氢化物、颗粒物等，还将二氧化碳等温室气体纳入其中；在有助于防治大气污染同时，还有助于应对气候变化。②在欧洲，汽车尾气排放的标准一般每四年更新一次，具有一定的规律性，相比我国发布时间集中的情况，更有利于标准的实施和治理效果的达成[3]。③欧洲的乘用车排放标准是用车辆行驶距离定义标准，而卡车、公交车等重型柴油发动机则是通过发动机输出功率定义的，二者不具可比性。欧洲乘用车、卡车与公交车排放标准见表 1、表 2[4]。

表 1 欧Ⅰ形式认证和生产一致性排放限制

单位：g/km

车辆类别		基准质量（RM）/kg	CO	$HC+NO_x$	PM
第一类车		全部	2.72	0.97（1.36）	0.14（0.20）
第二类车	1 级	RM≤1 250	2.72	0.14（0.20）	0.14（0.20）
	2 级	1 250＜RM≤1 700	5.17	0.19（0.27）	0.19（0.27）
	3 级	1 700＜RM	6.9	0.25（0.35）	0.25（0.35）

表 2 欧Ⅱ形式认证和生产一致性排放限制

单位：g/km

车辆类别		基准质量（RM）/kg	CO		$HC+NO_x$			PM	
			汽油机	柴油机	汽油机	非直喷柴油机	直喷柴油机	非直喷柴油机	直喷柴油机
第一类车		全部	2.2	1	0.5	0.7	0.9	0.08	0.1
第二类车	1 级	RM≤1 250	2.2	1	0.7	0.7	0.9	0.08	0.1
	2 级	1 250＜RM≤1 700	4	1.25	1	1	1.3	0.12	0.14
	3 级	1 700＜RM	5	1.5	1.2	1.2	1.6	0.17	0.2

表 3 欧Ⅲ形式认证和生产一致性排放限制

单位：g/km

车辆类别		基准质量（RM）/kg	CO		HC	NO_x	$HC+NO_x$		PM
			汽油机	柴油机	汽油机	汽油机	柴油机	柴油机	柴油机
第一类车		全部	2.3	0.64	0.2	0.15	0.5	0.56	0.05
第二类车	1 级	RM≤1 305	2.3	0.64	0.2	0.15	0.5	0.56	0.05
	2 级	1 305＜RM≤1 760	4.17	0.8	0.25	0.18	0.65	0.72	0.07
	3 级	1 760＜RM	5.22	0.95	0.29	0.21	0.78	0.86	0.1

表 4 欧Ⅳ形式认证和生产一致性排放限制

单位：g/km

车辆类别		基准质量（RM）/kg	CO		HC	NO_x	$HC+NO_x$		PM
			汽油机	柴油机	汽油机	汽油机	柴油机	柴油机	柴油机
第一类车		全部	1	0.5	0.1	0.08	0.25	0.30	0.025
第二类车	1 级	RM≤1 305	1	0.5	0.1	0.08	0.25	0.30	0.025
	2 级	1 305＜RM≤1 760	1.81	0.63	0.13	0.1	0.33	0.39	0.04
	3 级	1 760＜RM	2.27	0.74	0.16	0.11	0.39	0.46	0.06

表5 欧Ⅴ形式认证和生产一致性排放限制

单位：g/km

车辆类别		基准质量(RM)/kg	CO		THC		NMHC		NO_x		HC+NO_x		PM/(mg/km)(1)		P/(个/km)(2)	
			Pl	Cl	Pl	Cl	Pl	Cl	Pl	Cl	Pl	Cl	Pl(3)	Cl	Pl	Cl
第一类车		全部	1	0.5	0.1	—	0.068	—	0.06	0.18	—	0.23	5/4.5	5/4.5	—	6×10^{11}
第二类车	1级	RM≤1 305	1	0.5	0.1	—	0.068	—	0.06	0.18	—	0.23	5/4.5	5/4.5	—	6×10^{11}
	2级	1 305<RM≤1 760	1.81	0.63	0.13	—	0.09	—	0.075	0.235	—	0.295	5/4.5	5/4.5	—	6×10^{11}
	3级	1 760<RM	2.27	0.74	0.16	—	0.108	—	0.082	0.28	—	0.35	5/4.5	5/4.5	—	6×10^{11}

注：Pl：点燃式；Cl：压燃式

(1) PM：颗粒物质量，应在4.5 mg/km的限制实施之前引入修订后的测量程序。

(2) P：颗粒数量；应在该限制实施之前引入新的测量程序。

(3) 点燃式PM质量限制仅适用于装直喷发动机的车辆。

1.2 美国

美国是世界上最早执行汽车排放标准的国家，在1960年就立法控制汽车尾气。美国的汽车排放法规分为联邦排放法规［即美国环保局（EPA）排放法规］和加利福尼亚州空气资源局（CARB）排放法规[5]，各州可视情况进行选择。

联邦排放法规始于1970年，当时美国首次制定了重型卡车和公共汽车尾气排放标准。1980年，美国环保署制订了世界上第一个关于轿车和轻型卡车的微粒排放标准。1985年，增加了重型卡车用柴油机的微粒排放标准，同时收严了对颗粒物的排放限制[6]。1990年的清洁空气法案修正案针对轻型车规定了两套标准，第一阶段标准（Tier1）和第二阶段标准（Tier2），增加了对排放稳定性（使用寿命）的考核，提出8万英里和16万英里两个排放限值。Tier1于1991年发行，1997年实施，适用于所有轻型机动车，应用于机动车整个寿命过程（10万英里，约16万km，1996年有效）。法规还规定了一个中期标准，即当机动车行驶里程超过5万英里（约8万km）时需要达到的标准。Tier2于1999年采纳，2004年开始执行，相对于Tier1，不仅显著降低了排放数值限制，还对大型车辆的要求更加严格。在Tier2，所有机动车重量级别都使用相同的排放标准，即乘用车、小货车、轻型卡车和SUV都有相同的排放限制。同样的排放标准适用于所有发动机，不受燃料种类的限制，使用汽油、柴油或替代燃料的机动车都必须达到同样的标准。但是，对燃油品质提出了要求，必须提供更加清洁的燃料使得先进的尾气排放粗粒设备正常工作，实现尾气的达标排放[7]。现行的美国轿车及轻型卡车的尾气排放限值为Tier2标准。美国联邦轻型车排放标准见表6。

表6 美国联邦轻型车排放控制标准

单位：g/m

实施年份	测试循环	CO	HC	NO_x
1960		84	10.6	4.1
1966	7工况法	51	6.3	—
1970	7工况法	34	4.1	—
1972	FTP-72	28	3	3.1
1975	FTP-75	15	1.5	3.1
1980	FTP-75	7	0.41	2
1983	FTP-75	3.4	0.41	1
1994	FTP-75	3.4	0.25	0.4

加州的尾气排放标准是美国最严格的汽车尾气排放标准，其标准早于美联邦标准1～2年。加利福尼亚州人口3 200多万，却拥有汽车2 500多万辆，由于汽车尾气的大量排放致使加州成为美国空气污染大户，因此，该州十分重视空气污染治理工作。1960年，美国加州立法控制汽车尾气污染物；1963年美国政府颁布《大气净化法》当年，加州开始控制曲轴箱燃油蒸发物排放；随后采取了颁布了“7工况法”汽车排放法规、控制轿车燃油蒸发物排放等一系列标准法规。1994年该州制定的低污染汽车排放法规，将轻型车分为过渡低排放车（TLEV）、低排放车（LEV）、超低排放车（ULEV）和零排放车（ZEV），并

规定从1998年起销售到加州的轻型车应有2%为零排放，2001年为5%，2003年达到10%。加州轻型汽车排放限制见表7[7]。

表7　美国加州轻型汽车排放限制

单位：g/km

保证里程	标准	CO	NMOG	NO_x	PT	HCHO
80 000 km	1993	2.11	0.6	0.25	0.05	
	TLEV	2.11	0.08	0.25	0.05	0.009
	LEV	2.11	0.047	0.125	0.05	0.009
	ULEV	1.06	0.025	0.125	0.05	0.005
	ZEV	0	0	0	0	0
160 000km	1993	2.61	0.19	0.62	0.05	—
	TLEV	2.61	0.097	0.37	0.05	0.011
	LEV	2.61	0.056	0.19	0.05	0.011
	ULEV	1.31	0.034	0.19	0.025	0.007
	ZEV	0	0	0	0	0

特点：①美国《清洁空气法》明确规定：除了加州，任何州政府或任何它的下级行政单位不应采用或尝试执行其他任何与机动车或机动车发动机有关的排放标准，除了加州。在立法中明确规定哪些情况下各州才能制定严格的地方标准，并对加州的例外情况予以解释，这避免了地方标准和联邦政府标准不统一现象的出现。美国还规定了排放标准的豁免制度，并在法条中详细列举了豁免的条件。这些使得美国的机动车尾气排放标准制度形成一个完整、明确的法规标准系统。②严格的燃料制度是美国控制机动车尾气的又一项重要举措，2010年4月1日，美国政府颁布了第一个全国性汽车燃油能耗和排放新标准，规定到2016年，所有在美生产的轿车和轻型卡车必须达到35.5mpg平均油耗标准，比现行25mpg标准提高了42%。同期，每辆车平均尾气排放将从2012年295g/m降至2016年的250g/m。据美国交通部和联邦环保局的测算，实施这项新标准之后，可减少温室气体体排放近10亿t[8]。③在美国的汽车尾气排放标准中，规定了规定以轻型卡车和汽车的尾气排放为控制重点，这些标准均适用于发动机；而中国的尾气排放标准没有此类的划分，也没有在法条中明确规定哪类车型是重点控制对象。

1.3　日本

1966年，日本运输省制定的一部限制使用汽油燃料的汽车排放CO量的标准规定，是日本首个国家标准。1968年后，日本以《大气污染防治法》为基础，通过法律手段强化了汽车尾气排放标准。1971年，为控制汽车尾气排放，CO、HC、NO_x、PM（颗粒物）和铅化合物被增加进了《大气污染防治法》。1972年底，日本着眼于汽车所排放的废气制定了一般标准。1973年，日本开始实行控制汽车燃油蒸发排放的法规，出台了针对一氧化碳、烃以及氮氧化物的重量规定，并分别对不同类别不同体积的汽车所排放的废气制定不同级别的排放标准，汽车尾气排放标准进一步完善。随着三元催化剂的实用化，1978年日本在借鉴美国汽车尾气排放标准的基础上，制定了世界上最严格的规定。1986年日本对使用柴油燃料的轿车尾气排放进行了限制，并制定法规按期对正使用车辆进行车检。90年代以后日本按照限制尾气排放的法规把汽车分为了汽油车和柴油车，并开始对柴油车的尾气排放进行控制[9-10]。为了减少汽车排放的氮氧化物总量，日本实施了《汽车NO_x·PM法》[10]，对不符合标准的车辆在市区的行驶进行了限制；还实施了由地方公共团体发起的柴油车行驶管制措施以及加快普及低公害车等各种对策措施。随着车辆节能减排技术的创新发展，日本不断修订其汽车尾气排放标准，严格度也逐步升级。

在日本，尾气排放标准中规定了“允许极限值”和“平均标准值”两个标准值。允许极限值是每一辆车都必须满足的标准值，在进行新车检查或预备检查时，每辆车的检查结果都必须处于“允许极限值”以下。平均标准值是量产车的平均排放量必须满足的标准值，对完成检查的各型号汽车的排放量平均值必须处于“平均标准值”以下[11]。在日本，在用车每六个月就要进行一次车检，对车龄5年以上的旧车进行淘汰更新。在用车的定期检验在各地陆运署的287检测线上进行，一个季度平均数不能超过平均标准值，而每辆产品车不能超过允许极限值[12]。日本汽油与液化石油气车、柴油车的允许极限值与平均标准值见表8、表9[10]。

表8 汽油车、液化石油气车的标准值 上方值：允许极限值；下方值：平均标准值

车辆类别	规定阶段	单位	一氧化碳(CO)	非甲烷烃(NMHC)	氮氧化物(NO_x)	颗粒物(PM)
乘用车 微型汽车轻型车（车辆总重量≤1.7t）	2009	g/km	1.92 1.15	0.08 0.05	0.08 0.05	—
	2010—2020	g/km	1.92 1.15	0.08 0.05	0.08 0.05	0.007 0.005
微型汽车（货运）	2009	g/km	6.67 4.02	0.08 0.05	0.08 0.05	—
	2010—2020	g/km	6.67 4.02	0.08 0.05	0.08 0.05	0.007 0.005
中型车（1.7t<车重≤3.5t）	2009	g/km	4.08 2.55	0.08 0.05	0.10 0.07	—
	2010—2020	g/km	4.08 2.55	0.08 0.05	0.10 0.07	0.009 0.007
重型车（车重>3.5t）	2009	g/km	21.3 16.0	0.31 0.23	0.90 0.07	—
	2010—2020	g/km	21.3 16.0	0.31 0.23	0.90 0.07	0.013 0.01

注：1. 2008年之前，NMHC值可以等于HC测定值×0.80；
2. PM标注值仅适用于装载NO_x储存催化剂的直喷式发动机车辆。

表9 柴油汽车的标准值（尾气、颗粒物） 上方值：允许极限值；下方值：平均标准值

车辆类别	规定阶段	单位	一氧化碳(CO)	非甲烷烃(NMHC)	氮氧化物(NO_x)	颗粒物(PM)
乘用车 （车重≤1 265kg）	2009	g/km	0.84 0.63	0.032 0.024	0.19 0.14	0.017 0.013
	2009—2020	g/km	0.84 0.63	0.032 0.024	0.11 0.08	0.007 0.005
乘用车 （车重>1 265kg）	2009	g/km	0.84 0.63	0.032 0.024	0.20 0.15	0.019 0.014
	2009—2020	g/km	0.84 0.63	0.032 0.024	0.11 0.08	0.007 0.005
轻型车（车重≤1.7t）	2009	g/km	0.84 0.63	0.032 0.024	0.19 0.14	0.017 0.013
	2010—2020	g/km	0.84 0.63	0.032 0.024	0.11 0.08	0.007 0.005
中型车（1.7t<车重≤2.5t）	2009—2010	g/km	0.84 0.63	0.032 0.024	0.33 0.25	0.020 0.015
	2010—2020	g/km	0.84 0.63	0.032 0.024	0.20 0.15	0.009 0.007
中型车（2.5t<车重≤3.5t）	2009	g/km	0.84 0.63	0.032 0.024	0.33 0.25	0.020 0.015
	2010—2020	g/km	0.84 0.63	0.032 0.024	0.20 0.15	0.009 0.007
重型车（3.5t<车重≤12t）	2009—2010	g/km	2.95 2.22	0.23 0.17	2.70 2.00	0.036 0.027
	2010—2015	g/km	2.95 2.22	0.23 0.17	0.90 0.70	0.013 0.010
	NO_x目标值	g/km	2.95 2.22	0.23 0.17	未定 0.40	0.013 0.010

续表

车辆类别	规定阶段	单位	一氧化碳 (CO)	非甲烷烃 (NMHC)	氮氧化物 (NO_x)	颗粒物 (PM)
重型车（车重＞12t）	2009	g/km	2.95 2.22	0.23 0.17	2.70 2.00	0.036 0.027
	2009—2015	g/km	2.95 2.22	0.23 0.17	0.90 0.70	0.013 0.010
	NO_x目标值	g/km	2.95 2.22	0.23 0.17	未定 0.40	0.013 0.010

注：2008年之前，NMHC值可以等于HC测定值×0.80。

特点：①严格的排放标准，是日本的显著特点。2002年日本采取的尾气排放标准与欧洲并齐，2005年实施的标准就已经超过了欧洲，成为当时最为严格的尾气排放标准。严格的机动车排放标准有效地改善了日本的空气质量，促使制造商不断改进技术，生产出适应市场需求的产品[13]。②根据汽车尾气污染物产生的衍生污染物进行检测分析，通过分析结果将NO_x排放总量列入专项制订计划，并且将其控制细化到了具体的行业中。比如《制造业在特定地区机动车排放氮氧化物的抑制方针》就将氮氧化物具体到了制造业。③及时根据本国空气质量的实际情况对法规的标准进行适当修改，更好地适应实际情况的变化。例如：《机动车排出废气量的容许限度》从1974年颁布到2001年，进行了18次修改[14]。

2 国内发展历程与应用

我国的汽车排放控制始于20世纪80年代，与发达国家相比，起步较晚。当时的轻型汽车、重型柴油车等的排放控制标准均参考欧洲排放标准体系，基本可将其分为4个阶段（详细情况见表10）[15-16]：第一阶段为1983—1987年，我国颁布了第一批机动车尾气污染控制排放标准，这一批标准的制定和实施，是我国在机动车排放标准的里程碑；第二阶段为1988—1993年，相继颁布了四项标准，初步形成了的汽车尾气排放标准体系；第三阶段为1998—1999年，北京市DB 11/105—1998《轻型汽车排气污染物排放标准》的出台，开启了我国新一轮尾气排放法规制定和实施的序曲，1999年随着排放标准的不断增加，我国新车排放达到欧洲20世纪90年代初期水平；第四阶段为2000年至今，是轻型、重型汽车尾气排放标准的出台与实施阶段，进一步充实和完善了汽车尾气排放体系。十几年时间，轻型汽车尾气排放标准从国Ⅰ发展到了国Ⅴ；重型汽车的排放标准正在以2001年起发布的重型压燃式发动机标准和2002年起发布的重型点燃式发动机标准向更高水平迈进。

表10 我国汽车排放标准发展的4个阶段

阶段	时间	标准名称	备注
第一阶段	1983	GB 3842～3844—1983 四冲程汽车怠速排放污染物、柴油车自由加速烟度、柴油车全负荷烟度等排放标准	
第二阶段	1989	GB 11641～11642—1989 轻型汽车排气污染物排放标准及测试方法	
第三阶段	1993	GB 14761.1～14761.7—1993 汽油车怠速排放污染物、柴油车自由加速烟度、柴油车全负荷烟度等排放标准	
	1999	GB 14761—1999《汽车污染物排放限值及测试方法》	
第四阶段	2000	GB 18352.1—2001《轻型汽车污染物排放限值及测量方法（I）》	相当于欧Ⅰ
	2001	GB 18352.2—2001《轻型汽车污染物排放限值及测量方法（Ⅱ）》	相当于欧Ⅱ
	2005	GB 18352.3—2005《轻型汽车污染物排放限值及测量方法（中国Ⅲ、Ⅳ阶段）》	国三相当于欧III标准；国四标准相当于欧Ⅳ
	2013	GB 18352.5—2013《轻型汽车污染物排放限值及测量方法（中国第五阶段）》	相当于欧Ⅴ、欧Ⅵ

由于我国轻型汽车污染物排放标准是参照欧洲标准制定，因此国Ⅰ至国Ⅴ标准与欧Ⅰ至欧Ⅴ标准大体

相同。2000年的国Ⅰ中，由于我国轻型汽车尾气处理技术尚不成熟，结合我国实际情况，有些指标值制定的比欧洲标准高6～7倍。在20项指标值中，有6项与欧Ⅰ不一致，集中在第二类车的碳氢与氮氧化物总和。在国Ⅱ中，28项指标值仅有2项与欧Ⅱ不一致，且均低于欧Ⅱ标准，说明在较短时间内，我国加大了对汽车尾气治理力度，汽车尾气污染物得到有效控制。发展到国Ⅲ－Ⅴ，各项指标值与欧Ⅲ－Ⅴ完全相同，但实施时间比欧洲晚了近10年。我国与欧洲轻型汽车标准的差异性比较见表11。国Ⅰ与欧Ⅰ差异性指标的比较见图1、图2。

表11　国Ⅰ、国Ⅱ与欧Ⅰ、欧Ⅱ的差异性比较

车辆类别	基准质量（RM）/kg	$HC+NO_x$			
		点燃式发动机 非直喷式压燃发动机		直喷压燃式发动机	
		欧Ⅰ	国Ⅰ	欧Ⅰ	国Ⅰ
第二类车	RM≤1 250	0.14	0.97	0.20	1.36
	1 250＜RM≤1 700	0.19	1.4	0.27	1.96
	1 700＜RM	0.25	1.7	0.35	2.38
		点燃式发动机			
		欧Ⅱ	国Ⅱ		
第二类车	1 250＜RM≤1 700	1.0	0.6		
	1 700＜RM	1.2	0.7		

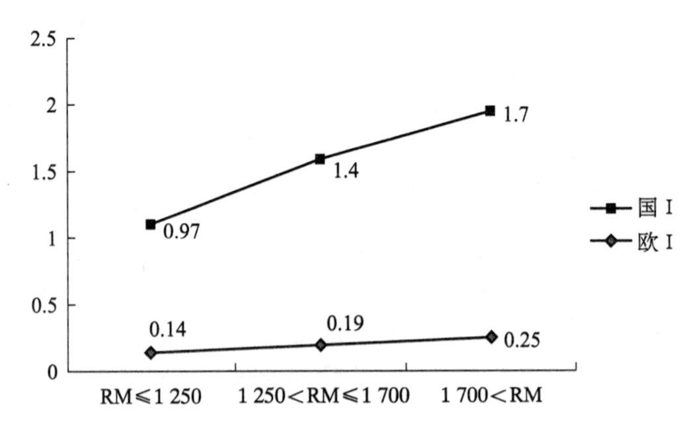

图1　国Ⅰ与欧Ⅰ标准中点燃式发动机与非点燃式发动机指标比较

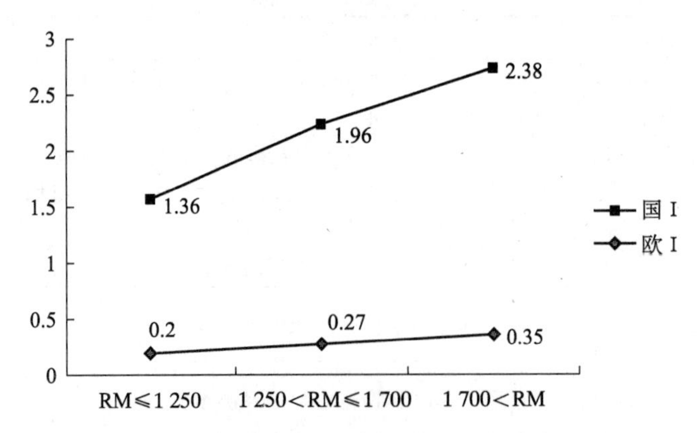

图2　国Ⅰ与欧Ⅰ标准中直喷压燃式发动机指标比较

3　存在问题

目前，国内的汽车尾气排放标准虽然有了长足进步，并逐渐向国际化靠拢，但也存在着不容忽视的问题，主要表现在：

(1) 汽车尾气排放标准尚不完善，无法全面满足不同地区的车尾气排放与控制要求。我国现行的汽车排放标准，除了实施时间以外，只对欧洲的新车标准和美国的在用车标准做了些许改动，并没有根据我国汽车的使用情况和各地区经济发展的差异等现实国情制定标准。对在用汽油车，《点燃式发动机汽车排气污染物排放限值及测量方法》中，对氮氧化物排放没有限值规定，而标准中规定的其他 3 种方法也并没有给出限值。对在用柴油车，《车用压燃式发动机和压燃式发动机汽车排气烟度排放限值及测量方法》中，规定了对排气烟度的限值，但没有规定对一氧化碳、碳氧化合物、氮氧化物和可吸入颗粒物的检测限值。

(2) 历史数据有限，缺少自主开发的尾气排放因子模型。由于我国开展机动车尾气排放方面的研究较晚，前期积累的历史数有限，故给我国自主开发汽车尾气排放因子模型带来很多困难。从 20 世纪 90 年代清华将 MOBILE5 引入中国机动车排放因子的计算，近几年 IVE、EMFAC、CMEM 等排放因子计算模型陆续引入国内，国内大多利用其他国家模型结合本地的机动车信息和交通状况进行测算[17-18]。由于国外模型的建立具有明显的区域特征，往往不能反映中国的实际情况，特别是城乡差别问题。这些模型中用于确定尾气排放因子时所使用的车辆和在中国使用的车辆有明显的不同，用于尾气排放测量的驾驶工况也不尽相同，因此用这些模型来预测中国的机动车尾气排放清单往往有较大误差。

(3) 燃油标准总是滞后于汽车排放标准。2007 年 7 月 1 日我国开始实施国 III 排放标准，可是与之配套的国 III 汽油标准却是在 2010 年 1 月 1 日才开始实施。而当 2010 年国 IV 排放标准实施时，国Ⅲ汽油才刚刚开始使用。因此，我国出现了“国 III 车烧国 II 油”，“国 IV 车烧国 III 油”的情况，燃油的品质与汽车排放标准未能同步化。

(4) 标准中因子种类偏少。国内的汽车尾气排放标准仅规定到氮氧化氮、碳氢化合物、无甲烷碳氢化合物、一氧化碳、微粒等大气污染物，目标较为单一；发达国家和地区的排放标准中，还包括二氧化碳这种温室气体。欧标的实施，不仅有助于防治大气污染，而且有助于应对气候变化。

(5) 适用范围过于宽泛。欧标适用于总质量不超过 3 500kg 的汽车，包括汽油发动机和柴油发动机两类，涵盖乘用车和商务车两种车型。与欧标相同的是国标也适用于总质量不超过 3 500kg 的车辆，但国标适用车型的范围要明显大于欧标。适用车型不仅包括乘用车和商务车，还包括载货汽车；除了汽油车和柴油车外，还包括燃用液化石油气和天然气的单一气体燃料车和两用燃料车。

4 建议

随着国内汽车保有量的不断刷新，政府与公众对汽车尾气排放的关注也不断深入。现有的汽车尾气排放标准虽然对汽车尾气造成的空气污染起到了一定程度的缓解作用，但在完善度和适用范围上仍有欠缺。如何建立适用我国国情的汽车尾气排放标准，成为当下汽车尾气治理的关键问题之一。对于国内汽车排放标准的发展，提出了以下几点建议：

一是标准要适应监测工作新需求。当前，机动车尾气遥感监测已成为机动车尾气监测的发展方向，并在北京、上海、广东、河北等地陆续开展，建设城市机动车尾气遥感网络化监控体系已成为机动车尾气监测的重要手段。欧美等发达国家早已对此制定了相关标准，但目前我国尚未出台统一的标准与监测方法，只有北京、广州、山东等部分省市发布了地方标准，推广范围小。建议尽早制定相应的国家标准，提升机动车尾气监测的能力。

二是完善标准体系，扩大机动车尾气常规监测群体的范围。我国的非道路用车数量巨大，其单车排放污染物相比国际水平高几倍，甚至几十倍，而这类车辆的排放标准尚不完善，开展监测与评价存在困难。建议我国可参照和借鉴其他国家的标准，制定出符合我国实际的非道路用车排放标准，扩充机动车尾气常规监测群体的范围，为推进我国汽车尾气治理工作提供技术支持。

三是在中国没有开发出自己的模型之前，借用国外开发的模型进行自己的数据积累是一个有效的过渡阶段；在无法全面验证模型准确性的情况下，国内应在不同模型使用中积累经验，尤其是模型修正和参数获取方面的经验，着眼于各种模型各自的优点，根据各地区的具体情况和要求，选用相对合适的排放模型[18]。同时，将实际道路的机动车排放监测与模型结合，开发适用于我国自己的模型，预测机动车尾气排放因子和排放清单，为政策制定和环境管理提供数据支持。

四是扩大标准调控范围，提升标准强度。扩大标准中限制因子的种类，把温室气体纳入到管制范畴，是实现国家减排目标的重要途径。现阶段，我国已将温室气体减排提升到国家战略高度，并作为约束性指标纳入国民经济和社会发展中长期规划，到2020年我国单位国内生产总值二氧化碳排放比2005年下降40%～45%[19]。由于我国温室气体总排放量中汽车尾气所占比重较大，为促进国家减排目标的实现，亟须加强汽车领域节能减排工作。

参考文献

[1] 王文炎，陈碧峰，卢彬．轻型汽车欧Ⅴ排放标准解析 [J]．质量与标准化，2011，3：29-31.

[2] 欧洲汽车尾气排放标准：从欧Ⅰ到欧Ⅵ [J]．标准生活，2014，4：47.

[3] 毛涛．中欧排放标准对我国汽车业的影响 [J]．环境经济，2013，8：44-47.

[4] European emission standards. [EB]. http：//en. wikipedia. org/wiki/European _ emission _ standards＃Emission_standards_for_passenger_cars.

[5] 刘兰剑．中国汽车节能减排政策与美、日比较研究 [J]．中国科技论坛，2010，6：157-160.

[6] Thomas Cross．美国对汽车尾气排放的控制措施 [J]．汽车维修与保养，2001，8：48-49.

[7] 宋芳雪．国内外汽车排放法规对比 [J]．汽车与安全，2014，3：46-49.

[8] 程煜群．中美机动车尾气排放污染控制制度比较研究 [R].

[9] 日本汽车排放质量标准 [EB]. http：//www. env. go. jp/en/air/aq/aq. html.

[10] 日本汽车尾气排放的相关对策手册 [EB]. http：//www. env. go. jp/air/tech/ine/asia/china/files/guide/guideline-mobile%20sources-cn. pdf.

[11] 邹欣芯．日本汽车尾气排放标准演进的法律分析 [J]．法制与社会，2014，5：194-195.

[12] 肖赛男，杨帆，郑贵分，等．中日汽车尾气排放数据分析及其尾气防治法律制度比较探究 [J]．电子测试，2013，7：228-230.

[13] 庄红韬．日本如何强化汽车尾气标准 [EB]. http：//finance. people. com. cn/n/2013/0220/c348883-20539160. html，2013-7-10 .

[14] 姜天喜．日本对汽车数量及其尾气排放量的控制 [J]．生态经济，2007，(11)：157-159.

[15] 汽车排放标准 [EB]. http：//baike. baidu. com/link? url＝MDK42aSWNnfc2kw4abgOQor-Bud EHhw-8txTTgeQ8zi6ftrtgKpwlBNVLCbJ-3iQmlY6Zf6hxITD-6zLoJle5oK.

[16] 葛奕，廖芸栋．我国机动车污染物排放标准的发展进程 [J]．广州环境科学，1999，14 (3)：4-8.

[17] 张弢．我国机动车尾气排放研究的情况和发展趋势 [J]．资源开发与市场，2013，29 (2)：159-161.

[18] 马因韬，刘启汉，雷国强，等．机动车排放模型的应用及其适用性比较 [J]．北京大学学报（自然科学版），2008，(2)：308-316.

[19] 中国新闻网．中国决定温室气体减排目标：到2020年降40%～45% [EB]．(2009-11-26) [2015-05-13]. http：//finance. sina. com. cn/roll/20091126/16507021584. shtml.

作者简介：孙丽（1982—），女，河北石家庄人，硕士，工程师。